X선 회절

Elements of X-Ray Diffraction

제3판

B. D. Cullity / S. R. Stock 저
고태경 역

PEARSON Prentice Hall
JINSAEM

Elements of X-Ray Diffraction

Elements of X-Ray Diffraction

Authorized translation from the English language edition, entitled *Elements of X-Ray Diffraction, 3/e* by B. D. Cullity and S. R. Stock published by Prentice-Hall, Inc., Copyright © 2001.

ISBN 0-201-61091-4

KOREAN language edition published by JINSAEM MEDIA Inc.,
Copyright © 2006

Printed in Korea

ISBN 89-957070-0-3

저자서문

이 판은 제2판을 발매한 후 20년이 지나서 나왔다. 제2판이 수정없이 계속하여 유명한 재료 교재와 참고서적으로 있다는 것은 Cullity 교수의 명료함과 철저함에 바치는 찬사이다.

하지만 기기사용과 기법은 20년 사이에 적지 않게 변하였는데, 이것은 개인 컴퓨터의 도래가 예고한 분산 계산의 대변혁으로 생겨난 것이다. 예컨대 1973년 가을 나는 8 바이트 메모리의 PDP-8 컴퓨터 하나에 연결한 많은 텔레타이프 중 하나에서 BASIC 프로그램을 실행하였다. 최근에야 나는 1984년 개인용 컴퓨터(256 바이트 RAM, 하드 디스크가 없는) 때문에 빌린 돈을 갚았다. 컴퓨터 이전에 도해적인 해법을 요구하는 분석이나 제1기의 디지털 세대에서 아주 재빠른 프로그램 작성은 이제 문서 작성 소프트웨어를 꾸러미로 갖춘 스프레드시트를 사용하여 끝낼 수 있다. 이전의 접근법은 아마도 역사가를 제외하곤 더 이상 중요하지 않다.

기기의 변화와 더불어서, 재료 과학자/공학자가 실행하는 데(혹은 적어도 해석하는 네) 필요할 x선 회절 실험의 유형에서 변화가 왔다. 분말 회절에서 필름에 기반을 둔 기법은 상대적으로 중요치 않은 것이 된 반면에 전자식 검출기를 갖춘 회절기법(준집중 기하학)이 주요 역할을 맡았다. 하지만 제2판은 제1판을 따라서 처음에는 사진건판 법의 관점에서 x선 회절을 다루고 그 다음에 회절기법의 관점에서 다룬다. 이 판은 중점을 바꾸어 기본 기법으로 회절기법을 강조한다. 실제의 고찰은 이런 변화를 그대로 보여준다. 학생들이 계속하여 만날 어떤 x선 회절 자료 수집/분석은 회절기법으로 할 것이 거의 확실하고, 대부분 교육자는 이러한 실험을 강조할 것이다. 만일 학생이 실험 수업을 이해해야 한다면, 이 수업은 학기에서 일찍 시작해야 하고, 회절기법은 강좌에서 더 앞으로 나가야만 한다. 불행하게도 이런 일은 이전에 쓰인 아주 만족스러운 접근법과 다른 진행을 요구한다: 단결정은 모든 방향으로 많은 파장을 회절하고, 다결정 시료는 많은 방향으로 한 파장을 회절하고, 장치는 특정한 방향에서 회절추의 작은 일부를 샘플로 취한다. 하지만 나는 다음 천년의 두 번째 10년간은 면적검출기 법이 사진건판 법이 한때 유지한 탁월성을 되찾는 것을 볼 것이라고 예언한다.

여전히 또 하나의 다른 도전은 회절의 역격자 취급을 교재에 통합하고 추가하여 재료를 거의 완전한 결정에서 나오는 회절 위에서 재구성하는 것이다. 제2판이 나온 이래 몇몇 주제는 재료 공동체의 여러 부문에서 중요성이 커지고 있는데, 고분자에서 회절과 소각 산란이고, 이를 새로 추가한 두 장에 반영한다. 끝으로 재료 공학자는 투과 전자현미경에 좀 익숙할 필요가 있고, 앞서 전개한 역격자 개념 위에서, x선 회절과 결정구조에 관한 한 학기 강좌의 마지막에서, 이것을 얻는 데 두 주면 내줄 수 있는 모든 시간이라 해도 괜찮을 것 같다. 이런 가능성을 돕기 위해 재료 특성평가에서 TEM의 중요한 점에 관한 짧은 요약을 제공한다. 이 개정판은 완성하는 데 시간이 오래 걸렸고, 나는 함께 이 일을 도와준 여러 편집자에게 감사드린다: Dan Jorananstad, Rob Merino, Laura Curless와 특별히 Michael Slaughter와 Scott Disanno, 그 분들의 직원들. 비판하여 준 여러 분의 조언에 감사드린다: Z. L. Wang, Steve Spooner와 Ray Young. 이 개정판을 마무리하도록 기다려야 했던 분들에게 사과드리지만, 개정판은 학교 의무에서 떠나지 않고서는 끝낼 수 없었고 이러한 지연은 그 결과이었다.

사실상 모든 학자는 연구와 교육을 여러 정도로 한데 혼합하고 나도 그 예외는 아니다. 미해군 연구청(U.S. Office of Naval Research)이 제공하는 연구기금의 안정한 기반이 있다는 믿음이 없이 이 개정판을 어떻게 끝낼 수 있는 지를 상상하기 어렵다. 그러므로 나는 ONR과 George Yoder에 깊이 감사드린다.

나는 이 개정판이 기초를 두고 있는 토대를 놓은 여러 선도자에게 깊이 감사드린다: Neva Gribble, John Hilliard, M. Meshii, Morrie Fine, Howard Birnbaum, Haydn Chen, Keith Bowen, Jerry Cohen, Brett Boston과 Jane Deakins, R. A. Young. 많은 다른 분에게서 많이 배웠다. 그리고 이 분들에게 빚이 있다는 것을 명백하게 인정하지 않은 것에 사죄드린다. 또 내가 가르친 회절수업에 참가한 많은 학생과 내 자신의 연구 학생인 학부 학생, 석사학위와 박사과정의 학생에게 깊이 감사한다. 달리 더 좋은 패거리를 찾는다는 것은 어려울 것 같다. 많은 새로운 그림을 준비하는 데 도와준 Vinnie Holohan과 더욱 복잡한 공식에서 도와준 Lisa Novak에게 감사한다.

끝으로, 심심한 감사의 글을 넓혀서 여러 영상의 사용에서 도움을 준 다음에 나오는 분들에게/기관들에 드린다. 그림 6-7: [G.22]의 그림 7.2, p. 151에서 허락으로 재생. 그림 6-18: © 1949 IEEE의 허락으로 증쇄. 그림 7-1: Philips Analytical의 호의. 그림 7-17: Nonius B. V의 호의. 그림 8-3: Philips Analytical의 호의. 그림 9-1: © JCPDS-International Centre for Diffraction Data. 모든 저작권 유보. 호의, International Centre for Diffraction Data, publishers of the Powder Diffraction File™, 12 Campus Boulevard, Newtown Square, PA USA. 그림 12-1: © American Chemical Society, 1948, 허락으로 증쇄. 그림 12-4: © American Chemical Society, 1948, 허락으로 증쇄. 그림 14-7: [14.7]에서 허락으로 증쇄. © 1996 American Chemical Society. 그림 14-28: 14.41에 따라. 그림 15-15: The Society for Experimental Mechanics, Inc., www.sem.org, 허락으로 Norton과 Rosenthal[15.34]에서 증쇄. 그림 17-19: © Taylor and Francis, Ltd., 허락으로 사용. 그림 17-26: [G.22]의 그림 7.5, p. 156에서 허락으로 재생. 그림 18-1에서 18-5: Schaffer 외[18.1]에 따라. 그림 18-8: Natta와 Corrandini[18.3]에 따라. 그림 18-13: G. R. Mitchell[18.5]에 따라. 그림 18-14: Warren, Krutter와 Morningstar[18.7]에 따라. 그림 18-15: G. R. Mitchell[18.5]에 따라. 그림 19-8: Kalliat, Kwak, Schmidt와 공저자들[19.7, 19.8]에서 허락으로 증쇄. ©1981 American Chemical Society. 그림 20-1: Reimer[20.7]에 따라. 그림 20-2: Hall[20.1]에 따라. 그림 20-3: Reimer[20.7]에 따라. 그림 20-4: Williams와 Carter[20.2]에 따라. 그림 20-7: Williams와 Carter[20.2]에 따라. 그림 20-8: Williams와 Carter[20.2]에 따라. 그림 20-20: Z. L. Wang의 호의. 그림 20-11(b): Z. L. Wang의 호의.

역자서문

이 책은 B. D. Cullity 교수와 S. R. Stock 교수의 저서인 *Elements of X-Ray Diffraction*, 3판을 번역한 것이다. 원서의 2판은 Cullity 교수만의 저서이고, 3판은 Stock 교수가 2판을 재구성하고 수정하고 보완한 것이다. 역자의 번역 이전에 2판을 번역한 한봉희 교수의 저서인 'X선 회절'이 있었다. 오랫동안 한 교수의 책은 원서와 함께 x선 회절을 배우는 재료, 지질학, 물리학, 화학들 학생에게 인기 있는 교재이었고, 물론 재료나 물질 분야에 관심을 가지거나 종사하는 전문기술자에게는 귀중한 참고서이었다.

Cullity 교수의 2판이 나온 다음 x선 회절연구에서 많은 기술 발전이 있었다. 원서의 3판은 이런 기술 혁신을 충실히 반영하면서 x선 회절의 고전 부분과 연계를 잘 보여준다. 3판은 처음 x선 회절을 통해 재료의 세계를 이해하는 데 필요한 기초개념인 대칭, 역격자, Bragg 법칙, 회절강도를 다루고, 이어서 재료 분석과 관계한 여러 가지 회절 기법을 소개하고, 2판과 마찬가지로 실제 재료분석에서 만나는 여러 응용분야를 소개하며, 반도체 기판과 박막 연구에 쓰이는 토포그래프 법과 다축 회절기 법도 포함한다. 끝으로 고분자 재료 분석을 위한 회절 이론과 기법을 소개하고 전자현미경 법을 추가하는 것도 놓치지 않는다. 그리고 x선 성질이나 회절강도의 측정장치에 관한 기술은 이 책에서나 볼 수 있는 매우 귀중한 자료이다. 2판이나 3판에서 염두에 둔 재료는 금속이나 세라믹이지만, 저자는 반도체와 고분자 분야에 관한 내용과 전자 회절에 관한 사항도 세심하게 배려하였다. 따라서 원서의 3판은 금속, 세라믹, 반도체, 고분자, 생체 재료나 물질을 분석하는 데서 만나는 실제 문제를 해결하는 데 많은 도움을 준다. 따라서 이 책은 본래 x선 회절을 다루는 강의교재이나, 공간군을 포함한 대칭이론과 결정물리에 관한 내용을 좀 보강한다면 결정학 강의교재로도 충분히 쓰일 수 있다. 잊지 않고 덧붙인다면, 3판에서 Stock 교수는 'x' 선을 고유명사로 취급하지 않았다.

이 책에서는 원 저자의 뜻을 잘 살려내는 일이 첫째이었고, 그걸 우리말로 잘 담아내는 것이 둘째이었다. 하지만 여기에는 적지 않은 재능이 필요했으나 모자란 점이 많았다. 이런 까닭으로 글이 어색하게 나오는 것을 비껴갈 수 없었다. 게다가 어떤 곳에는 잘못한 글이 있다는 걸 믿을 수밖에 없다. 그리고 피동형이 많은 본래 말을 우리말로 바꾸는 데 적지 않은 어려움을 느꼈다. 그런 까닭에 여러 곳에서 글이 찌그러지는 일이 있었다. 그리고 쓰지 않은 말들이 있는데, 그 중 하나가 한자어에 '되다'를 붙여 피동형 자동사를 이렇게 저렇게 만드는 일이었다. 이건 우리말을 너무 오염하게 한다. 하지만 현실에서는 이런 일이 넘쳐나니, 그래도 되는 지는 우리가 앞으로 풀어야 할 숙제일 것이다. 어찌했든 글이 잘 되지 못한 것은 역자의 모자람에서 비롯한 것으로 이에 독자의 관용과 이해를 구한다.

역자는 2판에 이어서 3판도 한봉희 교수가 번역하기를 희망하였으나, 뜻대로 되지 못하여 번역에 손을 대었다. 이런 기회가 오게 된 데는 한봉희 교수의 숨은 배려가 있다고 생각한다. 원하는 만큼 번역이 빨리 끝나지 못하고 다소 시간을 끌었다. 이 일을 마치는 것은 학교에 있는 한동안 마음대로 되지 않았는데, 그러는 동안 이 번역은 처음에는 ITC 사의 일이었으나 끝낼 때는 진샘미디어 사의 일이 되었다. 이 일에서 ITC 사의 최규학 사장님의 배려에 숨은 빚을 지고 있다. 한국 기초과학 연구원의 윤혜온 박사님의 결정학 지식은 직간접으로 번역이 제대로 가는 데 많은 도움을 주었다. 그리고 3판의 번역이 2판에 이어서 나온다는 점에서 한봉희 교수의 번역서를 참고하였다. 장기간 번역에는 끈기가 많이 필요했고, 그래서 가족의 이해는 나아가는 데 용기를 주었고, 연구실 학생도 적지 않게 여러 일에 힘을 보탰다. 이 책은 진샘미디어 사의 최봉조 사장님의 열의가 없었다면 나오는 것이 가능하지 않았을 것이다. 그리고 원 저자들과 Prentice Hall 사는 이 책의 시작에 원인을 제공한다. 이 책이 나오는 데 알게 모르게 관계한 앞에 든 모든 분께 깊은 감사를 드린다.

2006년 2월
역자가

차 례

제 1 장 X선의 성질

1-1 서언

x선은 독일 물리학자인 Röntgen[1-1][1]이 1895년에 발견하였는데, 그 당시 x선 본질을 몰랐기 때문에 그렇게 이름을 지었다. 보통 빛과는 달리 x선은 눈에 보이지 않았지만, 빛과 똑같이 직진하였고 사진필름을 감광하였다. 또 한편, x선은 빛보다 투과력이 훨씬 강하였고, 인체, 나무, 두꺼운 금속판, 그 밖의 '불투명' 물체를 쉽게 투과하였다.

사용하려고 언제나 사물을 이해할 필요는 없는데, x선은 발견 후 거의 즉시 외과의사들이, 좀 뒤에는 불투명 물체의 내부구조를 연구하고자 하는 공학자들이 사용하였다. x선 광원을 물체의 한 편에 놓고 다른 한 편에 사진필름을 놓으면, 덜 조밀한 부분은 x선을 많이 투과하고 반대로 조밀한 부분은 x선을 덜 투과하기 때문에, 물체의 그림자 영상인 **투과사진**(radiograph)을 만들 수 있다. 이렇게 하여, 부러진 뼈의 골절 부위와 금속주물의 균열 위치를 정확하게 찾아낼 수 있었다.

따라서 투과사진법(radiography)은 사용한 방사선을 정확하게 모르면서 쓰이기 시작했는데, 왜냐하면 1912년에 가서야 x선의 정확한 성질이 알려졌기 때문이었다. 같은 해에 결정의 **x선 회절 현상**을 발견하였다. 이 발견은 동시에 x선의 파(wave)의 성질을 증명하였고, 물질의 세부구조를 연구하는 새로운 방법을 주었다. 비록 투과사진법은 자체로 매우 중요한 도구이고 응용분야

1) 꺽쇠괄호 안의 숫자는 책 말미에 있는, 두 부분으로 정리한 참고문헌에 관련이 있다: 일반 참고문헌('G' 숫자)과 책의 장에 모은 특별 참고문헌

가 넓으나, 이 방법이 분해할 수 있거나 밝힐 수 있는 내부의 상세한 것은 크기가 보통 약 10^{-3} mm 정도 이내이다. 이와 달리, 회절법은 10^{-7} mm 정도 크기인 내부구조를 상세하게 간접적으로 밝힐 수 있는데, 이 책과 관계하는 내용은 바로 이러한 현상, 재료 문제에서 회절법의 적용이다. x선의 특성과 결정의 내부구조를, 결정의 x선 회절을 논의하는 데 필요한 예비지식으로, 처음 두 장에서 기술한다.

1-2 전자기 방사선

오늘날에는 x선은 빛과 성질이 똑같지만 파장이 매우 짧은 전자기 방사선(electromagnetic radiation)인 것은 확실하다. x선 영역에서 측정 단위는 옹스트롬(angstrom: Å)이고 이 단위는 10^{-10} m와 같고, 거의 모든 회절에서 사용하는 x선은 파장이 약 0.5−2.5 Å 범위에 있다. 이와는 달리, 가시광선의 파장은 약 6000 Å 정도이다. 그러므로 x선은 전체 전자기 스펙트럼에서 감마선과 적외선 사이 영역에 있다(그림 1-1). 때때로 x선을 측정하는 데 쓰이는 다른 단위는 X 단위(XU)와 kilo X 단위(kX = 1000 XU)이다. 3-7절에서 기술할 kX 단위는 옹스트롬(angstrom)보다 약간 더 크다. x선 영역의 파장에서 승인을 받은 SI 단위는 나노미터(nanometer)이다:

$$1 \text{ nanometer} = 10^{-9}\text{ m} = 10\text{ Å}$$

이 단위는 x선 회절에서 널리 쓰이지 않는다.

먼저 전자기파의 일부 성질을 짧게 검토하는 것이 좋겠다. 만일 단색파장의 x선이 x 방향으로 움직이고 있다고 가정하자(그림 1-2). 이때 x선은 전기장 **E**가 y 방향에 있고, 자기장 **H**가 이것과 직각 방향인 z 방향에 있다. 만일 x선 파가 진행하는 동안 전기장이 xy 평면에만 한정하여 있는 경우, 그 파는 면편광(plane-polarized)이라고 한다. 완전히 무편광인 파장의 경우 전기장 벡터 **E**와 자기장 벡터 **H**는 yz 평면의 모든 방향에 있다고 할 수 있다.

고찰하는 면 편광파에서, **E**는 시간에서 일정하지 않고, 공간에서 특별한 점, 예를 들어 $x = 0$에서 $+y$ 방향의 최대값에서 0을 지나 $-y$ 방향의 최대값까지 변하고 다시 되돌아간다. 어떤 순간에, 예를 들어 $t = 0$에서 **E**는 x-축 방향으로 같은 방법으로 변한다. 만일 두 변화는 사인곡선을 그린다고 가정하면 하나의 식으로 나타낼 수 있다.

$$\mathbf{E} = A \sin 2\pi\left(\frac{x}{\lambda} - \nu t\right) \tag{1-1}$$

여기서 A는 진폭, λ는 파장, ν는 진동수이다. **E**의 변화는 반드시 사인곡선 모양이 아니라도 무방하고 파동의 정확한 모양은 그다지 중요하지 않다. 가장 중요한 것은 그 주기성이다. 그림 1-3은 **E**의 변화를 그래프로 보여준다. 파장과 진동수에는 다음과 같은 관계가 성립한다.

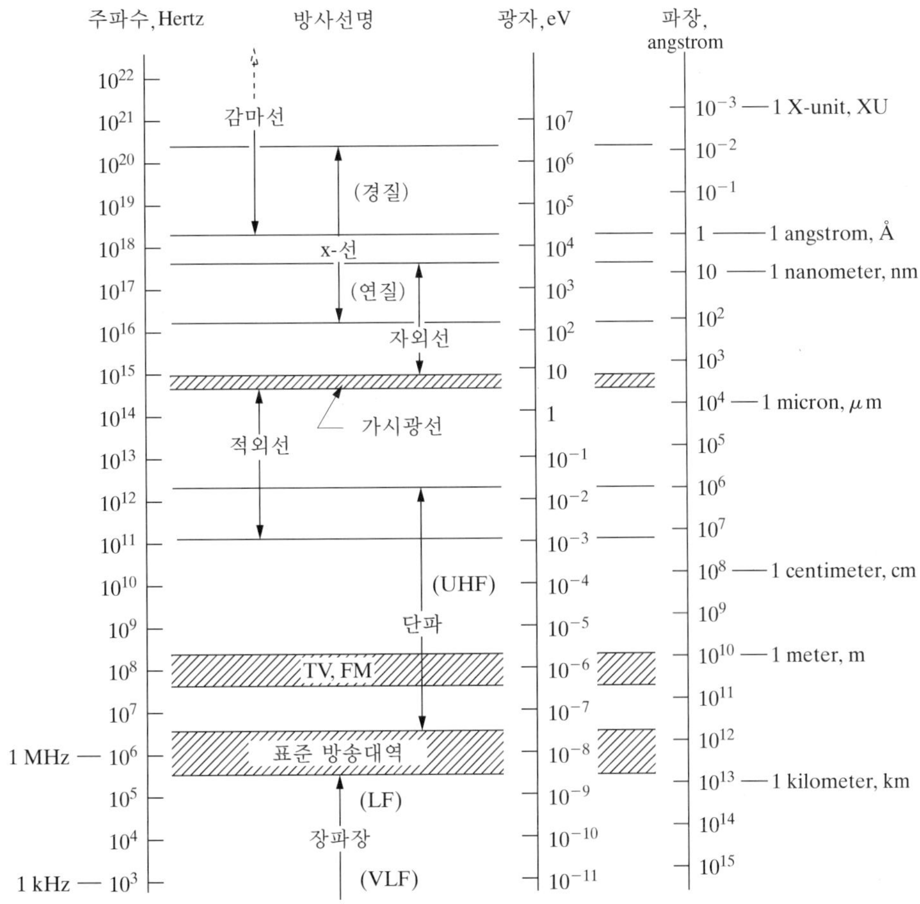

그림 1-1 전자기 스펙트럼. 영역 사이 경계는 임의로 한 것인데, 그 까닭은 상한과 하한을 뚜렷하게 지정할 수 없기 때문이다. (H. A. Enge, M. R. Wehr, J. A. Richards, *Introduction to Atomic Physics, Addison-Wesley Publishing Company, Reading,* MA, 1972.)

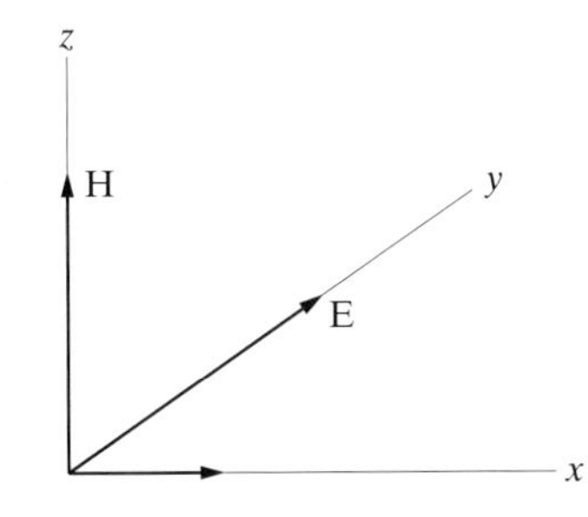

그림 1-2 x 방향으로 움직이는 파에 수반하는 전기장과 자기장

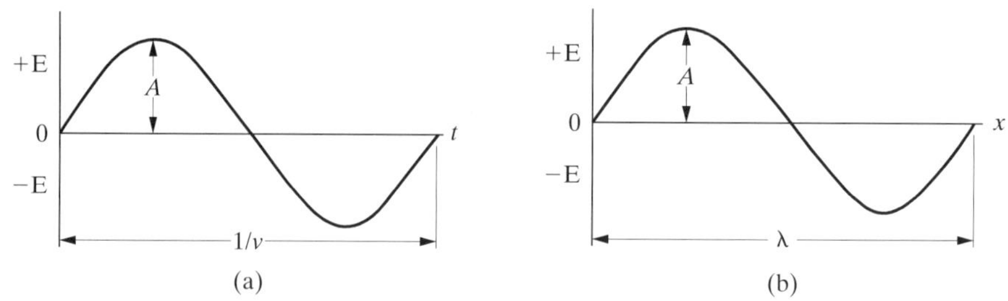

그림 1-3 E의 변화, (a) 고정한 x 값에서와 (b) 고정한 t 값에서.

$$\lambda = \frac{c}{\nu} \tag{1-2}$$

여기서 c는 빛의 속도이며 3.00×10^8 m/sec이다.

x선 빔과 같은 전자기 복사선은 에너지를 수반하고, 이 복사선의 진행 방향으로 수직인 단위면을 지나는 빛의 에너지량을 그 빛의 **강도**(intensity, I)라고 한다. 강도의 평균값은 빛의 진폭제곱, 즉 A^2에 비례한다. 절대 단위로서 빛의 강도(I)를 joule/m^2/sec로 측정하지만 이와 같은 측정은 매우 어려워서 거의 할 수 없다. 대부분 x선 강도의 측정은 일반적으로 검출기에 들어온 광자(photon)의 수를 계수하거나 x선 빔에 노출한 감광지의 흑화도(degree of blackening)를 재서 하게 된다.

가속화한 전하는 에너지를 방사한다. 가속은 물론 양이거나 음이고, 그 결과 어떤 평균점을 기준하여 연속으로 진동하는 전하는 전자기 복사선의 좋은 발생원으로 작용한다. 예로서, 전자파는 방송 안테나에서 전하가 앞뒤로 진동하기 때문에 생긴다. 또한 가시광선은 빛을 방출하는 물질의 원자에서 전자가 진동하기 때문에 생긴다. 각 예에서, 방사선의 진동수는 그것을 방출한 전하의 진동수와 같다.

이제까지 고전이론의 관점에서 전자기파(electromagnetic radiation)를 파동의 움직임으로 설명하였다. 그러나 양자론에 따르면, 전자기파를 양자(quanta)와 광자(photon)라 하는 입자의 흐름으로 정의한다. 모든 광자는 에너지가 $h\nu$인데, 여기서 h는 Plank 상수(6.63×10^{-34} joule · sec)이다. 앞에서 설명한 두 관점은 광자의 에너지에서 파동의 진동수를 계산하고, 역의 관계도 성립한다는 점에서 서로 관계가 있다. 그 결과 빛은 파동과 입자의 이중성이 있다. 우리는 일반적으로 고전적인 파동론을 적용이 가능할 때마다 많이 쓰겠지만, 여러 현상을 설명하는 데서 때때로 둘 중 하나를 사용할 것이다.

1-3 연속스펙트럼

운동에너지가 충분한 전기적으로 하전한 어떤 입자도 급격하게 정지할 때는 x선이 생긴다. 전자가 보통 하전 입자로 쓰이는데, 전자의 발생원과 두 개의 금속전극을 포함하는 x선 관(x-ray tube)에서 방사선이 생긴다. 이 전극을 가로질러 걸린 수만 볼트의 높은 전압은 전자를 양극, 즉 타깃(target)으로 빠르게 끌어당기고, 전자는 거기에 대단히 높은 속도로 충돌한다. x선은 충돌한 지점에서 발생하며 모든 방향으로 방사한다. e를 전자의 전하(1.60×10^{-19} coulomb)라 하고, V를 전극 사이의 전압이라 하면, 충돌에서 운동에너지(joule로)는 식으로

$$\mathrm{KE} = eV = \frac{1}{2}mv^2 \tag{1-3}$$

이다. 여기서 **m**은 전자의 질량(9.11×10^{-31} kg)이고 ν는 충돌 바로 직전의 속도로 m/sec이다. x선 관의 전압이 30,000 volt일 때, 전자의 속도는 빛의 속도의 약 1/3이다. 타깃에 충돌한 전자의 운동에너지는 대부분 열로 전환하는데, 이 중 1% 이하의 에너지가 x선으로 전환 한다.

타깃에서 나오는 x선을 분석하면, 그 광선에는 여러 파장의 x선이 혼합하여 있고, 각 파장에 따른 강도의 변화는 x선 관의 전압에 비례한다는 것을 알 수 있다. 그림 1-4에서는 얻은 여러 곡선의 종류를 보여준다. 그 강도는 어떤 파장까지는 영이고, 이 파장을 **단파장 한계**(short-wave-

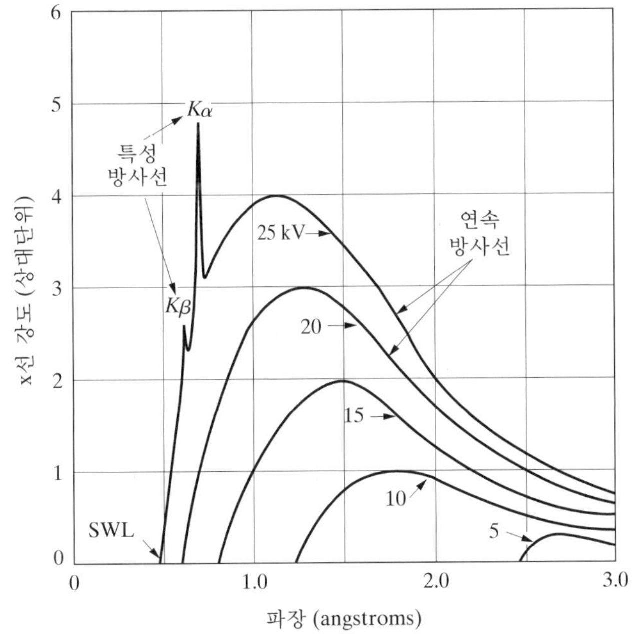

그림 1-4 인가전압의 함수로 나타낸 몰리브덴의 x선 스펙트럼(개략도). 선폭은 비율로 그린 것이 아님

length limit: λ_{SWL})라 하며, 최고점까지 매우 빠르게 상승하고, 이후에 감소한다. 장파장 영역에서는 명확한 끝이 없다. x선 관의 전압을 올릴 때, 모든 파장의 x선 강도는 증가하고 단파장 한계(λ_{SWL})와 최대강도(Position of the maximum shift)의 위치는 둘 다 단파장 쪽으로 이동한다. 몰리브덴 타깃(molybdenum target)의 예에서, 20 kV 이하의 전압에 대응하는, 그림 1-4의 완만한 곡선을 고찰하자. 그러한 곡선으로 나타나는 x선은 **다색**(polychromatic), **연속**(continuous), 혹은 **백색**(white) x선이라 하는데, 그 까닭은 백색광과 비슷하게 여러 파장의 x선으로 되어 있기 때문이다. 백색 x선은 braking radiation이라는 뜻의 독일어로, Bremsstrahlung이라고도 하는데, 그 까닭은 전자의 감속으로 발생하기 때문이다.

앞서 설명한 바와 같이 감속하는 전자는 모두 에너지를 방출하기 때문에, 연속 x선은 타깃에 충돌하는 전자의 급격한 감속으로 발생한다. 그러나 모든 전자가 같은 방식으로 감속하는 것은 아니다. 어떤 것은 단 한 번의 충돌로 모든 에너지를 방출하고 정지하지만, 이와는 달리 다른 것은 타깃의 원자를 만나서, 이렇게 저렇게 방향을 바꾸며 완전히 소모할 때까지 계속하여 총 운동에너지를 조금씩 잃는다. 단 한 번의 충돌로 모든 에너지를 잃고 정지하는 전자는 에너지가 최대인 광자를 생성하며, 가장 짧은 파장의 x선을 발생한다. 이러한 전자는 모든 에너지(eV)를 광자에너지로 전환하고, 그 결과

$$eV = h\nu_{max}$$

$$\lambda_{SWL} = \lambda_{min} = \frac{c}{\nu_{max}} = \frac{hc}{eV}$$

$$\lambda_{SWL} = \frac{(6.626 \times 10^{-34})(2.998 \times 10^{3})}{(1.602 \times 10^{-19})V} \text{ meter}$$

$$\lambda_{SWL} = \frac{12.40 \times 10^{3}}{V} \tag{1-4}$$

이다. 이 식은 단파장 한계를 (옹스트롬 단위로) 인가전압의 함수로서 준다. 만일 전자가 한 번의 충돌에서 완전히 정지하지 않고, 이 전자의 속도가 단지 일부 감소하는, 약간 빗기는 충돌을 겪는다면, 일부의 에너지(eV)만 방사선으로 방출하고, 이때 생긴 광자의 에너지는 $h\nu_{max}$보다 작다. 파동의 운동으로 볼 때, 이때 발생한 x선은 진동수는 ν_{max}보다 낮고, 파장은 λ_{SWL}보다 길다. 범위가 λ_{SWL}에서 위로 걸치는 파장의 전체는 연속스펙트럼을 구성한다. 인가전압을 올리면, 그림 1-4의 곡선은 더 높아지고 왼쪽으로 이동하는데, 왜냐하면 1초마다 생기는 광자의 수와 한 개 광자의 평균에너지가 둘 다 증가하기 때문이다. 1초마다 방출하는 총 x선 에너지는 그림 1-4의 곡선에서 보여주는 것과 같이 곡선 아래 면적에 비례하고, 타깃의 원자번호 Z와 관의 전류 i에 의존하고, 그 전류는 1초에 타깃에 충돌하는 전자의 수를 측정한 것이다. 이 모든 x선 강도는

$$I_{\text{cont. spectrum}} = AiZV^m \tag{1-5}$$

이고, 여기서 A는 비례상수이고 m은 상수로 약 2이다(이 식에 관한 자세한 논의는 [1-2]를 보라. 다른 문헌, 즉 [G.1]에서는 약간 다른 식을 인용하는 것에 주의하라). 그러므로 많은 양의 백색광을 원하는 곳에서는 텅스텐($Z = 74$)과 같은 중금속을 타깃으로 사용하고 가능한 전압을 높이는 것이 필요하다. 타깃물질은 x선 강도에 영향을 미치나 연속 x선의 스펙트럼 분포에는 영향을 미치지 못한다는 것을 주목하라.

1-4 특성스펙트럼

x선 관의 전압을 특정 임계치보다 높이면 연속스펙트럼에 겹쳐서, 타깃물질에 특유한, 매우 뚜렷한 강도의 극대가 나타난다. 이 극대는 폭이 매우 좁기 때문에, 파장이 사용한 타깃 금속에 고유하기 때문에 **특성선**(characteristic lines)이라 한다. 이 선은 여러 조로 나뉘는데, 파장이 짧은 쪽에서 긴 쪽으로 순서대로 K, L, M들로 하고, 이 선 모두 함께 타깃으로 사용한 금속의 **특성스펙트럼**(characteristic spectrum)을 형성한다. 몰리브덴 타깃에서, K선은 파장이 0.7 Å이고, L선은 약 5 Å이며 M선은 더욱더 길다. 대개 K선만 x선 회절에서 유용한데, 그 까닭은 더 긴 파장의 선은 심하게 흡수하기 때문이다. 이 선은 $K\alpha_1$, $K\alpha_2$, $K\alpha_1$이고, 몰리브덴에서 파장은 대략 다음과 같다.

$K\alpha_1$: 0.709 Å
$K\alpha_2$: 0.71
$K\beta_1$: 0.632

α_1과 α_2는 파장이 서로 너무 가까이 있어 보통 별개의 선으로 분해할 수는 없다. 분해가 가능한 경우 $K\alpha$ **이중선**($K\alpha$ doublet)이라 하고, 만일 분해할 수 없으면, 간단히 **$K\alpha$선**($K\alpha$ line)[2)]이라고 한다. 비슷하게 $K\beta_1$을 보통 아래 첨자를 생략하고 $K\beta$라고 한다. $K\alpha_1$의 강도는 항상 $K\alpha_2$의 2배만큼 강하고, 이와 달리 $K\alpha_1$과 $K\beta_1$ 강도의 비는 원자번호에 따라 다르지만 평균하면 약 5/1이다.

이 특성선은 그림 1-4의 곡선 맨 위에 보인다. 임계 K **여기전압**(excitation voltage), 즉 K 특성 방사선을 여기하는 데 필요한 전압은, 몰리브덴에서 20.01 kV이므로, 그림 1-4에서 아래 곡선에서는 K선이 보이지 않는다. 전압을 임계 전압치보다 높이면 특성스펙트럼의 강도는 연속스펙트럼

2) 분해하지 않은 $K\alpha$ 이중선의 파장은 일반적으로 이 성분의 파장을 가중 평균한 것으로 정하는데, $K\alpha_1$은 2배나 강하기 때문에 가중치가 $K\alpha_2$의 2배이다. 그러므로 분해하지 않은 Mo $K\alpha$선의 파장은

$$\tfrac{1}{3}(2 \times 0.709 + 0.714) = 0.711\,\text{Å}$$

이다.

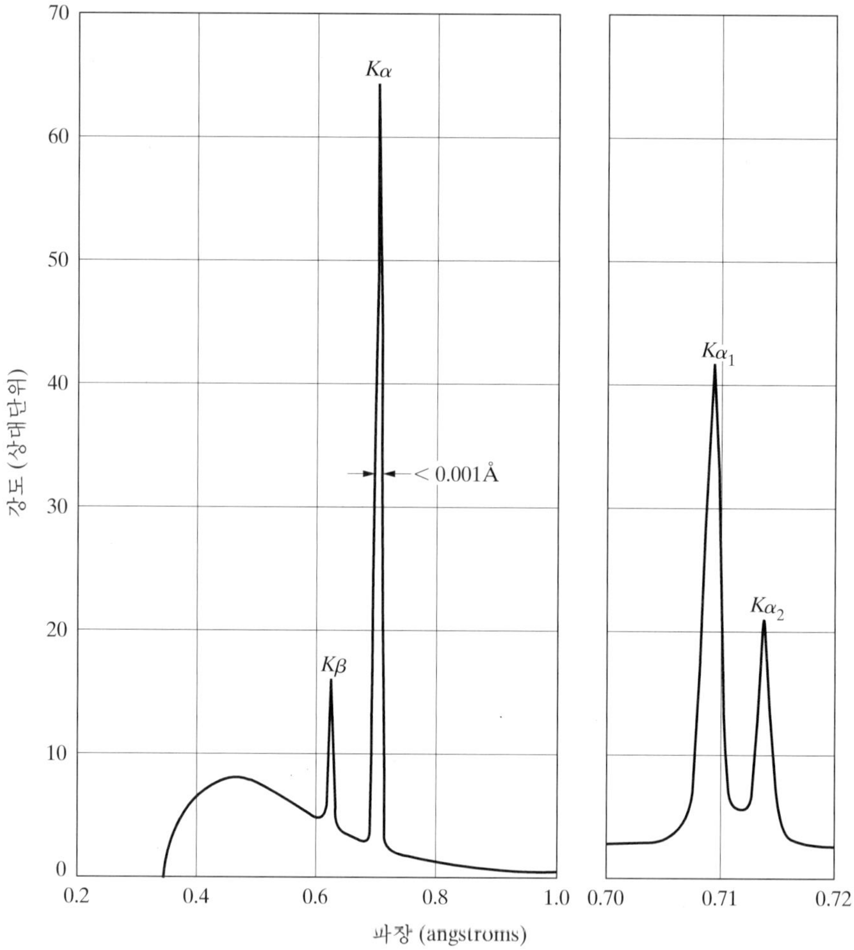

그림 1-5 35 kV에서 Mo의 스펙트럼. 선폭은 비율로 그린 것이 아님. 분리한 $K\alpha$ 이중선을 오른쪽에서 확대한 파장 눈금으로 나타내었다.

에 비하여 증가하지만 **파장은 다르지 않다**. 그림 1-5는 전압이 35 kV일 때 몰리브덴의 스펙트럼을 그림 1-4와 비교하여 압축한 수직 눈금으로 보여준다. 전압을 높이면 연속스펙트럼은 한층 더 짧은 파장으로 이동하고 *K*선의 강도는 연속스펙트럼에 비하여 증가하나 파장의 변화는 없다.

연속선 위에서 측정한, 어떤 특성선의 강도도 x선 관의 전류 *i*와 그 선의 임계 여기전압을 초과하는 인가전압 *V*의 양에 모두 의존한다. *K*선의 강도는 대략

$$I_{K\text{line}} = Bi(V - V_K)^n \tag{1-6}$$

인데, 여기서 *B*는 비례상수이고, V_K는 여기전압 *K*, *n*은 약 1.5 정도의 상수이다(실제로 *n*은 일정한 상수가 아니라 x선 관 물질에 따라 다르고, 값은 1과 2 사이이며 평균 1.6 정도이다[1.3]). 특성선의 강

도는 대단히 크다: 예를 들면, 30 kV에서 작동하는 Cu 타깃에서 발생한 방사선에서, $K\alpha$선은 강도가 연속스펙트럼에서 그 선에 바로 인접한 파장의 약 90배이다. 매우 강한 것 말고도, 그림 1-5에 나타낸 것처럼, 특성선은 폭이 좁으며, 거의 모든 이 선은 최대강도의 반에서 측정하여 그 폭이 0.001 Å보다 작다. 이렇게 강하고 예리한 $K\alpha$선이 있어서 대단히 강한 x선 회절이 가능한데, 왜냐하면 많은 회절 실험에서는 단색이거나 거의 단색인 방사선의 사용이 필요하기 때문이다.

특성 x선은 W. H. Bragg[1.4]가 발견하였고, H. G. Moseley가 체계화하였다[1.5]. Moseley는 특성선의 파장이 타깃물질의 원자번호가 커지면 짧아지는 것을 발견하였다. 특히, 후자는 진동수 ν의 제곱근과 원자번호 Z 사이에 1차함수의 관계(Moseley's law)가 있음을 알아내었다:

$$\sqrt{\nu} = C(Z - \sigma) \tag{1-7}$$

여기서 C와 σ는 상수이다. $K\alpha_1$과 $L\alpha_1$ 선에서 이 관계가 그림 1-6에 나오는데, $L\alpha_1$은 L 계열에서 가장 강한 선이다. 이 곡선은 부수적으로 L선이 언제나 장파장이지 않다는 것을 보여준다: 예를 들어, 텅스텐(W) 같은 중금속의 $L\alpha_1$선은 약 1.5 Å으로 구리(Cu)에 대한 $K\alpha_1$의 파장과 비슷하다. 알려진 거의 모든 원소의 특성 x선의 파장을 주로 M. Siegbahn과 그의 공동 연구자가 정확하게 측정하였고, K선과 L 계열의 가장 강한 선의 파장을 실은 표가 부록 7에 있다. 좀더 약한 특성선

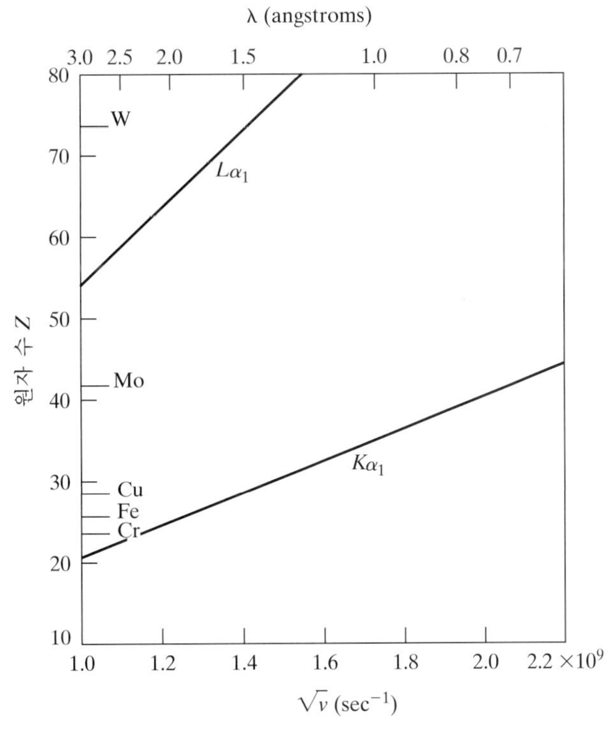

그림 1-6 두 개의 특성선에서 $\sqrt{\nu}$와 Z 사이 Moseley의 관계

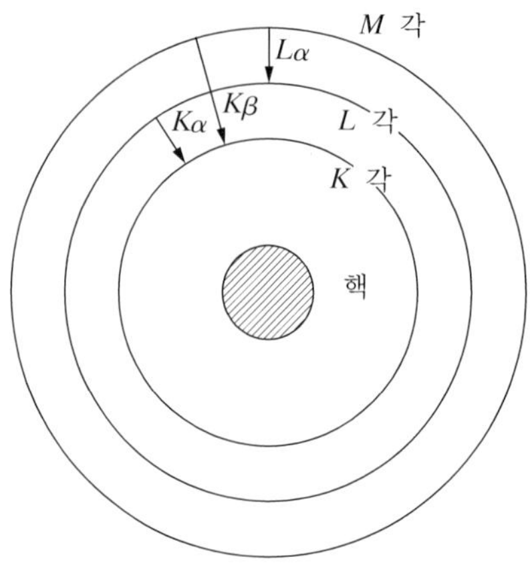

그림 1-7 한 원자에서 전자 전이(개략도). 방사과정을 화살표로 나타냄

의 자료를 International Tables for X-Ray Crystallography의 Vol. C[G.1]에서 찾을 수 있다.

연속스펙트럼은 전자가 타깃에 충돌하여 급격히 감속하면서 발생하지만, 특성스펙트럼의 원인은 타깃물질 자체의 원자에 있다. 이 현상을 이해하기 위해서는, 여러 각(그림 1-7)에 놓인 전자로 둘러싸인 중심 원자핵으로 되어 있는 한 원자를 고찰하는 것으로 충분한데, 여기서 명칭 $K, L, M, \ldots$ 은 주양자수 $n = 1, 2, 3, \ldots$에 대응한다. 만일 타깃에 충돌하는 전자들 가운데 하나가 에너지가 충분하다면, 그 전자는 K 각에서 전자를 때려낼 수 있고, 그 원자를 들뜬 높은 에너지 상태로 남길 것이다. 외각의 전자들의 하나는 바로 K 각의 빈자리로 떨어지며, 그 과정에서 에너지를 방출하며, 원자는 다시 한 번 정상적인 에너지 상태가 된다. 이때 방출한 에너지는 일정한 파장의 방사선 형태로 있고, 이것이 특성 K 방사선이다.

K 각의 빈자리를 외각들의 어느 하나에서 온 한 개의 전자가 채울 수 있고, 따라서 한 계열의 K선이 발생한다. 예를 들면, $K\alpha$선과 $K\beta$선은 K 각의 빈자리를 각각 L 각이나 M 각에서 채울 때 생긴다. K 각의 빈자리는 L 각이나 M 각의 어느 하나에서 채울 수 있으므로, 타깃의 한 개의 원자가 $K\alpha$ 방사선을 방출할 수 있다면, 이웃 원자는 $K\beta$를 방출할 수 있다. 하지만, K 각 빈자리를 M 전자보다 L 전자가 채울 확률이 더 높고, 그 결과 $K\alpha$선의 강도는 $K\beta$선의 강도보다 높다. 그리고 그 결과로 당연히 한 개의 K선만 여기하고 다른 방사선이 나오지 않게 할 수는 없다. L선도 비슷한 방식으로 생겨난다. 한 전자가 L 각에서 떨어져 나오고 그 빈자리를 어떤 외각의 한 전자가 채운다.

특성 방사선의 특정 임계전압이 존재하는 것은 충돌을 당하는 원자의, 뚜렷하게 경계가 난 전자각과 관계가 있다. 예로서, x선 관의 전압이 충돌하는 전자에 충분한 에너지를 주어 타깃 원자의 K 각에서 한 개의 전자를 쫓아내지 못하는 한, K 방사선은 여기할 수 없다. 만일 W_K를 K 전자를 쫓아내는 데 필요한 일이라고 하면, 필요한 운동에너지는

$$\frac{1}{2}mv^2 = W_K \tag{1-8}$$

이다. L 전자는 K 전자보다 원자핵의 바깥쪽에 있기 때문에, L 전자를 떼어내는 데에서 K 전자보다 더 작은 에너지가 필요하다: 따라서 당연히 L선의 여기전압은 K선의 여기전압보다 작고 K 특성 방사선은 반드시 L, M 특성 방사선을 수반한다.

1-5 흡수

원자 안에서 일어나는 전자 전이를 더 잘 이해하려면 원자와 전자의 상호작용뿐만 아니라, x선과 원자의 상호작용도 고찰해야 한다. x선이 어떤 형태의 물질과 만나면 일부는 투과하고 일부는 흡수한다. 강도 I인 x선이 균일한 물질을 통과할 때 강도의 감소 부분은 물질을 가로지른 거리 x에 비례한다는 것을 일찍이 Röntgen이 확립하였다[1.1]. 미분식으로

$$-\frac{dI}{I} = \mu \quad dx \tag{1-9}$$

이고, 여기서 비례상수 μ는 **선형흡수계수**(linear absorption coefficient)이다. 이 상수는 고찰하는 물질의 종류, 밀도, x선의 파장 등에 의존한다. 식 (1-9)를 적분하면

$$I_x = e^{-\mu x} \tag{1-10}$$

이고, 여기서 I_0는 입사 x선의 강도이고 I_x는 두께 x를 통과한 뒤 x선의 강도이다.

선형흡수계수 μ는 밀도 ρ에 비례하고, 그것은 μ/ρ는 재료상수이고 물리적 상태(고체, 액체, 기체)와 무관하다는 것을 뜻한다. 이 값은 **질량흡수계수**(mass absorption coefficient)이며, 보통 표로 실려 있는 것이다. 그러면 식 (1-10)을 더 유용한 형태로 다시 쓸 수 있다:

$$I_x = I_0 e^{-(\mu/\rho)\rho x} \tag{1-11}$$

x선 회절에 자주 사용하는 여러 특성 파장의 질량흡수계수 μ/ρ 값은 부록 8에, 다른 파장은 International Tables for X-Ray Crystallography [G.1]에 나온다.

때때로 두 종류 이상의 원소를 함유한 물질의 질량흡수계수를 알아야 할 필요가 있다. 그 물질이 기계적 혼합물, 용액이나 화합물이든지간에, 그리고 그것이 고체, 액체나 기체의 상태에 있든지간에, 이것의 질량흡수계수는 간단히 구성 원소의 질량흡수계수를 가중 평균한 값이다. 만일 w_1, w_2들이 그 물질에서 원소 1, 2들의 무게분율이고, $(\mu/\rho)_1$, $(\mu/\rho)_2$들이 그 원소의 질량흡수계수라고 하면, 그 물질의 질량흡수계수는

$$\frac{\mu}{\rho} = w_1\left(\frac{\mu}{\rho}\right)_1 + w_2\left(\frac{\mu}{\rho}\right)_2 + \cdots \tag{1-12}$$

이다.

흡수계수가 파장에 따라 변하는 방식은 x선과 원자 사이의 상호작용에 관한 실마리를 준다. 그림 1-8의 아래 곡선은 니켈 흡수체의 이러한 변화를 보여준다. 이 변화는 모든 물질을 대표한다. 곡선은 **흡수단**(absorption edge)이라 하는 매우 예리한 불연속선이 나눈 두 개의 비슷한 가지(branch)로 되어 있다. 이 두 가지는 대략 아래의 관계식에 따라서 파장에 따라 흡수계수가 변한다.

$$\frac{\mu}{\rho} = k\lambda^3 Z^3 \tag{1-13}$$

여기서 k는 곡선의 각 가지에서 값이 다른 상수이고 Z는 흡수물질의 원자번호이다. 그러므로 파장이 짧은 x선은 물질을 잘 투과하며 **경질**(hard)이라 하지만, 파장이 긴 x선은 물질에 쉽게 흡수를 일으키며 **연질**(soft)이라 한다.

물질은 x선을 두 개의 독특한 방식, 즉 산란(scattering)과 진흡수(true absorption)로 흡수하고, 이 두 과정은 함께 μ/ρ 양으로 결정하는 총 흡수를 구성한다. 원자에서 x선의 **산란**은 공기 중의 먼지에서 빛의 산란과 유사하다. x선 산란은 모든 방향으로 일어나고, 산란빔에서 에너지는 투과빔에서 나타나지 않기 때문에, 투과빔에 관한 한 흡수한다고 할 수 있다(그림 1-9). 산란 현상은 4장에서 더 자세하게 논의할 것이다. 여기서는 아주 가벼운 원소를 제외하고 x선 회절에서 사용하

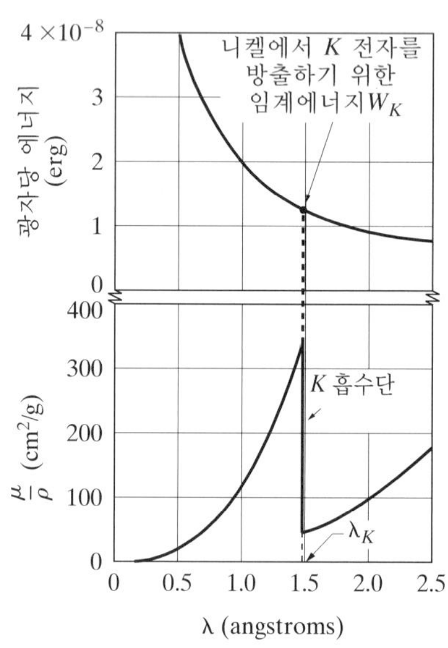

그림 1-8 파장에 따른 x선 양자 대 에너지와 니켈의 질량흡수계수의 변화

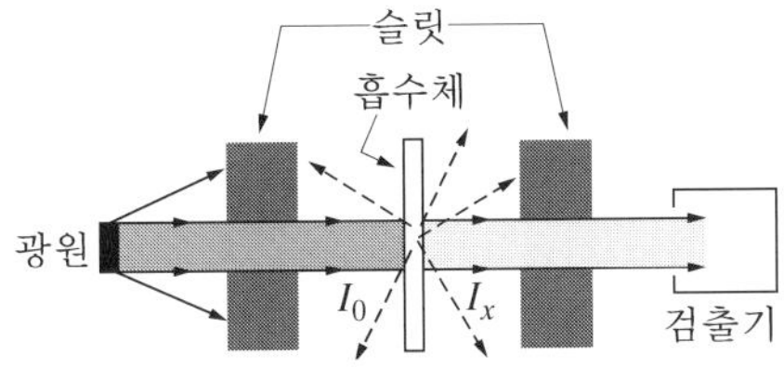

그림 1-9 흡수를 측정하기 위한 실험 배치. 폭이 좁은 슬릿이나 핀홀은 빔의 윤곽을 정한다. 검출기는 흡수체를 제거할 때 입사빔의 강도 I_o를 측정하며 흡수체가 자리에 있을 때는 투과빔의 강도 I_x를 측정한다. 산란 방사선(파선)은 시료에 흡수한 에너지를 나타내지 않지만, 빔에서 없어진 에너지를 구성하며, 따라서 계수 μ/ρ로 나타내는 총 흡수의 일부를 만든다.

는 파장의 범위에서 산란은 x선의 총 흡수에서 일부만 차지한다는 것을 아는 것만으로 충분하다. **진흡수**(true absorption)는 원자 안에서 전자의 전이로 발생하는데, 이 흡수는 양자론으로 가장 잘 설명할 수 있다. 에너지가 충분한 전자가 원자에서 K 전자를 내쫓고 K 특성 x선을 방출하는 것과 같이 입사 x선의 양자도 W_K 에너지가 같은 최소량이면 그렇게 할 수 있다. 후자에서 방출전자를 **광전자**(photoelectron)라고 부르고 이때 방출 특성 방사선을 **형광방사선**(fluorescenct radiation)이라 부른다. 이 x선은 모든 방향으로 방사하며, 전자가 금속 타깃에 충돌할 때 나오는 특성 방사선과 파장이 같다(실제로 K 각에 빈자리를 가지는 원자는 빈자리가 어떠한 방법으로 생기는지에 무관함). 이 현상은 스펙트럼의 자외선 영역에서 일어나는 광전효과에 대응하는 짝이다: 광전자는 금속원자의 외각에서 방출하는데, 일정한 값보다 파장이 작은 자외선의 충돌로 튀어나간다.

입사 양자의 에너지가 어떤 한 값 W_K를 초과해야 한다고 말하는 것은 파장이 어떤 한 값 λ_K보다 짧아야 한다고 말하는 것과 같은데, 그 까닭은 양자 한 개의 에너지는 $h\nu$이고 파장은 주파수에 반비례하기 때문이다. 이 관계식은

$$W_K = h\nu_K = \frac{hc}{\lambda_K} \tag{1-14}$$

로 쓸 수 있다. 여기서 ν_K와 λ_K는 각각 K 흡수단의 진동수와 파장이다. 위에 비추어서 그림 1-8의 흡수곡선을 고찰하자. 지금 파장이 2.5 Å인 x선이 니켈 금속판에 입사하고, 이 파장은 계속하여 짧아진다고 하자. 흡수계수는 처음에는 약 180 cm^2/g이지만, 파장이 감소하면서 주파수는 증가하고, 상부 곡선에서 보듯이 양자 한 개의 에너지도 그렇게 되어서, 그 결과 흡수계수를 감소하게 하는데, 그 까닭은 입사 x선은 에너지가 커질수록 흡수체를 더욱 쉽게 투과하기 때문이다. 파장이 니켈의 임계치인 λ_K의 1.488 Å까지 감소하면, 흡수계수는 8배 가량 갑자기 증가한다. 이때 진 K 흡수가 일어나고 많은 양의 입사 광양자가 간단히 사라지는데, 그 에너지가 형광과 방출 광전자의 운동에너지로 전환하기 때문이다. 에너지는 과정에서 보존하기 때문에, 그 결과 형광 x선의 양자 한 개에 해당하는 에너지는 입사 x선의 양자의 에너지보다 작아야 하거나, K 흡수단(absorption edge)의 파장 λ_K는 어느 특성 x선의 파장보다 짧아야 한다(위에서 이미 언급한 μ/ρ에서

8배 증가는 식 (1-11)의 지수적인 성질 때문에 생기는 투과강도에서 굉장한 감소를 뜻한다. 만일 특정한 한 니켈판의 투과율 I_x/I_0가 λ_K보다 약간 긴 파장에서 0.1이면, 약간 더 짧은 파장에서 이 값은 10^{-8} 밖에 안 된다).

입사빔의 파장이 λ_K보다 짧아지면, 비록 *K* 특성선과 광전자는 계속 생길지라도, 흡수계수는 다시 감소한다. 예컨대 파장 1.0 Å에서, 입사 광양자는 에너지가 니켈의 *K* 각에서 전자를 쫓아내기에 충분한 것보다 더 많다. 그러나 양자가 강력할수록, 흡수체를 바로 투과할 확률은 더 높고, 그 결과로 더욱더 적은 광자가 광전자를 방출하는 데 참여한다.

2.5 Å보다 긴 파장에서, 그림 1-8의 한계를 넘어서 니켈의 흡수곡선을 그리면, 그 밖의 다른 예리한 불연속이 드러난다. 그것은 *L*, *M*, *N* 등의 흡수단이다. 사실, 매우 가까운 거리에 있는 세 개의 *L* 흡수단(L_I, L_{II}, L_{III})과 다섯 개의 *M* 흡수단이 있다(그림 1-10). 불연속 각각은 원자에서 *L*, *M*, *N* 등의 전자를 방출하기에 충분한 에너지의 광자를 지닌 입사빔의 파장을 나타낸다. 예를 들면, 그림 1-8의 곡선에서 오른편 가지는 *K* 흡수단과 *L* 흡수단 사이에 놓인다. 이 파장 영역에서 입사 x선은 에너지가 니켈에서 *L*, *M* 등 전자를 방출하기에 충분하지만, *K* 전자를 방출하기에는 충분치 못하다. 흡수단의 파장은 흡수체의 원자번호에 따라 같은 방식으로 변하나, 특성 방출 파장과 같이, 즉 Moseley의 법칙에 따라, 정확하게 똑같지는 않다. *K*와 *L* 흡수단의 파장값은 부록 7에 있다.

흡수단의 측정값은 원자의 에너지 준위도를 작성하는 데 쓰일 수 있고, 이 그림은 특성선 파장을 계산하는 데도 쓸 수 있다. 예를 들어, 만일 중성원자의 에너지를 영으로 정의하면, 이온화한 원자의 에너지(여기상태의 원자)는 어떤 양의 부호인 양이 되는데, 그 까닭은 양전하의 원자핵에서 전자를 끌어낼 때 일을 해야 하기 때문이다. 만일 *K* 전자를 제거한다면, W_K에 상당한 일을 해야 하며, 원자는 *K* 에너지 상태에 있다고 말한다. 에너지 W_K는 *K* 흡수단의 파장에서 식 (1-14)로 계산할 수 있다. 이와 유사하게 *L*, *M* 등 상태의 에너지를 *L*, *M* 등 흡수단의 파장으로 계산

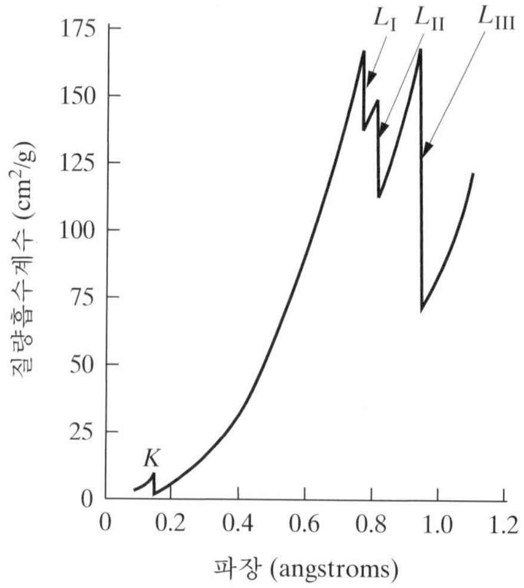

그림 1-10 납의 흡수계수, *K*와 *L*의 흡수단을 보여준다[1.6].

할 수 있고, 그 결과를 원자의 에너지 준위도의 모양으로 그릴 수 있다(그림 1-11).

비록 이 도해는 원자의 모든 준위의 하부구조를 제시하지 않는다는 점에서 간단히 한 것이지만, 기본 원리를 제시한다. 화살표는 **원자**의 전이를 보여주고, 그 결과 방향은 **전자**의 전이를 나타내는 그림 1-7의 화살표의 방향과 정반대이다. 만일 K 전자를 원자에서 제거한다면(입사전자이든 x선이든 간에) 원자는 K 상태로 올라간다. 만일 그 후 L 준위에서 K 준위로 빈자리를 메우기 위해 전자가 이동한다면, 그 원자는 K 상태에서 L 상태로 전이한다. $K\alpha_1$ 특성선의 방출이 이 전이를 수반하고, $K\alpha$ 방출을 표시하는 화살표를 이에 따라 K 상태에서 L 상태까지 그린다.

그림 1-11은 특성 방사선의 파장을 어떻게 계산할 수 있는지 명확하게 보여주는데, 그 까닭은 두 상태 사이 에너지 차이는 $h\nu$와 같기 때문이고, 여기서 ν는 원자가 한 상태에서 다른 상태로 전이할 때 나오는 빛의 진동수이다. 예를 들어 $K\alpha_1$ 특성선을 고찰하자. 원자의 'L 준위'는 실제로 가까운 거리에 있는 세 개의 준위($L_{\text{I}}, L_{\text{II}}, L_{\text{III}}$) 모임이고, $K\alpha_1$선의 방출은 $K \to L_{\text{III}}$ 전이 때문이다. 그 결과 이 선의 진동수 $\nu_{K\alpha_1}$ 은 다음 식으로 나타내는데,

$$h\nu_{K\alpha_1} = W_K - W_{L_{\text{III}}}$$

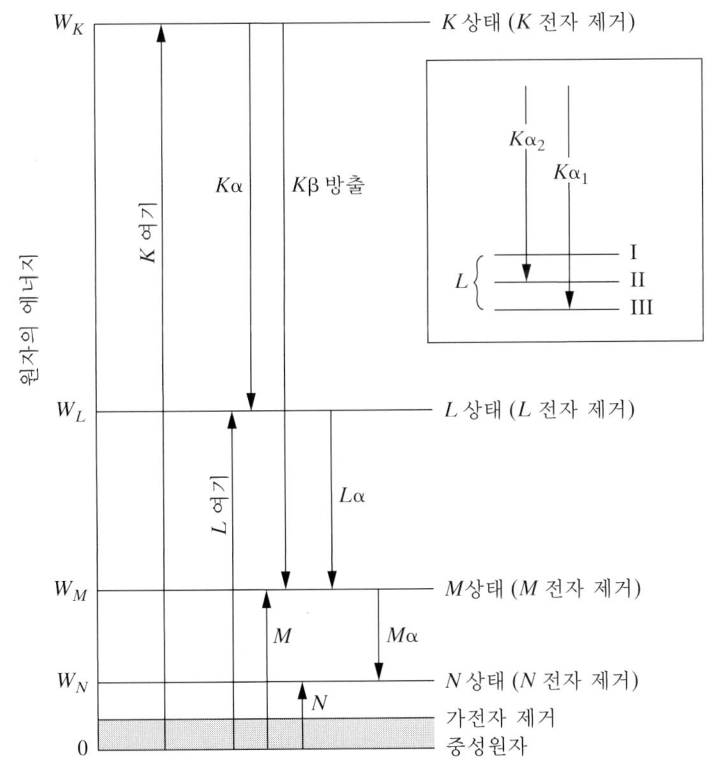

그림 1-11 원자에너지 준위(개략도). 여기와 방출 과정을 화살표로 나타냄. 오른쪽 위에 삽입한 그림은 ***L*** 상태의 세부구조를 나타낸다. Barrett[1.7]에서.

$$h\nu_{K\alpha_1} = h\nu_K - h\nu_{L_{III}}$$

$$\frac{1}{\lambda_{K\alpha_1}} = \frac{1}{\lambda_K} - \frac{1}{\lambda_{L_{III}}} \tag{1-15}$$

이고, 여기서 아래 첨자 K와 L_{III}은 흡수단과 관계가 있고, $K\alpha_1$은 방출선이다.

여기전압을 식 (1-4)와 비슷한 관계를 사용하여 계산할 수 있다. 예를 들면, x선 관의 타깃에서 K 방사선을 여기하려면, 충돌하는 전자는 W_K와 같은 에너지를 가져야 한다. 그러므로

$$eV_K = W_K = h\nu_K = \frac{hc}{\lambda_K}$$

$$V_K = \frac{hc}{e\lambda_K}$$

$$V_K = \frac{12.40 \times 10^3}{\lambda_K} \tag{1-16}$$

이고, 여기서 V_K는 여기전압이고 λ_K는 흡수단의 파장(옹스트롬으로)이다.

그림 1-12는 위에서 전개한 관계의 일부를 요약한다. 이 곡선은 연속스펙트럼의 단파장 한계를 인가전압의 함수로 나타낸다. 식 (1-4)와 (1-16) 사이의 비슷한 관계 때문에, 이 같은 곡선은 흡수단의 파장에서 임계 여기전압을 결정할 수 있게 한다.

앞선 두 절에서, 모든 원자에 빈자리가 있다. 예를 들면, K 각은 항상 K 방사선을 방사한다는 것을 추론할 수 있을 것이다. 그건 그렇지 않다. K 각 빈자리가 있는 원자는 이온화한 높은 에너지 상태에 있다. 이 원자는 과잉에너지를 잃고, 두 가지 방식으로 정상 상태로 되돌아 갈 수 있다:

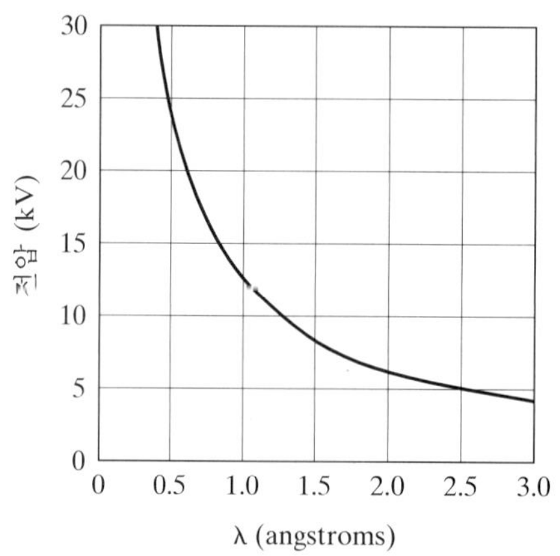

그림 1-12 x선 관에 걸린 전압과 연속스펙트럼의 단파장 한계 사이의 관계와 임의의 금속의 임계 여기전압과 흡수단의 파장 사이의 관계

(1) K 방사선을 방사하여(특성 방사선의 '정상적인' 발생), 혹은 (2) 한 전자를 방출하여(Auger 현상 [1.8, 1.9]) Auger 과정에서 K 각 빈자리는 가령, L_{II} 준위가 채운다. 그 결과로 생긴 K 방사선은 원자에서 빠져나가지 못하지만 가령, L_{II} 각에서 전자를 방출한다. **Auger 전자**라 부르는 방출전자는 운동에너지가 K 각과 L_{II} 각의 에너지 차이에 관련이 있다.

Auger 효과는 결코 사소한 것이 아니다. 실제로 원자번호 31(Ga) 이하인 원자는 x선을 방출하기보다는 Auger 전자를 방출할 수 있다. Auger 작용이 일어날 가능성은, K 각에서 정의한 형광이득(fluorescence yield) ω,

$$\omega_K = \frac{K\text{ 방사선을 내는 원자의 수}}{K\text{ 각 빈자리가 있는 원자의 수}} \tag{1-17}$$

으로 구할 수 있다(빈자리는 입사 x선이 일으키든지, 전자가 일으키든지 간에 이 양을 **형광이득**이라 한다). 일부의 ω_K의 값은 Mg($Z = 12$)에서 0.03이고 Cu($Z = 29$)에서 0.41, Mo($Z = 42$)에서 0.77이다 [G.2, p. 131]. Auger 현상이 일어날 확률($1 - \omega_K$)은 Mg에서 97%, Mo에서 23%이다.

Auger 전자와 같이 중간 정도 에너지의 전자는 고체 내에서 아주 멀리 이동할 수 없고, 고체 시편의 원자에서 방출한 Auger 전자는 원자가 표면에서 약 10 Å 이내에 있지 않는 한 고체 시편에서 탈출할 수 없다. 빠져나온 전자는 에너지가 모원자의 에너지 준위 사이의 차에 관계가 있다. 즉, 이 운동에너지는 원자의 특성이다. 여러 수단이 이 에너지를 측정하는 데 사용 가능하고, 촉매, 부식, 표면에서 불순물 편석(segregation)들을 연구하는 데 사용하는 **Auger 전자 분광법**(Auger electron spectroscopy)이라 하는 매우 얇은 표면층의 화학 분석을 위한 한 방법을 제공한다.

1-6 필터

많은 x선 회절 실험에는 가능한 단색에 가까운 방사선이 필요하다. 하지만 V_K보다 높은 전압에서 작동하는 x선 관에서 나오는 x선은 강한 $K\alpha$선은 물론, 더 약한 $K\beta$선과 연속스펙트럼도 포함한다. K 흡수단(K absorption edge)이 타깃물질의 $K\alpha$선과 $K\beta$선의 파장 중간에 있는 재료로 만든 필터를 빔이 통과하면, $K\alpha$선의 강도에 비해 이러한 원하지 않는 성분의 강도가 감소할 수 있다. Z가 30 부근인 금속에서, 그러한 재료는 원자번호가 타깃 금속의 것보다 하나 작을 것이다.

이 두 파장 사이에서 흡수계수가 급격하기 변하기 때문에, 그렇게 선택한 필터는 $K\alpha$선보다 $K\beta$선을 더 강하게 흡수한다. 필터의 효과가 그림 1-13에서 나오는데, 구리 타깃($Z = 29$)에서 나온 필터하지 않은 빔과 필터한 빔의 스펙트럼 일부가 니켈 필터($Z = 28$)의 질량흡수계수의 곡선과 함께 있다.

필터가 두꺼울수록, 투과빔에서 $K\beta$와 $K\alpha$의 강도비는 더 작아진다. 하지만 필터가 아무리 두꺼워도, $K\beta$선을 완벽하게 필터할 수는 없기 때문에, 사용자는 수반하는 $K\alpha$선의 피할 수 없는 강

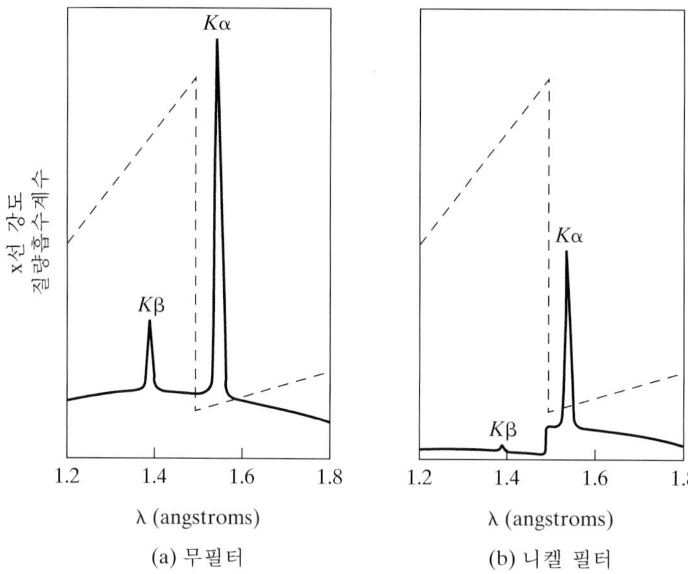

그림 1-13 니켈 필터를 (a) 통과하기 전과 (b) 통과한 후 구리 방사선 스펙트럼의 비교(개략도). 파선은 니켈의 질량흡수계수이다.

도의 감소를 최소로 하는 범위에서 $K\beta$선을 적당히 억제하여야 한다. 실제에서는 $K\alpha$선의 강도가 처음 강도에 비해 약 반으로 줄면, $K\beta$와 $K\alpha$의 비는 입사빔에서 약 1/9에서 투과빔에서 약 1/500까지 줄어든다. 이 수준은 대부분의 목적을 위해 충분히 낮다. 표 1.1은 흔한 타깃과 함께 사용하는 필터, 필요한 두께, $K\alpha$선의 투과율을 보여준다. 필터 재료들은 대부분 얇은 박(foil) 모양으로 쓰인다. 만일 지정한 금속을 안정한 박의 모양으로 얻는 것이 가능하지 않으면, 그 금속의 산화물이 쓰일 수 있다. 분말의 금속 산화물을 적당한 결합제와 혼합하고 뒷대는 종이 위에 얇게

표 1.1 $K\beta$ 방사선을 억제하기 위한 필터

타깃	필터	입사빔* $\frac{I(K\alpha)}{I(K\beta)}$	투과빔에서 $\frac{I(K\alpha)}{I(K\beta)}=\frac{500}{1}$ 을 위한 필터두께		$\frac{I(K\alpha)\ 투과}{I(K\beta)\ 입사}$
			mg/cm^2	in	
Mo	Zr	5.4	77	0.0046	0.29
Cu	Ni	7.5	18	0.0008	0.42
Co	Fe	9.4	14	0.0007	0.46
Fe	Mn	9.0	12	0.0007	0.48
Cr	V	8.5	10	0.0006	0.49

* 이것은 타깃에서 강도비이다 [G.1]. x선 관 바깥에서 이 비는 관에 있는 창, 0.01 inch(0.25 mm) 두께인 전형적인 베릴륨에서 $K\alpha$와 $K\beta$의 차별적인 흡수로 약간 변할 수 있다.

바르는데, 단위면적당 필요한 금속의 질량이 표 1.1에 있다.

1-7 X선의 발생

고속전자가 금속 타깃에 충돌할 때마다 x선이 발생하므로, x선 관(x-ray tube)은 (a) 전자 발생원, (b) 높은 가속전압, (c) 금속 타깃을 포함해야 한다. 더욱이, 전자의 대부분 운동에너지가 타깃 내에서 열로 전환하기 때문에, 타깃은 용해하지 않도록 언제나 물로 냉각한다.

모든 x선 관은 두 개의 전극을 포함하는데, 몇 개의 예외가 있지만, 양극(금속 타깃)은 접지해 있고, 회절작업을 위해 음극은 보통 30,000 ~ 50,000 V 정도의 높은 음전압이 걸려 있다. x선 관은 전자의 발생 방식에 따라서 두 가지 종류로 나뉜다: 소량의 기체(부분진공으로 된 관 내에 있는 잔류 기체)의 이온화로 전자를 발생하는 가스관(gas tube)과 전자 발생원이 가열 필라멘트인 필라멘트관(filament tube).

가스관

가스관은 Röntgen이 사용한 최초의 x선 관과 유사하다. 현재는 쓰이지 않는다.

필라멘트관

필라멘트관은 1913년 Coolidge가 발명하였다[1.10]. 이 관은 진공인 유리관으로 되어 있고, 유리관은 한쪽 끝에 있는 양극에서 다른 끝에 있는 음극을 절연하며, 음극은 텅스텐(W) 필라멘트이고, 양극은 물로 냉각하는 구리 블록이며, 이 블록은 한 끝에 작은 삽입물로서 원하는 티깃 금속을 포함한다. 그림 1-14는 그러한 관의 사진이고 그림 1-15는 내부구조를 보여준다. 고전압 변압기의 한 도선은 필라멘트에 접속하여 있고 다른 하나는 접지하여 있고, 타깃은 자체 수냉 연결로 접지하여 있다. 필라멘트는 약 3 amp의 **필라멘트 전류**(filament current)로 가열하여 전자를 방출하는데, 전자는 관에 걸린 높은 전압으로 타깃에 급속히 끌려간다. 필라멘트 주변에는 필라멘트와 같이 높은 (음)전압이 걸려 있는 작은 금속 컵이 있다: 그 결과 컵은 전자를 쫓아내고 **초점**(focal spot)이라 부르는 타깃의 좁은 영역에 모이게 한다. x선은 초점에서 모든 방향으로 나오며, x선 관의 집에 있는 두 개 이상의 창을 통해 관에서 빠져나온다. 이 창은 진공이 세지 않게 해야 하지만, x선에 매우 투명해야 하기 때문에, 보통 창을 베릴륨(Be)으로 만든다.

전자 흐름은 한 방향으로만 일어나야 하기 때문에, x선 관에는 반드시 직류를 사용해야 한다고 생각할 수도 있으나, 실제로 x선 관 자체의 정류작용 때문에, 변압기와 같은 교류전원에서 실제로 x선 관이 작동하는 것이 가능하다. 필라멘트가 타깃에 대하여 음으로 되어 있는 반 주기(half-cycle)에서 전류가 존재한다. 그 반대의 반 주기에서 필라멘트는 양으로 되어 있으나, 단지

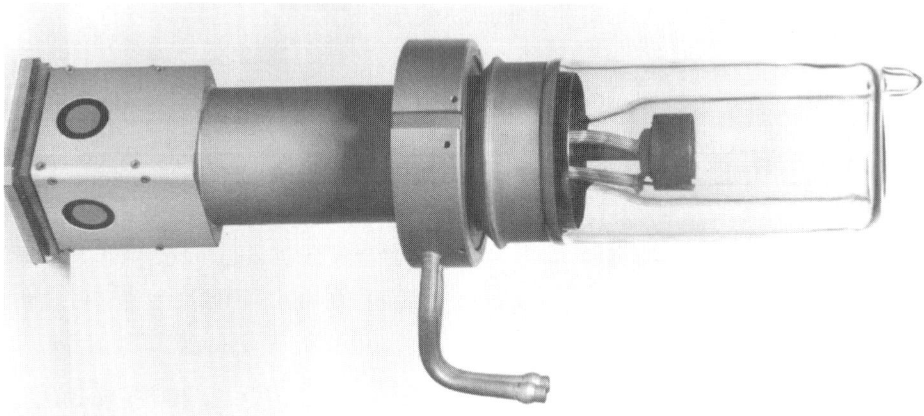

그림 1-14 봉입 x선 관. 중심에 있는 냉각수 관은 내부 도관과 연결되어 왼쪽 끝 양극에 이른다. 세 개의 창: 둘은 사각형 초점의 투사용이고 하나는 선형 초점의 투사용이다. 세 가지 크기인 초점이 이 관에서 사용 가능하다(A-5형): 1.2 × 12.5 mm, 0.75 × 12.5 mm, 0.45 × 12.5 mm. (Machlett Laboratories, Inc.의 호의)

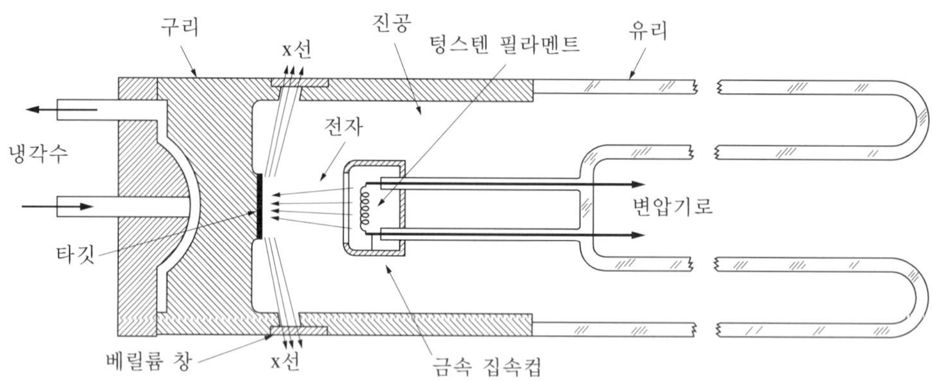

그림 1-15 봉입 x선 관의 횡단면(개략도)

필라멘트는 전자를 방출시킬 수 있을 만큼만 충분하게 뜨겁기 때문에, 어떤 전자도 흐를 수 없다. 따라서 비록 더 정교한 회로는 정류관, 평활축전기, 전압안정기를 포함하는 것이 지금은 기본이나, 그림 1-16에 나타낸 것과 같은 간단한 회로만으로도 많은 장치에서는 충분하다. 그림 1-16에서 관에 걸린 전압은 고전압 변압기의 1차 코일에 인가한 전압을 조절하는 자동변압기가 조절한다. 나타낸 전압계는 입력전압을 측정하지만, x선 관에 걸린 출력전압도 읽을 수 있도록 보통 이를 보정한다. 미소전류계(milliammeter)는 필라멘트에서 타깃으로 흐르는 전자의 흐름인 **관전류**(tube current)를 측정한다. 이 전류는 보통 10 ~ 25 mA 정도이며, 이를 필라멘트의 가감저항기로 조절할 수 있다. 이 가감저항기는 필라멘트 변압기의 출력전압을 조절한다. 이 전압은 필라멘트 전류를 결정하고 차례로 필라멘트의 온도와 초당 방출하는 전자의 수를 결정한다. 필라멘트에 단지 약 5 볼트를 거는 것이 필요하기 때문에, 비록 필라멘트 변압기는 저전압 내림변압기

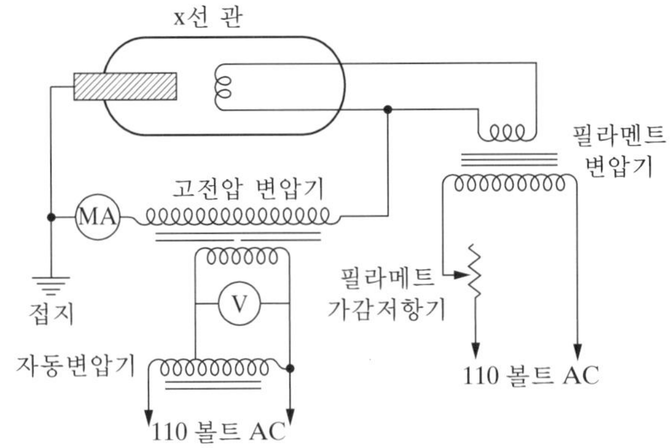

그림 1-16 자기정류 필라멘트관의 배선도

이지만, 그 자체 접지에 비해 높게 음전압에 있으며, 절연을 잘 해야 한다.

두 가지 종류의 필라멘트관이 있다: 밀봉형과 분해가능형. 밀봉형 관은 공장에서 진공으로 만들고, 밀봉한다. 고진공 펌프장치가 필요하지 않기 때문에 작동하기에 아주 쉬운 종류이다. 하지만, 이 관은 비싸다(필요한 타깃물질만큼 많은 관이 필요하다). 그리고 관의 수명을 필라멘트의 수명이 결정한다. 요즈음 특수한 목적을 위해서만 사용하는 분해가능형의 x선 관에서 필라멘트와 타깃은 모두 교환을 위해 접근할 수 있다. 타버린 필라멘트를 바꿀 수 있고 타깃을 원하는 대로 교체할 수 있다. 하지만, 분해가능형 관은 작동하는 동안 연속으로 펌프를 해야 하고, 원하는 진공을 얻기 위해서는 확산 펌프와 기계식 펌프가 둘 다 필요하다.

오래된 가스관은 작동하기가 까다롭기는 하나, 타깃물질은 다른 금속과 전혀 오염하지 않기 때문에 사용 가능한 가장 순수한 방사선을 얻을 수 있다는 장점이 있다. 또 한편으로 일부 텅스텐이 때때로 필라멘트에서 증발하여 타깃을 증착하기도 하면, 그 텅스텐은 타깃 금속 고유의 특성인 방사선은 물론 특성 L 방사선(텅스텐의 L 여기전압은 기껏해야 10,200 볼트이다)을 방출한다.

초점

x선 관의 초점의 크기와 모양은 가장 중요한 특성 중의 하나이다. 할 수 있는 범위 내에서, 전자 에너지를 타깃의 작은 부위로 집속하고 그렇게 하여 높은 유속(flux)의 x선(즉, x선 광원의 단위면적당 강도)을 만들기 위해 초점은 가능한 작아야 한다.

보통 필라멘트관의 필라멘트는 실제로 폭이 좁은 직사각형인 이른바 '선초점(line focus)'을 만들기 위해 나선형으로 감겨 있다(그림 1-17). 따라서 총 전자의 에너지는 다소 큰 초점 A에 걸쳐 퍼지고, 이런 일은 생긴 열을 방산하는 데 도움을 준다. 그래도 타깃에서 빔까지 작은 각 α에서 나오는 빔의 단면 B는 작은 정사각형이고 이 빔은 조금 더 큰 각 α에서 초점을 떠나는 x선보다 광원의 단위면적당 광자의 수가 더 많다(즉, 더 밝다). 이탈각(take-off angle)의 최적치는 6°이고 좋은 x선 관은 이 각에서 투사한 초점 크기가 1 mm^2보다 작다. 만일 그 관은 창을 잘 배치하면 빔이

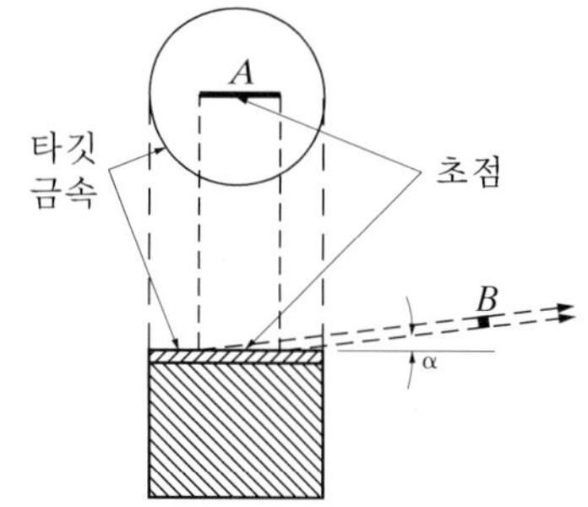

그림 1-17 초점의 겉보기 크기에서 축소를 나타내는, 타깃의 위와 옆에서 본 그림

그림 1-17에서 면에 거의 수직인 초점 A에서 작은 α 각에서 나올 수 있고, 따라서 빔의 횡단면은 극도로 폭이 좁은 선이 될 것이다. 그러한 빔은 일부 회절 실험에서 아주 유용하다.

출력정격

모든 x선 관은 관을 손상하지 않고 낼 수 있는 최대 출력정격이 있다. 이 한계는 타깃이 방산할 수 있는 열의 양으로 결정하고, 보통 제작자는 지정한 관 전압(kV)에서 최대 허용할 수 있는 관 전류(mA)로 나타낸다.

회전 양극관

x선을 발생할 때 x선 관은 효율이 1% 이내이고 결정이 x선을 회절하는 효율은 이보다 훨씬 더 낮기 때문에, 그 결과로 당연히 회절 x선의 강도는 매우 작다. 사실, 사진필름은 회절 x선을 모두 검출하기 위해서는 여러 시간의 노출이 필요하다. x선의 강도를 높이기 위한 한 방법은 회전 양극관인데, 여기서 양극은 회전하면서 계속하여 새로운 타깃 금속이 초점 부위로 들어오고, 그렇게 하여 양극은 과열하지 않고 더 큰 출력이 나오게 한다. 그림 1-18은 가장 잘 사용하는 두 디자인을 보여준다. 축은 관 틀에서 진공이 새지 않게 한 밀봉상태로 회전한다. 그러한 관은 고정초점관의 것에 비해 5 ~ 10배의 출력 수준에서 작동할 수 있다[1.11].

미소 초점관

어떤 회절 분석은 극히 미세한 x선을 요구한다. 그러한 빔은 미소 초점관이라 부르는 분리 가능한 특수한 x선 관에서 가장 효율적으로 발생한다. 여기서 매우 작은 초점을 얻는 것에 특별히 주의한다. 전자빔의 미소집중에 관한 설계 문제는 전자현미경(electron microscope)이나 x선 미소분석기(x-ray microprobe)의 것과 비슷하다. 집중방법의 하나는 정전기적이며, 간단하게 필라멘트 주위에서 집중 컵을 필라멘트보다 몇 백 볼트 더 음전위로 유지하면 되는데, 그 결과 전자를 더 폭이 좁은 빔으로 집중한다.

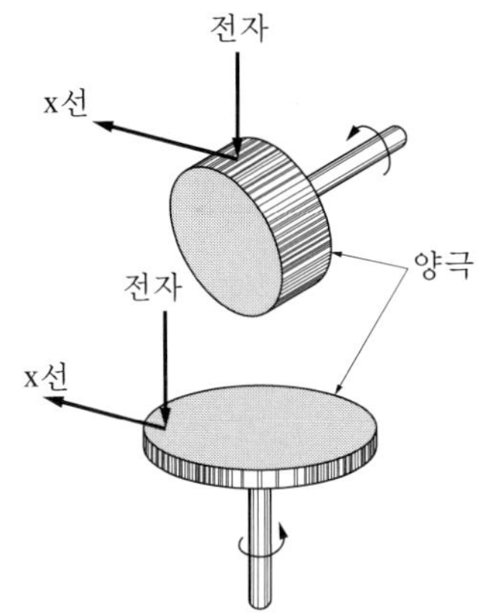

그림 1-18 고출력 x선 관을 위한 두 종류의 회전 양극의 개략도

이러한 관의 초점은 면적이 보통 x선 관의 초점의 1% 이내이다. 전형적인 크기는 선초점에서 0.1 × 1 mm이고 원초점에서 직경이 0.05 mm(50 μm)이다.

펄스(혹은 플래시)관

x선 관이 연속하여 작동할 수 있는 최대출력은 타깃을 냉각하는 속도가 제한한다. 그러나 만일 x선 관이 몇 분의 일초 동안만 작동한다면, 어떤 냉각 없이도 x선 펄스를 아주 높은 출력에서 얻을 수 있다. 이것은 한 줄의 커패시터를 서서히 하전하였다가 특수 x선 관을 통해 급격히 방전하여 얻을 수 있다. 이러한 방식으로 피크전압이 300 kV이고 피크전류가 5000 A이며 약 30 나노초 (nanosecond) 동안 지속한 x선 펄스를 만들었다[1.12]. (그렇게 짧은 섬광의 x선은 투과사진이나 회절에서, 그 결과를 기록할 수 있는 경우에만 유용하다. 고속기록의 한 예를 16-5절에서 제시한다.)

소형 관

x선 관을 설계할 때, 만일 전자빔의 집속과 타깃의 모양과 위치에 더욱 주의를 기울이면, x선 관에서 나오는 빔의 강도는 보통 관에 나온 것만큼 할 수 있으나 입력은 10분의 1 이하로 할 수 있다. 그 결과로, 물로 냉각할 필요가 없으며 공기 냉각으로 충분하다. 이 특징은 원 위치에서 잔류응력을 측정하는 데 사용하는 것과 같은 휴대장치에서 중요하다.

그러한 관은 상품으로 구입 가능하다[1.13]. 그 관은 작으며, 길이는 약 4에서 8 in(10에서 20 cm)에 지나지 않으며, 보통 x선 관이 10 mA 이상인 데 비교하여, 전형적으로 50 kV인 전압과 1 mA인 관 전류에서 작동한다.

고전압관과 선형 가속기

특수하게 밀폐한 x선 관과 선형 가속기는 매우 투과력이 강한 x선을 발생하는 데 쓰이고, x선 회절에 쓰일 수 있지만, 이 광원은 비파괴 분석 영역에서 주로 쓰인다[1.14].

싱크로트론 방사선

이전에 논의한 대로, 하전 입자의 가속은 전자기 방사선을 발생한다. x선 관에서 방출하는 연속 스펙트럼은 한 예이다. 만일 상대론적 속도로 움직이는 전자나 양전자가 (가령 전자 싱크로트론과 같은 가속기에서) 자기장으로 곡선형 궤적을 따라서 편이를 한다면 싱크로트론(synchrotron) 방사선이 발생한다. 연속스펙트럼이 그 결과로 생기는데 그 범위는 초단파에서 매우 경질인 x선에 이른다(그림 1-19). 발생한 방사선은 다른 가용한 광원이 있지 못하는 에너지 범위에 있을 뿐 아니라, 싱크로트론 방사선을 방출하는 저장링(storage ring)도 회절을 포함하여 많은 용도를 위한 가장 좋은 x선 광원이다.

몇 가지 요인에서, 싱크로트론 방사선은 x선 회절에서 관 광원보다 유리하다. 시료에 전달하는 x선 강도는 다른 광원의 것에 비해 훨씬 더 세고, 싱크로트론 방사선은 가장 유리한 x선 파장에 맞출 수 있다. 싱크로트론 방사과정의 상대론적 특성은 방사가 전자나 양전자의 궤도면에 가장 가까운 방향으로 일어나게 제한하고, 그 결과로 얻는 x선 빔의 발산은 아주 작다. 그러므로 이런 아주 높은 유속의 x선 광원은 휘도와 분광 휘도(각각, 광원의 단위면적당 강도와 단위에너지 대역폭당 단위 고체각에서 단위면적의 강도)가 훨씬 더 높다. 최첨단 재료 연구에서 많은 회절 실험은 싱크로트론 x 방사선만으로 실행할 수 있다.

몇 가지 유형의 장치는 싱크로트론 방사선을 발생하는 데 필요한 강한 자기장을 제공한다. 휨자석(bending magnet)은 저장링 주위로 주기적으로 있는데, 전자나 양전자를 휘게 하고, 링 내에서 순환하게 한다. 삽입장치(insertion device)는 휨자석 사이에 놓여 있고 비교적 촘촘한 간격의 자석 배열로 되어 있는데, 또 다른 방사선의 광원이다. 미국에만 회절용 x선을 발생하는 저장링이 더 연질의 방사선을 발생하는 수 개의 다른 저장링과 함께 다섯 개나 있다. 개개의 링은 자체만의 링 에너지, 휨자석, 삽입장치의 특별한 조합을 가진다. 일부 싱크로트론 방사선 광원에서 x선 파장의 함수로서 휘도를 그림 1-19에 비교한, 봉입관과 회전 양극 광원의 전형적인 값도 나온다. 더 상세한 내용은 다른 문헌에서, 예로서, [1.15, 1.16]에 나오고, 새로운 평론이 매년 나온다.

전형적으로 단 하나의 실험(그리고 관련 연구자들)만이 한번에 각 기지(빔선)를 차지한다. 자료 수집은 실험이 진행하는 전 기간에 걸쳐서(수일에서 한 달) 주야로 계속한다. 연구 활동은 실험 장치를 포함하고 방사선 통로관으로 저장링에 연결한 방사선 방호실에 중심을 둔다. 컴퓨터를 포함한 지원장치가 밀실(hutch) 주위에 밀집하여 있고 인접한 빔선과 장치가 수 미터 정도 가깝게 있을 수 있다. 거의 모든 저장링에는 그러한 기지가 10개 내지 50개 있고, 어떤 기지는 아주 전문화하여 있고 어떤 기지는 일반용이다.

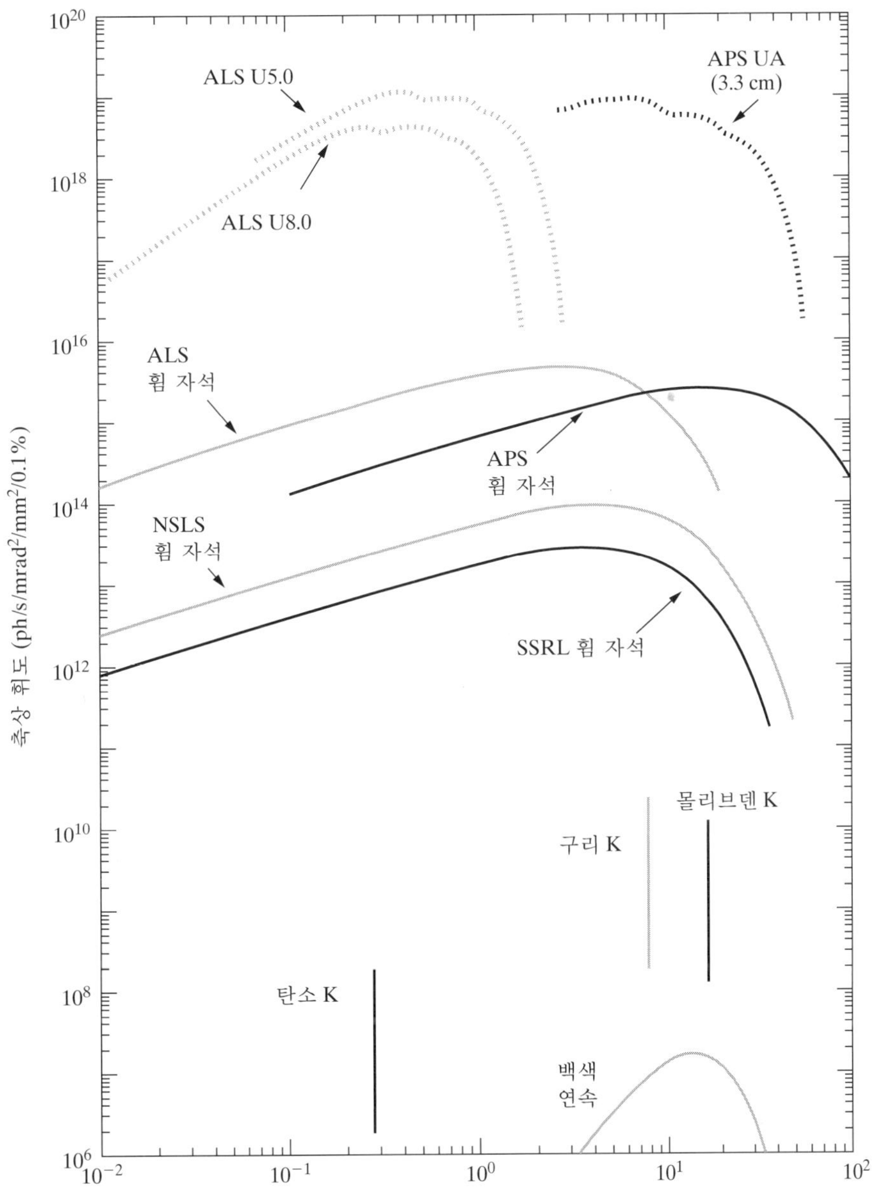

그림 1-19 여러 광원에서 광자에너지의 함수로 나타낸 싱크로트론 방사선의 강도: ALS(Advanced Light Source, Lawrence Berkeley National Laboratory), APS(Advanced Photon Source, Argonne National Laboratory), NSLS(National Synchrotron Light Source, Brookhaven National Laboratory), SSRL(Stanford Synchrotron Radiation Laboratory). 파상계와 휨 자석에서 나온 스펙트럼은 둘 다 ALS와 APS에 포함하여 있고, 실험실 광원의 전형적인 값은 비교하기 위해 나타낸다.

재료 특성 분석을 위한 싱크로트론 방사선의 장점은 제한적인 접근성(지리적인, 시간적인)과 자기 실험실에서 멀리서 작업해야 하는 어려움과 비교하여 평가해야 한다. 비록 제안 실험의 방법, 목적, 정당성은 빔을 제공하기 전에 평가를 받지만, 여러 실험시설의 당국은 새로운 사용자의 참여를 일반적으로 장려한다. 대부분은 아니지만, 많은 상황에서, 특성 분석은 하루 들어와서 나가는 단위로 끝나야 한다. 이런 까닭만으로도 x선 관을 사용하는 특성 분석이 계속하여 건재한다는 것은 확실하다.

1-8 X선의 검출

x선을 검출하는 주요 수단으로 형광 스크린(fluorescence screen), 사진필름(photographic film), 전자식 검출기(electronic detector)들이 있다. 최근 들어, 특히 싱크로트론 방사선에서 영상저장 판(image storage plate)은 사진 감광법에 비해 더 많이 사용하고 있다. 검출기와 x선의 상호작용에 관한 논의는 이 책의 둘째 편(6 – 8장)까지 미룬다: 전자식 검출기(Geiger counter), 비례 계수기(proportional counter), 섬광검출기(scintillation detector)는 6장에서, 형광 스크린(fluorescence screen), 사진 감광유제(필름), 영상저장 판은 7장에서 한다.

1-9 안전주의

x선 장치의 조작자는 두 가지 명백한 위험인 감전과 방사선 상해에 노출한다. 그러나 이 위험은 둘 다 사용자를 위한 적절한 장비를 고안하고 합리적인 주의를 하면, 무시할 정도로 낮출 수 있다. 그래도 x선 작업자가 끊임없이 이러한 위험을 계속 인식하는 것만이 만전을 기하는 것이다.

감전

감전의 위험은 고압장치 주변에는 언제나 있다. 거의 모든 x선 관의 양극 끝은 보통 접지하여 있어서 안전하나, 음극 끝에는 위험이 도사리고 있다. 여러 가지 감전 방지의 x선 관(그림 1-14에서 나타낸 것과 같은)을 설치하여 작동하는 동안 음극의 끝이 사용자가 절대로 접근하지 못하게 한다. 이런 일은 음극 끝을 테이블 아래에, 상자 안에, 스크린 뒤에, 기타에 설치하면 그렇게 할 수 있다. 설비는 사용자가 높은 전압 부위를 만질 때는 반드시 고전압을 저절로 차단하도록 설계한다(즉, 연동장치가 있어야 한다). 감전 방지 봉입 x선 관도 구입할 수 있다. 이 관은 접지한 금속 덮개로 덮여 있고, 절연한, 감전 방지용 도선이 음극과 변압기를 연결한다. 감전을 방지하기 때문에, 그러한 관은 어떤 위치에 영구히 고정해야 할 필요가 없고, 특수한 실험을 위해 필요한 여러 위치에 설치할 수 있는 장점이 있다.

방사선 상해

방사선 상해는 x선이 사람의 조직을 파괴할 수 있기 때문에 일어난다. 사실, 암세포를 죽이기 위해 x선 치료에서 활용하는 것은 바로 이 특성 때문이다. x선의 생물학적인 영향은 화상(국부적으로 강한 강도의 빔 때문에), 방사선 병(일반적으로 몸 전체가 받은 방사선 때문에), 매우 낮은 수준의 방사선 강도에서 돌연변이를 포함한다. 화상은 고통스럽고, 불가능하지는 않지만, 치유가 어려울 수 있다. x선에 약하게 노출하면 쌓이지 않으나, '허용량(tolerance dose)'이라 하는 어떤 수준보다 높을 때, 그 노출은 누적효과를 지니고 영구 손상을 만들 수 있다. x선 회절에 사용하는 x선은 비교적 파장이 길고, 따라서 피부나 눈 같은 노출 인체 부위에서 쉽게 흡수하므로 특히 위험하다.

초기 x선 작업자들이 무지에서 입은 것과 같은 상해를 입는 것은 오늘날 있을 수 없다. 만일 x선이 눈으로 볼 수 있는 것이었고, 바로 화상을 입는 느낌을 주었다면, 아마 사고는 없었을 것이다. 만일 몸이 허용량을 넘는 일반 방사선을 받는다면, 첫째 징후는 백혈구 수의 감소일 것이며, 그래서 만일 실험실에서 x선의 통상적인 수준이 의심스러우면, 주기적으로 백혈구 검사를 받는 것이 좋다.

x선 장치 주변 여러 지역에서 방사선 누출 가능성을 조사하기 위해서, **방사선 검사기**(radiation survey meter)라고 하는 휴대용 검사기가 사용 가능하다. 장치는 주기적으로, 기기 구성이 바뀔 때마다 방사선이 새는지 점검을 받아야 한다. 작업일의 많은 부분을 x선 장치 근처에서 보내는 사람은 가슴이나 손목에 필름 배지를 착용해야 한다. 방사선 안전에 관한 정부의 규제는 갈수록 엄격하다. 대부분의 연구소는 방사선 안전관리실을 두고 방사선 종사자들의 훈련은 물론 x선과 같은 이온화 방사선을 생기게 하는 장치에 관한 안전증명서를 요구한다.

지금 세대의 x선 회절장치들은 개방 빔 통로(open beam path)가 없도록 혹은 방사선 방호실에서 작동하도록 설계한다. 이 두 가지에서 모두, 만일 연동장치 스위치가 활성화하면, 즉 방호실이 열려 있으면, 저절로 x선 관을 끄도록 연동장치가 되어 있다. 그러나 연동장치가 실패하거나 고장이 날 수 있으므로, 실험자는 늘 주의를 기울여야 한다. 만일 실험자가, 가령 장치를 정렬(alignment)하기 위해, 열린 빔으로 일해야 한다면, 작업자가 따라야 할 가장 안전한 절차는: 첫째로, x선 관의 개폐기가 열려 있을 때, 산란 방사선의 수준을 점검한다. 둘째로, 막대기 끝에 조그만 형광 스크린을 붙여 관에서 나오는 **초기빔**(primary beam)의 위치를 찾고 그것으로 나중에 빔을 피한다. 그 다음으로, 초기빔의 통로에 있을 수 있는 카메라나 다른 장치에서 산란한 방사선에서 사람을 납이나 납 유리판이 잘 방호하고 있는지를 확인한다. 이러한 예방조치에 엄격히 부단하게 주의하는 것이 안전을 보장하는 데 크게 효과가 있을 것이다.

문 제

*1-1 파장 0.71 Å(Mo $K\alpha$)과 1.54 Å(Cu $K\alpha$)인 x선 빔의 주파수(초당)와 양자당 에너지(줄)는 얼마인가?

1-2 50,000 볼트에서 작동하는 한 x선 관의 타깃을 때리는 전자들의 속도와 운동에너지를 계산하라. 나오는 연속스펙트럼의 단파장 한계와 방사선의 양자당 최대에너지는 얼마인가?

1-3 x선 관을 때리는 전자들의 속도가 양극 타깃과 음극 사이 전압에만 의존하며 이 둘 사이의 거리에 의존하지 않는 것을 보여라. [한 개의 전하 e(쿨롱)에 전계 E(V/m)가 주는 힘은 eE 뉴턴이다.]

1-4 Cu, Mo, W의 $K\beta_1$ 선을 Moseley 법칙을 그려서 증명하라.

1-5 Mo $K\alpha$ 방사선과 0.00에서 0.02 mm인 두께 범위에서 납 판재의 입사강도에 대한 투과강도의 비 대 두께를 그려라.

*1-6 납 흡수체와 Mo $K\alpha$, Rh $K\alpha$, Ag $K\alpha$ 방사선에서 식 (1-13)을 그려서 증명하라(이 방사선에서 납의 질량흡수계수는 각각 122.8, 84.13, 66.14 cm^2/g이다). 곡선에서, 30,000 볼트에서 작동하는 관에서 나오는 파장이 가장 짧은 방사선에서 납의 질량흡수계수를 계산하라.

1-7 x선 회절 실험실에서 인명 보호를 위한 납 칸막이는 두께가 보통 최소한 1 mm이다. Cu $K\alpha$, Mo $K\alpha$, 30,000 볼트에서 작동하는 관에서 나오는 가장 짧은 파장 방사선에서 그러한 칸막이의 '투과율' ($I_{투과}/I_{입사}$)을 계산하라.

*1-8 (a) Cr $K\alpha$ 방사선에서 공기의 질량흡수계수와 선형흡수계수를 계산하라. 공기는 무게로 80% 질소와 20% 산소를 함유하고 밀도는 1.29×10^{-3} g/cm^3이라고 가정한다. (b) Cr $K\alpha$ 방사선과 0에서 20 cm의 경로길이에서 공기의 투과율을 그려라.

*1-9 구리의 K 여기전압을 계산하라.

*1-10 몰리브덴의 L_{III} 흡수단의 파장을 계산하라.

*1-11 Cu $K\alpha_1$선의 파장을 계산하라.

*1-12 그림 1-12에서 보인 곡선을 그리고, 앞으로 참고하기 위해서 이 곡선을 보존하라.

*1-13 몰리브덴 타깃 관에 몇 전압을 가하여야 나오는 x선이 x선 빔에 놓은 구리 조각에서 K 형광 방사선을 여기할 수 있는가? 형광 방사선의 파장은 얼마인가?

* 별표한 문제의 해답은 책 말미에 있다.

문제 14와 15에서 $K\beta$에 대한 $K\alpha$의 강도비를 표 1.1의 필터하지 않은 방사선에서 취하라.

1-14 니켈 필터는 필터한 빔에서 Cu $K\beta$에 대한 Cu $K\alpha$의 강도비를 100/1로 만드는 데 필요하다고 가정한다. 필터의 두께와 Cu $K\alpha$선의 투과율을 계산하라.

***1-15** Co K 방사선의 필터는 보통 철로 된 박보다 산화철(Fe_2O_3)로 되어 있다. 만일 필터가 5 mg Fe_2O_3/cm^2를 함유하면, Co $K\alpha$선의 투과율은 얼마인가? 여과한 빔에서 Co $K\beta$에 대한 Co $K\alpha$의 강도비는 얼마인가?

1-16 한 구리 타깃 x선 관이 40,000 볼트와 25 mA에서 작동한다. x선 관의 효율은 아주 낮아서 실제 모든 목적에서는 모든 입력에너지는 타깃을 가열하는 데 쓴다고 가정할 수 있다. 만일 수냉, 전도, 방사 등으로 열이 나가지 못한다면, 100 g의 구리 타깃이 녹는 데 얼마나 시간이 걸리는가?

***1-17** x선 필름의 감도는 감광유제에서 브롬화은의 관계한 특정 파장의 질량흡수계수에 비례한다고 가정한다. 그러면 Cu $K\alpha$와 Mo $K\alpha$의 필름 감도비는 얼마인가?

제 2 장 결정 기하학

2-1 서언

앞서 x선의 성질에 관한 논의를 바꾸어 이제부터는 결정이 x선을 회절하게 하는 결정에 관한 일반적인 요인을 찾기 위해 결정의 기하학과 구조를 알아보자. 자연에서 발견하는 여러 종류의 특정 결정과 많은 결정을 어떻게 비교적 간단한 몇 개의 그룹으로 분류하는지도 알아보아야 한다. 이 장의 마지막은 결정에서 축과 면의 방위를 기호나 그림으로 표현하는 방법을 주로 다룬다.

결정학은 그 범위가 매우 넓은 주제로 그 기원은 x선의 발견을 훨씬 앞선다. 이 책에서는 아주 기본적인 주제만 다룬다: 결정에서 원자가 어떻게 배열하고 이러한 배열은 특정 결정이 x선을 회절하는 방식을 어떻게 결정하는가? 좀더 깊이있게 결정학을 공부하고자 하는 독자들은 McKie and McKie[G.3], Borchardt-Ott[G.4], Sands[G.5], Hammond[G.6]를 참고해야 한다.

2-2 격자

결정은 원자, 이온이나 분자가 주기적인 방식으로 3차원 공간에서 배열하고 있는 것으로 정의한다. 그것으로 결정은 원자, 이온이나 분자의 배열에서 주기성을 필수의 필요조건으로 갖지 않는

가스나 액체와 근본적으로 다르다. 많은 고체들은 결정질이다: 단결정이 아니면 접촉하는 많은 결정으로 된다. 즉, 다결정질(polycrystalline)이다. 그러나 모든 고체가 결정질은 아니다. 어떤 것은 유리와 같이 **비정질**(amorphous)인데, 원자, 이온이나 분자들은 내부의 규칙 배열을 이루고 있지 않다. 실제로 비정질의 고체와 액체 간에는 본질적인 차이가 없으며 비정질 고체는 종종 '과냉각 액체' 라 부르기도 한다. 여기서 강조해야 할 중요한 것은 원자, 이온이나 분자들의 위치가 반복뿐만 아니라 배열에서 어떤 대칭관계가 있다는 것이다.

결정을 고찰할 때 원자, 이온이나 분자들을 무시하고 주기적인 배열의 기하학에만 초점을 맞추는 것이 종종 편리할 때가 있다. 그러면 결정을 **격자**(lattice)라는, 즉 점(lattice point)의 3차원적인 배열로 나타내고 이때 각각은 주위환경이 동일하다. 수학구성 개념으로서 크기에서 격자는 무한한 데 비해 결정은 유한하다. 실제 용어로는 이러한 구별을 미해결의 문제로 남길 만큼 대부분의 결정은 충분한 원자들로 되어 있다.

먼저 1차원적인 격자를 생각해 보자. 전체 '공간'은 두께가 '영'이다. 격자점은 격자 병진벡터로 나뉘는데 이 벡터는 **a**라고 표시하고 길이는 격자상수로 |a|, a나 a_0로 나타낸다(그림 2-1a).[1] 격자점에서 n**a**의 병진은, n은 상수로, 한 격자점을 다른 한 점으로 오게 한다. 면이나 2차원 격자는 동일 평면 상에 있지 않은 두 개의 격자벡터 **a**와 **b**로 된다. 이 벡터는 길이가 **a**, **b**이고 각 γ로 서로 나뉜다(그림 2-1b). n**a** + p**b**인 어떤 병진도, n과 p는 상수인데, 격자나 평면망 내에서 한 위치를 등가인 한 위치로 돌려 보낸다. 만일 **a**, **b**와 동일 평면 상에 있지 않는 제 3의 병진벡터 **c**를 그림 2-1b의 그물에 적용하면 이로부터 3차원 격자나 공간격자가 생긴다(그림 2-1c). 이렇게 격자의 점들을 세 개의 병진벡터를 단지 반복하여 적용하는 것만으로도 생성할 수 있다.

정상적으로 **a**, **b**, **c**를 오른손 방향으로(오른손 집게손가락은 **a** 방향으로 향하고 중간손가락은 **b** 방향으로 구부리고 엄지는 **c** 방향으로 향한다.) 정의한다. 벡터 **a**, **b**, **c**는 단위포를 정의하는데 이것은 프리즘이나 평행육면체이다. 사실 단위포를 면과 면으로 쌓아 올리는 것은 격자를 만들어내는 다른 한 방법이며 병진벡터만을 생각할 때보다 때로는 훨씬 더 명확하게 이해를 도와준다. 단위포를 여섯 스칼라 격자상수(세 개의 병진벡터 a_0, b_0, c_0의 길이와 세 개의 축각 **b**와 **c** 사이의 α, **c**와 **a** 사이의 β, **a**와 **b** 사이의 γ)로 나타낼 수 있다. 그림 2-2a는 표 2-1을 사용하여 축과 각 사이의 관계를 쉽게 기억할 수 있게 나타낸다. 단위포(면과 내부)는 완전하게 격자를 정의한다는 것을 꼭 강조한다. 인접한 단위포는 서로 접하고, 8개의 단위포가 한 개의 꼭지점 각각, 네 개의 변 각각, 두 개의 면 각각을 공유한다. 이리하여 그림 2-1c에서 보인 단위포에 8개의 격자점이 있다 할지라도 이 각각은 다른 8개의 단위포와 공유하기 때문에 각 점의 8분의 1만이 그림의 특정한 단위포에 속한다. 따라서 단위포 하나에 격자점 하나만 있고, 격자점을 단 하나만 포함하도록 선택한 이런 저런 단위포는 **기본**(primitive)이다고 말한다.

그림 2-1c에서 보인 단위포 경계가 ±**a**/2 ±**b**/2 ±**c**/2 벡터로 병진하면 단위포는 중심이 격자점

1)여기서 벡터는 굵은 활자 부호로 표시한다. 같은 부호를 이탤릭체로 한 것은 벡터의 크기를 나타낸다.

하나에 놓이고(까만 원 대신 빈 원으로 나타냄, 그림 2-2b), 여기서 특정 단위포의 원점이나 모양은 가장 편리한 대로 선택이 가능하다. 그림 2-2b에서 화살표는 그림 2-1c의 배치에서 단위포 모서리가 이동한 것을 나타내고, 두 개의 단위포 대각선은 격자점과 단위포 모서리의 관계를 나타낸

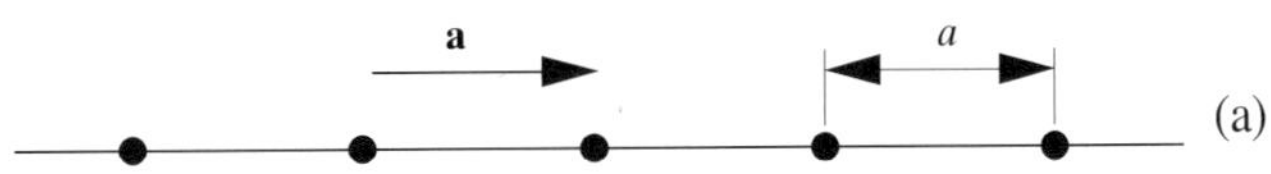

그림 2-1 (a) 격자상수 a인 1차원 격자

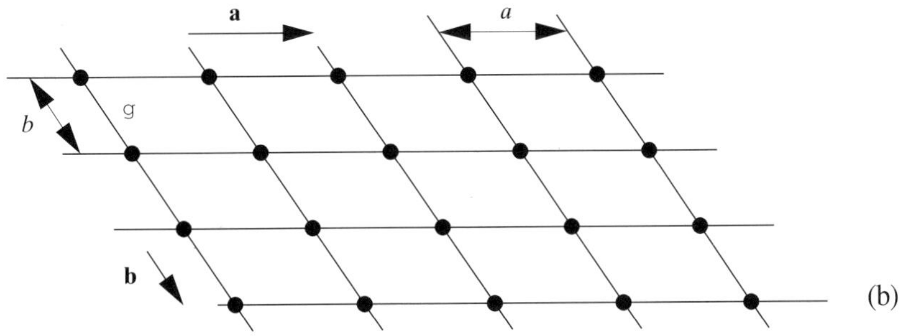

그림 2-1 (b) 격자 병진벡터가 **a**와 **b**이고 축각이 γ인 2차원 격자

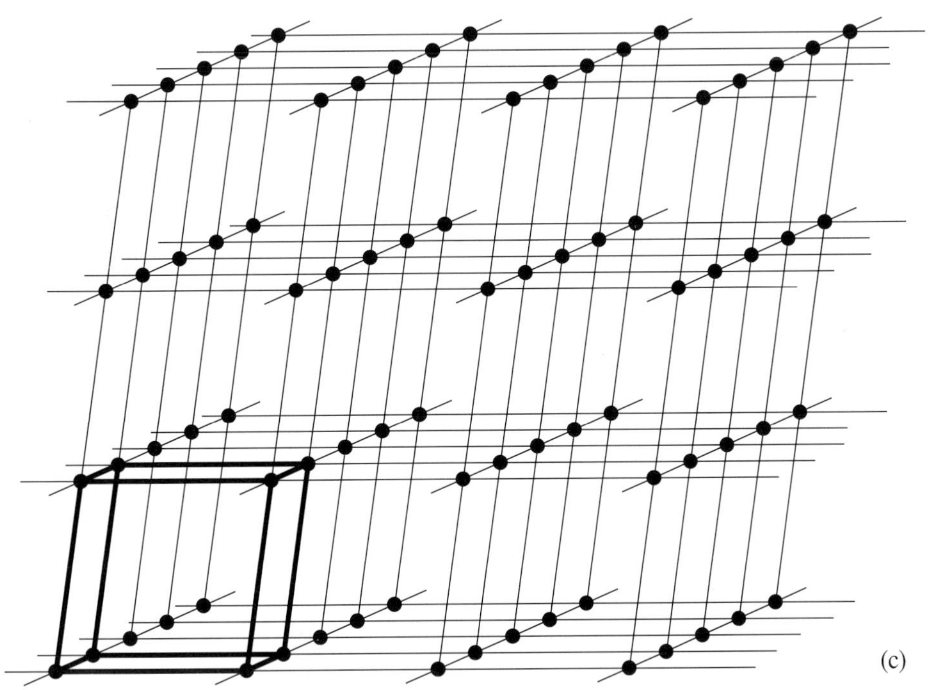

그림 2-1 (c) 굵게 강조한 단순 단위포를 갖는 3차원 격자. 격자점들을 검은 원/구로 나타낸다.

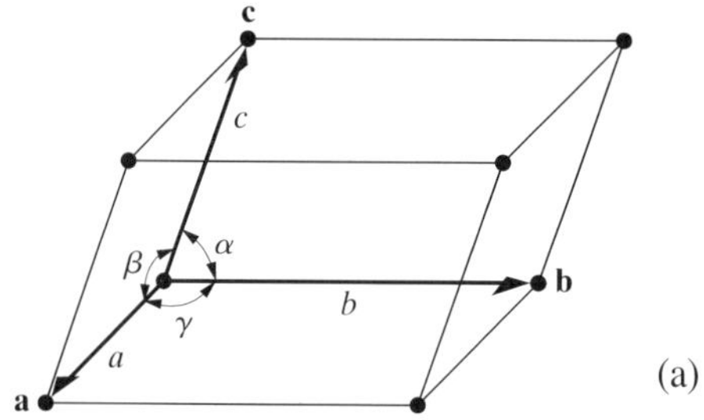

그림 2-2 (a) 격자벡터와 축각 표시를 그린 도해

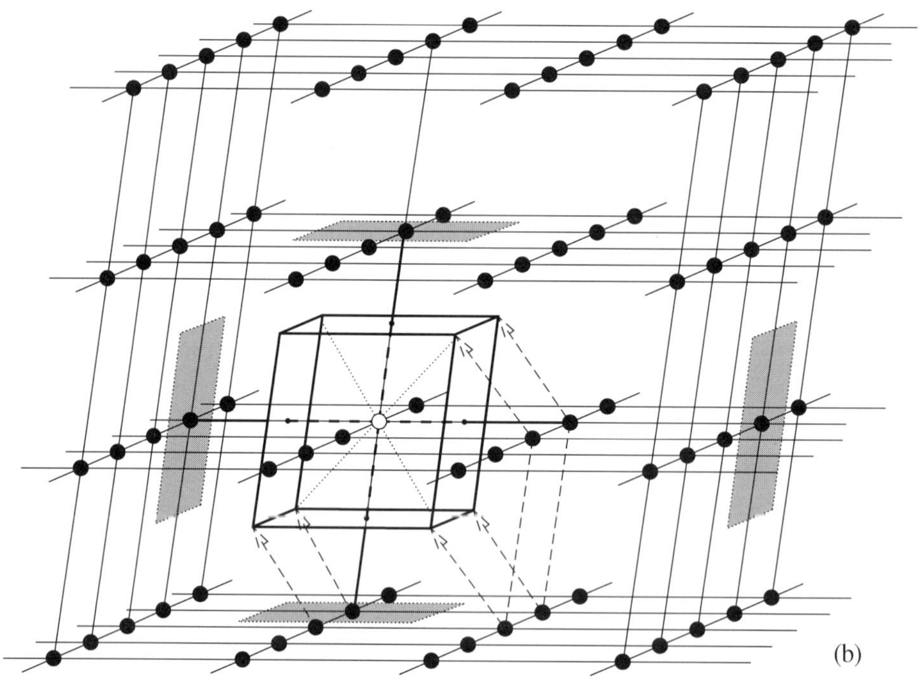

그림 2-2 (b) 격자점이 단위포 모서리에 있는 단위포와 한 격자점에 중심을 둔 다른 한 단위포

표 2.1 어느 축각이 어느 한 쌍의 축 사이에 있는지 결정하기. 임의의 두 병진벡터 사이의 각은 아래 선 위의 벡터 사이에 있다.

축	a		b		c		a
내부 축각		γ		α		β	

다. 회색 부위는 한 단위포의 면을, 그 면에 평행하고 격자점의 한 면을 포함하는 한 평면 위에, 격자벡터 방향으로 투영한 것을 나타낸다. 좀더 쉽게 보이게 단위포면에서 가장 가까운 이웃 격자점의 간격은 굵은 선으로 표시한다. 예로 일부 격자의 비단순(non-primitive) 단위포를 주기

(periodicity)나 대칭(symmetry)의 중요한 면을 설명하기 위해 사용하였다. 일단 특정 단위포와 단위포 원점이 정의되면 이것을 격자 내에서 일관성있게 적용해야 한다.

격자벡터의 다른 표기로 **a**, **b**, **c** 대신에 각각 $\mathbf{a}_1$. $\mathbf{a}_2$, $\mathbf{a}_3$를 사용한다. 사용에서 $\mathbf{a}_1$은 필요 이상으로 좀 더 추상적으로 보이지만 이런 표기는 훨씬 편리할 수 있다(2-4절과 3-5절을 보라). 규칙성의 어떤 면을 강조하는 지에 따라서 이 책에서는 이 두 표기 중 하나가 쓰일 것이다.

2-3 점, 선, 평면의 표기

격자 내에서 모든 점은 격자의 원점에 대하여 위치벡터 $\mathbf{r} = u'\mathbf{a} + v'\mathbf{b} + w'\mathbf{c}$로 단 하나 존재하는 점으로 정의한다. 만일 격자의 원점이 격자점 하나에 위치하고 u', v', w'가 정수라면 **r**로 정하는 점은 격자점이이어야 하고, 좌표를 $u'v'w'$의 정렬한 삼중자로 간단하게 쓴다. 격자점이 아닌 공간의 점은 u', v', w'의 값이 정수가 아니고 **r**은 격자벡터의 정수 배수인 n, p, q와 병진벡터의 분수인 u, v, w의 합으로 쓰는 것도 가능하다:

$$\mathbf{r} = (n + u)\,\mathbf{a} + (p + v)\,\mathbf{b} + (q + w)\,\mathbf{c} \tag{2-1}$$

항을 다시 정렬하면

$$\mathbf{r} = (n\mathbf{a} + p\mathbf{b} + q\mathbf{c}) + (u\mathbf{a} + v\mathbf{b} + w\mathbf{c}) \tag{2-2}$$

이 나오는데, 격자점 사이나 등가인 단위포 모서리 사이의 벡터와 단위포 모서리에서, 그 단위포의 모서리에 대하여 uvw 위치에 있는 단위포 내 한 점까지 잇는 벡터의 합이다.

격자 내 임의의 선의 방향을, 먼저 그 지정한 선 방향에 평행하게 원점에서 선을 긋고, 원점을 지나는 그 선 위에 있는 임의의 점의 좌표를 부여하여 기술할 수 있다. 그 선을 단위포의 원점과 좌표가 u' v' w'인 어떤 점을 지나가게 하자. 여기서 이 수는 반드시 정수는 아니다(이 선은 $2u'$ $2v'$ $2w'$, $3u'$ $3v'$ $3w'$ 등등도 지날 수 있다). 그러면 꺽쇠괄호한 $[uvw]$는 그 선의 **방향지수**이다. 격자는 무한하고 원점은 아무 점에서 잡으므로 이 지수는 그 선에 평행인 아무 선의 지수이다. u', v', w'의 값은 어떤 값이 되든지 간에 적당한 숫자를 곱하거나 나누거나 하여 한 조의 가장 작은 정수로 변환할 수 있다: 따라서 $[\frac{1}{2}\ \frac{1}{2}\ 1]$, [112], [224]는 모두 같은 방향을 나타내지만 [112]가 더 좋은 형태이다. 음의 지수는 숫자 위에 가로줄(bar)을 그어, 이를테면 $[\bar{u}vw]$로 나타낸다. 방향지수는 그림 2-3에 나온다. $[1\bar{2}0]$ 방향과 같은 방향을 찾는 데 인접 단위포의 사용을 피하기 위해 원점을 어떻게 마음 속으로 이동할 수 있는 지에 주목한다.

대칭으로 관계가 있는 방향들을 **결정형의 방향**(directions of a form)이라고 한다. 한 조의 이런 방향들을 그 중 하나의 지수를 모난 괄호에 넣어 표시한다: 예를 들면, 입방체의 체대각선의 네

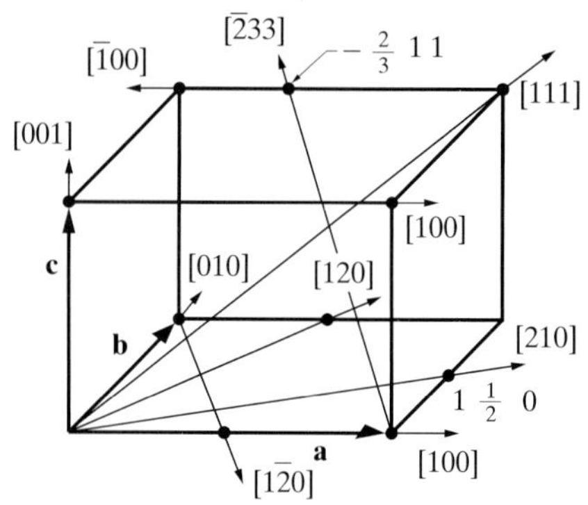

그림 2-3 방향지수들

방향 [111], [1$\bar{1}$1], [$\bar{1}$11], [11$\bar{1}$]은 모두 <111>로 나타낼 수 있다.

격자에서 면의 방위도 영국의 결정학자인 Milller[2.1]가 보급시킨 표현법에 따라 기호로 나타낼 수 있다. 일반적인 예에서 지정한 면은 결정축에 대하여 경사한다. 따라서 이 축은 편리한 기준틀을 만들므로 면의 방위를 원점에서 세 개의 축과 만나는 곳까지 잰 실제 거리를 주어 나타낼 수 있다. 이러한 거리는 축길이의 분율로 표시하는 것이 더 바람직하다. 그 수는 지정한 격자에 관계하는 특정 축길이에 무관하게 된다. 지정한 면이 어떤 결정학 축에 평행한 때는 어려움이 생기는데, 그 까닭은 그 면이 축과 만나지 않기 때문이다. 즉, 이 절편은 '무한'이라고만 쓸 수 있다. 면의 방위를 기술하는 데서 무한대의 도입을 피하기 위해 분율 절편의 역이 쓰이는데, 면과 축이 평행일 때 그 역수가 '0'이 되기 때문이다. 그 결과로 격자 내의 면 방위를 표시하는 실용적인 기호체계, Miller 지수를 얻을 수 있다. 이 지수를 **면이 결정축과 만드는 분율 절편**(fractional intercept)**의 역수로 정의한다**. 예컨대 만일 한 면의 Miller 지수가 괄호로 쓴(*hkl*)이면, 그 면은 축과 분율 절편이 1/*h*, 1/*k*, 1/*l*이고, 축길이가 *a*, *b*, *c*라고 하면 실제 절편은 그림 2-4(a)에 보인 것처럼 *a*/*h*, *b*/*k*, *c*/*l*이다. 어떤 격자 내에도 임의의 면에 평행하게 한 조의 평행한 등거리인 면이 있고, 그 중 한 면은 원점을 지난다. 비록 그 면이 그 조에서 어떤 다른 면이나 함께 취한 전체의 조를 가리키는 것으로 정할 수 있어도 Miller 지수는 보통 그 조에서 원점에 가장 가까운 면을 표시한다.

그림 2-4(b)에 보인 면의 Miller 지수를 결정하는 데 다음과 같은 단계가 필요하다.

축길이	4 Å	8 Å	3 Å
절편길이	1 Å	4 Å	3 Å
분율 절편	1/4	1/2	1
Miller 지수	4	2	1

앞서 설명한 바와 같이 만일 면이 어떤 축에 평행하다면, 그 축에서 분율 절편은 무한대이고 해당 Miller 지수는 '영'이 된다. 만일 면이 음의 축과 만나면 해당 지수는 음수이고 지수 위에 '−'를 그어서 표시한다. 서로 지수가 음수인 면은 평행하고 예를 들어 ($\bar{2}$10)과 (2$\bar{1}$0)처럼 원점에

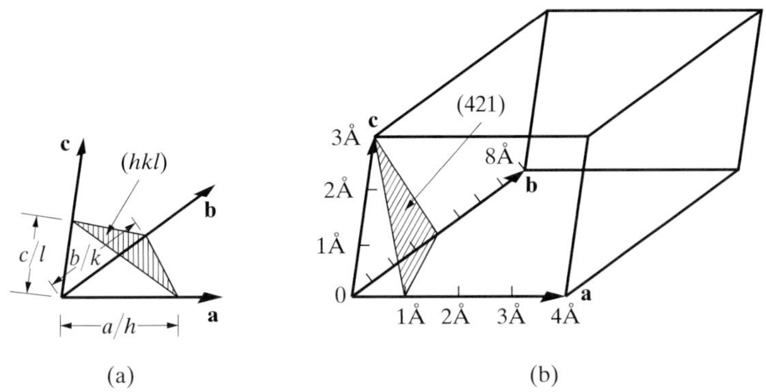

그림 2-4 밀러 지수의 면 표기

서 서로 정반대인 면에 놓인다. 면 (*nh nk nl*)은 (*hkl*) 면에 평행이고 간격은 거리의 1/*n*이다. 한 동일한 면이 두 개의 다른 조에 속하기도 하는데, 한 조의 Miller 지수는 다른 조의 지수의 배수가 된다. 따라서 한 면이 (210) 조와 (420) 조에 속하고 실제로도 (210) 조의 면은 (420) 조의 면에서 두 번째마다 있는 면이 된다. 입방정계에서는 방향 [*hkl*]은 항상 면 (*hkl*)에 수직이다라고 기억하는 것이 편리하다. 그러나 이러한 사실은 다른 정계에는 일반적으로 맞지 않는다. 그림 2-5를 연구하면 Miller 지수에 좀 더 친숙해질 수 있다.

격자 내 면의 여러 조는 면간거리가 여러 가지이다. 면간거리가 큰 면은 Miller 지수가 작고 지나는 격자점의 밀도가 높은 데 비해 면간거리가 작은 면은 그 반대가 된다. 그림 2-6에서는 이와

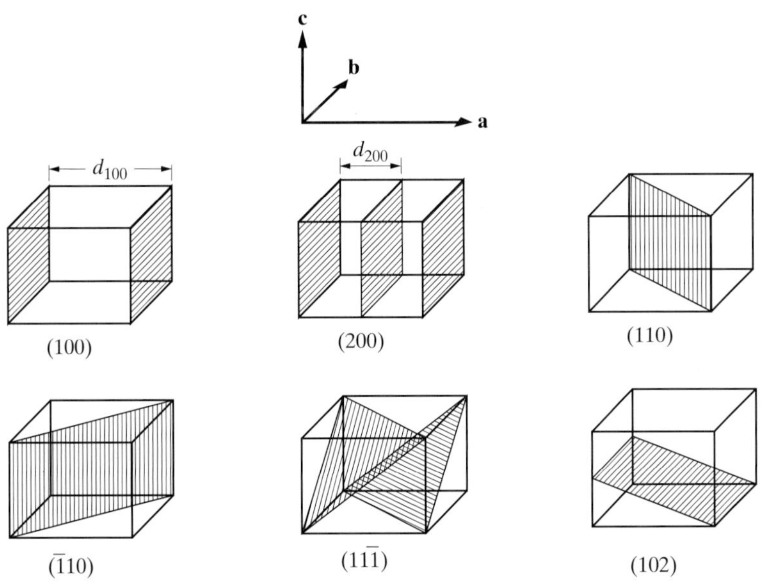

그림 2-5 격자면의 밀러 지수. 거리 *d*는 면간거리이다.

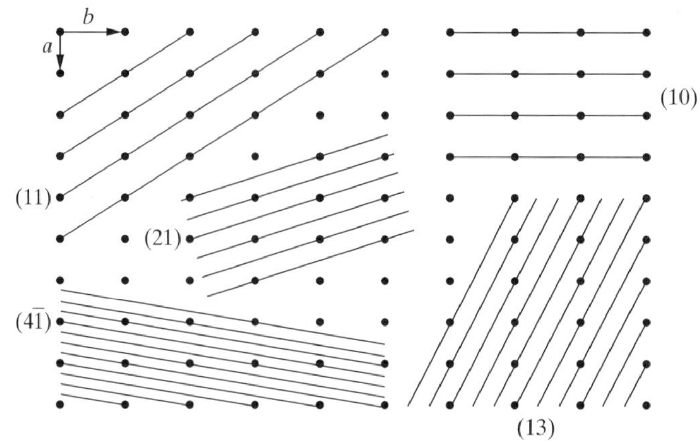

그림 2-6 2차원 격자, 가장 낮은 지수의 선이 가장 큰 면간거리와 가장 높은 격자점 밀도를 가지는 것을 나타낸다.

같은 사실을 2차원 격자로 설명하는데 3차원에서도 마찬가지로 맞다. 면에 수직하게 측정한 면간 거리 d_{hkl}은 면지수 (hkl)와 격자상수 $(a, b, c, \alpha, \beta, \gamma)$의 함수이다.

2-4 역격자

벡터 $\mathbf{a}_i$(즉, **a**, **b**, **c**)는 3차원 격자의 기본 벡터를 정의한다. 하지만 이 직공간(direct space) 격자가 지정한 격자점 배열의 주기성과 대칭을 표현하는 유일한 방식은 아니다. J. Willard Gibbs[2.2]가 소개한 대로 역격자(reciprocal lattice) $\mathbf{b}_i$(즉, 역공간에서 격자)를 직공간 격자 $\mathbf{a}_i$ 하나하나에 대하여 다음과 같이 정의한다.

$$\mathbf{b}_1 = \frac{\mathbf{a}_2 \times \mathbf{a}_3}{\mathbf{a}_1 \cdot \mathbf{a}_2 \times \mathbf{a}_3}$$

$$\mathbf{b}_2 = \frac{\mathbf{a}_3 \times \mathbf{a}_1}{\mathbf{a}_1 \cdot \mathbf{a}_2 \times \mathbf{a}_3}$$

$$\mathbf{b}_3 = \frac{\mathbf{a}_1 \times \mathbf{a}_2}{\mathbf{a}_1 \cdot \mathbf{a}_2 \times \mathbf{a}_3} \tag{2-3}$$

앞의 식에서 분자에 있는 지수를 순환 치환할 때 오른손의(right-handed) 역격자가 생기도록 지킨다. 엄밀하게 말하면 분모도 분자와 마찬가지로 지수를 동일하게 치환하여 써야 한다. 그러나 벡터적은 직공간 격자의 단위포의 부피이고 이 부피는 $\mathbf{a}_1$을 곱하는 순서에 상관없이 같다.[2)] 역격자의 단위는 Å가 아니라 Å^{-1}인 것에 주의해야 한다.

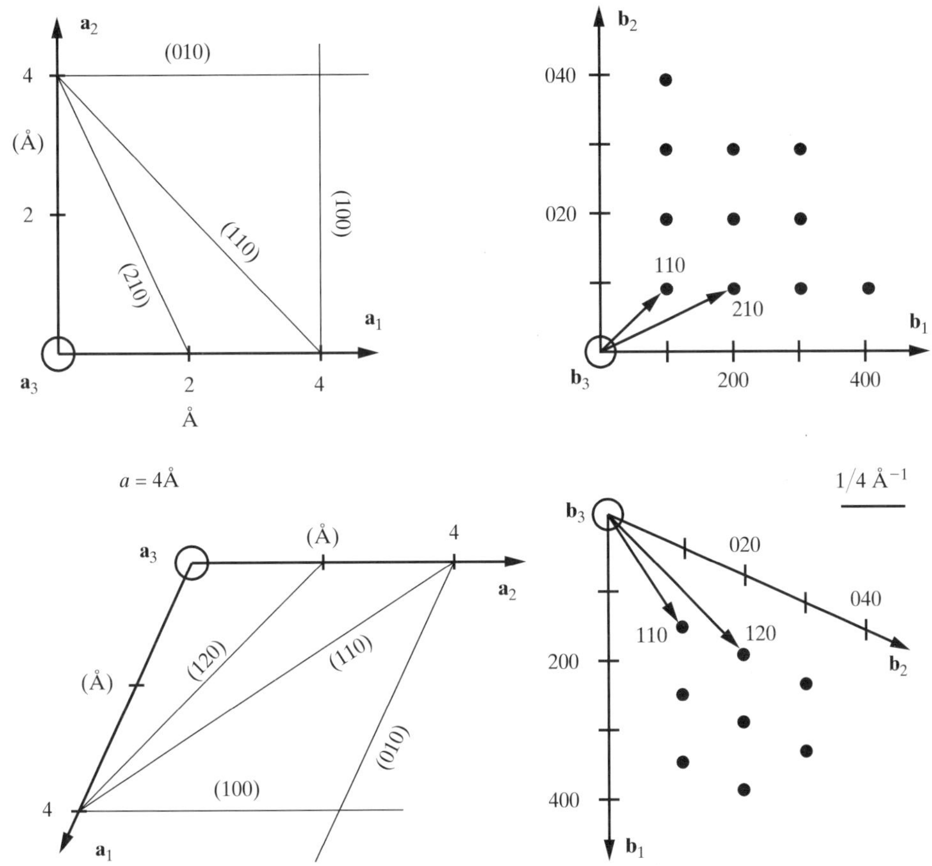

그림 2-7 입방정계(위)와 육방정계(아래)의 결정격자(왼편)와 이에 대응하는 역격자(오른편)를 나타낸 도해

회절에서 역격자의 물리적 중요성은 Gibbs가 아니라 Ewald[2.3]가 보여주었다. 역격자에는 중요한 특성이 몇 개 있다. 첫째, 분자에서 벡터적은 $\mathbf{b}_1$이 $\mathbf{a}_2$와 $\mathbf{a}_3$에 수직이고 $\mathbf{a}_3$와 $\mathbf{a}_1$이 $\mathbf{b}_2$에 수직이고 $\mathbf{b}_3$는 $\mathbf{a}_1$과 $\mathbf{a}_2$에 수직인 것을 의미한다. 이런 관계는 역격자가 서로 정규직교(orthonormality)한다는 것을 뜻하는데, 즉

$$\mathbf{a}_i \cdot \mathbf{b}_j = \delta_{ij} \tag{2-4}$$

이다. 여기서 δ_{ij}는 Kroenecker 델타로 $i \neq j$일 때 0이고 $i = j$일 때는 1이다. 역격자 단위포의 부피는 직공간 단위포의 부피의 역수이다. 둘째로, 역공간의 원점에서 역공간의 임의의 점까지 잇는, 좌표가 h, k, l인 벡터 $\boldsymbol{H}_{hkl}$는 직공간에서 Miller 지수가 hkl인 면에 수직하다. 역격자 벡터 $\mathbf{H}_{hkl} = h\mathbf{b}_1 + k\mathbf{b}_2 + l\mathbf{b}_3$의 길이 H_{hkl}은 (hkl)의 주기의 역수와 같다. 즉, $H_{hkl} = 1/d_{hkl}$이다.

2) **a**, **b**, **c** 표기를 직공간 벡터에 사용한다면, **a***, **b***, **c***는 해당 역공간 벡터에 사용한다.

직공간 격자와 해당 역공간 격자의 두 예가 그림 2-7에 나온다. 때로 그 두 격자를 겹쳐서 그리지만, 단위들에서 혼동을 피하기 위해서는 직공간 격자와 역공간 격자를 나란히 놓는 것이 가장 좋다. 개개의 격자쌍의 축이 올바른 정렬을 하고 있는 지 본다: $\mathbf{b}_2$는 $\mathbf{a}_3$와 $\mathbf{a}_1$에 수직하는 지 등등이다. 또 두 예에서 $\mathbf{a}_3$ 축은 $\mathbf{a}_1$과 $\mathbf{a}_2$에, 종이면에 수직하다. 해당 역격자도 종잇장에 수직하고 역격자의 $hk0$ 면이 보인다. 입방격자의 예에서 $\mathbf{b}_1$은 $\mathbf{a}_1$에 평행하나 육방격자에서 $\mathbf{b}_1$은 $\mathbf{a}_1$에 평행하지 않다. 직공간 격자에서 몇몇의 면은 Miller 지수와 함께 나온다. 입방격자에서 (110)과 (210)이 보이고, 역격자 벡터 $\mathbf{H}_{110}$과 $\mathbf{H}_{210}$은 해당 면에 수직한 것을 알 수 있다. 육방격자에서도 비슷하게 $\mathbf{H}_{120}$은 (120)에 수직하고 $\mathbf{H}_{110}$은 (110)에 수직한 것을 알 수 있다. 육방격자의 그림에서 직공간 벡터 [120]을 (120)의 방위와 비교하면 무엇을 항상 기억해야 하는 지가 뚜렷하게 나타난다: 비입방계에서 직공간 벡터 $[hkl]$은 (hkl)에 반드시 수직하는 것은 아니다. 직접 측정하여 역격자 벡터의 길이는 해당 면간거리의 역수와 같다는 것을 증명할 수도 있다.

결정학 용어에서 한 조의 평행한 격자면 (hkl)을 유일하게 정의하는 데 필요한 것은 그 면의 방위와 주기가 전부이다. 이 요소는 면의 법선(한 방향)과 면 사이의 거리(d_{hkl})이다. 그러므로 역공간에서 벡터 $\mathbf{H}_{hkl}$로 정의하는, 단 하나의 격자점으로 무한 계열의 물리적인 직공간의 면을 나타내는 것이 충분하다. 바꾸어 말하여, 직공간에서 역공간으로 변환은 모든 직공간 면 (hkl)을 한 점(즉, 좌표가 h,k,l인 역격자 점)으로 사상한다. 직공간에 있는 대칭은 역공간에서 나타난 것에 주목한다. 다음 두 장에서 보이겠지만, 결정의 역격자 표현은 회절을 이해하는 데 강력한 도구이다.

2-5 대칭

반복의 한 유형인, 격자 병진은 1차, 2차나 3차원 망의 주기성의 근거가 된다. 앞의 2-2절에서 언급한 바와 같이 개개의 격자점 주위는 종류뿐만 아니라 방위에서도 동등하다. 대칭은 반복의 둘째 유형이고 이는 벽지에서 보이는 2차원 무늬나 결정을 구성하는 원자, 이온이나 분자들의 3차원 집합체의 주기성을 정의하는 데 필요하다. 여러 가지 대칭조작은 격자에 붙는 반복하는 특징이나 모티프(motif)들의 방위를 바꾸게 한다. 이런 조작은 격자 병진의 단순한 반복으로 생기는 무늬보다 더 복잡한 반복하는 무늬들을 기술할 때 필요하다. 간단히 말하면 결정학에서 사용하는 대칭요소는 격자와 구별하여 소개하고, 나중에서야 결정구조를 만들기 위해 격자에 들어간다.

격자에 대칭을 어떻게 통합하는 지를 설명하기 이전에 먼저 대칭요소가 그 주위에 어떻게 작용하는 지를 알아보자. 만일 어떤 물체가 대칭요소에 대하여 특정 위치에 있다면, 대칭요소의 종류는 처음 대상과 동등한 물체를, 방향을 제외하고, 찾기 위해 어디를 볼지를 알려준다. 달리 말하면 한 물체에 어떤 대칭조작을 하여 그것이 그 자체와 완전히 일치하게 가져오는 일종의 균형에서 구성요소가 배열할 때 그 물체나 구조는 대칭적이다고 말한다. 예를 들면, 만일 물체가 이를 지나는 한 평면에 대하여 대칭적이라면, **거울면**(mirror plane)을 가로지르는 물체의 어느 반쪽의 반영(reflection)은 다른 반쪽과 일치하는 물체를 만든다. 입방체는 여러 개의 대칭면이 있으며 이 중 하나가 그림 2-8(a)에 보인다. 그림 2-8(a)에서 점 A_1과 A_2는 입방체 중심을 지나는 거울면이 있기 때문에 동등하다. 이 두 점은 반영인 관계에 있다.

모두 4종류의 거시[3]의 대칭조작이나 대칭요소가 가능하다: **반영**(reflection), **회전**(rotation), **반전**(inversion), **회반**(roto-inversion). 만일 360°/n의 회전으로 물체가 원래의 물체와 완전히 일치하면, 그 물체는 축에 대하여 n회 회전 대칭이 있다고 한다. 이리하여 입방체에서는 면마다 수직하게 4회축이 존재하고 체대각선마다 따라서 3회 회전축, 서로 마주보는 변의 중심을 잇는 2회 회전축이 있다. 이 요소의 일부는 그림 2-8(b)에 보이는데, 여기서 작은 면기호(사각형, 삼각형, 타원형)는 여러 가지 축을 나타낸다. 그림 그림 2-8(b)에서, 점 A_1, A_2, A_3, A_4는 4-회 회전축과 관계하고 점 A_1과 A_4는 4회축에 비스듬한 2회축과 관계한다. 일반적으로 회전축은 1, 2, 3, 4, 6-회축일 것이다. 다중의 1회축은 모든 물체에 존재하는데, 보통 표시하지 않는다. 5회축이나 6회보다 큰 회전축

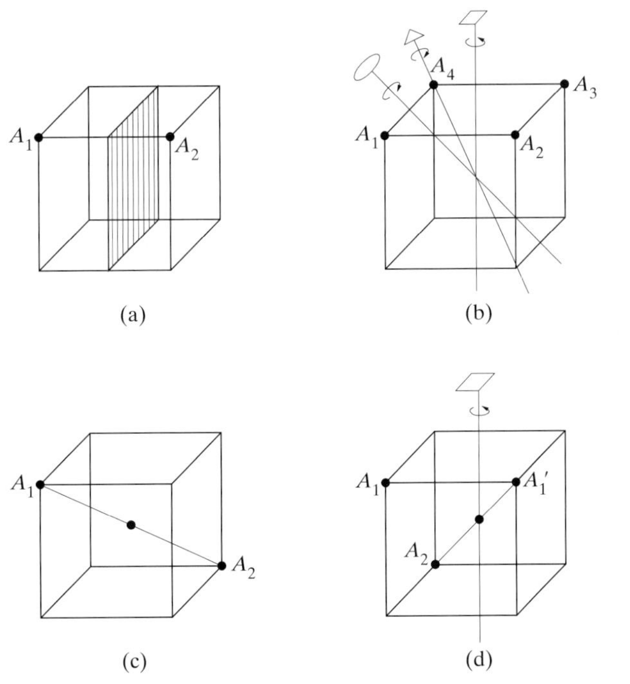

그림 2-8 입방체의 일부 대칭요소. (a) 반사면. A_1이 A_2가 된다. (b) 회전축. 4회축: A_1이 A_2가 된다, 3회축: A_1이 A_3가 된다, 2회축: A_1이 A_4가 된다. (c) 반전중심. A_1이 A_2가 된다. (d) 회반축, 4회축: A_1이 A'_2가 된다, 반전중심: A'_1이 A_2가 된다.

3) 여기서 다루지 않는 어떤 미시 대칭조작과 구별하기 위해서 그렇게 부름. 거시 대칭요소들은 결정 내 원자 배열을 알지 못하더라도 잘 발달한 결정면들 사이의 각에서 알아낼 수 있다. 달리 한편으로 미시 대칭요소들은 전적으로 원자 배열에 의존하며 이 존재는 그 결정의 외부 발달에서 추론할 수 없다.

은 불가능한데, 이 말은 그러한 대칭이 있는 단위포는 반복될 경우 빈 공간을 남기지 않으면서 공간을 채울 수 없다는 의미에서 그렇다.

물체의 대응하는 점이 중심을 지나는 선 위에서 같은 거리에 있다면 그 물체에는 반전중심(inversion center)이 있다. 반전중심이 있는 물체는 물체의 모든 점이 반전중심에 대하여 반전(inverted)이나 '반영(reflected)'할 때 자신과 일치한다. 입방체에서는 이러한 반전중심은 체대각선이 서로 만나는 점에 있다(그림 2-8(c)). 물체에는 1, 2, 3, 4나 6회반축에서 어느 하나가 있을 수 있다. 만일 물체에 n회 회반축이 있다면, 그 축 주위로 360°/*n*의 한 회전과 이어서 그 축에 놓인 중심에 대하여 반전을 함으로써 그 자신과 일치하게 된다. 그림 2-8(d)는 입방체에서 4회 회반축의 조작을 보여준다.

다음으로 물체나 모티프가 여러 가지 대칭요소의 조작 때문에 취하는 모든 위치와 방위를 고찰하자(그림 2-9). 예를 들면, 그림 2-9(g)와 (h)에서 보여주는 것과 같이 두 대칭조작이 한 점에 대하여 작용하면 모티프는 한층 더 자주 나타난다. 거울면(mirror plan)에 놓인 2회축의 복합조작은 첫째 거울면에 수직인 둘째 거울면을 '만들고' 이 대칭면도 2-회축을 포함한다(즉, 그림 2-9(g)에서 수평으로). 그림 2-9(h)에 나타낸 것처럼 4-회축이 단 하나의 거울면에 놓여 있는 경우 전부해서 8개의 동등한 모티프(여러 방향으로)와 4개의 거울면이 존재해야 한다.

한 점에 작용하는 여러 가지 대칭조작을 '점군(point group)' 이라고 부른다. 2차원에서는 격자가 포함할 수 있는 10개의 점군이 있다. 3차원에서 점군의 수는 32로 늘어난다: 2차원과는 달리 반전중심은 2회축과는 더 이상 등가이지 않으며 회전축에 수직한 거울면과 같은 조합이 가능

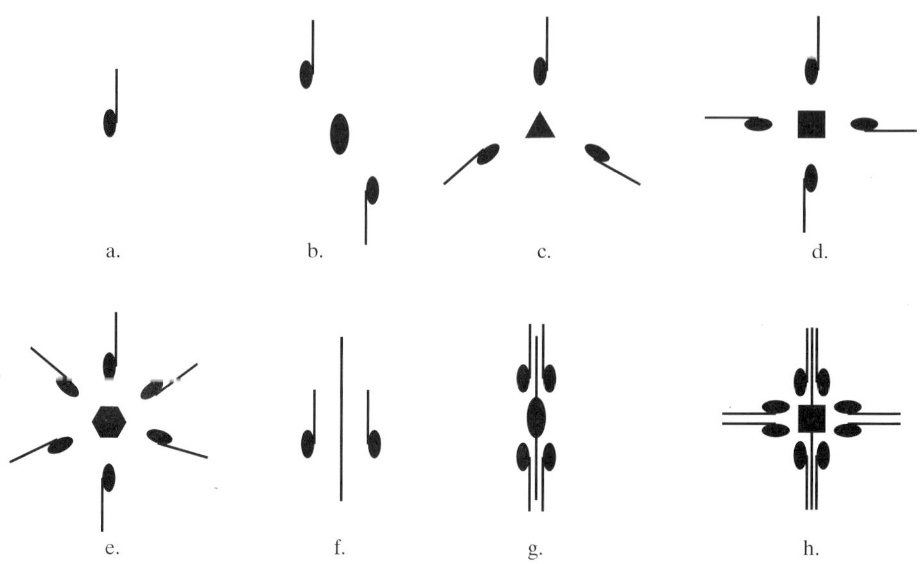

그림 2-9 결정학에서 대칭조작. 점군 표기는 따옴표에 있다. (a)−(h)는 각각 1회축 '1', 2회축 '2', 3회축 '3', 4회축 '4', 6회축 '6', 거울면 'm', 거울 더하기 2회축 '2m', 거울 더하기 4회축 '4m' 이다.

하다.[4)]

대칭요소의 조작은 공간에서 이루어진다는 점을 꼭 강조한다. 그러므로 지금까지 논의를 직공간(direct space)에 관해 집중하였으나 실제 모든 원리는 역공간 격자에도 적용한다.

2-6 결정계

격자를 세 개의 동일 평면 상에 있지 않은 격자벡터로 정의하는 데서 벡터의 길이와 방향에 따라서 여러 모양의 단위포가 나온다. 예를 들면, 벡터 **a**, **b**, **c**가 같은 길이로 서로 직각이거나, **a** = **b** = **c**와 $\alpha = \beta = \gamma = 90°$일 때는 단위포는 입방체이다. 축의 길이와 각에 특정 값을 주면 여러 모양의 단위포와 그 결과로 여러 종류의 점격자가 생기는데, 격자의 점이 단순단위포의 모서리에 있기 때문이다. 모든 가능한 점격자는 7개의 단위포 중 하나로 나타난다. 이것은 7개의 **결정계**(crystal systems)에 대응하고 모든 결정을 이 중의 하나로 분류한다. 이러한 결정계가 표 2-2에 나온다(일부 저자는 능면체정계를 육방정계의 일부로 생각한다. 그 경우 결정계의 수는 여섯으로 감소한다).

7개의 서로 다른 점격자는 7개의 결정계의 단위포 모서리에 점을 놓아서 쉽게 얻는다. 그렇지만 점격자의 조건, 즉 각 격자점은 주위환경이 동등하다는 조건을 만족하는 점의 배열이 있다. 프랑스의 결정학자인 Bravais는 이 문제를 연구하여 1848년에 14개의 점격자가 있으며 그 이상은 없다는 것을 입증하였다[2.4]. 중요한 성과를 기념하기 위해 'Bravais 격자(Bravais lattice)' 와 '점격자' 의 용어를 동의어로 함께 사용한다. 예를 들면, 입방 점격자에서 각 포의 중심에 점을 하나씩 놓는다면 그 새로운 점의 배열도 점격자가 된다. 이와 유사하게 또 하나의 점격자가 입방 단위포에 바탕을 둘 수 있는데, 이 포는 격자점들이 각각의 모서리나 각각의 면의 중심에 있다. 14개의 Bravis 격자는 표 2-2에 설명이 있고 그림 2-10에 나와 있다. 어떤 단위포는 **단순포**(simple, primitive: 기호는 *P*나 *R*)이고 어떤 것은 **비단순포**(non-primitive: 기타 표기)이다. 단순포는 포마다 단 한 개의 격자점이 있는 반면에, 비단순포는 격자점이 두 개 이상 있는 것이다. 포 안에 있는 격자점은 그 포에 '속하지만' 포의 면에 있는 격자점은 두 개의 포에 속하고 모서리에 있는 것은 8개의 포에 속한다. 따라서 포마다 격자점의 수는 다음과 같다:

$$N = N_i + \frac{N_f}{2} + \frac{N_c}{8} \tag{2-5}$$

여기서 N_i는 내부의 격자점 수이고 N_f는 면에 있는 격자점 수, N_c는 모서리에 있는 격자점 수이

4) Schwartz와 Cohen[G.7]의 교재와 같은 교재들이나 결정학에 관한 교재들[G.3-G.7]은 이 주제에 관해 상세히 설명하고 있다.

표 2.2 결정계와 Bravais 격자

(부호 ≠는 동등성을 대칭이 요구하지 않는 것을 뜻한다. 2-7절의 한 예가 보여주듯이 부수적으로 동등성이 생길 수 있다.)

결정계	축 길이와 각	Bravais 격자	격자 부호
입방	세 축이 같고 직각 $a = b = c,\ \alpha = \beta = \gamma = 90°$	단순 체심 면심	P I F
정방	세 축이 직각이고, 두 축은 같음 $a = b \neq c,\ \alpha = \beta = \gamma = 90°$	단순 체심	P I
사방	세 축이 같지 않고 직각 $a \neq b \neq c,\ \alpha = \beta = \gamma = 90°$	단순 체심 저심 면심	P I C F
능면체*	세 축이 같고 동등하게 경사 $a = b = c,\ \alpha = \beta = \gamma \neq 90°$	단순	R
육방	두 축이 같고 동일 평면 상에 있고 120°이며 셋째 축은 직각 $a = b \neq c,\ \alpha = \beta = 90° \quad (\gamma = 120°)$	단순	P
단사	세 축은 같지 않고, 한 쌍은 직각이 아님 $a \neq b \neq c,\ \alpha = \gamma = 90° \neq \beta$	단순 저심	P C
삼사	세 축은 같지 않고, 동등하게 경사하지 않으며 어느 축도 직각이 아님 $a \neq b \neq c, \quad (\alpha \neq \beta \neq \gamma \neq 90°)$	단순	P

* 삼방으로도 부름.

다. 따라서 오직 모서리에만 격자점이 있는 단위포는 단순이고 내부나 면에 추가점이 있는 포는 비단순이다. 기호 F와 I는 각각 면심포와 체심포를 나타내는 반면에, A, B, C는 일면심(저심)포를 가리키고, 서로 마주보는 한 쌍의 면 A, B, C(예를 들면, A면은 b와 c 축으로 정의하는 면)의 중심에 추가 격자점이 있다. 기호 R은 특별히 능면체정계(rhombohedral system)에 쓰인다. 그림 2-10에서 한 특정한 계에서 같은 길이의 축에는 동등성을 나타내기 위해 같은 기호를 준다. 예컨대 입방축(cubic axis)을 모두 a로 표시하고 정방축(tetragonal axis)의 동일한 두 개를 a로 제3의 축을 c로 표시하고 등등이다.

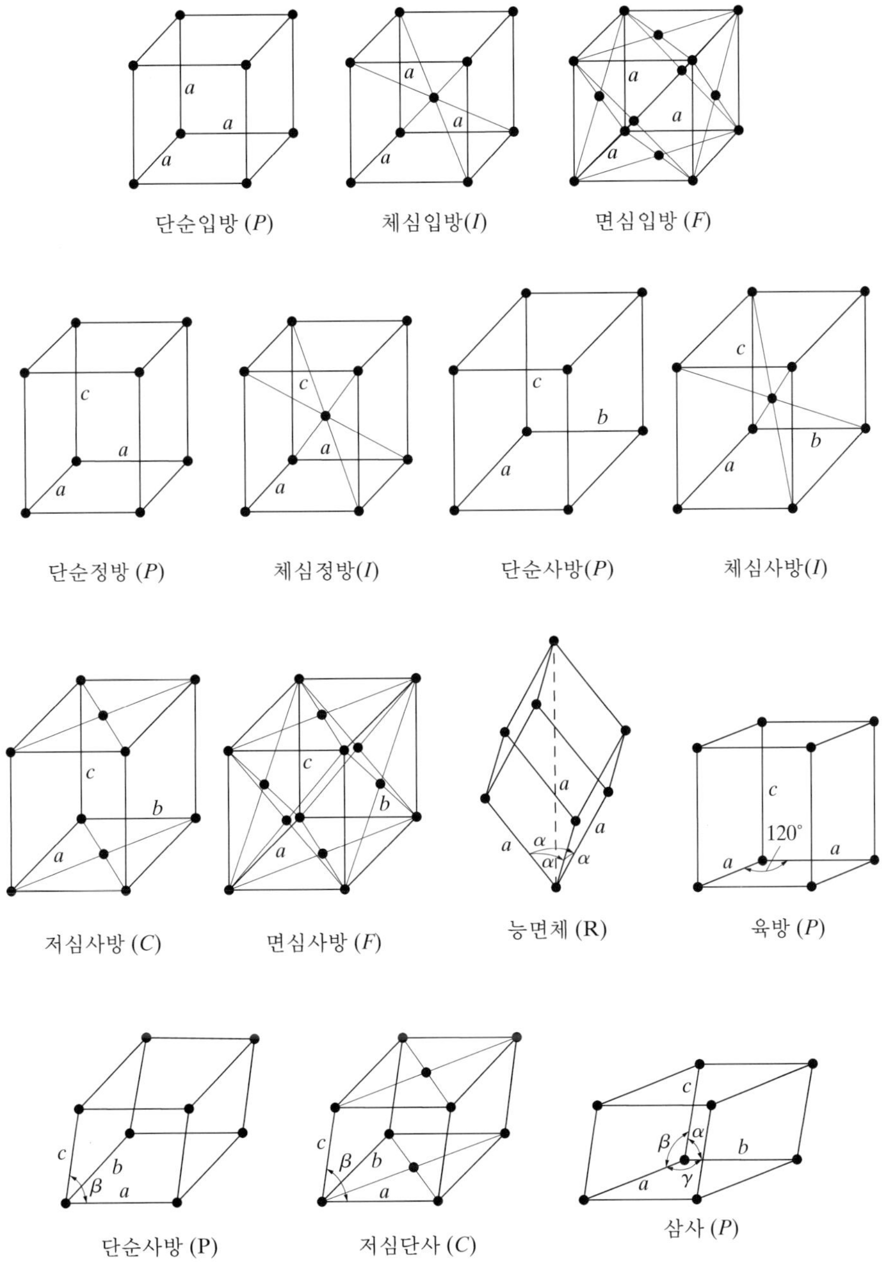

그림 2-10 14개의 Bravais 격자

첫눈에 표 2-2의 Bravais 격자목록은 불완전한 것처럼 보인다. 예를 들면, 왜 저심정방격자가 없는가? 그림 2-11의 실선은 C 면이 면심인 그러한 포를 묘사한다. 그러나 격자점의 동일한 배열은 파선으로 보인 것과 같이 단순정방격자로 볼 수가 있고, 따라서 점의 저심 배열은 새로운 격자가 아니다. 하지만 저심(base-centered)포도 좋은 완전한 단위포이며 단순포 대신 쓰일 수도 있다. 어느 하나의 선택은 나중에 설명할 일정한 결과를 가져온다(문제 4-3).

비단순포의 격자점은 단순단위포와 똑같이 단위포 벡터 **a**, **b**, **c**를 반복해서 적용하면 공간에서 펼쳐갈 수 있다. 단위포에 따르는 격자점은 하나씩이나 한 무리로 병진할 수 있다. 어느 예에서도 인접한 단위포에서 등가인 격자점은 단위포에서 어디에 있더라도 **a**, **b**, **c** 벡터의 하나로 분리한다(그림 2-12).

일정한 최소한의 대칭요소의 집합이 있다는 것은 각 결정계의 기본 성질이며 한 결정계는 결정축의 길이와 각의 크기로 하는 만큼이나 대칭요소로 다른 결정계와 구분한다. 사실 이 둘은 서로 의존한다. 예를 들면, 입방체의 면에 수직인 4회 회전축이 존재하려면 포의 변은 서로 길이가 같고 서로 90°이어야 한다. 반면에 정방포는 단 하나의 4회축이 있는데, 이 대칭으로 두 변만 길이가 서로 같아야 하고 회전축에 대하여 직각이어야 한다.

각각의 결정계에 있는 최소한의 대칭요소를 표 2-3에 나타내었다. 일부 결정에는 그것이 속하는 결정계가 요구하는 최소한의 대칭요소보다 더 많은 대칭요소가 있는 것도 있지만 대칭요소가 더 적은 예는 없다. 일정한 대칭요소가 존재한다는 것은 종종 다른 대칭요소가 존재한다는 것을 암시하기도 한다. 예를 들면, 세 개의 4회 회전축이 있는 결정은 반드시 추가하여 네 개의 3회 회전축이 있고 입방정계에 속한다. 그러나 역은 성립하지 않는다. 입방격자에서는 세 개의 4회

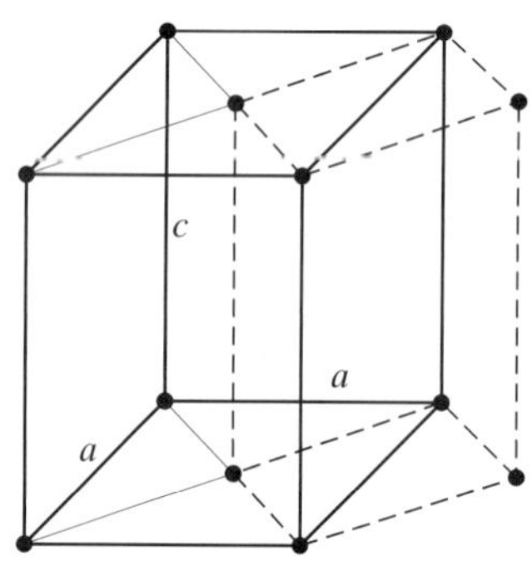

그림 2-11 정방 *P* 격자(파선)에 대한 정방 *C* 격자(실선)의 관계

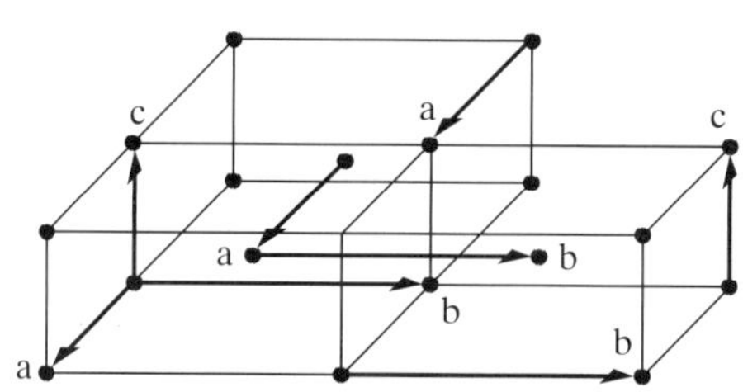

그림 2-12 공간에서 단위포 벡터 **a**, **b**, **c**를 이용한 격자점의 확장

표 2.3 대칭요소

결정계	최소 대칭요소
입방	네 개의 3회 회전(혹은 회반)축
정방	한 개의 4회 회전(혹은 회반)축
사방	세 개의 수직한 2회 회전(혹은 회반)축
능면체	한 개의 3회 회전(혹은 회반)축
육방	한 개의 6회 회전(회반)축
단사	한 개의 2회 회전(회반)축
삼사	없음

축이 없기도 한다(그림 2-23의 AuBe 결정의 단위포를 보라).

대칭조작은 단순히 기하학적 형태로 본다면 그림 2-10에 보인 단위포뿐만 아니라 그것에 따르는 점격자에도 적용한다. 후자의 조건은 입방정계는 저심점격자를 포함할 가능성을 없앤다. 왜냐하면 그러한 점의 배열에는 입방정계가 요구하는 최소한의 대칭요소인 네 개의 3회 회전축이 없기 때문이다. 그러한 격자는 정방정계와 관계하는데, 이 정계에는 3회축은 없으며 우연히 a와 c 축이 같을 수는 있다.

능면체(삼방)정계의 결정은 능면체격자나 육방격자 어느 하나로도 나뉠 수 있다. 부록 4는 이러한 두 격자 사이의 관계와 변환 방정식을 주는데, 이 식은 한 면의 Miller 지수(2-8절 참조)를 어느 한 조의 축으로 표현하게 한다.

2-7 단순포와 비단순포

어떤 점격자에서도 단위포를 선택하는 데 무한히 많은 방법이 가능하며 단위포마다 포함하는 격자점의 수도 한 개 이상일 수 있다. 단위포는 격자에서 그렇게 '존재' 하는 것이 아니다는 것에 꼭 주목한다. 그것은 심적 구조물이고 따라서 용도에 맞추어 선택할 수 있다 . 그림 2-10에서 나타낸 통상적인 단위포는 사용하기에 좋으며 격자의 대칭요소에 따른다.

14개 모든 Bravais 격자를 단순단위포로 나타낼 수 있다. 예를 들면, 그림 2-13에 보인 면심입방격자는 파선으로 표시한 단순포로 만들 수 있다. 후자의 격자는 삼방격자이며 축각 α는 60°이고 축길이는 각자 입방격자 축길이의 $1/\sqrt{2}$이다. 각각의 입방단위포에는 이에 따르는 네 개의 격자점이 있으나 각각의 삼방단위포에는 하나의 격자점이 있고, 대응하여 전자는 부피가 후자의 4배이다. 그럼에도 불구하고 통상적으로 입방단위포가 삼방단위포에 비해 사용하기에 더 편리하다. 그 까닭은 전자는 격자에 실제로 있는 입방대칭을 즉시 나타내기 때문이다. 이와 유사하게

표 2-2에 실린 격자점이 격자중심에 있는 그 외 다른 비단순포도 각각의 격자에서 가능한 단순포로 나타낼 수 있다.

그러면 왜 14개의 Bravais 격자의 목록 중에 면심이나 체심격자가 나오는가? 만일 그림 2-13의 두 단위포가 그럴만큼 같은 조의 격자점을 나타낸다면, 왜 입방단위포를 없애고 대신 삼방단위포를 선택하지 않는가? 그 해답은 이 단위포가 축각 α가 60°인 특정한 삼방포라는 것이다. 일반적인 삼방격자에서는 각 α에 어떤 제한도 없다. 그 결과는 한 개의 3회 회전축이 있는 점의 격자이다. α가 60°와 같게 될 때는 격자는 3회 회전축이 네 개 있고, 이 대칭으로 그 포는 입방정계로 놓인다. 물론 일반 삼방격자는 여전히 필요하다.

만일 비단순 격자포가 쓰이며, 원점에서 격자 내의 한 점까지 잇는 벡터는 이제 성분이 단위포 벡터 **a**, **b**, **c**의 정수배가 되지 않는다. 포 내의 격자점의 위치는 **좌표**로 나타낼 수 있으며 만일 단위포의 원점에서 지정한 그 점까지 벡터가 성분이 $x\mathbf{a}$, $y\mathbf{b}$, $z\mathbf{c}$이라면(여기서 x, y, z는 분율이다) 그 점의 좌표는 $x\ y\ z$이다. 따라서 그림 2-13의 점 A는 원점으로 잡고 좌표가 0 0 0이고, 점 B, C, D는 입방축에 대해서 각각 좌표가 $0\frac{1}{2}\frac{1}{2}$, $\frac{1}{2}0\frac{1}{2}$, $\frac{1}{2}\frac{1}{2}0$이다. 점 E는 좌표가 $\frac{1}{2}\frac{1}{2}1$이고 이것은 점 D와 벡터 **c**만큼 떨어져 있으므로 점 D와 등가이다. 다른 단위포 내의 등가점의 좌표는 언제나 정수좌표의 한 조를 가하거나 빼거나 하여 같게 할 수 있다: 이 예에서는 $\frac{1}{2}\frac{1}{2}1$(E의 좌표)에서 0 0 1을 빼면 $\frac{1}{2}\frac{1}{2}0$(D의 좌표) 가 된다.

예를 들어, 체심점의 좌표는 단위포가 입방이나, 정방이나, 사방체이든지, 그 크기가 무엇이든지 간에 항상 $\frac{1}{2}\frac{1}{2}\frac{1}{2}$이다는 것에 주목하라. $\frac{1}{2}\frac{1}{2}\frac{1}{2}$이라는 점 위치의 좌표는 원점에 있는 한 점에 적용하면 원점을 $\frac{1}{2}\frac{1}{2}\frac{1}{2}$만큼 이동시키거나 병진시키는 연산자(operator)로 생각할 수도 있다. 이때 최종 위치는 연산자 $\frac{1}{2}\frac{1}{2}\frac{1}{2}$과 원점 위치 0 0 0을 간단히 더하여 얻는다. 이러한 의미에서 0 0 0과 인접한 8개의 단위포의 모든 체심 위치 사이의 벡터, 즉 $<\frac{1}{2}\frac{1}{2}\frac{1}{2}>$을 '체심병진(body-centered translation)'이라고 부른다. 왜냐하면 이 병진은 원점에 있는 한 점에 이를 적용할 때 체심포의 특성인 두 점의 좌표를 만들어 낼 수 있기 때문이다. 이와 유사하게 면심포의 특징인 네 개의 점 위치, 즉 0 0 0, $0\frac{1}{2}\frac{1}{2}$, $\frac{1}{2}0\frac{1}{2}$, $\frac{1}{2}\frac{1}{2}0$는 면심병진(face-centered translation) $<\frac{1}{2}\frac{1}{2}0>$으로 관계를 맺는다.

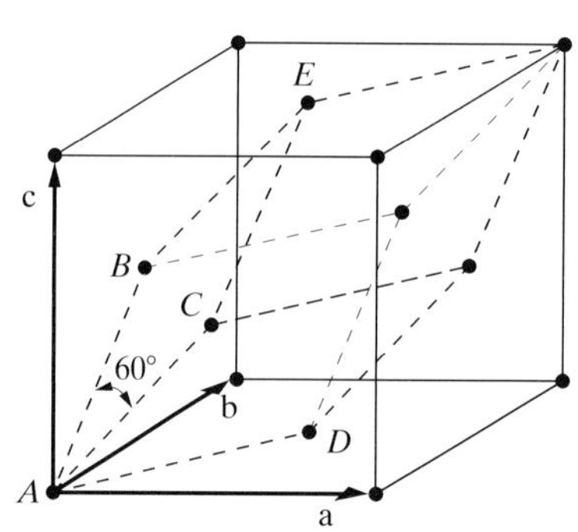

그림 2-13 입방포와 능면포에 관계가 있는 면심입방 점격자

저심병진은 어떤 짝의 마주보는 면에 중심을 두는 지에 달려 있다. 만일 C 면에 중심을 둔다면 등가점의 위치는 0 0 0, $\frac{1}{2}\ \frac{1}{2}$ 0이고 C 면심병진은 $[\frac{1}{2}\ \frac{1}{2}\ 0]$이고 $[0\frac{1}{2}\ \frac{1}{2}]$이 아니고 $[\frac{1}{2}\ 0\frac{1}{2}]$도 아니다. 이런 심병진(centering translation)은 아래에 요약하는데, 반드시 기억해야 한다.

$$\text{체심병진} = \langle \tfrac{1}{2}\ \tfrac{1}{2}\ \tfrac{1}{2} \rangle$$

$$\text{면심병진} = \langle \tfrac{1}{2}\ \tfrac{1}{2}\ \tfrac{1}{2} \rangle$$

$$\text{저심병진} = [\tfrac{1}{2}\ \tfrac{1}{2}\ 0]\ [\tfrac{1}{2}\ 0\ \tfrac{1}{2}]\ [0\ \tfrac{1}{2}\ \tfrac{1}{2}]$$

보통 단위포를 격자점마다 단 하나의 원자만이 있는 단위포를 논의할 때 '000 + 체심병진(body-centering translation)', '000 + 면심병진(face-centering translation)'이나 '000 + 저심병진(base-centering translation)'을 쓴다(예를 들면 Nb, Ni, Cu). 다른 단위포에는 하나 이상의 원자가 단위격자점에 있는데, 예를 들면 실리콘(silicon)은 면심입방 Bravais 격자로 원자가 000과 $\frac{1}{4}\ \frac{1}{4}\ \frac{1}{4}$에 있고 여기에 면심병진을 더하여 단위격자에 전부하여 네 개의 격자점이지만 8개의 원자가 있다. 훨씬 더 복잡한 분자결정들, 전형적으로 생물계에서 발견하는 물질들은 격자점마다 여러 종류의 수많은 원자가 있다.

단위포 축의 방위를 지정하지 않으면 면지수나 방향지수는 의미가 없다는 것을 유의한다. 이 말은 특정 격자면의 지수가 선택한 단위포에 따라 다르다는 것을 의미한다. 예컨대 그림 2-11에서 실선으로 보인 포의 오른편 수직면을 고찰한다. 이 면의 지수는 저심단위포에서 {100}이고 단순포에서 {110} 형이다.

어떠한 결정계에서도 대칭과 관련하여 등가인 격자면들의 집합이 존재한다. 이것을 **결정형의 면들**(plane of a form)이나 **면들의 족**(family of planes)이라고 하고 임의의 한 면의 지수를 괄호 안에 {*hkl*}로 표시하며 전체의 집합을 대표한다. 일반적으로 한 결정형의 면들은 면간거리가 같으나 Miller 지수는 다르다. 예를 들어, 입방체의 면(100), (010), $(\bar{1}00)$, $(0\bar{1}0)$, (001), $(00\bar{1})$은 결정형 {100}의 면이다. 그 까닭은 이 면은 모두 입방체 면에 수직인 4회 회전축의 조작으로 생기기 때문이다. 하지만 정방정계에서는 면 (100), (010), $(\bar{1}00)$과 $(0\bar{1}0)$만이 결정형 {100}에 속한다. 다른 두 면 (001)과 $(00\bar{1})$은 다른 결정형인 {001} 형에 속한다. 앞서 언급한 처음 네 개의 면은 4회축에, 마지막 두 개의 면은 2회축과 관계한다.[5)]

정대면(plane of zone)이란 **정대축**(zone axis)이라고 부르는 하나의 선에 평행한 모든 면을 말하며 정대(zone), 즉 이 한 무리의 면을 정대축의 지수로 규정한다. 이러한 면들은 서로 전혀 다른 지수와 면간거리가 전혀 다른데, 단지 요구사항으로 한 선에 평행하다. 그림 2-14는 일부의 예를

---

5) 어떤 중요한 결정면들은 흔히 Miller 지수를 언급하지 않고 이름으로 인용된다. 그러므로 입방정계에서 결정형 {111}의 면을 흔히 팔면체 면으로 부르는데, 이 면은 팔면체의 경계면이다. 육방정계에서 (0001) 면을 저면으로 부르는데, 결정형 $\{10\bar{1}0\}$의 면을 주면으로 부르며 결정형 $\{10\bar{1}1\}$의 면을 추면으로 부른다.

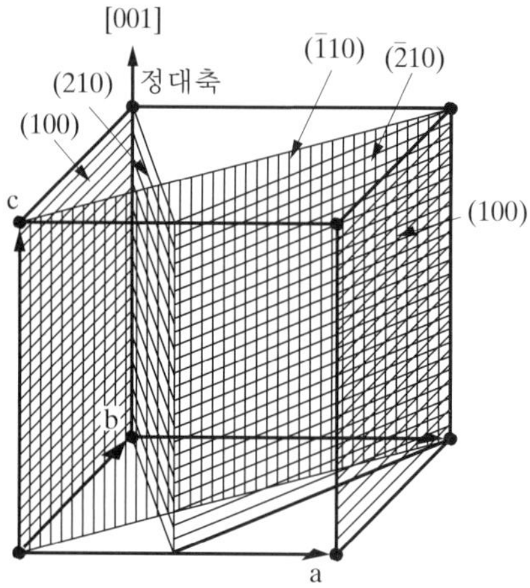

그림 2-14 입방격자에서 모든 빗금친 면은 정대 {001}의 면이다.

보여주는데 정대축의 지수가 [*uvw*]이라면 지수가 (*hkl*)인 정대축에 속하는 면은 다음의 관계를 만족한다.

$$hu + kv + lw = 0 \tag{2-6}$$

(이런 관계의 증명은 부록 1의 3절에 실었다.) 서로 나란하지 않은 어떠한 두 면도 이의 교차선에 둘다 나란하기 때문에 정대면이다. 만일 두 면의 지수가 $(h_1k_1l_1)$과 $(h_2k_2l_2)$이면 이때 정대축의 지수(indices of zone axis) [*uvw*]는 $[h_1k_1l_1] \times [h_2k_2l_2]$로 되고, 즉

$$u = k_1l_2 - k_2l_1$$

$$v = l_1h_2 - l_2h_1$$

$$w = h_1k_2 - h_2k_1 \tag{2-7}$$

이다. 육방정계에서 지수를 부여하는 특별한 체계로 가기에 앞서, {*hkl*}의 면간거리 d_{hkl}에 관한 주제를 다시 생각하는 것이 중요하다. 정확한 관계는 관계하는 결정계에 따라 다르고 입방정계에서는 비교적 단순한 형태를 취한다.

$$(\text{ 입방정계 }) \quad d_{hkl} = \frac{a}{\sqrt{h^2 + k^2 + l^2}} \tag{2-8}$$

정방정계에서는 면간거리의 공식은 자연스럽게 일반적으로 서로 길이가 다른 *a*와 *c*를 포함한다.

$$(\text{ 정방정계 }) \, d_{hkl} = \frac{a}{\sqrt{h^2 + k^2 + l^2(a^2/c^2)}} \tag{2-9}$$

모든 정계에 있어서 면간거리의 공식은 부록 3에 실었다. 입방정계의 경우 [*hkl*]이 (*hkl*)에 수직이라는 것을 꼭 기억해야 한다. 마찬가지로 그 외의 다른 모든 정계에서 [*hkl*]이 일반적으로 (*hkl*)에 수직이 아니라는 것을 결코 잊어서는 안 된다는 것이 중요하다.

2-8 육방정계에서의 지수 부여

면지수를 부여하는 데 약간 다른 방식이 육방정계에서 쓰인다. 육방격자의 단위포는 길이가 같고 동일 평면 상에 있는, 서로 120°의 각을 이루는 두 벡터 $\mathbf{a}_1$과 $\mathbf{a}_2$, 수직인 제 3의 벡터 **c**가 정의한다(그림 2-15(a)). 완전한 격자를 보통 하는대로 단위포의 모서리에 있는 격자점을 $\mathbf{a}_1$, $\mathbf{a}_2$와 **c** 벡터로 반복 병진하여 축조한다. 이렇게 생성한 점의 일부를 그림에서 파선의 끝에 표시하여 **c** 축에 평행인 6회 회전축이 있는 격자의 육방대칭을 나타내었다. 육각주(hexagonal prism)의 저면(basal plane)에 놓인 제 3의 축 $\mathbf{a}_3$는 축 $\mathbf{a}_1$과 $\mathbf{a}_2$에 대칭인 관계에 있으며, 따라서 가끔 두 축과 함께 쓰인다. 이와 같은 육방정계의 면지수는 Miller-Bravais 지수라고 하고 네 개의 축과 관계하며 (*hkil*)로 쓴다. 지수 *i*는 $\mathbf{a}_3$ 축 위의 분율 절편의 역수이다. $\mathbf{a}_1$과 $\mathbf{a}_2$ 축과 만난 면의 절편은 $\mathbf{a}_3$ 축의 절편을 결정하므로 *i* 값은 *h*와 *k*의 값에 의존한다. 그 관계는

$$h + k = -i \tag{2-10}$$

이다. *i*는 *h*와 *k*가 결정하므로 때로는 점으로 *i*를 대신하여 면기호를 (*hk* · *l*)로 쓰기도 하고 때로는 점까지도 빼기 한다. 그러나 이런 표현은, 즉 비슷한 면에 비슷한 지수를 붙이기 위해 고안한

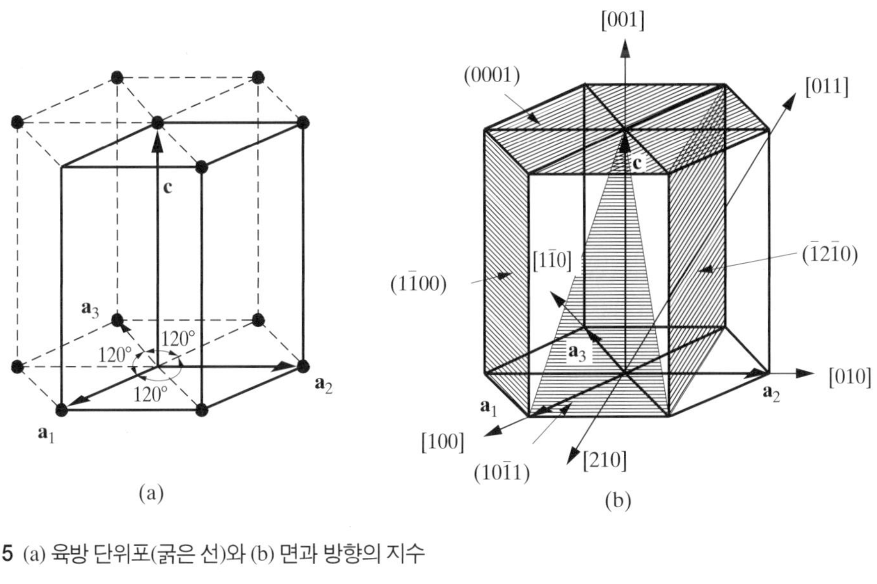

그림 2-15 (a) 육방 단위포(굵은 선)와 (b) 면과 방향의 지수

Miller-Bravais 지수의 목적을 위배한다. 예를 들면, 그림 2-15(b)의 육각주의 측면은 모두 비슷하며 대칭적으로 있다. 그리고 이 관계는 완전한 Miller-Bravais 지수로 명확하게 나타난다: $(10\bar{1}0)$, $((01\bar{1}0)$, $(\bar{1}100)$, $(\bar{1}010)$, $(0\bar{1}10)$, $(1\bar{1}00)$. 다른 한편으로 이 면의 줄인 기호인 $(10 \cdot 0)$, $(01 \cdot 0)$, $(\bar{1}1 \cdot 0)$, $(\bar{1}0 \cdot 0)$, $(0\bar{1} \cdot 0)$, $(1\bar{1} \cdot 0)$는 그러한 관계를 곧바로 보여주지 못한다.

육방격자에서 방향은 세 개의 기본 벡터인 $\mathbf{a}_1$, $\mathbf{a}_2$, $\mathbf{c}$로 가장 잘 나타난다. 그림 2-15(b)에서는 면지수와 방향지수에 대한 몇 가지 예를 잘 보여준다. 종종 방향을 표기하는 데 지수가 4개를 포함한 다른 체계가 쓰인다. 표시하려는 방향을 $\mathbf{a}_1$, $\mathbf{a}_2$, $\mathbf{a}_3$와 $\mathbf{c}$에 평행인 성분벡터로 나누고 셋째 지수를 처음 두 개의 합을 음수로 표시한다. 그 다음에 만일 $[UVW]$가 세 개의 축을 가리키는 방향지수이고 $[uvtw]$가 4축의 지수라면 다음과 같은 관계가 성립한다:

$$
\begin{aligned}
U &= u - t & u &= (2U - V)/3 \\
V &= v - t & v &= (2V - U)/3 \\
W &= w & t &= -(u + v) = -(U + V)/3 \\
& & w &= W
\end{aligned}
\tag{2-11}
$$

따라서 [100]은 $[2\bar{1}\bar{1}0]$이 되고 [210]은 $[10\bar{1}0]$이 되고 등등이다.

2-9 결정구조

지금까지 논의는 수리(기하) 결정학의 분야에서 나온 주제에 초점을 맞추었고 실제적인 결정이나 그것을 구성하는 원자를 거의 알려고 하지 않았다. 사실상 상기한 내용은 모두 x선 회절을 발견하기 훨씬 이전에, 즉 결정 내 원자의 내부 배열에 관한 지식이 어느정도 있기 훨씬 이전에 잘 알려졌다.

이제 일부의 실제 결정의 구조를 기술하고 그것을 앞서 설명한 점격자(point lattice), 결정계(crystal system), 대칭요소(symmetry element)와 관계를 맺는다. 결정구조의 주요 원칙은 **결정의 원자는 공간에서 Bravais 격자점과 어떤 일정한 관계에 놓인다는** 것이다. 이러한 사실에서 결정의 원자는 3차원에서 주기적으로 배열하고 원자의 이런 배열은 Bravais 격자의 많은 성질, 특히 많은 대칭요소를 나타낼 것임이 틀림없다.

각각의 격자점에 따라오는 특징들을 격자의 기초로 부르고 이것을 1차원, 2차원이나 3차원 결정구조에 적용한다. 그림 2-16에서는 1차원 격자의 세 가지 다른 기초를 나타낸다. 수직인 파선은 단위포의 끝을 표시한다. 격자 (b)의 기초는 한 개의 점-대시(dash)이며 대시의 오른쪽에 점이

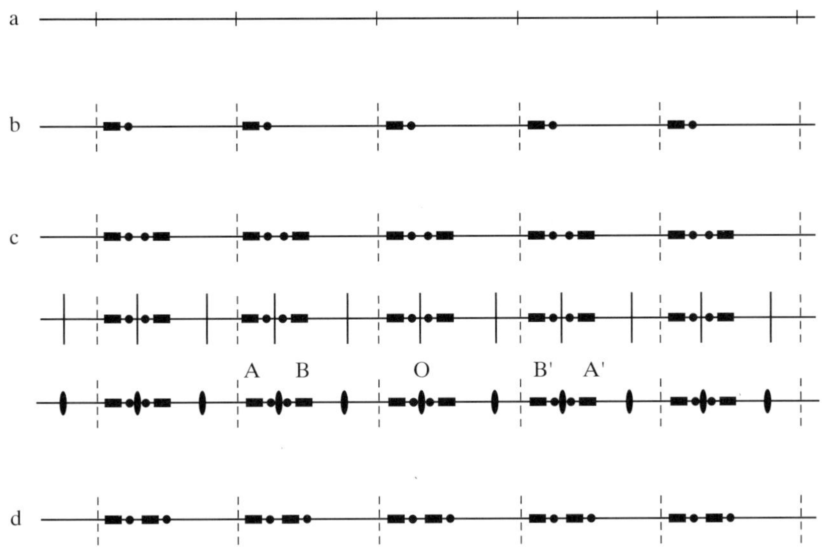

그림 2-16 (a) 수직 막대들로 표시한 단위포가 있는 1차원 격자. (b) '대시-점' 무늬가 있고 1회 대칭을 보여주는 1차원 격자. 수직 파선은 단위포 경계를 나타낸다. (c) 대시-점 무늬가 있는 같은 1차원 격자를 나타낸 세 가지 표현. 윗 선은 대시-점 무늬들과 단위포 경계만을 보여준다. 가운데 선은 어디에 거울면이 격자에서 생기는지(수직막대) 보여주는 반면 아래 격자는 2회축을 포함한다. (d) 두 개의 대시-점 무늬로 되어 있는 기초가 있는 1차원 격자

있고, (c)의 기초는 대시-점과 점-대시의 조합이고 (d)의 기초는 대시-점과 대시-점이다. 그림 2-16(c)의 대칭은 거울면(그림에서 수직인 실선)이거나 종이면에 대하여 수직인 2-회 회전축이다. 'O' 위치의 거울면(혹은 바꾸어서 표현하면 'O'에서 2-회축)이 전체 1차원 공간에 걸쳐서 작용한다는 것에 주목한다. 이때 A와 B에 있는 특징이 A′와 B′에서 나온다.

공간군(space group) 용어는 결정계의 진체 공간 배열을 정의하는데, 즉 병진(translation, 다시 발하면 위포의 크기와 모양을 결정하는 벡터)은 한 점에 작용하는 대칭요소(point group)들과 조합하여 다시 말하면 공간군(space group)을 만든다. 1차원 격자에는 두 개의 점군과 두 개의 공간군이 있고, 2차원 격자에서는 17개의 공간군이 있고 3차원 격자에서는 230개의 공간군이 있다. 이와 같이 대칭요소와 여러 가지 격자(여기서 모든 대칭요소와 격자의 조합을 다루지는 않는다. 더 자세한 사항은 [G3−G6]를 보라)의 조합은 3차원 결정은 어떠한 원자 배열도 할 수 있는 것이 아니라 *International Tables for Crystallography*의 [G.1] Volume A에 실려 있는 230가지의 가능성에서 하나만 한다는 것을 명시한다. 그 대신 다른 결정에는 단 하나 원자에서 수천이나 수백만 원자에 이르는 여러 가지 기초가 있다.

상상할 수 있는 가장 간단한 결정은 Bravais 격자의 점에 동일한 종류의 원자를 배치하여 만든 것이다. 그러한 결정이 실제 전부 존재하는 것은 아니지만 많은 금속들은 이와 같은 단순한 방식으로 결정화한다. 그림 2-17은 체심입방(body-centered cubic: BCC)격자와 면심입방(face-centered cubic: FCC)격자에 기초를 둔 두 가지 흔한 금속구조를 나타낸다. 전자는 단위포마다 두 개의 원

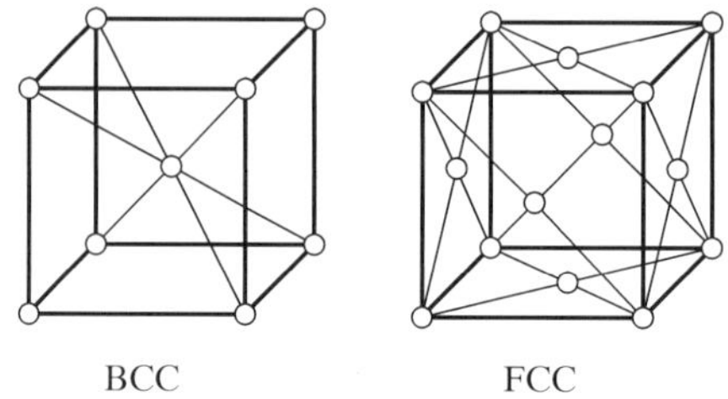

그림 2-17 몇 개의 흔한 금속들의 구조. 체심입방: α-Fe, Cr, Mo, V들: 면심입방: γ-Fe, Cu, Pb, Ni들

자를, 후자는 네 개의 단위포를 포함한다.

다음으로 복잡한 것으로는 Bravais 격자의 격자점에 두 개 이상의 같은 종류인 원자가 '회합한' 것으로 많은 금속에서 흔한 육방조밀(hexagonal close packaged, HCP)구조가 그 좋은 예이다. 이 구조는 단순육방이며 그림 2-18에 보인다. (a)에 보인 것처럼 단위격자에 두 개의 원자가, 하나는 0 0 0에 다른 하나는 $\frac{2}{3}\frac{1}{3}\frac{1}{2}$(혹은 등가 위치인 $\frac{1}{3}\frac{2}{3}\frac{1}{2}$)에 있다. 그림 2-18(b)는 같은 구조이나 단

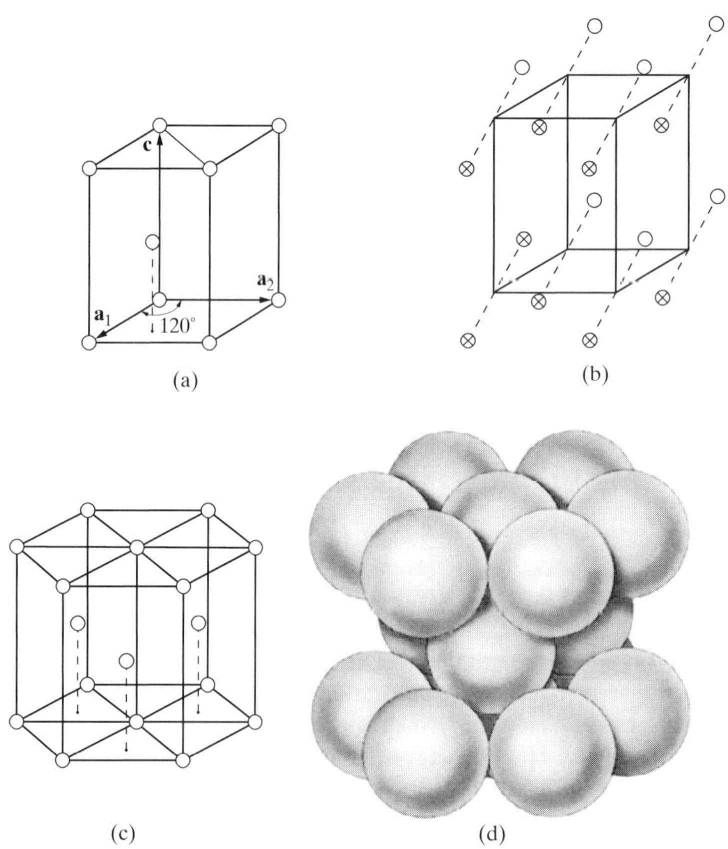

그림 2-18 육방 조밀충진구조, Zn, Mg, Be, α-Ti 들과 공유

위포의 원점이 이동하여 새 단위포의 점 100이 (a)에서 100과 $\frac{2}{3}\frac{1}{3}\frac{1}{2}$의 중간에 있고, (a)에서 보인 9개의 원자는 그림 (b)에서 X로 표시한 9개의 원자에 대응한다. 단순육방 Bravais 격자점과 한 쌍의 원자의 '회합'을 파선으로 그림 (b)에 나타낸다. 하지만 조밀육방구조의 원자는 그 자체 (원자 한 개씩의 배열)로는 점격자를 만들지 못한다는 것을 유의한다. 000에 있는 원자의 주위와 $\frac{2}{3}\frac{1}{3}\frac{1}{2}$에 있는 원자의 주위는 다르다. 그림 2-18(c)는 HCP 구조의 또 다른 표현을 보여준다. 육각주 안에 있는 세 개의 원자는 저면에서 하나 걸러 있는 삼각형의 중심 바로 위에 있다. 만일 벡터 $\mathbf{a}_1$, $\mathbf{a}_2$로 공간에서 반복한다면 바로 위나 바로 아래층의 원자들과 똑같이 육방 배열을 또 형성할 것이다.

HCP 구조를 조밀구조라고 부르는 것은 구를 공간에서 밀도가 할 수 있는 한 가장 크게 충진하고 그러면서 배열은 규칙있게 하는 두 가지 방법 중의 하나이기 때문이다. 구가 접촉하는 그러한 배열은 그림 2-18(d)에 보이는데, 천문학에서 연구로 더 잘 알려진 Kepler[2.5]가 처음으로 인지한 것으로 보인다. 만일 구를 원자라고 간주한다면 그 결과로 생기는 HCP 금속의 그림은 그림 2-18(c)의 그림에서 보여주는 것과 같이 어느 정도 공간이 빈 구조보다는 훨씬 더 물리적 실체에 가깝고 모든 결정이 대개 그렇다. 달리 한편, 구가 서로 접하면서 생긴 HCP 구조에서 a에 대한 c의

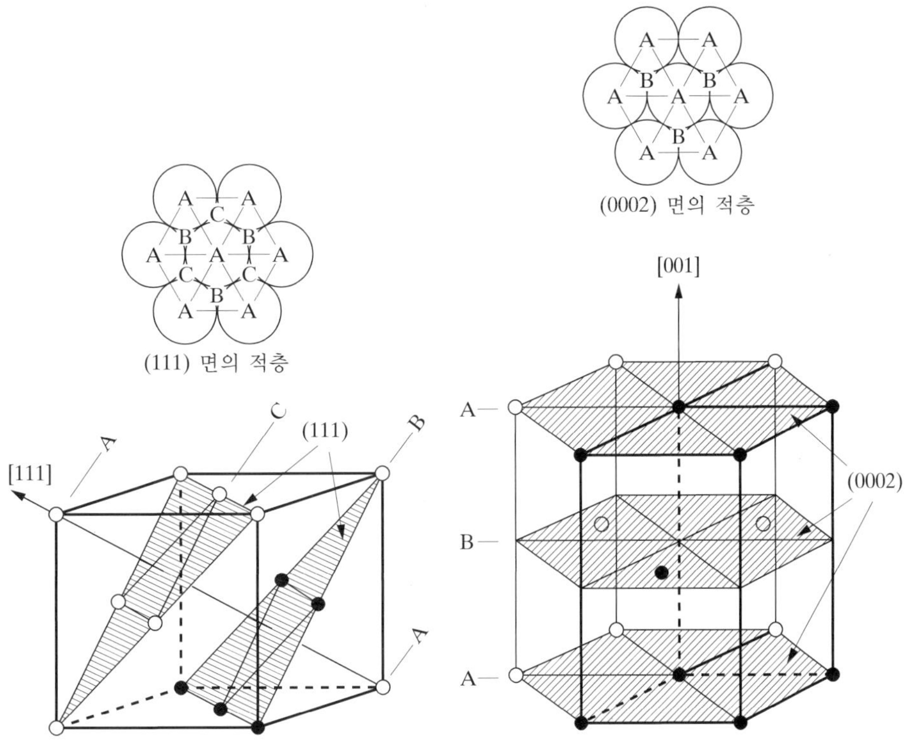

그림 2-19 FCC와 HCP 구조의 비교. FCC 그림에서 검정색 원자들은 육각형 반의 윤곽을 그리며, 아래 다음 단위포(보이지 않음)로 확장한 같은 면에서 이 육각형을 완성한다.

비는 1.633이지만 이 구조로 된 금속의 c/a 비는 대략 1.58(Be)와 1.89(Cd) 사이에서 변한다. 이런 결정에서 원자가 서로 접촉하지 않는다고는 가정할 근거는 없으며, 따라서 원자들은 모양에서 구가 아니라 타원임에 틀림없다.

FCC 구조도 같은 조밀 배열을 한다. HCP 구조와 관계는 곧바로 명확하지 않지만 그림 2-19는 FCC 구조의 (111) 면 위의 원자들이 HCP 구조의 (0002) 면 위의 원자들과 똑같이 육각형 형태로 배열하는 것을 나타낸다. 두 구조 사이의 유일한 차이점은 육각형의 판의 원자를 서로 위에 배열하는 방식이다. 한 HCP의 금속에서는 제2층 원자는 제1층의 공동 위에 놓이고 제3층의 원자는 제1층 원자 위에 놓인다. 따라서 층의 적층순서를 *A B A B A B* ... 로 간단하게 표현할 수 있다. FCC 금속에서는 처음 두 원자층은 같은 방식으로 놓이나 제3층의 원자는 제2층의 공동 위에 놓이고 제4층이 되어서야 위치가 반복한다. 따라서 FCC 적층은 순서가 *A B C A B C A* ...이다. 이런 적층의 개요를 그림 2-19에 보인 평면도로 나타낸다.

두 개 이상의 원자가 Bravais 격자의 각 점에 '회합' 하는 또 다른 예로 우라늄을 들 수 있다. 상온에서 안정한 형인 α-우라늄 구조를 평면도와 정면도로 그림 2-20에 나타낸다. 이 그림에서 도면 (단위포의 원점과 두 축을 포함한) 위에 원자의 높이(축길이의 분율로 나타낸)를 각 원자 안에 숫자로 나타내고 있다. Bravais 격자는 C 면이 면심인 저심사방(base-centered orthorhombic)이고 그림 2-20은 원자가 어떻게 구조 내에서 짝으로, 격자점 하나에 수반하여 나타나는 지를 나타내고 있다. 단위포마다 네 개의 원자가 $0\,y\,\frac{1}{4}$, $0\,\bar{y}\,\frac{3}{4}$, $\frac{1}{2}\left(\frac{1}{2}+y\right)\frac{1}{4}$, $\frac{1}{2}\left(\frac{1}{2}-y\right)\frac{3}{4}$에 있다. 여기서 원자 좌표에서 가변 변수 y를 소개한다. 보통 결정은 구조의 대칭요소를 파괴하지 않으면서 어떠한 분

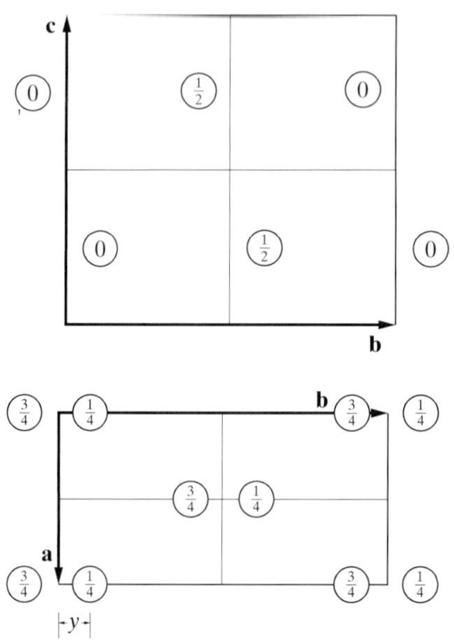

그림 2-20 α-우라늄의 구조, Jacob과 Warren[2.6]에서

율값으로도 표현할 수 있는 가변 변수를 포함한다. 아주 다른 물질이 a, b, c, y 값이 약간 다른 것 외에 우라늄과 정확하게 같을 수도 있다. 우라늄에서 y는 0105 ± 0.005이다.

서로 다른 종류의 원자들로 된 **화합물**의 결정구조로 돌아가서, 구조를 Bravais 격자를 골격으로 하여 세우지만 일정한 다른 규칙을 따라야 한다. 정확하게 그 까닭은 존재하는 원자가 다르기 때문이다. 예를 들어 A_xB_y의 결정을 생각해 보자. 이 결정은 보통 화합물, 일부 합금계에서 비교적 일정한 조성의 중간상이거나 규칙 고용체일 수도 있다. 이때 A_xB_y의 원자 배열은 다음의 조건을 만족해야 한다:

1. 만일 있다면 체심, 면심, 저심(based-centering)병진이 동종의 원자에서 시작하고 끝나야 한다. 예를 들면, 체심입방 Bravais 격자를 기본으로 한다면 한 A 원자에서, 가령 또 다른 A 원자까지 $\frac{1}{2}\frac{1}{2}\frac{1}{2}$ 병진으로 이동이 틀림없이 가능해야 한다.
2. 결정에서 A 원자들의 조와 B 원자들의 조는 전체로서 결정과 같은 대칭요소가 따로따로 있어야 하는데, 이 원자들이 그 결정을 구성하기 때문이다. 특히 존재하는 어떤 대칭요소의 조작이라도 지정한 A 원자를 같은 종류의 또 다른 A 원자와 일치하도록 오게 해야 한다.

위에 든 요구조건에 비추어 몇 가지 흔한 결정들의 구조를 생각하자. 그림 2-21에서는 두 개의 이온 화합물인 CsCl과 NaCl의 단위포를 설명하고 있다. 이 구조는 둘 다 입방이며 많은 결정에서 흔히 있고, 있는데서는 어디에서나 'CsCl 구조'나 'NaCl 구조'라고 부른다. 결정을 고찰할 때 Bravais 격자를 결정하는 일은 매우 중요하다. 왜냐하면 Bravais 격자는 결정을 구성하는 기본골격이며 뒤의 4장에서 증명하게 될 결정이 x선을 회절하는 방식에 깊은 영향을 주기 때문이다.

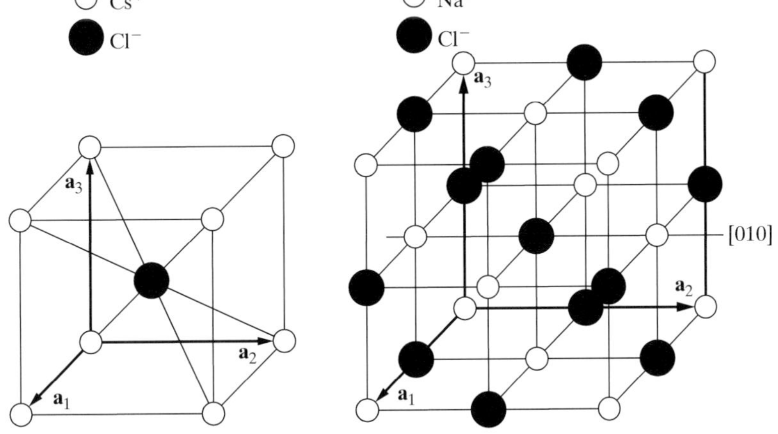

(a) CsCl (b) NaCl

그림 2-21 (a) CsCl(CsBr, NiAl, 규칙 β-황동, 규칙 CuPd들에 공통)과 (b) NaCl(KCl, CaSe, PbTe들에 공통)

CsCl의 Bravais 격자는 무엇인가? 그림 2-21(a)는 단위포가 세 개의 원자를 포함한다는 것을 보여준다. 고체상태에서도 이 화합물은 완전히 이온화하므로 여기서 원자는 실제로 이온이다. 세슘 이온은 000에 있고 염소 이온은 $\frac{1}{2}\frac{1}{2}\frac{1}{2}$에 위치한다. Bravais 격자는 분명히 면심이 아니고 $\frac{1}{2}\frac{1}{2}\frac{1}{2}$의 체심병진이 두 원자를 연결한다. 하지만 이 둘은 이종원자이므로 체심격자가 될 수 없다. 그것은 소거하면 단순입방이다. 원한다면 두 이온, 000에 있는 세슘과 $\frac{1}{2}\frac{1}{2}\frac{1}{2}$에 있는 염소를 000에 있는 격자점과 연관하여 생각할지도 모른다. 그러나 한 개의 Cs 이온을 한 개의 Cl 이온과 결합하여 CsCl 분자로 보는 것은 가능하지 않다. 그러므로 그러한 결정 내에서 '분자'란 용어는 아무런 실제의 물리적 의미를 지니지 않으며 이 같은 사실은 대부분 무기화합물과 합금에서 마찬가지이다.

그림 2-21(b)를 잘 보면 NaCl 단위포는 8개의 이온을 포함하고 이 이온은 다음과 같이 있는 것을 볼 수 있다:

4 Na^+	0 0 0,	$\frac{1}{2}$ $\frac{1}{2}$ 0,	$\frac{1}{2}$ 0 $\frac{1}{2}$,	0 $\frac{1}{2}$ $\frac{1}{2}$
4 Cl^-	$\frac{1}{2}$ $\frac{1}{2}$ $\frac{1}{2}$,	0 0 $\frac{1}{2}$,	0 $\frac{1}{2}$ 0,	$\frac{1}{2}$ 0 0

나트륨 이온은 명백하게 면심입방이고 $\frac{1}{2}\frac{1}{2}\frac{1}{2}$에 있는 염소 이온에 면심병진 [000]과 $<\frac{1}{2}\frac{1}{2}\frac{1}{2}>$을 적용하면 모든 염소 이온 위치를 재생한다. 따라서 NaCl의 Bravais 격자는 면심입방이다. 이온의 위치는 덧붙여 말하면 다음과 같이 요약형으로 쓸 수 있다:

$$0\ 0\ 0 \quad + \quad \text{면심병진} \quad 4\ Na^+$$

$$\tfrac{1}{2}\ \tfrac{1}{2}\ \tfrac{1}{2} \quad + \quad \text{면심병진} \quad 4\ Cl^-$$

다른 모든 구조에서와 같이 격자에 있는 대칭요소의 조작은 유사한 원자나 이온을 일치하게 가져와야 한다는 것에 주목한다. 예를 들면, 그림 2-21(b)에서, 나타낸 4회 회전축 [010] 주위로

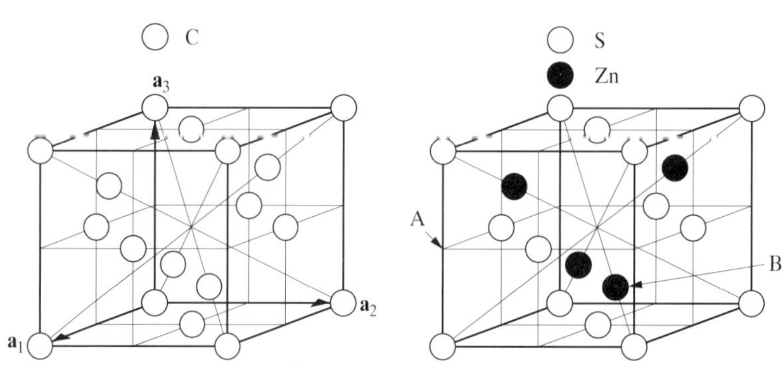

(a) 다이아몬드 (b) 섬아연광

그림 2-22 (a) 다이아몬드(Si, Ge, 회색 Sn에 공통)와 (b) ZnS의 섬아연석(HgS, CuI, AlSb, BeSe들에 공통)

90° 회전으로 0 1 $\frac{1}{2}$에 있는 염소 이온은 $\frac{1}{2}$ 1 1에 있는 염소 이온과 일치하게 되고 0 1 1에 있는 나트륨 이온은 1 1 1에 있는 나트륨 이온과 일치하게 되고 등등이다.

원소와 화합물은 종종 구조가 매우 유사하다. 그림 2-22는 ZnS의 다이아몬드와 섬아연광 형의 단위포를 보여준다. 이 둘은 모두 면심입방이다. 다이아몬드는 단위포에 8개의 원자가 다음 위치에 있다.

$$0\,0\,0 \quad + \quad \text{면심병진}$$

$$\tfrac{1}{4}\,\tfrac{1}{4}\,\tfrac{1}{4} \quad + \quad \text{면심병진}$$

바꾸어 말하면 두 개 원자로 된 '분자'가 각각 면심격자점에 연계한다. 섬아연광에서 원자 위치도 이와 같다. 다만 첫째 조의 자리는 한 종류의 원자(S)가 점유하고 다른 자리는 다른 종류의 원자(Zn)가 점유한다.

다이아몬드와 구리 같은 금속은 둘다 같은 면심입방 Bravais 격자를 기초로 두고 있으나 구조는 아주 다르다. 이 둘을 구별하기 위해 보통 '다이아몬드 입방'과 '면심입방'이라는 용어가 쓰인다. 산업적으로 중요한 반도체인 실리콘은 다이아몬드 입방구조이다.

'NaCl 구조' 와 같이 이름으로 구조를 가리키기보다는 오래 전에 *Strukturbericht*[G.8]에서 정한 기호를 사용할 수 있다. 이 기호는 글자와 숫자로 되어 있다. A는 원소를, B는 AB 화합물을, C는 AB_2 화합물을, 등등을 가리킨다. 예로서 구리의 구조를 A1 구조, α Fe의 구조를 A2, 아연의 구조를 A3, 다이아몬드를 A4, NaCl의 구조를 B1들로 부른다. 완전한 목록은 Pearson이 주었다[G.9 Vol. 1, p. 85].

다소 복잡한 결정도 입방격자로 쌓을 수 있다. 예를 들면, 페라이트(ferrite)는 자성을 띠고 녹음테잎, 컴퓨터 플로피 디스크, 하드 드라이버에 쓰이는데 화학식이 $MO \cdot Fe_2O_3$이다. 여기서 M은 Mn, Ni, Fe, Co들의 2가 금속이다. 이 구조는 광물인 스피넬의 구조와 관계한다. 페라이트의 Bravais 격자는 면심입방이고 단위포는 8개의 '분자', 즉 전부해서 $8 \times 7 = 56$개의 이온을 포함한다. 그러므로 각각의 격자점은 56/4나 14개의 이온과 연계한다.

어떤 결정에서 단위포마다 원자 수는 부분적으로 그 Bravais 격자에 달려 있다. 예를 들면, 체심격자를 기초로 두는 결정에서 단위포마다 원자 수는 반드시 2의 배수이어야 한다. 그 까닭은 단위포 내의 어떤 원자에 대해서도 처음 원자에서 $\frac{1}{2}\,\frac{1}{2}\,\frac{1}{2}$의 병진을 하면 같은 종류의 대응하는 제 2의 원자가 있어야 하기 때문이다. 저심격자에서 단위포마다 원자 수도 저심병진 때문에 2의 배수이어야 한다. 이와 유사하게 면심격자의 단위포마다 원자 수는 4의 배수이어야 한다.

그러나 명제의 역은 맞지 않다. 예를 들면, 단위포마다 원자 수가 4의 배수이면 그 격자가 반드시 면심이라고 가정하는 것은 잘못된 것이다. 예를 들면, AuBe라는 중간상의 단위포(그림 2-23)는 8개 원자를 포함하나 그래도 단순입방 Bravais 격자에 기초를 둔다. 원자는 다음의 위치에 있다.

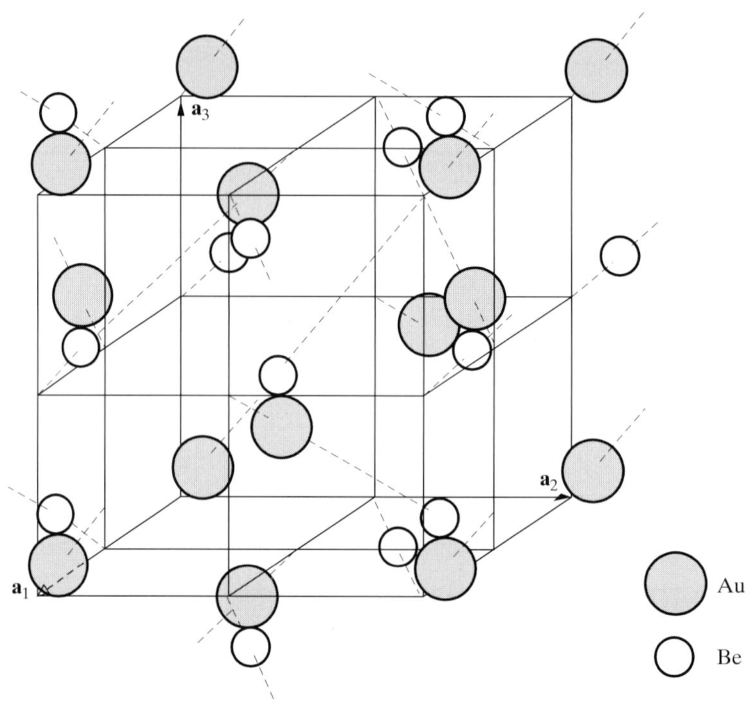

그림 2-23 AuBe의 구조, FeSi, NiSi, CoSi, MnSi들과 공유. 이 구조는 FeSi 구조로 알려져 있다[2.7].

4 Au 위치

$$u \quad u \quad u, \quad (\tfrac{1}{2}+u)(\tfrac{1}{2}-u)\bar{u}, \qquad \bar{u}(\tfrac{1}{2}+u)(\tfrac{1}{2}-u), \quad (\tfrac{1}{2}-u)\bar{u}(\tfrac{1}{2}+u)$$

4 Be 위치

$$w \quad w \quad w, \quad (\tfrac{1}{2}+w)(\tfrac{1}{2}-w)\bar{w}, \quad \bar{w}(\tfrac{1}{2}+w)(\tfrac{1}{2}-w), \quad (\tfrac{1}{2}-w)\bar{w}(\tfrac{1}{2}+w)$$

여기서 $u = 0.100$, $w = 0.406$이고 편차는 ± 0.005이다. 만일 변수 u를 0이라 놓으면 금 원자 좌표는 면심입방포의 좌표가 된다. 따라서 AuBe 구조를 변형한 면심입방이라고 간주할 수 있다. 여기서 금 원자는 베릴륨(Be) 원자 때문에 원래의 자리에서 $\pm u$, $\pm u$, $\pm u$만큼 밀려나 있다. 이러한 병진은 전부 <111>형 방향, 즉 입방체의 체대각선에 평행하고 그림 2-23에서 점선으로 보이고 있다. 입방 Bravais 격자의 특성인 3회축은 남으나 4회축은 변형으로 인하여 존재하지 않는다. 이리하여 이 구조는 입방결정계가 세 개의 서로 직각인 4회축 없이도 입방정계의 예를 보여준다.

이제 '단순'이라는 용어가 Bravais 격자에 적용할 때는 매우 특별한 전문용어로 쓰이고 매우 복잡한 구조가 '단순'격자 위에 쌓을 수 있다는 사실은 명확하다. 사실상 단위포에 100개 이상의 많은 원자를 포함하는 수도 있다. '단순격자'를 정의하는 유일한 실제 방식은 부정하는 식이다. 가정한 격자가 체심, 저심이나 면심이 아니면 '단순'이라고 한다. 또는 원자 위치의 집합이 체심

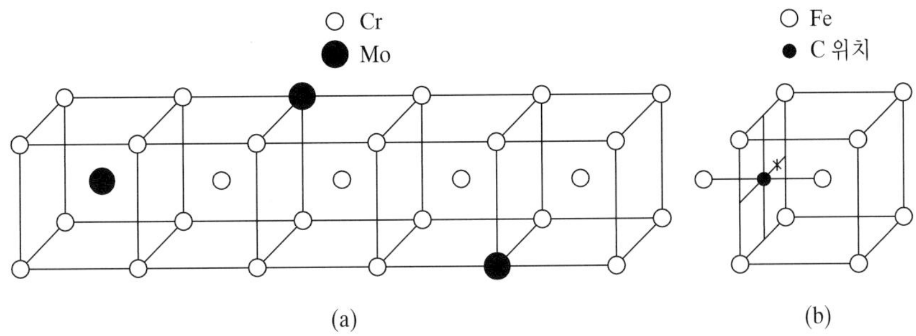

그림 2-24 고용체의 구조: (a) Cr에서 Mo(치환형), (b) α-Fe에서 C(간극형)

병진, 저심병진, 면심병진을 포함하지 않는 것을 보여주어 그 가능성을 배제하는 것이다. 단순격자에서 단위포 한 개의 허용하는 원자 수를 지배하는 규칙은 아무것도 없다. 비록 모든 결정계에서는 아니며 모든 큰 정수를 허용하지 않으나 그 수는 1, 2, 3, 4, 5들 중 어느 한 수라도 될 수 있다. 부수적으로 수리 결정학에서 알려진 이론적인 모든 가능성이 실제 자연계에서 나오는 것은 아니다. 예를 들면, 알려진 원소에서 단위포에 원자가 한 개 있는 단순육방격자로 결정화하는 것은 하나도 없다.

지금까지 언급했던 것 이외에 이종의 원자를 점격자에 배열하는 또 다른 한 가지 방식이 있다. 이러한 예는 **고용체 구조**에서 볼 수 있다. 이런 고용체에는 두 가지 유형, 즉 치환형(substitutional)과 간극형(interstitial)이 있는데, 전자에서는 용질원자가 용매의 격자점에 있는 용매원자를 치환하거나 교환하지만 후자에서는 용질원자가 용매격자의 간극으로 끼어든다. 이러한 구조에서 흥미로운 특징은 용질원자는 다소 불규칙하게 분포한다는 것이다. 예를 들면, BCC 구조인 크롬에서 10 원자 퍼센트의 몰리브덴(molybdenum, Mo)을 함유한 용해를 가정하자. 몰리브덴 원자는 입방체의 모서리이든 체심 위치이든 간에 무작위로 불규칙하게 존재할 수 있다. 이런 결정의 작은 부분은 외양이 그림 2-24(a)와 같을 수 있다. 인접하고 있는 다섯 개의 단위격자가 거기에 보이며, 총 29개의 원자가 있는데 그 중 세 개는 몰리브덴이다. 따라서 이 부분의 결정은 10 원자 퍼센트보다 약간 많은 몰리브덴을 함유하지만 옆에 있는 다른 다섯 개의 단위포는 아마도 10%보다 약간 작게 포함한다. 이러한 구조는 결정학의 일반 법칙을 따르지 않는다. 예를 들면, 그림에 보인 집단의 오른쪽 단위포는 입방대칭이 없다. 구조의 전체에 걸쳐서 단위포 벡터 하나가 만드는 병진은 한 종류의 한 원자에서 시작해서 다른 종류의 한 원자로 끝나는 것을 알 수 있다. 이 구조에 관해 말할 수 있는 것은 이 구조는 **평균적으로** BCC이고 실험적으로 BCC 구조 특유의 x선 회절효과를 보인다는 점이다. 결정을 시험하기 위해 사용한 x선 빔은 단위포의 크기와 비교할 때 훨씬 커서, 말하자면 수백만의 단위포를 동시에 조사하므로 이러한 사실은 놀라운 것이 아니고 그래서 구조의 평균적인 '무늬'만 얻는다는 것은 당연하다.

상기한 언급을 간극형 고용체에도 똑같이 잘 적용한다. 이 고용체는 용질원자가 용매의 격자 사이에 심하게 변형을 일으키지 않고 끼어들 수 있을 만큼 작으면 언제라도 생긴다. α 철의 탄소 고용체인 페라이트(ferrite)[6]가 좋은 한 예이다. 그림 2-24(b)에 나타낸 단위포에는 격자에 두 종류의 '빈자리(hole)'가 있다: 하나는 $\frac{1}{2}0\frac{1}{2}$(● 표시)과 입방체의 면이나 변의 중심에 있는 등가 위치에 있다. 그리고 또 하나는 $\frac{1}{4}0\frac{1}{2}$(× 표시)과 이와 등가인 위치에 있다. 지금 가진 모든 증거는 페라이트에서 탄소 원자는 $\frac{1}{2}0\frac{1}{2}$에 있는 빈자리나 이와 등가인 위치에 자리잡는다는 사실을 나타낸다. 그러나 페라이트에서 탄소의 최대고용한도는 겨우 0.1 원자 퍼센트 정도이므로 평균적으로 500개의 단위포에서 이 위치들 중 겨우 한 개 정도에 탄소가 점유할 수 있다.

주목할 만한 또 다른 형태의 구조가 여전히 있는데 그것은 **규칙 고용체**(ordered solid solution)이다. 위에서 설명한 바와 같이 전형적인 치환형 고용체에서는 용질원자가 용매격자점에 다소 불규칙하게 분포하고 있다.[7] 또 다른 한편으로는 높은 온도에서만 확실히 그와 같은 상태로 있는 고용체가 있으나 더 낮은 온도로 냉각하면 용질원자는 용매의 격자점 상에 있으면서 규칙적, 주기적인 배열을 취한다. 그때는 이러한 고용체가 **규칙적**이고 **초격자**(superlattice)를 갖는다고 말한다. $AuCu_3$ 합금은 고전적인 예이다: 고온에서 구리(Cu)와 금(Au) 원자는 면심입방격자 위치에 다소 불규칙하게 있지만 저온에서 금 원자는 입방체의 모서리 위치만을 점유하고 구리 원자는 면심 위치만을 점유한다. 그러면 규칙 고용체(ordered solid solution)는 그것이 안정한 온도 범위에서는, 한 종류의 원자들이 한 조의 격자점에 있고 다른 종류의 원자들이 다른 한 조의 격자점에 있는 화학적 합성물과 유사하다. 그러나 규칙 고용체는 '반 가열한 물질'이다. 그 까닭은 가열하면 이 물질은 용융하기 전에 불규칙하게 변하기 때문이다. NaCl과 같은 실제 물질은 용융점까지 줄곧 규칙성을 지닌다. 결정학적으로 불규칙 고용체와 규칙 고용체의 구조는 아주 다르다. 즉, 불규칙한 $AuCu_3$는 평균적으로 면심입방이나 규칙 고용체는 단순입방이다. 이와 같은 구조는 10장에서 더 자세히 다루겠다.

2-10 원자의 크기와 배위

둘 이상의 이종원자가 결합하여 한 화합물, 중간상이나 고용체를 만들 때, 생기는 구조 유형은 부분적으로 관계하는 원자의 상대적인 크기에 달려 있다. 그렇다면 원자의 크기란 무엇인가? 원자를 예리하고 뚜렷한 경계가 되는 표면이 있는 당구공과 같은 어떤 것으로 간주하는 것은 분명히 지나치게 단순화하는 일이다. 왜냐하면 원자의 '표면' 부근에서 전자밀도가 점차적으로 감소하며 원자핵에서 꽤 먼 거리에서도 전자를 발견할 확률이 작지만 얼마간 있기 때문이다. 그렇지

6) 단어 페라이트의 이중 의미에 주의하라: (1) 금속학적으로는, 위에 언급한 금속 고용체를 나타내며, (2) 세라믹이나 광물학적으로는 이미 기술한 산화물 $MO \cdot Fe_2O_3$를 나타낸다.

7) 물론, 고용체가 농도가 높게 될 때, '용매'와 '용질' 사이의 실제적인 구분은 없다. 두 종류 이상의 원자가 그 안 분포하고 있는 격자는 오직 하나만 있다.

만 원자의 크기를 정의하는 한 방식은 완전히 만족스럽지 않지만 결정을 매우 단단한 구가 서로 접한 집합체라고 생각하는 것이다. 그렇다면 원자의 크기는 원소의 결정 내에서 가장 인접한 원자중심 간의 거리로 정하고 이 거리는 격자상수에서 계산할 수 있다.

예를 들면, α 철의 격자상수 a는 2.87 Å이고 BCC 격자에서 단위포의 체대각선에 따라서만 원자가 서로 접촉하고 있다. 그러므로 철 원자의 직경은 입방체의 체대각선 길이의 절반과 같거나 $(\sqrt{3}/2)a = 2.48$ Å이다. 다음 식은 가장 흔한 세 개의 금속구조에서 최인접거리이다:

$$\text{BCC} = \frac{\sqrt{3}}{2}a$$

$$\text{FCC} = \frac{\sqrt{2}}{2}a$$

$$\text{HCP} = a \quad (\text{저면에서 원자 사이})$$

$$= \sqrt{\frac{a^2}{3} + \frac{c^2}{4}} \left(\begin{array}{c}\text{저면에 있는 원자와 그 위나} \\ \text{아래에 있는 이웃원자 사이}\end{array}\right) \tag{2-12}$$

최인접원자 간의 거리값을 원소의 결정구조와 격자상수와 함께 부록 5에 표로 실었다.

어림 근사하여 원자의 크기는 일정하다. 달리 말하면 철 원자는 그것이 순수한 철로 존재하거나 중간상이나 고용체로 존재하든지 크기가 거의 같다. 이것은 미지의 결정을 연구하는 데 있어서 기억해야 할 매우 유용한 사실인데, 어떤 제안한 구조에 지정한 원자를 끼워 넣을 때 대략 얼마나 큰 빈자리가 필요할 지를 예측할 수 있도록 해준다. 좀더 정확히 말한다면 원자의 크기는 **배위수**(coordination number)에 따라서 약간 다르다고 알려져 있다. 배위수는 지정한 원자의 가장 가까운 이웃원자의 수이고, 결정구조에 따라 다르다. FCC와 HCP 구조에서 원자배위수는 12, BCC는 8, 다이아몬드 입방은 4이다. 배위수가 작아지면 원자가 점유하는 부피가 작아진다. 배위수의 감소에 따른 예상 수축의 근사량은 다음과 같다:

배위 변화	크기 수축, %
12 → 8	3
12 → 6	3
12 → 4	12

예를 들면, 철 원자의 직경은 철이 FCC인 구리에 용해하여 있을 때가 BCC인 α 철에 있거나 BCC인 바나듐에 녹아 있을 때보다 크다. 만일 구리에 용해하여 있는 경우 그 직경은 대략 2.48/0.97, 즉 2.56 Å이다.

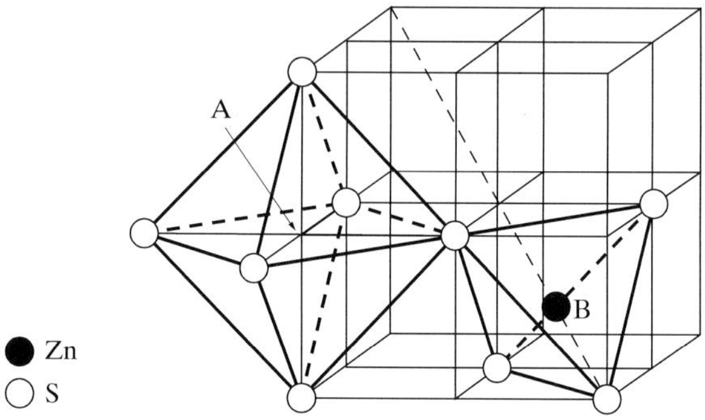

그림 2-25 섬아연석 구조의 일부. 그림 2-22(b)와 비교하라. *A*에서 공극은 팔면체 환경을 가진다. *B*에서 아연 원자는 사면체 환경을 가진다.

결정 내 원자의 크기는 이온결합, 공유결합, 금속결합이나 반데르발스(van der Waals) 결합인지에 따라서 다르며 이온화상태에 따라서도 다르다. 전자가 중성인 원자에서 많이 없어질수록 크기가 작은데, 철에서 뚜렷하게 보이는 것처럼, 철 원자나 이온인 Fe, Fe^{++}, Fe^{+++}는 직경이 각각 2.48, 1.66, 1.34 Å이다.

지정한 한 점 주위 원자의 공간 배열을 흔히 **팔면체**(octahedral)나 **사면체**(tetrahedral)라는 용어로 기술한다. 예를 들면, 그림 2-21(b)의 NaCl 구조에서 $\frac{1}{2}\frac{1}{2}\frac{1}{2}$에 있는 중심의 Cl^- 이온은 Na^+이온이 팔면체로 둘러싼다고 한다. 그 까닭은 면심 위치에 있는 6개의 Na^+ 이온이 8개의 삼각형으로 경계가 되는 고체인 팔면체 모서리에 놓이기 때문이다. 그림 2-22(b)의 섬아연광 구조에서 *A*로 표시한 빈 위치는 황(S) 원자가 팔면체로 둘러싸는데, 나타낸 단위포에는 네 개의 면만이 있다. 이것을 구조에서 팔면체 빈자리라고 부른다. 이러한 원자의 무리를 그림 2-25에 따로 표시하였다. 같은 구조에서 그림 2-22(b)에서 *B*라고 표시한 $\frac{1}{4}\frac{1}{4}\frac{1}{4}$ 위치에 있는 Zn 원자는 네 개의 삼각형으로 경계가 되는 고체인 사면체의 모서리에 있는 네 개의 S 원자한테 둘러싸인다(그림 2-25). 사실 단위포의 네 개의 Zn 원자는 모두 주위가 S의 사면체이다. 그리고 ZnS 구조에서 독자는 나타낸 한 단위포에 인접하여 세 개의 단위포를 그려서 *A*에 있는 빈자리가 Zn 원자한테 사면체로 둘러싸인다는 것을 입증할 수 있다. 따라서 *A*에 있는 빈자리는 보통 환경과는 달리 주위가 팔면체(S)와 사면체 (Zn)이다.

2-11 결정의 모양

여태까지는 결정의 내부구조를 주로 강조하기 위해 결정의 모양을 무시하였다. 그러나 비전문가에게는 아마도 결정의 모양이 결정의 가장 특징적인 성질일 것이다. 대부분의 사람들은 자연 광물이나 과포화 염 용액에서 인공적으로 성장한 결정이 나타내는 아름답고 매끄러운 면에 친

숙하다. 사실상 결정학은 이러한 면이나 면 사이의 각도를 연구하는 일에서 시작하였다.

그렇지만 결정의 모양은 원자의 내부 배열에 의존하고 그 결과이므로 실제로 2차적인 특성이다. 종종 결정의 겉모양이 좀 분명하게 그 최소 구성단위, 즉 단위포와 관계하기도 한다. 보통 식염의 결정(NaCl은 입방격자이다)의 작은 입방체이든지 자연 수정의 결정(육방격자)의 육면주 가 그 예이다. 그러나 그 밖의 다른 많은 예에서는 결정과 그 단위포는 아주 다른 모양을 한다. 예컨대 금은 입방격자이지만 자연금은 모양이 팔면체로, 즉 결정형 {111}의 8개의 면으로 둘러싸인다.

결정면에 대한 중요한 사실은 결정의 내부구조에 관한 지식이 전혀 없었던 아주 오래 전에 이미 알려져 있었다. 그것을 **유리지수의 법칙**(law of rational indices)으로 표현하는데, 이 법칙은 자연적으로 발달한 결정면의 지수는 항상 작은 정수로, 3이나 4를 거의 넘지 않는 수이다는 것을 말한다. 즉, {100}, {111}, {$1\bar{1}00$}, {210}들의 면은 잘 나타나지만 {510}, {719}들과 같은 면은 볼 수 없다. 이 장에서 앞에 나온 논의에서 낮은 지수의 면은 격자점의 밀도가 높다는 결론을 내었다. 그리고 그와 같은 면은 높은 지수면, 즉 격자점이 적은 면을 잠식하면서 발달한다는 것이 결정성장의 법칙이다.

하지만 재료 연구에서 잘 발달한 면이 있는 결정은 들어는 보지만 실제로 거의 보이지 않는다. 그것은 주물의 노출면, 전기착물이나 외부 제약을 받지 않는 조건에서 가끔 나타나는 수가 있다. 그 대신 결정이란 대부분 잘 연마한 면 위에서 많은 다른 입자와 함께 현미경을 통해 볼 수 있는 '입자(grain)'를 말한다. 만일 분리한 한 개의 단결정을 만난다면 그것은 용해(melt)에서 인공적으로 성장하여 고화가 일어나는 도가니(crucible) 모양이 되거나 재결정으로 판, 봉이나 선인 출발물질의 모양이 된다.

다결정체의 입자 모양은 여러 종류의 힘이 작용한 결과이다. 이런 힘은 모두 충분히 강하여 각 입자가 충분히 발달한 편평한 면으로 성장하고자 하는 자연적인 성향을 방해한다. 그 결과로 입자는 결정도가 명백하게 보이지 않고 모양이 대략 다각형이다. 그렇지만 입자는 결정이며 예컨대 수정의 잘 발달한 각주처럼 '결정질'이다. 그것은 결정도의 본질이 내부의 원자 배열의 주기성이며 외부 모양의 규칙성은 조금도 아니기 때문이다.

2-12 결정 결함

결정질 고체의 개별 입자의 주기적인 구조에는 많은 종류의 불완전성이 존재한다. 이런 결정학적 결함은 크게 점, 선, 면 결함으로 나뉘고, 재료의 기계적, 전기적, 광학적들의 성질에 중요한 영향을 미칠 수 있다. 재료과학과 공학의 많은 부분은 여러 종류의 결함을 제어하고 특성 분석하는 것과 관계한다. 치환(substitutional) 불순물이나 간극(interstitial) 불순물 형태의 점결함(point defect)에 관해서는 2-10절에서 간략하게 다룬 바 있다. 칼날(edge)전위와 나선(screw)전위와 이 두 가지 전위의 중간 성격을 지니는 전위는 결정 내 원자의 주기적인 배열에 있는 선결함(linear defect)

이다. 금속에서는 전위의 증식과 이동이 비교적 낮은 응력으로 일어나고 그 결과로 가소성 변형이 비교적 용이하고 연성이 높다. 심한 변형(strain)과 매우 높은 전위밀도가 단조, 입연, 가공, 숏피닝, 볼 분쇄와 같은 작업으로 들어올 수 있다. 14장과 15장의 부분들에서는 이런 응력과 변형을 측정하는 방법을 주제로 다룬다. 적층결함(stacking fault)과 쌍정(twin)을 포함하여 여러 가지의 면결함이 존재하며 이 결함을 아래에서 기술한다.

2-9절에서 fcc와 hcp 구조에서 조밀충진면의 적층 순서를 논의한다. 적층결함은 정상적인 적층 순서가 방해 받을 때 발생한다. fcc 구조에서는 정상적인 적층순서인 ... ABCABCABC ...가 ... ABCAB*ABC ...나 ... ABCA*CABCA ...로 예로서 각각 C 층이나 B 층의 제거로 된다. 앞 문장의 별표 (*)는 적층결함의 위치를 표시하기 위해 쓰인다. hcp 계에서는 적층 순서 ... ABABABAB ...가 ... ABABA*CBCBCB ...가 되기도 한다. AA, BB나 CC의 이웃 층을 만드는 결함은 형성에너지가 매우 높고, 매우 특별한 상황이 출현하는 것이 필요하고 아마 빠르게 한 조의 간격이 조밀하고 에너지가 낮은 결함으로 분리할 것이다. 위에서 보인 것처럼 순서를 쓰는 데서 각각의 문자들은 원자층을 대표한다. 각 층은 결함의 끝까지 미치고 이러한 면결함은 결정이나 입자의 모서리까지 걸쳐 하나 이상의 전이에서 종식해야 한다 [2.8, 2.9].

일부 결정들은 대칭적으로 서로 관계하는 두 부분으로 되어 있다. 이러한 결정을 쌍정이라 부른다. 광물, 금속, 합금에서 매우 흔히 나타난다. 쌍정에 관한 좀더 자세한 논의를 위해 Barrett와 Massalski [G.10]를 보자.

쌍정 결정의 두 부분의 관계를 대칭조작으로 한 부분을 다른 한부분이나 이의 확장과 일치하게 하는 대칭조작으로 설명할 수 있다. 쌍정은 두 가지 주요 유형으로 나뉘는데, 대칭조작이 쌍정축(twin axis)이라고 부르는 한 축을 기준으로 180° 회전인지와 쌍정면(twin plane)이라고 부르는 한 면에 관하여 반영인지에 따라 다르다. 쌍정 결정의 두 부분이 결합하는 면을 접합면(composition plane)이라고 한다. 반영쌍정의 예에서는 접합면은 쌍정면과 일치할 수도 있고 그렇지 않을 수도 있다.

주로 FCC, BCC, HCP 구조를 연구하는 사람들에게는 다음 종류의 쌍정이 가장 관심의 대상 일 것이다:

1. 어닐링쌍정(annealing twin): 재결정이 일어나게 냉간가공 뒤에 어닐링한 FCC 금속과 합금(Cu, Ni, $\alpha-$brass, Al들)에서 나타난다.
2. 변형쌍정(deformation twin): 변형한 HCP 금속(Zn, Mg, Be들)과 BCC 금속($\alpha-$Fe, W들)에서 나타난다.

어닐링쌍정

FCC 금속의 어닐링쌍정은 회전쌍정이고 두 부분이 쌍정축의 형 <111>에 대하여 180° 회전관계에 있다. 입방격자의 높은 대칭도 때문에 이런 방위관계가 쌍정축 주위로 60° 회전이나 쌍정축

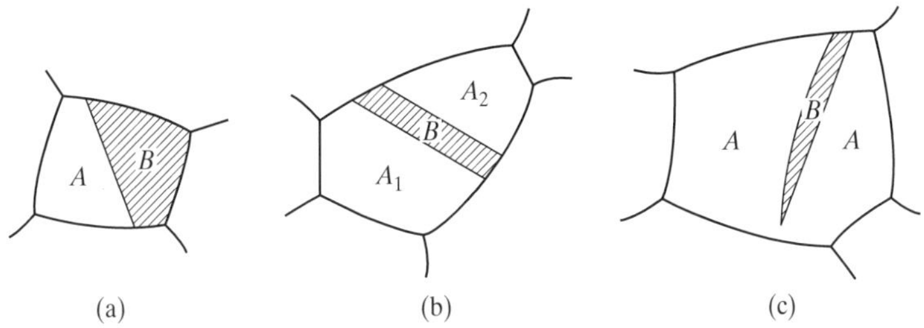

그림 2-26 쌍정입자: (a)와 (b) FCC 어닐링쌍정, (c) HCP 변형쌍정

에 수직인 {111}면에 대한 반영으로 성립한다. 달리 말하면 FCC 어닐링쌍정을 반영쌍정으로도 분류할 수 있다. 여기서 쌍정면은 접합면이다.

때로 어닐링쌍정은 그림 2-26(b)와 같이 현미경으로 보인다. 입자(*B*)의 한 부분이 다른 한 부분(*A*)에 대하여 쌍정관계에 있다. 이 두 부분은 접합면 (111)에서 접촉하고 이 면은 연마면에서 직선 자국으로 나타난다. 그림 2-26(b)에 나타낸 유형이 사실은 더 흔하다. 보인 입자는 세 부분으로 되어 있다: 방위가 동일한 두 부분(A_1, A_2)은 세 번째 부분(*B*)이 나누고, *B*는 A_1과 A_2에 대하여 쌍정인 관계에 있다. *B*는 쌍정대(twin band)라 한다.

그림 2-27은 FCC 쌍정대의 구조를 설명한다. 주 그림의 면은 $(1\bar{1}0)$으로 (111) 쌍정면은 이 면에 수직이고 [111] 쌍정축이 그 면 위에 있다. 빈 원(○)은 그림면에 있는 원자를 나타내고 까만 원(●)은 바로 위나 아래층에 있는 원자를 나타낸다. 쌍정면을 가로지르는 반영대칭은 몇 개의 원자쌍을 연결한 파선으로 나타내고 있다.

이런 유형의 회진쌍정은 쌍정축에 대하여 모결정과 180° 회전관계에 있다고 말하는 것은 두 부분의 방위관계를 나타낼 뿐이고 그 결정의 한 부분을 다른 한 부분에 대하여 물리적으로 회전하여 쌍정이 생긴다는 것은 아니다. 실제로 FCC 어닐링쌍정은 정상적인 결정성장 기구에 변화가 일어나서 생긴다. 재결정에 이어서 정상적으로 입자가 성장을 하는 동안 입경계는 대략 (111)에 나란하고 경계에 대략 수직인 방향, 즉 [111]로 나아간다고 가정하자. 경계가 나아간다는 말은 원자가 소모하는 입자의 격자에서 빠져나가 성장하는 입자의 격자로 들어간다는 말이다. 따라서 입자는 (111)에 평행하게 원자층을 추가하면서 성장하고 이 층은 FCC 결정 내에서 *ABCABC* ... 순서로 쌓인다. 그러나 만일 실수가 생겨서 순서가 *CBACBA* ... 로 바뀌어도 그렇게 생긴 결정도 FCC이다. 그러나 이 결정은 이전 결정의 쌍정이다. 만일 이후에도 유사하게 적층 순서에서 실수가 생기면 결정은 본래의 방위로 성장이 시작하고 쌍정대가 생겨난다. 기호를 사용하여 쌍정대를 다음과 같이 나타낼 수 있다.

A B C A B C	*B A C B A C*	*A B C A B C*
모결정 →	쌍정대 ↔	모결정 ←

이와 같은 용어에서 나타낸 기호는 스스로 쌍정면인, 거울면 C에서 영상을 만든다. 그림 2-27의 왼편에서 쌍정대 경계에서 일어나는 적층의 변화를 나타내기 위해 여러 (111) 면에 위치를 나타내는 기호 A, B, C를 표시하였다. 추가하여 광학현미경으로 볼 수 있는 쌍정대는 두께가 이 그림에서 나타낸 것의 수천 배이다는 것을 꼭 언급한다.

FCC 결정과 그 쌍정 사이의 방위관계를 나타내는 또 다른 방법이 있다. 쌍정의 (111) 층은 $[11\bar{2}]$ 방향으로 일어난 균일한 전단(shear)으로 각 층이 쌍정면에서 거리에 비례하는 양만큼 이

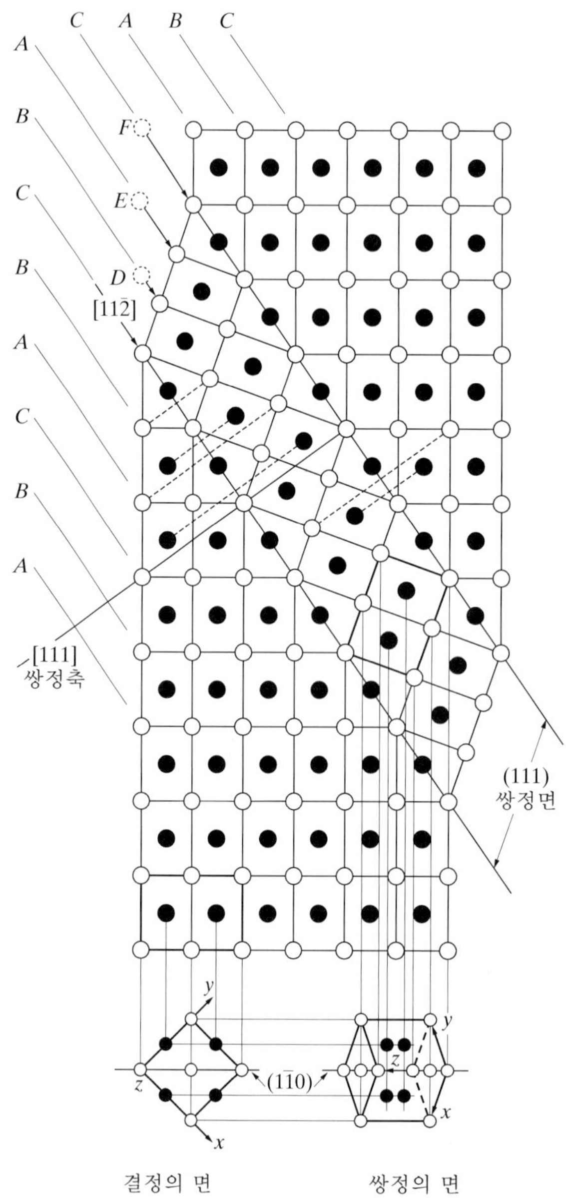

그림 2-27 FCC 격자에서 쌍정대. 그림면은 (1$\bar{1}$0)이다.

동한 결과로 생겨난 위치에 있다고 생각할 수 있다. 그림 2-27에서 이와 같은 전단을 처음 위치인 D, E, F에서 쌍정에서 최종 위치까지 잇는 화살표로 표시하였다. 그러한 쌍정이 변형으로 생겨난다고 종종 말하지만 어닐링쌍정은 상기한 바와 같이 성장과정의 결과로 보통 받아들인다. 그렇지만 이 가상의 전단(shear)은 때로는 결정과 쌍정 사이의 방위관계를 나타내는 유용한 방식이기도 하다.

변형쌍정

변형쌍정은 BCC와 HCP 격자에서 모두 나오고 두 경우 모두 쌍정이 생기는 원인은 변형이기 때문에 그 이름은 모든 것을 말하고 있다. 각각의 예에서 모결정과 쌍정 사이의 방위관계는 면에 대한 반영(reflection)관계이다.

BCC 구조에서 쌍정면은 (112)이고 쌍정을 만드는 전단 방향은 $[11\bar{1}]$이다. 이러한 쌍정의 유일한 일반 예는 충격으로 변형한 α 철(ferrite)이 있고 이 쌍정은 Neumann 대라고 불리는 매우 좁은 쌍정대로서 나타난다. 입방격자에서는 {112}와 {111} 반영쌍정은 둘다 같은 방위관계를 생기게 한다는 점에 유의해야 한다. 하지만 이 쌍정은 생겨난 각각의 원자간 거리가 다르고 FCC 격자는 {111}에 대하여 반영으로 쌍정을 생기게 하는데 {112}에 비해 변형이 덜하다. BCC 격자에서는 같은 이유로 {112}가 더 좋은 면이다.

HCP 금속에서 보통 쌍정면은 $(10\bar{1}2)$이다. 쌍정을 만드는 전단(shear)은 아직 잘 모른다. 전반적으로는 쌍정은 금속에서 c/a의 비가 $\sqrt{3}$ (Be, Ti, Mg)보다 작으면 $[\bar{2}\bar{1}1]$ 방향으로 일어나고 c/a가 $\sqrt{3}$ (Zn, Cd)보다 크면 반대 방향인 $[21\bar{1}]$ 방향으로 일어난다. 그러나 전단(shear) 중 원자 개개의 운동방향은 명확하게는 모른다. 그림 2-26(c)는 HCP 금속에서 생기는 쌍정대의 일반적인 모양을 나타낸다. 그 접합 '면'은 쌍정면에 아마도 평행하거나 거의 평행할지라도 아주 편평하지는 않고 어느 정도 곡률을 종종 나타낸다.

총론

쌍정은 일반적으로 같은 결정 내에서 여러 면 위에 생긴다. FCC 결정에서 방위가 서로 다른 네 개의 {111} 면이 있고 그 위에 쌍정이 생긴다. 예를 들면 이에 따라 재결정화한 구리의 미세구조에서는 쌍정대가 같은 입자 내에서도 한 개 이상의 방향으로 달리는 것을 쉽게 볼 수 있다.

한 결정에서 반복해서 쌍정이 생기면 여러 개의 새로운 방위가 나타나기도 한다. 만일 결정 A가 쌍정 B를 만들고 B가 다시 쌍정 C를 만들고 등등이면, B, C 등등은 모결정 A의 1차 쌍정, 2차 쌍정 등이라고 부른다. 여기서 이 모든 방위가 다 새로운 것은 아니다. 그림 2-26(b)에서는 예를 들면, B를 A_1의 1차 쌍정으로, A_2는 B의 1차 쌍정으로 간주한다. 그러므로 A_2는 A_1의 2차 쌍정인 셈이지만 방위는 A_1과 같다.

2-13 스테레오 투영

투시도나 평면도와 정면도로 만든 결정 그림은 용도는 있지만 격자의 면과 방향 사이의 각 관계를 나타낼 때는 적합하지 않다. 이런 각 관계는 결정에 관한 어떤 면보다도 종종 더 관심을 끄는 것이다. 따라서 면 사이의 각을 정확하게 측정할 수 있고 그러한 각에 관련한 문제를 도해로 해결할 수 있게 하는 일종의 그림이 필요하다. 스테레오 투영(stereographic projection)은 이러한 필요를 만족한다[2.10]. 아래에 나오지 않은 상세한 내용은 Barrett와 Massalski[G.10]과 McKie and McKie[G.3]을 참조한다.

결정 내 어떤 면의 방위는 면 자체의 기울기로 나타내는 것과 똑같이 어떤 기준면에 대한 그 면의 법선의 기울기로 낼 수 있다. 이리하여 결정 내의 모든 면은 결정 내의 어떤 한 점에서 방사상으로 나오는 한 조의 면법선으로 나타내기도 한다. 만일 이러한 점 주위에 이번엔 기준구(reference sphere)를 그린다면 면법선은 기준구의 구면과 **극점**(pole)이라고 부르는 한 조의 점에서 만날 것이다. 이러한 절차를 그림 2-28에 나타내고 여기서는 입방결정의 {100} 면에 제한한다. 한 면의 극점은 구면 위의 위치로 그 면의 방위를 나타낸다.

그림 2-29에 보이듯이 면은 그 연장 면이 구면에 낸 자국으로도 나타낼 수 있다. 여기서 자국인 *ABCDA*는 극점이 P_1인 면을 나타낸다. 만일 이 면이 구의 중심을 지나면 이 자국을 **대원**(great circle)이라고 부른다. 이것은 직경이 최대인 원이다. 중심을 지나지 않는 원은 **소원**(small circle)을 그리며 구와 만난다. 예컨대 괘선이 난 지구의에서 경선(자오선)은 대원이나 적도 이외의 위선은 소원이다.

두 면 사이의 각 α는 대원 사이의 각이나 그 원의 법선 사이의 각과 분명히 같다(그림 2-29). 그러나 이 각은 이 기준구 위의 대원이 균등하게 360 등분하여 있다면 두 면의 극점 P_1과 P_2 사이를 잇는 대원 *KLMNK*을 따라서 구의 표면에서 도수로 읽을 수 있다. 이렇게 각의 측정은 면 자체에

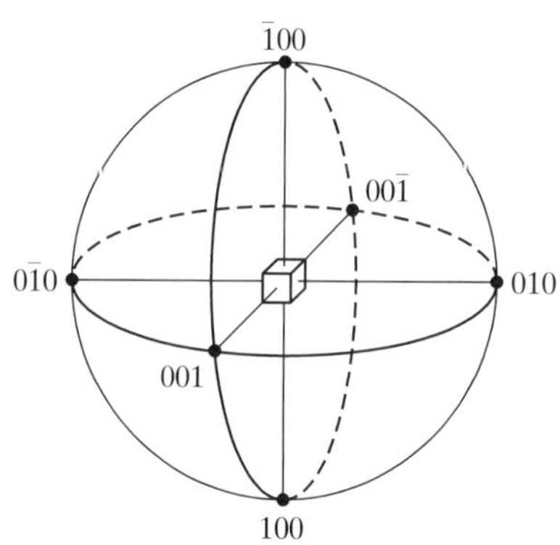

그림 2-28 한 입방결정의 {100} 극점

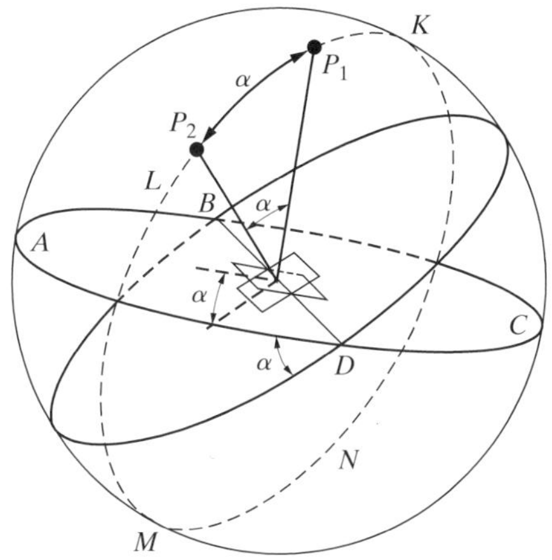

그림 2-29 두 면 사이의 각

서 기준구의 표면으로 옮겨 간다.

구면 위에서 하기보다 편평한 종이 위에서 각을 측정하려면 지구의에서 지도책의 종이 한쪽 위에 세계지도를 옮기려고 하는 지리학자가 사용한 것과 같은 종류의 변환이 필요하다. 지도 제작자는 알려진 많은 투영법 중에서 정적도법(egual-area projection)을 보통 선택하고 그래서 면적이 같은 나라는 지도 위에서 같은 면적으로 나타낼 수 있다. 그러나 결정학에서는 정각 스테레오 투영(equiangular stereographic prjection)이 매우 유용하다. 그 까닭은 이 투영법은 넓이가 달라지지만 각의 관계는 충실하게 지키기 때문이다. 이 투영에서는 투영면을 기준구의 한 선택한 직경 끝에 수직으로 놓고 그 직경의 다른 끝을 투영점으로 사용한다. 그림 2-30에서 투영면은 직경 *AB*에 수직이고 투영은 점 *B*에서 하게 된다. 만일 한 면의 극점이 *P*에 있으면 *P*의 스테레오 투영은 *P′*에 있는데 이 점을 얻으려면 선 *BP*를 그리고 이 선을 투영면과 만날 때까지 연장한다. 다르게 말하면 극점 *P*의 스테레오 투영은 광원이 *B*에 놓일 때 *P*가 투영면 위에 던진 그림자이다. 관찰자는 부수적으로 광원을 마주보는 면에서 투영을 본다.

면 *NESW*는 *AB*에 수직이고 중심 *C*를 지난다. 따라서 이 면은 기준구를 이등분하고 구에서 자국은 대원이 된다. 이 대원은 투영이 되어 투영면 위에 **기본원**(basic circle) *N′ E′ S′ W′*를 만든다. 왼편의 반구 위에 있는 모든 극점은 이 기본원 안에 투영이 될 것이다. 그림 2-30에서 오른편 반구 위의 극점은 이 기본원 밖에 투영이 된다. 그리고 *B*에 가까운 극점들은 중심에서 아주 먼거리에 투영이 될 것이다. 이러한 극들을 그리기 위해서는 투영점을 *A*로 투영면을 *B*로 옮겨야 한다. 음의 부호는 새로운 조의 점을 표시하고 양의 부호는 이전의 것(*B*에서 투영한)을 의미한다. 투영면을 *AB*나 그 연장선을 따라 이동하면 그저 배율만이 변하는 것에 유의한다. 나타낸 것처럼 보통은 이 면은 구에 접하나, 구의 중심을 통과할 수 있다. 예를 들면, 이 경우 기본원은 대원 *NESW*과 일치한다.

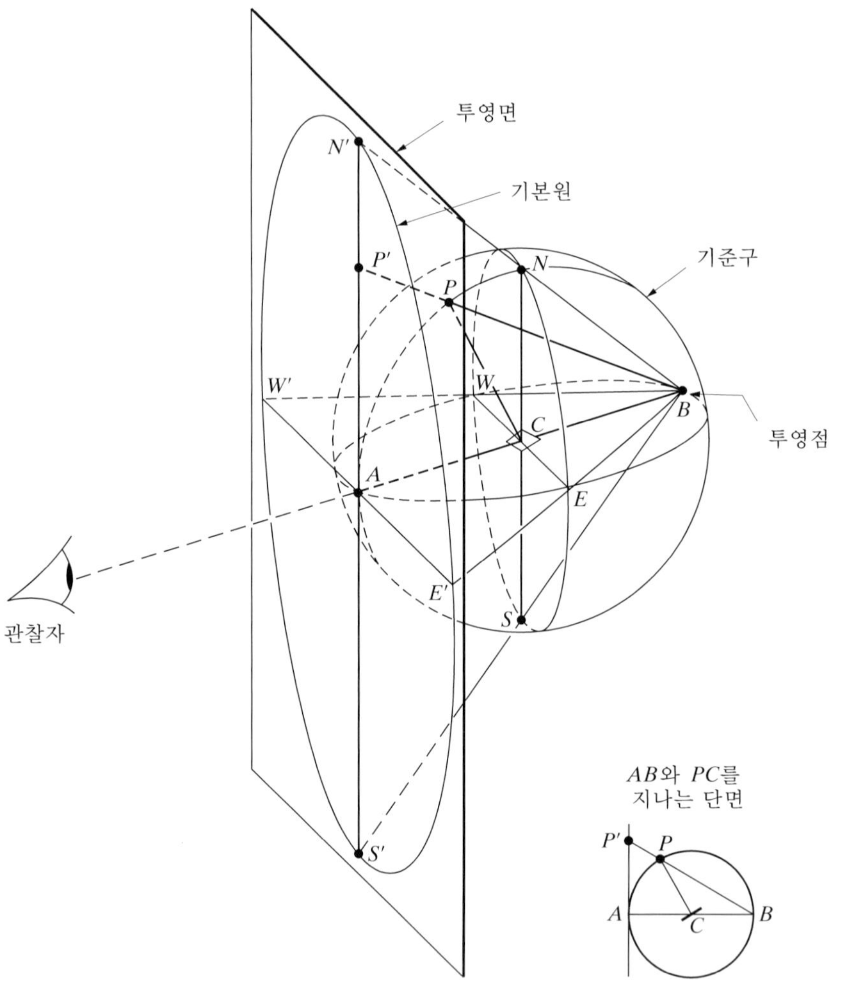

그림 2-30 스테레오 투영

결정의 격자면은 스테레오 투영으로 표시할 때 여러 단계를 거친다. 그 단계를 여기서 요약하는 것이 좋겠다:

1. 면 C는 법선 CP로 표시한다.
2. 법선 CP는 법선과 기준구가 만나는 극점 P로 표시한다.
3. 극점 P는 그 스테레오 투영 P'로 표시한다.

스테레오 투영에 좀 익숙해지면 학생은 이러한 중간 과정을 마음 속으로 생략하고 투영점 P'를 면 C의 극점이나 훨씬 더 직접적으로 면 C 자체로도 볼 수 있다.

기준구 위의 대원은 투영면 위에 원호로 투영이 되거나 만일 그것이 점 A와 B(그림 2-31)를 지나면 투영면의 중심을 지나는 직선으로 투영이 된다. 구 위의 대원의 궤적은 정반대로 마주보는

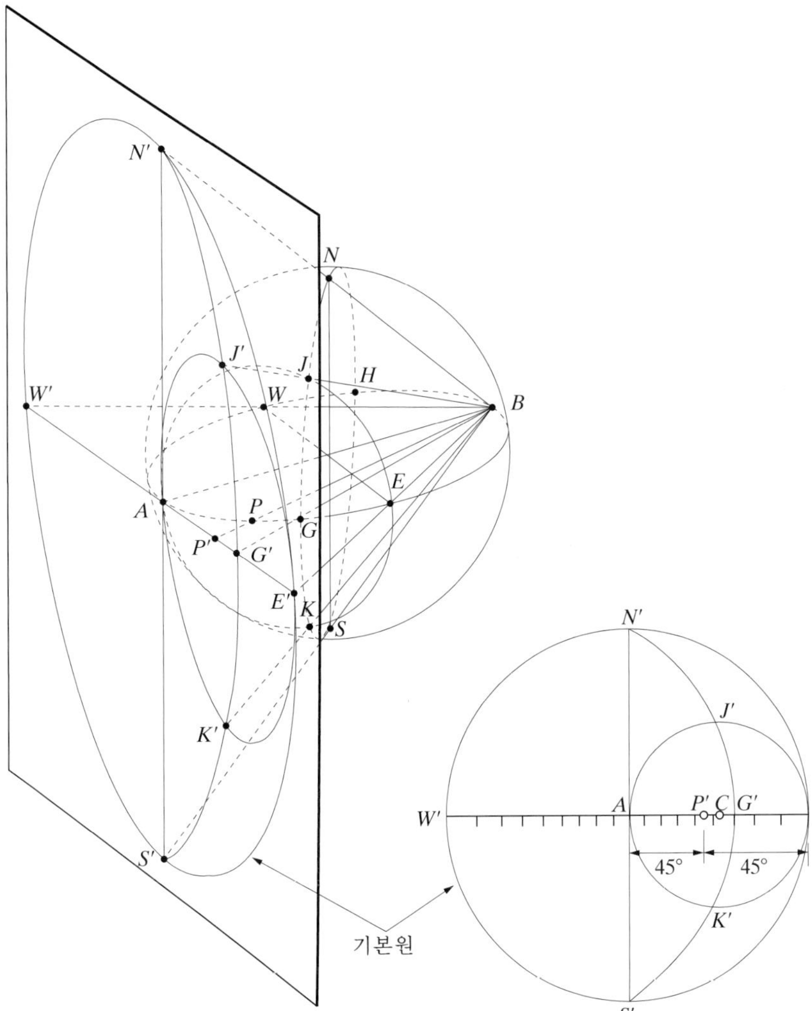

그림 2-31 대원과 소원의 스테레오 투영

점의 집합이므로 투영한 대원(great circle)은 항상 기본원을 정반대로 마주보는 점에서 자른다. 이리하여 그림 2-31의 대원 *ANBS*는 직선 *N′S′* 로서 투영이 되고 *AWBE*는 *W′E′* 로 투영이 된다. 투영면에 대하여 기울어 있는 대원 *NGSH*는 원호 *N′G′S′* 로 투영이 된다. 만일 반쪽의 대원 *WAE* 가 18개의 동등한 부분으로 나뉘고 이 분할점이 *W′AE′* 위에 투영이 된다면 기본원의 적도 위에 10° 간격으로 눈금이 난 자가 생겨난다.

구 위의 **소원**도 또한 원으로 투영이 된다. 그러나 투영한 소원의 중심과 투영의 중심과는 일치하지 않는다. 예를 들면, *AEBW* 위에 중심 *P*가 놓인 원 *AJEK*는 *AJ′E′K′* 로 투영이 된다. 이때 **투영상의 원**의 중심은 *C*에 있으며 *A*와 *E*에서 같은 거리에 있다. 그러나 **투영한 중심**은 *P′* 에 있으며 *A*

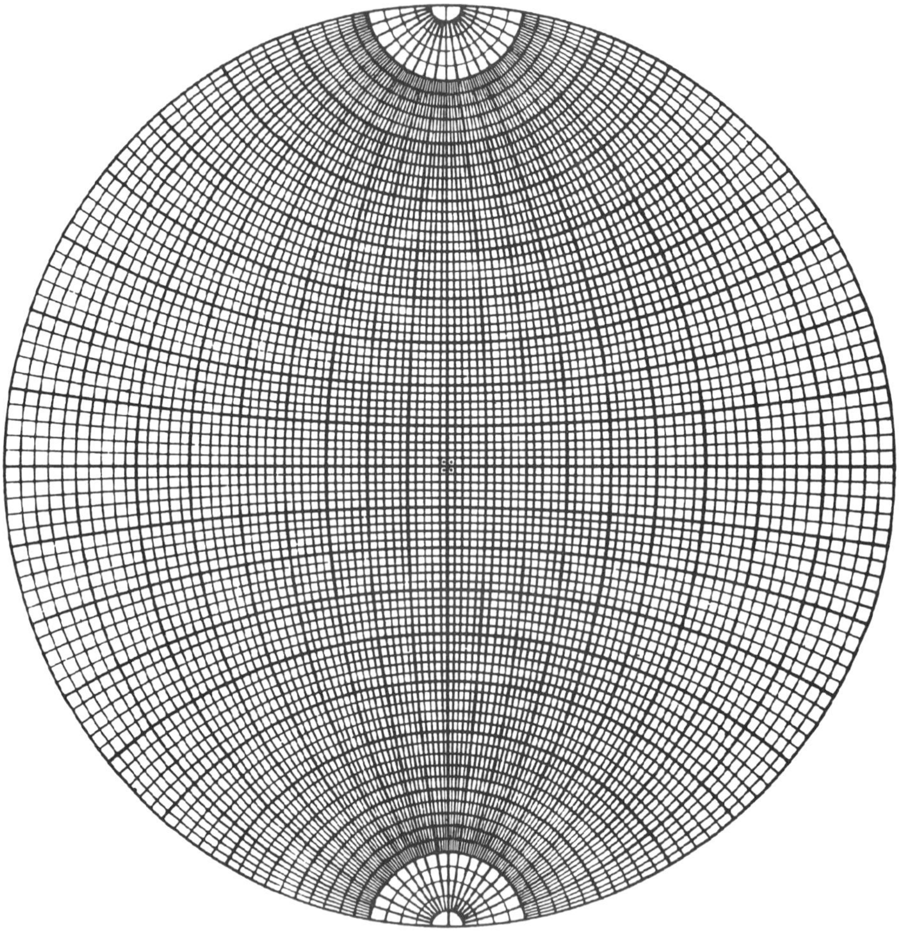

그림 2-32 2° 간격으로 그린 Wulff 망

와 E' 에서 같은 도수(이 경우 45°) 만큼 떨어져 있다.

스테레오 투영과 관계하는 문제를 해결하는 데 가장 유용한 도구는 그림 2-32에 나타낸 Wulff 망(보급자의 이름을 따름)[2.11]이다. 이것은 위선들과 경선들로 눈금을 낸 구를 구의 남북축에 나란한 면에 투영한 것이다. Wulff 망의 위선은 좌우로 뻗는 소원이고 경선(자오선)은 망의 북극과 남극을 연결하는 대원이다. 이 망은 여러 크기로 입수할 수 있으며 다르게는 방정식을 사용해서 쉽게 그릴 수도 있다[G.16], 직경이 18 cm인 것은 정밀도가 약 1° 정도이고 대부분의 문제에서 충분하다. 좀더 높은 정밀도를 얻기 위해서는 좀더 큰 망이나 수학 계산을 사용해야 한다. Wulff 망은 트레이싱지 위에 스테레오 투영을 만드는 데 쓰이고 Wulff 망과 같은 기본원으로 쓰인다. 그런 다음 이 투영을 Wulff 망 위에 중심이 언제나 일치하게 하여 겹치게 한다.

트레이싱지에 스테레오 투영을 그리는 것은 Wulff 망에 직접 그리는 것에 비해 더 경제적일 뿐만 아니라 결정의 기준틀(종이 위에 스테레오 투영으로 나타낸)과 실험실, 즉 결정이 여러 종류의

표 2.4 입방결정에서 결정형 $\{h_1k_1l_1\}$과 $\{h_2k_2l_2\}$의 면 사이의 면각(°)

	$\{h_1k_1l_1\}$						
$\{h_2k_2l_2\}$	100	110	111	210	211	221	310
100	0						
	90						
110	45	0					
	90	60					
		90					
111	54.7	35.3	0				
		90	70.5				
			109.5				
210	26.6	18.4	39.2	0			
	63.4	50.8	75.0	36.9			
	90	71.6		53.1			
211	35.3	30	19.5	24.1	0		
	65.9	54.7	61.9	43.1	33.6		
		73.2	90	56.8	48.2		
		90					
221	48.2	19.5	15.8	26.6	17.7	0	
	70.5	45	54.7	41.8	35.3	27.3	
		76.4	78.9	53.4	47.1	39.0	
		90					
310	18.4	26.6	43.1	8.1	25.4	32.5	0
	71.6	47.9	68.6	58.1	49.8	42.5	25.9
	90	63.4		45	58.9	58.2	36.9
		77.1					
311	25.2	31.5	29.5	19.3	10.0	25.2	17.6
	72.5	64.8	58.5	47.6	42.4	45.3	40.3
		90	80.0	66.1	60.5	59.8	55.1
320	33.7	19.1	22.2	17.0	10.9	11.5	21.6
	56.3	54.0	80.8	29.8	37.6	42.3	37.9
	90	66.9		41.9	55.6	49.7	52.1
321	36.7	11.3	36.9	7.1	25.2	22.4	15.3
	57.7	40.9	51.9	33.2	29.2	27.0	32.3
	74.5	55.5	72.0	53.3	40.2	36.7	40.5
			90				
331	46.5	13.1	22.0				
510	11.4						
511	15.6						
711	11.3						

※ 주로 R. M. Bozorth, *Phys. Rev*. **26**, 390(1925)에서; 0.1°에 가장 가깝게 반올림. 훨씬 더 긴 목록은 [G.11]의 Vol. 2의 pp. 120−122에 있다.

측정(Wulff 망)을 위해 놓이는 장치의 기준틀 사이에서 그 둘을 구별하게 한다. 시료와 실험실 기준틀은 동일하지 않으며 따라서 둘 다 필요하다. 아마도 시료를 장치에서 여러 방위로 올려 놓을 것이고 필요하다면 장치에 대해, 예를 들면, <100>을 입사빔 방향 $\mathbf{S}_0$에 대하여 수직이거나 같게 여러 방위로 다시 정렬할 수 있다.

이제 두 결정면 사이의 각을 측정하는 문제로 돌아가자. 그림 2-29는 이 각을 이 두 면의 극점을 잇는 대원을 따라 구면에서 측정할 수 있다는 것을 보여준다. 이러한 측정은 **투영 극점이 대원 위에 놓이는 경우**에 한 해 스테레오 투영 위에서 가능하다. 그림 2-33에서, 예를 들면 면[8] *A*와 *B* 혹은 면 *C*와 *D* 사이의 각은 간단하게 그것이 놓이는 대원을 따라서 그 사이의 도수를 세어서 직접 측정한다. 여기서 *C*와 *D* 사이와 각 *E*와 *F* 사이의 위도차가 같으므로 각 *C-D*와 각 *E-F*는 같다는 것을 주목한다.

만일 두 극점이 하나의 대원 위에 놓이지 않는다면 같은 대원 위에 놓일 때까지 투영을 Wulff 망에 대하여 회전한 다음 원하는 각 측정을 한다. 그림 2-34(a)는 그림 2-29의 투시도에 보인 두 극점 P_1과 P_2의 투영이다. 이 둘 사이의 각을 그림 2-34(b)에 나타낸 회전으로 찾을 수 있다. 이 투영의 회전은 남북축이 투영면에 수직인 구의 위도원을 따라서 극점을 회전하는 것과 등가이다.

그림 2-29에 보인 것과 같이 면은 기준구에서 이 면의 자국으로도 나타낼 수 있다. 이 자국은 스테레오 투영에서 대원이 된다. 이 대원 위의 점은 모두 면의 극점에서 90° 떨어져 있으므로 극점이 아래에 놓인 Wulff 망의 적도 위로 올 때까지 투영을 회전하고 그림 2-35에 나타낸 것과 같이 극점에서 90° 떨어진 위도를 자르는 자오선을 그어서 이 대원을 찾는다. 만일 2-36에서처럼 두 극점에 대하여 이렇게 한다면, 이 극점에 해당하는 그 두 대원이 교차하는 각에서 해당 면 사이

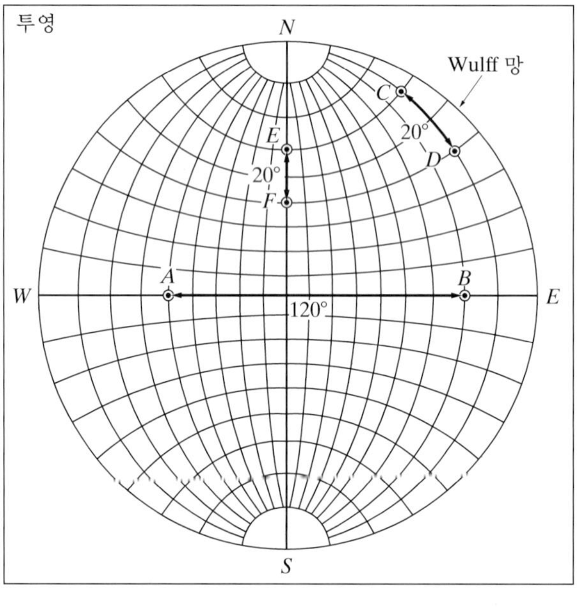

그림 2-33 극점 사이의 각을 측정하기 위해 Wulff 망 위에 겹친 입체투영. 해설을 위한 목적으로 이 망은 10° 간격으로 눈금을 표시하였다.

8) 여기서 면들은 위에서 논의한 대로 그 법선들로 나타낸다.

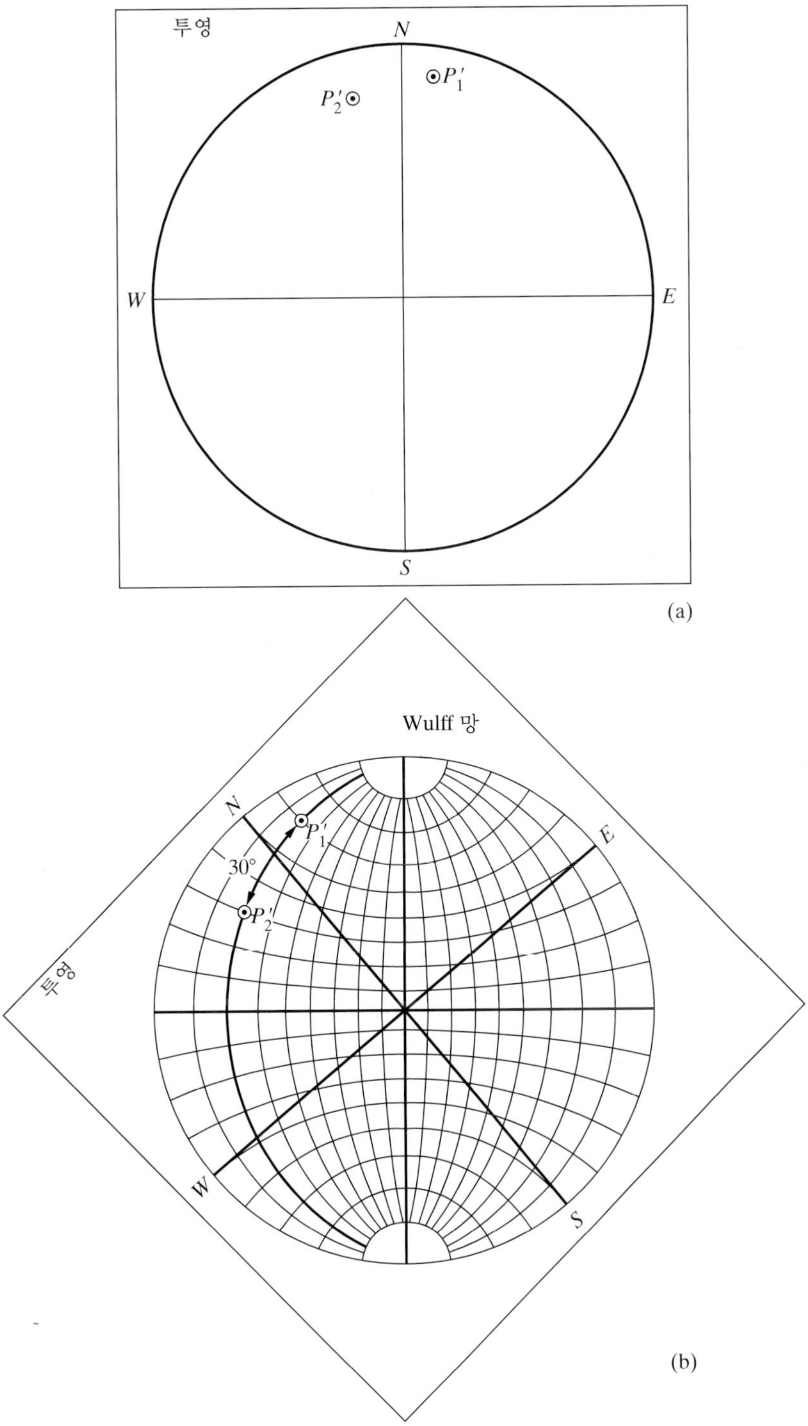

그림 2-34 (a) 그림 2-29의 극점 P_1과 P_2의 스테레오 투영. (b) 극점을 Wulff 망의 동일한 대원 위에 놓기 위해 투영을 회전. 극점 사이의 각 = 30°.

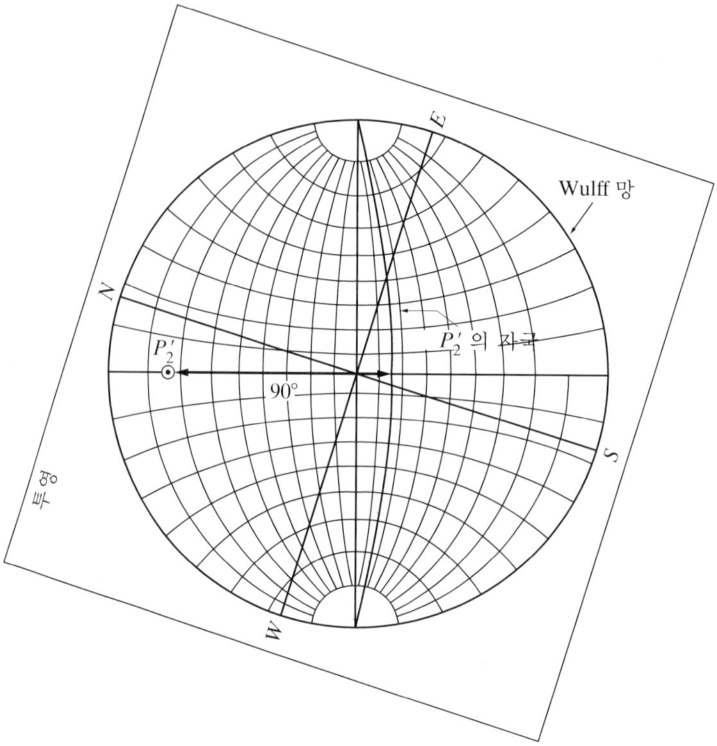

그림 2-35 극점(그림 2-34에서 극점 P_2')의 자극을 찾기 위한 방법

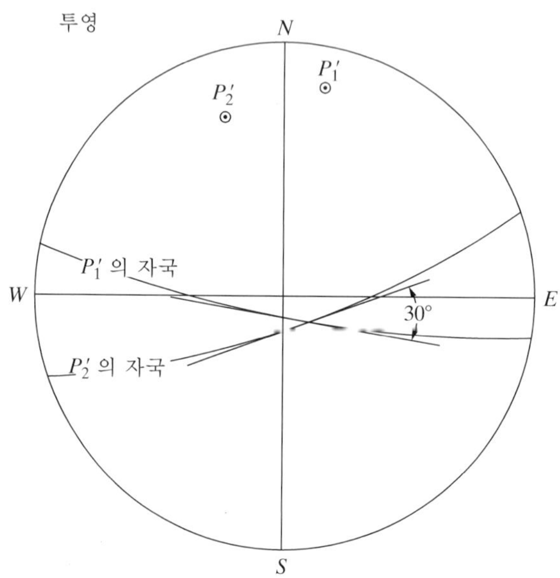

그림 2-36 두 극점(그림 2-29의 P_1과 P_2) 사이의 각을 해당 자극의 교차각을 측정으로 하는 측정

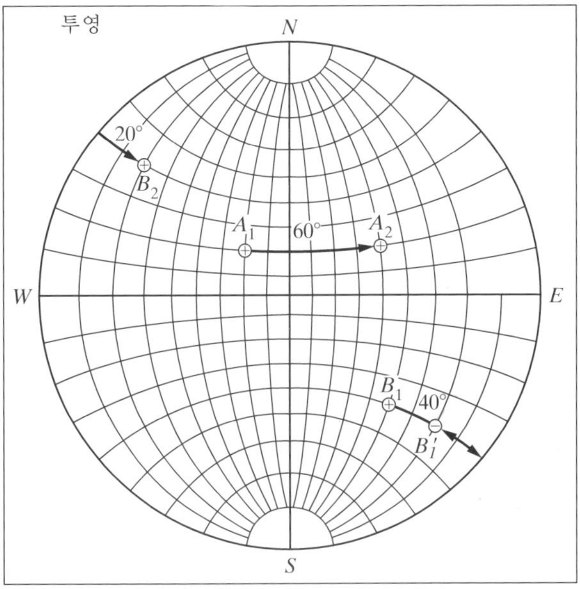

그림 2-37 투영 *NS* 축 주위에서 극점들의 회전

의 각을 구할 수 있다. 이러한 점에서 스테레오 투영은 각에 충실하다고 한다. 하지만 이 각 측정법은 그림 2-34(b)에 나타낸 것처럼 정밀하지는 않다.

종종 극점은 여러 축 주위로 회전하기도 한다. 투영면에 수직인 축 주위에서 회전은 간단히 Wulff 망 중심 주위로 투영을 회전하면 된다. 투영면에 놓인 한 축 주위로 회전을 하려면 우선 그 축이 Wulff 망의 남북축과 일치하지 않는다면 일치하도록 Wulff 망 중심 주위로 회전한 다음 둘째로 관련한 극점을 각각 위도 원을 따라 필요한 도수만큼 움직이면 된다. 그림 2-37에 보인 것과 같이 극점 A_1과 B_1을 *NS* 축 주위로 60° 회전해야 한다고 가정하자. 이동 방향은 투영에서 *W*에서 *E*이다. 그러면 A_1은 A_2로 보인 바와 같이 위도 원을 따라 이동한다. 하지만 B_1은 투영의 가장자리에 올 때까지 40° 밖에 회전이 안 된다. 다음에는 자신이 속한 위선 위에 항상 머무르면서 그 가장자리에서 투영의 뒷면에 있는 B_1'까지 20° 이동한다. 투영의 앞면에서 이 극점의 최종 위치는 B_1'의 정반대편인 B_2가 된다.

(학생은 예를 들면 그림 2-37에서 A_1과 A_2 사이의 각이 60°가 아니라는 것을 주의깊게 보아야 한다. *NS* 축 주위로 60° 회전을 통해 A_2 축이 A_1 축의 위치에 오지만 동일한(둘 사이의 각이 60°가 되는) 것은 아니다. 두 개의 대원 NA_1S와 NA_2S를 고려해 보자. 이것은 두 면의 자국이며 이 면 사이에 실제 2면각은 60°이다. 처음 NA_1S 위에 있던 어떤 극점도 *NS* 축 주위 60° 회전한 후에는 NA_2S 위에 온다. 그러나 극점의 시작 위치와 최종 위치 사이의 각은 적도 위에 있지 않는 한 60°보다 작으며 극이 *N*에 가까울수록 영에 가까워진다.)

투영면에 경사한 축 주위로 하는 회전은 투영면 내에 놓인 축과 투영면에 수직인 축에서 하는 조합회전(compounding rotation)으로 만들어 낼 수 있다. 이 경우 지정한 축을 우선 그 후자의 두 축 중 어느 하나와 일치하게 회전해야 하고, 지정한 회전을 하고 그 다음에 그 축을 원래의 자리로 되돌아 가도록 회전한다. 지정한 축이 이동하면 투영면 상에 있는 모든 극점들은 이와 유사하게 이동한다.

예컨대 A_1이 B_1 주위로 시계 방향으로 40° 회전해야 한다고 가정하자(그림 2-38). (a)에서는 회전할 극점 A_1과 회전축 B_1이 처음 위치를 나타낸다. (b)에서 B_1이 Wulff 망 의 적도에 오도록 투영을 회전하였다. 즉, 그 망의 NS 축 주위로 48° 회전하여 B_1이 망의 중심에 있는 B_2에 오게 한다. 이와 동시에 A_1은 위선을 따라서 A_2로 이동해야 한다. 이제 회전축이 투영면에 대하여 수직이고 요구한 40° 회전으로 B_2를 중심으로 둔 원의 경로를 따라서 A_2가 A_3에 온다. B_1을 B_2에 오게 하는 조작을 이제 순서대로 거꾸로 하여 B_2를 원래의 위치로 되돌린다. 이에 따라 Wulff 망의 NS 축 주위에서 한 48° 역회전하면 B_2는 B_3로 가고 A_3는 A_4로 간다. (c)에서는 투영을 회전하여 처음 위치로 되돌리는데, 작도선을 생략하였고 극점의 처음과 마지막 위치만을 표시한다. B_1 주위로 회전하는 동안 A_1은 그림에 보인 소원을 따라서 이동한다. 이 원의 중심은 투영면 상의 C에 있으며 투영 중심인 B_1이 아니다. C를 찾기 위해 원 위의 모든 점은 B_1에서 같은 각거리만큼 떨어져 있어야 한다는 사실을 사용한다. 이 예에서 Wulff 망에서 측정을 하면 A_1과 A_4는 B_1에서 76°에 있다. B_1에서 76°에 있는 다른 점, 가령 D의 위치를 찾고 요구하는 원 주위에서 세 점을 알면 평면기하학의 방법으로 중심 C를 찾을 수 있다.

결정방위 문제를 다룰 때에는 **표준 투영**(standard projection)은 결정 내 모든 중요한 면의 상대적인 방위를 한눈에 보여주므로 매우 유용하다. 이와 같은 투영을 만들 때는 지수가 낮은 중요한 결정면[예를 들면 (100), (110), (111)이나 (0001)]을 선정하고 각종 결정면의 극점을 이 면에 투영한다. 결정의 표준 투영을 만들려면 결정의 모든 기본 면 사이의 각을 알아야 한다. 입방정계의 모든 결정에 적용할 수 있는 한 조의 값을 표 2-4에 실었다. 그러나 다른 정계의 결정에서는 그러한 값들은 관계한 특정한 축의 비에 따라 다르고 그 각각을 부록 3에 있는 공식으로 계산해야 한다. 만일 표 2-4(입방결정을 위한)에 실린 값을 넘어서 면간 각이 필요한 경우는 매우 간단한 스프레드시트 프로그램만으로도 충분하다. 표준 투영을 만들 때 정대관계(zonal relation)를 사용하면 시간을 많이 절약할 수 있다. 한 정대에 속하는 모든 면의 법선은 같은 면 상에 있고 정대축에 직각이다. 그 결과로 정대면의 극점은 투영에서 같은 대원 위에 놓인다. 이 정대축은 그 대원에서 90°에 있다. 더욱이 중요한 면은 보통 하나 이상의 정대에 속하고, 따라서 그 극점은 정대원의 교차점에 있다. 그리고 중요한 방향은 보통 중요한 정대축이고 입방정계에서는 이 방향은 지수가 같은 면의 법선이다는 것을 기억하면 도움이 된다.

그림 2-39(a)는 결정의 (001) 면에 투영한 입방결정의 기본 극점, 즉 표준 (011) 투영을 보여준다. {100} 입방체 극점의 위치는 그림 2-28에서 즉시 나온다. {110} 극점의 위치를 찾기 위해서는 먼저 표 2-4에서 이 점은 {100} 극점에서 45°에 있고 이 극점 자체는 서로 90°만큼 떨어진다는 것에 유의한다. 이런 식으로 예를 들면 (011)을 (001)과 (010)을 연결하는 대원 상에서 각각 45°씩 떨

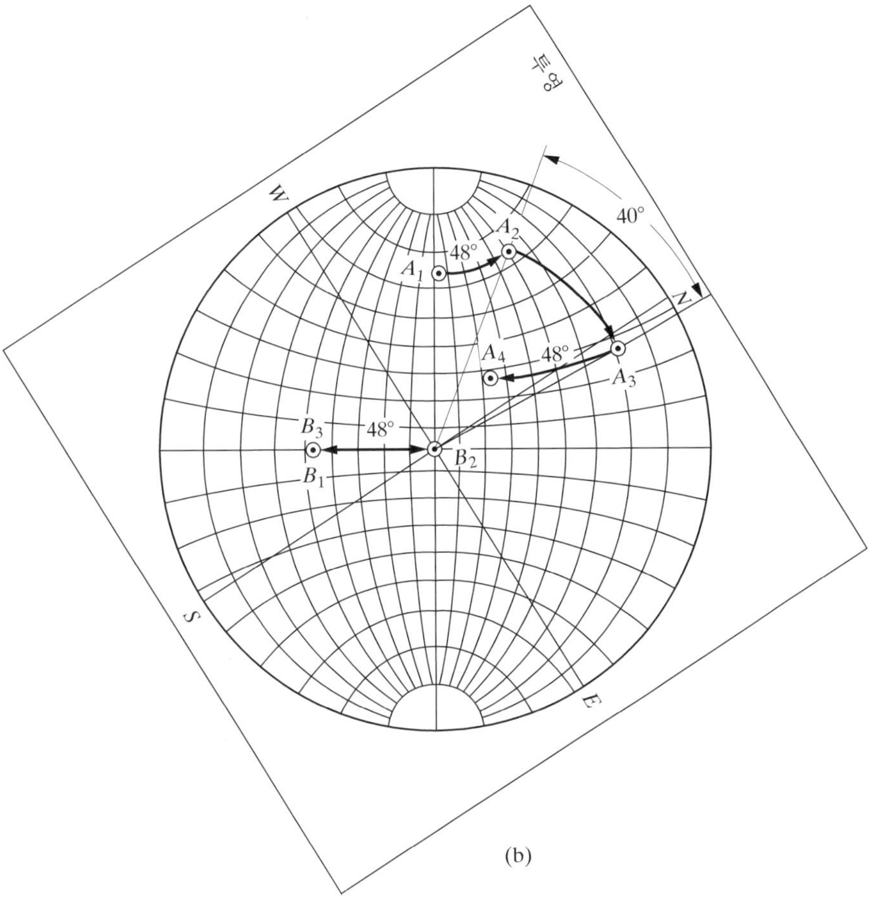

(b)

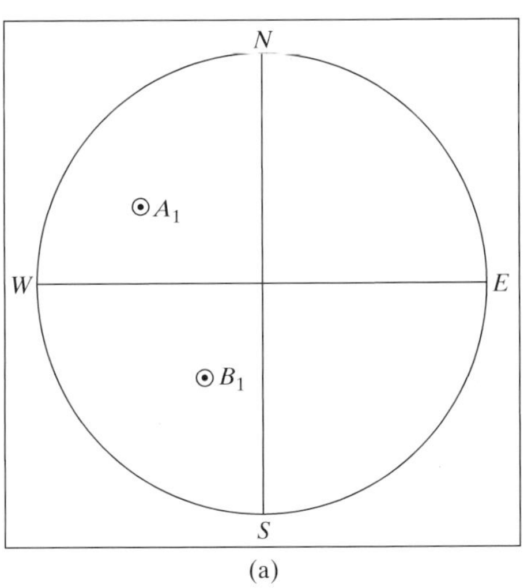

(a)

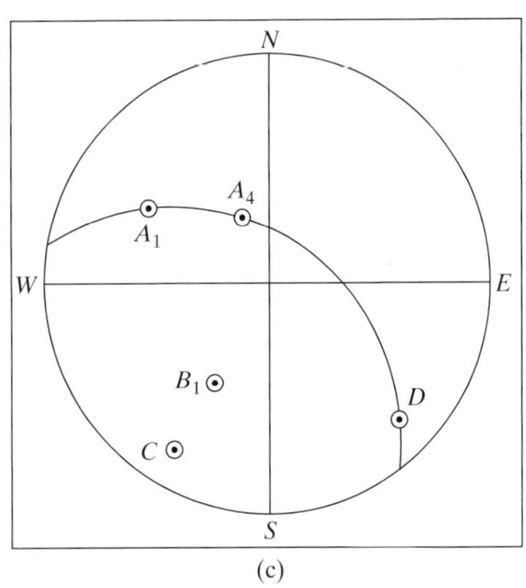

(c)

그림 2-38 경사축 주위에서 극점의 회전

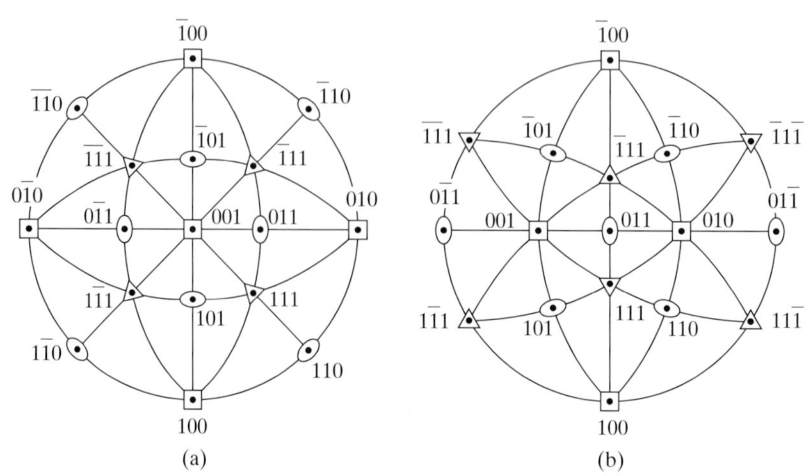

그림 2-39 입방결정들의 표준 투영, (a) (001) 위에서, (b) (011) 위에서

어진 데서 찾는다. 모든 {110} 극점을 표시한 다음 {111} 극점은 정대원(zone circle)의 교차점에서 찾을 수 있다. 결정 모형을 검토하거나 식 (2-6)에 나타낸 정대관계를 그림으로 그리거나 사용하면, 예를 들어 (111)이 [$\bar{1}$01] 정대와 [0$\bar{1}$1] 정대에 둘다 속한다는 것을 알 수 있다. 이리하여 (111) 극점은 (0$\bar{1}$0), (101), (010)을 지나는 정대원과 ($\bar{1}$00), (011), (100)을 지나는 정대원의 교차점에 있게 된다. 이 위치는 (010)이나 (100)과 사이 각거리가 54.7°가 되는 지를 측정하여 확인할 수 있다. 그림 2-39(b)에 나타낸 (011) 표준 투영을 이와 같은 방식으로 그린다. 또 다르게는 (001) 투영에 있는 모든 극점을 투영도의 *NS* 축 주위로 왼쪽으로 45°만큼 회전하여 만들 수 있다. 왜냐하면 이 조작으로 (011) 극점이 중심에 올 수 있기 때문이다. 이 투영에서 둘다 대칭기호는 그림 2-8(b)와 부합하게 각 극점에 주었다. 투영 그 자체는 대칭축이 투영면에 수직하고, 그림 2-39(a)와 (b)는 각각 4회 대칭과 2회 대칭이 있다.

그림 2-40은 입방결정의 (001)의 표준 투영으로 더 자세한 내용과 중요한 정대들을 나타낸다. 육방결정(아연)의 표준 (0001) 투영은 그림 2-41에 보인다.

때로는 결정 투영에서 지정한 극점의 Miller 지수를 결정해야 한다. 예를 들면 그림 2-42(a)에서 입방결정에 적용한 극점 *A*가 그렇다. 만일 상세한 표준 투영이 있으면, 미지의 극점이 있는 투영을 그 위에 겹쳐 놓고 표준 투영의 알려진 극점과 일치하는 것을 찾아 그 지수를 밝혀낸다. 다르게는 그림 2-42에 나타낸 방법을 사용할 수도 있다. 극점 *A*는 지수를 찾아야 하는 면 (*hkl*)에 수직한 공간에서 한 방향을 정의하는데, 이 방향은 좌표축 **a**, **b**, **c**와 ρ, σ, τ인 각을 이룬다. 이 각은 (a)에서 보인 대로 투영 상에서 측정할 수 있다. 원점과 원점에서 가장 가까운 (*hkl*) 면과의 수직거리를 d로 하고 선 *A*의 방향여현을 p, q, r이라고 하면,

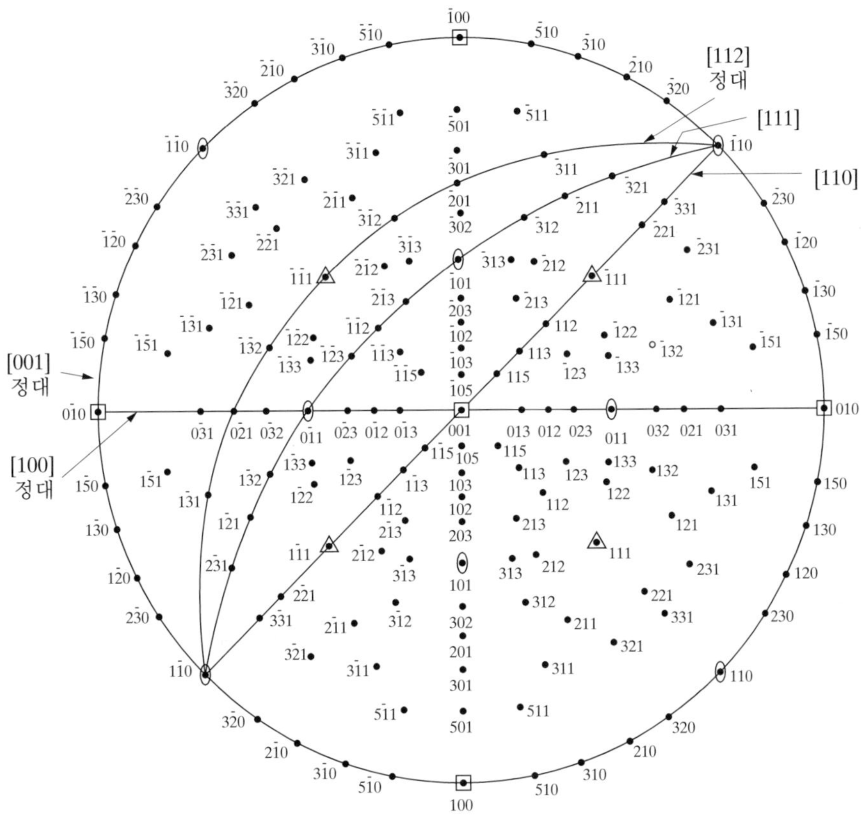

그림 2-40 입방결정의 표준 (001) 투영, Barrett[1.7]에서

$$p = \cos\rho = \frac{d}{a/h}, \qquad q = \cos\sigma = \frac{d}{b/k}, \qquad r = \cos\tau = \frac{d}{c/l},$$

$$h{:}k{:}l = pa{:}qb{:}rc \tag{2-13}$$

이다. 입방정계에서는 결과는 간단하게 찾아야 할 Miller 지수는 방향여현과 비율이 같다.

쌍정으로 생겨난 격자의 재배열은 스테레오 투영에서 분명하게 보일 수 있다. 그림 2-43에서 빈 기호는 (001) 면에 투영한 입방결정의 {100} 극점이다. 만일 이 결정이 FCC라고 하면 가능한 쌍정면들 중 하나는 $(\bar{1}\bar{1}1)$이고, 투영에서 이 면의 극점과 자극 둘다로 나온다. 반사로 생긴 쌍정의 입방체 극점을 까만 기호로 나타내는데, 이 극점을 Wulff 망 위에서 투영을 쌍정면의 극점이 적도 위로 올 때까지 회전하여 위치를 찾는데, 회전 후에는 결정의 입방체 극점은 망의 위도 원을 따라서 최종 위치로 이동하게 될 것이다.

지금까지는 스테레오 투영의 주요 원리를 제시하였고 다음에 x선 결정학에서 여러 가지 실질적인 문제를 다룰 때 사용한다. 단순히 이 장을 읽는 것만으로 그러한 문제를 다루기 위한 준비

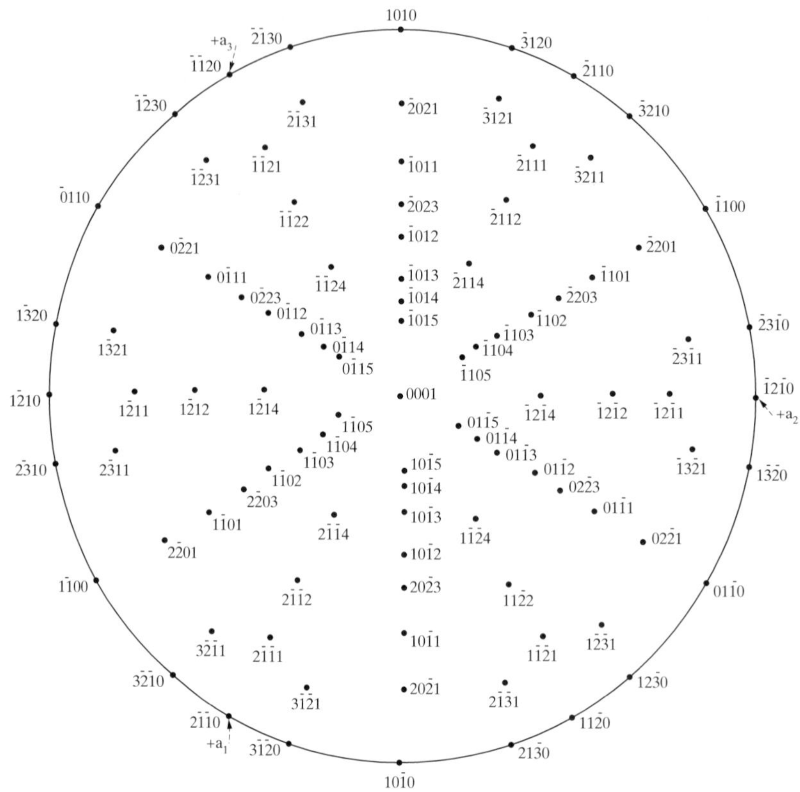

그림 2-41 아연의 표준 (0001) 투영(육방정계의, $c/a = 1.86$)[1.7]

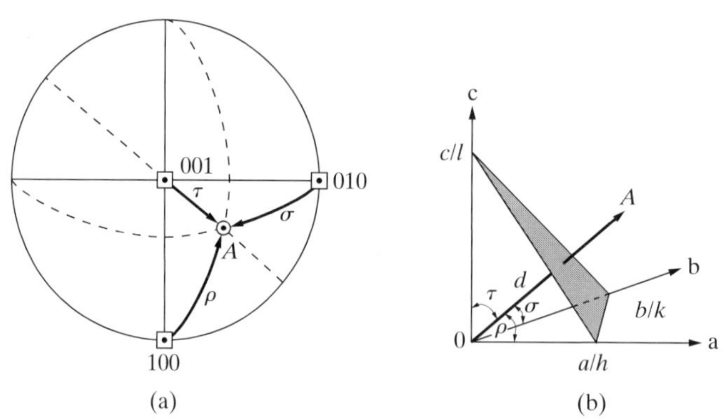

그림 2-42 극점의 Miller 지수의 결정

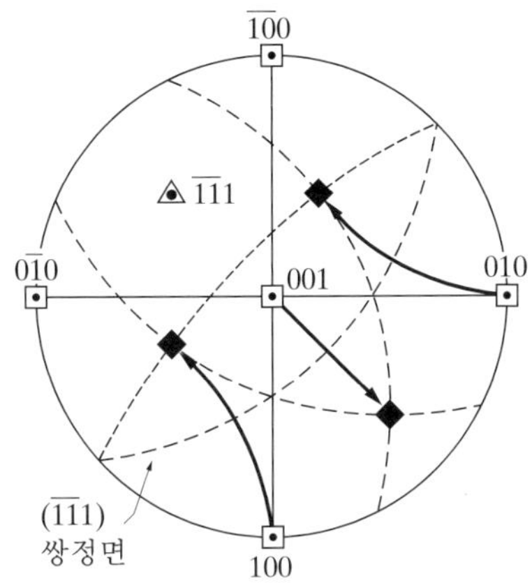

그림 2-43 FCC 결정과 이의 쌍정의 스테레오 투영

가 충분치 않다. 스테레오 투영을 잘 다루고 2차원으로 표시한 것을 3차원적으로 상상해내기 전에 먼저 Wulff 망과 트레이싱 종이를 사용하여 연습하는 것이 필요하다.

문 제

2-1 다음 면과 방향을 정방 단위포에 그려라: (001), (011), (113), [110], [201], [$\bar{1}$01]. 단위포 축을 보여라.

2-2 (1$\bar{1}$0) 단면도를 이용하여 [111]이 (111)에 입방정계에서는 수직하지만 정방정계에서는 일반적으로 아닌 것임을 보여라.

2-3 육방주의 그림에서, 다음 면과 방향 (1$\bar{2}$10), (10$\bar{1}$2), ($\bar{1}$011), [110], [11$\bar{1}$], [021]을 표시하라. 단위포 축을 보여라.

2-4 본문에서 식 (2-2)를 유도하라.

2-5 면 (1$\bar{1}$0), (1$\bar{2}$1), ($\bar{3}$12)는 정대 [111]에 속하는 것임을 보여라.

2-6 다음 면은 모두 같은 정대에 속하는가: ($\bar{1}$10), ($\bar{3}$11), ($\bar{1}\bar{3}$2)? 만일 그렇다면, 정대축은 무엇인가? 이 정대에 속하는 어떤 다른 면의 지수를 주어라.

***2-7** 모든 원자가 동일한 환경을 가지지 않고 따라서 한 점격자 위에 있지 않다는 것을 나타낼 한 HCP 구조의 횡단면을 그려라.

2-8 구의 육방조밀충진의 c/a는 1.633임을 보여라.

2-9 HCP 구조(c/a = 1.633인)와 FCC 구조는 똑같게 조밀충진이고, BCC 구조는 전자의 어느 쪽보다 조밀충진이 덜함을 보여라.

2-10 몇 개의 사방결정의 단위포를 아래에 기술한다. 각각의 Bravais 격자는 무엇이며 어

떻게 아는가? 축은 바꾸면 안 된다. (이런 유형의 문제를 해결하는 데는 중심에 두는 병진의 존재 여부와 관련해서 지정한 원자 위치들을 조사하는 것이 일반적으로 구조를 그리는 것보다 더 도움이 된다.)

a) 단위포에 같은 종류의 두 원자가 $0\frac{1}{2}0, \frac{1}{2}0\frac{1}{2}$ 에 위치

b) 단위포에 같은 종류의 네 원자가 $0\,0\,z, 0\frac{1}{2}z, 0\frac{1}{2}(\frac{1}{2}+z), 0\,0\,(\frac{1}{2}+z)$에 위치

c) 단위포에 같은 종류의 네 원자가 $x\,y\,z, \bar{x}\ \bar{y}\ z, (\frac{1}{2}+x)\,(\frac{1}{2}-y)\bar{z}, (\frac{1}{2}-x)(\frac{1}{2}+y)\bar{z}$에 위치

d) 한 종류 A인 두 원자가 $\frac{1}{2}0\,0, 0\frac{1}{2}\frac{1}{2}$에 위치, 그리고 다른 종류 B인 두 원자가 $0\,0\,\frac{1}{2}, \frac{1}{2}\frac{1}{2}0$에 위치

*2-11 BCC 격자에서 (112) 쌍정을 그림 2-23과 비슷하게 그리고, 쌍정 생성을 일으킨 전단을 보여라. 전단변형의 크기를 그림으로 구하라.

2-12 직경 18 cm이며 30° 간격으로 눈금이 난 Wulff 망을 콤파스, 분할자, 직선자만을 사용하여 작도하라. 모든 작도선을 보여라.

다음 문제 중 일부에서, 스테레오 투영의 한 점의 좌표는 투영중심에서 측정한 위도와 경도로 나타낸다. 따라서 N극은 90°N, 0°E, E극은 0°N, 90°E들이다.

2-13 면 *A*는 N과 S극과 점 0°N, 70°W를 지나는 대원으로 나타낸다. 면 *B*의 극점은 30°N, 50°W에 있다.

a) *A*와 *B*의 극점 사이의 각을 측정하여 두 면 사이의 각을 찾아라.

b) 면 *B*의 대원을 그리고, 스테레오 투영은 각에 충실한 것을 *A*와 *B*의 대원 사이의 각을 각도기로 측정하여 증명하라.

*2-14 좌표가 20°N, 50°E인 극점 *A*는 아래 기술한 축 주위로 회전한다. 각 문제에서 극점 *A*의 최종 위치의 좌표를 찾고 회전하는 동안 지나는 경로를 보여라.

a) N에서 S로 보면서 NS 축 주위로 시계반대 방향으로 100° 회전

b) 관측자 쪽으로 시계 방향으로 투영면에 수직한 축 주위로 60° 회전

c) 관측자 쪽으로 시계 방향으로, 좌표가 10°S, 30°W인 기운 축 B 주위로 60° 회전

2-15 결정형 {100}, {110}, {111}의 모든 극점을 보여주는 입방결정의 표준 (111) 투영과 그 극점 사이의 중요한 정대원을 보여라. 그림 2-39(a)와 (b)를 비교하라.

2-16 백색 주석(정방, $c/a = 0.545$)의 표준 (001) 투영을 그려라. 결정형 {001}, {100}, {110}, {011}, {111}의 모든 극점과 그 극점 사이의 중요한 정대원을 보여라. 그림 2-39(a)와 비교하라.

2-17 베릴륨(육방, $c/a = 1.57$)의 표준 (0001) 투영을 그려라. 결정형 $\{2\bar{1}\bar{1}0\}$, $\{10\bar{1}0\}$, $\{2\bar{1}\bar{1}1\}$, $\{10\bar{1}1\}$의 모든 극점과 그 극점 사이의 중요한 정대원을 보여라. 그림 2-40과 비교

하라.

2-18 입방결정의 표준 (001) 투영 위에, 그림 2-39(a)의 방위에서, 어떤 한 면의 극점은 좌표가 53.3°S, 26.6°E이다. Miller 지수는 무엇인가? 답을 표 2-4에 있는 것과 측정각을 비교하여 확인하라.

***2-19** 그림 2-43에 보인 조작을 반복하여 입방결정에서 $(\bar{1}\bar{1}1)$ 반사쌍정의 입방체 극점의 위치를 찾아라. 그 좌표는 무엇인가?

2-20 문제 2-19에서 찾은 쌍정방위는 아래 조작으로 얻을 수 있는지 보여라.

a) {112}면에서 반사. 어떤 면인가?
b) <111> 축 주위로 180° 회전. 어떤 축인가?
c) <111> 축 주위로 60° 회전. 어떤 축인가?

***2-21** 워싱톤 D.C.(39°N, 77°W)에서 모스크바(56°N, 38°E)를 잇는 대원 경로를 작도하라.

a) 두 도시 사이의 거리는 얼마인가? (지구의 반경 = 6360 km)
b) 워싱톤에서 모스크바로 날아가는 한 비행기의 실제 방위각은 여행의 시발점, 중간점, 종착점에서 얼마인가? (방위각은 북에서 비행 방향으로 시계 방향으로 측정한 각이다. 그러므로 동은 90°이고 서는 270°이다.)

2-22 셀룰로오스$(C_6H_{10}O_5)_x$는 격자상수가 a = 7.87 Å, b = 10.31 Å, c = 10.13 Å, β = 122°인 단사결정으로 결정화한다.

a) $(h0l)$의 격자점을, 즉 직공간에서 작도하라. 처음 작도 위에 인접한 $(h0l)$ 격자점을 포개라.
b) 역격자의 $h0l$ 망을 작도하라(즉, 결정형 $h0l$의 역격자 점을 포함하는 역격자 면). 처음 작도 위에 $(h1l)$ 역격자 망의 점을 포개라.

2-23 루테튬은 격자상수 a = 3.516 Å과 c = 5.570 Å인 육방구조를 가진다. 이 재료의 역격자의 $h0l$ 면을 작도하라.

2-24 알루미노 규산염(뮬라이트) $Al_{16}Si_2O_{13}$은 사방정계 Bravais 격자를 가지고 격자상수가 a = 7.5456 Å, b = 7.6898 Å, c = 2.8842 Å 이다. 이 Bravais 격자는 단순사방이라 가정하여, 한 그림에서는 그 역격자의 $h0l$ 망을 작도하고 둘째 그림에서는 그 역격자의 $0kl$ 망을 작도하라.

제 3 장 회절 I: 기하학

3-1 서언

x선의 물리학과 결정 기하학에 관하여 예비 고찰을 하였으므로 이 장은 이 두 가지를 함께 맞추어, 이 둘의 상호작용인 x선 회절의 현상을 다룬다. 역사적으로 볼 때 정확히 이런 방식으로 이 학문분야가 발전하였다. 오랫동안 광물학자들과 결정학자들은 주로 면각 측정, 화학분석, 물리 성질의 결정으로 결정에 관한 지식을 쌓아왔다. 아마도 원자나 분자와 같은 어떤 단위가 주기적으로 반복하여 결정을 만들고, 이 단위는 약 1이나 2 Å 정도 떨어져 있다고 아주 날카롭게 얼마간의 추측은 하고 있었으나, 결정의 내부구조에 관한 지식은 거의 없었다. 다른 한편으로는 단지 주장에 불과했지만, x선은 파장이 1이나 2 Å인 전자파일 수 있는 주장이 있었다. 게다가 회절 현상을 잘 알고 있었다. 선이 난 격자에서 가시광선의 회절처럼, 간격이 규칙적인 산란체를 파동이 만날 때, 만일 파동의 파장이 산란체의 중심 사이 반복거리와 같은 정도의 크기이면 언제나 회절이 일어난다는 것을 알고 있었다.

독일의 물리학자 Laue(1879–1960)경이 그 문제를 다룬 1912년 지식의 수준은 그 정도였다. P. P. Ewald와 Ewald의 박사학위논문(조화진동자의 배열이 일으키는 전자기파의 산란: *scattering of electromagnetic waves by an array of harmonic oscillators* [3.1])에 관한 토론으로 자극을 받고, Laue는 만일 결정이 규칙 배열을 하는 원자로 되어 있다면 x선에 산란중심으로 작용할 것이고, 파장이 결정에서 원자간 거리와 거의 같은 전자파라면 결정을 사용하여 x선을 회절할 수 있을 것으로 추정하였다. Laue 지도로 Friedrich와 Knipping은 이 가정을 검증할 실험을 수행하였다. 황산동 결정 하나를 가는 x선 빔의 통로에 놓고, 만약 있다면 회절선의 존재를 기록하려고 사진건판을 배치하였다. 두 번째 시도는 성공하였고 의심할 여지 없이 x선이 결정으로 초기빔(primary beam)에서 벗어나 회절하여 사진건판 위에 점무늬를 형성한다는 것을 보여주었다[3.2]. 이 실험은 동시에 x선의 파동성질과 결정 내 원자 배열의 주기성을 입증하였다. 지나고 보면 언제나 이 같은 사실이 쉽고, 지금은 매우 간단한 사실로 보이지만, 90년에 걸친 그 주제의 개발이란 관점에서 볼 때는 1912년에는 그러한 사실은 전혀 분명하지 않았다. Laue의 가설과 이를 실험으로 한 증명은 위대한 지식의 업적이라 하지 않을 수 없다[G.11].

영국의 두 물리학자 W. H. Bragg(1862−1942)와 그 아들 W. L. Bragg (1890−1971)는 이 실험에 관한 기사를 대단한 관심을 갖고 읽었다. 그 당시 젊은 학생에 불과했던 아들인 Bragg는 − 그때도 아직 1912년이었는데 − Laue의 실험을 훌륭하게 해석했고, Laue가 사용한 것보다 훨씬 더 간단한 수식으로 회절에 필요한 조건을 표현할 수 있었다[3.3]. 그리고 x선 회절에 관한 새로운 도구를 사용하여 결정구조의 문제에 도전하였다. 그리고 다음 해에 NaCl, KCl, KBr, KI의 구조를 풀었다. 이 구조는 모두 NaCl 구조이고, 이것은 최초의 완벽한 결정구조 해석이었다 [3.4]. 철과 구리와 같은 금속들의 더 간단한 구조는 한참 뒤까지 풀리지 못했다.

3-2 회절

회절은 본질적으로 두 개 이상의 파동 사이에 어떤 위상관계가 존재하는 데서 생긴다. 우선 위상관계가 무엇을 의미하는지에 분명한 개념을 갖는 것이 좋다. 그림 3-1에 나타낸 빔 **1**과 같이 왼쪽에서 오른쪽으로 진행하는 x선을 생각해 보자. 편의상 이 빔은 면편광(plane-polarized)이어서 전계벡터 **E**는 도면에 항상 놓인다고 가정한다. 이 빔은 두 개의 동등한 성분, x선 **2**와 **3**으로 되어 있고, 각각은 빔 **1**의 진폭의 반이다라고 생각한다. 파면(wave front) AA' 에서 이 두 x선은 위상이나 구간에서(in phase or in step) 완전히 일치한다고 말한다. 즉, 파동의 진행 방향을 따라 점 x에서 동시에 측정한 이 전자기벡터(electric-field vector)의 크기와 방향은 같다. 파면은 진행 방향에 수직인 표면이다.

여기서 다음과 같은 가상 실험을 생각해 보자. x선 **3**은 그대로 똑바로 진행하지만 x선 **2**는 x선 **3**과 만나기 전에 어떤 방법으로 굽은 경로로 벗어난다. 이 두 선이 원래의 방향으로 진행하고 있는 파면 BB' 에서 상황은 어떠할까? 이 파면에서 x선 **2**의 전계벡터는 나타낸 그 시점에서 최대이나 x선 **3**의 값은 0이다. 따라서 이 두 x선의 위상은 일치하지 않는다(out of phase). 이 빔의 두 가상적인 x선 성분을 합하면 그림의 상단 오른쪽에 보인 빔 **1**의 모양이 나온다. 만일 x선 **2**와 **3**의 진폭이 각각 1 단위이면, 빔 **1**의 진폭은 왼쪽에서는 2 단위이고 오른편에서는 1.4 단위가 된다. 여기서

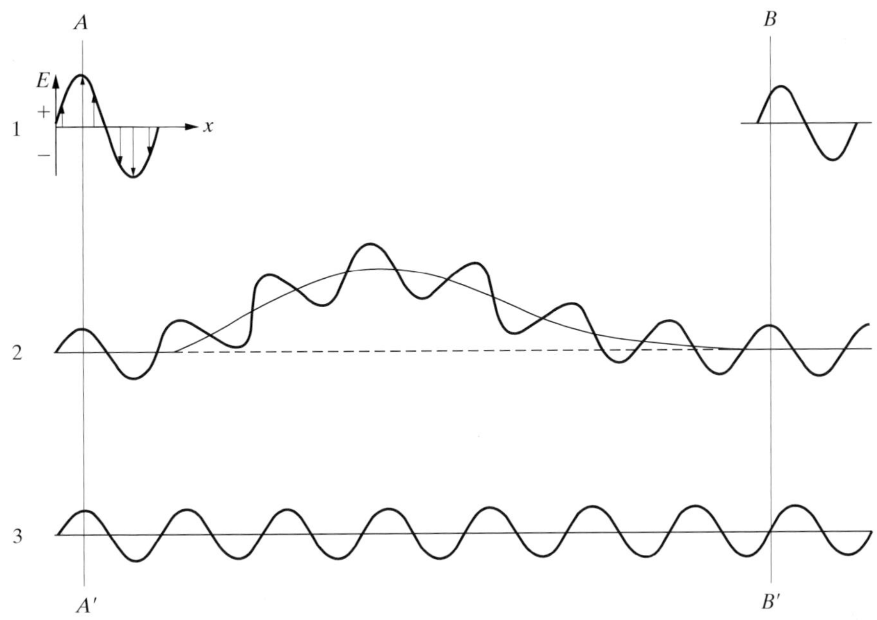

그림 3-1 경로차가 상대적인 위상에 미치는 영향

E는 x에서 정현변동(sinusoidal variation)을 한다고 가정한다.

이 그림에서 두 개의 결론이 나온다:

1. 경로길이에서 차이는 위상에서 차이를 생기게 한다.
2. 위상차가 있으면 진폭의 차이가 생겨난다.

경로차가 클수록 위상에서 차이도 크게 된다. 왜냐하면 파장으로 측정한 경로차는 파장으로 측정한 위상차와도 정확하게 같기 때문이다. 만일 그림 3-1에서 x선 **2**의 일탈경로가 그림보다 1/4 파장이 더 길면 위상차는 반 파장이 된다. 그러면 두 선은 파면 BB' 와 그 전방에서 위상이 완전히 일치하지 않는다. 따라서 그 선은 상쇄하는데, 그 까닭은 어떤 점에서도 전계벡터가 둘 다 영이거나 크기는 같으면서 방향이 반대이기 때문이다. 만일 경로길이에서 그림보다 3/4 파장이 길면, 두 x선은 위상에서 1 파장이 다르다. 그 상태는 위상이 완전히 일치하는 상태와 구별할 수 없다. 왜냐하면 이 두 가지 예에서 두 파동은 결합하여 처음 상태와 같이 진폭이 2 단위인 하나의 빔을 형성하기 때문이다. 그러므로 두 x선은 경로길이가 둘 다 영이거나 파장의 정수배만큼 다를 때는 언제나 위상이 완전히 일치한다.

결정이 어떻게 x선을 회절하는 지를 고찰할 때 각종 x선 경로의 길이 차이는 아주 자연스럽게 발생한다. 그림 3-2는 결정의 단면을 보여주는데, 원자는 도면에 수직이고 면간거리가 d' 인 한 조의 평행한 면 A, B, C, D ... 위에 배열하고 있다. 완선히 평행하고, 파장이 λ인 완전한 단색 x선

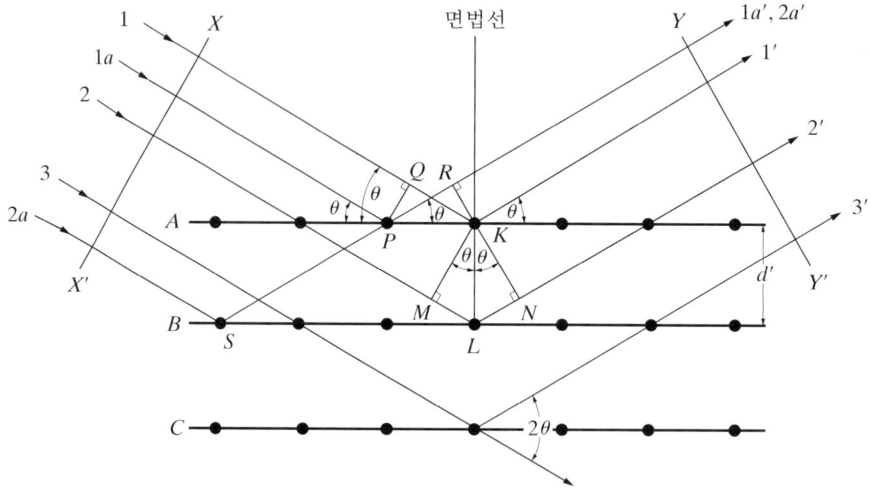

그림 3-2 결정의 x선 회절

이 결정에 Bragg 각이라고 하는 각 θ로 입사하고 있다고 가정한다. 여기서 θ는 입사빔과 고찰하고 있는 특정한 결정면 사이의 각이다.

이 x선의 입사빔을 결정이 회절할 수 있는지와 만일 그렇다면 어떠한 조건하에서 그런 지가 이 장에서 중심 문제이다. **회절빔은 서로 강화한 많은 산란 x선이 구성하는 빔**이라고 정의할 수 있다. 따라서 회절은 본질적으로 산란현상이지 x선과 원자 사이의 어떤 '새로운' 종류의 상호작용과 관계하는 것이 아니다. 원자는 입사 x선을 모든 방향으로 산란하는데(1-5절), 다음 절은 어떤 방향에서는 이 산란 x선은 위상이 완전히 일치하여 서로 강화하여 회절빔을 형성한다는 것을 설명하고 있다.

그림 3-2에서 기술하고 있는 특별한 조건에서 생긴 회절빔은 나타낸 바와 같이, 다시 말해서 출사각이 입사각 θ와 같이 회절면과 θ인 것이다. 우선 이것을 원자면 하나에서 보여주고, 둘째로 결정을 만드는 모든 원자에서 나타낸다. 입사빔에서 x선 **1**과 **1a**를 생각해 보자. 이 x선은 제1 원자면의 원자 K와 P에 부딪치고 모든 방향으로 산란한다. 그러나 **1′**와 **1a′** 방향에서만 그 산란빔은 위상이 완전히 일치하고 서로 강화할 수 있다. 왜냐하면 파면 XX'와 YY' 사이의 경로길이에서 차이가 다음과 같기 때문이다.

$$QK - PR = PK\cos\theta - PK\cos\theta = 0$$

이와 비슷하게 제1 면의 모든 원자에서 **1′**와 평행한 방향으로 산란하는 x선은 모두 위상이 일치하고 회절빔에 기여하게 보탠다. 이러한 사실은 모든 면을 따로따로 할 때는 맞다. 남는 것은 다

1) 이 각을 x선 회절과 일반 광학에서 다르게 정의하고 있다. 후자에서 입사각과 반사각은 입사빔과 반사빔이 반사 표면의 법선과 만드는 각이다.

른 면에 있는 원자에서 산란한 선이 서로 강화하는 조건을 찾는 것이다. 예를 들어, x선 **1**과 **2**는 원자 K와 L에서 산란하고 선 **1K1′** 와 **2L2′** 의 경로차는 다음과 같다.

$$ML + LN = d'\sin\theta + d'\sin\theta$$

이것은 그림에서 보인 방향으로 S와 P에서 산란하여 겹친 x선의 경로차이기도 하다. 그 까닭은 S와 L, P와 K에서 산란한 x선 사이에는 경로차가 없기 때문이다. 산란 x선 **1′** 와 **2′** 는 경로차가 파장의 정수 n배와 같을 때 위상이 완전히 일치한다.

$$n\lambda = 2d'\sin\theta \tag{3-1}$$

이 관계는 W. L. Bragg가 처음으로 공식화했고 Bragg의 법칙이라고 한다. 이 식은 회절이 일어나려면 반드시 만족해야 하는 기본조건을 나타내고 있다. n은 회절차수(the order of diffraction)라 부른다. 이 수는 $\sin\theta$가 1을 넘지 않는 범위에서 어떤 정수도 될 수 있고 인접한 면에서 산란하는 x선 사이의 경로차에서 파장 수와 같다. 따라서 일정한 값의 λ와 d' 에서 회절이 일어날 수 있는 여러 입사각 $\theta_1, \theta_2, \theta_3, \ldots$이 있을 수 있고 $n = 1, 2, 3 \ldots$에 대응한다. 1차 반사(first-order reflection, n = 1)에서 그림 3-2의 산란 x선 **1′** 와 **2′** 의 경로차(위상차)는 1 파장이고, **1′** 와 **3′** 는 2 파장이며, **1′**와 **4′**는 3 파장이고, 결정에 걸쳐서 이와 같다. 모든 면에 있는 모든 원자에서 산란하는 x선은 위상이 완전히 일치하고 서로 강화하여(보강간섭) 그림에서 나타낸 방향으로 회절선을 만든다. 공간에서 다른 모든 방향으로는 산란빔은 위상이 다르고 서로 소멸하게 한다(상쇄간섭). 회절빔이 같은 방향으로 산란한 모든 x선에 비해 더 강한 것은 오로지 발생한 강화 때문이나, 입사 x-선에 비해 아주 약한 것은 결정의 원자가 입사하는 에너지의 극히 일부분만을 산란하기 때문이다.

세 가지 산란 유형을 구별하는 것이 유용하다:

1. 단원자 가스처럼 공간에서 불규칙하게 배열하는 원자에서 산란. 이러한 산란은 모든 방향으로 일어나고 약하다. 강도를 더한다.
2. 완전한 결정에서처럼 공간에서 규칙적으로 배열하는 원자에서 산란.
   a) Bragg 법칙을 만족하는, 매우 적은 수의 방향에서 산란은 강하게 일어나고 회절이라

2) 만일 산란원자들이 규칙적이고 주기적인 형식으로 배열하지 않지만 약간 독립적인 방식으로 배열한다면, 그 원자들이 산란하는 방사선은 위상관계가 서로 불규칙할 것이다. 달리 말하면 임의의 두 산란선 사이 위상차가 영과 한 파장 사이에서 임의의 값이 되는 확률은 같을 것이다. 보강간섭도 상쇄간섭도 이런 조건에서는 일어날 수 없으며 특정한 방향으로 산란한 빔의 강도는 간단히 그 방향에서 산란한 모든 선의 강도의 합이다. 만일 N개의 산란선이 있고 각각의 진폭은 A이고 따라서 강도는 임의의 단위로 A^2이면, 산란빔의 강도는 NA^2이다. 다른 한편으로 만일 선들이 Bragg 법칙을 만족하는 방향에서 결정의 원자들에서 산란하면, 그 선들은 모두 위상이 같으며 산란빔의 진폭은 산란선들의 진폭의 합이다. 그러면 총 진폭은 각 산란선의 진폭의 N배이거나 NA이다. 그러므로 산란빔의 강도는 N^2A^2이거나 만일 보강이 일어나지 않을 때의 강도보다 N배가 크다. N은 결정의 한 작은 조각(1 mg의 철에서 $N = 1.1 \times 10^{19}$ 원자)에서 나오는 x선 산란에서조차 매우 크기 때문에, 강한 회절빔을 만드는 보강의 역할은 중요하다.

한다. 진폭을 더한다.

b) Bragg 법칙을 만족하지 않는, 대부분의 방향에서 산란 x선은 서로 상쇄하여 산란은 일어나지 않는다.

얼핏보면 결정에서 x선의 회절과 거울에서 가시광선의 반사가 매우 유사하게 보인다. 그 까닭은 이 두 현상에서 입사각과 반사각이 같기 때문이다. 원자들의 면이 x선을 '반사' 하는 거울면과 같은 구실을 하는 것 같다. 그러나 '회절'과 '반사'는 최소한 세 가지 측면에서 서로 다르다:

1. 결정에서 회절한 빔은 입사빔의 경로에 있는 결정의 모든 원자가 산란한 선이 구성한다. 가시광선의 반사는 얇은 표면층에서만 일어난다.
2. 단색 x선의 회절은 Bragg 법칙을 만족하는 특별한 입사각에서만 일어난다. 가시광선의 반사는 어떤 입사각에서도 일어난다.
3. 좋은 거울로 가시광선을 반사하면 효율이 거의 100%이다. 회절 x선 빔의 강도는 입사선의 강도에 비해 극히 작다.

이와 같은 차이에도 불구하고, 회절면과 회절빔을 기술할 때 '반사면'과 '반사선' 이란 용어가 자주 쓰인다. 이것은 일반화한 용법이다. 이제부터는 이 용어는 주를 달지 않고 나올 것인데 내심 알아야 할 것은 반사가 아닌 회절을 뜻한다는 것이다.[3] 또 회절선의 강도를 만드는 것은 원자에서 산란이 보강간섭이다는 것을 언제나 기억해야 한다. 보통 사용하는 '회절면' 용어가 나타내는 것을 잘 이해하지 못하면 착오가 생기게 된다.

요약하면 회절은 본래 많은 원자가 협력하는 산란현상이다. 원자들이 격자에서 규칙 배열을 하기 때문에 원자들이 산란하는 x선은 원자들 사이에 일정한 위상관계가 있다. 이 위상관계는 대부분의 산란 방향에서 상쇄간섭이 일어나지만 회절빔이 생기는 몇몇 방향으로는 보강간섭이 일어난다는 것이다. 엄밀하게 말하면, 간섭이 일어날 때 상호작용하는 파들은 물리적으로 중첩해야 하지만(그림 3-2의 **1a′**와 **2a′** 파), 각 산란원자의 핵 주변에 전자 배열은 구름 형태이고 x선 빔은 상당한 깊이로 투과하고 한 시료에서 다수의 산란현상이 전형적으로 일어난다고 하면 물리적인 중첩의 필요성은 회절 현상을 다루는 데 보통 함축적으로 들어 있다. 본질적인 두 요소는 간섭을 일으킬 수 있는(x선들) 파동과 주기 배열하는 한 무리의 산란중심들(결정의 원자들)에 관한 것이다.

3) 완벽하게 하기 위해서, 가시광선이 거울에서 반사되는 것과 똑같지만, 아주 작은 입사각에서만(약 1° 미만) x선은 마치 전적으로 고체 표면에서 반사될 수 있다고 언급해야 한다. x선 반사는 표면과 표면 근처에 놓여 있는 내부 계면을 연구하는 데 강력한 기법이다[3.5]. 시판 기기는 고분해능 회절기에서 전용 x선 반사기에 이르며 구입 가능하고 이론과 실험방법의 요약은 다른 문헌에 나온다[3.6, 3.7].

3-3 BRAGG의 법칙

두 기하학적인 사실은 기억할 만하다: (1) 입사빔, 회절면 수직선, 회절빔은 모두 같은 평면에 있다. (2) 회절빔과 투과빔 사이의 각은 언제나 2θ이다. 이 각은 회절각으로 알려져 있고 실험으로 측정하는 것은 θ가 아니라 바로 이 각이다.

앞서 언급한 바와 같이 회절은 보통 파동의 파장과 산란중심 사이의 반복거리가 같은 정도의 크기일 때만 일어난다. 이러한 필요조건은 Bragg 법칙에서 나온다. $\sin\theta$는 1을 넘지 않으므로

$$\frac{n\lambda}{2d'} = \sin\theta < 1 \tag{3-2}$$

이고, 따라서 $n\lambda$는 $2d'$ 보다 작다. 회절에서 가장 작은 n 값은 1이다. ($n = 0$이라는 것은 투과빔의 방향과 같은 방향에서 회절하는 빔에 해당한다. 이러한 빔을 관측할 수 없다.) 그러므로 관측할 수 있는 각 2θ에서 회절조건은

$$\lambda < 2d' \tag{3-3}$$

이다. 결정면의 대부분 조에서 d'는 3 Å 이하이다. 이것은 λ가 대략 6 Å을 넘지 못한다는 것을 의미한다. 예로서 측정하면, 결정은 파장이 약 500 Å인 자외선을 절대로 회절할 수 없다. 다른 한편으로, 만일 λ이 매우 작으면 회절각은 특별한 장치가 필요하다.

Bragg 법칙은 다음과 같은 형식으로 표현할 수 있다.

$$\lambda = 2\frac{d'}{n}\sin\theta \tag{3-4}$$

여기서 λ의 계수가 1이므로 어떤 차수의 반사도, 간격이 이전 면간거리의 $1/n$인 실제나 가상의 면들에서 나오는 제1차 반사라고 간주할 수 있다. 이렇게 하는 것은 실제로 편리한데 그 결과로 $d = d'/n$이고

$$\lambda = 2d\sin\theta \tag{3-5}$$

이다. 이 형식을 이 책에서 계속해서 사용할 것이다.

이러한 형식의 사용법을 그림 3-3에 나타내었다. (a)에서 보여주는 것처럼 단순입방 물질에서의 제2차 100 반사[4]를 생각해 보자. 이것은 제2차 반사이기 때문에 인접한 (100), 가령 i와 $(i+1)$ 면에서 산란한 x선 사이의 위상차 ABC는 파장의 2배가 되어야 한다.

4) 이것은 (100) 면에서 반사를 뜻한다. 관례적으로 한 회절면 hkl의 Miller 지수는 괄호없이 쓰면 (hkl) 면에시 회절한 빔을 나타낸다.

단순입방 구조에서 모든 격자점은 (100) 중의 하나에 있고 $d = a/(1^2 + 0 + 0)^{0.5} = a$만큼 떨어져 있다. 만일 i째와 $(i + 1)$째 면 사이의 중간에 점선으로 표시한 면에 산란체들이 있다면(그림 3-3b)[5)] 이들은 i째와 $(i + 1)$째 면의 원자와는 위상에서 파장 하나가 다르게 산란을 일으킨다. 그러므로 i째, $(i + 1/2)$째, $(i + 1)$째 면은 회절빔에서 위상이 같은 위치가 된다. 이 주기성은 제2차 100 회절에서는 $a/2$이고 d_{200}로 나타낸다. d 간격을 나타내는 공식(식 (2-8)과 부록 3-1)은 $h = 2, k = 0, l = 0$를 사용하여 $d_{200} = a/2$로 나타낸다. 비슷한 방식으로 (100)의 제3차, 제4차들의 회절, 즉 300, 400들의 반사에도 적용한다. 일반적으로, d' 간격의 (hkl)에서 n차 회절은 간격이 $d = d'/n$인 (nh, nk, nl)에서 제1차 회절이라고 생각할 수 있다. 이러한 규약은 Miller 지수의 정의와 일치한다는 것에 주목한다. 왜냐하면 (nh, nk, nl) 면은 (hkl)에 평행이지만, 간격이 후자의 $1/n$인 면의 Miller 지수이기 때문이다. 앞으로 4장에서 보겠지만, 단위포 내 여러 위치에서, 예를 들면 그림 3-3의 $(i + 1/2)$째 면에서, 원자의 존재 여부는 여러 반사에서 관측한 회절선 강도에 심각한 영향을 준다.

3-4 LAUE의 공식

Bragg의 공식은 회절을 스칼라 공식으로 표현한다. 일반적으로 결정은 3차원적인 실체이고, 가장 일반화하기 위해선, 회절빔의 방향을 나타내기 위해 전개하려는 공식은 벡터로 표현해야 한다.

간격으로 a만큼 떨어져 있는 산란체의 1차원 배열을 생각해 보자(그림 3-4). 입사빔은 방향을 $\mathbf{S}_0$ 로 나타내고, 산란체의 배열선과의 각이 α_0이며 회절빔의 방향이 $\mathbf{S}$라고 정의하자. 경로차가 파장 $h\lambda$의 정수배가 되도록 하려면 $\mathbf{S}$가 산란체의 배열선과 만드는 각 α는 다음 식을 만족해야 한다:

$$a(\cos \alpha - \cos \alpha_0) = h\lambda \tag{3-6a}$$

이 방정식은 축이 산란체의 열과 동심원이고 반 정각(semi-apex angle)이 α인 일련의 원추를 만족한다.

다음으로 한 축은 간격이 a만큼이고 다른 둘째 축은 간격이 b인 산란체의 2차원 망을 생각하자. 만일 각 $\mathbf{S}_0$와 $\mathbf{S}$가 간격이 b인 열과 만드는 각이 각각 β_0와 β라면, 보강간섭이 일어나기 위해선 다음 둘째 공식도 동시에 만족해야 한다:

$$b(\cos \beta - \cos \beta_0) = k\lambda \tag{3-6b}$$

여기서 k는 정수이다. 이와 유사하게 다시 셋째 방향으로 간격이 c인 3차원 산란체 배열을 고려

5) 그림 3-3에서 점선으로 표시한 면은 면심과 체심의 Bravais 격자에 있는 원자들이 점유하는 면이다.

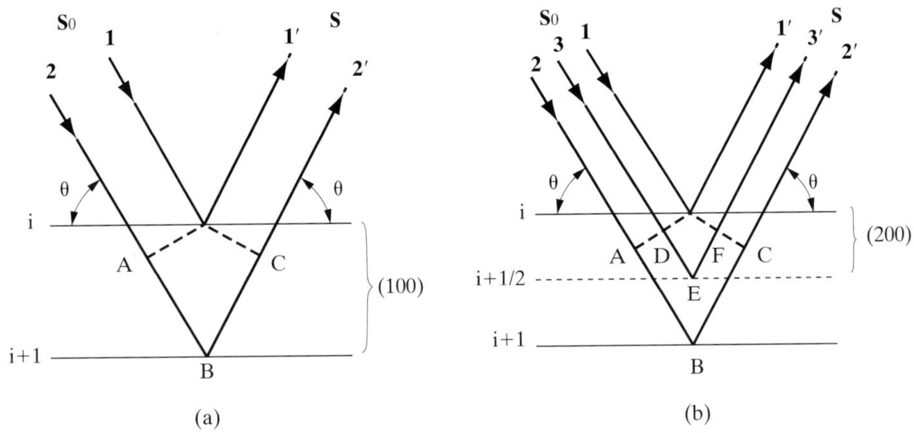

그림 3-3 (a) 2차 100 반사와 (b) 1차 200 반사의 등가성. 입사빔과 회절빔의 방향은 각각 $\mathbf{S}_0$와 $\mathbf{S}$이고 i 째, $(i + 1/2)$째, $(i + 1)$째 면은 표지가 붙어 있다.

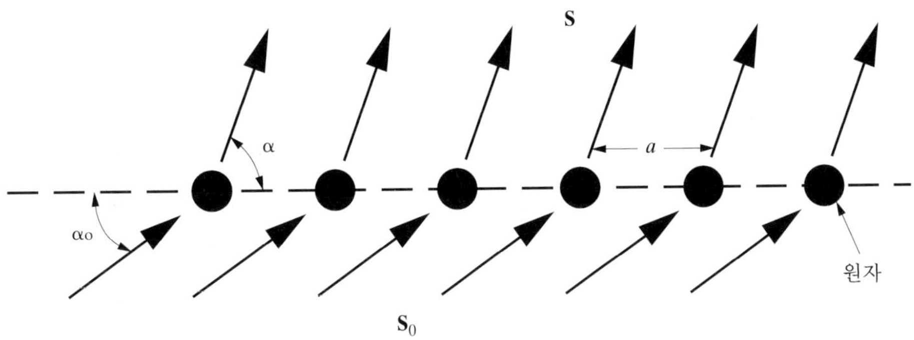

그림 3-4 주기 a인 산란자들의 1차원 배열, 빔 $\mathbf{S}_0$는 각 α_0에서 입사, 빔 $\mathbf{S}$는 각 α에서 회절

할 때는 셋째 조건이 생긴다:

$$c(\cos\gamma - \cos\gamma_0) = l\lambda \tag{3-6c}$$

여기서 l은 정수이다. 식 (3-6)은 함께 모아서 Laue의 공식이라 하고 회절의 3차원적 성질을 강조한다. 일반적으로 Bragg의 공식은 수치용으로 사용하기에 훨씬 편리하다. 그리고 다음 장에서 보이겠지만, 회절의 3차원적 성질을 역격자를 사용하면 더 쉽게 이해할 수 있다.

3-5 역격자와 회절

또 역격자는 회절의 기하학적 조건을 결정하는 데 쓸 수 있다. 먼저 직공간 격자에서 두 격자점

O와 A에서 나오는 산란 사이의 간섭을 생각하자(그림 3-5). 점 O는 격자의 원점에 있고, 점 A는 점 O에서 벡터 $\mathbf{OA} = p\mathbf{a}_1 + q\mathbf{a}_2 + r\mathbf{a}_3$만큼 멀리 있다. 여기서 p, q, r은 상수이다. O와 A가 둘다 격자점이므로 p, q, r은 반드시 정수인 것에 주목한다. 파장이 λ인 x선인 입사빔 $\mathbf{S}_0$와 회절빔 $\mathbf{S}$에서 O 와 A에서 산란한 x선의 경로차 δ는

$$\begin{aligned} \delta &= \text{uA} + \text{Av} \\ &= \text{Om} + \text{On} \\ &= \mathbf{S_0} \cdot \mathbf{OA} + (-\mathbf{S}) \cdot \mathbf{OA} \\ &= -\mathbf{OA} \cdot (\mathbf{S} - \mathbf{S}_0) \end{aligned} \tag{3-7}$$

이고, 이에 대응하는 위상차 ϕ(라디안으로)는

$$\phi = 2\pi\delta/\lambda = -\frac{2\pi(\mathbf{S} - \mathbf{S}_0) \cdot \mathbf{OA}}{\lambda} = -2\pi \cdot \mathcal{S} \cdot \mathbf{OA} \tag{3-8}$$

이다. 여기서 $\mathbf{S}$와 $\mathbf{S}_0$는 단위벡터로 $\mathcal{S} = (\mathbf{S} - \mathbf{S}_0/\lambda)$이고 이를 산란벡터라 정의한다. $\mathcal{S}$의 단위는 Å^{-1}인 것에 주목한다. 이 기술에서 함축하고 있는 것은 벡터 $\mathbf{a}_i$는 어떠한 결정계를 고려하더라도 단순단위포에 해당한다는 것이다. 벡터 $\mathbf{a}_i'$를 비단순포로 하여 표시하면 중요한 결과가 나오는데, 이를 회절강도를 다루는 4장에서 조사한다.

역격자와 관계는 $\mathcal{S}$를 그 공간 내에서 하나의 벡터로 정의하면, 즉

$$\mathcal{S} = h'\mathbf{b_1} + k'\mathbf{b_2} + l'\mathbf{b_3} \tag{3-9}$$

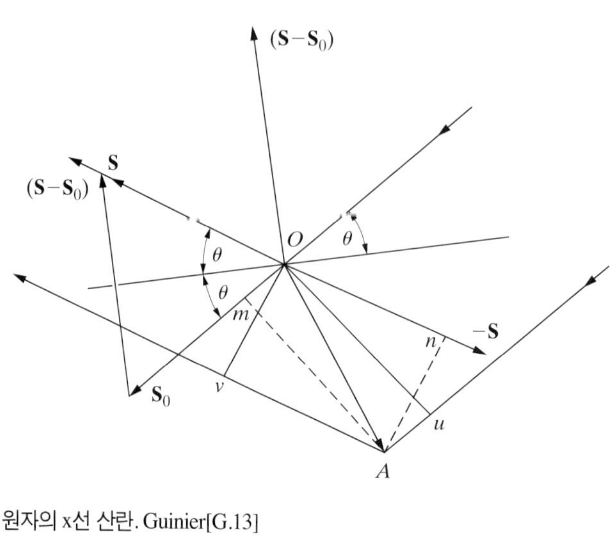

그림 3-5 *O*와 *A*에 있는 원자의 x선 산란. Guinier[G.13]

로 놓으면 생긴다.

그리고 h', k' 와 l' 는 특별한 값이 아니며 계속 변한다는 것에 주목한다. 식 (3-8)의 $\mathscr{S}$ 와 **OA**를 벡터 표현으로 바꾸면, 그 결과는

$$\phi = -2\pi(h'\mathbf{b}_1 + k'\mathbf{b}_2 + l'\mathbf{b}_3) \cdot (p\mathbf{a}_1 + q\mathbf{a}_2 + r\mathbf{a}_3)$$

$$= -2\pi(h'p + k'q + l'r) \quad (3\text{-}10)$$

이다. 회절이 일어나기 위해서는 ϕ가 2π의 정수배이어야 한다. 이 값이 많은 p, q, r(즉, 많은 다른 산란 위치에서)을 동시에 만족하려면 h', k', l'은 정수이어야 하므로 지금부터는 h, k, l로 표시한다. 따라서 $\mathscr{S}$ 나 $(\mathbf{S} - \mathbf{S}_0/\lambda)$는 역격자 점에서 시작하여 끝나야 한다.

회절을 위한 조건은 Ewald 구를 만들어서 역격자 공간에서 도표로 표현할 수 있다[2.3]. 3차원 결정의 역격자도 3차원이지만, 보통 역공간을 지나는 적당한 평면을 그림으로 나타낸다. 그림 2-7에서 나타낸 것과 유사하게 $\mathbf{b}_3$에 수직이고 역격자 원점을 지나는 역격자 면을 Ewald 구의 작도를 설명하기 위해 사용한다. 회절을 Ewald 구로 표현하기 위해서 첫 단계는 문제의 역격자를 그리는 것이다. 다음으로 입사빔 방향에 평행하게 $\mathbf{S}_0/\lambda$를 그리고 길이를 $1/\lambda$ Å^{-1}로 하고 역격자의 원점에서 끝나게 그린다. 벡터 $\mathbf{S}_0/\lambda$의 원점이 중심이고 반경이 $1/\lambda$인 구는 파장이 λ인 **S**의 가능한 모든 자국을 나타내는데 이를 Ewald 구로 정의한다. 회절을 관측하기 위해서는(즉, Bragg 법칙을 만족하기 위해서는) **S**와, 지금부터는 $\mathscr{S}$가 역격자 점에서 끝나야 한다. 이것은 $\mathscr{S}$가 (hkl)의 법선에 평행하고 크기가 $1/d_{hkl}$이고, 부록 1에 나타낸 것과 같이, Bragg 법칙(혹은 Laue 방정식)을 Ewald 구를 만드는 데서 직접 유도할 수 있다. 여기서 기억해야 할 가장 중요한 점은 (hkl) 면에서 나오는 회절을 관측하려면 Ewald 구가 역격자 점 hkl을 반드시 만나야 한다는 것이다.

직공간 격자에서 역격자로의 변환에서(그 반대로 역변환) 가장 중요한 성질은 한 격자에서 벡터가 다른 격자에 있는 다른 한 짝인 벡터에 물리적으로 평행하다는 것이다. 예를 들면, Ewald 구 중심에서 Ewald 구 상의 역격자 점 hkl로 가는 방향은 **S**이고 회절빔 $\mathbf{S}_{hkl}$을 관측하는 방향을 정의한다. 마찬가지로 직공간에서 **S**라고 쓰는 평행벡터는 회절빔의 방향을 나타낸다. 어떤 $\mathbf{S}_0$는 두 개 이상의 회절빔을 동시에 만들 수도 있다. 그러나 회절기에서 사용하는 x선의 파장과 결정의 격자상수를 고려하면, 이런 일은 일어날 것 같지 않다.[6)]

직공간에서 역공간으로 가는 변환을 보는 또 다른 방식이 있다. 입사빔과 회절빔, $\mathbf{S}_0$와 **S**는 각각 공간에서 서로 변위한 많은 평행한 광선으로 되어 있다는 것에 주목한다. 그러면 역공간으로 변환은 평행인 모든 광선을 한 점으로 사상하는 것으로, 마치 2-4절에서 격자점의 주기적인 '평면' 배열을 역격자의 한 점으로 사상하는 것처럼 볼 수 있다. 이러한 역격자의 모습을 3-9절

6) 투과 전자현미경에서 사용한 전자들에서, 파장은 회절기에서 사용한 x선의 것보다 최소한 짧은 정도이다. 그 결과는 3-9절에 보일 것인데, 다중 회절빔은 전자 회절에서는 예외가 아닌 규칙이다.

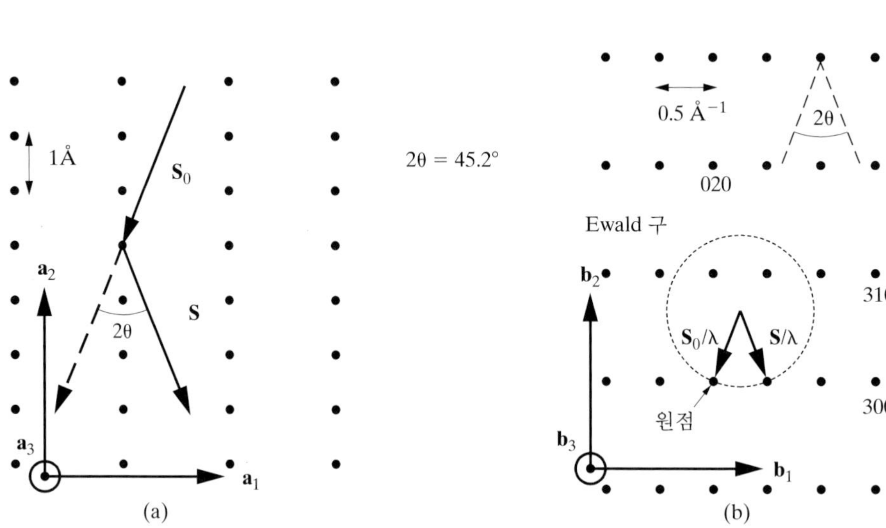

그림 3-6 (a) 간단한 사방결정의 직공간 격자와 (b) 이에 대응하는 역공간 격자와 Cu $K\alpha$ 방사선의 Ewald 구. 입사빔 $\mathbf{S}_0$의 방위는 100 회절이 생기는 그러한 것이다. 즉, (100)은 Bragg 법칙을 만족하도록 배향하고 역격자 점 100은 Ewald 구 위에 있다.

에서 좀더 자세하게 다룬다.

Ewald 구를 그리는 방법을 그림 3-6에서 격자상수가 a_1 = 2.0 Å, a_2 = 1,0 Å, a_3 = 3.0 Å인 단순사방 결정을 대상으로 하여 나타낸다. 이와 관련한 역격자 벡터의 크기는 b_1 = 0.5 Å^{-1}, b_2 = 1.0 Å^{-1}, b_3 = 0.33 Å^{-1}이고 그림 3-6은 직공간 격자에 바로 인접해 있는 역격자를 보여준다. 만일 사방결정이 Cu $K\alpha$ 파장으로(λ = 1.54 Å) 100 회절이 가능하게 배향한다면 $\mathbf{S}_0$는 (100) 면과 22.6°의 각을 만들어야 한다. 이것을 종이면에서 $\mathbf{S}_0$에 대해 나타낸다. 즉, 이 $\mathbf{S}_0$는 $\mathbf{a}_2$와 22.6°의 각을 만들고 그 결과로 $\mathbf{S}$는 -$\mathbf{a}_2$와 같은 각을 만든다.

사방정계에서 100의 Bragg 각은 010이나 001의 것과 같지 않다는 것을 기억해야 한다. $\mathbf{S}_0/\lambda$나 $\mathbf{S}/\lambda$ 길이는 (1.54 Å)$^{-1}$ = 0.649 Å^{-1}이고 $\mathbf{S}_0/\lambda$와 이에 해당하는 Ewald 구를 역격자에서 일정한 비율과 정확한 방향으로 나타낸다. Ewald 구는 역격자 점을 (1,0,0)에서 교차하고 100 회절이 일어난다. 역격자 공간에서 회절빔의 방향은 직공간의 것과 평행하고 그림 3-6에 있는 $\mathbf{S}_0$와 $\mathbf{S}$ 사이의 각은 2θ이다. 직공간에서 존재하는 대칭요소는 역격자 공간에서도 존재한다는 사실을 기억해야 한다.

$\mathbf{S}_0$를 $\mathbf{a}_3$ 주위로 회전하는 것은 결정을 다른 <*h*00>에서 회절시키기 위한 방위로 놓을 때 쓰인다.[7] 그림 3-6에서 나타낸 것과 같이 200 회절, 즉 2차 100 회절을 위한 방위로 결정을 놓으려면 그림 3-6에서 보여주는 원점에서 $\mathbf{a}_1$ 방향으로 $\mathbf{S}_0$를 27.75°만큼 회전해야 한다. 이 회전 결과

7) x선 회절의 사용자는 흔히 결정방위를 일정하게 유지하는 동안 입사빔을 돌린다고 말한다. 실제로는 회전하는 것은 결정이고 입사 x선 빔은 제자리에 있다.

Ewald 구는 200 역격자 점과 접촉하게 된다. $\bar{1}00$ 회절을 만들기 위해서는 이와 유사하게 $\mathbf{S}_0$를 반시계 방향으로 45.2°만큼 그림 3-6에 그린 방향에서 회전해야 한다.

어떤 결정에서 가능한 회절빔의 방향은 Ewald 구를 만들어서 결정할 수도 있다. 그림 3-6에 보인 단순사방 결정의 역격자를 고찰하자. (hkl)에서 회절이 일어날 조건은 Ewald 구가 hkl 역격자 점과 교차하는 것이다. 어떤 hkl 회절이 가능 할 것인지를 결정할 수 있도록 Ewald 구는 역격자 원점 주위로 모든 가능한 방위로 회전이 가능하다(그림 3-7). 그 결과 역격자 원점을 중심으로 하는 반경이 2/λ인 '제한구'가 된다. 제한구 내에나 위에 있는 역격자 점에 대응하는 모든 회절빔은 적절한 결정방위에서 여기상태로 된다. 어떤 회절빔이 가능한지 결정하기 위해 역격자를 사용하는 장점 하나는 **S**나 $\mathbf{S}_0$의 방향이 분명하다는 것이다. 이것은 물론 이 절의 앞 문단에서 설명한 수치적인 접근에서는 그러하지 못하다. 그러나 Bragg 각의 수치값이 필요할 때는 Bragg 법칙을 직접 사용하는 것이 유리하다.

3-6 회절 방향

결정이 단색 x선의 빔을 회절하는 가능한 방향, 즉 2θ 각을 결정하는 것은 무엇일까? 그림 3-3을 참조하면 여러 회절각 $2\theta_1, 2\theta_2, 2\theta_3, \ldots$ 은 정확한 각 $\theta_1, \theta_2, \theta_3, \ldots$ 으로 입사하는 빔을 사용하여 (100) 면에서 제1차, 제2차, 제3차, ... 반사를 만들면 구할 수 있다. 그러나 (110), (111), (213), ... 들의 면에서도 회절은 일어난다. 어떤 조의 면의 회절각을 예측할 수 있는 일반적인 관계식이 필요하다. 이 관계식은 Bragg 법칙과 문제의 특정 결정에 적용할 수 있는 면간거리 공식(부록 3)을 결합하여 구할 수 있다.

예를 들면, 만일 결정이 입방이면

$$\lambda = 2d \sin \theta$$

이고,

$$\frac{1}{d^2} = \frac{(h^2 + k^2 + l^2)}{a^2}$$

이다. 이 관계식을 조합하여 항을 재배열하면

$$\sin^2 \theta = \frac{\lambda^2}{4a^2}(h^2 + k^2 + l^2) \tag{3-11}$$

이다. 이 관계식은 특정 입사 파장이 λ이고, 특정 입방결정의 단위포의 크기가 a일 때 (hkl) 면에서 회절이 일어날 수 있는 가능한 모든 Bragg 각을 예측한다. 예를 들어, (110) 면에서 식 (3-11)은

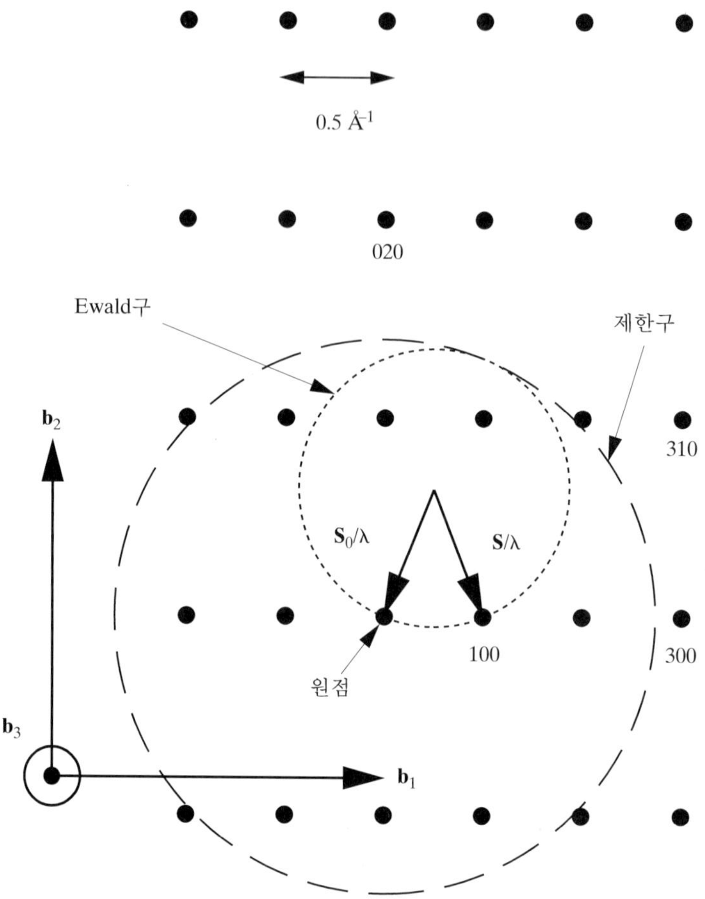

그림 3-7 제한구를 나타내는 도해. 그림 3-6의 Ewald 구와 역격자는 참고로 나타낸다. $\mathbf{S}_0$가 100 회절을 위해 배향하는 것을 보여준다. 100, 200, 110, 010 들의 회절이 이 결정과 x선 파장에서 가능하다. 300, 210 들의 회절은 관측할 수 없다.

$$\sin^2\theta_{110} = \frac{\lambda^2}{2a^2}$$

이 된다. 만일 결정이 축이 a와 c인 정방이라면 해당하는 일반식은 다음과 같다.

$$\sin^2\theta = \frac{\lambda^2}{4}\left(\frac{h^2+k^2}{a^2} + \frac{l^2}{c^2}\right) \tag{3-12}$$

그리고 유사한 관계식들을 다른 결정계에 대해서도 얻을 수 있다.

이러한 예는 지정한 파장의 빔이 지정한 한 조의 격자면에서 회절하는 경우 그 방향은 결정이 속하는 결정계와 그 결정의 격자상수가 결정한다는 것을 나타내준다. 간단히 말해서 **회절 방향은 오로지 단위포의 모양과 크기가 결정한다**. 이것은 그 반대인 경우에도 함께 매우 중요하다. 즉, 회절빔의 **방향**을 측정하여 미지의 결정에 관해 결정할 수 있는 것은 그 단위포의 모양과 크기라는 것이다. 다음 장은 어떻게 회절빔의 **강도**는 단위포 내 원자의 위치가 결정하는 지 기술한다. 따라서 결론은 원자 위치에 대한 어떠한 자료를 얻으면 반드시 강도를 측정해야 한다는 것이다. 많은 결정에서 어떤 회절빔의 강도를 영으로 감소하게 하는 특정한 원자 배열이 있다. 그러한 경우는 식 (3-11)과 (3-12)의 유형의 식으로 예측하는 각에서 회절빔은 간단히 존재하지 않는다. 이러한 의미에서 이런 종류의 식은 **가능한** 모든 회절빔을 예측할 수 있다.

3-7 X선 분광학

실험에서 Bragg 법칙은 두 가지 방식으로 쓰일 수 있다. 이미 알고 있는 파장의 x선을 사용하여 θ를 측정함으로써 결정 내 여러 면의 면간거리 d를 결정할 수 있다. 이런 일이 **구조해석**(structure analysis)이고, 이 책의 대부분에서 이런 저런식으로 다루는 주제이다. 교대로 면간거리 d를 아는 면이 있는 결정을 사용하여 θ를 측정하고 사용한 x선의 파장 λ를 결정할 수도 있다. 이것이 x선 **분광학**이다.

x선 분광계[3.8]의 주요 특징을 그림 3-8에 나타낸다. x선 관 T에서 나오는 x선은, 분광계 원의 중심 O를 지나는 축 주위로 회전시켜서 입사빔에 대하여 어떤 원하는 각도에 맞춘 결정 C에 입사한다. D는 x선 회절강도를 측정하는 검출기(detector)이며 O 주위로 회전할 수 있고 바라는 어떤 각 위치에 맞출 수도 있다. 그 결정을 보통 그림에서 보듯이 면간거리를 이미 알고 있는 특정한 조의 회절면이 그 결정의 표면과 나란하도록 자르거나 쪼갠다. 사용할 때는 회절면과 입사빔이 어떤 특정한 θ를 만들도록 결정을 놓고 그에 대응하는 2θ 각 위치에 D를 놓는다. 그리고 회절빔의 강도를 측정하고 Bragg 법칙으로 그 파장을 계산한다. 이러한 과정을 여러 θ 각에서 반복한다. 그림 1-5에 나타낸 곡선이나 부록 7에 실려 있는 특성 파장은 이런 방식으로 구한 것이다. W. H. Bragg가 처음으로 x선 분광계를 고안하여 사용하였고 스웨덴의 물리학자 Siegbahn이 아주 정밀한 기기가 되도록 발전시켰다.

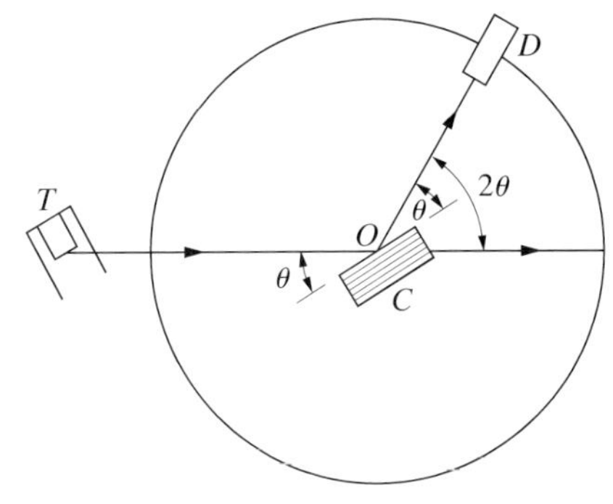

그림 3-8 x선 분광계

x선 분광학은 어떤 단위의 파장에 관계할 때만 의미가 있다. 앞서 설명한 방식으로 한 파장 측정은 분명히 상대적인 것으로 그 정확도는 알고 있는, 결정의 면간거리의 정확도보다 클 수 없다.

처음 면간거리를 어떻게 결정했는 지를 고찰하기 전에 x선 **밀도**(x-ray density)에 관한 주제를 우선 생각하자. 보통 고체의 밀도를 특정한 시편의 부피와 무게를 측정하여 구한다. 이 부피는 보통 수 cm^3 정도이다. 그러나 x선 회절로 결정단위포의 격자상수를 측정할 수 있다. 따라서 단위포의 원자 수와 함께 그 부피도 결정할 수 있다. 그러므로 밀도의 결정은 수 cm^3를 바탕으로 하는 것이 아니라 다음과 같은 정의에서 사용하는 한 개의 단위포를 바탕으로 한다.

$$\text{x선 밀도} = \frac{\text{단위포에서 원자들의 무게}}{\text{단위포의 부피}}$$

$$\rho = \frac{\sum A/N}{V} \tag{3-13}$$

여기서 ρ = 밀도(g/cm^3), ΣA = 단위포에 있는 모든 원자의 원자량 합, N = Avogadro 수, V = 단위포의 부피(g/cm^3)이다. N 값을 대입하면 다음과 같이 된다.

$$\rho = \frac{\sum A}{NV} = \frac{\sum A}{(6.02257 \times 10^{23})(V' \times 10^{-24})} = \frac{1.66042 \sum A}{V'} \tag{3-14}$$

여기서 V'는 Å^3로 표시한 단위포의 부피이다.

특정 시편의 부피와 무게로 산출한 거시(macroscopic)밀도는 보통 x선 밀도보다 작고 이것보다 클 수는 없다. 왜냐하면 거시적인 시편(macroscopic specimen)은 보통 거시적인 규모로 균열과 기공과 원자 규모로 단위포에 빈자리를 포함하기 때문이다. 그러므로 x선 밀도는 알아야 할 유용한 값이다. 예를 들어, 이것과 압축하고 소결한 금속과 세라믹 압분체의 거시밀도를 비교하여 이 압분체의 기공률(porosity)을 계산할 수 있다. 때로는 x선 밀도를 느슨하게 '이론적 밀도'라고 부르지만 실험적으로 측정한 것이므로 이론적 밀도는 아니다.

파장을 결정하는 문제로 되돌아 가는데, 흥미롭고 중대한 사실은 Bragg는 회절 x선의 파장을 알지 않고도 NaCl의 결정구조를 알아냈다는 사실이다. Bragg가 알았고 알고자 했던 모든 것은 x선관에서 나오는 방사선 중에서 가장 강하고 단일 파장, 즉 x선 관에서 나오는 강한 $K\alpha$선이라는 것이었다. 일단 NaCl 구조를 알면[그림 2-21(b)] 당연히 단위포에는 네 개의 Na 원자와 네 개의 Cl 원자가 있다는 결론이 나온다.

$$\sum A = 4(\text{Na 원자 무게}) + 4(\text{Cl 원자 무게})$$

만일 이 값을 거시밀도 ρ와 함께 식 (3-13)에 대입하면 단위포의 부피 V'를 구할 수 있다. NaCl은 입방이므로 격자상수 a는 간단히 V'의 입방근이 된다. 이 a값과 입방 면간거리의 공식[식 (2-8)]으로 어떤 면의 면간거리도 구할 수 있다.

이와 같은 방식으로 Siegbahn은 암염의 (200) 면의 면간거리가 2.814 Å이라는 값을 알아냈고 이 값을 파장 측정의 기초로 삼았다[3.9]. 이 면간거리는 거시밀도에서 유도한 것이므로 유효숫자는 네 자리 정확도 밖에 되지 않았다. 그러나 Siegbahn은 이 면간거리로 훨씬 정확하게, 다시 말하면 여섯 자리 유효숫자까지 파장을 측정할 수 있었다. 얻을 수 있는 높은 상대적인 정밀도를 잃고자는 생각은 없었으므로 상대적인 파장을 표현할 수 있는 새로운 단위를 임의대로 정의하기로 현명하게 결정하였다. 그것이 소위 X 단위(XU)이다. 그 까닭은 절대단위(Å)로 그 실제값을 몰랐기 때문이다. 암염의 (200) 면간거리를 여섯 자리의 유효숫자로 2814.00 XU라고 정의함으로써 이 새로운 단위를 가능한 0.001 Å에 거의 같은 값이 되도록 만들었다.

일단 이 면간거리로 특정한 파장을 결정하고 나면 다른 어떠한 결정에서 지정한 면의 면간거리도 측정할 수 있었다. Siegbahn은 이런 식으로 방해석($CaCO_3$)의 (211) 면간거리를 측정하여 이 물질이 표준결정으로써 더 적합하다는 사실을 발견하였고, 그후 모든 파장 측정을 이 면간거리를 기준으로 하였다. 그 값은 3029.45 XU이다. 나중에 킬로 X 단위(kX)를 도입하였는데, XU의 1000배이고 근사적으로는 1 Å과 같다. 따라서 kX 단위를 다음 관계로 정의한다.

$$1\ \text{kX} = \frac{(211)\ \text{방해석의 면간거리}}{3.02945} \tag{3-15}$$

이것을 기초로 하여 Siegbahn과 그의 공동연구자들은 상대단위(kX)를 사용하여 파장을 매우 정확하게 측정하였다. 이 측정은 발표한 대부분의 파장표의 기초가 되었다.

나중에 x선은 가시광선의 분광학에 쓰이는 것과 같은 눈금이 난 회절격자에서 입사각(입사빔과 회절격자의 면 사이의 각)이 전반사의 임계각보다 작은 값일 때에는 회절한다는 것이 알려졌다. 이런 식으로 회절격자는 결정구조에 대한 지식과는 전혀 관계없이 절대적인 파장을 측정하는 수단을 제공하였다. 이와 같이 하여 구한 값과 Siegbahn이 결정 회절로 구한 값을 비교함으로써 상대단위와 절대단위 사이의 다음 관계를 계산하는 것이 가능하였다:

$$1\ \text{kX} = 1.00202\text{Å}$$

이 환산계수를 국제적 승인을 얻어 1946년에 채택하였다. 그후 연구는 이 계수의 정확도를 개선하여 현재 그 관계는 다음과 같다.

$$1\ \text{kX} = 1.002056\text{Å}^* \tag{3-16}$$

이 관계를 또 다른 새로운 단위인 Å*로 나타낸 것에 주목한다. 이 단위를 사용한 것은 환산계수에 불확실성이 아직 남아 있기 때문이다. Å과 Å*와의 차이는 100만분의 5 정도 밖에 안 된다. 그리고 이 두 단위 사이의 차이는 대단히 높은 정확도가 필요한 작업을 제외하고는 무시할 수 있다.

현 상황을 완전히 해결한 것은 아니지만 부록 7에 실은 국제결정학연합(The International Union of Crystallography)에서 출판한 파장표[Vol. C, G.1]가 사용 가능한 가장 좋은 값이다.

kX와 Å과의 차이는 유효숫자가 세 자리밖에 되지 않는 한 문제가 되지 않는다. 왜냐하면 kX 단위는 Å에 비해 단지 약 0.2% 크기 때문이다. 다른 한편으로 정밀한 작업에서는 단위를 정확하게 기재해야 한다. 이 점에서 과거에는 상당한 혼란이 있었다. 대략 1946년 이전에 출판한 파장값은 Å 단위로 표시한 것이 있는데 정확하게는 kX 단위로 한 것이다. 어떤 결정학자는 이와 같은 값을 결정의 격자상수를 정밀하게 측정하는 정확한 기초로 사용하였고 그 결과를 다시 틀린 Å 단위로 표시하였다. 따라서 발표한 많은 격자상수 값이 틀리며 불행하게도 어느 것이 맞고 어느 것이 틀리는 지를 구분하는 것은 항상 쉽지는 않다. 정확한 격자상수를 표시하는 안전한 단 하나의 방법은 그것을 결정할 때 사용한 방사선의 파장을 명기하는 것이다. 이와 유사하게 발표한 어떤 파장표도 사용한 단위가 맞는 것인지 아닌지 하는 것은 어떤 특정한 특성선, 예를 들어 Cu $K\alpha_1$의 값으로 사용한 파장에 주목하여 판정해야 한다. 이 특성선의 파장은 1.540562 Å* (1974년 값, 환산계수 1.002056), 1.54051 Å (1946년 값, 환산계수 1.00202)이나 1.53740 kX 이다. 정밀한 파장값은 부록 7을 보라.

3-8 회절방법

회절은 Bragg 법칙 $\lambda = 2d \sin \theta$를 만족할 때마다 일어난다. 어떠한 결정에서도 이 식은 λ와 θ에 매우 엄중한 조건을 가한다. 단결정을 아무렇게나 x선 빔에 놓으면 단색 x선 빔으로는 보통 어떤 회절빔도 생기지 않는다. 따라서 Bragg 법칙을 만족시킬 수 있는 어떤 방법을 생각해내야 한다. 이런 일을 실험하는 동안 계속해서 λ나 θ를 바꾸면서 할 수 있다. 이 양이 변화하는 방식에 따라 다음의 세 가지 주요 회절법이 달라진다.

방법	λ	θ
Laue	가변	고정
회전결정	고정	가변(부분적으로)
분말	고정	가변

Laue 법

Laue 법은 처음으로 사용한 회절법이며 Laue 경의 본래 실험을 재현한다. 이 방법에서는 x선 관에서 나온 연속스펙트럼인 백색 x선을 고정한 단결정에 맞춘다. 따라서 Bragg 각인 θ를 결정 내의 모든 조의 면에 대하여 고정하고 각 조의 면은 특정한 d와 θ의 값에 대하여 Bragg 법칙을 만족하는 x선 파장을 선택하여 회절한다. 그 결과 회절한 각각의 빔은 파장이 다르게 된다.

Laue 법에는 x선 원, 결정, 필름 내의 상대 위치에 따라 두 가지 방법이 있다(그림 3-9). 둘다 모두 필름은 편평한 것을 사용하고 입사빔에 수직으로 놓인다. **투과 Laue 법**(transmission Laue method, 최초의 Laue 법)에서 필름은 전방으로 회절하는 빔을 기록하기 위해 결정 뒤에 놓인다. 회절된 빔이 부분적으로 결정을 투과하기 때문에 그렇게 부른다. **배면 반사 Laue 법**(back-reflection Laue method)에서 필름은 결정과 x선 원 사이에 놓이고 입사빔은 필름에 뚫린 구멍을 통과하여 후방으로 회절한 빔을 기록한다.

어느 방법이든 회절빔은 그림 3-10에 나타낸 것과 같은 반점 배열을 필름에 형성한다. 이 반점의 배열을 보통 **무늬**(pattern)라고 한다. 이 용어는 어떤 특정한 뜻을 포함하고 있는 것은 아니고 반점의 주기적인 배열을 의미하지도 않는다. 그러나 사진에 그린 선으로 나타낸 바와 같이 반점은 어떤 곡선 위에 놓인다. 이 곡선은 보통 투과무늬에서 타원이나 쌍곡선이고[그림 3-10(a)] 배면 반사(back-reflection Laue method)에서는 쌍곡선이다 [그림 3-10(b)].

같은 곡선 위에 있는 반점은 같은 정대에 속하는 면에서 나온 반사이다. 이런 일은 한 정대의 면에 서 나온 Laue 반사는 모두 그 정대축을 축으로 하는 가상적인 원추의 표면 위에 있다는 사실 때문이다. 그림 3-11(a)에서 보듯이 원추의 한 면은 투과빔에 대하여 접하고 정대축(Z.A.)과 투과빔과 만드는 경사각 ϕ는 원추의 정각(apex angle)의 반과 같다. 그림에서 보듯이 필름은 필름중심을 지나는 가상의 타원으로 원추와 만난다. 정대면에서 나온 회절 반점은 이 타원에서 배열한다. 각 ϕ가 45°를 넘으면 배면 반사무늬를 기록하기 위해 결정과 x선 원 사이에 놓인 필름은 그림 3-11(b)에서 보듯이 원추와 쌍곡선으로 만난다.

정대의 면에서 나온 Laue 반사가 원추의 표면 위에 놓인다는 사실을 스테레오 투영으로 잘 나타낼 수 있다. 그림 3-12에서 결정은 기준구의 중심에 있고 입사빔 I는 왼편으로 들어오고 투과빔 T는 오른편으로 나간다. 정대축을 나타내는 점은 기본원의 원주 위에 있고 이 정대 내에 속하는

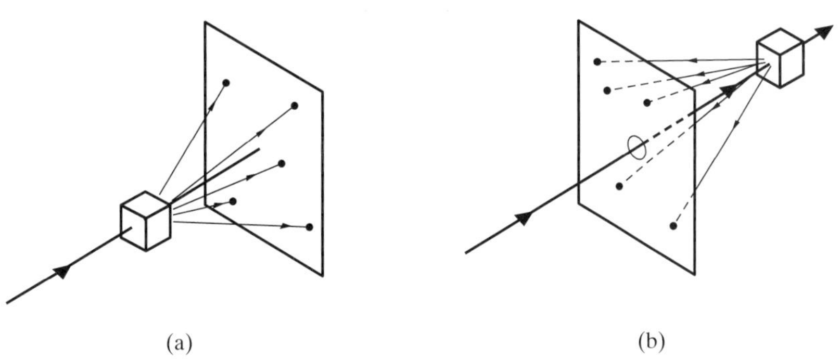

그림 3-9 (a) 투과와 (b) 배면 반사의 Laue 법

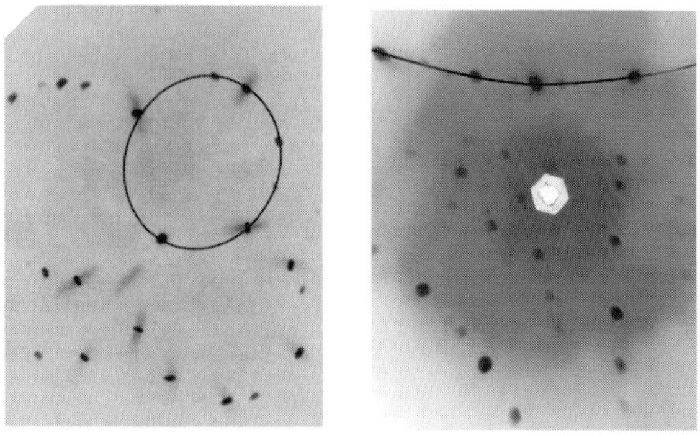

그림 3-10 알루미늄 결정(입방)의 (a) 투과와 (b) 배면 반사의 Laue 무늬. 텡스텐 방사선, 30 kV, 19 mA

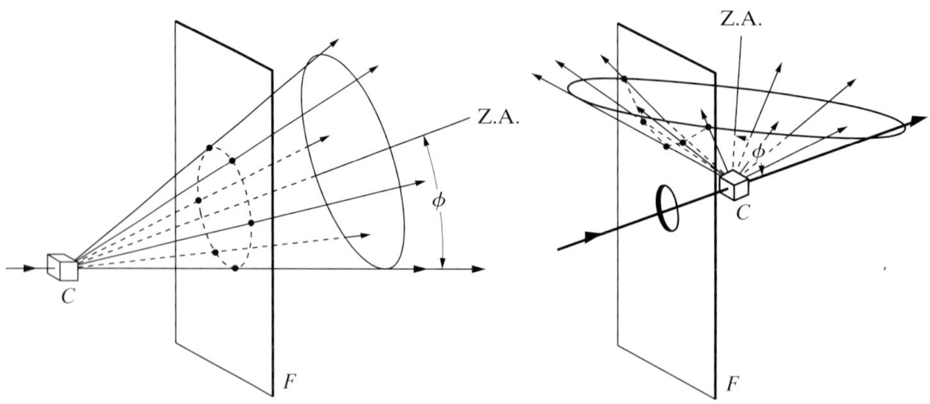

그림 3-11 (a) 투과법에서 타원 위와 (b) 배면 반사법에서 쌍곡선 위의 Laue 반점의 위치. (C = 결정, F = 필름, Z.A. = 정대축.)

다섯 개 면의 극점 P_1에서 P_5는 그림에 나타낸 대원 위에 있다. 이 중의 한 면, 예를 들어 P_2가 회절한 빔의 방향은 다음과 같이 찾을 수 있다. I, P_2, D_2(찾으려는 회절 방향)와 T는 모두 같은 평면 위에 있다. 그러므로 D_2는 I, P_2, D_2를 지나는 대원 상에 있다. I와 P_2 사이의 각은 $(90° - \theta)$이고 그림에서 나타낸 바와 같이 D_2는 P_2의 반대편 등각인 점에 있다. 이와 같이 찾은 회절빔 D_1에서 D_5는 정대축이 축인 원추와 기준구가 교차하는 하나의 소원 위에 있다.

필름 위에 나타나는 반점의 위치는 투과법이든 배면 반사법이든 입사빔에 대한 결정의 방위에 따라서 다르다. 그리고 결정 자체가 어떻게든 휘든지 뒤틀리든지 하면 점의 모양은 일그러지거나 흐려진다. 이러한 사실은 Laue 법칙을 주로 사용하는 데가 결정방위의 결정(determination of crystal orientation)과 결정품질의 평가(assessment of crystal quality)임을 설명한다.

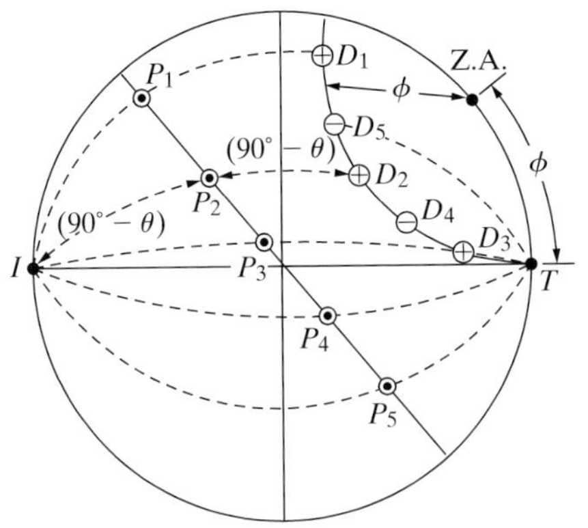

그림 3-12 투과 Laue 법의 스테레오 투영

결정에서 단파장 λ의 회절을 Ewald 구로 다루는 법은 여러 λ가 입사하는 Laue 법으로 쉽게 확장할 수 있다. 사용한 파장의 범위는 일련의 평행한 입사빔들로서 나타나고 각각의 빔은 길이가 다르며 $1/\lambda_i$에 비례한다. 이 벡터 각각은 역격자의 원점에서 끝나고 각각은 원점이 다르다(그림 3-13)는 것에 주목하라. 따라서 각 입사빔 $\mathbf{S}_0/\lambda_i$ 는 해당 Ewald 구가 역격자의 원점을 지나며 그 반경은 $1/\lambda_i$이다. 여러 $\mathbf{S}_0/\lambda_i$는 모두 역격자의 원점을 지나고 이와 관계하는 Ewald 구는 그림 3-13의 입사빔 방향의 **OACDB** 선 상에 그 중심이 있다. 입사빔에 존재하는 파장의 범위는 물론 무한하지 않다. 연속스펙트럼의 단파장 한계인 λ_{SWL}에서 매우 예리한 하한이 있다. 이에 비해 상한은 덜 명확하고, 투과나 배면 산란 기하학이 쓰이는 지 아닌 지와 같은 실험요소에 따라서 다르다. 그림 3-13에서 나타낸 Ewald 구의 작도의 예에서 살펴보면 파장의 상한은 감광유제(emulsion)에 있는 은(silver)의 *K* 흡수단(absorption edge)의 파장으로 한다(0.48 Å). 왜냐하면 연속 스펙트럼의 유효 사진강도(photographic intensity)가 그 파장에서 급격히 감소하기 때문이다[그림 7-5를 보라]. 이런 선택은 흡수가 큰 결정의 투과 Laue 무늬에 가장 적합한데 시료의 한 원소의 선형감쇠계수(linear attenuation coefficient)의 값이 파장이 증가함에 따라 급격히 올라가기 때문이다. 배면 반사 Laue 무늬에서는 필름에서 꽤 심한 흑화가 은 흡수대(silver edge)보다 큰 파장에서, 또 브롬 (bromine) K-가장자리 아래와 긴 파장에서도 일어난다.

이러한 두 개의 극한 파장은 그림 3-13에서 나타낸 것처럼 두 개의 극한 Ewald 구에 대응하는데 이 그림은 이 구의 절단면과 역격자의 $l = 0$인 층을 나타내고 있다. 입사빔은 $\mathbf{b}_1$ 벡터를 따라서, 즉 결정의 (h00) 면에 수직하게 있다. 나타낸 큰 원은 중심이 B이고 반경이 λ_{SWL}의 역수와 같지만, 작은 원은 A를 중심으로 하고 반경은 은의 *K* 흡수단(silver *K* absorption edge)의 파장의 역수와 같다. 완전한 일련의 구가 이 둘 사이에 존재하는데 다이어그램의 그림자 부분에 있는 어떠한 역격자 점도 이 구 중 하나의 표면 위에 있고, 입사파장 중 하나를 회절하는 방위에 있는 한 조의 결정면에 대응한다. 예를 들어 전방의 방향에서 120 반사가 생긴다라고 하자. 이 방향을 찾기 위해서는 원점 O에서 역격자점은 120과 등거리에 있는 C의 위치를 AB 상에서 찾는다. 따라서 C는

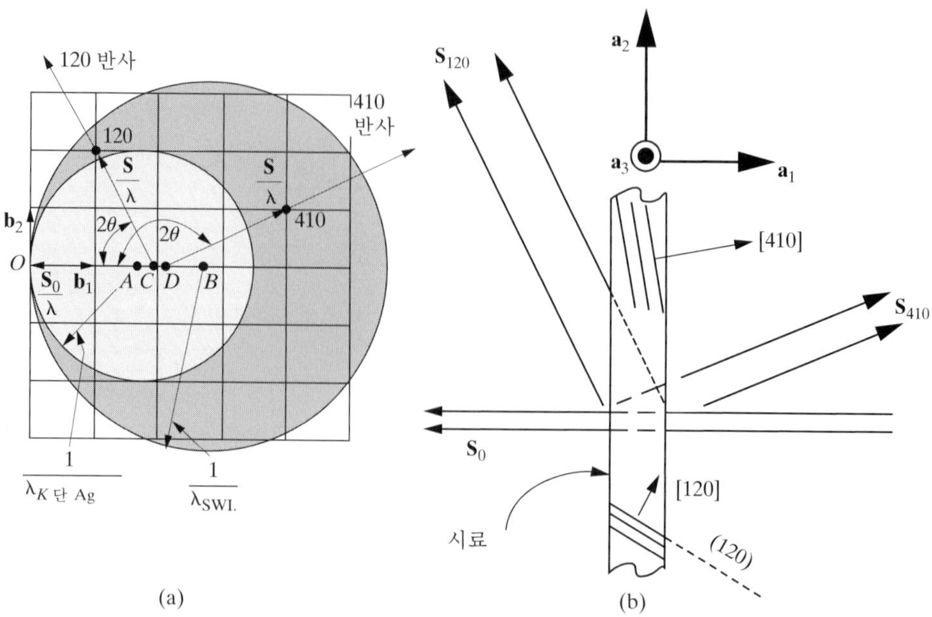

그림 3-13 Laue 법의 (a) 역격자와 (b) 직공간에서 대응하는 결정의 개략도. $(\mathbf{S} - \mathbf{S}_0)/\lambda = \mathrm{H}$

120 점을 지나는 Ewald 구의 중심이 된다. C와 120의 잇는 선은 반사에서 회절빔 벡터 $\mathbf{S}/\lambda$를 나타낸다. 다수의 배면 회절빔(backward-diffracted beam) 중 하나인 410 반사의 방향을 비슷하게 찾는데, 여기서 문제의 역격자 점은 Ewald 구의 중심이 D에 있다.

회전결정법

회전결정법(rotating-crystal method)에서는 단결정을 결정축의 한 방향이나 결정학적으로 중요한 방향으로 단색 x선에 수직하게 올려놓는다. 원통형의 필름을 그 주위에 놓고 결정은 선택한 축 주위로 회전하며 필름의 축과 결정의 회전축이 일치하도록 한다(그림 3-14). 결정이 회전하면 어떤 특정한 조의 격자면은 순간적으로 단색 입사빔의 회절을 일으킬 수 있는 정확한 Bragg 각을 만든다. 그리고 그 순간 회절빔이 생겨난다. 회절빔은 또 가상의 원추 위에 있지만 이제는 원추의 축과 회전축이 일치한다. 그 결과 필름을 편평하게 펼치면 필름 위의 반점은 그림 3-15에서 보이듯이 가상의 수평의 '층' 위에 놓인다. 결정이 단 하나의 축 주위로만 회전하기 때문에 Bragg 각은 모든 조의 결정면에서 0과 90° 사이의 모든 가능한 각이 되지는 않는다. 그러므로 모든 조가 회절빔을 만들 수 있는 것은 아니다. 예를 들어, 회전축에 수직이거나 수직에 가까운 조는 회절빔을 만들지 못한다.

단색 방사선에서 Ewald 구의 작도는 결정축의 하나 주위로 회전하는 단결정에서 회절하는 빔이 회전축을 축으로 하는 원추 위에 어떻게 놓이는지를 나타낼 때 쓰인다. 회절 반점의 무늬를

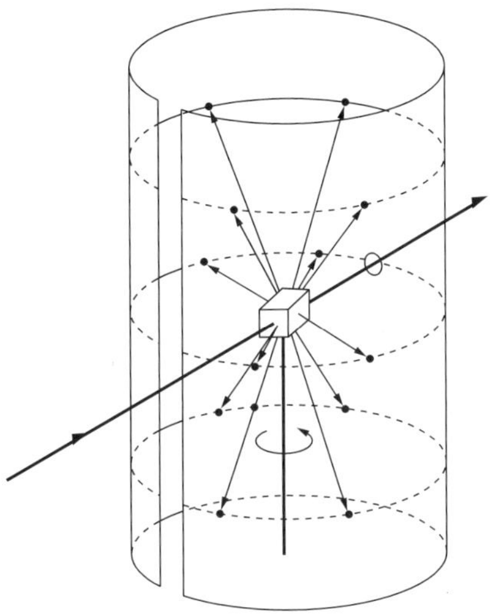

그림 3-14 회전결정법

이렇게 해석하는 것을 Bernal이 역설하였다[3.10]. 단순 입방결정이 [001] 축 주위로 회전한다고 가정한다. 이것은 역격자가 $\mathbf{b}_3$ 축 주위로 회전하는 것과 같다. 그림 3-16은 이와 같은 방식으로 배향한 역격자의 일부를 인접하는 Ewald 구와 함께 보여준다.

지수가 (*hk*1)인 모든 결정면은 $\mathbf{b}_3$에 수직인, 역격자에서 한 평면 상에 놓인 점들('l = 1인 층'이라고 한다)로 표시할 수 있다. 역격자가 회전할 때 이 면은 Ewald 구를 보여주는 것처럼 소원으로 자르고 l = 1인 층의 어떤 점도 구면에 닿는 경우는 이 원에도 반드시 닿는다. 그러므로 모든 회절빔 벡터 $\mathbf{S}/\lambda$는 이 원 상에서 끝이 나야 하는데, 이 말은 절빔은 반드시 원추 표면에 있어야 한다는 것과 같다. 이런 특별한 예에서, 나타낸 모든 *hk*1 점은 $\mathbf{b}_3$ 주위로 회전하는 동안 간혹 구면

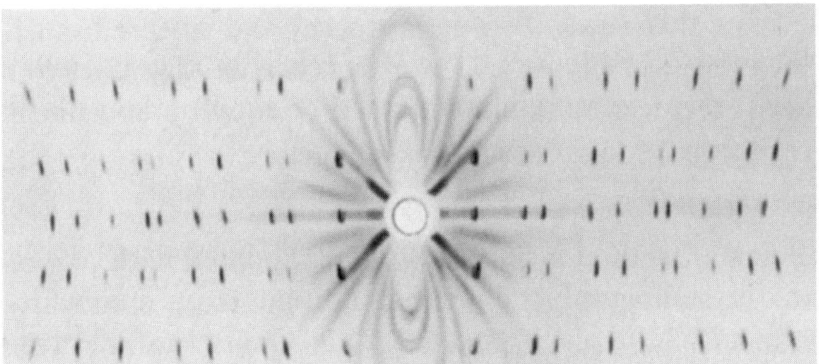

그림 3-15 c축 주위로 회전하는 석영 결정(육방)의 회전결정 무늬. 여과한 구리 방사선. (줄무늬는 필터로 제거하지 못한 백색 방사선에 기인한다.) (B. E. Warren의 호의.)

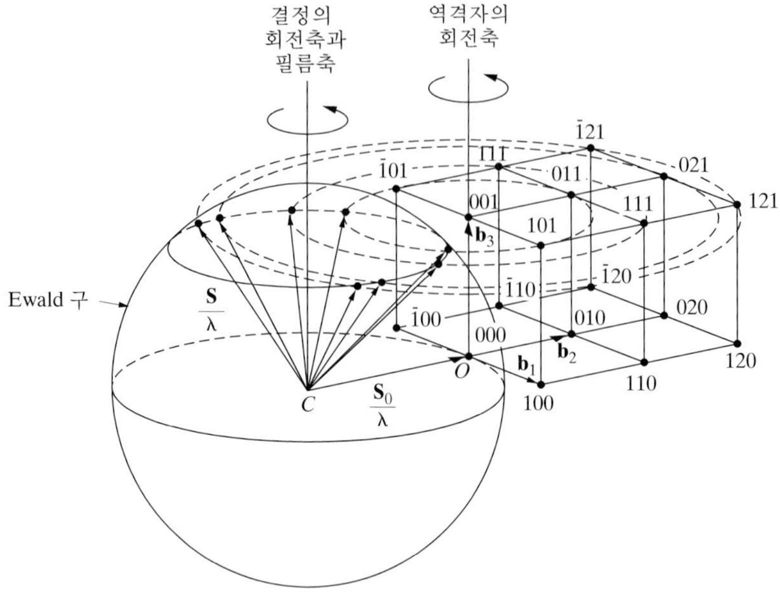

그림 3-16 회전결정법의 역격자 취급

과 교차하여 그림 3-16에서 보여주는 것과 같이 회절빔을 만들어 낸다. 덧붙여 많은 *hk*0와 *hk*1 반사가 생기기도 하나 이것들은 명쾌하게 보여주기 위해 그림에서 생략하였다.

회전결정법(rotating-crystal)의 주요 용도는 미지의 결정구조를 결정하는 것이나 복잡한 결정구조를 완전히 해석하는 일은 이 책의 범주를 벗어나는 주제로 x선 회절을 실험실 도구로 사용하는 일반 재료학자/공학자의 영역에서도 벗어난다. 그러나 회절 반점의 층 선들로 된 무늬의 해석은 고분자에서 중요하며 18장에서 다루도록 하겠다.

분말법

분말법(powder method)으로 조사하고자 하는 결정은 먼저 매우 고운 분말로 크기가 줄어야 하거나 푸석푸석하거나 굳게 뭉친 미세한 입자 형태여야 한다. 적합한 지지대에 담긴 시료는 단색 x선 빔에 놓인다. 분말의 모든 결정립들은 작은 결정이거나 작은 결정들의 집합체로서 입사빔에 대하여 무질서한 방향으로 배향한다. 우연하게도 일부 결정들은 예컨대 (100) 면이 정확하게 배향하여 입사빔을 회절한다. 또 다른 결정들은 110 반사가 일어나게 배향할 수도 있고, 등등이다. 그 결과는 모든 조의 격자면은 회절을 일으킬 수 있다. 분말 덩어리는 하나의 축 주위가 아닌 모든 가능한 축 주위로 회전하는 단결정과 사실상 같다.

어떤 특정한 *hkl* 반사를 고려해 보자. 회절면(*hkl*)에 수직인 $\mathbf{S}, \mathbf{S}_0, \mathbf{N}_{hkl}$은 한 평면 상에 있다는 것을 명심하자. 한 개 이상의 작은 결정들이 우연하게 (*hkl*) 면들이 회절을 일으킬 수 있는 정확한 Bragg 각을 이루도록 배향할 수도 있다. 그림 3-17(a)는 (*hkl*) 면 하나와 그것에서 생긴 회절빔을

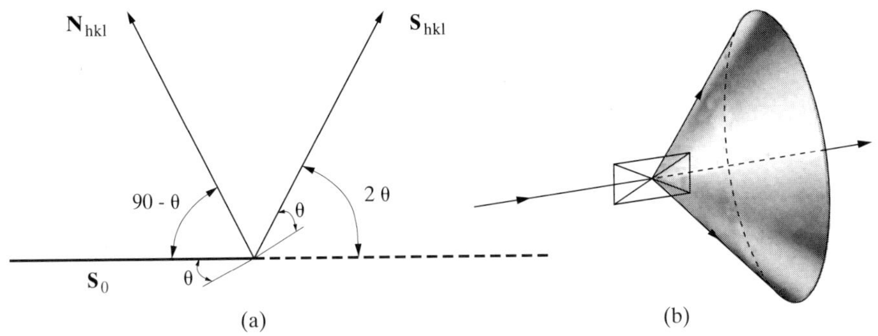

그림 3-17 분말법에서 방사선의 회절추의 형성

나타내고 있다. 만일 이 면이 입사빔을 축으로 하여 θ를 일정하게 하는 방식으로 회전한다면 그림 3-17(b)에서 보인 것처럼 회절빔은 원추 표면을 따라 이동하고, 원추의 축은 투과빔의 방향이 일치한다. 등가적으로 $\mathbf{N}_{hkl}$을 $\mathbf{S}_0$ 주위로 이 둘 사이의 각이 90° − θ와 같게 하면서 돌리는 것도 상상해 볼 수 있다.

실제로 이런 회전이 일어나는 것이 아니라 모든 가능한 방위에 놓인 수많은 결정입자의 존재가 이런 회전과 같은 효과를 낸다. 그 까닭은 시료의 결정입자에는 어느 일부분의 (*hkl*) 면이 입사빔에 대하여 정확한 Bragg 각에 있고 동시에 입사빔 축 주위로 모든 가능한 회전의 위치로 놓여 있기 때문이다. 따라서 정지한 분말 덩어리에서 나오는 *hkl* 회절은 회절빔의 모양이 원추형의 판이고 면간거리가 다른 각 조의 면에서는 각기 다른 원추가 생긴다.

그림 3-18은 그러한 세 개의 원추를 보여주고 또 일반 분말회절법을 나타낸다. 여기서 Hull/Debye-Scherrer 법[3.11, 3.12]에서는 가늘고 긴 필름을 짧은 원통에 구부려 넣고 시료를 원통의 축에 해당하는 위치에 놓고 입사빔을 이 축에 수직인 방향으로 들어오도록 한다.[8)] 회절 방사선의 원추는 이 원통형 필름 띠와 선으로 만난다. 필름을 풀어 펼쳐서 편평하게 놓으면 그림 3-18(b)에 나타낸 것과 같은 무늬가 나온다. 여러 금속분말이 생기게 한 실제 무늬는 그림 3-19와 같다. 각 회절선은 무수히 많은 작은 반점이 모여서 생겨난 것이고, 각 반점은 각각 별개의 결정입자에서 생기고 그 반점들은 아주 가깝게 있어 한 선 상으로 보인다. 회절선은 $2\theta = 90°$일 때만 직선이고 그 외에는 일반적으로 곡선이다. 필름 상에서 어떤 지정한 회절선의 측정 위치에서 θ를 결정할 수 있고, λ를 알고 있으므로 그 선을 만들어낸 회절면의 면간거리 d를 θ에서 계산할 수 있다.

반대로, 만일 결정의 단위포의 모양과 크기를 알 수 있다면 필름 상에 나타나는 모든 가능한 회절선의 위치를 예측할 수 있다. 2θ 값이 제일 작은 선은 면간거리가 제일 큰 면에서 회절한 것이다. 입방정계에서는 예를 들면 $(h^2 + k^2 + l^2)$ 값이 최소일 때 d 값이 최대이고 이 항의 최소값

8) 대부분 저자는 이 기법을 Debye-Scherrer 법이라 부르지만, 제1차 세계대전 중 미국과 독일에서 독립적으로 거의 동시에 개발한 것임을 인정하는 것이 정당할 것 같다.

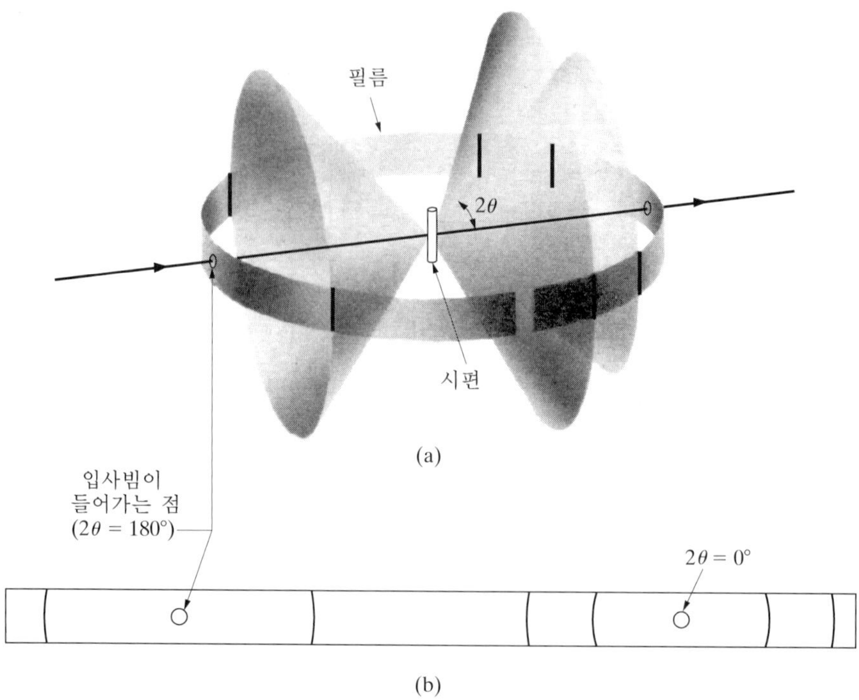

그림 3-18 Hull/Debye–Scherrer 분말법: (a) 시료와 입사빔에 대한 필름의 관계, (b) 편평하게 놓은 필름의 외양

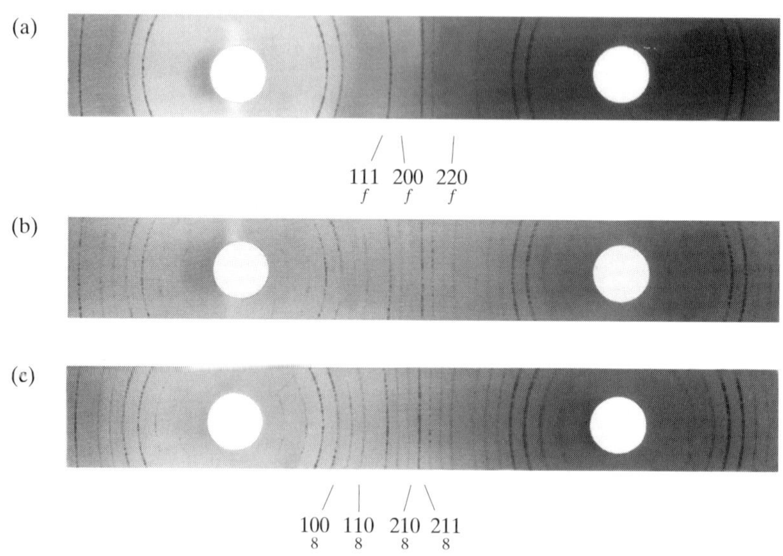

그림 3-19 구리(FCC), 텡스텐(BCC), 아연(HCP)의 Hull/Debye–Scherrer 분말무늬. 여과한 구리 방사선, 카메라 직경 = 5.73 cm

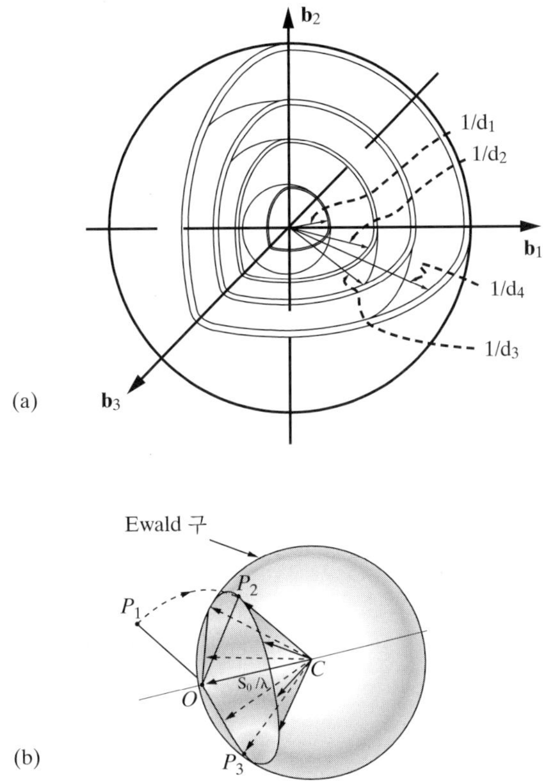

그림 3-20 (a) 반경 $1/d_1$, $1/d_2$, $1/d_3$, $1/d_4$인 역격자 각과 (b) 한 역격자 각과 Ewald 구의 교차에서 얻은 회절 원추. P_1이 역격자 원점 주위에서 회전할 때, 이것은 한 원 위의 P_2, P_3, 그 밖의 다른 점들에서 Ewald 구와 만난다.

은 l로 (hkl)은 (100)이다. 100 반사는 따라서 2θ 값이 최소이다. 다음으로 가능한 반사는 ($h^2 + k^2 + l^2$) 값이 그 다음, 즉 2에 해당하는 지수 (hkl)에서 나오며 이 예에서는 (hkl)은 (110)과 같고, 등등이다.

무질서하게 배향한 분말 시료의 역격자는 역격자 원점에 중심을 둔 연속적인 역격자(rel, reciprocal lattice) 각(shell)으로 되어 있다. 모든 방위는 무질서상태의 분말 시료와 유사하게 같고 분말을 나타내는 역격자를 그리는 것은 매우 간단하다. 첫째, 한 개 입자의 역격자를 그린다. 둘째, 역격자 점을 모든 가능한 방위로 회전시킨다. 결정의 역격자 점 hkl은 역격자 원점을 중심으로 하는 반경이 $1/d_{hkl}$인 구가 된다[그림 3-20(a)]. 입사빔 $\mathbf{S}_0$와 Bragg 각 θ_{hkl}이면 많은 수의 $\mathbf{S}_{hkl}$ 은 Bragg 법칙을 동시에 만족한다. $\mathbf{S}_{hkl}$의 궤적은 역격자 각과 Ewald 구의 교차로 결정하는데, $\mathbf{S}_0$(전방에서 회절)나 -$\mathbf{S}_0$(후방에서 회절)에 중심을 둔 일련의 원추들로 되어 있다. 그러한 원추의 형성이 그림 3-20(b)에 보인다. 그러나 잘 보이도록 Ewald 구를 그림으로 그리나 역격자 각을 생략한다. 대신에 한 각 상의 역격자 점 P는 모든 가능한 방위로 회전한다. 그 결과로 그 각과 Ewald 구와의 교점은 원이고 $\mathbf{S}_{hkl}$의 궤적은 원추이다.

x선 분광계도 회절 분석의 도구로서 쓰일 수 있다. 이 기기는 이미 알고 있는 파장의 x선을 사용하여 미지의 결정면의 면간거리를 측정하는 용도로 사용할 때에는 **회절기**(diffractometer)라 하고[3.13], 그 반대로, 즉 만일 면간거리를 알고 있는 결정을 사용하여 **미지의** 파장을 연구하는 경우는 분광계(spectrometer)라고 한다. 회절기는 항상 단색 방사선을 사용하고, 측정은 단결정이나 다결정질 물질에서 하게 된다(초기 개발에 관한 개요는 [G.17과 G.18]에 나옴). 검출기(detector)는 회절 방사선이 만드는 임의의 한 원추에서 짧은 호만을 차단하거나 측정한다(그림 3-21). 회절기의 수광슬릿(receiving slit)은 무질서하게 배향한(randomly-oriented) 미립 분말(fine-grained powder)의 회절피크를 관찰하기 위해 필수적이다는 것에 주목한다. 회절 원추는 항상 존재한다. 사실 모든 가능한 *hkl*에 대한 원추는 동시에 나타난다. 수광슬릿은 매우 좁은 각창(angular window)을 통과하는 것을 제외한 모든 회절 방사선을 제거시키는 데 필요하다.

상이한 분말 회절 기법으로 역격자 공간의 다른 부위를 표본조사한다. 역격자 공간 투시도에서 회절 현상을 완전히 이해하려면 각각 서로 다른 기법을 위한 역격자 조사구역을 엄밀하게 정의하는 것이 필요하다. 이와 같은 이해를 추구하는 것은 이 책에서 다루는 범주를 벗어나는데, 독자들은 역격자 공간에 관한 좀더 포괄적인 내용을 다루는 다른 문헌을 참고하기 바란다[3.5].

Hull/Debye−Scherrer와 다른 카메라법과 회절법은 매우 널리 쓰인다. 물론 분말 회절은 단결정

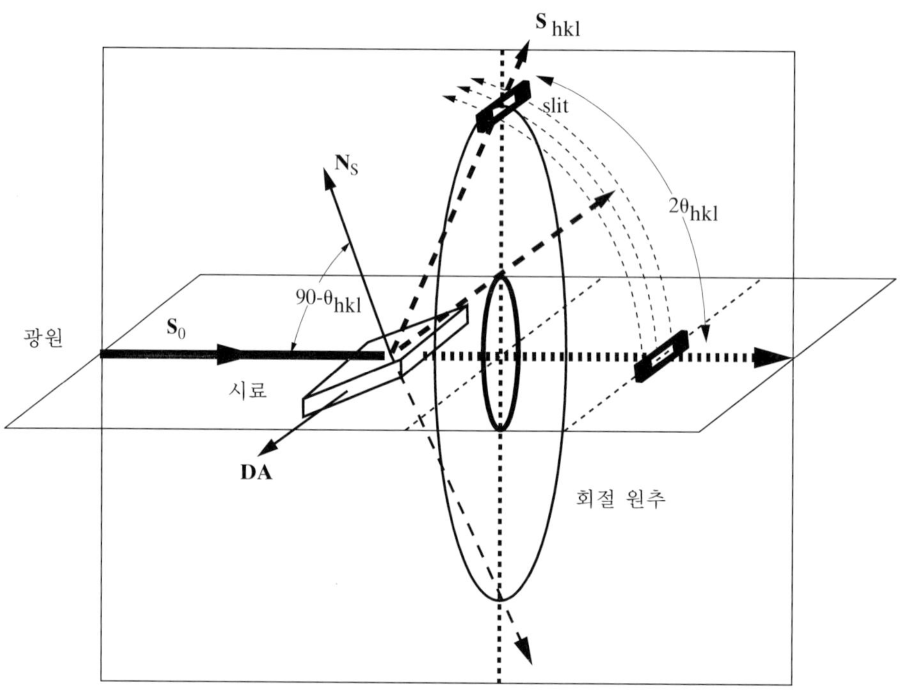

그림 3-21 분말 회절기에서 회절피크를 측정하기 위한 검출기에서 슬릿의 역할을 나타내는 도해. 두 회절 원추가 보이며, $\mathbf{N_S}$는 시료에 수직하고, **DA**는 회절기 회전축이다. 그리고 $\mathbf{S_0}$, $\mathbf{N_S}$, $\mathbf{S_1}$과 $\mathbf{S_2}$의 일부(슬릿과 교차하는 원추의 일부)는 동일 평면 위에 있다.

시료가 입수 가능하지 않을 때 적용할 수 있는 유일한 방법으로 이런 경우는 아주 흔하다. 재료 연구에서는 특히 이 방법은 높은 정확도로 격자상수를 결정할 때와 상이 단독으로, 다상의 합금(polyphase alloy), 부식 산물, 내화물질, 암석과 같이 혼합물로 나타나든지 간에 상을 동정할 때 적합하다. 분말 회절의 이러한 용도와 다른 사용에 관해서는 뒷 장에서 자세히 기술한다.

3-9 역격자의 실험적인 시각화

이전 절에서 회전결정법이 공간에서 역격자 점의 분포를 어떻게 영상화하는 지를 논의하였다. 투과 전자현미경(TEM)은 역격자를 직접 영상화한다: 역격자를 지나는 면을 어떤 TEM 작동 모드에서 볼 수 있다. TEM에서 시료 다음에 오는 일련의 세 가지 이상의 렌즈가 있고 TEM을 재료 특성 분석에 아주 유용하게 하는 고배율을 제공한다 . 파동 같은 전자의 성질은 결정질 시료에서 전자를 회절하게 한다. 전형적으로 TEM에서 전자는 100 keV 이상으로 가속하고 파장은 0.037 Å 이하이다. 이런 가속은 전자를 두께가 1000 Å 정도인 시료를 투과하게 한다. 전자는 전하를 나르므로 자기렌즈는 전자를 모으는 데 효과적이다(x선 예와는 다른데 렌즈는 광자를 단지 아주 작은 분수의 일만을 비끼게 한다). 대부분 재료의 TEM 영상은 영상 콘트라스트를 제공하는 회절 전자에 달려 있다는 것을 알아차리는 것이 중요하다.

전자가 파장이 매우 작다는 것은 이에 대응하는 Ewald 구의 반경이 역격자 점 사이의 간격이나 x선의 Ewald 구의 반경과 비교할 때 매우 크다는 것을 의미한다. 0.037 Å의 방사선에서 Ewald 구의 반경은 25 Å^{-1}으로, x선의 것은 ~1 Å^{-1}이고 역격자 점 사이의 간격은 ~0.5 Å^{-1}이다. 이 말의 의미는 Ewald 구의 곡률이 역격자 간격에 비해 완만하고 역격자 원점 부근에서 Ewald 구는 역격자를 자르는 본질적으로 평면이라는 것이다(그림 3-22). 앞으로 4장에서 보겠지만 시료의 얇은

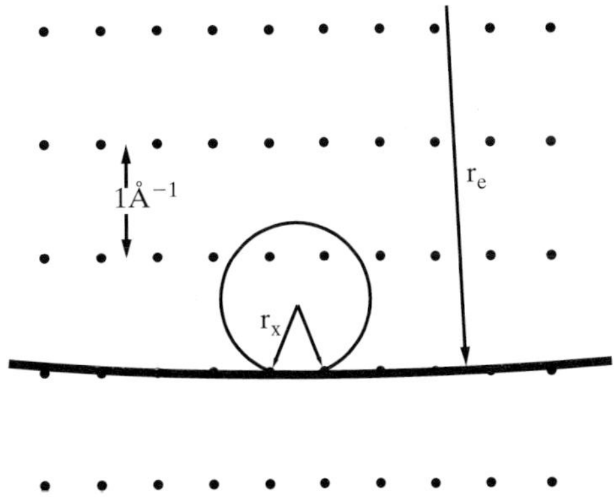

그림 3-22 그림 3-6에 나타낸 사방결정을 Ewald 구와 Cu $K\alpha$ x선과 100 keV 전자의 r_e로 그린 역격자

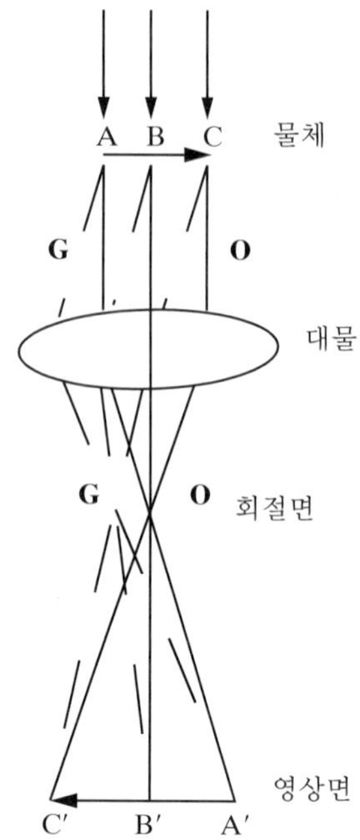

그림 3-23 회절면과 영상면을 보여주는 TEM 선 도해

정도에 따라 시료의 얇은 축을 따라서 신장하는 격자점이 생기며, 이를 역격자(rel, reciprocal lattice) 봉이라 하고, 이 봉은 매우 넓은 범위의 $\frac{1}{d}$에 걸쳐 Ewald 구를 교차한다. TEM이 영상화한, 역격자의 이 단면을 일컬어 회절무늬(diffraction pattern)라고 하며 일반적으로 전자의 입사 방향으로, 즉 역격자 면의 법선으로 인식한다.

그림 3-23에 그린 TEM 광선의 도해는 어떻게 시료의 영상이나 회절무늬가 얻어지는 지를 보여준다. 입사전자를 그림의 상부에 표시하였고 시료의 세 점(A, B, C)에서 나오는 회절빔 하나인 **G**와 투과빔 하나인 **O**는 여기서 나타내고자 하는 전자와 시료 간의 상호작용을 설명하고 있다. 회절빔과 투과빔은 광학축이 **BB′** 인 대물렌즈를 통과한다. 평행광선은 회절면에 있는 초점으로 오고 한 점에서 발산하는 광선은 영상면에서 재결합한다. 달리 말하면 A, B, C에서 나온 세 개의 빔 **G**는 회절면의 G에서 결합하고, A에서 나온 **G**와 **O**는 영상면의 A′ 에서 재결합한다. 만일 TEM의 다른 렌즈가 회절면에 초점이 맞으면 본질적으로 평면인 역격자 면 부분을 영상화할 수 있다. 만일 영상면에 초점이 맞는다면 시료의 영상이 생긴다. 다른 말로 해서 직공간에서 모든 (*hkl*)을 역격자 공간의 *hkl* 점으로 사상하는 것과 똑같이 평행한 방향들은 회절면의 한 점으로 사상한다는 것이다(2-4절).

그림 3-24는 [100]에 평행한 전자빔으로 NiAl의 한 입자에서 기록한 회절무늬를 보여준다. CsCl 구조에서 <100>을 따라 예상하는 4회 대칭이 명확하게 보인다. 다중 차수의 각 회절벡터가 동시에 나타나는데, Bragg 법칙의 외견상 모순이다: 단 하나의 파장에서 Bragg 법칙은 1차와 2차

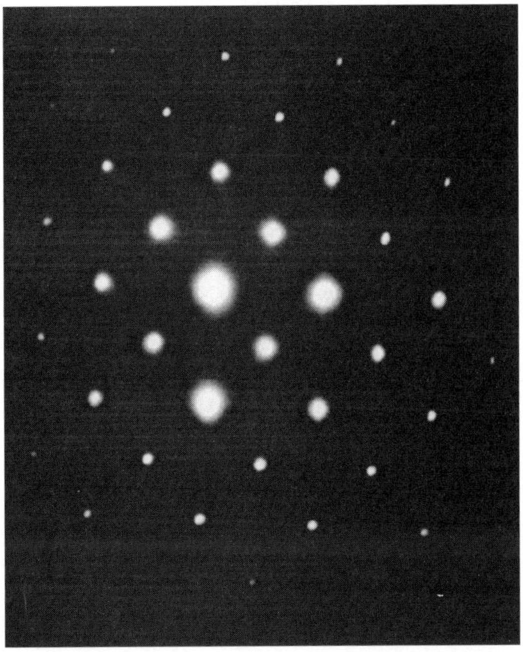

그림 3-24 NiAl 한 입자의 001 회절무늬. 각 회절 반점의 지수는 그림 20-6에 있다.

회절(*hkl*과 2*h* 2*k* 2*l*)은 입방축계에서 지정한 θ_{hkl}과 θ_{2h2k2l} 각에서 일어난다고 예측한다.

$$\sqrt{2}\sin\theta_{hkl} = \sin\theta_{2h2k2l}$$

실문은 만일 Bragg 각에서 약간의 회전으로 보강간섭을 깨뜨린다면 어떻게 1차와 2차 회절이 S_0의 동일한 입사각에서 동시에 일어날 수 있는지이다. 다른 식으로 말하면, Bragg 법칙을 유도하는데서, 암묵적으로 회절피크는 델타함수, 즉 결정이 무한히 좁은 범위의 반사를 한다고 가정한다.

이러한 외견상 모순의 해결은 Bragg 법칙은 회절을 불완전하게 기술한다는 사실에 있다. 5장에서 보일 것과 같이, 아주 작은 결정이나 입자 크기는 작은 크기의 직접적인 결과로 회절 범위는 아주 넓다. 달리 말하면 의미 있는 회절강도는 정확한 Bragg 각을 벗어난 각도에서 일어난다. 그러나 회절강도가 영으로 떨어지기 전에 얼마나 멀리 한 결정이 회전해야 하는 지를 논의하기에 앞서 회절강도를 결정하는 인자에 관하여 더 잘 이해해야 한다.

3-10 비이상적인 조건들 하에서 회절

3-9절에서 회절무늬에 관한 논의는 '이상적인 것'에서 일탈의 한 결과를 기술하였다. 좀 더 나아가기 전에 3-2절에서 제시한 Bragg 법칙의 다른 면을 고찰하는 것이 어떤 조건에서 이 법칙이 엄밀하게 유효한 지를 정확하게 이해하기 위해서 중요하다. 유도에서 어떤 이상적인 조건, 즉 완전한 한 결정과 완전히 평행하고 엄밀하게 단색 방사선인 한 입사빔을 가정하였다. 이런 조건은 결코 실제로 존재하지 않는다. 예를 들면, 대부분 분말 회절기에서 쓰이는 입사빔은 발산하고 x선관에서 나오는 특성선은 분광폭이 유한하다. 게다가 함축한 의미는 일단 x선 광자가 회절하면 방향을 바꾸지 않는다는 것이다. 이 가정은 정역학 회절이론의 기초이며 두껍고 아주 완전한 결정에서 일어나는 회절을 제외하고는 성립한다.

한 시료를 구성하는 결정에서 결함은 회절피크를 퍼지게 할 수 있다. 무한히 큰 결정만이 실제로 완전하다. 작은 크기는 그렇지 않다면 결정이 완전하더라도 하나의 결정결함으로 간주할 수 있으며 피크 퍼짐을 일으키게 할 수 있다. 한 시료의 입자에서 다수의 전위(즉, 변형)가 존재하면 현저한 피크 퍼짐이 생길 수 있다. 피크 폭(혹은 모양)에서 시료변형이나 결정립의 크기를 추론하는 것은 재료의 회절 분석에서 중요한 부분이고, 이 주제는 5장에서 전개하고 재료 분석의 응용을 14장에서 다룬다.

문 제

3-1 투과 Laue 무늬는 격자상수가 4.00 Å인 한 입방결정에서 만든 것이다. x선 빔은 수평하다. 결정의 $[0\bar{1}0]$ 축은 빔을 따라 x선 관을 향하고, $[\bar{1}00]$ 축은 수직으로 위를 향하고, [001] 축은 사진필름에 수평으로 평행하다. 필름은 결정에서 5.00 cm에 있다.

a) $(\bar{3}\bar{1}0)$ 면에서 회절한 방사선의 파장은 얼마인가?

b) $(\bar{3}\bar{1}0)$ 반사는 필름 어디를 때리는가?

*3-2 투과 Laue 무늬는 문제 3-1의 방위에서 한 입방결정에서 만든 것이다. 그림 3-12와 비슷한 스테레오 투영을 사용하여, 모두 정대 $[\bar{1}20]$에 속하는 $(\bar{2}\bar{1}0)$, $(\bar{2}\bar{1}3)$, (211) 면에서 회절한 빔은 정대축을 축으로 하는 한 원추의 표면에 놓이는 지 보여라. 정대축과 투과빔 사이의 각 ϕ는 얼마인가?

3-3 다음 구조의 물질의 분말무늬에서 처음 세 개의 선(2θ 값이 가장 낮은 선)에서 2θ와 (hkl)의 값을 각의 증가 순으로 열거하라. 입사 방사선은 Cu $K\alpha$이다:

a) 단순입방 (a = 3.00 Å)

b) 단순정방 (a = 2.00 Å, c = 3.00 Å)

c) 단순정방 ($a = 3.00$ Å, $c = 2.00$ Å)

d) 단순능면 ($a = 3.00$ Å, $\alpha = 80°$)

3-4 단순정방 구조와 격자상수 $a = 4.0$ Å와 $c = 5.0$ Å인 재료의 다결정질 시료의 역격자를 그려라. (3차원 공간을 지나는 2차원 단면을 사용하라.)

3-5 Mo $K\alpha$ 방사선과 $a = 3.30$ Å인 단순입방 물질의 다결정질 시편에서 200 회절의 Ewald 구의 작도를 묘사하라. 만일 $\theta - 2\theta$ 회절기를 사용한다면 시료를 300 회절로 배향하기 위해 필요한 각 회전을 그림으로 결정하라.

3-6 회절기는 전형적으로 주사할 수 있지만 165° 2θ를 넘지 않는다. 문제 3-4의 시료에서 만일 (a) Ag $K\alpha$ 방사선을 사용한다면, (b) Cu $K\alpha$ 방사선을 사용한다면, (c) Cr $K\alpha$ 방사선을 사용한다면, 가장 높은 각 반사의 지수(즉, hkl)는 무엇인가?

제 4 장 회절 II: 회절빔의 강도

4-1 서언

일찍이 기술한 대로 단위포에서 원자의 위치는 강도에 영향을 주지만 회절빔의 방향에는 그렇지 않다. 이것이 틀림없이 그렇다는 것은 그림 4-1에 보인 두 구조를 살펴보면 알 수 있다. 양자는 모두 사방격자이고 단위포마다 같은 종류의 두 원자가 있지만, 왼쪽의 격자는 저심이고 오른쪽의 격자는 체심이다. 어느 격자나 벡터 $\frac{1}{2}\mathbf{c}$만큼 한 원자를 단순 이동하면 다른 격자에서 유도할 수 있다.

(001) 면을 측면에서 나타낸 그림 4-2의 도움으로 001 회절을 고찰하자. (a)에서 나타낸 저심격자에서 Bragg 법칙이 사용한 λ와 θ의 특정한 값을 충족한다고 가정한다. 이것은 x선 **1′** 와 **2′** 사이 경로차 *ABC*는 한 파장이고, 이리하여 x선 **1′** 와 **2′** 는 위상이 같고, 회절이 나타낸 방향으로 생긴다는 것을 뜻한다. 비슷하게 (b)에 나타낸 체심격자에서, 경로차 *ABC*가 한 파장이므로, x선 **1′** 와 **2′** 는 위상이 같다. 하지만, 이 경우에서, (001) 면들 사이의 중간에 원자들의 다른 한 면이 있고, x

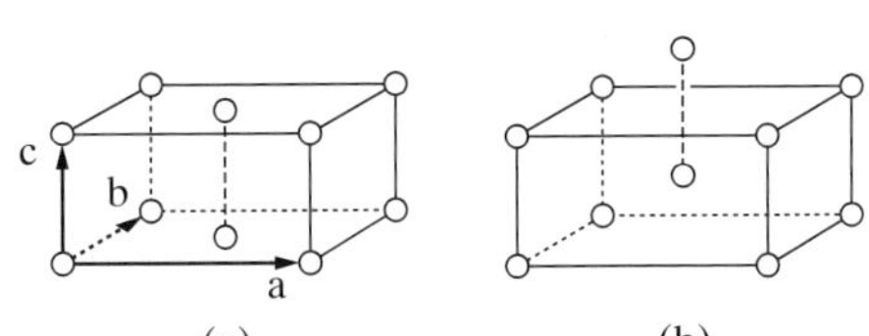

그림 4-1 (a) 저심사방 단위포와 (b) 체심사방 단위

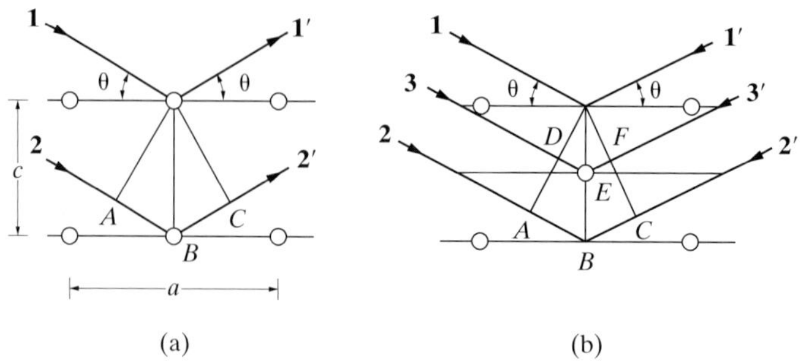

그림 4-2 (a) 저심사방 격자와 (b) 체심사방 격자에서 산란자들의 (001) 면의 회절

선 **1′** 와 **3′** 사이 경로차 *DEF*는 정확하게 *ABC*의 반이든지 반 파장이다. 그러므로 x선 **1′** 와 **3′** 는 완전히 위상이 다르고 서로 없앤다. 비슷하게, 아래에 있는 산란자들의 다음 면(나타내지 않은)에서 나온 x선 **4′** 는 x선 **2′** 를 없애고, 그렇게 결정 전체에 걸쳐서 한다. 체심격자의 001 반사는 없다.

이 예는 어떻게 단위포 내 원자들의 단순한 재배열이 반사를 완전히 없앨 수 있는지 제시한다. 좀 더 일반화하면, 회절빔의 강도는 반드시 영으로는 아니지만 원자 위치에서 어떠한 변화로도 변하고 역으로 원자 위치는 회절강도를 관측해서만 측정할 수 있다. 원자 위치와 강도 사이의 정확한 관계를 세우는 것이 이 장의 주요 목적이다. 문제는 많은 변수가 관계하기 때문에 복잡하고, 관계식은 단계적으로 전개해야 한다. 처음에는 단 하나의 전자가, 그런 다음 원자 하나가, 마지막으로 단위포에서 모든 원자가 어떻게 x선을 산란하는지 고찰한다. 다음에는 이 결과를 x선 회절의 분말법에 적용하고, 분말 회절선 강도의 표현식을 얻기 위해서는, 한 결정질 분말이 x선을 회절하는 방식에 영향을 미치는 그 밖의 다른 많은 인자를 포함해야 한다.

4-2 한 개 전자의 산란

1장에서, x선 빔은 강도가 빔의 어떠한 점에서도 시간에 따라 사인 함수적으로 변하는 전기장으로 특성을 나타낼 수 있는 전자기파로 기술하였다. 전기장은 전자와 같은 하전 입자에 힘을 주므로, x선 빔의 진동하는 전기장은 마주치는 임의의 전자를 이의 평균 위치 주위에서 진동하게 한다.

이번엔 가속하거나 감속하는 한 개의 전자는 하나의 전자기파를 방출한다. 이런 현상의 한 예는 x선 관의 논의에서 나오고, 여기서 x선은 타깃을 때리는 전자들의 빠른 감속 때문에 나온다. 비슷하게, 한 개의 x선 빔이 진동을 시작하게 한 한 개의 전자는 연속으로 운동하는 동안 가속하거나 감속하고, 그 결과로 한 개의 전자기파를 방출한다. 이런 점에서, 산란빔은 간단하게 입사빔의 작용으로 그 전자가 방사한 빔이기 때문에, 한 개의 전자는 x선을 산란한다고 말할 수 있다.

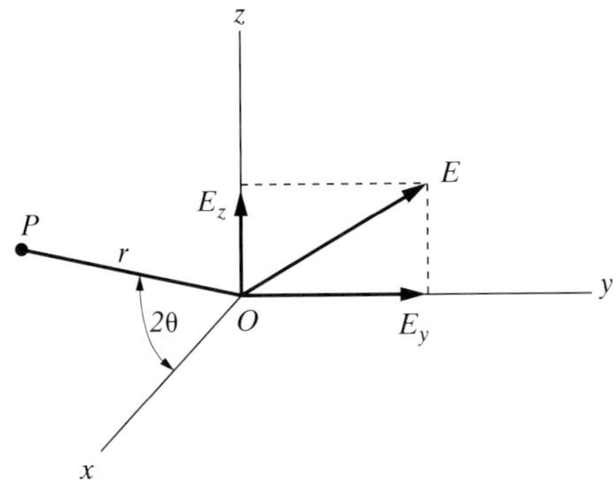

그림 4-3 한 개의 전자가 일으키는 x선의 간섭성 산란

산란빔은 파장과 주파수가 입사빔과 같으며, 입사빔과 간섭하는데, 그 까닭은 산란빔의 위상과 그것을 생기게 한 입사빔의 위상 사이에 일정한 관계식이 있기 때문이다. (한 전자의 산란에서 위상 변화는 $\pi/2$이다. 결정 내 모든 전자에서 이 값은 정확하게 같기 때문에, 그림 3-2에서처럼 다른 원자가 산란한 x선 사이 위상 차이를 어떻게 고려하더라도 상쇄하고, 따라서 3-2절에 있는 Bragg 법칙의 유도에 영향을 미치지 않는다.)

비록 한 전자는 x선을 모든 방향으로 산란하지만, 산란빔의 강도는 J. J. Thomson[4.1]이 처음으로 증명한 방식으로 산란각에 의존한다. Thomson은 전하 e 쿨롱(C)과 질량 m kg인 한 개의 전자가 전자에서 r 미터 거리에서 산란한 빔의 강도 I는

$$I = I_O\left(\frac{\mu_O}{4\pi}\right)^2\left(\frac{e^4}{m^2r^2}\right)\sin^2\alpha = I_O\frac{K}{r^2}\sin^2\alpha \tag{4-1}$$

이고, 여기서 I_o = 입사빔의 강도, $\mu_0 = 4\pi \times 10^{-7}$ m kg C^{-2}, K = 상수, α = 산란 방향과 전자의 가속 방향 사이 각이다. 입사빔은 Ox 방향(그림 4-3)으로 진행하고, O에서 하나의 전자를 마주친다고 가정한다. xz면의 P에서 산란강도는 결정해야 하는 것으로, 여기서 OP는 입사빔에 2θ의 산란각으로 기울어 있다. x선 관에서 나오는 빔과 같은 무편광 입사빔은 yz면에서 무질서한 방향으로 전기 벡터가 **E**이다. 이 빔은 전기 벡터가 $\mathbf{E}_y$와 $\mathbf{E}_z$인 두 개의 면편광 성분으로 분해할 수 있는데, 여기서

$$E^2 = E_y^2 + E_z^2$$

이다. 평균적으로, $\mathbf{E}_y$는 $\mathbf{E}_x$와 같은데, 그 까닭은 **E**의 방향이 완전히 무질서하기 때문이다. 그러므로

$$E_y^2 = E_z^2 = \tfrac{1}{2}E^2$$

이다. 이 두 입사빔의 성분의 강도는 전기 벡터의 제곱에 비례하는데, **E**는 파 진폭의 크기를 주고

파의 강도는 이것의 진폭 제곱에 비례하기 때문이다. 따라서 다음과 같다.

$$I_{Oy} = I_{Oz} = \tfrac{1}{2} I_O$$

입사빔의 y 성분은 Oy 방향에서 전자를 가속한다. 이 성분은 산란빔을 일으키고, $\alpha = \sphericalangle yOP = \pi/2$이므로, P점에서 이 빔의 강도는 식 (4-1)에서

$$I_{Py} = I_{Oy} \frac{K}{r^2}$$

임을 알 수 있다. 비슷하게 $\alpha = \pi/2 - 2\theta$이므로, 산란 z 성분의 강도는

$$I_{Pz} = I_{Oz} \frac{K}{r^2} \cos^2 2\theta$$

이다. P점에서 전체 산란강도는 이 두 산란 성분을 합하여 얻는다:

$$\begin{aligned} I_P &= I_{Py} + I_{Pz} \\ &= \frac{K}{r^2}(I_{Oy} + I_{Oz}\cos^2 2\theta) \\ &= \frac{K}{r^2}\left(\frac{I_O}{2} + \frac{I_O}{2}\cos^2 2\theta\right) \\ &= I_O \frac{K}{r^2}\left(\frac{1 + \cos^2 2\theta}{2}\right) \end{aligned} \tag{4-2}$$

이 식이 한 개의 전자가 일으키는 x선 산란의 Thomson 공식이다. 산란빔의 강도는 입사빔 강도의 극히 작은 부분에 불과하다: K 값은 7.94×10^{-30} m^{2}이므로, I_r/I_o는 전자에서 전방으로 1 cm에서 7.94×10^{-26}에 지나지 않는다. 그리고 예상하듯이 산란강도는 산란을 일으키는 전자에서 거리의 역제곱으로 감소하고, 산란빔은 전방이나 후방이 입사빔에 직각인 방향에 비해 더 강하다는 것을 이 식은 보여준다.

Thomson 공식은 산란빔의 절대강도(ergs/cm^2/sec로)를 입사빔의 절대강도로 나타낸다. 이 절대강도는 둘 다 측정하기 어렵고 계산하기 어려우므로, 실제 모든 회절 문제에서 상대값으로 충분하다는 것은 다행이다. 대부분 문제에서 식 (4-2)에서 마지막을 제외한 모든 인자는 실험하는 동안 일정하므로 생략할 수 있다. 이 마지막 인자 $\frac{1}{2}(1 + \cos^2 2\theta)$를 **편광인자**(polarization factor)라 하고, 이 인자는 입사빔이 무편광이기 때문에 그냥 들어가는 것이므로 다소 유감스런 항이다. 편광인자는 모든 강도 계산에서 공통이고, 다음에 결정질 분말이 회절한 빔의 강도를 위한 공식에서 등장한다. 만일 단색화 장치를 사용하면, 예로서 회절기에서, 편광인자는 단색화 장치의

Bragg 각인 θ_M에 의존하는 추가 항 하나를 포함해야 하고, 이 인자는 $\frac{1}{2}(1 + \cos^2 2\theta \cos^2 2\theta_M)$이다.

한 전자가 x선을 산란할 수 있는 또 하나의 아주 다른 방식이 있는데, 그것은 Compton 효과로 나타난다. 이 효과는 A. H. Compton이 1923년[4.2]에 발견한 것으로 x선이 느슨하게 묶인 전자나 자유전자들을 마주칠 때마다 생기는데, 입사빔을 파동이 아닌 개개의 에너지 $h\nu_1$인 x선 양자나 광자의 줄기로 생각해서만 이해할 수 있다. 그러한 광자가 느슨히 묶인 전자 하나를 때릴 때, 충돌은 두 개의 당구공처럼 탄성적인 것이다(그림 4-4). 전자는 부딪쳐 비켜나고 광자는 2θ만큼 비켜 나간다. 입사광자의 일부 에너지는 전자에 운동에너지를 제공하는 데 쓰이므로, 충돌 후 광자의 에너지 $h\nu_2$는 충돌 전 에너지 $h\nu_1$보다 더 작다. 그러므로 산란 방사선의 파장 λ_1는 입사빔의 파장 λ_1보다 약간 더 크고, 변화량은

$$\Delta\lambda(\text{Å}) = \lambda_2 - \lambda_1 = 0.0486 \sin^2\theta \tag{4-3}$$

이다. 파장에서 증가는 산란각에만 의존하고 이 값은 전방($2\theta = 0$) 영에서 아주 후방($2\theta = 180°$) 0.05 Å까지 변한다.

그렇게 산란한 방사선은 **Compton 변조 방사선**이라 하고, 파장을 증가하는 것 외에 이 방사선의 위상은 **입사빔의 위상과 관계가 일정하지 않는다**는 중요한 특성을 지닌다. 이런 까닭으로, 이 방사선은 비간섭 방사선으로도 알려져 있다. 이 방사선의 위상은 입사빔의 위상에 무질서하게 관계할 뿐이므로 회절을 일으킬 수 없고, 그 결과 어떠한 간섭효과를 생기게 할 수 없다. 하지만 Compton 변조 산란은 없앨 수 없고, 이 산란은 회절무늬에서 배경이 증가하는 유감스러운 결과를 준다.

(양자이론은 간섭성과 비간섭성 산란을 둘 다 설명할 수 있는 반면에 파동이론은 간접성 산란에만 적용할 수 있다는 것에 주목하라. 양자이론의 의미로 간섭성 산란은 입사광자가 아주 꽉 묶인 전자를 튀어나가게 할 때 일어나는데, 이 전자는 너무 꽉 묶여서 충돌에서 운동량을 받지 못한다. 그러므로 산란광자는 에너지가 같으며, 이리하여 이전과 같이 파장이 같다.)

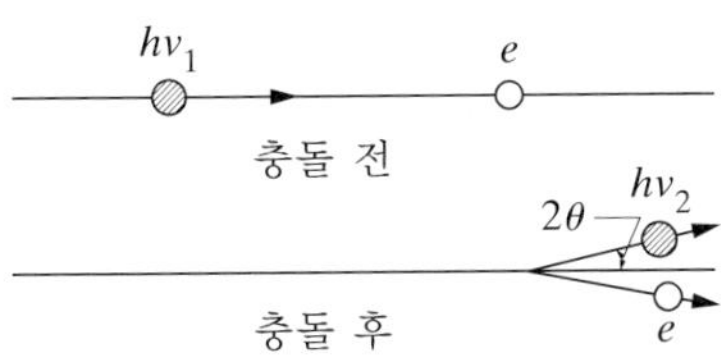

그림 4-4 광자와 전자의 탄성 충돌(Compton 효과)

4-3 한 개 원자의 산란

x선 빔이 한 개 원자에 부딪치면 그 안에 있는 개개의 전자는 Thompson 공식에 따라서 간섭성으로 그 방사선의 일부를 산란한다. 원자핵도 간섭성 산란을 일으킬 것으로 예상할 수 있는데, 그 까닭은 원자핵도 전하가 있으며 입사빔의 영향으로 진동할 수 있어야 하기 때문이다. 하지만 원자핵은 전자에 비해 질량이 매우 크며, 조금이라도 감지할 정도로 진동할 수 없다. 사실, Thompson 공식은 간섭성 산란의 강도는 산란 입자의 질량 제곱에 역으로 비례하는 것을 보여준다. 순 효과는 한 원자의 간섭성 산란은 그 원자에 있는 전자들에만 기인한다는 것이다.

그러면 다음 질문이 생긴다: 한 원자의 산란파는 구성 전자들의 산란파를 단순히 더한 것인가? 더 엄밀하게 원자번호 Z의 한 원자, 즉 Z개의 전자를 포함하는 한 원자는 단 한 개의 전자가 산란한 파의 진폭을 Z배한 진폭을 지닌 파를 산란하는가? 만일 전방($2\theta = 0$)에서 산란한다면 그 답은 맞는데, 왜냐하면 그 원자의 모든 전자가 산란한 파는 그때는 위상이 같으며, 모든 산란파의 진폭을 바로 더할 수 있기 때문이다.

이런 일은 다른 방향의 산란에서는 그렇지 못하다. 한 원자의 전자들이 공간에서 다른 점들에 있다는 사실은 다른 전자의 산란파 사이의 위상에서 차이를 생기게 한다. 그림 4-5를 고찰하는데, 여기서는 간단하게 하기 위해 전자들은 중앙 원자핵 주위에 배치한 점들로 나타낸다. 전자 A와 B가 전방으로 산란한 파는 정확하게 XX'와 같은 파 전면에서 위상이 같은데, 왜냐하면 개개의 파는 산란 전과 후에 같은 거리를 이동하기 때문이다. 하지만 그림에 보인 그 밖의 다른 파는 경로차가 ($CB - AD$)와 같고, 따라서 YY' 파 전면을 따라 약간 위상이 다르며, 위상차는 한 파장보다 더 작다. 부분 간섭이 A와 B의 산란파 사이에서 일어나고, 그 결과 이 방향에서 산란파의 순 진

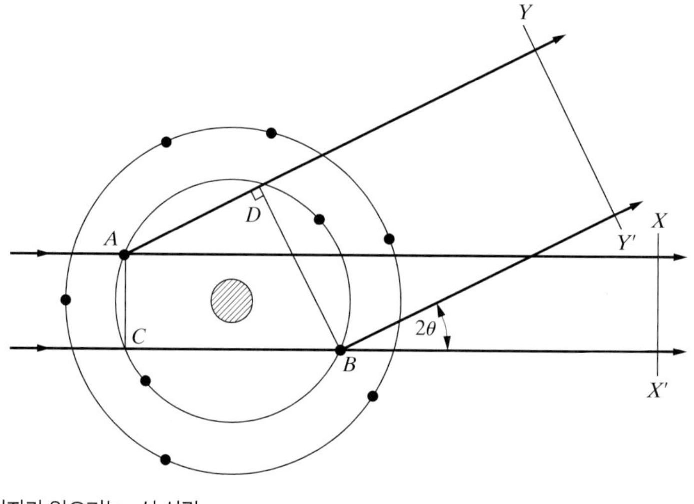

그림 4-5 한 개의 원자가 일으키는 x선 산란

폭은 전방에서 같은 전자가 산란하게 한 파의 진폭에 비해 더 작다.

양 f, **원자산란인자**(atomic scattering factor)는 지정한 방향에 있는 원자산란의 '능률'을 기술하는 데 쓰인다. 이 인자를 진폭의 비로 정의한다:

$$f = \frac{\text{하나의 원자가 산란한 파의 진폭}}{\text{하나의 전자가 산란한 파의 진폭}}$$

이미 말한 것에서, 전방으로 산란하게 하는 어떠한 원자에서도 $f = Z$임은 명백하다. 하지만 θ가 증가하면서, 개개의 전자의 산란파는 더 위상이 같지 않게 되고, f는 감소한다. 그리고 원자산란인자는 입사빔의 파장에도 의존한다. θ의 한 고정값에서 f는 파장이 짧을수록 더 작아지는데, 그 까닭은 경로차가 파장에 비해 더 커질 수 있기 때문이다. f의 실제 계산에서는 θ보다는 $\sin\theta$가 필요하고, 그 결과 순 영향은 f는 $(\sin\theta)/\lambda$ 양이 증가할수록 감소한다는 것이다. 산란인자 f를 때로는 **형식인자**(form factor)로 부르는데, 그 까닭은 이 인자는 전자들이 원자핵 주위에 분포하는 방식에 의존하기 때문이다.

여러 가지 원자와 $(\sin\theta)/\lambda$의 여러 가지 값에서 f를 계산한 값을 부록 10에 표로 만들었고, f의 전형적인 변화를 보여주는 곡선이, 이 예에서는 구리의 것이 그림 4-6에 나와 있다. 이 곡선은 구리의 원자번호 29에서 시작하여 후방의 산란(90° 부근의 θ)이나 아주 짧은 파장에서 아주 작은 값으로 감소한다. 파의 강도는 파의 진폭 제곱에 비례하기 때문에 한 원자에서 산란강도의 곡선은 그림 4-6과 같이 곡선의 종좌표를 제곱하면 간단하게 얻을 수 있다. (그 결과로 얻은 곡선은, 그림 5-10에 나타낸 것과 같이, 한 단원자 기체의 원자당 관측 산란강도에 아주 가깝다.)

엄밀하게 부록 10에서 표에 실린 산란인자 f는 산란 방사선이 산란원자의 흡수단의 파장에 비해서 훨씬 더 짧은 파장일 때만 맞는다. 이 두 파장이 거의 같을 때는, 정확한 작업에서는 f에 약

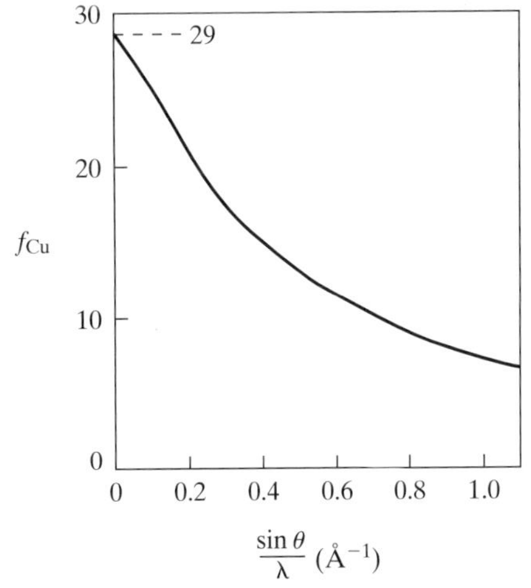

그림 4-6 구리의 원자산란인자

간의 수정을 적용해야 한다. 한 예가 10-10절에 있다. 보통 이 영향을 **이상 분산**(anomalous dispersion)이라고 부르는데, 무시할 수 있다.

바로 논의한 산란은 그 진폭을 원자산란인자의 식으로 표현하는데, 간섭성이나 무변조 산란이고, 이 산란은 회절할 수 있는 유일한 유형이다. 또 한편으로 비간섭성이나 Compton 변조 산란은 동시에 일어난다. 후자는 양자가 느슨히 묶인 전자들과 충돌하는 것에 기인하므로, 이것의 강도는 무변조 방사선의 것에 비해 느슨히 묶인 전자들의 비율이 증가할수록 증가한다. 그러므로 Compton 변조 방사선의 강도는 원자번호 Z가 감소할수록 증가한다. 이런 이유로 때때로 탄소, 수소와 같은 경원소를 포함하는 유기재료들에서 좋은 회절무늬를 얻는 것이 어려운데, 그 까닭은 이 물질들에서 산란한 강한 Compton 변조 산란이 배경을 높이고 무변조 방사선이 만든 회절선을 관측하기 어렵게 하기 때문이다. 그리고 변조 방사선의 강도는 $(\sin\theta)/\lambda$가 증가할수록 커진다. 그러므로 변조 산란의 강도와 무변조 산란의 강도는 Z와 $(\sin\theta)/\lambda$에 정반대로 변한다.

요약하면, x선의 한 단색빔이 한 원자를 때릴 때, 두 가지의 산란과정이 일어난다. 단단히 묶인 전자들은 진동을 일으키며, 입사빔의 파장과 같은 파장의 x선을 방사한다. 더 느슨히 묶인 전자들은 입사빔의 일부를 산란하고, 이 과정에서 파장이 약간 증가하고, 증가한 정확한 양은 산란각에 의존한다. 전자를 간섭성이나 무변조 산란, 후자를 비간섭성이나 변조 산란으로 부른다. 두 유형이 동시에 모든 방향으로 일어난다. 만일 원자가 결정에서와 같이 규칙적이고 주기적인 형식으로 공간에 배열한 원자들의 커다란 무리의 한 부분이면 또 다른 현상이 일어난다. 모든 원자의 비간섭성 산란 방사선은 특정한 방향에서는 보강을, 다른 방향에서는 상쇄를 겪으면서 그 결과로 회절빔을 생기게 한다. 회절은 본디 보강 간섭성 산란이다.

물질을 지나는 x선 통과에 수반하는 주 효과를 그림 4-7에 체계적으로 요약하였다. 입사빔은 광전자들과 특정 형광 방사선이 방출을 일으킬 만큼 에너지가 충분히 높고, 즉 파장이 충분히 짧은 것으로 가정한다. 도해에 나타낸 Compton 되튐(recoil) 전자들은 x선 양자가 원자에 부딪쳐 나

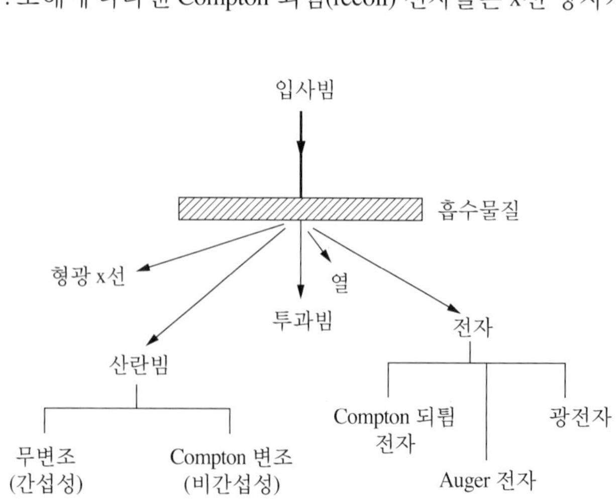

그림 4-7 x선이 물질을 통과하면서 생기는 효과, Henry, Lipson, Wooster에서[G.15]

오게 한 느슨하게 묶인 전자들이고, 그 상호작용은 Compton 변조 방사선을 일으킨다. Auger 전자는 원자 내에서 생긴 특성 x선이 그 원자에서 방출한 전자들이다.

4-4 한 개 단위포의 산란

회절빔의 강도의 식에 도달하기 위해서는 간섭성 산란을 한 격리한 원자가 아닌 결정을 이루는 모든 원자에서 고찰해야 한다. 원자들이 공간에서 주기적으로 배열하고 있다는 단순한 사실은 산란 방사선을 이때 어떤 일정한 방향으로 엄격하게 제한하며, 이제 한 조의 회절빔으로 부른다는 것을 뜻한다. Bragg 법칙은 이 빔의 방향을 정하고, 이 법칙은 어떤 의미에서 네가티브 법칙이다. 만일 Bragg 법칙이 충족하지 못한다면, 어떤 회절빔도 일어날 수 없다. 하지만 이 장의 시작에 있는 예에서처럼, 단위포 내 원자들의 특별한 배열 때문에, Bragg 법칙이 어떤 조의 원자면에서 만족하더라도 회절이 일어나지 않을 수 있다[그림 4-2(b)].

Bragg 법칙이 만족한다고 가정하여, 한 결정의 회절빔 강도를 원자 위치의 한 함수로 찾는 것이 목표이다. 결정은 기본 단위의 반복에 지나지 않으므로 단 하나의 단위포 내에서 원자들의 분포가 회절강도에 영향을 주는 방식을 고찰하는 것으로 충분하다.

정량적으로, 이 영향은 이전 절에서 논의한 원자 하나의 산란과 비슷하다. 위상차는 개개의 전자들의 산란파에서 극단적인 전방을 제외한 어떠한 방향의 산란에서도 찾을 수 있다. 비슷하게, 한 단위포의 개개의 원자가 산란한 파는 전방을 제외하고 위상이 같을 필요는 없고 위상차가 원자들의 배열에 어떻게 의존하는 지를 결정하는 것이 당면의 문제이다.

이런 문제는 원점에 있는 한 원자의 산란파와 위치가 x 방향에서만 변하는 다른 한 원자의 산

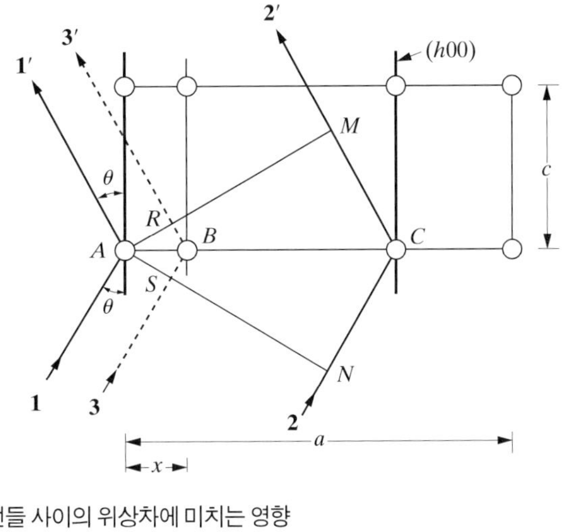

그림 4-8 원자 위치가 회절선들 사이의 위상차에 미치는 영향

란파 사이의 위상차를 찾으면 가장 간단하게 접근할 수 있다. 편의상, 한 직각의 단위포를 고찰하는데, 이것의 단면을 그림 4-8에 나타내었다. 원자 *A*를 원점으로 잡고 입사빔 $\mathbf{S}_0$는 *h*00 회절이 일어나도록 방위를 잡는다. 산란자의 열을 지나는 면은 도면에서 실선으로 나타낸다. 이렇게 하는 것은 Bragg 법칙이 이 반사면에서 만족한다는 것을 뜻하고 x선 **2′** 와 x선 **1′** 사이의 경로차 $\delta_{2'1'}$는

$$\delta_{2'1'} = MCN = 2d_{h00}\sin\theta = \lambda$$

로 한다. Miller 지수의 정의에서

$$d_{h00} = AC = \frac{a}{h}$$

이다.

어떻게 *A*에서 *x* 거리에 위치한 원자 *B*가 같은 방향으로 산란한 x선이 이 반사에 영향을 미치는가? 이 방향에서만 *h*00 반사에서 Bragg 법칙이 만족하므로 이 방향만 고찰할 필요가 있다는 것에 주목한다. 분명하게 광선 **3′** 와 **1′** 사이의 경로차 $\delta_{3'1'}$는 1보다 작을 것이다: 간단한 비로 이 값은

$$\delta_{3'1'} = RBS = \frac{AB}{AC}(\lambda) = \frac{x}{a/h}(\lambda)$$

임을 알 수 있다.

경로차는 각도로도 파장으로도 표현할 수 있다: 두 개의 x선이 경로길이에서 온전한 한 파장만큼 다르면, 위상에서 360°나 2π만큼 다르다고 말할 수 있다. 경로차가 δ이면 위상차 ϕ는 라디안으로

$$\phi = \frac{\delta}{\lambda}(2\pi)$$

이다. 각도를 사용하면 이 단위는 위상차들을 파장에 관계없이 표현하므로 편리한 반면에, 위상차를 기술하기 위한 경로차의 사용은 파장을 지정하지 않으면 의미가 없다.

그러면 원자 *B*의 산란파와 원자 *A*의 산란파 사이의 위상차는

$$\phi_{3'1'} = \frac{\delta_{3'1'}}{\lambda}(2\pi) = \frac{2\pi hx}{a}$$

이다. 만일 원자 *B*의 위치를 분율좌표(fractional coordinate) $u = x/a$로 지정하면, 위상차는

$$\phi_{3'1'} = 2\pi hu$$

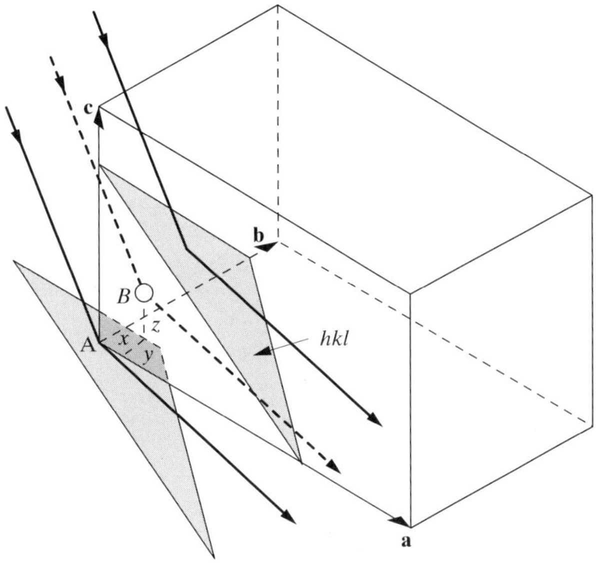

그림 4-9 그림 4-8을 3차원으로 나타낸 그림

가 된다.

이러한 추론을 그림 4-9에서처럼 3차원으로 확장할 수 있고, 여기서 원자 B는 실제 좌표가 $x\ y\ z$이거나 분율좌표가 $u\ v\ w$와 각각 같은 $\frac{x}{a}\ \frac{y}{b}\ \frac{z}{c}$이다. 그러면 다음 중요한 관계식을 hkl 반사에서 원자 B의 산란파와 원점에 있는 원자 A의 산란파 사이 위상차 사이에 적용한다:

$$\phi = 2\pi(hu + kv + lw) \tag{4-4}$$

이 관계는 일반적이며 어떤 모양의 단위포에도 적용이 가능하다. 그림 4-9는 Miller 지수 hkl 면을 제시하지만, 원자에서 산란한 x선 사이의 간섭은 '면'에서 반사가 아닌 회절빔을 생기게 한다는 것을 언제나 상기하여야 한다.

이 두 개의 파는 만일 원자 B와 원점에서 원자가 서로 다른 종류의 것이라면 위상에서뿐만 아니라 진폭에서도 다르다. 이 경우에 파의 진폭을 단 한 개의 전자가 산란한 파의 진폭과 비교하여 산란인자 f의 적절한 값으로 나타낸다.

그러므로 한 단위포의 산란에 관한 문제는 원래 합성파를 찾기 위해 위상과 진폭이 서로 다른 파들을 더하는 것이다. 단위포의 원점에 있는 한 원자를 포함하여 모든 원자의 산란파를 더하여야 한다. 이런 덧셈을 수행하는 가장 편리한 방식은 각각의 파를 한 복소지수함수로 표현하는 것이다.

그림 4-10에서 실선으로 나타낸 두 개의 파는 한 회절 x선 빔에서 임의로 지정한 파면에서 두 x선의 전기장 강도 $\mathbf{E}$가 시간 t에 따라 변하는 것을 나타낸다. 이 공식은

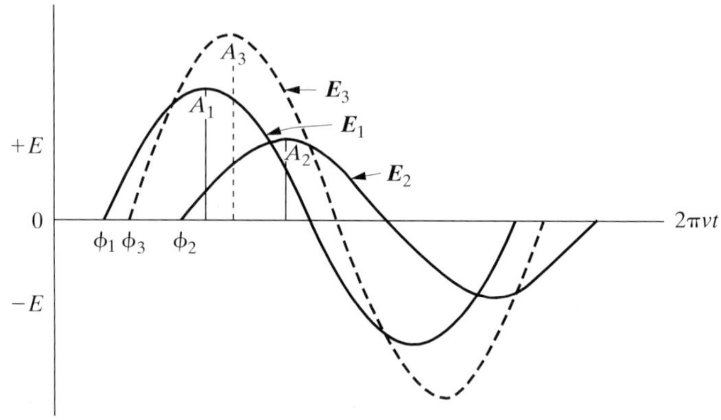

그림 4-10 위상과 진폭이 다른 사인파의 합성

$$\mathbf{E}_1 = A_1 \sin(2\pi\nu t - \phi_1) \tag{4-5}$$

$$\mathbf{E}_2 = A_2 \sin(2\pi\nu t - \phi_2) \tag{4-6}$$

로 쓸 수 있다. 이 파는 주파수가 ν로 같고, 그 결과 파장이 λ로 같으나, 진폭 A에서와 위상 ϕ에서 다르다. 점선으로 표시한 곡선은 합 $\mathbf{E}_3$를 나타내는데, 이 곡선도 사인파이지만 진폭과 위상은 다르다.

진폭과 위상에서 다른 파도 벡터로 표현하여 더할 수 있다. 그림 4-11에서 각 성분파는 길이가 파의 진폭과 같고, 위상각과 같은 각으로 x축에 기울어진 하나의 벡터로 나온다. 그러면 간단하게 평행사변형 법칙으로 벡터들을 더하여 합성파의 진폭과 위상을 찾을 수 있다.

다음의 해석 처리를 사용하면 이러한 기하학의 작도를 피할 수 있는데, 여기서 복소수를 벡터를 나타내는 데 사용한다. 하나의 복소수는 $(a + bi)$와 같이 한 개의 실수와 한 개의 허수의 합이고, 여기서 a와 b는 실수이고 $i = \sqrt{-1}$ 은 허수이다. 이러한 수를 '복소 평면' 에 그릴 수 있는데, 여기서 실수를 횡축, 허수를 종축에 그린다. 그러면 이 면에서는 임의의 점이나 원점에서 이 점까지 긋는 벡터는 한 특정 복소수 $(a + bi)$를 나타낸다.

파를 나타내는 벡터를 위한 한 해석 표현을 찾기 위해서, 그림 4-12에서처럼 복소평면에 파동 벡터를 그린다. 여기서 그 파의 진폭과 위상은 각각 벡터의 길이 A와 벡터와 실수의 축 사이의 각

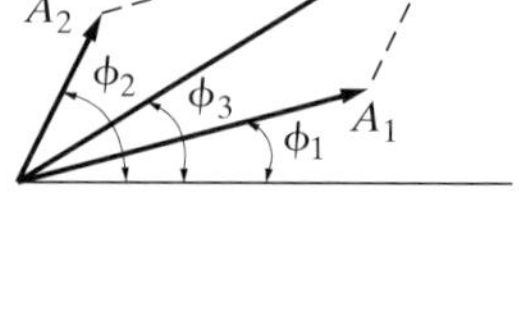

그림 4-11 파의 벡터 합성

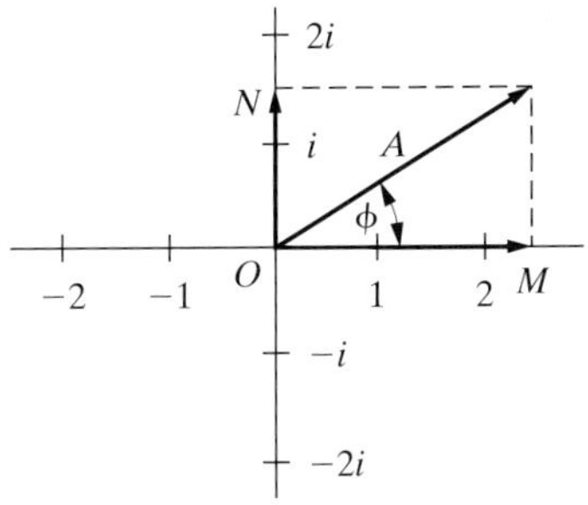

그림 4-12 복소평면에서 파동벡터

ϕ이 된다. 그 파의 해석 표현은 이제 복소수 $(A\cos\phi + iA\sin\phi)$인데, 그 까닭은 이 두 개의 항이 그 벡터의 수평과 수직 성분인 OM과 ON이기 때문이다. 한 벡터에 i를 곱하는 것은 그 벡터를 반시계 방향으로 90°만큼 회전하는 것이다. 그러므로 i로 곱하면, 즉 수평벡터 2를 수직벡터 $2i$로 바꾼다. i로 두 번, 즉 $i^2 = -1$로 곱하면 벡터를 180° 회전하거나 이것의 부호를 바꾼다. 그러므로 i로 두 번 곱하기는 수평벡터 2를 정반대 방향으로 향하는 수평벡터 −2로 바꾼다.

e^{ix}, $\cos x$, $\sin x$의 멱급수 전개식을 비교하면

$$e^{ix} = \cos x + i\sin x \tag{4-7}$$

이나

$$Ae^{i\phi} = A\cos\phi + Ai\sin\phi \tag{4-8}$$

가 나온다. 그러므로 파동벡터를 해석적으로 식 (4-8)의 어느 변으로도 표현할 수 있다. 왼쪽 변의 표현을 복소지수함수로 부른다.

한 파의 강도는 이 파의 진폭 제곱에 비례하므로 이를 파동벡터의 절대값의 제곱인 A^2으로 표현하는 것이 필요하다. 파를 복소수 형으로 표시할 때 이 양은 파의 복소수 표현에 이 파의 공액 복소수를 곱한 것이고, 이 공액 복소수는 i를 $-i$로 간단하게 치환하면 나온다. 그러므로 $Ae^{i\phi}$의 공액 복소수는 $Ae^{-i\phi}$이다. 즉,

$$|Ae^{i\phi}|^2 = Ae^{i\phi}Ae^{-i\phi} = A^2 \tag{4-9}$$

이고, 이 값이 원하는 양이다. 또는 식 (4-8)에 있는 다른 식을 사용하여

$$A(\cos\phi + i\sin\phi)\,A(\cos\phi - i\sin\phi) = A^2(\cos^2\phi + \sin^2\phi) = A^2$$

이다.

단위포에 있는 각 원자의 산란파를 더하려면 각 파의 진폭과 위상을 나타내는 복소수의 덧셈이 필요하다. 각 파의 진폭은 고찰하는 산란원자 f의 적당한 값과 반사에 관계하는 $(\sin\theta)/\lambda$의 값

으로 보인다. 각 파의 위상은 식 (4-4)로 고찰하는 *hkl* 반사와 그 원자의 *uvw* 좌표의 식으로 보인다. 이전의 관계를 사용하면, 어떠한 산란파도 복소지수형으로 표현할 수 있다:

$$Ae^{i\phi} = fe^{2\pi i(hu + kv + lw)} \tag{4-10}$$

단위포의 모든 원자가 산란한 합성파를 **구조인자**(structure factor)로 부르는데, 그 까닭은 이 인자는 각 원자를 *uvw*로 나타낸 원자 배열이 어떻게 산란빔에 영향을 미치는지를 기술하기 때문이다 [4.3]. 구조인자는 기호 *F*로 표시하고 개개의 원자가 산란한 모든 파를 간단하게 함께 더하여 얻는다. 만일 한 단위포가 분율좌표가 $u_1v_1w_1$, $u_2v_2w_2$, $u_3v_3w_3$, . . . 인 원자 1, 2, 3, . . . , *N*을 포함한다면 *hkl* 반사의 구조인자는

$$F = f_1e^{2\pi i(hu_1 + kv_1 + lw_1)} + f_2e^{2\pi i(hu_2 + kv_2 + lw_2)} + f_3e^{2\pi i(hu_3 + kv_3 + lw_3)} + \cdots$$

이다. 이 공식을 더 간결하게

$$F_{hkl} = \sum_{1}^{N} f_n e^{2\pi i(hu_n + kv_n + lw_n)} \tag{4-11}$$

로 쓸 수 있고, 여기서 합은 단위포의 모든 *N*개의 원자로 확장한다.

*F*는 일반적으로 복소수이고 이 인자는 합성파의 진폭과 위상을 둘 다 표현한다. 이 수의 절대값 $|F|$는 단 하나의 전자가 산란하는 파의 진폭으로 합성파의 진폭을 준다. 원자산란인자 *f*와 같이 $|F|$를 진폭의 비로 정의한다:

$$|F| = \frac{\text{단위포의 모든 원자가 산란한 파의 진폭}}{\text{하나의 전자가 산란한 파의 진폭}}$$

단위포의 모든 원자가 Bragg 법칙이 예측하는 방향으로 회절하게 한 빔의 강도는 간단하게 합성빔의 진폭 제곱 $|F|^2$에 비례하고 $|F|^2$은 식 (4-11)에서 *F*를 표현한 식에 이것의 공액 복소수 F^*을 곱한 것이다. 그러므로 식 (4-11)은 x선 결정학에서 매우 중요한 관계인데, 그 까닭은 이 식이 어떠한 *hkl* 반사의 강도도 원자 위치를 알면 계산할 수 있게 하기 때문이다.

식 (4-11)에서 결과는 단위포에서 산란한 파를 단위포에서 개개의 원자가 산란한 위상에서 다른 파를 함께 더하는 것으로 기술한다. 그림 4-8에서 *A*와 *B*와 같은, 어떠한 두 개의 원자가 산란한 선 사이의 위상차는 모든 단위포에서 **일정**하다는 것에 주목하자. Bragg 법칙이 예측하는 방향에서, 결정에서 모든 원자 *A*의 산란선은 정확하게 위상이 같고 모든 원자 *B*의 산란선도 이와 같지만, 이 두 조의 산란선 사이에 일정한 한 위상차가 있고 이 차는 단위포에서 원자 *A*와 *B*의 상대적 위치에 의존하며, 식 (4-4)로 나타난다.

비록 더 다루기 힘들지만, 다음 삼각함수 공식을 식 (4-11) 대신에 사용할 수 있다:

$$F = \sum_{1}^{N} f_n[\cos 2\pi(hu_n + kv_n + lw_n) + i \sin 2\pi(hu_n + kv_n + lw_n)] \tag{4-12}$$

단위포의 각 원자에 관해 그러한 식 하나를 써야 한다. 일반적으로 합계는

$$F = a + ib$$

형식의 한 복소수일 것이고, 여기서

$$a = \sum_{1}^{N} f_n \cos 2\pi(hu_n + kv_n + lw_n)$$

$$b = \sum_{1}^{N} f_n \sin 2\pi(hu_n + kv_n + lw_n)$$

그리고

$$|F|^2 = (a + ib)(a - ib) = a^2 + b^2 \tag{4-13}$$

이다. a와 b를 치환하면 그 공식의 최종 형식이 나온다:

$$|F|^2 = [f_1 \cos 2\pi(hu_1 + kv_1 + lw_1) + f_2 \cos 2\pi(hu_2 + kv_2 + lw_2) + \cdots]^2$$

$$+ [f_1 \sin 2\pi(hu_1 + kv_1 + lw_1) + f_2 \sin 2\pi(hu_2 + kv_2 + lw_2) + \cdots]^2 \tag{4-14}$$

이런 삼각함수 공식에 비해서, 식 (4-11)은 특히 구조가 아주 복잡하면 다루기가 더 쉬운데, 지수 형식이 더 간결하기 때문이다.

4-5 몇 개의 유용한 관계

구조인자를 복소지수함수로 계산하는 데는 많은 특수한 관계가 여기에서 기술하는 것이 좋을 만큼 꽤 자주 나온다. 그 관계를 식 (4-7)을 사용하여 증명할 수 있다.

a) $e^{\pi i} = e^{3\pi i} = e^{5\pi i} = -1$

b) $e^{2\pi i} = e^{4\pi i} = e^{6\pi i} = +1$

c) 일반화해서, $e^{n\pi i} = (-1)^n$, 여기서 n은 임의의 정수이다.

d) $e^{n\pi i} = e^{-n\pi i}$, 여기서 n은 임의의 정수이다.

e) $e^{i\pi} + e^{-i\pi} = 2 \cos x$

4-6 구조인자 계산

여기서와 10장에서 나오는 실제 예를 풀어야만 식 (4-11)을 사용하는 데 능숙할 수 있다.

a) 가장 간단한 예는 원점에, 즉 분율좌표 0 0 0인 점에 단지 한 개의 원자를 포함하는 한 단위포의 경우이다. 이 포의 구조인자는

$$F = fe^{2\pi i(0)} = f$$

이고,

$$F^2 = f^2$$

이다. 그러므로 F^2은 h, k, l과는 무관하며 모든 반사에서 같다.

b) 이번에는 이 장의 시작에서 논의한, 그림 4-1(a)에서 나타낸 저심포를 고찰한다. 이 포는 단위포에 같은 종류인 두 원자가 0 0 0과 $\frac{1}{2}\ \frac{1}{2}$ 0에 있다.

$$F = fe^{2\pi i(0)} + fe^{2\pi i(h/2 + k/2)}$$

$$= f[1 + e^{\pi i(h + k)}]$$

이 식은 $(h + k)$가 언제나 정수이므로 공액 복소수를 곱하지 않고 계산이 가능하고, 따라서 F의 공식은 실수이며 복소수는 아니다. 만일 h와 k가 둘 다 짝수이거나 둘 다 홀수, 즉 '비혼합' 이면, 그 합은 언제나 짝수이고 $e^{\pi i(h+k)}$는 값이 1이다. 그러므로

$$F = 2f \qquad \text{비혼합인 } h\text{와 } k\text{에서}$$

$$F^2 = 4f^2$$

다른 한편으로 만일 h와 k가 하나는 짝수이고 하나는 홀수, 즉 '혼합' 이면, 그 합은 홀수이고 $e^{\pi i(h+k)}$는 값이 -1이다. 그러므로

$$F = 0 \qquad \text{혼합인 } h\text{와 } k\text{에서}$$

$$F^2 = 0$$

어느 예에서나 지수 l의 값은 구조인자에 영향을 끼치지 않는 것에 주목한다. 예를 들면, 111, 112, 113과 021, 022, 023 반사는 F 값이 모두 같은, 즉 $2f$이다. 비슷하게 011, 012, 013과 101, 102, 103 반사는 구조인자가 모두 영이며, **규칙적으로 소멸한다**(systematically absent)[4.4].

c) 그림 4-1(b)에 나타낸 체심포의 구조인자도 계산할 수 있다. 이 포는 같은 종류의 두 원자가 0 0 0과 $\frac{1}{2}\ \frac{1}{2}\ \frac{1}{2}$에 있다.

$$F = fe^{2\pi i(0)} + fe^{2\pi i(h/2 + k/2 + l/2)}$$

$$= f[1 + e^{\pi i(h+k+l)}]$$

$$F = 2f \qquad (h + k + l)\text{이 짝수일 때}$$

$$F = 4f^2$$

$$F = 0 \qquad (h + k + l)\text{이 홀수일 때}$$

$$F^2 = 0$$

일찍이 저심포는 001 반사를 생기게 할 수 있지만 체심포는 그렇지 않다는, 기하학으로 얻은 결론은 이 두 개의 포의 구조인자 공식과 부합한다. 하지만 모든 가능한 반사의 기하학을 세밀히 조사하는 것은, 구조인자의 간단한 계산 h, k, l 지수들의 모든 가능한 값에서 F^2 값을 좌우하는 한 조의 규칙을 산출하는 계산에 비해 공이 매우 많이 드는 과정일 것이다.

d) 그림 2-17에서 나타낸 것처럼 한 면심 입방포를 이제 고찰할 수 있다. 이 포는 0 0 0, $\frac{1}{2}\ \frac{1}{2}$ 0, $\frac{1}{2}\ \frac{1}{2}\ \frac{1}{2}$, $\frac{1}{2}\ \frac{1}{2}\ \frac{1}{2}$에 있는 같은 종류인 네 개의 원자를 포함한다고 가정한다.

$$F = fe^{2\pi i(0)} + fe^{2\pi i(h/2 + k/2)} + fe^{2\pi i(k/2 + l/2)} + fe^{2\pi i(h/2 + l/2)}$$

$$= f[1 + e^{\pi i(h+k)} + e^{\pi i(k+l)} + e^{\pi i(h+l)}].$$

만일 h, k, l이 비혼합이면, 세 개의 합 $(h + k)$, $(h + l)$, $(k + l)$은 모두 짝수인 정수이고 상기의 식에서 각 항은 값이 1이다.

$$F = 4f \qquad \text{비혼합 지수에서}$$

$$F^2 = 16f^2$$

표 4.1

Bravais 격자	어떻게든지 존재하는 반사	반드시 없어야 하는 반사
단순	전부	없음
저심	h와 k는 비혼합*	h와 k는 혼합*
체심	$(h + k + l)$이 짝수	$(h + k + l)$이 홀수
면심	h, k, l이 비혼합	h, k, l이 혼합

* 이 관계를 C 면의 중심에 격자점이 있는 포에 적용한다. 만일 반사가 h와 l이 비혼합이거나, k와 l이 비혼합일 때만 존재한다면 그 포는 각각 B 면이나 A 면의 중심에 격자점이 있다.

만일 h, k, l이 혼합이면, 지수 중 두 개가 홀수이고 하나가 짝수이거나 두 개가 짝수이고 하나가 홀수이든지간에 세 개의 지수함수 합은 -1이다. 예를 들어, h와 l이 짝수이고 k가 홀수, 즉 012라고 가정한다. 그러면 $F = f(1 - 1 + 1 - 1) = 0$이고 반사는 일어나지 않는다.

$$F = 0 \qquad \text{혼합 지수에서}$$

$$F^2 = 0$$

그러므로 반사는 (111), (200), (220)과 같은 면에서 일어나지만 (100), (210), (112)들의 면에서는 그렇지 않다.

독자는, 이전의 예에서 제시한 정보의 일부를 계산에서 사용하지 않았다는 것을 알아차렸을 것이다. 예를 들어, (a)에서 포는 한 개의 원자만을 포함한다고 말했지만 포의 모양을 지정하지 않았다. (b)와 (c)에서, 포를 사방으로, (d)에서 입방으로 기술하였지만 이런 정보는 구조인자 계산에 들어가지 않았다. 이런 사실은 **구조인자는 단위포의 모양과 크기에 무관하다는** 중요한 요점을 제시한다. 예로서, 어떠한 체심포도 $(h + k + l)$이 홀수인 그러한 면들에서 그 포가 입방, 정방이나 사방이든지 반사는 사라질 것이다. 그러므로 상기의 예에서 유도한 규칙은 처음 생각한 것보다 더 널리 응용할 수 있는 것이고, 한 물질의 Bravais 격자와 이것의 회절무늬 사이에 있는 밀접한 관계를 증명한다. 그 규칙을 표 4.1에 요약하였다. 이 규칙은 약간의 제한조건이 필요한데, 그 까닭은 어떤 포는 (a)에서 (d)까지 예에 있는 원자에 비해 더 많은 원자를 포함하고, 이 원자는 정상으로는 존재하는 반사가 이때는 사라지는 그러한 위치에 있을 수 있기 때문이다. 예를 들면, 다이아몬드는 면심입방격자이지만 단위포마다 8개의 탄소 원자를 포함한다. 존재하는 반사는 모두 지수가 비혼합이지만, 200, 222, 422 등과 같은 반사는 사라진다. 존재하는 반사만이 지수가 비혼합이다는 사실은 격자가 면심인 것을 증명하는 한편, 그 밖에 사라진 반사는 이 결정에서 원자의 실제 배열에 관한 실마리가 된다.

e) 이런 점을 NaCl의 구조(그림 2-21)로 좀더 설명할 수 있다. 이 결정은 입방격자를 가지고, 단위포마다 4개의 Na와 4개의 Cl 원자가 있는데, 다음과 같은 위치에 있다:

$$\text{Na} \quad 0\,0\,0 \quad \tfrac{1}{2}\,\tfrac{1}{2}\,0 \quad \tfrac{1}{2}\,0\,\tfrac{1}{2} \quad 0\,\tfrac{1}{2}\,\tfrac{1}{2}$$

$$\text{Cl} \quad \tfrac{1}{2}\,\tfrac{1}{2}\,\tfrac{1}{2} \quad 0\,0\,\tfrac{1}{2} \quad 0\,\tfrac{1}{2}\,0 \quad \tfrac{1}{2}\,0\,0$$

이 예에서 각 원자의 적합한 원자산란인자는[1] 구조인자식에 넣어야 하고, 이 식은 항이 8개일 것이다:

$$F = f_{\text{Na}}e^{2\pi i(0)} + f_{\text{Na}}e^{2\pi i(h/2+k/2)} + f_{\text{Na}}e^{2\pi i(h/2+l/2)} + f_{\text{Na}}e^{2\pi i(k/2+l/2)}$$

$$+ f_{\text{Cl}}e^{2\pi i(h/2+k/2+l/2)} + f_{\text{Cl}}e^{2\pi i(l/2)} + f_{\text{Cl}}e^{2\pi i(k/2)} + f_{\text{Cl}}e^{2\pi i(h/2)}$$

$$F = f_{\text{Na}}[1 + e^{\pi i(h+k)} + e^{\pi i(h+l)} + e^{\pi i(k+l)}]$$

$$+ f_{\text{Cl}}[e^{\pi i(h+k+l)} + e^{\pi il} + e^{\pi ik} + e^{\pi ih}]$$

2-9절에서 논의한 대로, 나트륨 원자 위치는 면심병진인 관계에 있고, 염소 원자 위치도 그러하다. 한 격자가 공통인 병진들을 포함할 때는 구조인자식에서 대응하는 항은 언제나 공통인수로 빼낼 수 있고 그 결과로 식은 간단하게 된다. 이 예에서

$$F = f_{\text{Na}}[1 + e^{\pi i(h+k)} + e^{\pi i(h+l)} + e^{\pi i(k+l)}]$$

$$+ f_{\text{Cl}}e^{\pi i(h+k+l)}[1 + e^{\pi i(-h-k)} + e^{\pi i(-h-l)} + e^{\pi i(-k-l)}]$$

이다. 둘째 괄호 안에 있는 지수의 부호는 4-5절의 관계 (d)를 사용하여 바뀔 수 있다. 그 결과

$$F = [1 + e^{\pi i(h+k)} + e^{\pi i(h+l)} + e^{\pi i(k+l)}][f_{\text{Na}} + f_{\text{Cl}}e^{\pi i(h+k+l)}]$$

이다. 여기서 면심병진에 해당하는 항은 처음 인수로 나타난다. 둘째 인수는 단위포의 '기초(basis)', 즉 0 0 0에 있는 나트륨 원자와 $\frac{1}{2}\,\frac{1}{2}\,\frac{1}{2}$에 있는 염소 원자를 기술하는 항을 포함한다. 첫 괄호 안 항은 면심병진을 기술하는데, 예 (d)에서 이미 나왔고, 그 항은 혼합 지수에서 전체 값이 영이고 비혼합 지수에서 4인 것을 알고 있다. 이 사실은 바로 NaCl이 면심격자인 것과

$$F = 0 \qquad \text{혼합 지수에서}$$

$$F^2 = 0$$

인 것을 나타낸다. 비혼합 지수에서,

1) 엄밀하게는 정확도를 아주 높게 F의 계산을 하려면 중성원자인 Na와 Cl의 f값보다는 Na^+와 Cl^- 이온의 산란인자 f를 사용해야 하는데, 왜냐하면 NaCl은 이온화하여 있기 때문이다.

$$F = 4[f_{Na} + f_{Cl}e^{\pi i(h+k+l)}]$$

$$F = 4(f_{Na} + f_{Cl}) \qquad (h+k+l)\text{이 짝수일 때}$$

$$F^2 = 16(f_{Na} + f_{Cl})^2$$

$$F = 4(f_{Na} - f_{Cl}) \qquad (h+k+l)\text{이 홀수일 때}$$

$$F^2 = 16(f_{Na} - f_{Cl})^2$$

이 예에서, 단위포마다 네 개 이상의 원자가 있지만 격자는 그래도 면심이다. 추가하여 들어온 원자는 네 개의 원자가 있는 포의 예에서 존재하는 반사를 어떤 것도 없애지 않으며 강도의 일부를 감소한다. 예를 들어, 111 반사는 이때 두 원자의 산란능의 합이 아닌 차에 관련이 있다.

여하튼 한 격자가 다중인 것을 알면, 공통병진을 구조인자식에서 인수로 묶어내고 이 병진을 나타내는 항의 알고 있는 값을 바로 대입하면 대수 계산을 많이 없앨 수 있다는 것을 주의깊게 주목해야 한다. 이것을 손쉽게 하는 절차를 NaCl에 관하여 기술한다:

1. 원자 위치를 줄인 꼴로 쓴다.

4 Na 0 0 0 에서 + 면심병진

4 Cl $\frac{1}{2}\frac{1}{2}\frac{1}{2}$ 에서 + 면심병진

2. F의 식을 두 인수의 곱으로 쓴다. 첫째는 공통병진을 나타내는 항의 값이고, 둘째는 그 포의 '기초' 원자에 대응하는 항이다. 식은 다음과 같다.

$$F = \begin{bmatrix} 4 \\ 0 \end{bmatrix} [f_{Na} + f_{Cl}e^{\pi i(h+k+l)}] \qquad \begin{matrix}\text{비혼합 지수} \\ \text{혼합 지수}\end{matrix}$$

3. 필요하다면 더 간단히 한다. 모든 구조인자 계산에서 목표는 hkl의 어떠한 값에서도 F의 값을 줄 수 있는 한 조의 일반식을 얻는 것이다.

4-13절에 있는 ZnS 구조에서 이런 간단한 절차를 다시 설명한다:

이 절의 최종 예로 가기 전에 비규칙인 소멸 반사에서 특정한 한 기초의 영향을 복소평면에서 벡터 덧셈과 예 (d)에서 논의한 다이아몬드 구조를 사용하여 설명할 것이다. 탄소 원자 위치는:

4 C 0 0 0 에서 + 면심병진

4 C $\frac{1}{4}\frac{1}{4}\frac{1}{4}$ 에서 + 면심병진

그러므로

$$F = \begin{bmatrix} 4 \\ 0 \end{bmatrix} f_c \{1 + e^{\pi i(h+k+l)/2}\} \qquad \begin{matrix} \text{비혼합 지수} \\ \text{혼합 지수} \end{matrix}$$

이다. 세 가지 유형의 간섭이 비규칙인 소멸 반사(h, k, l 비혼합)에서 생기는데, 이 간섭은 (i) h, k, l 이 홀수이든지, (ii) $h + k + l$이 2의 짝수 배이든지 혹은 (iii) $h + k + l$이 2의 홀수 배이든지 어떤지에 달려 있다. 단 한 개의 기초의 결과를 각각 그림 4-13(왼쪽, 중앙, 오른쪽)에 있는 (i) − (iii)의 복소평면에 그린다. 결과로 얻은 기초에 4(단위포마다 네 개의 기초가 있다)를 곱하면 구조인자가 나온다. 따라서 fcc 허용 반사인 200과 222는 다이아몬드 입방구조에서 회절강도를 만들지 못하고, hkl - 홀수 반사의 구조인자는 hkl - 2의 짝수 배수인 인자와 인수 $\sqrt{2}$ 만큼 다르다.

f) 구조인자 계산의 다른 한 예를 여기서 제시할 것이다. 그림 2-18에서 나타낸 조밀충진 육방포에는 0 0 0과 $\frac{1}{3}\ \frac{2}{3}\ \frac{1}{2}$에 자리한 같은 종류인 두 개의 원자가 있다.

$$F = fe^{2\pi i(0)} + fe^{2\pi i(h/3 + 2k/3 + l/2)}$$

$$= f[1 + e^{2\pi i((h+2k)/3 + l/2)}]$$

편의상, $[(h + 2k)/3 + l/2] = g$로 놓는다.

$$F = f(1 + e^{2\pi i g})$$

g는 $\frac{1}{3}\ \frac{2}{3}\ \frac{5}{6}$ 들과 같은 분수값이 될 수 있으므로, 이 식은 여전히 복소수이다. 하지만 공액 복소수의 곱셈은 합성파 진폭 F의 절대값을 제곱한 것을 줄 것이다.

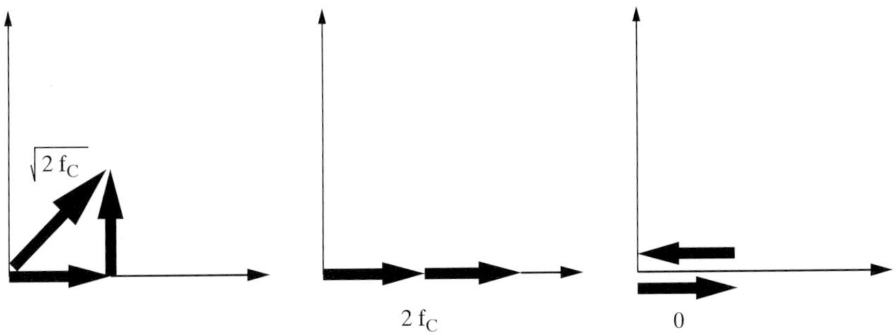

그림 4-13 기초가 다이아몬드인 탄소 원자 사이 간섭의 복소평면 표현으로, (왼쪽) h, k, l은 비혼합이며 홀수이고, (중간) h, k, l은 비혼합이며 $h + k + l$은 2의 짝수 배이고, (오른쪽) h, k, l은 비혼합이며 $h + k + l$은 2의 홀수 배이다. 결과로 얻은 벡터에 4를 곱하면 각 반사 유형에 구조인자 F가 나온다. 오른편에 그린 벡터에서 잘 보이게 실제 축에서 약간 비껴서 나타낸 것에 주의하라.

$$|F|^2 = f^2(1 + e^{2\pi ig})(1 + e^{-2\pi ig})$$

$$= f^2(2 + e^{2\pi ig} + e^{-2\pi ig})$$

4-5절의 관계 (e)를 사용하여, 이 식은

$$|F|^2 = f^2(2 + 2\cos 2\pi g)$$

$$= f^2[2 + 2(2\cos^2 \pi g - 1)]$$

$$= f^2(4\cos^2 \pi g)$$

$$= 4f^2 \cos^2 \pi\left(\frac{h+2k}{3} + \frac{l}{2}\right)$$

$$= 0 \qquad (h+2k)\text{가 3의 배수이고 } l\text{이 홀수일 때}$$

가 된다. 이러한 사라진, 11.1, 11.3, 22.1, 22.3과 같은 반사로, 한 육방구조가 조밀충진임을 바로 알아낸다. 존재하는 반사는 구조인자가 모두 같지는 않다. 예를 들면, 만일 $(h + 2k)$가 3의 배수이고 l이 짝수이면,

$$\left(\frac{h+2k}{3} + \frac{l}{2}\right) = n \qquad \text{여기서 } n\text{은 정수이다.}$$

$$\cos \pi n = \pm 1$$

$$\cos^2 \pi n = 1$$

$$|F|^2 = 4f^2$$

h, k, l의 가능한 모든 값을 고려하면, 그 결과는 아래와 같이 요약할 수 있고, 여기서 m은 정수이다:

표 4.1

$h+2k$	l	$\vert F\vert^2$
3 m	홀수	0
3 m	짝수	$4f^2$
3 m ± 1	홀수	$3f^2$
3 m ± 1	짝수	f^2

4-7 다결정 회절에 응용

한 회절빔 강도의 어떠한 계산도 언제나 구조인자로 시작해야 한다. 하지만 계산에서 그 밖의 것은 관계한 특정 회절법에 따라 변한다. Laue 법에서 강도 계산은 아주 어려워서 거의 하지 않는데, 그 까닭은 회절빔은 파장이 서로 다르며, 강도와 그 특정한 파장의 필름 감도에 둘 다 의존하여 필름을 일정하지 않은 양으로 흑화한다. 회전결정법과 분말법에서 회절강도를 좌우하는 인자는, 각자 단색 방사선을 사용하는 점에서 다소 비슷하지만 그 인자는 세부사항에서 다르다. 이 장의 나머지는 모두 다결정 회절을 다루는데, 그 까닭은 이 회절이 재료 연구에서 가장 일반적으로 유용한 것이기 때문이다.

6개의 인자가 분말무늬에 있는 회절선의 상대강도에 영향을 미친다:

1. 편광인자
2. 구조인자
3. 다중도 인자
4. Lorentz 인자
5. 흡수인자
6. 온도인자

이 중 처음 두 개는 이미 기술하였고 그 밖의 다른 인자는 다음 절에서 논의할 것이다.

4-8 다중도 인자

한 입방격자에서 100 반사를 고찰하자. 분말 시편에서 일부 결정들은 100 회절이 일어나게 배향할 것이다. 다른 방위의 그 밖의 다른 결정들은 010이나 001 회절이 일어날 수 있는 위치에 있을 수 있다. $d_{100} = d_{010} = d_{001}$이므로 회절빔은 같은 회절 원추의 일부를 형성한다. 이번에는 111 반사를 고찰하자. 결정형 {111}에는 같은 면간거리이지만 방위가 다른 네 개 조의 면, (111), $(11\bar{1})$, $(1\bar{1}\bar{1})$, $(\bar{1}\bar{1}1)$이 있는 반면에, 결정형 {100}에는 단지 세 개의 조만 있다. 그러므로 {111}이 회절하도록 정확하게 배향할 수 있는 확률은 {100}이 정확하게 배향할 수 있는 확률의 4/3이다. 이에 따라 111 반사의 강도는 그 밖의 다른 것들이 같다면 100 반사강도의 4/3이다.

같은 반사에 기여하는 *hkl* 면의 이런 상대적 비율은 강도 공식에 양 p, **다중도 인자**(multiplicity factor)로 들어가고, 이 인자는 동일한 d와 F^2인 면들에서 $\pm h$, $\pm k$, $\pm l$의 위치와 부호를 교환한 수로 정의할 수 있다. 서로 다른 Miller 지수, 가령 (100)과 $(\bar{1}00)$과 같은 평행한 면은 다른 면으로 따로따로 세어서, 이전 절에서 준 값을 2배한 수를 낸다. 그러므로 한 입방결정의 {100} 면의 다중도 인자는 6이고 {111} 면의 인자는 8이다.

p 값은 결정계에 의존한다: 한 정방결정에서 (100)과 (001) 면은 면간거리가 같지 않으므로, 그 결과 {100} 면의 p 값은 4로, {001} 면의 값은 2로 줄어든다. 다중도 인자의 값이 *hkl*과 결정계의 함수로 부록 11에 있다.

4-9 LORENTZ 인자

다음으로 회절빔의 강도에 영향을 미치는 어떤 삼각함수인자를 고찰하자. 평행한 단색선인 폭이 좁은 빔이 결정에 입사한다고 가정하고[그림 4-14(a)], 그 결정은 O를 지나며 도면에 수직한 축 주위로 균일한 각속도로 회전하여서, 그 결과 편의상 결정 표면에 평행하다고 가정한 특정한 한 조의 면이 Bragg 법칙을 정확하게 만족하는 각 θ_B를 통과한다고 하자. 5-2절과 5-3절에서 논의할 것이지만, 회절강도는 정확한 Bragg 각에서 최대이지만 Bragg 각을 약간 벗어난 각에서도 여전히 감지할 정도는 되므로, 강도 대 2θ의 곡선은 모양이 그림 4-14(b)에 나타낸 것과 같다. 만일 결정이 Bragg 각 주위로 회전하면서 내보내는 모든 회절빔을 사진필름이나 검출기에서 받아들인다면, 회절빔의 총 에너지를 측정할 수 있다. 이 에너지를 반사의 **적분강도**(integrated intensity)로 부르며, 그림 4-14(b)의 곡선 아래 면적으로 나타낸다. 적분강도는 최대강도에 비해 훨씬 더 중요한데, 그 까닭은 전자가 시편의 특성인 데 비해서 후자는 실험장치를 약간만 조정해도 영향을 받을 수 있기 때문이다.

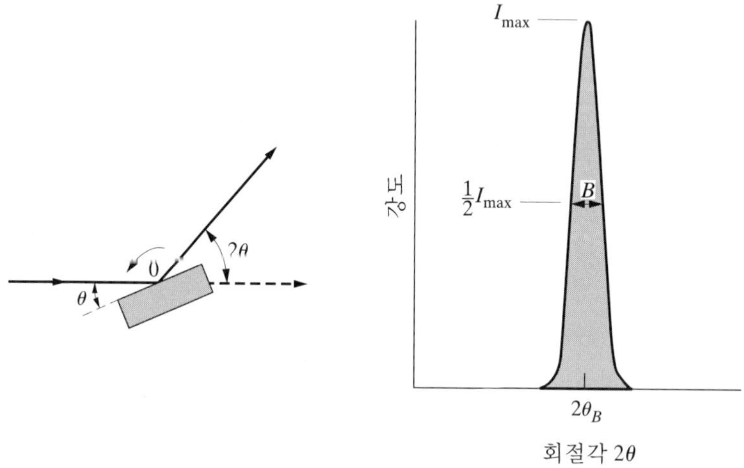

(a) (b)

그림 4-14 Bragg 각 주위로 회전하는 결정이 일으키는 회절

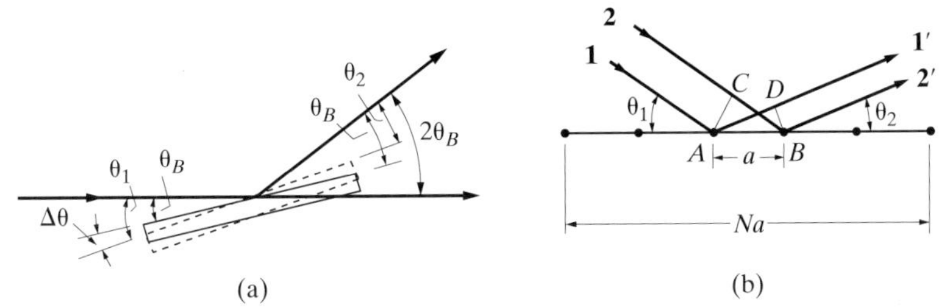

그림 4-15 결정이 회전하는 동안 특정 방향으로 산란

한 반사의 적분강도는 다른 모든 변수를 일정하게 유지하더라도, 관계한 θ_B의 특정한 값에 의존한다. 이 의존성을 찾기 위해 회절곡선의 두 측면을 나누어서 고찰하는 것이 필요하다: 최대강도와 폭. 산란자의 면이 입사빔과 θ_B를 이룰 때 Bragg 법칙을 정확히 만족하고 방향 $2\theta_B$에서 회절강도는 최대이다. 그러나 일부 에너지는 입사각이 θ_B와 약간 다를 때도 여전히 이 방향에서 회절하고, 결정이 Bragg 각 주위로 회전할 때, $2\theta_B$ 방향에서 회절하는 에너지 전부는 그림 4-14(b)의 곡선의 $I_{최대}$ 값이다. 그러므로 $I_{최대}$ 값은 $2\theta_B$ 방향에서 회절에너지가 감지할 정도는 되는 결정 회전의 각 범위에 의존한다. 그림 4-15(a)에서 파선은 Bragg 위치에서 회전하여 $\Delta\theta$인 작은 각을 지난 후 회전결정의 위치를 보여준다. 고찰하는 입사빔과 회절빔은 이때 산란자의 면과 부등의 각을 이루는데, 전자는 각 $\theta_1 = \theta_B + \Delta\theta$를, 후자는 각 $\theta_2 = \theta_B - \Delta\theta$를 이룬다. 원자 수준에서 상황을 그림 4-15(b)에 나타낸다. 한 개의 원자면만 고찰하는데, 왜냐하면 그 밖의 다른 모든 면에서 산란한 선은 첫째 면에서 산란한, 이에 대응하는 선과 위상이 같기 때문이다. a는 면에서 원자 간격과 같다고 하고 Na는 그 면의 진체 길이[2)]와 같다고 하자. 인접한 원자에서 산란한 선 **1′** 와 **2′** 의 경로 길이에서 차는

$$\delta_{1'2'} = AD - CB$$

$$= a \cos \theta_2 - a \cos \theta_1$$

$$= a[\cos(\theta_B - \Delta\theta) - \cos(\theta_B + \Delta\theta)]$$

이다. 코사인 항을 전개하고 $\sin \Delta\theta$를 $\Delta\theta$로 놓으면, 후자는 작기 때문에:

$$\delta_{1'2'} = 2a\Delta\theta \sin \theta_B,$$

그리고 면의 양 끝에 있는 원자에서 산란한 선 사이의 위상차는 간단히 이 양의 N배이다. 두 끝 원자에서 산란한 선이 위상이 한 파장 다를 때 회절강도는 영일 것이다. (이 증명은 5-2절까지 미룬다. 5-2절에서 다루는 상황은 다르지만, 취급은 유사하다.) 그러므로 회절강도가 영이 되기 위한

2) 만일 결정이 입사빔보다 크다면, Na는 면의 노광길이이다. 만일 작다면, Na는 면의 실제 길이이다.

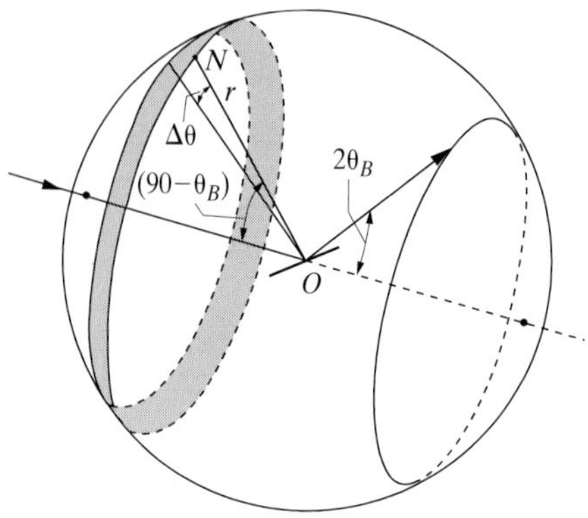

그림 4-16 특정 한 회절선 원추에서 면법선의 분포

조건은

$$2Na\ \Delta\theta\ \sin\theta_B = \lambda$$

이나

$$\Delta\theta = \frac{\lambda}{2\ Na \sin\theta_B}$$

이다. 이 식은 $2\theta_B$ 방향에서 적지 않은 에너지가 회절할 결정회전의 최대 각 범위를 준다. $I_{최대}$는 이 범위에 의존하므로 $1/\sin\theta_B$에 비례한다. 그러므로 그 밖의 다른 조건이 같다면, $I_{최대}$는 낮은 산란각에서 커지며 배면 반사 범위에서 작다.

회절곡선의 폭은 그 반대로 변하는데, 5-2절에서 보이겠지만 $2\theta_B$의 큰 값들에서 더 커진다: 반가폭(half-maximum breadth) B는 $1/\cos\theta_B$에 비례한다. 반사의 적분강도는 회절곡선 아래 면적이며, $I_{최대}B$ 곱에 비례하고, 이 값은 교대로 $(1/\sin\theta_B)(1/\cos\theta_B)$나 $1/\sin 2\theta_B$에 비례한다. 그러므로 결정이 Bragg 각 주위로 회전하면 한 반사의 적분강도는, 가장 실험에서 중요한 양인데, $2\theta_B$의 중간 값들에 비해 크거나 작은 값에서, 다른 요인이 같다면 더 크게 나타난다.

회전하는 결정의 예에 적용하는 것과 마찬가지로 이전의 언급은 분말회절에도 할 수 있는데, 그 까닭은 분말 입자들 사이에서 가용한 방위의 범위는, 어떤 방위는 Bragg 법칙을 정확하게 충족하기도 하고, 어떤 방위는 정확하게 그렇지 못하기도 하는데, 단결정 회전과 등가이기 때문이다.

하지만 다결정 회절에서 어떤 특정한 Bragg 각에서 한 반사의 적분강도는 그 각에 혹은 가깝게 배향한 결정들의 수에 의존하므로 제2의 기하인자가 발생한다. 이 수는 결정들이 완전히 무질서하게 배향하더라도 일정하지 않다. 그림 4-16에서 반경 r인 기준구(reference sphere)를 O에 있는 분말 시편 주위에 그린다. 나타낸 특정한 hkl 반사에서 ON은 분말의 한 결정에서 이 지수를 갖는 면에 수직하다. Bragg 각 부근에서 회절을 감지할 수 있는 각의 범위는 $\Delta\theta$라고 가정한다. 그러면 이 특정한 반사에서, 면법선의 끝이 구의 표면 위 폭 $r\Delta\theta$의 띠에 놓이는 그러한 결정들만 회

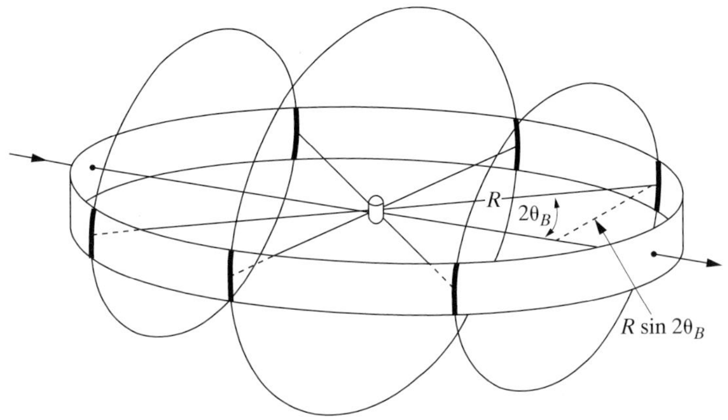

그림 4-17 회절선 원추와 Hull/Debye−Scherrer 필름의 교차

절 위치에 있을 것이다. 결정들은 무질서하게 배향한다고 가정하므로 그 면법선의 끝은 구의 표면에 걸쳐 균일하게 분포할 것이다. 어떤 반사에 유리하게 배향한 분수는 그 띠의 면적과 구 전체의 면적의 비이다. 만일 ΔN이 그러한 결정들의 수이고 N이 총 수이면,

$$\frac{\Delta N}{N} = \frac{r\Delta\theta \cdot 2\pi r \sin(90^\circ - \theta_B)}{4\pi r^2} = \frac{\Delta\theta \cos\theta_B}{2}$$

이다. 그러므로 회절에 유리한 방위에 있는 결정들의 수는 $\cos\theta_B$에 비례하며, 배면 반사에서는 아주 작다.

상대강도를 평가하는 데서 x선의 한 원추에서 총 회절에너지는 다른 한 원추의 것과 비교하는 것이 아니라, 오히려 한 회절선의 단위길이의 적분강도를 다른 한 회절선의 것과 비교하는 것이다. 예를 들면 Hull/Debye−Scherrer 법에서, 그림 4-17에 보인 시편과 필름의 흔한 배치에서, 필름은 반사가 전방이나 후방에 있을 때 $2\theta = 90^\circ$ 근처에 비해서 명백하게 회절원추의 더 많은 부분을 받아들인다. 마찬가지로 그것은 회절기도 사실이다. 이 예에서는 그림 4-17에 그린 원통의 높이는 검출기 앞 수용슬릿의 높이를 나타낸다. 따라서 이런 효과를 포함하면 반사의 강도에 영향을 주는 제3의 기하인자에 이른다. 임의의 회절선의 길이가 $2\pi R \sin 2\theta_B$이면, 여기서 R은 카메라의 반경인데, 선의 단위길이마다 상대강도는 $1/\sin 2\theta_B$에 비례한다.

강도 계산에서 바로 논의한 세 가지의 인자는 하나로 결합하여 Lorentz 인자로 한다[4.5]. Bragg 각 위에서 아래 첨자를 떼어내면, 그 결과는

$$\text{Lorentz 인자} = \left(\frac{1}{\sin 2\theta}\right)(\cos\theta)\left(\frac{1}{\sin 2\theta}\right) = \frac{\cos\theta}{\sin^2 2\theta} = \frac{1}{4\sin^2\theta\cos\theta}$$

이다. 이 인자는 교대로 4-2절의 편광인자 $\frac{1}{2}(1 + \cos^2 2\theta)$와 결합하여, 결합한 Lorentz-편광인자를 주며, 상수 $\frac{1}{8}$을 뺀 인자는

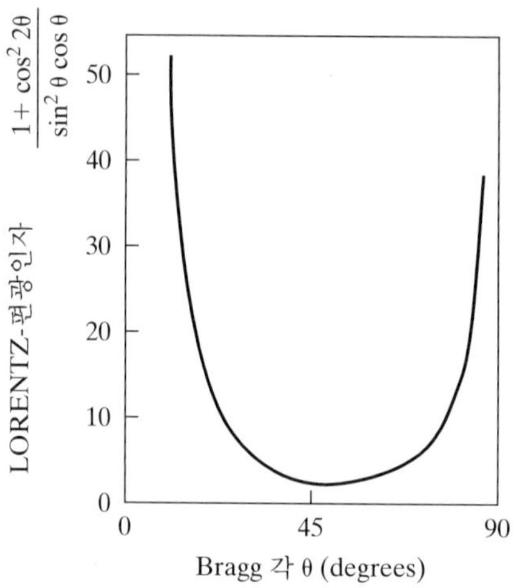

그림 4-18 Lorentz-편광인자

$$\text{Lorentz - 편광인자} = \frac{1 + \cos^2 2\theta}{\sin^2\theta \cos\theta}$$

이다. 이 인자의 값은 부록 12에 있고, 그림 4-18은 이 값을 θ의 함수로 그린 것이다. 이 기하인자의 전반적인 효과는 전방이나 후방에 있는 각에 비해서 중간 각에서 반사강도를 감소하는 것이다.

4-10 흡수인자

여전히 회절선의 강도에 영향을 미치는 또 하나의 인자를 고찰해야 하는데, 그 인자는 시편 자체에서 일어나는 흡수이다. **흡수인자**(absorption factor) A를 도입하여 강도 계산에서 이 효과를 고려한다: 이 인자는 수이며, 흡수를 고려하기 위해 이 인자를 계산강도에 곱한다. A의 계산은 관계한 회절법의 기하학에 의존하고 아래에서 두 개의 기하학을 고찰한다.

Hull/Debye-Scherrer 카메라

Hull/Debye-Scherrer 법에서 시편은 얇은 카메라 축에 놓이는 원통의 분말 모양이고, 그림 4-19(a)는 그러한 시편의 단면을 보여준다. 나타낸 저각 반사에서, 입사빔에서 특정한 한 광선의 흡수는 AB와 같은 한 경로를 따라서 일어난다. B에서 입사에너지의 작은 부분을 한 분말입자가 회절하고 이 회절빔의 흡수는 경로 BC를 따라서 일어난다. 비슷하게 고각 반사에서 입사와 회절빔 둘 다 흡수는 $(DE + EF)$와 같은 경로를 따라 일어난다. 순 결과는 회절빔은 흡수가 없는 시편에 대해 예측하는 것보다 강도가 더 낮다.

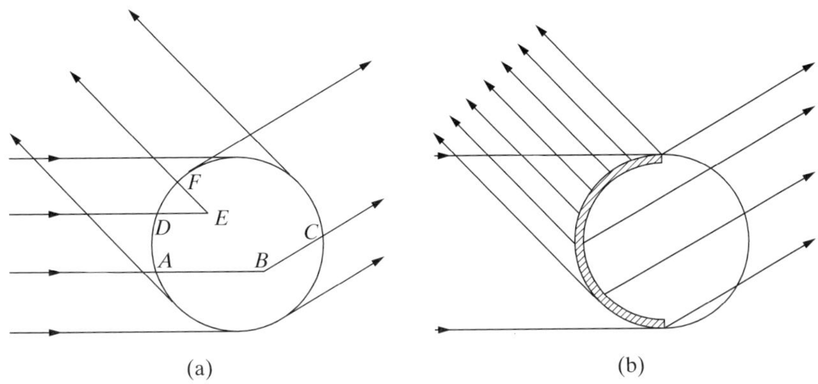

그림 4-19 Hull/Debye-Scherrer 시편에서 흡수: (a) 일반적인 예, (b) 흡수가 큰 시편

이런 영향의 계산은 상대적인 흡수가 어떤 지정한 원통형 시편에서 θ가 감소할수록 증가하는 것을 나타낸다. 이것이 그래야만 하는 것을 흡수가 매우 높은 시료(예로서 텅스텐)에 적용하는 그림 4-19(b)에서 알 수 있다. 입사빔은 매우 빠르게 흡수하여 회절빔의 대부분은 시편의 왼쪽 면 위의 얇은 표면층에서 나온다. 배면 회절빔은 이때 거의 흡수를 겪지 않지만 전방 회절빔은 시편 전체를 통과해야 하고, 크게 흡수가 일어난다. 실제로 이 경우에서 전방 회절빔은 거의 전부 시편의 상단과 하단에서 나온다.[3] θ가 높은 반사와 θ가 낮은 반사 사이의 흡수에서 이런 차이는 선형 흡수계수가 작아질수록 감소하지만 흡수는 언제나 θ가 낮은 반사에서 더 크다. Hull/Debye-Scherrer 흡수인자를 θ에 따라 변한다는 사실을 강조하기 위해서 $A(\theta)$로 쓴다. 그러므로 정성적으로 어떤 시편의 $A(\theta)$는 2θ가 커질수록 증가한다.

한 원통형 시편에서 $A(\theta)$의 계산은 다음과 같이 한다. 그림 4-19(a)에서 θ의 한 지정 값에서 경로길이 $(AB + BC)$를 시편에 대하여 고정한 일정한 좌표축에서 점 B의 위치 x, y의 함수로 나타낸다. 그러면 흡수인자 $A(\theta)$를 시편의 전체 단면적에 걸쳐 적분한 함수 $e^{-\mu(AB+BC)}$로 나타낸다. 이 적분은 수치로만 할 수 있는 것이다. 그 결과는 θ와 μr의 곱의 함수로서 $A(\theta)$ 값들의 표이고, 여기서 μ는 시편의 선형흡수계수이고 r은 시편의 반경이다. 시편은 일반적으로 분말의 작은 덩어리이고 흡수계수는

$$\mu_{\text{압분체}} = \mu_{\text{고체}}\left(\frac{\rho_{\text{압분체}}}{\rho_{\text{고체}}}\right) \tag{4-12}$$

이고, 여기서 ρ는 밀도이다.

3) 그림 3-19에서 재현한 분말무늬는 적어도 원래 필름에서 이 효과를 나타낸다. 각 무늬에서 최저각선은 두 개로 분해하는데, 그 까닭은 시편의 중심을 통과하는 회절빔은 매우 많이 흡수가 일어나기 때문이다. Hull/Debye-Scherrer 사진을 조사할 때 이런 현상의 가능성을 염두에 두는 것은 중요하고, 그렇지 않으면 분리한 저각선은 두 개의 다른 반사에서 온 개개의 회절선으로 잘못 해석할 수 있다.

Bradley는 $A(\theta)$ 값을 계산하고 표로 만들었다[4.6]. 값들의 표를 [G.1, Vol. C pp. 520−521]에서도 찾을 수 있다.

원통형 시편에서 흡수인자의 정확한 계산은 흔히 너무 어려워서, 그 결과 Hull/Debye−Scherrer 법을 사용할 때, 이 효과를 회절강도를 계산하는 데서 언제나 무시할 수 있다는 것은 다행이다. 이런 누락의 정당성을 4-11절에서 찾을 수 있다.

회절기

회절기 시편은 일반적으로 그림 3-21에서처럼 입사빔과 회절빔에 같은 각을 이루는 평판의 모양이다. 아래에 나타낸 것처럼 흡수인자 A는 $1/2\mu$와 같으며 θ에 무관하다. 이러한 θ의 독립성은 두 개의 정반대의 영향이 정확하게 상쇄하기 때문이다. θ가 작을 때 단면적이 일정한 입사빔이 조사한 시편면적은 크지만 x선 침투의 유효깊이는 작다. θ가 클 때 노광면적은 작지만 침투깊이는 상대적으로 크다. 순 효과는 유효노광부피는 일정하며 θ에 무관하다.[4)] 하지만 흡수는 어떠한 경우에서도 일어나고 시편의 흡수계수가 클수록 회절빔의 강도는 그 밖의 다른 요인들이 같다면 더 낮아진다. 알아야 할 중요한 사실은 흡수는 모든 회절빔의 강도를 동일한 인수로 줄이므로 상대 강도들의 계산에는 들어가지 않는다.

A의 계산을 다음과 같이 하는데, 이 영향은 이 책의 후반에 다시 나오므로 계산은 아주 개략적일 것이다. 회절기에서 입사빔은 실제로 발산하지만(6-2절) 발산각이 매우 작으므로(3° 이하) 평행한 광선들로 되어 있다고 가정한다. 그림 4-20에서 입사빔은 강도 I_0(ergs/cm²/sec), 단면적에서 1 cm 제곱이고, 분말 판 위에 각 y로 입사한다. 이 빔에서 길이가 1이고 표면 아래 깊이 x에 있는 두께 dx의 분말층이 회절하는 에너지를 고찰하자. 입사빔은 시편에서 경로길이 AB에 걸쳐 흡수를 겪으므로 고찰하는 층 위에서 1초마다 입사하는 에너지는 $I_0e^{-\mu(AB)}$ (ergs/sec)이고, 여기서 μ는 식 (4-12)로 나타내는 압분체(powder compact)의 선형흡수계수이다. a는 입사빔의 회절을 위해 올바른 방위에 있는 입자들을 포함하는 시편의 부피분율이고, b는 한 단위부피에서 회절하는 입사

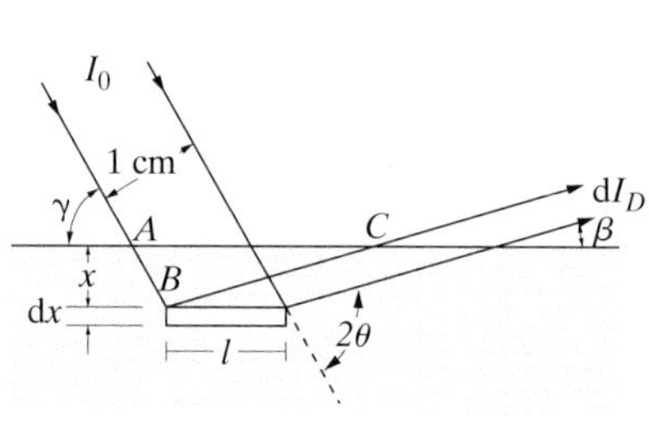

그림 4-20 평판에서 회절: 입사빔과 회절빔은 도면의 면에 수직한 방향으로 폭이 1 cm이다.

4) 이것은 입사빔이 일정한 각발산(angular divergence)을 가질 때만 옳다. 어떤 회절기는 가변 발산슬릿을 사용하여 A는 일정하지 않고 θ에 따라 변할 것이다.

에너지 분율이다. 그러면 고찰하는 부피가 $l\,dx$인 층에서 1초마다 회절에너지는 $abl\,I_0 e^{-\mu(AB)}dx$이다. 그러나 이 회절에너지는 흡수로도 $e^{-\mu(BC)}$의 인수만큼 감소하는데, 그 까닭은 회절선이 시편에서 경로길이는 BC이기 때문이다. 그 결과 시편 바깥에서 회절빔에서 1초마다 에너지 유속(flux), 즉 적분강도는

$$dI_D = ablI_O e^{-\mu(AB+BC)} \qquad dx(\text{ergs/sec}) \tag{4-13}$$

이지만

$$l = \frac{1}{\sin\gamma} \qquad AB = \frac{x}{\sin\gamma} \qquad BC = \frac{x}{\sin\beta}$$

그러므로

$$dI_D = \frac{I_O ab}{\sin\gamma} e^{-\mu x(1/\sin\gamma + 1/\sin\beta)} dx \tag{4-14}$$

이다. (독자는 반사가 아닌 투과에서 비슷한 흡수 결과를 식 (14-10)으로 나타내는 것을 나중에 알아차릴 것이다.)

준집중 회절기에서 사용하는 특정한 시편 배치에서 $\gamma = \beta = \theta$이고, 상기의 식은

$$dI_D = \frac{I_O ab}{\sin\theta} e^{-2\mu x/\sin\theta} dx \tag{4-15}$$

이 된다. 전체 회절강도를 무한히 두꺼운 한 시편에서 적분하여 얻는다:

$$I_D = \int_{x=0}^{x=\infty} dI_D = \frac{I_O ab}{2\mu} \tag{4-16}$$

여기서 I_0, b, μ는 모든 반사에서 일정하고(θ와 무관하며), a를 상수를 간주할 수 있다. 실제로 a는 θ에 따라 다르지만 이 변화는 이미 Lorentz 인자의 cos θ 몫으로 보정한다. 그러므로 흡수인자 $1/2\mu$는, 입사빔과 회절빔에 같은 각을 이루는 평판 시편에서, 시편이 모든 각도에서 입사빔을 채우며 유효하게 무한한 두께를 가진다면 θ에 무관하다.

'무한한 두께'로 삼는 기준은 강도 측정의 감도나 무시할 수 있는 회절강도로 간주하는 것에 달려 있다. 예를 들어, 배면에서 얇은 한 층이 회절하는 강도가 전면 상에서 얇은 한 층이 회절하는 강도의 $\frac{1}{1000}$이 되기 위해서 무한한 두께의 시편이 가져야 하는 두께를 t로 정의하는 것은 임의이나 아주 합리적이다. 그러면 식 (4-15)에서

$$\frac{dI_D \quad (\text{at } x = 0)}{dI_D\,(\text{at } x = t)} = e^{2\mu/\sin\theta} = 1000$$

이 식에서

$$t = \frac{3.45 \sin\theta}{\mu}$$

이다. 이 식은 금속 시편의, '무한한 두께'는 매우 작다는 것을 보여준다. 예를 들면, 니켈 분말의 시편을 Cu $K\alpha$로 90°에 가까운 θ 값에서 조사한다고 가정하자. 압분체의 밀도를 니켈 덩어리의 밀도 8.9 g/cm^{3}의 약 0.6으로 취하면, 그 결과 압분체의 μ 값은 261 cm^{-1}이 된다. 그러므로 t 값은 1.32×10^{-2} cm나 약 오천분의 일 인치이다.

4-11 온도인자

지금까지 결정을 격자에서 고정점에 있는 원자들의 한 집합으로 생각하여 왔다. 실제로 원자들은 평균 위치에서 절대 영의 온도에서조차 열진동을 겪으며, 이 진동의 진폭은 온도가 증가할수록 커진다. 상온에 있는 알루미늄에서, 평균 위치에서 원자의 평균 변위는 약 0.17 Å이고 이 값은 결코 무시할 수 없는 것으로 이 결정에서 가장 가깝게 접근한 평균 원자 위치에서 거리의 약 6%이다. 이 평균 변위는 한 원자 안에서 전자 사이 거리 정도이며, 산란에 같은 영향을 미쳐야 한다. 즉, 상쇄간섭은 증가하는 산란각 2θ에 따라 증가한다. 사실 Laue의 실험 이전에, 결정이 회절할 가능성에 반박하여 제기한 논쟁 중 하나는, 상온에서 열진동은 피크를 결코 관측할 수 없을 정도로 주기성을 파괴할 것이라는 것이었다[G.11, p 42].

온도에서 증가의 결과로 증가한 원자의 열진동은 세 가지의 주요 효과를 낸다:

1. 단위포는 팽창하여 주기 d에서, 그 결과 회절선의 2θ 위치에서 변화를 일으킨다. 만일 한 개 이상의 회절선 위치를 온도의 함수로 측정한다면 시편의 열팽창계수를 x선 회절로 결정할 수 있다.
2. 회절선의 강도는 감소한다.
3. 회절선 사이에서 배경산란의 강도는 증가한다.

둘째와 셋째 효과를 아래에서 기술한다. 여기서 중요한 것은 기본적으로 일정한 온도(일반적으로 상온)에서 2θ에 따른 강도의 변화에 있으며, 온도에 따른 강도 변화에 있지 않다.

열요동은 격자의 주기성을 떨어뜨리기 때문에 회절빔의 강도를 감소한다. 어떤 순간에도 대칭적으로 무질서한 원자 변위는 그 평형 위치 주위에 있다. 따라서 Bragg 각에서 산란하는 파동의 보강, 이런 보강을 회절빔이라 부르는데, 원자들이 고정한 결정에서처럼 완전하지 않다. 이런 보강은 결정에서 인접한 원자들의 층((hkl)에 평행하게 놓이는)이 산란하는 파 사이의 경로차가 정수일 것을 요구한다. 만일 u가 한 원자의 평균 위치에서 평균 변위라고 하면, u/d 비가 증가할

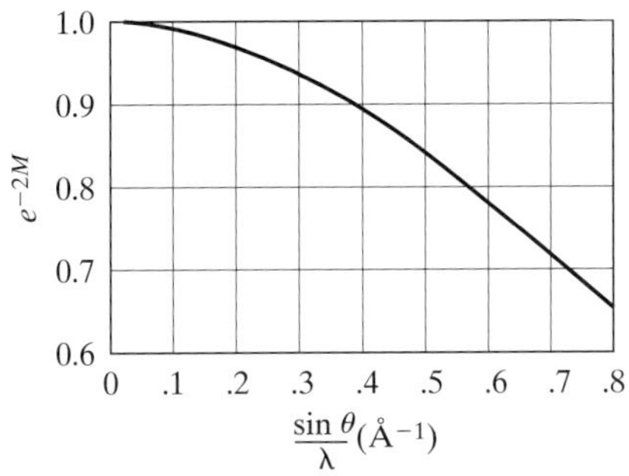

그림 4-21 (sinθ)/ λ의 함수로 나타낸 20°C에서 온도인자 e^{-2M}

수록, 즉 u가 증가하므로 온도가 증가할수록 혹은 θ가 큰 반사는 낮은 d 값에 대응하므로 θ가 증가할수록, 보강은 더 불완전하게 된다[4.7]. 따라서 회절빔의 강도는 온도를 올릴수록 감소하고, 일정한 온도에서 열진동은 고각에서 회절강도를 저각에 비해 더 감소하게 한다. 강도 계산에서 이런 효과는 **온도인자** e^{-2M}을 도입하여 포함하는데, 이 인자는 하나의 수로서, 원자들의 열 진동을 고려하기 위해 계산강도에 이를 곱한다[4.8]. 정성적으로 e^{-2M}은 2θ가 감소할수록 감소한다. e^{-2M}을 계산하는 방법은 필요할 때 후에 개설하고, 그림 4-21은 철에서 이러한 계산의 결과를 보여준다.

원통형 시편에서 온도효과와 이전에 논의한 흡수효과는 각에 정반대로 의존하며, 1차 근사로 Hull/Debye – Scherrer 법에서 서로 상쇄한다. 예를 들면, 배면 반사에서 흡수는 회절빔의 강도를 아주 거의 감소하지 않지만, 열요동은 이를 크게 감소하는 반면에, 전방에서는 그 반대가 맞다. 두 효과는 모든 각에서 서로 정확하게 상쇄하지 않는다. 하지만 만일 선 강도를 θ 값이 너무 크게 다르지 않는 선에 국한하여 비교하면, 흡수와 온도 효과는 Hull/Debye – Scherrer 법에서 안전하게 무시할 수 있다. 이런 상황은 양쪽 효과를 꽤 정확하게 계산하기 어렵기 때문에 다행스럽다.

이론에서 원자들의 열진동은 회절선의 최대강도의 반에서 측정한 폭 B에서 아주 약간의 증가를 일으킨다. 그러나 회절선은 용융점에 이르기까지 쭉 예리하게 나타나고, 그 최대강도는 점차 감소한다.

그리고 원자 진동의 평균 진폭은 온도만 함수가 아니라 결정의 탄성계수에도 의존한다는 것은 주목할 만하다. 어떤 지정한 온도에서도 결정이 덜 '딱딱한' 것이면, 진동 진폭 u는 더 크다. 이 사실은 u가 무르고 용융점이 낮은 납과 같은 금속에서는 가령 텅스텐에 비해 어떠한 한 온도에서도 대단히 더 크다는 것을 뜻한다. 용융점이 낮은 물질들은 상온에서조차 u 값이 아주 크고, 따라서 배면 반사 사진을 좋지 않게 만든다. 예를 들면, 20°C의 납에서 열 원자진동은 Cu $K\alpha$ 방사선으로 관측한 최고각(약 161° 2θ에서)의 회절선 강도를 정지한 원자에서 값의 단지 18% (e^{-2M} = 0.18)까지 감소한다.

이 책에서 기술한 한 응용에서만(12-5절), 온도인자 e^{-2M}에 관한 어떠한 정량적인 정보가 필요하겠지만, 여기서는 다른 열효과를 고려하기 전에 계산을 제시하는 것이 편리하다. 형식에서 이 효과는 f를 열진동하고 있는 한 원자의 원자산란인자로, f_0를 정지한 한 원자의 같은 양으로 정의하여 포함하고, 그 둘은

$$f = f_0 e^{-M}$$

로 관계를 맺는다. (그러면 f_0 양은 일반적으로 표로 만든, 예를 들면, 부록 10에서처럼 산란인자이다.) 어떤 선의 강도로 f^2에 의존하므로 계산강도는 열진동을 고려해서 e^{-2M}으로 곱하여야 한다. 양 M은 열진동의 진폭 u와 산란각 2θ에 둘 다 의존한다:

$$M = 2\pi^2\left(\frac{\overline{u^2}}{d^2}\right) = 8\pi^2\overline{u^2}\left(\frac{\sin\theta}{\lambda}\right)^2 = B\left(\frac{\sin\theta}{\lambda}\right)^2 \quad (4\text{-}17)$$

여기서 $\overline{u^2}$은 회절면에 수직한 방향에서 원자의 평균제곱 변위이다. $\overline{u^2}$을 온도의 함수로 정확하게 계산하는 것은 극히 어렵고, 이것은 M이나 B를 정확하게 결정할 수 없다는 것을 뜻한다. Debye[4.8]는 다음 식을 제시하였다:

$$M = \frac{6h^2T}{mk\Theta^2}\left[\phi(x) + \frac{x}{4}\right]\left(\frac{\sin\theta}{\lambda}\right)^2 \quad (4\text{-}18)$$

여기서 h는 Planck 상수, T는 절대온도, m은 진동하는 원자의 질량, k는 Boltzmann 상수, Θ는 K로 나타낸 물질의 Debye 특성온도, $x = \Theta/T$ 이고, $\phi = (x)$는 Θ 값에 따라 부록 13에 표로 만든 함수이다. $m = A/N$이므로, 여기서 A = 원자량이고 N = Avogadro 수인데, 상기한 괄호친 항의 계수는 λ를 옹스트롬으로 나타내면,

$$\frac{6h^2T}{mk\Theta^2} = \frac{(6)(6.02\times10^{26})(6.63\times10^{-34})^2T}{A\Theta^2(1.38\times10^{-23})(10^{-20})} = \frac{1.15\times10^4T}{A\Theta^2}$$

이 된다. 식 (4-18)은 근사적이며, 입방 결정구조인 원소들에만 적용한다. 회절무늬에서 열진동의 영향에 관한 완벽한 취급은 James[G.19]와 Warren[G.20]을 보라.

원자들의 열진동은 회절무늬에 또 다른 영향을 미친다. 회절선의 강도를 감소하는 것 말고도

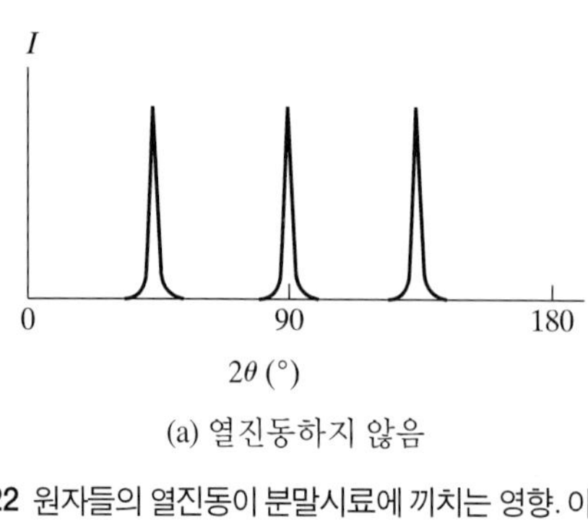

(a) 열진동하지 않음

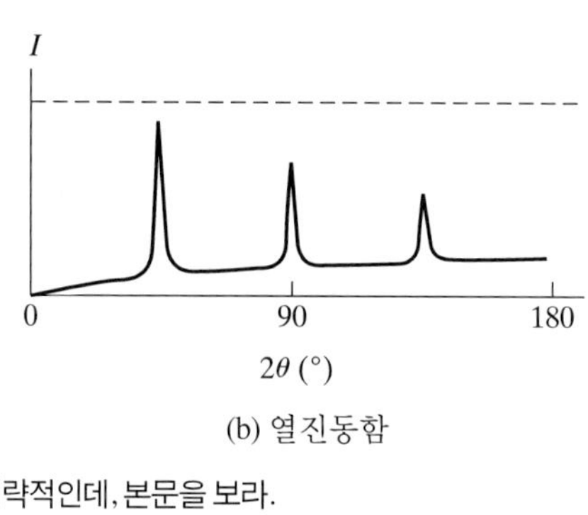

(b) 열진동함

그림 4-22 원자들의 열진동이 분말시료에 끼치는 영향. 아주 개략적인데, 본문을 보라.

이것은 모든 방향으로 다소 일반적인 정합산란을 일으킨다. 이 산란을 **온도-확산산란**으로 부른다. 이 산란은 무늬의 총괄 배경에만 기여하고 강도는 2θ에 따라 점차 증가한다. 회절선과 배경 사이의 대비는 자연히 나빠지고, 그리하여 이 효과는 매우 바람직하지 않은 것으로, 극한적인 경우 배면 반사 영역에서 회절선을 배경과 거의 구별할 수 없게 한다. 그림 4-22는 이 효과를 도해로 나타내고 있다. (a)에서는 정지한 원자의 극히 가상의 회절무늬(단지 세 개의 선이 간격을 같게 띄어서, 똑같이 강하게, 어떠한 배경도 없는)를 나타내었다. (b)에서는 회절선이 인자 e^{-2M}만큼 강도에서 감소하고 열 확산산란의 배경과 겹친다. 저온에서 열요동에 기인한 배경산란은 거의 없으며 회절선은 비교적 강하다. 만일 시편을 고온으로 가열한다면, 선은 아주 약하게 되고 온도-확산산란은 무늬에서 중요한 부분이 된다.

온도-확산산란의 현상은 비Bragg 각에서 또 다른 산란의 예이다. 그러한 산란이 일어나야 한다는 것은 놀랄 만한 것이 아닌데, 그 원인은 원자들의 평균 위치에서 변위는 일종의 결정결함을 구성하는데, 비Bragg 각에서 산란선 사이에서 완전한 상쇄간섭을 위해 필요한 조건을 일부 무너뜨리기 때문이다.

4-12 다결정 시료에서 회절피크의 강도

이제는 선행한 절에서 논의한 인자를 분말 회절선의 상대강도를 위한 공식으로 함께 모으는 것이 가능하다.

Hull/Debye-Scherrer 카메라

$$(\text{근사적}) \qquad I = |F|^2 p \left(\frac{1 + \cos^2 2\theta}{\sin^2 \theta \cos \theta} \right) \tag{4-19}$$

여기서 I = 상대 적분강도(임의의 단위), F = 구조인자, p = 다중도 인자, θ = Bragg 각이다. 괄호 안의 삼각함수 항은 Lorentz-편광인자이다. 이 식에 이르는 데 있어서, 회절무늬의 모든 회절선에서 일정한 인자를 생략한다. 예를 들면, Thomson 공식(식 (4-2))에 남아 있는 것은 편광인자 $(1 + \cos^2 2\theta)$뿐이고, 상수인 인자, 가령 입사빔의 강도와 전자의 전하와 질량을 생략한다. 그리고 한 회절선의 강도는 시편의 노광부피에 직접 비례하며 카메라 반경에 역으로 비례하지만 이 인자는 역시 모든 회절선에서 일정하여 이를 무시할 수 있다. 온도와 흡수 인자의 생략은 식 (4-19)가 회절무늬에서 서로 꽤 가깝게 있는 선에서만 유효하다는 것을 의미한다. 이 후자가 제한하는 것은 들리는 것처럼 심각하지는 않다. 끝으로 이 식은 상대 **적분강도**, 즉 강도 대 2θ의 곡선 하의 상대 면적을 준다는 것을 상기해야 한다. 만일 정확한 식이 필요하면, 흡수인자 $A(\theta)$와 온도인자 e^{-2M}을 끼워 넣어야 한다:

$$(\text{정확한 식})\ I = |F|^2 p \left(\frac{1 + \cos^2 2\theta}{\sin^2\theta\cos\theta}\right) A(\theta) e^{-2M} \tag{4-20}$$

회절기

여기서 흡수인자는 θ에 무관하고, 따라서 상대강도의 계산에는 들어가지 않는다. 식 (4-19)는 훨씬 덜 엄밀한데, 왜냐하면 이제는 어떠한 흡수와 온도 인자가 상쇄하지 않기 때문이다. 식 (4-19)는 여전히 회절무늬 상의 인접한 선에서 사용할 수 있지만, 온도인자를 생략하였기 때문에 더 낮은 각의 회절선의 계산강도에 비해 더 높은 각의 회절선의 계산강도는 언제나 약간 너무 클 수 있다. 회절기의 정확한 식은

$$(\text{정확한 식})\ I = |F|^2 p \left(\frac{1 + \cos^2 2\theta}{\sin^2\theta\cos\theta}\right) e^{-2M} \tag{4-21}$$

이다.

제한조건

다음 두 개의 영향은 상기한 강도 공식을 무효로 만들 수 있다:

1) 우선방위(preferred orientation). 4-9절에서 Lorentz 인자의 cos θ 부분을 결정하는 방식에서, 식 (4-19)에서 (4-12) 까지의 식은 시편을 이루는 결정들이 공간에서 무질서 배열할 때만 유효하다. 결정입자들의 우선방위는 계산과 관측 강도 사이의 근본적인 불일치를 일으키고, 그러한 불일치가 존재할 때 우선방위는 의심할 수 있는 첫 번째 가능성 있는 원인이 된다. 방위에서 완전한 무질서한 방위의 이상에 가깝게 접근할 수 있도록, 빻은 분말이나 금속 줄 작업물(filing)에서 얻은 분말을 압축하여 시편을 준비하는 것은 비교적 쉽지만 거의 모든 다결정질 시편, 금속 선, 금속 판, 제조한 세라믹, 자연 암석이나 광물조차 다소간 입자들의 우선방위를 나타낼 것이다. 시료 내에 커다란 입자들이 존재하면, 계산과 관측 강도는 아주 다르게 될 수 있다. 조대 입자와 우선방위 효과를 구별하는 방법은 9-8절에서 논의한다.

2) 소광(extinction)[G.19, G.20]. (4-19)에서 (4-20)까지의 식은 아주 작은 모자이크 구역(mosaic block)(두께가 10^{24} cm에서 10^{25} cm 정도인)들로 되어 있는 소위 '이상적으로 불완전한' 결정을 단위로 하여 유도하는데, 이 구역은 아주 무질서하게 배향하여 모두 본디 평행하지 않다. 그러한 결정은 회절력이 최대이다. 큰 모자이크 구역들로 되어 있는 한 결정은, 이 결정의 일부나 전부가 서로 정확하게 평행하면, 거의 완전하고 회절력은 더 낮게 된다. 결정이 거의 완전하게 되면서, 일어나는 회절빔의 적분강도에서 감소를 소광(extinction)이라 한다. 소광은 이상적으로 불완전한 결정에서는 없고 식 (4-19)에서 (4-21)에 이르는 식

을 유도하는 데 사용한 회절의 수학적인 취급은 정역학 이론이라 부른다. 소광이 있다는 것은 식 (4-19)에서 (4-21)에 이르는 식을 무효로 만들며 동역학 이론을 사용할 것을 요구한다(5-5절에서 요약한다). 결정을 더 불완전하게 할 어떠한 처리도 소광을 줄일 것이고, 그러한 원인으로도 분말 시편은 가능한 미립으로 분쇄해야 한다. 분쇄는 결정 크기를 감소하고 회절 원추를 더 가득 차게 하는 동시에 모자이크 구역 크기를 줄이고 모자이크 구역을 무질서하게 배향하고 불균일하게 변형하는 경향이 있다.

소광효과는 단결정 시편에서뿐만 아니라 다결정질 시편의 개개의 입자에서도 작용할 수 있다. 소광은 분쇄하거나 줄질로 얻은 분체에서는 없는 것으로 가정할 수 있으며 보통 미립질 다결정 시편에서는 무시할 수 있는 것이다. 만일 이것의 존재가 후자에서 의심스러우면, 시편을 언제나 분쇄나 줄질로 줄여서 분말로 만든다.

4-13 강도 계산의 예

Cu $K\alpha$ 방사선으로 얻은 구리의 Hull/Debye–Scherrer 무늬에서 회절선의 강도와 위치에 관한 계산으로 식 (4-19)를 사용하여 설명할 것이다. 계산은 컴퓨터에서 스프레드시트 프로그램을 사용하면 아주 쉽게 할 수 있고, 표 4.2의 표 형식은 관측한 피크강도와 계산한 피크강도를 비교하는 데 편리하다.

참고

2 열: 구리는 면심입방이므로, F는 비혼합 지수에서 $4f_{Cu}$와 같으며 혼합 지수에서 영이다. 모두 비혼합인 면지수는 부록 19에서 $(h^2 + k^2 + l^2)$의 오르는 값의 순으로 이 열에 열거한다.

4 열: 한 입방 결정에서, $\sin^2\theta$ 값을 식 (3-11)로 준다.

$$\sin^2\theta = \frac{\lambda^2}{4a^2}(h^2 + k^2 + l^2)$$

이 경우에서, $\lambda = 1.542$ Å (Cu $K\alpha$)이고 $a = 3.615$ Å (구리의 격자상수)이다. 그러므로 3 열에서 정수를 $\lambda^2/4a^2 = 0.0455$로 곱하면 4 열에 열거한 $\sin^2\theta$ 값을 준다. 이것과 유사한 계산에서 세 자리 유효숫자의 정확도이면 충분하다.

6 열: Lorentz-편광인자와 $(\sin\theta/\lambda)$를 결정하는 것이 필요함.

7 열: f_{Cu}를 결정하는 것이 필요함.

8 열: 부록 10에서 얻음.

9 열: $F^2 = 16f_{Cu}^2$ 관계에서 얻음.

표 4.2

1	2	3	4	5	6	7	8
회절선	*hkl*	$h^2+k^2+l^2$	$\sin^2\theta$	$\sin\theta$	θ	$\frac{\sin\theta}{\lambda}(A^{-1})$	f_{Cu}
1	111	3	0.1365	0.369	21.7	0.24	22.1
2	200	4	0.1820	0.427	25.3	0.27	20.9
3	220	8	0.364	0.603	37.1	0.39	16.8
4	311	11	0.500	0.707	45.0	0.46	14.8
5	222	12	0.546	0.739	47.6	0.48	14.2
6	400	16	0.728	0.853	58.5	0.55	12.5
7	331	19	0.865	0.930	68.4	0.60	11.5
8	420	20	0.910	0.954	72.6	0.62	11.1

1	9	10	11	12	13	14
				상대적분강도		
회절선	F^2	*p*	$\frac{1+\cos^2 2\theta}{\sin^2\theta\cos\theta}$	계산	계산	관측
1	7810	8	12.03	7.52×10^5	10.0	vs
2	6990	6	8.50	3.56	4.7	s
3	4520	12	3.70	2.01	2.7	s
4	3500	24	2.83	2.38	3.2	s
5	3230	8	2.74	0.71	0.9	m
6	2500	6	3.18	0.48	0.6	w
7	2120	24	4.81	2.45	3.3	s
8	1970	24	6.15	2.91	3.9	s

10 열: 부록 11에서 얻음.

11 열: 부록 12에서 얻음.

12 열: 이 값은 식 (4-19)에 따른 9, 10, 11 열에 있는 값의 곱이다.

13 열: 첫째 회절선을 임의의 10의 강도로 다시 계산한, 즉 첫째 회절선을 10으로 '정규화' 한 12 열의 값.

14 열: 이 기입은 그림 3-19에서 구리의 원본 필름에서 다음의 간단한 척도에 따라서 눈으로 추정한 관측강도를 준다(vs = 가장 강한, s = 강한, m = 중간, w = 약한).

여기서 얻은 관측과 계산한 강도 사이의 일치는 만족할 만하다. 얼마나 다중도 p의 값이 선강도에 강하게 구속력을 행사하는지 주목한다. $|F|^2$과 Lorentz-편광인자의 값은 θ에 따라 매우 완만하게 변하나, p의 값과 그 결과인 I의 값은 매우 불규칙하게 변한다.

더 복잡한 구조 하나를, 즉 그림 2-22(b)에 보인, ZnS의 섬아연석 형의 구조를 이제 고찰할 수 있다. ZnS의 이 형은 입방이고 격자상수는 5.41 Å이다. 여기서 상대강도를 Cu $K\alpha$ 방사선으로 얻은 Hull/Debye−Scherrer 무늬의 처음 여섯 선에서 계산할 것이다.

언제나 그렇듯이 첫 단계는 구조인자를 푸는 것이다. ZnS는 단위포마다 네 개의 아연과 네 개

의 황 원자가 있고 아래 위치에 있다:

$$\text{Zn:}\quad \tfrac{1}{4}\tfrac{1}{4}\tfrac{1}{4} \qquad + \quad \text{면심병진}$$

$$\text{S:}\quad 0\,0\,0 \qquad + \quad \text{면심병진}$$

이 구조는 면심이므로 구조인자는 혼합 지수인 면에서 영일 것이다. 4-6절의 예 (e)에서, 면심병진에 대응하는 구조인자식의 항을 인수로 빼낼 수 있고 비혼합 지수의 식을 바로 쓸 수 있다:

$$F = 4[f_S + f_{Zn}e^{(\pi i/2)(h+k+l)}]$$

$|F|^2$은 위의 식을 이것의 공액 복소수로 곱하여 얻는다:

$$|F|^2 = 16[f_S + f_{Zn}e^{(\pi i/2)(h+k+l)}][f_S + f_{Zn}e^{-(\pi i/2)(h+k+l)}]$$

이 식은 다음과 같이 간단하게 된다:

$$|F|^2 = 16\left[f_S^2 + f_{Zn}^2 + 2f_S f_{Zn}\cos\frac{x}{2}(h+k+l)\right]$$

표 4.3

회절선	hkl	θ	$\frac{\sin\theta}{\lambda}(A^{-1})$	f_S	f_{Zn}
1	111	14.3	0.16	12.3	25.8
2	200	16.6	0.19	11.4	24.6
3	220	23.8	0.26	9.7	22.1
4	311	28.2	0.30	9.0	20.7
5	222	29.6	0.32	8.8	20.0
6	400	34.8	0.37	8.2	18.4

1	7	8	9	10	11
회절선	$\|F\|^2$	p	$\frac{1+\cos^2 2\theta}{\sin^2\theta\cos\theta}$	상대강도 계산	상대강도 관측
1	13070	8	30.0	10.0	vs
2	2790	6	21.7	1.2	w
3	16180	12	9.76	6.1	vs
4	8150	24	6.64	4.1	vs
5	2010	8	5.95	0.3	vw
6	11320	6	4.19	0.9	w

여러 특정한 경우에는 더욱 간단하게 된다:

$$|F|^2 = 16(f_S^2 + f_{Zn}^2) \qquad (h+k+l)\text{이 홀수일 때} \qquad (4\text{-}22)$$

$$|F|^2 = 16(f_S - f_{Zn})^2 \qquad (h+k+l)\text{이 2의 홀수 배일 때} \qquad (4\text{-}23)$$

$$|F|^2 = 16(f_S + f_{Zn})^2 \qquad (h+k+l)\text{이 2의 짝수 배일 때} \qquad (4\text{-}24)$$

강도 계산을 표 4-3에서 수행하는데, 간단하게 하기 위해서 몇 개의 열을 뺀다.

참고

5 열과 6 열: 이 값을 부록 10의 자료를 작도한 산란인자 곡선에서 읽는다.
7 열: $|F|^2$을 관계한 *hkl*의 특정한 값에 따라서, 식 (4-22), (4-23) 혹은 (4-24)를 사용하여 얻는다. 그러므로 식 (4-22)를 111 반사에, 식 (4-24)를 220 반사에 사용한다.
10 열과 11 열: 여기서 계산과 관측 강도 사이에서 얻은 일치는 다시 만족할 만하다. 이 경우에서 $|F|^2$의 값과 p의 값은 둘 다 불규칙하게 θ에 따라 변하여, 그 결과 I는 불규칙하게 변한다.

하나 더 추가하여 강도 계산에 관하여 언급하는 것이 필요하다. 분말법에서 서로 다른 Miller 지수인 두 조의 면은 필름 위에 같은 위치로 회절을 일으킬 수 있다: 예를 들면, 입방정계에서 (411)과 (330) 면인데, 그 면은 $(h^2 + k^2 + l^2)$의 값이 같고, 이리하여 면간거리와 2θ는 같기 때문이고, 또는 정방계의 (501)과 (431)면인데, $(h^2 + k^2)$ 값과 l^2 값이 같기 때문이다. 그러한 예에서 각 반사의 강도는 따로따로 계산해야 하는데, 그 까닭은 일반적으로 둘은 다중도와 구조인자가 서로 다르기 때문이다. 그런 다음 더하여 회절선의 총 강도를 찾는다. 이 결론은 회절기에서도 유효하다.

4-14 역공간과 회절강도

2장에서 역격자는 직공간 격자와 마찬가지로 동등하게 유효한 결정의 표현으로 보았다. 비록 지도를 그리는 기본 원리는 다르지만, 격자 벡터와 Miller 면은 양쪽으로 표현할 수 있다. 3장에서 역격자와 Ewald 구의 작도를 회절빔 방향을 결정하기 위해서 사용하였다. 이 절에서는 회절의 역공간 처리를 지정한 한 *hkl*(즉, 역격자 점)의 회절강도와 역공간에서 이 점의 위치를 결부하여 좀더 전개할 것이다. 실제로 역공간 내에서 각각의 위치는 하나의 회절이나 산란강도와 결부할 수 있지만 이 점을 5장에 이를 때까지 전개하지 않을 것이다.

개개의 *hkl* 반사는 강도가 구조인자의 제곱인 F_{hkl}^2에 비례한다. F_{hkl}^2의 값을 한 결정의 역공간 격

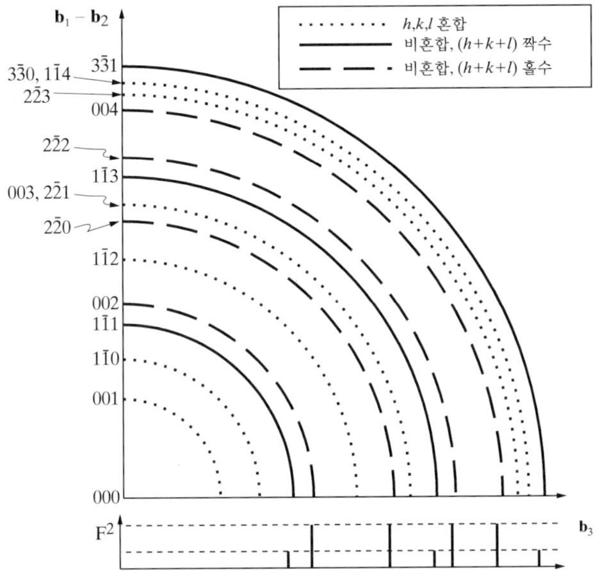

그림 4-23 (a) NaCl 결정에서 이 구조의 세 개의 F^2 값을 나타내는 110 역격자 면(부호 의미는 범례를 보라). 역격자 점(rel point)의 크기는 역공간에서 물리적인 범위가 아닌 강도를 나타낸다.

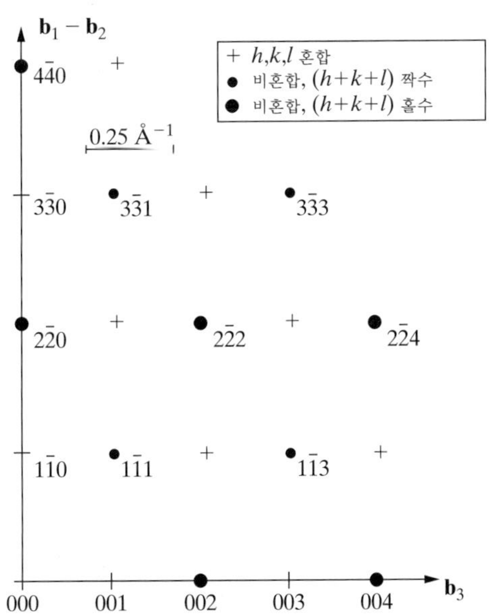

그림 4-23 (b) 다결정질 무질서 배향의 NaCl에서 110 역격자 면의 한 사분면을 교차하는 역격자 각(rel shell). 축은 (a)에서 보인 것과 같은 방위를 지닌 입자들 중 한 개의 방향을 나타낸다. (a)에서 나타낸 면의 점에 해당하는 역격자 각만 포함한다. 사분면 아래 작도는 어떻게 F^2이 회절기 주사에서 변하는지 나타낸다(수평축도 2θ가 아니지만, 수직축도 측정강도가 아니다).

자에서 각각의 *hkl*에 지정하였다고 가정하자. 그 결정을 Ewald 구가 *hkl* 점을 지나가게 배향한다면 회절강도의 값을 그 F^2_{hkl}으로 나타낼 수 있다(식 (4-20)과 (4-21)에 있는 F^2_{hkl} 외의 항을 무시한다). 그림 4-23(a)에 그린, NaCl의 110 역격자 면을 고찰하자: 이 면은 그 면에서 [002]가 한 축으로 있고, [$\bar{1}$10]이 두 번째 직교하는 축을 따라서 있는 사각형 망이다. 세 개의 F^2 값이 가능하다:

$$F^2 = 0 \qquad h, k, l \text{ 혼합}$$

$$= 16(f_{Na} + f_{Cl})^2 \qquad h, k, l \text{ 비혼합}, (h + k + l)\text{은 짝수}$$

$$= 16(f_{Na} - f_{Cl})^2 \qquad h, k, l \text{ 비혼합}, (h + k + l)\text{은 홀수}$$

NaCl의 110 역격자 면은 세 가지 모든 유형의 *hkl*을 포함하고 지수를 그림 4-23(a)에 나타낸다.

다결정질 NaCl의 역격자 각(reciprocal lattice shell, rel shell)을 보여주는 것은 약간 더 어렵다. 110 역격자 면이 있는 무질서한 한 분말에서, 서로 다른 역격자 각이 교차하는 한 사분면을 그림 4-23(b)에 나타내었다. 다시 한 번 세 가지 유형의 각(shell)이 있고, 그 중 하나는 규칙적으로 소멸한다. 110 역격자 면에 있는 역격자 점에 대응하는 역격자 각만 나타낸 것에 주의한다: 규칙적으로 소멸하는 210과 310 각을 명료하게 나타내도록 생략한다. 회절무늬는 그림 4-23(b)의 아래에 보인 곡선의 외형을 보인다. Cu와 같은 fcc 상에서, 영이 아닌 모든 fcc 반사는 F^2이 같지만, 여기서는 Na와 Cl 이온의 존재에 기인하여 F^2은 비규칙적으로 소멸하는 반사에서 변조한다.

4-15 X선 강도의 측정

바로 든 예에서 관측강도는 간단하게 한 선을 다른 선과 눈으로 비교하여 평가할 수 있다. 비록 놀랍게도 많은 예에서 이 간단한 절차는 만족할 만하나, 회절강도를 좀 더 정밀하게 측정할 필요가 있는 문제가 있다. 그러한 측정을 하는 데 사용할 수 있는 두 가지의 방법이 있는데, 하나는 사진 감광유제나 영상판에 미치는 x선 영향에 의존하는 것이고 다른 하나는 x선이 전자 검출기를 활성화하는 능력에 의존한다. 6장과 7장에서 이 방법을 더 자세하게 기술할 것이다.

문 제

*4-1 유한두께의 평판 모양인 회절기 시편의 흡수인자의 식을 유도하라. (흡수인자는 이때 θ에 의존한다는 것을 주목하라.) 이 선에 지수를 매기고(즉, 식 (3-11)과 부록 10을 사용하여 각 반사의 Miller 지수를 결정하라) 상대 적분강도를 계산하라.

*4-2 Cu *Ka* 방사선으로 20°C에서 측정한 Cu와 Pb의 회절무늬에서 가장 큰 각을 생각하자.

이 선의 강도는 각기 원자들의 열진동으로 몇 퍼센트 감소하는가?

4-3 다음 중 어느 하나에 구조가 기초를 두는 한 가상 원소를 생각하자:

a) 단위포 A: 단위포당 0 0 0과 $\frac{1}{2}$ $\frac{1}{2}$ 0에 두 원자를 포함하고 $a = 2$Å과 $c = 3$Å인 저심정방

b) 단위포 B: 단위포당 0 0 0에 한 개의 원자가 있는 단순정방

각 단위포와 Cu $K\alpha$ 방사선으로 얻은 한 분말무늬에서 관측한($F^2 \neq 0$) 처음 네 개의 선 위치(2θ 값)를 구하는 간단한 구조인자식을 결정하라. 그림 10-2의 방식으로 이 선의 2θ 값을 그리고, 단위포 A와 단위포 B와 관계하여 각 선에 지수를 붙여라. 두 포를 서로 적절하게 보이도록 그리고 $00l$ 형이 명백한 회절선이 아닌 어떠한 관측선의 지수도 동일한 원자면과 관계함을 보여라.

[이 문제는 몇 개의 요점을 나타낸다: (1) 원하는 어떠한 단위포도 선택할 수 있다, (2) 어떠한 원자들의 지정한 면의 Miller 지수는 단위포의 선택에 달려 있다, 그리고 (3) 재료의 회절무늬는 단위포의 선택에 무관하다.]

***4-4** 다이아몬드에 관하여 F^2을 구하는 간단한 식을 관측 반사를 결정하는 규칙을 포함하여 유도하라. 이 결정은 입방이며 단위포당 8개의 탄소 원자를 포함하고, 이 원자는 다음 위치에 있다:

$$0\,0\,0 \quad \tfrac{1}{2}\tfrac{1}{2}0 \quad \tfrac{1}{2}0\tfrac{1}{2} \quad 0\tfrac{1}{2}\tfrac{1}{2}$$
$$\tfrac{1}{4}\tfrac{1}{4}\tfrac{1}{4} \quad \tfrac{3}{4}\tfrac{3}{4}\tfrac{1}{4} \quad \tfrac{3}{4}\tfrac{1}{4}\tfrac{3}{4} \quad \tfrac{1}{4}\tfrac{3}{4}\tfrac{3}{4}$$

4-5 어떤 한 정방결정이 단위포당 같은 종류의 원자가 네 개 있고, 이 원자는 0 $\frac{1}{2}$ $\frac{1}{4}$, $\frac{1}{2}$ 0 $\frac{1}{4}$, $\frac{1}{2}$ 0 $\frac{3}{4}$, 0 $\frac{1}{2}$ $\frac{3}{4}$에 있다. (축을 바꾸면 안 된다.)

a) F^2의 간단한 식을 유도하라.

b) 이 결정의 Bravais 격자는 무엇인가?

c) 100, 002, 111, 011 반사의 F^2의 값은 얼마인가?

***4-6** ZnS의 섬유아연석(wurtzite) 형의 F^2을 구하는 간단한 식을 관측 반사를 결정하는 규칙을 포함하여 유도하라. 이 결정은 육방이며 단위포당 두 개의 ZnS를 포함하고, 이 원자는 다음 위치에 있다:

$$\text{Zn:} \quad 0\,0\,0, \quad \tfrac{1}{3}\tfrac{2}{3}\tfrac{1}{2}$$
$$\text{S:} \quad 0\,0\,\tfrac{3}{8}, \quad \tfrac{1}{3}\,\tfrac{2}{3}\,\tfrac{7}{8}$$

이 위치는 하나의 공통병진을 수반하고, 이것은 구조인자식에서 빼낼 수 있는 것에 주의하라.

다음 모든 문제에서 흡수인자와 온도인자는 무시하라.

*4-7 한 텅스텐(BCC)의 Debye – Scherrer 무늬는 Cu $K\alpha$ 방사선으로 얻은 것이다. 이 무늬의 처음 네 개의 선이 다음 θ 값인 것을 관측하였다:

회절선	θ
1	20.3°
2	29.2
3	36.7
4	43.6

4-8 한 Hull/Debye – Scherrer 무늬는 구조가 다이아몬드와 같은 실리콘에서 Cu $K\alpha$ 방사선으로 얻은 것이다. 무늬에서 처음 두 선의 지수는 무엇이며 둘째 선에 대한 첫째 선의 적분강도비는 얼마인가?

*4-9 한 Hull/Debye – Scherrer 무늬는 중간상 InSb에서 Cu $K\alpha$ 방사선으로 얻은 것이다. 이 상은 섬아연석 구조이며 격자상수는 6.46Å이다. 무늬에서 처음 두 선의 지수는 무엇이며 둘째 선에 대한 첫째 선의 적분강도비는 얼마인가?

4-10 Cu $K\alpha$ 방사선으로 얻은 아연의 Hull/Debye – Scherrer 무늬에서 처음 여섯 선의 상대 적분강도를 계산하라. 이 선의 지수와 관측 θ 값은 다음과 같다.

회절선	*hkl*	θ
1	00.2	18.88
2	10.0	20.2
3	10.1	22.3
4	10.2	27.9
5	11.0, 10.3	36.0
6	00.4	39.4

(5번 선은 아주 거의 같은 면간거리의 면에서 온 분리하지 않은 두 선으로 되어 있다.) 결과를 그림 3-19에서 보인 무늬에서 관측한 강도와 비교하라.

제 5 장 회절 III: 실제 시료들

5-1 서언

재료에서 회절에 관한 실질적인 면을 다루기 전에 어떻게 회절피크들이 여러 가지 유형의 결함이 존재함으로 달라지는 지를 고찰하는 것이 유용하다. 정말로 어떻게 회절피크들이 결함으로 변하는 지를 아는 것은 이 책의 세 번째 부분에 기술한 대부분 해석의 기초가 된다. 결함들은 결정들 내에서 크기가 밀리미터인 작은 수의 전위일 수 있다. 그 밖의 극한적인 경우에는 전위밀도는 너무 높아서 개개 전위들의 존재를 상상하는 것이 어려울 수 있다. 작은 결정이나 입도를 또 다른 유형의 결함으로 간주할 수 있고, 이는 회절피크 폭을 다르게 할 수 있다. 원자 한 개의 크기에 가까운 '입자' 크기의 한계에서, 가령 기체, 액체, 유리와 많은 고분자와 같은 비정질 고체에서는 예리한 회절피크들이 더 이상 존재하지 않고, 여기서는 이 재료들에 관한 중요한 정보를 어떻게 그 물질이 x선을 산란하는 지에서 주워 모을 수 있다. 그 밖의 다른 한계, 밀리미터나 그것보다 큰 크기인 무결함 결정들의 것에서는 회절강도를 4장에서의 접근법과는 아주 다른 방식으로 다루어야만 한다.

5-2 미결정 크기

4장에서 구조인자의 논의는 상쇄간섭은 보강간섭처럼 바로 원자 배열의 주기성의 결과이다. 만일 첫 두 개의 원자면이 산란한 x선 광자 사이의 경로차가 파장의 정수에서 약간만 다르면 첫째 면에서 나온 광자들과 정확하게 위상이 다르게 x선을 산란하는 원자면은 그 결정 내에 깊게 위치할 것이다. 만일 결정이 너무 작아서 이 원자면이 존재할 수 없다면, 산란 x선들이 모두 완전히 상쇄하는 일은 일어나지 않을 것이다. 이에 따라 허용할 수 있는 '위상이 달라지는' 양과 결정의 크기 사이에 관계가 존재한다. 그 결과 아주 작은 결정들은 회절빔의 폭 확장(작은 각 분산)이, 즉 정확한 Bragg 각의 근처이지만 그러나 같지 않은 각들에서 회절(산란)이 일어나게 한다. 그러므로 정확한 Bragg 각에서 약간 벗어난 각들에서 결정에 입사한 x선의 산란을 고찰하자.

예를 들어, 결정은 특정한 한 조의 Bragg 면에 수직한 방향으로 측정한 두께가 t이다고 가정한다(그림 5-1). 이 조에 $(m + 1)$개의 면이 있다고 하자. Bragg 각 θ를 변수로 지정하고 θ_B는 관련 λ와 d의 특정한 값에서 Bragg 법칙을 정확하게 만족하는 각이다고 하거나

$$\lambda = 2d \sin \theta_B$$

이다고 한다. 그림 5-1에서 선 **A**, **D**, ... , **M**은 회절면과 정확하게 θ_b 각을 이룬다. 표면 아래 첫 격자면의 원자들에서 산란한 선 **D′**는 **A′**와 한 파장만큼 위상이 다르다. 표면 아래 원자들의 m번째 면에서 산란한 선 **M′**는 **A′**와 m 파장만큼 위상이 다르다. 그러므로 회절각에서 선 **A′**, **D′**, ... **M′**

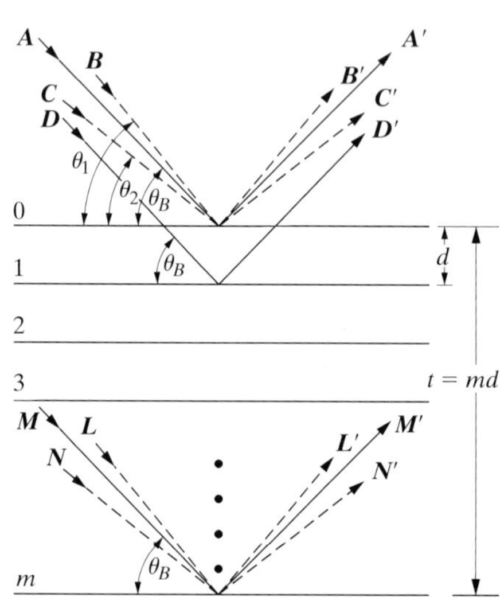

그림 5-1 회절에 미치는 결정 크기의 영향

는 완전히 위상이 같고 모두 합하여 최대진폭, 강도는 진폭의 제곱에 비례하므로, 즉 최대강도인 회절빔을 만든다.

θ_B에서 약간만 다른 각에 있는 입사 x선들은 완전한 상쇄간섭을 만든다. 예를 들어, 선 **B**는 약간 더 큰 각인 θ_1에 있어서 표면 아래 *m*번째 면에서 나온 선 **L′**는 그 표면의 면에서 나온 선인 **B′**와 $(m + 1)$ 파장만큼 위상이 다르다. 이것은 결정에서 중간에, 표면의 면에 있는 원자들에서 나온 선 **B′**와 반 파장(실제로 한 정수 더하기 반) 위상이 다른 x선들을 산란하는 원자가 모여 있는 한 면이 있다는 것을 의미한다. 이 선들은 서로 상쇄하고 결정 전체에 걸쳐 유사한 짝들의 면에서 나온 다른 선들도 그렇게 하여, 최종 결과는 결정의 상부 반이 산란한 선들은 하부 반이 산란한 선들을 없애는 것이다. 그러므로 한 $2\theta_1$ 각에서 회절한 빔의 강도는 영이다. 그리고 한 $2\theta_2$ 각에서도 영인데, 여기서 θ_2는 표면 아래 *m*번째 면에서 나온 선 **N′**가 표면의 면에서 나온 선 **C′**와 $(m - 1)$ 파장 위상이 다른 그런 각이다. 그러므로 이것은 두 개의 제한하는, 회절 강도가 영으로 떨어져야 하는 각 $2\theta_1$과 $2\theta_2$를 정의한다. 당연한 결과로 $2\theta_B$ 근처, 하지만 $2\theta_1$에 비해 더 크지 않거나 $2\theta_2$에 비해 더 작지 않은 각에서는 회절강도가 영이 아닌, 각 $2\theta_B$에 회절한 빔의 최대강도 사이의 중간 값이 된다. 그러므로 회절강도 대 2θ의 곡선은 정확한 Bragg 각에서만 일어나는 회절의 가상적인 경우를 나타내는 그림 5-2(b)와는 대조적인 그림 5-2(a)의 모양일 것이다.

그림 5-2(a)의 회절곡선의 폭은 결정의 두께가 작아지면 커지는데, 그 까닭은 각의 범위 $(2\theta_1 - 2\theta_2)$는 *m*이 감소할수록 증가하기 때문이다. 그 폭 *B*를 보통 라디안으로 최대강도의 반에 해당하는 강도에서 측정하고 이러한 폭의 크기를 반가폭, FWHM으로 부른다. [*B*는 2θ(θ가 아닌) 단위로 각의 폭이며 선형적인 폭이 아닌 것에 주의한다.] 대략적인 *B*의 크기는 강도가 영인 두 개의 극한

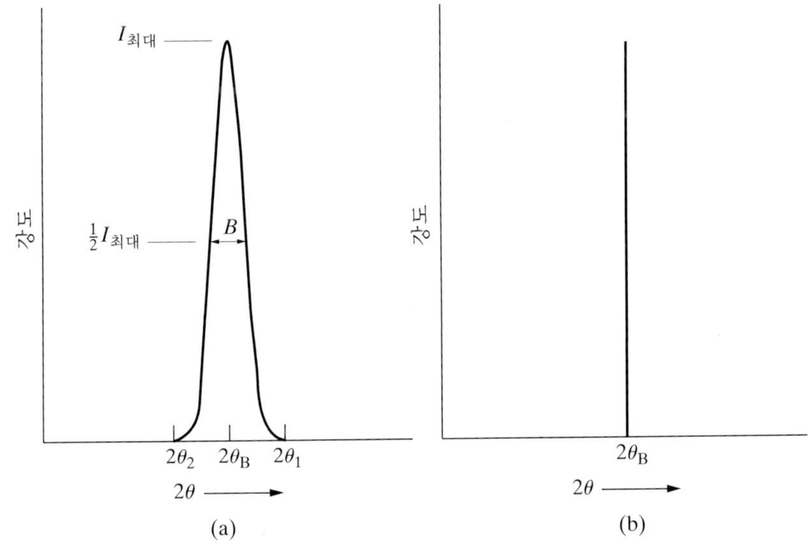

그림 5-2 회절곡선에 미치는 미소 미결정 크기의 영향(개략도)

각도 차이의 반이고, 이것은 회절선이 모양에서 삼각형이라고 가정하는 것과 마찬가지이다. 그러므로

$$B = \frac{1}{2}(2\theta_1 - 2\theta_2) = \theta_1 - \theta_2$$

이 두 각에 대한 경로차 공식은 식 (3-1)과 비슷하지만 인접한 면 사이의 거리보다는 결정의 전체 두께에 관계한다:

$$2t \sin \theta_1 = (m + 1)\lambda$$

$$2t \sin \theta_2 = (m - 1)\lambda$$

빼기하면

$$t(\sin \theta_1 - \sin \theta_2) = \lambda$$

$$2t \cos\left(\frac{\theta_1 + \theta_2}{2}\right) \sin\left(\frac{\theta_1 - \theta_2}{2}\right) = \lambda$$

이다. 그러나 θ_1과 θ_2는 둘 다 θ_B에 아주 거의 같아서

$$\theta_1 + \theta_2 = 2\theta_B \text{(근사적)}$$

이고,

$$\sin\left(\frac{\theta_1 - \theta_2}{2}\right) = \left(\frac{\theta_1 - \theta_2}{2}\right) \text{(근사적)}$$

이다. 그러므로

$$2t\left(\frac{\theta_1 - \theta_2}{2}\right) \cos \theta_B = \lambda$$

$$t = \frac{\lambda}{B \cos \theta_B} \tag{5-1}$$

이다. 문제를 더 정확하게 다루면

$$t = \frac{0.9\lambda}{B \cos \theta_B} \tag{5-2}$$

이고, 이 식은 Scherrer의 공식으로 알려져 있다[5.1]. 이 식은 아주 작은 결정들의 크기를 회절곡선들의 측정 폭으로 평가하는 데 쓰인다. 값으로 0.9이든지 1을 사용하는 것은 시료에 있을 것으

로 생각하는 미결정들의 모양에 달려 있다. 자세한 논의는 다른 곳에서 실려 있다[G.17]. 이런 영향의 크기는 얼마 정도인가? $\lambda = 1.5$ Å, $d = 1.0$ Å, $\theta = 49°$를 가정하자. 그러면 직경 1 mm인 한 결정에서 미소결정의 영향으로 생긴 폭 B는 약 2×10^{-7} 라디안 (10^{-5} 도)이거나 너무 작아서 관측할 수 없다. 그러한 결정은 약 10^7개의, 면간거리는 위에서 가정한 것인, 평행한 격자면을 포함한다. 하지만, 만일 그 결정은 두께가 단지 500 Å 이면, 단지 500 면만을 포함할 것이고 회절곡선은 상대적으로 넓어지는데, 약 4×10^{-3} 라디안 (0.2°)이고 이 값은 쉽게 측정할 수 있는 것이다.

평행하지 않는, 가령 그림 5-1에서 **B**와 **C** 같은 입사선들은 어떠한 실제의 회절 측정에서도 실질적으로 존재한다. 왜냐하면 그림 3-2에서 생각한, '완전히 평행한 빔'은 하나의 이상화한 것이기 때문이다. 6-3절에 보이겠지만 어떤 실제의 x선 빔은 발산하거나 수렴하는 선들을 평행한 선들과 함께 포함하기 때문에 Bragg 법칙을 정확하게 만족하지 않는 각들에서 회절현상이 실제로 일어난다.

어떠한 실제의 빔도 엄밀하게 단색은 아니다. 일반적인 '단색' 빔은 단순히 연속스펙트럼 위에 겹친 강한 $K\alpha$ 성분을 포함하는 것이다. 그러나 $K\alpha$ 선 자체는 폭이 약 0.001 Å 이고, 보통 단색 빔에서 파장의 이런 좁은 범위는 선폭을 퍼지게 하는, 즉 $2\theta_B$에 가깝지만 같지 않은 각들에서, λ의 각각의 값에 대응하는 θ 값이 있으므로, 회절이 일어나게 하는 추가적인 원인이 된다. (회절선폭의 용어로 번역하면 0.001 Å 에 걸친 파장 범위는 선폭에서, $\lambda = 1.5$ Å과 $\theta = 45°$에서 입사빔을 엄밀하게 단색으로 가정하여 예상하면 약 0.08° 증가를 가져온다.) 이런 자연적인 '분광폭'으로 생긴 선폭의 확장은 $\tan\theta$에 비례하고 θ가 90°에 접근하면 확실히 현저하게 나타난다.

5-3 간섭함수

4장에서 회절피크의 강도 계산은 정확한 Bragg 각 θ_B에서 회절에 관한 것이다. 이 각에서 결정 단위포들의 변위를 일으키는 어떤 결함들도 없는 데서 그 결정의 N개 단위포에서 회절한 진폭의 전부는 각 단위에서 산란한 진폭 F_n의 합이다:

$$A_{TOTAL} = NF_n \tag{5-3}$$

정확한 Bragg 각에서 벗어날 때 개개의 단위포는 위상이 약간 다르게 산란한다. 그리고 벡터 $(\mathbf{S} - \mathbf{S}_0)/\lambda$는 더 이상 역격자의 원점에서 한 역격자 점으로 그을 수 없다. 이전 절에서 보았듯이 $\theta \neq \theta_B$에서 유효하게 무한한 결정에서 산란한 x선들은 서로 위상이 다르고 회절강도는 영일 것이다. 만일 결정이 충분히 작다면, 그 강도는 정확한 Bragg 조건에서 벗어나 영으로 되지 않을 것이고, 이어서 계산은 어떻게 회절강도가 각에 따라 회절벡터 $(\mathbf{S} - \mathbf{S}_0)$의 방향, 즉 Bragg 면들에 수직한 방향에 있는 단위포 수의 함수로 달라지는 지를 보여준다.

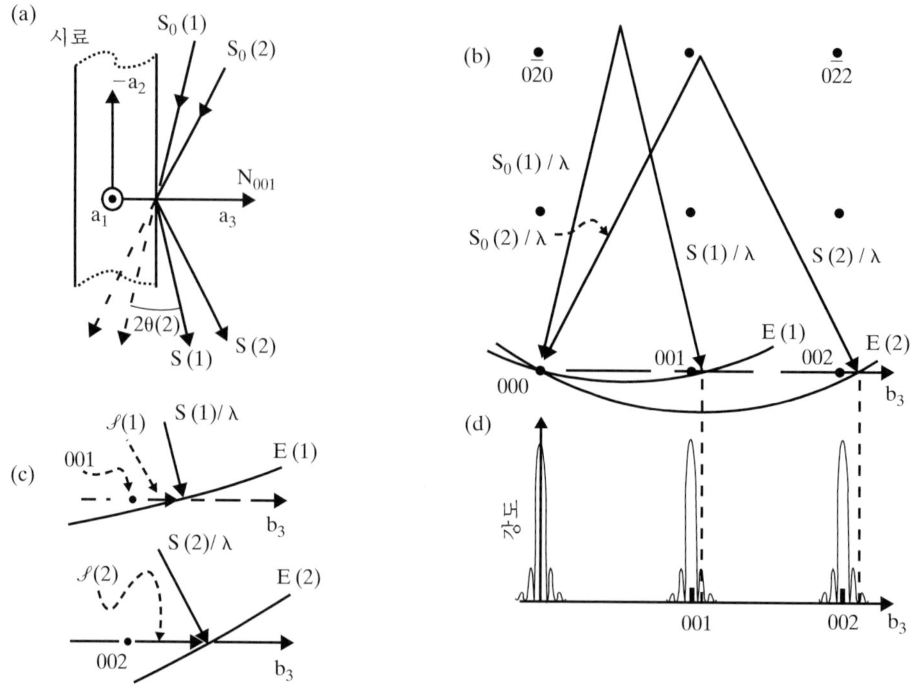

그림 5-3 (a) 직공간에서 001 회절과 002 회절의 입사빔 방향과 회절빔 방향. (b) (a)에서 보인 입사빔 방향에서 Ewald 구의 작도. (c) (a)와 (b)의 기하학에서 편차 변수 𝒮, (d) 편차 변수, 즉 Ewald 구 방위의 함수로 간섭함수를 나타낸 회절 강도 대 방위. 'E'는 Ewald 구를 표시하고 괄호 안의 수('1' 이나 '2')는 그 양을 001이나 002 회절에 각각 적용하는 지 여부를 나타낸다.

그림 5-3은 결정 회절에서 001에 대해 $\theta(1) > \theta_B(1)$에서, 그리고 002에 대해 $\theta(2) > \theta_B(2)$에서 직공간과 역공간 도해를 보여주는데, 여기서 괄호 안의 '1'과 '2'는 1차와 2차 회절각을 표시한다. 만일 $\theta-2\theta$ 회절기를 사용한다면 주사하는 동안 샘플링한 역격자 부위를 그림 5-3b의 원점에서 (즉, 이 예에서는 $\mathbf{b}_3$를 따라서) 수평선으로 표시한다. 만일 $\mathbf{H}_{hkl}$(또는 간단히 하여 $\mathbf{H}$)이 역격자의 원점에서 역격자 점 *hkl*까지 역격자 벡터라면, 정확한 Bragg 조건에서 벗어난 회절은 $(\mathbf{S}-\mathbf{S_0})/\lambda \neq \mathbf{H}$를 뜻한다. $(\mathbf{S}-\mathbf{S_0})/\lambda$의 방향에서 이 두 벡터의 차를 $\boldsymbol{\mathscr{S}}$로 쓸 수 있고 흔히 편차 변수라고 부르고 그림 5-3에 나타낸다. $\theta \neq \theta_B$에서 결정의 회절강도를 계산하기 위해서 상이한 단위포들의 산란에 대한 위상차를 포함해야 한다. 결정의 세 단위벡터 $\mathbf{a}_1, \mathbf{a}_2, \mathbf{a}_3$에서:

$$A_{TOTAL} = \sum_{n_1=0}^{N_1-1} \sum_{n_2=0}^{N_2-1} \sum_{n_3=0}^{N_3-1} F \exp \frac{2\pi i}{\lambda}[(\mathbf{S}-\mathbf{S}_0)\cdot(\mathrm{n}_1\mathbf{a}_1 + \mathrm{n}_2\mathbf{a}_2 + \mathrm{n}_3\mathbf{a}_3)] \tag{5-4}$$

정수 n_i는 위상차를 계산할 특정한 단위포를 정의하고, N_i는 $\mathbf{a}_i$에서 단위포의 전체 수이다. 정확한 Bragg 조건(그림 5-3)에서 일탈을 나타내는 역격자벡터의 정의에서

$$(\mathbf{S} - \mathbf{S}_0)/\lambda = \mathbf{H} + \boldsymbol{s} = (h\mathbf{b}_1 + k\mathbf{b}_2 + l\mathbf{b}_3) + \boldsymbol{s}$$

$$A_{TOTAL} = F\sum_{n_1}\sum_{n_2}\sum_{n_3} exp[2\pi i(\mathbf{H} + \boldsymbol{s})\cdot(n_1\mathbf{a}_1 + n_2\mathbf{a}_2 + n_3\mathbf{a}_3)]$$

$$= \mathrm{F}\sum_{n_1}\sum_{\mathrm{n}_2}\sum_{\mathrm{n}_3} \exp[2\pi i(h\mathbf{b}_1 + k\mathbf{b}_2 + l\mathbf{b}_3 + \boldsymbol{s})\cdot(n_1\mathbf{a}_1 + n_2\mathbf{a}_2 + n_3\mathbf{a}_3)] \quad (5\text{-}5)$$

이고, 역격자와 직공간 벡터에 정규직교성을 적용하면 $\mathbf{b}_\mathrm{j} \cdot \mathbf{a} = \delta_{\mathrm{ij}}$이고

$$A_{\mathrm{TOTAL}} = F\sum_{n_1}\exp(2\pi i\,\boldsymbol{s}\cdot n_1\mathbf{a}_1)\sum_{\mathrm{n}_3}\exp(2\pi\, i\,\boldsymbol{s}\cdot n_2\mathbf{a}_2)\sum_{\mathrm{n}_2}\exp(2\pi i\,\boldsymbol{s}\cdot n_3\mathbf{a}_3) \quad (5\text{-}6)$$

이다. 여기서 δ_{ij}는 Kronecker의 델타이다. 각각의 합은 독립적이고 각각 값을 구할 수 있다. 지수형을 사인형으로 바꾸면

$$\mathrm{A}_{\mathrm{TOTAL}} = \mathrm{F}\left[\prod_{\mathrm{i}=1}^{3}\frac{\sin\,\pi\lambda\,\boldsymbol{s}\cdot \mathrm{N}_\mathrm{i}\mathbf{a}_\mathrm{i}}{\sin\,\pi\lambda\,\boldsymbol{s}\cdot \mathbf{a}_\mathrm{i}}\right]\exp\{\pi[(\mathrm{N}_1-1)\mathbf{a}_1 + (\mathrm{N}_2-1)\mathbf{a}_2 + (\mathrm{N}_3-1)\mathbf{a}_3]\} \quad (5\text{-}7)$$

가 나오고, 여기서 Π는 그림 5-6에 보인 세 개 항의 곱을 표시한다. 마지막 항은 $|\mathrm{A}_\mathrm{T}|$를 A_T로 맺어주는 위상인자이고 이 항은 강도를 계산할 때 없어진다:

$$\mathrm{I} = \mathrm{A}_{\mathrm{TOTAL}}\ \mathrm{A}^*_{\mathrm{TOTAL}} = \mathrm{F}^2\prod_{\mathrm{i}}\frac{\sin^2\pi\,\boldsymbol{s}\cdot \mathrm{N}_\mathrm{i}\mathrm{a}_\mathrm{i}}{\sin^2\pi\,\boldsymbol{s}\cdot \mathbf{a}_\mathrm{i}} \quad (5\text{-}8)$$

식 (5-8)은 간섭함수로 알려져 있다.

로피탈(L'Hopital) 규칙을 사용하여 Bragg 피크에서 최대강도는 F^2N^2과 같다는 것을 보여줄 수 있고 적당한 근사로서 Bragg 피크의 폭은 계산하면 $1/N$에 비례하는데, 여기서 N은 $(\mathbf{S} - \mathbf{S}_0)$에 따라 있는 단위포의 수이다. 따라서 적분강도는 N에 선형적으로 증가한다.

그러므로 강도는 각각의 Bragg 피크 주위의 주기함수이고, 이 함수는 단위포의 수에 의존한다. 벡터 **s**는 3차원적인 벡터로서 역공간에서 특정한 한 방향으로 어떤 일탈의 강도는 그 방향에 놓여 있는 단위포의 수에 의존한다. 다시 말해 역격자 점들은 단위포의 수가 작은 방향을 따라 길어져 역격자 봉(즉, rel rod)이 되는 것으로 생각할 수 있다. 이것을 보여주는 간단한 방식이 역공간에 강도가 일정한 등고선으로, 가령 최대강도의 반을 그리는 것이다. 그림 5-4(c)와 (d)는 (a)와 (b)에 보인 얇은 미결정 크기의 그러한 그림을 보여준다. 벡터 $\mathbf{S}_0$, $\mathbf{S}$, $(\mathbf{S}_0 - \mathbf{S})/\lambda$를 $\theta < \theta_B$에 대해 나타내었다. 역격자 봉이 $\theta-2\theta$ 회절기에 대해 샘플링한 역공간 영역에 평행하게 늘어나 있는 경우에, 즉 결정의 얇은 크기가 시료 법선에 평행할 때 더 퍼진 회절피크를 관측할 수 있다. 역격자 봉이 역공간의 샘플링한 영역에 수직할 때 작은 결정의 크기가 주는 영향은 주사에서 나타나지

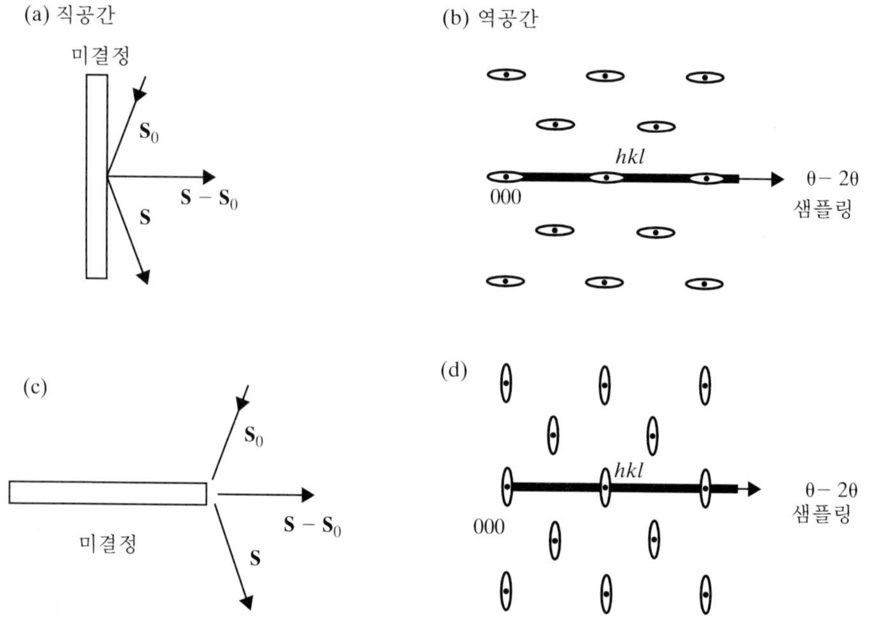

그림 5-4 두 개의 미결정 방위에 대한 $\theta-2\theta$ 회절기에서 회절 피크 퍼짐의 감지도를 나타낸 도해. (a)와 (c)는 $\mathbf{S}-\mathbf{S}_0$에 대한 미결정 방위의 직공간과 역공간을 각각 보여주며 (b)와 (d)는 둘째의 미결정 방위의 두 공간을 보여준다. 역격자점 주위의 타원은 역격자 점이 길어져 역격자 봉이 되는 것을 보여주며(작은 미결정 크기 때문에) 일정한 회절 강도의 등고선을 표현한다. 수평인 실막대는 역공간 샘플링 구역(reciprocal space sampling region: RSSR)을 표현한다.

않는다.

이 결과는 역공간 시각에서 얻은 것인데, Scherrer 공식의 결과와 같다. 두 결과는 직공간과 역공간의 중요한 특성을 강조한다. 만일 물체의 크기가 직공간 방향을 따라 크다면 역공간에서 대응하는 방향에 따른 물체의 크기는 작다. 그 역도 마찬가지이다.

5-4 변형

이전 절에서 결정 크기를 일종의 결함 유형, 즉 무한한 크기와 식 (4-20)이나 (4-21)을 유도하는데 가정한, 완전한 원자 주기성이 있는 결정에서 벗어난 것으로 보았다. 전위들과 아결정립(subgrain)들은 다른 한 유형의 결함으로 회절에서 중대한 결과를 낸다. 전이가 존재하는 것을 실험적으로 입증하기 전에, 수집한 많은 간접적인 증거는 실제의 모든 결정에는 그림 5-5에 크게 과장한 방식으로 나타낸 것 같은 **모자이크 구조**가 어느 정도 있다는 것을 보여준다.

모자이크 구조가 있는 한 결정은 원자들이, 결정의 한 면에서 다른 면들로 확장하는, 완전히

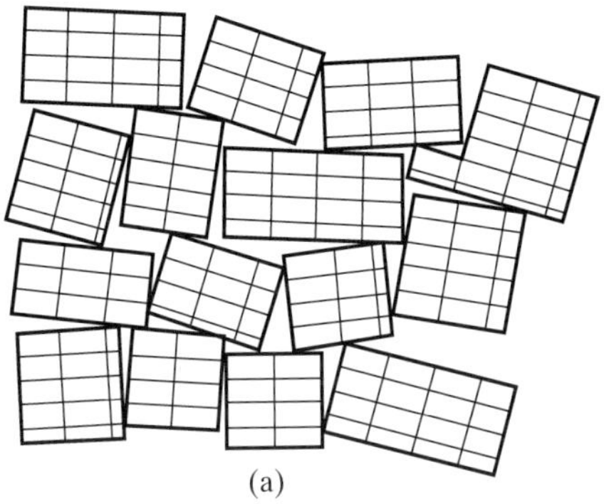

(a)

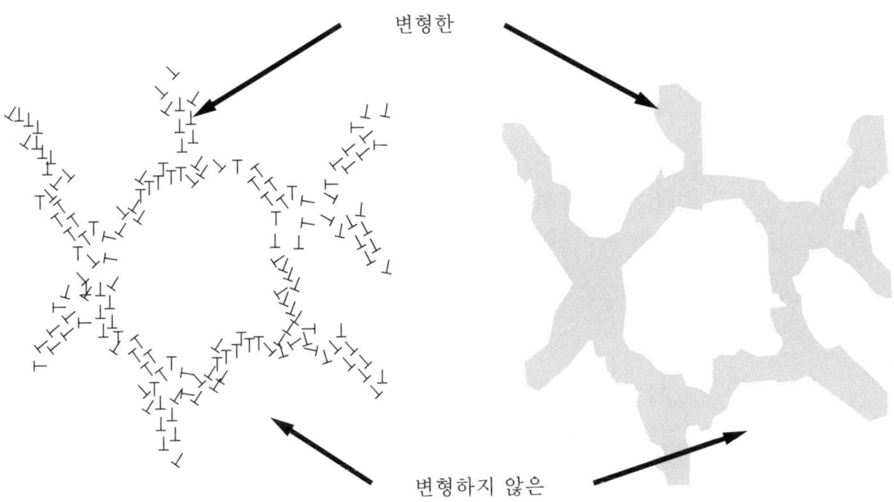

(b) (c)

그림 5-5 실제 결정에서 모자이크 구조. (a) 인접한 구역 사이에서 회전(왼쪽), (b) 서로 다른 모자이크 블록을 분리하는 전이벽(중간), (c) 미소변형이 현저한 (b)에서 높은 전이밀도에 상응하는 부위. (b)에서 부호 ⊥는 도면을 지나는 전이선의 위치를 나타낸다.

규칙적인 격자에서 배열하지 않는다. 그 대신 격자는 다수의 작은 블록으로 쪼개져서 서로 간에 약간 틀어져 있다. 이 블록들의 크기는 1000 Å 정도인 데 반해 그 사이 방위일탈의 최대각은 결정에 따라 아주 작은 값에서 큰 것은 1°까지 변할 수 있다. 만일 이 각이 ε이라면 한 '단' 결정에서 나온 평행한 단색빔의 회절은 입사각 θ_B뿐 아니라 θ_B와 $\theta_B + \varepsilon$ 사이의 모든 각에서 일어날 것이다. 또 하나의, 모자이크 구조의 영향은 이상적으로 완전한 한 결정에 대해 이론적으로 계산한 적분강도에 비해서 회절빔의 적분강도를 크게 한다.

1960년대 TEM은 모자이크 구조에 관한 직접적인 증거를 제공하였다. 이것은 실제의 결정들이 단결정이든지 다결정질한 집합체에서 개별적인 입자이든지 간에 존재하는 전위로 경계를 나타내는 하부구조(substructure)를 가졌다는 것을 보여주었다. 이 전위들의 밀도는 균일하지 않다. 전위들은 스스로 무리를 지어 전위밀도가 낮은 작은 부피(아결정립이나 단위포)들을 둘러싸는 장벽(아입경계)을 만든다. 오늘날 '모자이크 구조'란 용어는 거의 쓰이지 않지만 그림 5-5의 작은 블록은 아결정립과 동일하고 블록 사이 부위는 전위 장벽이다. 회절의 적분강도를 증가하게 하는 원인은 무리를 이룬 전위가 수반하는 변형과 변형경사이며 회전한 구역들이 있다는 사실로 그렇게 되는 것은 아니다.

이 시점에서 회절피크에서 변형의 영향을 고찰하는 것은 도움이 된다. 응력에는 두 가지의 유형, 즉 **미소응력**과 **거시응력**이 알려져 있다. 미소응력과 응력에 대응하는 미소변형은 입자마다 다르거나 한 입자에서 현미경 크기로 부위에 따라 다르다. 다른 한편으로 응력은 큰 거리에 걸쳐 아주 균일할 수 있다. 이 응력을 **거시응력**으로 부른다.

그림 5-6은 변형의 영향을 x선 반사의 방향에서 균일하게 불균일하게 둘 다 나타낸다. 변형하지 않은 입자의 한 부위가 왼편 (a)에 나오고 나타낸 횡방향의 회절면들의 조는 어디에서나 평형거리가 d_0이다. 이 면에서 회절선은 오른편에 나온다. 만일 입자가 회절면에 직각으로 균일한 인장 변형을 받는다면 이 변형에 대응하는 회절선은 저각으로 이동하지만, 그렇지 않다면 (b)에 보인 것과 같이 변하지 않는다. 이러한 선의 이동은 거시응력을 측정하는, 15장에서 기술하는 x선법의 기초이다. (c)에서 입자는 휘고 변형은 불균일하다. 상부(신장)면에서 Bragg 면간거리는 d_0보다 크고 바닥면에서(압축)는 d_0보다 작으며, 그 사이에서는 d_0와 같다. 그러므로 한 개의 결정

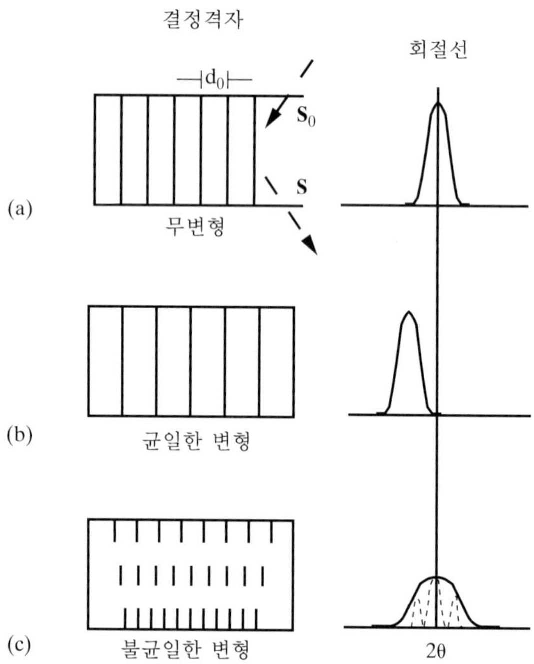

그림 5-6 균일한 변형과 불균일한 변형이 회절피크 위치와 폭에 미치는 영향(그림의 오른편). (a) 무변형 시료를 보여주며, (b) 균일한 변형을 보여주며, (c) x선 빔으로 취한 공간 내에서 불균일한 변형을 보여준다.

은 다수의 작은 구역들로 되어 있는 것으로 생각할 수 있고, 각각의 구역에서 면간거리는 실질적으로 일정하지만 인접한 구역의 거리와 다르다. 이 구역들은 다수의 예리한, (c)의 오른쪽에 점선의 곡선으로 표시한 회절선들을 일으킨다. 각 선은 다른 선에서 약간씩 변위하여 있는데, 이 예리한 선들의 합은 실선으로 나타낸, 퍼진 회절선이고 퍼진 선이 정상적으로 오직 실험에서 관측할 수 있는 것이다. Bragg 법칙을 미분하면 생겨난 확장과 변형의 불균일성 사이의 관계가 나온다:

$$b = \Delta 2\theta = -2\frac{\Delta d}{d}\tan\theta \tag{5-9}$$

여기서 b는 회절선에서 기기선폭을 벗어난 퍼짐이고, Bragg 면간거리 $\Delta d/d$에서 일부의 변화로 생긴다. 이 식은 변형에서 변화, $\Delta d/d$를 관측한 퍼짐으로 계산하게 한다. 하지만 $\Delta d/d$의 값은 인장과 압축의 미소변형을 둘 다 포함하므로 최대인장변형이나 최대압축변형만을 얻기 위해서, 만일 두 변형이 같다고 가정하면 2로 나누어야 한다. 그렇게 찾은 최대변형은 탄성계수 E를 곱하면 존재하는 최대미소응력이 된다.

5-5 완전 결정

결정으로 x선 회절을 발견한 후 몇년 안에 4장에서 회절강도를 계산하는 데 사용한 방식은 아주 완전한 결정들에서 나온 회설을 기술하는 데 부적합한 것이 분명했다[5.2, 5.3]. 완전 결정에서 회절강도는 변형한 결정, 즉 이상적으로 불완전한 결정들의 회절강도에 비해 많이 낮았고 변형 정도를 높이면 강도가 변하는 것이 분명하였디[5.4]. 완전도가 더 높은 결정들은 불완전한 결정들에 비해 더 작은 회절피크 폭을 나타냈지만, 재료, x선의 파장, 반사, 그 밖의 다른 요인들에 의존하는 회절피크의 최소폭이 있는 것으로 나타났다. 4장에서 간단히 기술한 **정역학** 회절공식을 유도하는 데 있어서 가정들은 크기가 ~1 − 5 μm보다 더 큰 아주 완전한 결정들에는 적용하지 않는다.

위에 기술한 영향들을 설명하는 데는 **동역학** 회절이론의 개발이 필요하지만 완전 결정들의 회절능이 감소하는 원인은 쉽게 도해로 보일 수 있다(그림 5-7). 다음 논의에서 광선은 회절할 때마다 입사빔에 대해 $\pi/2$ 위상변화를 겪는다는 것을 상기하는 것이 중요하다. 만일 파동벡터 $\mathbf{K}_0$인 입사빔이 hkl 회절이 정확한 각 θ로 한 결정에 입사한다면 회절선 $\mathbf{K}_1$은 $\mathbf{K}_0$에서 2θ인 각에서 생겨난다. 어떤 특정한 원자들의 면에서 일어나는 회절의 확률은 물론 매우 낮지만 아주 완전한 결정들에서(두께가 1 μm보다 더 큰), 입사강도의 대부분은 결국 회절빔으로 이동한다.

회절이 A에서 일어나는데, 파동벡터가 $\mathbf{K}_1$이고 $\mathbf{K}_0$에 대해 위상차가 $\pi/2$인 x선 빔이 생긴다고 가정하자. 하지만 빔 $\mathbf{K}_1$은 각 θ에서 또 하나의 산란자들(원자들)의 열에 입사한다. 점 B에서 $\mathbf{K}_1$이

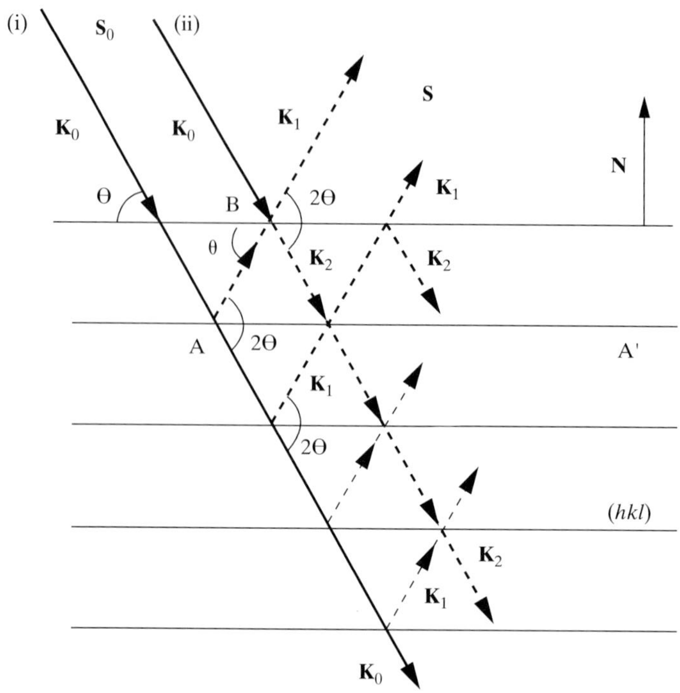

그림 5-7 *hkl* 회절이 일어나는 동안 일차소광의 원인을 나타내는 도해. **N**은 (*hkl*)에 수직이고, θ는 Bragg 각이며, $\mathbf{K}_i$, i = 0, 1, 2는 각각 입사빔, 입사빔에서 2θ인 빔, 회절빔 $\mathbf{K}_1$에서 -2θ로 회절한 빔의 파동벡터이다.

-2θ로 다시 회절할 확률은 유한하므로 회절선은 $\mathbf{K}_0$에 대하여 평행하지만 위상에서 $\pi/2 + \pi/2 = \pi$만큼 이동한 파동벡터 $\mathbf{K}_2$를 가진다. 그러므로 $\mathbf{K}_2$는 $\mathbf{K}_0$와 상쇄간섭할 것이고 강도는 A−A′ 아래서 회절할 기회를 가지기 전에 입사빔에서 없어지기 때문에 회절강도는 이상적으로 불완전한 한 결정의 것보다 더 낮을 것이다. 이 과정을 일차소광(primary extinction)이라 한다.

작고 정합적인 구역들로 된 이상적으로 불완전한 결정들에서 일차소광은 존재하지 않지만 다른 유형의 소광효과가 있다. 결정이 회절이 일어나게 배향할 때 가장 바깥 구역은 회절로 초기 빔 강도의 많은 양을 없앤다. 이 현상으로 추가하여 일반적인 빔 감쇠가 있다. 그러므로 회절면의 방위가 바깥층 구역과 같은 시료에서 더 깊은 구역들은 많이 줄어든 강도를 받을 것이며 이차소광(secondary extinction)이 일어났다고 말한다.

동역학 회절이론은 입사빔이나 전방에서 회절빔 방향으로 에너지 전이와 다시 반대로 일어나는 에너지 전이를 기술한다[5.5, 5.6]. 두 미분방정식이 에너지 전이를 기술하는 데 필요하다: 하나는 전방으로 향하는 빔 에너지를 전방과 회절빔 방향으로 나누기 위한 것이고, 하나는 회절빔 에너지를 회절과 전방 빔 방향으로 나누기 위한 것이다. 순수한 물리 결과는 두 개의 x선 파동장 (wavefield)(Bloch 파로 부르는)이 전방으로 여기하고 두 개의 파동장이 회절빔 방향으로 여기하는 것이다. 이 파동장들은 파동벡터가 각각 $\mathbf{K}_0$, $\mathbf{K}_1$과 약간 다르고 이것들의 상호작용은 흥미로운 회절효과를 만든다. 이 파동장들은 실제로 존재하며[5.7] 단순히 수학적인 기교가 아닌 것에 주의한다(17장을 보라). 반사기하학에서 결합한 미분방정식의 이 짝에 대한 해를 얻는 방법은 많은 교재[예로, G.7, G.19−G.24]에서 찾을 수 있다. 흡수를 무시할 수 있는 한 두꺼운 결정에서 Bragg 반사의 적분강도는

$$I = \frac{8}{3\pi}\left(\frac{e^2}{mc^2}\right)\frac{N\lambda^2|F|}{\sin 2\theta}\left(\frac{1 + |\cos 2\theta|}{2}\right) \tag{5-10}$$

이고, 여기서 N은 단위부피당 단위포의 수이다.

회절피크의 모양, 즉 시료결정의 회전을 함수로한 강도를 결정의 진동곡선이라 한다. 입사하는 한 평면파와 반사 방식에서, 동역학 이론은 상단이 편평한 진동곡선을 예측한다. 그림 5-8에 보인 모사는 흡수영향을 포함하는데 곡선의 상단 모양을 약간 변하게 한다. 상단이 편평한 곡선은 Darwin 곡선으로 알려져 있고 곡선의 편평한 상단 부위의 폭을 Darwin 곡선폭 $2s$로 부른다. 피크 반사도($\theta = \theta_B$에서 $I_{회절}/I_{입사}$)는 Darwin 곡선에서 $2s$ 각 범위에 결쳐 100%인 것에 주목하는 것이 중요하다. 여기서

$$s = \left(\frac{e^2}{mc^2}\right)\frac{N\lambda^2|F|}{\pi\sin 2\theta}\left(\frac{1 + |\cos 2\theta|}{2}\right) \tag{5-11}$$

이다. Darwin 곡선의 끝 부분을 고려하면, FWHM $\Delta\theta_0$는 $2.12s$와 같다. 1차 반사들에서 5 arc sec $<$ $\Delta\theta_0 <$ 20 arc sec이다. 고차 반사들은 진동곡선이 꽤 좁고, 시료 표면에 대한 회절면들의 경사, 즉 비대칭적으로 배향한 회절면들은 Darwin 곡선폭을 실질적으로 다르게 한다. 그림 5-8에서 언급한 대로 흡수는 Darwin 곡선의 모양을 변하게 하지만 이 주제에 관한 논의는 이 책의 범위를 벗어난다.

한 완선 반사의 폭을 나타내기 위해서 방해석($CaCO_3$)의 211(능면체 축으로), 즉 벽개면(cleavage)에서 회절을 고찰하자. Warren[G.20의 pp. 329−330]에 따르면, d_{211} = 3.035 Å 이고 $CaCO_3$ 분자당 $F_{211} = f_{ca} + f_c + f_o$이다. Cu 방사선으로, λ = 1.542, $CaCO_3$당 F_{211} = 26.2이고 1 cm^{3}당 $CaCO_3$의 개수는 N = 1.64 × 10^{22}이다. 무편광 빔에서는

$$s = \frac{(2.82 \times 10^{-13})(1.64 \times 10^{22})(1.54 \times 10^{-8})^2(26.2)^{0.936}}{\pi(0.491)}$$

$$= 17.4 \times 10^{-6}\text{rad} = 3.6 \text{ arc sec}$$

이다. 그러므로 예상하면 $\Delta\theta_0 = 2.12\,s$ = 7.6 arc sec이다.

100%에 가까운 피크 반사도(회절과 입사의 단색 강도의 비)가 입사 평면파로 측정하여 나왔지만[5.8] 반사도는 결함들이 결정 내에 존재한다면 급격히 떨어진다는 것을 아는 것이 중요하다. Darwin 곡선의 FWHM은 가정한 한 기하학에서 한계, 근접할 수 있지만 결코 넘을 수 없는 것을 나타낸다. 선과 면 격자 결함들의 존재가 반사도를 낮추는 만큼 이 결함들은 결정의 진동곡선의

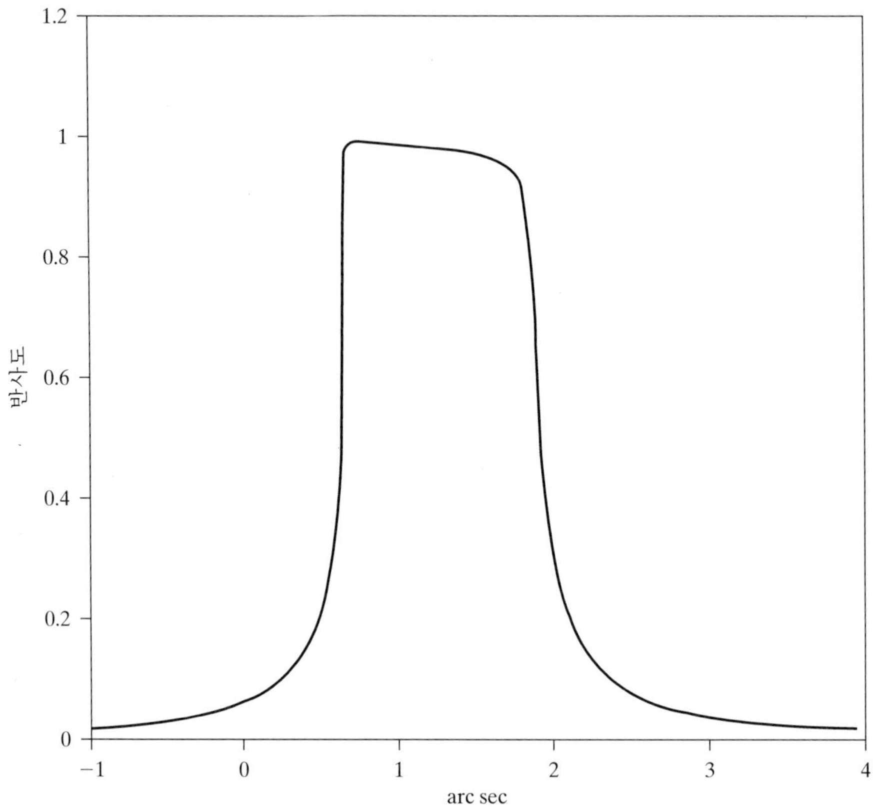

그림 5-8 Mo Kα_1 방사선과 x선 흡수를 고려한 실리콘 004의 모사 진동곡선. 만일 x선 흡수가 없다면, 곡선의 상단은 편평하고 곡선은 대칭적일 것이다. (모사는 Bede Scientific 사의 RADS 소프트웨어로 함)

폭을 넓게 한다. 그러므로 진동곡선의 측정은 특히 미시 전자나 광학 응용들을 위한 결정들과 에피층들을 평가하는 중요한 방법이다.

동역학 이론으로 기술한 x선 파동장 상호작용은 Borrmann 삼각형 ABC(그림 5-9) 내에 일어난다. 투과 방식에서 진동곡선의 모양은 반사 기하학과는 다르며 현저한 흡수가 없다 하더라도 시료두께에 따른 복잡한 함수이다. 결정의 출구 표면에 있는 모든 위치 D는 Borrmann 삼각형 내 파동장들의 간섭(Pendellösung 효과) 때문에 강도가 어느 정도 있는 x선을 받으며 회절빔과 투과빔 둘 다 그 각자 방향에서 삼각형 BC의 밑변 전체에서 방사한다[5.9]. 투과나 Laue 기하에서는 이 파동장 상호작용을 17-3절에 기술한 단면 토포그래피로 부르는 기법으로 시각화할 수 있다.

아마도 가장 놀라운 동역학 회절효과는 두껍고 완전한 결정들에서 **이상**(anomalous) **투과**의 것(1943년 Borrmann이 처음 관찰한 [5.10])이다. 만일 $\mu t = 10$이거나 비슷하게 큰 값이면 투과강도를 보통 $I = I_0 \exp(-\mu t)$로 주기 때문에 강도가 결정을 통과할 것으로 예상할 수 없다. 그리고 이 결과는 완전 결정(두꺼울 때)에서도 완전한 Bragg 각을 제외하곤 유효하다. 하지만 Bragg 각에서 적지 않은 강도가 투과와 회절빔에서 모두 나온다. 동역학 회절이론은 그 두 개의 파동장 중 하나

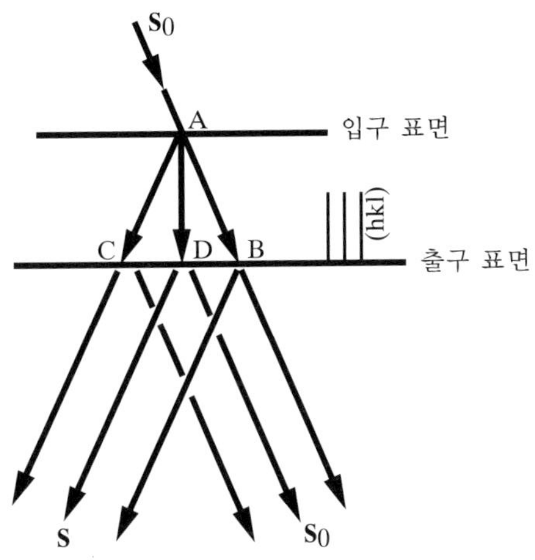

그림 5-9 x선 파계(wavefield)가 상호작용하는 Borrmann 삼각형 ABC

는 Bragg 면, 즉 이 면을 구성하는 원자들의 행에 국한하고 다른 하나는 Bragg 면 사이 중간에 국한하여 있다는 것을 증명한다. 후자의 파동장의 감쇠는 아주 낮은데, 그 까닭은 x선 광자들이 상대적으로 작은 수인 전자들을 만나는 반면에 Bragg 면에 집중하여 있는 파동에서는 그 반대이기 때문이다. 그러므로 파동장 중의 하나의 감쇠는 극도로 작지만 정확한 Bragg 각에서만 그렇고 강도의 전달은 $\mu t > 10$에서 일어난다. 같은 효과가 TEM에서 전자 회절에 나타나고, 여기에선 영상들에 미치는 영향 때문에 이것을 이상 흡수로 부른다.

5-6 비정질과 부분 결정질 시료

5-2절에서 5-4절까지 여러 예는 비이상적인 조건에서 회절에 관한 논의였다. 5-5절에서는 아주 완전한 결정의 회절을 논의하였다. 이 결과들은, 어떤 이상적인 조건들에서 이를 유도하였고 회절은 특정한 일종의 산란 유형에 지나지 않기 때문에 Bragg 법칙에서 벗어난 것이 아니다. 이 후자의 요점은 아무리 강조해도 지나치지 않다. 한 개의 원자는 입사하는 한 개의 x선 빔을 공간에서 모든 방향으로 산란하지만, 3차원적으로 완전히 주기적인 열로 배열하여 결정을 만드는 다수의 원자는 상대적으로 작은 수의 방향으로 x선을 산란(회절)한다. 이런 현상은 정확하게 일어나는데, 그 까닭은 원자들의 주기적인 배열은 Bragg 법칙이 예상하는 방향을 제외한 다른 모든 방향으로 산란하는 선들이 상쇄간섭을 하게 하고 이 제외한 방향에서는 보강간섭(진폭증강)이 일어나기 때문이다. 그러므로 회절(산란)은 비 Bragg 각에서는, 임의의 결정 결함이 그 각에서 완전한 상쇄간섭에 필요한 하나 이상의 조건을 부분적으로 사라지게 하는 결과를 가져올 때마다 측정할 만큼 일어난다. 이 결함들은 일반적으로 격자의 전반적인 규칙성에 비해 적으므로 회절빔

들은 이상적인 조건에서 Bragg 법칙으로 예상하는 각에 중심을 둔 매우 높은 각 범위에 국한한다.

상쇄간섭과 구조의 규칙성 사이의 이런 관계는 더 나아가 고체, 액체, 기체가 일으키는 x선 산란과 비교하여 나타낼 수 있다. 한 결정질 고체에서 산란강도 대 2θ의 곡선은 높고 예리한 최대선들(maxima)이 생기는 특정한 각을 제외하고 모든 곳에서 거의 영이다: 이 선들이 회절빔이다. 비정질 고체와 액체는 둘 다 구조가 규칙성이 거의 없고 원자들이 특정한 한 원자간 거리에서 꽤 조밀하게 함께 충진하며 통계적인 선호성을 보인다는 점에서만 '질서가 있는' 성향을 가진다. 그 결과 x선 산란곡선은 한두 개에 불과한, 폭이 넓은 최대선을 보여준다. 끝으로 단원자 기체가 있는데 구조의 규칙성이 전혀 없다. 그러한 기체에서 원자들은 완전히 무질서하게 배열하고 원자의 상대적인 위치는 시간에 따라 연속적으로 변한다. 대응하는 산란곡선은 최대를 나타내지 않고 단순히 산란각이 증가하면 강도가 정상적으로 감소한다. 만일 고립한 원자들이 고각에 비해 저각의 2θ 각에서 x선을 더 강하게 산란할 수 없다면 이 곡선은 전혀 특징이 없는, 즉 '수평선'일 수 있다(4-3절).

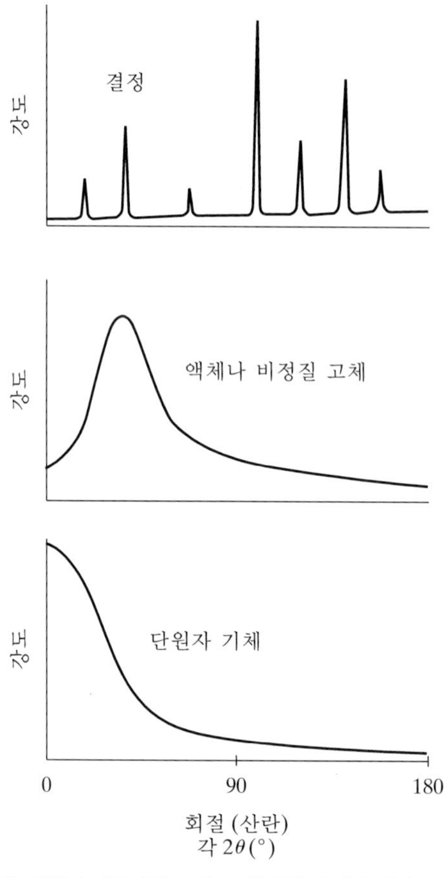

그림 5-10 결정질 고체, 비정질 고체, 단원자 기체가 일으키는 x선 산란의 비교(개략도). 세 개의 수직 눈금은 같지 않다.

그림 5-10의 하부에 있는 두 곡선에 있는 것과 같은 자료에서 얻는 정보는 비정질과 반결정질 시료에 관한 중요한 실마리를 제공한다. 이 해석의 배경에 있는 수학은 18장과 19장에서 짤막하게 다룬다.

문제

5-1 그림 5-1에서, $m = 10$으로 놓자. (a) $2\theta_1$인 산란각에서, 표면 아래 각 면에서 산란한 선과 표면에서 산란한 선의 경로차를 파장 λ로 완전한 일람표를 써라. 어떤 면이 표면 아래 셋째 면에서 산란한 선과 정확하게 위상이 다른 선을 산란하는가? 이 두 선의 경로차는 얼마인가? (b) $2\theta_B$와 $2\theta_1$ 사이의 중간 각에서 산란한 선의 경로차를, 이 선이 서로 상쇄하지 못한 지를 확신할 수 있도록 유사한 표로 써라.

***5-2** 그림 5-1에서, 입사빔은 수렴하지 않고 완전히 평행하며 각 θ_B로 입사한다고 가정한다. 회절빔의 폭 퍼짐은 일어나는가? 그렇다면 t와 B의 관계를 유도하라.

***5-3** 직경이 1000, 750, 500, 250 Å인 결정립의 분말무늬 선에서 폭 B(2θ의 각도로)를 미소결정 효과에만 기인하는 것으로 하여 계산하라. $\theta = 45°$와 $\lambda = 1.5$ Å를 가정한다. 직경이 250 Å인 결정립의 폭 B를 $\theta = 10, 45, 80°$에서 계산하라.

5-4 $K\alpha$ 방출선의 자연 폭에 기인하는 한 회절선의 폭에서 증가에 관한 5-2절에 준 값을 조사하라. [힌트: Bragg 법칙을 미분하여 λ에 따른 2θ의 변화율에 관한 식을 찾아라.]

5-5 50 Å인 미결정 크기와 같은 폭 퍼짐을 생기게 하려면 어느 정도 변형이 필요한가?

5-6 간섭함수의 주 최대는 F^2N^2과 같다는 것을 보여라. 간섭함수의 주 최대(main maximum)와 첫째 부수 최대(subsidiary maximum)의 높이비는 얼마인가?

5-7 Si 004의 Darwin 곡선 폭을 (a) Cu $K\alpha$ 방사선과 (b) Ag $K\alpha$ 방사선으로 계산하라.

5-8 방해석에서와 평행 입사 x선 빔에서, 몇 개의 단위포가 간섭함수의 FWHM을 Darwin 곡선 폭과 같게 하는가? (5-5절을 보라.)

제 6 장 회절기 측정

6-1 서언

x선 분말 회절법은 1915년 독일에서 Debye와 Scherrer[3.11]와 1916년 미국의 Hull[3.12]이 독자적으로 고인하였다. 처음에 이 방법은 회절빔의 각과 강도를 기록하기 위해 사진필름에 의존했다. x선 스펙트럼과 결정구조에 관한 W. H.와 W. L. Bragg의 초기 연구에서 회절기를 사용한 이후 오랫동안 회절기는 쓰이지 않았던 데 비해 카메라에서 사진 감광법은 회절효괴를 관찰하는 데 아주 인기가 있었다. 사용한 소수의 회절기는 손수 제작한 것이었고 실험 물리학자들의 연구소에서나 볼 수 있었다. 그러나 1940년대 후반에 상업적으로 만든 기기가 나옴에 따라 이 기기는 사진 기법에 비해 특정한 어떤 장점을 제공하였기 때문에 급속도로 인기가 높아졌다.

분말 회절은, 적절하게 사용한다면, 조사하고자 하는 물질에 관한 구조 정보를 아주 많이 제공할 수 있다. 기본적으로 이 방법은 분말 시료가 일으키는 단색화한 x선 회절과 연관이 있다. 여기서 '단색화'는 보통 x선 음극관이 타깃물질의 K의 여기 포텐셜 이상에서 작동할 때 나오는 α 방사선 중 강한 $K\alpha$ 특성 성분을 말한다. 회절기의 예에서, 결정 단색화 장치(monochromator)는 보통 $K\alpha$를 제외한 모든 파장을 제거하는 데 쓰이나 사진법에서는 주로 다른 방사선에 비해 $K\alpha$ 의 강도비를 높이기 위해 필터가 쓰인다. '분말'은 적절한 결합제로 서로 붙어 있는, 실제의 물리적인 분체나 다결정질 형태의 어떤 시편이다. 따라서 이 방법은 재료 연구에 아주 적합하다. 단결정은 항상 입수할 수 없지만, 다결정질인 선재, 판재, 봉재, 고분자 섬유 등과 같은 재료들은 어떤 특별한 시료준비를 하지 않고 비파괴적으로 조사가 가능하다.

사용하는 방식으로 본다면 기본 x선 회절기/분광기는 실제로는 두 기기이다:

1. 구조를 알고 있는 결정을 사용하여 x선 분광도를 측정하는 기기
2. 파장을 알고 있는 x선을 회절(산란)하는 방식으로 측정하여 결정질(그리고 비정질) 재료를 연구하는 데 사용하는 기기

분광기란 용어는 원래 이 두 기기를 기술하는 데 쓰였으나, 첫째 것에만 적용하는 것이 적절하다. 둘째 기기는 **회절기**라고 하는 것이 보다 적절하다: 이 명칭은 기기가 분광기가 아닌 말하자면 회절 분석에 쓰인다는 그런 특별한 용도를 강조하는 데 잘 어울린다.

이 장에서는 아주 흔하게 재료 연구에서 부딪히는 기기 구성에 맞추어서 회절기의 설계와 작동에 대해 기술할 것이다. 회절기 사용법에 관한 상세한 정보는 Klug와 Alexander[G.17], Jenkins와 Snyder[G.25]의 책에 잘 나와 있고, 회절기의 기하학은 Wilson[G.26]의 연구논문에 나와 있다.

이 책은 분광학보다는 회절을 주로 다루므로, 이 장은 회절기에 대해 중점을 둘 것이다. 그러나 분광기에서만 주로 쓰이는 어떤 실험 기법도 아주 자연스럽게 회절기 기법과 잘 융합하기 때문에 여기에서 설명한다.

6-2 일반적 특징

회절 카메라에서는 회절빔의 강도를 사진필름 상에 생긴 흑화량으로 측정한다. 따라서 현미 광도계(microphotometer)로 필름 측정하여 '흑화량'을 x선 강도로 변환하는 것이 필요하다. 회절기에서는 회절빔의 강도를 직접적으로 전자적인 x선 검출기로 측정한다. x선 검출기는 많은 유형이 있지만, 모두 입사 x선을 전류의 서지(surge)나 펄스로 바꾸고 이를 신호처리하기 위해 전산기를 포함한 다양한 전자 부품 내로 입력한다. 전자기기는 단위시간당 전류 펄스의 수를 계수하고 이 숫자는 검출기로 들어간 x선 빔의 강도에 직접적으로 비례한다.

기본적으로, 회절기는 3-8절에서 소개한 Hull/Debye−Scherrer 카메라와 다소 유사하게 설계한 것인데, 가동적인 검출기가 긴 줄의 필름을 대신하는 것이 다르다. 두 기기는 본질적으로 단색 방사선을 사용하고 x선 검출기나 필름은 분말 시편을 중심점으로 하는 원주 상에 놓인다. 회절기의 핵심 특징은 그림 6-1에 보인다. 분말 시편 *C*는 평판 형태로 테이블 *H* 위에 놓이며, 도면에 수직한 축 *O* 주위로 회전한다. x선 원(source)은 x선 관의 타깃 *T* 상에 있는 선형 초점인 *S*이다. *S*는 도면에 수직하며 회절기 축 *O*에 평행하다. x선은 이 x선 원에서 발산하며 시편에서 회절하여 수렴성 회절빔을 만들어서 슬릿 *F*에 집중한 후 검출기 *G*로 들어간다. *A*와 *B*는 특별한 슬릿들로 입사빔과 회절빔의 윤곽을 정하며 이 빔들을 정렬한다. 단색화 장치나 필터는 일반적으로 입사

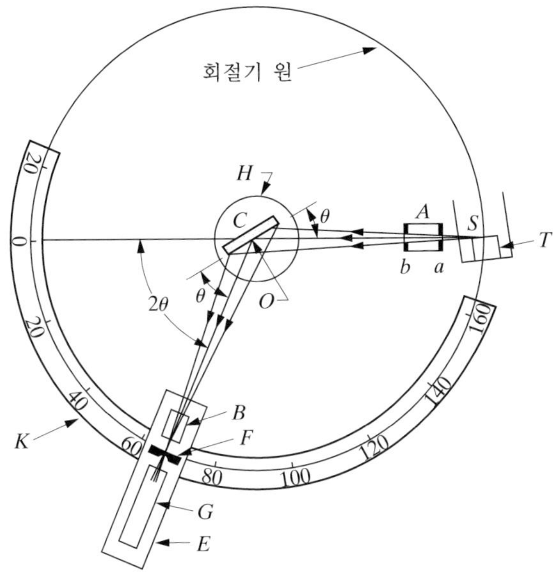

그림 6-1 x선 회절기(개략도)

빔보다는 회절빔에 있는 특수한 용기(그림에 보이지 않음) 내에 있다. 회절빔에서 단색화 장치나 필터는 주 기능($K\beta$ 방사선의 억제)을 수행할 뿐만 아니라 시료에서 나오는 배경 방사선을 낮춘다.

수광슬릿과 검출기는 운반대 E에 붙어 있으면서 축 O 주위로 회전하고 이 각 위치 2θ는 눈금이 있는 검출기 K에서 읽게 된다. 지지대 E와 H는 기계적으로 결합하여 검출기 $2x$ 각만큼 회전하면 자동적으로 시편이 x 각만큼 돌아가게 한다. 이런 결합은 편평한 시편에서 입사각을 항상 출사각과 같게 하고, 이 두 각을 전체 회절각의 반이 되도록 하며, 집중조건을 유지하는 데 필요한 배열을 보장한다. 구형 기기에서, 검출기는 회절기 축으로 일정한 각속도에서 자동적으로 움직이거나 어떤 원하는 각 위치로 수동적으로 이동한다. 현대의 자동화한 회절기는 일반적으로 검출기로 자료를 수집하고 시료는 0.01°씩 각이 증가하는 식으로 간격을 나눈 다수의 고정 각도에 놓인다. 계수한 시간길이와 각 증가의 크기는 소프트웨어가 조정한다.

그림 6-2와 6-3은 시판 기기에서 두 가지의 아주 다른 구성을 보여준다. 두 기기의 구성은 모두 상기한 설계 원칙을 지키지만 배치와 세부사항은 다르다. 그림 6-2의 하단 오른쪽 그림은 회절기의 방사선 방호함(enclosure)을 보여주고 방호함 부근에 있는 PC는 축척을 알게 한다. 그림 6-2에서 회절기 축은 수평이고 검출기는 수직면에서 움직인다. 그림 6-3에서 회절기 축은 수직이고 검출기는 수평면에서 움직인다. 그림 6-3은 그림 6-2에 비해 더 많은 시료 회전축을 제공한다.

회절기가 회절무늬를 측정하는 데 사용하는 방식은 검출기에서 펄스 발생률을 측정하는 회로의 유형에 의존한다. 펄스율의 측정에는 두 가지 다른 방식이 있다:

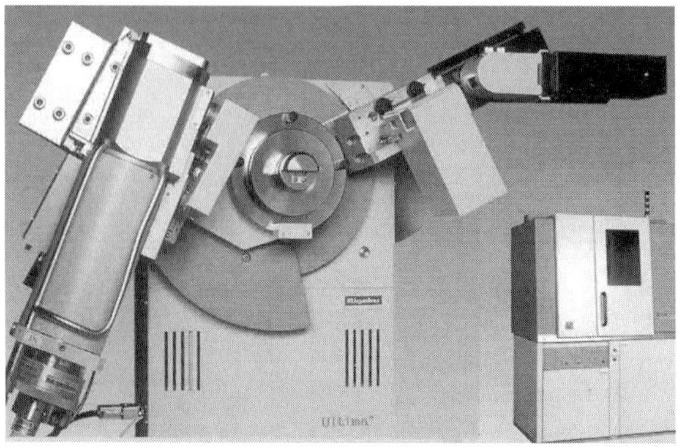

그림 6-2 Rigaku 회절기. x선 관은 왼쪽에 있고 삽입사진은 방사선 방호함과 회절기 작동을 제어하는 PC(Rigaku의 호의)

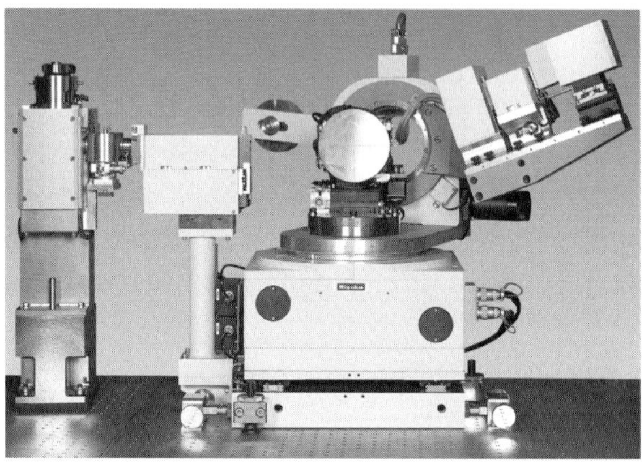

그림 6-3 그림 6-2에서 보인 Rigaku 회절기의 제2의 형태. 여기서 추가로 시료회전이 가능하다. (Rigaku의 호의)

1. 전류펄스의 연속을 정상전류로 변환하는데, 이 전류를 **계수율계**로 부르는 계기 상에서 측정하고, 단위를 초당 카운트(펄스)(c/s나 cps)로 보정한다. 이러한 회로는 x선 강도를 연속적으로 표시한다.
2. 전류의 펄스를 **계수장치**를 부르는 회로에서 전자적으로 계수하고 평균 계수율을 계수한 펄스 수를 계수하는 데 소비한 시간으로 나누어서 간단히 얻는다. 이런 연산은 계수하는 시간 때문에 본질적으로 불연속적이고 비율을 정하는 회로는 x선 강도에서 연속적인 변화를 따라가야 하므로 자주 꽤 불편하다.

이 측정회로의 두 가지 유형에 대응하여 미지의 한 물질의 회절무늬를 회절기로 얻는 두 가지 방식이 있다(그림 6-4):

1. **연속주사**. 검출기를 $2\theta = 0°$에 가깝게 맞추고 계수율계에 연결한다. 이 회로의 출력을 긴 종이(strip) 차트 기록계로 보낸다. 그런 다음 2θ의 값을 증가하면서 일정한 각속도로 작동

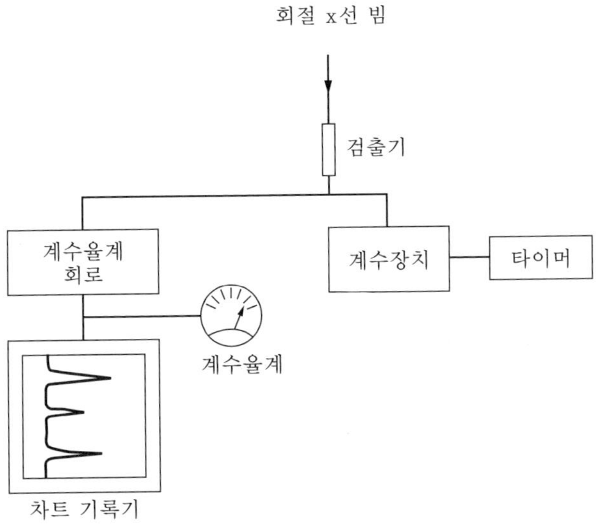

그림 6-4 회절기용 검출기 회로의 블록 도해. 계수율계 회로는 계수율을 시각적으로 표시하기 위한 미터기와 차트 기록기를 작동하게 한다. 계수장치와 타이머는 함께 작동한다.

하여 전 각도의 범위를 '주사'한다. 동시에 기록계 상의 종이 차트를 일정한 속도로 작동하여 차트길이에 따른 거리가 2θ에 비례하게 한다. 그 결과 그림 6-5와 같은 차트는 초당 카운트(회절강도에 비례) 대 회절각 2θ의 기록을 준다. '높은' 주사속도는 전형적으로 분당 2θ에서 2°이다. 가령 2θ 10°에서 160°에 걸치는 완전한 주사는 150/2 = 75분을 요구한다. (검출기 작동에서 상한은 검출기와 x선 관이 만나는 것으로 결정하는데, 약 160° 2θ이다.)

2. **구간주사.** 검출기를 계수율계에 연결하고 검출기에서 얻는 펄스를 정확하게 계수하기에 충분한 시간 동안 2θ의 고정값에 맞춘다. 그런 다음 새로운 각 위치로 이동하고 그 동작을 반복한다. 원하는 2θ의 범위를 이런 식으로 다루고, 강도 대 2θ의 곡선을 일련의 개별적인 측정으로 구성한다. 이것은 현재 컴퓨터 조정 회절기에서의 정상적인 조작 방식이고 연속주사에 비해 느리지 않다. 구간주사나 전산화한 연속주사의 결과에서 생긴 디지털 회절무늬는, 자료를 바로 사용하여 상용이나 사용자가 쓴 표준 소프트웨어로 분석할 수 있기 때문에 긴 종이 차트 기록에 비해 사용하기에 편리하고, 대단히 우수한 능력을 제공한다. 피크 위치와 강도를 자동적으로 측정하는 데서 얻는 시간 절약은 매우 크다. 이런 편리한 것에 수반하는 것은 매우 실질적인 위험성인데, 부주의한 사람은 더 이상 세심하게 회절무늬 자체, 즉 회절피크의 모양, 변하는 배경 수준들을 검사하지 못할 수 있고 그 때문에 잠재적으로 유용한 정보를 무시하거나 더 나쁘게는 전자 소음과 같은 가짜를 회절피크로 해석할 수 있다. 사용한 알고리즘을 이해하지 못하고 소프트웨어 패키지를 사용하면 심각한 오류를 범할 수 있다.

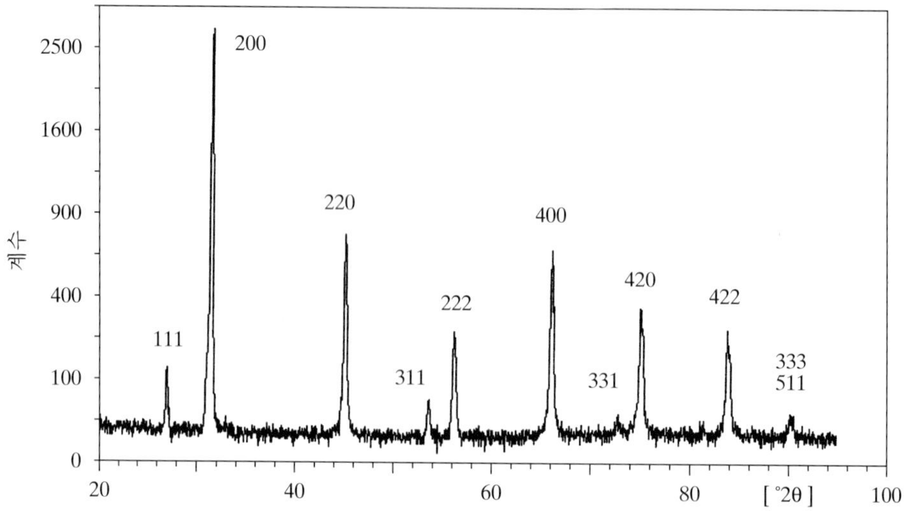

그림 6-5 NaCl 분말의 회절무늬. 구리 $K\alpha$ 방사선, 단색화 장치, 가변 발산슬릿 회절기를 사용한다. 여기에 보인 것은 2θ 범위 전체의 약 반이다. 수직축은 카운트 수의 제곱근를 나타낸다.

근본적인 차이가 분말 카메라와 분말 회절기 사이에 있다. 카메라에서는 모든 회절선을 동시에 기록하고 노출 동안 입사 x선 빔의 강도에서 변화는 상대 선강도에 영향을 주지 않는다. 이와는 다르게, 회절기에서는 회절선을 하나씩 기록하며 상대 선강도를 정확하게 측정하여 할 때는 입사빔 강도를 일정하게 유지하는 것이 필수적이다. 회선 전압에서 일반적인 변동은 감지할 정도이므로 회절기의 x선 관 회로는 전압 안정기와 관전류 안정기를 포함해야 한다.

사용하는 시편의 종류는 입수 가능한 재료의 종류에 달려 있다. 편평한 금속 박판이나 판은 직접 조사할 수 있다. 하지만 그러한 재료는 거의 우선방위를 나타내는데, 이러한 사실은 상대 강도를 평가하는 데 염두에 두어야 한다. 이것은 선재에서도 마찬가지인데, 이 재료는 유리판 위에 나란히 다수의 길이를 붙여서 검사하는 것이 가장 좋다. 그런 다음 이 판은 시편 지지대에 삽입하여 선축을 회절기 축에 직각으로 한다. 분말 시편을 가장 잘 준비하려면, 분말을 적당한 눈금의 체를 가볍게 털어내어 통과시켜서, 약간 거친 표면(유리 현미경 슬라이드의 젖빛 끝) 위에 놓은 유리, 금속이나 플라스틱 판의 움푹 파인 곳에 넣고, 뒷면에서 결합제를 사용하지 않고 응집을 일으킬 수 있을 만큼의 압력으로 촘촘히 다진다(그림 6-6은 성공적인 한 방법을 나타낸다). 너무 많은 압력을 주면 분말 입자는 우선방위를 일으킨다. 입자의 집합체를 미끄러지게 하는 운동은 피하는 것이 중요한데, 그렇지 않으면 우선방위와 예상치 못한 피크강도가 생길 수 있다. 많은 수의 성공적인 다른 분말 '충진'을 비교하여 왔고[6.3] 상세하게 논의하여 왔다[G.28, G.29]. 분말을 담는 지지대를 사용하는 것의 중요한 한 대안으로, 분말을 결합제와 혼합하고 유리 슬라이드 표면 위에 바를 수 있다.

만일 상대 선강도를 정확하게 재현하려고 하면, 어떠한 분말도 극히 미세하게 10 μm 이하의 크기로 분쇄해야 한다. 편평한 시편은 Hull/Debye–Scherrer 시편처럼 회전하지 못하므로, 정확한

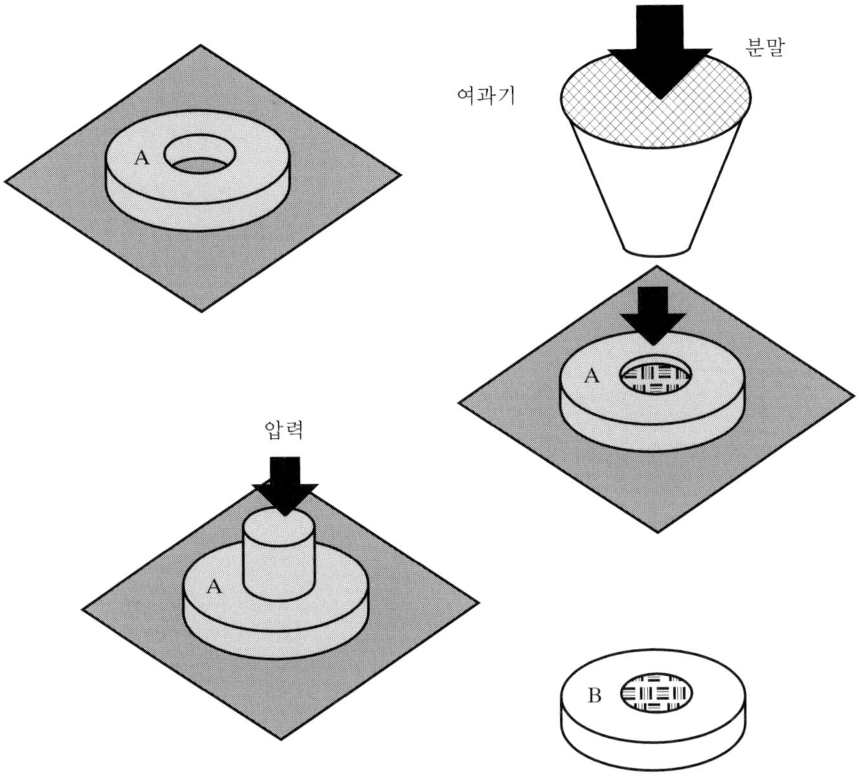

그림 6-6 회절기 시료 준비의 한 방법에서 단계: 지지대 면을 아래로 약간 거친 표면(유리 현미경 슬라이드의 젖빛 끝부분, 대지 판지 등) 위에 놓고 분말 시료 지지대에 뒤에서 붓고, 분말이 지지대 스스로 받칠 때까지 누르고, 표면에서 지지대를 들어내고 뒤집어서 B 면(시료 지지대의 전면)이 노출하게 한다.

회절방위에 있는 적당한 수의 입자를 얻는 유일한 방법은 입자의 평균 크기를 줄이는 것이다. (시편 '급회전기(spinner)'가 시편을 자체 면에서 연속적으로 회전하는 데 사용할 수 있다. 그러나 새로운 방위를 빔에 가져오는 데 있어서 이런 종류의 회전은 Hull/Debye–Scherrer 카메라에서 일어나는 방식만큼 효과적이지 못하다. 시료 '진동기(rocker)' 는 회절기 축 주위로 조정 가능한 양만큼 5° 정도 진동을 일으키는데, 시료 급회전기에 비해 더 효과적이다.) 그리고 표면 거칠기도 상대 선강도에 주의를 끌 정도 영향을 준다. 만일 거친 분말의 압분체 경우에서와 같이 표면이 거칠고 선형흡수계수가 높다면, 저각 반사의 강도는 표면의 각 투영 부위에서 회절선의 흡수 때문에 비정상적으로 낮을 것이다. 이런 결과를 피하는 유일한 방법은 매우 미세한 분말의, 표면이 평탄한 압분체나 표면을 연마한 시편을 사용하는 것이다.

또는 회절기에서 단결정 시편을 고니오미터 위에 올려놓고 x선 빔에 노출한 부피의 중심을 지나는 세 개의 직교축 주위로 독립적으로 시편을 회전시키면서 조사할 수 있다. (덧붙여서 회절기 축 주위에서 시편의 독립적인 회전을 흔히 θ 회전이라고 하지 않고 ω 회전으로 부른다.) 사실 특수한 **단결정 회절기**는 전적으로 복잡한 결정구조를 결정하기 위해 고안한 것으로, 사용 가능하다. [(그림 6-7(a)나 거의 완전한 결정, 에피층이나 초격자의 회절피크 폭의 극도의 고분해능 측정용(그림 6.7(b))].[1)]

회절기는 시편을 적절한 가열이나 냉각장치로 둘러쌓아서 고온이나 저온에서 측정하는 데 쓰일 수 있다. 그러한 기기의 개조는 회절기에서 카메라에 비해 시편 주위 자유 작업 공간이 일반적으로 더 크기 때문에 훨씬 더 쉽다. 추가적으로 유리한 점은 동적인 측정을 할 수 있다는 것이다. 예를 들면, 검출기는 상온에서만 안정한 상의 두드러진 회절선만을 받을 수 있게 놓일 수 있다. 온도를 연속적으로 증가시키면 계수율계는 연속적으로 그 상의 소멸을 선강도 대 온도의 곡

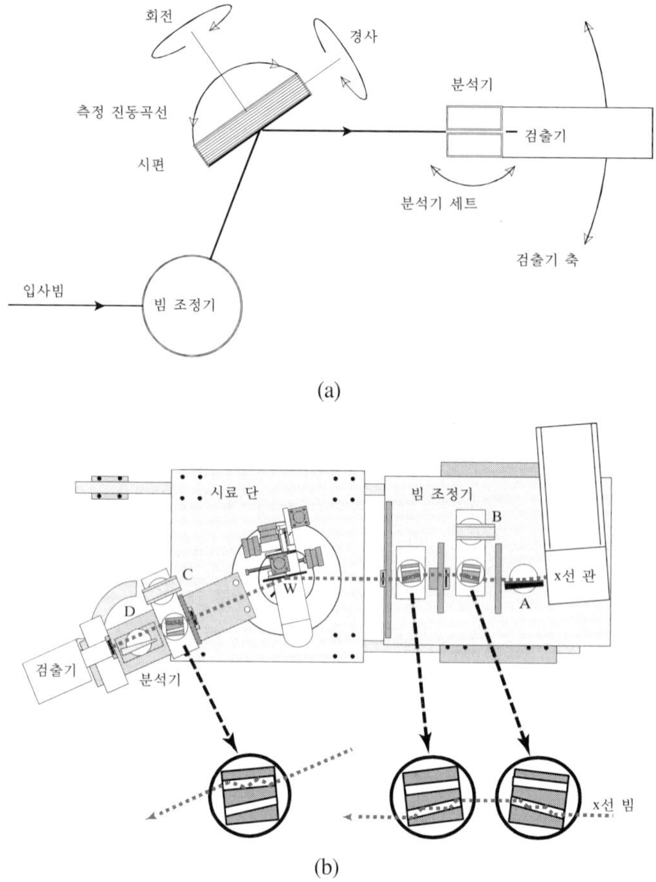

그림 6-7 단결정 시료를 위한 고분해능 회절기. (a) 진동곡선을 기록하는 데 사용하는 2축 회절기의 개략도와 (b) 진동곡선을 기록하고 고분해능 역격자 공간 지도 그리기를 위한 Bede Scientific 사의 3축 회절기의 도해

1) 에피층(epilayer)은 단결정 기판 위에 성장한 얇은 층으로 일반적으로 서로 같거나 거의 맞는 격자상수를 가진다. 여기서 사용한 의미에서 초격자는 예를 들면 서로 다른 격자상수를 갖는 층을 주기적으로 번갈아 바꾼 것이다. 층 주기는 결정격자에 비해 여러 배이며 '초격자'란 용어를 생겨나게 한다. 초격자의 대략 100개 주기로 되어 있는 한 층은 결정 성장 연구자에게는 아주 두꺼운 것으로 보이겠지만, 결정격자에서 주기의 수는 회절연구자에게는 아주 작은 것으로 생각될 수 있어서 '초격자'란 용어는 다소 틀린 명칭이다.

선 형태로 표시하고 기록할 것이다.

자동 시료 교체장치(changer)가 사용 가능하다. 이를 컴퓨터 자료 수집과 제어와 결합한, 이런 유형의 자동화는 연속적으로 사람없이 밤낮으로 회절기를 운전할 수 있게 한다. 1990년대 모듈 방식의 광학을 매우 쉽게 바꿀 수 있는 회절기가 출현하였다. 강건한 부품은 빠르게, 어떤 때는 15분 이내에 재배치할 수 있다. 고분해능, 평행빔이나 준집중 빔 조정기를 서로 바꿀 수 있다. 한정한 재정은 불가피하게 연구실에서 사용 가능한 회절기 수를 제한하는데, 그러한 현대적 기기는 얻어야 할 실용적인 자료의 질을 크게 개선할 수 있다.

다음에 나오는 절에서 회절기의 여러 가지 부속품에 관해 상세히 기술할 것이다. 기기의 일반적인 특징에 관한 요약은 카메라에 비해 주요 장점을 보여주는 것으로도 충분하다: 선 위치와 강도의 정량적인 측정을 회절기에서는 한 번의 조작으로 할 수 있는 반면, 필름 기법으로 동일한 측정을 하려면 적어도 두 번의 단계가 필요하고(필름 상에 무늬를 기록하고 필름의 미소광도계 기록을 만든다) 그에 따른 전반적인 결과는 일반적으로 정확도가 낮고 포함한 강도 값의 범위가 너무 작다는 것이다.[2)]

이런 회절기의 우수성은 기기의 가격이 훨씬 더 높은 것을 보아도 알 수 있는데, 가격은 기계 부품에 필요한 정밀한 기계가공뿐만 아니라 회절빔의 강도를 측정하는 데 필요한 회로와 자료 수집과 분석 소프트웨어에도 기인한다.

회절기는 많은 문제를 다루기 위한 우수한 기기이다. 그러나 이것이 결점이 없는 것은 아니다. 검출기는 노출한 것에서 오는 방사선만을 '보며' 회절기 원의 면에 놓이지 않는 회절선과 산란선을 모두 보지 못한다. 사진필름은 수 평방 인치의 면적이고, 대단히 많은 선을 차단하고 기록하며 조대한 입자와 우선방위와 같은 상태를 단번에 드러내 보여준다(14장). 회절기는 그러한 것을 즉시에 볼 수 없다. Guinier[G.30]가 지적하듯이, "사진법은 미지의 한 무늬를 정성적으로 조사하는 데 감탄할 만큼 적합한데, 왜냐하면 그때 전혀 예상치 못한 현상을 발견할 수 있기 때문이다: 계수기 [즉, 검출기]는 이미 정성적으로 알고 있는 무늬에서 정량적인 측정을 하는 데 필요하다."

2) 사진 감광유제는 7-4절에서 논의할 것이지만 동적 범위가 훨씬 더 작으며 전자 검출기가 하는 것보다 더 긴 자료 수집시간을 요구한다. 하지만 영상저장 판은 새로이 개발한 재사용할 수 있는 x선 '필름'으로 7-4절에서 기술하는데 범위가 전자 검출기에 견줄만 하며 아주 짧은 노출시간을 요구한다. 영상판독기를 사용할 수 있다면 사진 감광유제가 지닌 약점 없이 사진 회절 원추 전체를 볼 수 있는 능력은 지킬 수 있다.

6-3 X선 광학

편평한 시편을 사용하는 주요 이유는 아래에서 기술할 집중작용을 사용하고 그렇게 하여 약한 회절빔의 강도를 정확하게 측정할 수 있는 정도로 높이려고 하는 것이다. 이런 집중의 기초는 기하학적 정리이다(그림 6-8): 한 원 안에 내접하며 똑같이 호 *SF*를 밑변으로 하는 모든 각은 서로 같으며, 원의 중심에서 같은 호에 대한 각의 반과 같다. x선이 *SA* 방향과 *SB* 방향으로 나아가서 *AB* 호에 위치한 분말 시편에 부딪힌다고 가정하자. 그러면 점 *A*와 *B*에서 동일한 (*hkl*) 면에서 회절한 선은 동일한 2θ 각으로 벗어날 것이다. 그러나 일탈각 2θ는 각각 $(180° - \alpha)$이고, 이 사실은 회절선이 *AF*와 *BF*를 따라 *F*에 있는 한 초점에 와야 한다는 것이다.

그림 6-9는 어떻게 그림 6-8의 기하를 $\theta - 2\theta$, 또는 Bragg-Brentano로 부르는 회절기에서 사용하는 편평한 시편에 적용하는 지를 보여준다. 검출기의 어떠한 점에서도 수광슬릿 *F*와 x선 광원 *S*는 회절기 원 상에 위치하고, 이 사실은 시편의 면이 검출기와 기계적으로 결합하기 때문에, *F*와 *S*를 지나고 시편 법선에 중심을 두는 집중원에 언제나 접한다는 것을 뜻한다. 집중원은 크기가 일정하지 않고 그림 6-9에서 보이는 것처럼 2θ 각이 작아질수록 반경은 커진다. *F*에 완전히 집중하려면 시편은 집중원에 맞게 휘어야 한다. 편평한 시편의 사용은 *F*에서 회절빔의 폭이 약간 퍼지고, 특히 약 60°보다 작은 2θ 각에서 더 작은 각으로 선 위치가 약간 이동하는 것을 일으킨다. 두 효과는 모두 입사빔의 발산을 작게 하면 약하게 할 수 있지만, 강도가 감소하는 비용을 치러야 한다. (집중이든 강도든 만일 시편 표면이 언제나 집중원에 맞는다면 희생시킬 필요는 없다. 이

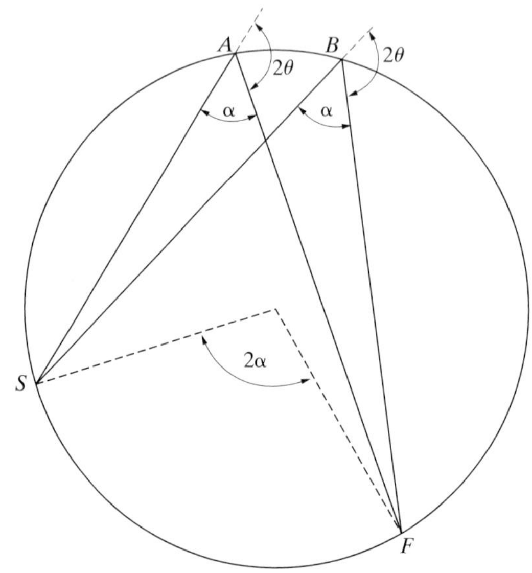

그림 6-8 집중기하학

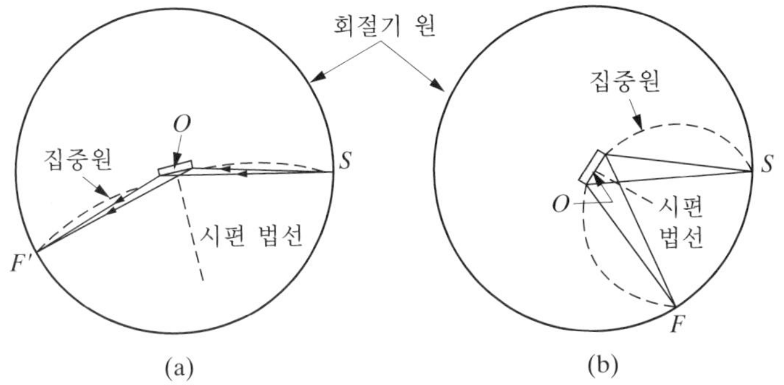

그림 6-9 편평한 시료를 위한 집중기하로 (a) 전방 반사와 (b) 배면 반사

렇게 하는 장치가 있다[6.4]. 분말 시편은 구부릴 수 있는 얇은 띠 위에 올려 놓으면 자동적으로 각각의 2θ 각에서 적합한 곡률로 휜다.)

선 광원 S는 그림 6-9의 도면 위와 아래에서 꽤 뻗어 있고 모든 방향에서 방사선을 방출하지만 아래에서 기술한 집중은 입사빔에서 모든 선이 도면에 평행해야 함을 요구한다. 이 조건은 입사빔을 Soller 슬릿(그림 6-10), 즉 그림 6-1에서 슬릿 A를 지나가게 하면 실험적으로 가능한 가깝게 실현할 수 있다. 이 슬릿은 회절기 원의 면에 평행하게 놓은, 간격이 좁은 한 조의 얇은 금속판을 포함한다. 이 판은 회절기 원의 면에 경사한 x선의 많은 부분을 제거하나 꽤 긴 선 광원을 사용할 수 있게 한다. Soller 슬릿의 전형적인 치수가 있다: 판 길이 32 mm, 판 두께 0.05 mm, 판 사이 빈 간격 0.43 mm. 슬릿 조립품의 양 끝에는 직사각형 슬릿 a와 b가 있고, 광원 쪽에 있는 입구 슬릿 a는 출구슬릿 b에 비해 폭이 더 좁다. 슬릿과 판은 결합하여 입사빔을 한 조의 삼각 쐐기형의 방사성으로 분리하는데, 그 꼭대기는 그림 6-10에서 표시한 것처럼 선 광원의 작은 부분이다. 물

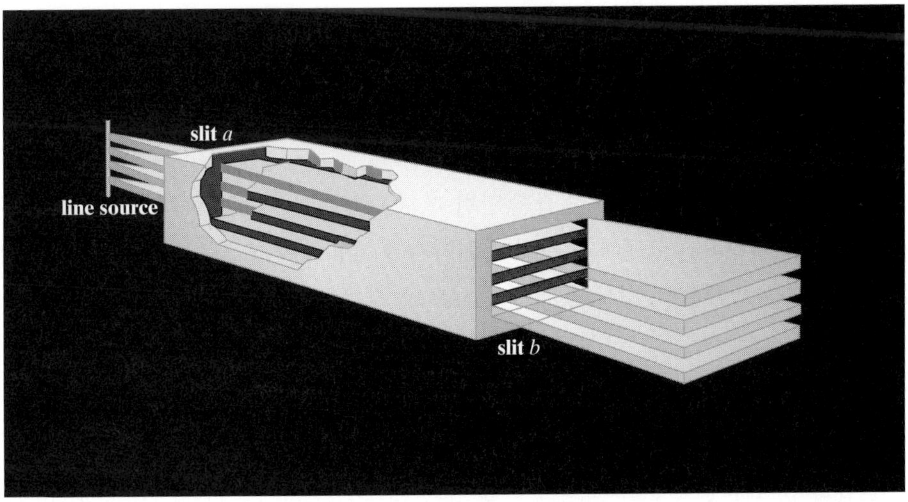

그림 6-10 Soller 슬릿(개략도). 간단하게 보이게 단지 세 금속판을 나타낸다. 실제 Soller 슬릿은 약 12장을 포함한다.

론 일부 광선은 그림에는 보이지 않으나, 판의 수직한 면에서 발산하고, 이 광선은 쐐기형의 방사가 출구슬릿에서 떨어진 짧은 거리에서 서로 합하게 한다. 하지만, 길고 간격이 좁은 판은 이런 원치 않는 발산이 약 1.5°의 각도가 되도록 제한한다. 슬릿 a와 b는 회절기 원의 면에서 입사빔의 발산에 대한 윤곽을 정한다. 보통 구할 수 있는 슬릿은 발산각의 범위가 매우 작은 값에서 약 4°에 이른다. 전방 반사 구역에서는 1°의 발산각이면, 입사빔에 대한 시편면의 경사가 작기 때문에 충분하지만 배면 반사에서 발산각이 3°나 4°로 커지면 노출면적과 회절강도가 증가한다. 만일 선강도를 2θ의 전 범위에 걸쳐 비교한다면, 동일한 발산을 일관적으로 사용하며 모든 각에서 시편은 빔에 비해 넓어야 한다. 하지만 어떤 회절기는 자동적으로 변하는 발산슬릿을 장착하는데, 이 슬릿은 2θ에 무관하게 시료의 면적을 일정하게 노출하게 한다. 이런 일은 높은 2θ의 피크의 강도를 낮은 2θ의 피크에 비해 높게 하고 2θ가 증가하면서 회절피크 강도가 빠르게 떨어지는 것을 보상한다. 이런 종류의 회절기에서 얻은 결과를 기존의 고정슬릿 폭 시스템의 것과 비교하기 전에 강도는 가변슬릿으로 노출한 더 많은 부피를 보상하기 위해 해석적으로 변환해야 한다.

시편에서 회절한 빔은 검출기에 들어가기 전에 또 다른 Soller 슬릿과 수광슬릿 F를 지나가야 한다(그림 6-11). 수광슬릿은 검출기에 들이는 빔 폭의 윤곽을 정하기 때문에 폭의 증가는 분해능이 약간 감소하는 대가를 치르나 측정할 임의의 회절선의 최대강도를 높일 것이다. 이와는 달리 회절선의 상대 **적분강도**는 슬릿 폭에 무관하고, 이러한 사실은 슬릿이 아주 근본적으로 중요한 한 원인이다.[3)]

회절선의 집중과 회절기 원의 상대적으로 큰 반경, 시판 기기에서는 약 15 cm, 때문에 회절기는 아주 가까운 거리에 있는 회절선들을 분리할 수 있다. 이것이 말하는 것은 Cu$K\alpha$ 이중선의 분리는 약 40°만큼 낮은 2θ 각에서 얻을 수 있다는 사실이다. 그러한 분리는 정확하게 조정한 기기로만 달성할 수 있는데, 구성 부품을 그렇게 정렬하여 다음 조건이 모든 각에서 만족할 수 있도록 하는 것이 필요하다:

1. 선 광원, 시편 표면, 수광슬릿 축은 모두 평행하고,
2. 시편 표면은 회절기 축과 일치하며,
3. 선 광원과 수광슬릿은 둘 다 회절기 원 상에 놓인다.

이 시점에서, 모세관 광학을 짧게 언급할 만한 가치가 있는데, 이것은 x선 빔을 유리 모세관 내부의 매끄럽고 끝이 뾰족한 표면에서 완전한 전반사를 사용하여 모으는 것이다. 이 관의 배열은 중요한 시료면적을 포함할 수 있도록 제작이 되고, 독자는[G]에 있는 최근에 나온 권(volume)을

3) 슬릿 폭 외에도 많은 요인(예로, x선 관 전류)이 회절선의 적분강도를 변하게 할 수 있다. 하지만 중요한 것은 작동 변수 중 어느 하나가 변화하면 모든 회절선의 적분강도가 같은 비율로 변하지만 최대강도에서는 아주 다른 결과를 나타낸다. 그러므로 만일 I_1/I_2이 어떤 슬릿 폭으로 측정한 두 개 선의 적분강도의 비이고 M_1/M_2가 그 최대강도의 비이면 다른 한 슬릿 폭으로 또 한번 측정하면 적분강도에서 같은 비인 I_1/I_2가 나올 것이지만 이때 최대강도의 비는 일반적으로 M_1/M_2과 다를 것이다.

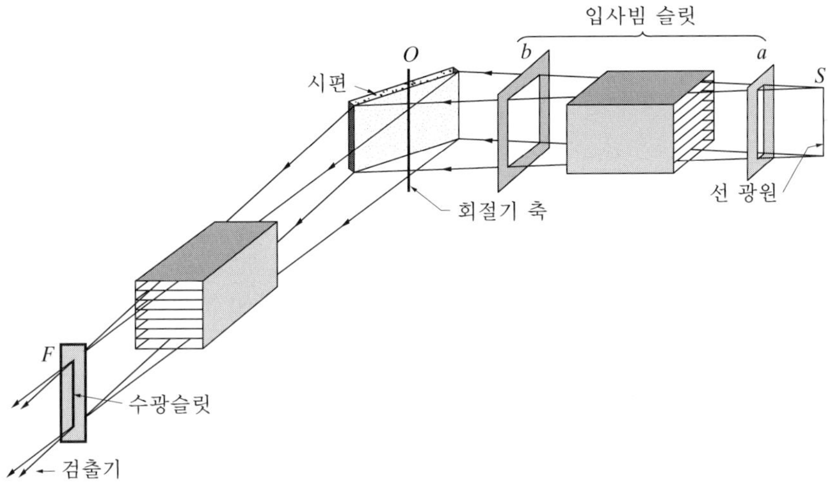

그림 6-11 회절기에서 슬릿의 배열

참조하면 이런 발달한 기술에 관한 세부적인 사항을 찾을 수 있다.

$\theta-2\theta$ 회절기가 우리가 만날 수 있는 분말 회절기의 유일한 종류는 아니다. Bragg-Brentano의 한 변종이 $\theta-\theta$ 회절기인데, 이 기기에서 시료는 정지하여 있고 검출기와 x선 광원이 회전한다. $\theta-2\theta$ 회절기에서 사용한 집중광학은 Seeman-Bohlin 회절기에서도 쓰이는데, 이것의 기하학은 7-7절에서 기술이 나오고 그림 7-7에서 묘사한 카메라와 비슷하다: 주요 차이는 검출기 슬릿이 그림 7-7에서는 NM 경로를 따라간다는 것이다. Seeman-Bohlin 회절기에서 x선 빔의 입사각은 매우 낮을 수 있고, 따라서 기기는 박막 연구에 유용하다.

6-4 검출기(총론)

모든 전자식 계수기는 예외 없이 핵물리학자들이 방사능 연구를 위해 개발하였다. 계수기는 x 방사선과 γ 방사선을 검출할 뿐만 아니라 전자와 α 입자와 같은 하전입자도 검출할 수 있고, 검출기의 설계와 부수 회로는 무엇을 어느 정도 검출하는 지에 달려 있다. 여기에서 논의는 파장이 회절에서 흔히 마주치는 것인 x선에 한정한다.

네 가지 종류의 검출기가 현재 쓰이고 있다: 비례식(proportional), Geiger, 섬광(scintillation), 반도체. 한 기체의 원자(비례식과 Geiger 계수기)이든지 한 고체의 원자(섬광과 반도체 검출기)이든지 간에 모두 원자를 이온화하는 x선 능력에 의존한다. 처음 세 가지 종류는 Parrish[6.5]가, 네 가지는 모두 Knoll[6.6]이 개괄적으로 다루었다. 흔히 용어가 엄밀히 맞지 않지만 검출기는 '계수기'로 부른다. 하지만 'Geiger 계수기'와 같은 용어는 지속하여 쓰이고 있고, 이 용어는 대중문화에 깊숙이 박혀 있기 때문에 의심할 여지없이 앞으로도 계속 쓰일 것이다. 사용하는 방식은 '비례 계수기'(6-5절)에서도 비슷하며, 이 용어는 계속하여 쓰일 것이다.

여기서는 검출기 동작에 관한 세 가지 면이 중요하다: 손실, 효율, 에너지 분해. 이 요소를 아래에서 정의하고 특정 검출기에 관한 후반부의 절에서 더욱 자세하게 다룬다.

계수손실

한 검출기의 활성 공간에서 한 개의 x선 양자(광자)의 흡수는 검출기 출력에서 한 개의 전압펄스를 생기게 한다. 검출기에서 펄스는 좀 꽤 복잡한 한 개 이상의 펄스 증폭기, 펄스 생성기(shaper) 등으로 구성한 전자회로로 들어가고 끝으로 계수장치나 계수율계와 가능하면 펄스 파고 분석기(6-9절)로 간다. 이 절의 목적으로 검출기 외 모든 회로는 '전자장치'로 부를 것인데 전체 시스템의 동작, 즉 검출기-전자장치의 결합이 중요하다.

만일 측정할 x선 빔이 강하다면 검출기에서 펄스 발생률이 높을 것이고 계수율계가 내는 계수율은 높을 것이다. (어림하여 말하면 초당 수천 카운트는 분말 회절기에서 '높은' 계수율이고 100 cps 이내는 '낮은' 계수율이다) 계수율이 올라갈수록 펄스 사이의 시간 간격이 줄어들고 아주 작게 되면 인접 펄스들이 서로 병합하여 더 분해하거나 따로 떨어진 펄스로 세지 못한다. 이 지점에서 계수손실이 시작한다. 이 지점을 결정하는 양이 검출기 전자장치계의 **분해시간** t_s이며, 두 개의 분해한 펄스 사이의 최소시간으로 정의한다.

x선 양자의 도달시간은 검출기에서 불규칙하다. 그러므로 검출기의 펄스 생성은 시간에서 불규칙하고 검출기 출력의 전압에서 변화를 보여주는 곡선은 그림 6-12와 같이 나타날 것이다. 만일 입사한 양자의 도착과 흡수가 시간에서 절대적으로 주기적이라면 손실이 없는 최대계수율은 간단하게 $1/t_s$로 줄 수 있다. 그러나 평균 도달률이 $1/t_s$보다 크지 않으면 이어서 들어온 양자는 시간 간격이 불규칙하므로 $1/t_s$ 이내로 떨어져 있을 것이다. 따라서 계수손실은 t_s 이내 속도로 일어날 것이고 그림 6-13에 보이듯이 손실은 이 속도가 증가할수록 증가할 것이다. 여기서 초당 흡수한 광자는 x선 강도에 직접 비례하여서 이 곡선은 회절기 측정에서 중요한 의미를 가지는데, 그 까닭은 관측 계수율이 더 이상 x선 강도에 비례하지 않는 지점을 보여주기 때문이다. 직선은 한 비례 계수기로 나타낸 비율로 얻을 수 있는 이상적인 반응을 보여준다. 이 선형의, 손실이 없는 거동은 다행히도 오늘날 회절기에서 사용하는 대부분의 검출기에서는 전형적인 것이다. 그렇지 않으면 손실을 위해 약간의 관측한 계수율을 보정하는 지루한 작업을 해야 할 것이다.

만일 검출기-전자장치의 분해시간 t_s를 안다면, 손실이 시작하는 지점을 외우기 쉬운 하나의

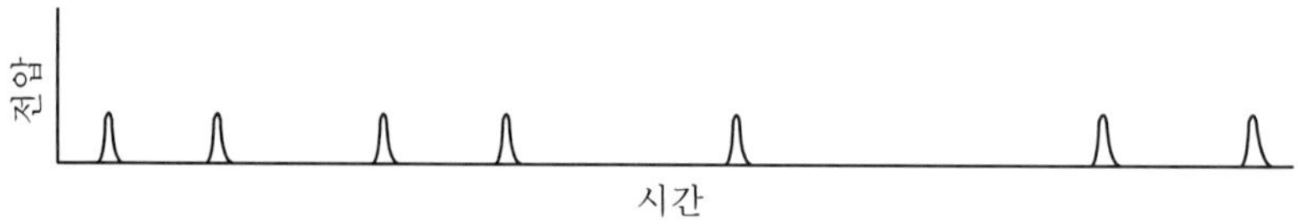

그림 6-12 검출기가 만든 간격이 불규칙한 전압펄스

규칙으로 계산할 수 있다. 1%의 손실은 약 1%의 $1/t_s$ 비율로 일어난다. 만일 t_s가 1 마이크로초이면 계수율은 1% 이내에서 약 10,000 cps의 비율로 선형적이어야 한다.

보통 분해시간은 모른다. 만일 비선형적인 계수 거동이라는 생각이 들면, 다음 절차로 손실이 시작하는 계수율을 실험적으로 결정할 수 있다. 강한 회절빔을 받을 수 있는 위치에 검출기를 놓

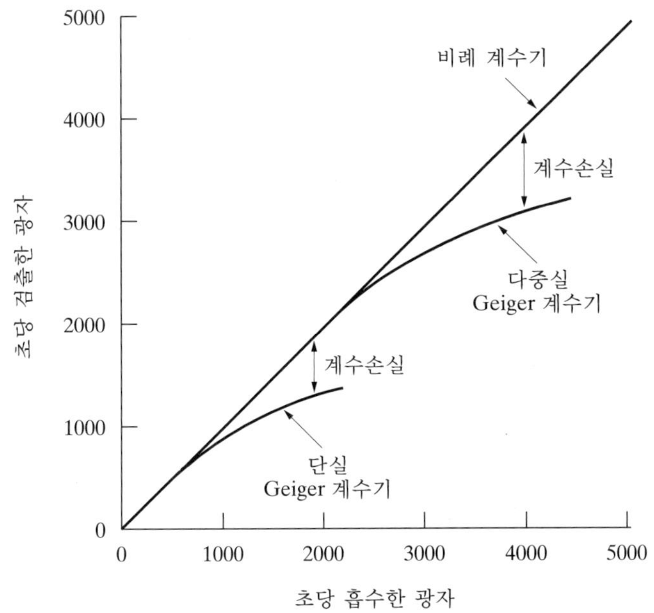

그림 6-13 계수율이 세 가지 종류의 검출기의 계수손실에 미치는 영향(개략도)

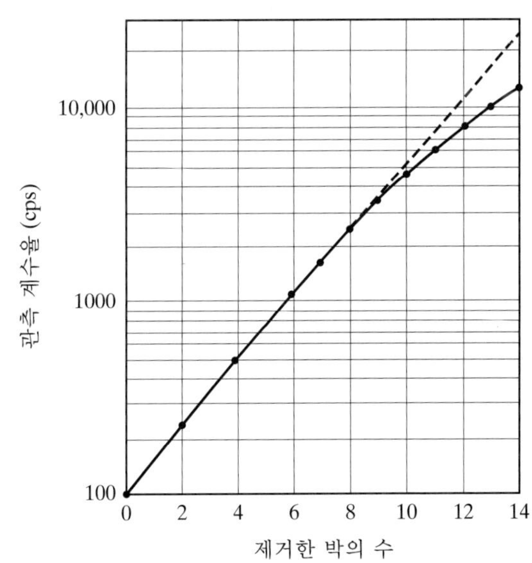

그림 6-14 다중실 Geiger 계수기의 검정곡선. Cu $K\alpha$ 방사선. 각각 0.01 mm 두께인 니켈 박을 흡수체로 사용한다.

고 이 빔에 두께가 균일한 금속 박들을 충분한 수만큼 넣어 계수율을 거의 우주선 배경으로 줄인다. (우주선은 투과력이 높기 때문에 검출기의 벽을 바로 통과하여 지속적으로 초당 수 개의 카운트를 생기게 한다.) 계수율을 측정하고, 박을 하나 제거하고 계수율을 측정하고 이런 식으로 모든 박을 제거할 때까지 계속한다. 개개의 박은 그 박에 입사하는 에너지를 동일한 분량만큼 흡수하므로, 빔에서 제거한 박의 수 대 관측한 계수율의 그림은 손실이 시작하는 지점까지는 선형일 것이며 사실상 그림 6-13과 닮을 것이다. 이런 종류의 한 곡선이 그림 6-14에 보인다.

계수효율

검출기-전자장치 계가 입사 x선 양자를 분해 펄스로 인지하는 전체 효율 E는 흡수효율 E_{abs}와 검출효율 E_{del}의 곱이다.

모든 검출기에는 일반적으로 운모나 베릴륨인 얇은 '창'이 있고, x선은 검출기의 활성 공간에 도달하기 전 이 창을 통과해야 한다. 창이 입사빔을 흡수하는 분량 $f_{abs,\ w}$은 가능한 적어야 하고 검출기 자체에 흡수하는 분량 $f_{abs,\ d}$는 가능한 커야 한다. 흡수효율 E_{abs}를 분율로 표현하면 (1 −

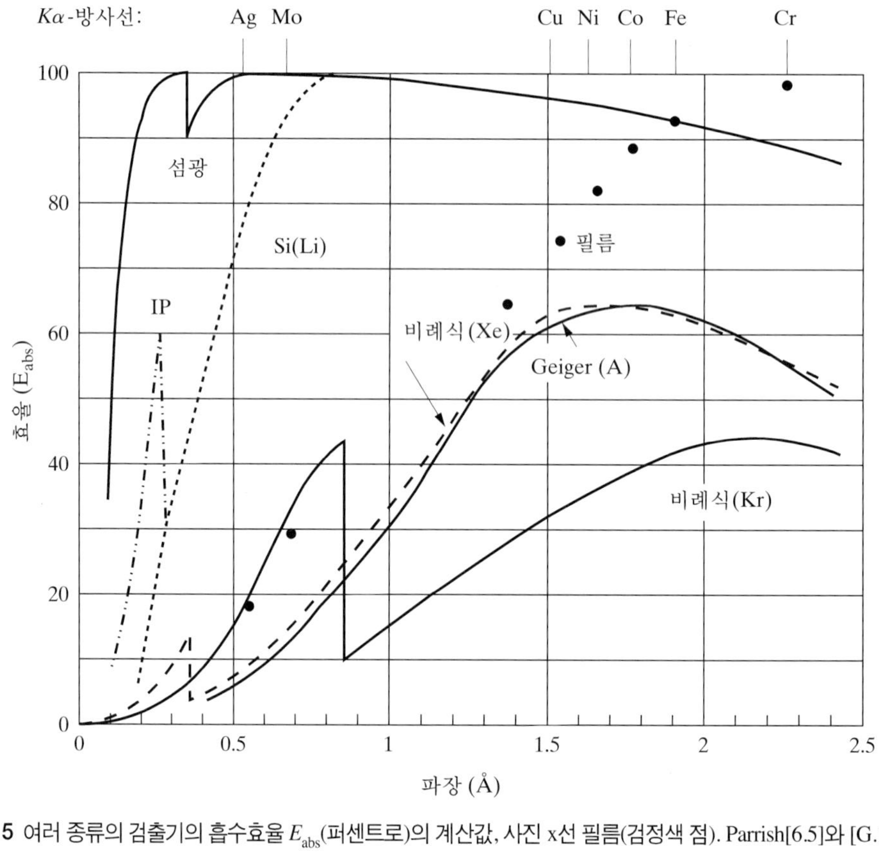

그림 6-15 여러 종류의 검출기의 흡수효율 E_{abs}(퍼센트로)의 계산값, 사진 x선 필름(검정색 점). Parrish[6.5]와 [G.1]의 Vol. C의 pp. 538−555에서

$f_{abs,\,w}$) ($f_{abs,\,d}$)로 나타낸다. 검출효율 E_{det}은 간단히 ($1 - f_{losses}$)이고, f_{losses}은 상기한 분율 계수손실을 나타낸다. 따라서 전체 효율은

$$E = E_{abs}E_{det} = [(1 - f_{abs,\,w})(f_{abs,\,d})][1 - f_{losses}] \tag{6-1}$$

이다. 이전에 언급한 E_{det}는 회절기에 사용하는 대부분 검출기에서 본질적으로 100%이다. 그러므로 E를 창과 검출기의 치수와 흡수효율로 계산할 수 있는 E_{abs}로 결정할 수 있고, 그림 6-15는 그 결과를 보여준다. 흡수효율이 파장에 의존하는 결과로서 생기는 E_{abs}의 파장 의존성에 특히 주목한다. 파장의 함수로서 효율은 필름이나 영상저장 판에서도 나타난다(이 부분은 7-4절에서 논의할 것이다). 어떠한 검출기도 아주 짧은 파장에서는 효율이 낮은데, 그 까닭은 경질 x선의 대부분은 창과 검출기를 바로 통과하여 어느 것에도 흡수하지 않기 때문이다: 장파장에서 E_{abs}는 창에서 연질 x선의 흡수가 커지므로 감소한다.

에너지 분해

대부분의 검출기에서 생성하는 전압펄스의 크기는 흡수한 x선 광자의 에너지에 비례한다. 만일 한 개의 Cu $K\alpha$ 양자의 흡수가 전압 V인 펄스를 발생하면, 한 개의 Mo $K\alpha$ 양자의 흡수는 $(20/9)V = 2.2\,V$인 펄스를 만들 것이다.

하지만, 입사 방사선이 엄격하게 단색이거나 에너지에서 '단일에너지'일지라도 펄스의 크기를 분명하게 정할 수 없다. 예를 들면, 모든 펄스는 그림 6-12가 제시하는 것과 같이 V가 같은 크기인 대신에 그림 6-16에서 나타낸 것처럼 크기가 대략 V 주위에 분포한다. 여기서 세로좌표, '계수율'은 크기가 특별한 펄스의 수와 등가이고, 그 결과로 이 곡선은 펄스 크기의 분포곡선이다. 만일 이 곡선의 최대 높이의 반에서 폭이 W이고 V가 평균 펄스 크기이면, 검출기의 분해 R은

$$\mathrm{R} = \frac{W}{V} \tag{6-2}$$

이다. R이 작을수록 분해는 더 좋아진다.

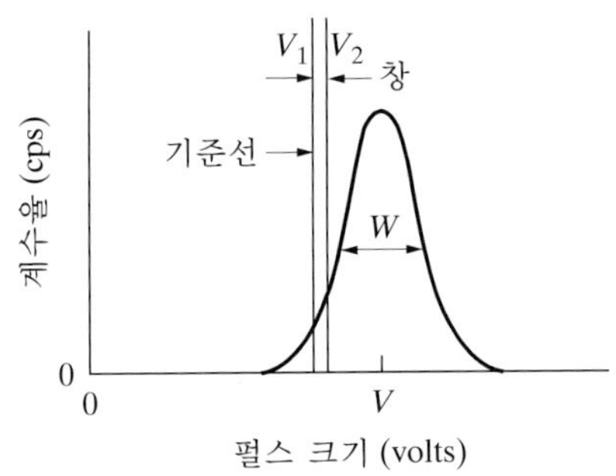

그림 6-16 펄스 크기의 분포곡선. ('창' 과 '기선' 은 6-9절에서 설명한다.)

다음에서는 여러 가지 검출기의 작동과 성능을 고찰한다.

6-5 비례 계수기

그림 6-17에서 보인 장치를 고찰해 보자. 이 장치는 길이 약 10 cm와 직경 2 cm인 원통형 금속관(음극)으로 되어 있는데, 기체로 차 있고, 한 가닥의 가는 금속선(양극)이 축을 따라서 지난다. 그 선은 관과는 절연하여 있고 양극과 음극 사이에 약 200 볼트의 일정한 전위차가 있다고 가정한다. 원통의 한 끝은 x선에 아주 투명한 창으로 덮여 있다. 원통에 들어가는 x선 중에서 적은 분량은 곧바로 통과하지만 대부분은 기체가 흡수한다. 이 흡수는 기체의 원자에서 광전자와 Compton 되튐 전자의 방출을 수반한다. 최종 결과는 기체의 이온화로 전자들이 생겨나서 전기장의 영향 하에서 양극인 선을 향하여 움직이고, 기체 양이온들은 음극인 관을 향하여 움직인다. 약 200 볼트의 전위차에서 모든 전자와 이온은 전극 위에서 모일 것이고, 만일 x선 강도가 일정하면 저항 R_1을 지나는 10^{-12} amp 이하의 작은 일정한 전류가 있을 것이다. 이 전류가 x선 강도를 재는 단위이다. 이런 식으로 작동할 때, 이 장치는 **이온화상자**로 부른다. 이 장치는 최초의 Bragg 분광기에서 쓰였지만 이제는 주로 싱크로트론 광원에서 입사빔의 강도를 측정하는 데 쓰인다. 여기에서는 이온화상자의 낮은 감도가 유리하다. 아직도 어떤 방사능 측량계는 이온화상자를 사용한다.

하지만 만일 전압을 1000 볼트 부근까지 높이면 동일한 기기는 **비례 계수기**로서 작동하도록 할 수 있다. 이때 새로운 현상, 즉 다중이온화나 '기체 증폭(gas amplification)'이 일어난다. 이때 전기장 강도는 대단히 높아서 초기 이온화로 생긴 전자들이 양극선을 향해 가속도가 줄곧 높아가면서 급속하게 가속하는데, 전기장의 강도가 금속선에 가까워지면서 증가하기 때문이다. 따라서 전자는 충분한 에너지를 얻고, 다른 기체 원자로에서 전자를 때려 나오게 하며, 이 전자는 교대로 이온화를 더 일으키는데, 단 한 개의 x선 양자의 흡수로 이온화한 원자의 수가 한 이온화상자에서 이온화한 개수의 약 10^3에서 10^5배가 될 때까지 이렇게 계속한다. 이런 증폭의 결과로 전자

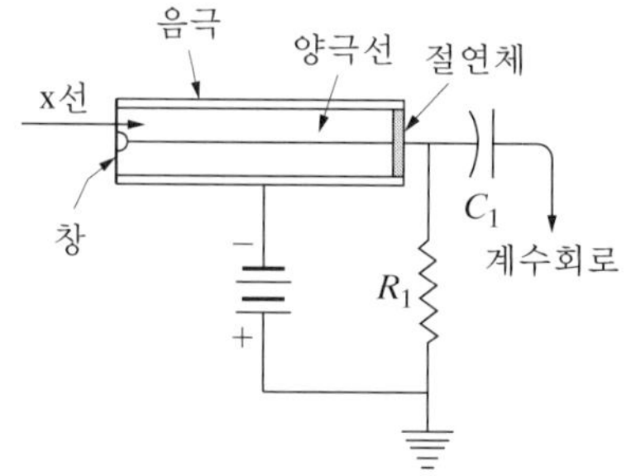

그림 6-17 기체 계수기(비례식이거나 Geiger 식)와 기본 회로 연결

의 진성 눈사태가 선을 때리고 외부회로에서 쉽게 검출할 수 있는 전류의 펄스를 생기게 한다. 이 펄스는 고저항 R_1을 통해 빠져나가나 그 전에 전하가 순간적으로 커패시터(capacitor) C_1에 보태져 C_1에 연결한 계수율계나 계수장치로 이를 검출한다. 동시에 기체 양이온들은 음극으로 움직이지만 질량이 크기 때문에 훨씬 낮은 속도로 진행한다. 이런 전 과정은 극히 빠르며 한 개의 x선 양자의 흡수로 촉발한다.

기체 증폭인자 A를 다음과 같이 정의한다: 만일 n이 한 개의 x선 양자로 이온화한 원자의 수이면 An은 상기한 누적과정으로 이온화한 전체 수이다. (예를 들면, 만일 계수기에서 기체가 아르곤이면, 약 26 eV의 에너지가 이온쌍, 즉 한 개의 양이온과 한 개의 전자를 만드는 데 필요하다. 만일 입사 방사선이 에너지 8040 eV의 Cu $K\alpha$이면 이온쌍의 수 n은 8040/26이나 310이다.) 그림 6-18은 어떻게 기체 증폭인자가 인가전압에 따라 변하는 지를 체계적으로 보여준다. 이온화상자에서 사용한 전압에서 $A = 1$, 즉 기체증폭이 없는데, 그 원인은 초기 이온화로 생긴 전자들이 다른 원자들을 이온화할 만큼 충분한 에너지를 얻지 못하기 때문이다. 그러나 전압이 비례 계수기 구역으로 올라가면 A는 10^3에서 10^5 정도로 되고 수 밀리볼트 정도의 펄스가 생겨난다. 더욱이 이 펄스의 크기는 흡수한 x선 양자의 에너지에 비례하는데, 이 계수기의 이름은 이 현상 때문이다. 이 비례성은 서로 다른 에너지(파장)의 x선 양자를 구별할 수 있기 때문에 중요하다. (6-9절) (역사적으로 이 계수기는 처음으로 이러한 비례성을 보여준 기종이다. 이제는 다른 기종들도 있다.) 펄스들은 계수기에 바로 인접한 전치 증폭기로 간다. 여기서 펄스들은 충분히 증폭하여 너무 많이 감쇠하지 않으면서 주증폭기와 남은 전자장치로 수 피트의 전선을 따라 이동한다.

계수기를 작동하는 정확한 전압을 다음과 같이 찾을 수 있다. 계수기를 강도가 일정한 x선 빔을 받을 수 있는 위치에 놓는다. 계수율계나 계수장치로 계수율을 계수기에 인가하는 전압으로 낮은 값에서 점차 올리면서 측정한다. 그림 6-19는 어떻게 계수율이 전압에 따라 변하는 지를 보여준다. 개시전압에서 펄스 크기는 계수회로의 입력감도보다 낮으며 카운트가 보이지 않는다.

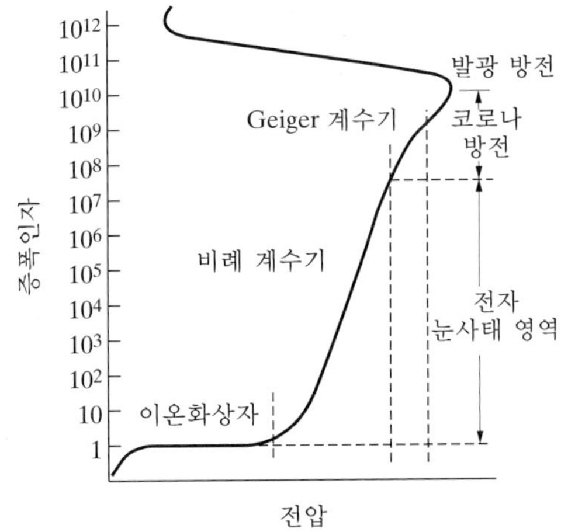

그림 6-18 전압이 기체 증폭인자에 미치는 영향. Friedman[6.7]

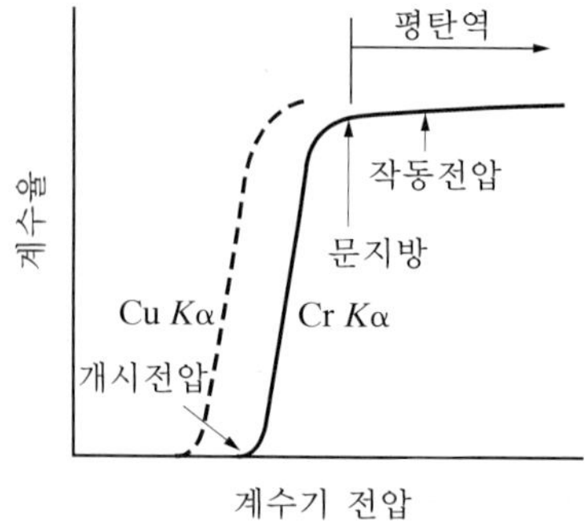

그림 6-19 비례 계수기에 인가한 전압이 일정한 x선 강도에서 관측 계수율에 미치는 영향(개략도)

펄스 크기와 관측 계수율은 전압 때문에 평탄역(plateau)의 문지방까지 급격히 증가하고, 그곳에서는 계수율은 거의 전압에 무관하다. 그런 다음 전압을 문지방을 넘는 약 100 볼트에 고정한다. (x선 파장이 더 길면 전압을 더 높게 할 필요가 있다는 것에 주의한다. 이것은 회절기의 x선 관을 다른 한 타깃을 갖는 관으로 바꾸면 계수기 전압을 다시 설정해야 한다는 것을 뜻한다.)

비례 계수기는 본질적으로 매우 빠른 검출기이며 약 10,000 cps에 이를 때까지 계수곡선이 선형적이다. 간격이 조밀한 펄스들을 구별하는 이러한 능력은 한 개의 x선 양자의 흡수로 개시한 전자 눈사태가 0.1 mm 이하인 극히 좁은 계수기 영역에 한정하고 계수기 관을 따라 퍼지지 않는다는 사실에 기인한다(그림 6-20). 남은 계수 공간은 입사하는 x선에 여전히 민감하게 감응한다.

양극선의 끝 부근 전계는 균일하지 않다. 창이 옆에 있는 비례 계수기는 그림 6-20에 보인 끝에 있는 창과는 달리 x선 흡수가 균일한 장에서 일어나게 한다.

일반적으로 계수기의 기체는 대기압보다는 약간 낮은 압력의 제논, 아르곤이나 크립톤이다. 그림 6-15는 한 크립톤 계수기가 회절에서 보통 사용하는 모든 특성 방사선에 대해서 감도가 거의 같다는 것을 보여준다. 그러나 아르곤이나 제논 계수기는 단파장에서 감도가 훨씬 낮은 데, 이것은 대부분의 경우에 유리하다. 만일 회절무늬를 구리 타깃에서 나와 필터를 거친 방사선으로 얻는다면 아르곤 계수기를 사용하면 준 단색 조건을 만들 수 있는데, 이 조건은 계수기가 Cu $K\alpha$에 상대적으로 무딜 것이라는 점 때문이다. 그러므로 회절배경은 크립톤 계수기를 사용한 것에 비해 더욱 낮을 것이다. (학생은 회절기에서 구리 타깃의 x선 관의 스펙트럼을 기록하고 싶을지 모른다. 이것은 회절기를 분광기로 작동하여 시편 지지대에 석영이나 암염과 같은 단결정을 놓고 결정에서 나오는 회절강도를 각의 함수로 기록하면 할 수 있다. 아르곤으로 채운 계수기로 얻은 결과의 스펙트럼은 예상하는 것과 전혀 다른 모양이다(그림 1-5). 그 대신에 계수는 단파장에 둔감하기 때문에 Cu $K\alpha$와 Cu $K\beta$ 선만을 회절각의 함수로 그린 강도의 선형비율의 그림에서 볼 수 있다. 연속스펙트럼을 정반대로 왜곡할 때만 관측할 수 있다. 단파장에 비해 더 많이 Cu K 선을 흡수하도록 회절빔에 여러 개의 알루미늄 박을 놓는다. 동시에 감소한 모든 파장의 강도를 참작하여 계수율계의 비율을 확장한다. 알루미늄으로 심하게 필터하면 스펙트럼은 대단히 왜곡하여 연속스펙트럼에서 최대피크는 특성선보다 더 강해질 것이다. 이것은 유익한 실험이다.)

회절이 아닌 x선 분광학에서는 파장이 약 5−20 Å 인 연질 x선을 측정할 필요가 있다. 왜냐하면 보통 창은 이러한 방사선을 거의 완전히 흡수할 것이기 때문에 얇은 플라스틱판을 창으로 사용하는데, 창이 매우 얇아 가스가 새어나간다. 이를 고려하여 계수기의 기체를 흘려서 연속적으로 통과하게 하는데, 이러한 계수기를 **기체유입 비례 계수기**로 부른다.

또 하나의 특수한 유형인 **위치민감 비례 계수기**가 어떤 응용에서는 중요하다. 회절 x선 빔은 측면의 창을 통과하여 계수기로 들어가서 양극선을 때리며, 이 창은 회절기 원의 평면에 대략 직각으로 놓인다. 전자 눈사태가 아주 좁은 영역에 한정하여 있으므로(그림 6-20), 전자가 선을 때리는 지점을 두 가지 방법 중 하나로 결정할 수 있다(6-10절). 그러므로 회절빔의 각위치 2θ를 폭이 좁은 입사슬릿을 갖는 검출기를 빔의 위치로 움직이는 일반적인 방식(그림 6.1)이 아니라 빔이 창이 넓은 고정한 계수기의 선을 어디에서 때리는 지를 찾는 것으로 알아낸다. 계수회로는 회절선의 윤곽을 결정하기 위해 다중채널 분석기(6-9절)를 포함해야 한다.

6-6 GEIGER 계수기

만일 비례 계수기에서 전압을 1500 볼트 부근으로 증가하면, 이 기기는 Geiger 계수기로 작동할 것이다. 역사적으로 볼 때 Geiger 계수기는 첫 번째 전자식 계수기이다. 이것은 Geiger-Müller 계수기나 G-M 계수기로도 부른다.

인가전압이 대단히 높으므로 어떤 원자는 이온화할 뿐만 아니라 다른 원자도 여기상태로 올라가며 자외선 방출이 일어난다. 이 자외선 광자는 계수기를 고속으로 지나가면서(빛은 삼분의 일 나노초 동안 10 cm를 이동한다), 다른 기체 원자와 음극관에서 전자를 때려 떼어낸다. 그렇게 발생한 모든 전자는 다른 전자 눈사태를 촉발하고 그 최종 결과는 x선 양자가 관 어느 곳에서나 흡수할 때마다 엄청난 하나의 전자 눈사태가 양극선의 전장을 때리는 것이다(그림 6-20). 그 결과로서 기체 증폭인자 A는 비례 계수기에서보다 약 10^8에서 10^9으로 훨씬 커지며 그렇게 해서 만든 펄스의 크기는 약 1에서 10 볼트 정도이다. 이것은 전치 증폭기가 계수기에서 필요하지 않다는 것을 뜻한다. 단점으로 모든 펄스는 x선 양자의 에너지가 무엇이든지 크기가 같다.

그리고 Geiger 계수기는 느리다. 어떠한 전자 눈사태도 마이크로초 이내에 양극선을 때리지만 서행하는 양이온은 음극에 도달하는 데 약 200 마이크로초가 필요하다. 따라서 전자 눈사태는 뒤에 양극선 주위 양이온의 원통형 외피(sheath)를 남긴다. 이러한 이온 외피의 존재는 이것과 선 사이 전계를 Geiger 펄스를 발생하는 데 필요한 문지방 값 아래로 낮춘다. 이러한 이온 외피가 선에서 충분히 멀어져 갈 때까지 계수기는 들어오는 x선 양자에 반응하지 않는다. 만일 이 양자가 매우 빠른 속도로 도착하면, 당연히 모든 양자는 별개의 펄스를 일으키지 못할 것이고 계수기는

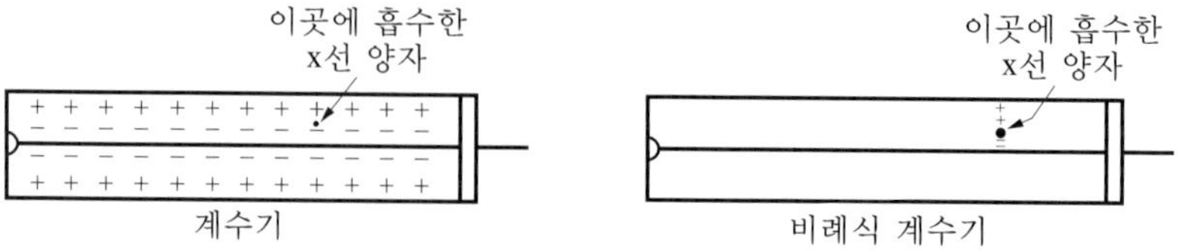

그림 6-20 비례 계수기와 Geiger 계수기 사이의 이온화 범위의 차이. 개개의 정(혹은 음) 부호는 많은 수의 양이온(혹은 음이온)을 나타낸다.

'막히게' 될 것이다. 분해시간은 약 10^{-4} 초에 지나지 않아 계수손실은 수백 cps에서 시작한다. 다중실(multichamber) 계수기조차도 낫지 않다(그림 6-13). 이 계수는 다수의 방을 나란히 가지는데, 각 방은 자체 양극선을 가지며 한 개의 방은 카운트를 기록할 수 있는 반면 다른 한 방은 반응하지 않는 주기에 있는다.

Geiger 계수기는 손실 없이 고속으로 계수할 수 없기 때문에 회절기에 쓰이지 않는다. 그렇지만 방사선 탐지기에서는 여전히 쓰인다.

6-7 섬광 검출기

이 유형의 검출기는 x선이 어떤 물질로 하여금, 1-8절에서 언급한 형광 스크린에서처럼 가시광으로 형광을 내게 하는 능력을 활용한다. 발광량은 x선 강도에 비례하며 광전관(phototube)을 사용하여 측정할 수 있다. 발광량이 작으므로 **광전자증배관**(photomultiplier)이라 부르는 특별한 종류의 광전관을 측정 가능한 출력전류를 얻기 위해 사용해야 한다.

x선을 검출하기 위해서 일반적으로 사용하는 물질은 소량의 탈륨으로 활성화한 요오드화 나트륨 결정이다. 이 물질은 x선 충돌에서 보랏빛을 낸다. (이 방출에 관한 상세한 것은 대략 다음과 같다. 흡수한 x선은 약간의 원자를 이온화하여, 즉 NaI의 가전자대에서 전도도대로 약간의 전자를 높인다. 그러면 이 전자는 에너지의 일부를 Tl^+ 이온으로 옮긴다. 여기한 이온이 바닥상태로 돌아올 때 빛이 나온다.) 그림 6-21에서 표시한 것과 같이, 발광 결정은 광전자증배관에 접합하여 알루미늄 박을 사용하여 외부 광을 차단한다. 흡수한 x선 광자마다 한 번 번쩍이는 빛(섬광)이 결정에서 발생하고 이 광은 광전자증배관을 통과하여 들어가고 광전음극(photocathode)에서 다수의 전자를 방출하는데, 이 음극은 일반적으로 세슘-안티모니 금속간 화합물로 만든 광에 민감한 재료이다. (간단하게 이 전자 중 하나만을 그림 6-21에 나타낸다.) 그런 다음 방출전자는 수 개의 금속 **다이노드**(dynode) 중 첫째 것에 끌려가는데, 각 다이노드를 앞의 것에 비해 약 100 볼트 더 높은 플러스인 전위차에 있게 유지하고, 최종 다이노드를 측정회로에 연결한다. 첫 번째 다이노드에 도달할 때, 광전음극에서 나온 각 전자는 두 개의 전자를 그림에서 표시한 것처럼 금속 표면에서 때려낸다. 이 전자는 두 번째 다이노드로 끌려가고 그 각각은 전자를 두 개 더 때려내고 그렇게 계속한

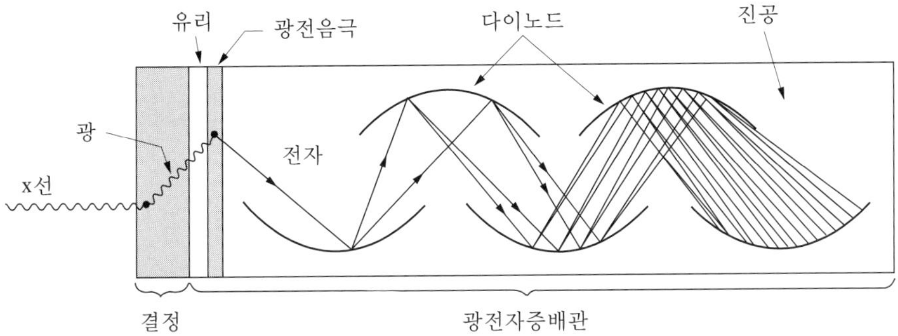

그림 6-21 섬광 검출기(개략도). 전기 연결은 보이지 않는다.

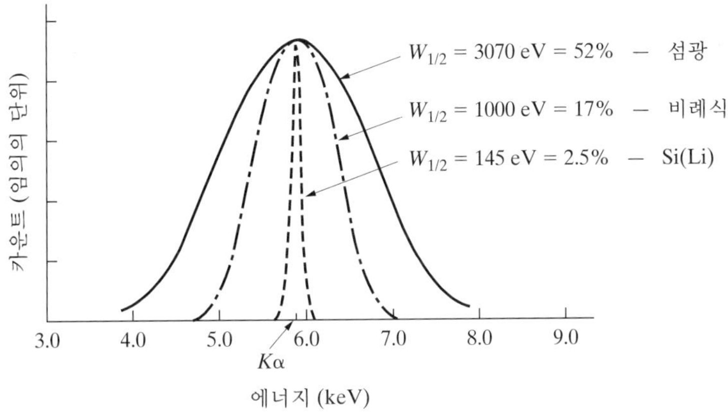

그림 6-22 세 가지 종류의 검출기의 파고 분포곡선. 입사 방사선은 Mn $K\alpha$(λ = 2.10 Å, $h\nu$=5.90 keV)로 ^{55}Fe 방사선 원에서 나온 것이다. Frankel과 Adams[6.8]와 [G.1의 Vol. C, p. 540]의 자료

다. 실제로 각 다이노드에서 이득은 4나 5이고 일반적으로 최소한 10개의 다이노드가 있다. 만일 다이노드당 이득이 5이고 10개의 다이노드가 있다면 증폭률은 5^{10} = 10^7이다. 그러므로 결정에서 한 개의 x선 양자의 흡수는 최종 다이노드에서 아주 많은 수의 전자가 모이는 결과를 가져오며, Geiger 펄스와 거의 크기가 같은, 즉 수 볼트의 펄스를 발생한다. 더군다나 전 과정은 1 마이크로초 이내에 일어나므로 섬광 검출기는 손실 없이 초당 10^5 카운트만큼 빠른 속도로 작동할 수 있다. 정확한 검출기 전압을 비례 계수기에서 사용하는 방법으로, 계수율 대 전압을 그려서 찾을 수 있다(그림 6-19).

비례 계수기에서처럼, 섬광 검출기에서 발생한 펄스는 크기가 흡수한 x선 양자의 에너지에 비례한다. 그러나 어떤 양자에너지에 대응하는 펄스 크기는 그림 6-22에서 전형적인 비례계수기와 섬광(NaI-Tl) 검출기에 대해 보인 것과 같이 윤곽이 훨씬 덜 뚜렷하다. 그 결과로서 섬광 검출기로 펄스 크기를 기초하여 서로 다른 파장(에너지)의 x선 양자를 선별한다는 것이 더 어렵다.

섬광 검출기의 효율은 일반적인 파장 범위 전체에 대해 100%에 가까운데(그림 6-15), 그 까닭은 실질적으로 입사한 양자가 비교적 얇은 결정에서 조차 모두 흡수하기 때문이다.

6-8 반도체 검출기

1960년대에 개발한 반도체 검출기는 흡수한 x선 에너지에 비례하며, 에너지 분해능이 다른 어떤 검출기보다 더 좋은 펄스를 발생한다. 이런 특성은 분광학에서 아주 중요하다. 비용과 편리성을 포함한 여러 가지 이유를 고려할 때 반도체 검출기는 오늘날 회절에서는 비례나 섬광 검출기 만큼 널리 사용하지 않는다.

실리콘과 게르마늄이 둘 다 쓰이는데, 게르마늄은 더 심하고 따라서 더 좋은 흡수체이므로, 감마선과 '경질' x선용 검출기로, 그리고 실리콘은 x선용으로 쓰인다. 원래 둘 다 소량의 리튬을 함유하므로 Si(Li)와 Ge(Li)로 표시하고, 당연하게 '실리(silly)'와 '젤리(jelly)'로 부른다. 이 검출기의 특성은 다른 곳에서 개설하였다[G.1, 6.9–6.12]. Ge(Li) 검출기는 현재 고순도 게르마늄 검출기(HPGe)로 대체하고 있는데, 이것은 Li의 표류나 저온에서 보관(상온에서조차 리튬 이동도는 게르마늄에서 매우 높아서 리튬 구배도를 나쁘게 한다)을 요구하지 않는다.

순수한 실리콘은 진성 반도체이다. 이것은 특히 낮은 온도에서 전기 저항도가 매우 높은데, 그 까닭은 소수의 전자가 에너지 갭을 넘어서 전도대로 열적 여기하기 때문이다. 하지만, 입사빔은 여기를 일으킬 수 있으며 전도대에 자유전자와 가전자대에 자유 정공을 만든다. 다음에 보이겠지만 한 개의 x선 양자의 흡수는 약 1,000개의 전자-정공 쌍을 만든다. 만일 고전압이 실리콘 결정의 반대면 사이에 걸린다면 전자와 정공은 이 면으로, 외부회로에 작은 펄스를 만들면서 쓸려갈 것이다.

실리콘이 진성(i)이어야 함은 본질적인 것이다. 이것은 주개 불순물에서 자유전자를 함유하는 n형이나 받개 불순물에서 자유 정공을 포함하는 p형이어서는 결코 안 된다. 어느 형에서도 일반적인 농도에서 자유 전하 운반자는 x선으로 생긴 소수의 운반자를 압도할 것이다. 적당하게 큰 진성 결정을 생산하는 것은 쉽지 않는데, 여기에는 두 가지의 조작이 필요하다.

1. 출발 재료는 두께가 약 3–5 mm이고 반경이 5–15 mm인 원통형 결정이다. 이 재료는 붕소를 첨가한 p형이다. 리튬은 한 면에 가하고 고온에서 결정으로 확산하게 하여 두께에서 리튬농도 구배를 높은 데서 낮은 데까지 만든다. 리튬은 Li^+ 이온으로 존재하고, 리튬이 제공하는 자유전자는 결정을 리튬농도가 높은 한 면에서는 n형으로 바꾸고 다른 면은 p형으로 놓아둔다.
2. 그런 다음 전압을 높은 온도에서, 반대인 면에서, n 면은 양극으로 p 면은 음극으로 인가한다. 이렇게 하면 Li^+ 이온은 p 면으로 '표류'를 일으켜서 그 결과로 리튬농도가 일정한 넓은 중앙 부위가 생긴다. 이때 이 부위는 리튬과 붕소의 농도가 같기 때문에 진성이다.

그 결과가 그림 6-23에 묘사한 리튬-표류-실리콘 검출기이다. 결정은 실질적으로 완전히 진성이고 p와 n 부위는 표면의 얇은 층에 국한하여 있는데, 그림에서 과장하였다. 검출기에서 약한 펄스는 전계효과 트랜지스터를 줄여서 부르는 FET로 밀리볼트 수준으로 증폭한다. (기체 계수기에서 일어나는 것과 같은 전하 증폭은 없다. 검출기에서 펄스는 흡수한 x선이 생기게 한 전하만을 포함한다.)

반도체 물리학에 관한 위의 상세한 내용을 모두 제쳐두고, 간단히 말하면 Si(Li) 검출기는 차이가 하나인 고체 이온화상자이다. 기체 이온화상자 위에 입사하는 x선은 일정한 전류를 만든다 (6-5절). Si(Li) 검출기에서 전류는 개별적인 펄스로 흐르는데, 전압이 충분히 높아서 검출기를 전하 운반자(전자와 정공은 활발하게 움직인다)가 없게, 다음에 입사하는 광자가 새로운 운반자를 만들기 전에 쓸어가기 때문이다.

Si(Li) 검출기의 주요 단점은, x선이 없는 경우에도, 진성 구역에서 전자의 열적 여기로 생겨 검출기에 흐르는 일정한 전류를 최소화하기 위해서는 액체 질소의 온도(77 K = −196°C)에서 작동해야 한다는 것이다. FET에서 전기적 '잡음'은 온도와 함께 증가하며 분해능을 나쁘게 한다. 그러므로 검출기와 FET를 둘 다 냉각해야 하고, 수 리터의 액체 질소를 담을 수 있는 커다란 저온조(cryostat)나 펠티어(Peltier) 고체 냉각회로가 필요하다.

Si(Li) 검출기의 효율은 그 밖의 다른 고체 검출기(섬광)와 유사한데, 중간 파장에서 매우 높다 (그림 6-15). 아주 긴 파장은 검출기 창에서 고감도의 진성 층에 도달하기 전에 일부 흡수한다. 아주 짧은 파장의 일부는 검출기 전체를 통과한다.

계수율은 x선 강도에 약 5,000 − 10,000 cps 정도까지 직선적으로 변한다. 전자장치계에서 계수 손실은 검출기가 아닌 전자장치에서 일어난다. 전자장치는 다소 복잡하며 일반적인 펄스 증폭기와 성형기(shaper) 외에도, 다중채널 파고 분석기를 포함한다(6-19절).

Si(Li) 검출기의 탁월한 분해능이 그림 6-22에 보인다. 펄스 분포의 폭이 매우 작아 Si(Li) 검출기는 망간의 $K\alpha$와 $K\beta$ 선을 분해할 수 있는데, 다른 두 검출기는 그렇게 할 수 없다. 다시 말하면

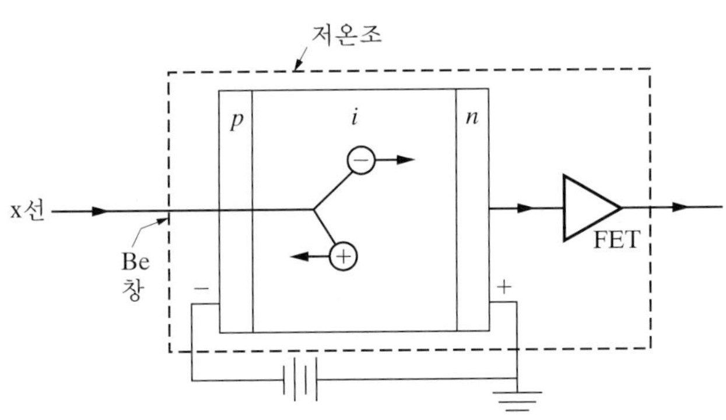

그림 6-23 Si(Li) 검출기와 FET 전치 증폭기, 아주 개략적임. 두 기기를 다 전공에서 냉각하고 x선은 베릴륨 창으로 들어온다. 검출기는 약 100 볼트에서 작동한다. ⊖ = 전자, ⊕ = 정공.

Si(Li) 검출기의 분해능 $R = W/V$는 2.7% 또는 비례 계수기의 분해능에 비해 약 6배나 더 좋다. 어떠한 종류의 검출기에서도 W와 W/V는 둘 다 V, 즉 입사 x선의 에너지 $h\nu$에 따라 변한다. 그러므로 검출기 성능에 관한 어떠한 기술도 측정하는 x선 에너지를 명기해야 한다. Mn $K\alpha$선의 에너지 5.90 keV는 보통의 표준이다. 폭 W는 부수적으로 이러한 주제를 다루는 문헌에서 흔히 FWHM (최대강도 반에서 전체 폭, 반가폭)로 쓴다.

77 K의 실리콘에서 전자-정공 한 쌍을 만들기 위해서는 평균 3.8 eV의 에너지가 필요하다. 한 개의 Mn $K\alpha$ 양자의 흡수는 5900/3.8 = 1550 쌍을 만들어 낸다. 하지만 잇달은 양자로 생겨난 실제 수는 1540, 1560, 1555, ... 일 것이고 이에 대응하여 출력펄스의 크기가 변동한다. x선 흡수로 생겨난 전하 운반자의 수에서 이러한 통계적 편차는 펄스 분포가 유한한 폭 W이 되는 근본적인 원인이고, 이것은 비례 계수기와 섬광 검출기에서도 마찬가지이다. Si(Li)-FET 검출기에서 W에 더 크게 기여하는 것이 있는데, 즉 FET 전치 증폭기에서 전자 잡음이다. Mn $K\alpha$의 에너지에서 관측한 W 값의 반 이상은 FET에서 잡음 때문이다. 어떤 정해 놓은 계수율을 넘으면 계의 분해능은 계수율이 증가할수록 나빠진다(W는 더 커진다).

Geiger 계수기를 제외한 어떠한 검출기에서도 발생한 이온쌍이나 전자-정공 쌍의 평균 수 n은 흡수한 양자의 에너지 E에 비례한다. 실제 수는 평균값 주위로 가우스(정규) 분포를 보이고 이 분포의 최대강도의 반에서 폭은 표준편차 σ에 비례하고, 이 편차는 $\sqrt{n}$과 같다. 그러므로 분해능 R은

$$R = \frac{W}{V} = \frac{k_1\sqrt{n}}{k_2 n} = \frac{k_3}{\sqrt{n}} \tag{6-3}$$

이고, 여기서 k_i는 상수이다. Si(Li) 검출기의 탁월한 분해능은 큰 값의 n 때문이고, 이 값은 Mn $K\alpha$에서 1550이다. 비교해 볼 때 n은 아르곤 비례 계수기와 동일한 방사선에 대하여 5600/26 = 230에 지나지 않는데, 아르곤에서 이온쌍을 만드는 데 26 eV가 필요하기 때문이다. 실제로, Si(Li) 검출기의 고유 분해능(전치 증폭기의 잡음이 없는 데서 분해능)은 상기한 통계적인 논의가 제시하는 것보다 훨씬 더 좋다.

n은 E에 비례하므로, 식 (6-3)은 분해능이 다음에 나오는 에너지나 파장 의존성을 가지게 한다:

$$R = \frac{k_3}{\sqrt{n}} = \frac{k_4}{\sqrt{E}} = \frac{k_4}{\sqrt{h\nu}} = k_5\sqrt{\lambda} \tag{6-4}$$

식 (6-3)과 (6-4)는 비록 정성적인 논의에서 유용하지만, 이 식은 Si(Li)-FET 검출기에서 전자 잡음의 상당한 영향을 포함하지 않고 있다. 그러한 검출기에서 분해의 더 나은 어림은

$$R = \frac{W}{V} = \frac{[(100)^2 + 2.62E]^{1/2}}{E} \tag{6-5}$$

이고, 여기서 E는 eV로 나타낸 x선 에너지이고 분자에서 100 eV 항은 현재 전자 잡음의 수준이다. 이 관련식은 분광학에서 중요하다.

6-9 파고 분석

현재 사용하고 있는 모든 전자식 검출기(비례, 섬광, 반도체)는 기기가 입사 x선의 에너지에 비례하는 크기(진폭)의 펄스를 발생한다는 점에서 '비례적'이다. 서로 다른 크기의 펄스를 구별할 수 있는 전기회로는 서로 다른 에너지의 x선을 구별할 수 있고 이런 능력은 많은 실험 기기에서 아주 유용하다. 회로가 복잡할수록 다음과 같다.

1. 파고 선별기
2. 단일채널 파고 분석기
3. 다중채널 파고 분석기

회로 (1)과 (2)는 현대 회절기에서 회절선의 피크/배경 비를 높이기 위해서 쓰이나 꼭 필요한 것은 아니다. 적당한 회절무늬는 $K\beta$ 필터 이외에 다른 '선별기' 없이도 폭넓게 다양한 시료에서 얻을 수 있다. 회로 (3)은 아주 특수한 유형의 회절기이며 위치민감 검출기를 갖는 x선 분광학에서만 필요하다(6-10절). 이 회로 중 어느 하나라도 더 효율적이면 검출기가 작동하는 분해능은 더 좋다.

파고 선별기

파장이 셋이고, $a > b > c$인 x선이 검출기에 입사한다고 가정하자. 그러면 검출기는 서로 다른 크기의 펄스 A, B, C를 발생할 것이고, C는 가장 큰 펄스이다(그림 6-24). 만일 어떤 회로가 계수장치나 계수율계 바로 앞에 있어 어떤 선택한 크기(V_1 볼트)보다 큰 펄스만을 통과시키고 작은 펄스를 가려낸다면, A 펄스는 계수에서 빠질 것이고 계는 파장 a를 보지 못할 것이다. 그러한 회로를 파고 선별기라 한다. 이 기기는 시편의 형광 방사선에서 생긴 회절기의 배경을 낮추는데, 그 방사선이 회절선을 형성하는 것보다 파장이 훨씬 더 길 때, 좀더 유용하지만 연속스펙트럼의 단파장 성분을 약하게 할 수 없다.

단일채널 파고 분석기

이 기기는 V_1 볼트보다 작은 어떠한 펄스도 선별한다(그림 6-24). 추가적으로 이 기기는 반일치 회로(anti-coincidence circuit)를 포함하는데, 이 회로는 V_2보다 큰 어떠한 펄스도 거부한다. 왜냐하면 그러한 펄스는 동시에 V_1과 V_2 수준을 둘 다 촉발할 수 있기 때문이다. 최종 결과는 크기가 V_1과

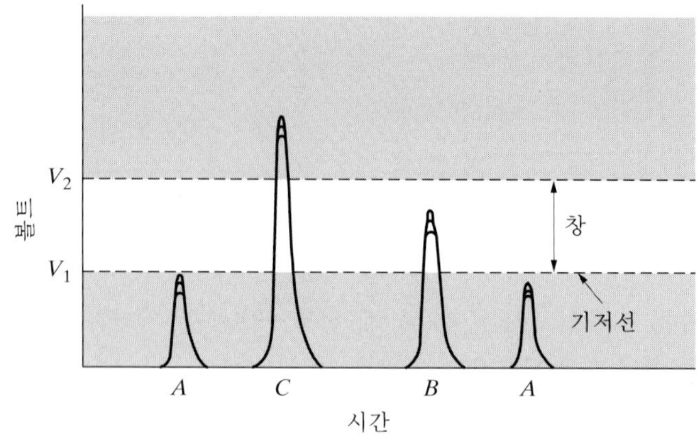

그림 6-24 파고 선별기와 분석. 펄스 크기의 통계적 분산은 그림 6-16의 폭 W로 측정하며, 위에서 각 펄스의 여러 개의 높이를 제시하고 있다.

V_2 볼트 사이에 있는 펄스만이 통과한다는 것이다. 분석기로 들어온 A, B, C 혼합펄스 가운데 B 펄스만이 통과하여 계수회로로 간다. V_1 수준을 **기저선**(baseline)으로 부르고 V_1에서 V_2까지 범위는 **창**이나 **채널**이라 한다. (여기서 '창'이란 단어에는 다른 한 가지 의미가 있다. 이것은 검출기의 입구에서와 같은 물리적인 창이 아닌 전압 창이다.)

V_1과 V_2는 둘 다 조정이 가능하다. 만일 창($V_2 - V_1$)을 가령 0.5 볼트 정도로 매우 작게 하고, 기저선인 V_1은 연속적으로 ($V_2 - V_1$)을 일정하게 하면서 낮은 값에서 높은 값으로 변하면, 폭이 좁은 창은 펄스 높이(파고)의 전압 범위를 가로질러 갈 수 있다. 만일 계수율을 V_1의 설정마다 측정한다면, 그 결과는 파고의 분포를 분석하는 것이다. 그림 6-16과 같은 곡선은 이런 방법으로 측정한다.

분석기는 주로 짧은 파장의 백색 방사선을 제외함으로써 회절무늬의 배경을 현저하게 낮출 수 있다. 예를 들면, Parrish[6.5]는 실리콘 분말에서 111 선을 구리 방사선과 제논을 채운 비례 계수기로 조사하여 피크/배경 비가 분석기가 없이는 57이고, 분석기를 사용하여 146인 것을 알아내었다. 이와 같이 거의 3배의 향상을 얻기 위해 분석기 창은 Cu $K\alpha$ 분포의 중심 V(그림 6-16)에 오도록 맞추고 그 분포의 약 90%를 받을 수 있게 충분히 넓혔다.

이 방법은 통과해야 할 파장과 거부해야 할 파장이 꽤 벌어질 때 가장 좋다. 두 파장이 서로 가깝거나 검출기가 분해능이 나쁘면, 한 파장을 통과하고 다른 파장을 거부하는 것은 어려울 수 있다. 그러면 두 펄스의 분포는 그림 6-16에서와 같이 나란하거나 부분적으로 겹친다. 한 조의 펄스가 적당한 부분을 통과하도록 창을 설정하면 다른 조도 약간 통과할 수 있다.

문제는 입사 x선이 단색일 때도 생길 수 있는데, 그 까닭은 두 개의 서로 다른 크기의 펄스가 생길 수 있기 때문이다. 이런 일은 입사 방사선이 에너지가 충분히 높아서 검출기에서 형광 x선을 일으킬 때 생길 수 있다. 형광 방사선은 검출기에서 어떠한 이온화도 일으키지 않고 보통 흡수한 에너지를 약간 갖고 빠져나갈 수 있다. 그러면 정상보다 작은 에너지 흡수에 해당하는, 펄스가

정상보다 더 작은 **이탈피크**(escape peak)가 생긴다.

한 특정한 예로서 크립톤을 채운 비례 계수기에서 Mo $K\alpha$(λ = 0.71 Å, 에너지 E_1 = 17.4 keV) 방사선의 흡수를 고찰하자. 크립톤의 K 흡수단이 0.87 Å (W_K = 14.3 keV)일 때 Mo $K\alpha$ 방사선은 Kr $K\alpha$ 방사선(λ = 0.98 Å, 에너지 E_2 = 12.6 keV)의 방출을 일으킨다. 약간의 Mo $K\alpha$ 양자는 에너지 전부를 잃으면서 흡수하여 평균 크기 $V_a = kE_1 = 17.4\,k$ 볼트인 정상 펄스를 생기게 하고, 여기서 k는 상수이다. 그 밖에 다른 Mo $K\alpha$ 양자의 흡수는 계수기에서 ($E_1 - E_2$)만의 에너지손실을 수반할 수 있는데, 평균 크기 $V_{이탈} = k(E_1 - E_2) = k(17.4 - 12.6) = 4.8\,k$ 볼트인 이탈피크의 펄스를 생기게 하는 이탈 Kr $K\alpha$ 때문이다. 이 두 과정을 그림 6-25(a)에 나타내었는데, 여기서 k는 약 1.9이다. (이탈피크란 용어는 일부에게는 오해의 소지가 있다. 이탈피크 펄스의 크기는 이탈에너지가 아니라 정상에너지와 이탈에너지 사이의 차에 대응한다는 것에 주목한다.) (b)에 나타낸 것은 제논 계수기에 입사하는 Cu $K\alpha$ 방사선에서 정상피크와 이탈피크이다. 여기서 형광 방사선은 $L\alpha_1$선이다.

그림 6-25(a)에 보인 상황은 정상피크에 비해 이탈피크에서 펄스가 더 많다는 점에서 유별나다. 만일 파고 분석기의 창을 정상적인 Mo $K\alpha$선만이 통과하도록 설정한다면, 관측 계수율(= 관측 x선 강도)은 관측기가 없으면 모든 펄스를 계수하기 때문에, 분석기가 전혀 없이 관측한 값의 반보다 작을 것이다. 이탈피크에서 펄스의 수는 정상피크에 비해 많을 것이고, 계수기 재료의 형광 발생률(1-5절)은 클 것이고, 자체의 형광 방사선에 대한 계수기의 재료 흡수율은 낮을 것이다.

이탈펄스는 어떠한 '비례' 계수기에서도 일어날 수 있다. NaI(T1) 섬광 검출기에서 이 펄스는 형광 요오드 K 방사선으로 생긴다: Si(Li) 검출기에서는 형광 실리콘 K 방사선으로 생긴다.

이탈피크는 x선 분광학에서 귀찮은 존재이다. 여러 개의 파장이 검출기에 입사할 때 파장 λ_1에 대한 이탈피크는 파장 λ_2 위나 근처에 떨어져 λ_2를 확인하는 것을 부정확하게 한다.

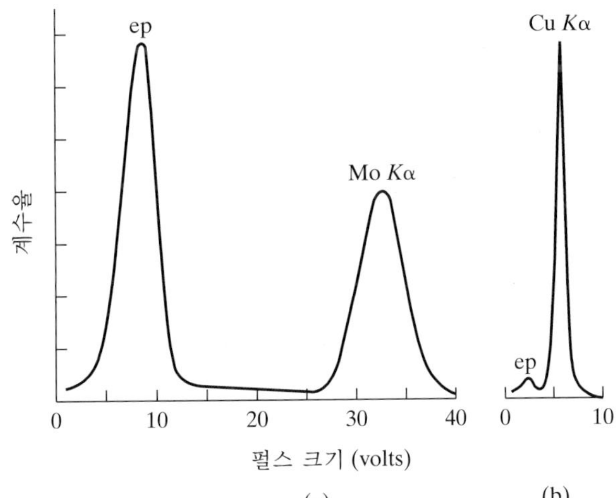

그림 6-25 비례 계수기에서 이탈피크(ep)를 보여주는 파고 분포곡선으로 (a) 크립톤 계수기에 입사한 Mo $K\alpha$ 방사선의 예와 (b) 제논 계수기에 입사한 Cu $K\alpha$ 방사선의 예. Parrish [6.5].

다중채널 파고 분석기

이 놀라운 기기는 간단히 MCA로 부르며 일반적으로 한 개가 아닌 천 개에 이르는 채널을 가진다. 이 기기는 많은 파장의 입사 방사선을 받는 검출기에서 펄스를 크기(진폭)에 따라 가려내서 분리하도록 고안한 것이다.

MCA는 실제로 세 가지 기능이 있는 특수한 용도의 초소형 연산처리 장치(microprocessor)이다 [6.12]:

1. **수치화.** 아날로그-디지털 변환기(ADC)는 각 펄스에 포함한 아날로그 정보(볼트로 나타낸 진폭)를 컴퓨터 처리에 적합한 디지털 형태로 바꾼다.
2. **분급과 저장.** 이 작동은 MCA 기억장치에서 일어난다. 가령, 조사할 x선 에너지 범위가 0에서 20 keV에 이르고 MCA는 채널이 1000개이면 각 채널은 에너지 구간이 20 eV이다. 채널번호 295는 5880 – 5900 eV 구간에서 일어난 펄스 활동은 무엇이든지 이것에 관한 ADC 정보를 받을 것이다. 이 채널은 그림 6-22에 보인 Mn $K\alpha$ 펄스 분포의 중심 부근에 있는, 수직의 얇은 구간에 관한 정보(카운트 수)를 얻을 것이고 펄스 분포의 기저는 약 300 eV 폭인 것으로 나타난다. Mn $K\alpha$ 펄스에 관한 정보는 MCA에서 15 채널에 걸쳐 퍼져 있다.
3. **표시.** MCA 기억장치의 내용(각 채널에서 전체 카운트)은 CRT 상에 카운트 대 채널번호로 시각적으로 표시하며, 종이에 그리거나 수치로 저장할 수 있다.

다중채널과 단일채널 기기의 파고 분석을 수행하는 데 있어서 작동은 다음과 같이 할 수 있다. 그림 6-16에서 제시한 것처럼, 단일채널 기기에서는 전체 에너지 범위를 이동하는 한 개의 채널로 시간에서 직렬적으로 주사한다. MCA에서는 많은 수의 고정채널이 에너지 범위를 담당하고 모든 채널은 각 채널에 속하는 계수율 정보를 동시에 받는다.

특정한 회절 문제에 대한 MCA 응용은 다음 절에서 설명한다.

6-10 특수한 종류의 회절기

여러 가지 크기의 신호를 가려내는 MCA의 능력은 이 장에서 다루는 종래의 이동식 검출기를 갖춘 기기와는 근본적으로 다른 새로운 종류의 회절기들을 개발할 수 있도록 하였다.

에너지분산 회절기

표준 회절기에서, 다결정질 시료에서 원자 배열의 다양한 주기 d는 여러 방향 2θ에서 단일 파장을 회절한다. 다른 한편으로, 만일 입사빔이 백색 방사선으로 되어 있고 θ 각을 모든 면에 고정한다면, 서로 다른 조의 면은 서로 다른 한 조의 파장을 2θ의 고정 위치 설치한 검출기로 회절할 것이다. 만일 검출기가 '비례적'이며 다중채널 분석기에 연결하였다면, 회절파장들을 에너지에 기초를 두고 가려낼 수 있다. 이 방법은 에너지분산 회절기로 부르며 Giessen과 Gordon, Buras 외 [6.13–6.15]가 처음으로 개발하였다.

이제는 파장 λ가 아닌 광자에너지 E로 Bragg 식을 쓰는 것이 적절하다:

$$E = h\nu = \frac{hc}{\lambda} = \frac{hc}{2d\sin\theta} \tag{6-6}$$

KeV의 E와 Å의 d에 대해(식 (1-4)를 보라)

$$E = \frac{6.20}{d\sin\theta} \tag{6-7}$$

이 된다.

일정한 θ에서, E의 측정은 각 조의 면들의 거리 d를 줄 수 있고 지수(hkl)를 10장에서 사용하는 방법들로 찾는다. 실험 배치와 MCA의 여러 채널의 값을 그려서 얻은 결과의 한 예를 그림 6-26이 보여준다. 시편은 다결정질 백금인 판이다.

백금의 형광 L선들이 그림 6-26(b)의 왼쪽에 있다. 이 선들의 에너지는 2θ에 무관하다. 회절선들은 다른 한편으로 에너지가 식 (6-7)에 따라서 2θ에 의존한다. 만일 형광선과 회절선이 겹치는 것을 막으려면, 전체 회절무늬를 2θ를 다르게 하여 에너지가 더 높거나 낮게 이동하게 할 수 있다. (만일 시편의 본질을 전혀 모른다면 형광선이 있는 것이 유리하다. 형광선은 시편에 존재하는 화학원소를 알려주는 반면에 회절선은 결정구조를 드러낸다.)

기존 방법(단일 파장, 이동식 검출기)에 비해, 에너지분산 회절기는 매우 빠른데, 회절무늬를 순차적이 아닌 동시에 획득하기 때문이다. 전형적으로 전체 무늬는 1에서 5분 이내에 기록할 수 있는 데 반해 기존의 방법은 한 시간 이상을 요구한다. 하지만, 거리가 가까운 회절선의 분리는 기존에 비해 나쁘다. 그리고 MCA의 추가적인 비용과 Si(Li) 검출기를 냉각하는 불편이 있다.

어떤 시편은, 특히 강은 회절무늬가 다소 넓게 떨어진 선으로 되어 있다. 그러한 재료에서 고분해능은 필요치 않다. Voskamp[6.16]은 강재 조사용의 에너지분산 회절기 사용에 관하여 설명했고 다른 응용에 관한 참고문헌을 주었다. 에너지분산 회절기는 싱크로트론 방사광원에서 많이 쓰이고 있다.

위치민감 회절기

여러 가지의 1차원과 2차원 검출기를 회절기에 사용하는데, 그 검출기는 많은 회절선의 각위치나 회절추 전체도 동시에 측정할 수 있다. 어떤 종류의 1차원과 2차원 검출기는 측면 창 위치

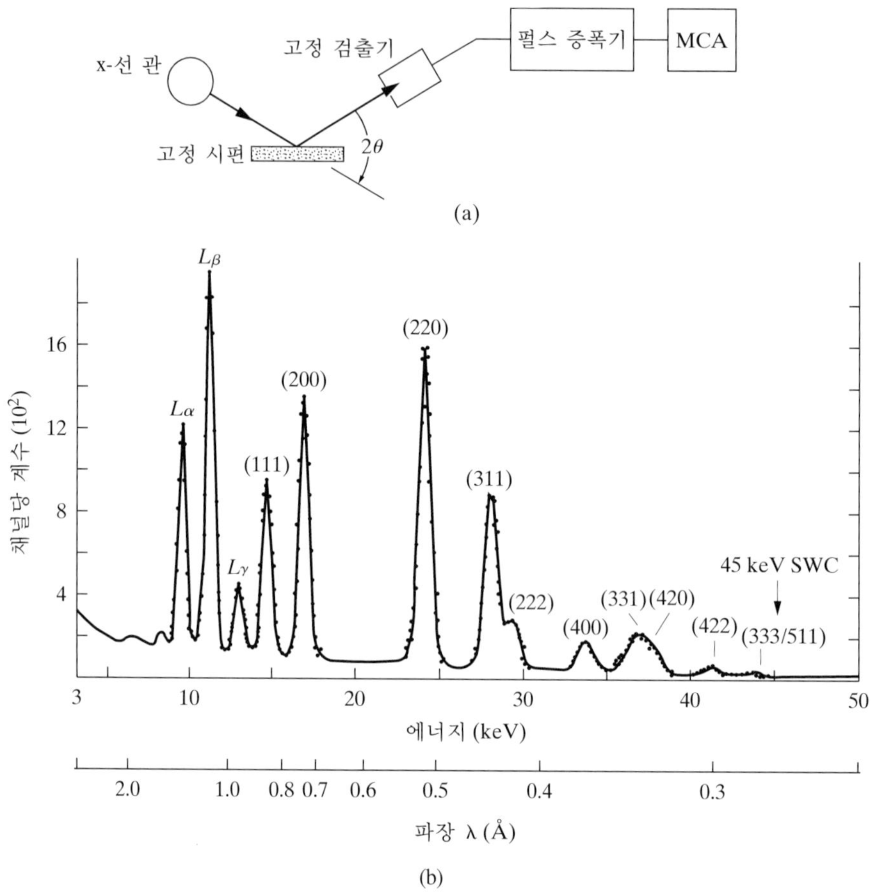

그림 6-26 에너지분산 회절기. (a) 실험장치 배열. x선 관은 끝이 보이게 한다. 회절빔 조준기는 보이지 않는다. (b) 2θ = 21.4°에서 다결정질 백금의 회절무늬로 Si(Li) 검출기와 45 kV와 8 mA에서 작동하는 철 타깃 x선 관으로 얻었다. SWC = 단파장단 = 입사빔의 단파장 한계. Giessen과 Gordon [6.14].

민감 비례 계수기(6-5절), 다중채널 분석기, 많은 회절선의 각위치를 동시에 측정하는 것을 포함한다. 계수기의 양극선은 길고 곡선 모양이고 회절기 원의 한 부분과 일치하며 적합한 회로를 통해 MCA에 연결한다. 분말 시편은 회절기 축에 얇은 봉의 모양으로 중심을 둔다. 장치의 기하학은 Hull/Debye–Scherrer 카메라(그림 7-2)와 비슷하나 구부러진 필름띠를 구부러진 계수기로 바꾸는 것이 다르다.

'단색' 방사선이 시편에 입사할 때 이 선은 특정한 2θ 각에서 회절빔을 나오게 한다. 이 빔은 특정한 위치에서 계수기의 측면 창으로 들어가서 펄스 생성을 일으킨다. 그런 다음 펄스는 두 선의 끝까지 이동하는데, 펄스가 발생한 위치는 양극의 양끝에서 펄스의 진폭이나 도달시간을 디지털 방식으로 비교하여 결정할 수 있다. 펄스 도달시간이나 진폭은 MCA로 가려낸다. MCA 기억장소의 내용은 펄스가 시작한 양극선에서 위치의 함수(2θ)로서 펄스의 수(카운트)이다. MCA의 내용을 표시한 화면은 통상적인 회절기에서 기록한 무늬와 비슷하다(그림 6-5).

이 방법은 검출기에 입사한 모든 회절빔을 동시에 측정하기 때문에 빠르다. 시판용 위치민감 검출기는 2θ 각이 120°까지 대하고, 많은 경우에서 이 각범위는 보고자 하는 회절무늬의 전체 부분을 기록하기에 충분하다. 만일 무늬 전체를 0° 근처에서 180° 근처까지 조사하고자 한다면, 측정은 겹치는 두 개의 구간으로 한다. 한 제작사의 검출기는 120° 2θ를 잴 수 있고 4096 채널로 나뉘며, 채널은 대략 0.03° 2θ의 2θ 구간 크기에 해당한다. 이러한 시스템을 사용하기 전에 검출기 특성을 주의깊게 파악해야 한다: 검출채널 각 폭의 변동은 ±1.5%로 알려져 있다[6.17].

2차원 검출기는 면검출기로도 부르는데, 결정학에서 그리고 최근에는 재료 회절에서 널리 쓰이고 있다. 다중선 비례실(multi-wire proportional chamber)과 전하결합소자(CCD)를 포함한 형광 스크린 검출기는영상판만큼이나 인기가 있다. 다중선 비례실의 작동은 기본적으로 상기한 선형 위치민감 검출기와 같은데, 더 상세한 내용에 대해서는 다른 문헌에서 찾을 수 있다[6.18]. 하지만 여러 시판 면검출기의 상대적인 우수성에 관해서 사용자 측에서 평판이 높다: 네 가지 시스템을 비교하면, 네 가지 검출기가 모두 수용 가능한 자료를 만들어 낸다는 것을 보여준다 [6.19].

6-11 계수장치

계수장치(scaler)는 검출기에서 발생한 각 펄스를 계수하는 전자장치이다. 일단 시간당 측정주기에 걸친 펄스의 수를 안다면 평균 계수율은 간단히 나누어 얻을 수 있다.

계수장치는 직렬로 연결한 다수의 동일한 **단계**(stage)로 되어 있다. 각 단계는 들어오는 펄스를 다음 단계로 넘겨주기 전에 일정한 인자로 나눠주거나 비율에 따라 줄여주는 회로이다. 이 인자는 **십진 계수장치**에서 10이고 **이진 계수장치**에서 2이다.

십진 계수장치의 첫째 단계는 들어온 펄스 10개마다 한 개의 펄스를 둘째 단계로 넘겨준다. 다섯 단계인 계수장치에서는 10^5 펄스가 들어올 때 다섯째 단계에서 한 개의 펄스를 넘겨주며 **비례인자**는 10^5이라고 말한다. 계수장치를 껐을 때, 가령 12,327펄스가 계수장치에 들어왔다면, 그 개수의 카운트가 계수장치, LED(발광 다이오드), 또는 액정 표시의 전면에 십진수로 나타날 것이다. 흔히 카운트를 컴퓨터 조정 자료 입수에서 기억 완충기(buffer)에 직접 보낸다.

이진 계수장치도 비슷하게 작동하지만 이때 비례인자는 2^n이고, 여기서 n은 단계 수이다. 어떤 이진 계수장치는 사용자에게 이진으로 보이지 않는데, 각 단계의 내용을 표시하지 않기 때문이다. 최종 카운트가 십진 형태로 계수장치의 전면에 나타난다.

계수장치는 평균 계수율을 얻기 위해서 두 가지 방식으로 작동할 수 있다:

1. **일정 시간 계수**. 원하는 시간 t를 선택하면 타이머는 t초 후에 계수장치를 자동적으로 멈춘다. 그러면 평균계수율은 N/t이고, 여기서 N은 표시한 펄스의 수(카운트)이다.

2. **일정 펄스수 계수.** 원하는 카운트의 수 N을 선택한다. 만일 N이 10,000 카운트이면, 스위치는 타이머를 십진 계수장치의 넷째 단계의 출력에 연결할 것이다. 10,000 카운트가 계수장치에 들어갈 때, 넷째 단계는 첫 번째 펄스를 넘기고 펄스는 타이머를 멈추게 하며 N개 카운트를 누적하는 데 필요한 시간을 기록한다.

일정 시간 계수 방식에서는 단위시간당 카운트나 전체 카운트를 2θ의 함수로 그릴 수 있다. 일정 카운트 방식에서는 단위시간당 카운트를 2θ의 함수로 표시한다. 시판하는 많은 회절계에서 소프트웨어는 일정 시간이나 일정 카운트 방식에서 작동할 것이다.

검출기에서 x선 양자의 도착시간은 불규칙하므로, 계수율 측정의 정확성은 확률 법칙을 따른다. 시간상 동일한 주기 동안 동일한 x선 빔을 두 번 한 카운트는 불규칙한 펄스 간격 때문에, 비록 검출기와 계수장치가 완전하게 작동할지라도 정확하게 같지 않을 것이다. 분명하게 이런 유형의 계수율 측정의 정확성은 계수시간을 늘릴수록 좋아지고, 따라서 특정한 정확도를 얻기 위해서는 얼마 동안 계수하는 지를 아는 것이 중요하다. 일정한 x선 강도를 반복하여 측정하면 일정 시간 동안 계수한 펄스의 수 N은 많은 측정을 평균하여 얻은 참값 N_t 주위로 표준편차 σ가 $\sqrt{N}$인 가우스(정규) 분포를 나타낼 것이다. N개의 펄스를 단 한 번 계수하는 데서 예상하는 상대 표준편차는

$$\text{상대 표준편차 } \sigma = \frac{\sqrt{N}}{N}(100) = \frac{100}{\sqrt{N}} \text{ 퍼센트} \tag{6-8}$$

이고, 이 식은 다음과 같은 오차를 준다:

$$\text{확률오차} = 0.67\,(\text{상대 표준편차 } \sigma) = \frac{67}{\sqrt{N}} \text{ 퍼센트} \tag{6-9}$$

오차는 계수한 펄스의 수에만 의존하지 계수율은 아닌 것에 주의한다. 만일 계수시간을 각각의 측정에서 동일한 총 카운트의 수를 만들게 선택하면, 이것은 높은 계수율과 낮은 계수율을 똑같은 정확도로 측정할 수 있다는 것을 뜻한다. 원리적으로 가장 높은 정밀도가 필요할 때, 위에서 개설한 일정한 카운트의 수에 필요한 시간을 측정하는 비례 계수하는 둘째 방법이 첫째 방법에 비해 더 바람직한데, 그 까닭은 방법이 강도가 높은 빔과 낮은 빔에 둘 다 동일한 정확도의 강도를 측정하게 하기 때문이다. 하지만 대부분 경우에는 일정시간 계수가 적당한 정확도를 준다.

계수한 펄스의 수	상대 표준편차(퍼센트)	확률오차(퍼센트)
1,000	3.2	2.1
10,000	1.0	0.7
100,000	0.3	0.2

배경 위의 회절선의 측정강도에서 확률오차[4)]는 배경강도가 증가할수록 커진다. 만일 N_P와 N_B가 각각 회절선의 피크와 선 근처의 배경에서 같은 시간에 얻은 카운트 수이면, $(N_p - N_B)$에서 오차가 N_P에서 오차보다 더 중요하다. N_P와 N_B가 정규 분포이고 두 개의 양을 결합해서 그 관계량의 평방편차(variance)의 합과 같은 평방편차를 만든다고 가정한다. 이 경우에서,

$$\sigma_{P-B}^2 = \sigma_P^2 + \sigma_B^2 = N_P + N_B$$

$$\sigma_{P-B} = (N_P + N_B)^{1/2}$$

$$\text{상대 표준편차} \quad \sigma_{P-B} = \frac{(N_P + N_B)^{1/2}}{(N_P - N_B)} \tag{6-10}$$

이다.

6-2절에서 표시한 것처럼, 전형적으로 회절선의 적분강도를 시료와 검출기의 다수의 각위치에서 카운트를 측정하여 결정한다. 그러면 회절선 윤곽을 수치적으로 적분한다(많은 제작사의 분말 회절 소프트웨어는 이러한 특징을 포함한다. 그렇지 않으면 그 자료를 개인용 컴퓨터나 워크스테이션에 보낼 수 있다). 회절선 윤곽과 그 근처 배경에 대해 둘 다 같은 상대 정확도를 얻기 위해 모든 측정은 일정 펄스수를 계수해야 한다.

적분강도의 측정을 거의 대체한 방법(디지털 자료 수집이 흔하기 이전 기간에서)은 계수장치의 적분 성질을 활용하는 것이다. 그림 6-27에서 빗금친 면적 P는 회절선의 적분강도이다. 검출기의 두 위치 $2\theta_1$과 $2\theta_2$를 선 양측의 배경에 충분히 들어가게 잡는다. $2\theta_1$에서 $2\theta_2$로 주사하면서 계수장치를 주사가 시작하는 데서 작동하게 하여 끝나는 데서 멈추게 한다. 이 주사에 든 시간을 t로 누적한 카운트의 수를 N_{PB}로 한다. 이 수는 면적 P와 B의 합에 비례한다. 그러면 $2\theta_1$에서 시간 $t/2$ 동안, $2\theta_2$에서 시간 $t/2$ 동안 계수한다. 이 두 고정 위치 측정에서 누석한 총 카운트를 N_B라 하자. 이 수는 면적 B에 비례하는데, 그 까닭은 이 수가 $2\theta_1$에서 $2\theta_2$로 시간 t 동안 주사에서 만일 회절피크가 없었다고 하면 얻을 수 있는 카운트이기 때문이다. 따라서 피크의 적분강도는

$$N_P = N_{PB} - N_B \tag{6-11}$$

이다. 두 회절선의 적분강도를 비교할 때 두 선은 모두 같은 속도에서 같은 검출기 슬릿(수광슬릿)으로 주사해야 한다. 이 방법은 일정 시간 동안 계수하는 것을 수반하기 때문에 배경과 회절선 강도가 낮은 부위는 강도가 높은 부위에 비해 측정이 덜 정확하다. 계수시간은 낮은 강도를

4) 확률오차는 초과하지 못할 오차와 똑같은 초과할 것 같은 오차이다. 확률오차를 세 배하면 약간 더 유용한 숫자가 되는데, 이 숫자를 초과할 확률이 0.04에 지나지 않기 때문이다. 그러므로 단 한 번의 측정이 1000 카운트를 준다면, 확률오차는 $67/\sqrt{1000} = 2.1\%$나 21 카운트이다. 확률이 0.5이면, 이 카운트는 $N_t \pm 21$ 범위 내에 있는데, 여기서 N_t는 카운트의 실제 수이다. 반면에 확률이 0.96이면, 측정값은 $N_t \pm 63$ 범위 내에 있다.

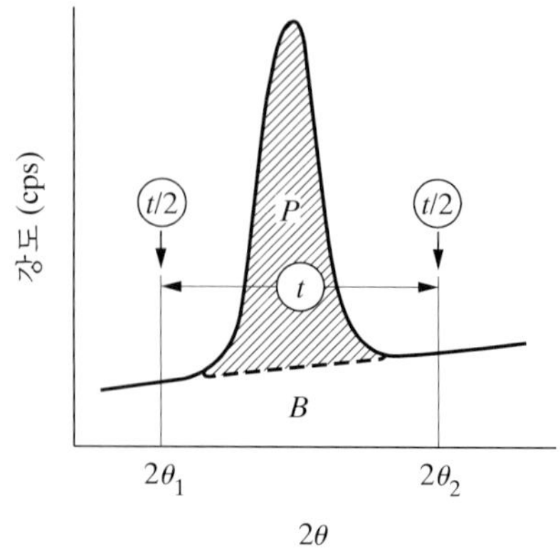

그림 6-27 계수장치로 주사하고 카운트를 측정하여 얻은 적분강도의 결정. 동그라미한 부호는 계수에서 소요한 시간이다.

특정한 관련 문제가 요구하는 정확도로 측정할 수 있게 선택해야 한다. 그러면 당연한 결과로 높은 강도는 측정에서 정확도가 불필요하게 높지만 일정 시간방법에서는 그건 피할 수 없다.

6-12 계수율계

계수율계는 그 이름이 암시하듯이, 계수장치-타이머 조합에서와 같이 카운트 수와 시간을 따로 측정할 필요 없이, 평균 계수율을 직접 표시하는 장치이다. 실제로 이 장치는 검출기 간격이 불규칙한 연속 펄스를 정상전류로 매끄럽게 하는 회로로 이렇게 하는데, 전류의 크기는 검출기에서 평균 펄스 발생률에 비례한다.

계수율계의 심장부는 커패시터와 저항의 직렬 배열이다. 계수율계의 작동을 이해하기 위해서 그러한 회로의 특성 일부, 특히 전류와 전압이 시간에 따라 변하는 방식을 다시 살펴보아야 한다. 그림 6-28(a)에 나타낸 회로를 고찰하자. 여기서 스위치 S는 a를 c에 연결하여 전압을 커패시터에 공급하거나 b를 c에 연결하여 커패시터와 저항을 단락하는 데 쓰일 수 있다. 갑자기 a를 c에 연결하면 커패시터에 걸린 전압은 최종값 V에 순간적이 아닌 일정 시간에 걸쳐 도달하고 그 속도는 그림 6-28(b)에 보인 것처럼 저항 R과 C에 의존한다. R과 C의 곱은 차원이 시간(만일 R이 메가옴으로 있고 C가 마이크로패러드로 있다면 사실 초이다)이고 커패시터에 걸린 전압은 회로의 **시정수**(time constant)로 알려진 RC로 주는 시간인 최종값의 63%에 도달한다. 최종값의 99%에 도달하는 데 필요한 시간은 4.6RC이다. 역으로, 만일 가득히 충전한 커패시터를, 이 전하는 $Q = CV$인데, b와 c를 연결하여 저항을 통해 갑자기 단락하면 전하는 당장 사라지지 않고 시정수에 의존하는 속도로 새나간다. 전하는 RC인 시간에 초기값의 37%로 떨어지고 4.6RC인 시간에 1%로 떨어진다.

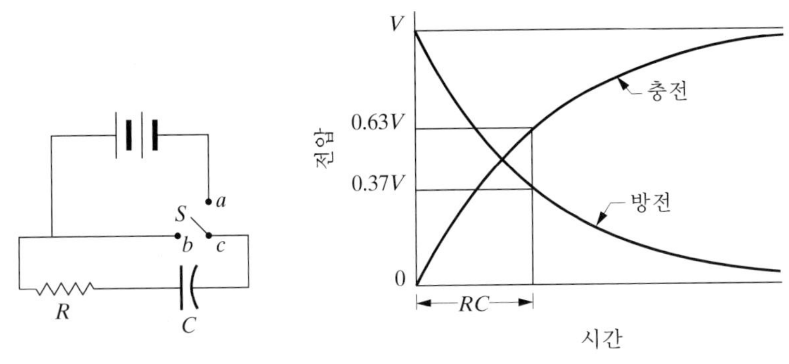

(a) (b)

그림 6-28 커패시터-저항기 회로

완전한 계수율계는 두 부분으로 되어 있다. 첫째는 검출기에 따라 진폭과 모양에서 다른 검출기 펄스를 전압과 시간에서 크기가 일정한 사각형 펄스로 전자적으로 변환하는 펄스 증폭과 펄스 성형의 부분이다. 그런 다음 이 펄스는 둘째 부위로 들어가는데, 이 부위는 그림 6-29에 보인 측정회로이고 기본적으로 그림 6-28(a)와 유사하고 시정수는 R_2C_2이다. 단순한 스위치로 나타낸 S_1은 실제로 펄스가 도달할 때마다 a와 c를 연결하고 그 다음 바로 b와 c를 연결하는 전자회로이다. 따라서 일정한 전하가 펄스를 받아들일 때마다 커패시터에 더해지고 이런 전하는 평형에서 전하의 첨가율이 누설률과 균형이 잡힐 때까지 저항기를 통해 새나간다. 전하 누설률은 간단히 미소전류계를 지나는 전류이고, 따라서 이 기기는 검출기에 펄스 생성률, 바꾸어 말하면 x선 강도를 나타낸다. 과거에 회절기 시스템은 지시계에 추가하여 강도를 연속으로 기록하는 차트 기록계를 포함하였다. 컴퓨터의 비용이 저렴해지면서 차트 기록계를 소프트웨어 자료 수집으로 대체히였다. 여전히 회절기와 함께 작동하는 차트 기록계를 발견할 수 있다.

x선 강도가 일정할 때조차(평균 계수율이 일정), 검출기 펄스의 간격은 시간에서 불규칙하고, 이것은 계수율이 실제로 짧은 기간에 시간에 따라 변하는 것을 뜻한다. 계수율계는 계수율에서 이런 통계적 변동에 반응하고 반응속도가 클수록 시정수는 작다. 이런 사실은 커패시터-저항기 회로의 논의에서 알 수 있다: 펄스율에서 어떠한 변화도 회로를 지나는 전류에서 변화를 일으키나 후자의 변화는 언제나 전자의 변화에 뒤쳐진다. 시정수가 작을 때가 클 때에 비해 지연 양이

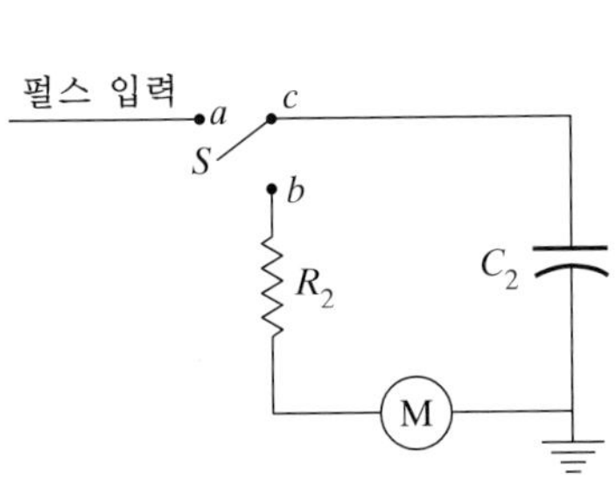

그림 6-29 계수율계 회로의 측정 부위

더 적다. 계수율에서 불규칙 변동은 시정수가 작은 경우 더 분명히 나타나는데, 그 까닭은 회로에서 전류는 계수율에서의 변화를 더욱 바싹 따라가기 때문이다. 그림 6-30은 이런 특징을 보여주는데, 검출기가 일정한 강도의 x선 빔을 받는 동안 계수율계의 자동 기록 출력을 보여준다. 왼쪽에서 커다란 변동은, C_2의 값을 다르게 하고 시정수를 계속 크게 하면 강도에서 줄어들었다. 분명하게 지시계 바늘이나 계수율계의 기록펜의 위치를 한 번만 읽는다는 것은 오차가 중대할 수 있으며 시정수가 낮은 경우가 높은 경우에 비해 더욱 그렇다. 6-11절에서, 계수율 측정에서 오차는 카운트 수가 증가할수록 감소한다는 것이 분명하였다. 이제 계수율계는, 임의의 한 번 읽기의 정확성은 $2R_2C_2$ 시간 동안 계수장치로 측정한 카운트와 등가라는 점에서, 계수율계가 $2R_2C_2$ 시간 동안 계수하는 것처럼 작동한다고 볼 수 있다. 그러므로 임의의 한 번 계수율계 읽기에서 상대 확률오차는 식 (6-9)의 다른 한 짝, 즉

$$\text{확률오차} = \frac{67}{\sqrt{2\pi R_2 C_2}} \text{ 퍼센트} \tag{6-12}$$

이고, 여기서 n은 평균 계수율이다. 시정수가 같다면 계수율이 높을 때가 낮을 때에 비해서 확률오차는 더 작다: 이 효과는 임의의 회절선의 도면(일정 시간)에서 분명한 데, 이 도면에서 변동은 배경에 비해 회절선의 정점에서 더 작다.

계수율계의 가장 유용한 특징은 평균 계수율에서 변화를 쫓아가는 능력인데, 계수장치로 카운트하는 시간 동안 일어나는 평균 계수율에서 변화는 전혀 검출하지 못할 것이기 때문에 이런 기능은 계수장치에 어울리지 않는다. 계수율계의 이런 특징은 회절기에서 아주 유용하다. 회절무늬는 한 회절피크를 포함하기 위해 예상하는 각범위를 주사할 수 있고, 가동 검출기는 자동적으로 계수율계를 거쳐서 회절각이 주사하는 대로 관측한 강도의 연속적인 기록을 전송한다. 이것은 피크 최대값의 위치에 아주 빠르게 검출기를 놓이게 한다. 다른 한편으로 계수율계는 계수장치에 비해 정확성이 더 낮은데, 이것은 출력에서 피할 수 없는 통계적 변동과 지시기나 기록기의 고유한 오차 때문이다.

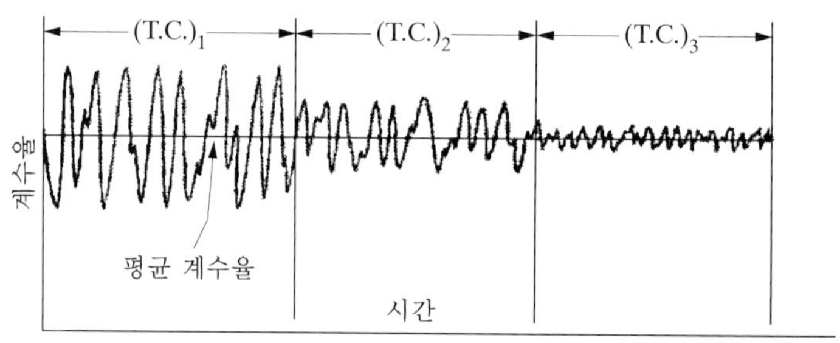

그림 6-30 시정수(T.C.)가 일정한 x선 강도에서 얻은 계수율에서 기록한 변동에 미치는 영향(개략도). 시정수는 나타낸 시간에서 급격히 변한다. $(T.C.)_1 < (T.C.)_2 < (T.C.)_3$

이전에 언급한 것처럼 시정수가 크면 계수율에서 변화에 반응하는 시간이 크게 되어 평균 계수율에서 변동이 잔잔해진다. 그러나 예리한 회절선을 주사할 때 평균 계수율은 빠르게 변하고 계수율계는 이런 변화를 가급적 정확하게 표시해야 한다. 이런 점에서 볼 때, 시정수를 작게 하여 반응시간을 짧게 하는 것이 필요하다. 그러므로 계수율계를 이 두 가지의 상충하는 인자를 염두에 두고 설계해야 하고 시정수를 대부분의 통계적 변동을 누르기에 충분할 만큼 크게 선택해야 하나 반응시간을 적당히 짧게 하기에 충분할 만큼 작게 한다.

대부분 시판용 계수율계는 x선 강도의 여러 범위를 포함하는 데 사용할 수 있는 여러 개의 눈금을 가진다(예를 들면, 계수율계의 바늘이 기울 수 있는 총 눈금이 100, 1000, 10,000 cps인 것과 선형 눈금이나 지수눈금). 지수 눈금은 약한 회절선을 볼 때나 미지의 회절무늬를 조사할 때 유용하다: 약한 선은 강조할 수 있고 강한 선은 눈금 밖으로 나가지 않을 것이다. 계수율이 높을 때 계수장치에서 계수시간을 짧게 사용하는 것과 마찬가지로 눈금이 더 높을수록 시정수는 더 작게 한다. 어떤 기기에서는 각 눈금에 어울리는 시정수는 제작사가 고정하고, 다른 기기에서는 사용자가 약 0.5에서 15초 범위에서 여러 시정수 중 어느 하나를 수동으로 스위치로나 전자적으로 소프트웨어 제어로 적합한 전기용량을 회로에 넣어서 선택할 수 있다. 사용하는 데 적합한 시정수는 물론 주사속도에 무관한데, 빠른 주사는 계수율계에서 빠른 반응을 요구하고 시정수가 짧아야 하기 때문이다. 사용한 주사속도에 비해 시정수가 너무 크면 주사 방향에서 회절선의 피크가 약간 이동하고 최대강도가 낮게 되며 과도한 평탄화 때문에 실제로 약한 회절선이 지워져서 이 선을 알아 볼 수 없게 한다. 따라서 시정수를 선택하는 데 있어서 짧게 하여 잘못하는 것이 더 낫다. 좋은 규칙은 시정수를 수광슬릿의 시간 폭의 반보다 작게 맞추는 것인데, 그 시간폭은 슬릿이 자신의 폭 길이를 이동하는 데 필요한 시간으로 정의한다. 예를 들면, 만일 0.2° 슬릿을 주사속도 2°/min에서 사용하면 슬릿의 시간폭은 (0.2/2)(60) = 6초이고, 따라서 시정수는 3초이어야 한다. 시정수를 고정할 때 한 주사속도에 적합한 슬릿 폭을 찾기 위해 동일한 규칙이 쓰일 수 있다.

6-13 단색화 조작

회절기에서 얻은 회절무늬의 배경을, 6-9절에서 언급한 대로, 단일채널 파고(펄스 높이) 분석기를 사용하여 낮출 수 있다. 더 좋은 방법은 회절빔에서 단결정 단색화 장치를 사용하는 것이다. 평형 필터들도 여전히 또 하나의 선택사항이다.

단색화 결정

회절 실험에서 사용하는 가장 순수한 종류의 방사선은 그 자체가 회절한 방사선인데, 이것은 전

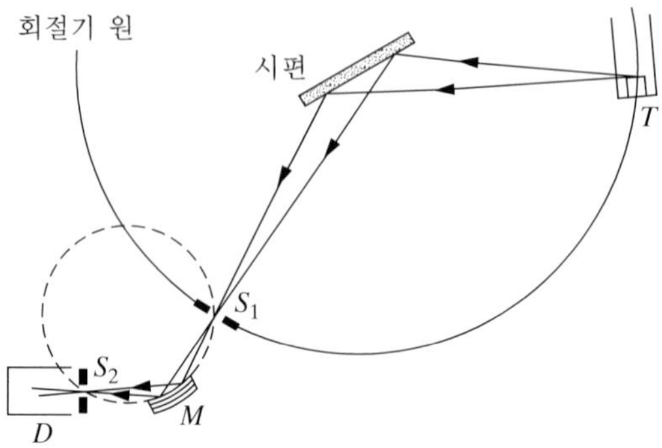

그림 6-31 회절빔 측에 단색화하는 결정 M을 지닌 회절기. 검출기 T = x선 관

적으로 단색이기 때문이다.[5] 회절기에서 연구자는 분말 카메라에 있지 않는 선택사항으로 입사보다는 회절빔에 놓인 결정 단색화 장치를 가진다. 그림 6-31은 그러한 한 배열을 보여준다. 시편에서 나온 회절빔은 수광슬릿 S_1에서 한 초점으로 이르고, 집중 단색화 장치 M으로 발산하며 검출기 슬릿 S_2에서 다시 초점에 이른다. 검출기, 결정, 슬릿이 한 지지대 위에 놓이고 회절축 주위로 한 개의 단위로 회전한다.

비록 강도는 단색화 장치에서 회절하는 동안 감소하지만, $K\beta$ 필터는, 단색화 장치를 $K\alpha$ 방사선만을 회절하도록 설치하기 때문에 필요하지 않다. 그 결과와 단색화 장치의 집중작용으로 검출기에서 실제로 단색화 장치를 사용하면 없는 것에 비해, 특히 만일 단색화 결정이 흑연이면, 회절선의 강도는 더 높을 수 있다.

회절빔에 단색화 장치를 설치하면 시편에서 유래하는 형광 방사선과 비간섭성(Compton 변조) 산란 방사선과 같은 배경 방사선을 억제하는 장점이 있다. 예를 들면, 만일 강 시편이나 철이 많은 어떤 재료를 구리 방사선으로 보통 회절기에서 조사한다면 형광 Fe K 방사선으로 생긴 배경은 수용하기에 어렵도록 높다. 그러나 만일 단색화 장치를 추가하여 Cu $K\alpha$만 회절하는 방위에 맞추어 주면, 배경은 실질적으로 영으로 감소하는데, 그 까닭은 형광 Fe $K\alpha$와 Fe $K\beta$가 검출기에 들어가지 못하기 때문이다. 그러므로 한 단색화 장치는 강 시편들을 조사하기 위해서 추가하는

5) 이런 주장은 어떤 제한이 필요하다. 결정 단색화 장치를 사용한 특수한 조의 면에서 파장 λ인 방사선을 회절하게 놓으면 이와 같은 면은 또 파장 $\lambda/2$와 $\lambda/3$인 방사선을 각각 제2차와 제3차로 정확하게 같은 각 2θ에서 회절할 것이다. 주성분이 $K\alpha$ 특성 방사선일 때 약수(submultiple)의 파장인 이 성분은 상대적으로 강도가 낮지만, 그렇다 해도 이 존재는 시편이 회절한 강도를 정확하게 계산해야 할 때는 언제나 바람직하지 않다. 약수의 성분은 관 전압을 이 파장이 생길 수 없는 점으로 낮추면 단색화 장치에서 빔을 제거할 수도 있다. 만일 주성분이 Cu $K\alpha$ 방사선이면, 관 전압이 16 kV($\lambda/2$와 $\lambda/3$ 성분을 제거하는 데 필요한)로 감소하는 데 수반하는 강도의 감소 때문에 이 과정은 실용적이지 못하다. 일반적으로 $\lambda/3$ 성분을 발생하기에는 부족한 전압에서 작동하고 특정한 한 조의 면에서 $\lambda/2$ 성분의 회절능이 무시할 수 있는 결정을 사용하여 절충을 찾는다. 형석(CaF_2)은 그러한 한 결정이고, 222 반사의 구조인자는 111에서보다 훨씬 적다. 다이아몬드 입방결정인 실리콘과 게르마늄은 훨씬 더 좋은데, 이 222 반사의 구조는 실제로 영이기 때문이다.

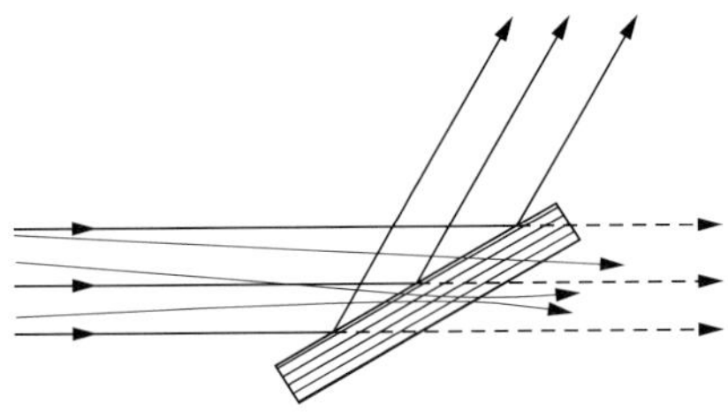

그림 6-32 입사빔이 평행하지 않을 때 단색 반사

Cr-타깃관과 같은 관을 필요없게 한다.

그림 6-2에서 회절기는 회절빔 단색화 장치를 장착한다. 사용하는 단색화 장치는 결정이 휘지 않은 지, 휘어지고 잘려 있는 지에 따라 두 종류가 있다.

휘지 않은 결정은 그림 6-32에서 알 수 있듯이 대단히 효율적인 반사경은 아니다. 그 까닭은 한 x선 관에서 나온 빔은 슬릿이나 조준기로 빔의 윤곽을 정하더라도 평행선들로만 되어 있지 않고, 큰 비율의 수렴 방사선과 발산 방사선을 포함하기 때문이다. 입사빔의 평행 성분을 얻기 위해 결정을 올바른 Bragg 각에 설치하는 경우, 결정은 그 성분만을 회절하고 그 밖의 다른 선들은 전부 그렇지 못하므로, 그 결과 회절빔은 비록 그 자체는 적어도 도면에서 완전하게 평행하더라도 강도는 매우 낮다. 직각인 한 면에서 회절빔은 수렴 방사선과 발산 방사선을 둘 다 포함할 수 있다.

강도에서 큰 증폭을, 구부리고 자른 결정을 사용하여 얻을 수 있는데, 이 결정은 그림 6-33에서 나타낸 집중 원리 위에서 작동한다. x선의 한 선 광원은 관 타깃 상에서 초점선이나 시료에서 모아진 회절빔인데, 도면에 수직하게 S에 위치한다. 결정 AB는 직사각형 판의 모양이고 한 조의 회절면이 표면에 평행하다. 가진다. 이 판은 탄성적으로 원형으로 구부려서 C를 지나는 면의 곡률반경이 $2R = CM$이도록 한다. 이런 식으로 모든 면법선은 광원 S와 같이 반경 R인 같은 원 상에 위치한 M을 지나게 한다. 그런 다음 만일 결정면이 R인 반경에서 점선 뒤로 잘라내면, 광원 S에서 발산하는 모든 선은 같은 Bragg 각에서 격자면들을 만날 수 있는데, 그 까닭은 SDM, SCM, SEM 각이 같은 SM 호 위에 내접하여 서로 같고 값이 $(\pi/2 - \alpha)$이기 때문이다.[6)]

Bragg 각을 입사빔의 $K\alpha$ 성분의 회절에 필요로 하는 각에 맞추면 결정은 강한 단색빔을 회절할 것이다. 더욱이 회절선들은 모두 광원 S를 통과하는 한 원 상에서 생기기 때문에, 그 선들은, S와 같이 같은 원 상에서와 C에서 같은 거리에 위치한 F에 있는 한 초점으로, 이전에 준집중 회절기에 관해서 논의한 것과 같이 수렴할 것이다. 이런 종류의 단색화 장치는 Johansson 형이라 부른다.

실제로 결정은 휘지 않고 위에서 기술한 대로 잘려 있는데, 휘지 않은 결정(일반적으로 석영)을 처음에는 반경 $2R$에 맞추어 자른 다음 반경 R인 원형으로 구부린다. 이런 절차로 최종 결과를

6) 부호 α는 θ 자리에 사용하는데, 그 까닭은 시료와 단색화 장치에서 회절각을 다르게 유지하기 위해서이다.

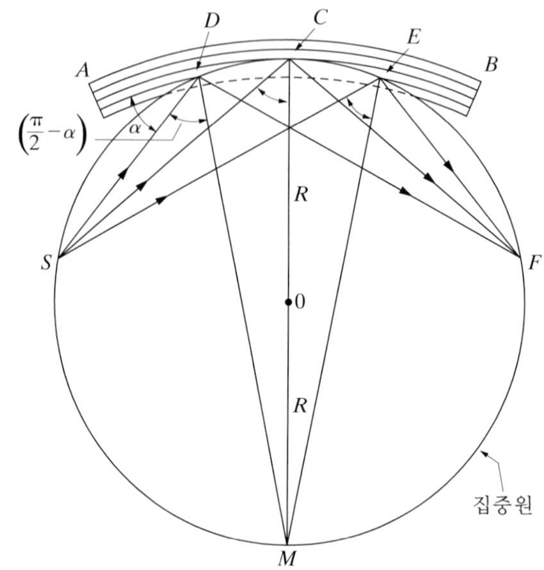

그림 6-33 집중 단색화 장치(자르고 구부린)

같게 할 수 있다. 면간거리 d인 면들에서 특정한 한 파장 λ의 회절이 요구하는 α의 값은 Bragg 법칙으로 나타낸다:

$$\lambda = 2d \sin \alpha \tag{6-13}$$

광원에서 결정의 거리인 SC는 결정에서의 초점거리 CF와 같고

$$SC = 2R \cos\left(\frac{\pi}{2} - \alpha\right) \tag{6-14}$$

이다. 식 (6-13)과 (6-14)를 결합하면 그 결과는

$$SC = R\frac{\lambda}{d} \tag{6-15}$$

이다. Cu $K\alpha$ 방사선의 석영(10.1) 면에서의 회절에 대해, 거리 SC는 R 값이 30 cm이면 14.2 cm이다.

집중 단색화 장치의 기본 가치는 입사빔의 모든 단색선을 활용하고 결정 표면의 많은 면적에서 나오는 회절선을 모두 한 초점으로 가져온다는 사실에 있다. 그 결과로 휜 결정 단색화 장치에 비해 많은 양의 에너지와 계수시간(지정한 계수의 수를 얻기 위해 필요로 하는)의 감소를 가져온다. 하지만, 후자는 준평행한 방사선의 빔을 만들며, 비록 강도가 매우 낮지만 어떤 실험들에서는 필요하다. 만일 단색화 결정이 구부러져 있으나 잘려 있지 않으면, 회절빔이 수렴하므로 어느 정도의 에너지를 획득할 수 있지만, 이것은 완전한 하나의 초점으로 수렴하지 않을 것이다.

다수의 결정들을 단색화 장치로 사용하고 있다: NaCl, LiF, SiO_2(석영), Al, Si, Ge, 흑연, InSb 등등. 그 결정들의 상대적인 장점과 설계와 사용에서 세부사항에 관한 논의는 Guinier [G.13, G.30], [G.1]의 Vol. C의 2장, Klug와 Alexander[G.17]나 Jenkins와 Snyder[G.25]를 보라. 흑연은 가장 강한 회절빔을 준다.

새로운 종류의 단색화 장치들이 회절기용으로 개발 중에 있다. 예로서 제자리 복합재 $TaSi_2$-Si의 결정[6.20, 6.21], Si-Ge 경사 결정[6.22], 금속 다층을 포함한다. $TaSi_2$-Si 복합재는 하나의 단결정 Si 모재 내에 Ta_2Si의 10^6 cm^{-2}인 단결정 봉들로 되어 있다. 평행하고, 직경 1μm인 봉들의 간격은 Si 모재 내의 변형 분포와 같이 아주 균일하다. 그리고 결정들은 4 eV에서 160 keV까지의 에너지 범위에 걸쳐서 피크와 적분 반사도가 매우 크다. 다층들도 Si와 같은 결정들에 비해서 각의 수용 범위가 더 크다. 이것은 높고 낮은 원자번호의 층들이 교대하는 주기적인 구조의 결과이다. 상업적으로 구입 가능한 Cu $K\alpha$ 방사선을 사용하는 분말 회절기용의 전형적인 다층은 15와 100 Å 사이에서 (층 두께가) 선형적으로 경사하는, 주기가 50인 W/Si로 되어 있다[6.23].

x선 관과 시료 사이에 단색화 장치를 사용하면 시료에서 회절한 빔들의 상대강도를 변하게 할 수 있다. 예를 들면, 식 (4-2)를 완전하게 무편광인 x선 관으로 얻은 입사빔에 대해서 유도하였다. 하지만 한 결정이 회절한 어떠한 빔도 회절과정 자체로 부분 편광이 되는데, 이런 현상은 한 결정 단색화 장치에서 나온 빔은 시편에 도달하기 전에 편광이 부분적으로 된다는 것을 뜻한다. 이런 상황에서 일반적인 편광인자 $(1 + \cos^2 2\theta)/2$는, 이 인자는 식 (4-19)에서 (4-21)에 걸쳐 포함되어 있는데, $(1 + \cos^2 2\alpha \cos^2 2\theta)/(1 + \cos^2 2\alpha)$ 인자로 바뀌어야 하고, 여기서 2α는 단색화 장치에서 회절각이고(그림 6-33) 2θ는 시료의 회절각이다. 이 식에서 분모는 θ에 무관하므로 이를 생략할 수 있다. 따라서 결정-단색화 방사선을 위한, 결합한 Lorentz-편광인자는 $(1 + \cos^2 2\alpha \cos^2 2\theta)/\sin^2\theta \cos\theta$이다. 이 인자를 한 단색화 장치가 한 회절기에 사용할 때는 식 (4-21)에 대입해야 한다.

평형 필터

본질적으로 단색인 조건에서 작동하는 또 하나의 방법은, 회절기에 고유한 한 방법인데, 평형 필터로 부르는 Ross 필터를 사용하는 것이다[G.17, G.25]. 이 방법은 모든 물질의 흡수계수가 파장에 대해 같은 방식으로 변한다는 사실에 의존한다. 즉, 그 계수들은 식 (1-13)에 나타낸 것처럼 λ^3에 비례한다. 만일 필터를 원자번호가 하나 다르게 두 물질로 만들고 그 두께를 특정한 파장에 대해서 흡수가 같도록 조정하면, 필터는 두 물질의 K 흡수단 사이의 좁은 파장 영역에 놓인 것들을 제외하고 모든 파장에서 흡수가 같을 것이다. 이 영역을 필터 조합의 **통과대역**이라 정의한다. 만일 필터들이 다색성 x선 빔, 즉 여러 파장들의 선을 포함하는 한 빔에 놓으면, 각 경우에서 통과하는 강도의 차이는 통과대역에 놓인 파장들에만 기인한다. 통과대역을 스펙트럼의 강한 특성 성분을 포함하도록 선택하면, 최종 결과는 하나의 강한 단색빔의 그것이다.

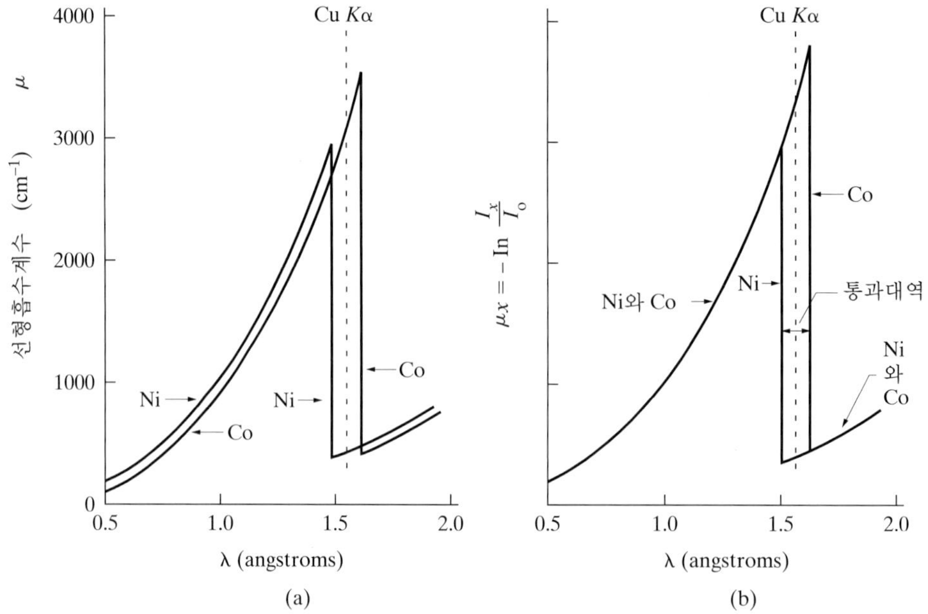

그림 6-34 Cu $K\alpha$ 방사선용 Ross 필터: (a) 필터 재료의 흡수계수, (b) 평형이 된 다음 μx 값

Cu $K\alpha$ 방사선의 분리는 한 예로서 들 수 있다. 이것의 파장은 1.542 Å 인데, 이 값은 코발트와 니켈의 K 흡수단(각각, 1.608과 1.488 Å)이 Cu $K\alpha$선을 효과적으로 대역으로 묶으므로, 이 재료를 필터물질로서 사용할 수 있다는 것을 뜻한다. 이 물질의 선형흡수계수 μ는 그림 6-34에 도표로 나타내었는데, 이 도표는 니켈 필터를 코발트에 비해 약간 얇게 만들면 평형을 얻을 수 있다는 것을 보여준다. 두께 x를 정확한 비에 맞추면, 통과대역 내를 제외하고 $\mu_{Ni}\,x_{Ni} = \mu_{Co}\,x_{Co}$이고 μx 대 λ의 그림은 외양이 그림 6-34(b)와 같다. $\mu x = -\ln I_x / I_0$이므로, 두 필터의 투과인수 I_x / I_0 (입사강도에 대한 투과강도의 비)는 겨우 0.12 Å 폭인 통과대역의 것들을 제외하고는 모든 파장들에 대해 같다. 강도를 회절기로 측정하는 각각의 2θ 각에서 필터를 하나씩 회절빔에, 빔이 검출기에 들어가기 전에 놓는다. 각각의 필터를 통과하는 회절빔의 강도를 측정하고, 측정에서 차이는 Cu $K\alpha$ 선과 통과대역에서 이 선에 바로 인접한 비교적 약한 파장들만의 회절강도를 준다.

검출기에 들어가는 빔은 결정 단색화 장치를 사용할 때처럼 결코 물리적으로 단색이지 않다는 것을 강조해야 한다. 파장이 아주 많은 방사선은 어느 필터를 두어도 검출기로 들어가지만, 여기서 통과대역에 있는 파장들을 제외하면, 한 필터를 통과한 모든 파장은 강도가 다른 필터를 통과한 것과 같다. 그러므로 한 필터로 측정한 강도는 다른 필터로 측정한 강도에서 빼면, 그 차는 통과대역을 제외한 모든 파장에서 영이다.

실제로 필터의 평형은 검출기에 들어가는 빔의 위치에 두께가 대략 같은 두 개의 박(foil)을 미끄럽게 넣을 수 있는 적당한 홀더에 끼워 넣어서 하게 된다. 한 박은 언제나 x선 빔에 수직한 반면에 다른 박은 빔에 직각인 축 주위로 회전할 수 있다. 이런 방식으로 둘째 박을 빔에 대해 이의 유효두께 x가 평형을 맞추는 데 필요한 두께와 같은 각으로 기울게 한다. 통과대역 바깥 모든 파장에서 비록 이것이 아주 가깝기는 하지만 완전한 평형은 가능하지 않다. 왜냐하면 μ가 λ^3에 따라 정확하게 변하지 않기 때문이고, K의 흡수 급증(K 단보다 조금 짧은 파장과 K 단보다 조금 긴 파장에서 흡수계수의 비)의 크기가 모든 원소에서 정확하게 같지 않기 때문이다.

그리고 평형 필터는 파장이 회절빔의 파장(식 (4-3))과는 0.05 Å 이하만이 다르고, 통과대역 내에 일반적으로 들어오는 Compton 산란을 배제할 수 없다. 그리고 만일 회절을 형성하는 방사선이 Cu $K\alpha$이면, 단색화 결정이나 평형 필터 어떤 것도 확산산란하는, 예컨대, 원자의 열진동이 내는 Cu $K\alpha$를 결코 배제할 수 없다.

6-14 회절피크 위치의 결정

한 회절무늬에 있는 피크들에 2θ 위치를 체계적으로 지정하는 방식은 많고, 그림 6-35는 아래 기술한 방법들을 나타내고 있다. 어떤 특별한 방법을 사용하는 지는 응용과 가용한 전산 능력에 의존한다. 두 가지의 상황을 구별하는 것이 도움이 된다: 첫째는 다수의 피크를 기록하는 경우이고, 둘째는 단 한 개 피크의 특정 부위에 걸친 단지 몇 개의 점만을 측정하는 경우이다. 일반적으로 피크들은 현대적인 회절기 소프트웨어로 Rachinger 연산[G.17, G.25]을 통해 자료에서 $K\alpha_2$ 피크를 벗겨 내기 전에 매끄럽게 될 것이고 상세한 내용은 다른 문헌에서 찾을 수 있다[G.17, G.25].

많은 피크에 걸쳐 있는 회절무늬에서 직관적으로 가장 간단한 정의는 피크 최대값의 위치인 $2\theta_{최대}$(수학적 용어로 피크의 모드(mode))이다. 이 위치는 어떤 상이나 상들의 집합체의 정체를 확인하는 것이 목적인 일상적인 주사(scan)에서 충분한 정밀도를 제공한다.

수치 자료용으로는 이 위치는 $dI/d(2\theta) = 0$에서 얻게 된다. 차트 기록이나 그 밖의 다른 발행 보고서의 그림과 같은 아날로그 출력물들을 해석하는데, 직관적으로 이런 각을 선정하는 것 말고는 실용적인 다른 방식은 거의 없다. 또 다른 대안은 각 피크에서 (좌우측에서) 최대강도가 반인 두 점의 중간점(midpoint)인 $2\theta_{중간}$이나 피크의 (좌우측에서) 두 변곡점(inflection point)의 중간점인 $2\theta_{변곡}$을 사용하는 것이다. 하나의 대안은 피크의 중앙각(median angle)인 $2\theta_{중앙}$, 즉 $2\theta_{중앙}$의 왼쪽에서 피크 아래 면적 AL과 오른쪽에서 면적 AR이 같은 각위치를 계산하는 것이다. 한 피크의 중심점(centroid)이나 중력의 중심(the center of gravity) $< 2\theta >$는 피크의 수학적 평균에 대응한다: 이 위치는 그림 6-35의 아래에 나타낸 공식으로 계산한다. 위에서 언급한 방법들 중에서 중심점 법은 가장 강건한 피크 위치의 측정값을 제공한다. 요구하는 전산은 현대적인 소프트웨어의 사용자에게 명료하기 때문에 중심점 법은 가장 높은 정밀도를 요구하는 작업을 제외한 모든 작업에서 쓰이고, 잔류응력의 측정을 제외하고는 x선 회절의 대부분 사용자들은 이 위치가 적합한

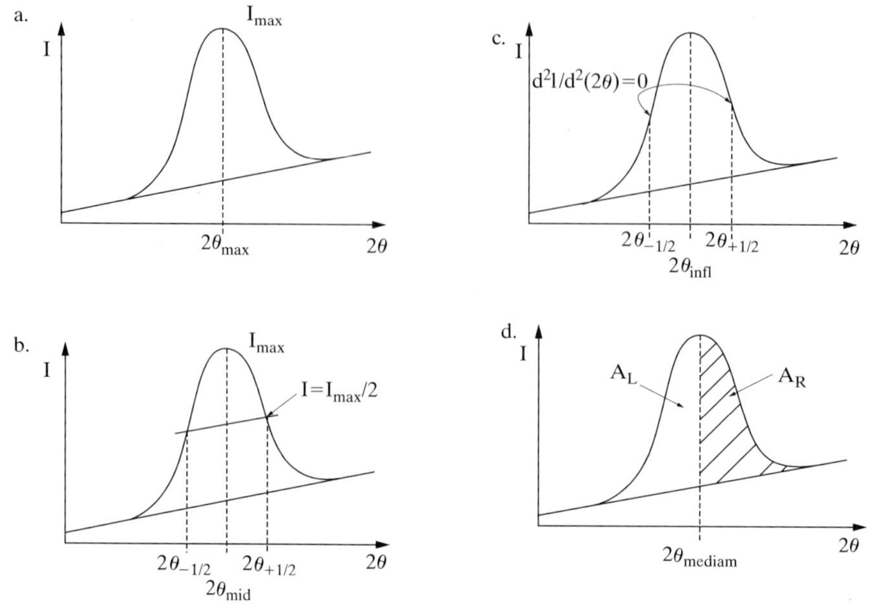

$$2\theta_{max}=d[I_{top}(2\theta)-I_{back}(2\theta)]/d(2\theta)$$

$$2\theta_{infl}=1/2[2\theta'_{-1/2}+2\theta'_{+1/2}]$$

$$2\theta_{mid}=1/2[2\theta_{-1/2}+2\theta_{+1/2}]$$

$$<2\theta>=\frac{\int 2\theta\cdot I(2\theta)\cdot d(2\theta)}{\int I(2\theta)\cdot d(2\theta)}$$

그림 6-35 피크 위치를 결정하는 여러 가지 방법. a) 피크 최대값 $2\theta_{max}$, b) 최대강도 반의 중간점 $2\theta_{mid}$, c) 변곡점의 평균값 $2\theta_{infl}$, d) 피크 중앙값 $2\theta_{median}$과 (도표로 나타내지 않은) 피크중심 $< 2\theta >$. a)–c) 식은 그림 아래에 보인다. 모든 계산에서 $K\alpha_2$와 배경을, 이를 뚜렷이 표시한 $2\theta_{max}$를 제외하고 벗겨 낸 것으로 가정한 것에 주의하라.

것임을 알아야 한다.

또 하나의 접근방법은 피크들을 가우스, 로렌츠, 가우스-로렌츠를 결합한, 또는 그 밖의 다른 함수들로 맞추고 그 함수의 최대값을 피크 위치로 사용하는 것이다. 이 방법은 다결정질 시료에서 구조 결정과 같은 여러 응용에서 아주 유용하다는 것이 분명하였고, 이런 접근방법은 중심점법의 주요한 결점인, 선택한 배경의 수준에서 $< 2\theta >$의 감도를 최소화한다. 한 회절의 강도에서 상위 15%를 한 포물선에 맞추는 것은, 예를 들면, 잔류응력 해석에서 일상적으로 사용하는 것이며 중심점 법에 비해 더 강건하다는 것을 확실히 제시하였다[6.26]. 다음 문단에서는 포물선에 맞추는 상위 15% 법을 피크 맞추기 접근방법의 한 예로 기술한다. 포물선의 축을 피크 중앙으로 잡고(그림 6-36), 이 방법[6.27]은 거시응력 측정에서 널리 쓰인다.

y 축에 평행한 축과 (h, k)에 정점이 있는 한 포물선의 공식은

$$(x - h)^2 = p(y - k) \tag{6-16}$$

이다. 만일 $x = 2\theta$와 $y = I$이면, 이 식은 피크 근처의 회절선 모양을 나타낸다. $2\theta, I$의 여러 짝을

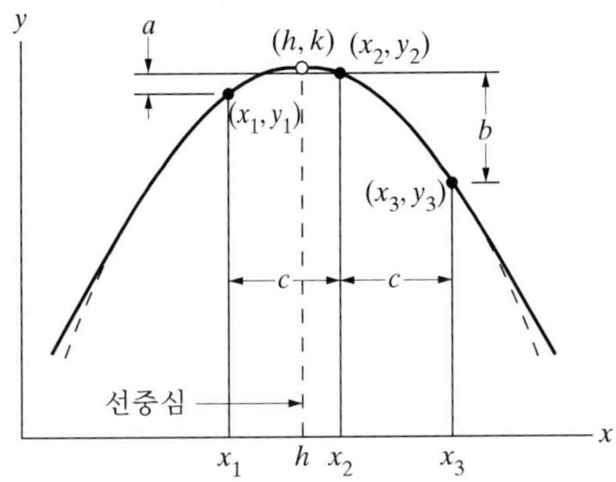

그림 6-36 포물선을 맞추는 3점법. $x = 2\theta, y = I$

식에 대입하고 최소자승법으로 h를 찾는다. 그러면 h의 값은 회절선 중앙의 2θ 위치와 같다. 피크의 어느 쪽에서든 두세 개의 점만으로도 놀랄만큼 정확하게 포물선 위치를 찾는다. 회절선들이 반가 강도에서 8° 2θ만큼 넓어도 그 위치를 이 방법으로 0.02° 이내에서 재현성 있게 결정할 수 있다.

더 간단한, 아주 많이 사용하는, 포물선 축의 위치를 찾는 방법을 Koistinen과 Marburger가 제시하였다[6.28]. 선 측면도 상에서 세 개의 점만이 측정하는 데 필요하지만 이 점들은 그림 6-36에 나타낸 것처럼 동일한 각 간격 c로 떨어져 있어야 한다. 중심의 점은 최대값 근처에 있어야 하고 다른 두 점은 강도가 최대값의 약 85% 정도이어야 한다. 일단 강도차 $a = y_2 - y_1$과 $b = y_2 - y_3$를 찾으면, 선의 중심은

$$h = x_1 + \frac{c}{2}\left(\frac{3a + b}{a + b}\right) \tag{6-17}$$

이다. y 좌표는 counts/sec로 강도 I이거나, 고정한 시간에 대해서 계수 n이거나 고정한 계수에서는 시간의 역인 $1/t$일 것이다.

선들이 폭이 넓은 경우에는, Koistinen과 Marburger가 지적했듯이, 선중심을 찾기 전에 강도 자료에 약간의 보정을 적용해야 한다. 한 분말무늬에서 여러 선을 상대강도를 계산하는 데 있어서, 4-9절은 강도를 좌우하는 한 인자가 Lorentz-편광(L-P)인자 $(1 + \cos^2 2\theta)/(\sin^2\theta\cos\theta)$이라는 것을 설명한다. 선폭이 넓고 고각의 영역에 있는 경우에는 이 인자는 단 한 개의 선폭에 걸쳐서, 많이 다를 수 있다. 하지만 L-P 인자는 적분강도들에 적용한다. 단 한 개의 선 내에서 특정한 2θ의 값에서 강도를 정하는 한 표현을 얻기 위해 $(1/\cos\theta)$ 항을 떼어내는데, 이 항은 수정한 L-P 인자 $(1 + \cos^2 2\theta)/\sin^2\theta$를 얻기 위한 선폭과 관계가 있다. 2θ에 따른 인자의 변화는 고각선을 중심 주위에서 비대칭적이게 만든다. 시료법선에 대한 회절면 법선의 각인 ψ가 영이 아닌 경우에, 시편에서 흡수는 유사한 한 결과를 나타내는데, 그 까닭은 흡수인자가 $(1 - \tan\psi\cot\theta)$이기 때문이다. 이

두 인자를 하나로 결합하고 이것을 *LPA* 인자로 하면,

$$LPA = (\text{수정한 L-P 인자})(\text{흡수인자})$$
$$= \left(\frac{1 + \cos^2 2\theta}{\sin^2 \theta}\right)(1 - \tan\psi \cot\theta) \tag{6-18}$$

이다. 측정강도들을 *LPA*로 나누어서, 선중심을 최소자승이나 3점법으로 결정하기 전에, 선들이 더욱 더 대칭적이도록 한다. 마지막으로 만일 시료의 형광 때문에 배경이 높다면, *LPA* 수정을 적용하기 전에 배경을 회절선을 가로질러 선형으로 가정하여 빼고 선중심을 찾으면 더 좋은 정확도가 나올 수 있다.

문제

6-1 폭이 0.5 인치인 직사각형 판 상의 분말 시료를 반경이 5.73 인치인 회절기 원의 면에서 측정한다. 만일 모든 각에서 입사빔이 시편을 완전히 적시고 측정을 $2\theta = 10°$ 정도 낮은 각에서 해야 한다면, 입사빔이 가질 수 있는 최대발산각(회절기 원의 면에서 측정한)은 얼마인가?

***6-2** 기후도 잘 안정화한 관에서 나오는 x선의 측정강도의 장기적인 안정성에 영향을 줄 수 있는데, 왜냐하면 기압이나 습도는 공기의 x선 흡수를 다르게 하기 때문이다. 흔치 않은 일은 아니지만, 12시간 동안 기압이 3% 떨어져서 생기는 Cr $K\alpha$의 측정강도에서 변화는 몇 퍼센트인가? (공기중에서 x선의 경로길이는 27 cm이고 Cr $K\alpha$의 공기의 $\mu = 3.48 \times 10^{-2}\,\text{cm}^{-1}$로 가정한다.)

6-3 Cu $K\alpha$ 방사선이 제논으로 채운 비례 계수기에 입사한다. 이탈피크에서 평균 펄스 크기를 정상피크의 펄스 크기에 대한 비로 계산하라. 답을 그림 6.25(b)와 비교하라.

***6-4** 만일 카운트 N_P가 30,000을 회절선 피크에서 얻고 같은 시간에 그 선의 부근 배경에서 카운트 N_B가 10,000을 얻는다면, (a) N_P와 (b) $(N_P - N_B)$에서 확률오차의 퍼센트를 계산하라.

6-5 다결정 백금의 회절무늬를 $\theta = 10.7°$에서 에너지분산 회절기로 얻는다. 220선이 나타날 에너지를 (keV로) 계산하고 답을 그림 6.26(b)와 비교하라.

***6-6** a) Cu $K\alpha$ 외 모든 파장에서 코발트 필터와 니켈 필터가 평형이 될 때 이 두 필터의 유효두께의 비를 계산하라. (약 0.5 Å에서 약 2 Å에 이르는 파장 범위에 적용할 수 있는 평균값을 구하라.)

b) 두 필터가 평형일 때, 니켈 필터를 통과한 Cu $K\alpha$ 방사선의 강도를 코발트 필터

를 통과한 강도에 대한 비로 계산하라. 각 필터에서 입사강도는 같다고 가정한다. 니켈 필터의 유효두께는 0.00035 인치이다.

제 7 장 분말 사진

7-1 서언

회절빔을 기록하기 위해서 시편과 사진필름을 지지하도록 고안한 어떤 기기라도 x선 **카메라**라고 부르지만, 대부분 그러한 카메라는 가시광으로 사진에 사용하는 카메라와는 전혀 닮지 않는다. 많은 경우에서 사진필름이 영상저장 판이나 전자적 면적 검출기로 바뀌고 있지만, 그 장치를 여전히 카메라라고 부르고 그 방법들은 여전히 집합적으로 사진법이라고 알려져 있다.

세 개의 주요 사진 분말법이 쓰이고, 이것들은 시편과 사진의 상대적 위치에서 서로 다르다:

1. **Hull/Debye-Scherrer 법.** 필름은 원통의 표면 위에 놓이고 시편은 원통의 축 위에 놓인다.
2. **집속법.** 필름, 시편, x선 광원은 모두 원통 표면 위에 놓인다.
3. **핀홀법.** 필름은 편평하고, 입사빔에 수직하며 시편에서 편리한 어떤 거리에 놓인다.

세 가지 모든 방법에서 회절빔은 입사빔이나 그 연장을 따라 축이 있는 회절원추의 표면에 놓인다. 각각의 회절선의 원추는 특정한 *hkl*에서 나온 회절빔이 구성한다. Hull/ Debye-Scherrer와 집속법들에서는 단지 가는 띠의 필름만 쓰이고 기록한 회절무늬는 선이라 부르는 짧은 호로 되어 있는데, 방사선의 원추들이 필름과 교차하여 만든 것이다. 핀홀법에서 원추 전체는 필름과 교차하여 원형의 회절환을 형성한다.

여러 가지의 분말 카메라는 많은 점에서 회절기와 보완적이다(6장). 회절기는 회절선의 위치와 강도를 동시에 빠르게 측정할 수 있는 장점이 있다. 카메라는 회절기에 비해 값이 저렴하지만, 사진법은 일반적으로 느리며 폴라로이드 필름과 평판형 카메라용의 영상판, 특별히 제작한 휜 영상판 시스템을 제외하고는(예로서, [7.1]) 선강도의 측정에서 추가적인 조작을 요구한다. 하지만, 정확한 선강도는 결코 많은 조사에서 필요치 않고, 적어도 세 가지 환경에서는 분말 카메라는 회절기에 비해 명백하게 우수하다:

1. 오직 아주 작은 양의 시편만 사용할 수 있을 때. (시편무게가 1 밀리그램 이하이면 분말 카메라에서 성공적으로 조사할 수 있다. 회절기는 보통 시편을 1그램의 반 이상 요구한다.)
2. 입도나 우선방위를 빠르게 평가하는 경우처럼 회절환 전체를 기록해야 할 때.
3. 시편이 너무 크거나 무겁거나 움직일 수 없어서 회절 기록장치를 그 반대로 하기보다 시편에 가져가야만 할 때.

분말 사진법은 Klug와 Alexander[G.17]가 실용적으로 아주 상세하게 기술하였다.

7-2 HULL/DEBYE-SCHERRER 법

한 전형적인 Hull/Debye-Scherrer 카메라가 그림 7-1에 보인다. 이 카메라는 기본적으로 원통형 방에 광 차단 두껑이 있고, 입사빔을 수용하고 윤곽을 한정하는 조준기, 투과빔을 제한하고 가로막는 빔 차단기, 필름을 카메라 내의 원주에 밀착하여 지지하는 기구들, 회전할 수 있는 시편 지지대로 되어 있다. 조준기는 노광하는 시료의 면적을 한정하기 위해서 뿐만 아니라 가능한 거의 평행한 x선인 빔을 만들기 위해서도 중요하다.

카메라 직경은 약 5에서 약 20 cm까지 여러 가지이다. 직경이 클수록 필름 상에서 회절선들의 특정한 쌍의 분해나 간격은 더 커진다. 분광학에서는 분해능은 파장이 아주 가까운 방사선의 두 성분 사이를 구별할 수 있는 능력이고 $\lambda/\Delta\lambda$로 나타내며, 여기서 $\Delta\lambda$는 두 파장 사이의 차이이고 λ는 중간값이다. 결정구조 해석에서 분해능은 회절선들을 면간거리가 거의 같은 면들의 무리에서 분리하거나 $d/\Delta d$의 값으로 분리하는 능력이다.[1)] 그러므로 S가 필름 상에서 측정한 특정한 한 회절선에서 투과빔이 필름을 때린 점까지의 거리라고 하면(그림 7-2),

$$S = 2\theta R$$

1) 분해능은 흔히 $\Delta\lambda/\lambda$ 양으로 정의하는데, 이 양은 위에 준 것의 역수이다. 하지만 거의 같은 두 파장을 분해하는 능력은 분리해야 할 두 파장 사이의 차이인 $\Delta\lambda$가 감소하면 대수적으로 증가하는 양이다. 이것은 책에서 준 그 정의의 이유이다. 같은 논의를 면간거리 d에도 적용한다.

그림 7-1 Hull/Debye−Scherrer 카메라. 뚜껑 판은 제거하였다. (Philips Electronic Instruments, Inc.의 호의)

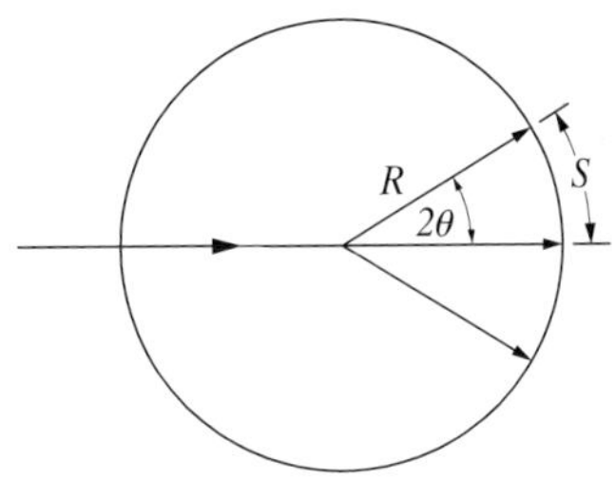

그림 7-2 Hull/Debye−Scherrer 법의 기하. 필름과 한 회절원추의 단면

이고,

$$\Delta S = R\Delta 2\theta \tag{7-1}$$

이고, 여기서 R은 카메라의 반경이다. 거리가 거의 같은 면들의 두 개의 조는 어떤 작은 각인 $\Delta 2\theta$로 분리한 두 개의 회절빔을 생기게 할 것이다. 식 (7-1)은 가정한 한 $\Delta 2\theta$의 값에 대해 ΔS, 즉 필름 상에서 선들의 간격은 R에 따라 증가한다는 것을 보여준다. 분해능은 Bragg 법칙을 미분하여 구할 수 있다:

$$\lambda = 2d \sin\theta$$

$$\frac{d\theta}{dd} = \frac{-1}{d}\tan\theta \tag{7-2}$$

그러나

$$d\theta = \frac{dS}{2R}$$

이다. 그러므로

$$\frac{dS}{dd} = \frac{-2R}{d} \tan\theta$$

$$\text{분해능} = \frac{d}{\Delta d} = \frac{-2R}{\Delta S} \tan\theta \qquad (7\text{-}3)$$

이고, 여기서 d는 면들의 두 개의 조에 대한 평균거리이고, Δd는 그 거리에서 차이이며 ΔS는 필름 상에서 바로 분리한 것처럼 보이는 두 회절선의 간격이다. 식 (7-3)은 분해능이 카메라 크기에 따라 증가하는 것을 보여준다. 하지만 이렇게 증가한 분해능은 노출시간의 증가란 비용을 치르고 얻을 수 있으며 보통 매우 복잡한 무늬 대부분에서는 더 작은 카메라가 바람직하다. 5.73 cm의 카메라 직경이 흔히 쓰이며 대부분 작업에 적합한 것으로 알려져 있다. 이 특정한 직경은 1 라디안에 해당하는 각도의 수의 1/10과 같아서, 계산을 쉽게 하는데, θ(각도에서)는 S(cm에서)에 10을 곱하여 간단하게 얻는다. 그리고 식 (7-3)은 한 카메라의 분해능이 tan θ에 직접적으로 비례하므로 θ에 따라 증가한다는 것을 보여준다.

카메라 직경의 증가로 필요한 노출시간의 증가는 시료에서 거리의 증가로 회절빔의 강도에서 생긴 감소뿐만 아니라 입사와 회절빔 둘 다 카메라에서 공기 때문에 생긴 부분적인 흡수에도 기인한다. 예를 들면, 문제 1-8과 그림 7-3의 곡선들은 직경 19 cm(보통 사용하는 데서 가장 큰)의 카메라에서 강도의 감소는 약 Cu $K\alpha$에 대해서 약 18%이며 Cr $K\alpha$에 대해서 약 48%인 것을 보여준다. 강도에서 이런 감소는 노출하는 동안 카메라를 진공으로 하거나 수소나 헬륨과 같은 가벼운 가스로 채워주면 피할 수 있다.

입사빔을 조준하는 핀홀계의 올바른 설계는, 특히 약한 회절빔을 꼭 기록해야만 할 때는 중요

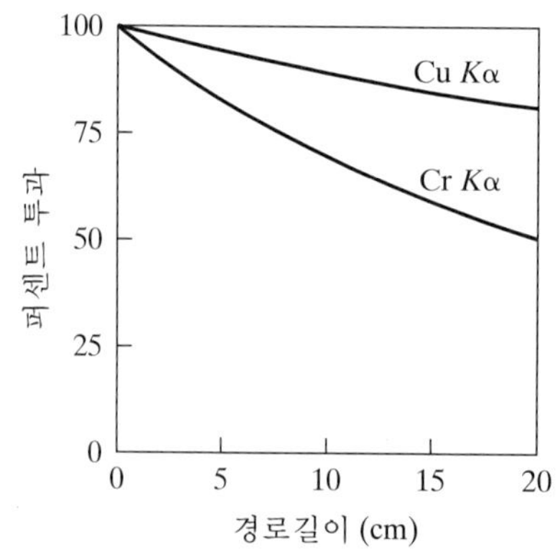

그림 7-3 공기가 하는 Cu $K\alpha$와 Cr $K\alpha$ 방사선의 흡수

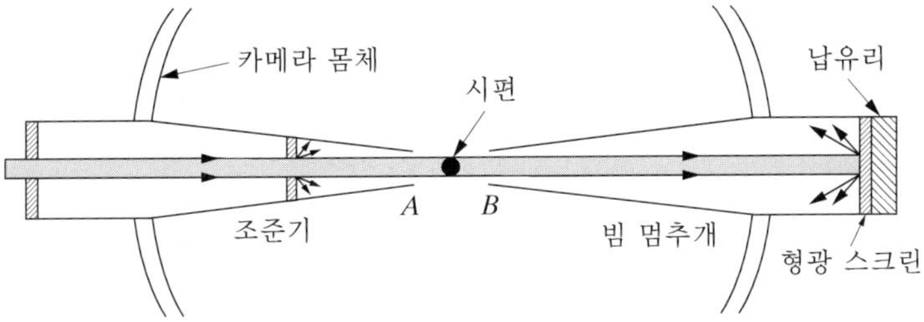

그림 7-4 조준기와 빔 멈추개의 설계(개략도)

하다. 출구 핀홀은 모든 방향으로 x선들을 산란하고 이 산란한 선들은 필름을 치는 것을 막지 못하면 배경의 강도를 심하게 증가시킬 수 있다. 한 '방호한 핀홀' 조립품은 실질적으로 이런 영향을 제거하며, 입사빔에서 발산과 수렴선들은 무시하고 단지 평행한 성분만을 보인 그림 7-4에 나와 있다. 조준기 관은 출구 핀홀을 넘어서 상당한 거리까지 연장하면서 줄여서 그 끝 *A*가 중심빔(main beam)에 충분히 가깝게 하여 출구 핀홀에서 산란하는 방사선을 아주 좁은 각범위로 한정하는데, 중심빔에 접촉하여 그 자체가 추가 산란의 원인이 되지 않을 만큼은 가깝게 하지 않도록 한다. 빔 차단기는 일반적으로 형광 스크린 뒤에 놓은 납유리의 두꺼운 조각이고, 이 조합은 x선관의 전면에서 카메라를 조정할 때 투과빔을 안전하게 보게 한다. 차단기에서 배면산란은 빔 차단기 관을 뒤로 연장하여 그 끝을 줄여 주면 최소화할 수 있다. 조준기와 빔 차단기 관을 가능한 시편에 가깝게 연장하는 또 다른 이유는 초기빔에서 공기가 산란하는 선들이 필름에 도달하는 범위를 최소화하기 위한 것이다. 관들 둘 다 가능한 소각과 고각 회절빔들과 간섭이 적게 하도록 끝을 가늘게 한다.

일부의 카메라에는 빔의 윤곽을 한정하기 위해서 핀홀보다는 사각형 슬릿이 있는데, 슬릿의 긴 변은 시편의 축에 평행하다. 핀홀 대신에 슬릿을 사용하는 것은 시편의 노광부피를 증가하여 노출시간을 줄이는 것이지만, 광원에 대해서 카메라를 더욱 더 정확하게 위치하게 하는 것이 필요하며 필름의 중앙선을 따라서 예리한 선들을 생기게 한다. 조준기에 관한 추가적인 논의는 8-4절에서 나온다.

7-3 시편 준비

금속과 합금은 줄질로나 충분히 부서지기 쉬우면 작은 마노유발에서 분쇄하여 분말로 만들 수 있다. 어느 경우에서나 분말은 가능한 미립으로 줄질하거나 분쇄하는데, 더 바람직하게는 매끄럽게 연속적인 회절선들이 생기도록 325 mesh 체를 통과해야 한다. 체질한 분말은 일반적으로 진공 상태의 유리나 석영관에서 어닐링하여 줄질이나 분쇄로 생긴 변형을 완화한다. 변형은 취성이 아주 높은 고체들(대부분 광물과 세라믹)에서는 아주 작아서 어닐링을 생략할 수 있다.

2상 합금을 체질하는 데 특별한 주의가 필요하다. 만일 대표할 시료로서 작은 양을 x선 분석을 위해서 주괴(ingot)에서 채취하였다면, 그 시료 전체는 분쇄하거나 줄질하여 체를 통과시켜야 한다. 통상적인 분쇄방법은 x선 시료에 충분한 양이 체를 통과할 때까지 한다. 과대 크기의 것들을 버리면 아주 잘못된 결과가 생긴다. 합금의 한 상은 일반적으로 다른 상보다 부스러지기 쉬우며 그 상은 더욱 쉽게 부스러져 미립질의 결정립들이 된다. 분쇄나 체질을 어느 시점에서 중단한다면 체에 남는 재료는 원래 시료에 비해 더욱더 부스러지기 쉬운 상을 적게 포함하는 반면 과소 크기의 것들을 더 많이 포함할 것이고, 따라서 어느 시료도 대표적이지 못할 것이다.

Hull/Debye−Scherrer 카메라용의 최종 시편은 직경은 0.5 mm 이하이고 길이는 약 1cm인 얇은 봉의 형태이어야 한다. 그러한 시편을 준비하는 데 여러 가지 방식이 있고, 가장 간단한 것 중 하나는 유리 섬유의 표면에 소량의 접착제나 바셀린을 발라서 그 위에 분말을 묻히는 것이다. 다른 방법들은 x선 흡수가 약한 셀로판이나 붕산 리튬 유리와 같은 물질로 만든 얇은 벽으로 된 모세관에 분말을 충진하거나 분말과 접착제의 혼합물을 작은 구멍으로 압출하는 것이다. 다결정질 선들이나 고분자 섬유들은 그대로 쓰일 수 있지만, 일반적으로 다소 우선방위를 보여주기 때문에, 그 결과로 얻은 회절무늬를 그 사실을 염두에 두고 해석해야만 한다(14장). 흡수가 강한 물질은 분리한 저각선들을 생기게 할 수 있다(4-10절을 보라). 만일 이런 결과는 문제가 된다면 문제의 물질을 약간의 흡수가 적은 물질로 희석하여서 복합 시편의 흡수계수가 낮게 하면 사라질 수 있다. 밀가루나 옥수수 전분은 이런 용도로 쓰여 왔다. 선택한 희석제가 그 자체의 어떠한 강한 회절선들을 생기게 해서는 안 되며 이 물질을 지나치게 많이 사용해서도 안 되는데 그렇지 않으면 조사할 물질의 선들이 반점 투성이가 될 것이다. 이것들과 시편 준비에 관련한 그 밖의 상세한 내용은 다른 문헌에서 나와 있다[G.28].

시편 봉을 준비한 후 지지대에 장착하여 시편 지지대를 회전할 때 봉이 정확하게 카메라의 회전축을 따라 놓일 수 있게 한다. 이런 조정을 빔 차단기 관의 자리에 임시적으로 카메라 내로 삽입한 초점이 짧은 렌즈나 저배율의 현미경을 통해 시편을 보면서 한다. 그런 다음 시편 지지대를 조정하여 시편이 지지대가 회전할 때 세차운동을 하지 않게끔 한다. 노출하면서 시편을 회전하는 것은 늘 하는 것이지만 분말법에서 본질적인 부분은 아니다. 이렇게 하는 유일한 목적은 회절하는 위치에서 분말 결정립의 수를 증가하여 반점 투성이가 아닌 연속의 회절선들을 만들게 하는 것이다.

7-4 필름과 그 밖의 다른 검출 매체

형광 스크린

형광 스크린은 등받이 판지 위에 붙인, 미량의 니켈을 함유하는 황화 아연의 얇은 층으로 만든 것이다. x선과 작용하여 이 화합물은 가시 영역에서 형광, 즉 가시광을 내는데, 이 경우에 노란 빛을 방출한다. 비록 대부분의 회절빔은 너무 약해 이 방법으로 검출할 수 없지만 형광판은 회절 작업에서 기기를 조정할 때 초기빔의 위치를 정하는 데 널리 쓰이고 있다. 카메라에서 이러한 스크린은 사진용 감광유제를 위한 강화용으로 자주 쓰인다.

사진필름

사진필름은 가시광에서와 똑같이 x선으로 영향을 받는다. 하지만 보통 필름 상의 감광유제는 너무 얇아서 입사 x선을 대부분 흡수할 수 없으며 단지 흡수한 x선만 필름을 흑화하는 데 효과적이다. 따라서 x선 필름을 전체 흡수를 높이기 위해서는 양쪽 면에 다소 두꺼운 감광유제 층으로 만든다. (전체 감광유제 두께를 두 개의 층으로 나누는 것은 필름현상 용액을 더 쉽게 침투하게 한다.) 입도는 동일한 목적으로 크게 한다: 이것은 x선 필름이 표면이 까칠까칠해서, 세밀한 내용을 분리하지 못하고 사진 확대를 크게 못하는 불리한 결과를 낳는다.

어떠한 물질의 질량흡수계수도 파장에 따라 다르기 때문에 필름감도, 즉 동일한 강도의 x선 빔으로 생긴 흑화량은 그 파장에 의존한다. 이런 사실을 백색 방사선을 사진으로 기록할 때는 언제나 염두에 두어야만 한다. 한 예로 이런 감도 변화는 연속스펙트럼의 유효 형태를 다르게 한다. 그림 7.5(a)는 연속스펙트럼의 강도를 파장의 한 함수로 보여주며, (b)는 필름감도에서 변화로 보여준다. 이러한 후자의 곡선은 감광유제의 활성 성분인 브롬화 은의 질량흡수계수를 단지 나타낸 것에 불과하며, 눈에 띄는 것으로 은과 브롬의 *K* 흡수단에서 불연속들이 있다. (부수적으로 그 밖의 다른 요인들이 같다면 몰리브덴의 *K* 방사선에 비해 구리에서 온 *K* 방사선에 필름이 얼마나 더 민감한 지 주목한다.) 그림 7.5의 곡선 (c)는 최종 결과, 즉 연속스펙트럼의 여러 가지 파장 성분들로 생긴 필름 흑화량이나 연속스펙트럼의 '유효사진 강도'라고 부를 수 있는 것을 보여준다. 하지만 이 곡선들은 단지 근사에 불과하고 실제로 사진으로 파장이 상이한 두 개 빔의 상대적인 강도를 측정하는 것은 거의 불가능하다. 다른 한편으로 동일한 파장의 빔들의 상대강도들을 정확하게 사진방법으로 측정할 수 있고 그러한 측정을 7-16절에서 기술한다.

일부 종류의 회절장치는 Polaroid Land의 사진촬영의 급속 현상 시스템을 수용하였다. 강화 스크린(8-2절)은 폴라로이드 필름을 뒷대어 x선을 가시광으로 바꾸어 필름을 검게 한다. x선 노출은 x선 필름이 요구하는 노출의 십분의 일이고 완성한 인화는 x선 노출 후 약 10초 정도이면 나온다.

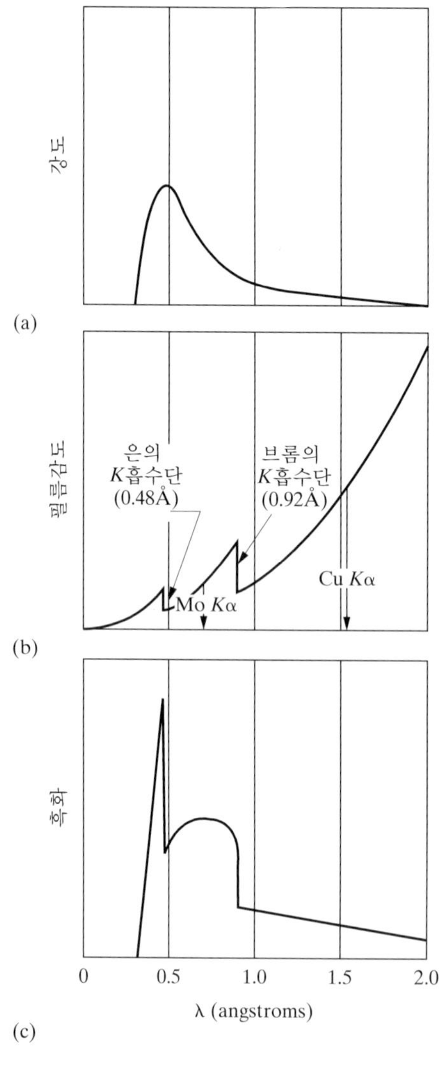

그림 7-5 필름감도와 연속스펙트럼의 유효 형태 사이의 관계(개략도): (a) 40 kV에서 텡스텐 타깃의 연속스펙트럼, (b) 필름감도, (c) (a)에서 보인 스펙트럼의 흑화곡선

영상판

원래 의학의 방사선학을 위해 개발한 영상판은 구부러지는 플라스틱 등받이 위에 두껍게 발라진 x선에 민감한 형광체(전형적으로 150 μm의 BaFBr:Eu^{2+} 혹은 더욱 최근에는 BaF(Br, I):Eu^{2+})로 되어 있다. x선은 5 μm 직경의 형광체 입자들에 입사하여 몇 분의 일의 Eu^{2+} 이온들을 Eu^{3+}로 이온화하고 유리한 전자들을 F-센터에 가둔다.[2] 노출된 판을 비파괴적으로 읽는 동안, 가시광의 조

2) F 중심은 점결함이며 색 중심으로도 부른다: 예를 들어, NaCl의 Cl 부격자에서 하나의 결함이 F 중심의 한 유형이며 전자를 붙들 수 있고 빛 광자를 흡수할 수 있다.

명(전형적으로 직경이 아주 작고 파장이 632.8 mm인 He-Ne 레이저 빔)은 잡힌 전자들을 전도대로 방출한다. 전자들은 그러면 Eu^{3+}이온과 재결합하여 Eu^{2+}로 바꾸고 그 전이에 특성적인, 즉 파장이 398 mm인 광을 생기게 한다. 이 광자극으로 생긴 방사 파장은 자극 광의 것과는 너무 달라서 종래의 광 증폭관을 사용하여 크기가 25 μm × 25 μm로 작은 화소들(pixels)에서 나온 방사 광을 수집할 수 없다. 어떠한 잔상도 영상판을 많은 선량의 가시광에 노출하면 간단히 사라진다. 이러한 재사용 가능한 x선 '필름'은 동적 범위가 다섯 차수의 크기이며, 이것은 6장에서 논의한 대로 전자적 검출기와 비견할 만하다. 영상판은 x선 필름에 비해 매우 빠른데, 전형적으로 Polaroid형 57 필름에 비해 35배나 빠르고 Kodak SR-5 x선 필름에 비해 500배나 빠르며[7.2] 효율이 아주 높다(그림 6-15를 보라). 더 많은 정보를 다른 문헌에서 찾을 수 있다[7.3, 7.4].

7-5 필름 넣기

Hull/Debye–Scherrer용 필름은 가는 띠에 구멍이 한 개나 두 개 있다. 보통 Hull/Debye–Scherrer용 x선 필름은 정확한 폭의 두루마리로 오며 구멍이 뚫리고 적당한 길이로 잘려야 한다.

그림 7-6은 필름 띠를 배열하는 세 가지의 방법을 나타낸다. 우측에 있는 작은 스케치는 입사빔에 대해 장전한 필름을 보여주는 반면 편평하게 펼친 필름은 왼쪽에 보였다. (a)에서 구멍 하나는 필름의 중앙에 뚫려서 필름을 빔 차단기에 끼우게 한다. 따라서 투과빔은 필름의 구멍을 지나서 나간다. 회절무늬는 그 중앙에 대하여 대칭이고 특정 반사의 θ 값을 방사선의 동일한 원추가 형성한 두 개의 회절선 사이의 거리인 U를 측정하고,

$$4\theta R = U \tag{7-4}$$

의 관계를 사용하여 얻는다.

사진필름은 현상하고 건조하는 동안 약간 수축하고 이 수축은 카메라 반경을 실제로 변하게 한다. 필름-수축 오차는 필름의 양 끝을 금속 칼날(knife-edge) 아래 끼워 넣어서 최소화하는데, 이 날은 필름 양 끝 부근에 예리한 그림자를 던진다. 이런 식으로 표준거리를 필름에 각인하면 이 거리는 측정할 한 쌍의 회절선 사이의 거리와 같은 비율로 수축할 수 있다. 카메라의 칼날의 각 거리 $4\theta_K$를 안다면, 직접 측정하거나 격자상수를 알고 있는 물질로 검정하거나 어느 하나로, 특정한 반사에 대한 θ의 값을 다음과 같이 간단한 비율로 구할 수 있다:

$$\frac{\theta}{\theta_K} = \frac{U}{U_K} \tag{7-5}$$

여기서 U_K는 필름 상에서 칼날 그림자의 떨어진 거리이다.

그림 7-6(b)는 이전 방법과는 정반대인 필름을 넣는 방법을 보여준다. 여기서 입사빔은 필름의

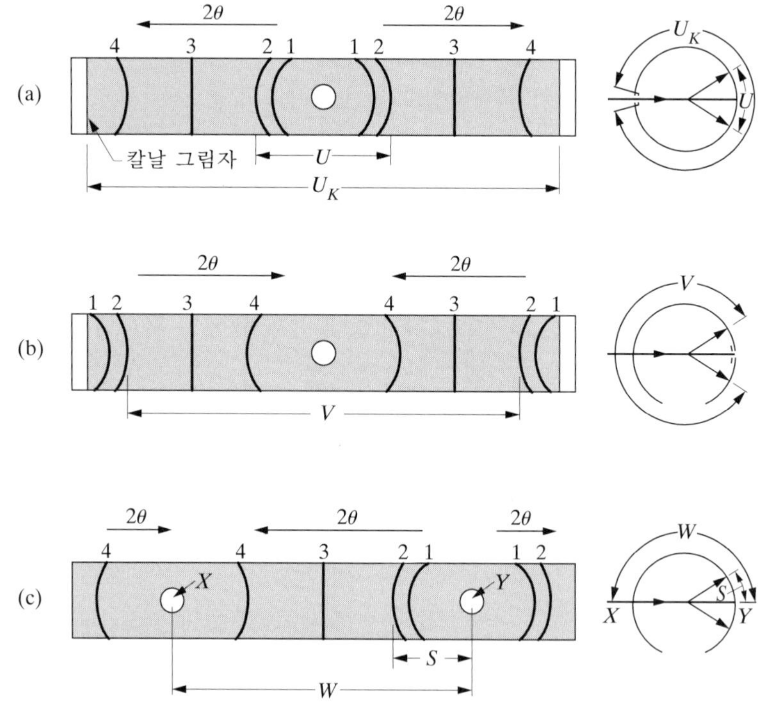

그림 7-6 Hull/Debye–Scherrer 카메라에서 필름 장전 방법. 대응하는 선은 모든 필름에서 같은 개수를 가진다.

구멍을 통과하여 들어가고, θ의 관계는

$$(2\pi - 4\theta)R = V \tag{7-6}$$

이다. 이 경우에도 칼날들은 필름-수축 보정을 위한 기초로서 쓰일 수 있다.

필름 장전의 비대칭 혹은 Straumanis 법이 그림 7-6(c)와 그림 3-18에 보인다. 두 개의 구멍이 필름에 나 있어서 입구 조준기와 빔 차단기에 모두 필름을 끼워 넣게 한다. 입사빔이 필름 원에 들어간 자리와 투과빔이 떠난 자리를 필름 상에서 측정하여 결정하는 것이 가능하기 때문에 필름-수축 보정을 위해서 칼날이 필요하지 않다. 입사빔이 들어가는 점 $X(2u = 180°)$는 선 4, 4의 측정 위치 사이의 중간에 있다. 비슷하게, 투과빔이 떠나는 점 $Y(2\theta = 0°)$는 선 1, 1 사이의 중간에 있다. X와 Y 위치 사이의 차이는 W를 주며 θ를 아래 비율로 찾는다:

$$\frac{2\theta}{\pi} = \frac{S}{W} \tag{7-7}$$

그러므로 비대칭 장전은 카메라의 검정이나 카메라의 어떤 제원도 알 필요가 없이 필름-수축 보정을 제공한다. 이 방법이 가장 잘 사용하는 필름 배열이다.

그림 7-6에서 회절선들의 모양을 주목해야 한다. 저각선들은 작은 한 정각(apex angle)이 4θ인

방사선 원추가 형성하기 때문에 강하게 휜다. 고각선들도 당연히 반대 방향으로 휘는데, 원인은 같다. 4θ가 180°에 거의 가까운 선들은 실질적으로 직선이다. 이런 선 모양에서 θ에 따른 변화를 그림 3-19에 나온 분말 사진에서도 볼 수 있다.

7-6 특별한 상태들을 위한 카메라

여러 가지 유형의 특수 카메라를 특별한 온도나 압력 상태에 있는 시편의 회절무늬를 얻기 위해서 고안하였다. 이 카메라는 Hull/Debye–Scherrer나 평판형이고 일반적으로 자체 제작한 것으로 설계는 실험실마다 다르다.

고온 카메라

재료 연구에서는 고온에서만 안정한 상의 구조를 결정해야 하는 일이 종종 필요하다. 많은 경우에 이런 일은 시편을 고온 상이 분해하는 것을 억제할 수 있을 만큼 빠르게 급냉한 다음 상온에서 보통 카메라로 조사하면 끝난다. 다른 경우에는 상온에서 안정한 상으로 변태를 억제할 수 없는데, 고온 카메라는 문제의 상이 안정한 온도에서 시편을 조사하기 위해서 필요하다. 그러한 카메라는 격자상수를 온도의 함수로 측정하여 열팽창계수를 결정하는 데도 쓰인다.

고온 카메라는 모두 조그만, 일반적으로 전기 저항형인 로가 시편을 가열하는 데 필요하고 열전대는 이 로의 온도를 측정하는 데 필요하다. 설계상 주요 문제는 카메라 직경을 너무 크게 하지 않으면서 필름을 차게 유지하는 것이다. 이런 설계는 카메라 몸체를 수냉하고/하거나 로와 필름 사이 방사선 방호물을 주의깊게 설치할 것을 요구하는데, 그 방호물이 회절빔을 방해하지 않도록 한다. 시편을 둘러싸는 로는 입사빔과 회절빔이 통과할 수 있도록 일종의 가늘고 긴 구멍을 제공해야만 한다. 만일 시편이 고온에서 산화할 수 있다면 카메라를 진공으로 만들거나 불활성 기체로 채우는 수단을 갖추어야만 한다. 그렇지 않으면 분체 시편을 진공 상태의 얇은 두께의 실리카 관으로 밀봉할 수 있다. 고온 카메라에서 로의 크기는 작기 때문에 로에서 온도구배는 일반적으로 가파르고 열전대가 기록한 온도가 시편 자체의 실제 온도인 것을 보장하기 위해 특별히 주의해야 한다. 여태 도달한 시편 온도는 3000℃나 된다. 어떠한 반사강도도 온도가 증가하면 감소하므로 고온 회절무늬를 위해 필요한 노출시간은 보통 좀 길다.

저온 카메라

이 카메라는 일반적으로 약 −150℃ 아래인 시편 온도용으로 고안한 것이다. 더 낮은 온도에서 회절 연구는 회절기로 하면 더 쉽다.

가장 간단한 냉각방법은 액상 공기와 같은 냉각제를 얇은 물줄기로 x선에 노출 동안 시편 위에 죽 흐르게 하는 것이다. 냉각제의 회절무늬를 기록할 수도 있지만 결정질 고체의 것과 쉽게 구별할 수 있는데, 왜냐하면 액체의 전형적인 무늬는 고체의 예리한 회절선과 비교하여 확산적인 최대가 단지 하나나 둘이기 때문이다. 하지만 액상의 산란은 사진의 배경 흑화를 증가한다.

더 나은 방법은 냉각 기체의 줄기로 시편을 냉각하는 것이다. 예를 들어, 액체 질소는 77 K(5 −196℃)에서 끓으며 약 −150℃에서 시편에 질소 기체를 생기게 할 수 있다. 기체는 액상 냉각제에 비해 훨씬 더 낮은 배경산란을 만든다.

고압 카메라

많은 물질은 고압에서 결정구조가 아주 다르다. 일반적으로 이 구조는 압력 하에서만 존재하고 이런 연구에는 반드시 고압 카메라가 필요하다. 최대압력은 그러한 카메라에서 500 kilobar 정도이다(1 bar = 10^5 MPa^2 = 14.5 lb/in^2 ≈ 1 atmosphere). 카메라 설계는 시편에 커다란 힘을 가하며 동시에 x선 빔이 거기를 들어가고 나가는 까다로운 문제를 포함한다. 여태 도달한 정수 압력은 기체 압력 하에서 작동하는 카메라에서 약 5 kbar 정도이다. 더 높은 압력은 시편을 앤빌(anvil) 사이에 놓고 일축 방향으로나 사면체 방향으로(입방 기호에서 {111} 결정형의 방향을 따라) 압축하면 생긴다.

7-7 SEEMANN-BOHLIN 카메라

Bragg−Bretano($\theta-2\theta$)와 Seemann−Bohlin 회절기(6-3절)에서 사용하는 기하학적인 집중은 그림 7-7에 보인 Seemann−Bohlin 카메라에서 크게 쓰였다. 실제 광원은 x선 관의 타깃 T 상의 확장한 초점이므로, 초점슬릿 S는 x선의 가상 선 광원으로 작용한다. 타깃에서 나온 수렴선들만 이 슬릿에 들어갈 수 있으며 이 슬릿을 통과한 후 시편 AB로 발산한다. 특정한 한 hkl 반사에 대해 각각의 선은 같은 각 2θ로 회절하고, 그 결과로 시편의 여러 가지 부위에서 나온 회절선들은 모두 초점 F로 수렴한다. 어느 분말법과 같이 회절빔은 축이 입사빔과 일치하는 원추의 표면에 놓인다. 이 경우에 다수의 입사빔은 각각의 반사에 기여하고 하나의 회절선은 필름과 다수의 원추와의 교차로 생겨난다.

필름 긴 띠의 양끝은 칼날 M과 N으로 덮여져 있으며, 필름에 기준 음영을 드리운다. 임의의 회절선의 θ 값을 필름 상에서 선에서 저각 칼날 N의 음영까지 거리 U에서, 관계

$$4\theta R = U + \text{arc}\, SABN \tag{7-8}$$

를 사용하여 찾을 수 있다.

실제로 θ는 식 (7-8)을 사용하기보다 격자상수를 아는 한 내부 표준, 가령 NaCl로 카메라를 검

정하여 찾는다. 식 (7-8)을 미분하면

$$d\theta = \frac{dU}{4R} \tag{7-9}$$

이다. 이 관계는 식 (7-2)와 결합하여

$$\frac{dU}{dd} = -\frac{4R}{d}\tan\theta$$

$$\text{분해능} = \frac{d}{\Delta d} = -\frac{4R}{\Delta U}\tan\theta \tag{7-10}$$

을 준다. 분해능이나 거리가 거의 동일한 면에서 회절선을 분리하는 능력은 반경이 같은 Hull/Debye–Scherrer 카메라의 2배이다. 덧붙여, 노출시간은 훨씬 더 짧은데, 그 까닭은 사용하는 시편이 훨씬 더 크고(그림 7-7의 호 *AB*는 1 cm 정도이다) 재료의 꽤 많은 부피에서 나온 회절선들이 모두 한 초점으로 가기 때문이다. Seemann–Bohlin 카메라는 무늬들이 단상 때문이든지 합금계에서 생기는 것과 같이 상들의 혼합 때문이든지 간에 복잡한 회절무늬를 연구하는 데 유용하다.

단점인 측면에서, Seemann–Bohlin 카메라는 필름 상에 기록한 선들이 특히 저각 부분에서 단지 제한한 2θ 값만 포함하는 불리한 점을 가진다. Seemann–Bohlin 카메라는 그 자체로 단색화 장치와 조합한 것을 제외하고는 사실상 이제는 쓰이지 않는다(회절기는 분해능이 더 좋다). 그런 조합을 Guinier 카메라라고 부른다(7-14절).

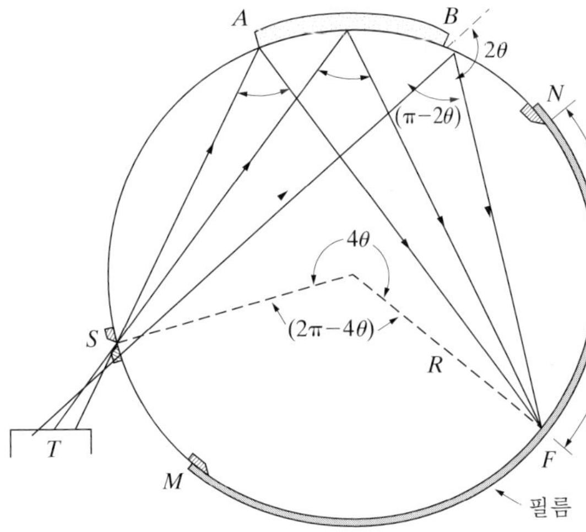

그림 7-7 Seeman–Bohlin 집중 카메라. 단 하나의 *hkl* 반사만 있다.

7-8 배면 반사 집중 카메라

가장 정밀한 격자상수의 측정은 13장에서 자세히 논의한 것과 같이 배면 반사 영역에서 가능하다. 그러한 측정에 가장 적합한 카메라는 그림 7-8에 나타낸 대칭적인 배면 반사 집중 카메라이다.

이 카메라는 Seemann–Bohlin 카메라와 같이 동일한 집중 원리를 사용하지만 필름은 슬릿 양쪽에 걸쳐 있고 시편은 슬릿에 정반대로 놓인다. 매끈한 회절선들이 생기도록 시편을 카메라 축 주위로 천천히 몇 도 진동하는 장치가 일반적으로 있다. 전형적인 필름은 중앙에 난 구멍을 입사 빔이 통과할 수 있게 하며 그림 7-8에 보인다. 임의의 회절선의 θ 값을

$$(4\pi - 8\theta)R = V \tag{7-11}$$

에서 계산할 수 있다. 여기서 V는 입구슬릿의 양쪽에서 대응하는 회절선 사이의 필름 상의 거리이다.

식 (7-11)을 미분하면

$$\Delta\theta = \frac{-1}{4R}\Delta\left(\frac{V}{2}\right) \tag{7-12}$$

이고, 여기서 $\Delta(V/2)$는 Bragg 각에서 $\Delta\theta$ 만큼 다른 두 반사의 필름 상의 거리이다. 이 식을 식 (7-2)와 결합하면

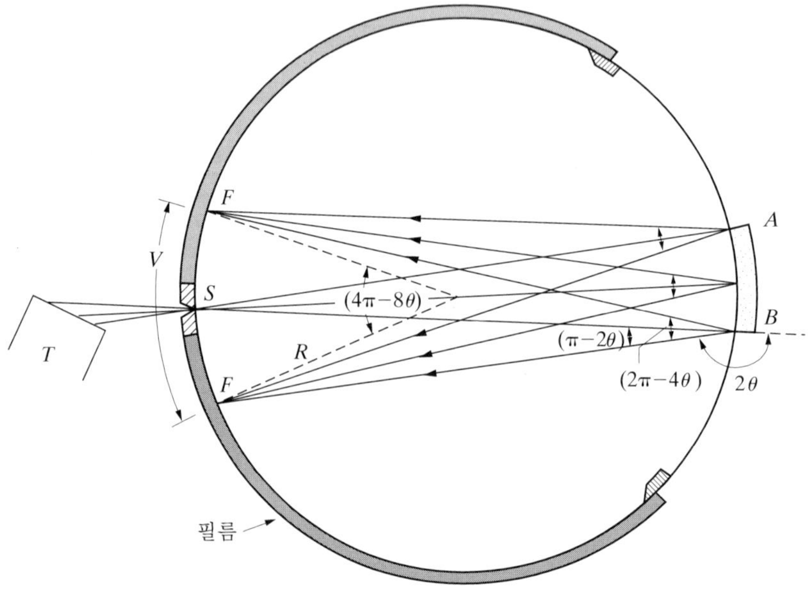

그림 7-8 대칭의 배면 반사 집중 카메라. 단 하나의 *hkl* 반사만 있다.

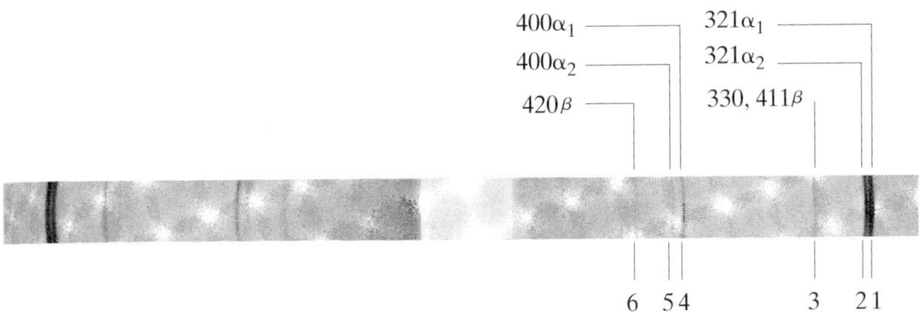

그림 7-9 대칭의 배면 반사 집중 카메라에서 얻은 텅스텐의 분말 사진. 직경 4.00 in.(10.16 cm) 여과하지 않은 구리 방사선

$$\text{분해능} = \frac{d}{\Delta d} = \frac{4\mathrm{R}}{\Delta(\mathrm{V}/2)} \tan\theta \tag{7-13}$$

이다. 그러므로 이 카메라의 분해능은 동일한 반경의 Seemann-Bohlin 카메라와 같다.

그림 7-9에 보인 무늬에서 가깝게 떨어진 두 쌍, 선 1과 2, 선 4와 5를 볼 수 있다. 각 쌍은 이중선(doublet)으로 $K\alpha$ 방사선을 구성하는 두 성분인 $K\alpha_1$과 $K\alpha_2$의 성분이 한 조의 면에서 반사하여 생긴다. 이 성분 선(component line)은 흔히 배면 반사 영역에서 분해하거나 분리하여서 나타난다. (이 사진에서 β 선들은 $K\beta_1$ 방사선이 단 하나의 파장으로만 되어 있기 때문에 분해하지 않는다.) 한 카메라가 파장이 거의 같은 방사선의 두 성분을 분리할 수 있는 조건을 결정하기 위해서는 분해능의 분광학적 정의, 즉 $\lambda/\Delta\lambda$를 사용해야 한다. 여기서 $\Delta\lambda$는 두 파장의 차이이고 λ는 파장의 평균값이다. Cu $K\alpha$ 방사선에서 이 파장은 다음과 같다:

$$\lambda(\mathrm{Cu}\ K\alpha_2) = 1.54439\ \text{Å}^*$$

$$\lambda(\mathrm{Cu}\ K\alpha_1) = \underline{1.54056}$$

$$\Delta\lambda = 0.00383$$

따라서

$$\frac{\lambda}{\Delta\lambda} = \frac{1.542}{0.00383} = 403$$

이다. 카메라의 분해능은 고려 중인 특정한 반사에서 성분 선들이 필름 상에서 분리해야 한다면 이 값을 초과해야 한다.

Bragg 법칙을 미분하여

$$\lambda = 2d\sin\theta$$

$$\frac{d\theta}{d\lambda} = \frac{1}{2d\cos\theta} = \frac{\tan\theta}{2d\sin\theta} = \frac{\tan\theta}{\lambda}$$

$$\frac{\lambda}{\Delta\lambda} = \frac{\tan\theta}{\Delta\theta} \tag{7-14}$$

를 만든다. 식 (7-12)를 치환하면

$$\text{분해능} = \frac{\lambda}{\Delta\lambda} = \frac{-4R\tan\theta}{\Delta(V/2)} \tag{7-15}$$

이다. 여기서 음의 부호는 무시할 수 있다. 이 부호는 λ에서 증가는 $V/2$에서, 이것은 필름의 중앙에서 측정하므로, 감소를 일어나게 한다는 것을 뜻할 뿐이다. 식 (7-15)는 분해능이 카메라 반경에 따라, θ에 따라 증가하여 90° 근처에서 매우 커지는 것을 증명한다. 이 후자의 요점은 그림 7-9에서 확실히 명백한데, 이 그림은 321 반사에 비해 고각의 400 반사가 더 크게 분리한 것을 보여준다.

식 (7-15)를 사용하여 분해능은 321 반사와 그림 7-9를 얻기 위해 사용한 카메라에 대해서 계산할 수 있다. 카메라 반경은 2.00 in.(5.08 cm)이고 이 반사들의 평균 θ 값은 약 65.7°이다. 최대강도 반에서 선폭은 약 0.04 cm이다. 이중선의 두 성분 선은 거리가 폭의 2배이면 필름 상에서 분명하게 분리할 수 있다(그림 7-10). 그러므로

$$\Delta\left(\frac{V}{2}\right) = 2(0.04) = 0.08\text{cm}$$

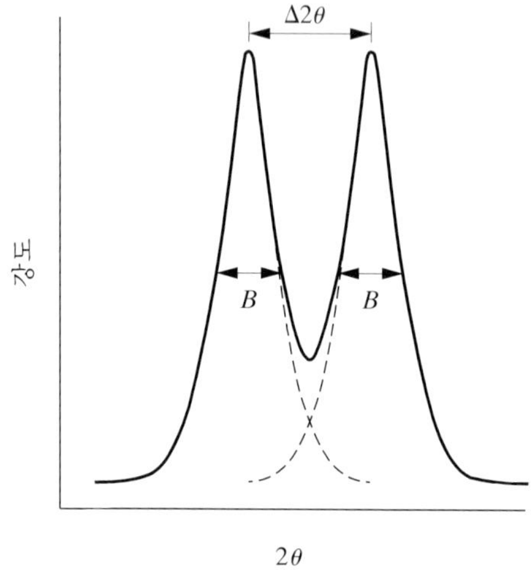

그림 7-10 간격이 가까운 선의 분해. 나타낸 선은 $\Delta 2\theta = 2B$이다. 간격이 이 값보다 작으면 무엇이든 두 선을 하나로 나타나게 할 수 있다.

$$\frac{\lambda}{\Delta\lambda} = \frac{(4)(2.00)(2.54)(\tan 65.7^\circ)}{(0.08)} = 563$$

이다. 이 값은 위에서 Cu $K\alpha$ 이중선의 분해에 필요한 것으로 알려진 분해능 403을 초과하기 때문에 이중선은 321 반사에서 분리해야 하며 그림 7-9에서 그 상황을 보여준다. 조금 낮은 각에서는 이렇게 되지 않고, 두 성분은 분리하지 않는 단 하나의 선으로 합친다. $K\alpha$ 이중선의 분해가 정상적으로 배면 반사 영역에서만 일어난다는 사실은 그림 3-19에 재현한 Hull/Debye–Scherrer 카메라에서 볼 수 있다.

7-9 핀홀 사진

'단색' 방사선을 사용하여 '분말' 시료를 Laue(편평한 필름) 카메라로 조사할 때, 그 결과를 특별히 좋은 이유 없이 핀홀 사진이라고 흔히 부른다. 이것을 평판 사진이라고도 부른다. (이 방법에는 일반적으로 일치하는 이름이 없다. 예를 들면, Klug와 Alexander[G.17]는 '단색-핀홀 기법'이라 불렀다.) 투과나 배면 반사 카메라 어느 것도 사용할 수 있다. 미립질 알루미늄 판의 한 시료에 대해 표준 x선 필름에 기록한 전형적인 투과 사진을 그림 7-11이 보여준다. 이 기하학은 CCD나 다중선 비례 계수기와 같은 2차원 검출기를 사용하는 상업적으로 구입할 수 있는 회절장치에서 쓰인다. 다중선 검출계의 출력이 그림 7-12에 보인다. 이 무늬를 기록할 때 검출기는 입사 x선 빔에 수직하지 않았다. 이 방법은 싱크로트론 방사 광원에서 영상판으로 갈수록 널리 쓰이고 있다. 단색 방사선이 보통 쓰인다. 다색 싱크로트론 방사선은 집합조직이 심한 시료들에서 유리하다. 한 적당한 파장에서 흡수단이 하나인 필터는 가정한 회절면이 만든 회절무늬에서 특징을 확인하는 데 도움을 줄 수 있다[7.5]. 투과 기하학으로 기록한 그러한 무늬가 그림 7-13에 나타나 있다.

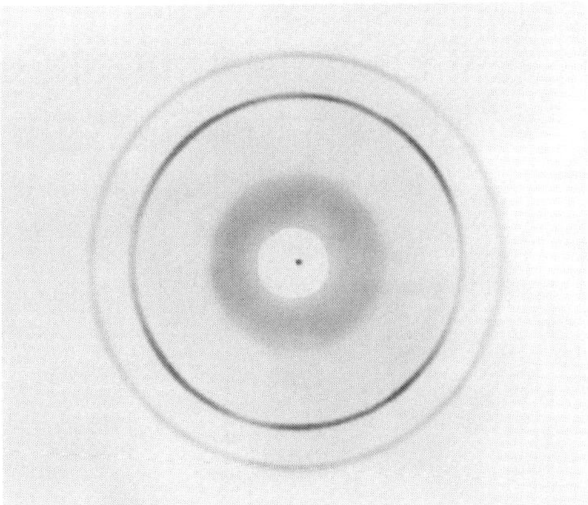

그림 7-11 알루미늄 판재 시편의 투과 핀홀 사진. 필터한 구리 방사선. (중심 부근 확산 원형 띠는 백색 방사선이 일으킨 것이다. Debye 환의 불균일한 흑화는 시편의 우선방위에 기인한다: 14장을 보라.)

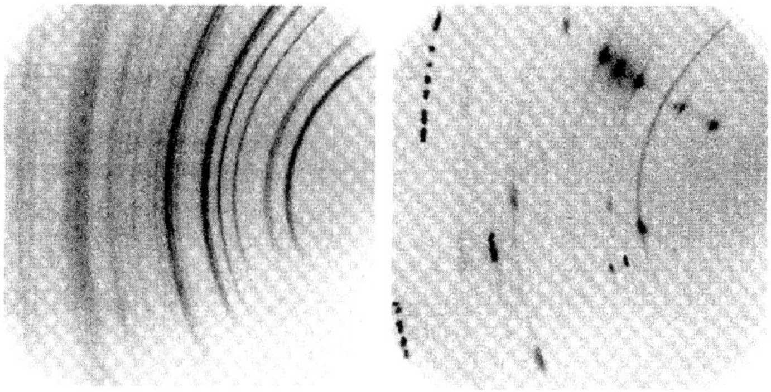

그림 7-12 산화 이트륨 바륨 구리의 불규칙(왼쪽)과 배향(오른쪽) 박막에서 2차원 다중선 검출기로 얻은 시료 회절무늬. (자료는 T.A. Polley, D.W. Stollberg, A. Hunt, Microcoating Technologies의 호의)

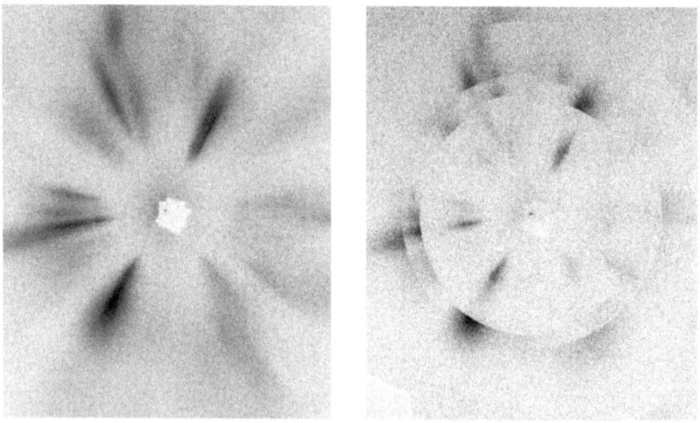

그림 7-13 비틀림으로 변형한 한 알루미늄 시료에서 싱크로트론 백색 방사선을 사용하여 얻은 투과 핀홀 회절무늬. 왼쪽 무늬는 팔라듐 필터를 빔에 넣어서, 오른쪽 무늬는 필터를 사용하여 기록한 것이다. 오른쪽 무늬에서, 콘트라스트에서 뚜렷한 두 변화는 Pd K-칼날 파장(0.509 Å)의 111과 200 회절의 방위에 있는 입자의 위치(각)를 나타낸다. [7.6]

핀홀법은 Debye 환을 일부가 아닌 전체로 필름에 기록한다. 다른 한편으로 기록한 θ 값들의 범위는 다소 한계가 있다. 저각 반사이든지 고각 반사이든지 어느 하나를 얻을 수 있지만 θ의 중앙 범위에 있는 값들은 안 된다(그림 7-14를 보라). 물론 필름의 평판을 나타낸 방위들에서 회전할 수 있지만 콘의 일부만 기록할 수 있다. 또 축이 입사빔인 원통형의 필름을 만드는 것도 가능하다(그림 7-15). 이렇게 설계한 카메라들은 상업적으로 구입이 가능하다. 투과법에서 특정한 반사에 대한 θ의 값을

$$\tan 2\theta = \frac{U}{2D} \tag{7-16}$$

의 관계에서 구하고, 여기서 U는 Debye 환의 직경이고 D는 시편에서 필름의 거리이다. 배면 반

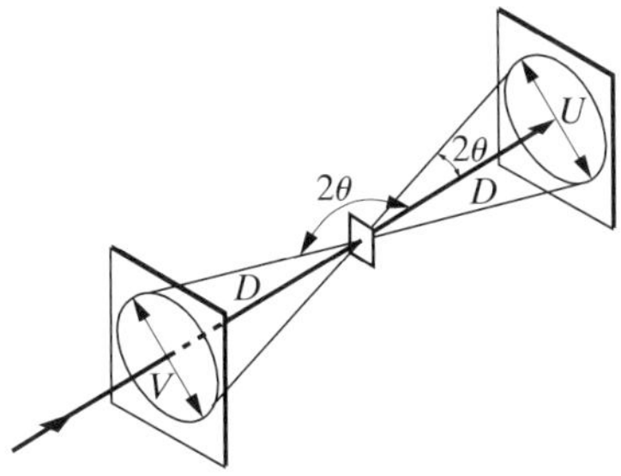

그림 7-14 핀홀법에서 각 관계

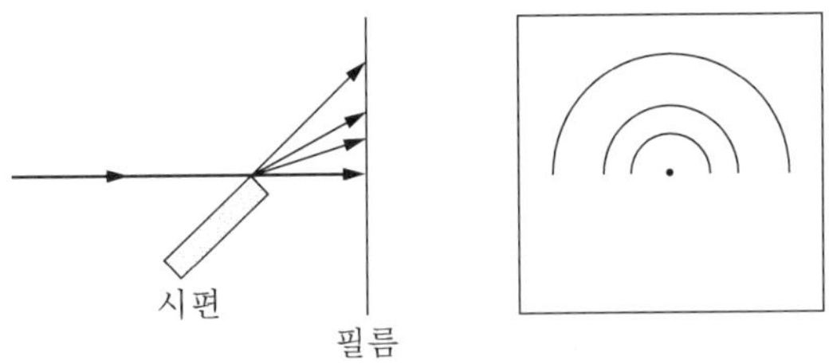

그림 7-15 두꺼운 시편을 위한 투과 핀홀법: (a) 입사빔을 지나는 단면: (b) 얻은 무늬 일부

사법에서 이 식에 해당하는 관계는

$$\tan(\pi - 2\theta) = \frac{V}{2D} \tag{7-17}$$

이고, 여기서 V는 Debye 환의 직경이다. 거리 D는 일반적으로 3에서 5 cm 정도이다.

분말 시편을 약간의 분말을 결합제와 혼합하여 어떤 편리한 지지대 위에 뿌려서 간단하게 준비할 수 있다. 투과 사진용으로는 한 장의 종이나 셀로판으로 그렇게 할 수 있다. 만일 지지대 재료에서 나올 회절에 관하여 의심이 들면, 시편이 없이 대조용 회절무늬를 준비할 수 있다.

하지만, 재료 작업에서 핀홀법의 가장 중대한 효용은 다결정 시편을 바로 검사할 수 있다는 사실에 있다. 배면 반사에서 시편을 현미경 검사용인 일반적으로 1 인치(25 mm)인 플라스틱 검경판(mount)에 올려 놓고 위치를 정하여 초기빔이 어떤 선택한 부위에 떨어지도록 한다. 시료의 같은 부위를 현미경이나 x선으로 검사할 수 있다는 장점은 명백하다. 또 광학과 x선 검사의 두 방법 모두 단지 시편의 표면층에 관한 정보만 제공한다는 것을 특별히 언급할 가치가 있다. 투과법은 흡수가 아주 높지 않은 선과 판의 시편들에 국한한다.

투과법에는 최적의 시편두께가 있는데, 그 까닭은 회절빔은 만일 시편이 너무 얇거나(회절 재료의 부피가 불충분하여) 너무 두꺼우면(과잉 흡수) 매우 약할 수 있거나 전혀 없을 수 있기 때문이다. 14-9절에서 보여주는 것과 같이 최대회절강도를 생기게 하는 시편두께는 $1/\mu$이고, 여기서

μ는 시편의 선형흡수계수이다. 식 (1-10)을 조사하면 이 조건은 다음과 같이 기술할 수도 있다는 것을 보여준다: 투과 시편은 시편을 통과하는 빔의 강도가 $1/e$이나 입사빔의 약 1/3일 때 두께는 최적이 된다. 보통 이 최적의 두께는 1 인치의 수천분의 1(0.1 mm)일 정도이다. 하지만 특정한 투과 회절무늬를 두꺼운 한 시편에서 얻을 수 있는 방식이 한 가지 있는데 시편 변두리에서 나오는 회절을 사용하는 것이다(그림 7-15). 무늬 상부의 반만을 필름에 기록하지만 많은 응용에서 그 정도이면 충분하다. 동일한 기법이 Hull/Debye-Scherrer 카메라에서도 쓰였다.

핀홀법은 우선방위, 입도, 결정품질의 연구에서 쓰인다. 배면 반사 카메라를 가지고 상당히 정밀한 격자상수 측정이 이 방법으로 가능하다. 적절한 외삽 공식을 사용할 수 있거나(13장) 카메라를 검정한다면 시편에서 필름거리 D를 정밀하게 아는 것이 필요하지 않다. 검정을 일반적으로 매번 노출 때마다 하는데, 간단히 시편 표면 위에 검정할 분말을 얇게 층으로 발라서 한다. 이런 식으로 θ 값을 아는 기준 회절선들을 각각의 필름 위에 형성한다.

핀홀법을 격자상수 측정에 사용할 때, 필름이나 시편 혹은 둘 다 노출하는 동안 움직이게 하여 매끈하고 연속인 회절선들을 생기게 한다. 입사빔의 축 주위로 필름을 회전하거나 진동하여 개개의 반사하는 결정립이나 입자에서 반사가 Debye 환을 따라 번지게 한다. 시편 자체는 입사빔 축이나 입사빔에 평행한 어떤 축 주위로 회전할 수 있고 시편 표면에 평행한 면 상의 어떤 방향으로 앞이나 뒤로 병진할 수 있다. 그렇게 움직이면 회절 위치에 있는 입자 수가 증가하고 전체 시편 표면에서 더욱 많은 부분이 회절할 수 있고, 따라서 확실하게 필름에 기록한 정보는 전체로서 표면을 대표한다. 시편이 노출 동안 이동하여 입사빔이 그 표면의 대부분을 가로지르는 어떤 카메라도 **적분 카메라**라고 부른다.

그림 8-3에서 보인 카메라는 그런 적분을 위해서 시편을 회전시키는 모터를 가진다. 이 카메라의 카세트 위에 부채꼴로 분할한 원반은 비교 목적용으로 두 개 이상 부분 회절무늬를 필름 위에 기록하도록 고안한 것이다. 첫 무늬를 만든 후 시편을 바꾸고 원반은 조준기 주위로 먼저 노출한 필름 부위를 덮고 노출하지 않은 부분이 드러나게 할 수 있게 충분한 양만큼 회전하고 두 번째 노출을 만든다. 또는 원반을 단 하나의 시편에서 완전한 Debye 환을 기록하기 위해서 제거할 수 있다.

7-10 미소빔과 미소카메라

때로는 겨우 미소량의 재료만으로 회절무늬를 얻어야만 한다. 또는 커다란 한 시편에서 아주 작은 한 부위에서만 회절무늬를 얻을려고도 한다. 어떤 경우에도 **미소빔**이라고 부르는 아주 작은 입사 빔이 필요한데, 직경에서 100 μm(= 0.1 mm = 4×10^{-3} in.) 이하 정도이다. 싱크로트론 방사선에서는 직경이 10 μm 정도인 빔을 일상적으로 사용하고[7.7, 7.8] 직경 10 μm보다 작은 빔을 얻는다[7.9].

중심 문제는 조준기를 설계와 제작, x선 관의 초점 자리에 대한 이 기기의 배치이다. Hirsch [7.10]는 이 문제를 논의하였다. 조준기는 흔히 유리 모세관으로 만든다. 만일 그러한 조준기가 보통 x선 관에 쓰인다면 조준한 빔은 약할 것이고 노출시간은 매우 길어지는데, 그 까닭은 관에서 나오는 x선의 대부분이 쓸모없이 되기 때문이다. 적절한 절차는 미소집속 관을 쓰는 것이다 (1-7절). 가변적으로 한 끝이 줄어드는 유리 모세관 내부 표면에서 완전 전반사를 사용하면 핀홀 조준기에 비해 미소빔의 강도는 대단히 증가하고 다중 모세관을 사용하여 x선 강도를 높이는 것은 앞으로도 여전히 아주 매력적인처럼 보인다[7.11]. 더 작은 직경과 더 강한 빔으로 인한 비용은 발산이 증가한다는 것이다.

어떤 미소빔 작업에 간단하게 조준기를 바꾸어 보통의 핀홀 카메라를 적용할 수 있지만 더 나은 결과를 특수하게 고안한 **미소카메라**로 얻을 수 있다[7.10, G.17]. 그러한 카메라는 일반적으로 시편에서 초점까지의 거리가 작고(강도를 증가하고 집속을 향상하기 위해서), 시편에서 필름까지의 거리가 작으며(노출시간을 감소하기 위해서), 빔 내에서 시편을 정확하게 놓기 위한 어떤 배열을 가진다. 양이 10 마이크로그램 정도로 적은 시편의 회절무늬를 그러한 카메라로 얻었다.

7-11 방사선의 선택

상기 기술한 분말법의 어떤 것에서도 연구자는 지금의 문제에 가장 적합한 방사선을 선택해야 한다. 이런 선택을 하는 데 가장 중요하게 고려할 두 가지 사항은 다음과 같다:

1. 사용한 특성 파장은 시편의 K 흡수단에 비해 짧아서는 안 된다. 그렇지 않으면 발생한 형광 방사선이 필름을 못 쓰게 흐리게 할 것이다. 합금이나 화합물의 사례에서 이런 조건을 시편의 모든 원소에 대해 만족한다는 것은 어렵거나 불가능할 수 있다.
2. Bragg 법칙은 파장이 짧을수록 가정한 면간거리의 면에 대한 Bragg 각은 더 작다는 것을 보여준다. 그러므로 파장이 감소하면 모든 회절선은 더 낮은 Bragg 각으로 이동하고 필름 상의 선 전체 수는 증가하는 반면에 파장이 증가하면 반대의 결과가 나온다. 짧거나 긴 파장의 선택은 관계한 특정한 문제에 달려 있다.

방사선이 무엇이든지 적절한 필터가 방사선의 $K\beta$선을 억제하는 데 쓰인다. 대체로 Cu $K\alpha$ 방사선이 일반적으로 가장 유용하다. 하지만 철을 함유하는 재료들에 적용할 수는 없는데, 이 선은 시편의 철에서 형광 방사선을 야기하기 때문이다. 그 대신, Co $K\alpha$, Fe $K\alpha$이나 Cr $K\alpha$ 방사선을 사용해야 한다.

정밀한 격자상수 측정은 배면 반사 영역에 많은 수의 회절선을 요구하나 일부의 시편은 다만

한 개나 두 개만을 준다. 이런 어려움을 $K\alpha$ 선은 물론 $K\beta$선도 있도록 여과하지 않은 방사선을 사용하면 피할 수 있다.

7-12 배경 방사

좋은 분말 사진은 뾰족하고 강한 선들이 강도가 최소인 배경에 포개져 있는 것이다. 하지만 회절선들 자체는 결정구조 그것 자체 때문에 강도가 변하고, 배경강도는 여러 가지 원인으로 상당히 클 수 있다. 이 두 결과가 결합하여 가장 약한 회절선이 배경에 거의 묻혀 보이지 않을 수 있다.

이러한 배경강도는 다음과 같은 원인으로 생긴다:

1. **시료에서 나오는 형광 방사.** 사용한 특성 파장이 시료의 K 흡수단보다 길어야 하는 것은 형광방사가 나오는 것을 막기 위해서 꼭 강조하는 것이다. 하지만 그렇게 선택한 입사 방사라도 형광을 완전히 없앨 수 없다. 왜냐하면 연속스펙트럼 중 단파장 성분이나 시료의 K 방사를 여기할 수 있기 때문이다. 예로서 30 kV에서 작동하는 관에서 나오는 파장 1.542 Å의 Cu $K\alpha$ 방사선으로 구리 시료를 검사하는 예를 생각하자. 이 조건에서 단파장 한계는 0.413 Å이다. 구리의 K 흡수단은 1.380 Å이다. 입사 방사의 $K\alpha$ 성분은 형광을 일으킬 수 없으나 0.413과 1.380 Å 사이의 모든 파장은 그럴 수 있다. 니켈 필터가 입사빔의 $K\beta$ 성분을 낮추기 위해서 쓰인다면, 필터는 형광을 일으키는 단파장 일부의 강도를 낮추는 바람직한 결과를 가져올 수 있지만, 형광을 완전히 없앨 수는 없다. 0.6 Å 근처 파장 영역에서는 연속스펙트럼의 강도가 높고 니켈의 흡수계수가 다소 낮아 특히 그러하다.

   때로는 사진 위에 적당한 필터를 놓아서 시료에서 나오는 형광 방사의 일부를 걸러낼 수 있다. 예로서 강 시료를 구리 방사선으로 검사한다면, 이 방사선은 강 시료에 일반적으로 권장하지는 않지만, 상황은 알루미늄으로 사진을 덮어씌우면 더 좋게 된다. 그것은 알루미늄이 회절선들을 만드는 Cu $K\alpha$ 방사선보다는 배경에 기여하는 Fe $K\alpha$ 형광선을 더 잘 흡수하기 때문이다. 사실 다음에 설명하는 것은 지켜야 할 잘 맞는 일반적인 규칙이다: 시료의 K 흡수단보다 긴 파장을 사용하는 것이 불가능하다면 상당히 짧은 파장의 x선을 선택하고 사진을 필터로 덮어주라. 때로는 공기 자체가 충분히 필터 역할을 하기도 한다. 그런 까닭에 Cu $K\alpha$ 방사선으로도 훌륭한 알루미늄 회절무늬를 얻을 수 있다. 이 파장(1.54 Å)은 알루미늄의 흡수단(6.74 Å)보다 훨씬 짧아도, 간단하게 말하면 여기한 Al $K\alpha$ 방사선의 파장(8.34 Å)은 아주 길어 수 cm의 공기에서 거의 완전히 흡수하기 때문이다.

2. **연속스펙트럼의 회절.** 분말 시료에서 각 결정은 입사빔의 연속 방사선 성분으로 약한 Laue 무늬를 형성한다. 특정한 결정이 특성 성분을 Debye 환으로 회절하도록 올바르게 배향하든지 안하든지 상관없이 그러한 현상이 일어난다. 그러므로 시편에서 많은 결정은 사진

의 배경에만 기여하고 회절환에는 기여하지 못한다. 그리고 모든 결정에서 나오는 Laue 무늬를 모으면 연속적인 분포를 나타내는 배경 방사가 된다. 입사 방사선이 형광 방사선을 만들지 않도록 선택하면 연속스펙트럼의 회절은 분말 사진에서 배경강도를 높이는 유일한 원인이 된다.

3. 시료 자체에서 나오는 확산산란
   a) 비간섭성(Compton 변조) 산란. 이러한 종류의 산란은 시료의 원자번호가 감소할수록 더욱 강해진다.
   b) 간섭성 산란.
      (i) 온도 확산산란. 이러한 유형은 융점이 낮은 연한 물질일수록 더욱 강해진다.
      (ii) 결정들의 각종 결함에 의한 확산산란. 어떤 종류의 불규칙성이나 응력이 이런 산란을 일으킨다.
4. 시료 이외의 물질에서 나오는 회절과 산란
   a) 조준기와 빔 멈추개. 이러한 종류의 산란은 7-2절에서 논의한 대로 카메라를 맞게 설계하면 최소화할 수 있다.
   b) 시료 결합제, 지지대나 용기. 분말 시료를 뭉치게 하는 데 사용하는 결합제나 다른 접착제, 분말을 붙이는 데 사용하는 유리 섬유나 시료를 담는 유리나 용융 석영관은 모두 비정질 물질이므로 사진 배경에 기여한다. 이러한 물질의 양은 절대적으로 최소화한다.
   c) 공기. 공기에서 나오는 확산산란을 카메라 내부를 진공으로 하든지 수소나 헬륨과 같은 가벼운 기체로 채워주면 방지할 수 있다.

7-13 결정 단색화 장치

단결정을 x선 관에서 나오는 방사선 전체에서 강한 $K\alpha$ 성분을 회절하는 위치에 배치하고 이렇게 해서 얻은 회절빔을 카메라의 입사빔으로 사용한다면, 앞서 (1)과 (2)에서 열거한 배경 방사의 원인은 완전히 사라진다. 배경산란의 다른 원인들은 그다지 심각하지 않으므로, 결정으로 단색화한 방사선을 사용하면 매우 선명한 회절 사진을 얻을 수 있다. 실제로 사용하고 있는 단색화 장치로는 두 종류가 있는데, 이는 반사용 결정이 휘어 있지 않거나 휘어져 있으면서 잘린 점에서 다르다.

6-13절에서 논의한 것과 같이 휘지 않은 결정은 아주 효과적인 반사체는 아니다. 휘고 잘린 결정을 사용하면 집중원리로 작동하여 강도가 커진다. 노출시간은 상당히 감소한다. 단색화 장치의 사용이 시료가 회절한 빔의 상대강도에 변화를 준다는 점에 주목하라. 식 (4-19)에서 (4-21)에 포함한 일반 편광인자 $(1 + \cos^2 2\theta)/2$를 인자 $(1 + \cos^2 2\alpha \cos^2 2\theta)/(1 + \cos^2 2\alpha)$로 대치해야 한다.

여기서 2α는 단색화 장치의 회절각이다(그림 7-16을 보라).

7-14 GUINIER 카메라[G.13, G.17]

집중 단색화 장치는 회절빔의 특성, 즉 집중성을 살리도록 특별히 고안한 분말 카메라에서 가장 잘 쓰인다. 원통형 카메라(그림 7-16)는 실린더 표면에 배치한 시료와 필름과 함께 쓴다. 저각 반사는 *C* 위치에 놓인 카메라로 기록하고, 이때 시편 *D*는 투과로 조사할 수 있을 만큼 충분히 얇아야 한다. 고각 반사를 대시(dash)로 표시한 *C*′위치에 놓인 카메라와 *D*′에 있는 시편으로 배면 반사로 얻는다. 그러면 카메라의 기하는 Seemann–Bohlin 카메라와 정확하게 비슷한데, 단색빔의 초점 *F*는 발산 방사선의 가상 광원으로 작용한다. 어느 경우에서나 시편에서 나온 회절선들은 모든 *hkl* 반사에 대해서 필름 위에 집중한다. 단지 필요한 것은 필름이 시편과 점 *F*를 지나는 원 위에 있어야 하는 것이다.

집중 단색화 장치와 집중 카메라의 조합은 Guinier 카메라로 알려져 있는데, 이 기기는 1930년대 후반 Guinier가 처음 개발하였다. 이후 연구자들은 하이픈이 있는 이름으로 알려진 변종 기기들을 만들었다. 그리하여 Guinier-de Wolff '카메라' [7.12]는 한 조의 두 개나 네 개의 Guinier 카메라를 교대로 쌓고 배플(baffle)로 나눈 것이다. 두 개나 네 개의 다른 시편에서 회절무늬들을 필름

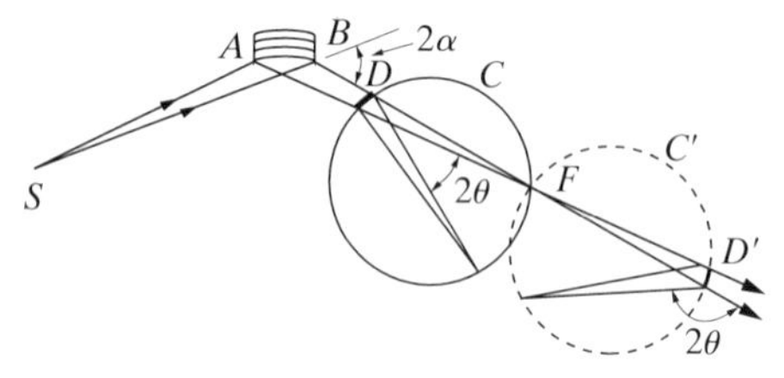

그림 7-16 집중 단색화 장치를 사용하는 카메라. 각 경우에 단 하나의 회절빔만 나타낸다. Guinier[G.13]에서.

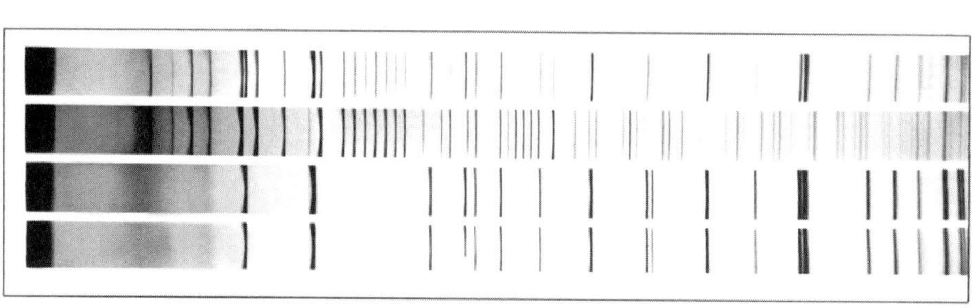

그림 7-17 분말무늬가 네 개인 필름 하나, Guinier-de Wolff 카메라로 얻음. 아래 두 무늬는 석영의 것이고, 아래로부터 셋째는 암모늄 명반의 것이고, 위 하나는 석영과 암모늄 명반의 혼합물의 것이다. 2θ의 범위는 4°에서 82°까지이다. (Enraf-Nonius Inc., Delft의 호의.)

하나 위에 동시에 기록한다(그림 7-17): 그림 7-16에서 단색화 장치에서 두 개나 네 개의 빔으로 나눌 수 있도록 도면에 수직하면서 물리적으로 충분히 넓기 때문에 이런 배치는 가능하다. Guinier-Jagodzinski '카메라'[7.13]는 한 지지대 위에 배치가 그림 7-16과 같고, 입사빔에 대해 대칭적인 두 개의 카메라를 가지는데 한 개는 투과용, 한 개는 배면 반사용이다. 세 개의 시편을 각 카메라에서 동시에 검사할 수 있다.

같은 크기의 Hull/Debye−Scherrrer 카메라와 비교하여, x선 관에서 직접 작동하는 것으로 Guinier 카메라는 대략 같은 노출시간에서 분해가 2배이고 훨씬 더 명료한 무늬를 제공하지만 어떤 Guinier 카메라도 단지 제한한 2θ 범위만을 다룬다. 이 카메라는 복잡한 무늬의 특정한 부분을 조사하는 데 가장 적합하다.

7-15 회절선 위치의 측정

어떤 분말 사진의 해결도 필름 상의 회절선들의 위치를 측정하는 것으로 시작한다. 측정하는 데에 윗면에는 유백색 유리판이 있고, 아래에서 조명을 받는 빛 상자가 쓰이고, 측정할 필름이 그 상자 위에 놓인다. 유리판의 윗면에는 버니어와 십자선을 장착한 슬라이더를 갖춘 눈금 박은 자가 있다. 십자선을 조명을 받는 필름 위에서 한 회절선에서 다른 회절선으로 움직여서 위치를 맞춘다. 측정에서 필름은 일반적으로 확대하지 않는다. 저배율의 확대경이 가끔 쓰이지만 2나 3배율보다 큰 확대는 일반적으로 회절선을 배경에 묻게 하고 x선 필름의 최대 낟알 크기 때문에 볼 수 없게 한다.

선위치를 측정한 다음 θ 값을 사용한 카메라에 대한 해당 공식으로 계산한다. 이 계산은 여러 가지 수학 소프트웨어 패키지나 스프레드시트를 사용하면 쉽게 할 수 있다. 그러나 대단한 정밀도가 필요하지 않고 많은 회절무늬를 빨리 측정해야 한다면, 이 단계 둘 다 일상적인 작업에서 θ 값들을 표시한 판지의 자를 사용하여 피할 수 있다. 이 자를 필름 옆에 놓고 각 회절선의 θ 값을 읽는다. 카메라 각각의 크기와 종류에 대해 개별적인 자가 필요할 것이다. 각각의 회절선을 일으킨 반사면들의 거리 d를 직접 주는 자들도 어떤 특정 파장, 가령 Cu $K\alpha$에 대해서 만들 수 있다.

7-16 회절선 강도의 측정

많은 회절 문제는 분말 사진 상의 회절선의 적분강도나 반가폭에 대한 정확한 측정을 요구한다. 이런 목적을 위해 문제의 선에 대해 강도 대 2θ의 곡선을 얻는 것이 필요하다.

x선 빔의 강도를 사진 필름 위에 생긴 흑화량으로 측정할 수 있다. 즉, 필름의 사진 농도(흑화)

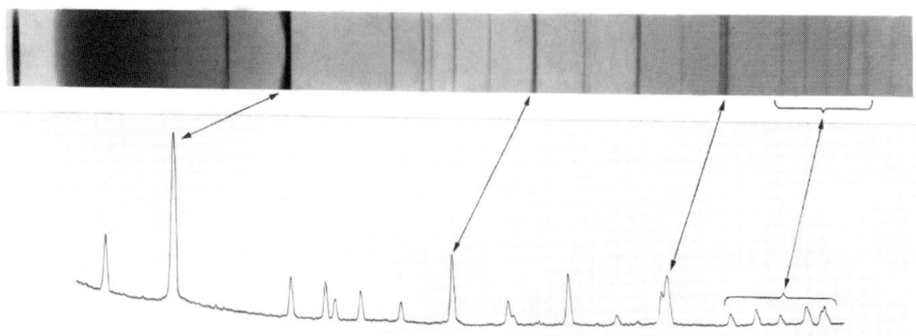

그림 7-18 석영(위)의 분말무늬와 이 무늬에 대응하는 미소광도계 기록(아래). (U.S. Bureau of Mines의 호의.) [7.14]

를 미소광도계(microphotometer)나 미소농도계(microdensitometer)로 부르는 기기로 필름이 통과시킨 가시광의 양으로 측정한다. 광도계는 광도를 어떤 종류의 광전관(photocell)으로 측정하는 기기이고 미소광도계는 아주 얇은 폭이 좁은 슬릿으로 윤곽을 정하여 약 0.1 mm 너비인 광의 빔으로 작동하는 기기이다. 측정할 x선 필름은 천천히 이 빔을 가로질러 횡단하고, 그 필름을 통과하는 빛의 강도를 기록할 수 있는 검류계에 연결한 광전관으로 연속적으로 측정한다. 그 결과는 그림 7-18의 것과 같은 그림이다.

미소광도계는 회절기의 검출기가 더 빠르고, 더 정확하고, 더 감도가 좋기 때문에 현재 거의 쓰이지 않는다. 하지만, 오직 카메라만이 구할 수 있는 때나 카메라가 필요한 상황(7-1절)에 미소광도계는 회절강도들을 정량적으로 측정할 수 있는 유일한 수단이다. 2차원 미소농도계도 상업적으로 구입이 가능하고 필름을 화소(pixel) 크기가 25 μm 이내로 디지털화할 수 있다. 이 기기는 평판 사진들에 유용하다. 더 많은 자료를 [G.17]과 같은 문헌에서 찾을 수 있다.

문 제

*7-1 공기에서 Fe $K\alpha$ 방사선의 흡수를 보여주는 그림 7-3의 것과 비슷한 곡선을 그려라. 문제 1-8에 있는 공기의 조성과 밀도를 사용하라. 만일 공기에서 1시간 노출이 Fe $K\alpha$ 방사선으로 19 cm 직경의 카메라에서 어떤 한 회절선 강도를 생기게 하는 데 필요하다면, 다른 조건들이 같다고 할 때, 진공으로 한 카메라로 같은 선 강도를 얻는 데 얼마만한 노출이 필요한가?

*7-2 거의 같은 값의 두 파장에서 Hull/Debye−Scherrer 카메라의 분해능을 위한 공식을 그림 7-2에서 정의한 S로 ΔS의 식으로 유도하라.

7-3 Cu $K\alpha$ 방사선으로 5.73 cm 직경 카메라로 얻은 Hull/Debye − Scherrer 무늬에서, $K\alpha$ 이중선의 성분 간격을 도와 센티미터로 θ = 10, 35, 60, 85°에서 계산하라.

*7-4 Cr $K\alpha$ 이중선이 5.73 cm 직경 Hull/Debye−Scherrer 카메라에서 분리할 최소 θ 값은 얼

마인가? 선폭은 0.03 cm이며 간격은 분리를 위한 폭의 2배이어야 한다고 가정한다.

7-5 아연의 분말무늬를 Cu $K\alpha$ 방사선으로 직경이 5.73 cm인 Hull/Debye–Scherrer 카메라로 얻는다.

a) 11.0과 10.3 회절선을 분리하는 데 필요한 분해능을 계산하라.
b) 이 선에서 사용한 카메라의 분해능을 계산하라. 선폭은 0.03 cm이다라고 가정한다.
c) 얼마만한 최소 카메라 반경이 이 선을 분리하기 위해 필요한가? (이 선이 서로 분리하지 못한 것을 보여주는 그림 3-19를 보라. 이 선은 저각 끝에서 다섯째 선을 만든다.)

제 8 장 LAUE 사진

8-1 서언

이 장은 실험적인 면에서만 Laue 법을 다룬다. 이 방법의 주요 응용은 16장과 17장에서 검토할 것이다. 이 두 면은 Amoros 외[G.31]의 책이 기술하고 있다.

Laue 사진은 가장 쉽게 회절무늬를 만드는 것이고 이 사진을 얻는 데는 아주 간단한 기기만 필요하다. 백색 방사선이 필요하고 가장 좋은 광원은 텅스텐과 같은 타깃이 중금속인 관이다. 그 까닭은 연속스펙트럼의 강도가 타깃 금속의 원자 수에 비례하기 때문이다. 좋은 회절무늬는 몰리브덴이나 구리와 같은 다른 금속에서 나오는 방사선으로도 얻을 수 있다. 방사선에서 사용하는 W $L\alpha_1$, Cu $K\alpha$, Mo $K\alpha$들의 강한 특성 성분은 있다하더라도 보통 회절무늬를 복잡하게 만들거나 해석을 어렵게 하지 않는다. 이러한 성분은 Bragg 법칙을 만족하도록 결정이 배향하여 있는 경우에만 회절을 일으키는데, 그 결과는 강도가 유별나게 높은 Laue 반점을 만드는 정도이다.

Laue 법에서 사용하는 시료는 단결정이다. 이 말은 개별적인 단결정이거나 다결정 집합체에서 너무 작지 않은 어떤 특정 결정 입자를 뜻한다. 얻고자 하는 회절무늬가 그 결정에만 대응하게 한다면 다결정 덩어리에서 결정의 크기를 입사빔의 것에 비해 작지 않게 한다는 것이 유일한 제한이다.

Laue 법에서 회절하는 개별 빔은 파장이 다르고 반사를 일으키는 (hkl) 면의 d 간격과 θ 값이 입사하는 다색광의 빔에서 파장을 선택한다. x선이 가시광선이라면 각 회절빔은 다른 색을 보여줄 것이다. 이러한 색은 맨눈으로 볼 수는 없지만 컬러 Laue 무늬는 특별한 사진촬영 처리로 만들 수 있다. Blum[8.1]은 특별한 필름을 준비하여 이런 무늬를 만들었는데 이 필름은 컬러 필름에 있는 세 개의 색을 만드는 층을 입사 x선에 대해 필터 역할을 하는 금속 원자를 포함하는 층이격리하게 한 것이었다. Ting 외[8.2]는 상업적으로 구할 수 있는 재료를 사용하여 똑같은 결과를 얻는데 성공하였다. 그리고 Laue 무늬를 한 번씩 다른 흡광 필터를 사용하면서 수차례 반복하여 녹화하면 이와 같은 결과가 가능하다[7.5].

어떤 Laue 반점도 면간거리의 변화로 변하지 않는다. 이러한 변화를 가져오기 위해서는 회절빔의 파장이 바뀌어야 한다. 배향과 결정구조가 동일한 두 결정은 격자상수가 다를지라도 동일한 Laue 무늬를 만든다.

8-2 카메라

Laue 카메라는 아주 간단히 조립할 수 있으므로 자가 제작한 모델이 드물지 않다.

투과 카메라

그림 8-1은 투과 카메라를 보여주고 있다. 이 예에서는 이중 용도의 기기이다. 그림 8-2는 기본 구성요소를 나타내고 있다. *A*는 조준기이고, 가능한 거의 평행한 x선으로 된 폭이 좁은 입사빔을 만드는 기기이다. 이 기기는 일직선 상에 놓이는 두 개의 핀홀로 되어 있는데, 납으로 된 두 원판

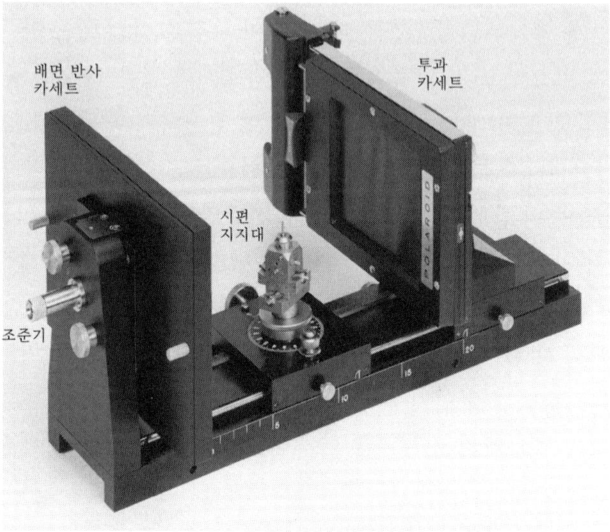

그림 8-1 투과와 배면 반사 Laue 카메라의 결합. 이 카메라에서 폴라로이드 카세트(오른쪽에)와 보통 필름용 카세트(왼쪽에)는 서로 교환할 수 있다. 무엇이나 투과용이나 배면 반사용으로 사용할 수 있다. (Blake Industries, Inc.의 호의.)

각각의 하나를 조준기 관의 양끝에 설치한다. *C*는 지지대 *B*에 붙은 단결정 시편이다. *F*는 빛이 새어들지 않는 필름 지지대이거나 **카세트**이다. 카세트는 틀, 움직일 수 있는 금속 등받이판, 불투명한 종이판으로 되어 있다. 필름은 일반적으로 4 × 5 in.(10 × 13 mm) 크기이며, 금속 등받이판과 종이 사이에 끼워 넣는다. *S*는 빔 멈추개이며 통과된 빔이 필름을 때려서 과도한 감광을 일으키지 못하게 한다. 작은 구리 원판은 두께가 0.5 mm 정도인데 종이 필름 덮개에 접착제로 붙여 빔의 작은 부분만을 결정을 통과하게 하고, 이 일부가 빔의 위치를 필름 상에 표시하는 역할을 한다. 이런 용도의 빔 멈추개가 만든 검은 부분이 그림 3-10(a)에 나온다.

어떤 투과 Laue 반점에 대응하는 Bragg 각 θ를 아주 간단하게 공식

$$\tan 2\theta = \frac{r_1}{D} \tag{8-1}$$

에서 찾을 수 있다. 여기서 r_1은 필름 중앙(통과 빔의 입사점)에서 반점까지 거리이고, D는 시편에서 필름까지 거리(항상 5 cm)이다. 시편에서 필름까지 거리는 정확한 길이의 필러 게이지(feeler gauge)를 사용하여 잴 수 있다.

x선 관에 인가하는 전압은 투과 Laue 무늬의 외양에 결정적인 영향을 준다. 물론 관 전류나 노출시간이 일정하다면, 관 전압이 높을수록 반점은 더 뚜렷해진다. 그러나 연속스펙트럼은 단파장 영역에서 특정한 파장값에서 예리하게 잘린다[식 (1-4)]. 이 값은 전압에 반비례한다. 투과 회절무늬의 중앙 근처에 있는 Laue 반점은 입사빔에 아주 작은 각으로 기울어 있는 결정면에서 1차 반사가 만든다. 이 조건에서 단파장의 방사선만이 Bragg 법칙을 만족할 수 있지만, 관 전압이 아주 낮아서 얻고자 하는 파장을 발생시키지 못한다면 해당 Laue 반점은 무늬에서 나타나지 않는다. 따라서 회절무늬의 중앙 근처에는 Laue 반점이 없는 부위가 있고, 이 부위의 크기는 관 전압이 감소할수록 증가한다. 그러므로 관 전압은 각 반점의 강도뿐만 아니라 반점의 수에도 영향을 준다. 이런 일은 무늬 중앙에서 멀리 떨어진 반점에서도 일어난다: 이 반점들 중 어떤 것은 방위와 면간거리가 단파장 한계에 가까운 파장의 방사선을 회절할 수 있는 (*hkl*) 결정면 때문에 생긴다. 이런 반점들은 관 전압을 낮추면 노출시간에 관계없이 사라진다.

배면 반사 카메라

배면 반사 카메라는 그림 8-3과 8-4, 그림 8-1의 왼쪽에서 설명하였다.

배면 반사무늬에서는 어떤 반점에 대한 Bragg 각 θ을 관계식

$$\tan(180° - 2\theta) = \frac{r_2}{D} \tag{8-2}$$

에서 구할 수 있다. 여기서 r_2는 필름 중앙에서 반점까지 거리이고 D는 시편에서 필름까지 거리(항상 3 cm)이다. 투과 회절무늬에 비해, 배면 반사무늬는 조준기의 크기가 허용하는 한, 반점이

필름 중앙에 가깝게 있다. 이러한 반점은 입사빔에 거의 수직한 (*hkl*) 면에서 나오는 고차이면서 중첩한 반사에서 발생한다. 각 회절빔은 여러 파장들로 되어 있기 때문에 관 전압의 감소에서 초래하는 결과는 회절빔 중 일부에서 하나 이상의 단파장 성분이 없어지는 것뿐이다. 그래도 더 긴 파장들은 회절하므로 일반적으로 관 전압의 감소로 회절무늬에서 어떤 반점도 사라지지는 않는다.

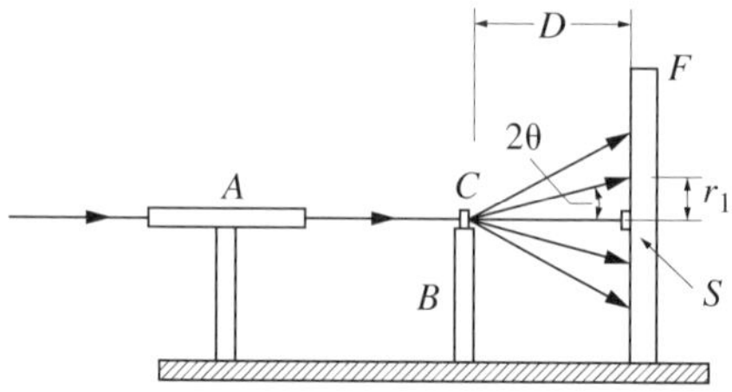

그림 8-2 투과 Laue 카메라

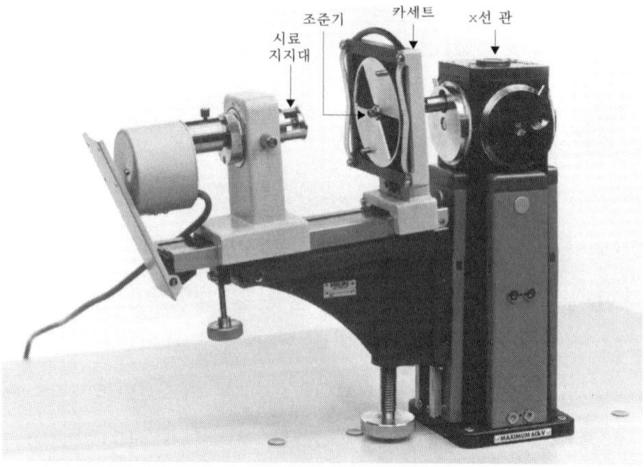

그림 8-3 배면 반사 Laue 카메라. 카메라 앞쪽의 부채꼴 분할 원반은 Laue 사진을 위해 제거할 것이다. 이 원반과 왼쪽에 있는 구동모터의 목적은 7-9절에 기술하였다. (Philips Electronic Instruments, Inc.의 호의.)

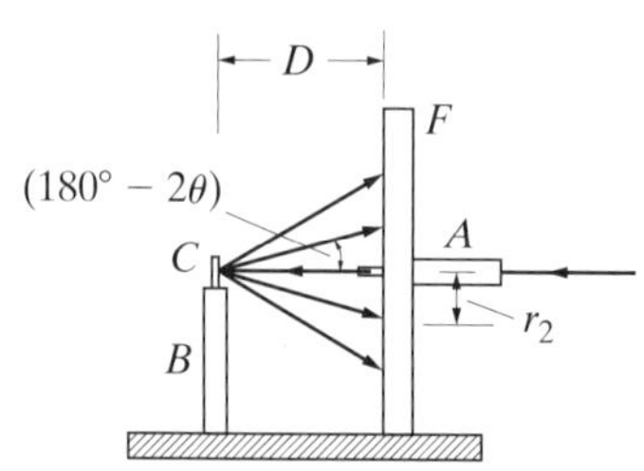

그림 8-4 배면 반사 Laue 카메라(개략도)

총론

회절무늬를 얻기 위해서 Laue 카메라는 x선 관에 대해 올바르게 정렬해야 한다. 이러한 정렬을 얻기 위해 조준기 축이 관 타깃의 초점 부위를 똑바로 향하고 타깃면과는 약 6°를 만드는 것이 필요하다. 보통 점 초점(선 초점과는 반대하는 것으로서)이 쓰인다. 카메라를 관에 대해 상대적으로 움직여서 조준기 출구 근처에 설치한 조그마한 형광막에 맺히는 빔을 관찰하면서 관에서 나오는 빔이 강도가 최대이고 단면에서 타원이 아닌 원이 되게 한다.

투과 회절무늬를 배면 회절무늬에 비해 노출을 상당히 짧게 하여 얻는다. 예를 들면, 30 kV와 20 mA에서 작동하는 텅스텐 타깃 관과 약 1 mm 두께의 알루미늄 결정의 경우 투과에서는 필요한 노출이 약 5분이나 배면 반사에서는 +30분이다. 이러한 차이는 원자산란인자 f가 (sin θ)/λ 양이 커질수록 작아지고, (sin θ)/λ는 투과에 비해 배면 반사에서 매우 크다는 사실에서 나온다. 그리고 투과 회절무늬는 회절 반점과 배경 사이에 콘트라스트가 훨씬 크다는 점에서 더 선명하다. 왜냐하면 반점을 만드는 간섭성 산란과 배경에 기여하는 비간섭성(Compton 변조) 산란은 (sin θ)/λ에 반대로 변하기 때문이다. 비간섭성 산란 배면 반사 영역에서 최대에 이르는데 이 현상을 그림 3-10(a)와 (b)에 나타내었다. 이 영역에서 온도의 확산산란이 가장 심하다. 두 Laue 법에서 입사빔의 단파장 방사선은 대부분 시편으로 하여금 K 형광 x선을 방출한다. 이러한 현상이 배면 반사에서 문제가 된다면, 필름 앞에 0.01 in(0.25 mm) 두께의 알루미늄 박판을 놓으면 최소로 줄일 수 있다.

필요하다면, Laue 반점의 강도는 의료용 방사선 촬영에서 사용하는 것처럼 **강화 스크린**(intensifying screen)을 사용하여 증가하게 할 수 있다. 이것은 마분지와 같이 x선에 감광하지 않는 등받이 위에 발광물질을 코팅한 형광 스크린과 유사하다. 발광물질은 x선 작용으로 가시광선 영역의 형광을 일으킬 수 있다. 그러한 스크린은 발광면이 필름과 접하도록 놓으면(그림 8-5), 필름은 입사 x선 빔뿐만 아니라 빔 작용으로 스크린에서 방출하는 가시광선으로 검게 된다. 형광 스크린은 황색 광을 방출하므로, 강화 스크린을 청색 광을 방출하도록 고안한다. 청색 광은 황색 광보다 훨씬 잘 필름을 검게 한다. 텅스텐 칼슘 산화물로 만든 강화 스크린은 단파장 x선(약 0.5 Å 이하)에 쓰이는 데 비해 미소량의 은을 포함한 황화 아연은 더 긴 파장들에 쓰인다.

강화 스크린을 결정 변형과 같은 연구에서처럼 Laue 반점에서 세세하게 자세한 것을 기록하는 것이 중요할 때는 사용해서는 안 된다. 그 까닭은 스크린은 있을 때는 반점을 그것이 정상일 때보다 더 흐리게 한다. x선을 맞는 스크린의 입자마다 **모든** 방향으로 광을 방출하므로 그림 8-5에서 제시한 것처럼 회절빔 자체로 검게된 영역 바깥에서도 필름은 검게 된다. 대부분 x선 필름은 이중으로 코팅이 되어 있고, 감광유제의 이 두 층이 충분한 두께의 필름막으로 나뉘어져 있기 때문에 이런 결과는 더욱 나빠진다. 강화 스크린을 사용하지 않아도 이중 코팅한 필름은 비스듬히 입사하는 빔이 만드는 회절 반점의 크기를 빔 자체의 횡단면보다 크게 한다. 극단적인 경우에 회절 반점은 그림 8-6에 보인 것처럼 외견상 두 개로 나타난다.

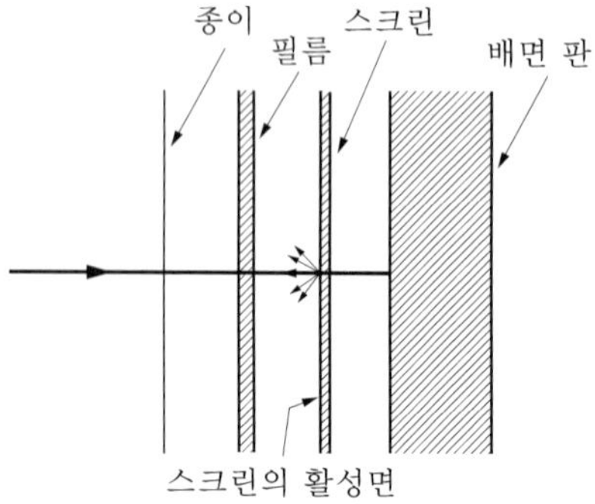

그림 8-5 필름과 강화 스크린의 배열(분해조립도)

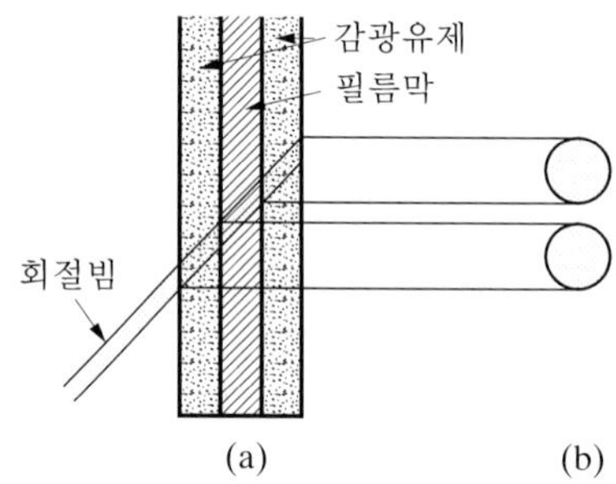

그림 8-6 이중 코팅필름이 Laue 반점의 외양에 미치는 영향: (a) 회절빔과 필름을 지나는 단면, (b) 필름 위의 이중 반점의 정면도

어떤 종류의 강화 스크린들이 회절에서가 아닌 x선 방사선 촬영에 일상적으로 쓰인다. 대부분 필름 제조사들은 방사선 촬영을 위해 고안한 한 종류 이상의 필름과 회절용으로, Laue나 분말법(7장) 용도로 또 다른 필름을 생산하고 있다. 회절필름은 감광이 더 빠르고 입자가 더 조대하다. 이 필름은 강화 스크린 없이 사용할 수 있도록 고안한 것이며 이런 사실을 강조하기 위해 흔히 'no screen'이라는 명칭이 붙는다.

1970년대 중반 이후에 얻은 대부분의 Laue 무늬는 강화 스크린을 갖춘 카메라에서 고속 Polaroid 필름에서 나왔다. 이런 필름은 광학 현미경의 용도로 고안한 것으로 현상이나 정착을 위해 수조가 필요치 않고, 아주 빠르고, 네가티브와 포지티브 영상을 모두 줄 수 있다. 다중선 x선 검출기[6.18], 영상저장 판[7.2-7.4], CCD(charge coupled device: 전하결합소자) 검출기는[6.19] Laue 무늬를 빠르게 얻고 디지털 형태로 얻는 데 쓰여 왔다. 이러한 기술을 바탕으로 한 측정장치는 생산 현장에서 찾을 수 있다.

8-3 시편과 지지대

명백하게 투과법을 위한 시편은 회절빔이 투과할 수 있도록 흡수가 충분히 낮아야 한다. 실제로 이 조건의 의미는 비교적 두꺼운 알루미늄과 같이 가벼운 원소로 된 시편들이 쓰일 수 있지만, 구리와 같은 상당히 무거운 원소의 두께는 식각으로 예를 들어, 수천분의 일 인치 정도로 낮추어야 한다는 것이다. 다른 한편으로 시편을 너무 얇게 해서는 안 된다. 그렇지 않으면 회절강도는 너무 낮을 것인데, 회절빔의 강도가 회절 재료의 부피에 비례하기 때문이다. 배면 반사법에서는 시편두께에 대한 제한은 없으며 꽤 덩치가 큰 시편들도 검사할 수 있는데, 회절빔이 시편에서 얇은 표면층에서만 나오기 때문이다. 두 가지 방법 사이의 차이점은 다른 방식으로 외우기 쉽게 기술할 수 있다: 배면 반사로 얻는 두꺼운 시편에 관한 어떠한 정보도 단지 그 시편의 얇은 표면층에만 적용하는 데 비해 투과무늬 위에 기록한 정보는 시편의 전 두께를 대표한다. 간단하게 왜냐하면 투과 시편은 회절빔이 그 단면의 모든 부위들을 투과할 만큼 충분히 얇아야 하는 것이 필요하기 때문이다. 이에 대한 더 자세한 논의는 14-5절을 보라.

사용 중인 시편 지지대는 아주 여러 가지이고, 각각의 지지대는 특정한 목적에 적합하다. 가장 간단한 것은 고정대 하나로 되어 있는데, 이 대에 시편을 왁스, 소상용 점토나 에폭시로 붙인다. 한 결정을 x선 빔에 특정한 어떤 방위로 놓는 것이 필요할 때는 더 정교한 지지대가 필요하다. 이런 경우에 3원 고니오미터(three-circle goniometer)가 쓰인다(그림 8-7). 이 기기는 세 개의 상호 수직인 회전축을 가지는데, 두 개는 수평면에 있고 한 개는 수직면에 있고, 결정을 꼭대기에 있는 짧은 금속봉의 끝에 접착제로 붙이고, 세 개의 가능한 어떠한 회전에서도 공간적으로 변위하지 않도록 제작한 것이다.

한 결정의 방위를 Laue 법으로 결정한 후 가끔 그 결정을 어떤 선택한 면을 따라 자를 필요가 있다. 그때는 그림 8-7의 것에 비해 더 육중한 고니오미터 지지대가 필요하다. 그러한 지지대는 Laue 카메라의 자리에서 빼낼 수 있고 결정방위를 훼손하지 않고 절단 기기 위에 같은 자리에 옮길 수 있는 것이다.

판 시편들을 조사할 때 빈번히 표면 위의 여러 점에서 회절무늬들을 얻어야 할 필요가 있으고, 이런 일에서는 시편을 노출 사이에 시편 표면의 면에서 직각인 두 방향으로 옮기는 것이 필요하며, 이 표면은 입사 x선 빔에 수직하다. 현미경의 기계적 구대(stage)는 레이저 광학용 부품들과 같이 이런 목적으로 쉽게 바뀔 수 있다.

예컨대, 다결정 덩어리에서 특정한 입자에서나 한 입자의 특정 부위에서 무늬를 얻고자 할 때와 같이 입사빔이 시편을 때리는 위치를 정확하게 알아야 할 필요가 흔히 있다. 이런 일은 종종 배면 반사 카메라에서는 필름과 시편 상의 거리가 짧기 때문에 다소 어려운 일이다. 방법 중 하나는 조준기를 통해 광선빔을 투사하고 시편 위에 빔의 입사점을 조준기 근처에 있는 거울이나

그림 8-7 세 개의 회전축을 갖는 고니오미터(Charles Supper Co.의 호의)

프리즘으로 보는 것이다. 더욱 더 간단한 방법은 뻣뻣하고 곧은 줄 하나를 조준기에 넣고 치과의사들이 사용한 종류의 봉의 끝에 직각으로 고정한 작은 거울로 그 줄이 시편 어디에 닿는 지를 본다.

8-4 조준기

여러 종류의 조준기가 온갖 종류의 x선 카메라에 쓰이는데, 그 기기의 기능을 이해하고 그 기기가 할 수 있는 것과 할 수 없는 것을 아는 것이 중요하다. '조준하다'는 글자 그대로 '평행하게 하다'를 뜻하며 완전한 조준기는 완전히 평행한 광선들로 되어 있는 한 빔을 생기게 한다. 그러한 조준기는 존재하지 않는다. 그 까닭은 본질적으로 방사선의 광원에 있는데, 모든 관은 가능한 모든 방향으로 방사선을 방출하고 싱크로트론 방사선도 어느 정도 발산성을 가지고 있기 때문이다.

가장 간단한 종류의 조준기를 고찰하자(그림 8-8). 이 기기는 두 개의 원형 조리개로 되어 있고, 직경이 d이고 간격이 거리 u이다. 여기서 u는 d에 비해 크다. 만일 S에 방사선의 점 광원이 있다면 조준기에서 나오는 빔의 모든 x선은 평행하지 않고 그 빔은 모양에서 원추형이고 최대 발산각 β_1은 공식으로

$$\tan\frac{\beta_1}{2} = \frac{d/2}{v} \tag{8-3}$$

이다. 여기서 v는 광원에서 출구 핀홀까지 거리이다. β_1은 언제나 아주 작으므로 이 관계는 공식으로 가깝게 근사하면

$$\beta_1 = \frac{d}{v} \quad \text{radian} \tag{8-4}$$

이다.

β_1을 작게 함으로써 빔을 더욱 평행하게 하는 그 무엇도 동시에 빔의 강도를 낮출 것이다. 그리고 입구 핀홀은 광원이 아주 작을 때 어떤 역할도 하지 않으며 뺄 수도 있다는 것에 주목한다.

실제 광원은 수학적으로 점이 아니고 실제에 있어서 만나는 x선 관들은 초점이 유한한 크기이며 일반적으로 모양이 사각형이다. 그러한 반점의 투영한 모양은 타깃에서 빔 사이의 (target-to-beam) 각이 작을 때 투영의 방향에 따라 작은 정사각형이거나 아주 폭이 좁은 선 중 하나이다(그림 1-17). 이것을 각각 점 초점 광원과 선 초점 광원으로 부른다. 그러한 광원은 x선들이 평행, 발산, 수렴하는 빔을 만들어 낸다.

그림 8-9는 투영한 광원 모양이 정사각형이며 높이가 h인 예를 나타내는데, 광원의 가장자리에서 온 수렴 x선들이 조준기의 중앙에서 교차한 후 발산한다. 이제 최대발산각은

$$\beta_2 = \frac{2d}{u} \quad \text{radian} \tag{8-5}$$

로 쓰고 조준기의 중앙은 이 발산 x선들의 가상 광원으로 생각할 수 있다. 조준기에서 나오는 빔은 평행과 발산 x선뿐 아니라 수렴 x선도 포함하고, 수렴의 최대각은

$$\alpha = \frac{d}{u + w} \quad \text{radian} \tag{8-6}$$

이고, 여기서 w는 출구 핀홀에서 결정까지 거리이다. 그림 8-9에 보인 광원의 크기는

$$h = d\left(\frac{2v}{u} - 1\right) \tag{8-7}$$

이다. 실제로 v는 흔히 u의 약 2배만큼 크고, 이 크기는 핀홀이 투영한 광원 크기의 약 삼분의 일일 때 그림 8-9에 기술한 조건들이 성립하는 것을 의미한다. 만일 h의 값이 식 (8-7)이 주는 값에 비해 작다면, 조건들은 그림 8-8과 8-9에 보인 값들 사이의 중간에 해당할 것이다. h가 영에 접근

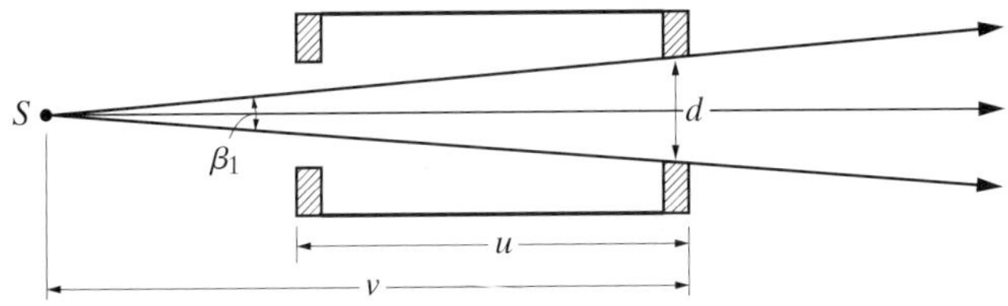

그림 8-8 핀홀 조준기와 작은 광원

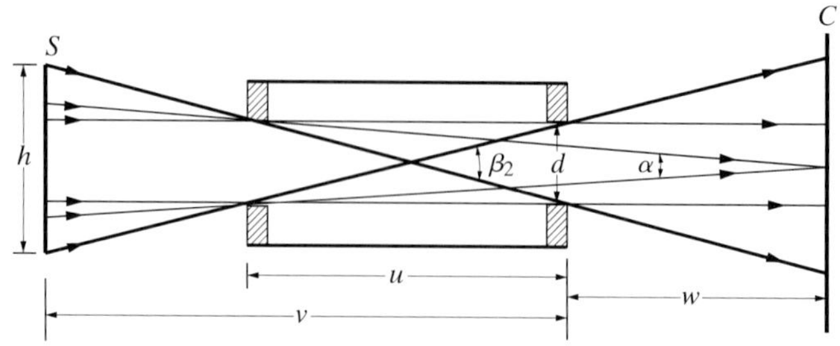

그림 8-9 핀홀 조준기와 큰 광원. S = 광원, C = 결정

하면 최대발산각은 식 (8-5)가 주는 값에서 식 (8-4)가 주는 값까지 감소하고 빔에서 평행 x선들의 비율과 최대수렴각은 둘 다 영에 접근한다. h가 식 (8-7)이 주는 값을 넘으면 그림 8-9에 나타낸 조건들 어느 것도 변하지 않고 광원의 크기에서 증가는 낭비한 에너지를 나타낸다.

투영한 광원의 모양이 가는 선일 때, 빔의 기하학은 서로 수직한 두 면의 극한 사이에서 변한다. 선 광원에 대해 직각인 한 면에서 형태는 그림 8-8에 나타내고 광원에 평행한 한 면에서 모양은 그림 8-9로 나타낸다. 광원의 면에서 발산하는 성분을 제외하면 빔은 다소 쐐기 모양을 한다. 선 광원의 길이는 식 (8-7)이 주는 값을 크게 초과하기 때문에 x선 에너지의 많은 부분이 이런 광원과 조준기의 배치로는 쓸모없게 된다.

실제 x선 빔들의 비평행성의 정도는 대표적인 값으로 d = 0.5 mm, u = 5 cm, w = 3 cm로 취하여 나타낼 수 있다. 그러면 식 (8-5)는 $\beta_2 = 1.15°$ 그리고 식 (8-6)은 $\alpha = 0.36°$를 준다. 이 값은 물론 예를 들면 핀홀 크기를 줄여서 작게 할 수 있지만 이런 감소는 빔 강도가 감소하고 노출시간이 증가하는 대가를 치르고 얻을 수 있는 것이다.

대부분의 카메라 조준기는 Laue와 분말 사진용 둘 다 직경에서 약 1 mm인 빔을 만들어 낸다. 매우 작은 빔은 특별한 용도를 위한 **미소카메라**에서 쓰인다(7-9절).

8-5 LAUE 반점의 모양

나중에 보이겠지만, Laue 반점들은 회절하는 결정이 변형하면 흐려진다. 하지만 여기서는 완전하고 변형하지 않은 결정들에서 얻은 반점들의 모양에 관심이 있다. 이 모양은 입사빔의 성질로, 즉 이 빔의 수렴이나 발산으로 대단히 영향을 받으며 이런 사실을 인지하는 것이 중요하다. 그렇지 않으면 '이상한' 모양의 Laue 반점들을 결정 변형의 증거로 틀리게 취할 수 있다.

먼저 투과 경우를 고찰하는데, 결정은 얇고 입사점에서 초기 빔의 단면에 비해 더 크다고 가정한다. 만일 이 빔이 대부분 발산한다면, 실제로 일반적인 경우인데(그림 8-8이나 8-9), 집중작용은 회절 상에서 일어난다. 그림 8-10은 입사빔과 어떤 회절빔을 지나는 단면이다. 입사빔은, 그 빔의 어떠한 점에서도 단면은 원형인데, 작은 한 실제나 가상의 광원에서 나오는 것을 나타낸다. 도면에 놓여 있는 입사빔의 각 x선은 약간 서로 다른 Bragg 각으로 회절하고, 이 각은 A에서 최대이었다가 B를 향해서 점차로 감소한다. 그러므로 최하부의 x선들은 상부 광선들에 비해 더 큰 2θ 각으로 편이하여 그 결과로 회절빔은 F에 한 초점으로 수렴한다. 이런 현상은 도면에 있는 x선들에서만 사실이다. 직각인 한 면에 있는 x선들은 회절 후에 계속해서 발산하여 그 결과로 회절빔은 단면에서 타원형이 된다. 필름은 서로 다른 회절빔들을 결정에서 서로 다른 거리에서 교차하고, 그 결과 그림 8-11에 보인 것과 같이 여러 가지 크기의 타원형 반점들이 나타난다. 이 그림은 Laue 무늬의 스케치가 아니라 반점 크기와 모양을 필름의 한 사분면 위에 반점의 위치의 함수로 나타낸 도해이다. 반점은 모두 타원형이고 그 점의 단축은 방사 방향으로 정렬하며 무늬에서 중심과 가장자리 근처의 반점들은 중간 위치에 있는 것들에 비해 두터운데, 후자는 그 초점 부근의 빔들이 만든 것이다. 그림에서 보인 모양을 보이는 반점들은 꽤 흔하고 그림 3-10(a)는 한 예이다.

배면 반사에서는 집중은 일어나지 않고 발산 입사빔은 회절 후에 계속해서 모든 방향으로 발산한다. 그러므로 배면 반사 Laue 반점들은 무늬의 중심 근처에서 다소 원형이고 필름 위에 광선

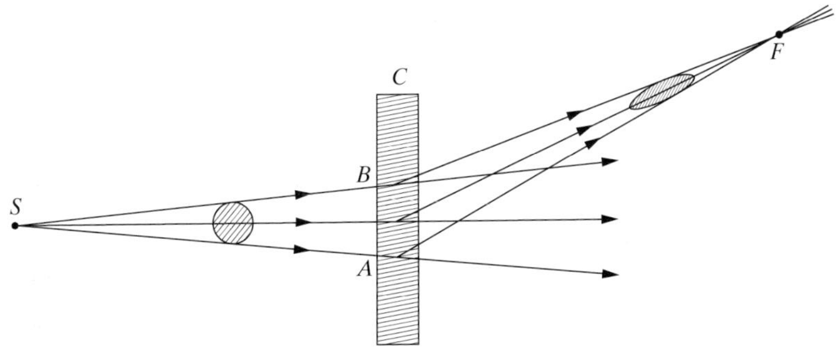

그림 8-10 투과 Laue 법에서 회절빔의 집중. S = 광원, C = 결정, F = 초점

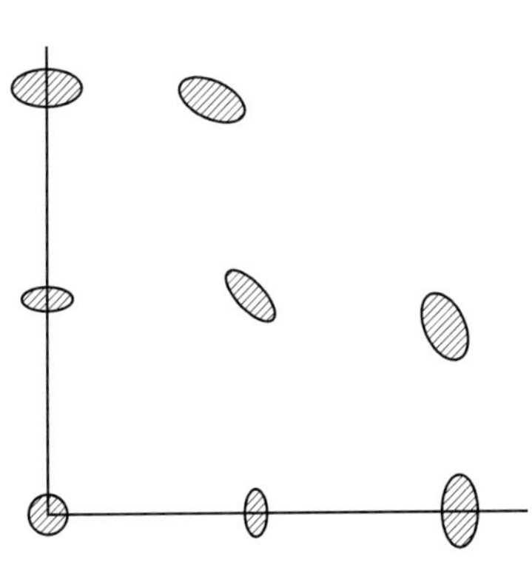

그림 8-11 위치의 함수로 나타낸 투과 Laue 반점의 모양

들이 비스듬하게 입사하므로 가장자리로 갈수록 타원형이 되며, 타원들의 장축은 대략 방사상이다. 그림 3-10(b)는 전형적이다.

문 제

*8-1 투과 Laue 무늬를 40 kV 텅스텐 방사선으로 알루미늄 결정에서 얻는다. 필름은 결정에서 5 cm에 있다. 면간거리가 최대인 회절면, 즉 (111)과 면간거리가 다음으로 큰 면, 즉 (200)에서 생긴 Laue 반점은 무늬의 중심에 얼마나 가깝나?

8-2 투과 Laue 무늬를 시편에서 필름거리를 5 cm로 하여 알루미늄 결정에서 얻는다. 결정의 (111) 면이 입사빔과 3°의 각을 만든다. 111 반사를 일으키기 위해 어느 정도의 최소 관 전압이 필요한가?

*8-3 (a) 배면 반사 Laue 무늬를 50 kV에서 알루미늄 결정에서 얻는다. (111) 면은 입사빔과 88° 각을 만든다. 몇 차의 반사가 이 면에 회절한 빔에 존재하는가? (2.0 Å보다 긴 파장은 너무 약하고 공기에 쉽게 흡수하여 필름에 기록하지 않는다고 가정한다.)

b) 만일 관 전압을 40 kV로 낮추면 몇 차의 111 반사가 존재하는가?

제 9 장 X선 회절로 한 상 동정

9-1 서언

하나의 물질은 순수한 상태이든지 혼합물 중 한 성분이든지 간에 언제나 특정한 회절무늬를 만든다. 이 사실이 화학 분석을 위한 회절법의 기초이다. 어떤 특정한 물질의 **정성 분석**은 그 물질의 회절무늬를 동정하면 끝날 수 있다. 또 혼합물의 한 상에서 생기는 회절선들의 강도는 시료 중에서 그 상이 차지하는 비율에 의존하므로 **정량 분석**이 가능하다.

회절 분석의 특별한 이점은 물질의 존재를 구성 화학 원소로서가 아닌 **시료 내에 실제로 있는 것으로 알 수 있게 한다**. 예를 들면, 시료가 A_xB_y인 화합물을 포함한다면 회절법은 A_xB_y의 존재를 그대로 보여주는 데 반해, 보통 화학 분석은 원소 A와 B가 있다는 것만을 보여줄 것이다. 더군다나, 시료가 A_xB_y와 A_xB_{zy}를 둘 다 포함한다면, 두 화합물을 모두 회절법으로 밝혀낼 수 있지만, 화학 분석은 A와 B가 있다는 것만을 보여줄 것이다.[1] 다른 예를 생각한다면, 보통 탄소강의 화학분석은 이 철강에 포함한 철, 탄소, 망간 등의 양을 알 수 있게 하지만, 어떤 상이 있는지는 알려주지 않는다. 문제는 강이 전부 마르텐사이트인지, 마르텐사이트와 오스테나이트를 포함하는 지,

---

1) 물론, 만일 시료가 A와 B만을 포함한다면, 그리고 만일 이 성분은 각기 완전한 하나의 결합 형태로 있다고 가정해도 좋다면, A_xB_y와 A_xB_{zy}의 존재는 시료에서 A와 B의 양을 근거로 계산하여 밝힐 수 있다. 그러나 이 방법을 보통 적용할 수 없고, 시료의 구성에 관한 사전 가정이 언제나 필요하다. 예를 들어, A, A_xB_y, B로 되어 있는 시료에 존재하는 A와 B의 총량을 결정해도 A_xB_y의 존재를 정성적으로나 정량적으로 알 수 없다.

페라이트와 시멘타이트만으로 되어 있는 지이다. 이와 같은 문제를 회절법으로 해결할 수 있다. 다른 하나의 다소 분명한 회절 분석 응용은 동일 물질로 된 여러 동소체(allotropic modification)를 구별하는 것이다: 예컨대 고체 실리카는 한 종류의 비정질과 여섯 종류의 결정질 변종이 있고 이 7개 종류의 물질에서 얻은 회절무늬는 모두 다르다.

그러므로 회절 분석은 연관한 원소의 화학적 조합의 상태나 이들이 존재하는 특정한 상을 알아야 할 경우에는 도움이 된다. 그 결과 회절법은 광석, 점토, 내화물, 합금, 부식물, 소모물, 산업 분진들의 물질을 분석하는 데 널리 쓰인다. 보통 화학 분석과 비교하여, 회절법은 아주 빠르고, 시료가 아주 작은 양만 필요하고, 비파괴적인 추가적인 이점이 있다. Klug와 Alexander [G.17], Jerkins와 Snyder[G.25]는 x선 회절로 하는 화학 분석에 관해 상세하게 다루고 있다.

9-2 기본 원리

물질의 분말무늬는 그 물질에 속하는 고유한 것이며 물질을 알아낼 수 있는 일종의 지문을 만든다. 상당히 많은 물질에서 회절무늬를 모은 자료집으로 미지의 물질을 동정하는데, 이 물질의 회절무늬를 기록한 다음 알려진 무늬의 자료 속에서 그 무늬와 정확히 일치하는 것을 골라낸다. 알려진 무늬의 수집물은 아주 유용하기는 하지만, 꽤 많다. 따라서 일치하는 것을 찾기 위해 무늬 대 무늬로 순서대로 비교하는 것은 전혀 불가능하다.

미지의 것과 일치하는 것을 빠르게 찾기 위해서는 알려진 회절무늬들을 분류하는 일종의 체계가 필요하다. 그러한 체계는 1936년 Hanawalt[9.1]가 고안하였다. 어떤 한 분말무늬는 한 조의 회절선 위치 2θ와 한 조의 상대 회절선 강도, 즉 무늬에서 강도가 최대인 피크의 I_1에 비교하여 비율을 정한 I/I_1로 특징을 나타낸다. 그러나 선의 각위치는 사용한 파장에 의존하고 더 근본적인 양은 개개의 선을 만든 격자면의 거리 d이다. 그래서 Hanawalt는 각각의 무늬를 회절선들의 d와 I 값들을 표로 만들어 기술하고, 알려진 무늬들을 무늬에서 가장 강한 선의 d 값들이 감소하게 배치하기로 결정했다. 이런 배치는 원하는 무늬를 빠르게 찾는 검색절차를 가능하게 했다. 추가로 무늬를 해결하는 문제를 피했고 그 방법은 관련 물질의 결정구조를 모를 때도 쓰일 수 있었다.

9-3 분말 회절 파일

기지의 무늬들을 집대성하는 작업은 Hanawalt, Rinn, Frevel[9.1]이 Dow Chemical 사에서 시작하였다: 이들은 약 1000개의 상이한 물질에 관한 회절 자료를 얻어서 분류했다. 이 자료들은 광범위한 산업에서 중요한 잠재적인 가치가 있다는 것이 곧 명백해졌고 1941년 시작할 즈음 미국 재료시험협회(The American Society for Testing and Materials)를 포함하여 여러 기술 협회가 회절 자료를 획득하고 배포하는 데 협력하기 시작했다. 1941년에서 1969년까지 ASTM은 상당한 부피의 자료를 3 3 5 in. 파일 카드로, 각 무늬마다 카드 한 개로 발행했고 팔았다. 1969년 이후 이런 활동은 분말 회절 표준합동위원회(The Joint Committee on Powder Diffraction Standards, JCPDS)가 수행하였고 이 위원회는 1978년에는 국제회절자료센터(The International Centre for Diffraction Data, ICDD)로 이름이 바뀌었다[9.2]. 대략 3백명의 전 세계 과학자가 이 센터에 참여하고 있다. 1995년에 분말 회절 파일(Powder Diffraction File, PDF)은 거의 62,000개의 회절무늬를 45 조에 포함하였고 매년 새로운 한 조의 약 2000 무늬를 더하고 있다. 포함한 물질로는 원소, 합금, 무기 화합물, 광물, 유기 화합물, 유기금속 화합물이 있다.

Hanawalt 법

한 가지 이상의 물질이 가장 강한 선과 둘째로 가장 강한 선에서도 d 값이 같거나 거의 같을 수 있기 때문에 Hanawalt는 각각의 물질은 가장 강한 세 개 선의 d 값, 즉 가장 강한 선, 둘째로 가장 강한 선, 셋째로 가장 강한 선 각각의 d_1, d_2, d_3가 특징임을 결정했다. d_1, d_2, d_3의 값은 상대강도와 함께 보통 모르는 물질에서 무늬의 특징을 나타내고 파일에서 해당 무늬를 찾게 하는 데 충분하다. 원래 ASTM 파일의 각 부문이나 조에서는 카드들을 어떤 범위의 d_1 거리들로 특징을 나타내고 조의 숫자나 그 조 내에서 카드 숫자로 동정하는 그룹들로 배열하였다. 각 그룹, 예를 들면 2.29에서 2.25 Å 에 이르는 d_1 값을 포함하는 그룹 내에서 카드들을 d_1보다는 d_2 값이 감소하게 배치했다. 같은 그룹에서 여러 개의 물질이 똑같은 d_2 값을 가질 때는 d_3 값이 감소하는 순서를 따랐다. 그룹들 자체는 배열을 d_1 범위가 감소하는 순서로 했다. 하지만 카드의 수가 증가했기 때문에 카드 검색을 직접 다루기가 힘들게 되었고 이런 일은 파일이 늘면서 더욱 귀찮은 것임을 알게 되었다. 따라서 JCPDS는 카드가 d_1 값을 따르게 하기보다는 각 조에서 무질서하게 숫자를 매기거나 시대별로 숫자를 매기고, 그룹으로 배치한 카드 조들을 대체하기 위해 Hanawalt 검색 편람을 사용하기로 결정했다.

PDF에서 전형적인 한 카드를 그림 9-1에서 재현한다. 더 나은 자료가 구해지면 많은 사례에서 새로운 무늬는 예전의 무늬를 대신하였다. 이런 이유로 오래된 조의 카드에서 빈자리들이 있다. 개별의 3 × 5 in.(8 × 13 cm) 카드는 더 이상 나오지 않는다. 그 대신 이 카드들을 무기물과 유기물 부문으로 모아서 다음의 형태로 찾을 수 있다:

마이크로필름 카드. 카드들을 사진법으로 축소하여 4 × 6 in.(10 × 15 cm) 판의 사진필름(microfiche)으로 뜨지만, 이 형식은 점차 쓰이지 않는다.

책자. 1에서 45에 이르는 조에서 카드들을 한 쪽에 세 개씩 책의 형태로 재현했다. 이 책은 이 조들의 모든 카드를 무기물과 유기물로 포함하였다. 한 권당 조의 수는 새로운 무늬들이 더해지는 속도가 증가하면서 감소하였다.

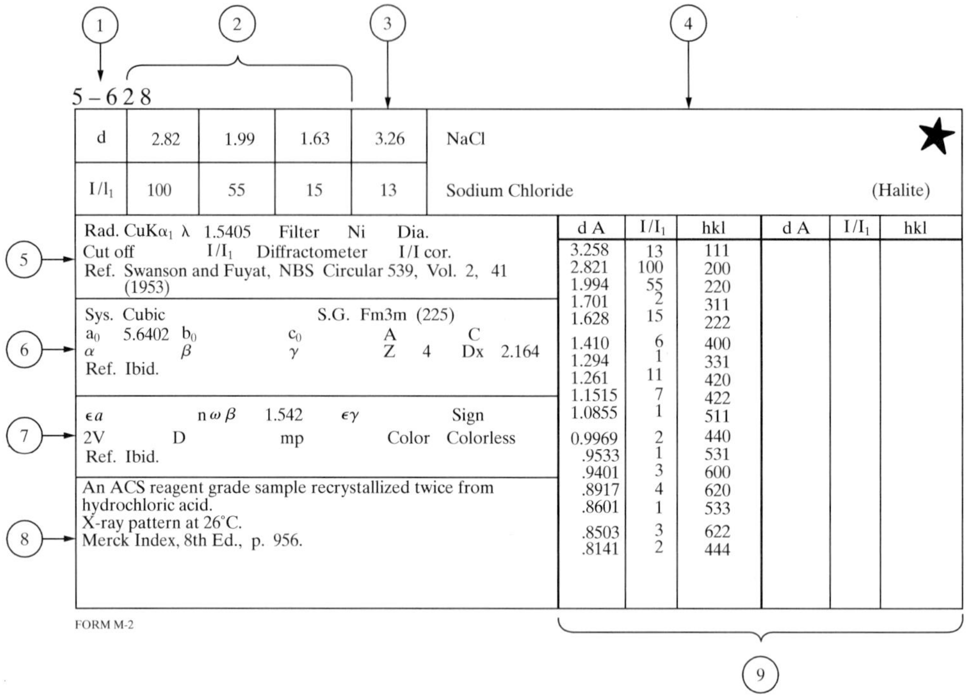

그림 9-1 염화나트륨의 표준 3 × 5 in. ICDD 회절 자료 카드(5조의 카드 628). 카드에 나타나 있는 것은 1(파일번호), 2(세 개의 가장 강한 선), 3(가장 낮은 각의선), 4(화학식과 물질명), 5(사용한 회절법에 관한 자료), 6(결정학 자료), 7(광학과 기타 자료), 8(시료에 관한 자료), 9(회절무늬)이다. 강도는 무늬의 가장 강한 선의 강도, I_1의 백분율로 나타낸다. 대부분 카드는 자료의 품질을 나타내는 부호가 오른쪽 위 모퉁이에 있다: *(고품질), *i*(지수를 매긴 선, 강도는 매우 신뢰할만함), *c*(계산무늬), *o*(낮은 신뢰도). (International Centre for Diffraction Data의 호의)

자기 테입. 여러 가지 형식이 서로 다른 테입 구동장치와 컴퓨터 운영체제들에 대해서 사용 가능하지만 이 매체들도 소프트웨어가 CD로 배포되기 시작하면서 쓸모없게 되었다.

CD-ROM. 이 매체는 기록 레이저로 쓴 홈들의 형태에서 반사한 저출력의 레이저 광으로 읽는 광학 원반이다. 한 원반은 전형적으로 680 Mbyte의 자료를 저장할 수 있고 CD 기술은 원래 소비자 음향 전자기기용으로 개발한 것이기 때문에 아주 비용 효과가 높고 PDF와 같은 데이터베이스들에 우수한 성능을 제공한다.

많은 상인이 특정한 회절무늬에 대해 수치, 알파벳 순이나 다른 방법들을 사용하여 컴퓨터를 기반으로 한 PDF의 형식을 검색하는 소프트웨어를 제공한다.

1. 알파벳순. 물질들은 이름에서 알파벳 순으로 목록에 실린다. 이름에 따라 화학식, *d* 값과 세 개의 가장 강한 선의 상대강도, 카드의 파일번호를 준다. 모든 입력은 완전히 교차하게 색인을 단다. 즉, '염화나트륨' 과 '염화:나트륨' 둘 다 목록에 실린다: 이런 편람은 연구자가 시료의 화학 조성이 무엇인지를 안다면 유용하다.

2. 수치적. 물질들은 가장 강한 세 개의 선의 d 거리로 목록에 실리고 d 거리와 강도를 각각의 물질에서 모두 8개의 선에 준다. 또 화학식과 파일번호를 포함한다. 각각의 물질은 현재 $I_2/I_1 > 0.75$와 $I_3/I_1 \leq 0.75$이면 두 번(d_1, d_2와 d_2, d_1) 목록에 실린다. 만일 $I_3/I_1 > 0.75$와 $I_4/I_1 <$ 0.75이면, 물질은 세 번(d_1, d_2: d_2, d_1: d_3, d_1) 목록에 실린다. $I_4 > I_1$일 때는 무늬가 네 번 나타난다 (d_1, d_2: d_2, d_1: d_3, d_1: d_4, d_1). 모든 기입사항은 목록에 실린 첫째 면간거리에 따라서 그룹들로 나뉜다. 각 그룹 내에서 배치는 목록에 실린 둘째 면간거리가 감소하는 순서이다. 이런 추가 목록들(둘째 가장 강한 선을 첫째로 한 목록과 셋째로 가장 강한 선을 첫째로 한 목록)을 만드는 목적은 복잡한 요인들로 미지의 물질의 가장 강한 세 개의 선의 상대강도가 변할 때도 사용자가 미지의 물질을 검색 편람의 한 기입사항과 맞는 것을 찾아낼 수 있도록 하는 것이다.

Fink 법

Fink법[9.3]은 자료 파일을 수치 검색을 하는 것으로 강도보다 d 거리에 더 의존한다. 이 방법은 원래 전자 회절무늬들에 사용하려고 고안했는데, 여기서 관측한 선 강도는 언제나 구조에 직접 관계하지 않으며, 언제나 물질 동정에 신뢰할 수 있는 지침은 아니다. 때로 미지의 한 상을 Hanawalt 지수를 사용하여 확인하는 것이 어려울 때 Fink 지수를 사용하는 것은 도움이 된다. 고체 시료들에서 우선방위가 상당한 양으로 존재하는 경우가 한 예고, 여기서 강도들은 분말 회절 파일에서 예견할 수 있는 것들에 부합하지 않는다.

Fink 법 검색 편람에서, 이 편람은 무기 화합물만을 포함하는데, d 거리와 강도가 각각의 물질에서 가장 강한 8개의 선까지 목록에 실린다. 목록에 실리는 순서는 가장 강한 네 개의 선이 결정한다. 각 물질은 실린 가장 강한 네 개의 선 중 하나를 첫째로, 다른 선은 d 값이 내려가는 순서대로 하여 네 번씩 24개의 세트와 그 후에 나온 세트(초기 세트에는 여섯 번씩)에 실린다.

9-4 절차

미지의 물질을 확인하는 것은 회절무늬를 기록하는 것으로 시작한다. 시료 준비는 입도를 작게 하고 우선방위를 최소화해야 하는데, 이런 준비는 상대 선 강도를 그것의 정상적인 값과는 전혀 다르게 할 수 있다. 상대 선 강도는 어느 정도 파장에도 의존한다는 것에 주목한다. 이 사실은 관측한 무늬를 다른 한 파장으로 얻은 자료 파일의 것과 비교할 때 반드시 명심해야 한다. 파일에 있는 대부분의 무늬는 철을 함유하는 물질의 것들을 제외하고는 Cu $K\alpha$ 방사선으로 만든 것이다.

회절무늬를 Hull/Debye–Scherrer 카메라, Guinier 카메라나 회절기로 기록할 수 있다. 여기서 다시 선 강도들은 장치에 의존한다. 특히 흡수효과는 Hull/Debye–Scherrer 무늬에서 고각선을 저각

선에 비해서, 회절기로 기록하는 것보다 4-10절에 보인 것과 같이 더욱 강하게 한다.

미지의 물질의 무늬를 준비한 다음에는 그 무늬의 각 선에 해당하는 d 거리를 계산한다. 만일 회절무늬를 필름 상에서 얻었다면, 상대 선 강도를 일반적으로 눈으로 가장 강한 선을 100으로 하여 가장 약한 선을 10이나 5로 낮게 한 비율로 평가한다. 만일 농도계를 사용할 수 있다면, 이 기기는 더 정확한 회절강도의 값을 제공하는 데 쓰일 수 있다. 회절기로 기록한 자료에 대해서 배경은 각 피크의 I_1/I_1을 계산하기 전 피크강도에서 반드시 빼야 한다. 일반적으로 지정한 시료에서 배경은 회절각에 따라 달라진다. 컴퓨터로 적분하는 현대적인 회절기는 일반적으로 피크 위치(각과 d 거리)를 동정하고 피크의 상대강도를 계산하는 소프트웨어를 가진다.

d와 I/I_1의 실험 자료를 표로 만든 후 미지의 물질을 다음 순서로 동정할 수 있다:

1. 수치 검색 편람에서 적합한 d_1 그룹의 위치를 찾는다.
2. 둘째 행에 있는 d 값을 읽어서 d_2에 가장 가깝게 맞는 짝을 찾는다. (실험 d 값과 도표에 있는 d 값을 비교하는데, 언제나 값들의 어떤 조가 ±0.01 Å는 다를 수 있는 가능성을 허용한다.)
3. 가장 가까운 일치를 d_1, d_2, d_3에서 찾은 다음 그것의 상대강도를 도표에 있는 값과 비교한다.
4. 검색 편람에 실린 선들에서 잘 일치하는 것을 찾으면 이것에 맞는 PDF 카드의 위치를 찾아서 관측한 모든 선의 d와 I/I_1를 도표에 나와 있는 것과 비교한다. 완전히 일치할 때 동정은 끝난다.

9-5 단상 시료의 동정

미지의 시료가 단상일 때 검색 절차는 비교적 간단하다. 예를 들어 표 9-1에 기술한 무늬를 고찰하자. 이 무늬를 Cu $K\alpha$ 방사선과 Hull/Debye–Scherrer 카메라로 얻었다: 선 강도는 어림하였다. d_1, d_2, d_3의 실험값은 각각 2.82, 1.99, 1.63 Å이다. 수치 검색 편람을 조사하면 가장 강한 선은 d_1 값의 2.82–2.80 Å 그룹 내로 떨어지는 것을 알 수 있다. 이 그룹에서 목록에 실린 d_2 값을 조사하면 27개의 물질이 d_2 = 1.99 Å이지만 이 물질 중 오직 5개만 d_1 = 2.82 Å이다는 것을 알아 낼 수 있다. 이 5개에 관한 자료는 편람에 있는 형식으로 표 9-2에 나오며 5개 중 오직 NaCl만이 d_3 = 1.63 Å이다. 이 물질의 가장 강한 세 개의 선의 실려 있는 강도는 관측강도들과 아주 잘 일치하는 것에 주목한다. 편람에 실린 다른 다섯 개의 선의 자료도 마찬가지이다. 그림 9-1에 재현한 PDF 카드 5-628로 돌아가서 거기에 나온 무늬 전체와 관측한 것을 비교한다. 전반적으로 잘 일치하지만 불일치한 것이 약간 있고 이를 NaCl로 한 동정을 받아들이기 전에 해소해야 한다. 이런 불일치는 다음과 같다:

표 9.1 미지의 무늬

d(Å)	I/I_1	d(Å)	I/I_1
3.25	10	1.00	20
2.82	100	0.95	5
2.18	5	0.94	20
1.99	60	0.89	20
1.71	5	0.86	5
1.63	30	0.85	20
1.42	20	0.82	10
1.25	30	0.79	10
1.15	30	0.78	20
1.09	5		

표 9.2 ICDD Hanawalt 검색 편람의 일부*

QM	가장 강한 반사								PSC	화학식	광물명, 일반 명칭	PDF #	I/I_c
*	**2.82_x**	**1.99_3**	**3.99_2**	1.63_2	1.41_1	1.26_1	1.07_1	1.78_1	cP5	$Ca_{0.6}Sr_{0.4}NbO_3$		47-35	7.05
	2.82_x	**1.99_9**	**3.26_8**	1.63_7	1.41_1	1.26_1	1.15_1	1.73_1	cF8	PdO		46-1211	
*	**2.82_9**	**1.99_x**	**2.30_6**	1.41_4	1.63_2	0.89_1	1.20_1	1.15_1	cP5	$KMgF_3$		18-1033	0.90
*	**2.82_x**	**1.99_6**	**1.63_2**	3.26_1	1.26_1	1.15_1	0.94_1	0.89_1	cF8	NaCl	암염, 합성	5-628	
c	**2.82_x**	**1.99_x**	**1.99_8**	1.26_3	1.63_2	1.15_2	0.94_1	1.41_1	cP2	BePd		18-428	

* 수치 검색 편람에서 발췌함(무기 화합물, Hanawalt 검색 편람, 조 1-48, 1998). 여러 품질 표시(QM)는 그림 9-1에 나와 있다. 가장 강한 세 개의 선은 굵은 글씨로 나타난다. 강도(반올림한)는 첨자 x = 100과 아래 첨자 9, 8, 7 ... = 90, 80, 70...로 보이고 있다. PSC는 Pearson Bravais 격자 연상기호로 되어 있고 단위포 내 원자의 수가 그 다음에 온다: C는 입방, F는 면심, P는 단순을 의미한다. I/Ic 비는 강옥의 육방 반사 113의 피크강도에 대해 그 상의 무늬의 가장 강한 피크강도의 비로 준다.

1. d = 2.18 Å인데, 매우 약한 한 선은 파일 카드에는 실려 있지 않으나 관측이 된다. 계산하면 이 선은 필터로 없어지지 않은 Cu $K\beta$ 방사선의 220 반사인 것을 알 수 있다. 더 강한 200 반사도 $K\beta$선을 생기게 하지만 이 $K\beta$선은 111 $K\alpha$선 위에 떨어지고, 따라서 따로 볼 수 없다는 것에 주목한다.
2. 331선(d = 1.294 Å)은 파일 카드에 실려 있으나 관측이 되지 않는다. 하지만 이 선의 강도는 아주 낮을 것으로 예상한다.
3. 두 개의 고각선(d = 0.79와 0.78 Å)은 관측이 되지만 PDF 카드에는 실려 있지 않다. 흔히 파일 카드 자료들은 허용 가능한 가장 높은 2θ의 값까지 미치지 않는다. 하지만 이 선들은 711-551과 640의 선으로 지수를 붙일 수 있고, 이 지수들은 FCC 순서에서 444 다음으로 예상하는 선들이다.

4. 다섯째 관측선 다음부터 Hull/Debye–Scherrer 무늬의 관측강도는 모두 회절기로 얻은 파일 무늬의 강도에 비해 더 크다. 이 차이는 9-4절에 언급한 것처럼 흡수효과 때문이다.

이제 그 불일치를 이해할 수 있기 때문에 시편을 NaCl로 동정하는 것은 끝나거나, 더 정확하게는 그 자료는 NaCl과 일치하며 파일에 있는 어떤 다른 상과는 그렇지 않다. 하지만 모든 동정이 이 예만큼이나 결정적이지 않다. 여러 개의 설명하지 못하는 약한 선들은 흔히 미지의 불순물 때문인 것으로 가정한다. 따라서 주 성분의 동정은 좀 임시적이고 이 동정의 신뢰성은 연구자의 판단과 경험에 달려 있다. 그리고 9-8절을 보라.

작은 d 거리는 짧은 배면 반사선에 대응하기 때문에 그 선은 d 거리가 긴 것에 비해 더 정밀한 측정이 가능하다(13-1절). 그러므로 약 1 Å 보다 짧은 거리는 표 9-1에 있는 것처럼 0.01 Å 까지보다는 0.001 Å에 가장 가깝게 계산하여 파일에 있는 자료와 더 잘 일치하도록 한다.

9-6 혼합물에서 상 동정

이제 분석은 더 복잡하지만 불가능하지 않다. Cu $K\alpha$ 방사선과 회절기로 얻은 표 9-3에 있는 무늬를 고찰하는데, 이 무늬에서 $d_1 = 2.09$ Å, $d_2 = 2.47$ Å, $d_3 = 1.80$ Å이다. d_1 그룹의 2.09에서 2.05 Å에 있는 수치 지수를 조사하면 여러 개의 물질이 2.47 Å 부근에 d_2 값이 있다는 것을 알 수 있지만 가장 강한 세 개의 선은 함께 취급하면 미지의 물질의 것과 일치하는 경우는 없다. 이런 난국은 미지의 물질이 실제로 상들의 한 혼합물이고 미지의 물질의 무늬에서 가장 강한 세 개의 선이 모두 동일한 물질에서 생긴 것이라고 가정하는 것이 틀리다는 것을 제시한다. 가장 강한 선(d = 2.09 Å)과 둘째로 가장 강한 선(d = 2.47 Å)이 두 개의 서로 다른 상에서 생기고 셋째로 가장 강한 선(d = 1.80 Å)은 가령 1차상 때문인 의한 것으로 가정하자. 다시 말하면 $d_1 = 2.09$ Å과 $d_2 = 1.80$ Å은 한 개의 상의 것으로 가정한다. d_1 값들의 동일한 그룹의 검색은 이제 $d_2 = 1.80$ Å 근처에서 하면 구리의 회절무늬, PDF 카드 4-0836의 가장 강한 세 개의 선과 미지의 물질의 무늬에서 세 개의 선이 일치하는 것을 밝힐 수 있다. PDF 카드 4-0836으로 돌아가면, 표 9-4에 기술한 구리 무늬의 모든 선은 표 9-3에 있는 별 표시한 선들, 즉 미지의 물질의 무늬와 일치한다.

그러므로 만일 선들의 나머지를 어떤 다른 물질로 할당할 수 있다면 혼합물의 한 상은 구리임을 알 수 있다. 이 남는 선이 표 9-5에 실린다. 관측한 모든 강도를 정규화 인수 1.39로 곱하여 가장 강한 선의 강도를 100으로 올린다. 지수와 PDF를 일반적인 방식으로 검색하면 이 남은 선은 산화 제1 구리의, 표 9-5의 우측에 준 무늬와 일치하는 것을 밝힐 수 있다. 그러므로 미지의 물질은 구리와 산화 제1 구리의 혼합물인 것을 알 수 있다.

혼합물들의 분석은 한 상의 한 선이 다른 것의 한 선과 겹칠 때와 이런 합성 선이 미지의 물질의 무늬에서 가장 강한 세 개의 선 중 하나일 때는 한층 더 어렵게 된다. 보통의 절차는 어떤 d 값

표 9.3 미지 시료의 회절무늬

d(Å)	I/I_1	d(Å)	I/I_1
3.01	5	1.22	4
2.47	72	1.08*	20
2.13	28	1.04*	3
2.09*	100	0.98	5
1.80*	52	0.91*	4
1.50	20	0.83*	8
1.29	9	0.81*	10
1.28*	18		

표 9.4 구리의 회절무늬

d(Å)	I/I_1
2.088	100
1.808	46
1.278	20
1.0900	17
1.0436	5
0.9038	3
0.8293	9
0.8083	8

은 일치하지만 모든 강도가 일치하지 않는다는 점에서 한 개의 상을 아주 임시적으로 동정하는 결과를 낼 뿐이다. 이것은 그 자체로 선이 중첩한다는 증거이다. 어떠한 중첩한 선도 두 개의 부분으로 분리할 수 있으므로 그러한 무늬를 d 값에서 상 X의 것과 일치한 선을 분리하여 해결할 수 있다. 한 부분은 상 X로 배정하고 나머지는 남은 확인하지 못한 선들과 함께 이전 예에서처럼 처리한다.

복수의 중첩하는 피크를 포함하는 무늬를 분석하기 위해서는 얼마나 많은 강도가 각각의 개별의 상에서 오는 지를 세심하게 추적하는 것이 필요하다. 이런 일은 스프레드시트를 사용하거나 아래에 개설한 도표로 도시-재도시하는 방법으로 할 수 있다[9.4]. 이러한 감하는 방법에서 단계는 다음과 같다:

1. 미지의 혼합물에 대한 I/I_1 대 d의 '막대' 도표를 그린다. 아마도 가장 유용한 도표는 I/I_1 대 $\ln d$이고, 이를 반 로그지 위에서 쉽게 만들 수 있다. 이 도표는 여러 가지의 회절기 오차에서 생기는 계통적인 피크 이동을 쉽게 파악하게 한다. I/I_1는 약 10이나 20개의 증분이면 충분하다.
2. 있음직한 가능성('세 개의 가장 강한 선', 한 선험적 지식, 예감)을 선택하고 PDF 카드를 기초로 이렇게 찾은 것의 '막대' 도표를 그린다.

표 9.5

미지의 무늬의 나머지			Cu_2O의 무늬	
	I/I_1			
d(Å)	관측	정규화	d(Å)	I/I_1
3.01	5	7	3.020	9
2.47	72	100	2.465	100
2.13	28	39	2.135	37
			1.743	1
1.50	20	28	1.510	27
1.29	9	13	1.287	17
1.22	4	6	1.233	4
			1.0674	2
0.98	5	7	0.9795	4
			0.9548	3
			0.8715	3
			0.8216	3

3. '조각 맞추기' 수수께끼를 선들의 중복을 참작하여 해결한다.
   a. 도표로 만들어 혼합물에서 첫째로 동정한 상의 상대강도들을 뺀다. 무늬를 맞추어 보기 위해서 동정한 상을 정규화하는 것을 바꾸어야 할 필요가 있다는 것에 유념한다: 혼합물의 가장 강한 피크는 동정한 상의 100% 피크가 아닐 수 있다.
   b. 남은 선(즉, 강도가 영이 아닌 선)을 다시 그리고 최대피크를 100% 강도로 다시 정규화한다. 나머지를 PDF에서 다른 한 상과 쉽게 비교하기 위해서 이런 일을 한다.
   c. a와 b를 모든 피크를 설명할 수 있을 때까지 반복한다.
4. 무늬에서는 모든 선을 다 어떤 재료로 지정해야만 한다. 확인할 각 성분(즉, 각 카드)의 모든 주요 선은 있어야만 한다. 감한 나머지는 강도가 음인 것은 존재할 수 없으므로 반드시 모두 영이거나 더 커야 한다. 실제로 I/I_1이 0.05보다 작은, 음인 나머지는 받아들인다. 우선방위는 강도의 비교를 못하게 하는 흔한 원인이다.

대부분의 분석은 위에 기술한 단계를 끝내는 것으로 충분하다. 하지만 완전한 분석은 다음 과정을 해야만 끝난다.

5. 동정할 성분의 혼합물들을 원래 회절무늬를 복제할 수 있을 때까지 준비한다. 이 단계는 동정에 확실성을 많이 더한다.
6. 피크들의 절대강도를 미지의 물질과 복제한 혼합물들에서 비교하여 미지의 물질에 어떤 비정질 재료가 있는지 본다.

도시-재도시 알고리즘은 개인용 컴퓨터들이 도래하기 이전에 나왔고 많은 사례들에서 동일한 단계들을, 비록 도표로 그리지 않지만, 스프레드시트를 사용하여 할 수 있다. 스프레드시트는 한 혼합물에 존재하는 상들을 빠르게 가려낼 수 있게 하지만 도시-재도시나 다른 도표 접근법들이 실험무늬의 가상의 성분들을 전체적으로 보는 데는 더 좋다.

다음 예는 도시-재도시 방법의 사용을 설명한다. 그림 9-2는 Cu $K\alpha$ 방사선, 0.02° 2θ의 구간 크기와 1초의 계수시간으로 기록한 미지의 혼합물의 회절무늬를 보여준다. 자료를 수집하는 데 사용한 회절기는 시료 후 단색화 장치와 폭은 자동적으로 2θ에 따라 변하여 시료의 일정한 면적을 조사할 수 있게 하는 입사빔 슬릿을 갖추었다. 그러므로 고각 2θ에서 측정한 피크강도는 고정 폭의 발산슬릿을 갖는 한 회절기로 얻은 강도(즉, PDF 에 나타난 자료)에 비해 더 높다. 낮은 강도피크들을 더 명확하게 보여주기 위해서 수직축을 강도의 제급근으로 그린 것에 주목한다.

중요한 실마리는 때로 회절무늬 전체, 피크와 배경을 조사함으로써 주워 모을 수 있다. 예를 들면, 피크 모양이나 폭에서 차이는 어떤 피크가 어떤 상에 속하는지를 암시할 수 있다. 그림 9-2의 무늬는 모양은 서로 다른 많은 피크로 되어 있고, 여러 피크는 이웃피크에서 분리할 수 있으며(예로서, ~32°, 34°, 57°에 있는 피크들), 분해할 수 없는 추가 피크들이 있다는 것을 암시한다. 피크 동정 소프트웨어 루틴에 과도하게 의지하는 것은 현명하지 않고 그 결과는 언제나 수작업으로 검토해야 한다(즉, 확인한 피크 위치들을 회절무늬 자체와 비교하여). 예를 들면, 그림 9-2에서 ~ 63°, 68°, 74°에 있는 피크를 소프트웨어에서 놓쳤는 데 반하여, 유사하게 나타난 피크를 같은 각

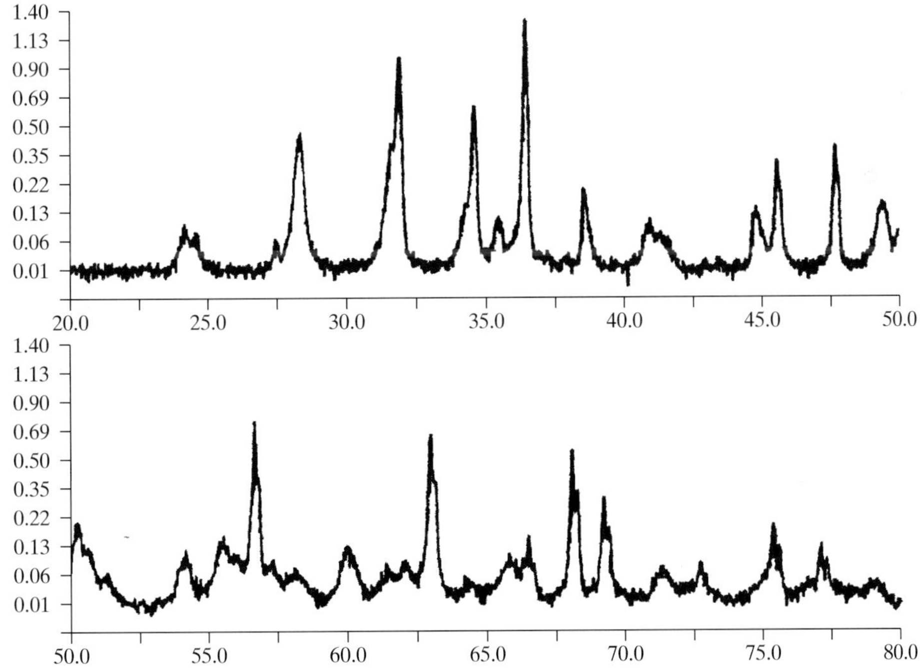

그림 9-2 가변슬릿 θ-2θ 회절기로 기록한 다상 시료의 회절무늬. 무늬를 2θ(도)의 함수로 강도의 제곱근(수천 카운트로)으로 그렸다.

범위(~57°, 69°, 76°)에서 찾았다.

표 9-6은 분말 지지대에 시료를 재충진하고 주사한 것을 세 번 하여 얻은, 혼합물의 평균 d와 I/I_1을 실었다. 소프트웨어로 동정한 피크의 평균강도를 1°의 고정 발산슬릿을 사용하여 관측할 수 있는 값으로 보정하였다. 10개의 가장 강한 피크는 표 9-6에 굵은 활자로 나오고, 수치강도가 5%보다 큰 피크들은 보통 활자로 주고 남은 강도들은 'o'로 표시한다. 세 번의 재충진에 대해 모든 피크의 d 거리는 ±0.005 Å 이내로 재현할 수 있었고 상대강도는 I_1에 비해 기껏 ±3%만 달랐다.

표 9-7은 혼합물에서 단지 10개의 가장 강한 피크만을 실었고 동정은 Hanawalt 지수에 대해서 피크를 세 개에 한 조씩 조사하면서 계속한다: 선 10, 6, 8은 홍아연석(ZnO, 카드 36-1451)선 2.48_x, 2.86_6, 2.60_4과 맞다. 표의 셋째 행은 홍아연석의 d 거리와 강도를 실험 자료와 비교하고 그림 9-3(a)는 해당 I 대 $\ln d$ 도표를 보여준다. 행 4에 나타낸 나머지는 2.5로 곱하여 행 5에 나타낸 재규격화한 선들의 조를 만든다. 선 4와 5는 바델레이아이트(ZrO_2, 카드 37-1484)의 지수 기입사항과 맞고, 남는 선은 암염(NaCl, 카드 5-628)과 맞다. 해당 I 대 $\ln d$ 도표는 그림 9-3(b)와 (c)에 나온다.

10개의 가장 강한 피크에서 남은 가장 큰 피크는 회절무늬에서 보이는 최대강도의 4%이고, 이 피크는 기본적으로 암염에서 오고, 이 입자들은 입방결정형이 우세하므로 이 값은 놀라운 것이 아니다. 가장 작은 피크 중 세 개를 제외한 전부는(소프트웨어로 동정한 43개 중에서) ZnO, ZrO_2나 NaCl 중 어느 하나에서 온다. 혼합물에서 기록한 세 개의 회절무늬를 조사하면, 이 무늬 중 하나는 그림 9-2에 보이는데, 이 세 개의 피크는 잡음인 것으로 나타난다. PDF 카드에서 예상하는 피크가 모두 보이고 실험 회절무늬에서 주 피크는 세 가지 물질 중 하나에 지정하지 않는 것이 없기 때문에 이 동정은 꽤 높은 신뢰로 수용이 가능하다. 사실 이 세 개의 상은 이런 사례의 목적을 위해 혼합물로 조합한 것이다.

그림 9-4에서 회절기 소프트웨어는 실험무늬를 분석에서 확인한 상들의 PDF 무늬들과 비교하는 데 쓰인다. 이런 종류의 소프트웨어는 있을 것으로 추정하는 상들이 존재하는 지를 확인하는 데 아주 유용하지만 이런 지식이 없이는 도움이 별로 안 된다.

표 9.6 그림 9-2에서 피크의 d 거리와 상대강도의 목록, 가변 입사빔 슬릿으로 얻는 자료를 1° 고정 입사슬릿으로 관측하는 강도로 변환함. 5% 이내 강도인 피크는 'O'로 나타내고 그 강도와 d 거리는 시료를 세 번 재충진하여 얻은 평균값

회절선	d(Å)	I(%)	회절선	d(Å)	I(%)
1	3.68	7	26	1.66	6
2	3.62	5	**27**	**1.62**	**31**
3	3.24	0	28	1.60	0
4	**3.15**	**40**	29	1.58	0
5	**2.84**	**27**	30	1.54	0
6	**2.80**	**83**	31	1.51	0
7	2.62	8	32	1.49	0
8	**2.60**	**46**	**33**	**1.48**	**31**
9	2.53	6	34	1.45	0
10	**2.47**	**100**	35	1.42	0
11	2.40	0	36	1.40	0
12	2.37	0	**37**	**1.38**	**22**
13	2.34	10	38	1.36	12
14	2.21	0	39	1.32	0
15	2.20	5	40	1.30	0
16	2.17	0	41	1.26	6
17	2.08	0	42	1.23	0
18	2.02	6	43	1.21	0
19	**1.99**	**20**			
20	**1.90**	**20**			
21	1.84	8			
22	1.81	10			
23	1.80	0			
24	1.78	0			
25	1.69	0			

표 9.7 그림 9.3에서 그림으로 한 뺄셈을 수치로 나타낸 실례*

회절선	미지상	36-1451	나머지	재규격	37-1484	나머지	재규격	5-628
10	2.47_x	2.476_x	0	–	–	–	–	–
6	2.80_{83}	2.814_{57}	26	2.80_{65}	–	65	2.80_x	2.82_x
8	2.60_{46}	2.603_{44}	2	2.60_{05}	–	5	2.50_{08}	–
4	3.15_{40}	–	–	3.15_x	3.16_x	0	–	–
27	1.62_{31}	1.625_{32}	1	–	–	–	–	–
33	1.48_{29}	1.477_{29}	0	–	–	–	–	–
5	2.84_{27}	–	–	2.84_{68}	2.84_{68}	0	–	–
37	1.38_{22}	1.378_{22}	0	–	–	–	–	–
19	1.99_{20}	–	–	1.99_{50}	–	50	1.99_{77}	1.99_{55}
20	1.91_{20}	1.911_{23}	-3	–	–	–	–	–

* Hananwalt 색인에서처럼 강도를 나타내기 위해서, 각 피크의 강도를 10%에 가장 가깝게 반올림하고 아래 첨자에서 가장 높은 유효숫자를 사용하는 대신 두 자리 숫자를 사용하여 1%에 가장 가깝게 강도를 표시한다. 68%인 피크강도는 '7' 대신에 아래 첨자 '68' 로 표시한다.

9-7 컴퓨터 검색-일치

한 무늬나 무늬들을 미지의 물질의 것과 맞는 지 PDF를 검색하는 절차는 본질적으로 숫자들을 맞추는 것이다. 이런 작업은 컴퓨터에 이상적으로 적합하다. 미지의 물질에서 상의 수가 두 개 이상 증가하면 수작업으로 검색하는 것은 아주 어렵고 시간이 많이 든다. 따라서 컴퓨터 검색이 더 효율적이다. 이 1980년대 개인용 컴퓨터 혁명으로 피크강도와 d 거리의 자동측정은 예외가 아닌 규칙이 되었기 때문에 이런 검색은 특히 그렇다: I와 d 값이나 회절무늬 전체를 실은 자료 파일들을 검색-일치 프로그램들에 엄청난 노력을 들이지 않고도 보낼 수 있다.

적어도 17개의 독립적인 상 동정 프로그램이 기기와 함께 하드웨어 상인들이 제공하는 것들에 추가하여 사용 가능하다[9.5]. 이 프로그램의 목표는 기준 데이터베이스를 검색하여 가장 높은 확률로 미지의 시료를 구성하는 상(들)을 골라내는 것이다. 보통 프로그램이 할 수 있는 가장 최선의 방법은 가능성에 특정한 한 알고리즘을 사용하여 계산한 성능지수(figure of merit)로 등급을 매기는 것이다(예를 들면, 식 (9-1)을 보라). 프로그램이 다르면 절차가 크게 다르고 흔히 가장 좋은 결과를 얻기 위한 많은 비결이 있고, 이런 비결은 특정한 프로그램을 통한 오랜 경험에서 얻게 된다.

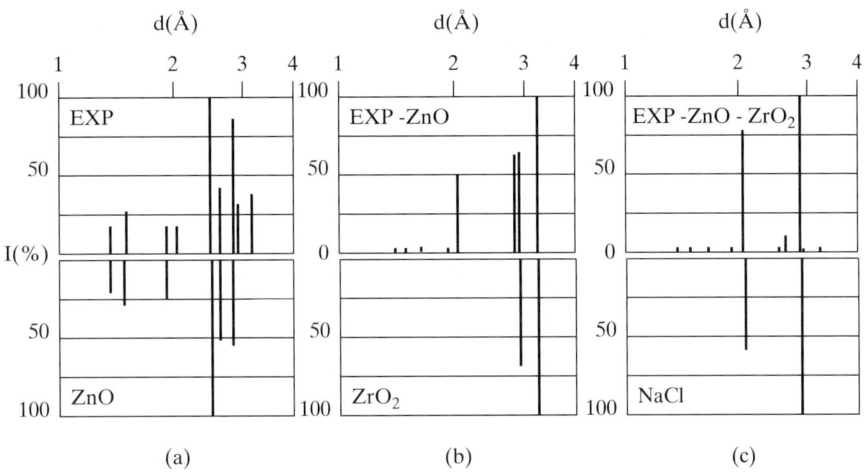

그림 9-3 혼합물에서 상을 동정하기 위한 도시-재도시법의 도해. 그림 9-2와 이에 해당하는 표 9-6에서 20% 이상의 강도인 피크만을 나타낸다. (a)에서 위 그림은 ln d의 함수로 실험 피크강도를 보여주는 반면에 아래 그림은 동정한 첫째 상인 ZnO, 홍아연석, 카드 36-1451을 보여준다. (b)의 위 그림은 섬아연석 피크의 강도를 뺀 후에 실험 회절무늬에서 남은 것을 재규격화한 강도를 보여준다. 아래 무늬(b) 그림은 2차상인 ZrO_2, 지르코니아, 카드 37-1484의 피크를 나타낸다. (c)의 그림은 (b)에서 한 것과 같은 단계를 보여주고 NaCl, 암염, 카드 5-628이 무늬의 잔여 피크를 설명하는 것을 보여준다.

컴퓨터 검색은 미지의 물질의 회절무늬에서나 자료 파일에서 유래하는 오차들에 면역이 있지는 않다. 만일 미지의 물질이 오직 한 상만을 포함한다면, 소프트웨어는 사용자가 선택한 '창'의 폭 Δd에 의존하여 10개에서 50개까지 맞는 무늬를 만들어 낸다. 이 창은 받은 실험값에 대한 d 값의 범위이고, 이 범위 내에서 맞는 한 짝은 수용할 수 있다고 판단한다. 소프트웨어 패키지들에서 d 간격의 창(들)의 값(들)은 때로는 명확하지 않으며 익숙하지 않은 검색-일치 소프트웨어를 사용할 때 상당한 주의를 기울여야 한다. 많은 연구실에서 한 명 이상의 연구자가 검색-일치 프로그램을 사용할 수 있고 가정한 설정을 매 작업시간이 시작할 때마다 점검해야 한다. 과도한 수의 가능한 일치를 컴퓨터가 낸다면 사용자는 가장 가능성 있는 하나를 일반적으로 미지의 물질의 화학조성에 관한 약간의 지식을 기초로 해서 선택해야 한다.

검색-일치 프로그램은 아주 강력하다: 초기에 한 프로그램은 성공적으로 한 혼합물에서 6개의 상을 동정하였다[9.6]. 하지만 자동적인 상 동정은 PDF에 있는 자료의 품질에 아주 민감하다. 76개의 서로 다른 인산염 광물(흔한 것뿐 아니라 희귀한 종들)에 관한 한 연구에서 43%는 동정이 모호하지 않았고, 18%는 동정이 되나 다른(없는) 상으로 나왔고, 15%는 출력 파일에 실었지만 잘못되었으며 남은 24%는 출력 목록에 실리지 않았다. 1−31 세트에서 인산염 광물에 대한 275개의 PDF 기준 회절무늬 중 어떤 무늬에 있는 부정확한 것들이 이 연구에서 네 개의 동정 중 한 개가 실패한 주 원인임을 알아내었다[9.7].

다행히도 PDF에 새로 추가하는 카드들에 대해서는 기준을 높이고 있고 부정확한 카드들을 대

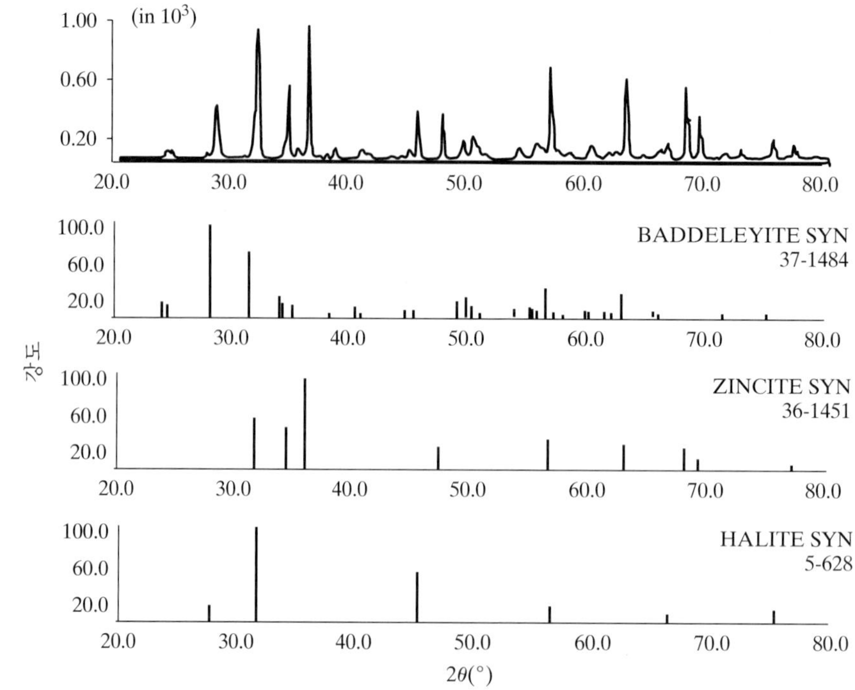

그림 9-4 그림 9-2에 보인 실험 회절무늬(강도의 눈금이 선형임에 주의하라)를 그림 9-3과 표 9-7에서 동정한 상의 카드와 비교함.

체하는 데 많은 노력을 쏟고 있다. 시료에서 한 내부 표준[2)]을 일상적으로 사용하면 실험피크 위치에서 부정확성을 최소화하는 데 도움이 된다. *I*와 *d*의 목록뿐만 아니라 완전한 회절무늬를 이제 PDF에 추가하고 있다[9.8]. 이런 일은 앞으로 상 동정에서 중요한 진보를 일으킬 것이다.

회절피크 위치의 정확성과 무늬의 완전성 양자에 관한 척도로서 인정을 받는 한 성능지수는

$$F_N = \frac{1}{|\overline{\Delta 2\theta}|}\frac{N}{N_{가능}} \tag{9-1}$$

이고, 여기서 $N_{가능}$은 독립적인 회절선의 수로 가능한 N째 관측선까지 올라가는 독립적인 회절선의 수이고 $|\overline{\Delta 2\theta}|$는 계산과 관측 2θ 값 사이의 평균 절대 차이이다[9.9–9.10]. F_N의 단위는 도의 역수이고 무늬가 정확도가 더 높고 완전할수록 F_N은 더 커진다. 그러므로 $F_N = 100$은 평균 2θ 차이가 $\leq 0.01°$이라는 것을 의미한다. 이 절에서 앞서 인용한 인산염 광물들에 관한 연구에서 컴퓨터 동정은 $F_{30} \geq 6.0$으로 매우 신뢰할 수 있었으며 인산염 광물 PDF 무늬 275개 중 34개를 재측정하여 평균 F_{30}을 11.5에서 49.9로 개선하였다[9.7].

2) 미지의 시료에 소량 추가한, 이 시료의 주요 피크와 겹치지 않는 피크와 *d*가 알려진 상. 미지의 시료(들)의 피크 위치에서 계통오차는 내부 표준의 피크에서 이동을 관측하여 보정한다.

상 동정 작업에서 부딪힐 수 있는 실제적인 어려움을 논하기 전에 9-6절에서 수작업으로 분석한 혼합물에 대한 한 검색-일치 프로그램의 결과들을 비교하는 것이 교육적이다. 문제의 무늬를 기록하는 데 사용한 회절기와 함께 제공한 SANDMAN, 검색-일치 프로그램은 '명중/실패'의 결정에서 일정한 한계가 있는 한 창에 의존하는 대신에 로렌츠 확률 분포를 사용하여 기준과 실험 피크들 사이의 일치에 관한 등급을 매긴다. 이런 일은 SANDMAN을 매우 강건하게 만들고 프로그램이 무늬들에 기본적으로 상대적인 선 위치를 기초로 점수를 매기게 하며 계통오차의 수준을 지정한 한 일치에 대해 명시적으로 알려 주게 한다.

프로그램은 Hanawalt 색인의 여덟 선을 사용하고 복수의 순열들을 조사하여 PDF 전체에 걸쳐 검색을 수행한다. 둘째로 통과하는 것은 가장 우수한 후보만을 회전무늬 전체(일반적으로 $I/I_1 \geq$ 10%의 선이나 15개의 가장 강한 선[9.11]) 맞추는 데 쓰인다. SANDMAN은 동정할 상들의 무늬를 더하여 그 결과를 실험무늬과 비교한다. 다른 검색-일치 프로그램들은 대부분 더하기보다는 빼기를 한다. 앞 절에서 분석한 혼합물에 대해 SANDMAN은 검색에서 I/I_1 = 7.9%까지 내려간 15 피크를 사용하였고 실험무늬와 맞는 126개의 무늬를 찾아내었다. SANDMAN은 카드 37-1484(바델레이아이트, ZrO_2), 36-1451(홍아연석, ZnO), 17-469(나도라이트)를 명시적으로, 처음 두 개는 대단히 높은 점수로 일치하게 동정하였다. 하지만 프로그램은 암염(NaCl, 5-628)이 나도라이트만큼 꽤 우수하게 일치하게 하였다.

9-8 실제 어려움

이론적으로 Hanawalt 법은 분말 회절 파일이 회절무늬를 포함하는 어떠한 물질에 대해서도 명확하게 동정을 해내야 한다. 실제로 여러 가지 어려움이 생기고 이것은 보통 미지의 물질의 회절무늬에 있는 오차인지 PDF에 있는 오차인지 간에 어느 하나에서 비롯한다.

첫째 유형의 오차들은 회절선들의 관측 위치와 강도에 영향을 미치는데, 이 책의 여러 부분에서 논의하였으며, 여기서 다시 검토할 필요는 없다. 하지만 우선방위나 조대 입상(graininess)으로 생긴 비정상적인 강도의 가능성은 계속하여 강조할 필요가 있다. 우선방위는 특히 금속의 상부 표면 침적물, 가령 산화물이나 황화물 층에서 흔하다. 만일 침적물이 매우 얇다면, 이것의 제거는 조사에 충분할 만큼 물질을 내지 못한다. 그러면 x선의 침투는 얇기 때문에 회절기는 제자리에서(in situ) 그 침적물을 검사하는 데 이상적인 한 기기이다. 매우 얇은 침적물도 우수한 회절선을 생기게 할 수 있으며 분석자는 우선방위가 뚜렷하게 존재할지라도 침적물의 결정 형태와 화학조성에 관한 약간의 지식을 가진다면 명확하게 동정을 할 수 있다. 그러므로 강판 위 아주 얇은 침적물을 단 하나의 기저면 반사와 흑연 결정들은 성장한 기판과 다소 평행하게 기저면이 배향한다는 사실로 흑연으로 동정하였다.

우선방위는 윤곽이 명확한 판상 정벽(habit)이 있는 미립상 시료에서는 문제이다. 판상형 시료는 시료 표면에 평행하게 주요 면들이 놓이는 경향을 보일 것이라고 상상하기 쉽다. 만일 큰 입자가 한 미립상 시료에 존재한다면, 어떤 회절선은 강도가 비정상적으로 클 것이다. 비록 조대입상은 우선방위의 한 유형으로 간주할 수 있다고 하나 그 영향을 개별적으로 취급하는 것이 더 좋다. 큰 결정이 여러 개가, 그렇지 않으면 적당한 시료에 존재하는 경우에 그 큰 결정 중 하나가 *hkl* 회절에 대해 정확하게 방위할 가능성이 있다. 이 경우에 그 결정의 특정 *hkl*의 강도는 비정상적으로 높을 것이다. 조대입상과 우선방위 사이의 차이는 시료를 재충진하면 알 수 있다(처음 충진에서 사용했던 것과 같은 시료로). 우선방위가 있는 시료에서 피크강도 I_j/I_i는 충진할 때마다 재현할 수 있다. 만일 큰 입자들이 존재한다면, 강도는 크게 달라질 것이다.

표 9-8의 자료는 입자가 거친 시료에서 관측할 수 있는 것을 나타낸다. 시료는 100 Si 웨이퍼의 파편을 325 메시 Si 분말과 함께 혼합하여 만든 것이다. 강도의 처음 세 개의 열은 각기 다른 세 개의 시료에서 온 것이며 이 시료는 바셀린을 유리 슬라이드 위에 바르고 시료 물질을 그 슬라이드 위에 뿌려서 만든 것이다. 강도에서 둘째 그룹인 세 개의 열은 한 분말 지지대(holder)에 충진한 동일한 재료에서 온 것이다. 마지막 열은 PDF 강도비를 준다. 예상한 대로 400선의 강도는 한 건에서 비정상적으로 높다. 이런 이유로 언제나 적어도 미지의 한 시료는 세 번씩 재충진하는 것이 바람직하다.

비정상적인 강도에 관한 이와 같은 언급은 Hanawalt 법을 성공적으로 사용하기 위해 극도로 정확한 강도 측정이 필요하다는 것을 암시하는 것을 의미하지는 않는다. 만일 우선방위를 최소화하는 데 분별력 있게 주의한다면, 회절선을 강도가 감소하는 순서로 충분히 올바르게 목록으로 만들 수 있다.

PDF 자체에서 오차들은 일반적으로 더욱 심각한데, 왜냐하면 그 오차들은 연구자가 검출 못

표 9.8

			I/I_i						$(I/I_i)_{PDF}$
hkl	*d*(Å)		유리 슬라이드			분말 지지대			
		충진:	1	2	3	1	2	3	
111	3.11		100	100	100	69	100	100	100
220	1.91		51	59	52	31	44	46	55
311	1.63		37	26	23	20	25	30	30
400	1.35		7	7	5	100	7	3	6
331	1.24		5	11	10	8	10	13	11
422	1.11		5	7	8	8	11	14	12
511	1.04		5	-	4	5	6	4	6

하고 동정을 틀리게 할 수 있기 때문이다. 대부분 그런 오차들은 파일의 초기 판들에서 존재했지만 ICDD의 회원들이 정밀하게 편집한 결과로 부정확한 자료들은 없어졌고 의심스런 자료에는 신뢰도가 낮다는 표지가 붙었다. 게다가 ICDD는 미국 국립표준기술원(National Institute of Standards and Technology)과 그 밖의 다른 곳에서 작업을 계속해서 할 수 있도록 지원하고, 그곳에서는 순수하고 특성평가가 잘 된 시편들에 대해 회절무늬를 세심하게 준비하고 그 자료들을 파일에 첨가한다. 그림 9-1에 있는 것과 같은 카드 파일에 있는 고품질의, '별표한', 회절무늬의 대부분은 NIST에서 나왔다.

특정한 한 동정의 유효성에 대해 연구자는 마음에 어떤 의심이 들면 언제나 자기 자신의 표준무늬를 준비해야 한다. 만일 미지의 물질을 임시적으로 물질 X로 동정하였다면, 순수한 X의 무늬는 미지의 물질의 무늬에서 사용한, 정확하게 동일한 실험 조건에서 준비해야 한다. 그 두 개의 무늬를 비교하여 동정에서 명확하게 승인과 불가(proof and disproof)를 내려야 한다.

Hanawalt 법은 물론 미지의 물질이 PDF에 실리지 않은 물질일 때나 미지의 물질이 한 혼합물이고 확인하고자 하는 성분이 충분한 양이 존재하지 않아 좋은 회절무늬를 얻지 못할 때는 완전히 실패한다. 후자의 영향은 아주 귀찮은 것일 수 있고 11-4절에서 언급한 것과 같은 혼합물들을 만날 수 있는데, 이 물질은 특정한 성분을 50% 이상 포함하나 그 성분의 무늬는 혼합물의 무늬에서 나타나지 않는다.

문 제

문제 9-1에서 9-4까지 표로 만든 d와 I/I_i 값은 여러 가지 미지의 물질의 회절무늬를 나타낸다. 관련 물질을 ICDD 분말 회절 파일을 참조하여 확인하라.

*9-1

d(Å)	I/I_1	d(Å)	I/I_1	d(Å)	I/I_1
3.66	50	1.46	10	1.06	10
3.17	100	1.42	50	1.01	10
2.24	80	1.31	30	0.96	10
1.91	40	1.23	10	0.85	10
1.83	30	1.12	10		
1.60	20	1.08	10		

9-2

d(Å)	I/I_1	d(Å)	I/I_1	d(Å)	I/I_1
5.86	60	2.08	10	1.47	20
3.05	30	1.95	20	1.42	10
2.53	100	1.80	60	1.14	20
2.32	10	1.73	20	1.04	10

*9-3

d(Å)	I/I_1	d(Å)	I/I_1	d(Å)	I/I_1
2.40	50	1.25	20	0.85	10
2.09	50	1.20	10	0.81	20
2.03	100	1.06	20	0.79	20
1.75	40	1.02	10		
1.47	30	0.92	10		
1.26	10				

9-4

d(Å)	I/I_1	d(Å)	I/I_1	d(Å)	I/I_1
3.02	100	2.11	10	1.46	10
2.79	10	1.90	20	1.17	10
2.52	10	1.65	10		
2.31	30	1.62	10		

제 10 장 결정구조의 결정

10-1 서언

W. L. Bragg가 NaCl의 구조를 밝힌 1913년 이래 수천 개의 유기와 무기의 결정구조를 결정하였다. 이러한 방대한 양의 지식은 결정화학, 고체화학과 생물학의 분야에 근본적으로 중요하다. 왜냐하면, 대부분은 구조는 특성을 결정하며 물질의 특성은 그 구조를 알 때까지는 결코 충분히 이해할 수 없기 때문이다. 금속학에서 결정구조에 관한 지식은 소성변형, 합금형성이나 상변태의 현상을 이해하는 데 꼭 필요한 것이다. 결정구조는 압전성과 같은 기술적으로 유용한 효과의 원인이고, 구조에 관한 지식은 많은 재료의 특성을 지배하는 점결함과 기타 원자 규모의 결함들의 본성을 이해하는 데 필요하다.

미지의 구조는 얼마든지 있으므로 구조를 결정하는 작업은 계속하여 나아가고 있다. 새로운 물질들을 끊임없이 합성하고 있고 많은 오래된 물질의 구조도 모르는 채로 남아 있다. 본래 결정구조는 복잡한 정도가 많이 다르다: 아주 간단한 것은 몇 시간 내에 해석이 가능하나 복잡한 것은 완전한 해답을 얻는 데 수 개월이나 수 년씩이 걸릴 수 있다(단백질은 후자에 속하는 유명한 예이다. 일부 단백질 구조는 이제 알게 되었으나 어떤 것들은 아직까지 해결이 멀다). 복잡한 구조들은 복잡한 해석법이 필요하고 이런 구조결정의 전모를 기술하는 데는 단 한 장이 아닌 일련의 책과 같은 분량이 필요하다. 그러므로 여기서는 몇 가지 원리만 갖고 꽤 간단한 구조의 해석에 이것을 어떻게 적용하는지를 고찰한다.

구조결정에 깊이 관계하는 기본 원리는 이미 3장과 4장에서 나왔다. 요약하면, 한 물질의 결정구조는 그 물질의 회절무늬를 결정하는데, 좀더 상세히 말하자면, 단위포의 모양과 크기는 회절선들의 각 위치(angular position)를 정하고 단위포 내의 원자들의 배열은 회절선의 상대적 강도를 정한다. 이것을 표로서 다시 기술하는 것이 좋을 것 같다:

결정구조	회절무늬
단위포	회절선 위치
원자 위치	회절선 강도

구조는 회절무늬를 결정하므로 그 반대로 회절무늬에서 구조를 알아내는 것도 가능할 것이다. 이것은 가능하기는 하지만 그 어떤 직접적인 방법은 없다. 한 구조를 가정하면, 그 회절무늬를 아주 직접적으로 계산할 수 있다. 그러한 계산의 예들이 4-13절에 나온다. 그러나 그 반대의 문제, 즉 관찰한 무늬에서 구조를 직접 계산하는 것을 일반 예에서 해결하지 못했다(10-7절). 채택하고 있는 과정은 본질적으로 시행착오로 하는 것이다. 합리적인 추측을 근거로, 구조를 가정하여 회절무늬를 계산하고 계산한 회절무늬와 관측한 무늬를 비교한다. 이 둘이 세부적인 데까지 전부 일치하면 가정한 구조는 맞다: 그렇지 않으면 맞는 답을 얻을 때까지 몇 번이고 이 과정을 반복한다. 문제는 암호를 해독하는 것과 다르지 않으며 결정학자에게 우수한 암호 해독자가 지닌 기질, 즉 지식, 인내와 적지 않은 직관을 요구한다.

어떤 미지의 구조를 결정하는 일은 세 개의 주요한 단계로 나아간다:

1. 단위포의 모양과 크기를 회절선들의 각위치에서 추론한다. 그 미지의 결정이 속하는 7 결정계에 관한 가정 하나를 우선 세우고, 그런 다음 이 가정을 기초로 하여 옳은 Miller 지수들을 각각의 반사에 부여한다. 이 단계는 '무늬에 지수 붙이기'라고 부르며 옳은 결정계가 선택될 때만 가능하다. 일단 이 일이 끝나면 단위포의 형태를 알 수 있고(결정계에서), 이 크기를 회절선들의 위치와 Miller 지수에서 계산할 수 있다.
2. 단위포당 원자의 수를 단위포의 모양과 크기, 시편의 화학조성, 이것의 측정밀도로 계산한다.
3. 끝으로 단위포 내의 원자들의 위치를 회절선들의 상대강도들에서 이끌어낸다.

이 세 단계가 끝날 때만 구조결정은 끝난다. 세 번째 단계는 일반적으로 가장 어렵고 이 최종단계가 아직 거치지 못했다는 의미에서 불완전하게 알려진 구조들이 많다. 그럼에도 불구하고 원자 위치를 전혀 알지 못해도 단위포의 모양과 크기를 아는 것은 그 자체로 여러 응용에서 매우 유용하다.

보통 재료 과학자/공학자가 어떤 미지의 결정구조를 결정하도록 요청받는 것은 정말로 드물다. 구조가 아주 복잡하면 이 결정은 문제에 관계가 있는 실험적인 특별한 기법과 수학적인 특별한 기법을 둘다 가져올 수 있는 x선 결정학의 전문가를 위한 작업이다. 하지만 누구나 구조결정에 관하여 충분히 알아서 부딪히는 어떤 간단한 구조들도 풀 수 있어야 하고, 더욱 중요한 것은 구조를 아는 물질들의 분말 회절무늬에 지수를 붙일 수 있어야 한다. 이 일은 거의 모든 회절 작업에서 일상의 문제이다. '무늬에 지수 붙이기'에 관한 아래에 준 절차는 구조를 알든 모르든 적용할 수 있지만 미리 알고 있다면 물론 적용하기 훨씬 더 쉽다.

많은 결정구조에서 한 원소의 원자들은 다른 원소들로 치환을 허용한다. GaAs나 InSb와 같은 재료는 둘다 섬아연석 구조이고 격자상수는 각각 5.653 Å과 6.479 Å이며 동형이다. 보통 그렇듯이 상당한 In은 예를 들면 GaAs 격자에 있는 Ga 원자들을 치환할 수 있다는 것은 놀랍지 않다. 소수 원자들이 고용체로 있는 이런 유형의 합금은 여기에서 기계적 특성, 즉 전이 발생, 전파, 증식에 대한 저항을 좋게 한다. 두 종류의 원자들이 한 격자나 한 조의 부격자 자리를 점유할 때는 언제나 이종 원자들은 무질서한 배열이나 규칙적인 배열을 택하는 것이 가능하다. 이런 질서도는 장범위나 단범위일 수 있고 질서도를 조사하는 것은 재료 작업에서 결정구조 결정의 중요한 부수 주제이다. 따라서 이 장의 마지막 세 절은 다결정질 시료의 회절로 질서도에 관하여 무엇을 알 수 있는 지에 관계한다.

10-2 자료의 예비처리

다결정질 시료의 결정구조를 결정하는 첫 단계는 회절무늬를 가능한 넓은 2θ 범위에 걸쳐 일반적으로 회절기로 기록하는 것이다. 만일 관측한 회절선의 상대강도가 결정구조에 관하여 어떤 의미를 가진다면, 시편 준비는 반드시 분체의 개개의 결정립이 방위가 확실하게 무질서하도록 해야 한다. 회절무늬를 얻은 후 $\sin^2\theta$의 값을 개개의 회절선에 대하여 계산한다. $\sin^2\theta$ 값의 이런 집합은 포의 크기와 모양을 결정하는 데 원 자료이다. 즉, 각각의 회절선의 d 값을 계산할 수 있고 이 수의 집합으로 작업할 수 있다.

구조결정의 문제는 무늬 상의 모든 선의 위치와 강도 둘 다 설명할 수 있는 어떤 한 구조를 찾는 일이므로 연구자는 반드시 처음부터 관측한 무늬가 어떤 연고 없는 선들을 포함하지 않는 것을 확인해야 한다. 이상적인 무늬는 단파장의 x선으로 생긴, 구조를 결정하고자 하는 물질만이 회절한 선들을 포함한다. 그러므로 무관한 회절선들을 생기게 하는 두 가지 원인이 있다:

1. <u>파장이 방사선의 주성분의 파장과는 다른 x선의 회절.</u> 여과한 방사선을 사용하면 $K\alpha$ 방사선이 주성분이고 파장이 다른 어떤 특성 x선은 무관한 선들을 생기게 할 수 있다. 주요 위반자는 $K\beta$ 방사선이고, 이 선은 필터가 결코 완전히 제거할 수 없고 회절능이 높은 반사에서 무관한 선들을 생기게 하는 한 원인일 수 있다. $K\beta$ 방사선을 빠르게 검사하는 것은 무늬에서 가장 강한 선, 추정하건대 $K\alpha$선으로 생긴 선을 찾는 것에서 시작한다. $\lambda_{K\alpha}$를 사용

하여, d_1을 $2\theta_\alpha$에서 Bragg 법칙으로 계산한다. $K\beta$ 방사선이 존재하면 d_1의 회절피크가 $2\theta_\alpha$와 다른 $2\theta_\beta$에서 생겨나고 회절각과 파장 사이의 관계식은

$$\left(\frac{\lambda_{K\alpha}^2}{\lambda_{K\beta}^2}\right)\sin^2\theta_\beta = \sin^2\theta_\alpha \tag{10-1}$$

이고, 여기서 $\lambda_{K\alpha}^2/\lambda_{K\beta}^2$는 대부분 방사선에서 값이 1.2 부근이다. 어떤 특정 회절선이 $K\beta$ 방사선 때문인 것으로 의심스러우면 이 $\sin^2\theta$ 값에 $\lambda_{K\alpha}^2/\lambda_{K\beta}^2$을 곱하고 그 값이 1을 초과하지 않는다면, 회절무늬에서 어떤 회절선의 $\sin^2\theta$ 값과 같거나 거의 같을 것이다. 어떤 가정한 $K\alpha$선에 해당하는 $K\beta$선은 언제나 더 작은 2θ 각에 있으며 강도가 더 낮다. 하지만 $K\alpha$와 $K\beta$ 선(상이한 면에서 나온)은 회절무늬 상에서 겹칠 수 있기 때문에 식 (10-1)만으로 어떤 가정한 회절선이 $K\beta$ 방사선 때문이라는 가능성만을 세울 수 있지만 결코 이것이다는 것을 증명할 수는 없다. 또 하나의 무관한 선들을 생기게 하는 가능한 원인은 특별히 x선 관이 오래된 것이면 그 관의 타겟 위에 생긴 텅스텐 오염에서 나온 L 특성 방사선이다. 그러한 오염에 의심이 가면 식 (10-1)과 같은 식들을 만들어서 어떤 선이 텅스텐 오염에서 생긴 것인지 가능성을 검사할 수 있다.

2. **미지의 시료가 아닌 물질의 회절.** 이런 물질은 항상 시편 내에 있는 불순물이지만 시료 대나 정렬이 나쁜 슬릿도 포함한다. 세심한 시편 준비와 우수한 실험 기법은 이 원인으로 생긴 무관한 선들을 제거할 수 있다.

13장에서 논의한 원인으로 $\sin^2\theta$의 관측값은 항상 약간의 계통오차를 포함한다. 이 오차는 그리 크지 않아서 입방결정의 회절무늬에 지수를 붙이는 데 어떤 어려움도 초래하지 않지만 일부의 비입방 구조를 결정하는 것을 심각하게 방해한다. 자료에서 그러한 오차를 제거하는 가장 좋은 방법은 격자상수가 알려진 물질 하나를 미지의 물질과 혼합하여, 즉 내부 표준 하나를 더하여 카메라나 회절기를 보정하는 것이다. 표준물질의 $\sin^2\theta$의 관측값과 계산값 사이의 차이는 $\sin^2\theta$에서 오차를 주고 이 오차를 관측한 $\sin^2\theta$ 값의 함수로 그릴 수 있다. 그림 10-1은 한 특정한 시료와 한 특정한 Hull/Debye-Scherrer 카메라로 얻은 이런 유형의 보정곡선을 보여준다.[1] 그러면 이러한 곡선에서 세로좌표에 표시한 오차를 미지 시료의 회절선들에서 각각의 $\sin^2\theta$의 관측값에 적용할 수 있다. 그림 10-1로 나타낸 특정한 측정을 위해 표시한 오차를 관측값에서 빼준다.

1) 이 곡선의 모양에 관해서, 문제 13-5를 보라.

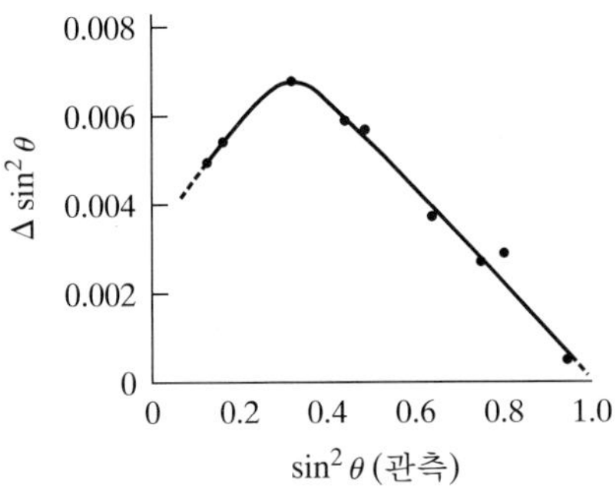

그림 10-1 $\sin^2\theta$ 값의 보정곡선의 한 예

10-3 입방결정의 회절무늬에 지수 붙이기

한 입방결정이 주는 회절선들의 $\sin^2\theta$ 값은 Bragg 법칙과 입방정계의 면간거리 공식을 결합하여 얻은, 다음 식을 만족한다:

$$\frac{\sin^2\theta}{(h^2+k^2+l^2)} = \frac{\sin^2\theta}{s} = \frac{\lambda^2}{4a^2} \tag{10-2}$$

합계 $s = (h^2 + k^2 + l^2)$은 언제나 정수이고 $\lambda^2/4a^2$은 어떤 한 회절무늬에서도 상수이므로 한 입방 물질의 회절무늬에 지수를 붙이는 문제는 관측한 $\sin^2\theta$ 값에다 하나씩 나눌 때 일정한 몫을 만들어 내는 정수 s를 찾는 것이다. (어떤 정수들, 즉 7, 15, 23, 28, 31들은 불가능한데 이 수는 제곱한 정수 세 개를 합하여 만들어 낼 수 없다.) 일단 적당한 정수 s를 찾으면 각각의 회절선 지수 hkl을 직관으로나 부록 9의 표에서 내려 쓸 수 있다. 적당한 한 조의 정수 s를 찾는 것은 가능한 조가 몇개가 안 되므로 어렵지 않다.

네 가지의 흔한 입방 격자형 각각은 순차적인 s 값들로 기술하는 회절선들의 특징적인 순서를 가진다:

단순입방: 1, 2, 3, 4, 5, 6, 8, 9, 10, 11, 12, 13, 14, 16, ⋯
체심입방: 2, 4, 6, 8, 10, 12, 14, 16, ⋯
면심입방: 3, 4, 8, 11, 12, 16, ⋯
다이아몬드 입방: 3, 8, 11, 16, ⋯

각 조를 순서대로 시험할 수 있다. 더욱 긴 일람표를 부록 9를 참고하여 작성할 수 있다. 식 (10-2)를 만족하는 한 조의 정수를 찾을 수 없다면 연루한 물질은 입방정계에 속하지 않으며 다른 가능성(정방, 육방 등등)을 조사해야 한다. 문제의 시료가 당연하게 세 가지 입방 Bravais 격자의 어느 하나에 속할지라도 위에 나타낸 목록에서 어떤 s 값은 없을 수 있다는 것에 주목한다. Si과 같은 다이아몬드 입방물질들은 FCC이지만 격자 자리마다 두 개 Si 원자가 존재하기 때문에 대칭은 s = 4, 12 등등은 없을 것이라는 것을 구술한다.

다음 예는 한 입방물질의 회절무늬에 지수를 붙이고 이의 격자상수를 찾는 데 관계하는 단계들을 기술할 것이다. 이 특정한 예에서 Cu $K\alpha$ 방사선을 사용하였고 8개의 회절선을 관측하였다. 이 $\sin^2\theta$ 값은 표 10-1의 둘째 열에 실었다. 세 가지 입방 Bravais 격자의 $(\sin^2\theta)/s$ 값을 4, 8, 10번 열에 FCC, 단순입방, BCC 각각에 지정한다. 관측한 선이 한 특정 격자형에서 온 것이라면 $(\sin^2\theta)/s$ 값은 일정해야만 한다. 표 10-1의 자료는 재료가 FCC인 것을 나타낸다. 다섯째 열은 개개의 선 위치에서 계산한 격자상수를 열거하고 여섯째 열은 개개의 선의 Miller 지수를 준다. $\sin^2\theta$에서 계통오차는 θ가 증가하면서 $\lambda^2/4a^2$의 값에서는 점진적으로 감소하며 a 값에서는 점진적으로 증가하는 것으로 나타난다. 13장에서 논의한 대로 a에서 계통오차는 θ가 증가하면 감소한다. 그러므로 최고각선의 a 값, 즉 3.62 Å는 표에 실린 값에서 가장 정확하다. 그러므로 면심 선 위치의 해석은 대상 물질, 이 예에서 구리는 구조에서 입방이며 격자상수는 3.62 Å이다. 단위포 내 원자의 배열에 관한 특정 정보는 이미 얻은 것인데 관측선의 강도를 사용하는 것은 이런 정보를 얻기 위해서 필요하다. 이런 특별한 예에서 관측은 어떤 선들이 강도가 영인지를 아는 것으로 충분하다.

입방격자의 특징적인 선의 순서는 계산한 회절무늬의 모양으로 그림 10-2에 그림으로 나타낸다. 계산은 Cu $K\alpha$ 방사선과 3.50 Å인 격자상수 a로 두고 하게 된다 이 조건에서 발생할 수 있는

표 10.1

1	2	3	4	5	6	7	8	9	10
			FCC			SC		BCC	
회절선	$\sin^2\theta$	$s = (h^2+k^2+l^2)$	$\frac{\sin^2\theta}{s} = \frac{\lambda^2}{4a^2}$	a(Å)	hkl	s	$\frac{\sin^2\theta}{s}$	s	$\frac{\sin^2\theta}{s}$
1	0.140	3	0.0467	3.57	111	1	0.140	2	0.0700
2	0.185	4	0.0463	3.59	200	2	0.093	4	0.0463
3	0.369	8	0.0461	3.59	220	3	0.123	6	0.0615
4	0.503	11	0.0457	3.61	311	4	0.123	8	0.0629
5	0.548	12	0.0457	3.61	222	5	0.110	10	0.0548
6	0.726	16	0.0454	3.62	400	6	0.121	12	0.0605
7	0.861	19	0.0453	3.62	331	8	0.108	14	0.0615
8	0.905	20	0.0453	3.62	420	9	0.101	16	0.0566

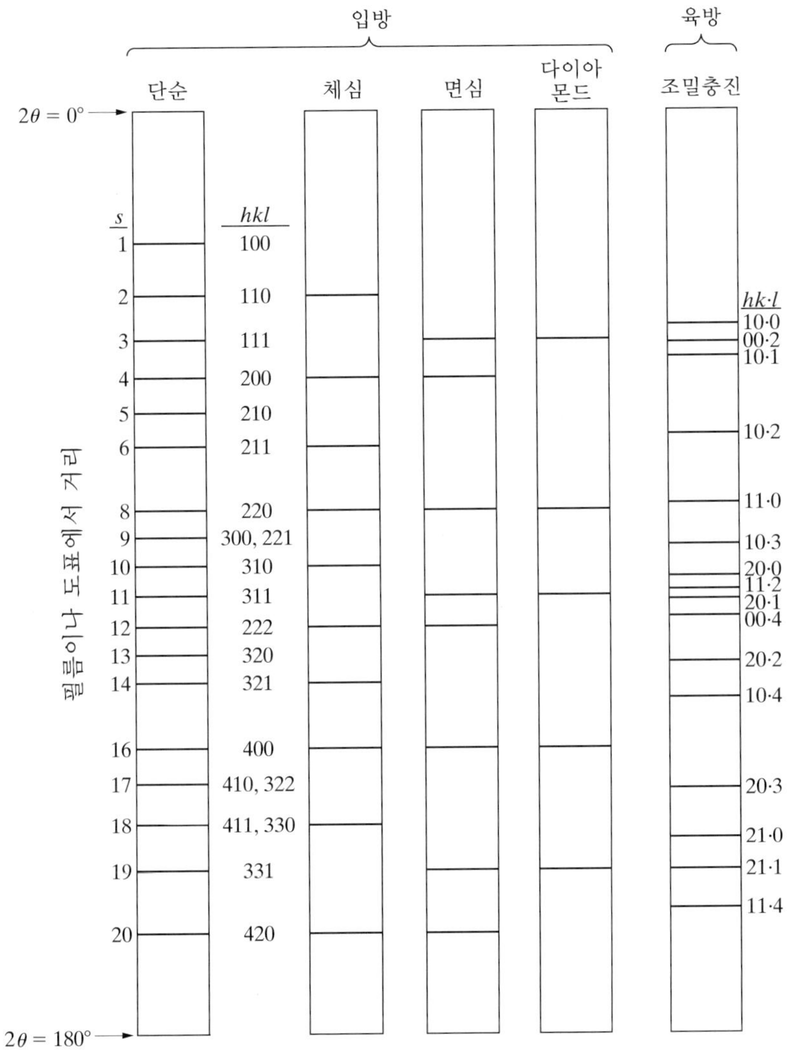

그림 10-2 여러 격자의 계산 회절무늬 $s = (h^2 + k^2 + l^2)$

모든 회절선의 위치는 필름이나 그림에 보인 긴 도표에서 나타날 수 있는 것으로 표시한다. (비교하기 위해서 한 육방조밀충진 구조의 무늬를 나타내었는데, 이 구조를 자주 만나기 때문이다. 선 위치를 Cu $K\alpha$ 방사선과 $a = 2.50$ Å, $c/a = 1.633$으로 두고 계산하는데, 여기서 이 값은 구의 조밀충진에 해당한다.)

보통 한눈에 입방물질의 분말무늬를 비입방 물질의 분말무늬들과 구별할 수 있는데, 그것은 후자의 무늬가 보통 다수의 더 많은 선을 포함하기 때문이다. 덧붙여서, 검사하면 보통 Bravais 격자를 확인할 수 있다. 거의 규칙적인 순서의 선들이 단순입방과 체심입방 무늬에 있지만, 전자는 거의 2배만큼 많은 선을 포함하는 반면에 면심입방 무늬는 한 쌍의 선 다음에 단 한 개의 선이 뒤따르고, 그 뒤를 한 쌍이 따르고, 또 다른 한 개의 선이 따르는 등등의 특징이 있다.

입방무늬에 지수를 붙이는 문제는 물론 대상 물질이 입방이며 격자상수를 안다면 아주 간단하다. 가장 간단한 절차는 $\lambda^2/4a^2$의 값을 계산하고 이 값을 관측한 $\sin^2\theta$ 값에 나누어서 각 선에서 s 값을 구하는 것이다.

한 가지의 어려움이 입방 분말무늬를 해석하는 데서 발생할 수 있으며 이것은 단순입방과 체심입방 무늬 사이에 애매한 것이 있을 수 있기 때문이다. 양쪽의 무늬에서 선의 정상적인 순서는 여섯째 선까지이다. 그런 다음 순서는 체심입방 무늬에선 계속적으로 정상적이지만 단순입방 무늬에서 $s = 7$은 불가능하므로 멈춘다. 그러므로 λ가 아주 크거나 너무 작아서 6개 이하의 선이 무늬에서 나타난다면 그 두 Bravais 격자를 구별할 수 없다. 예를 들어, 대상 물질이 실제로 체심입방이지만 연구자가 잘못하여 이것을 단순입방으로 지수를 부여하여 $s = 1$ 값을 첫째 선에, $s = 2$ 값을 둘째 선에, 이렇게 등등 지정한다고 가정하자. 이 같이 하면 누구나 참값에 비해 2배나 큰 $\lambda^2/4a^2$의 값과 참값의 $1/\sqrt{2}$ 배인 a의 값을 얻는다. 이런 실수는 단위포당 원자 수를 시편의 측정밀도에서 계산할 때(10-6절) 명백하게 된다. 틀린 단위포 크기는 포당 원자 수에 정수가 아닌 값을 줄 것이고 그러한 값은 불가능하다. 무늬에서 적어도 7개의 선을 만들기에 충분히 짧은 파장을 선택한다면 회절무늬 자체에서 애매한 것을 피할 수 있다.

10-4 비입방 결정의 회절무늬에 지수 붙이기

분말 회절무늬에 지수를 붙이는 문제는 미지 변수의 수가 증가할수록 더욱 어려워진다. 입방결정에선 단 한 개의 미지의 변수, 즉 단위포의 변 a만이 있지만 비입방 결정들은 변수가 두 개 이상이고, 그러한 결정의 회절무늬에 지수를 붙이기 위해서 특별한 기법을 고안해야만 했다. 도표법은 컴퓨터가 널리 사용되기 이전 초기 방법이었다. 예를 들면, 스프레드시트 프로그램은 이용 가능하게 되면서 비입방상에서 얻는 회절무늬에 지수를 부여하는 루틴들을 빠르게 실행할 수 있게 한다. 지수 부여의 해석적 방법은 관측한 $\sin^2\theta$ 값들 사이의 어떤 관계를 찾기 위한 시도에서 이 값들을 산술적으로 다루어야 한다. 개개의 결정계는 $\sin^2\theta$ 값들 사이의 특별한 관계로써 특징을 나타내므로 이런 관계를 인지하여 결정계를 알아내고 회절선 지수를 해결한다. 이 해석적 방법은 주로 Hesse와 Lipson[10.1, 10.2, G.15, G.32, G.33]에게 돌려야 한다.

정방정계

여기서 $\sin^2\theta$ 값들은 다음 관계를 준수해야만 한다:

$$\sin^2\theta = A(h^2 + k^2) + Cl^2 \tag{10-3}$$

여기서 $A(=\lambda^2/4a^2)$과 $C=(\lambda^2/4c^2)$은 어느 한 무늬에서도 상수이다. 문제는 이 상수를 찾는 것인데 일단 찾으면 그 상수는 격자상수 a와 c를 밝혀줄 수 있으며 선 지수들을 계산할 수 있게 한다. A의 값은 $hk0$선에서 얻는다. $l=0$일 때 식 (10-3)은

$$\sin^2\theta = A(h^2+k^2) \tag{10-4}$$

가 된다. (h^2+k^2)의 허용할 수 있는 값들은 1, 2, 4, 5, 8들이다. 그러므로 $hk0$선은 틀림없이 $\sin^2\theta$ 값은 이 정수의 비이어야 하며 A는 이 선의 $\sin^2\theta$ 값에 1, $\frac{1}{2}$, $\frac{1}{4}$, $\frac{1}{5}$, $\frac{1}{8}$ 들을 곱한 어떤 수일 것이다. C는 무늬 상에서 다른 선과 식 (10-3)을

$$\sin^2\theta - A(h^2+k^2) = Cl^2 \tag{10-5}$$

형으로 사용하여 얻는다. 그 식의 좌측편에 나타낸 차이를, h와 k의 여러 개의 가정한 값에서 Cl^2 값들의 모순없는 한 조를 찾고자, 설정하는데, 이 값들은 틀림없이 1,4, 9, 16들 비이어야만 한다. 일단 이 값들을 발견하면 C를 계산할 수 있다.

육방정계

육방결정에서도 정확히 유사한 과정을 사용한다. 이 예에서 $\sin^2\theta$ 값은

$$\sin^2\theta = A(h^2+hk+k^2) + Cl^2 \tag{10-6}$$

이 된다. 여기서 $A=\lambda^2/3a^2$, $C=\lambda^2/4c^2$이다. (h^2+hk+k^2)의 허용할 수 있는 값들은 부록 9에 표로 만들었다. 그 값은 1, 3, 4, 7, 9들이다. 지수를 붙이는 과정은 특정한 예, 즉 아연의 분말무늬로 가장 잘 보일 수 있는데, 이것의 관측한 $\sin^2\theta$ 값은 표 10-2에 실었다. 먼저 $\sin^2\theta$ 값을 정수 1, 3, 4 들로 나누고 그 결과를 표 10-3에 보인 것처럼 표로 만들어서 무늬의 처음 6개의 선에 적용한다. 그런 다음 이 수를 조사하는데 서로 같거나 관측한 $\sin^2\theta$ 값 중 하나와 같은 몫을 찾는다. 이 예에서는 별로 표시한 두 개의 기입값 0.112와 0.111은 거의 같고, 따라서 선 2와 5는 $hk0$선으로 가정한다. 그러면 임시로 $A=0.112$로 넣고 이것은 선 2가 100이라고 말하는 것과 같다. 선 5의 $\sin^2\theta$ 값은 선 2의 값의 3배에 아주 가까우므로 선 5는 110이어야 한다. C 값을 찾기 위해서 식

$$\sin^2\theta - A(h^2+hk+k^2) = Cl^2 \tag{10-7}$$

을 사용해야만 한다. 이제는 각각의 $\sin^2\theta$ 값에서 $A(=0.112)$, $3A(=0.336)$, $4(=0.448)$들의 값을 감하고 남는 값(cl^2)이 비율로 1, 4, 9, 16들인 것을 찾는다. 이 숫자들은 표 10-4에 나와 있다. 여기서 별표한 5개의 기입값이 중요한데, 그 까닭은 이 숫자 (0.024, 0.097, 0.221, 0.390)는 비율에서 1, 4, 9, 16에 가장 가깝기 때문이다. 그러므로 $0.024=C(1)^2$, $0.097=C(2)^2$, $0.221=C(3)^2$, $0.390=C(4)^2$으로 놓는다. 이렇게 하면 $C=0.024$가 되고 바로 선 1은 002이고 선 6은 004라는 것을 동정

표 10.2

회절선	강도	$\sin^2\theta$	*hkl*
1	s	0.097	00.2
2	s	0.112	10.0
3	vs	0.136	10.1
4	m	0.209	10.2
5	s	0.322	10.3, 11.0
6	vw	0.390	00.4
7	m	0.434	11.2
8	m	0.472	20.1
9	vw	0.547	20.2
10	w	0.668	20.3
11	m	0.722	11.4, 10.5
12	m	0.806	21.1
13	w	0.879	21.2

한다. 선 3은 $\sin^2\theta$ 값이 A와 C의 합과 같으므로 이 지수는 101에 틀림없다. 비슷하게 선 4와 5의 지수는 각각 102와 103임을 알 수 있다. 이런 식으로 무늬 상의 모든 선에 지수를 부여할 수 있고 그 지수가 맞는지에 관한 최종 검사는 일반적인 방식으로 $\sin^2\theta$의 관측한 값과 계산한 값을 비교하여 하게 된다.

표 10.3

회절선	$\sin^2\theta$	$\frac{\sin^2\theta}{3}$	$\frac{\sin^2\theta}{4}$	$\frac{\sin^2\theta}{7}$	*hkl*
1	0.097	0.032	0.024	0.014	
2	0.112*	0.037	0.028	0.016	100
3	0.136	0.045	0.034	0.019	
4	0.209	0.070	0.052	0.030	
5	0.332	0.111*	0.083	0.047	110
6	0.390	0.130	0.098	0.056	

■ 표 10.4

회절선	$\sin^2\theta$	$\sin^2\theta - A$	$\sin^2\theta - 3A$	*hkl*
1	0.097*			002
2	0.112	0.000		100
3	0.136	0.024*		101
4	0.209	0.097*		102
5	0.332	0.221*		110, 103
6	0.390*	0.278	0.054	004

사방정계

$\sin^2\theta$ 값을 결정하는 기본 공식은 이번엔

$$\sin^2\theta = Ah^2 + Bk^2 + Cl^2 \tag{10-8}$$

이다. 이 정계에서는 지수를 붙이는 문제는 세 개의 모르는 상수인 A, B, C를 결정해야 하는 점에서 좀더 어렵다. 일반적인 절차는 여기에서 설명하기에 너무 길며, 여러 짝의 $\sin^2\theta$ 값 사이의 차에서 의미 있는 것을 찾는 것이다. 예를 들어, 120과 121과 같이 *hk*과 같은 지수 *hk*0와 *hk*1의 두 회절선을 생각하자. 이 두 선의 $\sin^2\theta$ 값 사이의 차는 C이다. 비슷하게, 310과 321, 두 회절선의 $\sin^2\theta$ 값은 $4C$이고 등등이다. 만일 구조가 회절무늬에서 많은 회절선이, 이에 대응하는 면의 구조인자가 영이기 때문에, 없는 그러한 것이라면, 지수를 붙이는 것은 적지 않게 어렵게 된다. 왜냐하면 사라진 회절선은 만일 이 선이 있다면 아주 쉽게 알 수 있게 하는 실마리를 제공하는 바로 그런 선이기 때문이다. 그러한 어려움이 있지만, 이런 해석적 방법을 많은 사방무늬에 성공적으로 적용하였다. 그러한 성공을 가능하게 하는 필수조건 하나는 $\sin^2\theta$ 값의 정확도는 꽤 높아야 한다는 것이다(적어도 ± 0.0005). 그리고 연구자는 당연히 무늬에 지수를 붙이려고 하기 전에 관측한 모든 값에 계통오차를 보정해야 한다.

단사정계와 삼사정계

정계는 각각 4개와 6개의 독립적인 상수가 필요하다. 대응하는 분말무늬는 아주 복잡하고 100개보다 많은 회절선을 포함할 수 있다.

총론

지수를 붙이는 해석적 방법은 관측한 $\sin^2\theta$ 값 사이에서 어떤 수치 관계를 밝히도록 설계한 검색

절차이다. 따라서 디지털 컴퓨터는 사용해야 할 당연한 도구이고 분말무늬에 지수를 붙이기 위해 쓴 프로그램이 많다. 스프레드시트는 아주 좋은 결과를 낼 수 있다.

컴퓨터를 이용하여 지수를 붙이는 것은 언제나 성공하지는 않는다. 컴퓨터는 하나가 아닌 입력 자료에 근사적으로 일치하는 많은 조의 지수를 만들어 낸다. 맞는 조를 찾는 일은 연구자의 경험과 판단에 달려 있다. 무관한 회절선과 부정확한 $\sin^2\theta$ 값은 컴퓨터는 물론 탐색자인 인간으로 하여금 결과를 잘못 내게 한다.

대칭이 낮은 물질의 분말무늬는 해결하기 너무 어려워서 그런 물질의 결정구조는 거의 언제나 단결정을 회전결정법이나 이것의 변형방법으로 조사하여 결정한다. 이 방법이나 다른 기법으로 x선 결정학자는 모르는 단위포의 모양과 크기를 그 포의 대칭이 아무리 낮더라도 별 어려움 없이 결정할 수 있다. 단결정 시편은 클 필요는 없다. 어떤 방향에서도 크기가 0.1 mm 정도로 작은 결정은 성공적으로 다룰 수 있으며 관에서 나오는 x 방사선으로 만족할 만한 회절무늬를 제공할 것이다. 싱크로트론 방사선으로는 μm 크기인 시료의 연구도 해 왔다. 많은 물질을 단결정의 모양으로 준비하는 것이 매우 어렵다. 단상과 다상인 다결정 시료를 위해 Rietveld 법이 나와서 결정할 수 있는 구조의 범위는 매우 넓어졌다[10.3 – 10.5].

10-5 분말무늬에 미치는 단위포 변형의 영향

이 시점에서 이 장의 본 주제에서 살짝 벗어나서 대상 물질의 단위포가 여러 가지 방식으로 변형할 때 어떤 변화가 분말무늬에서 생기는 지를 조사하는 것이 유익하다. 왜냐하면 입방과 같이 대칭이 높은 물질의 무늬에 비해 삼사와 같이 대칭이 낮은 물질의 무늬에는 더욱 많은 회절선이 있기 때문이다. 대칭을 낮추는 단위포의 어떠한 변형도 추가적으로 가변의 격자상수를 들인다는 점에서 분말무늬에서 회절선의 수를 늘일 것이다.

그림 10-3은 도표로 이 점을 설명한다. 좌측 상에는 체심입방 물질의 계산한 회절무늬가 있고, 그 단위포는 위쪽에 보인다. 선 위치는 a = 4.00 Å과 Cr $K\alpha$ 방사선으로 하여 계산하였다. 만일 이 포가 균일하게 팽창하거나 수축하지만, 그래도 입방을 유지한다면 회절선은 단지 그 위치는 이동하지만 개수에서 증가하지 않는데, 왜냐하면 단위포의 대칭에서 변화가 연루하지 않기 때문이다. 하지만, 입방포가 한 축에서만 변형한다면 이 포는 정방이 되고 이것의 대칭은 감소하며 더 많은 회절선이 생긴다. 중앙의 무늬는 입방포가 [001] 축으로 4% 늘어나서 c가 이제 4.16 Å일 때의 결과를 보여준다. 어떤 선은 위치에서 변하지 않고 어떤 것은 이동하며 새로운 선이 나타난다. 만일 정방포가 이제 [010] 축을 따라 8% 늘어나면, 이 포는 우측에 보인 것처럼 a = 4.00 Å, b = 4.32 Å, c = 4.16 Å인 사방이 된다. 이런 마지막 변형의 결과는 무늬에 더욱 더 많은 선을 추가하는 것이다. 선의 수에서 증가는 본질적으로 불균일한 변형의 결과로 새로운 d가 생겨나기 때

문이다. 그러므로 입방포에서 $d_{200}, d_{020}, d_{002}$는 같고 오직 한 선만이 생기며 200선으로 부르지만, 이 선은 단위포가 정방이 되면 두 개로 분리한다. 그 까닭은 $d_{002} \neq d_{200} \neq d_{020}$이기 때문이다. 단위포가 사방이 될 때 이 세 개의 면간거리는 모두 다르고 세 개의 선이 생긴다.

이런 본질에서 변화는 상변태와 규칙화 반응 사이에서 특별한 것이 아니다. 예를 들면, 천천히 냉각한 보통 탄소강의 분말무늬는 페라이트(체심입방)와 시멘타이트(Fe_3C, 사방)에 속한 선을 보여준다. 동일한 강을 오스테나이트 영역에서 급냉할 때 존재하는 상은 마르텐사이트(체심정방)와 아마도 변태하지 않은 약간의 오스테나이트(면심입방)이다. 마르텐사이트의 a와 c 격자상수는 페라이트 포의 a 격자상수와 크게 다르지 않다(그림 11-5를 보라). 그 결과는 급냉한 강의 회절

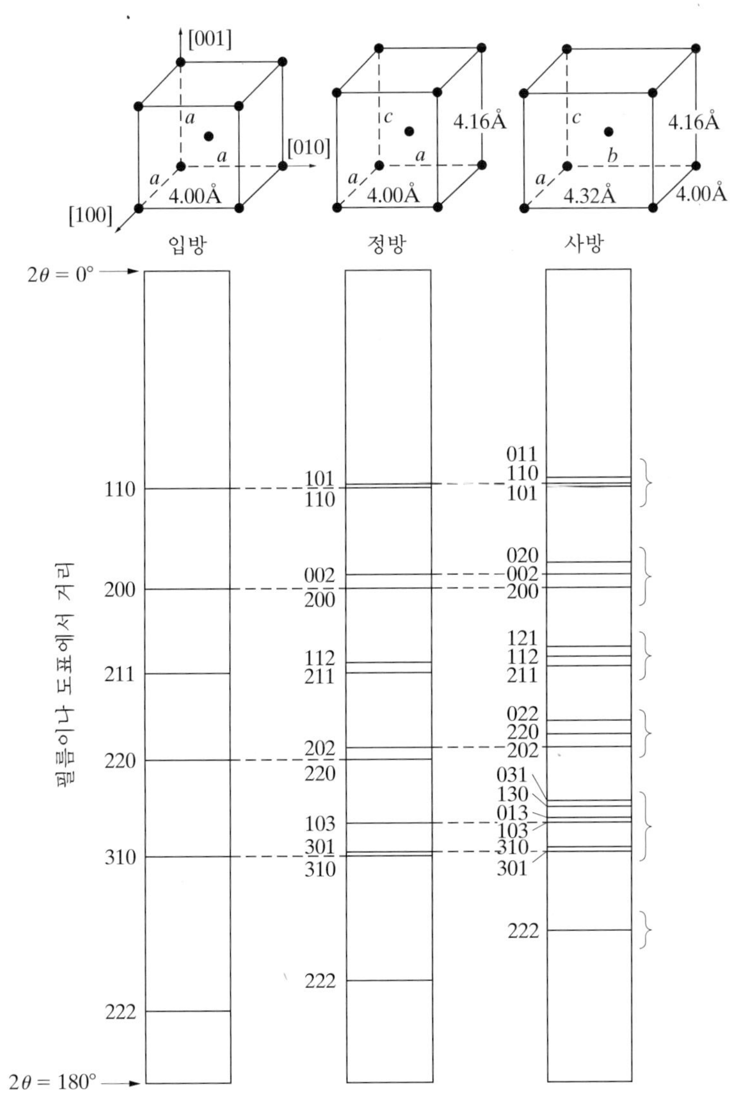

그림 10-3 단위포의 변형이 분말무늬에 미치는 영향. 위치에서 변하지 않는 선은 파선으로 연결하여 있다.

무늬는 한 쌍의 마르텐사이트 선이 이전의 무늬에서 페라이트 각각의 선과 같은 2θ 위치의 주위에서 생기는 것을 보여준다. (하지만 이 선의 쌍은 거의 분리하지 않는다. 마르텐사이트는 무척 많은 미소변형을 함유하므로 한 쌍의 각 선은 매우 넓어서 이 선의 이웃선과 붙는다.) 만일 급냉한 강을 이제 템퍼링(tempering)하면 마르텐사이트는 마침내 페라이트와 시멘타이트로 분해할 것이고 마르텐사이트 선의 각 쌍은 단 하나의 페라이트 선으로 합체할 것이다. 다소 비슷한 결과가 화학식 AuCu로 표시하는 조성의 구리-금 합금에서 생기게 할 수 있다. 이런 합금은 불규칙 상태에서 입방이지만 규칙화할 때 규칙화 온도(10-10절을 보라)에 의존하여 정방이든지 사방이든지어느 하나가 된다.

단위포 변형으로 분말무늬에서 생기는 변화는 변형량에 따라 각도가 다르다. 변형량이 작다면 무늬는 원래의 변형하지 않은 포의 무늬에 있는 주요한 특징이 그대로 존속한다. 그러므로 그림 10-3에서 사방무늬의 19개의 선은 나타낸 것처럼 괄호로 묶은 6개의 집단으로 나뉘며 각 집단은 입방무늬 상에서 개별적인 선의 하나에 대응한다. 사실 경험이 많은 결정학자는 이런 사방무늬와 대적한다면 이런 묶음을 알아보고 문제의 물질의 단위포가 모양에서 입방과는 다르지 않으며 Bravais 격자는 단순이든지 체심이든지 어느 하나라는 것을 추측할 수 있는데, 그 까닭은 선들의 집단이 상당히 규칙적으로 떨어져 있기 때문이다. 그러나 만일 입방포의 변형이 대단히 컸다면 원래의 무늬에서 각 선은 너무 멀리 떨어진 선으로 나뉠 것이고 본래의 무늬에 있는 특징은 남아 있지 않을 것이다.

10-6 한 단위포에서 원자 수의 결정

구조결정의 주제로 돌아오기 위해서, 단위포의 모양과 크기를 정한 후 다음 단계는 그 포에 있는 원자 수를 찾는 것인데, 왜냐하면 원자 수는 원자의 위치를 결정하기 전에 알아야만 하기 때문이다. 단위포의 부피를 부록 3에 나온 공식을 사용하여 구한 격자상수로 계산할 수 있고 이 부피에 물질의 측정밀도를 곱하면 단위포에 있는 모든 원자의 무게와 같다.

$$\sum A = \frac{\rho V'}{1.66042} \tag{3.14}$$

여기서 ΣA는 단위포에 있는 원자들의 원자량의 합이고, ρ는 밀도(g/cm^3)이고 V'는 단위포의 부피(Å^3)이다. 물질이 원자량 A인 원소이면

$$\sum A = n_1 A$$

이고, 여기서 n_1은 단위포당 원자의 수이다. 물질이 한 화합물이거나 조성이 단순한 화학식으로 표시할 수 있는 중간상이라면

$$\sum A = n_2 M$$

이고, 여기서 n_2는 단위포당 '분자' 수이고 M은 분자량이다. 그러면 포당 원자 수를 n_2와 상의 조성에서 계산할 수 있다.

이런 방식으로 결정할 때 포당 원자 수는 '결함구조'가 있는 극소수의 물질을 제외하고 언제나 실험오차 내에서 하나의 정수이다. 이런 물질에서 원자는 점유하는 것으로 예상하는 이 격자 자리에서 어떤 분율만큼 빠져 있고 그 결과로 포당 원자 수는 정수이지 못한다. FeO와 Ni-Al 계에서 β상은 그 예이다.

10-7 원자 위치의 결정

알고 있는 모양과 크기의 한 단위포 내에서 알고 있는 개수의 원자의 위치를 찾기 위해서는 회절빔의 관측한 **상대강도**가 필요하다. 왜냐하면 이 강도를 원자 위치에 따라 결정하기 때문이다. 하지만 원자 위치를 찾는 절차는 시행착오의 것인데, 그 까닭은 관측강도에서 원자 위치를 직접 계산하는 일반적인 방법이 알려져 있지 않기 때문이다.

이것이 왜 그러한 지를 알기 위해서 관계하는 두 개의 기본 공식을 고찰한다. 즉,

$$I = |F|^2 p\left(\frac{1 + \cos^2 2\theta}{\sin^2\theta \cos\theta}\right) \tag{4-19}$$

이다. 이 식은 회절빔의 상대강도를 주며,

$$F = \sum_{i}^{N} f_n e^{2\pi i(hu_n + kv_n + lw_n)} \tag{4-11}$$

이다. 이 식은 원자 위치 uvw 식으로 hkl 반사의 구조인자 F의 값을 준다. 회절무늬 상의 개개의 선의 상대강도 I, 다중도 인자 p, Bragg 각 θ는 알기 때문에 각각의 반사에서 $|F|$의 값은 식 (4-19)에서 나온다. 그러나 $|F|$는 각 반사의 상대 진폭만을 나타내는 데 비해 식 (4-11)은 다른 반사와 비교한 한 반사의 진폭과 위상 둘 다, 즉 $|F|$만이 아닌 F를 측정하는 것을 요구한다. 이것이 문제의 난점이다. 강도, 즉 회절 진폭의 제곱만이 측정할 수 있는 것이므로 위상이 아닌 진폭만이, 즉 구조인자가 아닌 그것의 절대값만이 결정할 수 있는 것이다. 이 '위상 문제'는 오랫동안 결정학자들을 괴롭혔던 것으로 어떤 구조들에 적용 가능한, 구조결정의 직접법을 통해 이 문제를 다룬다. 어떤 결정의 구조도 풀 수 있을 만큼 강력한 직접법은 아직 나오지 않았다.

그러므로 원자 위치는 시행착오로만 결정할 수 있다. 원자 위치의 한 조를 가정하여 이 위치에 해당하는 강도를 계산하고 계산강도를 관측강도와 비교하는 과정을 만족할 만한 일치에 도달할

때까지 반복한다. 시험삼아 어떤 구조를 선택하는 문제는 말하는 만큼 희망이 없게 그리 넓지 않은데, 그 까닭은 연구자가 길잡이로 많은 보조수단을 가지고 있기 때문이다. 이런 수단에서 맨 먼저의 것은 이전에 해결한 구조들에 관한 축적한 지식이다. 이런 알고 있는 구조들에서 몇 개의 가능성 있는 후보를 출발점으로 선택할 수 있다. 해석은 이 미지의 구조는 알고 있는 구조와 같거나 아주 유사하다는 가정 위에서 진행한다. 알고 있는 대단히 많은 구조는 원자들을 함께 붙드는 결합의 종류(이온, 공유, 금속이나 이것의 혼합)에 따라 집합으로 분류할 수 있다. 이 집합에서 하나를 선택하는 데 미지의 상에서 가능한 원자결합의 유형을 주기율표에서 구성 원소의 위치에서 판단하여 아는 것은 도움이 된다. 예를 들면, 구조를 모르는 상이 화학식이 AB이고, 여기서 A는 강하게 전기 양성적이고 B는 강하게 전기 음성적이며 이것의 분말무늬는 한 단순입방 격자의 특징을 가진다고 가정하자. 그러면 결합은 이온성일 수 있으며 CsCl 구조를 강력하게 제안할 수 있다. 그러나 그림 2-23에서 보인 FeSi 구조도 하나의 가능성이다. 이러한 특별한 예에서 하나나 그 밖의 다른 구조는 밀도 측정으로 제외할 수 있는데, 그것은 CsCl 포는 한 개의 '분자'를 포함하고 FeSi 포는 네 개를 포함하기 때문이다. 이런 측정을 할 수 없으면 회절강도를 각각의 포를 기초로 계산하고 관측한 것과 비교해야만 한다. 이런 간단한 유형의 구조결정은 다음 절에서 한 예로 설명하는데 재료 과학자나 공학자가 도움없이 수행할 수 있어야만 하는 것이다.

말할 필요 없이, 많은 구조는 너무 복잡하여 이런 간단한 접근으로 해결할 수 없고 결정학자는 더욱 강력한 도구들에 도움을 구해야만 한다. 이 도구에서 가장 으뜸이 공간군 이론과 Fourier 급수이다. 비록 이 주제에 관한 완전한 기술은 이 책의 범위를 벗어나지만 몇 마디 일반적인 언급은 구조결정에서 그것의 유용성을 보여주는 데 도움을 줄 수 있다. **공간군 이론**은 수리 결정학의 업적 중 하나로 원자 수준의 결정 대칭을 그 대칭을 소유하는 가능한 원자 배열과 관련을 맺게 한다. 예를 들어, 가정한 한 물질이 육방이고 단위포에서 원자가 n개 있는 것으로 알려져 있다면, 공간군 이론은 n개 원자의 모든 가능한 배열을 목록으로 만들 수 있다. 이런 가능한 배열의 목록은 시험구조들을 선택하는 데 많은 도움을 준다. 그러면 회절무늬에서 부재한 반사들의 지수를 주목하여 가능성 있는 수에서 추가적인 감소를 얻을 수 있다. 그러한 방법만으로, 즉 상대 회절강도들을 상세하게 살펴보기 전에 공간군 이론은 자주 두세 개의 가능한 원자 배열을 제외한 그 밖의 모든 가능성을 제거할 수 있다. 230개의 상이한 공간군이 있고 각 군에서 가능한 원자 배열은 [G.1, Vol. A]에 실려 있다.

한 **Fourie 급수**는 무한 삼각기하 급수의 한 유형으로 이것으로 어떠한 유형의 주기함수도 표현할 수 있다. 어떤 결정의 한 가지 본질적인 특성은 원자들이 어떤 주기적인 형태로 공간에서 배열하는 것이다. 이것은 전자들의 밀도도 결정 내 위치의 어떤 주기적인 함수이고, 이 함수는 원자가 위치하는 점에서 최대로 올라가며 원자 사이의 영역에서는 어떤 작은 값으로 떨어진다는 것을 의미한다. 이런 식으로 한 결정을 원자들의 어떤 배열로서보다는 전자밀도의 위치에서 변동으로 간주하는 것은 회절이 관계하는 경우 특히 적합한데, x선은 전자들에서 산란하며 원자들 그 자체에서 생기지 않는다. 전자밀도는 위치의 한 주기적 함수이므로 한 결정은 Fourier

급수로 해석적으로 기술할 수 있다. 이런 기술방법은 결정구조에서 아주 유용한데, 그 까닭은 이 방법은 급수에서 여러 가지 항의 계수들이 여러 개의 x선 반사의 F 값에 관계한다는 것을 보여줄 수 있기 때문이다. 그러나 그러한 급수는 당장에 쓸 수 있는 것이 아닌데, 구조인자는 크기와 위상에서 둘 다 일반적으로 알려져 있지 않기 때문이다. 하지만, 다른 한 유형의 급수를 고안하였는데, Patterson 함수로 부르며 이 함수의 계수들은 실험적으로 관측할 수 있는 $|F|$에 관계하며 전자밀도가 아닌 단위포에서 여러 개의 원자간 벡터에 관한 정보를 준다. 이 정보는 흔히 여러 개의 구조인자의 위상을 결정하기에 충분하다. 그러면 첫째 유형의 급수를 사용하여 단위포의 전체에 걸쳐 실제 전자밀도의 지도를 그릴 수 있으며 그리하여 원자 위치들을 밝힐 수 있다.

10-8 구조결정의 예

간단한 예로서 카드뮴-텔루르 계에서 생기는 한 중간상을 고찰하자. 현미경 하에서 본질적으로 한 가지 상으로 나타나는데, 시편의 화학 분석은 Cd 46.6 중량 퍼센트와 Te 53.4 중량 퍼센트를 포함하는 것을 보여준다. 이것은 Cd 49.8 원자 퍼센트와 등가이며 화학식 CdTe로 표현할 수 있다. 시편을 분쇄하였고 Hull/Debye-Scherrer 카메라와 Cu $K\alpha$ 방사선으로 회절무늬를 얻었다.

처음 16개의 회절선의 관측한 $\sin^2\theta$ 값은 표 10-5에 육안으로 추산한 상대적인 선강도와 함께 실려 있다. 이 무늬에 입방단위포를 기초로 하여 지수를 부여할 수 있고 관측한 선의 지수는 표에 있다. 각이 가장 높은 선에서 $\sin^2\theta$로 계산한 격자상수는 6.46 Å이다.

시편의 밀도는 비중병에서 분체의 양을 무게로 재어서 측정하면 5.82 g/cm^{3}이다. 식 (3-14)를 사용하면

$$\sum A = \frac{(5.82)(6.46)^2}{1.66042} = 945$$

이다. CdTe의 분자량은 240.02이므로 단위포당 '분자' 수는 945/240.02 = 3.94이고, 실험오차 내에서 4이다.

CdTe의 단위포가 입방이고 이 포는 네 개의 CdTe '분자', 즉 카드뮴의 네 개 원자와 텔루르의 네 개 원자를 함유한다는 것을 알면 단위포에서 이 원자의 가능한 배열을 평가할 수 있다. 표 10-5에 나열한 지수를 조사하면 관측선의 지수는 모두 비혼합이고 Bravais 격자는 틀림없이 면심인 것을 알아낼 수 있다. (비혼합 지수의 모든 가능한 조합이 존재하는 것은 아니지만, 200, 420, 600, 442, 622와 640은 무늬에서 빠져 있다. 이 회절선은 너무 약하여 관측이 불가능할 수 있고, 이 선이 빠져 있다는 사실로 격자가 면심이다는 결론은 틀린 것이 아니다.) 이제 AB 형인, 즉 동등한 비율의 두 개의 이종 원자를 포함하는 면심입방 구조의 흔한 두 개가 있고 둘 다 단위포당 네 개의 '분자'를 포함한다고 하자: 이것은 NaCl 구조[그림 2-21(b)]와 ZnS의 섬아연석 형[그림 2-22(b)]이다. 비록

표 10.5

회절면	강도	$\sin^2\theta$	*hkl*
1	s	0.0462	111
2	vs	0.1198	220
3	vs	0.1615	311
4	vw	0.1790	222
5	m	0.234	400
6	m	0.275	331
7	s	0.346	422
8	m	0.391	511, 233
9	w	0.461	440
10	m	0.504	531
11	m	0.575	620
12	w	0.616	533
13	w	0.688	444
14	m	0.729	711, 551
15	vs	0.799	642
16	s	0.840	731, 553

NaCl에서 결합은 이온성이고 ZnS에서는 공유성이지만 이 구조 둘 다 논리적으로 가능한 것인데, 결합의 두 유형은 텔루라이드 구조에서 관측할 수 있기 때문이다.

다음 단계는 각 구조에 대해 상대 회절강도를 계산하고 실험과 비교하여 이 구조에서 어느 하나가 맞는 것인지 아닌지 결정하는 것이다. CdTe가 NaCl 구조이면 이 구조인자는 비혼합 지수에서 [4-6절에서 예 (d)를 보라]

$$(h+k+l) \text{ 이 짝수이면,} \quad F^2 = 16(f_{Cd} + f_{Te})^2$$

$$(h+k+l) \text{ 이 홀수이면,} \quad F^2 = 16(f_{Cd} - f_{Te})^2 \tag{10-9}$$

이다. 다른 한편으로 ZnS 구조가 맞다면 비혼합 지수들의 구조인자는

■ 표 10.6

1	2	3	4	5
회절선	*hkl*	관측강도	계산강도*	
			NaCl 구조	ZnS 구조
1	111	s	0.05	12.4
	200	nil	13.2	0.03
2	220	vs	10.0	10.0
3	311	vs	0.02	6.2
4	222	vw	3.5	0.007
5	400	m	1.7	1.7
6	331	m	0.01	2.5
	420	nil	4.6	0.01
7	422	s	......	3.4
8	511, 333	m	......	1.8
9	440	w	......	1.1
10	531	m	......	2.0
	600, 442	nil	......	0.005
11	620	m	......	1.8
12	533	w	......	0.9
	622	nil	......	0.004
13	444	w	......	0.6
14	711, 551	m	......	1.8
	640	nil	......	0.005
15	642	vs	......	4.0
16	731, 652	s	......	3.3

* 200선이 두 구조에서 모두 강도가 10.0이 되도록 계산강도를 조정하였다.

$$(h+k+l)\text{이 홀수이면, } |F^2| = 16(f_{Cd}^2 + f_{Te}^2)$$

$$(h+k+l)\text{이 2의 홀수배이면, } |F^2| = 16(f_{Cd}^2 + f_{Te}^2)$$

$$(h+k+l)\text{이 2의 짝수배이면, } |F^2| = 16(f_{Cd}^2 + f_{Te}^2) \tag{10-10}$$

이다.

상대 회절강도를 식 (4-19)를 사용하여 자세하게 계산하기 전에도 NaCl 구조는 간단히 식 (10-9)를 조사하는 것으로 그 가능성이 거의 사라진다. 카드뮴과 텔루르의 원자번호는 각각 48과 52이므로 (sin θ/λ)의 모든 값에서 $(f_{Cd}+f_{Te})^2$의 값은 $(f_{Cd}-f_{Te})^2$의 값에 비해 수백 배나 더 크다. 이번에는 CdTe가 NaCl 구조이다면 111 반사는 아주 약해야 하고 200 반사는 아주 강해야 한다. 실제로 111이 강하고 200은 관측이 안 된다. NaCl 구조가 틀리다는 추가적인 증거는 표 10-6의 넷째 열에 나오는데, 여기서 처음 8개의 가능한 회절선의 계산강도가 실려 있다: 이 값과 관측강도 사이에 어떤 것도 일치하지 않는다.

다른 한편으로 ZnS 구조를 가정한다면 강도 계산은 다섯째 열에 실린 값을 낸다. 이 값과 관측강도 사이의 일치는 단 몇 개의 사소한 불일치가 저각 반사에 있는 것을 제외하면 훌륭하고, 이런 불일치는 흡수인자를 무시한 데서 비롯한다. 특히, ZnS 구조는 만족스럽게 빠져 있는 모든 반사들(200, 420 등등)을 설명하는 것을 주목하라. 빠져 있는 원인은 이 반사의 계산강도가 모두 극히 낮기 때문이다. 그러므로 CdTe의 이 시료는 구조가 ZnS의 섬아연석 형이다.

가정한 구조가 회절 자료와 일치한다는 것을 보여주었다면 그 다음에는 그 구조에 관계한 원자 사이의 거리를 계산하는 것이 바람직하다. 이 계산은 그 자체로서 중요할 뿐만 아니라 범할 수 있는 어떠한 총체적인 오차도 들추어 낼 수 있는데, 그 까닭은 어떤 제안한 구조가 어떤 원자들을 불가능하게 서로 가깝게 가져온다면 명백하게 어떤 것이 틀리기 때문이다. 현 구조에서 0 0 0에 있는 Cd 원자의 가장 가까운 이웃은 $\frac{1}{4}\ \frac{1}{4}\ \frac{1}{4}$에 있는 Te 원자이다. 그러므로 Cd-Te 원자간 거리는 $a/4 = 2.80$ Å이다. 비교하여 '이론적인' Cd-Te 원자간 거리는 순수한 원자들에서 가장 근접한 거리를 평균하여 간단하게 찾을 수 있다. 이렇게 할 때 원자들을 접촉하고 있는 강구들로 취급하고, 배위수의 영향을 무시하고 원자 크기에 미치는 결합 유형을 무시한다. 가장 근접한 거리는 순수한 카드뮴에서 2.98 Å이고, 순수한 텔루르에서 2.86 Å이며 평균값은 2.92 Å이다. 관측한 Cd-Te 원자간 거리는 2.80 Å이어서 계산한 값에 비해 4.1% 정도가 작다. 이 차이는 불합리한 것은 아니며 대체로 이 구조의 특성을 나타내는 공유결합에 그 원인을 돌릴 수 있다. 사실 어떤 중간상 A_xB_y에서 A-B 원자간 거리는 언제나 순수한 A와 순수한 B에서 가장 접근한 거리의 평균보다는 약간 작은데, 왜냐하면 상이 존재한다는 단순한 사실은 이종 원자 사이의 인력이 동종 원자 사이의 인력보다 크다는 것을 나타내기 때문이다. 이것이 사실이 아니라면 그 상은 생기지 않을 것이다.

10-9 규칙-불규칙 결정

대부분의 치환형 고용체에서 두 가지 종류의 원자 A와 B는 얼마간 무질서하게 격자의 원자 자리에 배열한다. 이런 유형의 고용체에서 온도의 변화로 생기는 유일한 두드러진 효과는 열적 진동의 진폭을 증가하거나 감소하는 것이다. 그러나 2-9절에서 지적한 대로 상승한 온도에서만 구조가 이렇게 무질서한 일부의 고용체가 있다. 이 고용체를 어떤 임계온도 T_c 아래로 냉각하면 A 원자는 스스로 규칙적이고 주기적인 방식으로 한 조의 원자 자리에 배열하고 B 원자도 다른 조에 비슷하게 배열한다. 그러면 고용체는 **규칙**(ordered)하거나 **초격자**(superlattice)를 가진다고 말한다. A와 B 원자의 이러한 주기적 배열이 결정에서 아주 큰 거리에 걸쳐 지속하면 이런 상태는 **장범위 규칙**(long-range order)이라 한다. 규칙 고용체를 T_c 보다 높게 가열하면 원자 배열은 어느 정도 다시 무질서하게 되고 그 고용체는 **불규칙**(disordered)하다고 말한다.

규칙화하는 데서 일어나는 원자 배열에서 변화는 대다수의 물리적인 특성과 화학적인 특성을 변하게 하고 규칙화가 존재하는 것을 이 변화의 어떤 것으로 추론할 수 있다. 하지만 불규칙-규칙 변태에 관한 유일한 결정적인 증거는 그 물질의 x선 회절무늬에서 특정한 유형의 변화이다. 이런 유형의 증가는 미국 금속학자 Bain이 1923년에 조성이 $AuCu_3$인 금-구리의 한 고용체에서 처음 얻었다[10.6]. 그때 이후로 동일한 현상을 많은 다른 합금계에서 발견하였다.

특정한 합금에서 발견하는 규칙구조에 관한 자료는 Barrett과 Massalski[G.10]와 Pearson[G.9]이 내놓았다. 연관한 회절 현상에 관한 이론은 Warren[G.20]과 Guinier[G.30]가 다루었다.

10-10 장범위 규칙

규칙-불규칙 변태의 고전적인 예는 구리-금 계에서 나온다. $AuCu_3$의 금과 구리 원자는 그림 10-4(a)에서 나타낸 것처럼 약 390°C의 임계온도를 넘어서는 면심입방 격자의 원자자리에서 다소 무질서하게 배열한다. 무질서가 완전하다면 특정한 한 자리를 금 원자가 점유하는 확률은 간단하게 $\frac{1}{4}$이며, 합금에서 금의 원자 분율이고 이 자리를 구리 원자가 점유하는 확률은 $\frac{1}{4}$이며 구리의 원자 분율이다. 이 확률은 모든 자리에서 같고 구조 전체를 생각하면 통계적 '평균한' 금-구리 원자가 각각 자리를 차지한다. 그림 10-4(b)에 나타낸 것처럼 임계온도 하에서 완전히 규칙적인 합금의 금 원자는 단위 입방체의 모서리 위치만 차지하고 구리 원자는 면심 위치를 차지한다. 두 구조 모두 입방상이며 실질적으로 격자상수는 같다. 그림 10-5는 어떻게 이 두 원자 배열이 한 특정한 격자면에서 다른 지를 보여준다. 같은 유형의 규칙성을 $PtCu_3$, $FeNI_3$, $MnNi_3$, $(MnFe)Ni_3$에서 관측하였다.

규칙과 불규칙 $AuCu_3$의 회절무늬 사이에 어떤 차이가 존재하는 것일까? 배열을 할 때 단위포의 크기에서 극히 작은 변화만이 있고 모양에서는 없으므로 실질적으로 회절선의 위치에서 변화는 없을 것이다. 그러나 원자의 위치 변화는 반드시 선강도에 변화를 일으킨다. 각 원자 배열에서 구조인자 F를 계산하여 이 변화의 본질을 설명한다.

a) 완전 불규칙. '평균' 금-구리 원자의 원자산란인자는

$$f_{av} = (\text{Au 원자 분율})f_{Au} + (\text{Cu 원자 분율})f_{Cu}$$

$$f_{av} = \frac{1}{4}f_{Au} + \frac{3}{4}f_{Cu}$$

이다. 단위포당 네 개의 '평균' 원자가 000, $\frac{1}{2}\ \frac{1}{2}\ 0$, $\frac{1}{2}\ 0\ \frac{1}{2}$, $0\ \frac{1}{2}\ \frac{1}{2}$에 있다. 그러므로 구조인자는

$$F = \sum f e^{2\pi i(hu + kv + lw)}$$

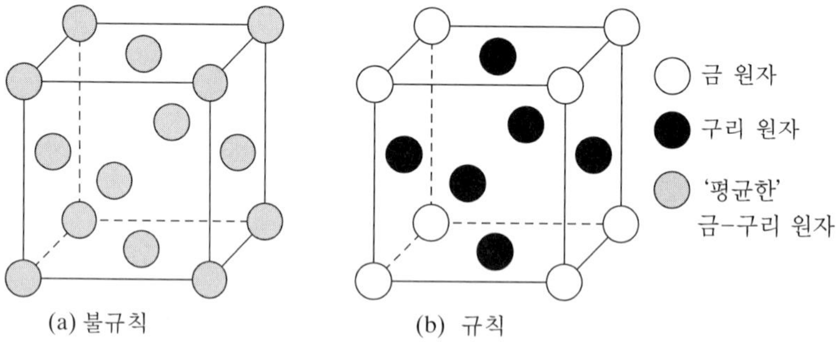

그림 10-4 $AuCu_3$의 불규칙형과 규칙형의 단위포

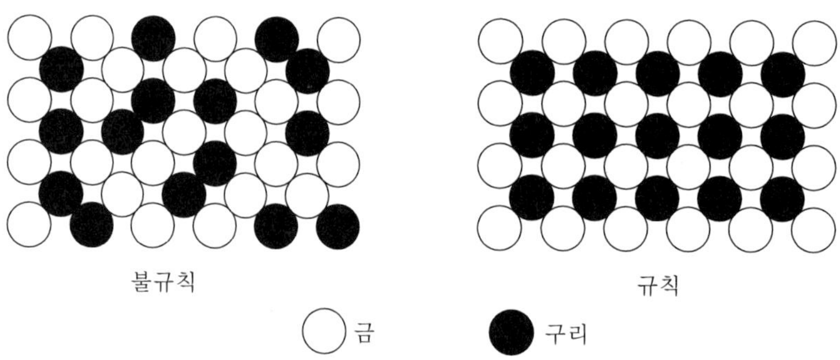

그림 10-5 (100) 면에서 원자 배열, 불규칙과 규칙 $AuCu_3$

$$F = f_{\text{av}}[1 + e^{\pi i(h+k)} + e^{\pi i(h+l)} + e^{\pi i(k+l)}]$$

이다. 4-6절의 예 (d)로 이 식은

$$F = 4f_{\text{av}} = (f_{\text{Au}} + 3f_{\text{cu}}),\ hkl \text{ 비혼합}$$

$$F = 0,\ hkl \text{ 혼합} \tag{10-11}$$

이다. 그러므로 예상한 것처럼 불규칙 합금은 어떤 면심입방 금속, 가령 순수한 금이나 순수한 구리의 것과 같은 회절무늬를 만든다. 혼합 지수의 반사는 존재하지 않는다.

b) **완전 규칙**. 각각의 단위포는 이제부터 000에 한 개의 금 원자와 $\frac{1}{2}\ \frac{1}{2}\ 0,\ \frac{1}{2}\ 0\ \frac{1}{2},\ 0\ \frac{1}{2}\ \frac{1}{2}$에 세 개의 구리 원자를 포함한다.

$$F = f_{\text{Au}} + f_{\text{Cu}}[e^{\pi i(h+k)} + e^{\pi i(h+l)}e^{\pi i(k+l)}]$$

$$F = (f_{\text{Au}} + 3f_{\text{Cu}}),\ hkl \text{ 비혼합}$$

$$F = (f_{\text{Au}} - f_{\text{Cu}}),\ hkl \text{ 혼합} \tag{10-12}$$

그 결과 규칙 합금은 모든 *hkl* 값에 대해서 회절선들을 만들고, 따라서 이 회절무늬는 단순입방 물질의 무늬와 비슷하다. 다시 말하면 규칙화가 일어나는 중 Bravais 격자의 변화가 있었다. 불규

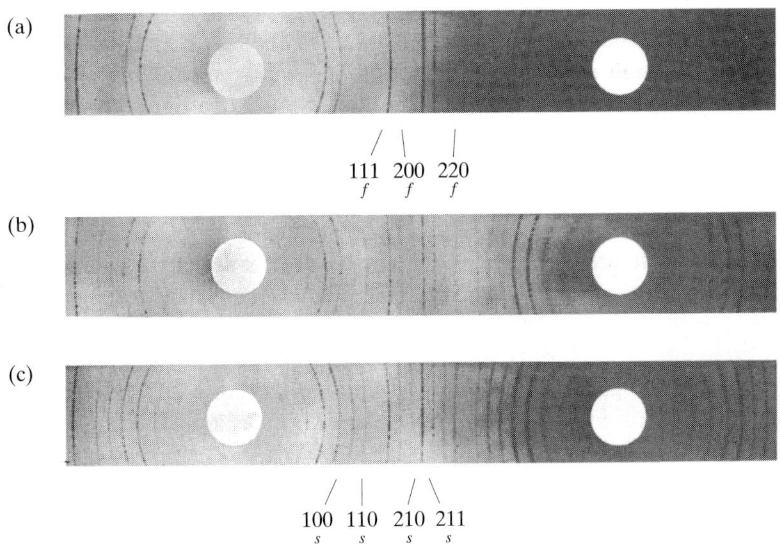

그림 10-6 여과한 구리 방사선으로 얻은 $AuCu_3$(매우 거친 입자의)의 분말무늬: (a) 440°C에서 급냉 (불규칙함): (b) 360°C에 30분 동안 유지하고 급냉 (부분 규칙함): (c) 360°C에서 상온으로 서냉 (완전 규칙함)

칙 합금의 Bravais 격자는 면심입방이고 규칙 합금의 격자는 단순입방이다.

비혼합 지수의 면에서 나온 회절선들을 **기본선**(fundamental line)이라고 부르는데, 그 까닭은 이 선들이 동일한 위치에서 생기며 규칙과 불규칙 둘 다 합금의 무늬에서 강도가 같기 때문이다. 어떤 규칙 합금의 무늬에서 나타나는 여분의 선은 혼합 지수의 면에서 생겨난 것으로 이 선을 **초격자선**(superlattice line)이라고 부르며 그 선의 존재는 규칙화가 일어났다는 직접적인 증거이다. 초격자선 형성의 물리적 원인을 그림 10-4를 조사하면 추론할 수 있다. 불규칙 구조에서 나온 100 회절, 즉 Bragg 법칙을 만족하는 θ 각으로 입사한 파장 λ의 빔을 고찰하자. 단위포의 정상과 바닥에 있는 원자들은 위상이 같도록 산란을 일으키고 따라서 보강이 일어난다. 하지만 일정한 위상의 면들 사이의 중간에서는 원자들의 제2의 조(즉, 한 '면')가 있고, 이 면이 포함하는 금과 구리 원자들은 분포에서 평균적으로 정확하게 똑같다. 이 원자들은 위상이 벗어나게 산란을 일으키며 단위포의 정상과 바닥 면에 있는 원자들과 진폭은 똑같다. 그 결과 완전한 상쇄가 일어나며 100 반사는 없다. 다른 한편으로 규칙 합금에서는 금과 구리 원자들의 분포는 더 이상 균일하지 않다: 단위포의 위/아래에서 점유도(구리와 금 원자 둘 다)는 중간에 있는 것(구리 원자들만)과는 다르다. 이전처럼 정상/바닥 층은 단위포의 중간면과는 위상이 벗어나게 산란을 일으키지만 그러나 이제 산란 진폭은 금과 구리 원자의 산란능의 차이 때문에 다르다. 그러므로 규칙구조는 약한 100 반사를 만든다. 그리고 식 (10-12)가 보여주는 것과 같이 모든 초격자선은 기본선보다 훨씬 더 약한데, 그 까닭은 그 구조인자가 개개 원자의 원자산란인자의 합보다는 차에 관계하기 때문이다. 그 결과는 그림 10-6에 명확하게 보이고, 여기서 f와 s는 각각 기본선과 초격자선을 표시하는 데 사용한다.

낮은 온도에서 $AuCu_3$에서 장범위 규칙은 실질적으로 완전하지만 T_c에 접근하면서 어느 정도 무질서가 생긴다. 이렇게 완전 규칙에서 벗어나는 것은 **장범위 규칙 변수** S로, 이 변수는 다음과 같이 정의한다:

$$S = \frac{r_A - F_A}{1 - F_A} \tag{10-13}$$

여기서 r_A는 '옳은' 원자들, 즉 A원자들이 점유한 A 자리의 분율이고 F_A는 합금에서 A 원자들의 분율이다. 장범위 규칙이 완전할 때는 정의에 따르면 $r_A = 1$이고 그러므로 $S = 1$이다. 원자 배열이 완전히 무질서할 때는 $r_A = F_A$이고 $S = 0$이다. 예를 들면, $AuCu_3$에서 100개의 원자, 즉 25개의 금 원자와 75개의 구리 원자를 고찰하자. 규칙화가 완전하지 못하고 이 금 원자에서 오직 22개만이 '금 자리', 즉 입방체의 모서리 자리에 있고 다른 세 개는 '구리 자리'에 있다고 가정한다. 그러면 금 원자를 식 (10-13)에 있는 A 원자로 간주하면 $r_A = 22/25 = 0.88$이고 $F_A = 25/100 = 0.25$이다. 그러므로

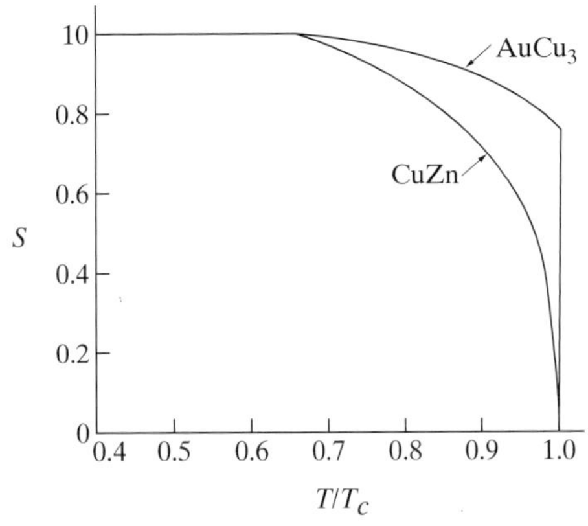

그림 10-7 온도에 따른 $AuCu_3$와 CuZn의 장범위 규칙 S의 변화. ($AuCu_3$ 자료는 Keating과 Warren[10.7]에서, CuZn 자료는 Chipman과 Warren[10.8]에서.)

$$S = \frac{0.88 - 0.25}{1.00 - 0.25} = 0.84$$

는 존재하는 장범위 규칙도를 나타낸다. 구리 원자들의 분포도 같은 결과를 낸다.

초격자에서 완전한 장범위 규칙에서 벗어나는 그 어떤 것도 초격자선을 더욱 약하게 한다. 부분적 규칙 $AuCu_3$의 구조인자는

$$F = (f_{Au} + 3f_{Cu}),\ hkl \text{ 비혼합}$$

$$F = S(f_{Au} - f_{Cu}),\ hkl \text{ 혼합} \tag{10-14}$$

이다는 것을 보여줄 수 있다[G.20]. 이 식을 식 (10-12)와 비교하면 오직 초격자선만이 영향을 받는다는 것을 알 수 있다. 그러나 그 영향은 강하여, 초격자선의 강도는 $|F|^2$에, 그 결과 S^2에 비례한다. 예를 들면, 규칙에서 $S = 1.00$에서 $S = 0.84$로 감소하면 초격자선의 강도는 약 30% 감소한다. 부분적인 무질서 때문에 초격자선이 약해지는 것을 그림 10-6에 나타내었다. 초격자선과 기본선의 적분강도 비를 비교하여 S를 실험적으로 결정한다.

이런 식으로 얻은 S의 값은 그림 10-7에 임계온도 T_c의 분율로 표시한 절대온도의 함수로 나타낸다. $AuCu_3$에서 S의 값은 온도를 T_c에서 약 0.8까지 높여주면 점차 감소하고 그런 다음 갑자기 영으로 떨어진다. T_c보다 높은 데서 원자 분포는 무질서하며 초격자선은 없다. 예상하건대 초격자선에서 손실한 에너지는 완전 불규칙 합금의 무늬에서 어떤 모양으로 나타나야 한다. 사실 이 에너지는 2θ의 전 범위에 걸쳐 약한 확산 배경선의 형태로 나타난다. 이 확산산란은 무질서 때문이고 원자 배열의 완전한 주기성에서 어떤 일탈도 비 Bragg 각에서 확산산란을 초래한다는 것을 보여준다.

Laue 경은 만일 두 종류의 원자 A와 B가 한 고용체에서 완전히 무질서하게 분포한다면, 생겨

난 확산산란의 강도는

$$I_D = k(f_A - f_B)^2 \tag{10-15}$$

로 나타낸다. 여기서 k는 어떤 조성에서는 일정하고 f_A와 f_B는 원자산란인자이다[G.20]. f_A와 f_B는 $(\sin\theta/\lambda)$가 증가함에 따라 둘 다 감소하고 그 값의 차도 그렇다. 그러므로 I_D는 $2\theta = 0$에서 최대이며 2θ가 증가함에 따라 감소한다. 이런 확산산란은 실험적으로 측정하는 것이 아주 어렵다. 이러한 산란은 시작하기에는 약하고 다른 유형들의 확산산란, 즉 Compton 변조산란, 온도 확산산란들도 존재할 수 있어서 이것과 겹칠 수 있다. 하지만 식 (10-15)는 매우 일반적이고 낮은 온도에서 규칙화가 일어날 수 있는지 없는지 여하 간에 이 식을 어떠한 무질서 고용체에 적용한다. 이 부분은 10-11절에서 다시 다룰 것이다.

장범위 규칙에 관한 어떤 언급이 필요한 다른 한 면은 조성에서 변화가 주는 영향이다. $AuCu_3$ 격자에서 면심입방 자리에서 모서리 자리의 비율은 1:3이므로 완전 규칙은 구리 대 금의 원자 비율도 정확하게 1:3일 때만 달성할 수 있다. 그러나 규칙화 과정은 그림 10-8의 상태도에서 보인

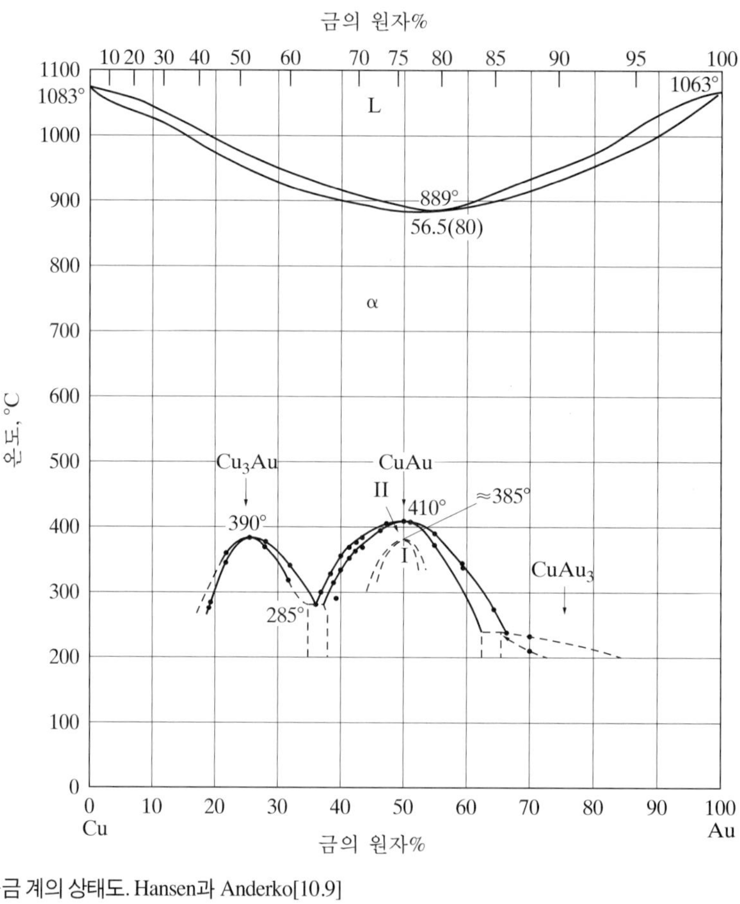

그림 10-8 구리–금 계의 상태도. Hansen과 Anderko[10.9]

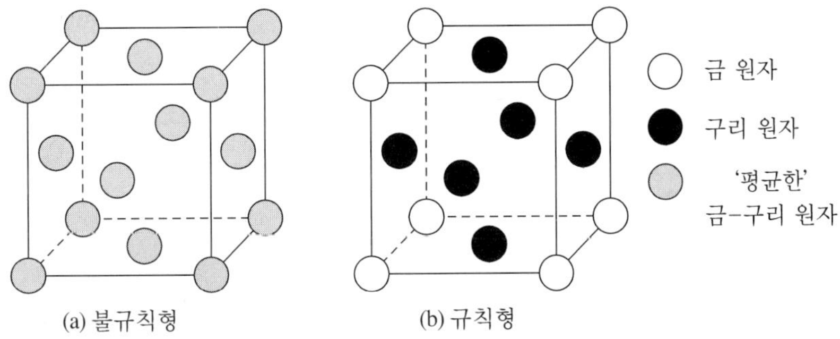

그림 10-9 CuZn의 불규칙형과 규칙형의 단위포

바와 같이 금이 25 원자 퍼센트보다 약간 더 많거나 약간 더 모자라게 함유한 합금에서도 일어난다. 금을 25 원자 퍼센트보다 약간 더 많이 함유하는 한 규칙 합금에서는 모든 모서리 자리를 금 원자가 점유하고, 나머지 금 원자는 구리 원자가 보통 점유하는 면심입방 자리를 약간 점유한다. 금을 25%보다 덜 함유하는 합금에서는 그 반대이다. 그러나 상태도가 보여주는 것과 같이 규칙 격자가 불안정하게 되지 않고 수용할 수 있는 조성의 변화에는 한계가 있다. 사실 금 함량을 약 50 원자 퍼센트로 올리면 전혀 다른 규칙 합금, AuCu가 생길 수 있다.

다소 복잡한 AuCu에서 규칙화 변태를 고찰하기 전에 β 황동의 거동을 조사하는 것이 유익하다. 이 합금은 상온에서 안정할 때 아연의 조성 범위가 약 46에서 거의 50 원자 퍼센트에 걸치고 그래서 가장 가까운 조성식은 CuZn으로 나타낼 수 있다. 고온에서 이 구조는 통계적으로 체심입방으로, 구리와 아연 원자들은 무질서하게 분포한다. 약 460℃의 임계온도 아래에서 규칙화가 일어난다. 그러면 단위포 모서리는 구리 원자만이 점유하며 단위포 중심은 아연 원자만 점유하는데 그림 10-9에 제시하였다. 그러므로 규칙 합금은 CsCl 구조이며 이 구조의 Bravais 격자는 단순입방이다. 같은 규칙 구조인 다른 합금은 CuBe, CuPd, FeCo이다.

이전 절에서 한 것과 유사한 계산으로 β 황동의 구조인자는 이상적인 조성 CuZn에서

$$F = (f_{\mathrm{Cu}} + f_{\mathrm{Zn}}), \quad (h + k + l) \text{ 짝수}$$

$$F = S(f_{\mathrm{Cu}} - f_{\mathrm{Zn}}), \quad (h + k + l) \text{ 홀수} \tag{10-16}$$

이 된다. 바꾸어 표현하면, 기본선인 $(h + k + l)$이 짝수인 선은 합금이 규칙적이든 아니든 간에 강도가 변하지 않는다. 그리고 초격자선인 $(h + k + l)$이 홀수인 선은 어느 정도 규칙성을 나타내는 합금의 회절무늬에서만 존재하고 강도는 존재하는 규칙도에 의존한다.

그림 10-7은 어떻게 장범위 규칙도가 CuZn에서 온도에 따라 달라지는 지를 나타낸다. CuZn의 규칙 변수는 T가 T_c에 접근함에 따라 연속적으로 영까지 감소하는 반면 $AuCu_3$에서 이 변수는 T_c까지 매우 높은 값을 유지하다가 갑자기 영으로 떨어진다. 그리고 이 두 합금에서 불규칙-규칙 변태의 속도에서 주목할만한 차이가 하나 있다. $AuCu_3$의 변태는 비교적 상당히 느려서 어떤 온

도에서도 이 합금의 구조는 상온으로 급냉해도 존속하는데, 이를 그림 10-6의 상온에서 얻은 회절무늬로 분명히 알 수 있다. 다른 한편으로 CuZn에서 규칙화는 너무 빠르고 고온에서 존재한 불규칙은 아무리 빠르게 급냉해도 상온에서 존속할 수 없다. 그러므로 상온에서 CuZn의 어떤 시편도 거의 완전하게 규칙화했다고 가정할 수 있다. (그림 10-7에 나타낸 CuZn의 S 대 T/T_c 곡선은 고온 회절기로 온도에 구한 실험에 물론 근거를 두었다.)

모든 규칙-불규칙 변태가 $AuCu_3$와 CuZn에서 일어나는 것처럼 결정학적으로 말하는 것이 간단한 것은 아니다. 예를 들면, AuCu 조성 혹은 그 근처의 금-구리 합금에서 복잡성을 만날 수 있다. 이 합금은 약 410°C의 임계온도 이하 온도에서 조성에 따라 다르게 규칙화한다(그림 10-8을 보라). $AuCu_3$에서 금 대 구리 원자의 비율은 1:3인 데 비해 AuCu에서는 1:1이고, 규칙 AuCu의 구조는 당연히 금 자리 대 구리 자리의 비율이 또한 1:1인 것임에 틀림없다. 두 가지의 규칙형이 규칙화 온도에 따라 생기며 이 형은 결정구조가 상이하다:

a) 정방 AuCu는 I로 표시하며, 고온에서 서냉하거나 약 385°C 아래에서 등온 규칙화하면 생긴다. 단위포는 그림 10-10(a)에 보인다. 형태는 거의 입방이고 c/a는 약 0.93과 같으며 금과 구리 원자들은 교대로 (002) 면을 보여준다.
b) 사방 AuCu는 II로 표시하며 약 410°C와 385°C 사이에서 등온 규칙화로 생긴다. 이것의 단위포는 아주 유별나고 그림 10-10(b)에 보이며 I와 같은 정방 포 10개를 나란히 놓은 후 그 중 다섯 개를 다른 다섯 개에 대해서 벡터 **c**/2와 **a**/2로 병진하여 얻는다. (어떤 변형이 일어나면 그 결과 본래의 단위포를 함께 구성한 10개의 성분포 각각은 정방이 아닌 사방이 된다.

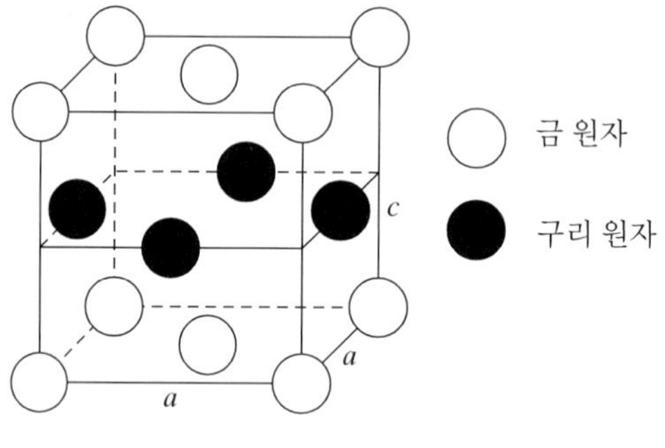

(a) I-정방

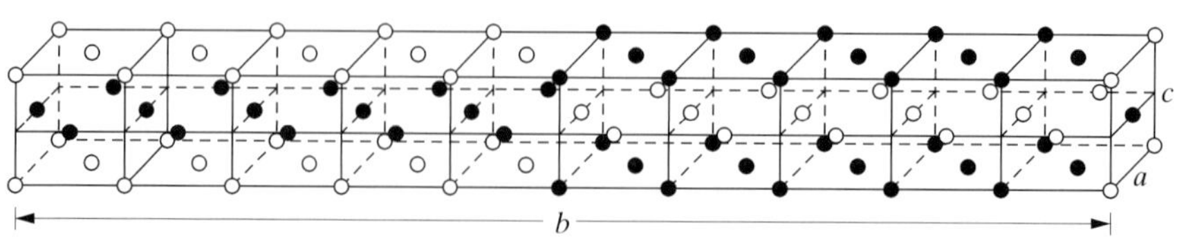

(b) II-사방

그림 10-10 AuCu의 두 규칙형의 단위포

즉, b는 정확하게 a의 10배가 아니며 약 $10.02a$에 가깝다. c/a 비는 약 0.92이다.) 그 결과는 어떤 한 (002) 면에서 원자들은 $b/2$의 거리에서 전부 금이고 그 다음 $b/2$ 거리에서 전부 구리이고, 등등이다. 이것을 초격자의 장주기라고 부른다.

결정학의 관점에서 $AuCu_3$와 CuZn에서 일어나는 규칙의 유형과 다른 한편으로 AuCu에서 일어나는 유형 사이에는 근본적인 차이가 있다. $AuCu_3$에서 불규칙-규칙 상변태에 수반하여 Bravais 격자에서 변화가 있지만 결정계에서 변화는 없다: 불규칙과 규칙형은 둘 다 입방이다. AuCu에서 규칙화 과정은 Bravais 격자와 결정계를 둘 다 변하게 하는데, 후자는 입방에서 정방 AuCu(I)이나 사방 AuCu(II)로 변한다. 이 변화는 원자 배열의 대칭이 변하여 생기는 것으로 지정한 한 구조가 속하는 결정계는 결국 그 구조의 대칭에 의존하기 때문이다(2-5절을 보라). 금-구리계에서 불규칙상의 α는 입방으로, 금과 구리 원자의 배열은 면심격자에서 통계의 의미로 볼 때 어떤 조성에서도 입방 대칭이다. $AuCu_3$에서 규칙화 과정은 금과 구리 원자들을 각 단위포에서 일정한 위치에 두지만(그림 10-4), 그래도 이 배열은 입방 대칭을 가지므로 단위포는 입방을 유지한다. 다른 한편으로 규칙 AuCu에서 정방 변형만을 고찰하자. 원자 배열은 더 이상 3회 회전 대칭이 {111} 결정형의 방향으로 없는 그런 것이다. 이것은 입방계의 최소 대칭조건이기 때문에 이 단위포[그림 10-10(a)]는 입방이 아니다. 하지만 4회 회전 대칭은 [001] 주위에 있으나 [010]이나 [100] 주위에는 없다. 따라서 규칙형은 정방이다. 금과 구리 원자들은 교대로 (002) 면 위에서 나뉘어져 이 예에서는 c는 a에 비해 약간 수축하는 방향으로 c를 a와 다르게 하는데, 금과 구리 원자 사이의 크기에서 차이가 있기 때문이다. 그러나 비록 c가 a와 같다고 하더라도 그림 10-10(a)에 보인 단위포는 이 합금의 대칭에 기초를 두면 정방으로 분류할 수 있다.

어떤 규칙 고용체에서 초격자선의 강도는 기본선의 강도보다는 매우 낮으므로 다음 질문은 고찰하는 데 중요하다: 이 강도는 너무 낮아서 그 선을 검출할 수 없는가? 회절선과 회절선에서 다중도 인자와 Lorentz-편광인자의 차이를 무시하고 초격자와 기본선의 상대 적분강도를 그 상대적인 $|F|^2$ 값으로 준다고 가정하면 근사적인 추정치가 나온다. 충분히 규칙화한 $AuCu_3$에서 식 (10-12)는

$$\frac{\text{강도(초격자선)}}{\text{강도(기본선)}} \approx \frac{|F|_s^2}{|F|_f^2} = \frac{(f_{Au} - f_{Cu})^2}{(f_{Au} + 3f_{Cu})^2} \tag{10-17}$$

를 보여준다.

$(\sin\theta/\lambda) = 0$에서는 $f = Z$로 놓을 수 있고 금과 구리 원자번호는 각각 79와 29이므로 식 (10-17)은 작은 산란각에서

$$\frac{I_s}{I_f} \approx \frac{(79 - 29)^2}{[79 + 3(29)]^2} \approx 0.09$$

이 된다. 그러므로 초격자선은 기본선에 비해 겨우 약 십분의 일 정도 강하지만 그래도 이 선은

그림 10-6에 보인 것처럼 어려움 없이 검출할 수 있다.

그러나 CuZn에서 완전히 규칙화할 때 상황은 매우 나쁘다. 구리와 아연의 원자번호는 각각 29와 30이며 이전과 같이 동일한 가정을 한다면,

$$\frac{I_s}{I_f} \approx \frac{(f_{\text{Cu}} - f_{\text{Zn}})^2}{(f_{\text{Cu}} + f_{\text{Zn}})^2} \approx \frac{(29 - 30)^2}{(29 + 30)^2} \approx 0.0003$$

이다. 이 비율은 너무 낮아 규칙 CuZn의 초격자선은 아주 특별한 상황 하에서만 x선 회절로 검출할 수 있다. (규칙 혹은 불규칙한 이 합금의 분말무늬는 통상적으로 체심입방 물질의 것으로 보인다.) 원자번호에서 기껏 1이나 2 단위 밖에 다르지 않는 A와 B 원소로 구성한 초격자에서도 같은 일이 일어나는데, 일반적으로 초격자선 강도가 $(f_{\text{A}} - f_{\text{B}})^2$에 비례하기 때문이다.

하지만 관계한 두 원자가 원자번호가 거의 같을 때 초격자선의 강도를 기본선의 것에 비해 증가시킬 수 있는 한 방법이 있는데 이것은 입사 파장을 적절하게 선택하는 것이다. 어떤 원소의 원자산란인자 f는 일반적으로 $(\sin\theta/\lambda)$가 일정한 산란 방사선의 파장에 독립적이라고 생각한다. 이것은 좀 맞지는 않는다. 입사 파장 λ가 산란 원소의 K 흡수단의 파장 λ_K와 거의 같을 때 그 원소의 원자산란인자는 λ가 λ_K에 비해 아주 낮을 때에 비해 몇 단위가 더 낮을 수 있다. f에서 이러한 변화는 4-3절에서 언급한 '이상 분산'이다. 물리적으로 이 현상은 공명효과로 간주할 수 있는데, 여기서 K 전자들의 진동은 산란의 원인으로, 산란하는 방사선이 어떤 주파수에 있을 때 교란이 일어나고, 이 주파수 근처에서 K 전자들은 원자에서 방출할 수 있다. 만일 $\lambda \ll \lambda_K$에서 원자산란

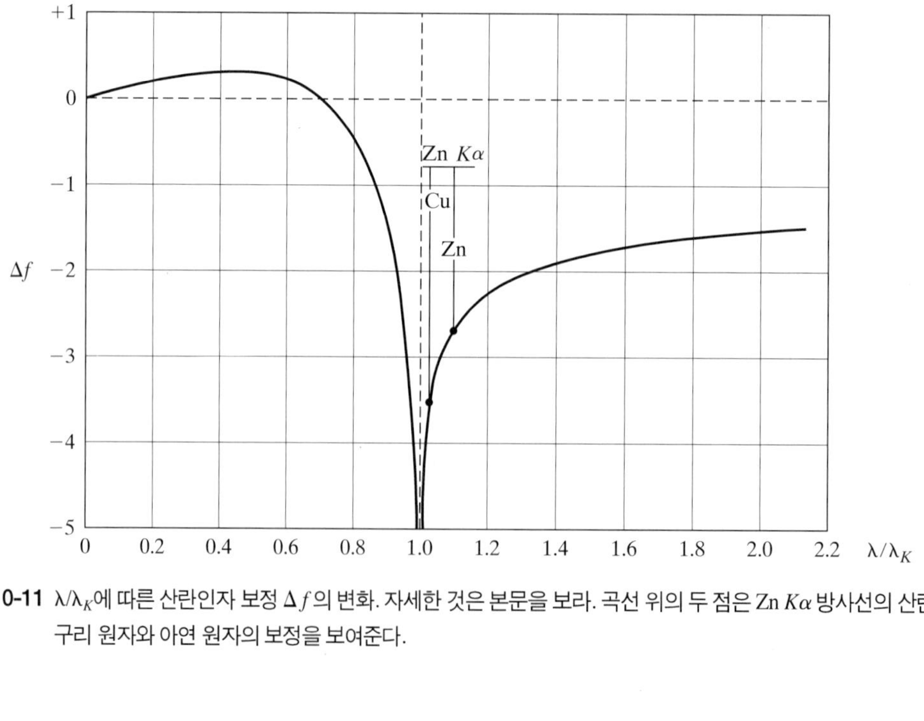

그림 10-11 λ/λ_K에 따른 산란인자 보정 Δf의 변화. 자세한 것은 본문을 보라. 곡선 위의 두 점은 Zn $K\alpha$ 방사선의 산란에서 구리 원자와 아연 원자의 보정을 보여준다.

인자이고(예를 들면, 이 값은 부록 10에서 표에 실린 통상적인 값이다) λ가 λ_K 근처일 때 $\Delta f = f_0$에서 변화인데 $f = f_0 + \Delta f$ 양은 λ가 λ_K 근처일 때 원자산란인자의 값을 준다. 그림 10-11은 근사적으로 어떻게 Δf가 λ/λ_K에서 변하는 지를 보여주고 이 곡선은 보정 Δf를 추정하는 데 사용할 수 있고 이 값을 파장과 산란 원소의 어떤 특정한 조합에도 반드시 적용해야 한다.

엄밀히 말하면 Δf는 또 산란원소의 원자번호에 의존하며, 이것은 원소마다 다른 보정곡선이 필요하다는 것을 뜻한다. 그러나 Z에 따른 Δf의 변동은 대단히 크지는 않고 그림 10-11은 중간 원자번호(약 50)의 한 원소에 대해 계산한 것으로 어느 원소에도 기준으로 삼는 보정곡선으로 상당히 좋게 정확하게 쓰일 수 있다. 그림 10-11은 James의 자료를 사용하여 계산하였다[G.19, p. 608]. 이상 분산은 Guinier가 고찰하였다[G.30]. Z의 함수로 Δf의 값을 다섯 가지의 특정 파장의 일정한 λ에서 [G.1, Vol.C]의 자료로 계산할 수 있다.

λ/λ_K가 약 0.8보다 낮을 때 보정은 실질적으로 무시할 수 있다. λ/λ_K가 약 1.6을 초과할 때 보정은 실질적으로 일정하며 λ_K의 작은 변화에서는 독립적이다. 그러나 λ가 λ_K 부근에 있을 때 보정곡선의 경사는 아주 급하고 이것은 원자번호가 거의 같은 두 개의 원소에서 Δf 보정이 매우 다르다는 것을 뜻한다. 이 사실을 이용하여 어떤 초격자선의 강도를 정상적인 값보다 높이 증가시킬 수 있다.

예를 들어, 만일 규칙 CuZn을 Mo $K\alpha$ 방사선으로 조사한다면, λ/λ_K는 구리 원자에서 0.52이고 아연 원자에서 0.55이다. 그러면 Δf 값은 어느 원자에서도 약 +0.3이고 한 초격자선의 강도는 2θ의 낮은 값에서 $[(29 + 0.3) - (30 + 0.3)]^2 = 1$에 비례한다. 이러한 상황에서 회절선은 보통 배경이 있을 때는 보이지 않을 수 있다. 그러나 Zn $K\alpha$ 방사선을 사용하면 λ/λ_K는 각각 구리와 아연 원자들에 대해 1.04와 1.11이 된다. 초격자선의 강도는 이제 $[(29 - 3.6) - (30 - 2.7)]^2 = 3.6$에 비례하며 이 값은 충분히 커서 그 선을 검출하게 한다. 바로 Zn $K\alpha$ 방사선을 사용하여 Jones와 Sykes [10.10]는 처음으로 CuZn에서 규칙화하는 것을 찾아내었다. Cu $K\alpha$ 방사선은 Mo $K\alpha$에 비해 어떤 장점을 제공하지만, Zn $K\alpha$만큼 장점이 그리 크지 않고 CuZn의 규칙은 Cu $K\alpha$선으로 검출할 수 있지만 그런 일은 단지 결정 단색화 방사선을 사용하거나 시편이 단결정일 때만 그렇다.

아주 좋게 근사하여 원자산란인자의 Δf 의 변화는 산란각에 무관하며 회절무늬 상의 모든 회절선에서 일정한 값이다.

이런 이상 변화가 산란인자의 한 흡수단 근처에서 일어나는 것을 사용하면 x선 법의 용도를 최대한 높일 수 있다. 원자번호가 거의 같은 금속들의 합금에서 규칙을 검출하는 데 있어 더 좋은 도구는 중성자 회절이다(부록 2). 두 개의 원소는 원자번호에서 단지 하나만이 다르더라도 그 중성자 산란능은 전혀 달라서 초격자 강도가 높아지는 상황으로 간다.

10-11 단범위 규칙과 집합 현상

임계온도 T_c보다 높은 데서 장범위 규칙은 사라지고 원자 분포는 어느 정도 무질서하게 된다. 이 현상은 분말무늬에서 초격자선들이 없어지는 것으로 나타난다. 그러나 회절무늬의 배경을 형성하는 확산산란을 주의깊게 해석하면 완전한 무질서에는 이르지 않는다는 것을 알 수 있다. 그 대신 **이종**(unlike) 원자들이 가장 가까운 이웃이 되려는 경향이 평균보다 더 크다. 이 조건은 **단범위 규칙**(short-range order)으로 알려져 있다.

예를 들면, 완전한 장범위 규칙이 $AuCu_3$에 존재할 때 000에 위치한 한 개의 금 원자는 $\frac{1}{2}\ \frac{1}{2}\ 0$과 등가인 위치(그림 10-4를 보라)에 있는 12개의 구리 원자로 둘러싸이고 어떤 지정한 구리 원자도 8개의 구리 원자와 4개의 금 원자로 둘러싸인다. 이런 유형의 집합은 장범위 규칙이 존재하는 직접적인 결과이고 이 규칙은 금 원자들은 모서리 자리에, 그리고 구리 원자들은 면심 자리에 있기를 요구한다. T_c보다 높은 데서는 이 규칙이 무너지고 원자 분포가 실제로 무질서하게 되면 지정한 한 개의 금 원자는 모서리나 면심 자리의 어느 하나에서 찾을 수 있다. 그러면 단지 $\frac{3}{4}$ (12) = 9개의 구리 원자가 가장 가까운 이웃이 되는데, 그 까닭은 평균적으로 네 개에서 세 개의 원자가 고용체에서 구리이기 때문이다. 실제로 얼마간 단범위 규칙이 T_c보다 높은 데서 존재한다: 예컨대 T_c보다 15°C 높은 405°C에서 어떤 지정한 금 원자 주위에도 평균하여 약 11.0개의 구리 원자가 있다[10.11].

이것은 상당히 일반적인 결과이다. 어떤 온도 아래에서 장범위 규칙을 나타내는 고용체는 무엇이든 약간의 단범위 규칙을 그 온도보다 높은 데서 나타낸다. T_c보다 높은 데서는 단범위 규칙도는 온도를 올리면 감소한다. 즉, 열요동의 증가는 원자 분포를 더욱 더 무질서하게 만들려고 한다. 단범위 규칙에 관한 흥미로운 사실 하나는 이 규칙은 낮은 온도에서 장범위 규칙을 보이는 고용체, 가령 금-은과 금-니켈 고용체에서 존재하는 것을 발견했다는 것이다.

무질서에서 벗어나는 또 다른 고용체의 유형은 **동종**(like) 원자들이 가까운 이웃이 되려는 경향이다. 이런 결과는 '집합 현상(clustering)'으로 알려져 있고 이런 현상은 알루미늄-은과 알루니늄-아연 고용체에서 나타난다. 사실 완전하게 무질서한 고용체와 같은 것들은 없을 것이다. 실제 고용체는 모두 단범위 규칙이나 집합 현상을 크든지 작든지 나타내는데, 왜냐하면 고용체는 이종 원자들로 되어 있어 그 원자 간에는 작용하는 특정한 인력이나 반발력이 있기 때문이다. 하지만 단범위 규칙은 집합 현상에 비해 훨씬 더 흔하다.

단범위 규칙이나 집합 현상의 정도는 장범위 규칙과 같이 적당한 변수로 정의할 수 있고 이 변수의 값은 생겨난 회절효과와 관계할 수 있다. 이 효과의 일반적인 성질은 그림 10-12에 예시하였는데, 여기서 확산산란의 강도를 2θ가 아닌 $\sin\theta$의 함수로 그린다. (기본선들은 그림 10-12에 포함하지 않는데, 이 강도는 나타난 확산산란과 비교하여 너무 지나치게 높기 때문이고 그 선 중 두

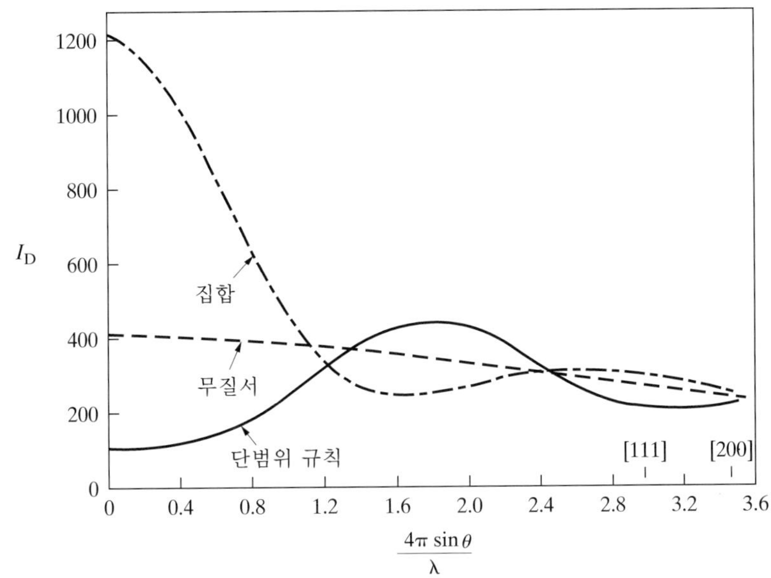

그림 10-12 완전 불규칙, 단범위 규칙, 집합을 나타내는 고용체(여기서 면심입방 합금 Ni_4Au)의 분말무늬에서 확산산란의 계산강도 I_D. 단범위 규칙곡선은 무질서 배열에 이종 이웃원자를 한 개 추가한 것을 기초로 하여 계산한 것이며, 집합곡선은 이종 이웃원자가 한 개 적은 것을 기초로 하였다. Warren과 Averbach[10.12]

개 111과 200의 위치는 횡축에 표시한다.) 만일 원자 분포가 완전히 무질서하다면, 산란강도는 2θ나 $\sin\theta$가 영에서 증가하면 식 (10-15)에 따라 점진적으로 감소한다. 단범위 규칙이 존재한다면 저각에서 산란은 덜 강해지고 낮고 넓은 최대가 산란곡선에 생긴다. 이 최대는 보통 장범위 규칙으로 생긴 예리한 초격자선들과 같은 각위치에 있다. 집합 현상은 저각에서 강한 산란을 일으킨다.

하지만 이 효과는 모두 아주 약하고 항상 존재하는 다른 유형의 확산산란으로 가려진다. 그 결과로 그림 10-12에 보이는 상세한 것들은 여과한 방사선으로 얻은 보통 분말무늬에서는 결코 관찰할 수 없다. 이 상세한 것을 밝히고 고용체의 구조에 관한 그 무엇을 알기 위해서 엄밀하게 단색인 방사선과 바람직하게는 단결정 시편을 사용하며 항상 존재하는 다른 유형, 주로 온도확산과 Compton 변조의 확산산란을 보정하는 것이 필요하다.

문 제

*10-1 Cu $K\alpha$ 방사선으로 얻은 알루미늄의 분말무늬는 10개의 회절선을 포함하는데, 이 선의 $\sin^2\theta$ 값은 0.1118, 0.1487, 0.294, 0.403, 0.439, 0.583, 0.691, 0.727, 0.872, 0.981이다. 이 선에 지수를 붙이고 격자상수를 구하라.

10-2 한 회절무늬를 여과하지 않은 크롬 방사선으로 한 입방물질에서 얻는다. 관측한 $\sin^2$

θ 값과 강도는 0.265(m), 0.321(vs), 0.528(w), 0.638(s), 0.793(s), 0.958(vs)이다. 이 선에 지수를 붙이고 어느 선이 $K\alpha$에 기인하고 어느 선이 $K\beta$에 기인하는 지 명확히 제시하라. 부록 5를 참조하여 그 물질을 동정하라.

다음 각 문제에서 한 원소의 분말무늬는 Cu $K\alpha$ 방사선으로 얻은 무늬에서 처음 7개나 8개의 선의 관측 $\sin^2\theta$ 값으로 나타낸다. 각 예에서 회절선에 지수를 붙이고, 결정계, Bravais 격자, 대략의 격자상수(혹은 상수)를 찾고, 부록 5에 있는 표에서 그 원소를 동정하라.

10-3	*10-4	10-5	*10-6
0.0806	0.0603	0.1202	0.0768
0.0975	0.1610	0.238	0.0876
0.1122	0.221	0.357	0.0913
0.210	0.322	0.475	0.1645
0.226	0.383	0.593	0.231
0.274	0.484	0.711	0.274
0.305	0.545	0.830	0.308
0.321	0.645		0.319

10-7 한 Hull/Debye-Scherrer 무늬를 온도 T_1에서 급냉한 $AuCu_3$에서 Cu $K\alpha$ 방사선으로 얻는다. 420선의 적분강도의 421선의 것에 대한 비는 4.38인 것을 알아내었다. 온도 T_1에서 장범위 규칙 변수 S의 값을 계산하라. ($AuCu_3$의 격자상수를 3.75 Å으로 하라. 이 두 선의 Lorentz-편광인자 사이의 작은 차이와 10-10절에서 언급한 원자산란인자에 적용할 보정은 무시하라.)

***10-8** Cu $K\alpha$ 방사선을 사용한다면, 완전 규칙의 β 황동에서 100 초격자선의 적분강도의 110 기본선의 것에 대한 비를 계산하라. 그림 10-11에서 원자산란인자에 적용할 보정을 추산하라. β 황동(CuZn)의 격자상수는 2.95 Å이다.

10-9 a) 규칙 정방 변형인 AuCu(I)의 Bravais 격자는 무엇인가?

b) AuCu의 불규칙형과 규칙(정방)형의 구조인자를 계산하라.

c) (b)에서 한 계산을 기초로 하고 c/a 비에서 변화를 고려하여, AuCu의 규칙(정방)형과 불규칙형 분말무늬 사이의 정성적인 차이를 기술하라.

제 11 장 상태도의 결정

11-1 서언

합금은 둘 그 이상 금속의 조합이거나 금속과 비금속의 조합이거나 비금속의 조합이다. 이 물질을 단일상이나 상들의 혼합물로 구성할 수 있고 만일 합금이 평형상태에 있다면 오로지 합금의 조성과 온도에 따라서 이 상들은 여러 가지 유형일 수 있다. 조성이나 온도[1]에서 어떤 변화로 생기는 합금의 구성에서 변화를 10-10절에서 짤막하게 소개한 **상태도**라고 하는 것으로 잘 나타낼 수 있는데, 상태도를 상평형도나 상구성도라고도 부른다. 정상적으로 상태도는 온도 대 조성의 표시이며 특정한 상이나 상들의 혼합물이 안정한 여러 영역으로 나뉘어져 있다. 그것 나름으로 상태도는 문제의 합금계의 일종의 지도를 형성한다. 그러므로 상태도는 재료과학과 공학에서 매우 중요하고 이것을 결정하기 위해 많은 시간과 노력이 든다. 따라서 이 장은 x선 법을 이성분계 상태도의 연구에 어떻게 사용할 수 있는 지를 다룬다.

물론 x선 법은 이러한 종류의 연구에 사용할 수 있는 유일한 방법은 아니다. 두 개의 고전방법은 열분석과 현미경 조사이다. 많은 상태도를 이런 방법으로 결정하여 왔다. 그러나 회절을 기본으로 하는 방법은 이 오래된 방법을 여러모로 유용하게 보충하며 덧붙여 문제의 여러 상의 결정구조를 결정하는 유일한 방법을 제공한다. x선 회절은 많은 곳에서 쓰일 수 있으며 비교적 간단한 시료 준비를 요구하기 때문에 상을 확인하는 데 가장 흔히 쓰이는 기법이다. 물론 TEM은 결

1) 합금에 걸리는 압력은 또 다른 실제의 변수이지만 보통 대기압에서 일정하므로 무시할 수 있다.

정구조 연구에도 유용하지만 부피가 미소한 재료에 잘 쓰인다. 그러므로 오늘날 대부분의 상태도는 세 가지 방법을 모두 조합하여 것이다. 덧붙여서 어떤 합금계에서는 물성 측정을 사용하는 것이 유리할 수 있다: 이 보조적인 기법에서 가장 중요한 것은 길이의 변화와 전기저항의 변화를 온도의 함수로 측정하는 것이다.

일반적으로 여러 가지 실험 기법은 감도에서 다르며 이 결과 상태도의 영역과 영역에 따라 유용성에서도 다르다. 그러므로 열분석은 공정과 포정의 수평선을 포함하여 액상선과 고상선을 결정하는 데 가장 좋은 방법이지만, 일부의 고상 반응이 느리고 발생한 열효과가 작을 경우에는 공석과 포석의 수평선의 존재를 밝히지 못할 수 있다. 상태도의 이러한 특징은 현미경 검사나 x선 회절으로 가장 잘 결정할 수 있으며 고용(solvus: 고상 용해도)곡선을 결정하는 데도 마찬가지이다.

11-2 일반 원리

합금의 분말 회절무늬를 해석하는 열쇠는 개개의 상은 어떤 다른 상의 유무에 상관없이 그 자신의 무늬를 생기게 한다는 사실이다. 그러므로 단일 상인 합금은 하나의 무늬를 만드는 데 반해 상이 둘인 합금은 각각의 상에 하나씩 두 개의 중복한 무늬로 되어 있다.

예를 들어, 두 개의 원소 A와 B가 고체상태에서 그림 11-1의 상태도에 보인 것처럼 **완전히 용해**한다고 가정하자. 고상 α는 **연속고용체**로 부르는 것으로, 치환형이다. 이 상은 순수한 상 A에서 B로 감에 따라 조성은 변하지만 결정구조는 변하지 않는데, 이 상은 구조가 반드시 동일해야 한다. 또 α의 격자상수는 연속적으로 순수 A의 격자상수에서 순수 B의 격자상수까지 변한다. 이런 유형의 계에서 모든 합금은 동일한 단상으로 되어 있기 때문에, 조성의 변화로 생기는 유일한 영

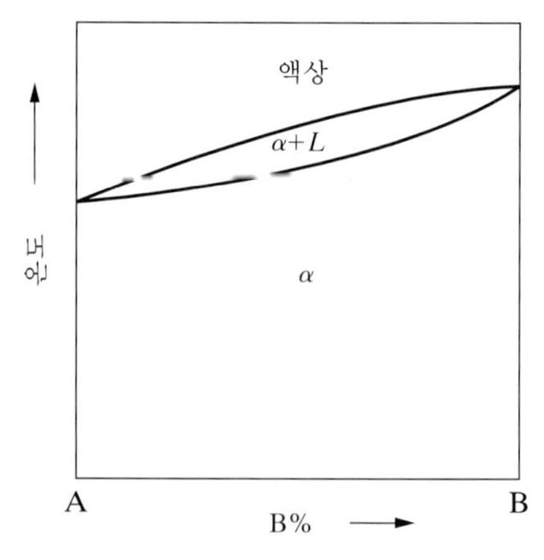

그림 11-1 완전 고용도를 보여주는 두 금속의 상태도

향은 격자상수의 변화에 맞추어 회절선 위치를 이동하게 하는 것이므로 이 분말 회절무늬는 아주 유사하게 나타난다.

더욱 흔하게는 두 원소 A와 B는 고체상태에서 **부분적으로만 용해한다**. A에 B를 처음 더하면 B는 A 격자에 고용체로 들어가는데 그 결과로 A와 B 원자의 상대적 크기와 형성한 고용체 유형(치환형 혹은 간극형)에 따라 격자는 팽창하거나 수축한다. 최종적으로 A에서 B의 용해도가 한계에 이르면 더 이상의 B의 추가는 2차상의 석출을 일으킨다. 이런 2차상은 그림 11-2(a)에서 보인 합금계에서와 같이 구조는 B와 같으면서 B가 많은 고용체일 것이다. 여기서 고용체 α와 β는 **초기(primary) 고용체 혹은 말단(terminal) 고용체**로 부른다. 또는 나타난 2차상은 그림 11-2(b)에 보인 계에서처럼 B가 많은 고용체와 아무런 관계가 없다. 여기서 금속 B로 α를 과포화하여 생기는 결과는 γ로 부르는 상이 석출하는 것이다. 이 상을 **중간 고용체 혹은 중간상**으로 부른다. 이 상은 일반적으로 결정구조 α나 β 어느 상의 구조와는 전혀 다르며 상태도에서 적어도 하나의 2상 영역으로 말단 고용체로 각각 분리한다.

위에서 언급한 것에 비해 더욱 복잡한 상태도들도 흔히 실제로 만나지만, 그러나 이것들은 항상 꽤 단순한 유형의 조합으로 분해할 수 있다. 어떤 미지의 상태도를 조사할 때는 일정한 조성 간격으로 가령 순수한 A에서 B까지 5나 10 원자 퍼센트씩 일련의 합금을 준비하여 전체 계를 예비조사하는 것이 가장 좋다. 그런 다음 각각의 합금과 각각의 순수한 원소의 분말 회절무늬를 준비한다. 이 무늬는 아주 복잡하게 나타날 수 있지만 아무리 복잡하더라도 무늬를 해석할 수 있고 다음에 나오는 원리에 적절하게 주의한다면 상태도를 가로지르는 상들의 순서를 타당하게 세울 수 있다.

1. **평형**: 각각의 합금은 상 관계를 조사하는 온도에서 평형에 있어야 한다.
2. **상의 순서**: 상태도를 가로질러 그은 수평(등온)선은 단상과 2상 영역을 교대로 통과해야

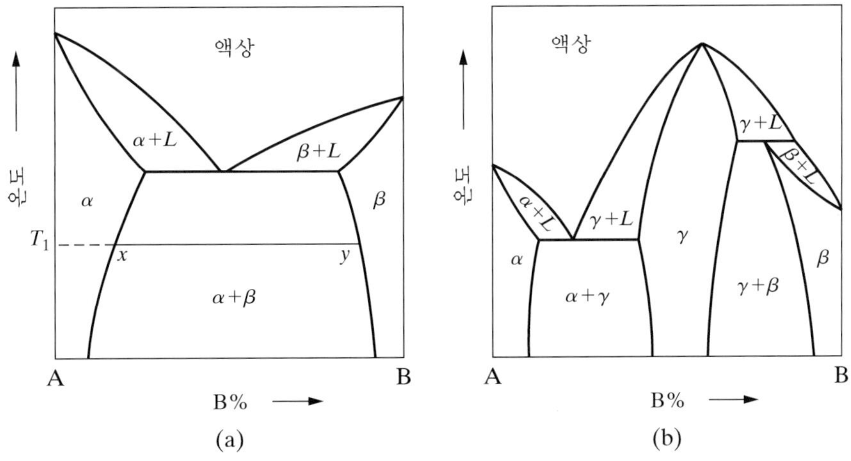

그림 11-2 (a) 부분 고용도와 (b) 중간상의 형성과 함께 부분 고용도를 보여주는 상태도

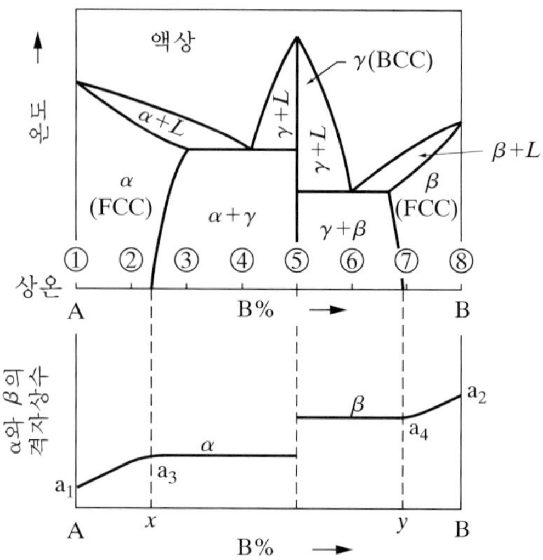

그림 11-3 가상 합금계의 상태도와 격자상수

한다.

3. **단상 영역**: 한 단상 영역에서 조성의 변화는 일반적으로 격자상수에서 변화를 생기게 하며 그 상의 회절선의 위치에서 이동이 생긴다.
4. **2상 영역**: 2상 영역에서 합금 조성의 변화는 두 개 상의 상대적인 양에서 변화를 생기게 하지만 그 상의 조성에서 변화를 생기게 하는 것은 아니다. 이 조성을 2상 영역의 경계선과 수평 '연결선(tie line)'의 교차점에서 정한다. 그러므로 그림 11-2(a)에서 나타낸 계에서 온도 T_1에 그은 연결선은 이 온도에서 평형에 있는 α와 β의 조성은 각각 x와 y이다는 것을 보여준다. 그러므로 온도 T_1에서 평형에 이른 2상 합금의 분말 회절무늬는 조성 x인 α와 조성 y인 β의 회절무늬가 겹쳐서 된다. xy 범위에서 일련의 합금의 회절무늬는 모두 같은 위치에서 같은 회절선들을 포함하지만 α상의 회절선들의 강도는 β상의 회절선들의 강도에 비해 합금에서 B의 농도가 x에서 y로 변하면 일정하게 감소할 것이다. 그 까닭은 전체 조성에서 이런 변화가 β량에 비해 상대적으로 α량을 감소하기 때문이다.

이 원칙을 그림 11-3에 보인 가상 합금계와 관련하여 설명하였다. 이 계는 두 개의 고용 말단 고용체 α와 β를 포함하는데 둘 다 면심입방으로 가정하고 중간상은 체심입방으로 한다. γ에서 A나 B 어느 하나의 용해도는 무시할 만큼 적다고 가정한다. 그러므로 γ의 격자상수는 이 상이 나타나는 모든 합금에서 일정하다. 다른 한편으로 α와 β의 격자상수는 그림 11-3의 하부에서 보인 것처럼 조성과 함께 변한다. B 원자는 A 원자에 비해 크다고 가정하므로 B를 더하면 A 격자는 팽창하고 α의 격자상수는 순수한 A의 a_1에서, 상온에서 A에서 B의 고용 한계를 나타내는 조성이 x인 고용체의 a_3까지 증가한다. 2상 $(\alpha + \gamma)$ 합금이 B를 x 퍼센트보다 많이 포함할 때 α의

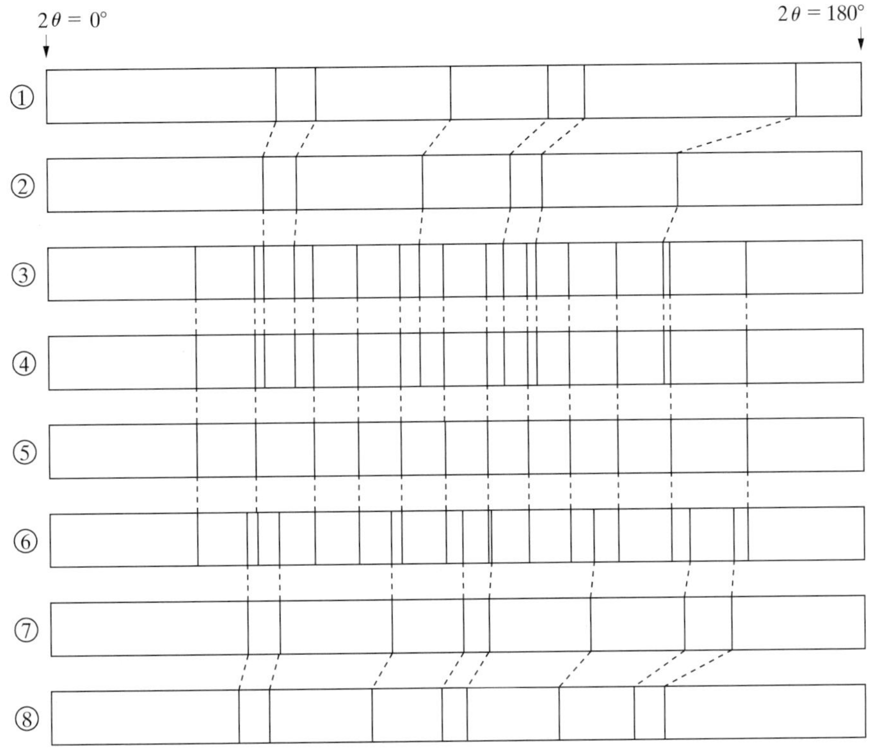

그림 11-4 그림 11-3에 보인 합금계에서 합금 1-8의 계산 분말무늬

격자상수는 포화값 a_3에서 일정하게 된다. 비슷하게 B에 대한 A의 첨가는 β의 격자상수를 a_2에서 고용한계인 a_4까지 감소하게 한 다음 2상 $(\alpha + \beta)$ 영역에서 일정하게 한다.

계산한 분말 회절무늬가 Hull/Debye−Scherrer 카메라에서 얻은 필름에서 보인 것과 비슷한 양식으로 그림 11-3의 상태도에서 숫자로 표시한 8개의 합금에 대하여 그림 11-4에 나온다. 이 합금이 서냉하여 상온에서 평형에 도달한다고 가정한다. 이 무늬를 조사하면 다음 것을 알아낼 수 있다:

1. 순수한 A의 회절무늬(면심입방)
2. B로 거의 포화한 α의 회절무늬. 격자의 팽창은 회절선을 더 낮은 2θ 각으로 이동하게 한다.
3. α와 γ가 중첩한 회절무늬. α상은 이제 포화하고 격자상수는 최대값 a_3이다.
4. 도해에서 표시하지 않은 두 회절무늬의 상대강도에서 변화를 제외하면 회절무늬 3과 같다.
5. 순수한 γ의 회절무늬(체심입방)
6. γ의 회절무늬와 격자상수가 a_4인 포화한 β의 회절무늬의 중첩

7. 격자상수가 a_4보다 약간 큰 순수한 β의 회절무늬
8. 순수한 B의 회절무늬(면심입방)

한 미지의 상태도를 결정할 때 연구자는 물론 역방향에서도 반드시 작업을 해야 하며 관측한 분말 회절무늬에서 상태도를 가로질러 나타나는 상들의 순서를 추론해야 한다. 이런 일은 조성에서 순수한 A에서 순수한 B에 이르는 합금들에서 얻은 무늬를 시각적으로 비교하는 것으로 할 수 있고, 앞에 든 예는 무늬에서 예상할 수 있는 변화의 본질을 설명한다. 상이한 무늬들에서 서로 대응하는 선들을 그림 11-4에서처럼 무늬들을 나란히 놓고 확인할 수 있으며 선들이 두 개의 무늬에서 공통인지를 주목한다.[2] 이런 일은 어떤 합금계에서는 어려울 수 있는데 관계한 상들이 회절무늬가 복잡하거나 $K\beta$ 방사선에서 생긴 선들이 어떤 회절무늬에는 있으나 다른 무늬에서는 없는 지 의심스러운 경우이다. 한 가정한 상의 회절무늬는 회절선뿐 아니라 선강도로 특징을 나타낸다는 것을 상기하는 것이 중요하다. 이 말의 의미는 상들의 혼합물에서 X상의 존재는 X상의 선들이 혼합물의 회절무늬에서 한 조의 선들과 단순하게 일치하는 것만으론 증명할 수 없다는 것이다. 혼합물의 회절무늬에서 선들이 X상의 선들과 일치하면 X상의 선들의 상대강도도 같아야 한다. 하나 이상의 상을 어떤 특정한 상에 더하는 것은 그 상의 회절선들을 단순히 희석 때문에 약하게 하지만 서로 비교한 그 선들의 강도를 다르게 할 수 없다. 최종적으로 한 상의 결정구조를 혼합물에서 그 상의 존재를 찾기 위해 알아야 할 필요는 없다는 것에 유념해야 한다. 그 상의 회절선들의 위치와 강도를 아는 것만으로 충분하다.

x선 법을 사용한 상태도 결정은 일반적으로 상온 평형도를 결정하는 것으로 시작한다. 첫 단계는 일련의 합금들을 용융과 주조 혹은 용융과 고화하여 준비하는 것이다. 그 결과로 얻는 주괴(ingot)들은 고상선 바로 아래 온도에서 편석을 제거할 만큼 균일하도록 상온으로 아주 천천히 냉각한다.[3] 그런 다음 분체 시편을 합금의 취성 유무에 따라 연삭이나 줄 작업(filing)으로 준비한다. 합금이 분쇄할 만큼 취성이 충분하면 얻는 분체는 일반적으로 충분히 무응력상태이며 예리한 회절선들을 준다. 하지만, 줄 작업으로 얻는 분체는 줄 작업하는 동안 소성변형으로 생긴 응력을 제거하기 위해 x선 검사를 준비하기 전에 다시 어닐링해야 한다. 응력을 경감하는 데, 다만 비교적 낮은 온도가 필요하지만 줄 작업의 부스러기는 응력을 경감하는 어닐링 다음 상온에서 평형에 확실하게 이르도록 천천히 다시 냉각한다. 체질은 일반적으로 x선 검사에 충분한 미세 결정립을 얻기 위해 필요하고 2상 합금을 체질할 때 7-3절에 언급한 예방사항은 지켜야 한다.

상온 평형도를 안 다음에는 고온에서 존재한 상들을 결정하는 것을 수행한다. 분체 시편을 작

2) 필름으로 작업할 때, 두 필름을 겹쳐 놓으면 대개는 혼란스럽고 일부 약한 선들은 거의 볼 수 없게 된다. 더 좋은 비교법은 각 Hull/Debye–Scherrer 필름을 중앙 아래로 세로로 길게 자르고 한 필름의 중앙을 다른 필름의 중앙에 접하게 놓는다. 회절선의 곡면은 이때 선 위치를 비교하는 것을 해치지 않는다.

3) 서냉만으로는 상온 평형을 이루는 데 충분치 못할 수 있는데, 이 상태는 흔히 얻기가 매우 어렵다. 균일화하고 서냉하기 전에 입도를 작게 하고, 확산을 촉진하기 위해 주조 합금을 냉간가공하고 재결정하여 이 상태를 촉진할 수 있다.

은 진공의 실리카 관에 밀봉하고 원하는 온도로 평형이 이를 만큼 충분히 가열하고 빠르게 냉각한다. 그런 다음 급냉한 분체의 회절무늬를 상온에서 얻는다. 이 방법은 대부분의 합금계에서 아주 잘 듣는데, 이것은 급냉한 분체가 고온에서 있었던 구조를 유지한다는 점에서 그렇다. 하지만 어떤 합금계에서는 고온에서 안정한 상은 상온으로 냉각하는 동안 분해할 수 있고, 이것은 냉각의 빠르기에 상관 없고 그러한 상은 오직 고온 카메라나 회절기를 사용해서만 연구할 수 있다.

후자의 기기는 이런 유형의 작업에서 특별하게 중요한데, 그 까닭은 이 기기가 회절선을 연속해서 관측하게 하기 때문이다. 예를 들어, 공석온도와 같이 어떤 온도 아래에선 고온상이 불안정한 온도를 결정하려면 회절기 검출기를 고온상에 속하는 두드러진 회절빔을 수광하도록 설정하고, 그런 다음 시편을 천천히 냉각하면서 온도의 함수로 이 빔의 강도를 측정한다. 강도가 일반 배경의 강도로 떨어지는 온도는 알아야 하는 온도이고, 변태에서 일어나는 어떠한 이력현상(hysteresis)도 가열에서 하는 비슷한 측정으로 검출할 수 있다.

11-3 고용체

고체 용해도는 크거나 적든 간에 아주 흔한 것이기 때문에, 이 시점에서 약간 벗어나서 다양한 유형의 고용체들을 실험적으로 어떻게 구별할 수 있는 지를 고찰하는 것이 유익하다. 상태도에서 이 범위나 위치에 관계없이 어떤 고용체도 결정학에만 근거하여 다음 유형 중의 하나로 분류할 수 있다:

1. 간극형
2. 치환형
   a) 무질서형
   b) 규칙형. (이 유형은 특별히 중요하기 때문에 10장에서 따로 기술한다.)
   c) 결함형. (아주 드문 유형)

특정 고용체에 관한, 특히 조성에 따른 격자상수의 변화에 관한 정보는 Pearson이 제시하였다 [G.8].

A에서 B가 만드는 한 **간극형 고용체**는 B 원자가 A 원자에 비해 충분히 작아서 상당한 변형을 일으키지 않으면서 A 격자의 간극들에 들어갈 수 있을 때만 예상할 수 있는 것이다. 그 결과로 금속학에서 어떤 중요한 거의 유일한 간극형 고용체는 한 금속과 탄소, 질소, 수소, 붕소 원소의 어느 하나와 형성하는 것이다. 이 모두 직경 2Å 이내인 원자이다. A를 B의 간극에 첨가하면 언제나 단위포의 부피에서 증가를 가져온다. 만일 A가 입방상이라면 하나의 격자상수는 반드시

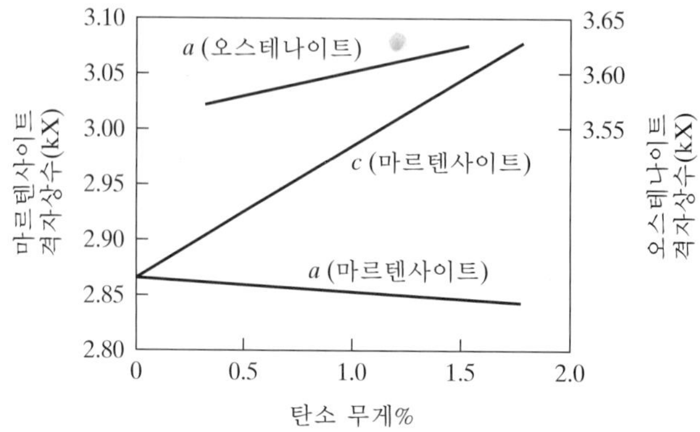

그림 11-5 탄소 함량에 따른 마르텐사이트와 오스테나이트 격자상수의 변화. Roberts [11.1]에 따름

증가해야 한다. A가 입방상이 아니라면 어떤 한 격자상수는 증가하고 다른 상수는 감소할 수 있는데, 이 변화로 단위포의 부피가 증가하는 한 그렇다. 그러므로 오스테나이트, 즉 면심입방상 γ 철인 탄소의 간극형 고용체에서 탄소의 첨가로 단위포의 변 a는 증가한다. 그러나 마르텐사이트, 즉 준안정상인 α 철인 탄소의 간극형 고용체에서 탄소를 첨가할 때 체심정방의 단위포의 c 격자상수는 증가하지만 a 상수는 감소한다. 이 효과는 그림 11-5에서 설명한다.

한 간극형 고용체의 밀도는 기본 밀도 공식으로

$$\rho = \frac{1.66042 \sum A}{V'} \tag{3-7}$$

로 나타낸다. 여기서

$$\sum A = n_s A_s + n_i A_i \tag{11-1}$$

이고, n_s와 n_i는 각각 단위포당 용매원자와 간극원자의 수이다. 그리고 A_s와 A_i는 각각 용매원자와 간극원자의 원자량(atomic weight)이다. n_s 값은 정수이고 간극원소의 농도와 무관하며 n_i는 보통 몇 분의 일(a fraction of unity)이다.

B와 A의 **무질서 치환형 고용체**의 형성은 B 원자가 A 원자에 비해 크거나 작은 지에 따라 단위포 부피의 증가나 감소를 수반한다. KCl-KBr와 같은 이온 염들의 연속 고용체에서 고용체의 격자상수는 존재하는 용질의 원자 퍼센트에 직접적으로 비례한다. 이 관계, Vegard 법칙은 금속 고용체에서 엄격하게 지켜지지는 않으며 사실 꼭 그럴 이유는 없다. 하지만 이 관계는 일종의 척도로서 자주 쓰이는데 이 관계로 한 고용체를 다른 것과 비교할 수 있다. 특히 마이크로 전자공학의 응용에서 사용하는 AlGaAs이나 InGaAs와 같은 3성분 III-V 화합물에서 그렇다. 그림 11-6은 면심입방 금속의 고용체에서 Vegard 법칙의 정과 부의 편이를 둘 다 보여주고 더욱 큰 편이는 육방조밀 충진형 고용체에서 알려져 있다. 말단과 중간 고용체에서 격자상수는 용질의 원자 퍼센

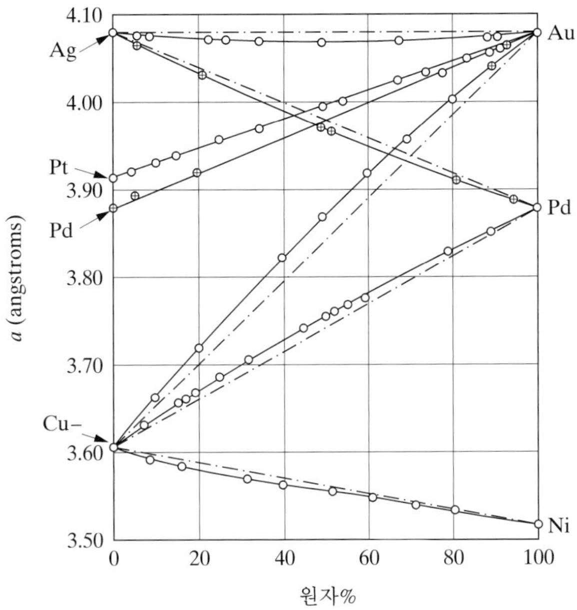

그림 11-6 몇 개의 연속 고용체의 격자상수. 점-파선은 Vegard 법칙을 나타낸다. Barrett[1.7]

트에 선형적으로 변할 수도 있고 아닐 수도 있고 변화가 선형적일 때 100% 용질로 외삽하여 찾은 상수는 순수한 용질의 상수에서 추론한 원자 크기에 일반적으로 대응하지 않는데, 이것은 배위수에서 가능한 변화를 고려하더라도 마찬가지이다.

무질서 치환형 고용체의 밀도는 식 (3-7)에서 ΣA를

$$\sum A = n_{\text{solvent}} A_{\text{solvent}} + n_{\text{solute}} A_{\text{solute}} \tag{11-2}$$

로 하여 얻을 수 있다. 여기서 n은 단위포당 원자의 수, A는 원자량을 가리킨다. 그러나 여기서 $(n_{\text{용매}} + n_{\text{용질}})$은 일정한 정수이며 단위포당 원자의 전체 수와 같다. 한 가정한 고용체가 간극형인지 치환형인지는 식 (11-1)에 따라 계산한 x선 밀도나 식 (11-2)에 따라 계산한 밀도가 직접 측정한 밀도와 일치하는 지를 정하여 해결할 수 있다.

결함 치환형 고용체는 일부의 격자자리가 정상적으로는 어떤 조성에서는 원자들이 점유하나 다른 조성에서는 간단히 비어 있는 것들이다. 이런 유형의 고용체는 금속에서 드물다. 가장 잘 알려진 예는 니켈-알루미늄 계에서 중간 β 고용체이다[p. 387, G.8]. 어떤 결함 고용체는 밀도와 격자상수 대 조성의 곡선에서 이상 거동(anomaly)으로 드러난다. 예컨대, A에서 B의 고용체가 B의 x 퍼센트에 이르기까지는 완전하게 정상적이지만 그 점을 지나서는 결함격자가 생긴다고 가정하자. 즉, B 성분의 추가적인 증가가 A에 대한 B의 추가적인 치환이 아닌 A 원자가 격자에서 떨어져 나가 빈자리를 남기는 것으로 생긴다. 이러한 상황에서 밀도와 격자상수의 곡선은 경사에서 갑작스런 변화나 더 나아가 조성 x에서 최대나 최소도 보여줄 수 있다. 더군다나 식 (11-2)에

따라 계산한 x선 밀도는 직접 잰 밀도와 더 이상 일치하지 않을 수 있는데, 간단하게 그 까닭은 식 (11-2)는 일반적으로 쓰이듯이 모든 격자 자리를 점유한 정상적인 고용체에만 적용하기 때문이다. 어떤 지정한 조성에서 빈 격자 자리의 비율을 포함한 한 결함 고용체의 실제 구조는 식 (11-2)에 따라 계산한 x선 밀도와 직접 잰 밀도를 비교하고 회절강도를 분석하여 결정할 수 있다.

11-4 고용곡선의 결정(소멸 상 방법)

이 장의 본 주제로 돌아가기 위해 상태도에서 고용(solvus)곡선(고체 용해도 곡선)의 위치를 결정하기 위한 사용방법을 고찰하자. 이러한 곡선은 단상의 고상 영역과 2상의 고상 영역 사이의 경계를 형성하고 단상 고체는 기본 혹은 중간 고용체일 수 있다.

이러한 곡선의 위치를 찾는 한 가지 방법은 '지렛대 규칙(lever rule)'에 기초를 둔다. 이 규칙이 말하는 것은 예를 들어 그림 11-7을 참조하여 조성 z의 합금이 온도 T_1에서 평형에 있다면 α와 β의 상대적인 비율을 선 zy와 zx의 상대적인 길이나

$$W_\alpha(z - x) = W_\beta(y - z) \tag{11-3}$$

로 준다. 여기서 W_α와 W_β는 x, y, z를 무게 퍼센트로 표현하여 α와 β의 상대적인 무게를 나타낸다. 식 (11-3)에 따라서 합금에서 β의 무게 퍼센트는 조성의, x 점인 0에서 y 점인 1까지 선형적으로 변한다. β상에서 나오는 어떤 회절선의 강도는 x의 영에서 y의 최대값까지 달라지지만 B의 무게 퍼센트에 따른 변화는 일반적으로 선형적이지 않다.[4] 그럼에도 불구하고 이런 변화는 x 점의 위치를 찾는 데 사용할 수 있다. 2상 영역에서 일련의 합금은 온도 T_1에서 평형상태로 가져온 다음 급냉한다. 상온에서 얻은 회절무늬에서 β상의 뚜렷한 한 회절선의 강도 I_β에 대한 α상의 뚜렷한 한 선의 강도 I_α의 비율을 B의 무게 퍼센트의 함수로 그린다. I_β/I_α비를 영으로 외삽한 조성을 x 점으로 잡는다. (I_β보다는 I_β/I_α비를 사용하여 회절무늬에 따라 입사빔의 강도에서 일어날 수 있는 어떤 변화의 영향을 없애준다. 하지만 이 비는 무게 퍼센트 B에 따라 비선형적으로 변한다.) 고용곡선의 다른 점은 다른 온도에서 급냉한 합금에서 비슷하게 실험하여 그 위치를 정한다. 이 방법이 소멸 상 방법으로 알려진 데는 이런 명백한 까닭이 있다.

I_β/I_α 대 B의 무게 퍼센트 곡선은 비선형적이므로 외삽에서 정확도를 높이는 것은 결정하고자 하는 상 경계에 가까운 실험 점을 여러 개 가지는 지에 달려 있다. 그러므로 소멸 상 방법의 정확도는 혼합물에서 2차상의 적은 양을 검출할 수 있는 x선 법의 감도에 좌우하고 이 감도는 합금계에 따라 넓게 변한다. 한 회절선의 강도는 다른 요인 중에서 원자산란인자 f에 의존하고 이 인자는 원자번호 Z에 거의 직접적으로 비례한다. 그러므로 A와 B가 원자번호가 거의 같다면 α와 β

4) 비선형성의 원인은 12-4절에서 논의하고 있다.

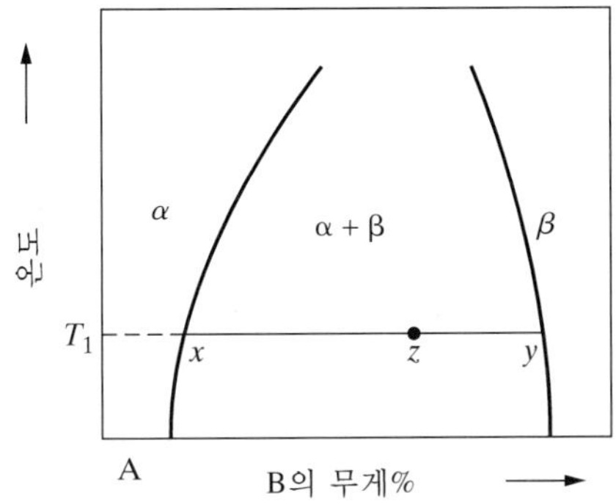

그림 11-7 2상 영역에서 두 개 상의 상대량을 찾기 위한 지렛대 작도

상은 산란능이 거의 같은 원자로 되어 있을 것이고 α와 β 회절무늬의 강도는 두 상이 같은 양으로 존재할 때는 대략적으로 같을 것이다. 이와 같은 유리한 상황에서 한 x선 무늬는 1% 이내인 2차상의 존재를 들추어 낼 수 있다. 다른 한편으로 B의 원자번호가 A에 비해 꽤 낮다면 β 무늬의 강도는 α 무늬에 비해 크게 낮을 수 있어서 2상 혼합물에서 양이 상대적으로 많은 β를 완전히 검출하지 못할 수 있다. 이 양은 A와 B의 원자번호가 약 70이나 80 단위만큼 다른 극단적인 경우에서는 50%를 초과할 수 있다. 대체로 현미경은 소멸 상 방법을 사용할 때는 x선에 비해 월등히 나은데, 그 까닭은 2차상의 존재를 검출하는 데 현미경의 감도가 일반적으로 매우 높고 연루한 원소들의 원자번호와 무관하기 때문이다. 하지만 이런 감도는 2차상의 입도에 의존하고 입도가 매우 작다면 낮은 온도에서 자주 있듯이 2차상은 광학 현미경 하에선 검출하지 못할 수 있다. 그러므로 현미경 검사법은 낮은 온도에서 고용곡선을 결정하는 데 특별히 정확하지 않다. 어떤 상황에선 특히 TEM이 유용하다.

2차상을 검출하기 위해 어떤 방법을 사용하더라도 소멸 상 방법의 정확도는 2상 영역의 폭이 감소하면 증가한다. ($\alpha + \beta$) 영역이 수 퍼센트만 넓다면 α와 β의 상대적인 양은 합금의 전체 조성이 약간 달라지면 빠르게 변하고 이런 W_α/W_β의 급격한 변화는 상 경계를 매우 정확히 정하게 한다. 이런 일은 x선 법에서 A와 B의 원자번호가 크게 다를지라도 틀리지 않는데, 왜냐하면 ($\alpha + \beta$) 영역이 좁다면 α와 β의 조성은 매우 크게 다르지 않고 어떤 상도 x선 산란능을 가지지 못하기 때문이다.

11-5 고용곡선의 결정(격자상수법)

방금 나타낸 것과 같이 α 영역의 경계를 정하는 데 있어서 소멸 상 방법은 일련의 ($\alpha + \beta$) 합금에서 β상이 사라지는 바로 그 조성을 결정하는 데 기초를 둔다. 다른 한편으로 격자상수법(parametric method)은 α 고용체 자체를 관찰하는 데 기초를 둔다. 이 방법은 이전에 언급하였지만 한 고용체의 격자상수는 일반적으로 포화한계에 이르기까지 조성에 따라 변하며 그 점을 지나서는 일정하게 된다는 사실에 의존한다.

그림 11-8(a)에 보인 고용곡선의 정확한 위치를 결정한다고 하자. 1에서 7의 일련의 합금을 α 영역에서 폭이 거의 최대가 된다고 생각하는 온도 T_1에서 평형상태로 되게 하고 상온으로 급냉한다. α의 격자상수를 각 합금에서 측정하여 합금 조성에 대해 그리면 그 결과로 그림 11-8(b)에 보인 것과 같은 곡선이 생겨난다. 이 곡선은 지선이 둘이다. 한 경사한 지선 bc는 α의 격자상수가 α의 조성에 따라 어떻게 달라지는 지를 보여주고 수평인 지선 de는 합금 6과 7에서 α상이 포화한다는 것을 보여주는데, 왜냐하면 이 격자상수가 합금 조성의 변화에 달라지지 않기 때문이다. 사실 합금 6과 7은 온도 T_1에서 2상 영역에 있고 그 합금 사이의 유일한 차이는 포화한 α의 함유량이다. 그러므로 온도 T_1에서 α 영역의 한계는 격자상수 곡선에서 두 지선의 교차점으로 준다. 이렇게 하여 고용곡선에서 한 점, 즉 T_1에서 B의 x 퍼센트 위치를 정한다.

다른 점들도 비슷하게 찾을 수 있다. 예를 들어, 만일 같은 계열의 합금을 온도 T_2에서 평형에 있게 하면 그림 11-8(b)와 유사한 격자상수 곡선을 얻을 수 있지만 이 경사한 지선은 더욱 짧아질 것이고 수평인 지선은 더욱 낮아질 것이다. 그러나 일단 고용체의 격자상수-조성곡선을 확립하면 열처리와 격자상수의 측정을 모든 합금에 대하여 하는 것은 불필요하다. 오직 2상의 합금 하나만이 고용선의 나머지를 결정하기 위해서 필요하다. 그러므로 합금 6을 T_2에서 평형에 있게 한 후 급냉했다면, 그 온도에서 포화한 α를 함유할 것이다. 이 합금에서 측정한 α의 격자상수는 a_y라고 하자. 그러면 격자상수-조성곡선에서 격자상수 a_y는 α가 y 퍼센트 B를 함유하는 것을 표시한다. 이 상수는 온도 T_2에서 고용선의 한 점을 정한다. 다른 온도에서 고용선의 점은 동일한 합금, 합금 6을 여러 온도에서 평형에 있게 하고, 급냉하고, 포함한 α의 격자상수를 측정하여 찾을 수 있다.

따라서 격자상수-조성곡선, 그림 11-8(b)의 지선 bc는 전체 고용선을 결정하는 데 일종의 원판

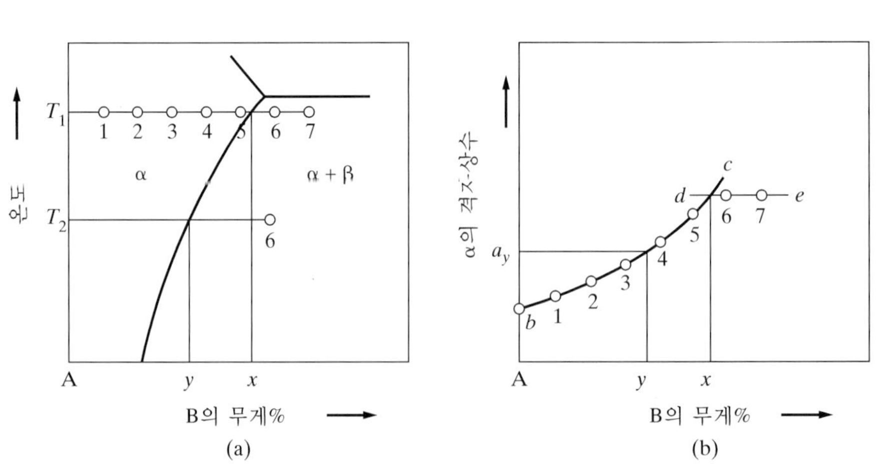

그림 11-8 석출곡선을 결정하기 위한 격자상수법

곡선(master curve)으로 도움을 준다. 지정한 어떤 정밀도의 격자상수 측정에서 고용선의 위치를 정하는 정확도는 격자상수-조성곡선의 경사에 아주 심하게 의존한다. 만일 이 곡선이 거의 편평하다면, 즉 고용체의 조성에서 변화가 격자상수에서 아주 작은 변화를 생기게 한다면, 격자상수에서 결정한 조성은 상당한 오차가 꽤 클 수 있으며 고용선의 위치도 그러할 것이다. 하지만 곡선이 가파르면 바로 그 반대가 되고 비교적 조잡한 격자상수 측정으로 고용선의 위치를 충분히 정확하게 정할 수 있다. 격자상수법에서 격자상수의 정밀도는 정확도에 비해 더욱 중요하다.

그림 11-9는 격자상수법을 사용하여 구리에서 안티모니의 고체 용해도를 온도의 함수로 결정하였다. (a)에서 경사진 곡선을 일련의 합금에서 얻은 격자상수 측정을 사용하여 찾았는데, 이 합금은 0에서 약 12 무게 퍼센트에 이르는 Sb를 함유하며 630℃에서 평형상태에 이른다. 수평선은 약 12 무게 퍼센트 Sb를 함유하며, 표시한 온도에서 평형에 놓인 2상 합금의 격자상수를 나타낸다. 이 자료로 작성한 고용곡선을 상태도의 주변 부위들과 함께 (b)에 주었다.

대부분의 예에서 격자상수법은 x선 측정이나 현미경 검사에 기초를 두든 간에 낮은 온도에서 고용곡선들을 결정하는 데 있어서는 소멸 상 방법에 비해 더 정확하다. 앞서 언급한 것처럼 x선 회절과 현미경 검사 양쪽 다 작은 양으로 존재하는 한 2차상은 비록 여러 원인이 있지만 찾아내지 못할 수 있다. 이런 일이 일어날 때 소멸 상 방법은 측정 범위에서 언제나 실제보다 용해도가 높게 나오게 한다. 그러나 격자상수법은 측정하고자 하는 용해도 범위의 상(β상)에서 얻은 측정에 기초를 두므로 2차상(α상)의 어떤 특성이 영향을 주지 않는다. β상은 α상에 비해 x선 산란

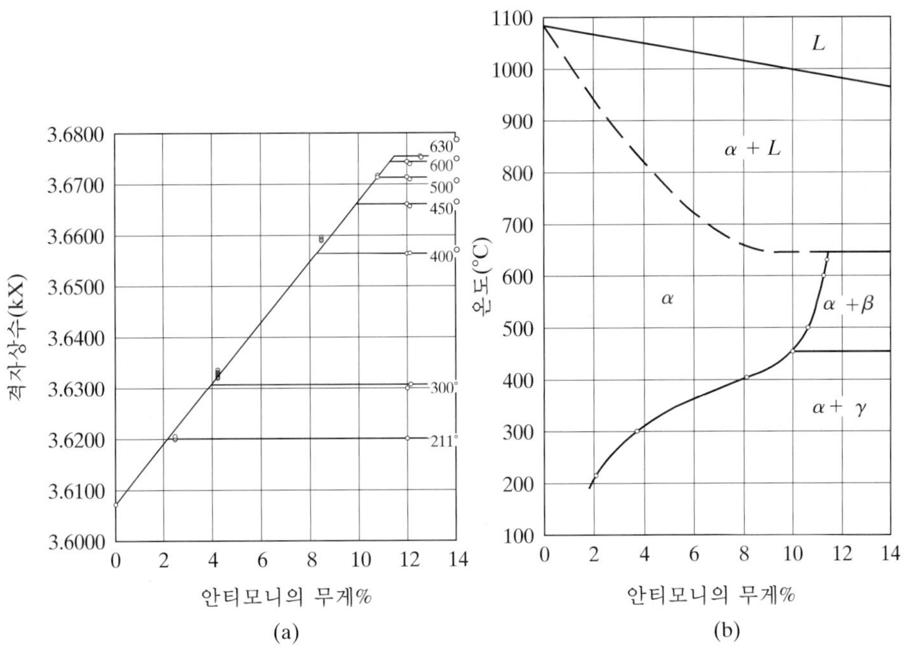

그림 11-9 격자상수법으로 구리-안티모니 계에서 석출곡선 결정: (a) 격자상수 대 조성 곡선. (b) 고용도 대 온도곡선. Mertz와 Mathewson[11.2]

능이 매우 높거나 낮을 수 있으며, 큰 입자나 작은 입자 형태로 석출할 수 있는데 격자상수의 측정에 영향을 끼치지 않고, α상에서도 그렇다.

격자상수법은 위에 든 예들에서처럼 기본 고용체의 범위를 결정하는 데 한정하지 않는 것에 주목한다. 그리고 상태도에서 어떤 중간 고용체의 경계를 정하는 고용곡선을 결정하는 데 쓰일 수 있다. α상의 결정구조가 아주 복잡하여 이 회절선에 지수를 붙일 수 없을 때도 사용할 수 있는 것에 주목한다. 이런 경우에는 어떤 고각 회절선에 해당하는 면간거리 d나 더욱 더 직접적으로 그 선의 2θ 값을 조성에 대해, 그 결과로 얻은 곡선을 격자상수-조성곡선과 마찬가지로 사용한다. 사실 '격자상수법'은 예로서 전기 저항도와 같이 고용체의 조성에 따라 달라지는 고용체의 어떤 특성을 사용하는 것에 기초를 둘 수 있다.

문 제

*11-1 금속 A와 B는 구조에서 입방인 말단 고용체를 형성한다. 고온에서 급냉한 단상 합금으로 결정한 조성에 따른 α의 격자상수 변화는 선형인 것을 알아냈는데, 격자상수는 순수한 A의 3.6060 Å에서 B를 4.0 무게 퍼센트 함유하는 α의 3.6140 Å까지 변한다. 석출선은 B를 5.0 무게 퍼센트 함유하는 2상 합금을 한 조의 온도에서 급냉하여 함유한 α의 격자상수를 측정하여 결정한다. 만일 어떤 온도에서도 B가 ±0.1 무게 퍼센트 이내가 되도록 석출선의 위치를 찾는다면 얼마나 정밀하게 격자상수를 측정해야 하는가?

11-2 문제 11-1에서 언급한 2상 합금은 한 조의 온도에서 급냉한 다음에는 측정 격자상수가 다음과 같은 α를 포함한다.

이 온도 범위에서 석출곡선을 그려라. 440°C에서 A에서 B의 고용도는 얼마인가?

온도	격자상수
100℃	3.6082 Å
200	3.6086
300	3.6091
400	3.6098
500	3.6106
600	3.6118

제 12 장 정량 상 분석

12-1 서언

결정에서 x선의 회절을 발견한 후 15년 이내에, 다결정 물질의 회절무늬를 발표한 지 10년 이내에 x선 회절은 상정량에 쓰였다[12.1]. 1936년에는 내부 표준법이 쓰였다[12.2]. 하지만 여러 정량법의 사용에서는 무결점의 기법과 신중한 측정이 필요하다. 이것이 이런 기법을 적용하는 범위를 제한했던 것 같다[G.25]. 그럼에도 불구하고, 강에 남아 있는 오스테나이트 양[12.3]은 불확정도가 1%보다 좋게 x선 회절로 정량할 수 있었다: 같은 연구에서 점 계수(광학현미경)와 자기 감수 측정은 사실상 같은 조성값을 내었다. 불확정도에서 감수법은 엇비슷하고 회절법과 현미경법은 다소 크다. 이 장의 설명을 벗어난 내용은 다른 문헌들에 나와 있다[G.17, G.25, G.29].

12-2 격자상수 측정으로 한 화학 분석

A의 이원계 고용체인 B의 격자상수 변화는 고용체가 포화하지 않는 한 그 합금에서 B의 농도에 의존한다. 이 사실은 격자상수를 사용한 화학 분석의 기초를 이룬다. 필요한 모든 것은 격자상수 대 조성곡선으로 그림 11-8(b)의 곡선 *bc*와 같은 것인데, 이 곡선을 미리 분석한 일련의 합금의 격자상수를 측정하여 작성한다. 이 방법은 확산 연구에서 원래의 계면에서 거리에 따라 고용체의

농도 변화를 측정하기 위해 쓰였다. 이것의 정확도는 전적으로 격자상수-조성곡선의 경사도에 달려 있다. 구리가 0에서 40% 아연을 함유하는 알파 황동에서 아연을 ±1 퍼센트의 정확도로 어려움 없이 알아 낼 수 있다. 격자상수 결정에서 최고의 정밀도를 얻는 방법을 13장에서 다룬다.

격자상수에 관한 자료의 한 출처는 Pearson의 편람[G.9]이다. 격자상수법의 응용은 Zwell과 Danko[12.4]가 기술하고 있다.

이 방법은 이원계 합금에만 적용할 수 있다. 삼원계 고용체에서 예를 들어 두 가지 성분의 백분율은 독립적으로 변할 수 있다. 그 결과로 성분이 아주 다른 두 개의 삼원계 고용체는 격자상수가 같을 수 있다.

12-3 다상 정량 분석의 기본 원리

회절을 사용한 정량 분석은 한 특정한 상의 회절무늬의 강도가 혼합물에서 그 상의 농도에 의존한다는 사실에 기초를 둔다. 강도와 농도 사이의 관계는 일반적으로 선형이 아닌데, 그 까닭은 회절강도가 뚜렷하게 혼합물의 흡수계수에 의존하고 강도 자체는 농도에 따라 변하기 때문이다.

회절강도와 농도 사이의 관계를 찾기 위해서 분말 시료에서 생긴 회절강도의 기본 공식이 출발점이어야 한다. 이 공식의 형태는 사용한 기기의 종류, 다시 말하면 카메라나 회절기에 의존한다. 여기서는 회절기만을 고찰한다. 회절기에서 단상의 분말 시료에서 회절한 강도의 정확한 표현은

$$I(hkl) = \left(\frac{I_o A \lambda^3}{32\pi r}\right)\left[\left(\frac{\mu_o}{4\pi}\right)^2 \frac{e^4}{m^2}\right]\left(\frac{1}{v^2}\right)\left[|F(hkl)|^2 p\left(\frac{1+\cos^2 2\theta}{\sin^2\theta\cos\theta}\right)\right]\left(\frac{e^{-2M}}{2\mu}\right) \tag{12-1}$$

이다. 여기서 $I(hkl)$ = 회절선의 단위길이당 적분강도(joules sec^{-1} m^{-1}), I_0 = 입사빔의 강도 (joules sec^{-1} m^{-2}), A = 입사빔의 단면적(m^2), λ = 입사빔의 파장(m), r = 회절기 원의 반경(m), $\mu_0 = 4\pi \times 10^{-7}$ m kg C^{-2}, e = 전자의 전하(C), m = 전자의 질량(kg), v = 단위포의 부피(m^3), $F(hkl)$ = hkl 반사의 구조인자, p = 다중도 인자, θ = Bragg 각, e^{-2M} = 온도인자, μ = 선형흡광계수 (m^{-1}), 이

1) 명칭과 부호에 관한 여담을 여기서 순서대로 한다. 식 (12-1)에서 양 I_0는 참 강도, 즉 단위시간당, 단위면적당 에너지(joules m^{-2} sec^{-1})이고, I_0A는 입사빔의 일률이다. 여기서 I는 회절빔에서 회절선의 단위길이당 일률을 뜻한다. 만일 이 빔이 일정한 시간 t 동안 필름이나 검출기에 입사하면, 필름이나 검출기의 반응은 회절선의 단위길이에서 에너지 It인 측정량이다. 이것이 보통 적분강도로 부르는 양이다. 기술적인 용어는 '총회절에너지'이겠지만, 부호 I로 나타내는 '적분강도' 용어는 너무 오랫동안 x선 회절의 어휘로 굳혀져 이제는 이를 바꿀 수 없다.

계수는 흡광인자 $1/2\mu$로 들어간다.[1)]

이 공식의 유도는 다수의 고급 교재, 예를 들어 Warren[G.20]과 James[G.19]의 것에서 찾을 수 있다. 이 식은 다결정 시편에 적용하는데, 시편은 무질서하게 배향한 입자들로 되어 있고, 유효적으로 무한두께인 편평한 판의 형태이며, 입사빔이나 회절빔과 동일한 각을 이루며, θ의 모든 각에서 입사빔을 완전하게 채운다. 사각 괄호에서 둘째 항은 F, p, θ를 포함하는데 식 (4-19)로 인지하는 것이며 Hull/Debye–Scherrer 무늬에서 상대 선 강도의 근사식이다.[2)]

식 (12-1) 그대로는 오직 순수한 물질에만 적용한다. 그러나 목적은 두 개의 상 α와 β의 혼합물을 분석하는 것이라고 가정하자. 그러면 식 (12-1)은 α상에 속하는 하나의 특정한 회절선의 식으로 다시 쓸 수 있다. $I(hkl)$은 이제 α상의 선택한 그 선의 강도가 되고 식 $I_\alpha(hkl)$의 오른쪽은 반드시 c_α로 곱해야 하는데, 이 값은 혼합물에서 α의 부피 분율이며, 혼합물에서 α의 회절부피가 시편이 순수한 α이었다면 가졌을 값에 비해 작다는 사실을 고려하기 위한 것이다. 최종적으로 μ를 μ_m으로 치환하는데, 여기서 μ_m은 혼합물의 선형흡수계수이고 일정하며 α의 농도에 독립적인 모든 인자들을 결합하면

$$I_\alpha = \frac{K_1 c_\alpha}{\mu_m} \tag{12-2}$$

이 나온다. 여기서 K_1은 상수이다. K_1의 값은 알 수 없는데, 이것은 I_0를 일반적으로 알 수 없기 때문이다. 그러나 이런 상황은 어떤 표준의 기준선의 강도에 대한 I_α의 비가 생긴다면 중요하지 않다. 그러면 α의 농도를 이 비로 알아낼 수 있다.

세 가지 주요 분석법은 기준선으로서 사용하는 것에서 다르다: (1) **외부 표준법**(순수한 α의 회절선), (2) **직접 비교법**(혼합물에서 또 다른 한 상의 선), (3) **내부 표준법**(시편과 혼합한 외부 물질의 선).

모든 방법에서 혼합물의 흡수계수 μ_m은 그 자체가 c_α의 함수이며 측정강도 I_α에 큰 영향을 줄 수 있다. Alexander와 Klug[12.5]는 처음으로 이 영향을 명확하게 인지하였으며 분석에 필요한 공식을 풀어냈다.

12-4 외부 표준법

식 (12-2)를 유용한 형식으로 만들기 위해서 μ_m은 농도의 식으로 표현할 필요가 있다. 식 (1-12)에서

$$\frac{\mu_m}{\rho_m} = w_\alpha\left(\frac{\mu}{\rho_\alpha}\right) + w_\beta\left(\frac{\mu}{\rho_\beta}\right) \tag{12-3}$$

2) 간결하게 하기 위해, 지수 hkl를, 명확히 요구하지 않는다면, 책에서 이후로는 명시적으로 쓰지 않을 것이다.

이고, 여기서 w는 무게 분율을 표시하고 ρ는 밀도를 표시한다. 혼합물의 단위부피를 고려해 보자. 이것의 무게는 ρ_m이고 포함한 α의 무게는 $w_\alpha \rho_m$이다. 그러므로 α의 부피는 $w_\alpha \rho_m / \rho_\alpha$이며 c_α와 같고 유사한 표현이 c_β에도 유효하다.

그러면 식 (12-3)은

$$\mu_m = c_\alpha \mu_\alpha + c_\beta \mu_\beta = c_\alpha \mu_\alpha + (1 - c_\alpha)\mu_\beta$$

$$= c_\alpha(\mu_\alpha - \mu_\beta) + \mu_\beta$$

$$I_\alpha = \frac{K_1 c_\alpha}{c_\alpha(\mu_\alpha - \mu_\beta) + \mu_\beta} \tag{12-4}$$

가 된다. 이 식은 하나의 상에서 나온 회절선의 강도를 그 상의 부피 분율과 양쪽 상의 선형 흡수계수에 관계하게 한다.

식 (12-4)를 무게의 기초 위에 놓기 위해 혼합물의 단위질량을 고려하자. 포함한 α의 부피는 w_α / ρ_α이고 β의 부피는 w_β / ρ_β이다. 그러므로

$$c_\alpha = \frac{W_\alpha / \rho_\alpha}{W_\alpha / \rho_\alpha + W_\beta / \rho_\beta} \tag{12-5}$$

$$= \frac{W_\alpha / \rho_\alpha}{W_\alpha (1/\rho_\alpha - 1/\rho_\beta) + 1/\rho_\beta} \tag{12-6}$$

이다. 식 (12-4)와 (12-6)을 결합하고 간단히 하면

$$I_\alpha = \frac{K_1 w_\alpha}{\rho_\alpha \{ w_\alpha [(\mu/\rho)_\alpha - (\mu/\rho)_\beta] + (\mu/\rho)_\beta \}} \tag{12-7}$$

이 나온다. 순수한 α상에서 식 (12-2)이나 (12-7)의 어느 하나는 같은 회절선에 대해

$$I_{\alpha p} = \frac{K_1}{\mu_\alpha} \tag{12-8}$$

이나. 여기서 아래 첨자 p는 순수한 상의 회절을 표시한다. 식 (12-7)을 식 (12-8)로 나누면 미지의 상수 K_1이 없어지고

$$\frac{I_\alpha}{I_{\alpha p}} = \frac{w_\alpha (\mu/\rho)_\alpha}{w_\alpha \{ [(\mu/\rho)_\alpha - (\mu/\rho)_\beta] + (\mu/\rho)_\beta \}} \tag{12-9}$$

이다. 이 식은 각 상의 질량 흡수계수를 안다는 조건에서 2상 혼합물의 정량 분석을 가능하게 한다. 이 계수를 알지 못하면 검정곡선을 알고 있는 조성의 혼합물을 사용하여 준비할 수 있다. 각

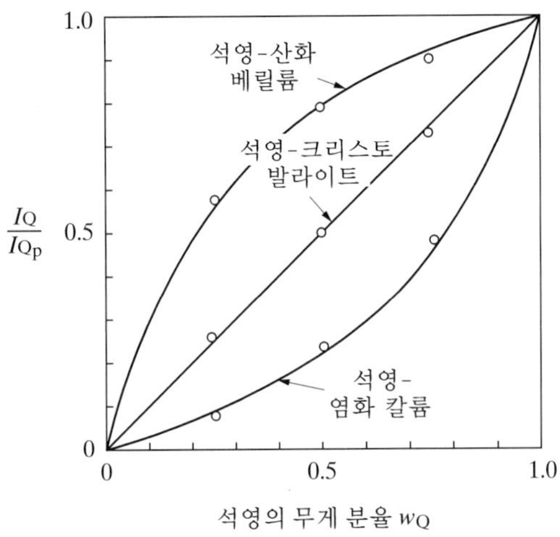

그림 12-1 이성분 혼합물에 대한 Cu K_α 방사선으로 한 회절기 측정. I_Q는 혼합물 내 석영의 d=3.34 Å인 면에 나온 반사의 강도이다. I_{Qp}는 순수한 석영에서 나온 동일한 반사의 강도이다. Alexander와 Klug[12.5].

각의 경우 순수한 α의 시편을 한 기준 재료로서 틀림없이 구할 수 있어야 하고 I_α와 $I_{\alpha p}$의 측정을 동일한 조건에서 해야만 한다.

일반적으로 w_α에 대한 강도비 $I_\alpha/I_{\alpha p}$의 변화는 그림 12-1의 곡선에서 보인 것처럼 선형적이 아니다. 실험점을 분말인 석영, 크리스토발라이트, 산화 베릴륨, 염화 칼륨의 이원계 합성 혼합물의 측정에서 얻었다. 곡선은 식 (12-9)로 계산한 것이었다. 일치는 훌륭하다. 석영-크리스토발라이트 혼합물에서 얻은 선은 직선인데, 이 물질은 실리카의 두 가지 동소체이며 질량흡수계수는 같기 때문이다. 두 상의 질량흡수계수가 같을 때, 식 (12-9)는 간단하게

$$\frac{I_\alpha}{I_{\alpha p}} = w_\alpha$$

가 된다. 그림 12-1은 명백하게 어떻게 한 상의 특정한 한 회절선의 강도가 다른 상의 흡수계수에 의존하는 지를 나타낸다. Cu $K\alpha$ 방사선에 대해서 질량흡수계수는 BeO가 8.6이고, SiO_2는 34.9이며, KCl은 124 cm^2/g이다.

12-5 직접 비교법

이 방법은 결정할 조성이 있는 순수한 상으로 된 시료를 요구하지 않는데, 이것은 요구하는 기준선이 혼합물에 있는 다른 상에서 나오기 때문이다.

직접 비교법은 매우 중요하다. 왜냐하면 이 방법을 다결정질 혼합물에 직접 적용할 수 있기 때

문이다. Averbach와 Cohen[12.6]가 개발한 이후 이 방법은 경화강에 잔류한 오스테나이트의 양을 측정하는 데 널리 쓰여 왔고, 비록 방법 자체는 아주 일반적이지만 여기서는 그러한 특정한 문제에 관하여 기술할 것이다.

강철의 경화처리는 두 가지의 공정을 요구한다: (1) 어떤 고온에서 열처리하여 오스테나이트라고 부르는 한 균일한 면심입방 고용체를 형성하는 공정, (2) 그 오스테나이트를 상온으로 급냉하여 강하고 준안정한 마르텐사이트라고 부르는 체심정방정의 한 고용체로 변태하는 공정. (이 두 상은 11-3절에서 기술한다.) 실제로 급냉한 강은 약간의 용해하지 않는 탄화물을 함유할 수 있고 불완전한 변태로 말미암아 오스테나이트는 상온에서 어느 정도 잔류한다. 사용하는 데 강의 성질에 대한 이런 오스테나이트의 영향은 일반적으로 유해하지만 어떤 때는 유익하다. 여하간 존재하는 오스테나이트의 정확한 양을 결정하는 방법은 적지 않게 중요하다. 정량적인 현미경 검사는 오스테나이트 함량이 상당히 높으면 만족할 만하지만 많은 강에서 오스테나이트가 약 15% 이하이면 신뢰할 수 없게 된다. 다른 한편으로 x선 법은 오스테나이트가 이런 낮은 범위일 때 아주 정확한데, 이 범위는 흔히 실제적으로 가장 중요하다.

한 경화강이 오직 두 개의 상, 마르텐사이트와 오스테나이트만을 포함한다고 가정하자. 문제는 두 개의 상이 조성은 동일하지만 결정구조가 상이할 때 혼합물의 성분을 결정하는 것이다. 외부 표준법은 사용할 수 없는데, 왜냐하면 순수한 오스테나이트를 얻거나, 화학조성이 측정할 미지의 시료에 있는 오스테나이트와 같으며 오스테나이트 함량을 아는 한 기준 시료를 얻는 것이 불가능하기 때문이다. 그 대신 다음과 같이 작업한다. 기본 강도 공식 (12-1)에서

$$K_2 = \left(\frac{I_o A \lambda^3}{32\pi r}\right)\left[\left(\frac{\mu_o}{4\pi}\right)^2 \frac{e^4}{m^2}\right]$$

하고

$$R = \left(\frac{1}{v^2}\right)\left[|F|^2 p\left(\frac{1+\cos^2 2\theta}{\sin^2\theta\cos\theta}\right)\right](e^{-2M}) \tag{12-10}$$

로 놓는다. 그러면 회절강도는

$$I = \frac{K_2 R}{2\mu} \tag{12-11}$$

이다. 여기서 K_2는 상수이며 회절하는 물질의 종류와 양에 무관하고, R은 θ, hkl, 물질의 종류에 의존한다. 오스테나이트를 아래 첨자 γ로, 마르텐사이트는 아래 첨자 α로 표시하면, 상의 특정한 회절선의 식 (12-11)은

$$I_\gamma = \frac{K_2 R_\gamma c_\gamma}{2\mu_m}$$

$$I_\alpha = \frac{K_2 R_\alpha c_\alpha}{2\mu_m}$$

이 된다. 이 식을 나누면

$$\frac{I_\gamma}{I_\alpha} = \frac{R_\gamma c_\gamma}{R_\alpha c_\alpha} \tag{12-12}$$

가 나온다. 그러므로 c_γ/c_α의 값은 I_γ/I_α를 측정하고 R_γ와 R_α를 계산하여 얻을 수 있다(R 값의 계산을 하려면 양쪽 상의 결정구조와 격자상수를 아는 것이 필요하다). 일단 c_γ/c_α를 찾으면, c_γ의 값은 추가적인 관계식으로 얻을 수 있다:

$$c_\gamma + c_\alpha = 1$$

그러므로 강에서 오스테나이트 함량의 절대 측정값을 오스테나이트 선의 적분강도를 마르텐사이트 선의 적분강도와 직접 비교하여 얻는다.[3] 오스테나이트 선의 몇몇 쌍을 비교하여 오스테나이트 함량을 독립적으로 결정하여 얻은 결과를 몇개 만들 수 있다.

만일 강이 제3의 상, 즉 Fe_3C(시멘타이트)를 포함하면, 시멘타이트 농도를 정량적인 현미경 검사로 하든지 회절로 하든지 어느 하나로 결정할 수 있다. 특정한 한 시멘타이트 선의 적분강도 I_c를 측정하고 그 선의 R_c를 계산하면 식 (12-12)와 유사한 한 공식은 c_γ/c_c를 얻게 한다. 그러면 c_γ의 값은

$$c_\gamma + c_\alpha + c_c = 1$$

의 관계로 찾을 수 있다.

측정할 회절선을 선정하는데, 상이한 상들에서 나온 선과 겹치거나 가까이 인접한 선을 반드시 피해야 하는데, 그러한 선은 역콘볼루션(deconvolution)할 수 있고 관계한 부정확성은 잘 분리한 선을 선택하는 지 보증한다. 그림 12-2는 1.0% 탄소강에서 Cr $K\alpha$ 방사선으로 계산한 오스테나이트와 마르텐사이트의 무늬를 보여준다. 불행하게도 오스테나이트의 강한 111 선은 마르텐사이트의 101-110 선에 너무 가까워서 적분강도를 분리하여 측정하지 못한다. 적합한 오스테나이트 선은 200과 220이다. 이 선을 마르텐사이트 이중선인 002-200과 112-211과 비교할 수 있다. 이 '이중선' 은 마르텐사이트 단위포의 정방성 때문에 생긴 것으로 일반적으로 개별적인 선으로 분리하지 않는데(그림 11-5), 왜냐하면 모든 선은 마르텐사이트와 오스테나이트 양쪽에서 나오는데, 그림 12-3의 무늬에서 보인 것과 같이 일반적으로 매우 넓기 때문이다. (분리하지 않은 마르텐사이트 선은 한 개의 입방선으로 지수를 붙인다. 예를 들면, 002-200 이중선은 200 선으로 부른

3) 고용곡선(solvus)의 선(11-4절) 위치를 찾기 위한 소멸 상 x선 법에 관한 이전 논의를 상기하라. 강도비 I_γ/I_α는 부피 분율 c_γ의 선형함수가 아니며 또 그 점에서 무게 분율 w_γ도 아니다.

다.) 선이 넓어지는 것은 급냉한 강의 양쪽 상에서 불균일한 미소변형과 아주 흔하게는 미립질의 입도에 기인한다.

상당한 양의 탄화물이 어떤 공구강에서처럼 존재한다면 탄화물 선은 α와 γ 선을 겹치게 하여 측정에 어려움을 일으킨다. Durnin과 Ridal[12.3]은 Fe_3C와 6가지의 합금 탄화물의 선과 겹치거나 겹치지 않는 α와 γ 선들의 목록을 만들었다.

크롬 방사선을 가장 많이 사용하지만 Fe $K\alpha$, Co $K\alpha$, Mo $K\alpha$와 같이 더 짧은 파장들은 회절무늬에서 회절선의 수를 증가하게 하고, 따라서 더욱 많은 측정 가능한 회절선 쌍을 제공한다. 에너지 분산 회절기(6-10절)의 낮은 분해능은 여기서 방해가 되지 않는데, 왜냐하면 강의 회절선은 잘 분리하기 때문이다. Voskamp[6.16]는 오스테나이트 측정에 그 기법의 적용을 설명하였다.

특정한 한 회절선의 R 값을 계산하는 데는 여러 가지 인자를 숙지해야 한다. 단위포 부피 v를 측정한 격자상수를 사용하여 계산하는데, 이 상수는 탄소와 합금 함량의 함수이다. 마르텐사이트 이중선이 분리하지 않을 때는 마르텐사이트의 구조인자와 다중도 인자를 체심입방포를 기초로 하여 계산한다. 이 절차는 사실상 이중선에서 두 선의 적분강도를 함께 더하는 것으로 분리하지 않은 이중선의 적분강도를 측정할 때 실험적으로 하는 바로 그것이다. F의 계산에서 가장 높은 정확도를 위해서, 특히 Co $K\alpha$ 방사선을 사용할 때 원자산란인자 f를 이상산란에 대해 Δf 양만큼 보정하여야 한다(10-10절을 보라). 온도인자 e^{-2M}의 값을 그림 4-21의 곡선에서 가져올 수 있다.

시편 준비는 탈탄 처리했거나 달리 시편의 전체를 대표하지 않는 표면층을 제거하기 위해서 습식분쇄가 필요하고, 이어서 표준적인 금속 조직학적 연마와 식각이 따른다. 이런 절차는 x선 검사에 필요한 평탄하고, 재현성이 있는 표면을 제공하며 시편의 예비검사를 현미경으로 할 수 있게 한다. 분쇄나 연마에서 마르텐사이트와 오스테나이트 양쪽 모두에서 부분적으로 분해를 일으킬 수 있는 과잉의 열이나 소성변형이 생기지 않게 주의해야 한다.

회절선 강도의 측정에서는 최대강도가 아닌 **적분강도**를 측정하는 것이 필수적이다. 선 모양에서 커다란 변화가 미소변형과 입도의 변화 때문에 일어날 수 있다. 선 모양에서 이 변화는 적분강도에 영향을 주지 않지만 이 변화는 최대강도의 값을 의미없게 만든다.

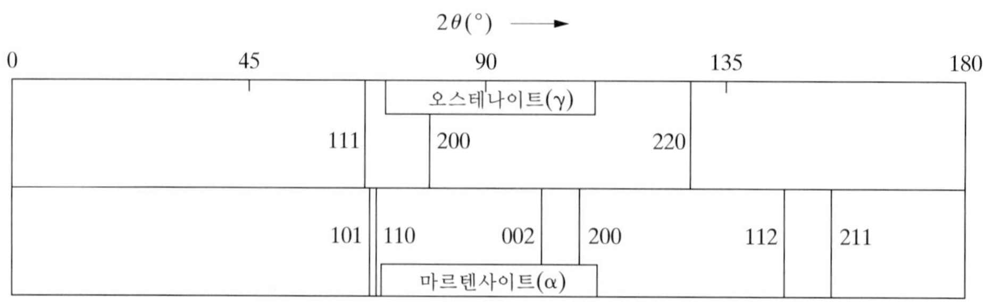

그림 12-2 오스테나이트와 마르텐사이트의 계산 분말무늬, 각각은 1.0%의 용해 탄소를 포함한다. Cr $K\alpha$ 방사선

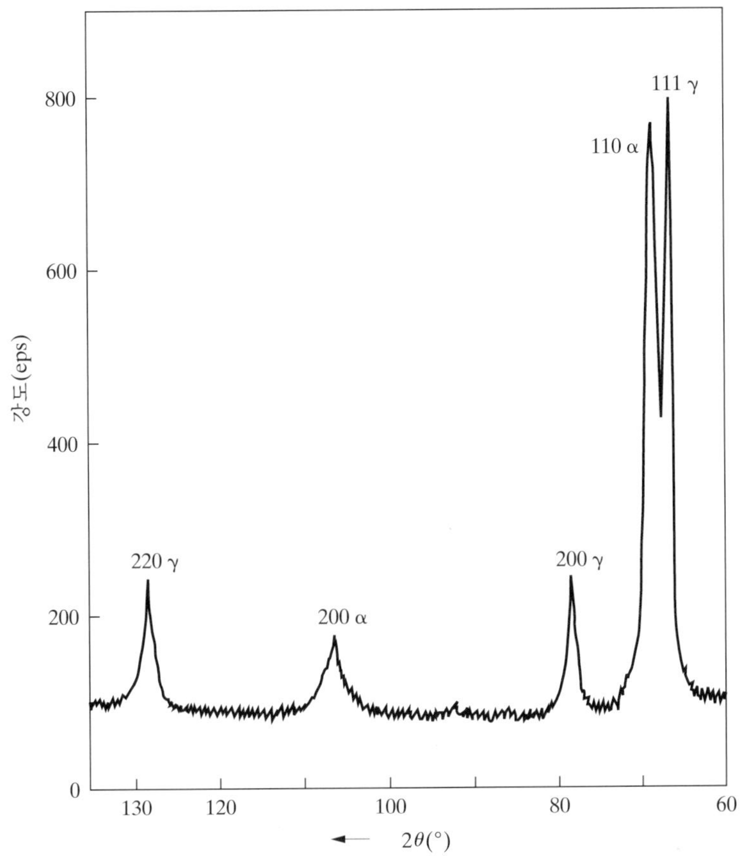

그림 12-3 기름에 급냉한 Ni-V 강의 부분 회절무늬이며 오스테나이트를 약 30 부피 퍼센트 포함한다. 크롬 방사선과 V 필터

소량의 잔류 오스테나이트를 측정하는 데서 x선 법의 감도는 주로 존재하는 연속적인 배경의 강도가 제한한다. 배경이 낮아질수록 약한 오스테나이트 선을 검출하고 측정하는 것이 더욱 쉬워진다. 여과한 방사선으로 얻는 최소검출량은 약 2 부피 퍼센트의 오스테나이트이고 결정 단색화한 방사선으로는 약 0.2%이다. 오스테나이트 함량에서 오차는 R의 계산과 I의 측정에서 생기는 것으로 존재하는 양에서 우선방위가 없을 때는 약 5%이다(12-7절).

1971년에 미국 국립표준국(NBS, 지금은 NIST)은 한 특정한 양의 오스테나이트를 포함하는 표준 기준물질(SRM-485)을 출시하였다[12.7].

1987년에 NIST는 네 개의 철을 함유하는 x선 회절 표준물질(SRM 485a - 488)을 목록에 실었고 1995년과 같이 근년에 나온 SRM 487과 488은 아직도 NIST의 목록에 있다. 그러한 표준물질은 실험과 계산 기법을 점검하기 원하는 연구자에게 유용하다.

직접 비교법을 적용했던 다른 해석 문제들은 강의 산화물 피막[12.8]에서 나오는 혼합 철 산화물, 티타늄 합금의 β상, 우라늄과 플루토늄 혼합 탄화물[12.10]을 결정하는 것을 포함한다.

12-6 내부 표준법

이 방법에서 측정할 상의 한 회절선은 기지의 비율로 시료와 혼합한 한 표준물질의 한 선과 비교한다. 그러므로 내부 표준법은 분체형의 시료로 국한한다.

상 A의 양을 상 A, B, C ... 으로 된 혼합물에서 결정해야만 한다고 가정한다. 여기서 존재하는 다른 상(B, C, D, ...)의 상대적인 양은 시료마다 다르다. 원래 시료의 기지의 양과 한 표준물질 S의 기지의 양을 혼합하여 새로운 한 복합 시료를 만든다. c_A와 c'_A를 각각 원래 시료와 복합 시료에서 상 A의 부피 분율이라고 하고 c_S를 복합 시료에서 S의 부피 분율이라고 하자. 만일 한 회절무늬를 그 복합 시료에서 얻는다면, 식 (12-2)에서 상 A의 특정한 회절선의 강도는

$$I_A = \frac{K_3 c'_A}{\mu_m}$$

이고, 표준 S의 특정한 선의 강도는

$$I_S = \frac{K_4 c_S}{\mu_m}$$

이다. 한 식을 다른 식으로 나누면

$$\frac{I_A}{I_S} = \frac{K_3 c'_A}{K_4 c_S} \tag{12-13}$$

가 된다. (혼합물의 선형흡수계수 μ_m과 미지의 한 양은 떨어져 나간다. 물리적으로 이것은 B, C, D, ... 의 상대적인 양의 변화로 생긴 흡수에서 변화는 I_A/I_S의 비에 영향을 주지 않는데, 이 변화는 I_A와 I_S에 같은 비율로 영향을 주기 때문이다.)

식 (12-5)를 다수의 성분으로 확장하면

$$c'_A = \frac{w'_A/\rho_A}{w'_A/\rho_A + w'_B/\rho_B + w'_C/\rho_C + \cdots + w_S/\rho_S}$$

이고, 유사한 c_S의 식이 존재한다. 그러므로

$$\frac{c'_A}{c_S} = \frac{w'_A \rho_S}{\rho_A w_S}$$

이다. 관계를 식 (12-13)에 대입하고, w_s는 모든 복합 시료에서 일정하면

$$\frac{I_A}{I_S} = K_5 w'_A \tag{12-14}$$

가 된다. 원래 시료와 복합 시료에서 A의 무게 분율 사이의 관계는

$$w'_A = w_A(1 - w_S) \tag{12-15}$$

이다. 식 (12-14)와 (12-15)를 결합하면

$$\frac{I_A}{I_S} = K_6 w_A \tag{12-16}$$

이 된다. 그러므로 상 A에서 나온 선과 표준 S에서 나온 선의 강도비는 w_A, 즉 원래 시료에서 A의 무게 분율의 선형함수이다. 검정곡선을 한 조의 합성 시료를 측정하여 준비할 수 있는데, 이 시료는 기지의 A 농도와 적당한 한 표준물질의 일정한 농도를 함유한다. 일단 검정곡선을 만들면 미지의 한 시료에서 A의 농도를 미지의 시료와 검정에서 사용했던 것과 같은 비율의 표준물질을 포함하는 한 복합 시료의 I_A/I_S 비를 측정하여 간단히 얻는다.

내부 표준법은 산업 분진에서 석영의 양을 측정하는 데 널리 쓰였다. 이 분석에서 형석(CaF_2)은 적합한 한 내부 표준물질로 알려져 있다. 그림 12-4는 석영과 탄산 칼슘의 혼합물들로 준비한 검정곡선을 보여주는데, 각각의 혼합물을 충분하게 형석과 혼합하여 각 복합 시료에서 형석의 무게 분율이 0.20이 되도록 만든다. 이 곡선은 선형적이며 식 (12-16)에서 예측한 대로 원점을 지난다. Bumsted[12.11]는 이 방법으로 분진에서 석영을 측정하는 것을 기술하는데, 아주 작은 양의 시료가 제기하는 문제들을 특별하게 배려한다. 계통오차는 w_S에 따라 변하는데 식 (12-16)에서 사용한 곡선에서 검출을 못할 수 있다는 것에 주의한다. 미소흡수와 우선방위는 둘 다 w_S에 의존할 수 있다[12.12](12-8절을 보라).

엄밀하게 말해서 식 (12-16)은 적분강도에서만 유효하며 이 장에 있는 다른 모든 강도 공식들에서도 마찬가지이다. 여전히 분진들의 석영 함량을 측정하는 데 간단히 최대강도를 측정해도 만족할 만한 정확도가 가능하다고 알려져 있다. 이러한 손쉬운 방법을 여기서 허용할 수 있는데, 단지 그것은 회절선의 모양이 시료와 시료에서 본질적으로 일정하다는 것이 알려져 있기 때문이다. 그러므로 최대강도와 적분강도 사이에는 일정한 비례가 있으며 모든 회절무늬를 동일한 실험조건 하에서 얻는 한 최대강도의 측정은 만족할 만한 결과를 낸다. 시료의 입도가 아주 작거나 여러 가지일 때 아주 다른 결과가 이런 절차로 하면 나올 수 있는데 이 경우 회절선 폭의 확장이 여러 정도로 일어나기 때문이고, 이런 현상은 최대강도가 시료 성분에 무관하게 변하게 한다.

그 밖의 다른 내부 표준법의 응용은 시멘트의 분석[12.13], 점토 광물의 분석[12.14], 공중 분진에서 크리소타일 석면의 측정[12.15]을 포함한다.

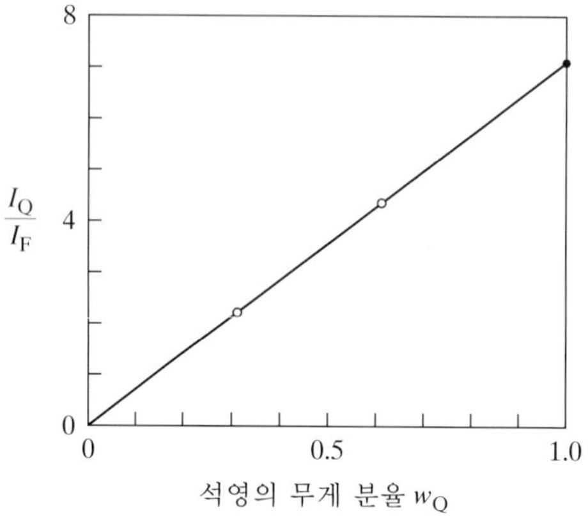

그림 12-4 내부 표준으로 형석을 사용한 석영 분석용 검정곡선. I_Q는 d = 3.34 Å의 석영 선의 강도이고 I_F는 d = 3.16 Å인 형석 선의 강도이다. Alexander와 Klug[12.5].

12-7 기타 방법

ICDD(The International Centre for Diffraction Data)는 많은 물질의 회절무늬에서 가장 강한 선을 단 하나의 표준 기준물질의 가장 강한 선과 비교하여 내부 표준법을 일반화했다. 선택한 물질은 α-Al_2O_3, 즉 'Linde A' 분말로 상업적으로 구입할 수 있는 합성 코런덤이다. I는 화합물의 가장 강한 선의 최대강도이고, $I_{코런덤}$은 같은 양이면, I/I_0 값은 화합물과 코런덤을 무게로 동일한 양으로 만든 혼합물에서 결정하는데, 비록 전부는 아니지만 많은 상에 대하여 PDF(The Powder Diffraction File)에서 얻을 수 있다. 어떤 특정한 화합물 A의 I/I_0의 값은 유효숫자로 두 개로 나와 있는데 그림 12-4처럼 화합물 A의 검정곡선 상에서 한 개의 점을 정한다. 만일 코런덤과 미지의 물질을 동일한 무게로 혼합한 물질을 만든다면 미지의 물질에서 A의 무게 분율은 표에 실린 A-코런덤 혼합물의 $I_A/I_{코런덤}$ 값에 대하여 미지의 물질과 코런덤 혼합물의 $I_A/I_{코런덤}$ 값의 비의 반으로 간단히 나타낸다. 이 방법은 빠른데, 왜냐하면 검정이 이미 끝났기 때문이다. 이것의 정확도는 적분강도보다는 최대강도를 사용한다는 점에서 아마도 낮다. 선폭의 확장에서 변동은 오차를 들일 것으로 예상할 수 있다.

$I/I_{코런덤}$의 비는 정량적인 상결정에서 한 가지 유형의 기준강도를 제공한다. 코런덤이 아닌 다른 기준 상, 최대강도의 반사가 아닌 임의의 농도를 사용할 수 있고 이런 것은 더욱 더 일반적인 정의인 관심사인 상 α와 기준 상 β의 기준 강도비(Reference Intensity Ratio, RIR)에 이르게 한다 [12.12, 12.16]:

$$\mathrm{RIR}_{\alpha\beta} = \frac{\mathrm{I}_\alpha(hkl)\ \mathrm{I}_\beta^{상대}(h'k'l')\,w_\beta}{\mathrm{I}_\beta(h'k'l')\ \mathrm{I}_\alpha^{상대}(hkl)\ \ w_\alpha} \tag{12-17}$$

이고, 여기서 *hkl*과 *h' k' l'* 는 각각 α와 β 상의 특정한 반사를 나타내고 $I_j^{상대}(mno)$는 상 j의 *mno* 피크를 그 상의 100%인 선과 비교한 이 피크의 상대적인 강도를 표시한다. 이 공식을 재배열하면 내부 표준법에서

$$\mathrm{w}_\alpha = \frac{\mathrm{I}_\alpha(hkl)\,\mathrm{I}_\beta^{상대}(h'k'l')}{\mathrm{I}_\beta(h'k'l')\,\mathrm{I}_\alpha^{상대}(hkl)}\frac{w_\beta}{\mathrm{RIR}_{\alpha,\beta}} \tag{12-18}$$

이 된다. RIR 값을 정하기 위해 정상적인 내부표준 접근법을 통해 세심하게 검정을 사용하거나 다른 RIR 값들에서 유도를, 즉

$$\mathrm{RIR}_{\alpha,\beta} = \frac{\mathrm{RIR}_{\alpha,\gamma}}{\mathrm{RIR}_{\beta,\gamma}} \tag{12-19}$$

를 사용한다.

더욱 좋은 정확도를 얻고 집합조직의 영향에서 더 잘 벗어나기 위해 정량화 과정에서 각 상의 여러 피크를 사용할 수 있다. 의미있는 평균을 얻기 위해서 혼합물의 각 피크를 다른 피크들과 비교하여 정규화하는 것이 필요하고 다른 피크들의 강도에 적절한 가중치를 주는 한 가지 방법은 순수한 상에서(연구자가 똑같은 조건에서) 측정한 강도로 각 피크의 강도를 정규화하는 것이다. 일반적으로 그 상의 PDF 카드에서 구한 자료는 이러한 목적에 충실할 만큼 신뢰할 수 있는 것이 아니다. 미지의 시료에서 관심사인 상 p의 피크에 대해서 관측한 강도(카운트로)의 비는 순수한 상 p의 피크 n의 상대강도로 얻으며 상 p의 N 피크의 평균비는 다음과 같다:

$$\bar{\mathrm{I}}_p^{관측} = \frac{1}{\mathrm{N}}\sum_{n=1}^{N}\frac{\mathrm{I}_p^{관측}(n)}{\mathrm{I}_p^{관측}(n)} \tag{12-20}$$

정량 상 분석의 또 다른 접근은 전체의 회절무늬, 선택한 피크만이나 모든 피크의 강도도 아닌 피크 모양과 피크들 사이의 배경을 맞추는 것을 포함한다[예로서 12.17]. Rietveld 법[10.3−10.5]은 복잡한 혼합물들에서 상이한 상들의 양을 결정하는 데 특별하게 적합하다.

12-8 실제 어려움

분말과 관계한 어느 방법에서도 정확한 시료 채취와 균일한 혼합은 문제들을 제기한다. 이 문제들은 사소한 것이 아니고 이런 조작에서 생긴 오차는 최종 결과에서 커다란 오차를 만든다. 이러한 문제들은 Klug와 Alexander[G.17], Jenkins와 Snyder[G.25], Zevin과 Vimmel[G.29]이 논의한다.

어떤 영향은 관측한 강도를 이론강도와 크게 다르게 하므로 정량 분석에서 큰 어려움을 초래할 수 있다. 이런 복잡하게 하는 요인들 중 가장 중요한 것은 다음과 같다.

1. **우선방위.** 기본 강도 공식, 식 (12-1)은 시료에서 구성결정들은 무질서하게 배향한다는 전제 위에서 유도한 것이며 어떠한 우선방위가 존재한다면 유효하지 않다. 회절기를 위한 분말 시료의 준비에서 우선방위를 피하기 위해 모든 노력을 해야만 한다. 만일 시료가 고체 다결정질 집합체라면 분석자는 이 안에 있는 방위의 분포를 어떻게 해 볼 수 없지만 누구나 적어도 우선방위(집합조직)로 생기는 오차의 가능성을 인지해야 한다. 집합조직 문제는 아마도 직접 비교법으로 강에서 오스테나이트를 결정하는 것과 관련하여 주목을 많이 받아 왔다. 여기에는 집합조직을 직접 점검하는 것이 있는데, 왜냐하면 상 하나에 대해 계산한 R 값은 집합조직이 없는 상태에서 그 상의 단순한 이론 회절선 강도로 임의의 단위로 표시한 것이다. 만일 특정한 한 상, 예로 α의 여러 선의 측정강도가 그 선의 R 값과 같은 비율이 아니라면, 집합조직이 존재한다. 그러면 α와 γ 선의 특정한 한 쌍에서 결정한 오스테나이트 함량은 다른 한 쌍에서 찾은 값과는 다를 수 있다. 집합조직이 있을 때 오스테나이트를 측정하는 문제에 두 가지로 접근하였다.
   a) **강도 평균하기**[12.18 – 12.22]. 여기서 기본 개념은 단순하다. 만일 어떤 선이, 예로 오스테나이트에서 나오는데 집합조직 때문에 비정상적으로 약하다면, 그 밖의 다른 오스테나이트 선들은 비정상적으로 강할 것이다. 모든 선을 측정하고 그것을 특정한 방식으로 평균해야만 얻는 자료가 유효하다. 이 방법은 그냥 '강도 평균하기' 용어로 부르는데 측정시간과 계산시간이 증가하는 대가로 적지 않은 성공을 거두었다. 분석에서 요구하는 회절선의 수는 집합조직의 정도에 따라 증가한다. 집합조직이 강한 재료에서는 Mo $K\alpha$ 방사선이 충분한 선들을 제공하기 위해 필요하다.
   b) **방위 평균하기**[12.23, 12.24]. 여기서 입사빔에 대해 더욱 많은 결정방위를 주기 위해서 시편은 회절선 강도를 측정하는 동안 특정한 방식으로 회전한다.
2. **미소흡수.** 어떤 한 α의 결정에서 나오는 회절을 α와 β 결정의 혼합물에서 고찰하자. 입사빔은 지나는 길에서 α와 β 결정을 둘 다 통과하여 특정한 회절시키는 α 결정에 이르고 회절빔도 지나는 길에서 마찬가지로 하여 시료 밖으로 나간다. 두 빔은 다 흡수로 강도가 감소하고 그 감소를 경로의 전 길이와 혼합물의 선형흡수계수 μ_m로 계산할 수 있다. 만일 μ_α가 μ_β에 비해 무척 크거나 α의 결정립 크기가 β의 것에 비해 무척 크다면, α 결정이 회절한 빔의 강도 전체는 계산한 것보다 무척 낮을 수 있는데, 그 까닭은 각각의 회절하는 α 결정에서 미소흡수효과를 기본 강도 공식에 포함하지 않았기 때문이다. 명백하게도 미소흡수효과는 $\mu_\alpha \approx \mu_\beta$이며 양쪽 상 모두 결정립 크기가 같을 때 혹은 양쪽 상의 결정립 크기가 모두 아주 작을 때는 무시할 수 있다. 그러므로 분말 시료들을 분석 전에 미립질로 분쇄해야 한다.
3. **소광.** 이 효과는 4-12절에서 기술하는데, 한 결정은 더욱 더 완전하게 될수록 회절강도에서 감소를 생기게 한다. 식 (12-1)은 이상적으로 불완전한 결정, 즉 소광이 없는 것에 대해서 유도한 것이다. 그러므로 화학 분석을 위한 시료들은 소광에서 자유로워야 하고 이런

상태는 분말 시료들을 분쇄하거나 줄질을 하여 이를 수 있다. 만일 고체의 한 집합체를 직접 분석해야 한다면 집합체의 개별적인 입자에서 생기는 약간의 소광의 가능성을 염두에 두어야 한다.

미소흡수와 소광이 존재한다면 직접 비교법의 정확도는 심각하게 감소할 수 있는데, 이 방법이 절대값을 측정하는 한 방법이기 때문이다. 다행스럽게도 양쪽 영향은 모두 경화강의 예에서는 무시할 수 있다. 오스테나이트와 마르텐사이트는 둘 다 조성이 같으며 밀도에서 불과 4%만이 다르기 때문에 선형흡수계수는 실질적으로 같다. 그리고 평균 결정립 크기도 대략 같다. 그러므로 미소흡수는 일어나지 않는다. 소광은 경화강의 바로 그 본질 때문에 없다. 오스테나이트에서 마르텐사이트로의 변태에서 수반하는 비부피의 변화는 양쪽의 상에서 모두 불균일한 변형을 심하게 일으켜서 양쪽의 결정 모두 결함이 심하다고 생각할 수 있다. 만일 이런 다행스런 상황이 존재하지 않는다면, 대부분 다른 합금에서 그렇지 않는데, 직접 비교법을 주의하여 사용해야 하며 어떤 다른 독립적인 방법으로 점검해야 한다.

다른 한편으로 미소흡수와 소광의 존재는 이 영향이 시료와 시료에서, 검정 시료를 포함하여 일정하다고 하면 내부 표준법을 무효로 만들지 않는다. 따라서 미소흡수와 소광은 식 (12-13)에서 상수 K_3와 K_4, 식 (12-16)에서 상수 K_6의 값에만 영향을 주고, 이 후자의 상수는 검정곡선의 경사만을 결정한다. 그러므로 미소흡수와 소광이 존재한다면 결정할 상의 결정들과 표준물질의 그것들이 완전도나 결정립 크기에서 시료마다 다르지 않는 한 내부 표준법의 정확도에 영향을 주지 않을 것이다.

문제

12-1 경화 처리한 1.0% 탄소강의 현미경 검사에서 고용 않은 탄화물은 보이지 않는다. 회절기에서 필터한 코발트 방사선으로 그 강을 x선 검사하면 오스테나이트 선 311의 적분강도는 2.33이고, 분리 않은 마르텐사이트 112-211 이중선의 적분강도는 16.32인 것으로 나타나는 데, 둘 다 임의의 단위이다. 강에서 오스테나이트 부피 퍼센트를 계산하라. (그림 11-5에서 격자상수를, 그림 10-11에서 Δf 보정을, 그림 4-21에서 온도인자 e^{-2M}을 얻어라.)

제 13 장 정밀 격자상수 측정

13-1 서언

x선 회절을 사용한 많은 응용에서는 연구대상인 재료의 격자상수(혹은 격자상수)를 정확히 알아야 할 필요가 있다. 주로, 이런 응용은 고용체에 관한 것이다: 고용체의 격자상수는 용질의 농도에 따라 다르므로, 용체의 성분은 격자상수를 측정하여 결정할 수 있다. 그리고 열팽창계수도 팽창계(dilatometer) 없이 고온 카메라나 회절기를 사용하여 온도의 함수로 격자상수를 측정하여 결정할 수 있다. 일반적으로 용질농도나 온도의 변화는 격자상수에서 변화를 일으키므로, 이 양을 어떤 정확도로 측정하고자 한다면 다소 정밀한 격자상수의 측정을 해야 한다. 본 장은 다결정 시료들로 높은 정밀도를 얻는 데 사용하는 방법에 관해 중점적으로 다루고자 하며, 여러 응용에 관한 것은 다른 문헌에서 논의할 수 있도록 남겨두고자 한다. 입방물질을 먼저 다루는데, 그 이유는 이 물질이 가장 단순하기 때문이다. 그러나 일반적인 결론은 입방체가 아닌 물질에서도 유효하다. 이는 다음에 상세하게 논의할 것이다.

격자상수를 측정하는 과정은 아주 간접적인 것이고, 그러한 까닭에 다행스럽게도 높은 정밀도를 아주 쉽게 얻을 수 있다. 입방물질의 격자상수 a는 특정한 한 조에 속하는 Bragg 면들의 면간거리 d에 직접적으로 비례한다. hkl에 Bragg 각 θ를 측정하고 d를 결정하기 위해 Bragg 법칙을 사용하면 a를 계산할 수 있다. 그러나 Bragg 법칙에 있는 것은 θ가 아니라 $\sin\theta$이다. 그러므로 d나 a에서 정밀도는 계산량인 $\sin\theta$의 정밀도에 달려 있으며 측정량인 θ의 정밀도에는 달려 있지

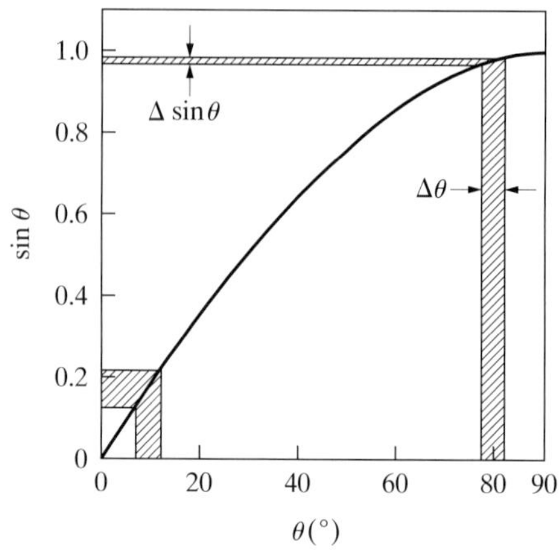

그림 13-1 θ에 따른 sin θ의 변화. 가정한 θ의 오차로 생겨난 sin θ의 오차는 θ가 증가할수록 감소한다($\Delta\theta$를 과장함).

않다. 다행히도 그림 13-1이나 sine 표를 보면 sin θ 값은 90° 부근 θ에서는 아주 느리게 변한다. 이러한 원인으로 아주 정확한 sin θ의 값은 그 자체로는 특별히 정밀하지 않는 θ의 측정에서 θ가 90° 부근에 있다면 얻을 수 있다. 예를 들면, θ의 1°에서 오차는 θ = 45°에서 sin θ에서 1.7%의 오차를 가져오지만 θ = 85°에서는 단지 0.15% 오차를 가져온다. 달리 말하면 회절빔의 각위치는 θ가 클 때는 작을 때에 비해 면간거리에서 일어나는 변화에 더 민감하다.

Bragg 법칙을 θ에 대해서 미분하면 같은 결과가 바로 나온다:

$$\frac{\Delta \mathrm{d}}{\mathrm{d}} = \frac{\Delta\lambda}{\lambda} - \cot\theta\Delta\theta \tag{13-1}$$

$\Delta\lambda$를 무시하면

$$\frac{\Delta \mathrm{d}}{\mathrm{d}} = \frac{\Delta\lambda}{\lambda} - \cot\theta\Delta\theta \tag{13-2}$$

가 생긴다. 입방계에서는

$$a = d\sqrt{h^2 + k^2 + l^2}$$

그러므로

$$\frac{\Delta \mathrm{d}}{\mathrm{d}} = \frac{\Delta\lambda}{\lambda} - \cot\theta\Delta\theta \tag{13-3}$$

이다.θ가 90°에 접근하면 cot θ는 영에 가까워진다. θ의 오차로 생기는 a에서 분율오차 $\Delta a/a$도 θ가 90°에 접근할수록 혹은 2θ가 180°에 접근할수록 영에 가까워진다. 그러므로 격자상수 측정에서 정밀성의 열쇠는 가능한 2θ 값이 180°에 가까운 배면 반사 빔을 사용하는 데에 있다.

2θ가 180°에 접근하면서 격자상수 오차는 사라지지만 이 각에서는 회절빔을 관측할 수 없다. 회절무늬에서 다수의 선에 대해서 계산한 a 값은 2θ가 증가하면서 참값에 더욱 가깝게 접근한다. a의 참값은 2θ에 대해서 측정값을 도표에 그리고, $2\theta = 180°$에서 외삽하면 간단하게 찾을 수 있다. 불행하게도 이 곡선은 선형이 아니며 비선형 곡선을 외삽하는 것은 정확하지 않다. 하지만 a의 측정값을 직접적으로 θ나 2θ가 아닌 θ의 어떤 함수로 하여 도표로 그린다면 그 결과의 곡선은 확신을 갖고 외삽할 수 있는 한 직선이 된다. 이 장의 대부분은 어떻게 이 함수를 유도하고 사용하는 지를 보여주는 데 할애했다. 함수의 정확한 형태는 회절무늬를 기록하는 데 사용한 장치의 기하학에 달려 있기 때문에 계통오차의 특성과 함수적인 종속성은 외삽절차를 논하기 전에 반드시 검토해야 한다.

이러한 수학적 이해를 전개하기 전에 정밀도가 얼마나 가능한지 올바르게 인식하는 것이 중요하다. 외삽 혹은 우수한 실험 기법을 특별히 사용하지 않고 단순하게 회절무늬에서 가장 높은 각의 회절선에 대해서 계산한 격자상수를 선택하면 보통 0.01 Å의 정밀도가 결과로서 생긴다. 다수의 공학재료의 격자상수는 3에서 4 Å 부근에 있기 때문에 이것은 약 0.3%의 정밀도를 나타낸다. 우수한 실험 기법으로 적절한 외삽함수를 사용하면 이 정밀도는 큰 어려움 없이 0.001 Å 혹은 0.03%까지 증가할 수 있다. 끝으로 기대할 수 있는 대략적인 최상의 정밀도는 0.0001 Å 혹은 0.003%이지만 이 정도는 실험적으로나 계산적으로 상당한 노력을 경주해야만 얻을 수 있다.

고정밀도의 작업에서는 측정한 격자상수를 kX나 Å로 나타내는 단위로 정확하게 표시하는 것이 필수적이다. 이 점에서 혼동을 피하기 위해 독자는 3-7절에 나온 이 단위들에 대한 논의를 재검토해 보길 권한다. 파장이나 격자상수를 결정하는 데 사용한 파장의 실제 수치는 반드시 명확하게 언급해야 한다.

높은 정밀도로 격자상수를 결정하는 방법은 Barrett과 Massalski[G.10], Klug와 Alexander[G.17], Parrish와 Wilson[13.1], Azaroff와 Buerger[G.33], Jenkins와 Snyder[G.25]가 종합적으로 검토하였다.

13-2 회절기

외삽함수를 찾는 일반적인 접근법은 θ의 측정값에서 오차를 생기게 하는 각종의 영향을 고찰하고 θ에서 이 오차가 각 θ 자체와 어떻게 변하는 지를 찾는 것이다. 회절기는 복잡한 장치이며 구성 부품의 정렬이 틀리기 쉽다. 대부분 시판하는 회절기에서 얻는 좀 더 어려운 점은 입사빔의 양쪽 면에서 동일한 방사선의 배면 반사 원추를 관측할 수 없다는 것이다. 그러므로 실험자는 기기의 각 눈금의 정확도나 정렬의 정밀도를 자동적으로 점검하지 못한다.

회절기를 사용하여 d-거리를 측정할 때 d에서 계통오차의 더 중요한 발생원은 다음과 같다:

1. 기기의 틀린 정렬. 특별히 입사빔의 중심은 회절기의 축과 검출기 슬릿의 0°의 위치와 반드시 만나야 한다.
2. 초점원에 맞도록 휜 시편이 아닌 평판 시료의 사용. 이 오차는 수평 발산이 작은 입사빔을 사용하여 시편의 노광 폭을 줄이면 강도의 손실 없이 최소화할 수 있다.
3. 시편에서 흡수. 시편을 될수록 얇게 하여 흡수가 낮은 시편을 만든다.
4. 회절기 축에서 시편 변위(그림 13-2). 보통 이것은 가장 큰 오차를 만드는 단일 발생원이다. 이것이 d에 야기하는 오차는

$$\frac{\Delta d}{d} = -\frac{D \cos^2\theta}{R \sin\theta} \tag{13-4}$$

이다. 여기서 D는 회절면 법선에 평행한 시편의 변위이다(변위가 축 앞에 있으면 양의 부호이다). 그리고 R은 회절기 반경이다(문제 13-6).

5. 입사빔의 수직 발산. 이 오차는 검출기 슬릿의 수직 구멍을 작게 하면 강도의 감소 없이 최소화할 수 있다.

피크 위치에서 각종 계통오차의 함수 형태는 다른 곳에서 요약했지만[G.26], 단 하나의 외삽함수로는 완전히 만족할만 하지 않다. 왜냐하면 $\Delta d/d$는 오차 (2)와 (3)에 대해서는 $\cos^2\theta$로서 변하지만 오차 (4)에 대해서는 $\cos^2\theta/\sin\theta$로 변한다. 흔히 (5)의 결과를 외삽함수에 포함하여 $\Delta d/d$가 $[\cos^2\theta/\sin\theta + \cos^2\theta/\theta]$로 변하게 한다: 괄호 안의 합은 Nelson-Riley 함수로 정의하고 기본적으로 Hull/Debye−Scherrer 카메라(13-3절)로 수집한 자료에 쓰인다. $\cos^2\theta$에 대한 외삽은 흔히

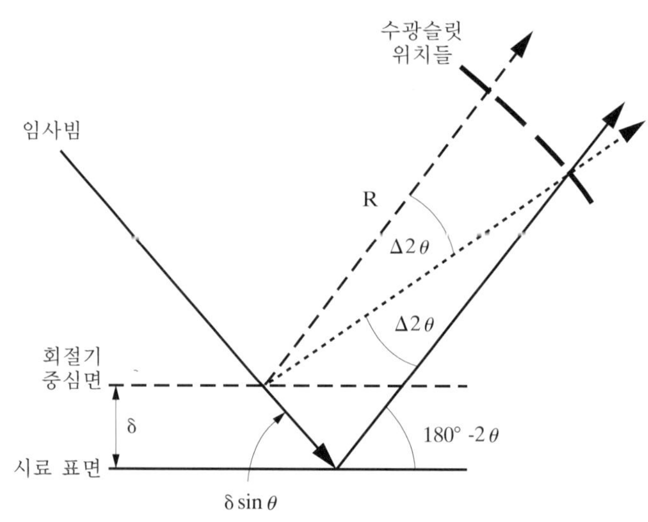

그림 13-2 시료 변위의 함수로서 $\Delta 2\theta$의 피크 위치의 이동 실례

Bradley-Jay 법으로 정의하며 $\theta > 60°$의 회절피크들에서만 유효하다. 추정하건대 좀더 좋은 직선을 주는 함수가 무슨 오차가 우세한지를 밝혀준다는 것이다.

그러므로 제안한 절차는 다음과 같다:

a) 제작자의 지침에 따라서 기기 구성 부품을 세심하게 정렬한다.
b) 시편 표면을 회절기 축에 가능한 가깝게 일치하게 조정한다.
c) 계산한 격자상수들을 $\cos^2\theta/\sin\theta$이나 $\cos^2\theta$에 대해서 $\theta = 90°$ 값까지 외삽한다.

격자상수가 a_0인 한 입방결정과 변위오차에 기초를 둔 외삽에서

$$\frac{\Delta d}{d} = \frac{\Delta a}{a_0} = \frac{a - a_0}{a_0} = k_1\frac{\cos^2\theta}{\sin\theta} \tag{13-5}$$

이고, 항을 재배열한 다음, 나온 격자상수 a는

$$a = a_0 + a_0 k_1\frac{\cos^2\theta}{\sin\theta} \tag{13-6}$$

이다. Nelson-Riley 외삽함수가 적합하다면

$$\frac{a - a_0}{a} = k_2\left[\frac{\cos^2\theta}{\sin\theta} + \frac{cos^2\theta}{\theta}\right] \tag{13-7}$$

이고, 이것은

$$a = a_0 - a_0 k_2\left[\frac{\cos^2\theta}{\sin\theta} + \frac{cos^2\theta}{\theta}\right] \tag{13-8}$$

이다. Bradley-Jay 함수에도 비슷한 식을 쓸 수 있다. 이 모든 외삽함수는 $\theta = 90°$에서 $a = a_0$를 준다.

물론 회절선 위치를 정밀하게 측정하도록 모든 노력을 해야 한다. 격자상수에서 100,000분의 3, 등가로 ±0.0001 Å의 정밀도를 달성하기 위해서 $2\theta = 160°$에서 회절선의 2θ 위치는 0.02° 이내로 측정해야 하고 더 낮은 각의 회절선들은 더욱 더 좁게 측정해야 한다는 것을 식 (13-2)는 보여준다. 전산화한 회절기가 보급되기 전에는 통상적으로 피크의 최대강도의 2θ 값을 회절선 위치로 잡았다. 이제는 피크 위치를 정하는 데 있어서 피크중심이나 더욱 정교한 방법(이것은 응력 측정분야에서는 표준이다. 더 자세한 것은 6-14절을 보라)을 추천한다.

비입방 결정은 특별한 외삽함수를 선택해도 상관없이 추가적인 어려움이 있다는 것을 보여준다. 예를 들어 육방과 정방 결정을 고찰하자. 그 어려움은 간단히 이런 것이다: 지수가 *hkl*인 회절선의 위치는 두 개의 격자상수 a와 c로 결정하고 회절선의 관측한 $\sin^2\theta$ 값만으로 이 상수를 둘 다 계산하는 것은 불가능하다. 이런 어려움을 피하는 한 방법은 *hkl* 선을 무시하고 그 나머지

선을 두 개의 군, 지수 $hk0$의 선과 지수 지수 $00l$의 선으로 나눈다. a 값을 각 $hk0$ 선에서 계산하고 c 값을 각 $00l$ 선으로 계산한다: 그런 다음 외삽을 둘로 나누어 따로따로 하여 a_o와 c_o를 찾는다. 보통 배면 반사 영역에는 $hk0$와 $00l$ 선은 그 수가 매우 적기 때문에 외삽은 불가피하게 덜 정확하다. 그 대신 비입방 물질에서는 Cohen 해석법(13-7절)을 사용하는 것이 더 좋다.

외삽은 반드시 자료를 최소자승으로 맞추고 외삽함수는 계통오차를 대표하도록 선택한다. 최소자승을 사용하는 것은 동일한 조의 점들을 지나는 직선을 사람마다 다르게 지정하는 가변성을 제거한다. 그리고 대부분 휴대용 계산기와 컴퓨터 스프레드시트 프로그램은 자료를 최소자승으로 맞추는 루틴을 내장한다.

최소자승으로 맞추는 것은 한 지정한 조의 관측점들에 일치하는 최적의 곡선을 찾는 방법은 아니다. 연구자는 처음부터 관련 현상을 이해하여 두 변량 x와 y가 따라야 할 것으로 생각하는 관계의 유형(선형적, 포물선적, 지수함수적들)을 반드시 알아야 한다. 모든 최소자승법이 할 수 있는 모든 것은 선택한 방정식에서 최선의 상수값을 주는 것이다. 그러나 이것을 상당히 객관적이고 비편파적인 방식으로 한다.

이 장을 끝내기 위해서 오차의 본질에 대해 몇 마디 하는 것은 잘못된 것이 아닐 것이다. 한 격자상수를 측정하는 데는 여러 다른 물리적인 관찰에서처럼 두 유형, 즉 **계통적**과 **확률적** 오차가 연루한다. 계통오차는 어떤 특정한 변수에 어떤 규칙적인 방식으로 변하는 것이다. 더욱이 계통오차는 부호가 항상 동일하다. 다른 한편으로 확률오차는 어느 직접적인 관찰에서 생기는 일상적인 확률오차이다. 이것은 부호가 양이거나 음일 수 있고 회절선의 2θ 위치에서 어떤 규칙적인 방식으로 변하지 않는다.

a에서 계통오차는 θ가 90°에 접근하면 0에 가까워지고 적당한 외삽함수를 사용하여 없앨 수 있다. 이 오차의 크기는 외삽선의 경사에 비례하고 오차가 작다면 선은 매우 편평할 것이다. 고의적으로 가령 시료를 회절기 축에서 벗어나게 놓아서 계통오차를 증가시키면 선의 경사는 증가할 것이지만 a_0의 외삽값은 똑같을 것이다. 회절선 위치를 측정하는 데 생기는 확률오차는 a에

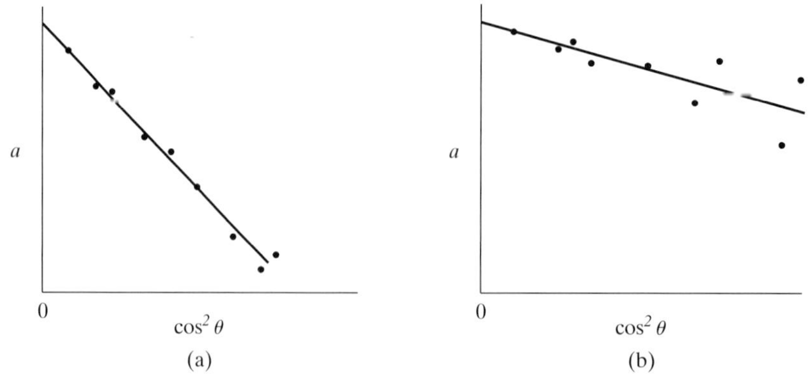

그림 13-3 외삽곡선의 극단적인 형태(개략도): (a) 큰 계통오차, 작은 확률오차, (b) 작은 계통오차, 큰 확률오차

서 확률오차로 나타나며 외삽선에서 다수의 점이 벗어나는 데 원인이 된다. 그리고 a에서 확률오차는 본질적으로 큰 각에서는 sin θ가 θ에 대해서 느리게 변하기 때문에 θ가 증가할수록 크기는 감소한다.

이 오차의 각종 결과를 그림 13-3에 도식적으로 요약하였다. (a)에서 계산점들은 상당히 가깝게 선을 따르며 확률오차가 작다는 것을 나타내지만 선 자체는 계통오차가 커서 매우 가파르다. 그 반대 상황이 (b)에 보여진다: 여기서 계통오차는 작다. 그러나 점들이 넓게 흩어진 것은 큰 확률오차가 생겼다는 것을 나타낸다. 한 회귀선에서 불확정성은 산란도와 함께 증가하므로 확률오차를 최소화하기 위해서 가능한 모든 노력을 시작부터 반드시 해야 하는 것은 명백하다.

13-3 HULL/DEBYE-SCHERRER 카메라

역사적으로, 외삽법은 Hull/Debye-Scherrer 카메라를 위해서 개발한 것으로 비록 이 방법을 보통 오늘날 격자상수를 측정하는 데 선택하지 않지만 외삽함수로 통하는 기하학의 일부를 경험하는 데 유익하다.

Hull/Debye-Scherrer 카메라의, θ에서 오차의 주 발생원은 다음과 같다:

1. 필름의 수축
2. 부정확한 카메라 반경
3. 시편의 중심 이탈
4. 시편에서 흡수

배면 반사 영역만이 정밀한 측정에 적합하므로 이 각종의 오차를 그림 13-4의 S'과 ϕ 양으로 고찰한다. S'은 필름 상에서 두 개의 배면 반사선 사이의 거리이다. 2ϕ는 2θ의 보각, 즉 $\phi = 90° - \theta$이다. 이 양은 식

$$\phi = \frac{S'}{4R} \tag{13-9}$$

으로 카메라 반경 R에 관계한다.

필름의 수축은 현상과 건조 때문에 생기며 S' 양에서 오차 $\Delta S'$의 원인이 된다. 카메라 반경은 또 ΔR 양만큼 오차를 낸다. 이 두 오차가 ϕ 값에 미치는 영향은 식 (13-9)를 대수식으로 쓰면 찾을 수 있다.

$$\ln\phi = \ln S' - \ln 4 - \ln R \tag{13-10}$$

그런 다음 미분하면

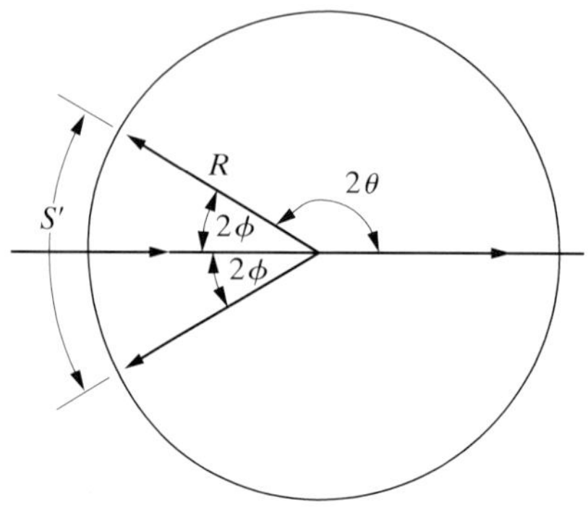

그림 13-4

$$\frac{\Delta\phi}{\phi} = \frac{\Delta S'}{S'} - \frac{\Delta R}{R} \tag{13-11}$$

을 얻는다. 그러므로 수축에 기인하는 ϕ에서 오차와 반경오차는

$$\Delta\phi_{S',R} = \left(\frac{\Delta S'}{S'} - \frac{\Delta R}{R}\right)\phi \tag{13-12}$$

이 된다. 입사빔이 필름의 한 구멍으로 들어가도록 필름을 장착하면, 수축오차는 최소화할 수 있다. 왜냐하면 대응하는 배면 반사선들은 필름 상에서 짧은 거리만큼만 서로 벌어지고 이 거리 S'는 필름 수축이 거의 영향을 주지 않기 때문이다. 그림 7-6(a)에 보여준 필름 장착방법은 정밀한 측정을 위해서는 전혀 적합하지 않다. 그 대신 그림 7-6의 (b)나 (c) 방법을 사용해야만 한다. (c) 방법, 필름 장착의 비대칭법 혹은 Staumanis 법은 카메라 반경을 알아야 할 필요가 없기 때문에 특별하게 추천한다.

중심 일탈 시편도 ϕ에서 오차의 원인이 된다. 카메라의 중심에서 시편이 얼마만큼 변위하든지간에 이런 변위는 항상 두 성분으로 나눌 수 있는데 한 성분(Δx)은 입사빔에 평행하고 다른 성분(Δy)은 입사빔에 수직하다. 평행한 변위의 결과를 그림 13-5(a)에 나타내었다. 카메라 중심 C' 에 있는 대신에 시편은 점 O로 거리 Δx만큼 변위한다. 회절선은 적절하게 중심에 오도록 조정한 시편의 회절선 위치인 A와 B가 아닌 D와 C에 닿는다. S'에서 오차는 $(AC + DB) = 2DB$ 이고, 이것은 근사하여 $2ON$과 같거나

$$\Delta S' = 2\Delta x \sin 2\phi \tag{13-13}$$

이다.

입사빔에 수직한 시편 변위의 결과[그림 13-5(b)]는 회절선을 A에서 C로, B에서 D로 이동하게 한다. Δy가 작을 때 AC는 BD와 거의 같고, 따라서 좋게 근사하면 S' 에서 오차는 수직각 변위로는

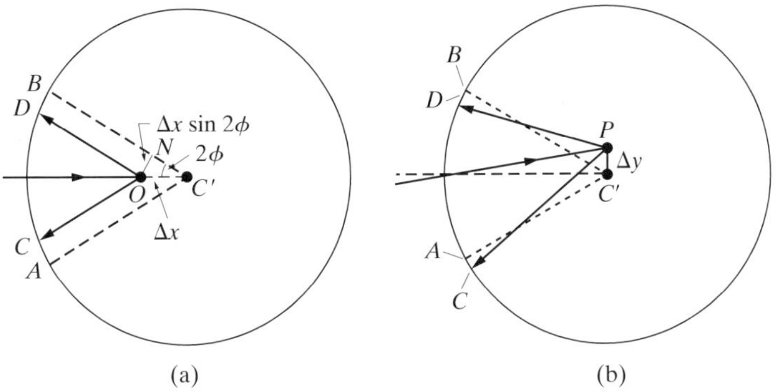

그림 13-5 시료 변위가 선 위치에 미치는 영향

생기지 않는다.

그러므로 입사빔에 비스듬한 어떤 방향에서 시편 변위에 기인하는 S'에서 전체 오차는 식 (13-13)으로 나타낸다. S'에서 이 오차는 ϕ의 계산값에 오차를 야기한다. 각종 오차는 한 번에 하나씩 고려하므로 반경오차 ΔR을 영으로 놓을 수 있고, 그 결과로서 식 (13-11)은

$$\frac{\Delta\phi}{\phi} = \frac{\Delta S'}{S'} \tag{13-14}$$

가 되고, 이 식은 S'에서 오차만으로도 ϕ 값에 영향을 어떻게 주는 지를 보여준다. 식 (13-9), (13-13), (13-14)를 결합하여 시편이 중심에서 벗어난 사실 때문에 생긴 ϕ에서 오차는

$$\Delta\phi_C = \frac{\phi\Delta S'}{S'} = \frac{\phi(2\Delta x \sin 2\phi)}{4R\phi} = \frac{\Delta x}{R}\sin\phi\cos\phi \tag{13-15}$$

로 나타낸다. 시편을 카메라의 회전 샤프트에 대해 조정하여 샤프트가 회전할 때 어떤 인지 가능한 흔들림이 생기지 않도록 하면 중심조정의 오차가 없어진다고 가정해서는 안 된다. 이런 유형의 조정은 이 논의에서 당연히 고려한 것이다. 중심일탈 오차는 카메라의 부절적한 제작 때문에 **샤프트**의 회전축이 카메라 중심에 있지 않을 가능성과 관계한다.

시편에서 **흡수**는 또한 ϕ에서 오차의 원인이 된다. 이 영향은 격자상수 측정에서 흔히 단독으로는 가장 큰 오차의 원인이며 불행히도 어떤 정확도로 계산하기에 너무 어렵다. 그러나 그림 4-19(b)는 배면 반사 x선이 조준기를 바라보는 시편 면에서 거의 전부 나온다는 것을 분명히 보여준다. 그러므로 대략 어림잡아 말하면, 조정하여 중심에 있고, 크게 흡수하는 시편에서 얻는 결과는 그림 13-9(a)에 나타낸 것처럼 카메라 중심에서 변위하고 흡수가 없는 시편의 것과 동일하다.

그러므로 필름 수축, 반경오차, 중심조정 오차, 흡수로 생기는 ϕ에서 전반적인 오차는 식 (13-12)와 (13-15)와의 합으로 나타난다:

$$\Delta\phi_{S',R,C,A} = \left(\frac{\Delta S'}{S'} - \frac{\Delta R}{R}\right)\phi + \frac{\Delta x}{R}\sin\phi\cos\phi \tag{13-16}$$

그러나

$$\phi = 90^o - \theta,\ \Delta\phi = -\Delta\theta,\ \sin\phi = \cos\theta, \text{ and } \cos\phi = \sin\theta$$

이다. 그러므로 식 (13-3)은

$$\frac{\Delta d}{d} = -\frac{\cos\theta}{\sin\theta}\Delta\theta = \frac{\sin\phi}{\cos\phi}\Delta\phi \tag{13-17}$$

이 되고,

$$\frac{\Delta d}{d} = \frac{\sin\phi}{\cos\phi}\left[\left(\frac{\Delta S'}{S'} - \frac{\Delta R}{R}\right)\phi + \frac{\Delta x}{R}\sin\phi\cos\phi\right] \tag{13-18}$$

가 된다. 배면 반사 영역에서 ϕ는 작으며 ϕ가 작은 값이면 $\sin\phi \approx \phi$이고 $\cos\phi \approx 1$이므로 식 (13-18)의 첫째 항에서 ϕ는 $\sin\phi\cos\phi$로 치환할 수 있다. 그러면

$$\frac{\Delta d}{d} = \left(\frac{\Delta S'}{S'} - \frac{\Delta' R}{R} + \frac{\Delta x}{R}\right)\sin^2\phi \tag{13-19}$$

이다. 괄호로 묶은 항은 어떤 필름에서도 일정하므로

$$\frac{\Delta d}{d} = K\sin^2\phi = K\cos^2\theta \tag{13-20}$$

이고, 여기서 K는 상수이다. 이에 따른 중요한 결과는 d에서 분율의 오차는 $\cos^2\theta$에 직접 비례하고, 따라서 $\cos^2\theta$가 영에 가까워지거나 θ가 90°에 가까워지면 영에 접근한다는 것이다. 입방정계에서

$$\frac{\Delta d}{d} = \frac{\Delta a}{a} = \frac{a - a_0}{a_0} = K\cos^2\theta \tag{13-21}$$

이고,

$$a = a_0 + a_0 K\cos^2\theta \tag{13-22}$$

이다. 그러므로 입방물질에서 회절무늬의 각 회절선으로 계산한 a 값을 $\cos^2\theta$에 대하여 도표로 나타내면 그 결과로서 한 직선이 생겨나야 하고 a_0, 즉 a의 참값은 이 선을 $\cos^2\theta = 0$에 외삽하여 찾는다. (혹은 $\sin^2\theta = 1 - \cos^2\theta$이므로 a의 여러 값은 $\sin^2\theta$에 대하여 도표로 나타낼 수 있고 이 선은 $\sin^2\theta = 1$에 외삽한다. 앞 절에서 언급한 것처럼, 이 외삽함수는 때때로 Bradley-Jay 함수로 부른다.)

다수의 식 (13-22)를 유도할 때 연루한 다수의 근사 때문에 분명히 이 식은 θ가 큰 값(ϕ가 작은 값)에서만 맞다. 그러므로 θ 값이 약 60°보다 큰 회절선만이 외삽에서 쓰여야 하고 θ가 80°보다 클수록 더 큰 회절선이 많고 a_0 값은 더 정확하다. 배면 반사 영역의 회절선 수를 증가시키기 위해서는 흔히 여과하지 않은 방사선을 사용하는데 그 결과로 $K\alpha$와 함께 $K\beta$가 회절할 수 있다. 또 x선 관을 떼어 놓을 수 있으면 회절선의 수를 증가시키기 위해 특수한 합금 타깃을 사용할 수 있다. 또는 같은 필름에 상이한 특성 방사선으로 두 번 조사하는 수도 있다. 어떤 상황에서도 조악한 품질의 필름에서 부주의한 측정을 하더라도 자동적으로 외삽 조작이 정밀한 a_0 값을 줄 수 있다고 생각해선 결코 안 된다. 높은 정밀도를 위해 회절선들은 예리해야 하고 $K\alpha$ 이중선들은 고각에서 잘 분리해야 하는 데, 이어서 이것이 의미하는 것은 시편의 개개 입자들이 변형하지 않아야 하며 너무 미립질이지 않아야 한다는 것이다. 회절선 위치는 세심하게 결정해야 하며 각 선에서 두 번이나 세 번 측정하여 그 결과를 평균하는 것이 가장 좋다. 각 회절선으로 a를 계산하는 데서 그 선이 분리한 때는 적절한 파장을 $K\alpha$ 이중선의 각 성분에 지정해야 하고 분리하지 않는 때는 가중 평균한 파장을 사용해야 한다.

$\sin^2\theta$나 $\cos^2\theta$ 외에도 다른 함수를 외삽의 기본함수로 사용할 수 있다. 예를 들면, 식 (13-18)에서 ϕ를 $\sin\phi\cos\phi$로 바꾸는 대신에 $\sin\phi\cos\phi$를 ϕ로 바꾸면

$$\frac{\Delta d}{d} = K\phi \tan\phi \tag{13-23}$$

가 생긴다. 따라서 $\phi\tan\phi$에 대한 a의 그림은 직선일 것이고 외삽하여 $\phi\tan\phi = 0$에서 a_0를 구한다. 실제에서는 $\phi\tan\phi$에 대한 외삽과 $\cos^2\theta$(또는 $\sin^2\theta$)에 대한 외삽 사이에는 큰 차이가 없으며 어느 것이나 만족할 만한 결과를 낸다. Nelson과 Riley[13.2]와 Taylor와 Sinclair[13.3]는 여러 가지 오차의 발생원, 특히 흡수를 위에서 한 것보다 더 엄밀하게 분석하였으며, Nelson–Riley 함수인 식 (13-7)과 (13-8)이 바로 고각이 아닌 아주 낮은 θ 각까지도 상당히 정확하게 잘 맞는다는 것을 보였다. a_0의 값은 θ가 90°로 접근하면 영에 가까워지는 Nelson–Riley 함수에 대하여 a를 그려서 찾을 수 있다. 배면 반사 영역에서 $\cos^2\theta$ 대신에 Nelson–Riley 함수를 사용하면 결과로서 어떤 유리한 점이 생기는지 의심스럽지만 Nelson–Riley 함수의 매우 넓은 직선성은 고각 영역에서 몇 개의 회절선만이 있을 때는 하나의 강점이 된다.

13-4 배면 반사 집중 카메라

이런 종류의 카메라는 아주 높은 정밀도의 작업을 위해서 Hull/Debye–Scherrer 카메라보다 더 좋다. 왜냐하면 필름 상에서 한 회절선의 위치는 직경이 동일한 Hull/Debye–Scherrer 카메라로 하는 것에 비해 이 카메라로 하면 면간거리의 작은 변화에 대해 2배나 민감하다. 물론 계통오차의 발

생원에서 자유롭지 않다. 이 중 가장 중요한 요소는 다음과 같다:

1. 필름 수축
2. 부정확한 카메라 반경
3. 카메라 원주에서 시편의 변위
4. 시편에서 흡수. (시편이 흡수도가 아주 낮으면 다수의 회절 광선은 비록 시편 표면이 원주와 일치할지라도 카메라 원주 바깥에 있는 점에서 발생한다.)

이러한 각종 오차의 발생원에 관한 자세한 해석은 이 발생원이 만드는 d에서 분율의 오차가 ϕ $\tan\phi$에 아주 가깝게 비례한다는 것을 보여준다. 여기서 ϕ는 역시 $(90° - \phi)$이다. 그러므로 이 함수는 이 카메라로 측정한 격자상수를 외삽하는 데 사용하기 위한 것이다.

13-5 핀홀 카메라

배면 반사에 사용하는 핀홀 카메라는 격자상수 측정에서 실제로 고정밀도의 기기는 아니나, 여기서는 어찌하든 간에 분체로 만들 수는 없는 매우 집합조직인 시료에 관한 연구에서 아주 크게 유용하다. 이 방법은 2차원 검출기가 응용을 많이 찾아냄에 따라 더욱 더 눈길을 끌고 있다. 필름과 시편 표면 둘 다 편평하기 때문에 회절 광선의 집중은 일어나지 않고, 그 결과 회절선은 이 위치의 정밀한 측정에서 일반적으로 바람직한 것보다 더 넓다. 계통오차의 주요 발생원은 다음과 같다:

1. 필름 수축
2. 부정확한 시편에서 필름거리
3. 시편에서 흡수

이 예에서 d에서 분율오차는 $\sin 4\phi \tan\phi$ 혹은 등가적인 표현으로 $\cos^2\theta\,(2\cos^2\theta - 1)$에 비례한다는 것을 보여줄 수 있다. 여기서 $\phi = (90° - \theta)$이다. 이 외삽함수 중 어느 것으로도 상당히 정밀한 격자상수 값을 얻을 수 있다: 또 배면 반사 핀홀 카메라는 장착한 금속조직학적 시편을 직접적으로 조사할 수 있는 특별히 유리한 점이 있다. 이것은 한 격자상수를 현미경으로 검사하는 시편 부위와 같은 부위에서 측정한다는 것을 의미한다. 이런 유형의 이중 검사는 많은 문제, 특히 상태도의 결정에서 아주 유용하다.

13-6 예제

이 절의 예제는 외삽법이 계통오차를 비록 이 오차가 상당할지라도 얼마나 잘 보정할 수 있는지 설명한다. 이 예제는 일련의 조절한(그리고 알고 있는) 오차를 제공하고 회절기에서 사용하는 외삽절차를 설명한다. 독자는 외삽절차를 조잡한 시료 준비, 자료 수집이나 자료 해석 기법을 위한 빠른 보정으로 간주해서는 안 된다. 품질, 격자상수의 정밀한 측정은 옛 금언을 따른다: "쓰레기를 넣으면 쓰레기가 나온다."

$\theta-2\theta$ 회절기에서 올바른 위치에서 변위한 고체 구리 시료에서 얻은 여러 개의 회절무늬는 외

표 13.1

회절선	hkl	$2\theta°$ / a (Å)	변이 (μm) 0	100	200	400	$(\cos^2\theta)/(\sin\theta)$
1	111	2θ	43.39	43.28	43.24	43.08	2.335
		a	3.610	3.618	3.622	3.634	
2	200	2θ	50.50	50.41	50.37	50.21	1.918
		a	3.612	3.618	3.620	3.632	
3	220	2θ	74.14	74.06	74.02	73.87	1.056
		a	3.615	3.618	3.620	3.626	
4*	311	2θ	89.94	89.87	89.83	89.72	0.708
		a	3.615	3.618	3.618	3.622	
5*	222	2θ	95.16	95.08	95.05	94.93	0.616
		a	3.617	3.617	3.618	3.620	
6*	400	2θ	116.86	116.86	116.84	116.73	0.322
		a	3.616	3.616	3.617	3.619	
7*	331	2θ	136.49	136.44	136.44	136.38	0.148
		a	3.615	3.616	3.616	3.617	
8*	420	2θ	144.70	144.62	144.60	144.63	0.096
		a	3.615	3.616	3.616	3.616	
		$\bar{a}$	3.614	3.617	3.618	3.623	
		a_0	3.6150	3.6148	3.6148	3.6145	

* 분리한 $K\alpha_1$ 피크에서 얻은 측정

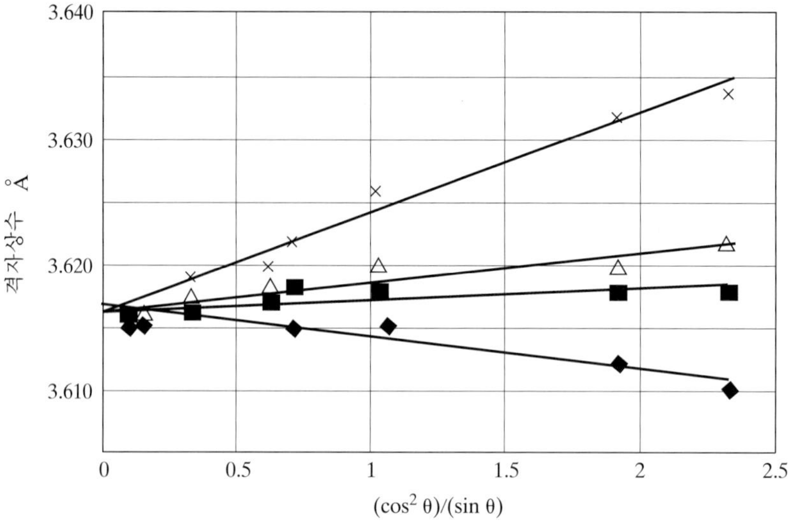

그림 13-6 변위 외삽인자의 함수로서 겉보기 격자상수를 그린 것. 자료는 다결정질 구리 시료의 것이며 Cu $K\alpha$ 방사선으로 기록한 것이다. 다이아몬드, 사각형, 삼각형, x는 각각 시료 변위가 0, 100, 200, 400 μm 해당하는 자료를 보여준다.

삽법이 계통오차를 얼마나 잘 보정하는지 설명하는 데 도움을 준다. 이 예에서 사용한 시료는 구리 입자를 원통형 금형에 충진하고 에폭시를 침투시켜 원통 양끝을 금속조직학적으로 연마하여 만든 구리 원판이다. 가정용 알루미늄 박(보통 25 μm 두께)으로 0, 4, 8, 16장의 두께로 기준면에서 변위하게 한 시료의 상부에서 4개의 회절무늬를 기록하였다. 기준 표면은 가정하건대 시료 회전축의 정확한 중심과 검출기 회전축, 즉 초점 원에 접한다. 각각 네 번 주사하여 얻은 자료를 구리 x선 관, 시료 후 단색화 장치, 시료 표면에 항상 10 mm 길이로 조사하기 위해 설치한 폭이 가변인 발산슬릿을 갖춘 회절기로 기록하였다. 이런 작업에는 간격이 좀 너무 넓은 회절무늬를 0.05° 2θ의 구간폭과 구간당 1초의 일정한 계수시간을 사용하여 기록하였다. 회절기 제작사가 제공한 소프트웨어는 강도의 중심을 사용하여 피크의 위치를 결정하는데, 강도는 각에 대해서 하나의 2차 미분계수가 있으며 그 값은 0보다 작다. 분리하지 않은 $K\alpha_1$과 $K\alpha_2$ 이중선인 피크에 대해서는 $K\alpha_1$과 $K\alpha_2$ 파장의 가중 평균치가 *d*-거리를 계산하는 데 쓰인다: 이중선이 분리한 경우 $K\alpha_1$과 이 파장을 사용한다.

표 13-1의 열은 시료를 0, 100, 200, 400 μm만큼 변위하여 얻은 회절무늬에서 측정한 모든 반사의 2θ와 해당 격자상수를 보여준다. 마지막 열은 변위하지 않은 시료의 회절피크 8개를 위한 외삽함수의 값을 나타낸다. 마지막 두 행은 각각 측정값의 산술평균과 격자상수의 외삽값 a_0를 준다. 분명하게, 간단히 평균하는 것은 부적절하고 가장 고각인 2θ 회절선에서 얻은 격자상수의 값을 사용하는 것은 권할만 하지 않다. θ = 90°에 외삽하면 네 번의 주사에서 얻은 격자상수는 소수점 네 자리에서만 다르게 된다(그림 13-6). 격자상수에서 네 개의 소수점 자리를 인용하기 전에,

조절하지 못한 온도 변화에서 생긴 영향을 인식하는 것이 중요하다: 열팽창은 격자상수를 다르게 한다. 25℃에서 순수한 구리의 선형 열팽창계수는 약 16.6×10^{-6} ℃$^{-1}$[13.4]이고 이 계수는 1℃만큼 작은 온도 변화에서 소수점 네째 자리에서 변화가 일어날 만큼 충분히 크다. 이런 측정에서 사용한 회절기는 작은 방사선 차폐 상자 내에 있고 이 상자는 x선 관을 에워싼다(이것은 운전하는 동안 느낄만큼 따듯해진다). 전자장치를 포함해서 전체 기기는 방사선 차폐 상자를 에워싸는 캐비닛 내에 있다. 이런 꽉 밀폐한 기기에서는 몇 ℃씩 점진적으로 더워지는 것은 예상할 수 있다. 유사하게 더 열려 있는 기기에서도, 냉방한 방에서조차도 열적 표류는 예상해야 한다.

13-7 COHEN 법

이전 절에서 입방물질의 격자상수의 가장 정확한 값은 사용한 장치에 따라 다른 어떤 특정한 함수에 대해서 각 반사의 계산한 a 값을 도표로 나타내고 $\theta = 90°$에 있는 a_0 값에 외삽하여 찾는다. 두 개의 다른 일을 이 절차로 달성할 수 있다: (a) 계통오차는 적절한 외삽함수를 선택하여 없애고, (b) 확률오차는 Cohen이 고안한 최소자승법을 사용하여 줄인다[13.15].

입방정계

한 입방물질을 Hull/Debye−Scherrer 카메라로 조사한다고 하자. 그러면 식 (13-21)은, 즉

$$\frac{\Delta d}{d} = \frac{\Delta a}{a} = \frac{a - a_0}{a_0} = K\cos^2\theta \tag{13-21}$$

인 하나의 가능한 외삽함수를 정의한다. 최소자승법을 사용하여 $\cos^2\theta$에 대한 $\overline{a}$의 그림에서 최선의 직선을 찾기보다 Cohen은 그 방법을 관측한 $\sin^2\theta$ 값에 직접적으로 적용했다. Bragg 법칙을 자승하고 각 변에 자연대수를 취하여

$$\ln \sin^2\theta = \ln\left(\frac{\lambda^2}{4}\right) - 2\ln d \tag{13-24}$$

를 만든다. 그런 다음 미분하여

$$\frac{\Delta \sin^2\theta}{\sin^2\theta} = -\frac{2\Delta d}{d} \tag{13-25}$$

을 얻는다. 이 식을 식 (13-20)에 대입하면 $\sin^2\theta$에서 오차는 다음과 같이 θ에 따라 변한다:

$$\Delta \sin^2\theta = -2K\sin^2\theta\cos^2\theta = D\sin^2 2\theta \tag{13-26}$$

여기서 D는 새로운 상수이다. [이 식은 $\cos^2\theta$ 외삽함수가 유효할 때만 유효하다. 만일 어떤 다른 외삽함수를 사용한다면, 식 (13-26)을 그 함수에 알맞게 수정해야 한다.] $\Delta\sin^2\theta$ 대 $\sin^2\theta$(측정한)의 그림은 그림 10-1에 나온다. 이제 어떤 회절선에서 $\sin^2\theta$의 참값은

$$\sin^2\theta(\text{참}) = \frac{\lambda^2}{4a_0^2}(h^2+k^2+l^2) \tag{13-27}$$

이 되고, 여기서 격자상수의 참값인 a_0는 구해야 할 양이다. 그러나

$$\sin^2\theta(\text{측정한}) - \sin^2\theta(\text{참}) = \Delta\sin^2\theta$$

$$\sin^2\theta - \frac{\lambda^2}{4a_0^2}(h^2+k^2+l^2) = D\sin^2 2\theta$$

$$\sin^2\theta = C\alpha + A\delta \tag{13-28}$$

이고, 여기서

$$C = \frac{\lambda^2}{4a_0^2},\ \alpha = (h^2+k^2+l^2),\ A = \frac{D}{10},\quad \delta = 10\sin^2 2\theta$$

이다. (인수 10은 양 A와 δ를 규정하기 위해 들어가서 단지 정규 방정식의 여러 항의 계수를 같은 정도의 크기로 만든다.)

이제 $\sin^2\theta, \alpha, \delta$의 실험값들을 측정에 사용한 n개 배면 반사 회절선 각각에 대해서 식 (13-28)에 넣는다. 이것은 미지의 상수 C와 A에서 n개 방정식을 주고 이 방정식은 C와 A의 가장 유망한 예상값을 최소자승법으로 찾게 한다.[1)] 일단 C를 찾으면 a_0를 위에 나온 관계로 바로 계산할 수 있다. 상수 A는 수반한 계통오차의 양과 관계하고 어떤 한 필름에서 일정하지만 필름마다 약간 다르다.

세 개의 다른 파장(Cu $K\alpha_1$, Cu $K\alpha_2$, Cu $K\beta$)에서 얻은 회절선이 해석에 쓰이고 자료는 틀림없이 적절한 증배인수를 사용하여 어떤 한 파장으로 '정규화'해야만 한다. 모든 회절선이 $K\beta$ 파장에 정규화했다고 가정하자. 그러면, $K\alpha_1$방사선으로 생겨난 특정한 한 회절선에서, 예를 들면

$$\cos^2\phi_{K\alpha_1} = \frac{\lambda_{K\alpha_1}^2}{4a_0^2}\alpha + A\delta_{K\alpha_1} \tag{13-29}$$

$$\left(\frac{\lambda_{K\beta}^2}{\lambda_{K\alpha_1}^2}\right)\cos^2\phi_{K\alpha_1} = \left(\frac{\lambda_{K\beta}^2}{\lambda_{K\alpha_1}^2}\right)\left(\frac{\lambda_{K\alpha_1}^2}{4a_0^2}\right)\alpha + \left(\frac{\lambda_{K\beta}^2}{\lambda_{K\alpha_1}^2}\right)A\delta_{K\alpha_1} \tag{13-30}$$

---

1) 선형회귀에서 변수 y_i는 계수 $\beta_0, \beta_1, \beta_2, \ldots$ 로

$$y_j = \beta_0 + \beta_j x_{1j} + \beta_2 x_{2j} + \ \ldots\ - \beta_h x_{hj} + \varepsilon_j, j = 1, 2, \ldots, n\ n \geq h+1$$

이다.

Bragg 법칙에서

$$\left(\frac{\lambda_{K\beta}^2}{\lambda_{K\alpha_1}^2}\right)\cos^2\phi_{K\alpha_1} = \cos^2\phi_{K\beta} \tag{13-31}$$

이다. 그러므로

$$\cos^2\phi_{K\beta} = \left(\frac{\lambda_{K\beta}^2}{4a_0^2}\right)\alpha + A\left(\frac{\lambda_{K\beta}^2}{\lambda_{K\alpha_1}^2}\right)\delta_{K\alpha_1} \tag{13-32}$$

이다.여기서 $(\lambda_{K\beta}^2/\lambda_{K\alpha_1}^2)\delta\ K\alpha_1$은 정규화한 δ이다. 식 (13-32)는 이제 $K\beta$ 파장에만 관계하는데, 즉 $K\alpha_1$선이 $K\beta$ 방사선으로 생긴다면, 있을 수 있는 위치를 $\cos^2\phi$의 항으로 준다. $K\alpha_2$ 방사선의 회절선들도 비슷하게 정규화할 수 있다. 두 정규화 인수값은 구리 방사선에서

$$\frac{\lambda_{K\beta}^2}{\lambda_{K\alpha_1}^2} = 0.816688 \text{이고} \quad \frac{\lambda_{K\beta}^2}{\lambda_{K\alpha_2}^2} = 0.812644 \tag{13-33}$$

이다.

비입방정계

격자상수를 결정하는 Cohen 법은 비입방 물질에 적용할 때도 더욱 유용한데, 그 까닭은 관계하는 격자상수가 하나 이상이기 때문이다. Cohen 법은 이러한 격자상수를 결정하는 직접적인 한 방법을 제시한다. 비록 공식은 입방물질에 필요했던 것에 비해 당연히 더 복잡하다. 예를 들면,

---

를 거쳐 변수 $x_{1j}, x_{2j}, \ldots$에 근사하여 선형적으로 관계하는 것으로 가정하는데, 여기서 ε_j는 개개의 측정에서 오차이다[13.6]. 일반적인 선형모델을 행렬을 사용하여 가장 편리하게 다룰 수 있는데, 여기서

$$\mathbf{y} = \begin{bmatrix} y_1 \\ y_2 \\ \vdots \\ y_n \end{bmatrix}, \ \underline{\underline{\mathbf{X}}} = \begin{bmatrix} 1 & x_{11} & x_{21} & \cdots & x_{n1} \\ 1 & x_{12} & x_{22} & \cdots & x_{n2} \\ \vdots & & & & \\ 1 & x_{1n} & x_{2n} & \cdots & x_{nn} \end{bmatrix}, \ \boldsymbol{\beta} = \begin{bmatrix} \beta_0 \\ \beta_1 \\ \beta_2 \\ \vdots \\ \beta_n \end{bmatrix}$$

이고, 오차는

$$\underline{\boldsymbol{\varepsilon}} = \begin{bmatrix} \boldsymbol{\varepsilon}_1 \\ \boldsymbol{\varepsilon}_2 \\ \vdots \\ \boldsymbol{\varepsilon}_n \end{bmatrix}$$

회귀계수 β의 최소자승 추정량 $\mathbf{b}$는 조건을 충족하고 $\frac{\partial}{\partial \mathbf{b}}[(\mathbf{y} - \underline{\underline{\mathbf{X}}}\,\mathbf{b})^T(\mathbf{y} - \underline{\underline{\mathbf{X}}}\,\mathbf{b})] = 0$이고 $(\underline{\underline{\mathbf{X}}}^T\underline{\underline{\mathbf{X}}})\mathbf{b} = \underline{\underline{\mathbf{X}}}^T\underline{\mathbf{y}}$ $\mathbf{b} = (\underline{\underline{\mathbf{X}}}^T\underline{\underline{\mathbf{X}}})^{-1}\underline{\underline{\mathbf{X}}}^T\underline{\mathbf{y}}$인 것이다. 여기서 윗첨자 'T'는 문제에서 행렬의 전치행렬을 표시하고, 이중 밑줄은 한 행렬을 표시하고, 윗첨자 '−1'은 역행렬을 표시한다.

대상의 물질이 육방이라고 가정하자. 그러면

$$\sin^2\theta(\text{참}) = \frac{\lambda^2}{4}\cdot\frac{4}{3}\cdot\frac{h^2+hk+k^2}{a_0^2}+\frac{\lambda^2}{4}\cdot\frac{l^2}{c_0^2} \tag{13-34}$$

이고, 회절무늬를 Hull/Debye–Scherrer 카메라로 얻는다면

$$\sin^2\theta - \frac{\lambda^2}{3a_0^2}(h^2+hk+k^2) - \frac{\lambda^2}{4c_0^2}(l^2) = D\sin^2 2\theta \tag{13-35}$$

이다. 이 공식을 재배열하고 새로운 기호를 도입하면

$$\sin^2\theta = C\alpha + B\gamma + A\delta \tag{13-36}$$

이고, 여기서

$$C = \frac{\lambda^2}{3a_0^2},\quad \alpha = (h^2+hk+k^2),\quad B = \frac{\lambda^2}{4c_0^2},\quad \gamma = l^2$$

$$A = \frac{D}{10},\quad \delta = 10\sin^2 2\theta$$

이다. C, B, A의 값은 이 중 오직 첫 둘만이 실제로 필요한데, 세 개의 정규방정식으로 이를 발견할 수 있다:

$$\Sigma\alpha\sin^2\theta = C\,\Sigma\alpha^2 + B\,\Sigma\alpha\gamma + A\,\Sigma\alpha\delta$$

$$\Sigma\gamma\sin^2\theta = C\,\Sigma\alpha\gamma + B\,\Sigma\gamma^2 + A\,\Sigma\gamma\delta$$

$$\Sigma\delta\sin^2\theta = C\,\Sigma\alpha\delta + B\,\Sigma\delta\gamma + A\,\Sigma\delta^2$$

이 식의 해는 행렬식으로 나온다.

$$\begin{bmatrix} \Sigma\alpha^2 & \Sigma\alpha\gamma & \Sigma\alpha\delta \\ \Sigma\alpha\gamma & \Sigma\gamma^2 & \Sigma\gamma\delta \\ \Sigma\alpha\delta & \Sigma\delta\gamma & \Sigma\delta^2 \end{bmatrix}^{-1} \begin{bmatrix} \Sigma\alpha\sin^2\theta \\ \Sigma\gamma\sin^2\theta \\ \Sigma\delta\sin^2\theta \end{bmatrix} = \begin{bmatrix} A \\ B \\ C \end{bmatrix} \tag{13-37}$$

회절기 자료에서, 이 식은 상이한 외삽인자를 위한 수정을 요구한다. 식 (13-35) 대신에

$$\sin^2\theta - \frac{\lambda^2}{3a_0^2}(h^2+hk+k^2) - \frac{\lambda^2}{4c_0}(l^2) = \frac{2D}{R}\cos^2\theta\sin\theta \tag{13-38}$$

을 쓰고, 여기서 R은 회절기 반경이고 D는 시료변위이다. α, C, B, γ는 이전과 같은 값이고

$$\mathrm{A} = 2\mathrm{D}/(10\mathrm{R})\text{이고 } \delta = 10\cos^2\theta\sin\theta$$

이고, 정규방정식은 위 식 (13-36)으로 나온다.

한 예로서 티타늄에서 얻은 자료를 고찰하자(PDF 카드 5-682에 a_0 = 2.950 Å과 c_0 = 4.686 Å이 실려 있다). 전부해서 7개의 회절선은 Cu $K\alpha$ 방사선, 40 kV와 30 mA, 시료 후 단색화 장치를 갖춘 가변 슬릿 회절기, 0.04°2θ의 구간 크기, 한 구간당 1초의 계수시간을 사용해서 기록했다. 구간 크기는 이상적인 것보다 약간 큰 것임을 유념한다. 표 13-2는 이 예에서 사용한 자료를 싣고 있다. 피크 위치는 중심 2차 미분법을 사용해서 결정한 것이다. 그 결과로 얻은 행렬은

$$\begin{bmatrix} A \\ B \\ C \end{bmatrix} = \begin{bmatrix} 38 & 30 & 51.32 \\ 30 & 131 & 82.90 \\ 51.32 & 82.90 & 96.72 \end{bmatrix}^{-1} \begin{bmatrix} 4.280 \\ 6.319 \\ 6.946 \end{bmatrix} = \begin{bmatrix} 0.09 \\ 0.027 \\ 5.07 \times 10^{-4} \end{bmatrix} \tag{13-39}$$

를 만들며,

$$a_0 = \sqrt{\left(\frac{1.5404}{3C}\right)^2} = 2.965\ \text{Å},\ c_0 = \sqrt{\left(\frac{1.5404}{4\mathrm{B}}\right)^2} = 4.687\ \text{Å}$$

이다. PDF 카드의 값과 차이는

$$\frac{\Delta a}{a} = 0.5\% \quad \frac{\Delta c}{c} = 0.02\%$$

이다.

표 13.2

회절피크	2θ	d(Å)	hkl	α	γ	δ
1	35.368	2.536	111	1	0	2.756
2	38.695	2.325	002	0	4	2.949
3	40.365	2.233	101	1	1	3.039
4	53.728	1.705	102	1	4	3.596
5	63.050	1.473	110	3	0	3.799
6	71.095	1.325	103	1	9	3.849
7	76.202	1.248	112	3	4	3.821

13-8 총론

이 장은 분체방법만을 독점적으로 다루었다. 그러나 단결정의 격자상수를 측정하는 것도 중요하다. Bond는 결정 시편이 충분히 높은 품질이라면 아주 높은 정밀도를 달성할 수 있는 한 방법을 고안하였다[13.7, 13.8]. 이 방법으로 Baker 외[13.9]는 불과 1.0℃의 온도간격에 대해서 MgO 결정의 열팽창계수를 측정할 수 있었다. 이 연구자는 격자상수 측정에서 천만분의 일의 정밀도를 달성하였다. 17장은 이 장과 다음 문단에서 언급할 방법을 논의한다.

다중 빔, 다중 축 회절기는 격자상수의 변화를 10억분의 1까지 검출할 수 있게 한다[13.10]. 기준으로 삼기 위해 Si 단결정들의 모집단에서 격자상수의 변화를 NIST는 이런 유형의 비교측정기로 조사하였다. 그 결과 $\delta a/a$의 변화는 대략 10^{-8} 정도인 것을 발견하였다[13.11]. 격자상수가 알려진 기준 결정을 시료 옆에 장착한 회절기를 격자상수 결정에 사용하는 예가 많이 나오고 있다. 최근에는 2축을 사용하는 절차는 기준결정을 또한 사용하여 5×10^{-5}보다 좋은 $\Delta a/a$ 값의 결과를 내었다.

최고 정밀도의 작업에서는 굴절에 대한 사소한 보정도 때론 적용한다(예를 들어 [13.1]을 보라). 물질에서 x선의 굴절률은 1에서 거의 차이가 나지 않아서 x선은 공기와 결정에서 파장이 약간 다르다. 격자상수에서 보정은 0.0001 Å 보다 작다. 게다가 최고 정밀도의 작업에서는 격자상수를 측정하는 동안 시편의 온도를 조절하고 보고하는 것이 필요하다(문제 13-1).

표준화한 연구실의 측정 기법에 대하여 자신의 기법을 점검하길 원하는 연구자는 미국 표준국에서 실리콘 분말 시료를 구입할 수 있다. 이 시료는 Standard Reference Material 640으로 알려져 있으며 1974년에 구입 가능하였다[13.14]. 이 당국은 이 물질의 격자상수의 가중 평균이 5.43088 Å이고 추정 표준오차를 3.5×10^{-5} Å이라고 명시한다.

1983년에 새로운 1회분의 Si이 인증을 받았고[13.15](SRM 640a), 다른 기준물질로 SRM 675 불소화 금운모, 즉 10° 2θ 아래 피크가 많이 있는 합성 운모, 강도 표준을 위한 일련의 5개 결정상(Al_2O_3 코런덤, ZnO, TiO_2 루틸, Cr_2O_3, CeO_2), SRM 640b의 Si, 회절선 형태와 함께 격자상수 표준 LaB_6[13.16], 그 외 다른 것들이 있다. 최근에는 베헨화 은(silver behenate)을 저각 회절 표준으로 도입하려는 일이 끝나가고 있다[13.17]. 이 물질의 최저 각 회절피크는 Cu $K\alpha$선에서 대략 1.5° 2θ이다.

어떠한 물리량의 측정에서도 항상 정밀도과 정확도 사이의 차이를 반드시 알고 있어야 한다:

a) 정밀도는 재현성이다.
b) 정확성은 참값으로 접근이다.

그러므로 예를 들어 부적절하게 교정한 기기를 사용하거나 계통오차들을 부적합하게 보정하는 것 때문에 아주 정밀하지만, 부정확하게 측정하는 것이 전적으로 가능하다. 주의깊은 연구자라도 대개 정밀도가 높은 것에 현혹하여 측정의 정확도를 보통 과대평가한다.

예를 들면, 1950년대 후반에 국제결정학연합(The International Union of Crystallography)은 정밀 격자상수 측정에 관심있는 15개 연구소에 한 벌의 실리콘 분말 시료를 분배하였다[13.18]. 보고한 격자상수의 평균값은 25°C에서 5.43054 Å이었고, 이 값은 동일한 파장 눈금으로 기준하였고 굴절을 보정하였다. 참가한 연구소가 주장한 평균 정밀도는 ±0.00011 Å(100,000분의 2)이었지만, 보고한 격자상수의 분산(최대값 − 최저값)은 0.00067 Å(100,000분의 12)이었다. 격자상수의 평균값을 이 한 벌의 재료의 참값으로 취한다면, 어떤 연구소는 이 정밀도가 암시하는 것의 3배나 부정확하다.

이런 결과는 한 예만이 있는 것이 아니다. 유사한 연구소 간 비교가 다른 물리 측정에서도 동일한 시편으로 종종 있었고, 유사한 결과가 나왔다. 우리는 모두 실제보다 더 잘 하는 것으로 생각한다.

문 제

*13-1 구리의 격자상수는 20°C에서 ±0.0001 Å의 정밀도로 결정해야 한다. 만일 열진동에 기인한 오차를 피하려면 시편의 온도를 몇 도 범위 내에서 조절해야 하는가? 구리의 열팽창 선형계수는 16.6×10^{-6}/°C이다.

13-2 다음 자료는 구리 방사선으로 한 단순입방 물질의 Hull/Debye-Scherrer 무늬에서 얻은 것이다. $\sin^2\theta$ 지정값은 $K\alpha_1$선만 위한 것이다.

격자상수 α_0를 유효숫자 네 자리로 정확하게 α를 $\cos^2\theta$에 그려서 외삽하여 결정하라.

$h^2+k^2+l^2$	$\sin^2\theta$
38	0.9114
40	0.9563
41	0.9761
42	0.9980

*13-3 문제 13-2에 나온 자료에서 Cohen 법으로 격자상수를 유효숫자 네 자리로 결정하라.

13-4 다음에 나온 자료에서 텅스텐의 격자상수를 유효숫자 다섯 자리로, α를 $\phi\tan\phi$에 그려서 외삽하여 결정하라.

회절선	hkl	λ	α	ϕ	관측		$K\beta$로 정규화	
					$\cos^2\phi$	δ	$\cos^2\phi$	δ
1	321	$K\alpha_1$	14	24.518*	0.82779	3.2	0.67606	2.6
2	321	$K\alpha_2$	14	24.193	0.83205	3.2	0.67616	2.6
3	411, 330	$K\beta$	18	21.167	0.85962	2.5	0.86962	2.5
4	400	$K\alpha_1$	16	13.302	0.94706	1.0	0.77345	0.8
5	400	$K\alpha_2$	16	12.667	0.95191	1.0	0.77356	0.8
6	420	$K\beta$	20	10.454	0.96708	0.7	0.96708	0.7

*13-5 만일 면간거리 d에서 오차율이 θ의 전 범위에 걸쳐 함수 $(\cos^2\theta/\sin\theta + \cos^2\theta/\theta)$에 정확하게 비례하면, $\sin^2\theta$에 대한 $\Delta\sin^2\theta$의 그림은 그림 10-1에서 특별한 예를 위해 나타낸 것과 같이 하나의 극대가 있다. 대략 어떤 θ 값에서 그 극대가 일어나는가?

13-6 식 (13.4)를 유도하라.

제 14 장 다결정 집합체의 구조

14-1 서언

금속, 세라믹, 그 밖의 다른 결정질 재료를 제조하고 사용하는 정상적인 방식은 보통 미소한 크기의, 매우 많은 개별적인 결정으로 되어 있는 다결정질 집합체의 형태이다. 이러한 집합체의 특성은 공학적으로 매우 중요하기 때문에 그 재료를 여러 방법으로 집중적으로 연구하여 왔다. 그러한 연구에서 매우 유용한 두 가지 기법은 현미경 검사와 x선 회절이다. 현명한 조사자는 이 두 기법을 사용할 것이다: 한 기법은 다른 기법을 보완한다. 두 기법은 모두 집합체의 구조에 관하여 아주 많은 정보를 제공할 수 있다.

단상 집합체의 성질(기계적, 전기적, 화학적 등등)은 두 요소가 결정한다:

1) 재료의 단결정의 성질
2) 단결정들이 함께 모여 합성물 덩어리를 만드는 방식

이 장에서는 둘째 요소, 즉 집합체 **구조**에 초점을 맞추어서 이 용어를 광의적으로 사용하여 집합체를 이루는 입자들의 상대적인 크기, 품질, 방위를 나타내고자 한다. 이 입자들은 크거나 작거나, 변형하거나 변형하지 않거나, 무질서하거나 어떤 특정한 방향으로 배향하는 것은 흔히 재료의 물성에 매우 중요한 영향을 준다.

만일 집합체가 한 개 이상의 상을 함유하면 이 특성은 개별적인 것으로 생각한 각각의 상의 성

질과 이런 상이 집합체에 존재하는 방식에 의존한다. 그러한 물질은 일반적으로 어떤 상의 입자의 크기, 품질, 방위가 다른 상이나 상들의 것과는 다를 수 있으므로 그 구조가 넓게 변화할 가능성이 있다.

이 장은 두 부분으로 나눈다. 첫째 것은 결정 크기와 결정 품질과 이 두 요소가 회절선 폭이 퍼지는 데 한 기여를 분리하는 기법을 다룬다. 둘째 것은 고체 내에서 결정들의 방위, 즉 집합조직 평가를 위한 집합조직 기법을 다룬다.

결정 크기와 품질

14-2 입도

다결정질 재료에서 입자들의 크기는 재료의 성질에 많은 영향을 준다. 가장 잘 알려진 것으로 입도의 감소에 수반하여 금속이나 합금의 강도와 경도는 증가한다. 이러한 성질의 입도 의존성 때문에 입도 측정은 대부분 금속 가공 작업을 제어하는 데 있어서 어떤 중요한 문제가 된다.

공학적 재료에서 만나는 입도는 약 1000에서 1 μm까지 변한다. 이러한 한계는 물론 임의적이며 다소 극단적인 값을 대표한다. 전형적인 값은 아주 좁은 범위, 즉 약 100에서 10 μm 이내로 떨어진다. 이러한 범위에서 입도를 측정하는 가장 정확한 방법은 현미경 검사이다. 일반적인 절차는 연마한 면의 단위면적당 평균 입자 수를 결정하고 이 값을 ASTM에서 규정한 '지수'로 보고하는 것이다. 공식은

$$n = 2^{N-1}$$

이다. n은 100×의 배율에서 볼 때 평방 인치당 입자 수이고 N은 ASTM '지수' 혹은 '입자-크기 번호'이다. 예를 들면, 입자-크기 번호 4와 8은 입자반경이 각각 90과 22 μm에 해당한다.

x선 회절은 입도의 정확한 측정에서 현미경 검사에 비해 확실히 떨어지지만 회절 사진[1]은 결정 품질과 방위에 관한 정보와 함께 입도에 관한 반정량적인 정보를 제공할 수 있다. 여과한 방사선으로 얻은 투과나 배면 반사 핀홀 사진이 흔히 쓰이지만 x선 관과 시료 사이에 놓은 집중 단색화 장치도 쓸 수 있다. 배면 반사법을 사용하면 시편의 표면(연마할 필요는 없다)은 반드시 부식하여 존재할 수 있는 어떤 방해할 수 있는 표면층을 제거하게 한다. 왜냐하면 대부분의 회절 방사선은 얇은 표면층에서 일어나기 때문이다(14-4와 14-5절을 보라).

1) 이 문맥에서 '사진'은 사진용 감광유제, 2차원 선검출기, CCD(전하결합소자), 혹은 영상판 위에 기록한 2차원 회절무늬를 의미할 수 있다. 각종 검출기의 장점과 단점은 6-10절과 7-4절에서 요약한다.

시편의 입도가 점진적으로 감소하면서 핀홀 사진에 만드는 변화의 본질을 그림 14-1에 나타내었다. 여기서 지배적인 효과는 회절을 일으키는 입자의 수이다. 이 수는 입사빔의 단면적과 침투깊이(배면 반사에서)나 시편두께(투과에서)에 관계한다. 입도가 그림 14-1(a)에서처럼 매우 조대한 경우 몇 개의 결정만이 회절을 일으키고 사진은 한 조의 중첩한 Laue 사진으로 되어 있다. 백색 방사선이 존재하므로 각 결정은 하나의 Laue 무늬를 만든다. 입도가 약간 더 미세하면 Laue 반점의 수는 증가하고 잠재성의 Debye 환 위에 놓이는 반점은 일반적으로 그 나머지 반점에 비해 더 강하다. 왜냐하면 이 반점은 입사 방사선에서 강한 특성 성분이 만들기 때문이다. 따라서 Debye 환이 있는 기색이 (b)와 같이 보이기 시작한다. 입도가 더 감소하면 Laue 반점은 일반적인

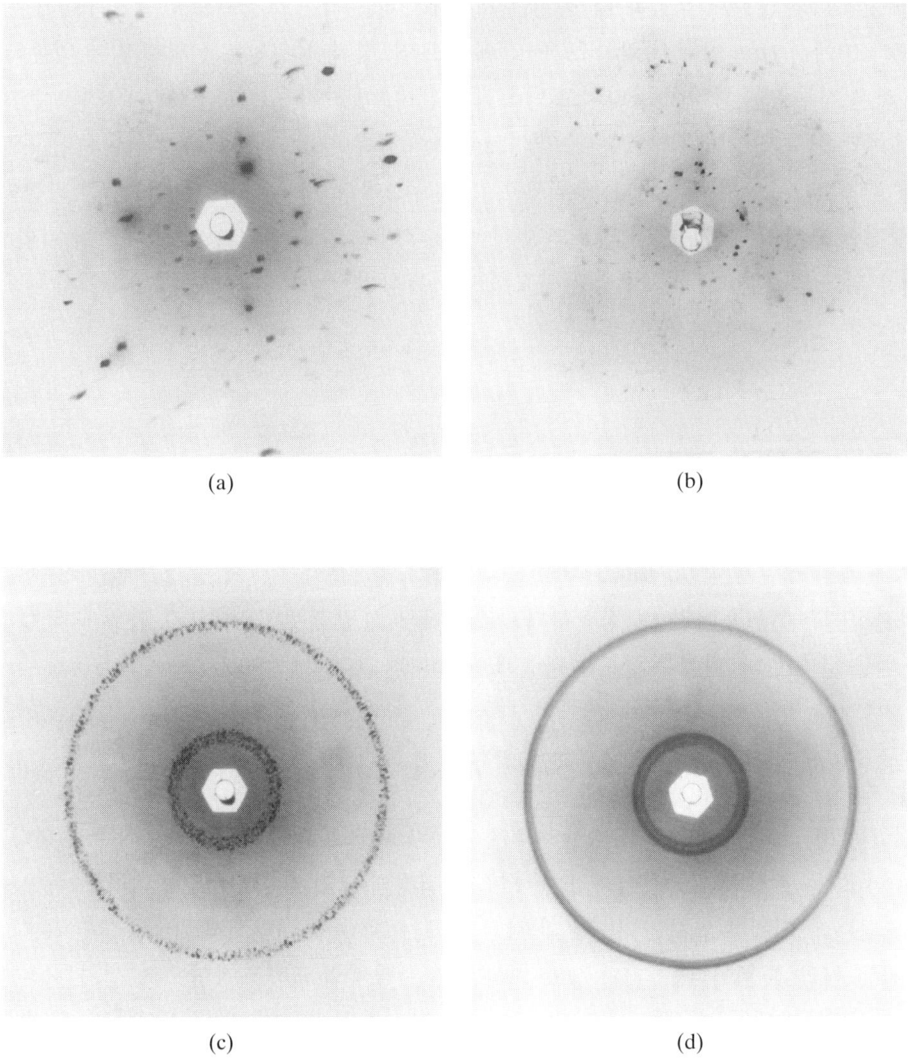

그림 14-1 재결정 알루미늄 시편의 배면 반사 핀홀무늬. 입도는 (a), (b), (c), (d) 순서대로 감소한다. 여과한 구리 방사선

배경과 붙고 오직 Debye 환만이 (c)에서처럼 볼 수 있다. 그러나 이 환은 점투성이다. 왜냐하면 환의 모든 부위에 반사할 정도로 충분히 많은 결정이 시편의 조사부피 내에서 존재하지 않기 때문이다. 입도가 더 미세하면 (d)에 보인 매끈하고 연속의 Debye 환이 생긴다.

여러 방법이 순전히 여러 가지 기하학적 인자로 입도를 평가하기 위해서 나왔다. 예를 들면, 한 공식은 Debye 환 위에 있는 관측한 반점의 수를 입도의 관계로 유도하는 것이 있고 다른 것은 입사빔의 직경, 반사의 다중도, 시편-필름 거리와 같은 변수로 한다. 그러나 다수의 근사를 포함하므로 결과적으로 공식은 정확하지 않다. 회절로 입도를 평가하는 가장 좋은 방법은 알려진 ASTM 입자-크기 수가 있는 한 조의 시편을 얻고 그림 14-1에 보인 유형의 사진들로 표준 한 세트를 만드는 것이다. 그런 다음 동일한 재료로 된 미지 시료의 입자-크기 수는 그 회절 무늬를 표준 사진들 중 하나와 맞추어서 양쪽 다 동일한 조건에서 얻는다는 조건으로 간단히 구하게 된다.

입도가 10에서 1μm 범위 내의 어느 한 값에 이르면, 정확한 수치는 실험 조건에 의존하는 데, Debye 환은 점투성인 특징이 사라지고 연속적이 된다. 이 값과 0.1 μm(1000 Å) 사이에는 회절무늬에서 어떤 변화가 일어나지 않는다. 약 0.1 μm에서 작은 결정 크기 때문에 회절선이 퍼지는 첫 징조를 감지할 수 있기 시작한다. 그러므로 10(혹은 1)에서 0.1 μm까지 사이에 x선 회절이 적어도 정상적인 크기의 입사빔에서 입도의 변화에 꽤 무관한 입도 범위가 있다. 미소빔 기법으로는 x선 선은 위에 언급한 것보다 더 작은 입도까지 점특성이 남아 있어 개개의 입자에서 나오는 반점을 관측하고 셀 수 있다[7.10].

14-3 결정립 크기

개개의 결정의 크기가 약 0.1 μm(1000 Å) 이내이면 보통 '결정립 크기'란 용어를 사용한다. 그러나 '미결정 크기'란 용어가 더 정확하다. 5-2절에서 설명했듯이 이 크기 범위에서 결정들은 Debye 환을 넓게 한다. 퍼지는 정도는 다음과 같이 나타낸다:

$$B = \frac{0.9\lambda}{t \cos \theta} \tag{5-2}$$

여기서 B는 2θ (라디안) 눈금으로 퍼진 회절선의 FWHM(Full Width at Half Maximum: 최대강도에서 최대폭)이고 t는 결정립의 직경이다. 모든 회절은 결정립 크기가 1000 Å을 넘더라도 폭이 측정할 정도는 되는데, 이것은 입사빔의 발산과 시료의 크기(Debye 카메라에서)와 x선 원의 폭(회절기에서)과 같은 원인 때문이다. 하지만 식 (5-2)의 폭 B는 결정립 크기효과만으로 생기는 여분의 폭이나 확장을 나타낸다. 다시 말하면 B는 본질적으로 결정립 크기가 약 1000 Å을 초과하면 영이다.

어떤 연구자는 회절선의 FWHM보다는 적분 폭을 결정하는 것을 좋아한다. 적분 폭은 적분강도를 최대강도로 나눈 것이다. 즉, 이것은 면적과 높이가 관측한 선과 같은 직사각형의 넓이이다.

회절선의 확장에서 결정립 크기를 측정하는 데 수반하는 실험적인 어려움은 측정할 결정립의 크기와 함께 커진다. 대략 말하자면 0−500 Å 범위에서는 비교적 조잡한 측정으로 충분하지만, 500−1000 Å 범위에서는 아주 좋은 실험 기법이 필요하다. 회절기로는 상한은 2000 Å에 이른다. 아주 세심한 작업이 필요하고 배면 반사선이 쓰인다. 그 까닭은 그러한 선은 식 (5-2)에 보인 것처럼 결정립 크기 때문에 가장 크게 퍼지기 때문이다.

식 (5-2)를 푸석푸석한 분체에 사용하는 것은 간단한 일이지만 아주 미립질인 금속 시편에서 나온 퍼진 회절선들에 개개 입자들의 크기를 결정하기 위해 적용하는 것은 아주 신뢰할만 하지 않다. 그러한 재료에서 개별적인 입자들은 흔히 불균일하게 변형하고 이것은 또 회절선을 넓힌다. 그러므로 관측한 확장의 정확한 원인에서 불확실성이 존재한다. 다른 한편으로 미립질의 푸석푸석한 분체를 구성하는 개개의 결정들은 문제의 재료가 취성(비가소성)을 띈다면 흔히 변형이 없다고 가정하고 관측한 모든 확장은 결정립 크기의 효과 탓으로 돌릴 수 있다. 그러한 분체에서는 결정립의 응집이 흔히 일어나므로 개개의 결정립들은 입자 크기에 비해 크게 작을 수 있다. (그러나 줄질, 연삭, 볼밀들로 생긴 푸석푸석하고 어닐링하지 않은 금속 분말은 거의 언제나 변형이 불균일하다.) Scherrer 식, 즉 공식 (5-2)는 카본 블랙, 촉매, 산업 분진 재료의 결정립 크기를 결정하는 데 쓰여 왔다.

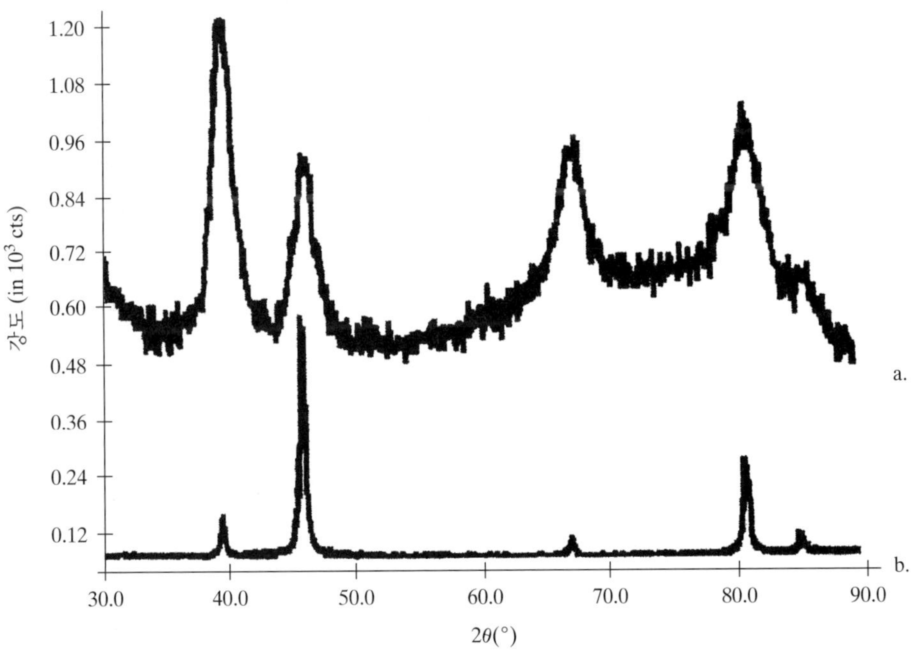

그림 14-2 실리카 매질에서 백금 나노미립자의 $\theta-2\theta$ 회절무늬의 비교[14.1](상부)와 강한 우선방위를 보여주는 압연한 백금판(하부)

표 14.1

hkl	FWHM (°2θ)	t (Å)
111	1.9	50
200	1.7	55
220	2.1	50
311	2.5	45-50

그림 14-2는 비정질 카본[14.1]의 매질 내에 아주 소량의 백금 나노 결정이 있는 나노 결정질 복합재료(상부)와 다결정질 백금판(하부)을 회절기로 주사한 것을 보여준다. 이 주사에서 얻은 자료의 요약은 표 14.1에 나와 있다. 14-5절에 보이겠지만 각 피크에서 결정한 서로 일치하는 결정립의 크기는 결정립 크기가 이 시료에서 생기는 선폭의 확장에 주로 기여한다는 것을 나타낸다.

작은 입자들의 크기를 결정하는 또 하나의 x선 법에 관하여 완전하게 설명하는 것은 비록 이 책의 범위를 벗어나지만 언급할 만하다. 이것은 **소각 산란** 법이다. 벗어나지 않는 투과빔 근처에 있는, 즉 0°에서 대략 2나 3°에 이르는 2θ 각에서 생기는 일종의 확산산란이다. 관측한 산란강도의 변화 대 각 2θ에서 미소입자의 크기와 어느 정도의 형태를 그것이 비정질이든지 결정질이든지 간에 결정할 수 있다[G.34, G.35, 14.2]. 소각 산란은 또 금속 고용체에서 석출효과를 연구하는 데 쓰일 수 있다. 19장에서 소각 산란에 관한 간단한 소개를 제공한다.

14-4 결정 품질(미소변형)

불균일한 변형은 금속과 합금들의 냉간 가공상태의 특성이며 세라믹과 반도체에서 볼 수 있다. 예를 들면, 금속의 한 다결정질 조각이 압연으로 소성적으로 변형하면 슬립이 각 입자에서 일어나고, 입자는 형태가 변하여 편평해지고 압연 방향으로 연신한다. 어떤 한 입자의 형태에서 변화는 전체로서 그 조각에 가해지는 힘뿐만 아니라 각 입자가 이웃하는 모든 입자와 경계표면에서 접촉하고 있다는 사실로도 알 수 있다. 입자들 사이의 이러한 상호작용 때문에 압연으로 동일한 변형에 놓일지라도 다결정질 덩어리에서는 단 한 개 입자라도 독립한 결정인 것처럼 변형에서 자유롭지 않다. 이웃들의 이런 구속의 결과로서 고체 집합체에서 소성적으로 변형한 입자에서는 일반적으로 탄성적으로 휘거나 비틀린 조건에서 혹은 더 드물게 균일한 인장이나 압축 상태에서 남겨진 격자 부위가 있다. 그러면 금속은 **잔류응력**을 포함한다고 말할 수 있다.(그러한 응력은 흔히 '내부응력'이라고 부르지만 이 용어는 잘 맞는 것이 아니다.) 왜냐하면 모든 응력은 잔류하거나 외부적으로 가한 것이거나 간에 내부적이기 때문이다.('잔류응력'이란 용어는 응력이 모든 외부적인 힘들이 제거한 후에도 남아 있다는 사실을 강조한다.)

한 어닐링한 금속이나 합금을 냉간 가공하면 회절선들은 더 퍼진다. 이것은 잘 알려지고 쉽게 증명할 수 있는 실험적인 사실이지만 이 현상에 대한 설명은 수년간 논란거리였다. 어떤 연구자는 냉간 가공의 핵심적인 효과는 입자들을 한 점이 되도록 파쇄하는 것으로 이런 작은 크기만으로도 관측한 모든 확장을 설명하기에 충분하다고 생각하였다. 다른 이는 냉간 가공으로 생긴 변형의 불균일성이 확장의 주요 원인이었으며 입자 파쇄는 가능성 있는 두 번째로 기여하는 한 원인으로 결론을 내렸다. 이런 논란은 선폭을 측정하는 것과 선폭을 식 (5-2)에 따른 '입자 크기로 생기는 확장' 혹은 식 (5-9)에 따른 '변형의 확장' 중 어느 관점에서 해석할 것인지를 주요 주제로 다루었다.

하지만 1949년에 Warren은 회절선의 모양에는 냉간 가공한 금속상태에 관한 중요한 정보가 있으며 오직 **선폭**에만 근거하여 결론을 내는 것은 실험적인 증거의 일부만을 사용하는 것이라고 지적하였다. 관측한 회절선 **모양**을 기기 확장(기기가 기여하는 확장)으로 보정하고 Fourier 급수로 표현한다면 Fourier 계수를 해석하여 입자 크기와 변형을 둘 다 나타낼 수 있다. 이때 어느 한쪽이 존재하는지는 미리 어떤 가정을 하지 않아도 된다[4.3, G.17, G.20]. Warren과 Averbach[14.4]는 이러한 측정을 황동 줄질 작업물에서 처음으로 하였고, 유사한 많은 실험이 뒤따랐다[14.5]. 그후 얼마 안 되어 Paterson[14.6]은 선 형태의 Fourier 계수는 또 냉간 가공 때문에 생긴 적층결함의 존재를 밝힐 수 있다는 것을 보여주었다.(FCC 금속과 합금에서 예를 들면 {111} 면에서 슬립은 이곳 저곳에서 이 면의 정상적인 적층순서 *ABCABC* ...을 결함이 있는 순서 *ABCBCA* ...으로 바꾸게 할 수 있다.) 선 확장을 일으키는 세 개의 원인을 이제 알게 되었다: 작은 미소결정 크기, 불균일한 변형, 적층결함.

선 모양에 관한 이런 연구는 냉간 가공한 금속과 합금에서 선 확장을 일으키는 원인에 관해서 일반화는 불가능하다는 것을 보여주었다. 어떤 재료에서는 세 개 원인이 다 기여하나 다른 것에서는 오직 하나만이 한다.

어떤 표준물질을 비교를 위해 구할 수 없다면 변형이 일으키는 회절선 확장을 단순하게 사진이나 한 회절기 주사를 조사하여 관측할 수 없다. 하지만 $K\alpha$ 이중선의 분리는 아주 좋은 '내부표준'을 제공한다. 배면 반사 영역에서 비교적 변형이 없는 재료는 잘 분리한 이중선을 만드는데, 한 성분은 $K\alpha_1$ 방사선의 것이고 다른 것은 $K\alpha_2$의 것이다. 한 조의 지정한 실험 조건에서 이 이중선 분리는 일정하여 미소변형의 양과는 무관하다. 그러나 변형량이 증가하면 확장은 증가하여 최종적으로 이중선 두 성분이 겹쳐서 한 개의 분리하지 않은 선으로 나타난다. 그러므로 분리하지 않은 한 $K\alpha$ 이중선을, 재료가 어닐링이나 변형이 없는 조건에 있을 때 같은 이중선이 분리한다면, 냉간 가공의 증거로 채택할 수 있다.

이런 예비지식을 갖고 **회복**, **재결정**, **입자 성장** 과정에 수반하는 일부의 회절효과를 고찰하자. 냉간 가공한 금속이나 합금을 낮은 온도에서 어닐링하면 회복이 일어난다: 약간 높은 온도에서는 재결정이 일어나고 더 높은 온도에서는 입자 성장이 일어난다. 또는 충분히 높은 일정한 온도에서는 이 과정이 시간적으로 연속해서 일어나는 것으로 간주할 수 있다. 회복 동안 거시적 잔류응력과 미시적 잔류응력은 둘 다 크기에서 감소하지만 강도와 경도는 여전히 높다. 이 응력 제거 대부분은 단결정에서처럼 응집체의 개별 입자들에서 일어날 수 있으며 입자의 다각형화 때문인 것처럼 보인다. 재결정 동안 새로운 입자들이 생겨나고 잔류응력은 실질적으로 없어지고 강도와 경도가 다소 급속하게 감소한다. 입자 성장 동안 어떤 결정은 이웃입자를 삼키면서 더 크게 성장한다.

잔류 미소응력에 기인하는 불균일한 변형은 변형이 유발하는 선 확장의 주요 원인이기 때문에 냉간 가공한 금속의 특징적인 퍼진 회절선들은 회복 동안 부분적으로 예리해진다. 재결정이 일어날 때 선들은 가장 예리해진다. 입자 성장 동안 선들은 입도가 증가할수록 점점 점투성이로 된다.

그림 14-3의 경도곡선과 회절무늬는 중량비로 30% 아연을 포함하는 구리에 아연이 있는 고용체인 알파 고용체에서 일어나는 이러한 변화를 나타낸다. 경도는 한 시간 어닐링하는 동안 온도가 200°C를 초과하지 않으면 실질적으로 일정하고 그후 온도 증가에 따라 (a)에 보인 것처럼 급속하게 감소한다. (b)에 있는 회절무늬는 냉간 가공한 어닐링하지 않은 합금에서 생긴 넓게 퍼진 Debye 환을 보여준다. 이 선들은 시료를 100°와 200°C에서 어닐링하면 폭이 약간 좁아지고 $K\alpha$ 이중선은 250°C에서 부분적으로 분리한다. 그러므로 250°C에서 회복과정은 한 시간만에 실질적으로 끝나는 것으로 나타나고 재결정이 바로 시작하는데, 이것은 Rockwell B 경도가 98에서 90으로 떨어지는 것으로 확실하게 알 수 있다. 300°C보다 높은 온도에서 어닐링하면 회절선은 갈수록 점투성이가 되는데, 이 현상은 새로이 재결정한 입자들이 크기가 증가하기 때문이다. 450°C에서 어닐링한 시편의 무늬는 경도가 37 Rockwell B로 감소할 때 (d)와 같이 나타난다.

같은 시편에서 얻은 회절기 측정은 정보를 얼마쯤은 드러낸다. 자동으로 기록한 331 선의 일부 모양, 즉 그림 14-3에서 보인 무늬의 외곽 환을 그림 14-4에 재현하였다. 선 모양에서 변화는 이 곡선으로 추적하는 것이 핀홀 사진을 조사하는 것에 비해 쉽다. 그러므로 200°C에서 선이 약간 날카로워지는 것이 회절기 기록에 명백하게 나타나고 250°C에서 나타나는 이중선 분리도 그러하다. 그러나 회절기는 조대한 입자가 만드는 점투성인 회절선을 볼 수 없다는 것에 주목한다. 300°와 450°C에서 만든 회절기 기록에는 아무런 것도 없는데, 이것은 시편이 450°C에서 어닐링하면 입자가 더 조대해진다는 것을 바로 암시하지만 이 사실은 그림 14-3(c)와 (d)에서 보인 핀홀무늬에서는 아주 명백하다.

x선 카메라나 2차원 검출기가 사용 가능하지 않다면, 치과용 필름 조각을 회절기의 검출기 바로 전면에 놓을 수 있고 이것은 회절선들이 점투성인지 아닌지를 보여줄 수 있다. (치과용 x선 필

---

2) 어떤 사진작업을 일하는 x선 실험실에서 하지 않아서 현상용액과 정착용액이 지금 없더라도 작은 양의 현상용액과 정착용액을 TEM 암실이나 현미경 음화에서 양화로 인화하기 위한 암실에서 얻어 쓰는 것은 가능하다.

름은 치과용품 공급 창고에서 구할 수 있고, 낱개의 필름 형태로 오며, 전형적으로 약 4 × 5 cm이며 광차단한 플라스틱 봉투에 담긴다.[2] 회절선이 사진에서 점투성이면 시편의 입도는 회절기로 정확하게 강도를 측정하기에는 너무 크다.

그림 14-3과 14-4는 어닐링으로 선이 날카로워지는 것을 나타낸다. 반대로 어닐링한 금속이 점차 변형할 때 x선들은 점차적으로 퍼지고 경도는 증가한다. 사실 특정한 한 금속이나 합금의 경도는 회절선들의 폭으로 다소 정확하게 측정할 수 있다. 선폭과 경도 간의 관계는 일반적이지는 않지만 각 특정한 재료에서 실험적으로 결정해야만 한다. (아주 약간의 변형도도 $K\alpha$ 이중선을 관

(b) 압연한 대로

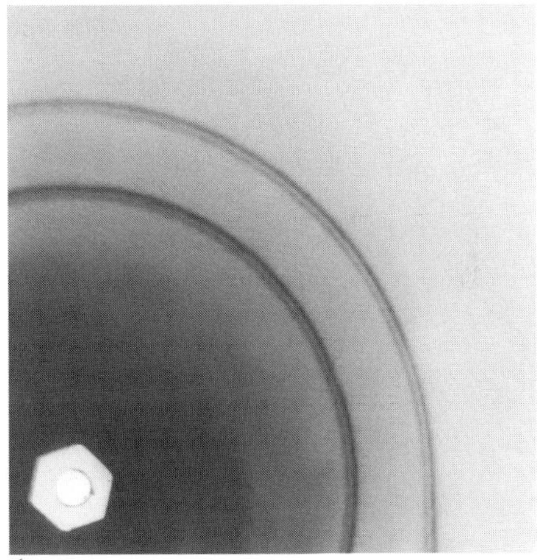

(c) 330°C에서 1시간

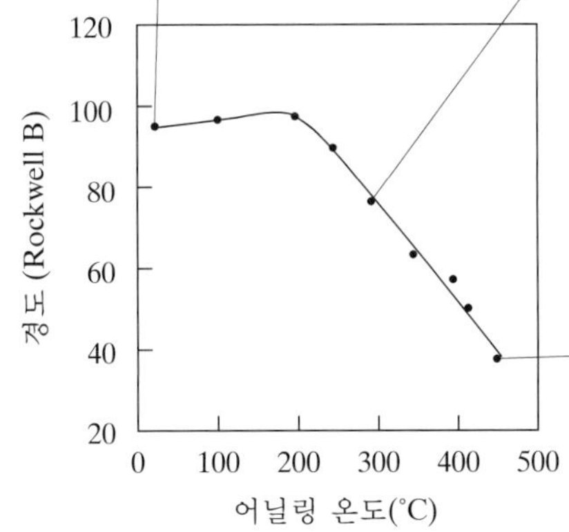

(a) 경도 곡선

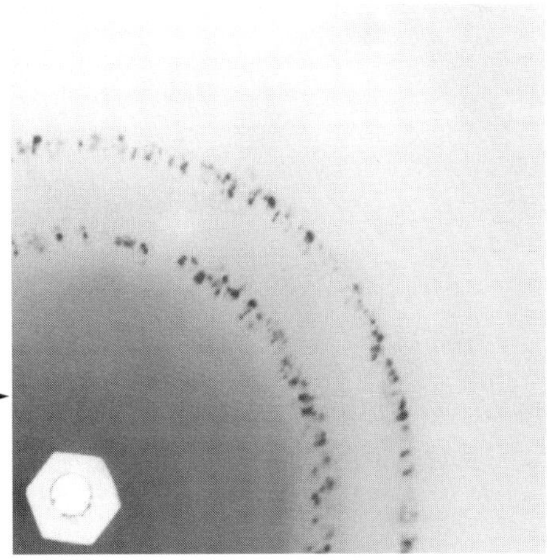

(d) 450°C에서 1시간

그림 14-3 70 Cu-30 Zn 시편의 경도와 회절선에서 변화, 냉간 압연으로 두께에서 90% 감소하고, 1시간 동안 (a), (b), (c)에서 표시한 온도에서 어닐링하고, (d)는 표시한 온도에서 어닐링한 시편의 배면 반사 핀홀무늬의 일부이다(여과한 구리 방사선)

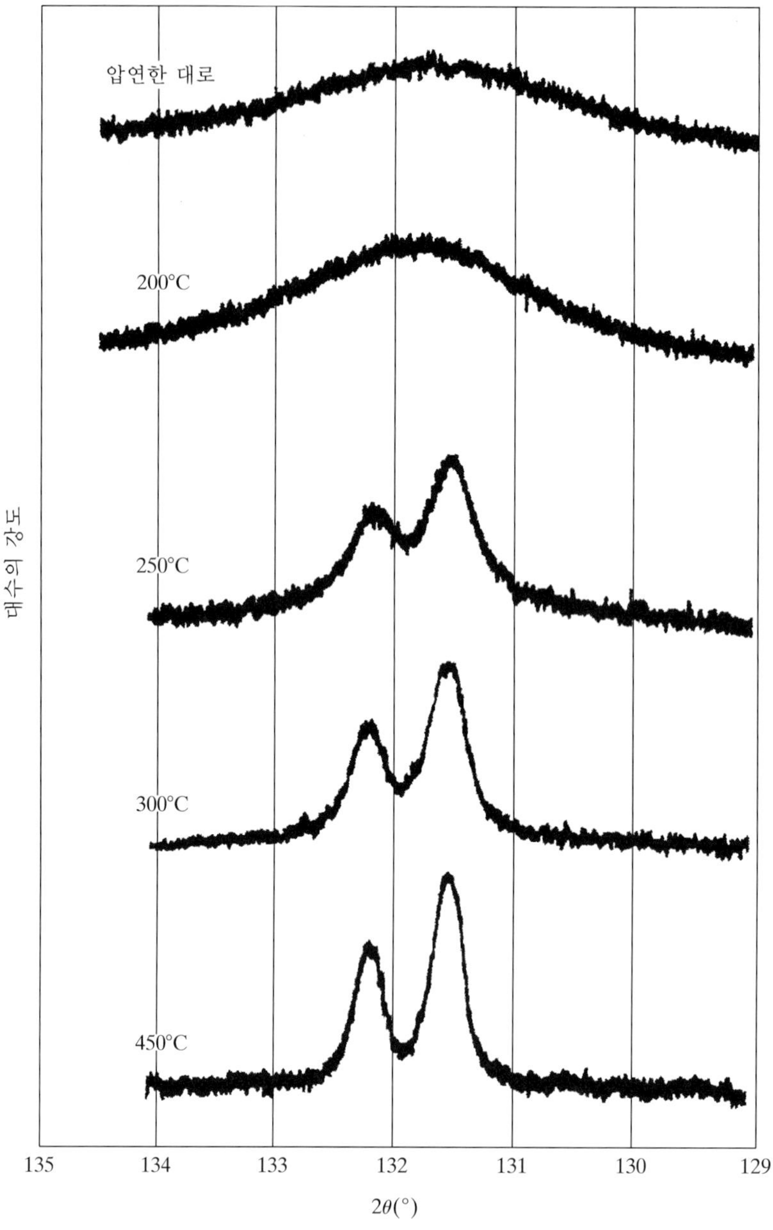

그림 14-4 그림 14-3에서 기술한 대로 냉간 압연하고 어닐링한 70-30 황동 시편의 331 선의 회절기 계측. 여과한 구리 방사선. 대수 (log)의 강도 눈금. 모든 곡선은 수직으로 임의의 양만큼 옮겼다.

측하여 알아낼 수 있다. 선폭에서 약간 증가하는 것을 측정하기보다는 연구자는 $K\alpha_1$과 $K\alpha_2$ 사이의 골의 높이와 $K\alpha_2$의 높이의 비를 측정한다. 이 비는 선들이 퍼지면 빠르게 증가한다.)

강을 급냉으로 강화할 때는 x선은 마르텐사이트의 형성으로 생기는 미소변형 때문에 매우 퍼진다. 이어서 템퍼링을 하면 점차 연화가 일어나면서 선은 예리해진다. 여기서 다시 특정한 한

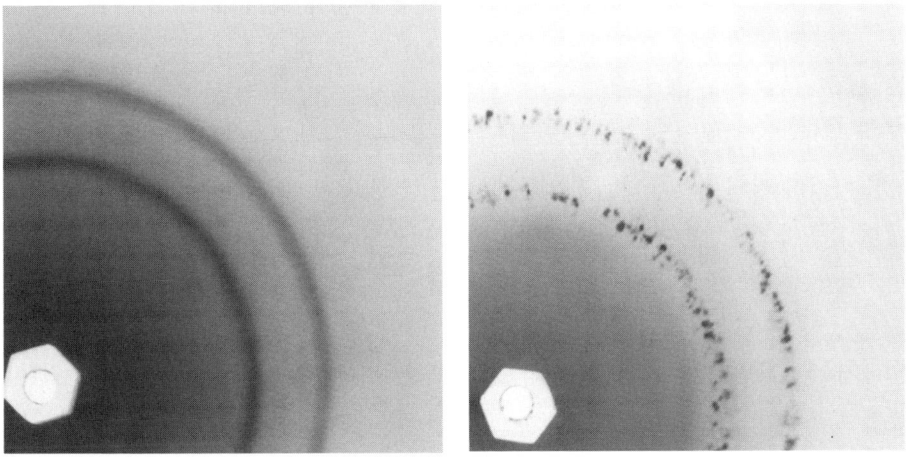

(a) (b)

그림 14-5 조립질 재결정 구리의 배면 반사 핀홀무늬. 여과하지 않은 구리 방사선: (a) 벨트 샌더에서 연마한 표면에서, (b) 식각으로 이 표면에서 0.003 in.(75 μm)을 제거한 후

유형의 강에 적용할 수 있는 하나의 유용한 관계가 선폭과 경도 사이에 실험적으로 성립할 수 있다.

선폭 관찰은 사진 기법(그림 14-3)으로 하든지 회절기(그림 14-4)로 하든지 흔히 배면 반사에서 한다. 그 다음에 관찰은 오직 시편의 얇은 표면층에만 적용한다는 것을 기억하는 것이 필요하다. 예를 들면, 그림 14-5(a)는 한 조각의 구리에서 얻었고 고각 영역에서 분리하지 않은 이중선을 보여준다. 미숙한 관찰자는 이 재료가 심각하게 냉간 가공한 것으로 결론을 낼 수 있다. x선이 '보는' 것은 냉간 가공한 것이지만 오직 제한한 깊이까지만 본다. 실제로 이 시편의 덩어리는 어닐링한 조건에 있지만 x선 무늬를 얻는 표면은 어닐링 후 벨트형 연마기로 연마해서 50 μm가 없어졌다. 이런 처리는 표면을 상당한 깊이까지 냉간 가공한다. 계속해서 부식 처리를 하여 회절무늬를 각 부식단계마다 얻으면, 냉간 가공한 층의 구조에서 생긴 변화가 연마한 표면 아래 깊이의 함수로 따라갈 수 있다. 전부해서 75 μm까지 제거해야 회절무늬가 재료 덩어리의 특성을 나타낸다. 그림 14-5(b)를 보라. 여기서 점투성이 선은 조대한 입자의 재결정한 구조를 나타낸다.

14-5 X선 침투깊이

이 유형의 관찰은 x선 침투에 관한 일반적인 문제를 좀더 상세하게 고찰하는 것이 좋을 것이라는 것을 암시한다. 대부분 금속 시편은 x선을 매우 잘 흡수하여 입사빔의 강도는 표면 아래 아주 짧은 거리에서 거의 영으로 감소한다. 그러므로 회절빔은 투과빔과 다르게 반사 기법을 사용할 때는 언제라도, 즉 회절무늬를 어떤 유형의 배면 반사 카메라, Seemann-Bohlin 카메라 혹은 보통 사용하는 대로 회절기에서 얻을 때는 언제라도 얇은 표면층에서 주로 나온다. 그림 14-5의 예는 바로 연마한 표면의 배면 반사 핀홀 사진이 얇은 표면층의 냉간 가공 조건을 어떻게 드러내며 그 층 아래 재료의 덩어리에 관한 것은 아무런 정보도 전혀 주지 않는다는 것을 보여준다.

이러한 사정은 자연스럽게 다음과 같은 문제를 제기한다: x선 침투의 유효깊이는 얼마인가? 또는 좀더 실용적으로 말하여 시편의 얼마만한 깊이까지 그러한 회절무늬에 있는 정보를 적용할 수 있는가? 이런 질문은 정확한 답이 없다. 그 까닭은 입사빔의 강도는 어떤 한 깊이에서 갑자기 영이 되는 것이 아니라 표면 아래 깊이에 따라서 지수함수적으로 감소하기 때문이다. 4-10절의 결과 위에서 짓는다면 깊이 α에 있는 층의 회절강도는 무한두께의 시편에서 생긴 총 적분 회절강도의 분율로 표현할 수 있다(대부분 금속에서 수천분의 일 인치). 이 분율을 G_x로 부른다. 그러면

$$G_x = \frac{\int_{x=0}^{x=x} dI_D}{\int_{x=0}^{x=\infty} dI_D} = [1 - e^{-\mu x(1/\sin\gamma + 1/\sin\beta)}] \tag{14-3}$$

이다. 이것은 깊이 x의 표면층이 기여하는 전체 회절강도의 분율 G_x를 계산할 수 있게 한다. 이 표면층의 기여가 전체에서 95%(혹은 99나 99.9%)이면 충분하다고 가정하면 그 층 아래 재료가 하는 기여는 무시할 수 있고 그러면 α는 침투의 유효깊이이다. 회절무늬에 기록한 정보(혹은 더 정밀하게 정보의 95%)는 깊이 x에 있는 층에 관한 것이며 그 아래 물질에 관한 것이 아니다. 준집중 회절기에 관해서 전에 보인 것과 같이 하면 $\gamma = \beta = \theta$이고 식 (14-3)은

$$G_x = (1 - e^{-2\mu x/\sin\theta}) \tag{14-4}$$

로 정리한다.

이 식은 침투의 유효깊이가 θ가 감소하면 감소하고, 그 결과 회절선마다 변한다는 것을 보여준다. 배면 반사 카메라에서 γ는 90°이다. 그리고

$$G_x = [1 - e^{-\mu x(1 + 1/\sin\beta)}] \tag{14-5}$$

이다. 여기서 $\beta = 2\theta - 90°$이다.

예를 들면, 그림 14-5의 바깥 쪽 회절 환에 적용 가능한 조건은 μ = 473 cm^{-1}과 2θ = 136.7°이다. 식 (14-5)를 사용하여, G_x를 x의 함수로 결정할 수 있다(그림 14-6). 회절무늬 상의 정보 95%는 오직 약 25 μm 깊이에 관계한다는 것에 주목하자. 그러므로 그림 14-5(a)의 무늬가 냉간 가공한 금속의 존재만을 나타낸다는 것은 놀랄만한 것이 아니다. 왜냐하면 반복해서 부식처리는 냉간 가공한 층의 깊이가 약 75 μm임을 보여주기 때문이다. 물론 무늬에 기록한 정보는 표면 아래 물질에 비중을 무겁게 둔다. 그러므로 95%의 기록한 정보는 깊이 25 μm까지 적합하지만 50%의 정

보는 처음 25 μm에서 나온 것이다. (시편이 ASTM 입자 크기 번호 8이라면 유효깊이 25 μm는 입자 한 개의 두께인 표면층이 실질적으로 회절무늬에 기여하고 있다는 것을 알아야 한다. 이 층은 여기서 고찰한 331 회절선에서 약 300,000개의 반사격자면을 포함한다.)

식 (14-4)는 다음 형태로 놓을 수 있는데 이렇게 하면 계산에 더 적합하다:

$$\frac{2\mu x}{\sin\theta} = ln\left(\frac{1}{1-G_x}\right) = \mathrm{K_x}$$

$$x = \frac{K_x \sin\theta}{2\mu} \qquad \text{[회절기]}$$

마찬가지로 식 (14-5)는 다음과 같이 된다:

$$\mu x\left(1 + \frac{1}{\sin\beta}\right) = ln\left(\frac{1}{1-G_x}\right) = \mathrm{K_x}$$

$$x = \frac{K_x \sin\beta}{\mu(1+\sin\beta)} \qquad \text{[배면 반사 카메라]}$$

G_x의 여러 가정한 값에 대한 K_x 값은 표 14-2에 있다.

침투 유효깊이의 계산은 x선 회절의 많은 응용에서 쓸모있다. 침투의 유효깊이는 어떤 응용에서는 가능한 크게 해야 한다. 그러면 식 (14-3)에서 γ와 β는 반드시 가능한 커야 하는데, 이것은

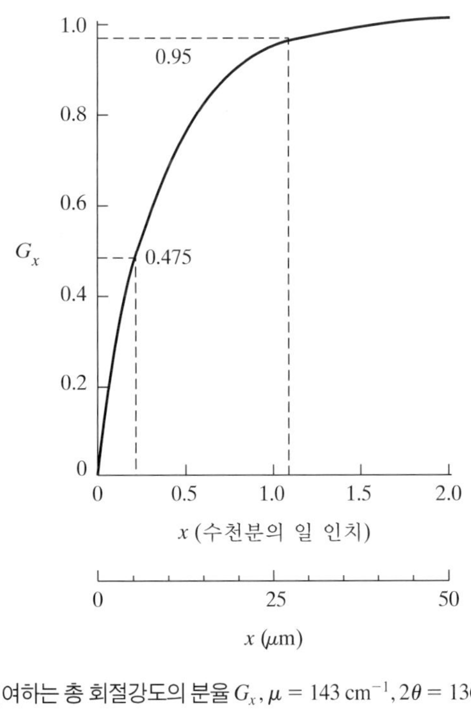

그림 14-6 깊이 x의 표면층이 기여하는 총 회절강도의 분율 G_x, μ = 143 cm^{-1}, 2θ = 136.7°, 수직 입사

표 14.2

G_x	0.50	0.75	0.90	0.95	0.99	0.999
K_x	0.69	1.39	2.30	3.00	4.61	6.91

고각선을 사용하는 것을 가리키고 μ는 가능한 작게 해야 하는데 이것은 단파장 방사선을 가리킨다. 다른 응용은 정보, 예로서 화학조성이나 격자상수를 대단히 얇은 표면층에서 얻는 경우처럼 침투가 아주 적을 것을 요구한다. 그런 때에는 흡수가 대단히 잘 되는 방사선을 사용하여 μ를 크게 해야만 하고 회절기를 2θ의 저각에서 사용하여 γ와 β를 작게 해야 한다.[3] 이 방법으로 흔히 침투깊이는 놀랍게도 작게 할 수 있다. 예로서 강 시편을 Cu $K\alpha$ 방사선으로 회절기에서 검사한다면 페라이트 최저각 선(2θ = 15°일 때 110선)이 제공하는 정보의 95%는 단지 2 μm의 깊이까지 적합하다. 물론 x선 침투깊이를 줄이는 데 한계가 있으며 아주 얇은 표면필름에 관한 정보가 필요하다면 전자 회절, 빗살각(glancing angle) 회절이나 x선 반사도가 훨씬 더 적합한 방법이다.

어떤 반사법에서 회절빔은 아주 얇은 표면층에서만 나오는 것일지라도 투과법으로 얻는 회절무늬의 정보는 시편의 전 단면을 진정으로 대표하는 것이라고 가정해서는 결코 안 된다. 위에 준 것과 같은 계산은 대부분의 전체 회절 에너지가 전면에 있는 어떤 두께의 층보다는 시편 배면(투과빔이 떠나는 면)의 같은 두께의 층에서 생긴다는 것을 보여준다. 시편이 상당히 크게 흡수하면 대부분의 회절에너지가 얇은 표면층에서 생긴다는 점에서 투과법은 배면 반사법과 같이 전 시편을 거의 대표하지 못한다. 문제 14-5를 보라.

14-6 크기와 변형 분리

14-4절에서 표시한 것처럼 선 확장에 상이한 기여가 있다면 이 기여를 분리하려면 다중의 회절선을 사용하고 피크 모양을 분석하는 것이 필요하다. Warren이 개척한 일부 관계하는 Fourier 해석을 할 수 있다면 회절무늬 혹은 더 엄밀하게 회절피크와 밑자락의 품질은 틀림없이 매우 높을 것이다[예로서 14.3–14.6, G.7의 7장, G.17의 9장, G.20의 13장, G.35의 8장]. 더 간단한 다른 접근은 피크의 폭을 사용하는 것으로 크기와 변형 확장을 분석하는 데 있다.

피크 폭을 측정하여 얻는 결정립 크기는 부피 평균 크기이고 피크 형태를 분석하여 얻는 것은 개수 평균인 점을 아는 것이 중요하다. 이것은 TEM(그림 14-7)으로 관측한 미소결정 평균 직경의 히스토그램을 회절기와 Scherrer 공식(식 (5-20))으로 결정한 평균 직경과 비교하면 알 수 있다 [14-7]. 시료는 비정질 실리카 모체에 백금 나노입자들을 희석한 혼합물인데, 시료의 회절무늬는

3) 이 요건의 일부는 서로 모순일 수 있다. 예를 들어, 얇은 표면층의 격자상수를 회절기로 측정하는 데서 얕게 침투하는 데 필요한 낮은 θ 값과 정확한 격자상수 측정에 필요한 높은 θ 값 사이에 절충을 찾아야 한다.

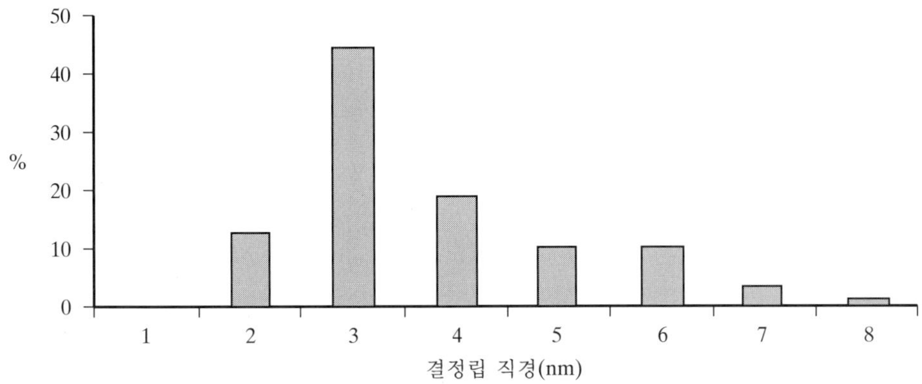

그림 14-7 Pt/실리카 제로겔(xerogel)에서 TEM으로 관측한 Pt 나노집합체(nanocluster) 크기의 막대그래프

그림 14-2에 보이고 표 14-1은 x선 회절피크와 Scherrer 공식으로 얻은 미결정 크기를 실었다. 미결정 크기는 평균하여 TEM으로는 38 Å이었고 x선 회절피크의 FWHM으로는 50 Å이었다. 적은 수의 아주 큰 미결정이 시료의 TEM 분석에서 알려졌는데, 적은 수의 큰 미결정을 대단히 수의 35–40 Å 미결정과 혼합한 경우 얻는 회절피크[14.8]를 모사하면 이것이 TEM 크기와 x선 FWHM 크기 사이의 차이를 만드는 가능한 원인임이 드러난다.

미결정 크기, 미소변형, 기기영향에서 오는 기여는 피크가 로렌츠 형태이거나 가우스 형태이면 간단한 방식으로 분리할 수 있다. 만약

$B_{실험}$는 실험으로 측정한 FWHM이고,
$B_{크기}$는 미결정 크기로 생긴 FWHM이고,
$B_{변형}$는 미소변형으로 생긴 FWHM이고,
$B_{기기}$는 기기로 생긴 FWHM이면,

로렌츠형인 피크는

$$B_{실험} = B_{크기} + B_{변형} + B_{기기} \tag{14-8}$$

이고, 가우스형인 피크는

$$B^2_{실험} = B^2_{크기} + B^2_{변형} + B^2_{기기} \tag{14-9}$$

이다. 기기의 폭을 위한 보정은 두 경우 같은 물질에서 동일한 조건에서, 그렇지만 충분히 어닐링하고 큰 입자가 된 조건에서 회절무늬를 기록하여 얻을 수 있다.

크기와 변형 성분의 분리는 $B \cos \theta$를 $\sin \theta$의 함수로 그려서 하게 된다(그림 14-8). 이런 유형의 도표는 Williamson-Hall 도표[14.9]로 알려져 있는데 암시적으로 피크 형태는 로렌츠형인 것으로 가정한다. 식 (5-2)의 항을 재배열하면

$$B \cos \theta = 0.9\lambda/t \tag{14-10}$$

이 생기고 식 (5-9)를 하면

$$b \cos\theta = -2(\Delta d/d) \sin \theta \tag{14-11}$$

이 나온다. 크기 확장이 피크 폭에 주로 기여한다면 $B_{exp} \cos \theta$는 모든 피크에서 일정하다(즉, 이 Williamson-Hall 도표는 수평선이다). 변형 확장이 중요한 기여라면 $B_{exp} \cos \theta$는 $\sin \theta$의 선형함수이다. 그림 14-8은 두 조건에서 두 산화물 세라믹의 자료를 보여준다: 볼밀링한 다음과 볼밀링한 다음 1350°C에서 2시간 어닐링함[14.10]. 예상할 수 있듯이, 볼밀링은 광학현미경 분석 전에 고체

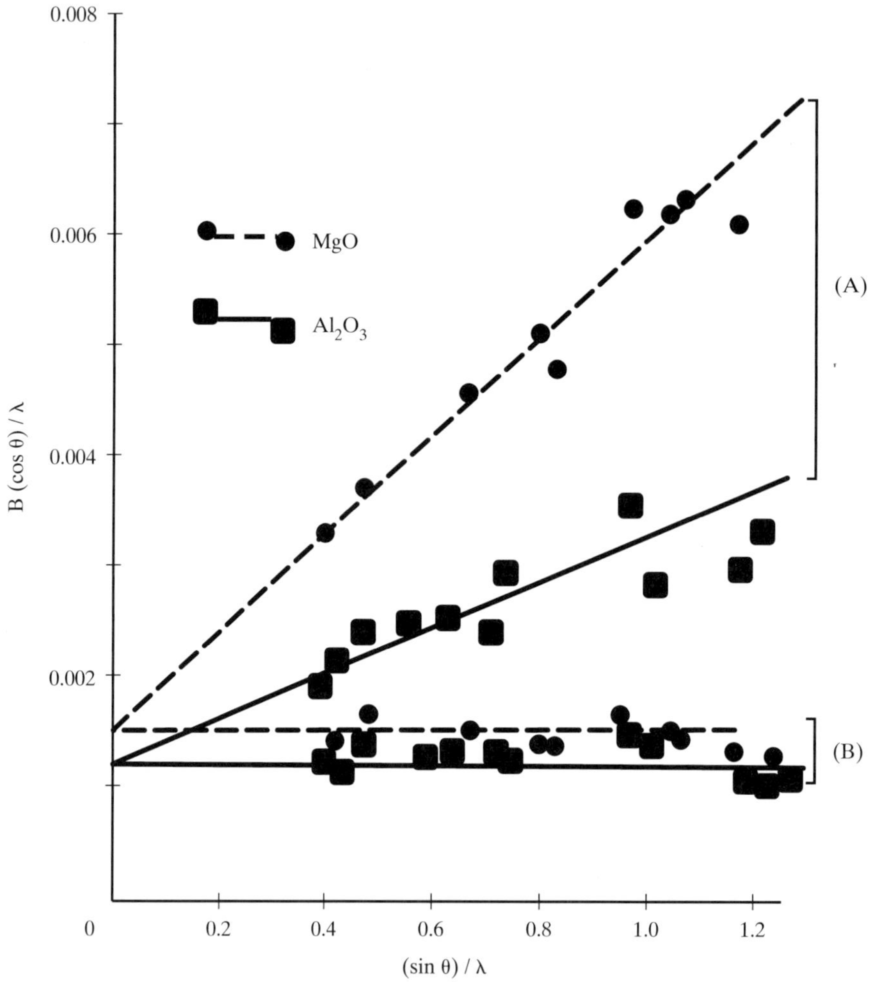

그림 14-8 MgO와 Al_2O_3의 Williamson-Hall 그림, 곡선(A) 2시간 동안 볼밀함, 곡선(B) 2시간 볼밀하고 1350°C에서 2시간 동안 어닐링함. Lewis와 Lindley[14.10]를 따름

시료를 연마하는 데 흔히 사용하는 물질인 Al_2O_3에서 미소변형을 덜 만든다. 이 두 산화물의 미결정 크기는 비슷하다. 미결정 크기는 어닐링 후에는 일정하게 되지만 실질적으로 모든 변형은 풀린다.

결정방위

14-7 총론

다결정질 집합체의 각 입자는 보통 이웃들과는 결정학적 방위가 다르다. 전체로서 생각한다면 모든 입자의 방위는 어떤 선택한 기준틀에 비해서 무질서하게 분포하거나 어떤 특정 방위나 방위들 주위로 어느 정도 무리를 이루려고 한다. 후자의 상태가 특징인 집합체는 **우선방위**나 **집합조직**이 있다고 말하고, 이를 간단히 결정방위의 분포가 무질서하지 않는 상태로 정의할 수 있다. 4장에서 논의한 것과 같이 우선방위는 회절기로 측정한 회절강도에 중대한 영향을 끼친다.

우선방위는 아주 흔한 상태이다. 금속과 합금의 사이에서 이것은 선(wire)과 판(sheet)에서 가장 잘 나타나고 이런 제품에서 발견하는 집합조직의 유형은 아래에서 다룬다. 성형공정(선 인발이나 판 압연) 자체에서 생기는 우선방위를 **변형 집합조직**이라고 부른다. 이 조직은 다결정질 집합체에서 입자들은 소성변형하는 동안 회전하려고 하는 데서 비롯한다. 각 입자는 부가한 힘이 결정하고 이웃입자의 슬립과 회전이 결정하는 복잡한 방식으로 슬립과 회전을 겪는다. 그 결과가 무질서하지 않은 우선방위이다. 변형조직이 있는 냉간 가공한 금속이 어닐링으로 재결정할 때 새로운 입자조직은 보통 냉간 가공한 재료의 것과는 다른 우선방위가 생긴다. 이 조직을 **재결정 집합조직**이나 **어닐링 집합조직**이라고 부른다. 이것은 냉간 가공한 모체의 집합조직이 그 모체에서 새로운 입자의 핵과/혹은 성장에 끼치는 영향 때문이다.

우선방위는 금속 제품들에 한정하지 않는다. 또 암석, 세라믹, 반도체 박막과 그 밖의 다른 코팅, 자연산과 인공적인 고분자의 섬유나 판에도 있다. 사실 우선방위는 일반적으로 법칙이며 예외가 없다. 결정방위가 완전히 무질서한 집합체를 만든다는 것은 어려운 문제이다.

우선방위의 공업적 중요성은 재료의 전반적인 거시적인 성질에 미치는 대체로 대단히 큰 효과에 있다. 모든 단결정이 이방성, 즉 상이한 방향에서 성질이 다르다는 사실을 받아들인다면, 우선방위가 있는 집합체는 반드시 약간의 정도는 성질이 또 방향에 따른다는 것은 당연하다. 그러한 성질은 재료의 의도한 용도에 따라서 유익할 수도 있고 그렇지 않을 수도 있다. 예를 들면, 소형 전기 모터의 코어에 사용하는 판재인 강은 자성 때문에 반드시 모든 입자가 {100} 면이 판 표면에 평행하게 배향해야 한다. 그러나 이런 집합조직은 강을 딥드로잉(deep drawing)하여 컵을 만든다면 적합하지 못하다. 여기서 {111} 면이 표면에 평행한 집합조직이면 강은 딮드로잉으로 심한 변형이 일어나는 동안 덜 균열할 수 있다. 그러나 딮드로잉으로 만드는 부품이 모양이 비대칭적이면 아주 다른 집합조직이나 전혀 집합조직이 없는 것이 더 좋은 결과를 줄 수 있다. 집합조직의 어떤 제어는 변형도와 어닐링 온도와 같은 공정변수를 적절히 선택하면 가능하지만, 금속학자는 원하는 대로 어떤 특정한 금속에서 어떤 원하는 집합조직을 만들만큼 집합조직의 형성을 아직도 잘 이해하지 못하고 있다.

기술적인 중요성 때문에 관찰한 집합조직과 집합조직의 예측에 관한 문헌은 방대하다. 선이나 판 형태인 특정한 재료에서 관찰한 변형과 재결정 집합조직에 관한 자료에 관해서는 독자는 Barrett과 Massalski[G.10], Dillamore와 Roberts[14.11]를 참조해야 한다. 여기서는 집합조직의 본질과 x선 법으로 결정하는 것을 주로 다룬다. 각종 기법에 관한 상세한 취급, 실험방법, 계산방법은 다른 곳에서 나와 있다[G.36과 G.37].

이 책에서 이미 언급했듯이 특성 방사선으로 다결정질 시편에서 얻은 핀홀 사진은 동심원인 Debye 환들로 되어 있다. 이 환들은 항상 연속적이고 원주 상으로 강도가 일정하다고 암묵적으로 가정하고 있지만 실제로 그러한 환들은 시편의 개개 결정들이 방위가 완전히 무질서하지 않는다면 생길 수 없다.[4] 시편이 우선방위를 나타낸다면 Debye 환들은 원주 상에서 강도가 불균일하거나(우선방위가 약하면) 실질적으로 불연속적이다(우선방위의 정도가 높으면). 후자의 경우에는 Debye 환의 특정 부위가 없는데, 그 까닭은 간단하게 환에서 이런 부분으로 회절하는 방위들이 시편에 없기 때문이다. 그러므로 불균일한 Debye 환들은 우선방위에 대해서 결정적인 증거로 채택할 수 있으며 불균일성을 해석하여 존재하는 우선방위의 종류와 정도를 결정할 수 있다. (이러한 불균일성은 어떤 Hull/Debye–Scherrer 무늬에서조차 분명히 나타난다: 우선방위가 있는 선을 Hull/Debye–Scherrer 카메라로 조사하면, 보통 그러한 카메라는 오직 환의 일부만을 기록하지만 Debye 환의 불균일성이 분명히 나타난다.)

섬유조직

선에 있는 개별적인 결정들은 대부분의 입자에서 동일한 결정학적 방향[*uvw*]이 선의 축에 평행하거나 거의 평행하도록 배향한다. 자연산과 인공적인 섬유에서 유사한 조직이 나타나기 때문에, 이를 **섬유조직**이라고 부르며 선의 축을 **섬유축**이라고 부른다. 섬유조직이 있는 재료는 한 축 주위로 회전대칭이 있다: 이 축 주위로 모든 결정방위는 줄에 뀐 구슬들의 것처럼 확률이 동등하다. 그러므로 섬유조직은 한 축 예를 들면 선과 인발, 스웨이징, 압출로 가공한 봉에서처럼 회전대칭인 힘으로 가공한 어떤 재료에서도 예상할 수 있다. 섬유조직의 덜 흔한 예들은 단순 압축으로 가공한 판의 용융도금, 전기도금과 증착, 주형벽 근처의 주상결정들의 주조물에서 종종 나온다. 이것에서 섬유축은 판이나 코팅의 면에 수직하고 주상결정들의 축에 평행하다.

4) 이 진술의 한 예외로 다음 절을 보라.

섬유조직은 완전도에서, 즉 섬유축 방향[*uvw*]의 분산에서 다르고 단일 섬유조직이나 이중 섬유조직이 둘 다 관찰되고 있다. 그러므로 냉간 인발한 알루미늄 선은 거의 단일 [111] 조직을 보이지만 구리, 또 FCC는 이중 [111] + [100] 조직이 있다. 즉, 인발한 동선에서 두 조의 입자가 있고 한 조의 섬유축은 [111]이고 다른 조는 [100]이다.

판 조직

아주 단순하고, 아주 고도로 발전한 형태인 판의 집합조직은 어떤 결정학적 면 (*hkl*)이 판의 표면에 대략 평행하고 그 면에서 방향은 판의 압연 방향에 대략 평행하게 대부분의 입자가 배향하는 것이다. 그러한 집합조직은 간단하게 표기하여 (*hkl*){*uvw*}로 기술한다. 이런 종류의 이상적인 한 집합조직에서 판의 입자방위는 판의 축에 기준해서 정한다. 섬유조직이 있는 입자방위는 회전 자유도가 없다.

(*hkl*){*uvw*} 표기는 **이상적인 방위**가 어떤 것인지 규정한다. 어떤 금속과 합금에 있는 판 조직은 아주 뚜렷하면 이 판의 입자들이 가깝게 따르는 이상적인 방위를 말하는 것으로 적절하게 기술할 수 있다. 그러나 대부분 판 조직은 매우 산만하여 다수의 이상적인 방위의 합이나 집합조직의 성분의 합만으로 표기하여 근사적으로 나타낼 수 밖에 없어도 그러한 기술조차도 부정확하다. 이리하여 황동판(70 Cu-30 Zn)의 변형조직은 이상적인 방위 (110)[$\bar{1}$12]에 아주 가깝다. 그러나 저탄소 강판의 변형과 재결정 조직은 둘 다 아주 산만하여 존재하는 입자방위는 **극점도**와 같은 도식적인 기술로만 정확하게 나타낼 수 있다.

극점도

한 극점도는 시편에 대하여 어떤 특정한 방위로 스테레오 투영한 것이고, 이 투영은 결정면의 한 선택한 집합의 극점방위로 극점밀도의 변화를 나타낸다. 집합조직을 기술하는 이런 방법은 1924년 독일 금속학자 Wever가 처음 사용하였다[14.12]. 이것의 의미는 다음 예로서 가장 잘 기술할 수 있다. 입자가 아주 조대한, 한 입방 금속의, 어떤 판이 단지 10개 입자를 함유한다고 가정하면 이 10개 입자의 각각의 방위는 Laue 법의 하나로 결정한다. 이 모든 입자의 방위는 투영면을 판 표면에 평행하게 하여 단 하나의 스테레오그래프 투영 위에 이 {100} 극점의 위치를 그려서 요약할 수 있다. 각 입자는 세 개의 {100} 극점을 가지므로, 투영 위에 전부해서 3 × 10 = 30 극점이 있다. 입자들은 방위가 완전히 무질서하다면 이 극점은 투영 위로 그림 14-9(a)에 표시한 것과 같이 균일하게 분포할 것이다.[5] 그러나 우선방위가 존재하면 극점은 투영 위의 어떤 특정한 구

5) 만일 방위가 무질서하면, 시편에 중심이 있는 기준 구의 표면에서 동일 면적에는 동수의 극점이 있을 것이다. 하지만 극점도의 동일한 면적에 동수가 있을 수 없는 데, 그 까닭은 스테레오 투영은 면적이 그대로이지 않기 때문이다. 이것은 무질서하게 배향한 입자들에서 극점도의 중앙에 극점들이 외견상 뭉치는 결과가 생기는데, 그 원인은 동일한 각을 나타내는 거리가 극점의 바깥 부위에 비해 이 중앙 구역에서 훨씬 더 작기 때문이다.

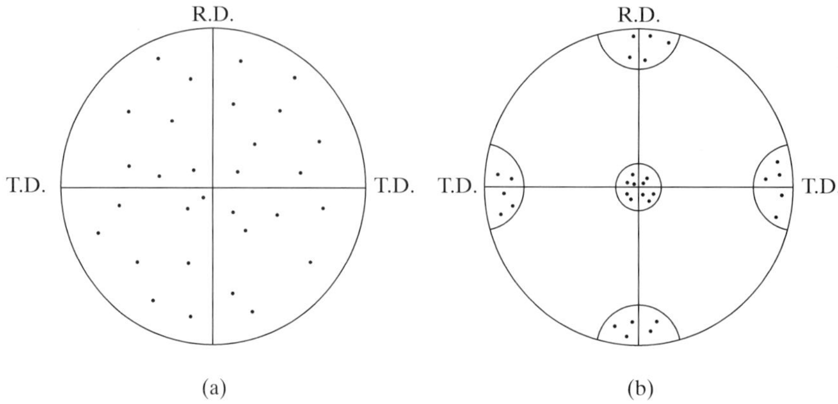

그림 14-9 판재료의 (100) 극점도, (a) 무질서 방위와 (b) 우선방위를 나타낸다. R.D.(압연 방향)과 T.D.(횡단 방향)은 판의 면에서 기준 방향이다.

역에 집합하려고 할 것이나 다른 구역은 실질적으로 점유하지 않는 상태가 된다. 예를 들면, 이런 집합은 그림 14-9(b)에서 나타낸 특정한 모양을 할 수도 있다. 이것을 '입방 집합조직'이라고 부른다. 왜냐하면 각 입자는 (100) 면이 판 표면에 거의 평행하고 이 면에서 [011] 방향은 압연 방향과 거의 평행한 방위를 하기 때문이다. (이런 단순한 집합조직은 간단하게 표기하여 (100)[001]로 기술할 수 있는데 실제로 적당한 조건에서 다수의 면심입방 금속들과 합금들에서 재결정 집합조직으로 생긴다.) 만일 (111) 극점도를 단지 {111} 극점만 그려서 작성한다면 그 결과로 얻는 극점도는 동일한 우선방위에 대해서 그림 14-9(b)와는 전혀 다른 모습으로 나타난다. 실제로 그것은 4개의 '고밀도' 구역으로 되어 있고, 각 사분원의 중심 근처에 하나씩 있다. 이것은 한 극점도의 외양은 그리는 극점의 지수에 달려 있으며 지수의 선택은 가장 뚜렷하게 보여주고자 하는 집합조직의 관점에 달려 있다는 것을 설명한다. 예를 들면 판 형태인 어떤 면심입방 재료의 소성변형이 관심사라면, 하나의 (111) 극점도를 작성한다. 왜냐하면 이것은 한눈에 {111} 슬립면의 방위를 보여주기 때문이다. 이와 비슷하게 철판의 자기적 거동이 중요하다면 철에서 투자율이 높은 방향은 <100>이므로 하나의 (100) 극점도가 더 낫다.

섬유조직의 극점도는 반드시 섬유축 주위로 회전대칭이 있다(그림 14-10). 이 집합조직에서 산란 정도는 (111) 극점의 위치를 보여주는 띠의 각폭으로 나타낸다. 각 ϕ는 섬유축과 고찰하고자 하는 어떤 극점의 일반적인 위치 N 사이의 각이다. 그림의 집합조직에서 띠는 투영의 위와 아래에서 측정한 ϕ 값이 54.7°인 곳에 중심이 있다. 왜냐하면 이 값은 [100] 섬유축과 표시한 (111) 극점 사이의 각이기 때문이다.

회전대칭 때문에, 어떤 경도선(자오선)을 따르는 극점밀도도 어떤 다른 것과도 동일하다는 점에서 섬유조직의 극점도는 중복 과잉인 정보를 보여준다. 따라서 0에서 90° 사이의 각 ϕ에 대한 극점밀도의 그림은 집합조직의 더 간단한 기술이다. 그림 14-10에 나타낸 집합조직의 그러한 그

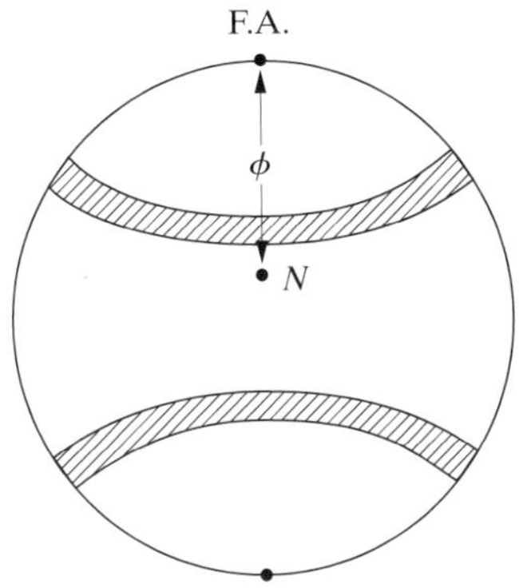

그림 14-10 불완전한 [100] 섬유 집합조직의 (111) 극점도. F.A. = 섬유축. 사선으로 빗금친 면적은 높은 (111) 극점밀도의 지역이다.

림은 54.7°에서 한 개의 최대를 보여줄 것이다.

보통 있듯이 시편의 입도가 작을 때 대표하는 수의 입자의 방위를 따로 결정하는 것은 그림 14-9에서 암시하듯이 말도 안 된다. 그 대신 x선 법을 사용하면 수천 개의 입자의 회절효과를 자동적으로 평균한다. 미립질 재료의 (*hkl*) 극점도는 해당 *hkl* Debye 환 주위로 강도의 분포를 해석하여 작성한다. 이렇게 하는 데는 두 기법, 면 검출기[6]와 회절기 법이 유용하고 둘 다 시간이 걸린다.

극점도만이 우선방위를 완전히 기술할 수 있지만, 일부의 정보는 계산한 회절선 강도와 일반 회절기 주사로 관찰한 것을 비교하여 상당히 빠르게 얻을 수 있다. 4-12절에서 제시한 것처럼 상대적인 선강도는 시편의 결정들이 완전히 무질서하게 배향할 때만 식 (4-21)로 정확하게 나타낸다. 그러므로 관측강도와 계산강도 사이의 어떤 근본적인 차이는 시편에 우선방위가 있다는 직접적인 증거이고, 불일치의 본질에서 집합조직의 본질에 관한 어떤 제한적인 결론을 보통은 이끌어 낼 수 있다. 예를 들면, 판 시편을 보통 방식으로 회절기로 조사한다면(시편은 준집중 기하에서 입사빔과 회절빔과 같은 각을 이룸), *hkl* 반사에 기여하는 입자들만이 (*hkl*) 면이 판 표면에 평행하다. 집합조직이 아주 적은 수의 그러한 입자가 있는 것이라면 *hkl* 반사의 강도는 비정상적으로 낮을 것이다. 이와 다르게 가정한 한 반사가 비정상적으로 강도가 높으면 이것은 해당 면이 우선적으로 판 표면에 평행하거나 거의 평행하게 배향했다는 것을 나타낸다. 한 예로서 입방 집합조직이 있는 한 시편의 회절기에서 얻은 200 반사가 극도로 높다면 이 사실만으로도 판 표면에 평행한 (100) 면의 우선방위가 있다고 결론을 낼 수 있다. 그림 14-2의 하단에 있는 회절기 주사는 입방 집합조직이 있는 백금 판을 보여준다. 그러나 판 표면에서 어떤 기준 방향에 평행하게 (100)

6) '면적 검출기' 란 용어는 여기서 '사진' 의 예전 용어를 대신하였다. 현대적인 x선 검출기를 개발하기 전에는 사진 감광유제는 그러한 유일한 검출기였다. 이제 영상판, CCD 검출기나 다중선 검출기는 필름 대신에 사용하고 더욱 총괄적인 '면적 검출기' 가 더욱 적합한 것 같다.

면에 우선 방위가 있는 지 없는 지에 관해 단정하는 것은 가능하지 않다. 그러한 정보는 오직 극점도를 작성해서만 얻을 수 있다.

14-8 선의 집합조직(면 검출기 법)

섬유조직이 제시하는 제1의 문제는 섬유축 [*uvw*]를 확인하는 것이다. 이 일은 단 한 개의 2차원 핀홀 회절무늬로 상당히 쉽게 할 수 있는데 그 절차를 이 절에서 기술한다. 추가적으로 집합조직에서 산란 양을 결정해야 한다면 비록 영상판이 편리한 대안을 제공하는 것처럼 보여도[14.13, 14.14] 회절기 법이 유리하다(14-10절).

선은 투과 핀홀 카메라에서 여과하거나 결정 단색화인 방사선으로 조사하는데, 선 축은 평면 면적 검출기의 한 변에 수직하고, 평행하게 놓인다. 섬유축의 지수 [*uvw*]를 찾는 문제는 이상적인 예, 가령 완전한 [100] 섬유조직이 있는 입방물질의 선에 수반한 회절효과를 고려하면 가장 잘 이해할 수 있는 것이다. 111 반사를 고찰하자. 그림 14-11에서 선 시편은 *C*에 있고 그 축은 *NS*를 따라서 놓이고 입사빔 *IC*에서 수직하다. *CP*는 한 조의 (111) 면에 수직하다. (111)에서 회절은 그 면이 입사빔에 각 θ만큼 기울어서 Bragg 법칙을 만족할 때만 일어난다. 이런 일을 위해서는 (111) 극점이 원 *PUQV* 위의 어디인가에 있어야 한다. 그러면 면법선과 입사빔 사이의 각 *PCI*는 항상 $90° - \theta$일 것이기 때문이다. 이런 까닭으로 *PUQV*를 **반사구**라고 부른다. 만일 선의 입자들이 방

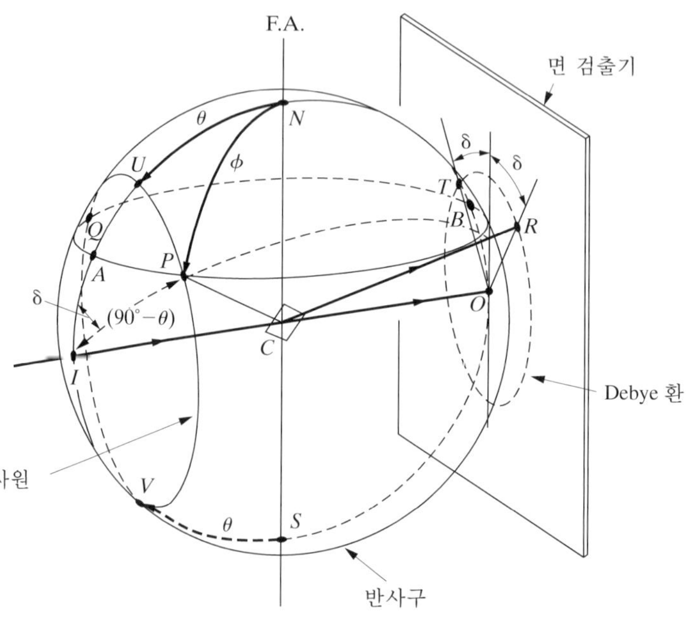

그림 14-11 섬유 집합조직이 있는 재료의 회절 기하. F.A. = 섬유축

위가 완전히 무질서하면, (111) 극점들은 구 표면 위의 모든 위치에, 그 결과로 반사구 위의 모든 위치에 놓일 것이고 111 반사는 그림에서 표시한 완전한 Debye 환을 만든다. 그러나 만일 완전한 [100] 섬유조직이 있는 선이면 정지한 시편이 만드는 회절무늬는 선의 회전대칭 때문에 [100] 축 주위로 회전하는 단결정에서 얻을 수 있는 무늬와 같다. 이렇게 회전하는 동안 (111) 극점은 소원인 *PAQB*에 한정하며, 이 모든 점은 [100] 방향 *N*과 일정한 각 $\phi = 54.7°$가 된다. 그러므로 시편에서 회절 가능한 유일한 (111) 면은 반사원과 원 *PAQB*의 교점에 있는 극점들의 것이다. 이러한 교점은 *P*와 *Q*에 있고 대응하는 회절점들은 *R*과 *T*, 즉 사진중심을 지나는 수직선에서 방위각 δ에 있다. 두 개의 다른 점은 그림에 보이지 않지만, 사진의 하반 부위에서 대칭적인 위치에 있다. 집합조직이 완전하지 않으면 이 점의 각각은 주변으로 퍼져 호가 될 것이고, 그 호의 길이는 집합조직에서 산란각도의 함수이다.

구면 삼각형 *IPN*을 풀면 다음과 같은 각 ϕ, θ, δ 사이의 일반적인 관계의 결과를 얻는다:

$$\cos\phi = \cos\theta\cos\delta \tag{14-8}$$

이 각을 입사빔에 수직한 면에 투영하여 스테레오 투영으로 그림 14-12에 나타내었다. (a)의 (111) 극점도는 단순하게 두 개의 호만으로 되어 있는데, 이 호는 [100] 주위로 단결정이 회전하는 동안 {111} 극점들이 그리는 경로이다. (b)에서 회절면 법선들의 위치를 찾기 위해서 이 극점도는 반사원의 투영에 겹쳐서 있다. 이런 점(P, Q, P', Q')을 지나는 반경을 그으면 각 δ를 측정할 수 있고 회절무늬의 모양을 예측할 수 있다.

미지의 섬유축을 필름이나 면 검출기 위에서 각 δ를 측정하고 식 (14-8)을 사용하여 ϕ를 구하여 알아낸다. 다수의 상이한 *hkl* 반사에서 이렇게 하여 한 조의 ϕ 값을 구하고 이것으로 섬유축

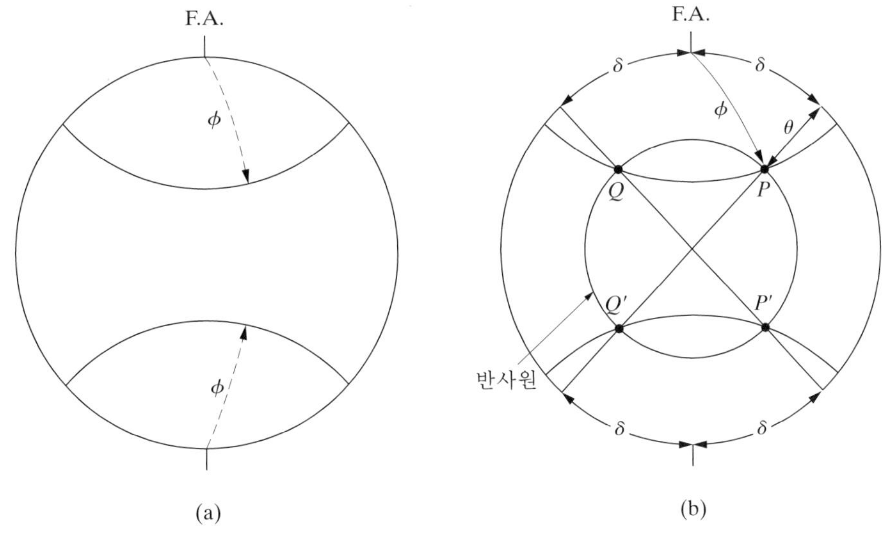

그림 14-12 완전한 [100] 섬유 집합조직 (a) (111) 극점도, (b) 회절 면법선의 위치.

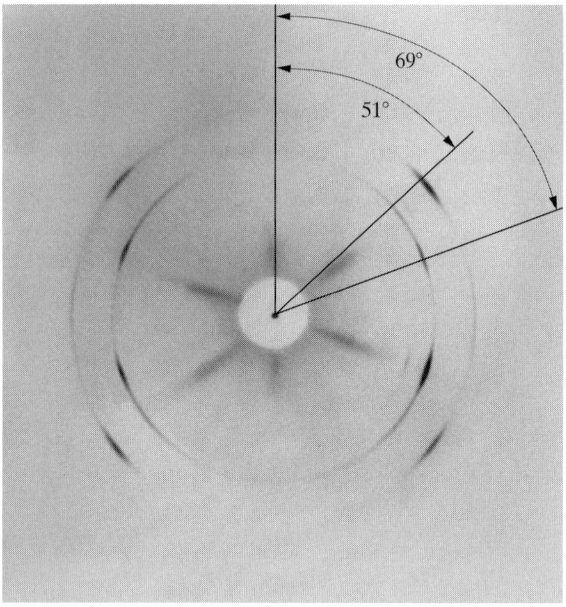

그림 14-13 냉간 인발 알루미늄 선의 투과 핀홀무늬, 선축은 수직. 여과한 구리 방사선. (중앙 부근 방사상 줄무늬는 입사빔의 백색 방사선이 형성한 것이다.)

의 [*uvw*] 지수를 결정할 수 있다. 구하는 절차를 그림 14-13에 나타낸 인발한 알루미늄 선의 회절무늬를 예로 들어 설명할 것이다. 이 그림은 뚜렷한 집합조직의 전형적인 불완전한 Debye 환을 보여준다. 첫 단계는 Debye 환에 지수를 매기는 것이다. 환의 직경을 측정하여 각 환의 θ 값을 계산하고 *hkl* 지수를 식 (3-11)과 부록 9를 사용하여 지정한다. 이런 방식으로 내부 환을 111 반사로, 외부 환을 200 반사로 동정한다. 그런 다음 필름의 중심을 지나는 수직선에서 각각의 강한 Debye 호의 중심까지 재어서 각 δ를 알아낸다. 이 각의 평균값을 ϕ의 계산값과 함께 다음에 주었다:

회절선	*hkl*	δ°	θ°	ϕ°
내부	111	69	19.3	70
외부	200	52	22.3	55

그러므로 (111)과 (200) 면의 법선은 섬유축에 대해서 각각 70°와 55°의 각을 이룬다. 이 축의 [*uvw*] 지수는 그림 16-8에 보인 것처럼 작도를 하거나 내부 각에 관한 표를 참조하여 결정한다. 이 경우에는 표 2.4를 참고하면 <111>과 <111> 사이의 각은 70.5°이고 <111>과 <100> 사이는 54.7°이므로 [*uvw*]는 [111]이 된다. 그러므로 인발한 알루미늄 선의 섬유축은 [111]이다. 그러나 필름상에서 반사는 예리한 점이 아니라 짧은 호인 만큼 [111] 방향은 선 축 주위에서 약간 흩어져 있다. 이러한 점을 각 호에 대해서 δ의 각 범위를 측정하고 이에 상응하는 ϕ의 범위를 계산하여 고

려한다. 그러면 선의 (111) 극점도는 그림 14-10과 비슷하다.

그림 14-13을 자세히 보면 적도($\delta = 90°$)에 있는 외부 환(200 반사)에 강도가 약한 최고점이 드러나는데 이것은 집합조직에 있는 약한 [100] 성분을 나타낸다. 그리고 내부의 111 환에 이런 성분이 있다는 증거도 있다. 그러므로 이 선에는 이중 집합조직이 있다: 강한 [111]과 약한 [100]. 이 두 성분의 상대적인 양은 면 검출기나 회절기(14-10절)를 사용하여 얻은 값으로 결정할 수 있다.

전해도금과 같이 평판 위에 코팅한 것은 섬유축 [*uvw*]이 판에 수직한 섬유조직이 있다면 [*uvw*]에 수직한 (*hkl*) 면은 판 표면에 평행하거나 거의 평행하다. 그러면 비정상적인 회절효과가 발생한다:

1. **준집중 회절기.** 입사빔과 회절빔은 판 표면과 같은 각을 이루므로 *hkl* 반사는 비정상적으로 강하고 그 외 다른 반사는 모두 약하거나 없다.
2. **배면 반사 핀홀 카메라.** 입사빔이 판 시료에 수직하고 이에 따라 섬유축에 평행하고 그림 14-12(b)에 보인 것처럼 투영이 되면(투영면은 판에 평행), 입사빔과 섬유축은 둘 다 투영의 중심과 일치한다. 집합조직이 이상적으로 예리하면 (*hkl*) 극점도는 한 개 이상의 투영 중심에 중심을 둔 동심원들로 되어 있을 것이고 이 극점의 원들 중 하나가 동심원인 반사원과 일치할 확률은 본질적으로 영이다. 그러나 집합조직이 충분히 산만하면 극점 원들 중 한 개는 띠를 이룰만큼 충분히 넓어져 반사원의 모든 점을 만날 수 있다: 강도가 **균일한** Debye 환이 생길 것이다. 문제 4-7을 보라. 그러므로 균일한 Debye 환은 언제나 무질서하게 배향한 입자들의 증거는 아니다.

14-9 판의 집합조직(회절기 법)

약 1950년 이전에는 판의 집합조직은 사진법으로 결정하였다. 이 기법에서는 회절 x선 강도를 일련의 사진에서 필름의 흑화 정도로 시각적으로 평가하였다. 그 결과 얻은 극점밀도는 정성적이었고, 등고선으로 구역을 나누어 극점밀도는 낮음, 중간, 높음과 같은 식으로 표시하였다.

한때 사진법은 낡은 기법으로 간주하였는데, 그 까닭은 회절기는 회절강도의 직접 측정을 허용하며 정량적인 극점도를 줄 수 있었기 때문이었다. 하지만 새로운 면 검출기의 등장으로 이 방법은 다시 중요하게 되었다.

면 검출기와 회절기 법의 본질적인 차이는 그림 14-13과 14-14를 비교하면 이해할 수 있다. 그림 14-13에서 나와 있는 자료를 분석하기 위해서 필름의 흑화도를 Debye 환을 따라 점에서 측정한다. 회절기(그림 14-14)에서도 같은 불균일한 Debye 환이 공간에 존재하지만 검출기는 이 환을 따라 강도의 변화를 조사하기 위해 이동할 수 없다. 그 대신, 검출기는 고정하고 **시편**이 회전한다. 예로서 만일 판상 시편이 자신의 면에서 회전한다면 Debye 환은 시편과 함께 회전하고 높고

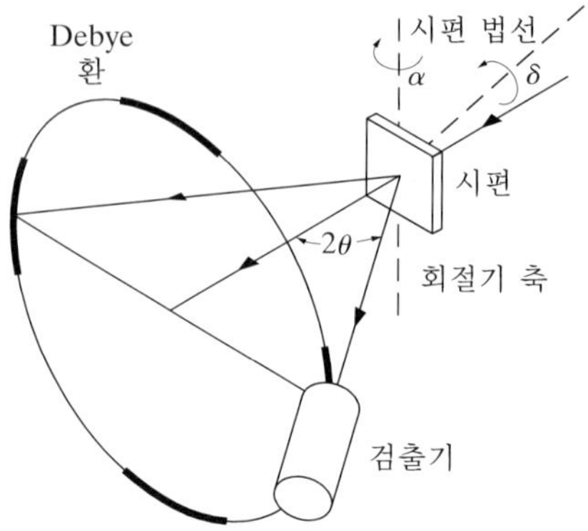

그림 14-14 극점도 결정의 투과법. Geisler[14.15]를 따름

낮은 강도의 구역이 검출기로 측정하는 위치로 연속적으로 온다. 각 시편 위치에서 회절빔의 강도는 그 빔을 회절할 수 있게 배향한 입자의 부피에 비례하여 잡힌다. 따라서 이 부피는 극점밀도에 비례한다.

(*hkl*) 극점도를 얻기 위해 검출기는 적당한 2θ에 고정하고 *hkl* 반사를 얻는다. 판 시편은 다음에 기술한 특정한 방법으로 회전한다. 극점도는 판 표면에 평행한 면 위에 만든 투영이고, 따라서 판과 함께 회전한다. 그러나 판의 방위가 어떠하든 회절면 (*hkl*)의 법선 *N*은 공간에서 고정한 채로 있고 입사빔과 회절빔 사이의 각을 이등분한다. 그러므로 *N*은 고정한 투영면 위로 이동하는 것으로 상상할 수 있다. 극점도 위에서 *N*의 위치는 수행한 시편 회전에서 나오고 각각의 *N*의 위치에서 x선 강도의 검출기 측정으로 얻은 극점밀도를 그린다.

이상적인 회절기 시편은 시편에서 잘라낸 작은 구일 것이다. 왜냐하면 구는 입사빔에 대해 방위가 무엇이든 같은 모양을 준다. 하지만, 보통은 시편을 그대로 사용한다. 그러면 판 내에서 입사빔과 회절빔의 경로는 판의 방위에 따라 변한다. 따라서 이러한 기하학적 영향을 위해서는 측정한 강도를 보정하거나 아예 보정할 필요가 없도록 x선 광학을 설계하는 것이 필요하다.

판의 집합조직을 측정하는 데는 하나가 아닌 여러 가지의 회절 기법이 있다. 이 기법은 두 개의 그룹, 즉 투과법과 반사법으로 나뉘는데 완전한 극점도를 덮기 위해서 보통 둘 다 필요하다.

투과법

아래에서 설명할 두 가지 기법은 시편이 μt가 1 정도일 것을 요구한다. 여기서 μ는 선형흡수계수이고 t는 두께이다. Mo $K\alpha$ 선으로 철을 측정하려면 두께가 35 μm 정도이고 알루미늄은 Cu $K\alpha$로 두께 75 μm 정도임을 나타낸다. 더 두꺼운 판은 연마나 식각으로 얇게 해야 한다.

Decker, Asp, Harker[14.16]의 방법은 집합조직 측정에 회절기를 처음으로 응용한 것이었다. 판 시편은 특별한 지지대에 놓고 처음에는 압연 방향에 수직하고[7] 회절기 축에 일치하도록 배

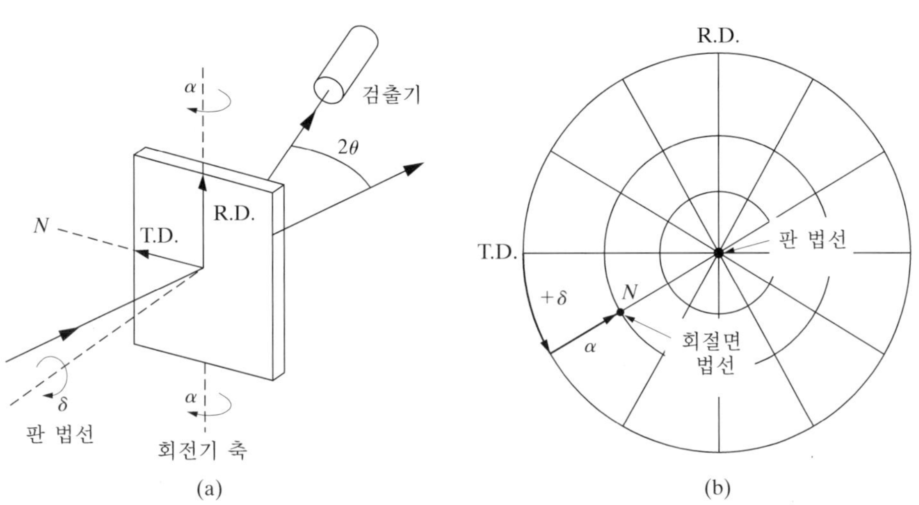

그림 14-15 투과법에서 각의 관계, (a)공간에서 $\alpha = \delta = \theta$ 이며 (b) 투영상에서, 회절면 법선 N은 $\alpha = \delta = 30°$에서 있다. R.D. = 압연 방향, T.D. = 횡단 방향

치하여 시편 면이 입사빔과 회절빔을 이등분하도록 한다(그림 14-14와 14-15). 시편 지지대는 시편을 자체 면에서 회절기 축 주위로 회전하게 한다.

그림 14-15는 회절면 *hkl*의 극점 N을 어떻게 그려 넣는 지를 보여준다. 각 α는 회절기 축 주위로 회전한 양을 나타내는데, 시계 방향으로 양의 부호이다. α는 판이 입사와 회절빔 사이의 각을 이등분하면 영이다. 각 δ는 판이 그 자체 면에서 회전하는 양을 나타내며 횡축 방향이 수평일 때 영이다. (다른 저자들은 흔히 이 각에 대해 기호와 정의를 다르게 하고 있다는 것에 유의하라.) 회절면의 극점 N은 처음에는, 즉 α와 δ가 영일 때, 좌측의 횡축 방향과 일치한다. 그런 다음 시편이 δ 각만큼 그 자체 면에서 회전하면 *hkl*의 극점은 극점도의 원주를 따라 δ 각을 이동하고 회절기 축 주위로 α 각 회전하면 반경을 따라서 원주에서 α 각을 이동한다. 극점도를 작성하기 위해서는 δ 값을 고정하고 α를 5°나 10° 간격으로 강도를 기록하는 것이 편리하다.[8] 이와 같이 하면 극점도를 일련의 반경을 따라서 지도로 그릴 수 있다. 이런 절차를 사용하여 전체의 극점도를 약 $\alpha = 50°$에서 $\alpha = 90°$에 이르는 중심 부근의 영역을 제외하고 결정할 수 있다. 이 영역에서 흡수의 보정은 부정확할뿐만 아니라 시편 지지대의 틀이 회절 x선 빔을 차단한다. 그러므로 실질적인 α의 최대값은 이론값인 $90° - \theta$에 이르지 못한다.

흡수 보정은 이 방법에서 필요하다. 그 까닭은 α 값에서 변화는 회절하는 물질의 부피와 이 시료 내 x선의 경로에서 모두 변화를 가져오기 때문이다. δ의 변화는 아무런 영향을 주지 않는다.

---

7) 간단하게 하기 위해, 여기서는 수직축 회절기에 관해서만 기술한다.

8) 그림 14-15(b)에서 골격 형태로 나타낸 차트는 이런 목적에 도움이 된다. 이것은 극 스테레오 망으로 부르는데, 이 망은 극 NS 축에 수직한 평면 위에 투영한, 괘선으로 그린 구의 위도선(원)과 경도선(반경선)을 보여주기 때문이다. 이러한 망이 없을 때는 Wulff 망의 적도나 중앙 자오선을 각 α를 측정하는 데 사용할 수 있다.

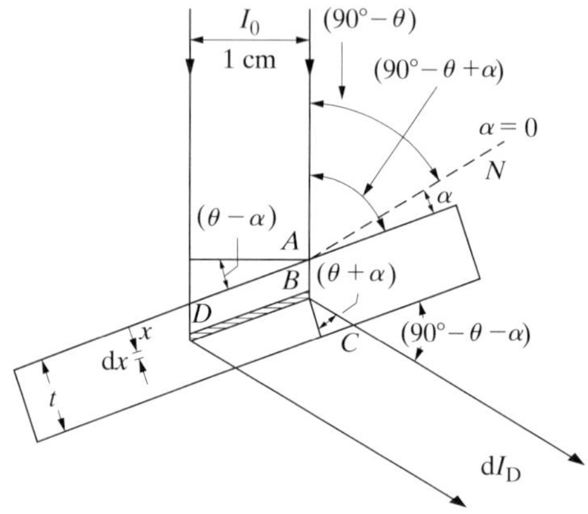

그림 14-16 투과법에서 경로길이와 노광부피

흡수인자의 각 의존성은 4-10절에서 고려한 반사 예에서 사용한 방법과 비슷한 방법으로 계산할 수 있다. 그림 14-16에서 입사빔은 강도가 I_0(ergs/cm^2/sec)이며 단면적은 1 cm^{2}이다. 이 빔은 두께 t와 선형흡수계수 μ인 판상 시편에 입사한다. 그리고 시편의 개별 입자들은 완전히 무질서하게 배향한다고 가정한다. a는 입사빔을 회절하도록 정확하게 배향한 입자들을 포함하는 시편의 부피 분율이고 b는 단위부피에서 회절하는 입사에너지의 분율이라고 한다. 그러면 깊이 x에 위치한 두께 dx의 층에서 나오는, 시편 밖 회절빔의 초당 전체 에너지는 아래와 같다.

$$dI_D = ab(DB)I_o e^{-\mu(AB+BC)}dx \quad \text{(ergs/see)} \tag{14-9}$$

여기서

$$DB = \frac{1}{\cos(\theta - \alpha)}, \quad AB = \frac{x}{\cos(\theta - \alpha)}, \quad BC = \frac{1 - x}{\cos(\theta + \alpha)}$$

이고, 대입하면

$$dI_D = \frac{abI_o}{\cos(\theta - \alpha)} e^{-\mu t/\cos(\theta+\alpha)} e^{-\mu x[1/\cos(\theta-\alpha) - 1/\cos(\theta+\alpha)]} dx \tag{14-10}$$

이다. $\alpha = 0$을 식 (14-10)에 넣고 $x = 0$에서 $x = t$까지 적분하면 초당 전체 에너지, 즉 적분강도는 시편의 이 위치에서 다음과 같다:[9)]

9) 7-9절에서 어떠한 투과법에서도 회절빔은 시편두께를 $1/\mu$로 만들면 최대강도가 된다는 사실을 언급하였다. 이 결과는 식 (14-11)에서 당연히 나온다. 만일 $\theta = \alpha = 0$이면, 초기빔은, 일반적인 투과 핀홀법에서처럼, 직각에서 시편에 입사할 것이고(그림 14-16을 보라), 그 결과는 근사적으로 저각 2θ에서 형성된 회절빔에 적용할 수 있을 것이다. 그러한 빔의 강도는

$$I_D = abtI_0 e^{-\mu t}$$

로 준다. 이 식을 t에 대해 미분하고 그 결과를 영과 같게 놓으면 I_D는 $t = 1/\mu$일 때 최대라는 것을 보여준다.

$$I_{\rm D}(\alpha = 0) = \frac{abtI_o}{\cos\theta} e^{-\mu t/\cos\theta} \tag{14-11}$$

α가 0이 아니면, 동일한 적분하면,

$$I_D(\alpha = \alpha) = \frac{abI_o[e^{-\mu t/\cos(\theta-\alpha)} - e^{-\mu t/\cos(\theta+\alpha)}]}{\mu\{[\cos(\theta - \alpha)/\cos(\theta + \alpha)] - 1\}} \tag{14-12}$$

이 된다. 이 두 적분강도의 비는 흡수 보정을 위해서 필요하고 다음과 같다:

$$R = \frac{I_D(\alpha = \alpha)}{I_D(\alpha = 0)} = \frac{\cos\theta\,[e^{-\mu t/\cos(\theta-\alpha)} - e^{-\mu t/\cos(\theta+\alpha)}]}{\mu t e^{-\mu t/\cos\theta}\{[\cos(\theta - \alpha)/\cos(\theta + \alpha)] - 1\}} \tag{14-13}$$

R 대 α의 그림이 Cu $K\alpha$선으로 알루미늄에서 얻은 111 반사와 관계하는 전형적인 값, 즉 $\mu t = 1.0$과 $\theta = 19.25°$에 대해서 그림 14-17에 보인다. 그림 14-17은 α가 영에서 시계 방향으로 증가하면 시편이 무질서하게 배향한 입자들을 포함하더라도 반사의 적분강도는 감소하는 것을 보여준다. 그러므로 우선방위를 측정할 때는 개개의 측정한 강도를 보정인자 R의 적정한 값으로 **나누는** 것이 극점밀도에 비례한 수치를 얻기 위해서 필요하다. 보정인자 R을 유도한 방식에서 알 수 있듯이 회절빔의 **적분강도**는 반드시 측정해야 한다. 검출기를 고정하고 이런 일을 하기 위해서는 검출기의 슬릿들은 빔의 폭 전체가 검출기로 들어올 수 있도록 α의 모든 값에서 회절빔만큼 넓어야 한다. 이 방법의 이상적인 입사빔은 평행빔이다. 하지만 발산빔도 발산이 그리 크지 않으면 큰 오차 없이 쓰일 수 있다. 여기서 집중은 문제가 아니다. 만일 입사빔이 발산한다면 회절빔도 발산할 것이고 매우 넓은 검출기 슬릿은 이 빔 전체 폭을 수용할 수 있어야 할 것이다. 회절축 주위로 시편이 시계 방향으로 회전하면 회절빔은 더 좁아지므로 반시계 방향으로 회전하는 것이 바람직하다.

식 (14-13)에서 사용한 μt의 값은 직접 측정해서 얻어야 한다. 그 까닭은 시편의 측정한 두께 t와 함께 표에 있는 μ 값을 사용하는 것이 충분히 정확하지 않기 때문이다. μt를 결정하기 위해서는

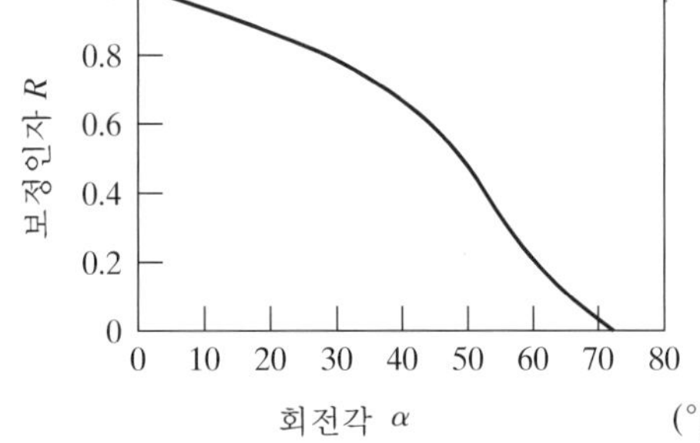

그림 14-17 영 위치에서 시계 방향으로의 회전에서 α에 따른 보정인자 R의 변화. $\mu t = 1.0$, $\theta = 19.25°$

어떤 편리한 물질에서 강하게 회절하는 빔을 사용하여 판 시편을 회절빔에 넣고 강도를 측정하고 시편을 넣지 않고 다시 측정한다. 그러면 μt의 값은 흡수 공식 $I_t = I_o e^{-\mu t}$에서 얻을 수 있다. 여기서 I_o와 I_t는 각각 판 시편에 입사한 강도와 투과한 강도이다.

Schulz 투과법[14.17]은 평행이 아닌 오히려 발산한 입사빔을 사용하며 슬릿은 회절빔의 중심부만을 받아들일만큼 좁다. 이러한 조건에서 Schulz는 무질서 시편(요약하여 '무질서 시편'은 '입자들이 무질서하게 배향한 시편'이란 뜻으로 쓴다)의 회절강도를 각 조절점인 α와 관련시켜 식 (14-12)와 유사한 식을 유도하였다. 그리고 무질서 시편에서 회절한 강도는 충분히 얇은 시편(μt = 0.4에서 0.7)에서 θ가 작은 경우(약 20° 이내)에는 α가 약 30°가 되기까지 수 퍼센트 이내에서 일정하다는 것을 보여주었다: 이 조건에서 보정식은 필요하지 않다.

무질서 시편이란 의미에서 보정식들을 검증하는 데서 Newkirk와 Bruce[14.18]는 이 식이 Decker, Asp와 Harker의 식 (14-13)과 잘 일치하는 것을 발견하였다. 다른 한편으로, Aoki [14.19]의 자료는 Decker 등의 방법에 비해 Schulz 방법이 실험과 이론에 더 잘 맞는다는 것을 보여준다. 하지만 보정식들의 타당성을 판단하는 데 있어서 무질서 시편뿐만 아니라 실제 x선 광학(입사빔의 본질과 검출기 슬릿의 폭)과 식을 유도하는 데 가정한 것들 사이의 긴밀한 일치가 필요하다는 것을 염두에 두어야 한다.

반사법

극점밀도의 중심부는 어떤 투과법으로도 접근할 수 없으며 오로지 반사법만으로 조사할 수 있다. 시편은 실질적으로 두께가 무한하거나 추가적인 보정이 필요할 것이다.

가장 널리 사용하고 있는 것은 Schulz의 반사법[14.20]이다. 이 방법은 특별한 시편 지지대를 요구하는데 이것은 시편 표면에 수직한 축과 수평축 주위로 시편 자체의 면에서 시편이 회전할 수 있도록 한다. 이 축은 그림 14-18에서 BB'와 AA'로 나타낸다. 수평축인 AA'는 시편 표면에 놓이고 처음에는 회절축 주위로 회전시켜서 입사빔과 회절빔이 각이 같도록 조정한다. 이렇게 한 다음 회절축 주위로 회전은 더 이상 하지 않는다. 축 AA'가 시편이 다른 회전을 하는 동안 고정 위치에 그대로 있으므로 시편의 노광 표면은 항상 x선 광원과 검출기 슬릿을 통과하는 초점원에 접한다. 그 결과로 발산빔이 회절빔이 검출기의 한 초점에 수렴하도록 쓰인다.

시편이 축 AA' 주위로 회전할 때 시편 표면에 수직한 축 BB'는 수직면에서 회전한다. 그러나 CN, 즉 회절면의 법선은 AA'에 수직한 한 수평 위치에 고정하여 그대로 있다. 회전각 χ와 ϕ는 그림 14-18에 보인다.[10] 각 χ는 판이 수평일 때 영이고 판이 그림에서 보여준 것처럼 수직한 위치에 있을 때 값은 90°이다. 시편의 이 위치에서 회절면 법선은 투영의 중심에 있다. 각 ϕ는 압연 방향이 회전하여 축 AA'의 좌측 끝에서 멀어져 있는 양을 나타내고 그림의 위치에서는 값이 +90°이다. 이 규약에 따라 각 χ와 ϕ를 투과법의 α와 δ와 마찬가지로 극점도에 그린다[그림 14-15(b)].

10) 회전각을 χ과 ϕ로 지정하여 투과법을 반사법과 구별하는데, 투과법에서 각은 각각 α와 δ로 나타낸다.

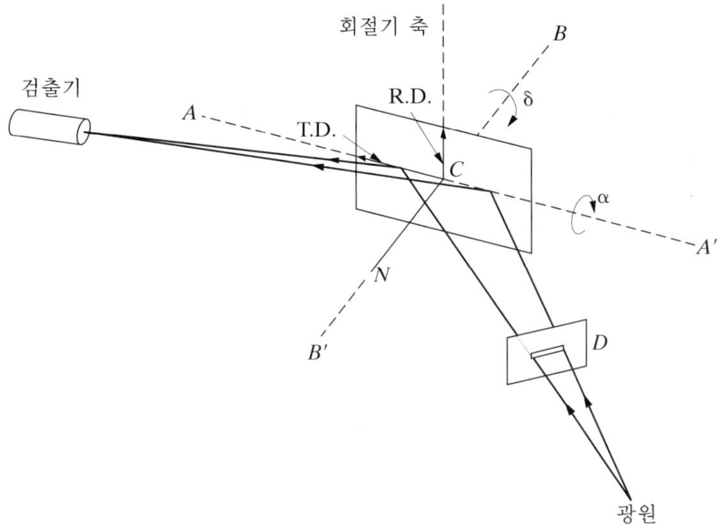

그림 14-18 Schulz 반사법

Schulz 법의 가장 큰 장점은 흡수 보정이 χ 값이 90°에서 약 40° 사이, 즉 극점도의 중심에서 약 50°가 되기까지는 필요하지 않는 것이다. 바꾸어 말하면 무질서 시편은 이 범위의 χ값에서 회전하더라도 시편이 실질적으로 두께가 무한하다면 회절빔의 측정강도는 달라지지 않는다. 이러한 환경에서 회절빔의 강도는 어떠한 보정없이 시편의 극점밀도에 직접적으로 비례한다. 흡수인자의 일정성은 본질적으로 시편에 가까운 D(그림 14-18) 위치에서 초기빔에 놓인 폭이 좁은 수평슬릿 때문이다. 이 슬릿의 수직한 개구는 약 0.5 mm에 지나지 않는데, 이것은 시편이 고정축 AA'에 정렬한 길고 좁은 사각형 위에만 빔이 조사하는 것을 뜻한다. 시편이 AA' 주위로 회전하면 흡수에서 변화는 일어나지만 회절하는 물질의 부피가 변하여 정확하게 상쇄하여 최종 결과는 χ가 90°와 약 40° 사이에 있으면 무질서 시편의 회절강도가 일정하다는 것을 보여준다[14.20]. 이 조건을 얻기 위해서 시편의 반사 표면은 χ와 ϕ의 모든 값에서 정확하게 축 AA'와 일치하도록 조정해야 한다. 이 조정은 매우 중요하다.

시편이 수직 위치에서 벗어나($\chi < 90°$) 그림 14-18에 보인 방향으로 회전할 때 상부는 초점원 뒤로, 하부는 초점원 앞으로 이동한다. 그러므로 회절빔은 검출기 슬릿에서 넓어지고 무질서 시편에서 측정한 회절강도는 χ가 90°에서 멀어지면서 감소한다. 이 효과는 **탈초점 오차**라 부른다. 이것은 슬릿 조정(검출기 슬릿을 넓히고 슬릿 D에서 수직 개구를 작게 한다)으로나 계산[14.21, 14.22]으로 보정하여 최소로 줄일 수 있다.

그림 14-19는 투과법이나 Schulz 반사법에 모두 적합한 시편 지지대를 보여준다.

Field와 Merchant **반사법**[14.23]은 평행빔에 맞도록 고안한 것인데, 그림 14-20에 간단히 한 단선으로 보인다. 시편은 처음에는 압연 방향에 수직하게 회절축과 일치하고 횡축 방향과 수평하게 놓고 판의 면은 입사빔과 회절빔에 경사가 같도록 기울인다. 그러면 회절면의 극점 N은 투

그림 14-19 극점도 고니오미터. 나타낸 시편은 투과법으로 측정하기 위한 위치에 놓여 있으며 시편 지지대의 방위를 간단히 바꾸면 Schulz 반사법으로 측정한다. x선 관은 여기서 끝이 위로 오게 나타낸다. 이 기기는 자동으로 작동하도록 고안한 것이다. (Siemens Corporation의 호의.)

영중심($\alpha = 90°$)에 있게 된다. 회절축 주위로 시편을 반시계 방향으로 회전하면 이것은 부수적으로 회절빔을 좁게 할 것이고 N은 극점도의 적도($\delta = 0$)를 따라서 왼쪽으로 이동한다. 각 δ는 시편이 자체 면에서 회전하면 변한다.

회절강도는 α의 변화로 생기는 흡수의 변화를 보정해야 한다. 입사와 반사의 각 γ와 β는 그림 14-20에 보인 것과 같다. 식 (4-14)는 다음과 같이 쓴다:

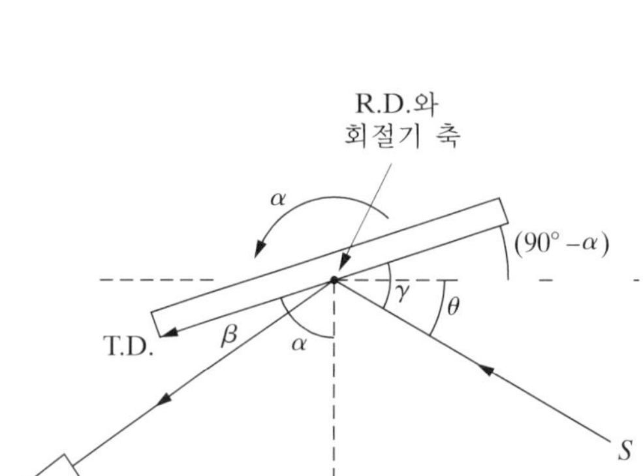

그림 14-20 Field와 Merchant 반사법. N = 회절 면법선

$$dI_D = \frac{I_o ab}{\sin\gamma} e^{-\mu x(1/\sin\gamma + 1/\sin\beta)} dx \tag{4-14}$$

반시계 방향으로 회전하면 $\gamma = \theta + (90° - \alpha)$ 그리고 $\beta = \alpha - (90° - \theta)$이다.

이 둘을 식 (4-14)에 대입하고 $x = 0$에서 ∞까지 적분하면 적분강도는 다음과 같다:

$$I_D = \frac{I_O ab}{\mu\{1 - [\cos(\alpha - \theta)/\cos(\alpha + \theta)]\}} \tag{14-14}$$

$\alpha = 90°$에서 같은 양에 대해서 이 양의 비만이 중요하다. 이 비는 다음과 같다.

$$S = \frac{I_D(\alpha = \alpha)}{I_D(\alpha = 90°)} = 1 - \cot\alpha\ \cot\theta \tag{14-15}$$

회절강도는 μ와 무관한 S로 나누어야 하는데 이것은 극점밀도에 비례한 값을 준다. 보정은 θ 값이 클수록 덜 심각하다(S는 1에 가깝다). 그러므로 투과법에서 측정한 고차항의 *hkl* 반사를 측정하는 것이 유리하다. 시편 지지대는 투과법에서 사용한 것과 같을 수 있다.

극점도의 작도

투과법은 극점도의 바깥쪽인 $\alpha = 0$에서 약 50°에 이르는 부분을 포함하는 극점밀도를 준다. 반사법은 안쪽인 약 $\alpha = 40°$에서 90°(즉, Schulz 법에서 $\chi = 90°$에서 40°)를 포함한다. 극점밀도는 임의의 단위로 표시하며 사용한 기법에 따라 직접적으로 측정한 회절강도나 보정한 강도이다. 극점도의 반경을 따라서 극점밀도가 이 두 기법의 겹치는 부분($\alpha = 40°$에서 50°)에서 적지 않게 존재하므로, 정규화 인자를 찾아서 이 값으로 투과법에서 얻은 극점밀도가 반사법에서 얻은 것과 같도록 한다. 중첩 부분의 일치는 거의 완전하지 않지만, 여러 반경의 정규화 인자 사이에 존재하는 적지 않은 불일치는 실험상이나 계산상의 오차로 할 수 있다.

일단 한 조의 자료가 다른 조의 것과 맞도록 정규화하면 선정한 수준에서 동일한 극점밀도의 점들을 연결하여 등고선을 그린다. 그 결과는 그림 14-21와 같은 극점도이다. 보통 이 작업은 popLA[14.25]와 같은 계산기 프로그램을 사용해서 한다. 상인이 공급하는 소프트웨어나 개인이 작성한 루틴들이 있다. 많은 집합조직은 전부는 아니지만 압연 방향과 횡축 방향에 수직한 반사면에 대해서 대칭적이고, 발표한 많은 극점도는 한 사분원에서만 얻은 측정을 사용하고 다른 사분원의 것은 측정자료 없이 대칭적일 것으로 가정하여 결정하였다.

황동 판의 변형 집합조직(그림 14-21)은 아주 뚜렷하다. 그래서 '이상적인 방위'로 간주할 수 있는 지 여부를 알고자 한다. 이런 방위를 성공적으로 발견하기 위해서는 여러 개의 표준적인 투영을 극점도 위에 쌓아 두고 (111) 극점과 고밀도의 영역이 일치하는 지를 찾는다. 그림 14-21의 검은 삼각형은 그러한 일치를 나타낸다: 이 삼각형은 단결정의 (111) 극점을 나타내는데, 단결정의

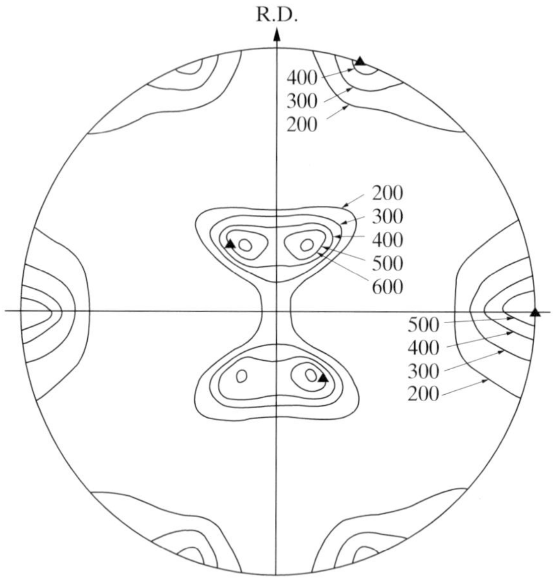

그림 14-21 알파 황동 판재(70 Cu-30 Zn)의 (111) 극점도, 냉간 압연하여 두께를 95% 줄임. 극점밀도는 임의의 단위임. 네 개의 모든 사분면의 외곽 부위는 실험적으로 결정하였다. 상부 오른쪽 사분면의 내측 부위와 하부 왼쪽 사분면의 내측 부위는 측정하였고 다른 두 개는 반사조작으로 그렸다. 검정 삼각형은 (110)[112] 방위를 보여준다. Hu, Sperry, Beck[12.14].

배향은 (110) 면이 판에 평행하고 [112] 방향이 압연 방향과 평행하다. 집합조직의 대칭면에서 이 극점들이 서로 반사하는 것은, 즉 (110)[$1\bar{1}2$]와 같은 방위를 추가하는 것과 같은데, 대개 극점밀도에서 모두 고밀도가 높은 영역이다는 것을 나타낸다고 할 수 있다. 따라서 이 집합조직은 이상적인 방위 {110} <$\bar{1}12$>로 표시할 수 있다. 극점도 자체는 이상적인 방위에 관한 어떤 꾸밈없는 설명보다 훨씬 더 좋은 집합조직의 기술이다는 것을 강조하고 싶다. 이상적인 방위는 산란에 관해서 어떤 것도 말하지 않는다. 정량적인 극점도는 한 언덕의 정확한 등고선도가 그 언덕의 높이, 폭, 길이에 관한 설명을 하듯이 한 이상적인 방위와 거의 같은 관계를 갖는다.

임의의 단위로 표시한 극점밀도는 무질서한 시편의 극점밀도를 배수로 표현한 것, 즉 '무질서 배수(times random)' 단위로 나타낸 것에 비해 유용하지 않다. 그림 14-22에서 등고선들은 이런 단위로 표시하였다. 누구나 한눈에 극점도의 이런 영역들을 볼 수 있는데 무질서에 비해 극점밀도는 높거나 낮고, 이 극점도는 우연히도 모든 사분원에서 측정한 것이다. 거기에서 나타낸 집합조직은 공업적으로 의미가 좀 중요한데, 산만하여 이상적인 방위를 잘 나타내지 못한다. 근사적으로 이것은 <111> 섬유조직이고 섬유축은 판면에 수직하고 '입방체 상 모퉁이(cube-on-corner)' 조직으로 부르는 가장 강하며 단 성분인 {111} <110>을 포함한다[14.26, 14.27].

회절강도는 극점밀도에 비례하는데, 이 무질서 시편에서 얻은 회절강도와 비교하여 무질서 배수를 기본으로 하여 나타낸다[14.28]. 무질서 시편은 집합조직이 있는 물질과 반드시 같은 물

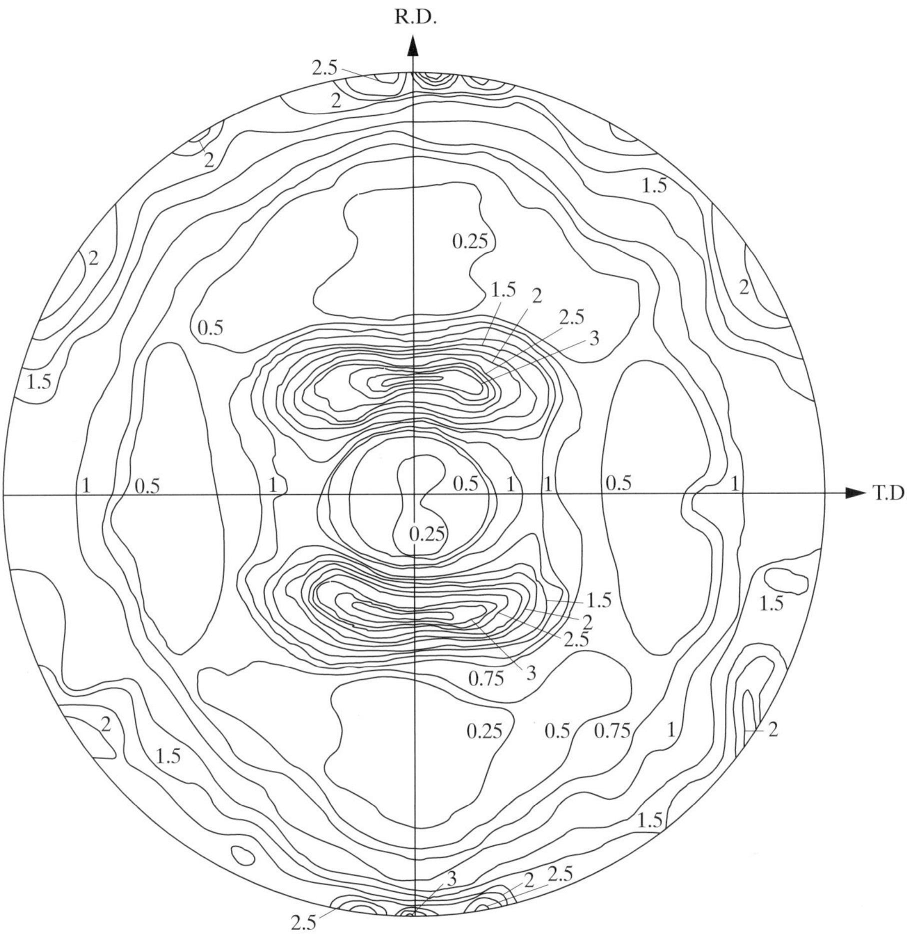

그림 14-22 재결정 시판 저탄소(0.04%) 강판의 (110) 극점도, 알루미늄으로 킬드, 0.9 mm 두께. '무질서 배수' 단위에서 극점밀도. 복합 시편을 반사법으로 결정: '총론' 하의 본문을 보라. Bunge and Roberts[14.26]

질이어야 하고, 투과법에서는 동일한 μt 값을 가져야 한다. 그렇지 못하면, 보정하는 데 사용한 투과법에 따라서 다르다. 무질서 시편 자체는 보통 분말을 압축하고 소결하여 만든다 [14.18, 14.19]. 이 시편에서 입자방위의 무질서는 통상적으로 회절로 그 회절무늬를 측정하여 검사해야 한다. 모든 회절선의 측정한 적분강도는 식 (4-21)로 계산한 것과 잘 일치해야 한다.

총론

투과법에서 최적의 시편두께와 반사법에서 무한두께의 조건은 동일한 시편을 두 방법에 모두 쓸 수 있다는 그러한 것이다. 최적의 두께를 벗어나서 얻는 벌은 심각하지 않다: 두께가 $\alpha = 0$에서 투과에 필요한 최적값의 2배로 하면 회절강도는 단지 26%(문제 4-8) 감소할 뿐이다.

특히 중금속으로 된 시편은 μt 값이 전체적으로 낮고 균일하도록 얇게 만드는 것이 어렵다. 그러므로 어떤 조사자는 투과법을 아예 피해서 반사법으로 극점도의 중심부만을 측정한다. 그러한 부분의 극점도는 어떤 목적에서는 유용하다. 다른 이들은 한 표면에서 혹은 판 표면에 경사한 표면들에서 x선을 반사하여 완전한 극점도를 얻는다. 판재의 여러 장의 판을 압연방향과 평행하게 쌓아서 죄거나 접합하여 하나의 복합 시편으로 만든다. 이 시편을 잘라서 노출한 표면의 법선이 판 법선, 압연 방향, 횡단 방향과 54.7°로 같은 각을 이루게 하여 이 표면에서 반사법으로 측정하면 극점도의 한 사분원이 나온다[14.29]. 그림 14-22의 극점도는 시편 면의 반사 측정과 압연 방향과 횡단 방향에 수직한 단면의 반사 측정에서 얻은 것이다.

집합조직 측정에 영향을 줄 수 있는 오차는 다음과 같다:

1. 입도가 어떤 재결정한 시편에서처럼 너무 크면, 입사빔은 충분한 입자들을 조사하지 못하여 통계 정확성이 나빠진다. 그러면 시편 지지대에 기계적 장치를 붙여서 시편이 자체의 면에서 전후로 병진하여 입사빔에 더 많은 입자가 노출하게 한다.
2. 판 표면의 집합조직은 중앙부의 것과 다를 수 있다[14.24]. 그와 같이 집합조직의 경사변화가 존재할 때는 투과법과 반사법은 같은 시편에서 차별적으로 다른 층을 조사한다는 것과, 따라서 층의 두께도 규칙적으로 α와 함께 변한다는 것을 알아야 한다.
3. x선 광학계, 특히 슬릿 크기는 사용하는 x선 법이 요구하는 것에 적합해야 한다. 너무 좁으면 검출기 슬릿은 원하는 회절선 부분을 빼놓을 수 있다. 너무 넓으면 슬릿은 배경선의 일부까지 포함할 수 있다. 너무나 흔히 배경선을 간단히 무시하는데, 그 결과 측정강도는 회절선과 배경선을 둘 다 포함한다. 결정 단색화 장치, 평형 필터, 혹은 파고 분석기를 사용하여 배경선을 제거하거나 감소하는 것이 크게 도움이 된다. 이 원인으로 생기는 오차는 클 수도 있다. 이 오차는 집합조직이 있는 시편의 강도와 완전한 무질서 시편에서 얻은 강도를 비교하여 거의 완전하게 제거할 수 있다. 이 시편은 단지 입자방위에서만 다르다. 그러한 무질서 시편은 만들기가 대단히 어렵다. (예를 들면, 어닐링한 무질서 시편은 냉간가공한 집합조직이 있는 시편에 비해서 회절선이 더 좁다는 것에 주의한다.)

우선배향을 수작업으로 결정하는 것은 다소 지루한 일이므로 그 과정은 자동화하였다. 여러 가지 기기는 상품으로 구입이 가능하다(그림 14-19). 컴퓨터 제어 하에 시편의 α와 δ(또는 χ와 ϕ)의 각 설정이 미리 정해진 순서대로 모터 구동으로 변하고 각 설정위치에서 회절강도는 디스크에 기록한다.

우선방위의 해석은 이제는 극점도를 벗어나 집합조직을 더욱 완전하게 기술하는 방향으로 가고 있다. 판에 있는 어떤 결정이, 예로서 α와 δ각으로 규정한 극점도의 한 점에 있는(100) 극점이 있다는 것을 실험적으로 확정하는 일은 그 결정의 방위를 완전하게 규정하는 것이 아니다. 이 두 각은 [100] 방향의 방위만을 나타내는 것에 지나지 않고 그 결정은 이 축에서 어떠한 회전한 위치에도 있을 수 있다. 그 결정의 방위를 고정하려면 제3의 각이 필요하다. 집합조직을 완전히 기술하려면 판의 결정 각각에 대해서 세 개의 각(일컬어서 Ψ, θ, ϕ)을 규정하는 것이 필요하다. 이에 관한 정보는 **결정 방위 분포함수**(orientation distribution function), 즉 *odf* 에 들어 있다. 14-11절에서 논의한다.

14-10 선의 집합조직(회절기 법)

14-7절에서 언급했듯이 선이나 봉에 진정한 섬유조직이 있다면 그 극점도는 섬유축에 대해서 회전대칭이 있을 것이며 그림 14-10과 닮을 것이다. 그러므로 극점밀도는 한 반경만을 따라서 측정하면 된다. 극점 N과 섬유축 F.A. 사이의 각은 섬유조직을 다룰 때는 항상 ϕ로 부른다.

Field와 Merchant 법은 극점밀도를 측정하는 데 쓰일 수 있고 두 개의 시편이 ϕ의 전 90° 범위를 망라하기 위해서 필요하다:

1. **저각 ϕ 범위.** 그림 14-23(a)에서처럼 x선은 선의 단면에서 회절한다. 시편은 한 묶음의 선이고, 함께 묶어 사각형 구멍에 넣고 접착제로 붙이고 두꺼운 플라스틱 원판에서 잘라낸다: 그런 다음 선 양끝을 갈고 연마하고 부식한다. 이 단면은 처음에는 회절기 축에 평행하게 하고 입사빔과 회절빔에 동등하게 기울게 한다. 각 ϕ는 이 시작 위치에서 회절축 주위로 시료를 반시계 방향으로 회전한 양을 잰 것이다. 다음에는 새로운 각인 ρ를 시편 표면과 회절 면 법선 N 사이의 예각으로 정의한다. 식 (14-14)와 그림 14-20의 각 α는 $\rho = \rho_L = 90° - \phi$가 되어

$$W = \frac{I_D(\rho = \rho)}{I_D(\rho = 90°)} = 1 - \cot\rho\cot\theta \tag{14-16}$$

이다. 회절강도는 극점밀도에 비례하는 숫자를 얻기 위해서 W로 나누어야 한다.

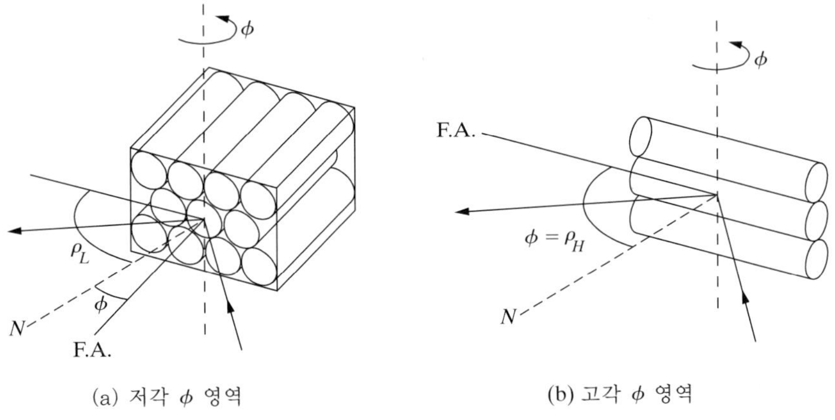

그림 14-23 복합 선 시편의 회절. ϕ는 섬유축 F.A.와 회절 면법선 N 사이 각이다. ρ는 N과 시편 표면 사이의 각이다.

2. 고각 ϕ 범위. x선은 선의 옆면에서 그림 14-23(b)에 보인 것과 같이 회절한다. 시편은 한 조의 선을 홈이 난 판에 접착제로 붙인 것이다. 식 (14-16)은 여전히 성립하지만 이제는 $\alpha = \rho = \rho_H = \phi$이다.

각 방법에서 얻은 회절강도를 W로 나누고 겹치는 부분에서 정규화하면 한 조의 수 I_D가 나오고 이 수는 극점밀도에 비례한다. 그림 14-24는 냉간 인발한 알루미늄 선의 내부 집합조직에서 이렇게 하여 얻은 I와 ϕ 곡선을 보여준다. $\phi = 0$과 70°에서 피크는 집합조직의 강 [111] 성분에서 생긴 것이고 55°의 피크는 약한 [100] 성분에서 생긴 것이다.

I 와 ϕ의 극점밀도 곡선을 해석하면 극점밀도는 무질서 배수 단위로 나타낼 수 있고 이중이나 다중 섬유조직에서 성분들의 상대적인 양을 결정할 수 있다[14.31–14.33].

선에 중심을 둔 단위 반경의 기준구를 상상한다(그림 14-25). 표면 위에서 면적 요소는 $\mathrm{d}A = 2\pi \sin\phi\, \mathrm{d}\phi$이다. I가 극점밀도라면, 이 면적에서 (hkl) 극점의 수는 $\mathrm{d}n = I\,\mathrm{d}A = 2\pi\, \phi \sin\phi\, \mathrm{d}\phi$이고 반구 표면 위 극점의 총 수는

$$n = 2\pi \int_0^{\pi/2} I \sin\phi\, \mathrm{d}\phi \tag{14-17}$$

이다. I_r이 무질서 시편의 극점밀도라면 $n = I_r\,(2\pi)$이다. 그러므로

$$I_r = \int_0^{\pi/2} I \sin\phi\, \mathrm{d}\phi \tag{14-18}$$

이다. 이 적분은 $I \sin\phi$ 대 ϕ의 곡선 아래의 면적에 불과하고 이 면적은 차례로 $\langle I \sin\phi \rangle_{\mathrm{av}}$의 곡선 $\pi/2$를 곱한 평균 종좌표와 같다. 그러므로

$$I_r = \frac{\pi}{2} \langle I \sin\phi \rangle_{av} \tag{14-19}$$

이다. 이 관계식은 n개의 극점이 구면 위에 무질서하든지 어떤 우선배향 식으로 분포하든지 간에 유효하고 이 식은 집합조직이 있는 시편에서 측정하여 I_r을 결정할 수 있게 한다. 실험값 I에서, ϕ 자료로 그림 14-24에서 파선으로 표시한 것과 같은 $I \sin\phi$ 대 ϕ의 곡선을 구성하고 평균 종좌표를 결정하고 식 (14-19)에서 I_r을 찾는다. 일단 I_r을 알면(이 선의 경우 14.3 단위), $I \sin\phi$ 극점밀도 곡선은 무질서 배수 단위(우측 종좌표)로 그릴 수 있다. (검출기 슬릿의 각도 상의 개구는 ϕ에 비해 작지 않으므로 $\phi = 0$ 근처에서 참 극점밀도는 근사값으로만 구한다[14.32]. 그러므로 수학적으로 나타낸 것과 같이 $\phi = 0$ 부근에서 $I \sin\phi$ 곡선을 영으로 연장하기보다는 외삽한다.)

이중 집합조직에서 각 성분의 양은 $I \sin\phi$ 대 ϕ 곡선 상에서 그 성분에서 나오는 피크의 면적에 비례한다. 연루한 다중도를 알면 고려해야 할 피크의 수를 줄일 수 있다. {111} 극점의 다중도는 구에서는 8이고 반구는 4이다. 그림 14-24에서 [100] 성분은 55° 피크 하에서 입자당 네 개의

{111} 극점을 주고, 다른 한편으로 [111] 성분은 0°에서 한 개의 {111} 극점을 주고, 70°에서 세 개를 준다. 0°에서 피크면적을 확실히 모르기 때문에 [111] 성분에 관계하는 면적은 70°의 피크 면적의 4/3배한 것으로 취한다. 그러므로

$$\frac{[111]\ \text{성분의 부피 분율}}{[100]\ \text{성분의 부피 분율}} = \frac{\left(\frac{4}{3}\right)(70^\circ\ \text{피크의 면적})}{(55^\circ\ \text{피크의 면적})}$$

이다. 알루미늄 선에서 이렇게 계산하면 [111] 성분의 부피 분율은 0.85가 되고 [100] 성분은 0.15가 된다.

이 결과를 40° 이내의 ϕ 값에서 한 측정을 전혀 사용하지 않고 얻었다는 것에 유의한다. 그러므로 집합조직이 고각 ϕ 영역에서 잘 분리한 피크들을 줄 수만 있다면 완전한 극점밀도 곡선이

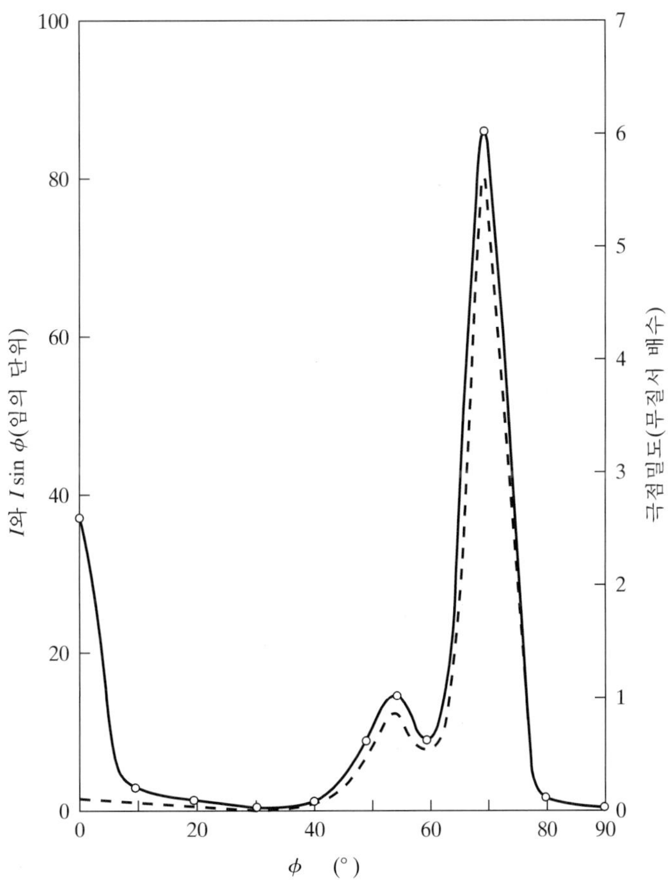

그림 14-24 sin ϕ 함수로 나타낸 (111) 극점밀도(실선)와 $I \sin \phi$ (파선), 냉간 인발한 알루미늄 선, 일발로 면적이 95% 감소함, 인발한 직경의 80%까지 부식처리함, 최종 시편의 직경은 1.3 mm임, Cr kα 방사선과 222 반사를 사용함. Freda 외 [14.30]

집합조직을 평가하기 위해서 반드시 필요한 것은 아니다. 이런 경우는 다행스러운 상황인데, 그 까닭은 고각 ϕ 측정은 거의 혹은 전혀 시편 준비를 요구하지 않기 때문이다.

선에서 우선방위는 언제나 순수한 섬유조직의 형태를 취하지는 않는다. 예를 들면, 철선의 변형조직은 보통 [110] 섬유조직이라고 생각할 수 있지만 Leber[14.34]는 **원통 집합조직**도 존재한다는 것을 보여주었다. 그러한 집합조직은 선 축 주위를 둘러싼 판 조직, 철에서 (100)[011]로 간주할 수 있다. 그리하여 선 표면의 어떠한 점에서도 (100) 면은 표면에 접하며 [011] 방향은 선 축에 평행하다. 섬유조직에서 원통 성분의 존재는 $I \sin \phi$ 곡선의 이상 거동으로 드러난다: 섬유조직 성분 탓으로 돌릴 수 있는 피크면적은 다중도에서 예상할 수는 비율로 되지 않는다[14.35].

14-11 역극점도

극점도는 시편에서 특정한 방향과 관계하여 선택한 결정학적 방향의 분포를 나타낸다. 집합조직 자료는 **역극점도**의 형태로도 표현할 수 있는데, 이것은 결정축과 관계하여 시편에서 선택한 방향의 분포를 보여준다. 그러므로 역극점도의 투영면은 결정의 표준 투영이고, 이 투영에서 단지 단위 스테레오 삼각형만으로 나타내면 된다. 선과 판의 집합조직 둘 다 표현할 수 있다.

그림 14-26(a)는 압출성형한 알루미늄 봉의 내부 집합조직의 역극점도이며 무질서 배수 단위로 봉축의 밀도분포를 나타낸다. 이것은 시행착오법[14.31]으로 (001), (111), (113) 극점에 관하여 그림 14-24와 같은 극점밀도 곡선들로 얻은 것이다.

이중 섬유조직을 나타내는 [001]과 [111]에서 봉축의 농도에 주목한다: [001]과 [111] 성분의 부피 분율은 계산하면 각각 0.53과 0.47이다. 역극점도는 산란을 일으키는 것들의 결정학적 '방향'을 바로 보여준다는 것에 유의한다. 이런 이중 집합조직에서는 [011]보다는 서로를 향하는 각각

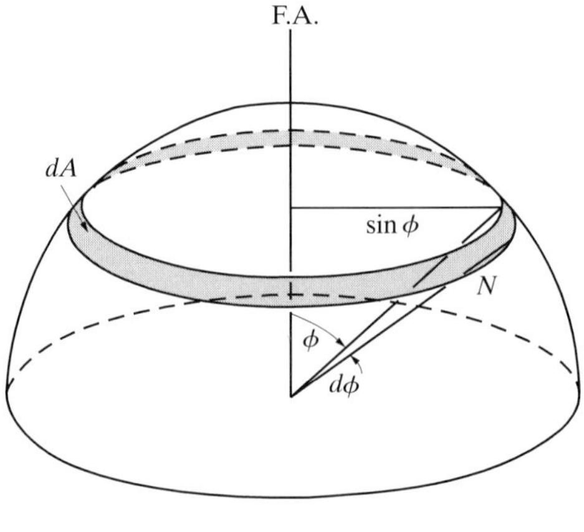

그림 14-25 기준구 상의 면적요소

의 성분이 더 많이 산란을 일으킨다.

판 집합조직은 판 법선, 압연 방향, 횡단 방향의 분포를 보여주는 세 개의 개별적인 역극점도가 필요하다. 그림 14-26(b)는 그러한 투영으로 강판의 법선 방향의 것이고 강판의 (110) 극점도는 그림 14-22에 나와 있다. 이것은 14-9절에 언급한 방위 분포함수에서 계산한 것이다. 법선방향의 분포는 같은 재료에 대하여 (c)에서도 보여주지만, 이 분포는 다음과 같이 하여 직접 측정하였다. 분말무늬는 통상적인 방법으로 회절기에서 판을 입사빔과 회절빔에 대해서 똑같이 기울게 하여, 즉 정상적인 준집중 기하에서 판에서 얻는다. 어떤 *hkl* 반사의 강도도 무질서 시편에서 얻는 것과 비교한 것으로 판 법선이 판 표면에 평행한 입자의 부피 분율이나 판 법선이 (*hkl*) 법선에

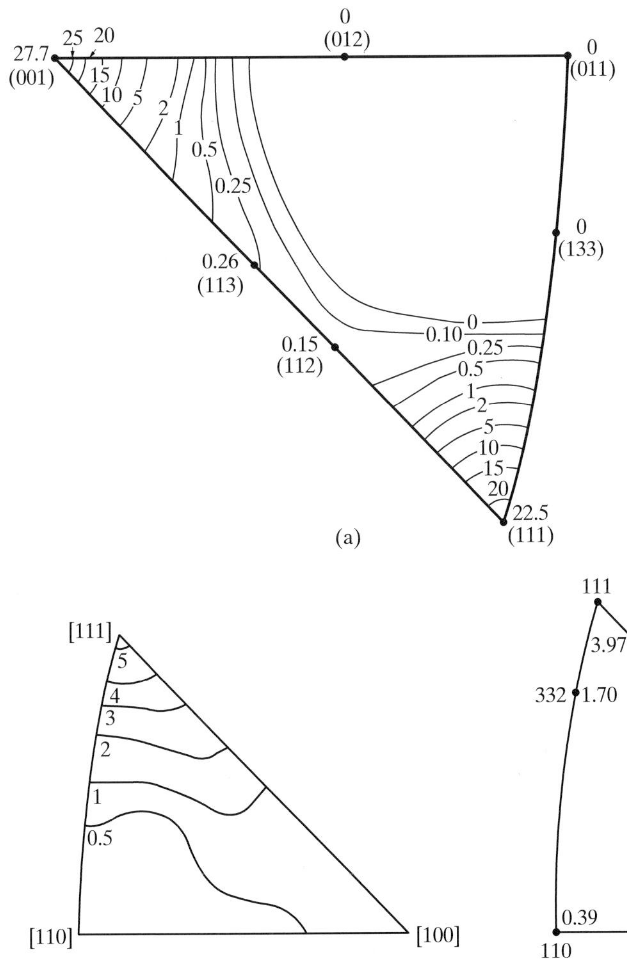

그림 14-26 역극점도. (a) 알루미늄 봉축의 분포, 450°F에서 압출하여 면적이 92%까지 감소하고 최종 반경은 2 mm임. Jetter, McHargue, Williams[14.31]. (b)와 (c)는 그림 14.22의 강판의 판 법선의 분포를 보여준다. Bunge와 Roberts[14.26].

평행한 입자의 분율에 비례한다. 바꾸어 표현하면 그림 14-26(c)에 특별히 기준하여 이 강에서 [111]에 평행한 판 법선의 확률은 정상적인 것의 3.97배이다. 유사한, 압연 방향의 자료를, 예를 들면 압연 방향에 수직한 표면에서, 즉 적층한 판을 잘라서 드러난 표면에서 x선을 회절하여 얻는다. 이 방법은 분말무늬에서 선이 있는 만큼 많이 자료 점을 스테레오 삼각형에서 만들므로 입방 재료에 비해서 결정 대칭이 재료들에 더 적합하다.

그림 14-26(b)와 (c)의 역극점도는 둘 다 판 법선에 평행한 고밀도의 (111) 극점을 보여주며 따라서 14-9절에서 언급한 [111] 유사 섬유조직과 일치한다.

역극점도는 섬유조직을 표현하는 데는 매우 좋은 방법이지만 판 조직을 기술하는 데 있어서는 직접적인 극점도보다 별로 유리하지 않다. 역이거나 직접적이거나 극점도는 2차원적인 그림으로 공간에서, 이것이 결정공간이든지 시편공간이든지 막론하고, 한 점에서, 한 방향만을 고정한 것이다. 방위 분포(아래를 보라)가 제공한 오직 3차원 '그림'만이 존재하는 방위를 완전하게 기술할 수 있고 이런 접근은 극점히 일반적이어서 판에 대해서와 똑같이 섬유조직에도 적용할 수 있다.

14-12 방위 분포함수

14-9절에서는 가정한 결정의 방위를 시료의 좌표계(즉, 압연 방향과 판 법선 등)에 관계하여 유일하게 고정하려면 세 개의 각이 필요하다는 것을 보여주었다. 극점도에서 이런 방위 분포함수를

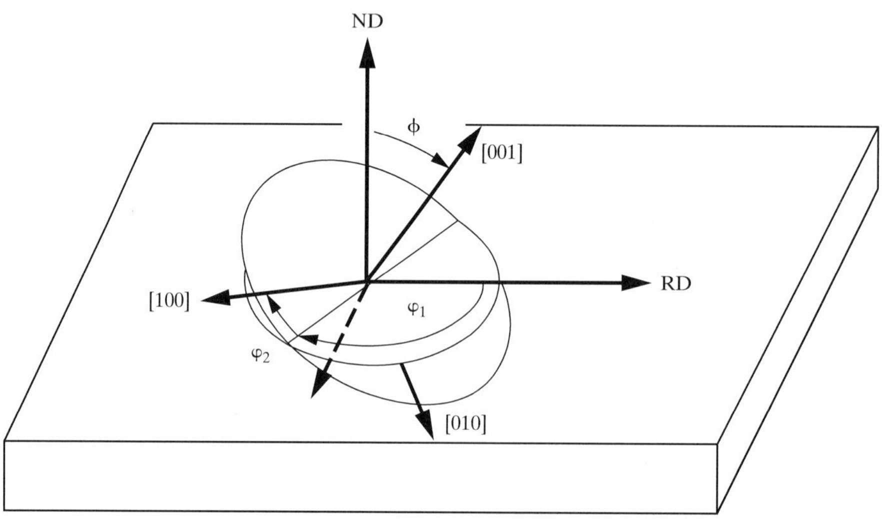

그림 14-27 시료 기준방향, 여기서 압연방향 RD와 법선방향 ND에 대해서 정의한 Euler 각 φ_1, ϕ, φ_2로 나타낸 시료결정축 방위의 정의. [14.41]을 따름.

계산하는 방법은 Roe, Bunge, Williams[14.36–14.39]이 개발하였다. 관련 수학은 복잡하고 계산은 방대하지만 이러한 접근은 강력하고 대단히 보편적이다.

판상의 입방재료의 방위 분포함수는 어떤 두 개의 실험으로 얻은 극점도, 예로서 (100)과 (110)

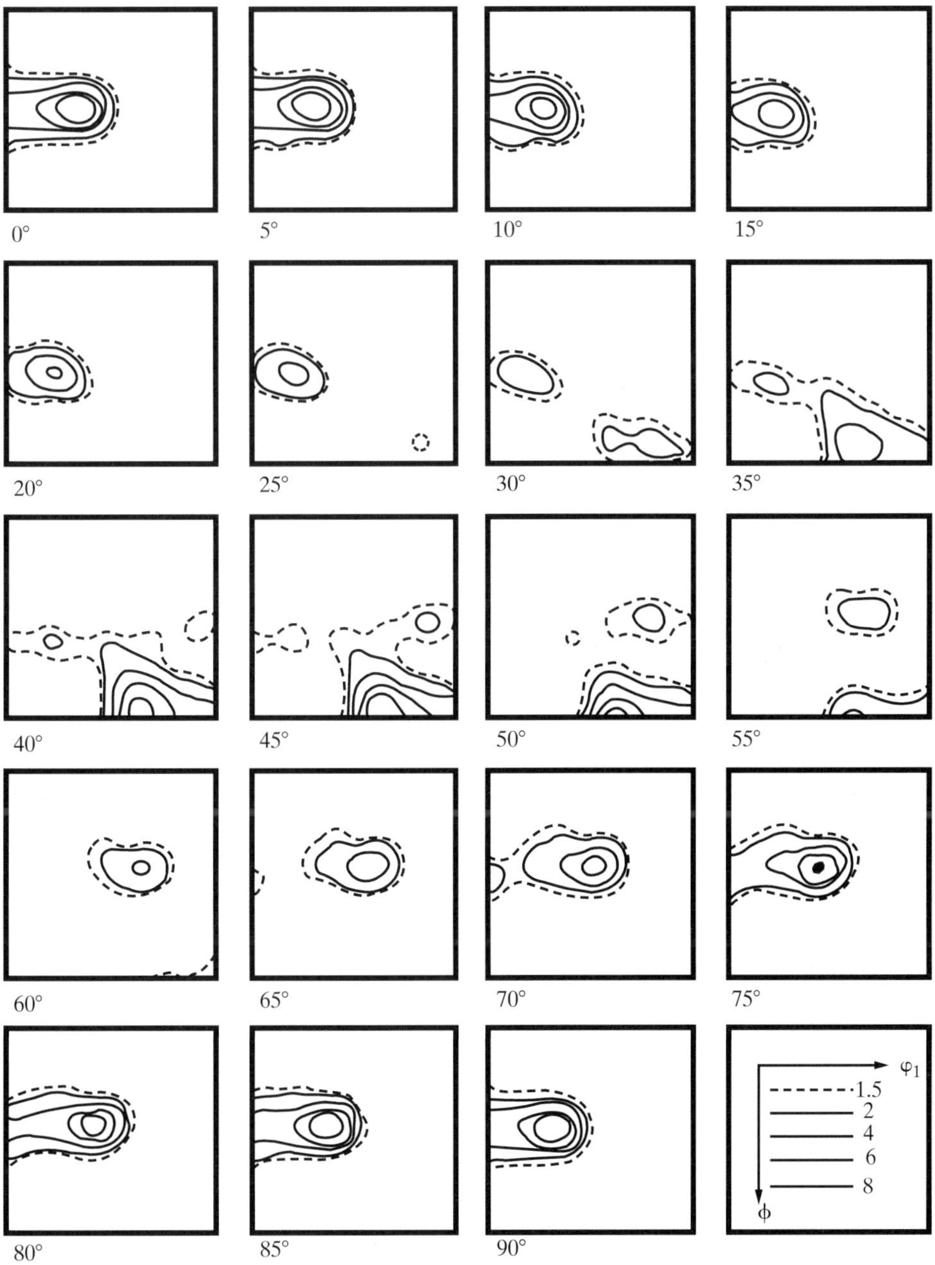

그림 14-28 냉간 압연 95%의 황동의 방위 분포함수. 5° 씩 간격으로 φ_2가 일정한 면들을 나타내고 있다. 등밀도(무질서 배수)의 등고선과 φ_1과 φ_2 의 방위를 하부 오른쪽에 나타내고 있다. [14.41].

극점도에서 계산할 수 있다. 일단 분포를 알면, 어떤 다른 원하는 극점도, 예를 들면 (111) 극점도를 계산할 수 있다. 이 극점도는 측정할 필요가 없다. 극점도($\gamma = 30°$)의 중심에서 60°나 벗어나서 반사법으로 결정한 한 조의 부분적인 극점도를 사용하여 방위 분포를 계산하는 것조차 가능하다[14.40]. 방위 분포함수 자체는 보통 결정밀도도의 형태로 표현하는데, 여기서 밀도는 일종의 등고선 지도로, 예를 들면 각 공간(angle space)에서 나타낸다. 한 방법은 구면 극좌표 θ와 ψ를 사용하여 결정축을 시료좌표계와 관계하여 주는 회전축의 방향과 그 축 주위로 회전하는 각 ω을 지정한다. Euler 각 $\varphi_1, \varphi_2, \Phi$도 사용할 수 있다(그림 14-27). 모든 정보를 표현하는 데 일련의 일정한 φ_2가 전형적으로 쓰인다. 그림 14-28은 압연한 황동의 한 예를 제시한다[14.41].

14-13 비정질과 반비정질 고체

이 장은 결정질 재료에 관해서 집중적으로 다루었다. 그리고 x선 회절은 비정질과 반비정질의 고체들, 비록 '구조'가 아주 더 확산적일지라도, 이 구조에 관한 구조정보를 제공할 수 있다.

대부분 유리는 비정질이다. 그것은 중심점 주위로 넓고 확산적인 둥근 띠로만 구성한 핀홀무늬를 만드는데, 이 띠는 그림 5-10의 산란곡선에서 한 최고점과 대응한다. 이 곡선의 해석은 평균 원자간 거리와 한 가정한 원자 주위의 평균 원자 수 등 그러한 정보를 제공한다. 비정질 물체의 회절이론은 짤막하게 18장이 다루었고 Guinier[G.30]과 Warren[G.20]의 책들에서 나와 있다.

많은 고분자 물질은 부분적으로 결정질이다: 그것은 아주 긴 분자들로 되어 있고 일반적으로 대단히 불규칙한 상태이지만 보통 '미결정'이라고 부르는 규칙적인 부위들로 흩어져서 조직을 만든다. 이 부위들은 전형적으로 대단히 작고 크게 변형하여 아주 넓은 회절선을 만든다. 이 선의 적분강도를 비정질 부위 때문에 생기는 넓은 둥근 띠의 것과 비교하여 결정립의 부피 분율, 고분자의 '결정도'라고 부르는 것을 추정한다. x선 회절은 또 회절선이 넓어지는 것에 대하여 보통 Scherrer 식(식 (5-2))을 사용하여 결정립의 크기를 찾아내고 우선방위를 밝힐 수 있다. 후자의 조건은 섬유와 판에서는 아주 흔하며 이 장에 기술한 하나 이상의 방법으로 연구할 수 있다. 사실 무명과 비단과 같은 자연산 섬유에서 미결정들이 정렬하는 것은 오래 전에 알려졌으며 금속선에서 발견하는 우선방위를 기술하는 데서 사용한 '섬유조직'이란 용어의 유래이다. x선 법을 고분자 연구에 특별히 응용하는 것은 Alexander[14.42]의 책에서 다루는 주제이다.

14-14 요약

이 장에서는 다결정질 집합체의 구조에 관한 여러 관점과 결정 크기, 품질과 방위에서 변화가 회절무늬에 끼치는 정량적인 영향을 검토하였다. 한 집합체의 구조를 완전히 조사하는 데는 상당한 시간과 다소 복잡한 장치가 필요하지만 단순한 핀홀 사진이 아주 대단히 유용하다는 점을 간과해서는 안 된다. 놀랍게도 경험 많은 연구자는 간단하게 핀홀 사진을 조사하여 사진 상에서 어떠한 측정을 하지 않고 시편에 관한 어떠한 정보 없이도, 즉 이것의 화학조성, 결정구조나 비정질 혹은 결정질인지조차 모르더라도 굉장히 많은 정보를 얻을 수 있다. 후자의 문제는 한눈으로 해결할 수 있다. 왜냐하면 Debye 환은 결정도를 나타내고 넓은 둥근 띠는 비정질 상태를 나타내기 때문이다. 시편이 결정이라면 회절선의 외관으로 도출할 수 있는 결론을 표 14-3에 요약하였다.

표 14.3

회절선의 겉모양	시편 조건
연속	미립질(혹은 조립질, 냉간 가공)
점투성	조립질
좁음(1)	변형이 없음
넓음(1)	잔류응력과 아마도 작은 결정립 크기 (만일 시편의 고상 집합체라면) 작은 결정립 크기(만일 시편이 부스러지기 쉬운 분말이라면)
균일한 강도	무질서 방위(2)
불균일한 강도	우선방위

(1) K 이중선이 배면 반사에서 분해하는지 아닌지 알아내는 것으로 가장 잘 알 수 있다.
(2) 혹은, 만일 입사빔이 섬유축에 평행하면, 섬유 집합조직이 존재할 수 있다.

문 제

14−1 회절기에서 평판 시편의 유효조사 부피는 일정하고 θ에 무관하다는 4-10절에서 쓴 기술을 증명하라.

14−2 θ와 μ의 지정값에서 배면 핀홀 카메라나 회절기 중 어느 것이 x선 침투에서 더 큰 유효깊이를 가져오는가?

14−3 x선 빔의 침투 유효깊이는 무한두께의 시편에서 회절하는 전체 에너지 99%에 기여하는 재료의 두께로 가정한다. 다음 조건에서 저탄소강 시편의 침투깊이를 μm로 계산하라.

a) 회절기, 최저각 반사, Cu $K\alpha$ 방사선
b) 회절기, 최저각 반사, Cu $K\alpha$ 방사선

c) 회절기, 최고각 반사, Cr $K\alpha$ 방사선

d) 배면 반사 핀홀 카메라, 최고각 반사, Cr $K\alpha$ 방사선

14-4 만일 어떤 지정한 재료에서 같은 *hkl* 반사를 회절기에서 연속적으로 다른 파장으로 조사한다면, 침투깊이 x는 λ에 따라 어떻게 변화하는가? (사용한 파장은 재료의 흡수 곡선에서 같은 부분에 놓인다고 가정한다.)

14-5 (a) 투과 핀홀 사진을 두께 t와 선형흡수계수 μ인 판 시편에서 얻는다. 두께 w인 층이 기여하는 어떤 한 반사에서 전체 회절기 에너지의 분율은

$$T = \frac{e^{-\mu[x+(t-x)/\cos 2\theta]}[e^{-\mu w(1-1/\cos 2\theta)} - 1]}{e^{-\mu t} - e^{-\mu t/\cos 2\theta}}$$

인 것을 보여라. 여기서 x는 초기빔이 입사하는 시편의 옆면에서 측정하여, 관계한 층의 옆면까지 거리이다.

(b) 투과 핀홀 사진을 Cu $K\alpha$ 방사선으로 0.5 mm 두께의 알루미늄 판에서 얻는다. $2\theta = 38.4°$에서 일어나는 111 반사만을 고려한다. 그 판을 각 층의 두께가 전체 두께의 4분의 1과 같도록 네 층으로 나눈다고 상상한다. 각 층의 T를 계산하라.

14-6 투과 핀홀 사진을 거의 완전한 [110] 섬유조직을 지닌 철선에서 Co $K\alpha$ 방사선으로 얻는다. 선축은 수직하다. 몇 개의 최대강도인 최대가 최저각 110 Debye 환에서 나타날 것이며 필름에서 그 방위각은 얼마인가?

14-7 강판 위에 구리의 전해도금 층을 판 표면에 직각으로 입사하는 Cu $K\alpha$ 방사선으로 배면 반사 핀홀 카메라로 검사한다. 구리는 판 법선 주위로 모든 방향에서 β 각으로 산란시키는 섬유축 [*uvw*]의 섬유조직을 지닌다. 만일 섬유축 [*uvw*]가 (a) [110], (b) [100]이면 420 Debye 환(표 4-2를 보라)이 필름에 보이기 위해 β는 얼마나 커야 하는가?

14-8 우선방위를 결정하기 위해 투과법에서 $\alpha = 0$과 반사법에서 $\alpha = 90°$의 회절 기하를 고찰한다. t_{inf}를 반사법에서 요구하는 무한두께라 하고, t_{inf}는 무한두께의 시편이 회절하는 강도의 99%를 회절할 수 있는 두께라 가정한다. t_{opt}는 투과법의 최적두께이다.

a) $t_{inf}/t_{opt} = 2.30 \tan\theta$ 임을 보여라.

b) 만일 투과 시편의 두께가 $2t_{opt}$이면, 회절강도는 얼마나 감소하는가?

14-9 압연판의 표면에 평행한 스테레오 투영에, (a) 이상적인 방위 {111} <110>에서 반사 대칭에 기인하는 위치를 포함하여, 작은 타원으로 나타내어 (110) 극점의 위치를 보이고, (b) 섬유축이 그 판의 면에 수직인 <111> 섬유조직에서 (110) 극점의 위치를 나타내는 선을 보여라. 답을 그림 14-22에서 나타낸 저탄소 강판의 실험에서 얻은 (110) 극점도와 비교하라.

제 15 장 응력 측정

15-1 서언

다결정 금속의 한 조각이, 비교적 긴 거리에 걸쳐 변형이 균일하도록, 탄성 변형이 될 때, 구성 입자들의 격자면간 거리는 인가한 응력의 크기에 따라 응력이 없는 값에서 응력에 해당하는 새로운 값으로 바뀐다. 이 새로운 면간거리는 응력에 대해서 비슷하게 배향한 어떤 특정한 한 조의 면에서는 본질적으로 한 입자에서 다른 입자에 걸쳐 일정하다. 5-4절에서 보았듯이, 이 균일한 거시응력은 회절선을 새로운 2θ 위치로 이동한다. 이와는 달리, 금속이 소성변형이 된다면, 격자면은 어떤 특정한 (hkl) 집합의 면간거리가 한 입자에서 다른 입자에 걸쳐 혹은 한 입자의 한 부분에서 다른 부분에 걸쳐 다르도록 변형한다. 이 불균일한 미시응력은 해당 회절선을 넓힌다. 실제로, 두 유형의 변형은 소성변형한 다결정 재료에서는 보통 중첩하여 있어서, 면간거리는 입자마다 다를뿐만 아니라 이 평균값은 변형하지 않은 금속의 값과 다르므로 회절선은 퍼지고 이동한다.

이 장에서 살펴보고자 하는 것은 균일한 변형으로 일어나는 회절선의 이동이다. 이러한 이동에서 변형을 계산할 수 있으며, 변형을 알면, 역학적으로 측정한 물질의 탄성계수를 사용한 계산이나 이미 알고 있는 응력으로 발생한 변형을 측정하는 데 사용한 한 검정 과정이나 둘 중 어느 하나로 응력을 결정할 수 있다. 그러므로 x선 회절은 '응력' 측정의 한 방법으로 쓰일 수 있다. 하지만, 응력은 x선 회절법으로 직접적으로 측정하지 못하고, 그러한 점에서 그 어떤 응력 측정법도 직접적이지 않다는 점을 주목하라. 측정하는 것은 항상 d(면간거리)이고, d_0(변형 전 면간거리)를 알면, 변형 대 응력은 계산이나 보정으로 간접적으로 결정한다.

다양한 '응력' 측정법은 사용된 변형게이지의 종류가 단지 다를 뿐이다. 응력 측정에 사용하는 전기저항법에서, 게이지는 짧은 가는 선이나 얇은 박이고, 이것을 금속 표면에 붙인다. 금속 내의 어떤 변형도 게이지와 함께 걸리고 게이지의 팽창이나 수축은 저항의 변화를 가져온다. 이 변화는 변형을 재는 데 쓰일 수 있다. x선 법에서 변형게이지는 격자면의 거리이다.

이론적으로 x선 법은 어떤 결정질 재료에도 사용할 수 있다. 이 방법은 세라믹과 암석의 응력 측정에서 일부 쓰였지만, 금속과 합금의 잔류응력 측정에서 주로 쓰인다. 예를 들어, x선 회절은 피로균열[15.1]의 주위, 시료 내의 여러 다른 상[15.2]과 마이크로전자공학 응용에서 쓰이는 결정질 박막 [15.3] 내에 있는 응력을 측정하는 데 쓰였다. 직경 1μm 이내 싱크로톤 미세 빔을 사용하여 각각의 구성 입자 내에서 위치에 따라 응력을 측정할 수 있다[15.4]. 그리고 중성자 회절은 APS와 같은 싱크로톤 방사광 장치에서 얻는 초강력 x선 빔과 함께 커다란 부품 내부의 응력을 비파괴적으로 연구하는 데 가장 효과적이다.

x선 법은 Barrett과 Massalski[G.16], Klug와 Alexander[G.17]가 재검토하였다. Noyan과 Cohen[G.18]의 단문은 x선과 중성자 회절 기법을 자세히 다루고 있다. 현재 손기술 수준에 있는 논문들은 매년 발간하는 **x선 분석의 진보**(Advanced in X-ray Analysis)[G.39]에서 찾을 수 있다.

15-2 인가응력과 잔류응력

x선 법을 다루기 전에 먼저 더 일반적인 주제, 즉 인가응력과 잔류응력 간의 차이를 생각해 보고 이 용어가 뜻하는 개념을 명확하게 파악하는 것이 바람직하다. 예를 들어, 탄성 변형한 균일한 인장상태에 있는 한 금속막대를 생각해 보자. **인가응력**은 막대 단면에서 단위면적당 가한 힘으로 간단히 준다. 외부 힘이 없어지면 응력은 사라지고 그 막대는 응력이 없는 원래 크기로 되돌아간다. 이와는 달리 어떤 조작은 금속 일부에 가하면 외부 힘을 완전히 제거한 후에도 어떤 응력상태에 놓일 수 있다. 외부 힘이 없는 상태에서도 남아 있는 이러한 응력을 **잔류응력**이라 한다.

예를 들어 그림 15-1(a)의 조립품을 생각하자. 조립품의 속은 비어 있고, 나사니의 양끝에 있는 볼트가 이 조립품을 관통하고 있다. 이 조립품 끝에서 너트를 돌려 조인다면 이 조립품의 양면은 압박을 받고, 볼트는 인장상태에 놓인다. 이때 존재하는 응력은 조립품 전체에 작용하는 외부 힘이 없으므로 잔류응력이다. 그리고 조립품의 한 부분에서 작용하는 인장응력은 다른 부분에서 압축응력과 균형을 이루는 것에 주목해야 한다. 이 상반한 응력의 균형은 조립품 전체는 평형상태를 이룬다는 사실에서 요구하는 것으로 모든 잔류응력 상태의 특징이다.

그림 15-1(b)에서 나타낸 것과 같이, 열린 부위에 가로지른 막대를 용접하면 정확하게 똑같은

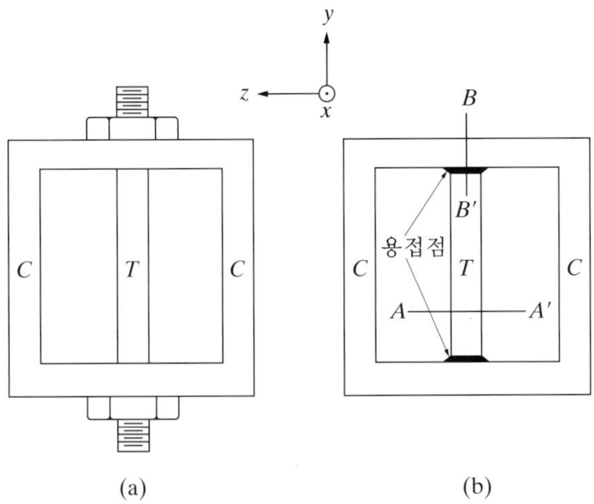

그림 15-1 잔류의 예. T = 인장, C = 압축

잔류응력 조건이 만들어진다. 합리적으로 가정한다면, 두 번째 용접을 마친 직후, 중앙 막대의 적지 않은 부분은 뜨겁지만, 양 측면은 가열 부위에서 충분히 떨어져 있어서 상온일 것이다. 냉각 중 중앙 막대는 열적으로 수축하지만 양 측면은 이를 제지한다. 그러나 막대는 자유로울 때만큼은 아니지만 부분적으로 수축하고, 그 결과 전 조립품이 상온에 이르면 양 측면은 압축상태에, 중앙막대는 인장상태에 놓인다. 잔류응력은 **용접물**(weldments)이라고 흔히 부르는 용접 구조물에서 자주 보인다. 실제로 그림 15-1(b)의 용접물에서 잔류응력 상태는 겉으로 보는 것보다 복잡하다. 단면 AA'를 가로지르는 응력 σ는 순수한 인장력이며 일정하다. 그러나 용접점 자체를 가로지르는 BB' 상에서 z축 방향의 응력 σ_x는 검사하는 점의 y 위치에 따라 크기와 부호가 다르다. 용접에 대한 많은 연구에서, 용접점에서 σ_y는 인장력(+)이고 양쪽 측면은 압축력(-)임이 밝혀졌다.

소성유동 역시 잔류응력을 만들 수 있다. 그림 15-2(a)에서처럼 들보가 두 점에서 받쳐지고 양 끝에 인가한 두 개의 동등한 힘 F가 하중으로 작용한다. 두 지지점 사이의 어느 점에서도 들보의 외피 섬유에 작용하는 응력은 일정하고, 들보의 윗부분에서는 인장상태이고, 아래 부분에서는 압축상태이다. 이 응력은 바깥 표면에서 가장 크지만 그림 (a)의 오른쪽 응력 도표가 보여주는 것과 같이 중립상태가 이루어지는 축에서 영으로 감소한다. 이 도표는 들보의 모든 부분이 탄성한계 이내에 있을 때 단면 AA'를 가로질러 세로 방향의 응력이 어떻게 달라지는지를 보여준다. 이제 들보에 걸린 하중이 증가하여 외피 섬유조직에서뿐만 아니라 상당한 깊이에서도 탄성한계를 넘어선다고 가정한다. 그러면 그림 (b)에서 어둡게 칠한 부분에 해당하는 들보의 바깥 부분에서 소성유동이 일어날 것이다. 그러나 내부 영역은 응력이 아직은 탄성한계 이내여서 여전히 탄성적으로 변형할 것이다. 중립상태를 이루는 축의 상부에서 응력은 탄성이나 소성변형한 부위 모두에서 여전히 완전한 인장응력이고, 하부에서는 완전히 압축응력이다. 이제 하중이 없어지

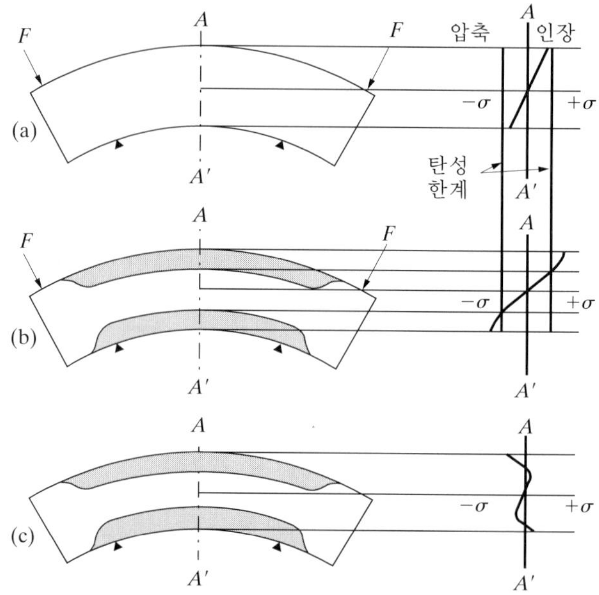

그림 15-2 굽힘가공에서 소성유동이 일으킨 잔류응력: (a) 탄성한계 아래 하중, (b) 탄성한계를 넘어선 하중, (c) 무하중. 빗금친 구역은 소성변형하여 있다.

면, 이 응력은 들보를 곧게 펴지게 하면서 스스로 풀려고 할 것이다. 이러한 내부 힘의 작용 하에서 들보는 부분적으로 스스로 곧게 펴지는데, 이 변화는 바깥 영역의 응력이 영으로 감소하고, 그림 (c)에 나타낸 것처럼 실제로 부호에서도 바뀔 때까지 일어난다. 이 결과로 하중이 걸리지 않은 들보는 위쪽 외부에서 잔류 압축응력이 있고 아래쪽 외부에서 잔류 인장응력이 있다. 굽힘뿐만 아니라 압연, 압출, 기계가공, 연삭들로 소성변형한 금속 부위에는 잔류응력이 아주 흔하게 존재한다.

어떤 하중을 받은 기계나 구조물에서 부가할 수 있는 응력은 걸린 하중에서 생긴 인가응력과 부하가 걸리기 전 존재하였던 잔류응력과 산술적 합이다. 이 잔류응력을 모르면 부가할 수 있는 응력을 알 수 없다. 부가응력이 위험한 수준에 이르면 파괴가 일어난다. 잔류응력에 관한 관심은 주로 이 응력이 피로파괴, 일반적인 취성파괴, 응력 부식 균열의 세 가지 유형의 금속파손에 작용하는 그 역할에서 시작한다.

인가응력은 측정하기 쉽다. 어떤 전기 저항게이지를 하중이 걸리지 않은 부위에 붙인다. 게이지 값은 하중이 걸리기 전과 후에 읽는다. 게이지에서 읽은 두 값의 차이는 변형을 알 수 있게 하고 Young의 계수와 변형과의 곱이 인가응력이다.

잔류응력은 측정하기 매우 어렵지만, 이 응력을 측정하는 데 세 가지 실제적인 방법이 있다.

1. **x선 회절.** 이 방법은 표면 근처 응력을 재는 데서 비파괴적이다. 응력을 표면 아래 어떤 점에서(일반적으로 $2/\mu$ 아래) 측정해야 한다면, 재료는 x선 조사를 위해 새로운 표면이 드

러나도록 그 점까지 깎이어야 한다. 이 경우 x선 법은 파괴적이 된다. 그러나 보통 연구자는 재료의 표면 근처 부피에 존재하는 응력에 가장 관심을 가진다. 거기에서 보통 인가응력은 가장 크며 파괴가 발생한다.

2. **중성자 회절.** 중성자는 x선에 비해 대부분 재료에서 별로 감쇠하지 않으므로 중성자 회절은 커다란 부품 내에 존재하는 응력을 비파괴적으로 측정하는 데 쓰일 수 있다. 그러나 중성자 유속은 x선에 비해 상당히 낮고 중성자를 발생하는 중성자로는 드물다.
3. **절개(기계적 완화).** 이 방법은 표면응력 측정에서조차 본질적으로 파괴적이고 느리다. 잔류응력이 있는 물체 부분은 잘리거나 어떤 다른 방법으로 제거 당한다. 이러한 제거는 이미 존재하는 힘의 균형을 깨뜨려서 물체의 남아 있는 부분은 기계적으로 어느 정도 완전하게 완화(변형)한다. 이 변형을 측정하면, 원래 응력을 계산할 수 있다. 예를 들어, 그림 15-1(b)에서 용접물의 측면 부위들에 존재하는 응력을 측정해야 한다고 가정하자. y 방향의 변형을 재기 위해 게이지를 이 부위들 중 하나에 붙여 놓아야 한다. AA'를 따라 중앙 막대를 자르면 원래 압축상태에 있던 측면 부위는 응력이 없었던 원래 길이로 늘어나고 게이지는 $+\varepsilon_y$의 변형을 나타낸다. 자르기 전 응력이 없었던 상태에서 변형은 $-\varepsilon_y$일 것이며, 원래 응력 σ는 $-\varepsilon_y E$이다. 마찬가지로 그림 15-2(c)의 굽은 빔에서 여러 깊이에 따른 잔류응력은 중립상태에 있는 면에 평행하게 층들을 차례로 제거함에 따라 발생한 곡면의 변화에서 계산할 수 있다.

x선과 중성자법은 비파괴적인 것으로 동일한 시편에서 반복 측정이 가능하다는 장점이 있다. 예를 들어, 연구자는 잔류응력이 생기거나 변하게 어떤 처리를 하는 경우 전후 응력을 측정할 수 있다. 또는 연구자는 사용기간 여러 시기에 기계 부품의 잔류응력을 측정할 수 있다.

그리고 회절법은 존재하는 응력을 순전히 **잔류응력**이거나 잔류응력과 인가응력의 합이거나 불문하고 측정한다. 그러므로 하중이 걸린 기계나 구조물에서 실제 봉사 응력(service stress)을 잴 수 있는 능력이 있다.

엄밀하게 말하면, 응력이나 변형조차도 회절로는 측정할 수 없다. d 거리에서 변화만을 측정한다. 측정한 d 값을 변형과 응력으로 변환하는 것은 어떤 가정에 기초를 둔다는 것을 기억하는 것이 중요하다. 그 변환을 결코 대수롭게 다루어서는 안 된다.

15-3 일반 원리

x선 법을 알려면 1축응력의 예를 고찰하는 것이 가장 좋다. 이 예에서 응력은 오직 한 방향으로 작용한다. 이러한 조건은 실제로 드물다. 2축이나 3축 응력인 더 일반적인 사례는 뒤에서 다룰 것이다.

힘 F(그림 15-3)에게서 탄성적으로 응력을 받아 인장상태인 단면적 A의 원통형 막대를 생각하자. 응력은 y 방향에서 $\sigma_y = F/A$이지만 x나 z 방향에서는 없다. (이 응력은 수직응력만으로 작용한다. 전단응력들도 존재하지만, 이 응력을 x선 회절로 직접적으로 측정할 수 없다.) y 방향에서 변형 ε_y를 가져온 응력 σ_y는

$$\varepsilon_y = \frac{\Delta L}{L} = \frac{L_f - L_o}{L_o}$$

이다. L_o와 L_f는 들보의 초기와 종료 시 길이이다. 이 변형은 응력과

$$\sigma_y = E\varepsilon_y \tag{15-1}$$

로 관계한다. 막대의 팽창은 직경 D의 감소를 가져온다. 그러므로 x와 z 방향에서 변형은

$$\varepsilon_x = \varepsilon_z = \frac{D_f - D_o}{D_o}$$

이다. D_o과 D_f는 들보의 초기와 종료 시 직경이다. 들보의 재료가 등방성이면, 이 변형은 식

$$\varepsilon_x = \varepsilon_z = \nu\varepsilon_y \tag{15-2}$$

과 관계한다. ν는 들보 재료의 Poisson 비이다. ν 값은 대부분 금속과 합금에서 대략 0.25에서 0.45에 이른다.

x선 법을 사용한 ε_y의 측정은 들보 축에 수직한 격자면에서 회절이 있어야 한다. 이것은 보통 물리적으로 불가능하므로, 들보 축에 평행한 회절면이 그림 15-3처럼 배면 반사 x선 측정을 하는데 쓰인다. (면간거리의 측정에서 충분한 정밀도를 얻기 위해 배면 반사 기법을 사용하는 것이 필수

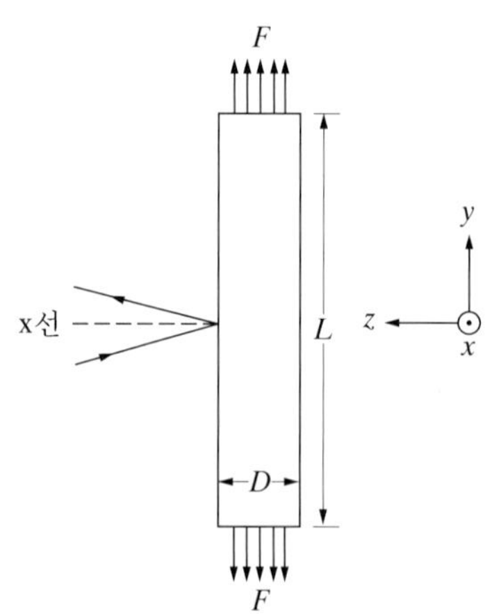

그림 15-3 순 인장이 걸린 막대, 회절면은 축에 평행

적이다. 상당히 큰 응력도 d에서 아주 작은 변화를 줄 뿐이다.) 이러한 사실은 z 방향에서 변형 측정을 가능케 하는데, 그 까닭은

$$\varepsilon_z = \frac{d_n - d_o}{d_o} \tag{15-3}$$

이다. d_n은 응력 하에 있는 들보 축에 평행한 면의 면간거리이고, d_o는 응력이 없을 때 동일한 면의 거리이다. (첨자 n은 회절 면법선이 시편 표면에 수직하다는 것을 나타낸다.)

식 (15-1), (15-2), (15-3)을 조합하면

$$\sigma_y = -\frac{E}{\nu}\left(\frac{d_n - d_o}{d_o}\right) \tag{15-4}$$

이 나온다. 이 식은 우리가 얻고자 하는 응력을 준다.

준집중 회절 기하에서 어떤 특정 입자의 집합만이 특정 *hkl* 반사에 기여한다는 점에 주의해야 한다. 이 입자는 (*hkl*) 면이 그림 15-4에 표시한 것처럼 들보의 표면에 평행하고 인가응력으로 수축하여서 d_n이 d_o에 비해 작다. (*hkl*) 면이 들보 표면에 수직한 입자는 그림에서 과장해서 나타내었듯이 신장한 이 면이 있다.

(*hkl*)에 수직한 방향에서 d_{hkl}의 변화는 그림 15-5(a)의 극좌표로 나타낸다. 이 도표에서 어떤 벡터의 길이와 방향은 각각 어떤 선택한 면의 (*hkl*) 집합의 면간거리와 면법선 방향을 나타낸다. 시편이 응력을 받지 않았다면 d_o 벡터의 끝은 그림에서 보인 파선의 원을 그린다. 이때는 면간거리가 면 방향과 무관하기 때문이다. 응력이 존재하면 이것은 사실이 아니다. 인장응력이라면 d_i는

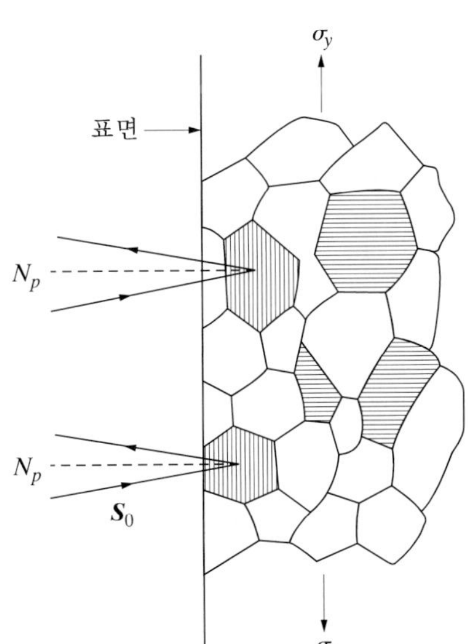

그림 15-4 변형한 집합체의 회절, 인자 축은 수직. 나타낸 격자면은 같은 (*hkl*) 조에 속한다. N_p = 회절 면법선

ψ에 따라 증가하여 실선으로 표시한 곡선을 따라 갈 것이다. 그림 15-5(b)와 (c)는 d_n과 d_i를 측정하기 위해 필요한 x선 빔의 방향을 보여준다. 그러므로 거리 d_{hkl}은 결정방위에 따라 다르다. 따라서 13장에서 d_{hkl}을 정확하게 측정하기 위해 기술한 어떤 외삽법도 사용하는 것이 가능하지 않다. 그 대신 이 거리는 단일 회절선의 2θ 위치에서 정해야 한다.

식 (15-4)는 d_0를 알고 있어야 한다는 것을 나타낸다. 시편이 인가응력만을 받고 있다면 d_0는 하중이 걸리지 않은 시편에서 측정하여 얻는다. (이러한 응력 측정을 하는 예는 특별한 연구 목적이 아니고서는 거의 없다. 가령 전기 저항게이지로 인가응력을 측정하는 것이 훨씬 쉽다.) 시편에 잔류응력이 있다면 d_0는 시편에서 잘라내어 응력이 없는 작은 시편에서 측정해야 한다. 따라서 이 방법은 파괴적이 되고 흥미있는 것이 아니다.

d_0 값은 '비슷하게' 만든 응력이 없는 재료에서 측정하여 얻는 것이 아니다. 예를 들어, 시편이 철이라면, 핸드북에서 시편의 격자상수를 찾아 이것으로 d_0를 계산하는 것이 충분히 정확한 것이라고 할 수 없다. 시편은 핸드북의 상수를 구한 재료에 비해 얼마간 불순물을 포함할 수 있고 불순물은 상수를 다르게 할 것이다.

그러므로 식 (15-4)는 잔류응력을 측정하는 데 실제 적용할 수 있는 기본식이 되지 못한다. 비파괴적 응력 측정에서는 응력을 받은 시편에서 적어도 두 개의 면간거리를 측정하는 것이 필요

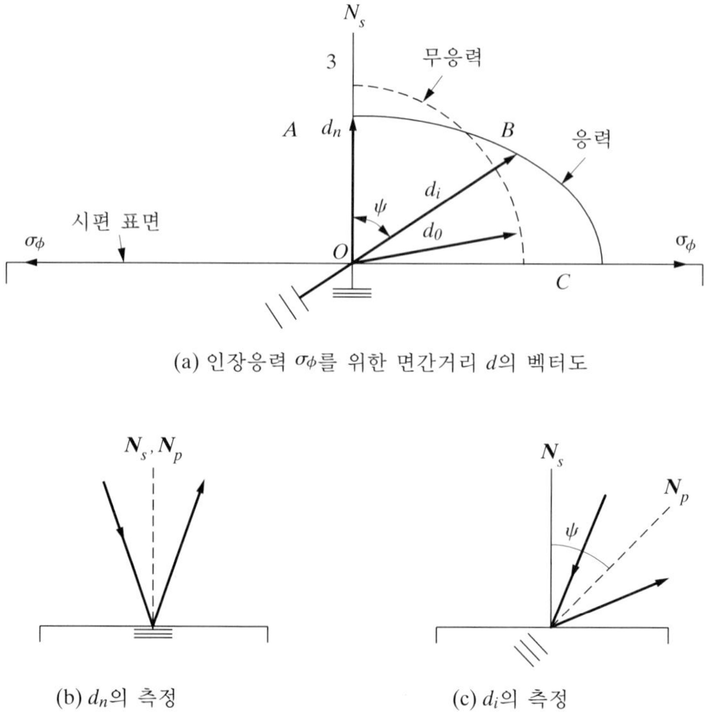

그림 15-5 (a) 면간거리 도해. (b)와 (c) 시편에 대한 x선 빔의 방위. N_s = 시편 표면에 수직, N_p = 회절면에 수직

하다.

15-4 탄성

순수한 인장상태에 놓여 있는 막대에서 수직응력은 한 방향에서만 작용한다. 그러나, 일반적으로 둘이나 세 방향에서 서로 수직인 응력 성분이 있어서 이 성분이 소위 말하는 2축이나 3축의 응력계를 형성한다. 자유 표면에 수직한 응력은 그 표면에서 항상 영이고 그 표면에는 두 개의 수직 응력 성분만이 존재하지만, x선은 어느 정도 깊이까지 시편을 침투하므로, x선이 샘플링한 부피 내에는 2축과 3축 응력이 둘 다 있다고 할 수 있다.

물체 내에 존재하는 응력은 응력계가 무엇이든지간에 세 개인 주응력(principal stress) $\sigma_1, \sigma_2, \sigma_3$의 집합으로 표현한다. 주응력은 면에 수직한 방향으로 작용하는데 그 면 위에는 전단응력이 나타나지 않는다. 그러므로 2축과 3축 응력을 x선 회절 측정과 관계하게 할 뿐만 아니라 한 좌표계에서 다른 좌표계로 응력(혹은 변형)을 변환할 만큼 충분히 일반적인 형식으로 변형텐서와 응력텐서 사이의 관계식을 찾는 것이 도움이 된다.

전형적으로 두 개의 직교좌표계가 x선 회절을 사용한 응력 측정에 쓰인다: 실험실 좌표계 $\mathbf{L}_i$와 시료 좌표계 $\mathbf{S}_i$(그림 15-6). 실험실계는 축으로 되어 있고 이 축에 대하여 회절 측정을 한다. *hkl* 회절에서 $\mathbf{L}_3$는 면 (*hkl*)에 수직하고 $\mathbf{L}_2$는 $\mathbf{S}_1$과 $\mathbf{S}_2$와 동일 평면에 놓인다. $\mathbf{S}_3$는 $\mathbf{N}_s$에 수직하고 $\mathbf{S}_1$과 $\mathbf{S}_2$는 시료의 면에 있다. $\mathbf{S}_1$은 압연 혹은 가공의 방향과 평행하게 잡을 수 있다.

이방성 탄성재료에서 응력은 2차수 텐서 σ_{ij}이고 변형텐서 ε_{kl}과

$$\sigma_j = C_{jkl}\,\varepsilon_{kl} \tag{15-5a}$$

식의 관계가 있다. 식에서 $i, j, k, l = 1, 2, 3$ 이고 C_{jkl}은 탄성계수이다. 이와 비슷하게 변형은 응력 성분의 항으로

$$\varepsilon_j = S_{jkl}\,\sigma_{kl} \tag{15-5b}$$

로 정의한다. S_{jkl}은 탄성 컴플라이언스(compliance) 행렬이다. 등방성 탄성 고체에서, 탄성상수 E와 ν는

$$\varepsilon_j = \frac{1+\nu}{E}\sigma_j - \delta_j\frac{\nu}{E}\sigma_{kk} \tag{15-6}$$

으로 응력과 변형 텐서와 관계가 있다. 식에서 δ_j는 Kroenecker의 델타이고 $i = j$ 일 때는 1이며 $i \neq j$이면 영이다. 이중 첨자 '*kk*'는 합인 $\sigma_{11} + \sigma_{22} + \sigma_{33}$을 나타낸다. 구체적으로 쓰면,

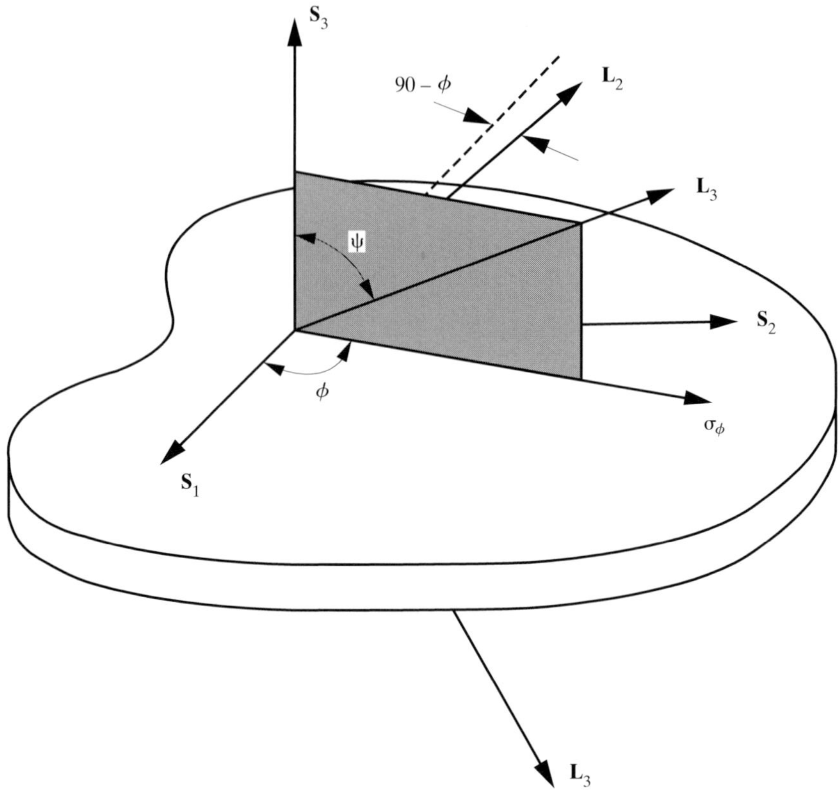

그림 15-6 응력 측정에 사용한 2축계의 도해: 시료 좌표계 $\mathbf{S}_i$와 실험실 좌표계 $\mathbf{L}_i$.

$$\varepsilon_{12} = \frac{1}{2\mu}\sigma_{12}$$

$$\varepsilon_{33} = \frac{1}{E}[\sigma_{33} - \nu(\sigma_{11} + \sigma_{22})]$$

$$\varepsilon_{23} = \frac{1}{2\mu}\sigma_{23}$$

$$\varepsilon_{31} = \frac{1}{2\mu}\sigma_{31}$$

과

$$\varepsilon_{12} = \frac{1}{2\mu}\sigma_{12} \tag{15-7}$$

이다. 식에서 $\mu = E/(2[1 + \nu])$는 전단계수이다. 자유 표면에 수직한 응력은 벡터 $\mathbf{n}_j$로 정의하고

그 표면에서 영이어야 한다. 즉,

$$\sigma_{ij} \cdot \mathbf{n}_j = 0 \tag{15-8}$$

이고, 평형방정식은 반드시 재료의 각 점에서 만족해야 한다:

$$\sum_{j=1}^{3} \frac{\partial \sigma_{ij}}{\partial \mathbf{x}_j} = 0 \tag{15-9}$$

그리고 한 좌표계에서 ε_{mn}은 다른 좌표의 것과 관계가 있는 것이 필요하다. 이것은 방향여현인 a_{mi}와 a_{nj}를 사용하고

$$\varepsilon_{mn} = a_{mi}\, a_{nj}\, \varepsilon_{ij} \tag{15-10}$$

이다. a_{mi}를 구좌표계의 $\mathbf{x}_i$와 신좌표계의 $\mathbf{x}_m$ 사이의 각의 코사인으로 정의한다. 그러므로 $\mathbf{S}_i$ 좌표계에서 변형 ε_{33}과 $\mathbf{L}_i$ 계에서 ε_{kl} 사이의 관계는

$$\varepsilon'_{33} = a_{3k}\, a_{3l}\, \varepsilon_{kl} \tag{15-11}$$

이다.

$$a_{ik} = \begin{bmatrix} \cos\phi \cos\psi & \sin\phi \cos\psi & -\sin\psi \\ -\sin\phi & \cos\phi & 0 \\ \cos\phi \sin\psi & \sin\phi \sin\psi & \cos\psi \end{bmatrix} \tag{15-12}$$

그림 15-6에 정의한 각 ϕ 와 ψ에 대하여 a_{3k}와 a_{3l}를 치환하면, 결과는

$$\varepsilon'_{33} = \varepsilon_{11}\cos^2\phi \sin^2\psi + \varepsilon_{12}\sin 2\phi \sin^2\psi + \varepsilon_{22}\sin^2\phi \sin^2\psi + \\ \varepsilon_{33}\cos^2\psi + \varepsilon_{13}\cos\phi \sin 2\psi + \varepsilon_{23}\sin\phi \sin 2\psi \tag{15-13}$$

이다. 프라임 표시는 동일한 좌표계 $\mathbf{S}_i$에서 정의한 물리량을 뜻하고, 프라임 표시가 없는 양은 $\mathbf{L}_i$에 대한 것이다. 응력 항으로,

$$\varepsilon'_{33} = \frac{1+v}{\mathrm{E}}\{\sigma_{11}\cos^2\phi + \sigma_{12}\sin 2\phi + \sigma_{22}\sin^2\phi - \sigma_{33}\}\sin^2\psi + \frac{1+v}{\mathrm{E}}\sigma_{33} \\ -\frac{v}{\mathrm{E}}(\sigma_{11} + \sigma_{22} + \sigma_{33}) + \frac{1+v}{\mathrm{E}}\{\sigma_{13}\cos\phi - \sigma_{23}\sin\phi\}\sin 2\psi \tag{15-14}$$

이다. 그림 15-6에서 각 ϕ와 ψ에서 측정한 ε'_{33} 양을 $(\varepsilon'_{33})_{\phi\psi}$로 표시할 것이다. 응력을 받은 시료에서 면법선이 $\mathbf{S}_i$에서 ϕ, ψ 각에 있는 면에서 대한 측정한 d 값인 $d_{\phi\psi}$과 무응력 상태에서 d_o 값과의 차이는 $(\varepsilon'_{33})_{\phi\psi}$ 과 관계가 있다:

$$(\varepsilon'_{33})_{\phi\psi} = \frac{d_{\phi\psi} - d_0}{d_0} \tag{15-15}$$

이 결과(식 (15-14)와 (15-15))는 x선 회절로 하는 2축성과 3축성 응력해석의 출발점이다.

15-5 2축성과 3축성 응력해석

응력을 측정하기 위해 식 (15-14)와 (15-15)를 어떻게 사용하는지 살펴보기 전에 응력텐서는 어떤 형식인지 생각해 보는 것이 도움이 된다.

2축성 응력은 방향 $\mathbf{x}_3$가 시료 표면에 수직인 등방성 재료에 대하여

$$\begin{bmatrix} \sigma_{11} & 0 & 0 \\ 0 & \sigma_{22} & 0 \\ 0 & 0 & 0 \end{bmatrix} \text{ 또는 } \begin{bmatrix} \sigma_{11} & \sigma_{12} & 0 \\ 12 & \sigma_{22} & 0 \\ 0 & 0 & 0 \end{bmatrix} \tag{15-16 a, b}$$

형식의 텐서로 쓴다. 이에 반해, 3축성 응력은

$$\begin{bmatrix} \sigma_{11} & 0 & 0 \\ 0 & \sigma_{22} & 0 \\ 0 & 0 & \sigma_{33} \end{bmatrix} \text{ 또는 } \begin{bmatrix} \sigma_{11} & \sigma_{12} & 0 \\ 12 & \sigma_{22} & 0 \\ 0 & 0 & \sigma_{33} \end{bmatrix} \tag{15-16 c, d}$$

형식의 텐서를 포함한다. 2축 응력의 경우 상기한 텐서 a에 대해서

$$\sigma_\phi = \sigma_{11}\cos^2\phi + \sigma_{22}\sin^2\phi \tag{15-17a}$$

를, 상기한 텐서 b에 대해서

$$\sigma_\phi = \sigma_{11}\cos^2\phi + \sigma_{12}\sin^2\phi + \sigma_{22}\sin^2\phi \tag{15-17b}$$

를 도입하는 것이 편리하다. 이것은 $\mathbf{S}_1$에서 각 ϕ에 있는 방향 $\mathbf{L}_1$에 따른 응력이다. 변형을 나타내는 방정식은

$$\frac{d_{\phi\psi} - d_0}{d_0} = \frac{1+\nu}{E}\sigma_\phi \sin^2\psi - \frac{\nu}{E}(\sigma_{11} + \sigma_{22}) \tag{15-18}$$

이 된다 [15.5]. 만일 d_0, ν, E를 충분히 정밀하게 알고 있을 때, ψ의 두 값에서 $d_{\phi\psi}$를 측정하면 σ_ϕ를 결정할 수 있다. 다수의 ψ와 $d_{\phi\psi}$를 응력결정에서 사용해야 한다. 왜냐하면 이렇게 하는 것이 자료를 최소자승선에 맞추게 하기 때문이다. 그것으로 측정의 강건성을 증가시킨다. 이런 접근

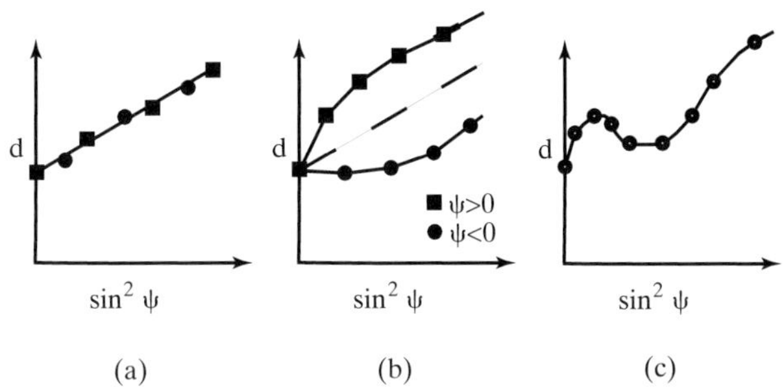

그림 15-7 여러 유형의 d 대 $\sin^2\psi$ 그림. [G.38]에 따름

식에서 $d_{\phi\psi}$는 $\sin^2\psi$의 함수로 나타낸다(그림 15.7). 그리고 아래에서 논의하는 것과 같이, 이 $\sin^2\psi$ 법은 식 (15-18)의 기초가 되는 가정들을 만족하지 못하는 상태를 나타낼 수 있다. 요약해서, E, v, d_o를 안다면 $d_{\phi\psi}$ 대 $\sin^2\psi$의 도의 경사는 σ_ϕ를 준다.

다음으로 식 (15-18)이 요구하는 d_o, E, v의 값을 고찰하자. 보통 d_o는 $\psi = 0$에서 실험적으로 측정한 d-거리인 $d(\psi = 0)$와 같게 잡는다. 이러한 교묘한 가정[15.5]은 합리적인데, 탄성 변형은 참 d_o와 어떤 ψ에 측정한 d 사이의 차이에서 전형적으로 최대 0.1%를 내기 때문이다[G.38]. 더욱이 d_o는 식 (15-18)에서 경사에 대한 승수이므로 순 효과는 0.1%보다 작으며 다른 오차들에서 오는 것보다 훨씬 작다. x선 탄성상수는 지정한 재료와 반사의 결합에서만 사용해야 한다. x선 상수 $(1 + v)/E$의 값들은 표 15.1에 모아 놓았다. 이 값들이 사용 가능하지 않는 경우에는 상수 E와 v는 실험적으로 측정할 수 있거나 Reuss나 Voigt 근사에 의거해서 단결정 상수를 평균해서 계산할 수 있다[G.38].

그림 15-7은 실제로 만나는 d 대 $\sin^2\psi$의 세 개의 유형을 보여준다. d 대 $\sin^2\psi$의 선형적인 그림(그림 15-7a)은 2축이나 1축 응력에서 예상할 수 있는 거동을 나타낸다. 이 예에서 개개의 응력 성분을 결정하려면 세 개의 ϕ 값, 이를테면 0°, 45°, 90°에서 $d_{\phi\psi}$를 결정하는 것이 필요하다. 그림 15-7b는 '프사이 분리'라고 정의하는데, $\psi < 0$에서 결정한 d-거리, $d_{\phi\psi-}$는 $\psi > 0$에서 결정한 것, $d_{\phi\psi+}$와 더 이상 같지는 않다. 윗 첨자 '+' 나 '−' 가 각각 $\psi > 0$나 $\psi < 0$으로 결정한 값을 나타낸다는 것에 주의한다. $\sin^2\psi$의 함수로 $d_{\phi\psi-}$와 $d_{\phi\psi+}$의 곡선이 다른 것은 3축 응력이 존재하는 것을 나타내며 전술한 분석은 반드시 수정이 필요하다. 요동하는 d 대 $\sin^2\psi$ 곡선(그림 15-7c)은 예를 들면 적지 않은 정도의 집합조직이 존재할 때 나타난다. 이 책의 범위를 벗어난 특별한 해법이 집합조직이 있는 재료에서 쓰일 수 있다[G.38의 부록 B].

3축 응력을 결정하는 데 a_1과 a_2를 다음과 같이 정의하는 것이 편리하다.

$$a_1 = \frac{1}{2}[\varepsilon_{\phi\psi^+} + \varepsilon_{\phi\psi^-}] = \frac{d_{\phi\psi^+} + d_{\phi\psi^-}}{2d_0} - 1$$

■ **표 15.1** 회절자료와 응력상수

합금	조성 (무게 %)	λ, hkl^b	2θ (deg)	$K_e = \frac{E}{1+\nu}$ (10^3 ksi)	K_1[a] (ksi/deg)	참고문헌
(A) 페라이트와 마르텐사이트 강 (체심입방)						
Armco iron	Fe + 0.02 C	Cr, 211	156	27.9		[15.6]
4340 (50 R_c)[c]	Fe + 0.40 C, 1.8 Ni, 0.8 Cr, 0.25 Mo	Cr, 211	156.0	24.5	89.3	[15.7]
4340	Fe + 0.40 C, 1.8 Ni, 0.8 Cr, 0.25 Mo	Cr, 211	156		122	[15.8]
4340	Fe + 0.40 C, 1.8 Ni, 0.8 Cr, 0.25Mo	Cr, 211	156		(101)[d]	[15.9]
4130	Fe + 0.30 C, 1.0 Cr, 0.20 Mo	Cr, 211	156		87	[15.8]
선로강	Fe + 0.75 C	Cr, 211	156.1		90.9[e]	[15.10]
D-6A C	Fe + 0.50 C, 1.0 Cr, 0.5 Ni, 1.0 Mo, 0.1 V	Cr, 211	156.2		113.4[e]	[15.10]
D-6A C	Fe + 0.60 C, 1.0 Cr, 0.5 Ni, 1.0 Me, 0.1 V	Cr, 211	156		(98)[d]	[15.9]
Vascomax 250	Fe + 18.5 Ni, 6.6 Ca, 4.8 Mo, 0.1 Al, 0.4 Ti	Cr, 211	156		(111)[d]	[15.9]
4820 (침탄)	Fe + 0.20 C, 2.5 Ni, 0.26 Mo (응어리 성분)	Cr, 211	156	(24.3)[d,g] (26.2)[d,h]		[15.11]
410 SS[f] (22 R_c)	Fe + 12.5 Cr	Cr, 211	155.1	25.6	98.4	[15.7]
410 SS (42 R_c)	Fe + 12.6 Cr	Cr, 211	155.1	25.1	96.7	[15.7]
422 SS (34 R_c)	Fe + 0.22 C, 12.0 Cr, 0.7 Ni, 1.0 Mo, 1.0 W, 0.25 V	Cr, 211	154.8	26.4	103.2	[15.7]
422 SS (38 R_c)	Fe + 0.22 C, 12.0 Cr, 0.7 Ni, 1.0 Mo, 1.0 W. 0.23 V	Cr, 211	154.8	26.1	103.4	[15.7]
강	Fe + 0.39 C	Cr, 220		25.8		[15.12]
강	Fe + 0.73 C	Cr, 211		22.8		[15.12]
강	Fe + 0.73 C	Co, 310		19.4		[15.12]
강	Fe + 4.3 C, 3.96 Mo, 0.57 Si, 3.96 Mo	Fe, 121 (Fe_3C)		21.0		[15.13]
강	Fe + 0.1 C, 0.55 Cr, 4.9 Ni, 0.57 Mo, 0.82 Mn, 0.3 Si	Cr, 211		22.8		[15.13]
200 마레이징강		Cr, 211		23.5		[15.10]
HSLA 328		Cr, 211		28.6		[15.14]
1045		Cr, 211		28.7		[15.15]
1045		Co, 310		20.0		[15.5]
(B) 오스테나이트 합금(면심입방)						
304 SS	Fe + 0.08 C, 18 Cr, 8 Ni, 2 Mn	Cr, 220	129.0	20.2	170.0	[15.7]
Incoloy 903	Fe + 38 Ni, 15 Co, 3 Nb, 1.4 Ti, 0.7 Al	Cr, 220	128.0	31.2	264.0	[15.7]
Incoloy 903	Fe + 38 Ni, 16 Co, 3 Nb, 1.4 Ti, 0.4 Al	Cu, 331	146.3		74.6[e]	[15.10]
Incoloy 800	Fe + 32.5 Ni, 21 Cr, 0.4 Ti, 0.4 Al	Cr, 220	129.0	23.4	196.0	[15.7]
Incoloy 800	Fe + 32.5 Ni, 21 Cr, 0.4 Ti, 0.4 Al	Cu, 420	147.0	21.5	110.0	[15.7]
(C) 니켈 합금(면심입방)						
Monel K 500	66.5 Ni, 29.5 Co, 2.7 Al, 1.0 Fe	Cu, 420	150.0	21.0	98.4	[15.7]
Inconel 600	70 Ni, 15.5 Cr, 8 Fe	Cu, 420	151.0	23.1	105.0	[15.7]
Inconel 600	70 Ni, 15.5 Cr, 8 Fe	Cr, 220	131.0	21.1	174.0	[15.7]

표 15.1 (계속)

합금	조성(무게%)	λ, hkl^b	2θ (deg)	$K_e = \frac{E}{1+\nu}$ (10^3 ksi)	K_1[a] (ksi/deg)	참고문헌
Inconel 718	52.5 Ni, 19 Cr, 18.5 Fe, 3.1 Mo, 6.0 Nb, 0.9 Ti, 0.4 Al	Cu, 331	145.0	19.7-20.3	109.0-112.0	[15.7]
Inconel 718	52.5 Ni, 19 Cr, 18.5 Fe, 3.1 Mo, 6.0 Nb, 0.9 Ti, 0.4 Al	Cu, 331	146.1		122.4[e]	[15.10]
Inconel 718	52.5 Ni, 19 Cr, 18.5 Fe, 3.1 Mo, 6.0 Nb, 0.9 Ti, 0.4 Al	Cr, 220	128.0	31.2-31.4	263.0-265.0	[15.7]
Inconel X750	73 Ni, 15.5 Cr, 7 Fe, 2.5 Ti, 0.9 Nb, 0.8 Al	Cr, 220	131.0	36.8	301.0	[15.7]
니켈		Cu, 420		22.9		[15.12]
니켈		Cu, 331		20.7		[15,12]
(D) 알루미늄 합금(면심입방)						
2024	Al + 4.4 Cu, 1.5 Mg, 0.6 Mn	Cu, 511	163	8.51		[15.6]
2024-73	Al + 4.4 Cu, 1.5 Mg, 0.6 Mn	Cr, 311	139		44	[15.8]
7075	Al + 1.6 Cu, 2.5 Mg. 0.3 Cr, 5.5 Zn	Cr, 311	139.0	8.83	56.9	[15.7]
7079-T611	Al + 0.6 Cu, 3.7 Mg. 0.2 Cr, 4.7 Zn	Cr, 311	139		50	[15.8]
2218-T87	Al + 6.3 Cu, 0.3 Mn, 0.18 Zr, 0.1 V, 0.05 Ti	Cr, 311	120.5		55.0[e]	[15.10]
알루미늄		Co, 420		7.10		[15.12]
5083-H23		Cr, 311		7.98		[15.16]
5083-H23		Co, 420		7.97		[15.16]
5083-H23		Cu, 511 /333		7.97		[15.16]
(E) 구리 합금(면심입방)						
Cu-Ni	85 Cu, 15 Ni	Cu, 420	146.0	18.6	98.8	[15.17]
-황동		Co, 400		9.42		[15.12]
-황동		Co, 310		7.18		[15.12]
구리		Co, 400		10.7		[15.12]
(F) 티타늄 합금(육방조밀충진)						
Ti-6-4	Ti + 4 Al, 4 V	Cu, 213	142.0	12.2	74.0	[15.7]
Ti-6-4	Ti + 4 Al, 4 V	Cu, 213	142		70	[15.7]
Ti-6-2-4-2	Ti + 6 Al, 2 Sn, 4 Zr, 2 Mo	Cu, 213	140.7	14.8	92.3	[15.7]
Ti-8A1-1Mo-1V		Cu, 213		14.3		[15.17]
(G) 기타						
텅스텐		Co, 222		46.5		[15.12]
우라늄		Cu, 116		39.1		[15.18]
Zircoloy-2		Cr, 104		11.8		[15.18]

(a) K_1의 값은 $K_1 = K_e \cot/(2\sin^2\psi)$, $\psi = 45°$에서 얻음.

(b) 여기에서만: "Cr"은 Cr $K\alpha$를 뜻한다: "Cu"는 Cu $K\alpha$를 뜻한다.

(c) R_c = 록웰 C 경도번호.

(d) 참고한 논문의 자료에서 계산함.

(e) 같은 반경 위치에 있는 검출기로 측정함. 그림 15-9(b)의 F와 F' 사이에서, $\psi = 0$ 과 45°에서.

(f) SS = 스테인레스강.

(g) 급냉한 대로.

(h) 200°F 이상에서 템퍼링 후에 평균값.

1 ksi = 10^3 p = 10^3 lb/in^2 = 0.7031 kg/mm^2 = 6.895 Mpa.

1 kg/mm^2 = 1.422 ksi = 9.807 Mpa.

$$= \{\varepsilon_{11}\cos^2\phi + \varepsilon_{12}\sin 2\phi + \phi_{22}\sin^2\phi - \varepsilon_{33}\}\sin^2\psi + \varepsilon_{33}$$

$$= \frac{1+\upsilon}{E}\{\sigma_{11}\cos^2\phi + \sigma_{12}\sin 2\phi + \sigma_{22}\sin^2\phi - \sigma_{33}\}\sin^2\psi$$

$$+\frac{1+\upsilon}{E}\sigma_{33} - \frac{\upsilon}{E}(\sigma_{11} + \sigma_{22} + \sigma_{33}) \tag{15-19a}$$

$$a_2 = \frac{1}{2}[\varepsilon_{\phi\psi^+} - \varepsilon_{\phi\psi^-}] = \frac{d_{\phi\psi^+} - d_{\phi\psi^-}}{2d_0}$$

$$= \{\varepsilon_{11}\cos\phi + \varepsilon_{23}\sin\phi\}\sin|2\psi|$$

$$= \frac{1+\upsilon}{E}\{\sigma_{13}\cos\phi + \sigma_{23}\sin\phi\}\sin|2\psi| \tag{15-19b}$$

$\psi^- = (-1)\psi^+$이고 $\sin 2\psi^+ - \sin 2\psi^- = 2\sin|2\psi|$이다. 본래 a_1은 $\psi < 0$에서 d와 $\psi > 0$에서 d의 값을 평균하여 정하고 a_2는 이 d의 차이로 정한다. 그러므로 a_1은 $\sin^2\psi$의 선형함수이고 $\sigma_{11}, \sigma_{12}, \sigma_{22}, \sigma_{33}$은 $\phi = 0, 45, 90°$에 대한 a_1 대 $\sin^2\psi$의 경사와 절편에서 구한다. 전단응력 σ_{13}과 σ_{23}은 $\phi = 0, 90°$에 대한 a_2 대 $\sin|2\psi|$의 경사와 절편에서 얻는다. 그림 15-8은 3축 응력상태를 포함하는 한 시료의 자료를 나타낸다: a)와 b), $\sin^2\psi$ 에 대해 $d_{\phi\psi}$와 a_1을 그림, c) a_2 대 $\sin|2\psi|$[15.19].

15-6 회절기 법

약 1950년대까지는 x선 응력 측정을 사진법으로만 수행하였다. 오늘날은 회절기를 선호하는데, 그 까닭은 이것이 더 빠르고 더 정밀하기 때문이다. 사진법과 이의 계승자나 면검출법은 다음에 논의할 것이다.

급냉과 템퍼링으로 경화한 강은 매우 넓게 퍼진 회절선을 만든다. 사진필름에서 이러한 선의 위치를 측정하는 것은 어렵고 필름을 미소 광도계로 기록해서만 할 수 있다. 그러나 그런 측정을 Christenson과 Rowland[15.20]이 처음 보여준 것처럼 회절기에서는 간단하게 할 수 있다. 이들은 잔류응력이 경화한 강, 중요한 한 공업재료인 경화한 강에서 정확하게 측정할 수 있다는 것을 시연하여 x선 법의 활용 범위를 대단히 넓혔다.

대부분 회절기는 응력 측정에서 두 개의 요구조건을 만족하도록 변경이 반드시 필요하다:

1. 시편 지지대는 충분히 크고 무거운 시편을 지지할 만큼 충분히 강건해야 하며 ψ 각을 변화시키기 위해 회절기 축 주위로 검출기 회전과 무관하게 회전할 수 있어야 한다.
2. 한 변형에서는 검출기를, 검출기가 회절기 원의 반경을 따라서 움직이도록 반경의 슬라

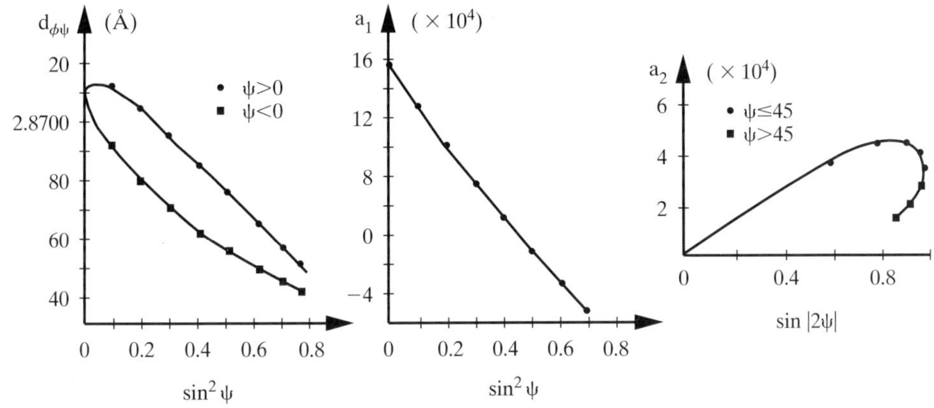

그림 15-8 (a) ψ 분리의 예와 3축 응력해석을 위한 이에 대응하는 (b) a_1 대 $\sin^2\psi$와 (c) a_2 대 $\sin|2\psi|$의 그림. ([15.19]에 따름)

이드 위에 거치해야 한다. (어떤 이는 검출기를 정상적인 위치에 두고 검출기 슬릿을 움직이는 것을 더 좋아한다. 다음에서 검출기 이동을 언급할 때 양쪽 방식을 언급할 것이다.)

둘째 요구조건은 그림 15.9에 보인 것과 같이 집중상태를 유지하기 위한 필요에서 생겼다. (a)에서 시편은 입사빔과 회절빔에 동일하게 경사한다. ψ는 0이고 시편 법선 $\boldsymbol{N}_s$는 회절면 법선 $\boldsymbol{N}_p$와 일치한다. 광원에서 발산한 방사선은 회절기 원 상의 F에서 한 초점으로 회절한다. (b)에서 시편은 경사 측정에서 각 ψ만큼 돌린다. 집중원은 항상 시편 표면에 접하므로 시편의 회전은 집중원이 위치와 반경이 둘 다 변하게 하고, 따라서 회절광선은 회절기 축에서 거리 D에 위치한 F' 점에서 한 초점을 만든다. R이 회절기 원의 반경이라면

$$\frac{D}{R} = \frac{\sin(\theta - \psi)}{\sin(\theta + \psi)} \tag{15-20}$$

임을 보여줄 수 있다.

ψ가 45°이면 D/R은 $\theta = 80°$에서 0.70이고 $\theta = 70°$에서는 0.47이다. $\psi = 0$이 아닐 때, 회절빔의 초점은 검출기 수광슬릿이 보통 있는 위치인 F와 시편 사이에 있다. 집광을 유지하기 위해서 검출기는 슬릿이 F'에 있도록 이동해야 한다. 집중빔 기하에서 요구하는 까다로운 집광슬릿 이동을 아래 기술한 평행빔 기하를 사용하여 피할 수 있다.

기기의 틀린 정렬은 응력 없는 시료에서도 ψ가 0에서 45°로 변하면 2θ에서 변화를 일으키는 작은 오차들을 가져온다. 그러므로 이런 변화를 실험적으로 결정하고 그것을 보정으로 적용하는 것이 필요하다. $(\Delta 2\theta)_0$가 응력이 없는 시편에서 회절선 변이고 $(\Delta 2\theta)_m$이 응력을 받은 시편에서 측정한 변이면, 응력에서 생긴 회절선 변이는

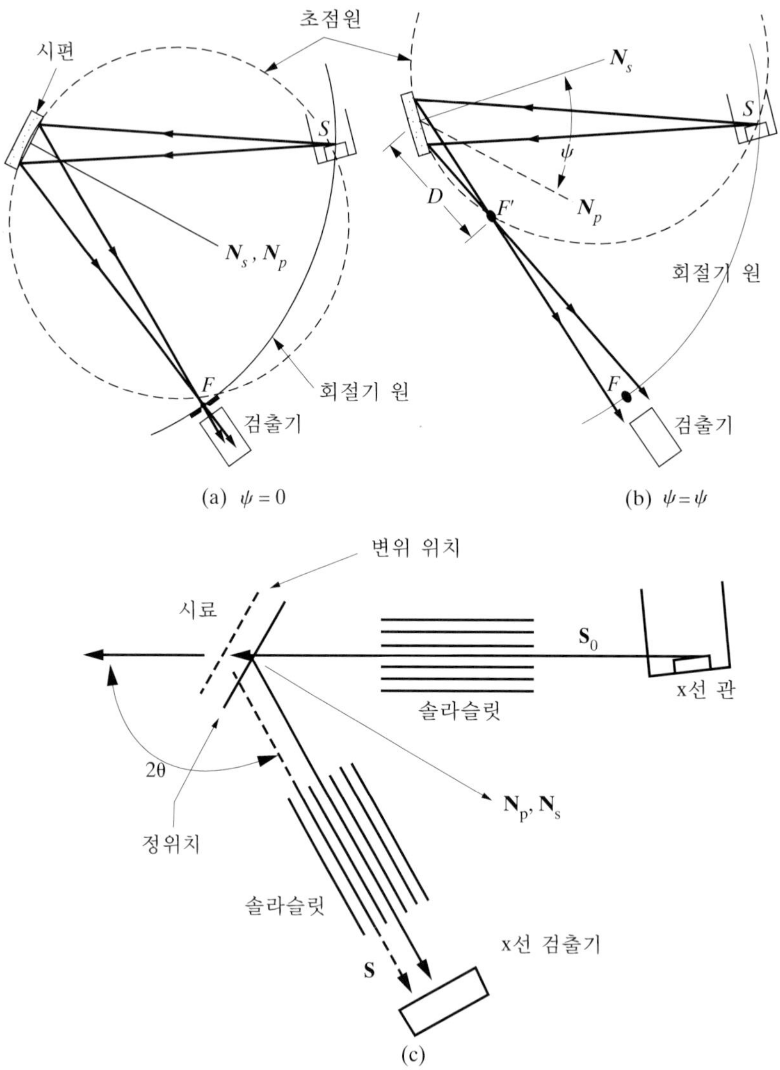

그림 15-9 응력 측정에서 회절기의 사용. (a)와 (b)는 집중빔 배치을 보여주며 (c)는 평행빔 배치를 보여준다.

$$\Delta 2\theta = (\Delta 2\theta)_m - (\Delta 2\theta)_0 \tag{15-21}$$

이다. 보정을 미립질 분체의 시편으로 가장 잘 결정할 수 있는데, 이 시편은 거시응력이 필수적으로 없다. 분체는 응력을 측정하는 재료와 조성이 거의 같아야 하는데, 그것은 이러한 회절선이 거의 동일한 2θ 위치에서 생기기 위해서이다. 왜냐하면 $(\Delta 2\theta)_0$ 자체의 보정은 어느 정도 2θ에 따라 다르기 때문이다.

약 0.1°보다 큰 $(\Delta 2\theta)_0$의 값은 기기 정렬을 더 잘할 필요를 가리킨다. 회절기 제작사가 규정하

는 일반적인 정렬 절차를 반드시 수행해야 한다. 거기에다 두 조건이 반드시 만족해야 한다:

1. 시편 표면은 회절기 축에 틀림없이 있어야 하며 ψ가 변해도 거기에 있어야 한다. 이 조건을 달성하는 데 실패는 응력 측정에서 오차의 주 발생원이 된다. 예를 들어, 시료가 물리적으로 회절기 축에서 변위할 때 오차가 발생한다. 이것은 ψ 축이 회절기의 2θ 축에서 벗어나도 생길 수 있다. 어떤 유형의 기계적인 포인터(필러 게이지)가 적합한 위치에 시편을 놓기 위해서 흔히 쓰인다.
2. 검출기의 반경상 이동은 진짜로 반경상이어야 한다. x선 관에서 나오는 빔은 아주 좁은 입사빔 슬릿이 한정하여 회절기 축을 통과하고 검출기가 $\theta = 0°$에서 있어 직접빔을 받는다면, 검출기 슬라이드의 비반경도(nonradiality)는 검출기가 회절기 축을 향해 움직일 때 외관상 빔이 0°에서 벗어나는 것으로 드러날 수 있다.

시료나 ψ 변위의 영향은 평행빔 기하(그림 15-9c)를 집중광 기하(그림 15-9a, b) 대신에 사용한다면 최소화할 수 있다. 평행빔 기하에서 2θ 위치는 입사빔과 회절빔에서 평행한 슬릿 사이의 각 관계가 결정한다. 이 슬릿은 회절기 면에 수직한 배플(baffle)들이 있는 Soller 슬릿이다. 그런 다음 검출기 슬릿은 검출기 팔을 따라서 병진하여 여러 ψ에 대한 초점 위치 F′에 있게 하기보다는 제자리 그대로 있도록 한다. 이 절차의 대가로 적지 않은 강도의 감소를 감수한다. 시료에서 응력의 변화나 ±2 mm의 ψ 축의 변위는 평행빔 기하로는 거의 무시할 수 있고 준집중 기하에 비해서 정지슬릿 기하에서는 꽤 덜하다[G.38].

꽤 강한 고각 회절선이 응력 측정에서 필요하다. 그러한 회절선을 일으키는 (*hkl*) 반사면과 파장 λ의 조합은 재료의 종류에 따라 달라진다. 여러 재료에서 이러한 조합들과 회절선의 근사적인 2θ 위치들을 표 15.1에 실었다.

회절선 위치의 측정

응력 측정에서 회절선 위치를 매우 높은 정밀도로 측정해야 한다. 이것은 회절선이 경화한 강에서 나온 것처럼 넓을 때 특히 필요하다. 그러면 최대강도 반에서 전폭(반가폭)은 5° − 10° 2θ이다. 회절선은 Cr $K\alpha$와 강(E = 207 Gpa,[1] $\nu = 0.29$, $\theta = 78°$, $\psi = 45°$)의 211 반사에서 폭이 8°이면, 3 MPa의 응력은 시편을 45° 돌리면 이 회절선이 단지 7%의 폭만큼 변이하게 할 것이다. 이러한 작은 변이를 측정하려면 회절선의 중심은 개개의 ψ 각에서 아주 정확하게 위치를 정할 필요가 있다.

폭이 넓든지 좁든지 간에 회절선의 중심을 찾는 표준방법은 회절선의 상부 15%를 포물선으로 맞추고 포물선의 축을 그 선의 중심으로 취하는 것이다(6-14절). 이 방법은 Ogilvie[15.21]가 응력 측정에 처음으로 사용하였고 중심이나 반최대강도 중앙점[15.22]에 비해서 피크 위치를 더욱 재

1) 1 ksi = 10^3 psi = 103 lb/in^2 = 0.7031 kg/mm^3 = 6.895 Mpa와 1 kg/mm^2 = 1.422 ksi = 9.807 Mpa.

현성 있게 측정할 수 있도록 한다.

회절이 넓을 때는 Koistinen과 Marburger[15.23]가 지적했듯이 회절선을 찾기 전에 강도자료에 어떤 보정들을 적용해야 한다. 이 강도를 통제하는 한 인자는 Lorentz-ploarization(L-P)인자 $(1 + \cos^2 2\theta)/\sin^2\theta$이다. 이 인자는 회절선 폭이 넓고 고각 영역에 있으면 단 한 개의 회절선의 폭에 걸쳐서 꽤 다를 수 있다. 단 하나의 회절선 내에서 특정 2θ값에서 강도를 결정하는 한 함수식을 얻기 위해서, 선폭에 관련한 $(1/\cos\theta)$ 항을 제거하면 그 결과 수정한 L-P 인자는 $(1 + \cos^2 2\theta)/\sin^2\theta$이다. 이 인자의 2θ에서 변화는 고각 회절선을 중심 주위로 비대칭적이게 한다. 시편에서 흡수는 ψ가 0이 아닐 때 흡수인자는 $(1 - \tan\psi\cot\theta)$이기 때문에 비슷한 효과를 낸다. 이 두 개 인자를 결합하여 *LPA* 인자로 정의하면,

$$LPA = (\text{수정 LP 인자})(\text{ 흡수인자 })$$

$$= \left(\frac{1 + \cos^2 2\theta}{\sin^2\theta}\right)(1 - \tan\psi\ \cot\theta) \tag{15-22}$$

이다. 측정강도는 회절선을 결정하기 전에 회절선을 더욱 대칭적으로 만들기 위해서 *LPA*로 나누게 된다. 시편에서 나오는 형광 때문에 배경선이 높으면 *LPA*를 적용하여 회절선의 중심을 찾기 전에 배경선이 회절선을 선형적으로 가로지른 것으로 가정하여 배경선을 제거하면 더 좋은 정확도를 얻을 수 있다.

시편 준비

이상적으로 시편 표면은 깨끗하고 매끄러워야 한다. 먼지와 얇은 조각은 있다면 반드시 제거해야 한다. 그렇지만 물질에서 어떠한 제거도 반드시 그 자체가 잔류응력을 만들어 내고 그것으로 측정할 응력이 변하지 않게 처리해야 한다.

연삭과 기계 가공은 적어도 0.005 인치(125 μm) 깊이에까지 큰 응력을 가져오는 것으로 알려져 있다. 산 부식의 영향은 덜 명확하다. 일부의 연구자들은 부식이 어떤 응력을 발생시키는 것으로 보고하였고, 다른 이들은 이 영향이 무시할 수 있는 것으로 보고하였다. 어떤 경우에서도 심한 부식은 표면을 거칠게 하므로(아래를 보라) 좋지 않다. 전해도금, 즉 시편 전해조에서 음극으로 만드는 처리는 다결정 시료에서 응력을 끌어들이지 않고 금속을 제거하는 또 다른 방법이다. 자세한 것은 [15.16]과 Tegart [15.24]에 나와 있다.

표면을 거칠게 하는 것은 엄격히 피해야 한다. 한 거친 표면에서 높은 점들은 재료의 덩어리와 같은 방식으로 응력을 받지 않고 이것들은 특히 그림 15-10에 나타낸 것과 같이 경사 입사로 측정한 것이면 회절무늬에 대부분 기여한다. 물론 측정대상이 어떤 처리, 즉 기계가공, 연삭, 숏피닝들로 생긴 잔류 표면응력을 측정하는 것이라면 응력 측정 전에 표면을 결코 만져서는 안 된다. 이러한 처리는 표면에 수직하게 가파른 응력 경사도를 생기게 하며 연마나 부식으로 아무리 물

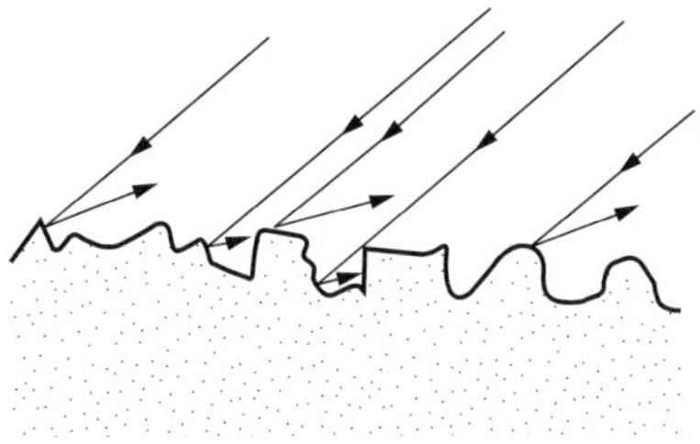

그림 15-10 입사빔이 비스듬할 때 거친 표면에서 회절

질을 제거하더라도 측정 목적을 어긋나게 한다.

깊이의 함수로서 응력 측정

시편 내에 응력 경사도를 x선 회절로 측정할 때는 재료를 층층히 제거하여 새로이 노출한 각각의 표면에서 응력을 측정한다. 이렇게 측정한 응력은 이전에 존재한 것은 아니다. 왜냐하면 응력을 받은 층의 제거는 남은 물질에서 응력을 다르게 하기 때문이다. 그러므로 측정한 응력들을 보정해야 한다. 층 제거 보정은 Moore와 Evans[15.25], [15.16]과 [G.38]이 기술하였다.

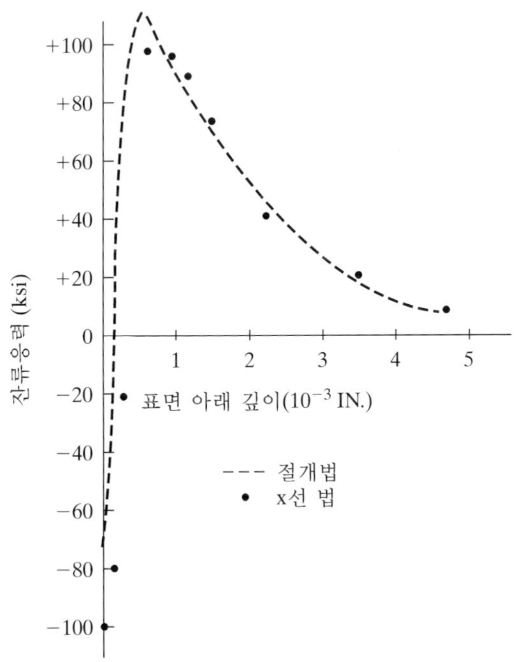

그림 15-11 세로 방향 잔류응력, 연삭 방향에 평행, 록웰 C 강도가 59이게 열처리한 강철에서 연삭 표면 아래 깊이의 함수로, x선 측정은 Koistinen과 Marburger[15.26], 절개 측정은 Letner[15.27]. 절개법은 표면에 직각으로 응력을 측정할 수 없다는 것에 주의하라.

깊이에서 응력 측정의 한 예는 그림 15-11에 나온다. 이것은 연삭으로 경화한 강에서 생긴 잔류응력을 보여준다. 표면에 수직하게 극단적으로 가파른 응력 경사도를 주목해야 한다. 응력은 +100 ksi에서 −100 ksi(+700 MPa에서 −700 MPa)까지 약 0.0006 인치(15 μm) 내에서 달라지는데, 이것은 경사도가 약 3 × 10^5 ksi/in(90에서 95 MPa/μm)이다는 것을 뜻한다. 빔 침투 보정은, 측정을 연삭하거나 기계가공한 표면에서 할 때, 이 보정을 일반적으로 하는 것처럼 여기서는 필요하였다.

변형 기법

위에서 기술한 표준방법에서 변형한 다음과 같은 기법들도 쓰이고 있다:

1. 측정은 오직 두 개의 ψ 값, 보통 0° 와 45° 혹은 60°에서만 한다. 더 적은 수의 측정으로 결정한 응력의 정밀도는 sin ψ 법에 비해 감소하지만 장치는 매우 간단할 수 있다. 이 접근방법은 자주 휴대용 응력장치에 쓰이고 더 자세한 것은 아래에 나온다.
2. 측면 경사법. 극점도 결정을 위한 Schulz 법의 기하(그림 14-18)를 채택한다. d_n의 측정을 위해 시편은 응력을 측정하는 방향이 회절기 축에 평행하도록 놓인다. 따라서 ψ 회전(그림 14-18에서 χ회전으로 나타낸)을 d_i 측정을 위해 축 AA' 주위에서 한다. 회절빔의 초점은 ψ가 회전할 때 회절기 원 위에 있게 되어서, 검출기의 반경상 이동이 필요하지 않다. 게다가 이 방법은 일부 시편들에서 또 다른 이점이 있다. 그 시편들은 오묵한 부위의 바닥에서, 즉 기어의 치차 사이의 공간에서 응력을 측정해야 하는 것들이다. 오묵한 것의 형태에 따라 물리적으로 표준방법으로는 x선 빔이 들어가고 나오게 하는 것이 불가능할 수 있다. 그 까닭은 입사빔이나 회절빔 중의 어느 하나는 시편이 어떤 ψ 각이나 다른 ψ 각에서 차단하기 때문이다. 측면 경사법으로는 이런 문제가 존재하지 않는다. 단점으로는 이 방법은 면으로 빔의 높이를 매우 제한한다.

특별한 회절기

매우 크거나 무거워서 표준 회절기에 수용할 수 없는 물체에서 때때로 잔류응력을 측정해야 할 필요가 있다. 혹은 기계부품과 달리 커다란 구조에서 응력을 측정하고자 한다. 어느 경우에서나 회절기를 측정하고자 하는 물체로 가져가는 것이 그 반대로 하는 것보다는 필요하다.

소형이고 휴대할 수 있는 회절기들은 이런 용도로 제작하였다. 이 기기들은 응력 측정만을 위해 고안한 것이기 때문에 검출기 이동의 각 2θ 범위는 고각 영역만을 포함한다. ψ 각은 회절기 전체(x선 원과 검출기)를 회절기 축, 즉 시편 표면에 놓인 가상적인 축 주위로 회전하면 달라진다.

Cohen과 James[15.29]는 응력 측정에 위치 민감 검출기를 채택하였다. 이 검출기는 2θ 이동 없이 회절빔의 2θ 위치를 측정할 수 있는 커다란 이점이 있다(6-10절). 예비작업은 표준 회절기에 장착한 검출기로 하였다[15.27]. 그 후에 휴대용 기기를 제작하였는데, 거기에는 검출기와 소형이고 공기로 냉각하는 x선 관은, 45°의 한 호를 따라 곡선 가이드에서 움직이는 한 개의 지지대에 고정한다. 가이드에 고정한 세 개의 봉은 그 장치가 시편에 대해서 적절한 자리를 잡게 한다. 응력은 $\psi = 0$에서 회절선 위치를 측정하고 검출기와 관을 함께 45° 회전하고 회절선 위치를 다시 결정하여 측정한다. 이 기기는 특징이 다음과 같다:

1. 이것은 빠르다. 회절선 곡선 상의 모든 점을 동시에 측정하고 MCA(6-10절)에서 $I, 2\theta$ 로서 저장한다. 그러면 소형 컴퓨터가 $\psi = 0$과 45°에 대해서 포물선에 최소자승으로 맞추어서 회절선 중심을 확정하고 응력을 계산하여 이 결과를 보여준다. 응력은 선폭에 따라 다르기는 하지만 20초 이내로 약 35 MP의 표준 편차로 잴 수 있다.
2. 이것은 무게가 단지 23 lb(10 kg)으로 휴대 가능하고 한 사람이 이를 어깨띠(neck strip)와

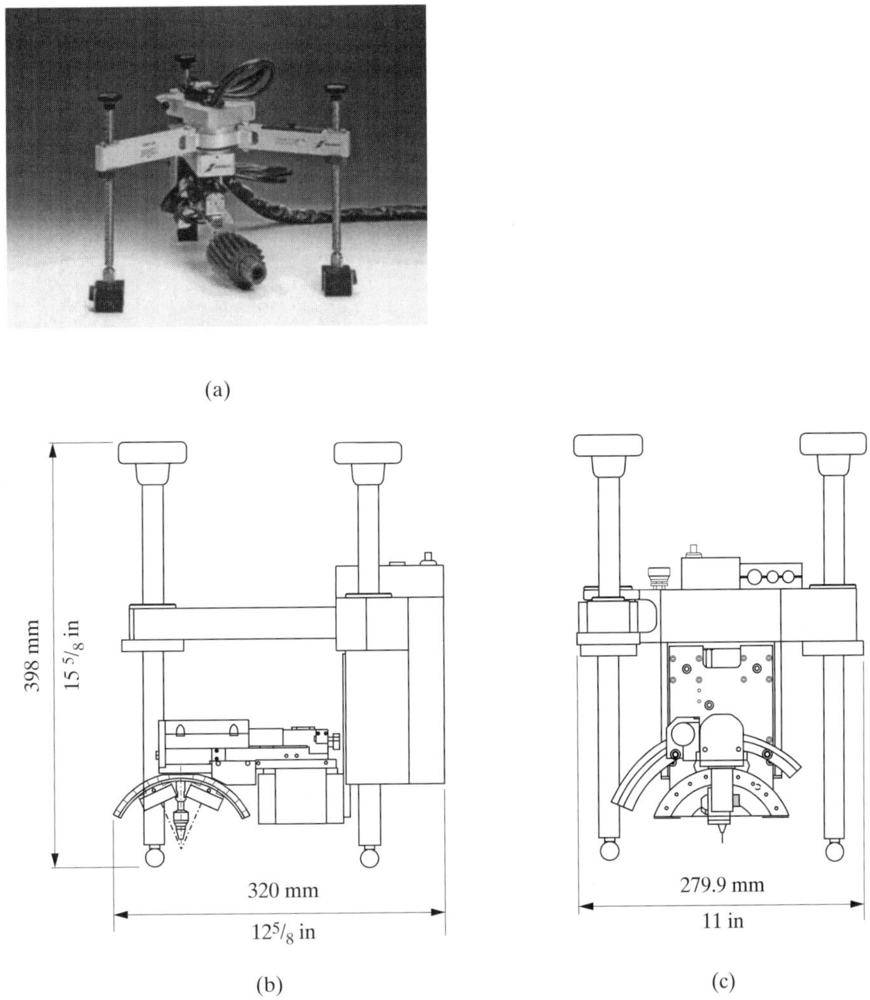

그림 15-12 잔류응력 측정을 위한 XSTRESS-3000 휴대용 회절기의 (a) 사진과 (b) 두 개의 개략도(Stresstech의 호의)

두 손잡이의 도움으로 가져갈 수 있고 응력 측정의 위치에 설치할 수 있다. 고정한 기기로서도 생산라인에서 나오는 재료의 응력을 감시하는 데 틀림없이 유용할 것이다.

3. 검출기와 이에 수반하는 전자장치들이 다소 고가이다.

그림 15-12는 사진 (a)와 응력 측정을 위한 휴대용 회절기(Stresstech의 XSTRESS 3000)의 고니오미터의 두 개의 개략도를 보여준다. 다른 제조사에서 제공하는 시스템은 이 장치와 전혀 다르지 않다. XSTRESS 3000 고니오미터는 세 개의 다리 위에 놓여서 x선 원과 검출기는 시료의 표면에서 일정한 거리에 있다. 전형적으로 다리는 큰 시료의 표면에서 직접 위에 있고 고니오미터와 측정점 사이의 거리 조정은 인용하여 0.003 mm이다. 제조사에 따르면 고니오미터는 검출기 요소당 각 분해능이 0.029°인 두 개의 선형 PSD를 수용한다. 이것은 무게가 단지 10 kg에 지나지 않고 자체 내장한 전원 공급기와 관 냉각 계통 부품집합, 고니오미터에 연결한 케이블과 관을 포함하여 무게는 25 kg을 추가한다. 여러 가지 x선 관이 사용 가능하고 시스템을 30 kV와 6.7 mA(200 W)까지에서도 작동할 수 있고 빔 조준기를 1과 5 mm 사이에서 조작자가 선택할 수 있다. 회절기 제어, 자료 수집, 분석을 표준 노트북 PC로 수행한다.

15-7 사진과 면검출 법

응력 측정의 사진법은 회절기에 비해 더 느리고 덜 정밀하기 때문에 현재는 흔히 쓰이지 않는다. 면검출기를 사용한 응력 측정은 갈수록 널리 쓰이고 있는데 검출기의 동적 범위가 넓고, 자료는 디지털식이며, 피크 위치의 측정이 꽤 정밀하기 때문이다.

사진법은 아직도 어떤 장점이 있다. 필요한 장치가 아주 간단하다: 작은 배면 반사 카메라는 x선 관의 머리에 고정한다. 이 장치는 이동식 회절기에 비해 더 작고, 더 가볍고, 더 강건하고, 매우 저렴하다. 그리고 더 이동식이고 더 제한한 장소에서 작업하는 데 적합하다.

두 개의 실험 기법이 쓰이고 있다:

1. 두 번 노출을 만드는데, 각각의 노출에서 시편에 대해 기운 입사빔의 각을 달리한다 [G.10, 15.16, 15.31, 15.32]. 필름 상 Debye 환의 한 면만 각 노출에서 측정한다. 이 방법은 전적으로 표준 회절기 법과 유사하다.
2. 단 한번의 경사 노출을 만들지만 Debye 환의 양쪽 면을 측정한다.

Norton[15.31]은 각각의 기법에서 오차들을 분석하여 단일 노출 기법이 실행에서 이중 노출법만큼 정확하다는 결론을 내렸다. 거기에다 노출법의 정밀도는 이론적으로 더 좋을지라도 2배만큼 빠르다.

여기서는 2축 응력에 대하여 단일 노출 기법만을 기술할 것이다. 입사빔(그림 15-13)은 나타내지 않았지만 핀홀로 조준하며 시편 표면의 법선 N_s와의 각 β만큼 기울어 있다. 회절 x선은 O에서 반경 R인 곡선형 시편 지지대에 놓인 필름의 양쪽 띠에 기록한다(평판필름 카메라도 쓰였다). 두 개의 x선 빔은 Debye 진(true) 원추에 놓이지 않는다. 이것들은 응력 σ_ϕ에 대해 다르게 배향하는 면 1과 2의 조에서 회절한 빔이다. 면에서 두 개의 조는 Bragg 각이 약간 다른 θ_1과 θ_2이고 이 면의 법선 N_{p1}과 N_{p2}는 입사빔과 약간 다른 각 α_1과 α_2를 만든다. 식 (15-18)은 각각의 ψ 각에 대해 ψ_1과 ψ_2로 쓸 수 있다:

$$\frac{d_{\phi\psi_1} - d_o}{d_o} = \frac{-\nu}{E}(\sigma_{11} + \sigma_{22}) + \frac{1+\nu}{E}\sigma_\phi \sin^2\psi_1 \qquad \text{15-23(a)}$$

$$\frac{d_{\phi\psi_2} - d_o}{d_o} = \frac{-\nu}{E}(\sigma_{11} + \sigma_{22}) + \frac{1+\nu}{E}\sigma_\phi \sin^2\psi_2 \qquad \text{15-23(b)}$$

식 (15-23(a))와 (b) 사이의 차이는

$$\frac{d_{\phi\psi_1} - d_o}{d_o} - \frac{d_{\phi\psi_2} - d_o}{d_o} = \frac{d_{\phi\psi_1} - d_{\phi\psi_2}}{d_o} = \frac{1+\nu}{E}\sigma_\phi[\sin^2\psi_1 - \sin^2\psi_2] \qquad (15\text{-}24)$$

이다.

$$\frac{\Delta d}{d} = -\frac{\cot\theta\,\Delta 2\theta}{2}$$

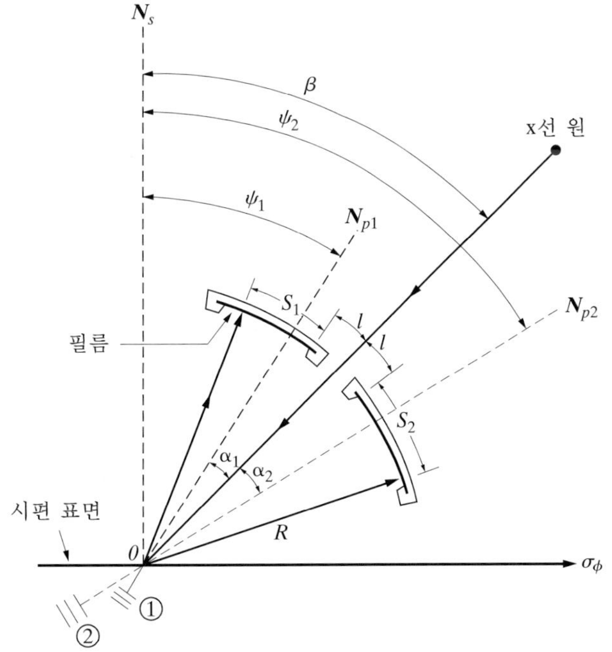

그림 15-13 응력 측정의 사진법(단일 노출 기법). Norton[15.31]에 따름

를 $\theta = (\theta_1 + \theta_2)/2$로 치환하고, $\psi_1 = \beta - \alpha_1$과 $\psi_2 = \beta + \alpha_2$를 사용하고, $\alpha_1 - \alpha_2 = \alpha$에 주의하여 σ_ϕ를 풀면

$$\sigma_\phi = \frac{E}{1+\nu}\left(\frac{\cot\,\theta}{\sin^2(\beta+\alpha) - \sin^2(\beta-\alpha)}\right)\Delta\theta \tag{15-24}$$

가 나오고, 이것은 일반적으로

$$\sigma_\phi = \mathrm{K}\Delta\theta \tag{15-25}$$

로 표현한다. 여기서 K는 응력상수이고 $\Delta\theta$를 deg로 해서

$$\mathrm{K} = \frac{\pi}{180}\,\frac{\mathrm{E}}{1+\upsilon}\,\frac{1}{2\sin 2\beta \sin^2\theta} \tag{15-26}$$

으로 준다.

측정할 양은 회절선과 입사빔에서 거리 l에 있는 내부 나이프 날에서 생긴 검정선 사이의 거리 S_1과 S_2이다. 그러므로

$$2\alpha_1 R = 2[(\pi/2) - \theta_{i1}]R = l + S_1$$

$$2\alpha_2 R = 2[(\pi/2) - \theta_{i2}]R = l + S_2 \tag{15-27}$$

빼기하여

$$2R(\theta_{i2} - \theta_{i1}) = S_1 - S_2 \tag{15-28}$$

이거나

$$(\theta_{i2} - \theta_{i1}) = \frac{S_1 - S_2}{2R}$$

이다. 식 (15-25)에서 $\Delta\theta$를 식 (15-28)로 치환하면 작업 식

$$\sigma_\phi = K_3(S_2 - S_1) \tag{15-29}$$

이 생긴다. 여기서 응력상수는

$$K_3 = \frac{E}{4R(1+\nu)\sin^2\theta \sin 2\beta} \tag{15-30}$$

가 된다. β를 45°로 선택하면, sin 2β 항은 떨어져 나간다.

그림 15-14에 나타낸 응력 카메라는 반경이 70.0 mm이다. 두 개의 표준 치과용 x선 필름 봉투

를 필름 지지대의 휘어진 틈에 밀어 넣는다. 이렇게 카메라 정렬을 깨뜨리지 않고 필름을 삽입하고 처리를 위해선 제거할 수 있다. 필름 지지대의 나이프 날은 개개의 필름 띠의 양쪽 끝에 예리한 x선 그림자를 투영한다. 이것들은 회절선 위치의 측정과 필름 수축의 보정을 위한 기준시로서 도움이 된다. 시편과 필름 사이의 올바른 거리는 조준기를 신축 가능한, 그림으로 나타내지 않은, 지시봉으로 대치하여 정한다. 이 지시봉의 끝은 필름에서 직각의 거리, 즉 그림 15-13의 O에서 입사빔의 축 상에 놓인다. 필름 상의 회절선 위치는 Hull/Debye-Scherrer 필름에서 눈금을 읽을 때 사용하는 종래의 조망 상자와 자로나 미소광도계로 측정한다. 양 $(S_2 - S_1)$의 표준편차가 0.04 mm이면, 이 값은 세심하게 반복해서 매번 필름 위에서 측정해서 얻을 수 있는데, 강의 응력에서 표준편차는 약 30 MPa[15.31]이다.

일반용 평면 면적 검출기들(즉, 평탄한 영상판[15.32])은 아주 효과적으로 단 한 번의 노출에서 전체 회절추를 기록할 수 있다. 다중선이나 CCD 검출기도 사용할 수 있다[15.33]. 검출기를 입사빔에 수직하게 놓고 응력을 받은 시료에서 얻은 회절추는 원형은 아니다. 방위각에 따른 반경의 변화는 삼각기하학으로 회절면의 서로 다른 방위에 대해서 각 $180° - 2\theta$에 관계한다. 그러므로 모든 ϕ 방위(ϕ의 정의에 관해서 14-9절과 그림 14-18을 보라)를 단 한 번의 노출로 단 하나의 ψ에서 측정한다. 여러 개의 ψ를 얻기 위해서는 시료를 기울이고 여러 번의 노출을 기록하는 것이 필요하다[15.32]. 그런 다음 응력텐서의 성분은 위에서 기술한 방법으로 얻는다. 집합조직을 띠고 입자가 조대한 시료는 이런 방법으로 연구할 수 있고 입자가 무질서하게 배향한 시료도 마찬가지

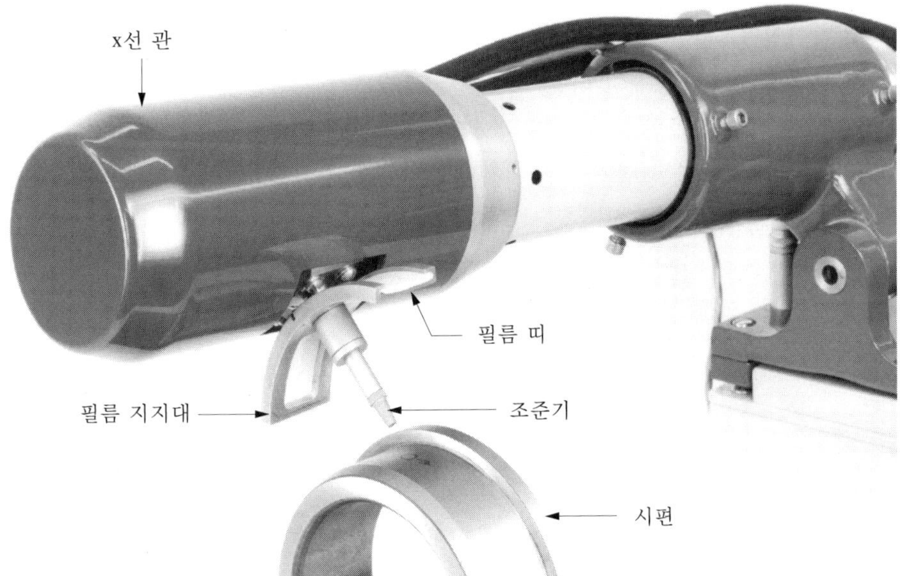

그림 15-14 단일 노출 기법의 응력 측정을 위한 위치에 있는 응력 카메라. x선 관의 머리는 보호덮개로 둘러싸여 있다. (Advanced Metals Research Corporation의 호의.)

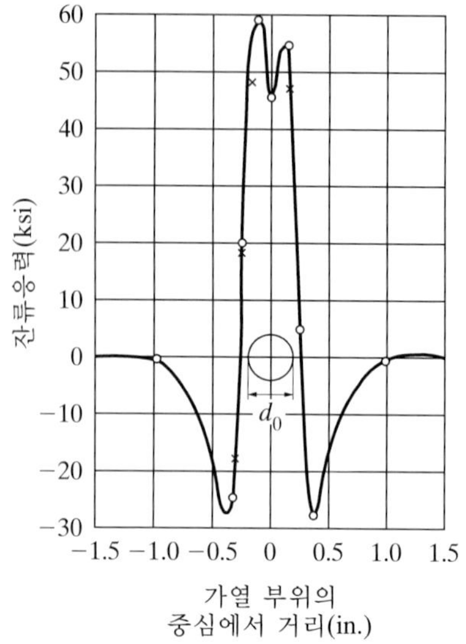

그림 15-15 강의 띠의 표면에서 국부적인 가열로 생긴 경도의 잔류응력, d_0는 가열 부위의 직경. Norton과 Rosenthal [15.34]

이다. 영상판 기법은 연마한 강철 시료에서도 종래의 방법에 견줄만한 결과를 낼 수 있다[15.32].

응력 카메라나 휴대용 회절기[그림 15-14]에서 입사빔의 작은 직경은 용접점 근처 부위에서처럼 표면에서 점마다 응력 변화를 측정하고자 할 때 유리하다. 그림 15-15에 나타낸 사진법으로 측정한 응력 분포는 스폿(spot) 용접으로 생긴 잔류응력을 모사한 것이다. 시편은 25 × 8 × 0.6 cm인 강철 띠이었다. 직경이 약 1cm인 원형 부위를, 이 크기를 도표에 표시하였는데, 스폿 용접 기계의 두 전극 사이의 중앙에서 띠를 죄어서 국부적으로 수초간 약 700℃까지 가열하였다. 중앙 부위는 빠르게 팽창하지만 그 주위의 비교적 찬 금속이 구속한다. 소성유동이 뜨거운 중앙 부위에서 일어났고 잔류응력은 냉각 동안 시작하였다. 그림 15-15에 나타낸 응력은 띠의 80 mm 폭을 가로질러서 가열 부위를 통과하는 하나의 선을 따르는 점들에서 경도의(longitudinal) 응력이다. 인장 잔류응력은 이 강철의 항복응력(415 MPa)과 거의 같은데, 가열 부위에 존재한다.

사진법을 사용한 다른 연구는 Al [15.35−15.37], Ti [15.34], 강[15.34, 15.38, 15.39]의 측정을 포함한다.

15-8 보정

x선의 응력 측정은 응력 하의 물질이 탄성 법칙을 따르는 등방체라는 가정에 의존한다. $E/(1 + v)$ 양은 변형을 응력으로 바꾸는 데 필요하고 인장검사 동안 통상적인 방식으로 측정한 E 와 v 값을 사용한다는 것을 묵시적으로 가정한다. 이러한 기계적으로 측정한 값들은 회절 측정에 적용하

기에 정확한 것들이 꼭 아닐 수 있다. 후자에서는 변형을 특정한 결정학적 방향에서, 즉, (*hkl*) 회절면에 수직한 방향에서 측정한다. *E* 와 *v*는 둘 다 결정학적 방향에 따라 다르다. 이러한 탄성 특성의 이방성은 금속마다 다르다. 예를 들면, α-철의 단결정에서 측정은 *E*가 [111]에서는 284 GPa이며 [100]에서는 132 GPa이다는 것을 보여주는 반면에, 알루미늄의 *E* 값은 거의 변화가 없다. 기계적으로 측정한 값은 다결정질 철과 알루미늄에 대해서 각각 207과 69 GPa이다. 이 후자 값은 방위가 무질서한 입자가 서로 접촉하여 있는 집합체의 평균값임이 명백하다. 그러나 x선법에서는 입사빔에 대해서 특정한 방위, 그 결과 측정하는 응력에 관하여 어떤 특정한 방위에 있는 입자들만이 회절할 수 있다. 그러므로 기계적으로 측정한 *E*와 *v*의 값을 이 특정한 입자들에 적용해야 할 근거는 없다. 바꾸어 말하면, 무질서하게 방위한 입자들의 집합체는 등방적으로 거동하지만 그 집합체에서 특정한 방위의 개별적인 입자들은 그렇지 않을 수 있다.

이러한 고려할 점은 실험으로 충분히 지지를 받고 있다. 기지의 응력에 놓인 물질을 x선 측정하여 $E/(1 + v)$ 비를 실험적으로 결정할 수 있고 이 값은 기계적으로 측정한 탄성계수로 계산한 값과는 상당히 다를 수 있다. 더군다나 같은 물질에서도 $E/(1 + v)$의 측정값은 회절면의 지수 (*hkl*)에 따라 보통 다르다.

x선 응력 측정과 함께 사용하기 위해, 단결정에서의 각종 방향에서 측정한 값에서 *E*와 *v*의 적합한 값을 계산하기 위한 방법들이 나와 있다. 예로서 Voigt[15.40]와 Reuss[15.41]의 평균값이 있고 탄성상수에 광범위한 모델[예, 15.42]을 적용하기 위한 소프트웨어가 상업적으로 구입 가능하다. 이런 방법과 다른 접근법들의 요약은 다른 문헌에 나와 있다[G.38]. 가장 안전한 절차는 알려진 응력상태에 있는 시편에서 $E/(1 + v)$를 측정하는 것이다. 이 시편은 반드시 응력을 측정하고자 하는 시편과 동일한 재료이어야 한다. 보정절차에 관한 특별한 예를 [15.6-15.9, 15.11, 15.16, G.38]에서 찾을 수 있다.

한 실습에서 굽힘으로 몸체 내에 기지의 응력이 발생하게 한다. 시편은 그림 15-16에 나타낸 것과 같이 두 점에서 끝을 받치고, 다른 두 점에서 힘 *F*가 걸린 평탄한 띠이다. 이런 4점 굽힘은 전면 표면에 인장응력을 발생하고 이 응력은 두 내부 지지대 사이에서 크기가 일정하다. 회절기상에서 보정을 실행한다면, 굽힘 정착물(fixture)은 시편의 앞 표면이 어떤 ψ 각에서도 어떤 굽힘 크기에도 회절기 축과 일치하게 설계해야 한다.

굽힘에서 생기는 변형은 x선으로 조사한 부위 근처에 전기 저항 변형게이지를 장착해서 측정한다. 이 변형과 기계적으로 측정한 재료의 탄성계수 *E*와의 곱은 보정에 필요한 표면 경도의 응력 σ_ϕ이다. (*E*에서 생기는 어떤 불확실성도 응력상수 *K*, 즉 ψ의 함수로서 피크변이를 응력에 연계하는 비례상수에서 대응하여 불확실성이 생기게 한다. 가장 좋은 접근법은 동일한 시편에 x선 검정에 사용한 것과 같은 종류의 직접하중을 가하여, 즉 4점 굽힘으로 *E*를 측정하는 것이다.)

기지의 응력 σ_ϕ를 탄성한계를 초과하지 않는 범위에서 x선으로 측정한 다음 자료들은 보정선의 형식으로 그린다. 예를 들면, 회절기를 사용한다면 보정곡선은 σ_ϕ 대 $\Delta 2\theta = (2\theta_n - 2\theta_i)$의 그림이고 그 선의 경사는 응력상수와 같다. (만일 선이 원점을 지나지 않는다면, 이것은 보정요소 자

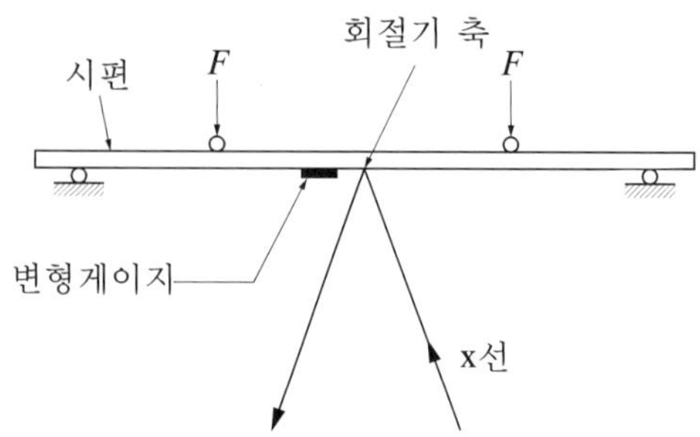

그림 15-16 x선 법의 보정을 위한 굽힘가공에서 하중이 걸린 시편

체가 굽힘 모멘트를 주기 전에 잔류응력을 함유했다는 것을 가리킨다.)

보정에 사용하는 x선 기법은 다음에 미지의 응력 측정에 사용할 기법과 잘 맞아야 한다. 예를 들면, 집중 기법으로 결정한 응력상수는 평행빔 기법(그림 15-9)으로 결정한 응력상수와 일치할 것이라고 기대해선 안 된다.

실험적으로 결정한 응력상수를 각종 공업용 철과 비철 합금에 대해서 표 15.1에 실었다. 모두 상수를 회절기로 결정하였다.

15-9 정밀도와 정확도

대부분의 측정에서 정밀도(재현성)는 정확도("참" 값에 접근)에 비해 얻는 것이 더 쉽다.

정밀도

높은 정밀도는 회절선 위치를 측정하는 데 수반하는 확률오차들이 최소화할 것을 요구하며 이 오차들은 회절선이 넓어질수록 더 커진다.

● 회절기

회절선의 모양과 지금부터 위치를 확정하는 데 있어 정밀도는 주로 계수하는 데 따른 통계적인 오차로 결정한다. 식 (6-8)에 나타낸 것과 같이 이 오차는 $1/\sqrt{N}$에 비례하고, N은 계수의 횟수이다. 많은 연구자는 고정계수 기법을 사용하여 각각의 2θ 위치에서 10^5이 누적하도록 충분히 길게 계수한다. 그러한 계수의 상대 표준편차는 0.3%이다. 오차에서 측정응력의 표준편차를 추정하는 방법은 계수하는 것과 관련이 있고 곡선을 맞추는 것은 [15.16]에 다루고 있다. James와 Cohen[15.43]은 여러 가지 기법으로 얻을 수 있는 정밀도에 관한 실험적인 연구를 수행했다. 예를 들면, 더 나은 정밀도는 계수에 소비한 전체 시간이 동일할 때조차도 그림 6-36에서처럼 세 개의 점에 맞추기보다는 최소자승으로 다수, 즉 7개 이상의 점을 포물선에 맞추면 나온다는 것을 밝혔다. 적당한 측정시간 내에서 많은 조건으로 제한을 주지 않고 한 응력측정에서 도달할 수 있는 정밀도에 하나의 숫자를 준다는 것은 어렵지만 강의 측정에서 표준편차는 폭이 좁은 회절선에 대해선 2 − 3 ksi(즉, 15−20 MPa), 넓은 회절선에 대해선 4 − 5 ksi(30−35 MPa)가 아마 신중한 추정치이다. 더 자세한 것은 [G.38]을 참조하라.

● **응력카메라**

정밀도는 각 필름에서 반복하여 측정하고 그 결과를 평균하면 증가한다. 단일 노출 기법을 사용하여 Norton[15.31]은 강에서(좁은 회절선들에서) 4.5 ksi(30−35 MPa)의 표준편차를 얻었다.

정확도

높은 정확도는 계통오차들을 최소화할 것을 요구한다. 이 오차들은 주로 두 종류, 기하학적 성질의 것과 응력상수의 탄성 상수 부분에 연관한 것이다. 계통오차들은 응력의 크기에 비례하여 측정응력에서 오차를 일으킨다.

표준 집중 기법을 사용한 회절기 측정에서 주요 기하학적 오차는 회절기 축에서 시편 표면의 변위이다. 만일 시편이 반사면 법선을 따라 x 양만큼 변위하면, $\psi = 0$에서 $\psi = \psi$로 회전하면 무응력 시편에서조차 회절선의 이동이 일어날 수 있다. 이러한 이동은 라디안으로 [15.44]를 사용하여

$$2\theta_n - 2\theta_l = \Delta 2\theta = \frac{2x\cos\theta}{R}\left[1 - \frac{\sin\theta}{\sin(\theta - \psi)}\right] \tag{15-31}$$

된다. 여기서 R은 회절기 반경이고 x는 변위가 축 전면에 있을 때 양의 부호를 취한다. $x = 10^{-2}$ 인치(250 μm)일 때 $\theta = 78°$, $\psi = 45°$, $R = 5.73$ 인치(14.55 cm), $\Delta 2\theta = -0.033°$이다.

단일 노출 카메라 법에서, 시편에 대하여 카메라를 틀린 위치에 놓는 것은 R과 β에서 오차를 발생한다.

세밀한 실험 기법을 쓴다고 해도 $E/(1 + \nu)$의 부정확한 값은 오차의 가장 큰 발생원으로 남는다. 표 15.1에서 자료를 검토하면 같거나 비슷한 재료의 $E/(1 + \nu)$의 값에서 어떤 연구자들 사이의 일치가 다소 빈약한 것을 알 수 있다. $E/(1 + \nu)$을 측정할 수 있는 시간이나 시설이 없는 연구자는 응력 측정을 하기 전에 두 개의 선택을 할 수 있다: (1) 표 15.1과 같은 목록에서 많게는 약 10%의 가능한 오차 수준으로 하나의 값이나 평균값을 선택할 수 있다. 또는 (2) 기계적으로 측정한 E와 ν 값으로 $E/(1 + \nu)$를 약 30%의 가능한 오차 수준에서 계산할 수 있다. 이러한 오차는 일부의 측정에서는 허용할 수 없는 만큼 크지만 잔류응력 측정값을 반드시 나쁘게 하지는 않는다. Norton[15.31]이 지적한 대로, 응력이 시편에서 점마다 어떻게 다르고 어떤 특정한 점에서 응력이 시편 취급에 따라 어떻게 다른 지를 알기 원한다는 점에서 연구자는 일반적으로 정확도보다는

정밀도를 더 염려해야 한다. 측정한 응력의 절대 크기에서 오차는 30%에서조차 연구에서 도달한 결론을 거의 바꾸게 하지 않는다.

(어떤 니켈 합금에서 Prevey[15.7]는 탄성상수의 x선 값과 역학적 값 사이에 예외적으로 큰 차이를 발견하였다. 이 합금에서 x선 값은 문헌에서 보고한 기계적 값보다 크게는 80% 정도 크다.)

15-10 실제 어려움

시편에 고유한 어떤 상태는 x선 응력 측정의 정확도와 가능성에도 영향을 끼친다. d 대 $\sin^2\psi$의 정상적인 거동(그림 15.7)에서 벗어나는 것은 정성적으로 평가할 수 있고 기본 가정의 정당성은 통계적으로 검증할 수 있다[15.45]. 이것은 다음 상태들 중 어떤 것이 존재하는 지를 결정하는 데 매우 중요할 것이다.

조대 입도

만일 입자가 크다면, 회절선은 점투성이고 이 위치는 잘 정할 수 없다. 이런 상태는 사진 기법에서 분명하지만 회절기 법에서는 그렇지 않다. 이런 조건이 의심스럽다면 배면 반사 핀홀 사진을 회절기로 응력 측정을 시도하기 전에 반드시 얻어야 한다. 또는 회절선을 검출기 슬릿 앞에 놓인 치과용 필름에 기록할 수도 있다.

어떤 산업 제품들은 입자가 너무 커서 x선 응력 측정은 다결정질 시료를 위해 쓰려고 한 기법으로는 불가능하다. 결정하기 어려운 상황에서는 측정하는 동안 시편을 시편 표면에 놓인 축 주위로 ±2−5° 진동하면 반사하는 입자 수가 충분히 증가하여 측정 가능한 회절선이 생길 것이다.

단결정의 격자상수를 정밀하게 측정하는 기법(17-4절을 보라)들이 개개의 입자들에서 응력을 측정하는 데 쓰일 수 있다.

우선방위

적당한 정도의 우선방위는 어려움을 일으키지 않지만 상당히 예리한 집합조직은 두 가지 영향을 준다:

1. 응력 측정을 위해 선택한 회절선은 $\psi = 0$에서 충분히 강하고 $\psi = 45°$에서 실질적으로 없을 수 있거나 그 반대일 수 있다. 그러면 집합조직은 가능한 ψ 각을 제한한다.
2. 재료가 탄성적으로 이방성이면, 기계적으로 측정한 E 값은 시편의 방향에 의존한다. d 대 $\sin^2\psi$의 그림에서 그 결과로서 요동이 생기며 응력 측정을 복잡하게 만든다[G.38]. 2축이나 3축 법을 무턱대고 적용하면 심각한 오차가 나타날 수 있다.

소성변형

만일 시편이 x선으로 조사하는 부위에서 특정한 방식으로 소성적으로 변형하면, x선 법은 실제의 거시응력을 나타내지 않는다. (만일 잔류응력을 일으킨 소성변형이 검사 부위에서 멀리 있다면 x선 법의 정확도는 영향 받지 않는다. 예를 들면 이런 상태가 급냉한 시료에 대한 표면 측정에서 존재한다. 이곳에서는 바깥표면에서 잔류응력은 내부의 소성유동 때문이다.)

시편을 소성적으로 수 퍼센트 정도 잡아당긴 후 놓으면 x선 측정은 변형 전 방향으로 잔류 압축 거시응력을 나타내는 회절선 변이를 보여준다. 이 영향은 대칭적이다. 소성압축 후에 x선은 잔류 인장응력을 나타낸다. 이것은 표면효과는 아닌데, 그 까닭은 표면층을 연속해서 제거한 후 수행한 x선 측정이 응력이 시편 전체에 걸쳐 존속하는 것을 보여주기 때문이다. 다른 한편으로 절개 측정은 진성 거시응력이 존재하지 않는다는 것을 보여주고 사실 일정한 변형 후에는 무엇을 예상하는 것이 가능치 않다. x선이 나타내는 응력은 **유사 거시응력**이라 부르는데, '유사'라고 하는 것은 이것이 절개할 때 변형을 일으킨 실제 거시응력이 아니기 때문이고, '거시'라고 하는 것은 이것이 x선 회절선을 이동하게 했기 때문이다. 유사 거시응력은 실제로 유별난 종류의 거시응력이고, 이 응력에서 인장 내에 있는 것과 압축 내에 있는 재료 부위는 부피에서 같지 않다. 이에 관한 논의는 다수의 평론에 있다[15.12, 15.46, 15.47, G.38].

1축 변형 후 그 영향을 첫째로 관찰하지만 그러한 변형은 순수한 인장과 압축에 한정하지 않는다. 예를 들면, 소성굽힘은 진성 거시응력(그림 15-2)을 일으키지만 변형 모드는 주로 빔의 중립적인 축에 평행한 층들의 인장이나 압축이다. 그러므로 x선으로 나타나는 경도의 잔류응력은 진성 거시응력과 유사 거시응력의 합이고, x선 결과는 절개로 얻은 결과에 비해 어느 표면에서도 수치적으로 더 클 것이다.

압연이나 압축 인발(die drawing)에서 생긴 변형은 어떤 한 1축 특성이 있지만 압연기나 형판(die) 표면에서 재료 상의 힘은 시편 축에 대해 기울어져 있다. 거시응력은 발생하여 미시응력들의 복잡 계에 중첩한다. 후자는 아마 유사 거시응력을 포함할 수 있다. 그 결과 x선 법은 진성 거시응력을 측정하는 것이 아니라 오히려 거시응력과 회절선을 추가적으로 이동하게 한 미시응력의 어떤 성분의 합을 측정한다.

다른 한편으로 연삭이나 숏피닝으로 생긴 소성변형은 x선으로 정확하게 측정할 수 있는 거시응력을 만들고, 이 응력은 x선과 절개 측정 사이에 훌륭한 일치를 나타낸다. 그림 15-11은 한 예를 보여준다. 이 공정으로 생긴 변형은 1축성이기보다는 다축성인 것처럼 나타나고, 따라서 유사 거시응력은 없다.

요약해서 x선 법은 인장, 압축 굽힘, 압연이나 압축 인발로 소성적으로 변형한 시편에서는 진성 거시응력을 밝혀내지 않는다. 하지만 x선 법이 잘못된 것이라고 단정하는 것은 틀린 것이다. 유사 거시응력은 거시응력과 마찬가지로 실제로 있다. x선은 이 두 개의 합을 나타내고 절개는 후자만을 보여준다.

문 제

*15-1 $\psi = 0$과 45°에서 211 x선 회절로 철에서 100 ksi의 1축 인장응력을 측정한다. 무응력의 철의 격자상수 a를 2.8665 Å, $E = 30 \times 10^6$ psi, $v = 0.29$로 잡는다. (a) $d_{\phi\psi}$와 d_o를 유효숫자 다섯 자리로 계산하라. (b) 식 (15.18)에서 $(d_{\phi\psi} - d_o)/d_o$를 $[d_{\phi\psi} - d(\psi = 0)]/d(\psi = 0)$로 바꾸면 몇 퍼센트 오차가 생기는가?

15-2 식 (15.20)을 유도하라.

15-3 회절기 법의 흡수인자가 $(1 - \tan\psi \cot\theta)$인 것을 보여라.

*15-4 유리구슬 피닝(glass bead peening) 에 이어서 물로 급냉할 때 생긴 1045 강의 원통에서 원주(테) 응력을 회절기(Cr $K\alpha$ 방사선, 211 반사)로 측정한다. 응력이 없는 시편을 $\psi = 0$에서 $\psi = 45°$까지 돌릴 때 회절선 변이 $\Delta 2\theta$는 −0.10°이다. 응력상수 K_1을 90 ksi/deg로 잡는다. 아래 지정한 시간 t는 각각의 각에서 20,000 카운트를 누적하는 데 걸리는 시간이다. 잔류응력을 LPA 인자의 선 비대칭을 위해 보정하고서와 보정하지 않고서 계산하라.

ψ	2θ	t(sec)	LPA
0	155.00°	69.20	1.910912
	155.80	54.47	1.916158
	156.60	71.64	1.921281
45°	156.00	35.84	1.509882
	156.50	32.35	1.521150
	157.00	33.83	1.532391

제 16 장 단결정의 방향

16-1 서언

단독의 단결정의 연구가 다결정 재료의 특성 다수를 설명하여 왔는데, 그 까닭은 이러한 연구가 복합체 내 낱개의 구성 블록의 특성을 측정하게 하기 때문이다. 단결정은 이방성이므로 측정이 알고 있는 결정 방향이나 결정면에서 되도록 이런 유형의 조사는 항상 단결정인 검사 시편의 방향에 관한 정확한 내용을 요구한다. 결정방위를 달리하면서 측정한 성질(예를 들어 항복강도, 전기저항, 부식률)에 관한 자료는 결정방위의 함수로서 얻는다.

그리고 단결정의 생산은 단순히 연구용이 아닌 여러 기기, 주로 전기, 광학, 자기 기기에서 사용하기 위해 증가하고 있다. 실리콘 단결정은 한 예이며, 컴퓨터의 중앙연산장치(centrol processor unit)와 임의접근기억장치(random access memory)와 반도체를 기반으로 하는 소비자 상품에 쓰인다. 다른 예는 크리프 저항이 매우 높은 단결정 니켈 기반의 초경합금 터빈날개이다.

이러한 결정은 모두 특정한 방위를 나타내도록 생산하는 것이 반드시 필요하다.

우리는 아래 기술에서 방향을 측정하는 데 주로 사용한 세 가지 방법, 배면 반사 Laue 법, 투과 Laue 법, 회절기 법에 대해서 알아본다. 아무도 과거에 사용했던 부식공 기법을 간과하면 안 된다. 이것은 광학적 기법으로, Miller 지수를 알고, 결정 표면에서 부식공이 있는 평탄한 옆면에서 나오는 가시광선의 반사를 사용한다. 널리 사용하고 있진 않지만, 이 방법은 빠르고, 간단한 측정 기기[G.10]만을 요구한다.

16-2 배면 반사 LAUE 법

앞서 3-8절에서 언급했듯이, 단결정의 Laue 도형은 사진 상에 한 조의 회절점으로 되어 있고 이 반점의 위치는 그 결정의 방위에 의존한다. 이런 것은 투과나 배면 반사 Laue 법에서나 같아서 어느 방법이나 결정방위를 결정하는 데 사용할 수 있다. 하지만, 두 방법 중 배면 반사법은 시편의 두께를 막론하고 특별한 시편 준비가 필요하지 않아서 더 널리 쓰인다. 이에 비해, 투과법은 x선 흡수가 낮고 비교적 얇은 시편을 요구한다.

어느 경우에서나 시편의 방위를 사진 상의 Laue 반점의 위치로 결정하기 때문에 사진에 대해 시편을 어떤 지정한 방식에 따라 정렬해야 한다. 재료 연구에서 만나는 단결정 시편은 보통 선, 막대기, 박판이나 후판이지만, 가끔은 불규칙 형태의 결정을 분석하기도 한다. 선이나 막대기 시편은 정사각형이나 직사각형 사진의 한 모서리에 평행하게 자체의 축을 맞출 수 있어 가장 좋다. 시편 표면, 예를 들어 사진에 가장 가까운 측면에 정한 기준점은 시편의 방위를 완전히 고정한다. 박판이나 후판 시편은 자체의 면이 사진면과 평행하도록 맞추는 것이 편리하다. 불규칙한 형태의 시편은 자체의 표면이 사진면에 대해서 자신의 방위를 확실히 고정하도록 기준점을 가져야 한다.

이제 문제는 필름 위의 배면 반사에서 생긴 Laue 반점의 위치로 결정방위를 결정하는 것이다. 각 Laue 반점에 해당하는 Bragg 각 θ는 식 (8-2)에서 구할 수 있지만, 회절빔의 파장을 모르면 그 반점을 만든 격자면을 찾는 데 소용없다. 항상 격자면의 법선은 입사빔과 회절빔 사이의 각을 이등분하기 때문에, 각 반점을 생기게 한 격자면에 수직한 방향은 고정한다. 그러면 면의 법선 방향을 스테레오 투영에 그릴 수 있고, 이 법선의 사잇각을 측정할 수 있고, 연루한 결정의 일련의 알려진 면간각과 비교하여 격자면을 찾을 수 있다.

그러므로 첫 문제는 필름 상의 각 회절 반점의 측정 위치에서, 그 반점을 만든 면극점의 스테

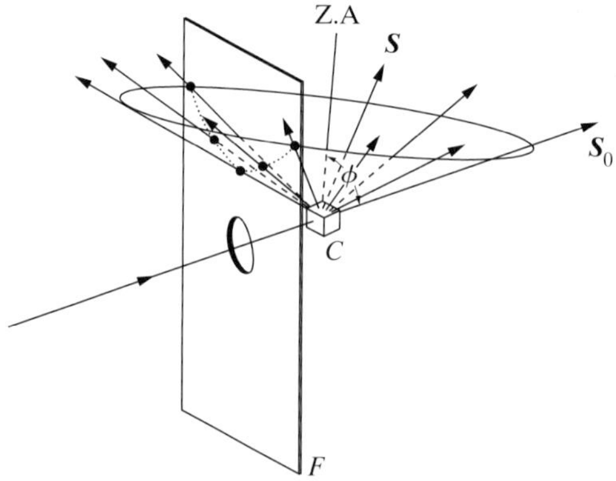

그림 16-1 원추형 배열의 회절빔과 배면 반사의 위치에 놓인 필름의 교차. C = 결정, F = 필름, Z.A. = 정대축

레오 투영 상의 위치를 알아내는 것이다. 이를 위해 어떤 정대에 속하는 모든 격자면에서 나오는 회절빔은 원추면을 이루며 이 원추의 축은 정대축과 일치한다는 것을 상기하는 것이 도움이 된다. 정점에서 반각은 정대축과 투과빔 사이의 각인 ϕ와 같다(그림 16-1). ϕ가 45°를 넘으면 원추는 배면 반사 영역에서 놓인 필름과 만나지 않는다. ϕ가 45°와 90° 사이에 있으면 원추는 필름과 만나 쌍곡선 궤적을 남긴다. ϕ가 90°이면 교차하여 만드는 궤적은 입사빔을 지나는 직선이다. (ϕ가 90°보다 크면, 원추는 투과빔 아래 위치로 이동하여 그림 16-1을 거꾸로 볼 때처럼 필름의 하반부와 교차한다.) 그러므로 배면 반사 Laue 사진의 회절 반점은 쌍곡선이나 직선 상에 놓이며 사진 중앙에서 어떤 쌍곡선과의 거리는 정대축의 경사각을 나타낸다.

그림 16-2에서, 필름은 결정에서 바라 본 것이다. 좌표계는 입사빔이 Oz 방향에서 z축을 따라 나아갈 때 필름 면에 x와 y 축이 놓이도록 정의한다. 그림에 보인 면의 회절빔은 S에서 필름과 만난다. 이 면의 법선은 CN이고 면 자체는 정대에 속한다고 가정하는데, 정대축은 yz 면에 놓인다. 이 면을 정대축 주위로 돌리면 실제 결정에서 정대에 속하는 면이 놓일 위치를 모두 통과할 것이다. 회전하는 동안 면법선은 직선 AB에서 필름을, 회절빔은 쌍곡선 HK를 자를 것이다. 그러므로 AB는 필름과 면법선의 교차점들의 궤적이고 HK는 회절빔 교차점들의 궤적이다. 입사빔, 면법선, 회절빔은 동일한 평면 상에 놓이므로, 빔을 S로 회절하는 면은 법선이 N에서 필름과 교차한다. 공간에서 면법선의 방위는 각좌표 γ와 δ로 기술하므로 문제는 필름 상 회절 반점 S의 측정좌표 x와 y에서 γ와 δ를 구하는 것이다.

Greninger[16.1]는 이렇게 구하는 도표법을 고안하였다. 개발한 도표는, 필름 위에 놓이고, 회절

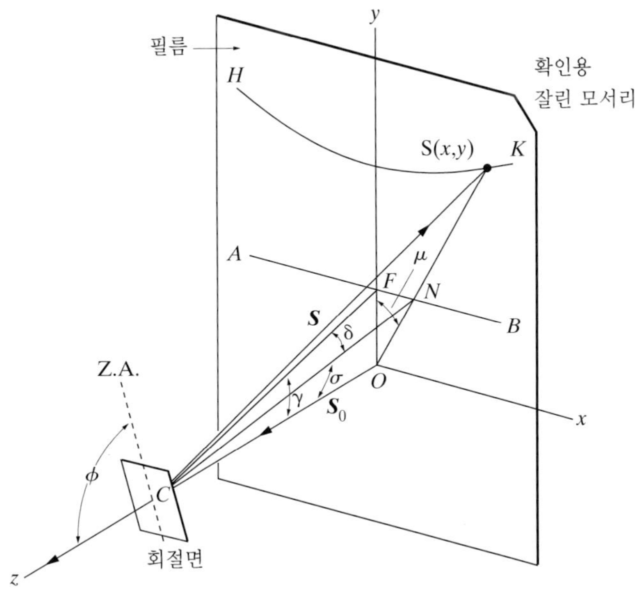

그림 16-2 배면 반사 Laue 반점의 위치. y = 90° − ϕ 인 것에 주의하라.

반점에 해당하는 γ와 δ를 바로 찾게 한다. 그러한 도표를 그리기 위해 그림 16-2에서

$$x = OS \sin \mu,\ y = OS \cos \mu, OS = OC \tan 2\sigma \tag{16-1}$$

임을 주목하라. 여기서 $OC = D =$ 시편필름 거리이다. 각 μ와 σ를 γ와 δ에서 다음과 같이 하여 얻는다.

$$\tan \mu = \frac{FN}{FO} = \frac{\text{CF} \tan \delta}{CF \sin \gamma} = \frac{\tan \delta}{\sin \gamma} \tag{16-2}$$

$$\tan \sigma = \frac{ON}{OC} = \left(\frac{\text{FN}}{\sin \mu}\right)\left(\frac{1}{CF \cos \gamma}\right) = \left(\frac{CF \tan \delta}{\sin \mu}\right)\left(\frac{1}{CF \cos \gamma}\right)$$

$$= \frac{\tan \delta}{\sin \mu \cos \gamma} \tag{16-3}$$

이 식으로, 임의의 회절 반점의 위치(x와 y로 나타내는)를 γ와 δ의 지정한 값과 원하는 임의의 시편필름 거리 D로 그릴 수 있다. 그 결과가 Greninger 도표이다. 이 도표에는 그림 16-3에 보인 바와 같이 $D = 3.0$ cm에서 2° 간격으로 눈금이 나 있다. 왼편에서 오른편으로 그린 쌍곡선은 γ가 일정한 곡선이다. 이 곡선 중 어느 것이나 정대축이 필름 면에서 표시한 각 γ만큼 떨어져 기운 정대의 면에서 생긴 회절 반점들의 궤적이다. δ 값이 동일한 반점들을 함께 모으면 위에서 아래로 달리는 또 다른 한 조의 쌍곡선이 나온다. 도표의 하반부에는 각도기가 있는데 이것을 사용하는 방법은 뒤에서 살펴보겠다. Greninger 도표는 투명한 배경에 검은 선이 있어야 하는데 식 (16-1)에서 (16-3)과 컴퓨터 제도 패키지를 사용하면 이 도표를 오버헤드 프로젝트용 투명지에 가장 잘 인쇄할 수 있다.

사용에서, 도표는 필름 위에 놓이고 도표와 필름은 양쪽의 중앙이 일치하고 모서리는 서로 평행하게 맞추게 한다. 그런 다음 임의의 회절 반점에 대응하는 γ와 δ 좌표를 바로 읽는다. 도표의 사용은 회절점의 실제 좌표거리 x와 y를 알아내고자 하는 것이 아니다. 도표는 그 반점의 실제 좌표거리 x와 y를 직접 주지 않지만, **그 반점을 생기게 한 회절면 법선의 γ와 δ의 각좌표는 바로 줄 수 있다.**

예를 들어 그림 16-2에서 임의의 면법선, CN의 좌표 γ와 δ를 알면, 면 극점을 스테레오 투영 상에 표시할 수 있다. 그림 16-2에서 결정에 중심을 둔 기준구가 필름에 접한다고 상상하고 투영면을 필름과 일치시킨다. 투영점을 투과빔과 기준구가 만나는 점으로 잡는다. 면법선 CN은 x선 광원에 가장 가까운 구의 측면을 교차하므로 투영을 그 측면에서 반드시 보아야 하고 필름도 그 측면에서 읽어야 한다. 현상 후에 x에 노출하는 동안 놓인 방위를 알기 위해 필름을 카세트에 넣기 전 그림 16-2에 보인 것과 같이 필름의 오른쪽 상부에서 모서리를 잘라낸다. 필름을 읽을 때, 이 잘린 모서리는 그림 16-4(a)에서처럼 왼쪽 상부에 있어야 한다. 도표에서 읽은 각 γ와 δ는 그림 16-4(b)에 나타낸 것처럼 투영도에 배정한다. 아래에 놓인 Wulff 망은 그 자오선이 위에서 아래가

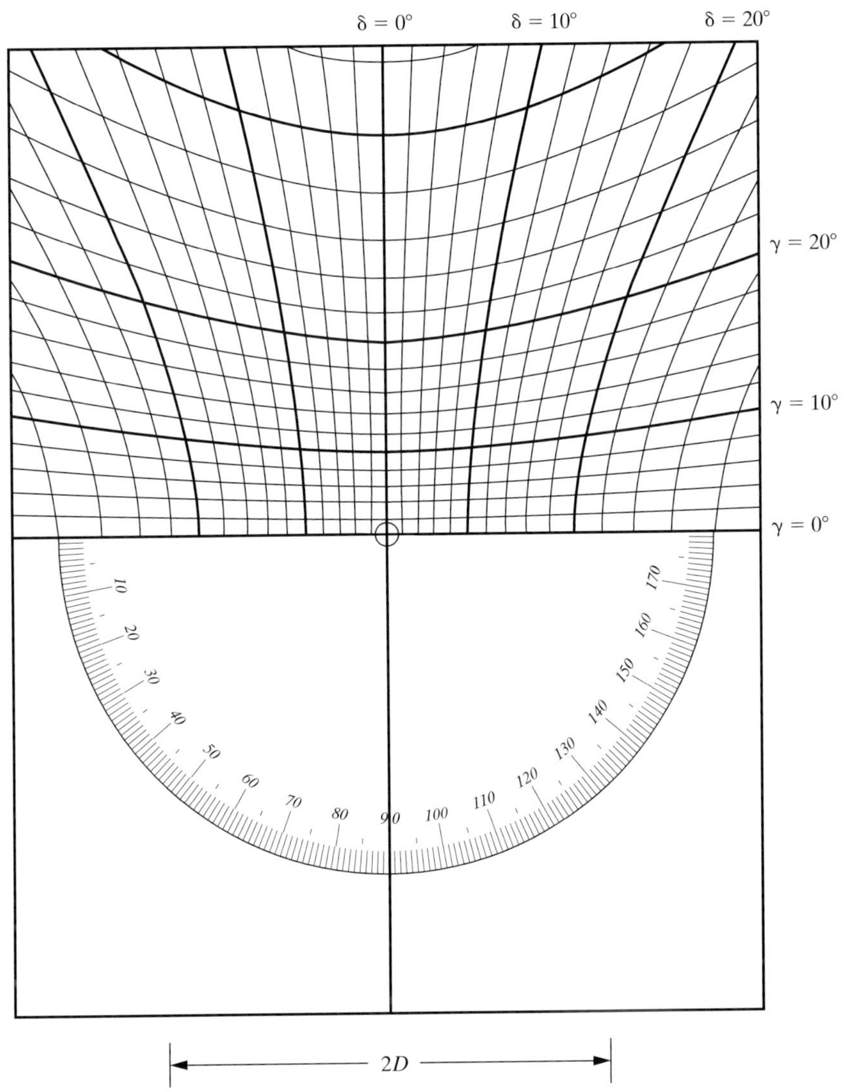

그림 16-3 배면 Laue 무늬를 해석하기 위한 Greninger 도표, 시료에서 필름거리 D를 3 cm로 하여 정확한 크기로 재현

아닌 옆에서 옆으로 가도록 정렬하는 점에 주의하자. 이렇게 하는 이유는 γ 값이 동일한 곡선에 놓인 회절 반점은 정대면에서 나오고, 따라서 이 면의 극점은 투영도의 대원 상에 놓여야 하기 때문이다. 필름 하반부의 회절점에 해당하는 γ와 δ 좌표는 Greninger 도표를 위에서 아래로 돌려서 간단히 얻는다.

Laue 도형을 해석하는 데 두 개의 기준틀이 관계한다는 점을 기억하는 것이 도움이 된다. 첫째는 실험실의 좌표계이고 둘째는 결정의 좌표계이다. 결정을 다시 정렬한다면, 이 둘째 좌표계를 실험실 좌표계에 대하여 다시 정렬해야 한다. Wulff 망과 Greninger 도표는 기준으로 실험틀 내에 있는 데 반해, 필름과 Wulff 망 위에 놓인 트레이싱 종이나 투명지는 결정틀을 나타낸다. 실

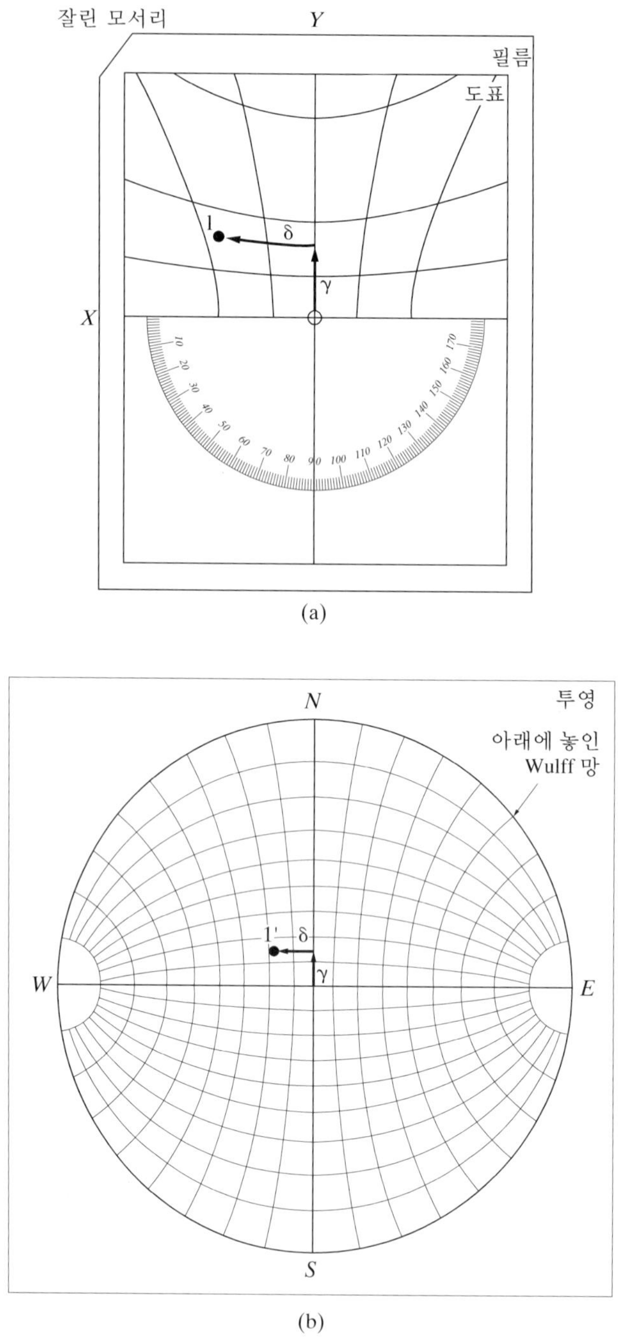

그림 16-4 스테레오 투영 위에 반사면의 극점을 그리기 위한 Greninger 도표의 사용. (b)에서 극점 1′는 (a)에서 회절 반점을 일으키게 하는 면의 극점이다.

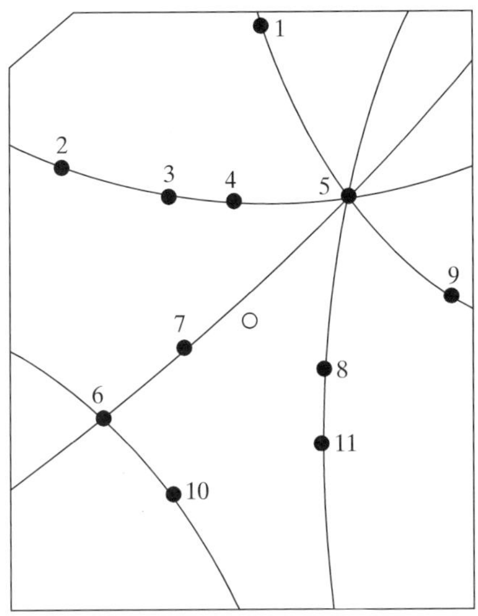

그림 16-5 알루미늄 결정의 배면 반사 Laue 무늬에서 선택한 회절 반점들, 그림 3-10(b)를 따라서 그림

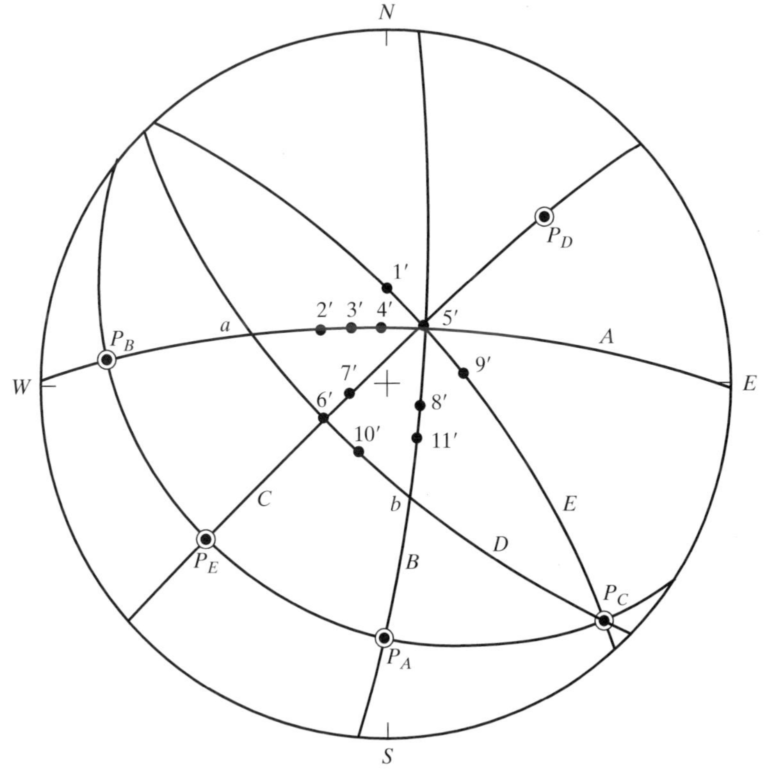

그림 16-6 그림 16-5의 배면 반사 무늬에 해당하는 스테레오 투영

험실, x선 발생기, Laue 카메라는 어떤 위치에 고정한 채로 있으므로, 아마도 Greninger 도표와 Wulff 망의 방위를 고정하는 것을 유지하고 Greninger 도표 위에 필름과 Wulff 망 위에 결정의 극점의 스테레오 투영만을 회전 조작하는 것은 덜 혼란스러울 것이다.

분석절차의 예를 알루미늄 결정의 방위를 결정하는 것으로 설명한다. 그 결정의 배면 반사 Laue 도형은 그림 3-10(b)에 나와 있다. 그림 16-5는 이 사진을 투사한 것인데, 기준을 잡기 위해 번호를 붙인 좀 더 중요한 반점들을 보여준다. 이 번호를 붙인 반점들에 해당하는 면의 극점들은 그림 16-4와 같이 하여 그림 16-6처럼 스테레오 투영하면 실선인 원으로 나타난다.

문제는 이 면들에 '지수'를 붙이는 것, 즉 Miller 지수를 찾아서 결정의 방위를 알아내는 것이다. Wulff 망의 도움으로, 대원을 극점들의 여러 집합을 통과하면서 그리고, 이 극점들은 필름 위 여러 쌍곡선 상에 놓인 반점들에 해당한다. 이 대원은 한 정대에 속한 면들을 잇고 교차점에 놓인 면들은 일반적으로 {100}, {110}, {111}과 {112}와 같이 지수가 낮다. 정대 자체의 축들도 지수가 낮으므로 이 축들을 투영도 상에 배치하는 것이 유용하다. 이 축들은 그림 16-6에 열린 원으로, 정대 A는 P_A, 정대 B는 P_B 등등으로 나타난다. 그런 다음 중요한 극점(정대 교차점과 정대축) 사이의 각을 측정하고, 이 측정값을 입방정계의 결정에서 계산한 값(표 2.4)과 비교하여 극점이 무엇인지 알아낸다. 이 방법은 본질적으로 일종의 시행 착오로 찾는 것이라 할 수 있다. 예를 들어, P_A - P_B, P_A - 5′ 와 P_B - 5′ 사잇각은 모두 90°이다는 것에 주목하자. {100}의 두 극점이나 {110}의 두 극점의 사잇각은 90°이므로, 이런 사실은 하나 이상의 극점이 {100}이나 {110}에 속하는 것임을 암시한다. 가령, P_A, P_B와 5′ 모두가 {100} 극점이라고 가정하자.[1] 그러면 P_E는 P_A와 P_B 사이에 놓인 대원 상에 놓이고 이 점 각각에서 45° 떨어진 각 위치에 있게 되어 {110} 극점이어야 한다. 다음으로 정대 C를 생각해 보자. 극점 6′와 극점 5′나 P_E 둘 중 하나의 사잇각은 또한 45°이다. 그러나 그림 2-40과 같은 표준 투영에 대한 기준은 5′로 밝혀진 {100}과 P_E로 밝혀진 {110} 사이에 놓인 대원 중간에는 그 어떤 중요한 극점이 없다는 것을 보여준다. 따라서 첫째 가정은 잘못된 것이다. 둘째 가정은 여태까지 측정한 각과 잘 일치해야 한다는 것이다. 즉, 앞에 나온 것 같이 5′는 {100} 극점이지만, P_A와 P_B는 {110} 극점이다. 그러면 P_E는{100} 극점이고 6′는 {110} 극점이다. 이 가정은 삼각형 *a-b-5′*의 각을 측정하여 점검한다. *a*와 *b*는 모두 5′에서 55°, 서로 71° 떨어져 있다. 이것은 결정적으로 *a*와 *b*가 {111} 극점임을 말한다. 그리고 표준 투영으로 {111} 극점은 {100}과 {110} 사이를 지나는 대원 상에 놓여야 하고, 이것은 *a*가 {100}으로 가정한 5′와 {110}으로 가정한 P_B 사이의 대원 상에 놓인다는 사실과 맞는다는 것에 주목하자. 그러므로 둘째 가정은 이 자료와 모순이 없다.

---

1) 독자는 여기 용어에서 외견상 오류를 간파할지 모른다. 예를 들어, 극점 5′는 [100] 극점으로 가정한 것이고 회절무늬에서 반점 5는 말없이 100 반사에 기인하는 것으로 가정한 것이다. 그러나 알루미늄은 면심입방이고 그러한 격자에서 100 반사는 없는데, 회절이 일어나기 위해서 *hkl*이 비혼합이어야 하기 때문이다. 이 예에서 반점 5는 2차, 4차, 6차 등등의 100 반사에 나온 회절빔들이 겹쳐서 생긴 것이다. 그러나 이 Bragg 면들은 모두 평행하며 스테레오 투영에서, 편리상 {100}으로 지정한 하나의 극점으로 나타낸다. 대응하는 회절 반점은 또 관습적으로 그러나 느슨하게 100 반점으로 부른다.

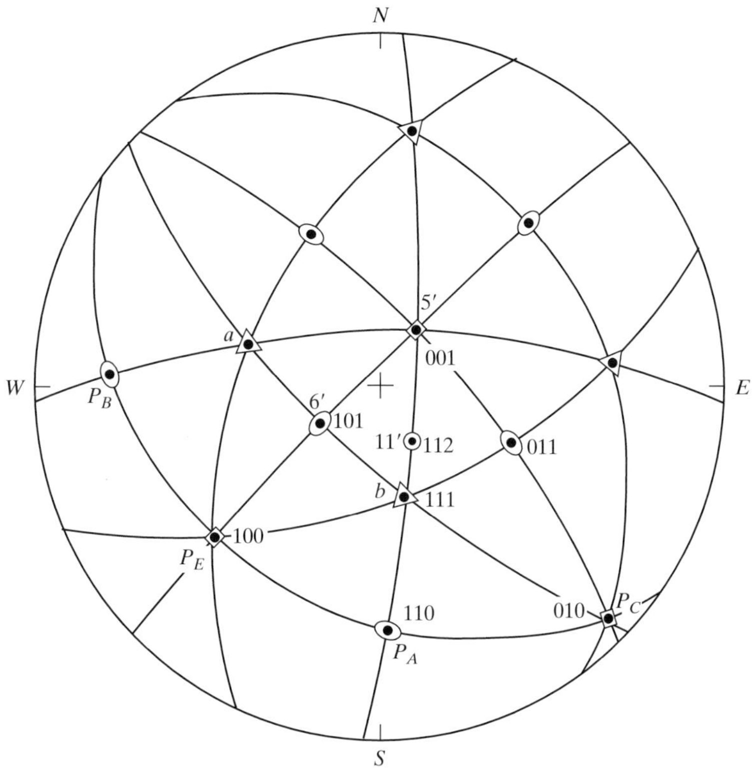

그림 16-7 동정한 극점을 사용한 그림 16-6의 스테레오 투영

그림 16-7은 위치를 정하고 확인한 {100}, {110}과 {111} 결정형에 속하는 모든 극점을 담은 더 완전한 형태의 스테레오 투영을 보여주고 있다. 결정방위를 결정해 위하여 사실 스테레오 투영에서 관측한 모든 회절 반점에 지수를 매길 필요는 없다. 결정방위는 투영 상에서 사실 어떤 두 {100} 극점의 위치로 완전하게 정한다. 그러므로 그림 16-7에서 나온 정보가 흔히 필요한 모든 것이다. 그러나, 종종 필름 상의, 예를 들어 11번의 어떤 특정한 회절 반점의 Miller 지수를 결정해야할 필요가 있을 수 있다. 이 지수를 찾기 위해, 극점 11′는 (001)과 (111)을 지나는 대원 상의 (001)에서 35° 위치에 있다는 것을 주의하자. 표준 투영과 면간 사잇각의 표를 참조하여 이 지수가 (112)임을 알 수 있다.

앞서 언급한 것처럼, 그림 16-7의 스테레오 투영은 결정방위의 완전한 기술이다. 다른 기술방법도 가능하다. 그림 16-7과 관계하는 결정은 모양이 정사각형 판이고 결정면은 사진면(그리고 투영)에, 그 변은 필름의 변에 평행하게, 이렇게 하여 투영의 *NS*와 *EW* 축에 평행하게 놓였다. 극 (001)은 시편 법선에 해당하는 투영중심 근처에 있고, 극 (010)은 투영 변 근처 *E*와 *S* 극 사이의 중간 근처에 있다. 결정방위의 대략적인 기술은 다음과 같다. 입방체의 한 조의 면은 판의 표면과 대체로 평행하지만, 다른 한 조는 대각선 방향으로 판을 지나며 이 판과 대략적으로 수직하다.

다른 기술방법은 결정의 한 방향만이 지금의 예에서는 판의 법선이, 물리적으로 중요할 때, 쓰일 수 있다. 예를 들어, 이 결정의 압축시험은 판의 표면과 수직한 압축의 축이 필요할 수 있다. 이때 압축 축(판의 법선)에 대한 결정방위, 역으로 기술하면 결정의 저지수의 어떤 방향에 대한 압축 축의 방위가 중요하다. 그림 2-39(a)와 같은 표준 투영을 조사하면 기준구의 각각의 반은 24개의 비슷하고 등가인 구면 삼각형으로 다룰 수 있다. 각각의 삼각형은 정점에 {100}, {110}, {111}이 있다. 판의 법선, 즉 이 방향으로 다색 빔이 결정에 입사하는 법선은 이 삼각형 중 하나에 들어간다. 법선의 정확한 위치를 기술하기 위해 그것 중 하나만을 그리는 것이 필요하다. 그림 16-7에서, 판의 법선은 (001)-(101)-(111) 삼각형에 놓이고, 이것을 그림 16-8에 종래의 방위에서 마치 (001) 표준 투영의 한 부분을 만드는 것처럼 다시 그렸다. 이 새 그림에서 판의 법선을 정하기 위해, 그림 16-7의 투영 중앙과 인접한 세 개의 001, 101, 111 극의 사잇각을 측정한다. 이 각을 $\rho_{001}, \rho_{101}, \rho_{111}$로 한다. 이 각은 그림 16-8에서 보인 세 개의 호를 결정하는 데 쓰인다. 이 호는 원호이지만 일반적으로 해당 극점에 중심을 둔 것은 아니다. 그러기보다는 각 원호는 연루한 극에서 동등한 각 거리에 있는 점들의 궤적이고, 따라서 이것들의 교차점은 얻고자 하는 점의 위치를 정한다. 그림 16-7에서 그림 16-8에 이르는 또 다른 방법은 단순히 투영 전체, 극과 판의 법선을 함께 그림 16-7에 보인 방위에서 표준 (001) 투영의 방위로 회전하는 것이다.

비슷하게, 단결정의 줄이나 봉의 방위를 단위 스테레오 투영의 삼각형에서 그것의 축의 위치로 기술할 수 있다. 이 방법은 결정방위를 완전하게 기술하는 것이 아닌 것에 주의하자. 왜냐하면 이 방위는 시편 축 주위로 하나의 회전 자유도만을 허용하기 때문이다. 그러나 단지 어떤 측정한 물리적이거나 기계적 물성값만이 결정의 특정한 방향에서 필요하다면 이러한 사실은 중요하지 않다.

Greninger 도표와 스테레오 투영을 둘 다 다루는 다른 방법이 있다. 어떤 특정한 방법을 사용하

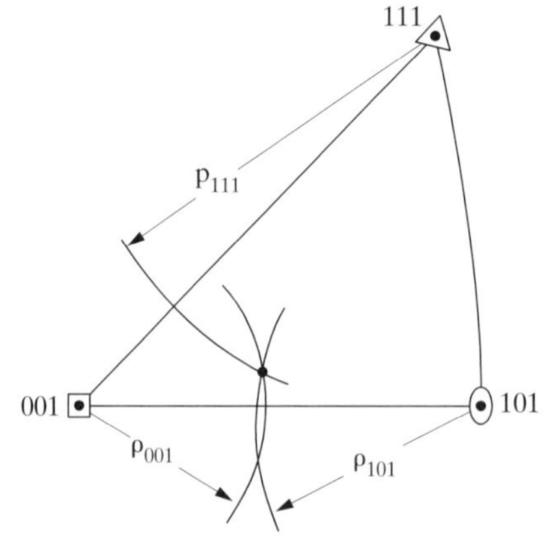

그림 16-8 결정방위를 기술하기 위한 단위 스테레오 삼각형. 삼각형 내 점은 그림 16-7에 보인 방위에 있는 단결정 판에 수직하다.

는 것은 순전히 개인적인 선호의 문제이다. 예를 들면, 필름 상의 개별적인 반점들은 무시할 수 있고 이 점들이 놓이는 여러 쌍곡선들이 쓰일 수 있다. 한 쌍곡선 위의 반점들은 한 정대의 면들에서 회절한 빔에 기인한 것이고 Greninger 도표를 사용하여 정대축을 이 정대에 속하는 어떤 면의 극점을 그리지 않고도 바로 그릴 수 있다. 그 절차가 그림 16-9에 도해로 나와 있다. 필름과 도표의 중심이 일치하게 유지하면서 이 중심 주위로 필름을 회전하여 반점들의 특정한 쌍곡선이 (a)처럼 도표 상의 γ가 일정한 곡선과 일치하게 한다. 필요한 회전량은 미리서 필름중심을 경과하여 필름의 한 변과 평행하게 그어 놓은 수직한 연필선과 교차하는 것을 Greninger 도표의 분도계로 읽는다. 이 각을 ε이라고 하자. 그러면 투영은 아래에 놓인 Wulff 망에 대해서 동일한 각 ε만큼 회전하고 정대축을 (b)에서처럼 **원주**에서 각 γ에 있는 투영의 수직축 위에 그린다.[2)] 정대 A 자체를 **투영중심** 위에 각 γ에 있는 대원으로 나타낼 수 있다는 것에 주목한다. 많은 연구자는 결정방위를 찾기 위해서 정대만을 사용한다. 정대(대)원을 보통 그리지 않는다. 다른 사람은 모든 정대원을 그려서 다중의 원의 교차점을 추가적인 자료로서 사용하는 것을 더 좋아한다. 어떤 경우에서도 일단 모든 정대축이나 중요한 정대의 대원을 그리면, 해석은 가장 중요한 극점에 초점을 맞춘다. 즉, 많은 수의 쌍곡선이 교차하는 극점과 이웃한 회절빔과 잘 분리한 극점은 항상 지수가 낮고 보통 어렵지 않게 지수를 정할 수 있다.

익숙한 재료를 다루는 숙련 연구자는 흔히 저지수나 저지수에 가까운 방향에서 Laue 무늬의 대칭을 찾는다. 특정 방향의 Laue 무늬를 편철한 것[G.40]이나 상업적으로 구할 수 있는 전산 모사 프로그램을 이와 관련해서 아주 쉽게 구할 수 있다(예로, [16.2]). 그림 16-10(a)는 사진에서 베꼈는데(원래 필름의 우측 상단을 표시하는 'UR' 이 현재 뒤집어져 있는 것에 주의한다), 반점무늬는 각각의 끝에 'I' 로 표시한 반점의 행을 지나는 거울 대칭을 나타낸다(물론 입사빔이 약간 정대 1에서 벗어나기 때문에 약간 변형하여 있다). 거울 대칭과 관계하는 쌍곡선 쌍은 그림 16-10(b)에 보이는데 정대 3과 4, 5와 6, 7과 8, 9와 10, 11과 12이다. 중요한 쌍곡선 교차점은 그림 16-10(a)에 원으로 둘레를 표시하였다. 중요한 교차점은 그림 16-10(b)에서 A-G로 매겼다. 한 쌍의 교차점 C와 D는 E와 F와 마찬가지로 거울 대칭의 관계에 있다. G에 맞는 교차점은 필름에서 비껴나 있다. 대칭과 관계가 있고 결정학적으로 등가인 정대들의 집합을 사용하면 정대 교차점에 관계가 있는 대칭 존재를 아주 빨리 파악할 수 있다. 왜냐하면 이 정대들은 반드시 동일한 종류의 *hkl*이기 때문이다.

교차점 A-G 사이의 각을 측정하면(Greninger 도표로 직접하거나 스테레오 투영으로 옮긴 후) A와 B가 각각 111과 110 형 반사들에 해당하는데, C와 D 쌍은 210 형 반사, E와 F는 211 반사, G는 311 형 반사에 해당한다는 것이 드러난다. 그림 16-10(c)와 (d)에 각각 보인 계산한 441과 331의 Laue 무늬를 조사하면 위에서 한 동정이 맞다는 것을 확인할 수 있다. 대칭에 관계한 반점의 강

2) 반점들의 한 쌍곡선이 도표 상에 있는 한 수평의 쌍곡선에 [그림 16-9(a)]에서와 같이 정렬할 때, 수직의 쌍곡선은 임의의 두 반점에서 차이를 각 δ로 측정하는 데 쓰일 수 있고, Wulff 망의 자오선 위에 놓인 두 극점 사이의 각이 위도에서 그 차이로 주는 것과 똑같이, 이 각은 반점을 생기게 한 면 사이의 각과 같다.

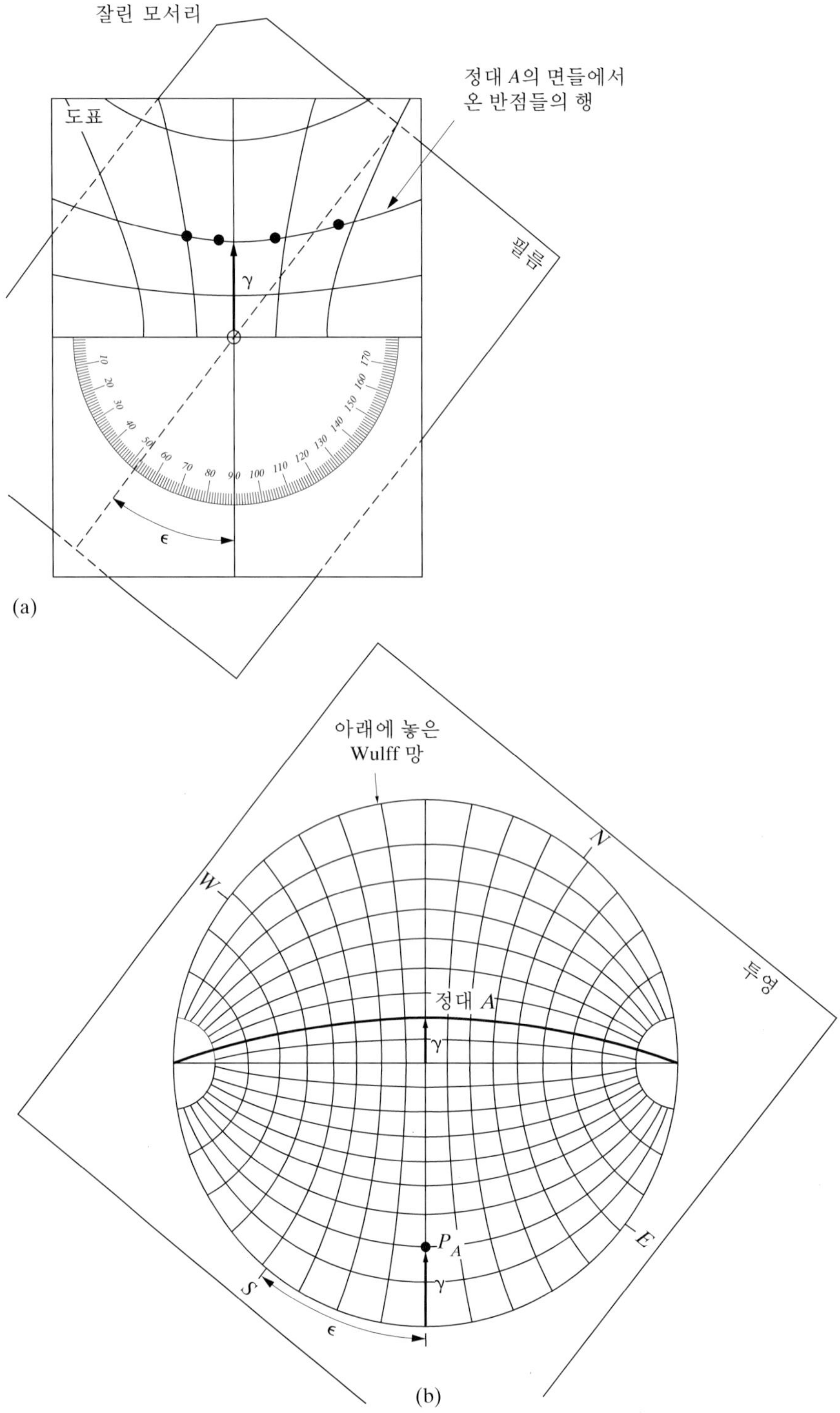

그림 16-9 스테레오 투영에서 면의 정대축을 그리는 데 Greninger 도표의 사용. P_A는 정대축 A이다.

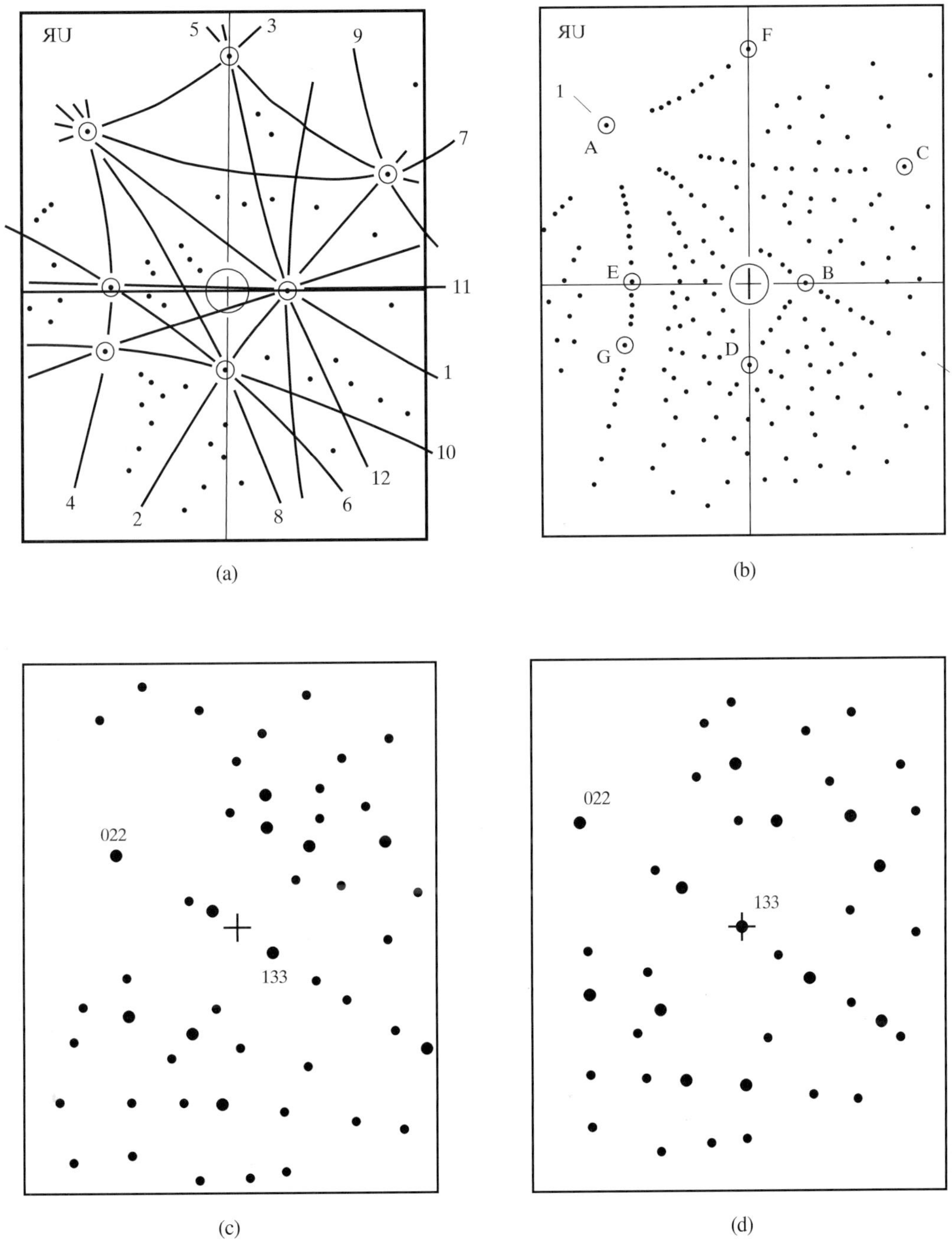

그림 16-10 대칭을 사용한 해석을 위한 배면 반사 Laue 무늬. (a) 원본에서 그려낸 무늬. (b) 무늬 상에 정대를 표시. (c) 144 무늬의 모사, (d) 133 무늬의 모사 ([G.40]의 무늬를 따름). 모사에서 더 크고 검은 원은 더 강한 회절을 나타낸다.

도는 결정이 기울면 결정학적으로 등가인 여러 정대에서 다르며 쌍곡선은 강도에서 그러한 차이나 고지수 방향의 입사빔이 만든 변형 때문에 동등하지 않은 것처럼 나타날 수 있다(예로서 2 mm 대칭은 110에 따르는 입사빔으로 기록한 Laue 무늬에 수반하고 이것은 그림 16-10(a)의 B에 나타난 것과는 아주 다르다). 100이나 111 같은 저지수 방향의 빔으로 기록한 무늬에는 여러 개의 평행하고 밀접하게 모인 쌍곡선이 나타나고 대칭에 관계한 집합을 고를 때 주의가 필요하다.

도면에 그린 극점에 지수를 매기는 또 다른 방법은 입방결정에서 {100}, {110}, {111}과 같이 여러 방위에서 한 조의 상세한 표준 투영이 구할 수 있는 지에 달려 있다. 이것은 또한 시행오차법이고 그림 16-6을 참조하여 설명할 수 있다. 첫째로, 뚜렷이 나타난 정대를 선택하여 이것의 지수에 대해 어떤 가정을 세운다: 예를 들면, 정대 B는 <100> 정대이다. 즉, 이 정대축 P_B는 <100>이다라고 가정한다. 그런 다음 이 가정이 맞는 지 본다. (a) 이것의 중심 주위로 투영을 회전하여 P_B가 Wulff 망 적도에 놓이도록 하고 정대원의 양끝을 망의 N과 S 극점과 일치하게 한다. 그리고 (b) 투영 위의 모든 중요한 점들을 망의 NS 축 주위로 회전하여 P_B가 중심에 놓이고 정대원은 원주에 놓이게 한다. 그런 다음 새로운 투영을 {100} 표준 투영과 겹치도록 하고 그 중심 주위로 회전하여 투영 위의 모든 점이 표준 투영 위의 점과 일치하게 한다. 만일 이러한 일치를 얻지 못하면, P_B는 <100>이 아닐 수 있고 다른 표준 투영을 시도한다. 그림 16-6의 특정한 예에서 P_B는 실제로 {110}이기 때문에 {110} 표준 투영에서만 일치할 것이다. 일단 일치하면, 미지의 극점지수는 간단하게 이 극점과 일치하는 표준 투영 상의 극점지수가 된다.

Greninger 도표가 없는 경우에는 어떤 관측한 Laue 반점에 대응하는 극점을 쉽게 만들 수 있는 '스테레오그래프 자'를 사용하여 그릴 수 있다. 이런 자를 만드는 것은 그림 16-11에 보인 관계에 기초를 둔다. 이 그림은 입사빔 OC와 어떤 회절빔 CS를 지나는 단면이다. 여기서 CN보다는 면법선 CN'을 사용하고 입사빔과 기준구가 교차하는 T에서 투영하는 것이 편리하다. 그러므로 극점 N'의 투영점은 P에 있다. 회절 반점에서 필름중심까지 측정한 거리 OS에서

$$OS = OC \tan(180° - 2\theta) = D \tan(180° - 2\theta) \tag{16-4}$$

이고, 투영중심에서 투영한 극점까지 거리 PQ는

$$PQ = TQ \tan\left(45° - \frac{\theta}{2}\right) = 2r \tan\left(45° - \frac{\theta}{2}\right) \tag{16-5}$$

이다. 여기서 D는 시편필름 거리이고 r은 기준구의 반경이다. r 값은 사용한 Wulff 망의 반경 R로 고정하는데, 그 까닭은 후자 R은 투영의 기본 원의 반경과 같기 때문이다. 면의 극점이 극단적인 위치로 M에 있다면 이것의 투영점은 U에 있게 된다. 그러므로 점 U는 투영의 기본 원에 놓이고, UQ는 기본 원의 반경 R이다. 삼각형 TUQ와 TMC는 닮으므로 $R = 2r$이고

$$PQ = R \tan\left(45° - \frac{\theta}{2}\right) \tag{16-6}$$

이다.

중심점에서 센티미터 눈금을 그어서 자를 만들고, 이것으로 거리 *OS*를 잰다. 개개의 거리 *OS*에 대응하는 거리 *PQ*는 식 (16-4)와 (16-6)을 사용하여 계산할 수 있으며 반대 방향으로 자의 중심에서 시작하여 눈금으로 표시한다. 해당 눈금은 동일한 수가 있다. 그 결과가 그림 16-12에 나타낸 자이고, 이 그림은 이것을 사용하는 방법을 설명한다. [개개의 거리 *PQ*를 계산하는 것은 Wulff 망 자체를 사용하면 피할 수 있다. 그림 16-11은 반사면의 극점이 투영의 모서리에서 θ 각에 있는 것을 보여주고 식 (16-4)로 거리 *QS* 각각에 θ를 구한다. 자를 Wulff 망의 적도를 따라서, 이것의 중심이 망중심과 일치하게 하여 놓고, 개개의 θ 각에 해당하는 거리 *PQ*를 적도 상의 각 눈금을 사용하여 눈금으로 표시한다.]

그림 16-11에 있는 면법선을 선택하면 투영은 반드시 x선 원과 반대 쪽에서 보아야 하는 것이 분명하다. 이것은 또 그 편에서 필름의 잘린 모서리가 오른편 상단 위치에 있도록 하여 읽어야 한다는 것이다. 그런 다음 투영을 필름 위에 놓고 그림 16-12에서 보인 것과 같이 아래에서 빛을 쪼인다. 투영중심과 일치한 자의 중심에서 자를 회전하여 모서리가 특정한 회절점을 지나도록 한다. 거리 *OS*를 찾고 보인 것과 같이 해당 극점을 중심의 다른 면 위에 있는 해당 거리 *PQ*에 그린다. 이 절차를 중요한 각 회절점마다 반복한 후 투영을 Wulff 망으로 옮기고 앞서 기술한 방법 중 하나로 극점들에 지수를 매긴다. 이 절차는 x선 원과 반대 쪽에서 결정을 투영하는 것인데 비해 Greninger 도표는 x선 원에서 보는 것으로 결정을 투영한다는 것에 주의한다. 물론 결정방위

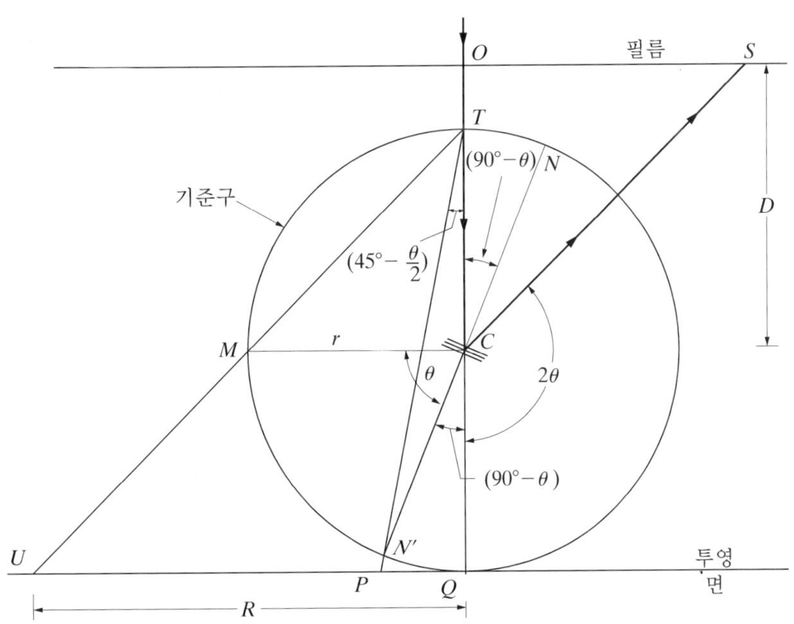

그림 16-11 배면 반사에서 반점을 일으키는 면의 회절 반점 *S*와 스테레오 투영 *P* 사이의 관계

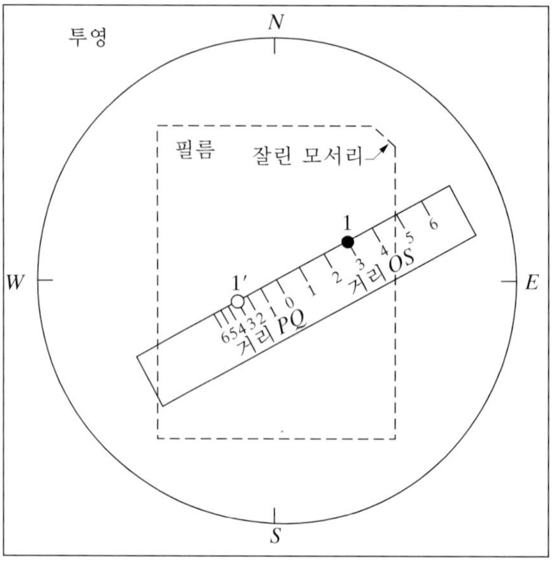

그림 16-12 배면 반사 Laue 법에서 스테레오 투영에서 반사면의 극점을 그리기 위한 스테레오 자의 사용. 극점 1′는 회절 반점 1을 일으키는 면의 극점이다.

를 한쪽에서 한 것과 마찬가지로 다른 쪽으로도 기술할 수 있고, 둘 중 어느 한 투영이라도 *EW* 축주위로 투영을 180° 회절하면 다른 것과 일치하게 할 수 있다. 사용하고 만들기에 간단하지만 배면 반사무늬의 해를 구하는 데 스테레오그래프 자는 Greninger 자만큼 정확하지 않다.

여기서는 결정방위를 결정하고 기술하는 방법을 전적으로 입방결정들에 관해서만 소개하였다. 그 까닭은 이것들이 고찰하기에 가장 간단한 유형이고 가장 흔하게 만나는 것들이기 때문이다. 그러나 이 방법은 아주 일반적이어서 면각을 아는 한 어떤 결정계의 결정에도 적용할 수 있다.

그러나 비입방정계의 결정은 대칭이 매우 낮고/혹은 그렇게 배향하여 Laue 무늬는 저지수 면에서 나오는 오직 한 반점을 보여주거나 전혀 그렇지 못한다. 따라서 면 지수를 붙이는 것은 어려울 수 있다. 이런 문제에 대처하는 방법들을 다음에 포함하였다:

1. 결정을 Laue 무늬가 제시하는 대로 재배향하고 회절기로 조사한다. 16-5절을 보라.
2. 결정의 난위 스테레오그래프 삼각형을 포함하는 한 조의 모사한 Laue 무늬를 컴퓨터로 생성한다[16.2]. 미지의 것과 거의 잘 일치하는 모사무늬는 세 개의 중요한 반점에 임시의 (*hkl*) 지수를 준다. 필름 상에서 이 반점과 필름중심(입사빔) 사이의 각을 측정하면 입사빔에 수직한 결정면의 임시의 지수를 알 수 있다. 그러면 모사무늬를 이 특정한 방위에 대해서 생성할 수 있고 미지의 무늬와 비교하여 면 지수를 증명한다.

Laue 법들에 관한 전문서적은 Amoros 외[G.31]과 Preuss 외[G.40]이 쓴 것이다. 후자의 내용은 배면 반사무늬들의 목록을 포함하는데, 많은 무늬가 컴퓨터로 생성하여 있다.

16-3 투과 LAUE 법

흡수가 충분히 낮은 시편이 있다면, 투과 Laue 무늬를 얻을 수 있고, 배면 반사 Laue 무늬와 마찬가지로 결정방위를 찾는 데 이를 사용할 수 있다.

어떤 Laue 법이든지 필름 상에 회절 반점들은 결정의 한 단일 정대의 면에서 생긴 것이고 항상 일종의 원추 단면인 곡선 상에 놓인다. 필름이 투과 위치에 있는 경우에 이 곡선은 정대축과 투과빔 사이의 ϕ 각이 충분히 작은 값이면 완전히 타원이다(그림 16-13). ϕ 값이 약간 더 크면 타원은 필름이 유한한 크기이므로 불완전하다. $\phi = 45°$일 때 곡선은 포물선이 되고, ϕ가 45°를 초과할 때에는 쌍곡선이며, $\phi = 90°$이면 직선이 된다. 모든 경우에 곡선은 투과빔으로 생긴 중심 반점을 통과한다.

투과 Laue 법에서 연루한 각 관계는 그림 16-14에 도해로 나와 있다. 여기서 기준구를 C에 있는 결정 주위에 그리고, 입사빔은 I에서 구로 들어가고 투과빔은 O에서 나온다. 필름은 O에서 구에 접하여 놓이고 결정에서 볼 때 우측 상단 모서리를 x선에 노출하는 동안 그 위치를 나타내기 위해 잘라 낸다. 보여준 면에서 회절한 빔은 R에서 필름과 만나고 이 회절면의 법선은 P에서 구와 교차한다.

투과(혹은 입사)빔에 대하여 ϕ 각에 있는 yz 면에 축이 놓이는 한 정대의 면들에서 생긴 회절을 고찰하자. 이 정대의 한 단일 면이 회전하여 처음에는 A 점에 있는 이 면의 극점이 대원 $APEBW$를 따라 이동하면 그 면은 실제 결정에서 이 정대의 면들이 보여줄 수 있는 모든 방위를 지날 것이다. 이렇게 회전하는 동안 필름 상의 회절 반점은 처음에는 D에 있으나 파선으로 나타낸 타원 궤도인 $DROD$를 따라서 이동할 것이다.

면의 어떤 특정한 방위, 즉 그림에서 보인 그러한 것은 이 면의 극점의 각좌표인 ϕ와 δ의 특정한 값으로 보일 수 있다. 번갈아 이 좌표들은 지정한 결정-사진 거리 $D(= CO)$에 대해서 필름 상

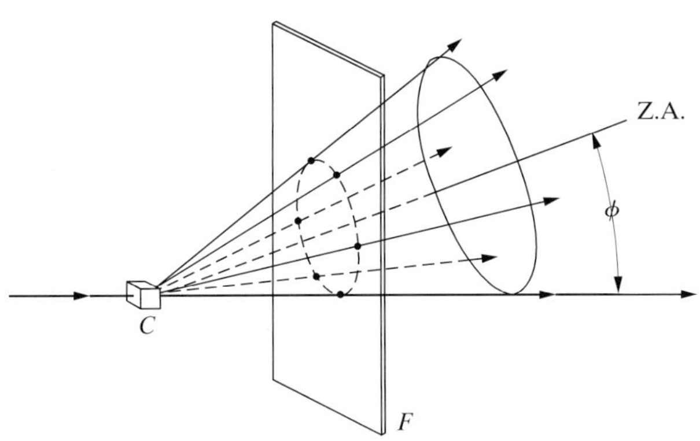

그림 16-13 원추형 배열의 회절빔과 투과 위치에 놓인 필름의 교차. C = 결정, F = 필름, Z.A. = 정대축

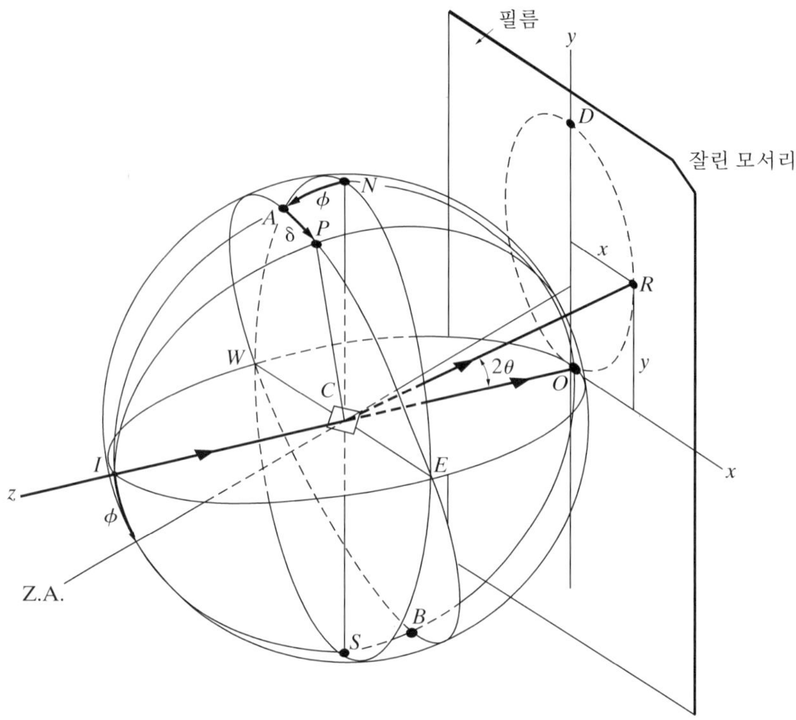

그림 16-14 투과 Laue 법에서 면법선 방위와 회절 반점 위치 사이의 관계

의 회절 반점 R의 x, y 좌표를 결정한다. 면 방위는 반점 위치에서 찾는데, 찾아가는 한 방법은 그림 16-15에 나타낸 Leonhardt 도표를 사용하는 것이다.

이 도표는 배면 반사무늬를 해결하는 데 사용한 Greninger 도표와 비슷하며, 엄밀하게 같은 방식으로 쓰인다. 이 도표는 두 조의 선으로 만든 한 격자로 되어 있다: 한 조의 선은 ϕ가 일정한 선이며 Wulff 망의 경도선에 해당하고, 다른 조의 선은 δ가 일정한 선이며 위도선에 해당한다.

이 도표를 사용하여 어떤 특정한 회절 반점을 생기게 한 면의 극점을 스테레오 투영으로 그릴 수 있다. 투영면은 그림 16-14의 I 점에서 구와 접하고 O 점에서 투영한다. 이것은 결정을 바라보는 면, 즉 잘린 모서리를 우측 상단으로 하여 필름을 읽어야 한다는 것이다. 그림 16-16은 특정한 한 반점에 대응하는 극점을 필름과 도표가 평행하는 위치에 있을 때 어떻게 그리는 지를 보여준다. 도표를 사용하는 다른 한 방법은 필름을 필름중심 주위로 회전하여 ϕ가 일정한 선을 한 단일 정대의 면들에서 나오는 반점의 행과 그림 16-17에 보인 것과 같이 일치시킨다. ϕ와 회전각 ε을 알면 정대축을 바로 그릴 수 있다.

스테레오그래프 자는 투과법에서도 만들 수 있으며, 특히 ϕ 각이 90°에 가까울 때는 Leonhardt 도표보다 도면 작성에서 더 높은 정확도를 제공한다. 그림 16-18은 입사빔과 임의의 회절빔을 지나는 단면으로서 필름중심에서 회절점까지의 거리가

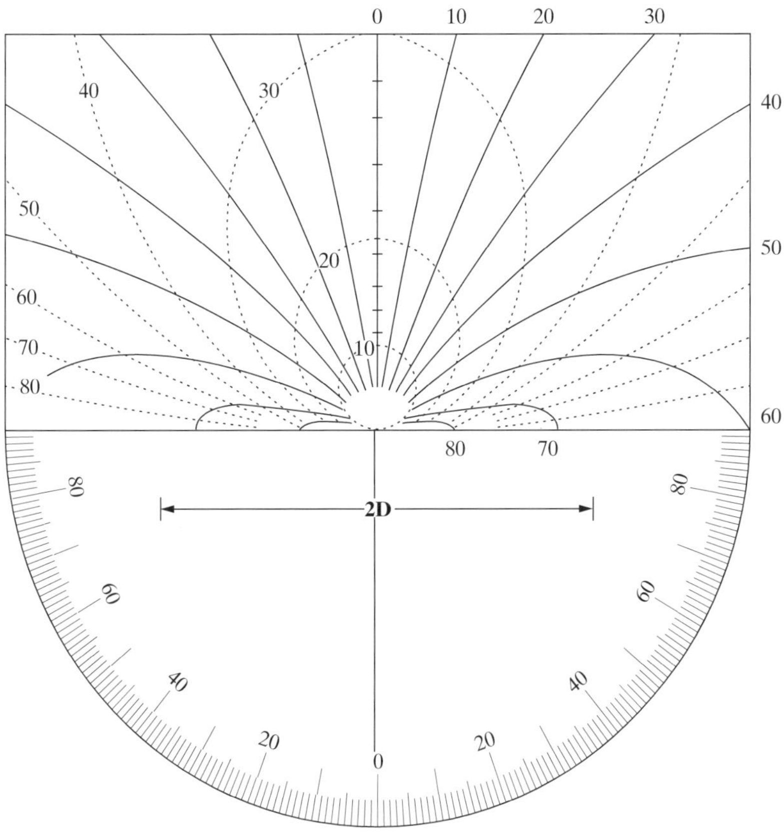

그림 16-15 투과 Laue 무늬의 해석을 위한 Leonhardt 도표, 시편에서 필름거리를 3 cm로 하여 정확한 크기로 재현. 파선은 ϕ가 일정한 선이며 실선은 δ가 일정한 선이다. (C. G. Dunn[16.3]의 호의.)

$$OS = D\ \tan 2\theta \tag{16-7}$$

이다. 투영중심에서 회절면의 극점까지의 거리는

$$PQ = R\ \tan\left(45^\circ - \frac{\theta}{2}\right) \tag{16-8}$$

이다.

그림 16-19는 이 식에 따라서 만든 자의 사용법을 설명한다. 이 예에서 투영을 필름과 같은 결정의 면에 있는 평면 위에 하였고 따라서 필름을 잘린 모서리를 좌편 상단 위치에 있게 하여 읽어야 한다.

도표나 자가 회절면의 극점을 그리는 데 쓰이든지 아니든지 이 극점은 배면 반사무늬와 같은 방식으로 지수를 매긴다. 투영 극점의 위치는 그 두 x선 법에서는 아주 다르다. 투과필름 상의 관

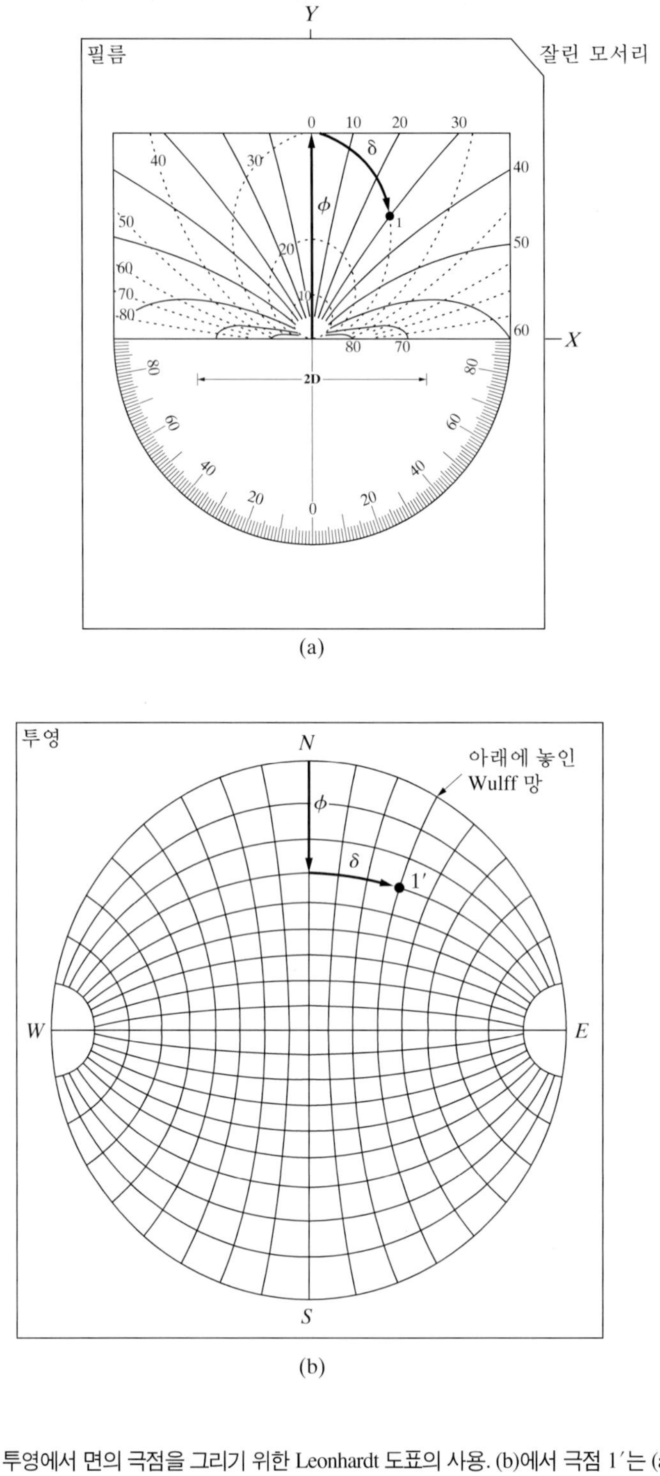

그림 16-16 스테레오 투영에서 면의 극점을 그리기 위한 Leonhardt 도표의 사용. (b)에서 극점 1′는 (a)에서 회절 반점 1을 일으키는 면의 극점이다.

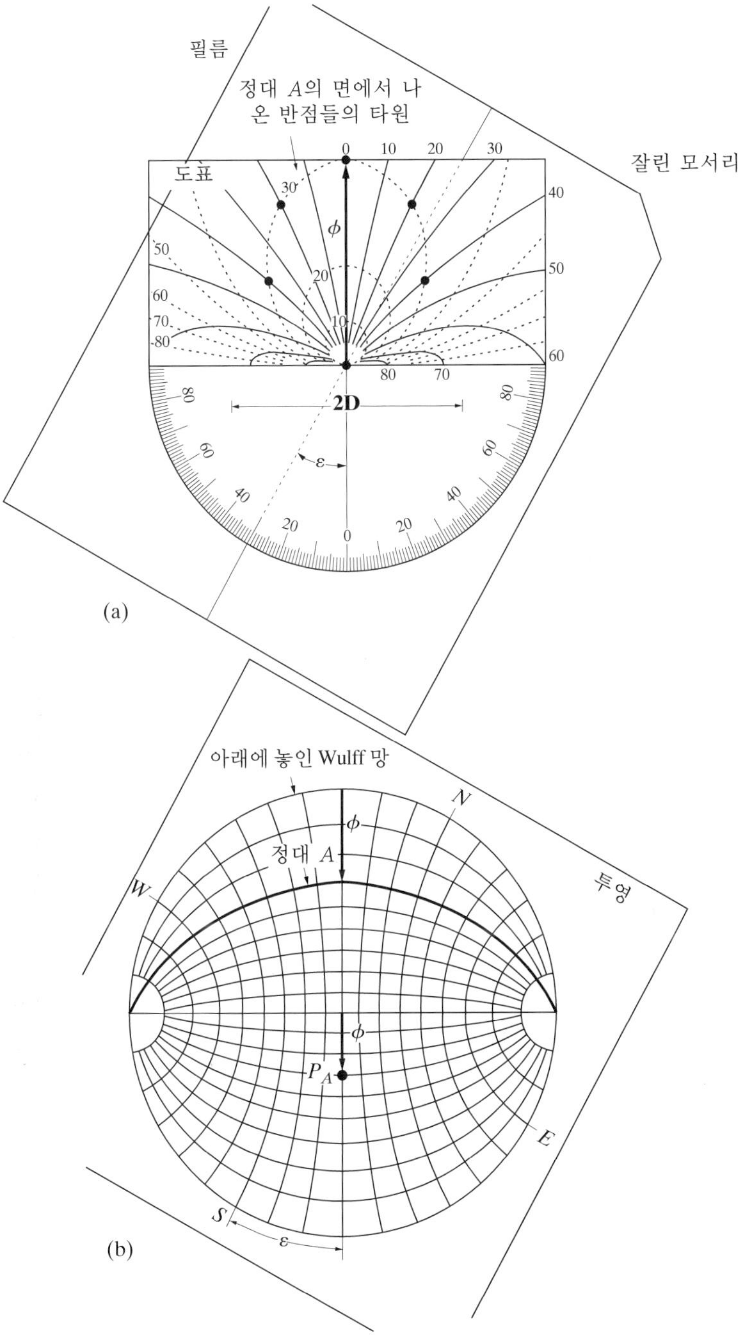

그림 16-17 투영에서 면의 정대축을 그리기 위한 Leonhardt 도표의 사용. P_A는 정대 A의 축이다.

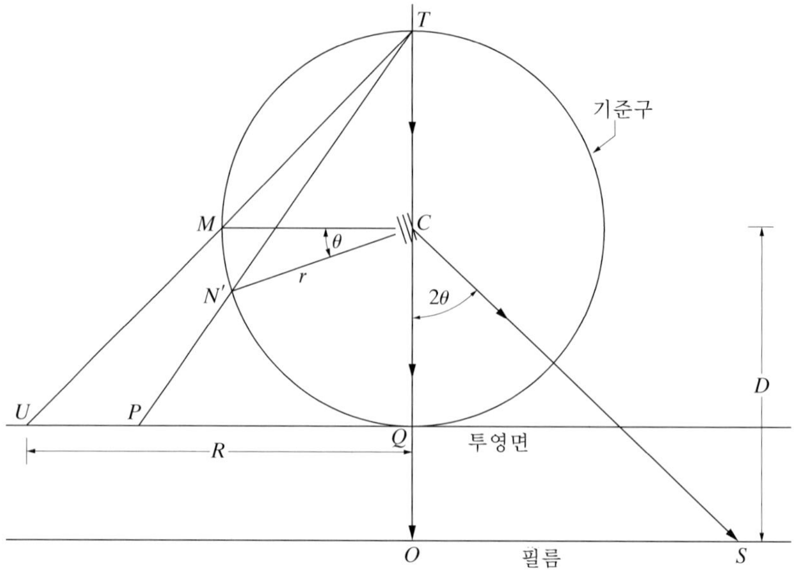

그림 16-18 투과에서 반점을 일으키는 면의 회절 반점 S와 스테레오 투영 P 사이의 관계

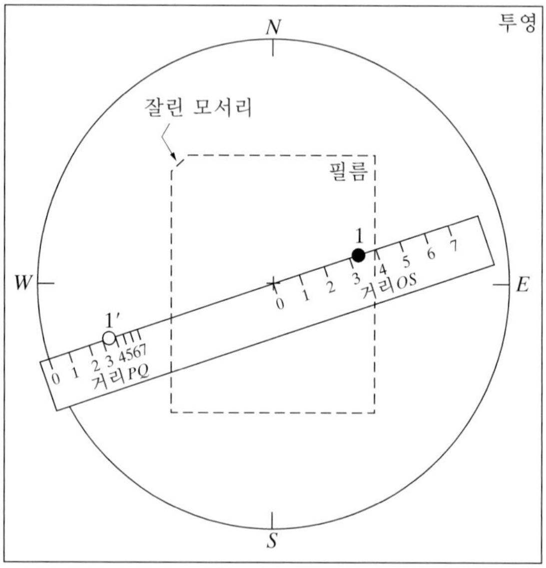

그림 16-19 투과 Laue 법에서 스테레오 투영에서 회절면의 극점을 그리기 위한 스테레오 자의 사용. 극점 1′는 회절 반점 1을 일으키는 면의 극점이다.

찰한 반점의 원인인 면의 극점은 투영 모서리 근처에 모두 있다. 왜냐하면 그러한 면은 반드시 입사빔에 작은 각만큼 기울려야 할 필요가 있기 때문이다.

배면 반사무늬에서는 그 반대가 맞다.

16-4 회절기 법

그럼에도 결정방위를 결정하는 또 다른 한 방법은 회절기 사용과 Laue 어느 한 방법의 것과 근본적으로 다른 절차를 포함한다. 회절기에서는 본질적으로 단색 방사선을 사용하므로 단결정은 결정의 방위가 어떤 한 조의 회절면이 그 조의 면과 사용한 특성 방사선에 대해서 Bragg 법칙을 만족하는 θ 각만큼 입사빔에 대해서 경사하는 그러한 때만 회절한다. 그러나 검출기가 해당 각 2θ에서 위치가 고정하여 회절이 생기는 것을 보여줄 때는 결정의 어떤 선택한 선이나 면에 대한 회절면의 경사를 결정의 위치에서 안다. 두 유형의 조작이 필요하다:

1. 각 위치를 회절이 일어나는 데서 찾을 때까지 다수의 축 주위로 결정을 회전한다.
2. 알려진 회전각들로 스테레오 투영에서 회절면의 극점의 위치를 정한다.

회절기 법은 시편을 수용하고 회절하는 데 사용하는 고니오미터가 어떤 특정한 유형인지에 따라 많이 다르다. 이런 변형 중 하나를 여기서 기술하고자 한다. 이 방법은 우선방위를 결정하는 데 반사법에 사용하는 고니오미터가 필요하다. 왜냐하면 이 장치는 재료연구실에 가장 일반적으로 구할 수 있는 것이기 때문이다. 14-9절에서 상세히 기술한 이 시편 지지대는 단결정에 쓰일려면 거의 변경할 필요가 없는데, 주로 하는 것은 회절강도를 높이기 위해서 회절기 축에 평행한 방향으로 초기빔 슬릿의 폭을 크게 하는 것이다. 이런 유형의 지지대는 그림 16-20에 보인 세 개의 가능한 회전축을 제공한다: 한 개는 회절기 축에 일치하고, 둘째 것 (AA')는 입사빔 I와 회절빔D의 면에 놓이고 평판으로 여기서 나타낸 시편 표면에 접하는 반면, 셋째 것 (BB')는 시편 표면에 수직하다.

입방결정의 방위를 결정한다고 가정하자. 그러한 결정들에서는 {111}을 사용하는 것이 편리하다: 이것들에는 네 개의 조가 있으며 그 회절능은 보통 크다. 첫째로 111 반사(혹은 원한다면 222 반사)의 2θ 값을 {111}의 알려진 면간거리와 사용한 방사선의 알려진 파장으로 계산한다. 그런 다음 검출기를 이 2θ 위치에 고정한다. 시편 지지대는 이제 회절기 축 주위로 회전하여 이 표면과 회전축 AA'가 입사빔과 회절빔에 혹은 그보다는 결정에서 검출기로 이르는 선에 동등하게 경사하도록 하는데, 그 선에 회절빔은, 생길 때는, 일치할 것이다. 그런 다음 시편 지지대는 더 이상 회절기 축 주위에서 회전할 필요가 없으므로 이 위치에 고정한다. 그 다음 축 BB' 주위에서 회전하여 시편의 한 변이나 그 위에 있는 한 선을 회절기 축과 평행하게 한다. 이것이 그림 16-20에

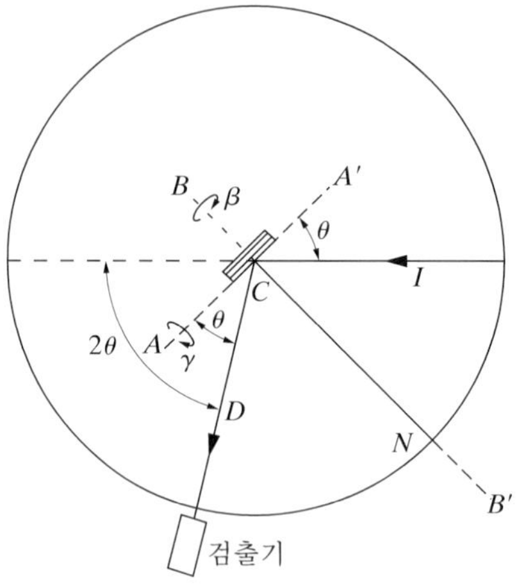

그림 16-20 방위결정의 회절법을 위한 결정 회전축

나타낸 시작 위치이다.

결정은 그 다음에 축 AA'와 BB' 주위로 반사의 징후를 계수율계에서 관측할 때까지 서서히 회전한다. 전산화한 회절기는 이런 검색을 자동적으로 한다. 컴퓨터는 피크를 찾을 때까지 체계적으로 축 AA'와 BB'의 여러 가지 회전 조합을 검색하고, 검색이 끝난 후에는 추가적인 지시를 기다린다. 조작자가 다른 곳에 있는 동안 결정을 정렬할 수 있는 능력의 결과에서 오는 생산성의 증가를 결코 과소평가해서는 안 된다.

일단 회절할 수 있는 결정 위치를 찾으면 한 조의 {111} 면의 법선은 선 CN과 일치하는데, 즉 회절기 원의 평면에 놓이고 입사빔과 회절빔의 사잇각을 이등분한다. 이 회절면의 극점을 그림 16-21에 보인 것과 같이 스테레오 투영으로 그린다. 시편 표면에 평행한 평면 위에 투영하는데, 투영의 NS 축은 기준의 변이나 앞서 언급한 선에 평행하게 한다. 결정이 시작 위치에서 BB' 주위로 β 각을 회전할 때, 투영 또한 그 중심 주위로 β 각을 회전한다. '잠재적인' 회절면의 법선이라고 부르는 방향 CN을 극점 N'로 나타내는데, 이것은 초기에는 투영중심에 있지만 결정이 AA' 주위로 γ 각을 회전할 때 반경을 따라 γ 각만큼 이동한다.

목표는 N'를 {111} 한 극점과 일치하게 하는 것이고 그렇게 하여 투영에서 그 극점의 위치를 밝히는 것이다. β의 고정값에서 4°나 5° 간격으로 연속적으로 γ를 다르게 하면서 검색한다. 그런 다음 일련의 반경을 따라 각 점마다 투영을 포함한다. 이런 방식으로 한 사분구를 조사하면 충분하다. 왜냐하면 항상 어떤 한 사분구에도 적어도 한 개의 {111}이 있기 때문이다. 일단 한 극점의 위치를 정하면 둘째 것을 찾는 것은 이것이 첫째 것과 70.5°에 있다는 걸 알면 도움이 된다. 비록 두 개의 {111} 극점으로 결정방위를 충분히 정할 수 있지만, 셋째 것은 점검용으로 위치를 찾아야 한다.

부가적으로 결정 표면과 축 AA'를 입사빔과 회절빔에 대하여 동일한 각에 놓는 것은 스테레

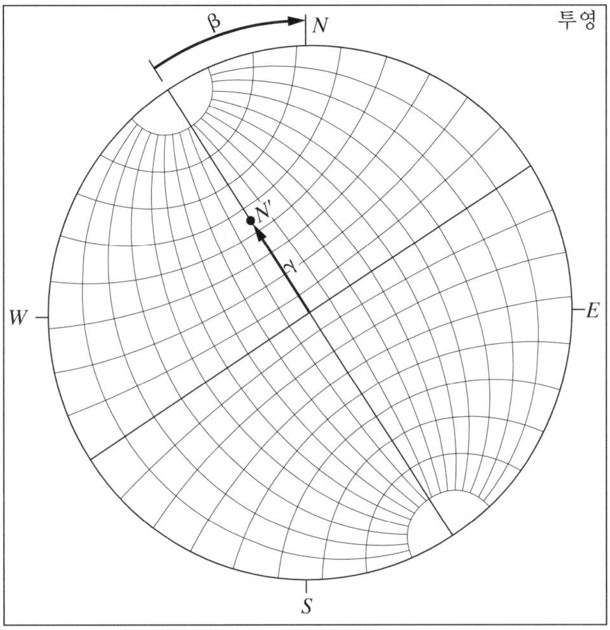

그림 16-21 회절기로 결정방위를 결정하는 데 사용하는 도시법. 여기에 나타낸 회전 방향은 그림 16-20에서 화살표의 방향에 대응한다.

오 투영을 그리는 데 단지 편리해서 그럴 뿐이라는 것에 주의한다. 단색 방사선이 변형하지 않은 단결정에서 회절할 때 빔을 집중하는 것은 의심할 여지가 없으나 결정방위를 결정하는 이상적인 입사빔은 평행빔이며 발산빔은 아니다.

숙련한 한 조작자의 손에는 회절기 법이 어떤 Laue 법보다 빠르다. 게다가 이 방법은 좁은 슬릿을 사용하여 입사빔의 발산을 낮추는 데 쓰인다면, 비록 아주 좁은 슬릿을 사용하면 결정의 회절 위치를 찾는 것이 더 어려울 수 있더라도, 더 정확한 결과를 준다. 다른 한편으로 회절기 법은 방위결정의 영구적인 기록을 제공하지 않는 데 비해서 Laue 무늬는 앞으로 참조하기 위해 철하여 보존할 수 있다. 회절기에 기반을 둔 결정방위를 위해 컴퓨터로 자동화한 대부분의 시스템으로도 이것은 맞다. 그러나 더욱 중요한 것은 회절기 법으로는 결정의 완전한 정도를 쉽게 밝힐 수 없는 데 반해, Laue 무늬로는 이런 유형의 정보를 한눈으로 알 수 있고(17-2절을 보라) 많은 조사에서 단결정의 상대적인 완전성은 방위만큼 큰 관심사항이다.

모든 사항을 고려하면, 단지 가끔 방위결정이 필요할 때나 결정 품질에 어떤 의심이 갈 때는 Laue 법이 더 낫다. 다수의 결정의 방위를 일상적으로 결정해야 할 때는 회절기 법이 우수하다. 사실 제2차 세계대전 동안 많은 수의 석영 결정의 방위를 결정했어야 할 때 바로 그러한 용도 위주로 이 방법을 개발하였다. 이 결정은 라디오 발신기에서 고유 진동 주파수로 발신신호의 주파수를 조정하는 데 쓰였다. 이런 용도로 석영기판을 어떤 결정학적 면에 정확히 평행한 면으로 잘라야 했으며 회절기는 결정에서 이 면의 방위를 결정하는 데 쓰였다.

16-5 지정한 방위로 결정 놓기

결정방위를 x선으로 찾은 다음에는, 결정을 특정한 방위에서 계속해서 x선 검사를 하거나 이어서 어떤 선택한 면을 따라서 절단할 목적으로, 어떤 특정한 방위로 가령 입사빔을 따라서 <100> 방위로 회전할 필요가 종종 있다. 이런 방위를 얻기 위해 결정을 그림 8-7에 보인 것처럼 호들이 영에 놓인 3축원 고니오미터에 올려놓고 예를 들면 방위를 배면 반사 Laue 법으로 결정한다. 그런 다음 결정의 투영을 만들고 이 투영에서 그 결정을 지정한 방위로 가져오는 데 필요한 고니오미터 회전을 결정한다.

예를 들면, 그림 16-7에 나온 방위에 있는 결정을 [011]은 입사빔을 향하고 [100]은 수평으로 왼쪽을 향하는 위치로, 즉 후자를 중심에서 90° 회전하면 그림 2-39(b)에 보인 표준 (011) 방위로 가도록 회전할 필요가 있다고 가정하자. 초기 방위(위치 1)는 열린 기호로 그림 16-22에 보였는데 *NSEW* 축과 관계한다. (011)이 투영중심으로 오고 (100)이 왼편으로 오므로 (010)은 결정이 최종 위치에 있을 경우 투영의 수직축에 놓일 것이다. 그러므로 첫 단계는 (010)에서 (011)을 잇는 대원 상에서 (011)에서 90° 떨어진 위치를 정하는 것이다. 왜냐하면 이 점은 최종 투영의 북극 극점과 반드시 일치해야 하기 때문이다. 이것은 축조점에 불과하다. 지금 예에서 이것은 $(0\bar{1}1)$ 극점과 우연히 일치하지만 일반적으로 결정학적 중요성은 없다. 그런 다음 입사빔 축 주위로 투영을 22° 시계 방향으로 회전하여 이 점이 아래에 놓인 Wulff 망의 수직축 상으로 오게 한다. (그림 16-22, 이 망의 위도와 경도의 선들은 잘 보이게 생략했다.) 결정은 이제 위치 2에 있고 열린 기호로 나타내었고 $N'\ S'\ E'\ W'$ 축들과 관계한다.

다음으로 $E'\ W'$ 축 주위로 회전하는데, 이 회전은 아래에 놓인 Wulff 망을 적도가 수직하게 배치하여 위도선들이 위에서 아래로 지나도록 할 필요가 있다. 이 회전은 38°이고 모든 극점을 위도선을 따라 파선의 작은 원으로 보인 것과 같이 옮기며 $(0\bar{1}1)$을 N' 극점으로 오게 하고 (100)과 (011)은 투영의 $E'\ W'$ 축으로 오게 한다. 이 축은 어둡게 칠한 기호로 표시하였다(위치 3). 아래에 놓인 Wulff 망의 적도는 이제 수평으로 하여서 최종 방위를 $N'\ S'$ 축 주위로 28° 회전하여 얻는데, 극점들은 검게 칠한 기호로 표시한 점으로 이동한다(위치 4).

이제 명백하게 (011)에서 90°에 있는 한 축조점을 선정할 필요가 있다. 이 점은 여기서 우연히도 $(0\bar{1}1)$이고 N' 극점으로 온다면, (011)과 (100)은 $E'\ W'$ 축으로 당연히 놓여야 한다. 최종적으로 $N'\ S'$ 주위로 회전하면 $(0\bar{1}1)$은 $N'\ S'$ 축과 일치하므로 후자는 $(0\bar{1}1)$ 극점의 위치를 바꾸지 않고도 요구한 위치로 이동한다.

이 세 개 회전의 순서는 임의적이지 않다. 스테레오그래프 회전은 고니오미터의 실제 회전에 상응하고 한 회전은 이어서 회전하게 될 어떤 축의 위치도 물리적으로 다르게 하지 않는 방식대로 하게 된다. 여기서 사용한 고니오미터는 초기에는 가장 위에 있는 호의 축은 수평하게, 초기

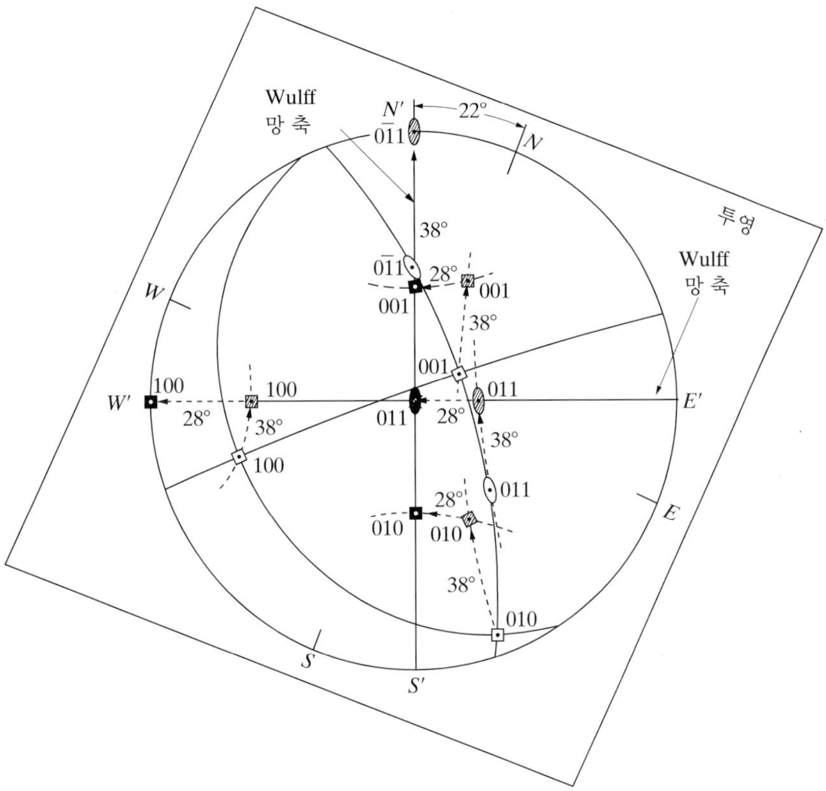

그림 16-22 지정한 방위를 보이기 위한 결정의 회전. 위치 1은 그림 16-7에 나타내고, 위치 2는 빈 부호로, 위치 3은 어두운 부호로, 위치 4는 진한 부호로 표시한다.

빔과 일치하게 놓이고 다음 호의 축은 수평하게, 입사빔에 직각으로 놓인다. 그러므로 빔 축 주위 첫 번째 회전은 둘째 축(E' W' 축)의 위치를 바꾸지 않으며 이 첫 두 회전은 아무것도 셋째 축(수직한 N' S' 축)의 위치를 교란하지 않는다. 스테레오그래프 방위를 올바른 순서대로 하든지 말든지는 찾은 회전각에 큰 차이가 나게 하지만 일단 옳은 각을 올바른 스테레오그래프 절차로 결정하면 고니오미터 상에서 실제 물리적인 회전들은 어떤 순서로도 실행해도 된다.

위에서 기술한 방위로 회전한 알루미늄 결정의 배면 반사 Laue 무늬가 그림 16-23에 보인다. 반점들의 배열이 <110> 축에 있는 입방결정의 2회 회전 대칭에 대응하여, 초기빔에 대하여 2회 회전 대칭을 보이는 것에 주목한다. (반대로 구조를 모르는 한 결정의 Laue 무늬에서 관측한 대칭은 그 결정에 있는 대칭의 종류를 나타낸다. 그러므로 Laue 법은 결정구조를 결정하는 데 보조하는 것으로서 쓰일 수 있다.)

그림 16-22에 기술한 결정-설정 절차는 각종 극점의 지수를 아는 것과 무관하게 실행할 수 있다. 어떤 결정의 Laue 무늬가 해결하기 어렵다면 그 무늬 위의 어떤 반점도 Laue 카메라와 회절기를 순서대로 사용하여 지수를 찾을 수 있다[16.4]. 덧붙여서 한 고니오미터는 이 두 기기에 꼭 맞

아야 한다. 그 절차는 아래와 같다:

1. 몇 개의 중요한 반점에 대응하는 극점들의 Laue 무늬와 스테레오 투영을 만든다.
2. 그림 16-22의 절차를 사용하여 지수를 매길 극점을 투영중심으로 회전한다. 고니오미터에서 이에 상응하는 회전은 미지의 면 (*hkl*)이 Laue 카메라의 입사빔에 수직하도록 할 것이다.
3. (*hkl*) 면법선이 입사빔과 (잠재적인) 회절빔 사이의 각을 이등분하는 식으로 고니오미터와 결정을 회절기로 옮긴다.
4. 회절기를 구간 주사하여 (*hkl*) 면에서 회절이 일어나는 2θ 각을 찾는다. [고차 반사, 즉 (*nh nk nl*) 면에서 나오는 회절도 관측할 수 있다.]
5. 2θ와 λ의 알려진 값으로 (*hkl*) 면의 면간거리 d를 계산한다.
6. 이 d 값으로 알려진 결정구조를 사용하여 계산하거나 연루한 물질의 알려진 d 거리들의 목록을 조사하여 (*hkl*)을 결정한다.

한 결정을 표준방위로 설정하는 다른 한 방법이 있는데, 이것은 회절무늬의 사진 기록이나 자료의 스테레오그래프 조작을 요구하지 않는다. 이것은 Laue 무늬의 실시간 관측을 포함한다: 투과 Laue 법에서 생긴 회절빔이 적당한 두께의 한 결정에서 아주 강하여 이 빔이 형광 스크린에 만든 반점들을 암실에서 쉽게 볼 수 있다. 관찰자는 단순히 고니오미터의 여러 호 주위로 결정을 회전하여 필요한 방위에 상응하는 무늬가 스크린에 나타나게 한다. 분명히 이 무늬는 나타날 때

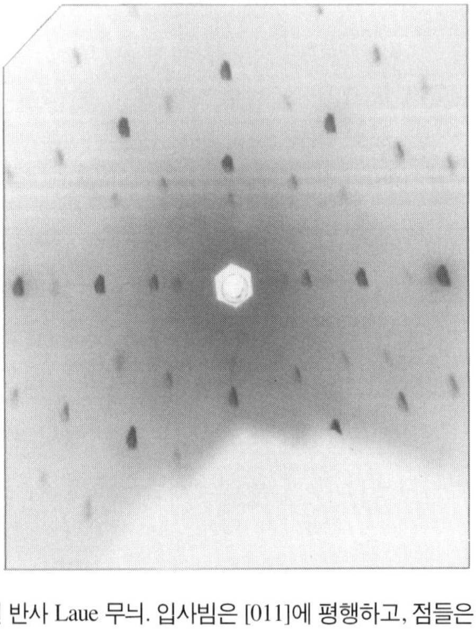

그림 16-23 알루미늄 결정의 배면 반사 Laue 무늬. 입사빔은 [011]에 평행하고, 점들은 수직으로 위로 향하고, [100] 점들은 수평으로 왼쪽으로 향한다. 텡스텐 방사선, 30 kV, 19 mA, 노출 40 min, 시편에서 필름까지 거리 5 cm. (바닥에 있는 밝은 그림자는 시편을 지지하는 고니오미터의 것이다.)

틀림없이 바로 알아 보아야 하지만 표준방위에 있는 결정에서 얻은 몇 개의 Laue 사진을 조금만 연구하면 충분한 경험을 얻는다.

각종 면검출기가 사용 가능하고(아래를 보라) 결정을 설정하는 일이 자주 있으면 이 기기를 구입하는 것은 지출할 만한 충분히 가치가 있다. 한 대안은 광과 x선이 들지 않는 투시상자를 만드는 것이다. 이 상자는 형광 스크린이 안에 있는데, 관찰자는 상자 벽에 설치한 쌍안경 대안렌즈를 통해 투과빔 방향을 따라서 직접적으로든지, 거울이나 직각 프리즘을 사용해서 직각인 방향에서 간접적으로든지 사진을 볼 수 있다. x선 보호를 위해서 광학계는 납유리를 포함하고 고니오미터 축을 원격 제어하지 못하면 관찰자 손은 결정을 다루는 동안 방호를 받아야 한다. x선 관이 작동하는 동안 고니오미터 머릿부분을 직접 다루는 것은 아주 바람직하지 못하다(비록 '신뢰할 만한' 셔터가 조작하는 동안 닫혀 있을지라도): 조작자의 부주의에서 생기는 위험은 너무 크다. 방사선 차폐실 바깥에서 조종하는 동력화한 축이 없다면 원격 회전할 수 있도록 유연한 케이블을 고니오미터의 손잡이에 붙일 수 있다.

더 정교한 장치는 형광 스크린에 생기는 투과 Laue 반점들을 전자적으로 증폭할 수 있게 한다. 스크린 상의 반점무늬의 영상은 영상강화관의 전(입력)면에 붙인 렌즈가 투영할 수 있다. 강화영상은 관의 뒷(출력)면에 나타나고, 직접 보거나 1/220초 내에 사진촬영할 만큼 충분히 밝다 [16.5 – 16.7]. 영상강도에서 이런 충분한 이득은 동영상이나 TV 카메라로, 예로서, 결정에서 상변화가 일으키는 Laue 무늬의 빠른 변화를 사진촬영할 수 있게 한다. (영상강화관은 또 고출력 펄스 x선 관에서 나오는 단 한 개의 30-나노초 펄스로 투과 Laue 사진을 얻는 것이 가능하게 한다[16.8].) 다중선 면적검출기는 형광 스크린에 연결한 전하결합기기(CCD) 검출기가 하는 것과 같이 Laue 무늬를 기록하는 데 쓰일 수 있다. 이러한 시스템의 추가 이점은 자료를 디지털 형태로 기록하여 컴퓨터에서 신속하게 추가적으로 분석할 수 있게 하는 것이다.

문제

*16-1 배면 반사 Laue 사진을 결정과 필름의 거리 3 cm로 알루미늄 결정에서 얻는다. x선 광원에서 볼 때, Laue 반점들은 필름중심에서(인치로) 측정하여 구한 다음 x, y 좌표에 있는데, 아래에 있는 표를 보라. 인치로 눈금이 난 그래프 용지 위에 이 반점들을 그려라. Greninger 도표를 이용하여 결정방위를 결정하고, {100}, {110}, {111} 결정형의 모든 극점을 그리고, 투영중심에서 측정한 위도와 경도로 {100} 극점의 좌표를 주어라.

x	*y*	*x*	*y*
+0.26	+0.09	−0.44	+1.24
+0.45	+0.70	−1.10	+1.80
+1.25	+1.80	−1.21	+0.40
+1.32	+0.40	−1.70	+1.19
+0.13	−1.61	−0.76	−1.41
+0.28	−1.21	−0.79	−0.95
+0.51	−0.69	−0.92	−0.26
+0.74	−0.31		

16−2 투과 Laue 사진을 결정과 필름의 거리 5 cm로 알루미늄 결정에서 얻는다. 한 관측자가 x선 광원을 향해 필름을 바라보는 것으로, 반점들은 다음 *x*, *y* 좌표에 (인치로) 있다:

x	*y*	*x*	*y*
+0.66	+0.88	−0.10	+0.79
+0.94	+2.44	−0.45	+2.35
+1.24	+0.64	−0.77	+1.89
+1.36	+0.05	−0.90	+1.00
+1.39	+1.10	−1.27	+0.50
+0.89	−1.62	−1.75	+1.55
+1.02	−0.95	−1.95	+0.80
+1.66	−1.10	−0.21	−0.58
		−0.59	−0.28
		−0.85	−1.31
		−1.40	−1.03
		−1.55	−0.36

문제 16-1에서처럼 계속하지만, 회절면의 극점을 그리는 데 스테레오투영자(stereographic ruler)를 사용하라.

***16−3** 문제 16-2의 결정을 '입방방위' 로, 즉 그림 2-39(a)로 보인 것처럼 가져오는데, (a) 입사빔 축, (b) 동서축, (c) 남북축 주위에서 필요한 각회전을 결정하라.

제 17 장 결정 품질

17-1 서언

보통 단결정이라 하는 것의 품질은 아주 넓은 범위에서 변한다. 한 극단에서는 결정은 굽힘과 / 혹은 비틀림으로 총체의 소성변형을 겪는데, 결정의 어떤 부분은 다른 부위와 다르게 수십 도 정도의 각만큼 방위가 틀어지고 전위밀도가 높다. 다른 한 극단에서는 주의 깊게 성장한 일부의 결정들은 전위와 그밖의 다른 선 결함이나 면 결함이 없다. 이 결정면들은 1 센티미터 정도의 거리에서 10^{-4}도 이내로 편평하다. 일반 금속결정들은 공유나 이온 물질의 결정들에 비해 결함이 더 많다.

결정 품질을 평가하는 여러 가지 방법을 다음부터 기술하려고 한다. 이 방법들은 감도에서 다른데 가장 감도가 낮은 방법을 먼저 다룰 것이다.

17-2 LAUE 법

Laue 법은 투과이든지 배면 반사이든지 간에 총체의 소성변형을 쉽게 알려준다. 회절면들의 방위에서 어떤 변화도 회절빔의 방향과 파장에서 이에 상응하는 변화를 수반한다. x선의 Laue 회절은 흔히 거울로 가시광선을 반사하는 것과 비교한다. 변형하지 않은 결정은 예리한 Laue 반점들을 준다. 구부러지거나 비틀린 결정에서 회절면들의 방위는 연속적으로 변하여 Laue 반점들은 줄무늬로 번진다. 이것은 마치 편평한 거울에서 스크린에 반사한 광점이 거울이 곡면이면 길쭉해지는 것과 같다.

정상적인 Laue 법

한 결정을 어떤 축을 중심으로 굽히면, 굽힘축의 Miller 지수들과 굽힘 부위는 스테레오 투영으로 보통 알아낼 수 있다. 각각의 Laue 줄무늬는 대응하는 격자면의 방위 범위를 나타내는 호로 그린다. 이 투영 상에서 호의 방향을 설명하는 회전축을 찾을 수 있다. 호의 각 길이는 발생한 굽힘량의 크기이다. 이 방법으로 굽힘량을 재는 데, 입사빔에 존재하는 파장이 무한히 넓지 않다는 것을 명심해야 한다. 단파장 한계보다 짧은 파장의 x선은 없으며 장파장 측에서 강도는 파장이 증가함에 따라 연속적으로 감소한다. 이 사실은 지정한 어떤 정도의 격자 굽힘에서 일부의 Laue 줄무늬는 가용한 파장 전체 범위에서 얻을 수 있는 것만큼 길지 않을 수 있다. 그러므로 이 줄무늬의 길이로 추정한 굽힘량은 실제로 존재하는 것보다 적을 수 있다.

같은 변형 부위에서 얻은 투과와 배면 반사 Laue 무늬는 일반적으로 외견상 뚜렷하게 다르다. 그림 17-1의 사진은 이상적인 조건에서 변형한 알루미늄 결정의 같은 부위에서 얻은 것인데, 각 사진에서 결정은 입사빔에 대해서 방위가 같다. 둘다 격자가 구부러진 것의 증거인 길어진 반점들을 보여주지만, 반점들은 투과무늬에서는 반경 방향으로 본래 늘어나는데 배면 반사무늬에서는 정대선을 따르려고 한다. **별무늬**(asterism: 그리스어로 ast = 별)란 용어는 처음에는 그림 17-1(a)와 같이 별과 같은 외양의 투과무늬를 기술하는 데 쓰였지만 지금은 어느 유형의 Laue 사진 상에

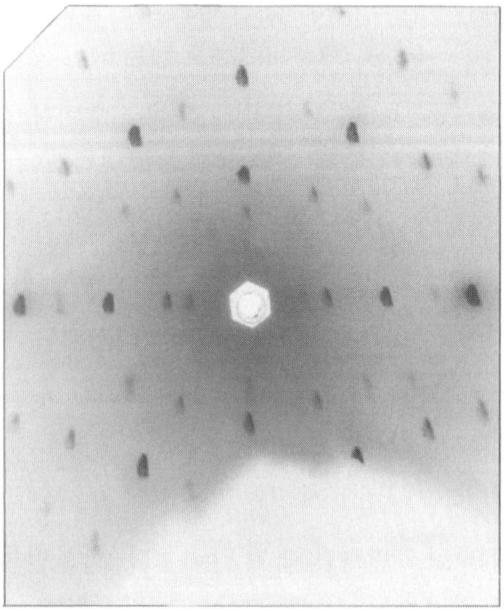

(a) 투과

(b) 배면 반사

그림 17-1 변형 알루미늄 결정의 Laue 사진. 시편에서 필름까지 거리 3 cm, 텡스텐 방사선, 30 kV.

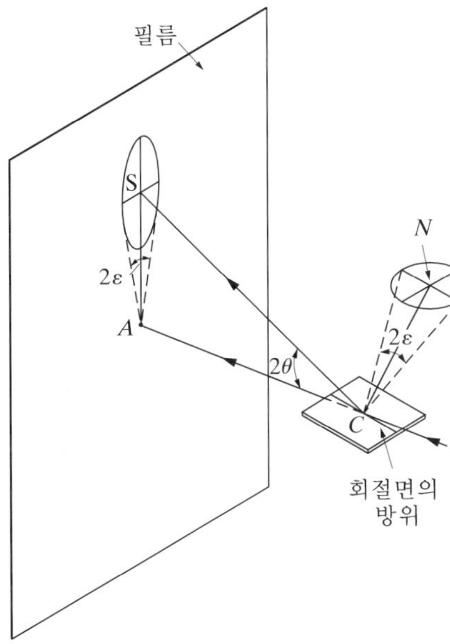

그림 17-2 격자변형이 투과 Laue 반점의 모양에 미치는 영향. CN은 회절면에 수직하다.

서도 줄이나 방사나 무방사의 무슨 형태라도 이것을 기술하는 데 쓰인다.

아주 일반적인 예를 생각하면 이 두 사진 사이의 뚜렷한 차이를 가장 잘 이해할 수 있다. 한 결정이 변형하여 어떤 특정한 조의 회절면의 법선이 결정의 여러 부위에서 정각이 2ε인 작은 원추를 나타낸다고 하면 그 법선은 평균 위치에서 모든 방향으로 각 ε만큼 벗어난다고 가정하자. 이것은 편평한 거울을 동일한 각범위에서 흔드는 것과 같다. 그림 17-2에서 보인 것처럼, 회절 반점 S는 투과 위치에 놓인 사진 위에서 대략적으로 타원형이다. 면법선이 면 ACN에서 2ε의 각만큼 진동하면 회절빔은 각 4ε만큼 이동하고 타원의 장축은 2θ가 작을 때 근사적으로 $4\varepsilon(AC)$로 준다. 다른 한편으로 면법선이 면 ACN 에 수직한 방향으로 각 2ε만큼 진동할 때는 유일한 효과는 회절면이 입사빔에 대해서 같은 2ε의 각으로 진동하는 것이다. 그러므로 타원형 반점의 단축은 $2\varepsilon(AS) \approx 2\varepsilon(AC)\tan 2\theta \approx 2\varepsilon(AC)\,2\theta$가 된다. 반점의 형태를 다음 비로 묘사할 수 있다:

$$\frac{\text{장축}}{\text{단축}} = \frac{4\varepsilon(AC)}{2\varepsilon(AC)2\theta} = \frac{1}{\theta}$$

$2\theta = 10°$에서 장축은 단축길이의 12배 정도이다.

배면 반사 영역에서는 상황이 전혀 다르다. 반점 S는 그림 17-3에 보인 것처럼 대체로 원형이다. 반점의 양축은 결정에서 대략 4ε의 각을 이룬다. 그러므로 배면 반사의 반점의 모양은 투과 반점의 모양에 비해 격자변형의 본질에 더 직접적으로 관련이 있다. 왜냐하면 일반적인 예에서, (hkl) 면법선의 끝이 원운동을 하면 후방으로 반사한 빔은 원운동을 하지만 전방으로 반사한 빔은 타원운동을 한다. 이렇기 때문에 배면 반사법은 일반적으로 격자변형을 연구하는 데 더 좋다.

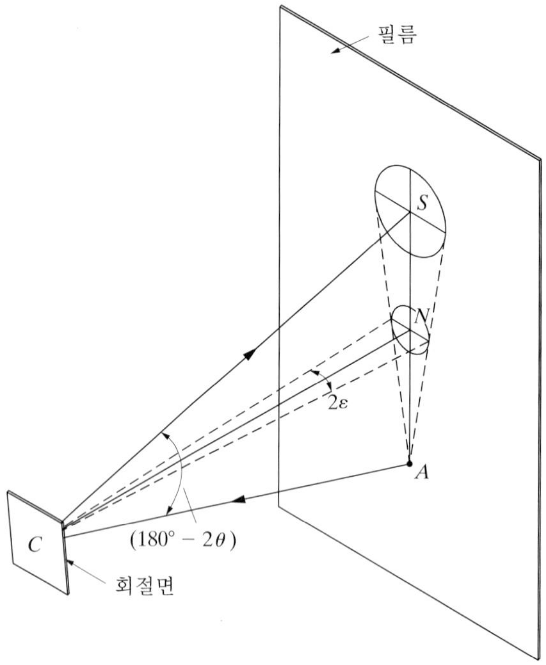

그림 17-3 격자변형이 배면 반사 Laue 반점의 모양에 미치는 영향. *CN*은 회절면에 수직하다.

하지만 반경상 줄무늬만이 투과무늬에서 가능하다고 가정해서는 안 된다. 줄무늬의 방향은 축 방위에 의존하고 이 축을 중심으로 격자면들은 구부러진다. 예를 들면, 면들이 그림 17-2의 면 *ACN*에 놓인 축 주위에서만 구부러진다면, 반점은 반경 *AS*에 대해 수직한 방향으로 길어질 것이다.

그림 17-1의 배면 반사무늬에서 한 특징에 관해 약간 언급이 필요한데, 다름이 아니라, 짧은 호들이 필름중심과 동심원을 이루며, 다수의 늘어난 Laue 반점을 지난다. 이 호는 Debye 원의 일부인데, 특성 방사선(7-9절)으로 다결정 시편에서 얻은 핀홀 사진에서 볼 수 있는 것과 같다. 무질서하게 배향한 입자로 되어 있는 다결정 시편으로 완전한 Debye 환이 생길 수 있다. 왜냐하면 면 (*hkl*)의 어떤 특정한 조의 면에 대한 법선은 공간에서 모든 가능한 방위를 가질 수 있기 때문이다. 변형한 단결정에서는 동일한 법선을 한 유한한 범위의 방위로 제한하여 그 결과로 Debye 환의 조각만이 나타난다. 필름에서 원을 상상하자. 이 원을 따라서 다결정 시편을 사용하면 그림 17-4에 보인 것처럼 Debye 환이 생겨난다. 그런 다음 Laue 반점이 격자변형의 결과로 말미암아 커지고 잠재적인 Debye 환에 걸쳐 퍼진다면, Debye 환의 한 짧은 부분이 생길 것이다. 이것은 Laue 반점에 비해 더욱 더 어두울 것이다. 왜냐하면 이것을 만드는 특성 방사선[1]은 연속스펙트럼에서

1) 그림 17-1(b)에서 관련 특성선은 텅스텐 *L* 방사선이다. 사용 전압(30 kV)은 너무 낮아서 텅스텐의 *K*선(여기전압 = 70 kV)을 여기할 수 없으나 *L*선을 여기하기에는 충분히 높다(여기전압 = 12 kV).

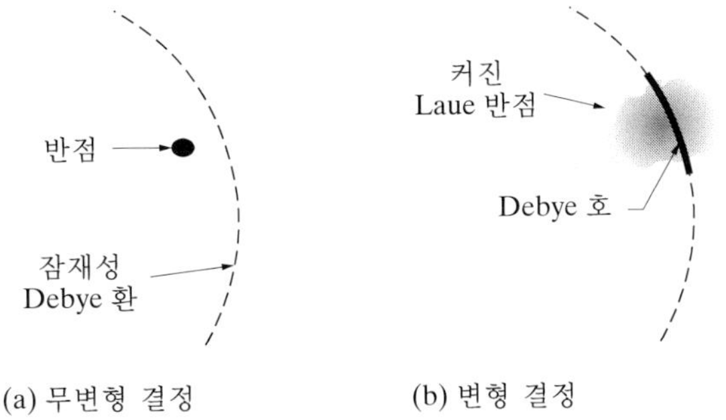

그림 17-4 변형 결정의 Laue 무늬에서 Debye 호의 형성

특성 방사선에 바로 인접한 파장보다는 훨씬 더 강하기 때문이다. 사실 x선에 노출이 충분히 길지 않다면 Debye 호만이 필름에서 볼 수 있고 관측자는 격자변형의 본질과 범위에 관해서 잘못된 결론을 이끌어 낼 수 있다.

1. 투과무늬에서 별무늬는 방사상이 우세하므로 입사빔에 대해서 작은 각도로 기울어져 있는 격자면들은 마치 이 면법선들이 공간상 작은 원추에 국한한 것처럼 다수의 축에 대해서 구부려져 있다.
2. 배면 반사무늬에서 별무늬는 주로 정대선을 따르므로 입사빔에 큰 각으로 기울어져 있는 대부분의 면은 하나의 축에 대해서 구부려져 있다. 하지만 Debye 호의 존재는 뚜렷하게 길어진 반점 위에 겹친 적지 않은 면적의 잠복한 Laue 반점이 있고, 따라서 관계한 면들의 적은 일부가 다수의 축에 대해서 휜다는 것을 보여준다.

Laue 사진은 또 **다각형화**(polygonization)를 보여줄 수 있다. 이 변형은 어떤 변형 결정들이 높은 온도에서 어닐링할 때 겪는 과정이다. 변형이 아주 심하지 않다면 소성변형한 결정의 구부러진 부분들은 작은 블록으로 쪼개진다. 이 블록은 비교적 변형하지 않은 상태이고 방위는 그림 17-5에서 제시 한 것과 같이 이것이 유래한 구부러진 부피와 대략 같은 양만큼(결코 수 도보다 크지 않다) 방위가 틀어진다. ('다각형화'란 용어는 어떤 결정학적 방위 [*uvw*]가 어닐링 전에는 어떤 호의 일부를 형성하는데 그 후에 다각형 부분의 모양을 만드는 것을 나타낸다.) 더군다나 블록의 평균방위는 원래 조각들의 것과 같다. 그러므로 Laue 무늬에서 다각형화의 효과는 늘어난 Laue 줄무늬(구부러진 격자에서)를 필름에서 같은 위치를 점유하는, 작고 뚜렷한 반점(개별적인 블록에서 나온)의 행들로 바꾸는 것이다. 여기서 각각의 블록은 충분히 이웃과는 방위가 다르고 인접한 블록들에서 회절한 빔들은 서로 잘 분리한다고 가정한다. 그림 17-6은 실리콘 페라이트의 결정에서 다각형화의 한 예를 나타낸다. 변형한 결정에서 얻은 하나의 늘어난 Laue 반점이 (a)에 실린 반면에 (b)와 (c)는 어닐링으로 생긴 이 반점의 붕괴를 보여준다.

이러한 사항을 고려하여, 그림 17-1에 보인 무늬를 재검토하면 다음과 같은 결론에 도달한다: 이와 같이 다각형화한 결정은 그림 5-5에 묘사한 모자이크 구조의 한 극단적인 예로 간주할 수

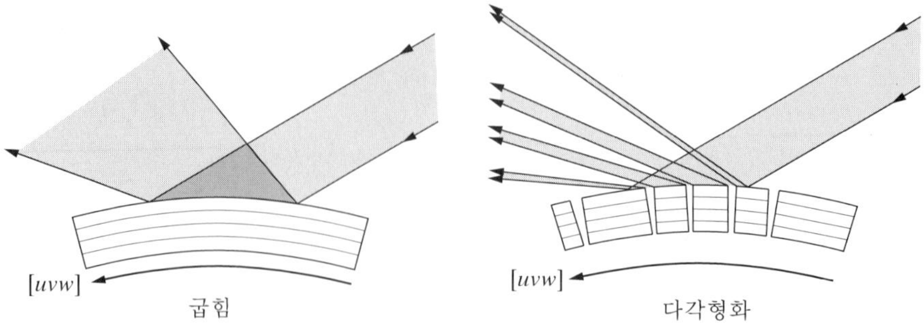

그림 17-5 휜 격자와 다각형화한 격자의 백색 방사선의 반사(개략도).

있을 것이다. 극단적이라고 하는 것은 다각형화한 결정에서 인접한 블록(아입자들) 사이의 평균 각도가 정상적인 것에 비해 매우 크다는 의미에서이다.

결정방위 일탈의 검출에서 정상 Laue 법의 감도를 아래와 같이 계산할 수 있다. 결정에서 필름 간 거리가 5 cm라고 가정하고 Laue 반점의 최소 검출 가능한 퍼짐은 1 mm라고 생각한다. 그러면

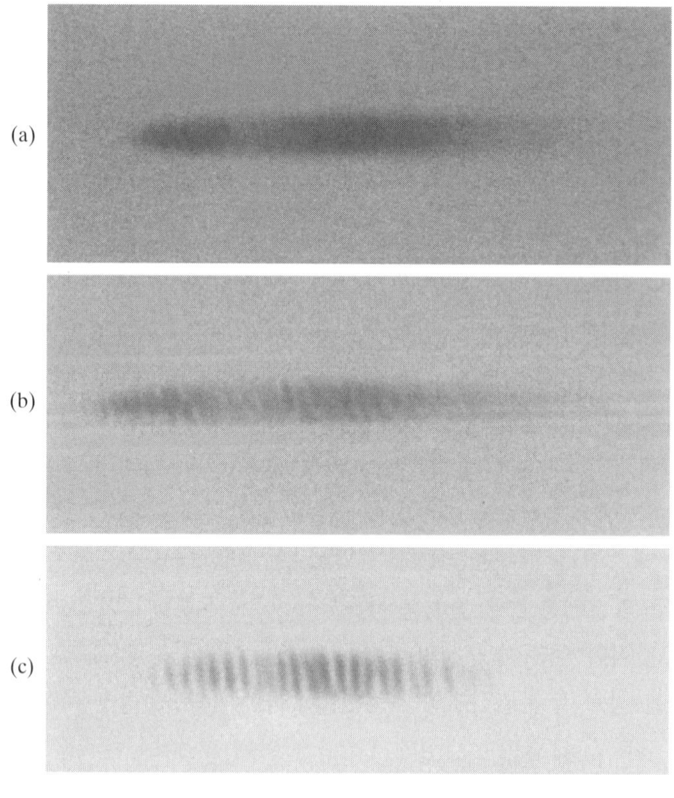

그림 17-6 실리콘 페라이트의 얇은 결정에서 얻은 확대한 투과 Laue 반점들(고용체로 3.3% 실리콘을 함유한 α 철): (a) 반경 9 mm로 굽힌 것으로, (b) 950°C에서 10분 어닐링한 후, (c) 1300°C에서 4시간 어닐링한 후. Dunn과 Daniels [17.1].

회절빔은 약 1/50 라디안이나 1° 정도 발산한다. 이 발산은 전형적으로 반경 1 mm인 입사빔에 노출한 부분에만 적용한다: 그러므로 노출면적은 10^{-2} cm^2 에 지나지 않는다.

Gunier-Tennevin(기니어-텐느뱅) 법

이 방법[17.2, 17.3]은 투과 Laue 법의 변형이고 그림 8-10에 보인 집중효과를 사용한다. 감도의 상당한 증대가 x선 원 대 결정 거리와 결정 대 필름 거리를 50 cm 정도로 늘여서 얻는다. 그러므로 연구자는 결정에서 사소한 방위 일탈도 밝혀낼 수 있는 다소 긴 '광학적인 지렛대' 를 갖는다.

그림 17-7은 이 방법의 기하학을 보여준다. 이 도면은 수평 단면이고 x선 원 S은 x선 관의 표적 상에서 점 초점이거나 가는 수직선인 초점에서 발산한 백색 방사선을 나타낸다. 수평 발산각 α는 1°–3°이다. 결정이 (a)에서처럼 완전하다면, 그림에 보인 횡단면이 회절한 x선들은 F에서 한 초점으로 수렴할 것이다. 그러면 필름에서 Laue 반점은 그림 17-8(a)에서와 같이 얇은 수직선이 된다. 한 Laue 반점만이 다루는 대상이고 보통 Laue 무늬에서 보이는 것처럼 반점들의 배열은 아닌 것에 주의한다.

그림 17-7(b)에서처럼 결정이 휘거나 다각형화하면 회절빔은 퍼질 것이고 필름 위의 Laue 반점은 폭이 w인 사각형이 될 것이다. (이 도면에서 파선들은 다음에 논의할 것이다). 결정의 방위 일탈을 w 크기와 기타 연관한 제원들로 계산할 수 있다. 방위 일탈은 5×10^{-3}도 정도로 작아도 검출 가능하다. 이 값은 노출한 결정면적이 1–2 cm^{2}에 해당한다. 그림 17-8(b)는 이런 유형의 넓게 퍼진 반사를 보여준다.

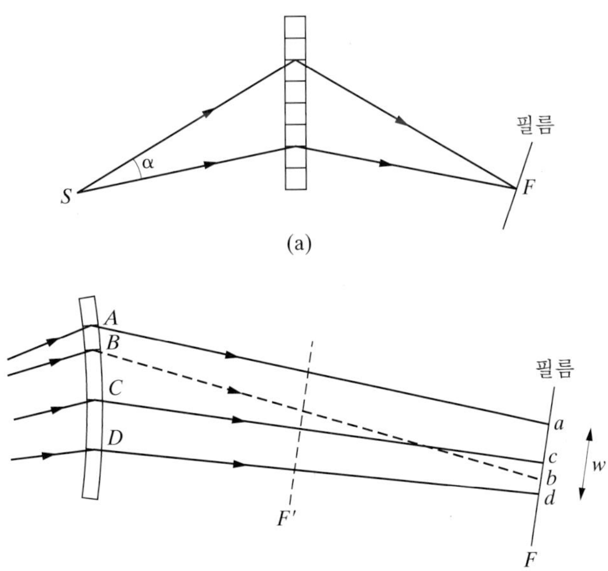

그림 17-7 Guinier-Tennevin 법. (a) 완전결정, 집중 회절빔. (b) 휘거나 다각형화한 결정. 비집중빔을 확대한 모습.

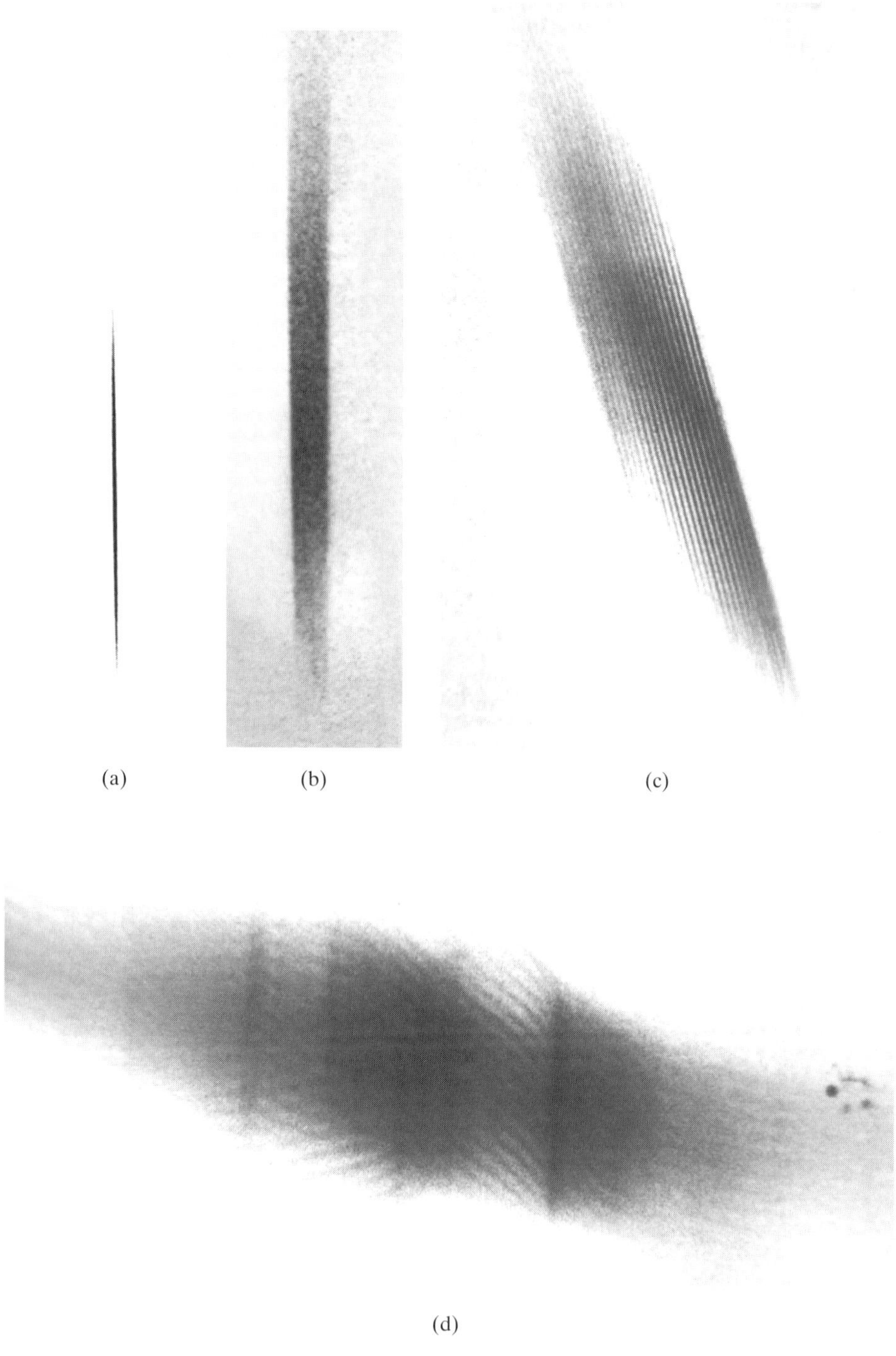

(a) (b) (c)

(d)

그림 17-8 그림 8-29(a)의 집중 위치인 *F*에 놓인 필름에서 Guinier-Tennevin 법으로 얻은 단일(사진법) Laue 반점들. 반점 (a), (b), (c)는 석영 결정판, 37 × 13 × 0.5 mm의 횡단면에서 얻은 것이다: (a) 무변형, 배율 2X, (b) 탄성적으로 굽힘, 2X, (c) 탄성으로 비틀림, 5X. 반점, (d) 알루미늄을 소성변형한 다음 얻은 것, 4X. Julien 외[17.4 – 17.6].

수정한 Guinier-Tennevin 법은 변형 결정에 관해 추가적인 정보를 알려 줄 수 있다[17.4, 17.5]. 수평 판을 갖춘 Soller 슬릿을 입사빔에 놓고 결정을 수직축 주위로 비틀면, 원래 수직선이던 Laue 반점은 넓어져서, 가늘고 경사 선들로 되어 있는 가로무늬 부위가 된다. 이 선들의 경사가 결정의 비틀림 변형을 표시하는 양이다(그림 17-8(c)).

그림 17-8의 반점 (d)는 판 형태의 알루미늄 결정에서 얻은 것으로 이 결정은 약간 소성변형하였다. 이 반점에는 적지 않은 내부 세부정보가 있다. 줄무늬는 결정 일부가 비틀린것을 나타내며 어두운 수직선들은, 이 중에 두 개는 뚜렷한데, 붕괴 (다각형화)가 일어난다는 것을 보여준다. 각 선은 거의 완전한 결정 일부에서 집중 반사한 것이다.

17-3 토포그래프 법과 기타 방법

거의 완전한 결정을 조사하는 데 주로 고안한 방법에서 중요성은 결정의 한 부분을 다른 부분과 비교하여 각으로 방위 일탈을 측정하는 데 있는 것이 아니라 오히려 전이와 같은 개별적인 결함의 존재를 밝혀내는 데 있다. 이런 방법들은 모두 x선 관에 나오는 방사선을 사용하는데 $K\alpha$ 방사선의 회절이 필요하다. 싱크로트론 방사선에 바탕을 둔 기법들은 연속스펙트럼이나 단색화한 방사선을 사용한다. 다수의 흥미로운 변형 기법이 나와 있다[17.7, G.22].

아래에서 기술할 방법은 회절 '반점'에 세밀한 구조가 있고, 이것이 조사 대상의 결정의 영상이나 지도라는 의미에서 **지형학적**(topographic)이라고 부른다. 지형학적이려면, 일대일의 대응이 회절점과 결정의 점 사이에 존재해야만 한다.

x선 회절 토포그래프 법을 때로는 **x선 현미경 법**[2)]이라고 불렀다. 그 까닭은, 회절 x선이 만드는 영상을 폭은 흔히 수 밀리미터에 지나지 않지만 이어서 조사하고 10−100X 배율로 광학현미경으로 사진 촬영하기 때문이다. 이러한 배율은 오로지 x선 영상의 세부적인 것이 충분히 미세할 때 유용하고 미세한 세부적인 내용은 영상을 보통의 x선 필름이 아닌 특별하게 고분해능인 판에 기록하여 얻는다. 이것은 감광이 느린 고분해능 에멀젼으로 얇게 입혀진 유리판들이다. 대략적으로 개별적인 전이들은 전이밀도가 $10^6\ cm^{-2}$ 이내라면 주의깊게 준비한 토포그래프에서 분해가 가능하다.

소광효과

소광 현상은 x선 토포그래프 법에서 영상을 생성하는 데서 주 역할을 한다. 5-5절에 보이듯이 소광은 완전한 결정에서 효과가 최대이다. 결정이 **더욱 불완전할수록** x선의 회절능은 증가한다.

2) 기타 x선 영상기법들은 또한 현미경 자격을 갖추고 있는데, 예를 들어 집중 x선에 Fresnel 판을 쓰는 것이 있으며[17.8], 이때는 x선 토포그래프 법과 x선 회절현미경 법을 동의어로 사용하는 것이 더 낫다.

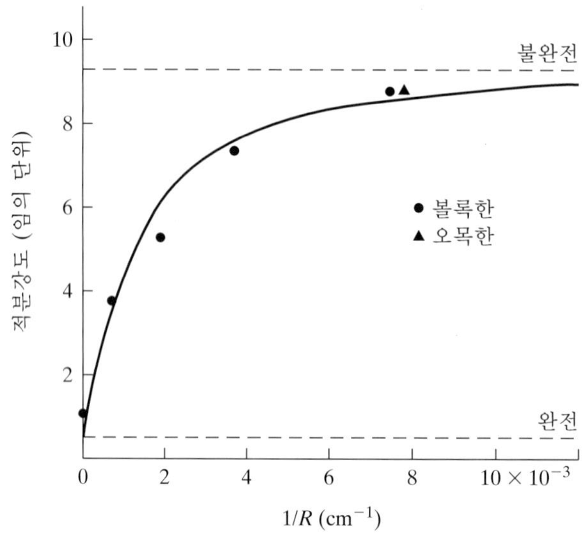

그림 17-9 굽힘량의 함수로 나타낸 석영판에서 Mo $K\alpha$로 얻은 202 반사의 적분강도. R은 곡면의 반경이다. 석영판은 (202) 면에 평행하게 자른 것이다. White[17.9]에 따름.

따라서 한 결정을 토포그래프 법으로 조사하면 결정의 결함 부위는 더욱 강하게 회절하고 토포그래프에서 어두운 부위는 결함들이 결정 내에 있는 자리임을 나타낸다.

일반적으로 토포그래프에서 영상으로 되는 것은 결함들 자체(그것들은 너무나 작다)가 아니며 오히려 결함 주위 변형 장들이다: 이 변형은 면간거리 d가 그 평형값과 다르게 하여 x선 산란 과정을 변경한다. White[17.9]는 미시적인 규모에서 x선 토포그래프 법에서 일어나는 회절능에 미치는 격자변형 효과를 거시적인 수준에서 시각적으로 증명하였다. 그는 얇은 석영판을 탄성적으로 점차 굽히면서 그 표면에서 결정으로 단색화한 Mo $K\alpha$선을 회절시켰고 반사강도를 측정하였다 (그림 17-9). 휘지 않은 결정의 강도는 완전한 결정으로 계산한 값에 가까웠으나 이 값은 굽힘변형이 증가하면서 거의 '이상적으로 불완전한' 결정(소광이 없는 결정)으로 계산한 값까지 이르렀다. 그 결과는 가역적이었으며 입사빔에 대해서 볼록하게 구부러지거나 오목하게 구부러지는 것에는 무관하였다. 결정판은 두께 0.5 mm이어서 표면변형은 그림 17-9에 보인 것과 같이 최대 변형에서 대략 2×10^{-4}이었다. x선 침투깊이(14-5절)는 구부러진 결정두께의 반보다 커서 x선은 중간축에서는 변형이 영이고 표면에서 최대로 변하는 것을 볼 수 있다.

이러한 중요한 실험은 불균일한 격자변형과 x선 회절능 사이의 관계를 매우 직접적으로 증명할 뿐만 아니라 소광이 거의 완전한 결정에서 가역적으로 변한다는 것을 보여준다.

회절 콘트라스트

x선 토포그래프 내에서 콘트라스트는 전위와 같은 결정결함과 완전 격자의 회절능 차이에서 일어난다. 그림 17-9에서 추정할 수 있듯이 전위의 핵 주위의 심하게 변형한 물질은 더 멀리 떨어진 위치에 비해 더 강하게 회절한다. 그러므로 콘트라스트가 결함에 바로 인접한 물질과 결함에서 멀리 떨어진 물질 사이에서 발생한다. 하지만 입사빔과 회절빔에 대한 결함의 특정한 방위에서는 결함으로 생긴 콘트라스트는 사라진다. 이러한 '불가시도 기준'을 사용하는 것은 결함 특성을 x선 토포그래프 법과 투과 전자현미경 법에서 이끌어내는 기본 방식이다. 불가시도 기준은 간섭함수를 얻는 것과 같이 하여 얻을 수 있다(5-3절). 이 경우에 관측한 강도는 평균 위치에서 변이한 산란원자들 사이의 위상차에 의존한다.

구조인자는 다음과 같다:

$$F_{hkl} = \Sigma_n f_n \exp\{2\pi i[(\mathbf{S} - \mathbf{S_0})/\lambda \cdot \mathbf{r_n}]\}$$

$$= \Sigma_n f_n \exp\{2\pi i(\mathbf{H} \cdot \mathbf{r_n})\} \quad (4\text{-}11)$$

여기서 n 은 단위포의 이종 원자들을 가리키며, $\mathbf{H} = h\,\mathbf{b}_1 + k\,\mathbf{b}_2 + l\,\mathbf{b}_3$, $\mathbf{r}_n$은 단위포의 원점에서 그 단위포 내에서 n번째 원자를 잇는 직공간 벡터이다. 실제로 회절강도는 Bragg 각 θ_B에서 약간 다른 각에서도 영으로 떨어지지는 않는다. 5-3절에서$(\mathbf{S} - \mathbf{S}_0)/\lambda = \mathbf{H} + s$의 설정은 이것을 감안한 것이다. 바꾸어 말하면 벡터 $(\mathbf{S} - \mathbf{S}_0)/\lambda$는 더 이상 역격자 벡터 b_i의 정수의 배수들의 합이 반드시 되어야 하는 것은 아니다. 그리고 전체 결정에서 회절한 진폭의 공식은 다음과 같다는 것을 알아야 한다.

$$A_{hkl} = \Sigma_m F_{hkl} \exp\{2\pi i([\mathbf{H} + \mathbf{s} \cdot \mathbf{R}_m]\} \quad (5\text{-}5)$$

여기서 합산은 결정에서 m개의 단위포를 망라하고 F는 각 단위포에서 똑같은 구조인자이며 $\mathbf{R}_m$은 원점에서 m째 단위포에 이르는 직공간에서 벡터이다. 변형의 효과를, 이것이 연속적으로 변하는 탄성장에서 나오거나 전위와 같이 개별적인 결함에서 나오거나, 똑같이 취급한다. $\mathbf{R}'_m$이 변형한 결정에서 m째 단위포의 위치라면

$$A_{hkl} = \Sigma_m F_{hkl} \exp\{2\pi i([\mathbf{H} + \mathbf{s}\ ] \cdot \mathbf{R}'_m)\} \quad (17\text{-}1)$$

이고, 변형에서 비롯하는 단위포의 변위를 $d\mathbf{R}_m$으로 쓰면,

$$A_{hkl} = \Sigma_m F_{hkl} \exp\{2\pi i([\mathbf{H} + \mathbf{s}\ ] \cdot [\mathbf{R}_m + d\mathbf{R}_m])\}$$

$$= \Sigma_m F_{hkl} \exp 2\pi i(\mathbf{H} \cdot \mathbf{R}_m) \exp 2\pi i(\mathbf{s} \cdot \mathbf{R}_m)\ x$$

$$\exp 2\pi i(\mathbf{H} \cdot \mathbf{R}_m) \exp 2\pi i(s \cdot d\mathbf{R}_m) \tag{17-2}$$

이다. 여기서 $d\mathbf{R}_m$은 위치함수이고, 단위포가 완전한 결정 내에 있다라면 있을 수 있는 가장 가까운 위치에 대해서 이를 정의한다는 것에 주목한다.

지금부터는 콘트라스트에서 결함효과를, 무언가 있다면, 알아내기 위해 네 개의 벡터적, $\mathbf{H} \cdot \mathbf{R}_m$, $\mathbf{s} \cdot \mathbf{R}_m$, $\mathbf{H} \cdot d\mathbf{R}_m$, $s \cdot d\mathbf{R}_m$을 고려해야 한다. 첫째와 셋째 항은 각각 구조인자와 간섭함수에서 이미 만났던 것이다. s와 $d\mathbf{R}_m$은 둘 다 작은 양이어서 $d\mathbf{R}_m \ll \mathbf{R}_m$이고 $s \ll \mathbf{H}$인 것에 주목한다. 그러므로 넷째 항은 무시될 수 있고 오직 항 $\mathbf{H} \cdot d\mathbf{R}_m$만이 콘트라스트를 만들어낸다. $\mathbf{H} \perp d\mathbf{R}_m$이면 $\mathbf{H} \cdot d\mathbf{R}_m = 0$이고 회절강도에 영향은 없다. 이 조건 $\mathbf{H} \cdot d\mathbf{R}_m = 0$은 불가시도 기준(invisibility criterion)으로 알려져 있다. 다른 방식으로 기술하면, 결함은 변위장이 단지 회절면에 평행하다고 하면 콘트라스트를 만들지 않는다. 하지만 변위장이 하나 이상 이런 면에서 벗어난 성분이 있다면, 변형은 회절강도에 영향을 줄 것이고 회절강도에서 국부적인 증가가 발생할 것이다.

TEM이나 x선 토포그래프의 결함 동정에서 불가시도 기준을 사용하는 예로서 순수한 나선전위와 칼날전위를 고찰해 보자. 정지한 나선전위 주위의 변위장 u_i는 단위 선벡터 $\mathbf{t}$가 $\mathbf{x}_3$에 평행한 경우 버거스(Burgers) 벡터 b에 달려 있고 [17.10][3)]이 다음과 같이 준다:

$$u_1 = 0$$

$$u_2 = 0$$

$$u_3 = \frac{-b}{2\pi}\tan^{-1}\frac{x_2}{x_1} \tag{17-3}$$

$\mathbf{x}_3$ 평행한 정지한 칼날전위 주위에서 변위장은 다음과 같다:

$$u_1 = -\frac{b}{2\pi}\left[\tan^{-1}\frac{x_2}{x_1} + \frac{\Lambda + \mu}{\Lambda + 2\mu}\,\frac{x_1 \cdot x_2}{x_1^2 + x_2^2}\right]$$

$$u_2 = -\frac{b}{2\pi}\left[-\frac{\mu}{2(\Lambda + 2\mu)}\log\frac{x_1^2 + x_2^2}{C} + \frac{\Lambda + \mu}{\Lambda + 2\mu}\,\frac{x_2^2}{x_1^2 + x_2^2}\right]$$

$$u_3 = 0 \tag{17-4}$$

C 항은 자연지수 항의 편각을 무차원으로 만들기 위해 필요한 상수이고 Λ와 μ는 Lamé 상수이다. 더 흔하게 만나는 탄성계수의 용어로는 μ는 전단계수이고 Young 계수인 $E = (3\Lambda + 2\mu)/(\Lambda + \mu)$이다. 비록 $\mathbf{t}$가 지정한 전위선에서 결정을 가로지르면서 휘어지는 것처럼 변할지라도 이에 해당

3) Burgers 벡터 b는 b로도 지정하는 역격자 벡터와 다르다는 것에 주의하라. 하지만 역격자 벡터는 일반적으로 $\boldsymbol{b}_i$로 특별하게는 $\boldsymbol{b}_1, \boldsymbol{b}_2, \boldsymbol{b}_3$로 쓰는 반면에 Burgers 벡터는 b로 쓴다.

하는 Burgers 벡터 b는 이 전위가 다른 전위와 교차하지 않는 한 일정하게 있어야 한다. 이 방정식들은 등방성 탄성고체에 적용하는 것에 주의한다. 변위장은 이방성 물질에서는 다를 수 있다.

나선전위에서 불가시도 기준은 아주 간단하다: $\mathbf{H} \cdot \mathbf{b} = 0$. 많은 저자, 특히 TEM에서 작업하는 저자들은 **H** 대신 **g**를 사용한다. 이 방정식은 나선전위는 **b**가 회절면에 평행하면, 즉 **b**가 이 면에 놓인 방향이면, 보이지 않는다는 것을 말한다. 칼날전위에는 두 개의 영이 아닌 변위 항이 있어서 콘트라스트가 사라지기 위해 $\mathbf{H} \cdot \mathbf{b} = 0$과 $\mathbf{H} \cdot (\mathbf{b} \times \mathbf{t}) = 0$이 전위에서 충족하여야 한다. x선 토포그래프 법에서 불가시도 기준을 사용한 예는 다음 절에 뒤따른다: 20-8절은 TEM에서 예를 다루었다.

그림 17-10의 그림에 있는 곡선의 전위를 생각해 보자: 이 재료는 fcc 물질이다. Burger 벡터가 $a/2[110](\bar{1}00)$이고 선 방향은 단위벡터 **t**가 된다면, $\mathbf{t} = [110]$에서 단면 AA′는 순수한 나선 특성이 있고 $\mathbf{t} = [1\bar{1}1]$에서 단면 BB′는순수한 칼날 특성이 있다. A′와 B′ 사이에서 전위 특성은 혼합적이어서 나선전위가 우세한 데서 칼날전위가 우세한 데로 변한다. 순수한 칼날전위의 단면에서 $\mathbf{b} \times \mathbf{t} = [\bar{1}11]$이다. $\mathbf{H} = [200]$으로 만든 영상, 즉 (100) 면에서 회절한 빔으로 만든 영상은 $\mathbf{H} \cdot \mathbf{b} \neq 0$일 것이다. 전위의 전 길이는 눈에 보인다. 하지만 $\mathbf{H} = [002]$로 만든 영상은 $\mathbf{H} \cdot \mathbf{b} = 0$일 것이다. (001)은 $(\bar{1}11)$과 $(1\bar{1}2)$와 같이 정대축이 [110]인 같은 정대에 속하며 $(\bar{1}11)$에서 54.7° 회전하여 있다는 것에 주목한다. 순수한 나선 부분인 AA′는 콘트라스트를 만들지 않지만 순수한 칼날 부분인 BB′는 $\mathbf{H} \cdot (\mathbf{b} \times \mathbf{t}) = [001] \cdot [\bar{1}11] \neq 0$이므로 콘트라스트를 만들 것이다. 일반적으로 $\mathbf{H} \cdot \mathbf{b} \neq 0$일 때 생기는 콘트라스트는 $\mathbf{H} \cdot \mathbf{b} = 0$이지만 $\mathbf{H} \cdot (\mathbf{b} \times \mathbf{t}) \neq 0$일 때 만드는 것보다 훨씬 더 강해서 후자인 조건에서 나오는 콘트라스트를 잔여 콘트라스트라고 부른다. 만일 전위를 $\mathbf{H} = [1\bar{1}2]$로 영상을 얻는다면 $\mathbf{H} \cdot \mathbf{b}$와 $\mathbf{H} \cdot (\mathbf{b} \times \mathbf{t})$는 둘 다 영이 될 수 있고 전위는 눈에 보이지 않을 수 있다.

두 개의 동일한 선 상에 놓이지 않는 **H**에서 불가시도를 찾는 것은 전위 특성을 동정하는 것을 보증한다. 하지만 많은 상황에서 단지 한 유형의 Burgers 벡터만 있을 거고 단지 하나의 불가시도만 전위의 특성을 정하기 위해 필요할 지 모른다. 예를 들어, 한 bcc 계에서 예상하는 슬립계가

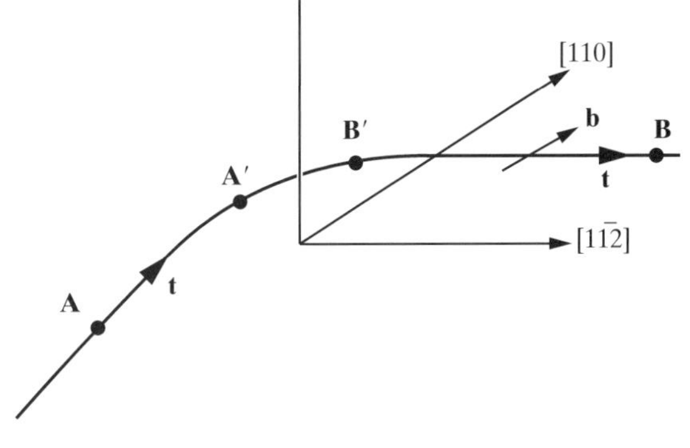

그림 17-10 접선벡터 **t**인 $(1\bar{1}0)$ 위에 놓인 휘어진 전이선과 [110]에 평행한 Burgers 벡터의 개략도

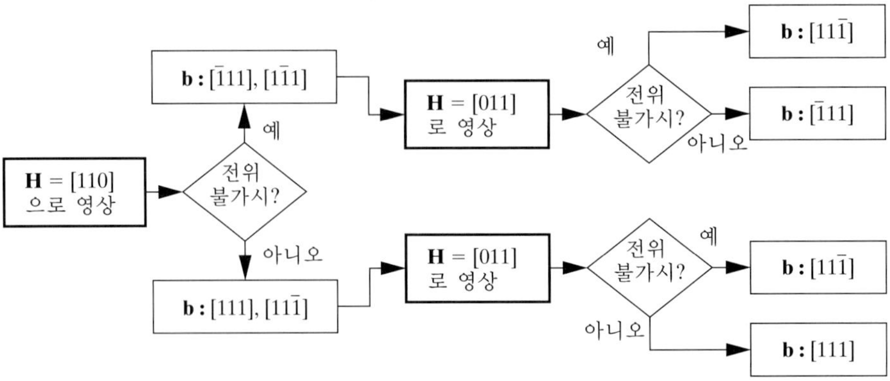

그림 17-11 불가시도 기준의 사용을 도해로 나타낸 흐름도

{110}<111>이고 **b** ∥ [111], [$\bar{1}$11], [1$\bar{1}$1] 혹은 [11$\bar{1}$]인지는 반드시 구별해야 한다. **H** = <110>으로 만든 영상으로 bcc 계에서 **b**를 빨리 알아낼 수 있다. 그림 17-11에서 계통도는 동정과정에서 사용하는 단계의 진행을 보여준다. 슬립계의 유형을 미리 알 수 있다면 **b**를 결정하기 위해서 단지 두 개의 영상만을 틀림없이 기록해야 한다. 존재하는 모든 전위를 밝힐려면 적어도 세 개의 다른 **H**에서 얻은 영상을 반드시 기록해야 한다(예로서 그림 17-11의 계통도에서 **H** = [110]과 [011]에 추가하여 **H** = 101]).

상기한 대로, **H** · **b** = 0이지만 **H** · (**b** × **t**) ≠ 0이면 잔여 콘트라스트는 보인다. 일부의 예에서는 이 잔여 콘트라스트가 조건이 **H** · **b** ≠ 0인 전위처럼 같은 현미경 사진에서 거의 똑같이 강할 수도 있다. 혹은 너무 약해서 무시할 수 있다. **H** · **b** > 1인 상황에서는 추가적으로 복잡함이 발생할 수 있다: **H** · **b** ≥ 2인 전위에서 생기는 강도는 그 곱이 1인 것에 비해 더욱 더 크다. 그러므로 콘트라스트가 있는 전위들을 잔여 콘트라스트를 보이는 전위들로 잘못 인식할 수 있는 가능성이 존재한다. 이 잠재적인 함정을 언급하는 것은 x선 토포그래프와 TEM 현미경 사진에서 콘트라스트를 해석하는 데 다소 주의가 필요하다는 것을 보여주고자 함이다: 정상적으로 불가시도 기준을 사용해서 결함 특성을 분석하는 것은 간단하다.

흡수가 크고 완전한 결정인 조건에서는 전위와 같은 결함의 콘트라스트는 얇은 결정의 것과는 반대이다. 결함은 국부적으로 결정의 완전성을 훼손하여 Borrman 효과의 비정상적으로 높은 투과를 일으키고 그것 때문에 사진 에멀젼의 흑화가 덜 일어나고 필름 위에서 하얀 '음영'이 드리운다.

Berg-Barrett 법

이 방법은 시편결정의 전면에서 나오는 $K\alpha$선의 회절을 포함한다[7.11–7.13]. 그러므로 시편 두께의 제한은 없으나 깊이에 대해서는 있다. x선이 샘플링하는 깊이는 1 마이크로미터에서 수백 마이크로미터 이상에 이른다.

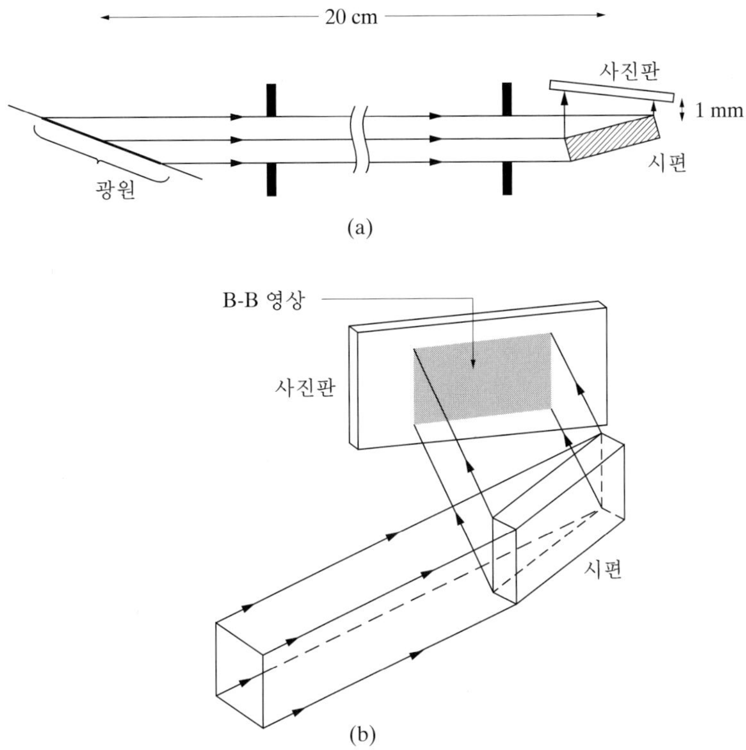

그림 17-12 Berg-Barrett 법. (a) 평면도. 광원은 x선 관 타깃 위 초점이고, 시편에서 '끝을 위로' 보이게 함, (b) 투시도.

x선 관에서 나오는 여과하지 않은 방사선은 조준기를 통과하는데(그림 17-12) 이 장치는 퍼진 빔의 윤곽을 정하여서 시편결정을 적실 수 있다. 어둡게 한 실내에서 결정을 조정하여 선택한 (*hkl*) 면이 회절을 위해 Bragg 각에 맞도록 하는데, 이것은 근처의 형광 스크린에 밝은 점이 나타나는 지로 판단한다. 그런 다음 스크린을 사진건판으로 바꾼다. 최대 해상도로 상세하게 보기 위해서 판은 가능한 결정에 가깝게 있어야 하는데 1 mm 이내가 좋으며 입사빔을 가리지 않도록 한다. 이렇게 하여 $K\alpha_1$과 $K\alpha_2$로 얻는 동일한 결함 영상이 너무 펴져 결함 영상이 흐려지지 않도록 한다. 회절면은 도면에서 보인 것처럼 결정면에 보통 평행하지 않다: 2θ 각은 약 90°가 되도록 하여 회절선이 판을 직각으로 때리도록 한다.

완전 결정은 균일하게 어두운 Berg-Barrett 영상을 만든다. 결정 결함은 주로 두 가지 점에서 영상에 영향을 준다:

1. 앞서 논의한 바와 같이 소광이 낮은 결정의 일부 부위, 즉 불균일한 변형 부위는 더욱 강하게 회절하고 영상에서 더 어두운 부분을 만든다. 이 효과를 '소광 콘트라스트'라고 부른다.
2. 결정의 일부는 회전하여 남은 부분과 평행하지 않으면 Bragg 각에 꽤 다르게 놓이거나 전

혀 놓이지 않을 수 있고 $K\alpha$선을 덜 강하게 회절하거나 전혀 회절하지 않아서 영상에서 더 밝은 부분을 만든다.

Berg-Barrett 법은 최대 분해능이 약 5 μm 정도이고 아입자 경계, 쌍정, 표면과 교차하거나 표면에 가까이 지나는 개별적인 전위들과 같은 결함을 밝혀낸다.

그림 17-13에서 Berg-Barrett 토포그래프는 회절하는 면의 선택이 어떻게 전위의 가시도를 좌우하는 지 보여준다[17.13]. 시편은 리튬 불화물 결정이고 (100) 면에 평행하게 절개하여 약간 굽힌다. 이 면에 나타난 전위들은 광학 현미경 사진 (a)에서 작은 부식공으로 드러난다. 대각선을 형성하는 미세 구멍들은 칼날전위에 기인한다: 수평선을 이루는 것들은 나선전위에서 생긴 것이다: 두 유형의 전위는 슬립면 {110}에 놓이며 **b** = <110>이다. 대부분의 나선전위는 중심에서 구부러진 수직선의 오른편에 위치한다: 이 선은 절개 틈이 오른쪽에서 왼쪽으로 이동하면서 너무 빨리 움직이기 시작하여 전위들이 이 앞에서 생길 수 있는 시간을 갖지 못한 장소를 나타내는 것으로 생각한다. (b), (c), (d)의 부식하지 않은 표면의 x선 토포그래프는 선택적으로 전위들을 보여준다. (b)에서는 200 반사로 나선전위가 출현하는 점들이 어두운 수평선을 형성하고 칼날전위들은 거의 눈에 보이지 않는다. 그러므로 칼날전위는 **b** = [011]이거나 [011]이다고 결론을 낼 수 있다. 다른 한편으로 영상을 202 반사로 형성하면, 이것은 나선전위가 (c)에서 **b** = [101]이다는

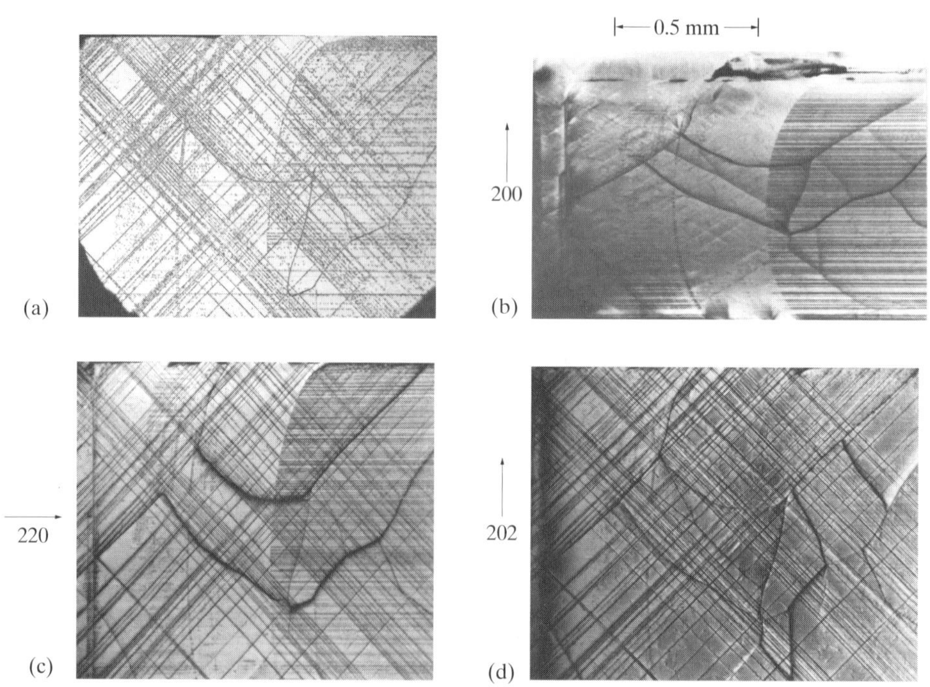

그림 17-13 LiF 결정의 (100) 면의 여러 모습. (a) 시각한 표면의 광학 현미경 사진. (b), (c), (d) 같은 부위의 식각하지 않은 표면의 Berg-Barrett x선 토포그래프, 세 개의 다른 *hkl* 반사로 얻음. 각 토포그래프에서 화살표는 (100) 면에서 입사빔 방향을 투영한 것이다. Newkirk[1.13]

것을 뜻하므로 오직 칼날전위만을 알려주고 이를 어두운 대각선들로 입증한다. 위에서 동정한 **b**에서 예상한 대로 (d)에서 220 영상은 칼날전위와 나선전위를 둘 다 보여준다. 세 토포그래프에서 모두 두껍고 불규칙한 어두운 선들은 아입자 경계이다. 그림 17-13의 수평선들과 대각선들은 결정 표면에 평행하게 달리는 개별적인 전위의 영상들이 아니다는 것을 명심해야 한다: 오히려 이 선들은 표면에 드러난 밀집한 전위들에서 나온 것이다.

Lang 법

이 방법은 **투과에서** $K\alpha$선 회절을 포함한다[17.14, 17.15]. 그러므로 회절빔은 결정이 아주 얇거나 두껍더라도 매우 약하다. 최적의 두께 t는 $\mu t \approx 1$에 해당하고, 여기서 μ는 선형흡수계수이다.

광원 S에서 나오는 x선은 점이거나 선이거나 그림 17-14에서 좁은 슬릿 S_1를 통과한 후 결정을 때린다. 그러므로 입사빔은 아주 얇은 리본 모양이고 면 AB를 따라서 결정과 교차한다. 이 빔은 도면에서는 아주 작게 발산하는데, 그 까닭은 S_1이 폭이 좁은 슬릿이고 광원 대 슬릿거리 D는 수십 센티미터 정도로 크기 때문이다. 회절면들은 그림에 보인 빔 방향에서 결정 표면에 수직하고 이 면들은 연루한 특성 방사선에서 정확하게 Bragg 각을 만들어야 한다. 슬릿 부품인 S_2는 회절빔을 통과시키나 통과한 빔이 판을 때리지 못하게 한다.

결정을 고정하면 판에서 영상은 **단면 토포그래프**가 되며, 결정의 단면 AB에서 결함 분포를 드러낸다: 이 결함은 '직접 영상'을 형성한다. 즉, 결정의 완전 부위보다 더 강하게 회절하고 사진건판상 에멀젼을 더 어둡게 만든다. 리본 상의 방사선이 결정을 때리고, 필름에 기록한 단면 토포그래프의 영상은 평행한 면이 있는 결정의 것으로 길고 좁은 사각형이라는 것을 잊지 않도록 한다. Borrmann 삼각형(5-5절을 보라)에서 두 개의 Bloch 파가 여기하면 서로 간섭하여 결함이나 변형이 없더라도 단면 토포그래프는 토포그래프 면들에 평행한 한 무리의 밝고 어두운 줄무늬로

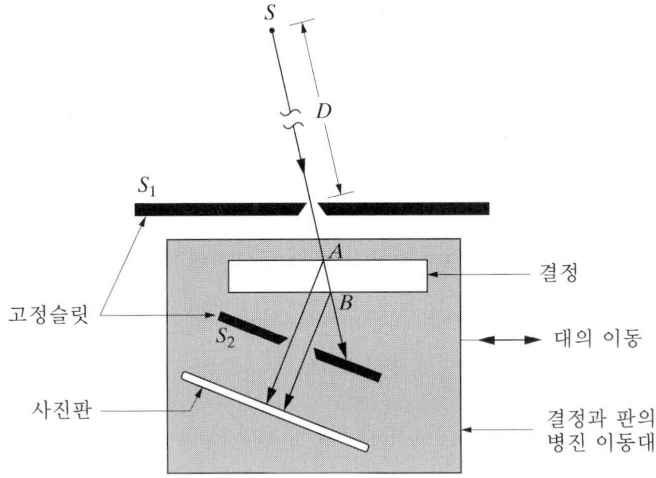

그림 17-14 Lang 법. 슬릿 S_1과 S_2는 고정한다. 결정과 사진건판은 나타낸 방향으로 천천히 가로지르는 대 위에 놓인다.

된다(그림 17-15(a)). 더 정확하게 이 파는 많은 Borrmann 삼각형이 연속적으로 적층하여 만든 Borrmann 프리즘 내에서 간섭을 일으킨다. 이 줄무늬를 Pendellösung 줄무늬로 부르며, 이 단어는 '추'와 '용해'를 나타내는 독일어에서 따온 것으로 한 Bloch 파에서 다른 파로 가는 에너지 전달에 관한 수학적 취급을 말로 설명한다. 줄무늬들은 작은 변형의 경사 변화에도 아주 민감하여 첫째로 줄무늬의 형태에 영향을 주는데 줄무늬에서 추가적인 주기가 발생하고(그림 17-15(a)), 둘째로 높은 탄성변형에서 Pendellösung 줄무늬를 완전히 파괴한다(그림 17-15(b)). Borrmann 삼각형 ABC 내에서 전위들은 직접빔 (AB)와 만나지 않더라고 단면 토포그래프에서 음영을 만들거나 줄무늬 형태를 왜곡한다. 좀 높은 농도인 산화물의 석출이 그렇지 않았다면 결함이 없을 실리콘 웨이퍼 내에 있다면 이 석출은 줄무늬를 모호하게 만드는 데 충분하며 배면의 표면 손상은 실리콘 웨이퍼 내 점결함을 없애기 위해 도입한 것인데, 이것도 줄무늬를 관측하기 위해서 필요한 조건을 허물어뜨리는 데 충분하다. 긴 결정을 조사하려면 일련의 단면 토포그래프를 만

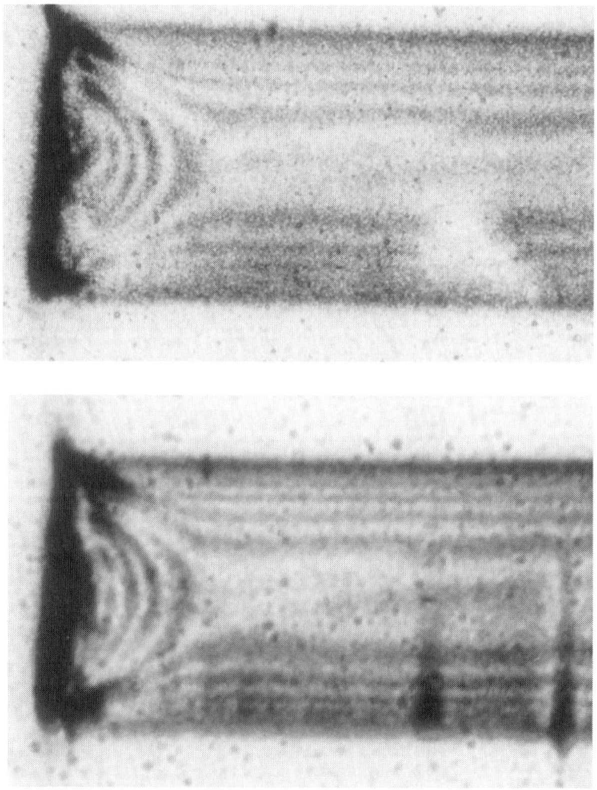

그림 17-15 두 인접한 위치에서 싱크로트론 방사선으로 기록한 0.5 mm Si 웨이퍼의 두 단면 토포그래프. Pendellösung 줄무늬가 수평으로 달린다. 영상의 왼쪽 모서리는 웨이퍼를 다이아몬드 편도절단(dicing) 날로 자른 위치에 해당한다. 여분의 줄무늬는 자르는 조작으로 남겨진 탄성변형 경사 때문에 생긴 것이다. 표면의 긁힌 자국들에서 온 적은 양의 변형이 줄무늬(위 토포그래프에서 하얀 얼룩과 아래 토포그래프에서 검고, 수직하며 검은 줄무늬들)를 생기게 하는 간섭을 완전히 파괴할 수 있다[17.16].

든다. 그 까닭은 결정과 판이 노출과 노출 사이에 단계적으로 이동하기 때문이다. 단면 토포그래프는 결정이 어느 정도 두꺼울 때 가장 유용하다. 개별적인 전위의 첫 영상들을 이 방법으로 얻을 수 있었고 아주 아름다운 단면 토포그래프들을 실리콘과 같은 인공결정과 다이아몬드처럼 자연산 결정들에서 만들었다. Pendellösung 줄무늬의 측정은 실리콘[17.18]과 알루미늄[17.19]과 같이 여러 가지의 결정에서 원자산란 측정과 실리콘[17.20]의 열 팽창계수를 아주 정확하게 측정하는 데 쓰였다. 단면 토포그래프를 단색 싱크로트론 방사선은 물론 다색 싱크로트론 방사선으로도 기록할 수 있다.

노출하는 동안 결정과 판을 함께 한 끝에서 다른 끝으로 그리고 뒤로 앞으로 이동하면서 결정을 연속적으로 조사할 수 있다. 그 최종 영상이 **투영 토포그래프**이다. 이것은 결정이 꽤 얇고 결함 밀도가 그리 크지 않아서 결함 영상이 중첩하지 않으면 정보를 많이 준다. 그림 17-16은 전위 영상을 포함하는 토포그래프를 나타낸다. 공간 분해능은 1 μm에 이르는데, 이 값은 흔히 얻는 것이 아니다.

Lang 법은 또 강자성이나 페리자성 물질의 자구를 보여줄 수 있다[17.22]. 여기서 자구와 자구벽에서 자발적인 자왜 변형은 격자 규칙성을 뒤집을 만큼 충분히 크고 결정결함을 구성한다.

Lang 카메라는 상업적으로 구할 수 있고 실리콘 결정의 품질을 제어하는 데 매우 효과적으로 쓸 수 있다. 그러한 결정들은 흔히 폭이 수 센티미터이다. 어떤 넓은 결정이 아주 살짝 휜다면,

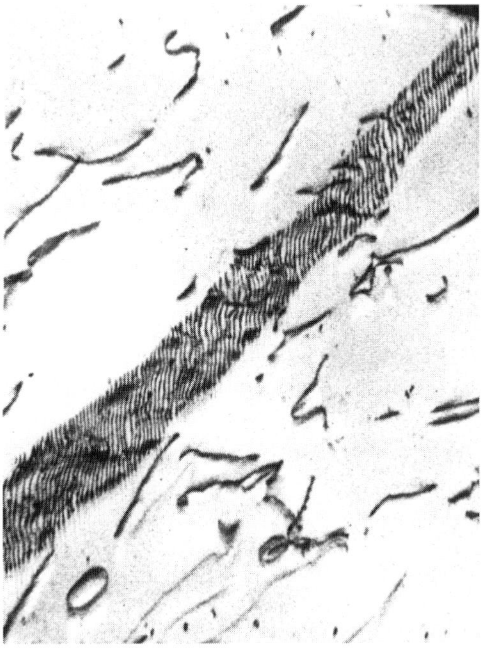

그림 17-16 불화리튬의 얇은 결정에서 얻은 Lang 투영 토포크래프. 어두운 선은 전위인데, 어떤 것은 무질서하게 배열하고 어떤 것은 거의 평행하다. 후자는 사진을 대각선으로 가로지르는 띠를 형성한다: 이런 전위는 결정의 상하부 표면을 교차하고 두 입자 사이의 소경계를 구성한다. (A. R. Lang [17.21]의 호의.)

Bragg 법칙은 고도로 평행한 입사빔에서는 결정을 완전히 가로지르는 동안 충족하지 않을 것이다. 연속적인 회절을 보장하기 위해서 Schwuttke[17.23]은 결정과 판을 그림 17-14의 *A*를 지나는 수직축 주위로 빔이 통과하는 동안 아주 작은 각도만큼 진동시켰다. Silver와 Turner[17.24]는 진동각을 자동적으로 조절하는 것을 고안하였다.

다색이나 백색 빔의 토포그래프 법

거의 완전한 결정의 Laue 무늬는 많은 토포그래프를 동시에 만들어 낸다. 각 반점 내에서 구조는 노출한 결정 부위의 회절능을 나타내는 지도이다(그림 17-17). 단면과 투영 토포그래프들을 반사 토포그래프들과 함께 기록할 수 있다. 다색 x선으로 얻은 지형학적 영상은 싱크로트론 방사선으로만 실제로 쓸모가 있다. 왜냐하면 이것만이 강도와 평행성이 요구하는 만큼 있기 때문이다. 연구자가 자기 연구실에서 멀리 떨어진 곳에서 실험하고 매년 꽉 잡힌 몇몇 일정 동안만 토포그래프를 기록할 수 있다는 불리한 사정은 여러 장점을 상쇄한다.

다중의 반사를 동시에 기록할 수 있는 것에 추가하여, 즉 결함 특성을 밝히기 위해 필요한 정보를 많이 기록하기 위해서, 토포그래프의 각 조에 대해서 노출은 수 초이면 된다. 이에 비해서 x

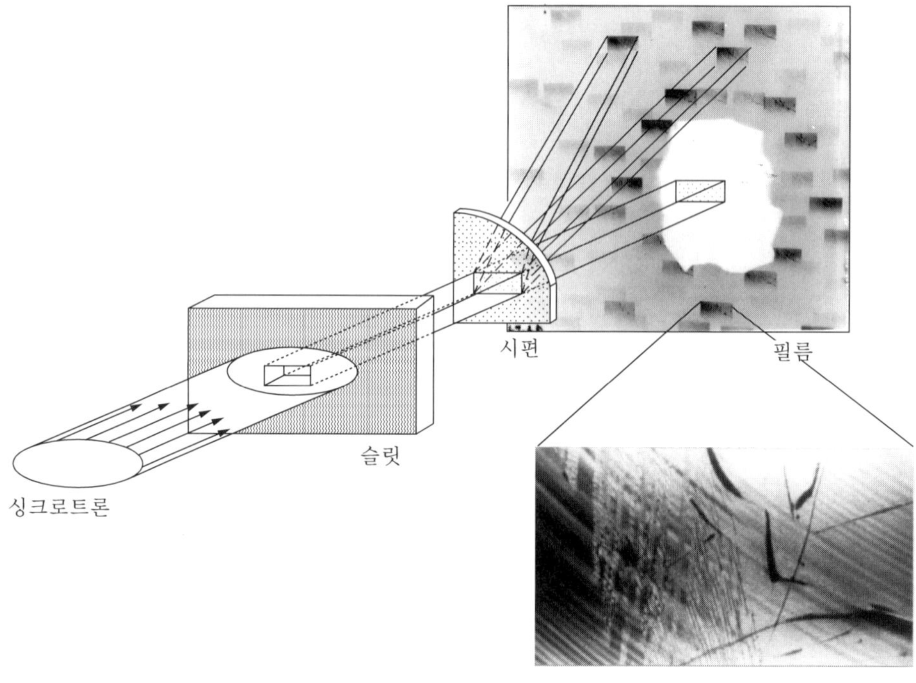

그림 17-17 ~2% In과 합금인 GaAs 결정의 백색이나 다색 빔 토포그래프. 슬릿은 영상 부위의 윤곽을 나타내며, 이 001 Laue 무늬의 중앙에 있는 불규칙한 백색 부위는 빔 멈추개이다. 확대한 토포그래프는 표면 긁은 자국(왼쪽 위에서 오른쪽 아래로 달리는 두꺼운 선)과 개개의 전위선(짧고 뚜렷하게 나타난 검정색 영상)에서 온 콘트라스트를 보여준다.

선 발생기로 토포그래프를 기록하는 데는 수 시간이 걸린다. 이 능력은 상변태나 소성변형과 같은 동적인 과정을 추적하는 데는 필수적이다. 많은 연구자가 토포그래프를 비디오 속도로 기록하기 위해 x선 카메라를 개발하여 왔고 공간 분해능을 10−20 μm까지 낮춘 것도 알려져 있다[17.25−17.22]. 하중을 거는 동안 제자리에서 V자 흠에서 나오는 소성변형을 전위밀도가 낮은 니오븀의 얇은 결정에서 연구한 사례가 있다[17.28]. 여러 하중조건에서 실리콘의 V자 새김 눈에서 나오는 전위는 오로지 싱크로트론 방사선을 사용해야만 실질적으로 가능한 제자리 성격인 연구들의 또 하나의 예가 된다.

다색빔 토포그래프 법의 다른 한 장점은 어느 범위의 방위에 있는 결정들은 전체로 영상화할 수 있다: 결정에서 여러 부위는 약간씩 다른 파장을 회절한다. 구부러지거나 달리 변형한 결정들에는 다색빔 토포그래프 법을 특히 유용하게 적용할 수 있다. 이 방법은 또 아입자간 방위 일탈(즉, 회전축과 회전의 크기)을 결정하는 데 아주 유용하다.

방위 일탈은 K 흡수단이 회절 파장의 범위 내에 존재하는 결정에서 콘트라스트의 예리한 변화를 관측하여 지도로 그릴 수 있다. 결정 부위가 흡수단의 파장에 비해 낮은 파장을 회절하는 경우에는 토포그래프에서 강도가 거의 없지만 회절 파장이 흡수단에 비해 큰 부위들은 토포그래프에서 더욱 더 검게 된다[17.29]. 콘트라스트에서 커다란 변화가 일어나는 부위들의 궤적을 흡수단의 등고선이라고 부르고 상이한 결정의 방위를 위한 이 등고선의 위치는 시료에서 변형과/혹은 굽힘의 부위를 지도로 나타낸다[17.30]. 결정이 적합한 흡수단을 가지지 못한다면 적당한 흡수단이 있는 필터를 다색빔에 시료 앞이나 뒤에 놓아서 얻고자 하는 콘트라스트를 만들어 낼 수 있다. 예를 들면, 다색빔에서 몰리브데늄 필터는 0.62 Å에 비해 높거나 낮은 파장들에서 상이한 투과도를 줄 수 있다. 콘트라스트에서 변화는 연구자로 하여금 $TaSi_2$/Si 공융 복합체[17.31]와 Al-Li 2090[17.32] 판과 같이 다결정질 계의 평판 회절무늬에서 집합조직의 성격을 빠르게 규명할 수 있다.

5 mm × 20 mm나 되는 큰 결정의 단면에서는 흔히 투과법으로 영상을 얻는다. 반사 기하에서는 입사빔을 시료의 표면에 거의 평행한 각에서 조사하여 한번 노출로 아주 큰 면적을 연구할 수 있다. 여러 개의 반사를 동시에 기록하는 데는 다수의 필름이 필요하고 Lang 법에 비해서 시료 대 필름 거리가 더욱 길어서 상이한 Laue 점이 겹치지 않도록 한다. 감광유제는 꽤 긴 시간 동안 토포그래프를 기록하기 위해서 두꺼워야 하므로 전이와 같은 결함 영상이 좀 흐려지는 것은 이 방법에서 피할 수 없다: 회절빔은 어느 곳에서도 필름 면에 수직일 수는 없다. 투과 다색빔 토포그래프 법에서 전형적인 해결책은 직접빔 $\mathbf{S}_0$에 대해 수직하게 필름을 놓거나(그림 17-17) 가장 중요한 회절빔에 수직하게 필름을 놓는 것이다.

이중 결정 토포그래프 법

전이가 없는 변형하지 않은 결정은 시료의 x선 토포그래프를 기록하기 위한 단색화 장치나 빔 조정기로 사용할 수 있다. 그림 17-18은 이 기법, 즉 이중 결정 토포그래프 법을 보여준다. 이 그

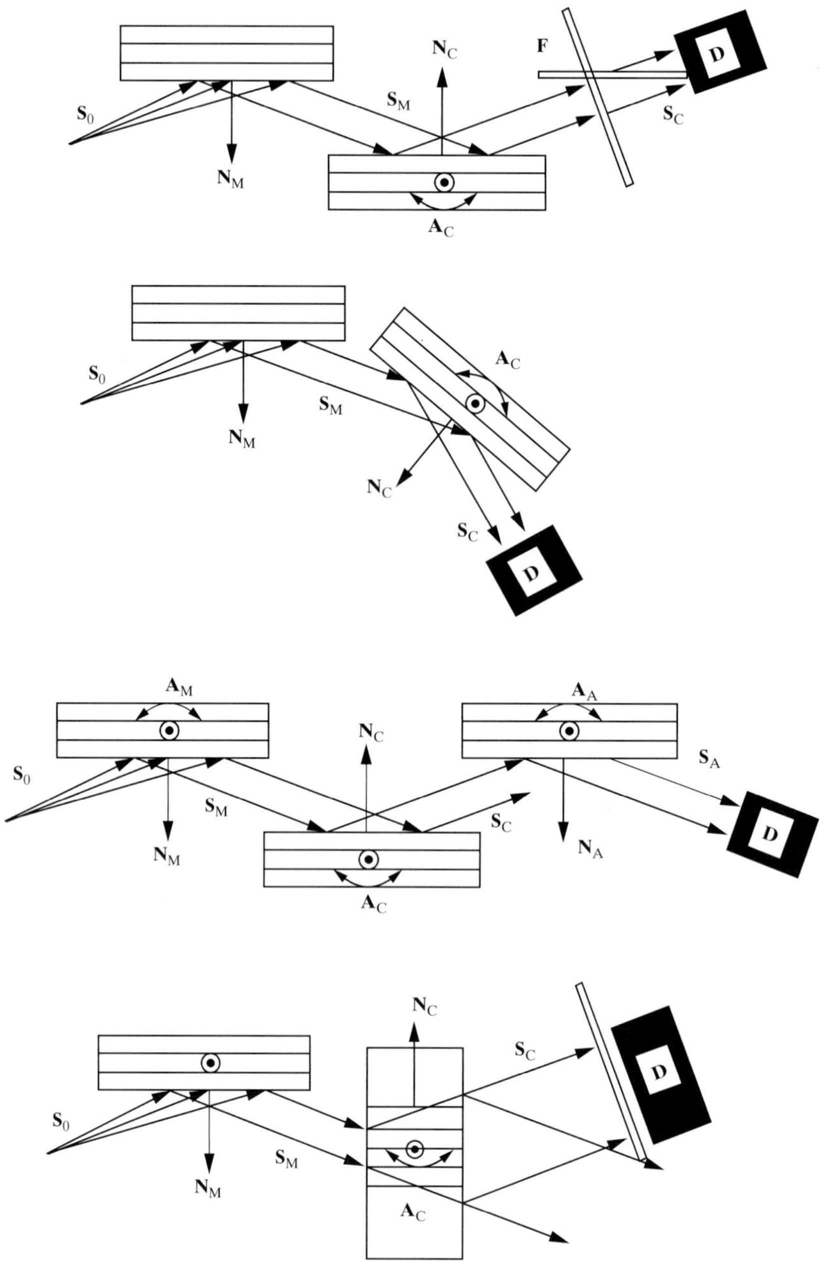

그림 17-18 여러 다축 기하의 실례: S, N, A는 각각 x선 빔 방향, 결정 법선, 회전축인 반면에 아래 첨자 0, M, C, A는 각각 단색화 장치, 시료결정, 검광자의 첫 글자를 나타낸다. 비분산이나 (+,−) 모드의 2축 회절기 법/토포그래프 법과 반사 기하학을 위의 도해로 나타낸다. 토포그래프 영상을 위해서 어느 방위에서나 필름은 'F'에 놓이는 반면에, 검출기 'D' 는 회절강도를 A_c 주위 시료회전의 함수로 기록하기 위해서 쓰인다. 분산모드나 (+,+) 모드에서 2축 회절기와 반사 기하학은 위에서 둘째 도해에 나타낸다. 3축 회절기는 위에서 셋째 도해에 보인다. 검광자 결정은 회절피크에 기여하는 변형과 일탈방위를 분리하기 위해서 쓰인다. 아래의 도해는 투과기하학에서 2축 회절기 법/토포그래프 법을 보여준다.

림은 x선 관에 나온 $K\alpha$선의 발산하는 빔이나 다색성 싱크로트론 선의 거의 평행한 빔을 단색화 장치에 어떻게 입사하고 적절한 각도의 방위에 놓이는 x선 광자가 어떻게 첫째로 단색화 장치에서($2\theta_M$의 각도에서) 회절한 후 시료($2\theta_C$ 각도)에서 투과(그림 17-18(d))나 반사(그림 17-18(a))에서 회절하는 지를 보여준다. 완전한 단색화 장치의 결정은 지정한 파장의 x선에서 수용각이 아주 좁기 때문에 흔히 이중 결정 토포그래프는 다른 유형의 토포그래프에 비해서 훨씬 긴 노출시간을 요구한다. 작은 탄성곡면이라도 노광부피의 많은 부위가 회절할 수 없도록 한다. 이러한 효과는 GaAs에서 팽창이나 전단의 변형에서 변화를 위치에 따른 함수로 측정하는 데 쓰여졌다 [17.33]. 적지 않게 큰 변형의 예에서는 그 결과의 토포그래프는 좁은 등고선만으로 되어 있는데, 이 등고선은 응력집중자 주위의 변형 분포를 지도로 나타내는 데 쓰일 수 있다. 그림 17-19(a)는 수소화 니오븀 석출물로 인해 그 주위가 변형한 니오븀 기지(matrix)의 회절에서 얻은 한 개의 등고선을 보여준다. 그리고 같은 시료에서 얻은 그림 17-19(b)는 노출 사이에 210 호 초(arc sec)만큼 회전하여 얻은 단 한 장의 필름에서 기록한 다중 등고선을 보여준다[17.28, 17.29].

이중이나 삼중의 결정 토포그래프 법[4]의 고유한 높은 변형 감도는 방위, 결함 특성이나 변형에서 미묘한 변화를 찾는 데 아주 유용하다. 예를 들면, Fewster[17.34]는 삼중 결정 토포그래프 법을 사용하여 3축 회절기에서 얻은 Bragg 피크들 주위에서 관측한 넓게 퍼진 회절강도가 시료에서 완전히 제거하지 못한 긁은 자국에서 기인할 수 있고 반드시 점결함에 있지 않다는 것을

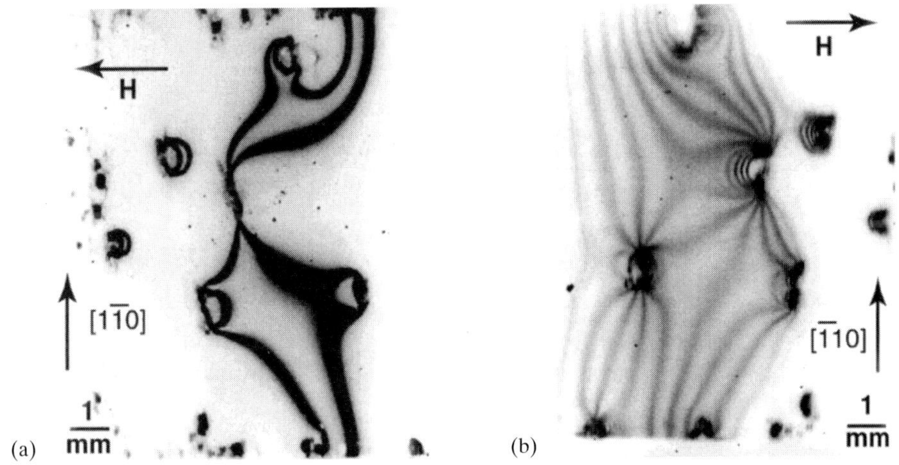

그림 17-19 회절벡터 **H** = [002]로 Mo $K\alpha$ 방사선으로 기록한 투과 이중 결정 토포그래프. 다수의 NbH 석출물이 니오븀 단결정 매질 내에서 핵성장하였다. 이 물질은 회절하는 위치의 한 조에서 큰 굴절을 만든다. (a)는 하나의 단결정 방위로 기록한 것이고 $K\alpha_1$과 $K\alpha_2$ 파장을 회절하는 결정 내의 위치를 보여준다. (b)는 다중 210호 초 시료 회전으로 기록한 것이다. [17.28, 17.29]

4) 삼중 결정 토포그래프 법은 토포그래프 영상 내에서 변형효과에서 방위효과를 분리하기 위해 시료에서 회절한 빔 안에 놓인 검광자 결정이나 한 조의 결정을 사용한다. 만일 필름을 검출기 대신 바꾸면, 기하학은 그림 17-18(c)에 있는 것이다.

설명하였다.

17-4 다축 회절기

거의 완전한 결정이나 배향 성장층(epitaxial layer)의 회절피크의 곡선을 측정하기 위해서 실험 장치의 배열은 준집중 $\theta-2\theta$ 회절기의 것과는 다르게 해야 한다: 그러한 기기의 기기곡선은 폭이 전위가 없는 결정의 전형적인 것에 비해서 훨씬 더 넓다. 그 대신 완전한 기준 결정(혹은 한 조의 결정들)을 빔 조정에 사용하여 시료의 회절 피크곡선이 시료 그 자체 외에 다른 원인이 주는 기여를 거의 포함하지 않도록 한다. 그림 17-18에 보인 2축 회절기[5]에서는 단색화 장치 M은 가급적 거의 완전한 결정이어야 하고 조사하려는 결정 C의 방향에서 $K\alpha$ 방사선을 회절하도록 놓인다. 그런 다음 결정 C를 Bragg 각 θ_C만큼 회전('진동')하고, 결정에서 회절한 빔을 폭이 넓은 슬릿을 갖춘 고정 검출기에서 측정한다. 얻어진 강도 대 θ의 곡선을 '진동곡선(rocking curve)' 이라고 부른다.

단색기와 시료결정에 사용하는 두 개의 배열, 즉 (+,−)와 (+,+) 기하학이 있으며 각각 그림 17-18(a)와 (b)에 보인다: 첫째 '+' 는 단색화 장치의 회절면의 법선 방향을 나타내고 둘째 기호는 단색화 장치 결정에 상대적인 시료결정의 회절면의 법선 방향을 나타낸다. 그리고 (+,−) 배열은 비분산적인, (+,+) 배열은 분산적인 설정이라고 부른다. 단색화 장치와 시료의 회절면의 d-거리가 같다면 (+,−) 기하학에서 시료에서 회절하는 빔 $\mathbf{S}_C$는 단색화 장치 $\mathbf{S}_0$에 입사하는 빔에 평행할 것이다. 그 결과 추가적으로 $K\alpha_1$과 $K\alpha_2$ 선이 정확하게 동일한 각도에서 회절한다. d-거리를 다르게 하면 $\mathbf{S}_C$와 $\mathbf{S}_0$가 더 이상 평행하지 않을 것이고 $K\alpha_1$과 $K\alpha_2$ 피크는 다음 각만큼 분리한다:

$$\Delta\theta = \frac{\Delta\lambda}{\lambda}[\tan\theta_M - \tan\theta_C] \qquad \text{(rad.)} \tag{17-5}$$

여기서 $\Delta\lambda$는 $K\alpha_1$과 $K\alpha_2$ 사이의 파장 차이이다. λ는 $K\alpha$ 이중선의 평균 파장이고 θ_M과 θ_C는 각각 단색화 장치와 시료의 Bragg 각이다. θ_M과 θ_C의 상대적인 크기에 따라서 $K\alpha_1$ 피크는 $K\alpha_2$ 피크에 비해 더 큰 각에서 나타나거나 더 낮은 각에서 나타난다. (+,+) 기하학에서는 식 (17-5)의 음의 부호는 양의 부호로 바뀌고 $K\alpha_1$과 $K\alpha_2$는 언제나 분리한다. 그러므로 (+,−) 기하학과 시료와 일치하는 단색화 장치를 사용하는 두 가지의 이유가 있다: 무늬가 해석하기에 더 간단하고 동일한 각에서 $K\alpha_1$과 $K\alpha_2$ 선의 중복은 회절강도를 높인다.

2축 회절기는 x선 회절의 초기에 실제 결정에서 얻은 진동곡선의 폭과 높이를 완전한 결정에

5) 2축 회절기는 이중 결정 회절기로도 부른다.

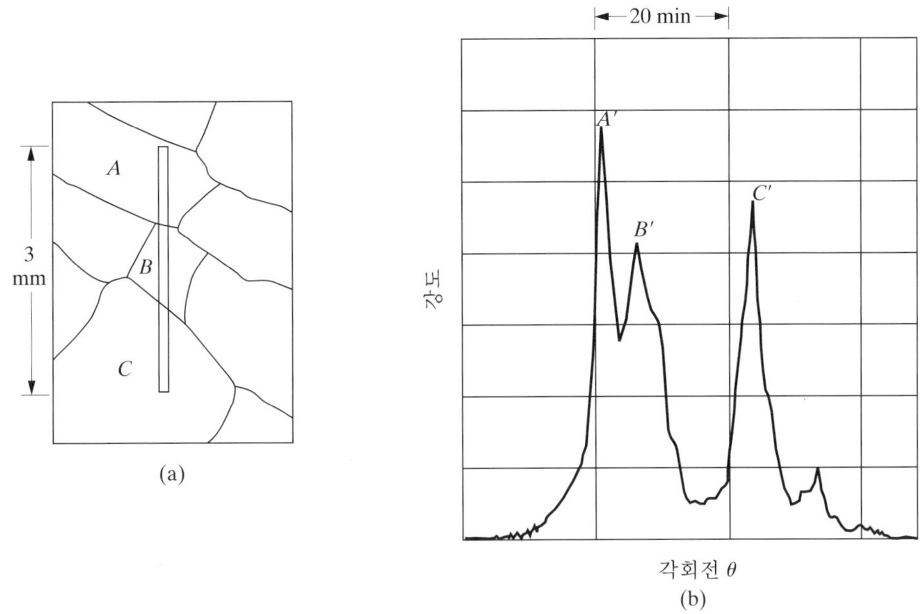

그림 17-20 2축 회절기 자료와 아입자 피크. (a) 다각형화한 알루미늄 결정의 광학현미경 사진의 투사, 큰 아입자가 보이게 식각하고, 그 결정을 반경 2 cm로 구부리고 645°C에서 21시간 동안 어닐링하여 만듬: 겹쳐 놓은 사각형은 입사 x선 빔으로 조사한 부위(3 × 0.1 mm)를 보여준다. (b) (b)에 있는 결정의 진동곡선(200 반사, (+,−) 설정): 최대점 A', B', C'는 아입자(b)에 있는 A, B, C에 해당한다. Intrater와 Weissmann[17.35].

대해서 동적 이론으로 예측할 수 있는 값과 비교하는 데 아주 많이 쓰였다[G.19, G.20]. 입사 평면파(5-5절)를 사용하여 동적 회절 이론으로 예측한 완전 결정 진동곡선은 2축 회절기로 측정할 수 있는 것이 아니다. 그 대신 실험의 진동곡선들은 단색화 장치와 시료 반사곡선의 콘벌루션(convo- lution)이다. 두 결정의 콘벌루션을 설명한 후 동적 이론은 전형적인 실험조건에서 10 호초(0.003°) 정도의 폭을 예측할 수 있었으며 일부의 결정은 진동곡선의 폭이 이 값에 접근하는 것을 발견하였다. 그러나 대부분 자연산 결정들은 10배나 100배보다 더 큰 폭을 나타낸다.

진동곡선의 폭은 배향 범위의 양을, 적게는 결정에서 노광한 부위에 존재하는 변형 양을 직접적으로 나타낸다. 왜냐하면 회절피크의 폭에 대한 기기의 기여는 아주 작기 때문에 개별적인 블록들(아입자들)에서 나오는 피크들은 진동곡선에서 흔하게 분리할 수 있다(그림 17-20).

그리고 진동곡선의 폭은 결정의 표면조건에 아주 민감하다. 방해석 결정의 표면을 부식하면 진동곡선의 폭을 완전 결정에 아주 가깝게 12 호 초(0.003°)로 만들 수 있지만 사지(emery paper) 위에서 유사한 결정의 표면을 연마하면 약 120 호 초(0.03°)의 폭을 얻는다[17.36].

트랜지스터 시대가 도래하고 결정 성장에서, 특히 실리콘에서 어떤 성장도 가능케 하는 진보가 이루어지면서 더욱 더 많은 연구실은 2축 회절기를 사용하여 품질을 관리하는 프로그램을 만들었다. 진동곡선 폭이 동적 이론에서 예측한 값인 것은 일상적이다. 저가의 개인용 컴퓨터가 1980년대에 사용 가능하였고 이어서 1990년대에는 2축 회절기에서 요구하는 지루한 정렬이 고도의 자동화하고 비교적 값싸고 사용자에게 편리한 컴퓨터와 통합한 시스템이 사용할 수 있게 나왔다. 이러한 기술 개발의 영향으로 진동곡선들은 이제는 결정 성장을 하는 사람들이 수 시간의 훈련으로 x선 회절 전문가의 간섭 없이 직접 얻을 수 있다. 그러한 시기 이후로 진동곡선 자료를 문헌에 보고하는 것은 예외라기보다는 관례가 되었다.

실리콘과 그 밖의 다른 잘 알려진 웨이퍼 재료에서 얻는 진동곡선들은 더 이상 특별한 관심의 대상이 아닌데, 그 까닭은 품질 관리가 훨씬 좋아졌기 때문이다. 결정 성장의 관련 문제들은 앞 절에 기술한 x선 토포그래프 법이나 이 절 후반에서 기술할 3축 회절기 법으로 더 잘 다루게 된다. 그보다는 2축 회절기로 하는 특성 작업의 대부분에서는 이제 금속 유기화학 증착과 분자빔 배향성장(molecular beam epitaxy)과 같은 기법으로 성장한 배향 성장층의 진동곡선을 얻는 것이 중심적인 일이다.

그림 17-21은 두 개의 다른 $Al_xGa_{1-x}As/GaAs$의 다중 양자 우물구조에서 얻은 진동곡선을 보여준다: 각각에 대해서 알려진 구조는 각자의 진동곡선의 오른편에 개략적으로 나타내었다 [17.37]. 독자는 강도가 강도가 아닌 대수값으로 그려진 것에 주의해야 한다: 이렇게 하여 더 작은 피크들의 가시도를 높일 수 있다. 큰 피크들이 기판과 완충층(buffer layer)에서 나오며(각각 's'와 'b'로 표지함) 더불어 주기적인 $Al_xGa_{1-x}As/GaAs$ 구조에서 생긴 일련의 피크들이 나타난다('0, ±1, ±2, ...'으로 표지함). 이런 구조의 유형을 느슨하게 초격자라고 일컬을 수 있다. 인공 초격자의 평균 *d*-거리는 이 구조의 기본 피크 '0' 피크의 Bragg 각을 결정한다. 초격자와 기판의 회절면이 둘 다 시료의 표면에 평행하다면 초격자의 기본 피크와 기판 피크 사이의 분리는

$$\Delta\theta_0 = \frac{\Delta a}{a_s}\tan\theta \tag{17-6}$$

이다. 여기서 $\Delta a = a_{SL} - a_S$ 이고, a_{SL}은 초격자의 평균 격자상수이고 a_S는 변형하지 않은 기판의 평균 격자상수이다. 위성피크들도 보이며 초격자의 주기는 위성피크 간의 분리를 결정한다: 직공간에서 주기가 작을수록 회절무늬(즉, 역공간)에서 피크 분리는 커진다. 대부분의 경우 정역학적 회절 이론으로 정확하게 위성피크 분리 $\Delta\theta_p$에서 초격자 주기 t를 예측할 수 있다. 이 관계는 식 (17-6)과 같은 조건에서

$$t = \frac{\lambda}{\Delta\theta_p \sin 2\theta} \tag{17-7}$$

이다. 상이한 회절 기하학에 대해서는 이 두 방정식을 수정할 수 있다[17.37, G.22]. 시료가 그림 17-21(a)의 자료를 만들어 내면 주기는 860 Å이며 그림 17-21(b)에서는 주기가 709 Å이다. 주기는 두 예에서 800 Å이라고 말할 수 있다.

초격자의 각 주기 내에서 층의 수와 상대적인 두께는 위성피크 강도의 변조를 만드는데, 이것은 단위포 내의 원자와 원자 위치가 구조인자를 결정하고 회절강도에 영향을 주는 것과 아주 비

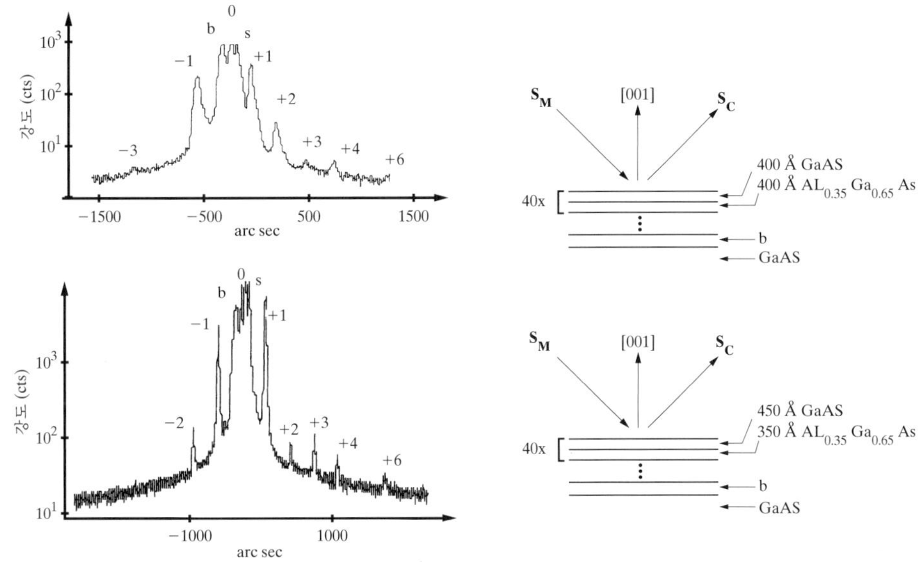

그림 17-21 (001) GaAs 위에 성장한 두 개의 40 주기인 $Al_xGa_{1-x}As$/GaAs 초격자에서 얻은 진동곡선(왼쪽). 004 반사와 Cu $K\alpha$ 방사선을 사용하였다. 형식구조를 진동곡선 오른쪽에 나타낸다. 초격자 주기와 조성은 800 Å과 x = 0.35 이도록 하였다. 위의 진동곡선 (a)에서 찾은 가장 잘 맞는 값은 GaAs 360 Å과 $AL_{0.33}Ga_{0.67}As$ 500 Å이었고 아래의 진동곡선 (b)에서는 GaAs 423 Å과 $AL_{0.38}Ga_{0.62}As$ 286 Å이었다[17.37], *Advances in X-ray Analysis*의 증쇄 승인. 숫자는 초격자 위성 반사의 차를 보여주며, 'b'와 's'는 각각 완충층과 격자의 반사를 나타낸 표지이며 시료에 입사하고 빔과 시료에서 나온 x선 빔은 각각 S_M과 S_C이다.

슷하다. 그림 17-21에 기술한 시료에서 층은 $Al_xGa_{1-x}As$와 GaAs 이다. 초격자의 조성과 주기를 일정하게 유지하면서 두 층의 상대적인 두께를 변화하면 상이한 간섭무늬가 생기고 일부의 위성피크는 사라진다. 예를 들면, ±1 피크는 그림 17-21의 두 구조에서 강하다. 그림 17-21(a)에서 +2 피크는 뚜렷하나 −2 피크는 보이지 않으며 ±3 피크는 작다. 그림 17-21(b)에서 −2 피크는 매우 강하며 +2 피크에 비해 더욱 뚜렷하고, +3 피크는 거의 −2 피크만큼 강하다. 초격자 회절무늬를 수치적으로 모사하면 각 주기 내에서 360 Å GaAs/ 500 Å $Al_{0.33}Ga_{0.67}As$ 구조가 그림 17-21(a)의 관측한 강도와 일치하고 424 Å GaAs/286 Å $Al_{0.38}Ga_{0.62}As$가 그림 17-21(b)와 일치하는 것을 알 수 있다.

그림 17-21의 개략도에서 회절면은 결정 표면에 평행하다. 이 기하학을 대칭적인 Bragg 설정이라고 정의할 수 있고 표면 법선 방향에 따른 변형 $\varepsilon_\perp$만을 측정한다. 흔히 $\varepsilon_\parallel$, 즉 표면에 평행한 변형을 얇은 층에서 일어나는 어떤 완화과정의 본질을 이해하기 위해서 반드시 결정해야 한다. 이 경우에 표면과 이루는 각이 작은 회절면을 선택한다. 이 면의 회절을 비대칭 반사라고 정의하는데 면법선이 더 이상 시료 표면에 대해서 대칭적이지 않기 때문이다. 즉, 면법선은 시료 표면 법선에 더 이상 평행하지 않다. 이제 층과 기판피크 사이의 분리각은 $\varepsilon_\parallel$와 $\varepsilon_\perp$ 양쪽 함수이다. 그러므로 대칭적인 피크와 비대칭적인 피크에서 얻은 자료를 비교하여 $\varepsilon_\parallel$를 직접 정량할 수 있다.

GaAs 001이나 Si {511} 위에서 성장한 층에 대해서 종종 비대칭 반사를 사용한다.

빔을 가로질러 시료를 단계적으로 옮기면서 배향 성장층 품질의 횡적 변화를 흔히 평가한다. 1 mm^2 정도로 작은 부위를 샘플링하는 것은 관에서 발생한 x선으로 하는 것이 보통이다. 싱크로트론 방사선으로 진동곡선을 직경 25 μm 빔으로 어려움 없이 얻을 수 있다[17.38]. 진동곡선을 1 μm^2 비해 더 작은 부위에서도 얻고 있다[17.39, 17.40].

다른 하나의 접근은 Weissmann과 공동 연구자[17.41]들이 개발한 것인데, 이 연구자들은 결정 C에서 회절한 빔을 이 결정의 여러 각 위치에서 사진을 찍어서 토포그래프에 준하는 정보를 얻었다. 이런 유형의 측정은 주의깊게 측정한 몇몇의 필름 대 시료 거리에서 필름 위에 회절빔들을 기록하여 토포그래프를 줄 수 있다[17.42].

대부분 2축 회절기는 설계 상의 여러 가지 면 때문에 정확하고 절대적인 격자상수를 재는 것은 한계가 있다. 이 기기는 기본적으로 진동곡선의 폭과 배향 성장층과 이 기판의 조밀한 피크나 다중 양자 우물 시료들의 초격자 피크 사이의 거리를 측정하기 위해서 고안한 것이기 때문에 x선 광학은 절대적인 회절각을 정확하게 측정하기 위해 설계한 것이 아니다. 시료의 지지대나 설치대는 일반적으로 상이한 크기의 시료들에 맞추기 위한 것이지 빔중심에 시료를 정확하게 놓기 위한 것이 아니다. 수광슬릿은 모든 회절빔을 검출기를 회전하지 않고 측정할 수 있도록 넓다. 격자상수의 결정에 충분할 만큼 영각(zero angle)의 보정을 정확하게 하는 것은 실용적이지 않다. 시료 면이 수분의 1도 어긋나게 잘린 것은 둘째 축대 위에 시료를 올려놓는 데서 생기는 방위 일탈만큼 늘 있는 일이다. 그러므로 특별한 절차 없이 시료의 Bragg 각은 근사적으로 얻기만 하면 된다.

기판의 상부 수 마이크로미터 부위는 그 위에 있는 층(들)이 변형하지 않는다고 가정할 수 있다면 기판과 층 피크 사이의 회절각 차이는 Bragg 법칙을 통해서 격자상수의 차이와 관계를 맺을 수 있다. 변형이 없는 기판의 격자는 일반적으로 꽤 정확한 수준으로 알려져 있기 때문에 층의 격자상수(들)를 층과 기판의 회절면 사이에 방위 일탈(즉, 회전)이 없다면 결정할 수 있다. 이러한 가정들은 자주 정당화하지 못하고 이로 인한 부정확성은 대부분 응용에서는 간단하게 말해서 아주 크다. 분명히 이런 간단한 방법은 한 덩어리인 시료, 즉 맨 웨이퍼나 그 밖의 다른 덩어리 결정에는 적용하지 않는다.

Bond 법[13.7–13.9]은 격자상수를 정확하게 측정할 수 있게 한다(그림 17-22). 특별한 회전대가 필요한데, 이것은 *hkl* 피크의 위치를 입사빔의 양쪽 편에서도(즉, 그림 17-22에서 검출기 위치 d_1과 d_2에서) 측정할 수 있게 한다. 이 두 측정에서 얻은 평균 2θ 값은 정확한 격자상수(빔의 영 위치를 정확하게 측정할 필요가 없이)를 낸다. 그러한 회절기를 만나는 것은 드문 일이다.

다행히도 간단한 절차가 있다. 이것은 대부분 2축계에 적합하여 절대 격자상수를 결정할 수 있게 한다. 이 기법[17.43, 17.44]은 0°/180° 시료/기준 법으로 부르는데, Bond 기법[13.8]에 견줄만큼 정확도를 제공하지만 기준 결정과 더불어 관심사인 결정에서 측정을 수행하는 것이 필요하다. 두 결정은 시료대 위에 올려놓고 측정하는 동안 내내 방해받지 않도록 한다(그림 17-23). 첫째

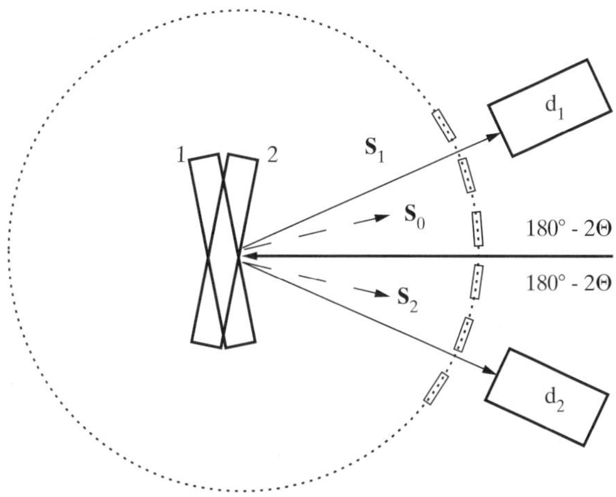

그림 17-22 Bond 기법을 도해로 설명하는 개략도. *hkl* 피크 위치는 결정방위 1과 2에서 각각 검출기 위치 d_1과 d_2에서 측정한 것이다. 파선은 각 방위에서 (*hkl*)의 법선을 나타내며 검출기를 d_1에서 d_2까지 회전하는 데 필요한 각은 4θ이다.

로, 회절피크 위치 $\theta_S(0)$를 시료대의 0° 방위에 있는 시료에서 결정한다. 그런 다음 시료를 ($\mathbf{S}_M$과 $\mathbf{S}_S$의 이등분선인 **z**축 주위로) 180° 방위로 회전하고 회절피크 위치 $\theta_S(180)$를 측정한다. 일반적으로 $\theta_S(0)$과 $\theta_S(180)$은 같지 않은데, 이것은 면이 잘못 잘리거나 대 위에서 시료가 우연하게 기울어지는 데서 생긴다. 이 단계를 기준결정에서 반복하고 $\theta_R(0)$과 $\theta_R(180)$을 얻는다. 시료와 기준 피크의 평균 위치는 다음과 같다:

$$\theta_S = [\theta_S(0) + \theta_S(180)]/2$$

과

$$\theta_R = [\theta_R(0) + \theta_R(180)]/2$$

θ_S와 θ_R 사이의 차이는 바로 기준 결정과 미지의 시료결정 사이의 격자상수의 차이와 관계가 있다.

2축 회절기는 역공간의 많은 영역에서 자료를 수집한다. 그 결과 기울기(즉, 방위 일탈)와 팽창이 연합해서 기여하여 관측한 진동곡선을 만든다. 그림 17-24는 격자상수가 약간 다른 결정에서 방위 일탈한 부위가 그 결정의 잔여 부분과 함께 어떻게 동시에 회절할 수 있는 지를 보여준다. 그 결과 양쪽에서 온 회절빔은 검출기의 폭이 넓은 조리개(aperture)를 통과할 수 있다. 이 예에서는 두 부위가 공통의 방향 [110]에 있으며 부위 2(그림 17-24의 오른편)는 부위 1에서 ϕ만큼 회전한다. 결정의 양쪽 부위에 입사한 빔은 004 회절에 적합한 방향인 $\mathbf{S}_M$을 따르며 $d_2 > d_1, 2\theta_2 < 2\theta_1$에서 $\mathbf{S}_1$은 $\mathbf{S}_2$에 비해 더 고각에서 나간다. 그러므로 2축 결정 진동곡선의 정량적인 해석을 위해서는 가정이 많이 요구된다.

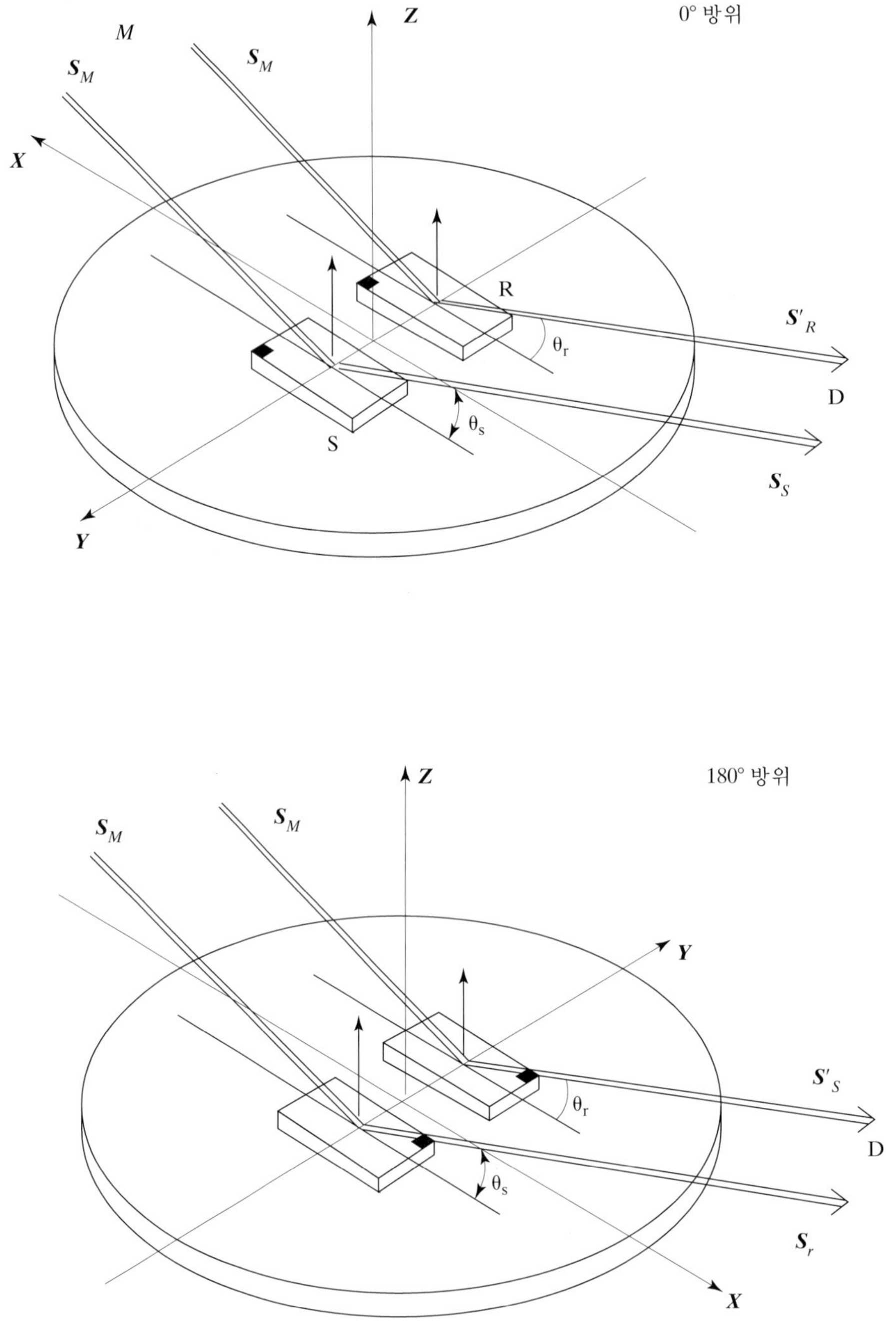

그림 17-23 본문에서 기술한 2축 회절기용 0°/180° 시료/기준 법을 위한 시료방위. 시료와 기준 결정의 모서리에 있는 까만 표시의 위치에 주의하라.

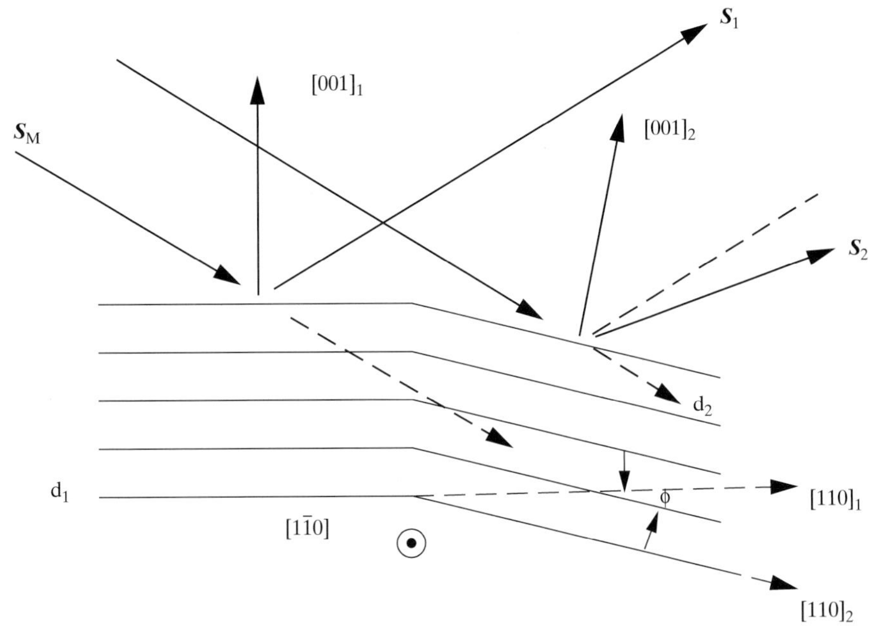

그림 17-24 가깝게 배향한 구역 사이 일탈방위가 2축 회절기의 폭 퍼짐에 어떻게 기여하는 지 나타내는 도해

팽창에서 방위 일탈을 분리하는 통상적인 방법은 시료결정과 검출기(그림 17-18(d)) 사이에 놓인 완전한(변형이 없는) 검광자 결정을 사용하는 것이다. 단색화 장치 M의 회전축, 시료결정과 검광자 A는 각각 $\mathbf{A}_M$, $\mathbf{A}_C$, $\mathbf{A}_A$라고 표시한다. 보통 $\mathbf{A}_A$와 검광자 결정은 $\mathbf{A}_C$를 추축으로 회전하는 지지대 위에 놓인다. 검광자 결정은 이상적인 검출기 슬릿으로서 작동하고 시료의 어떤 지정한 방위에서 취할 역공간의 영역을 크게 줄인다.

3축 회절기에서 기본 주사는 시료 회전 2ω에 대해서 검광자 결정을 각 ω만큼 회전하는 것을 포함한다. 격자상수의 변화와 방위 일탈에서 생긴 기여를 분리하기 위해서 일련의 $\omega-2\omega$ 주사를 기록하고, 각각은 앞선 주사와 시료 회전 δω만큼 벗어나게 한다. 실제로 시료 회전 δω는 회절에 서 서로 방위가 틀어진 구역을 정렬하고 $\omega-2\omega$ 주사는 이러한 방위 일탈이 있는 부위에서 d의 변화만을 기록한다. 이것은 준집중 회절기에서 $\theta-2\theta$ 주사가 d-거리에서 변화를 밝혀주는 것과 같은 방식이다. 그 결과로서 어떠한 $\omega-2\omega$ 주사에서도 격자상수의 변화만이 나타나고 방위 일탈의 변화나 확장은 분지한(offset) $\omega-2\omega$ 주사들을 비교하여 찾아낸다.

그림 17-25는 $TaSi_2$/Si 제자리 복합결정[17.45]에서 111_{Si} 이중 결정 진동곡선을 삼중 결정 $\omega-2\omega$와 비교한 것이다: 양자는 Cu $K\alpha$선으로 기록한 것이다. 시료는 단결정 실리콘 기지 내에 평행하게 정렬한 직경 ~1μm 규화물 봉들로 되어 있다. ~ 4 wt % Ta을 함유하는 시료에서 간격이 7−8μm인 약 10^6 cm^{-2} 봉들이 있다[17.46]. 봉축은 $[0001]_{TaSi_2}$이고, 봉은 $[111]_{Si}$에 평행하다. 두 상을 전 용적에 걸쳐 잘 혼합한 시료의 진동곡선은 폭이 매우 작을 수 있다는 것은 주목할 만하다: 예상 폭인 7.4 호 초에 비해 93 호 초이다. 그림 17-25에서 $\omega-2\omega$ 주사는 이중 결정 진동 곡선(20−

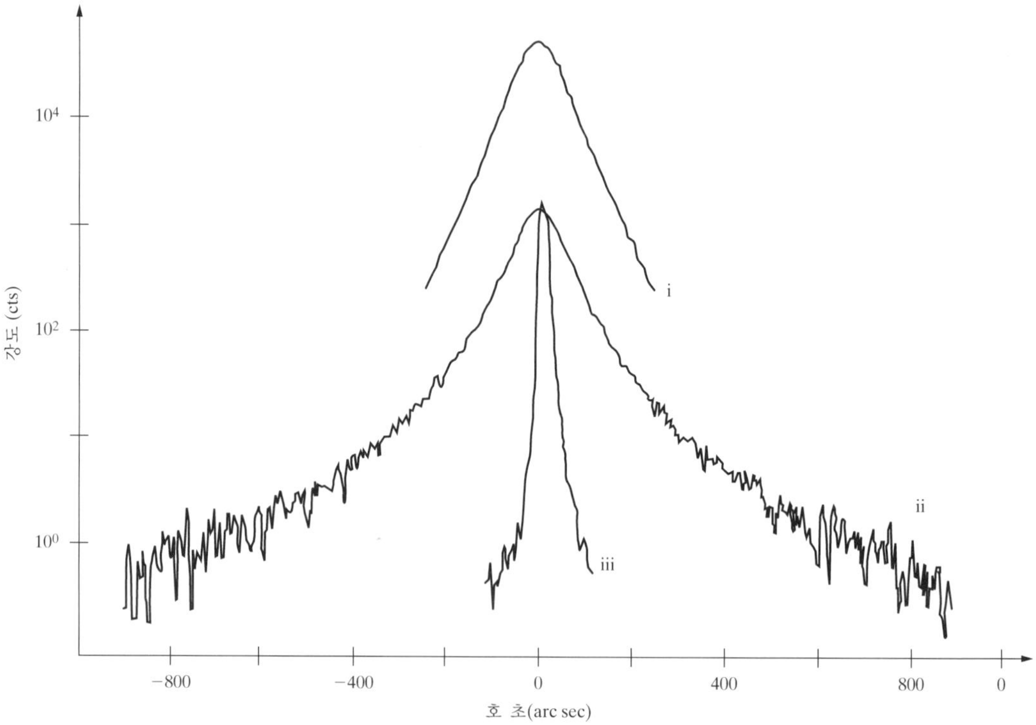

그림 17-25 Cu $K\alpha$ 방사선을 사용하여 같은 회절기로 기록한 $TaSi_2$-Si 결정에 관한 333_{Si}의 (i) 2축 진동곡선, (ii) 3축 ω 주사, (iii) 3축 ω−2ω 곡선의 비교

25 호 초)에 비해서 훨씬 폭이 작고 변형과 방위 일탈이 진동곡선에 기여하는 것을 보여준다.

심하게 전위한 시료에서 2축 진동곡선에서 피크들은 구별해내기란 때론 불가능하지만, 3축 ω−2ω 주사(그림 17-26)에서 피크들은 아주 분명하다. 시료는 5개의 실리콘-게르마늄 층으로 되어 있었고, 각 층은 0.5 μm 두께이었고 게르마늄 양은 10, 20, 30, 40, 50%이었다. 이중 결정 진동곡선(위)에서는 오직 넓은 피크만이 식별 가능하고, 게르마늄 조성 범위는 0−50%에 걸친다: 개별 층들은 분리하지 않는다. 3축 곡선(아래)에서 각 층은 깨끗하게 드러난다[G.22].

Bragg 피크 주위 회절강도의 분포는 정상적으로 일련의 3축 ω−2ω 주사로 작성한 역공간 지도로 나타낼 수 있는데, 이 주사의 각각에서 검광자 결정은 일련의 주사에서 다른 주사와는 각 δω만큼 달리한다. 지도에서 한 축은 변형에서 변화이고 둘째, 즉 직교축은 기울기에서 변화이다. 이 두 변수에 대한 강도의 등고선이 지도를 구성한다. 그림 17-24의 예에서, 역공간 지도에서 변형의 변화는 Δq_{001}로 표시하였고 기울기의 변화는 Δq_{110}으로 표시하였다. 그린 것은 이 방향의 각각에서 산란 벡터 **q**의 변화이다. 하나의 ω−2ω 주사에서 [001] 방향을 따라 회절벡터를 다르게 하면서 강도의 변화를 측정한다. [$\bar{1}$10] 주위에서 회전 δω은 회절벡터를 [001]에 평행한 것에서 [110]에 따르는 성분이 있는 것으로 변하게 한다.

그림 17-27은 두 개의 224-형 역공간 지도들을 보여주는데, 시료는 GaAs 기판{2° 비켜 잘린

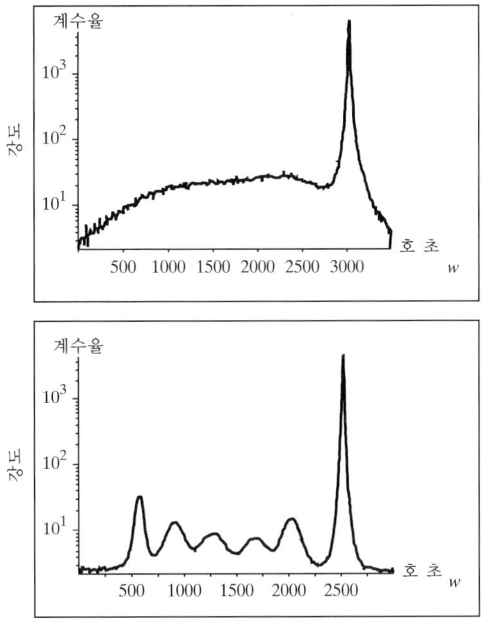

그림 17-26 심하게 변형한 실리콘 게르마늄 다층에서 얻은 이중 결정 진동곡선(위)과 삼중 결정 진동곡선(아래)[G.22]

(001)}, 조성적으로 경사한 InGaAs 완충층과 40 주기의 AlGaAs/InGaAs 초격자[17.47]로 되어 있다. 두 개의 224-형 역공간 지도를 기록하면 한 개의 지도가 하는 것에 비해서 시료에서 변형과 방위 일탈에 관한 더욱 더 완전한 그림이 나온다. 회색의 상이한 음영은 강도 등고선을 표시한다. 간격이 주기적인 초격자 피크들(−4, −3 등등으로 표지함)에 추가해서 경사층과 기판으로 구성한 폭이 넓은 피크가 있다. 넓은 폭의 왼쪽은 경사층의 상부이고 기판피크는 오른쪽에 있다. 중심피크(기판피크에서 왼쪽으로 퍼짐)의 너비는 완충층에서 조성의 범위를 보여주고 기판과 경사층 피크 사이의 그림에서 수직이동은 둘 사이에 기울기가 있다는 것을 나타낸다. 측정한 기울기는 잘림 실수(miscut)의 방향에 대하여 가장 가까운 <110>을 따라 0.17°이었다.

2축 회절기에서 그림 17-27에서 보인 것처럼 기판과 경사 완충층 사이의 기울기와 조성 차이를 분리하는 것은 가능하지 않다. 비록 0°/180° 시료/기준 법이나 진동곡선 모사라도 이는 마찬가지이다. 그림 17-27의 $(\bar{2}24)$ 역공간 지도에서 좌측 하단에 있는 경사한 어두운 가로줄은 전형적인 2축 회절기에서 역공간의 샘플링 영역을 표시한다. 2축 주사에서 어떤 한 시료각에서 측정한 강도는 이 선을 따른 강도의 적분이고 주사에서 다음 각의 강도는 그림에 보인 위치에서 샘플링 부위를 병진하고 새로운 선을 따라서 강도를 적분하여 찾는다. 작은 가로줄은 3축 결정 회절에서 역공간의 샘플링 영역을 표시하고 개선한 변형과 기울기 분리를 보여준다.

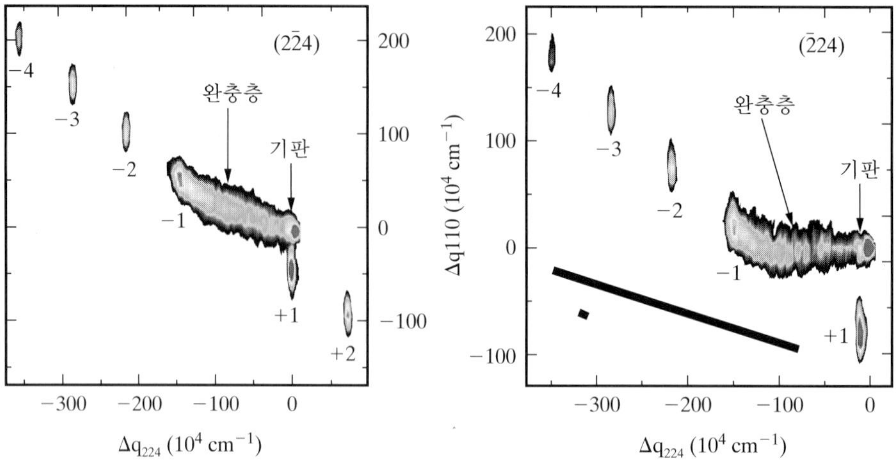

그림 17-27 2° 비켜 잘린 001 GaAs 기판, 경사 완충층, 초격자로 되어 있는 시료에서 얻은 두 개의 224 역공간도. 여러 음영의 회색 등고선은 상이한 수준의 강도를 정확히 나타낸다[17.47]. 한 쌍의 대각선의 검은 띠(지도 오른편의 아래 왼쪽)는 개략적으로 샘플링한 역공간의 구역을 가리키는데, 긴 띠는 2축 회절기에 대응하고 짧은 띠는 3축 회절기에 대응한다.

17-5 소견

표 17.1은 방금 기술한 방법들의 개요 일부를 요약한 것이다. 어떤 두께의 한 결정도 반사법으로 조사할 수 있지만, 받은 정보는 오직 얕은 표면층에만 적합하다는 것을 유의한다. 기법들의 범위는 넓고 어떤 결정 성장 프로그램도 생산 기술을 개발하는 여러 단계에서 몇 개는 사용할 지 모른다. 다른 한편으로 투과법은 다소 얇은, 1 mm 이하 정도의 결정으로 제한한다. 그러나 이 방법은 부피에 걸쳐 결함을 보여줄 수 있다. 그리고 노광 부위는 입사빔의 면적에 관계하는 것으로 Lang 투영법에서처럼 결정이 빔을 가로지른다면 조사 부위와 다르다는 것에 주의한다.

덧붙여서 독자는 용어에 있는 가능한 혼란에 주목해야 한다. 단색선이 반사에서 단결정에서 회절하는 경우 실험 기하학을 Bragg 경우나 Bragg 설정이라고 일컫는다. 단색빔이 투과에서 회절하는 경우에는 비록 백색 방사선을 사용하지 않더라도 이것은 Laue 경우나 Laue 설정이라고 부른다.

열거한 방법들과 결정 품질을 평가하는 그 밖의 다른 방법들에 관한 더 자세한 정보는 여러 평론 논문[17.41, 17.48–17.51]과 [G.22,G.43, G.44]에 인용한 책에서 찾을 수 있다. 좋은 x선 토포그래프를 만들기 위해서는 실험적인 숙련이 꽤 필요하다. Berg-Barrett와 Lang 법의 설험적인 면은 특별한 사진용 에멀젼의 제판 기법을 포함해서 Austerman과 Newkirk[17.52]와 Tanner[G.43]가 기술하였다.

최종적으로 비교는 결정 결함을 평가하는 방법으로 TEM과 x선 토포그래프 법 순서이다.

표 17.1

기법	유형*	방사선**	조사 면적	변형감도
정상 Laue	R, T	poly	작음	낮음
Guinier-Tennevin	T	poly	큼	낮음
x선 토포그래프 법				
Berg-Barrett	R	mono	큼	낮음에서 보통까지
Lang	T	mono	작음 (단면) 큼 (투영)	높음 중간
이중 결정	T,R	mono	큼	큼
다색	T,R	poly	큼	낮음에서 보통까지
회절기법				
2축	T,R	mono	크거나 작음	높음
3축	T,R	mono	크거나 작음	매우 높음

* R = 반사 T = 투과
** Poly = 다색, Mono = 단색

TEM은 미세한 부위에 대해 해상도가 대단히 높지만 얇은 박의 시편에서 보이는 것이 결정 덩어리를 대표하는 것이 아닌 약간의 위험이 있다: 전위는 시편을 얇게 하는 과정에서 박 내로 또는 바깥으로 이동할 수 있고 재배열할 수 있다. x선 토포그래프 법의 낮은 해상도는 한 토포그래프가 비교적 시편의 광대한 부위를 대표하고 x선 토포그래프 법은 TEM에 비해 변형 변화에 아주 더 민감하다는 사실로 균형을 맞출 수 있다. 대충 말하면, 한 기법은 나무들을 보지만 다른 기법은 숲을 본다.

문 제

17-1 그림 17-13의 Berg-Barrett 토포그래프에서 왜 나사전위만 (b)에, 칼날전위만 (c)에, 나사전위와 칼날전위가 (d)에 나타나는 지 설명하라. 작동하는 슬립계의 지수, 즉 각 슬립면의 지수와 그 면에서 슬립 방향의 지수를 주어라. (LiF 결정에서 슬립은 <110> 방향에서 {110} 면 위에서 일어나지만 그림 17-13의 실험에서 관찰은 슬립이 모든 가능한 슬립계에서 일어나는 가정과 일치하지 않는다. 또 결정면과 교차하는 전위들만 그 면의 x선 검사로 분명하게 관찰할 수 있다는 것에 주목하라.)

제 18 장 고분자

18-1 서언

고분자에서 회절과 산란은 결정질 재료나 무기질 유리 같은 비정질 재료까지에서 마주치는 것과는 다른 한 조의 문제를 제기한다. 그 차이는 단순히 고분자가 분자량이 큰 거대한 분자란 것만은 아니다. 단백질이나 DNA와 같은 많은 거대한 생체 활성 분자들도 x선 회절을 사용하여 간단하지만 공이 많이 드는 방식으로 결정하였다. 'polymer(고분자)' 란 어원은 이전 장에서 논의한 재료와 아래에서 논의한 재료 사이의 차이를 잘 설명한다. 다수(poly)가 동일한 축조 블록인 단위(mers)를 반복해서 보통 하나의 길고 유연한 사슬로 잇는다.

유연한 사슬로서 고분자는 결정질, 반결정질이나 비정질이다. 결정도의 양(혹은 그 부재)은 고분자 재료의 한 특정한 조각이 어떤 지정한 응용에 유용한지 아닌지를 대부분 결정한다. 여러 고분자는 결정화하거나 여러 범위의 질서를 가지고 고분자 시료에서 질서도의 양과 이방성을 측정하는데 회절과 산란 연구는 대단히 중요하게 쓰인다.

비정질 재료의 '구조'는 위에서 논의한 결정질 재료의 것과는 다소 다르므로 이 장은 일부 흔한 고분자의 구조를 기술하는 것으로 시작해서 이 축조 블록들을 무기질 유리의 것들과 비교한다. 고분자는 14-7절에 기술한 결정질 재료의 섬유조직과 유사한 우선방위를 나타내는 섬유 형태로 자주 만나기 때문에 현재 이 장에서 사용할 예들을 섬유 연구들에서 이끌어내었다. 고분자 구조의 x선 연구는 광각 회절, 광각 산란($2\theta > 5°$), 소각 산란($2\theta < 5°$)으로 나누는 것이 자연스럽

고 18-3절과 18-4절에서 각각 첫 두 주제를 소개한다. 장거리 규칙은 회절에 필요한 것이기 때문에 18-3절에서 고분자 시료의 결정질 부위에 관한 연구를 다룬다. 비정질 고분자와 반결정질 고분자의 비정질 부위는 광각 영역에서 의미있는 산란강도를 일으키는데 18-4절에 그 예들을 제시한다. 소각 산란은 고분자에서 흔히 쓰이는 기법이지만 결정질뿐만 아니라 비정질 재료에도 쓰이는 것을 찾을 수 있다. 이런 이유로 고분자에서 이 기법의 사용을 19장으로 미룬다.

18-2 고분자 구조

왜 고체에서 고분자가 다른 종류의 재료들과 아주 다르게 '충진'하는 지를 이해하기 위해서 먼저 SiO_2의 구조를 고찰하자. SiO_2 분자는 여러 개의 결정상(예로서 크리스토발라이트, 석영)들뿐만 아니라 비정질상 실리카를 형성한다. 실리카의 반복 단위나 단량체는 $(SiO_4)^{4-}$ 사면체이고, 이것의 불규칙한 상태에서 그림 18-1에 묘사한 여러 개의 연결한 사면체들을 한 개의 긴 사슬 부분으로 간주한다. 각 산소 원자는 실리콘 원자와 공유할 필요가 있다. 사면체의 꼭지점에서 산소 원

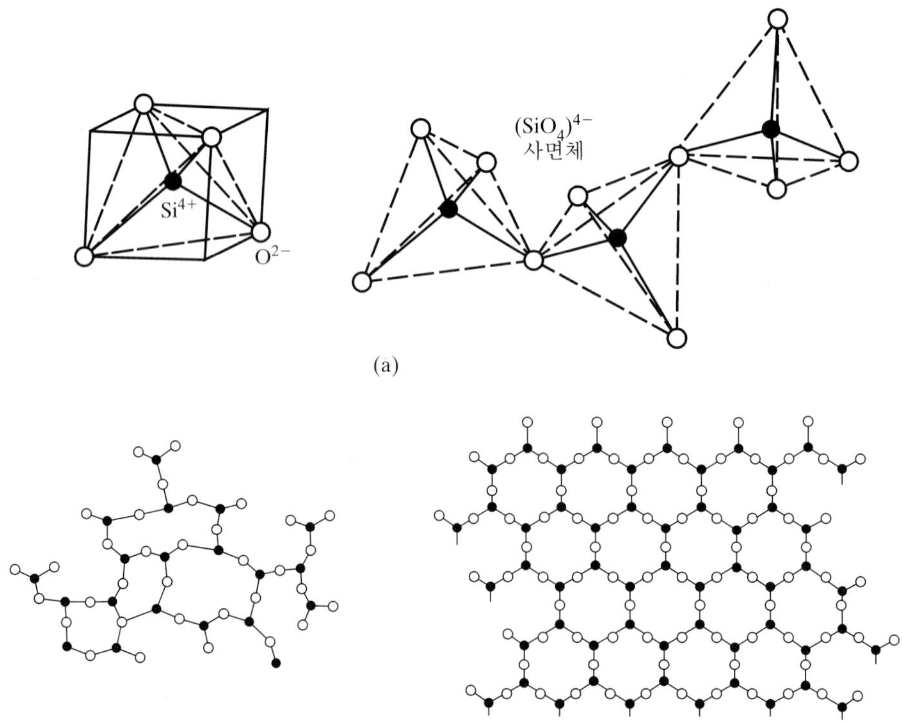

그림 18-1 여러 가지 SiO_2 구조에서 반복 단위: (a) $(SiO_4)^4$ 사면체, (b) 실리카 유리의 2차원 표현, (c) 결정질 SiO_2의 2차원 표현. (Schaffer, Saxena, Antolovich, Sanders, Warner[18.1]에 따름.)

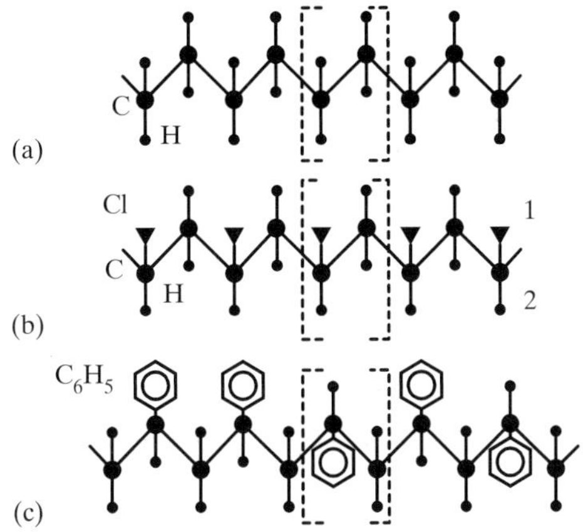

그림 18-2 단량체 C_2H_3R에 기초를 둔 세 가지 고분자, 여기서 R은 (a) 폴리에틸렌에서는 한 개의 수소 원자, (b) 폴리염화비닐에서는 한 개의 염소 원자, (c) 폴리스티렌에서는 C_6H_5 고리. 단순화한 평면 표현을 사용한다. (Schaffer, Saxena, Antolovich, Sanders, Warner[18.1]에 따름.)

자는 매달리기에 자유롭지 않다. 이런 공유는 실리콘과 산소의 3차원적인 망상을 만들고, 가능한 결정질과 비정질 원자 배열들의 2차원적인 표현을 또한 그림 18-1에 나타내었다. 장거리 규칙이 아닌 단거리 규칙 상태가 실리카 유리에 존재하는 데 비해 장거리 규칙은 결정상의 특징이다.

그림 18-2(a)는 꺾쇠괄호 안에 넣은 C_2H_4 단량체가 있는 폴리에틸렌 분자의 일부를 보여준다. 이 2차원적인 선형 표현은 실제 3차원적인 구조를 단순하게 한 것에 주의한다. 폴리에틸렌 구조는 자주 $—[—CH_2—CH_2—]_n—$으로 줄여서 표현하며, 여기서 n은 반복 단위(혹은 단량체)의 수를 나타내고 10^5 정도이다.

폴리머의 주쇄(backbone)들은 공유결합으로 되어 있는데 예를 들면 폴리에틸렌의 탄소 단일결합 사슬이다(그림 18-2a). 다른 한편으로 폴리에스터는 주쇄에 에스터 연쇄(linkage)를 포함한다:

$$-\mathrm{O}-\underset{\underset{\displaystyle \mathrm{O}}{\|}}{\mathrm{C}}-$$

어떤 고분자의 족들에서는 그림 18-2(a)의 탄소 주쇄에 붙어 있는 수소 원자 하나를 더 복잡한 측면기(sidegroup) R이 치환한다. 비닐 고분자의 일반식은

$$-[-\mathrm{CH_2}-\underset{\underset{\displaystyle \mathrm{R}}{|}}{\mathrm{CH}}-]_n-$$

이다. 폴리프로필렌은 R이 CH_3 기일 때 생기며 염화폴리비닐은 R이 염소 원자일 때 생긴다(그림

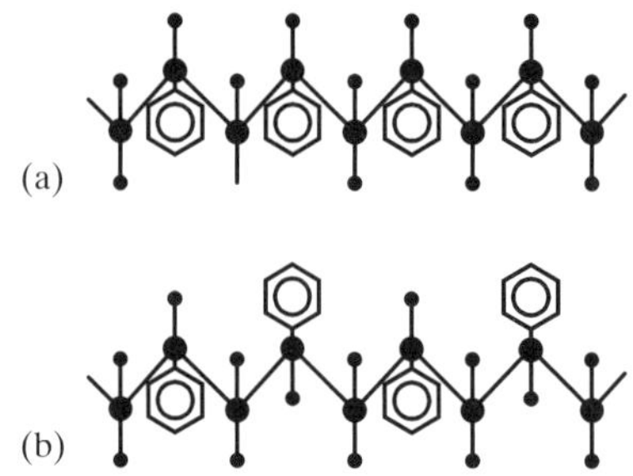

그림 18-3 폴리스티렌의 (a) 동일 배열과 (b) 교대 배열. C_6H_5 고리들은 그림에 표시한 것보다 훨씬 크다. 혼성 배열은 그림 18-2c에 나타낸다. (Schaffer, Saxena, Antolovich, Sanders, Warner[18.1]에 따름.)

18-2b). 폴리스티렌은 더 복잡하며, *R*은 C_6H_5 고리이다(그림 18-2(c)). 탄화수소계 고무들은 공통적으로 $-[CH_2-CH = CR-CH_2-]_n-$ 형이고 주쇄에서 이중결합을 한다.

그림 18-2에 보인 염화폴리비닐과 폴리스티렌 구조를 조사하면 탄소 원자가 수소와는 다른 측면기 *R*을 교대로 가지는 것을 알 수 있다. 하지만 이 구조에서는 치환 가능한 두 개의 수소가 있고 이 원자는 원자자리 1과 2로 구별한다. 그림 18-2(b)와 (c)는 *R*이 1과 2에 무질서하게 분포하는 입체 배열(configuration)을 보여주며 이것은 혼성 배열(atactic configuration)이다. 동일 배열(isotactic configuration)에서 모든 *R*은 자리 1을 점유하고(다르게 하여 모든 *R*은 자리 2를 점유할 수 있다), 교대 배열(syndiotactic configuration)에서 *R*은 규칙적으로 두 자리를 교대한다(그림 18-3). 짤막하게 기술하여, 고분자 배치의 유형은 결정화 가능한 정도를 대부분 결정한다.

고분자 주쇄가 공유적으로 결합하고 공유결합은 결합각이 특정하다는 사실은 고분자 3차원 구조(입체구조)에 관한 중대한 귀결을 가진다. 폴리에틸렌에서 탄소원자는 네 개의 공유결합을 형성하는데, 두 개는 다른 탄소와 결합하고 두 개는 수소 원자와 결합한다. 그 결과 사면체 결합은 그림 18-4에 나타낸 것과 같이 109.5°이다. C-C 결합은 결합각을 유지하면서 축 주위로 회전하는 것이 자유롭다. 그러므로 그림 18-4(b)의 중앙에 있는 한 쌍에 인접한 탄소 원자들은 나타낸 원

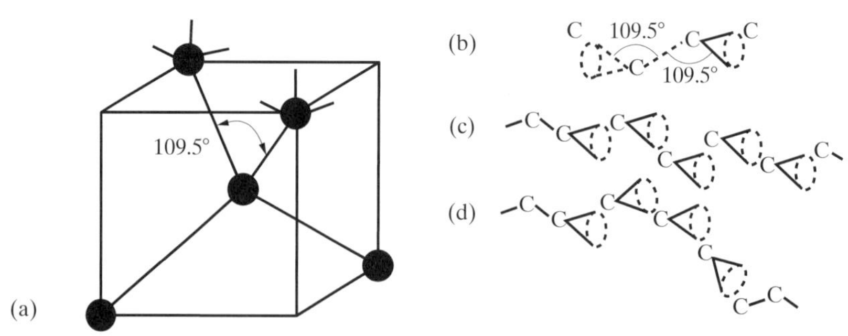

그림 18-4 폴리에틸렌 사슬의 3차원 구조(입체구조). (a) C-C-C 결합각, (b) 인접한 탄소 원자들은 특정 원추형 회전으로 제한, (c) 사슬 중축에 있는 모든 탄소 원자가 같은 평면에 놓일 때 생기는 평면 지그재그 구조, (d) 더욱 흔한(더 낮은 에너지) 무작위 코일구조. (Schaffer, Saxena, Antolovich, Sanders, Warner[18.1]에 따름.)

추 상의 어떤 점도 점유하는 것이 자유롭다. 평면 상의 지그재그(그림 18-4(c))에서 무작위 코일(그림 18-4(d))까지 이르는 입체 구조는 어떤 공유적으로 결합한 탄소 원자들의 사슬에서 생길 수 있다. 후자의 입체구조는 폴리에틸렌에서 에너지가 더 낮은 더 흔한 형태이다. 용액에서, 용융물에서, 비정질 고체에서 고분자 분자들은 무질서하게 사슬을 만들려고 하고 고분자가 결정화할 뿐이라면 고체에서 에너지는 감소할 수 있다.

고분자 사슬들은 고체에서 이웃들과 무관하지 않다. 그 사슬들은 상호작용할 수 있으며 결합할 수 있다. 한 극단에서는 탄화수소 고무들 —[CH_2—CH_2=CR—CH_2—]$_n$— 이 있고 여기서 이중결합은 각 단량체의 중심에 존재한다. 어떤 조건에서 이 결합은 깨질 수 있고 인접한 사슬을 연결할 수 있다. 그러한 교차결합은 1차결합이고 열경화성 고분자의 특징이다. 개별적인 사슬들이란 개념은 더 이상 적합하지 않다. 1차결합이 없는 데서 강한 2차결합이 생길 수 있다. 염화폴리비닐에서 전기음성적인 염소 측면기는 이웃 사슬의 전기양성적인 수소 측면기와 결합하고 그림 18-5는 이런 열경화성 고분자에서 동일 배열과 교대 배열의 가능한 결합을 보여준다.

일반적으로 열경화성 고분자는 결정화하지 않고 열경화성 고분자의 결정화도에 영향을 주는 인자는 분자들이 충진하는 효율성, 즉 측면기의 크기, 사슬 가지의 범위와 정도, 단량체나 반복단위의 입체규칙성(tacticity)과 복잡성에 영향을 주는 것들이다. 가장 호의적인 환경에서조차도 규칙적으로 배열한 작고 극성인 측면기가 있는 한 고분자에서, 용융상태에서 긴 분자는 엉키고 확산율이 낮으므로 완전한 결정질 재료를 고화하지 못하게 한다.

세 가지 가능한 미결정 배열을 그림 18-6에 나타내었다. 길이가 50,000 Å에 이르는 한 고분자 사슬이 다중의 50−500 Å 인 미결정을 관통하여 길게 뻗혀 있다. 한 사슬이 무질서한 부위에서 한 다발의 잘 조직화한 평행한 사슬(micelle)들을 지나서 뒤로 비정질 체적 부위를 지나서 등등으로 이어진다는 사실은 놀랄만한 것이 아니다. 또 배향한 미결정들이 인발한 섬유에서 생긴다는 것도 예상 못하는 것이 아니다. 어떤 예에서 고분자는 접힌 사슬을 형성하고 알맞은 크기의 단결정을 형성한다. 폴리에틸렌 단결정들이 한 방향으로 10 μm에까지 이르는 것을 관찰하였다[18.2].

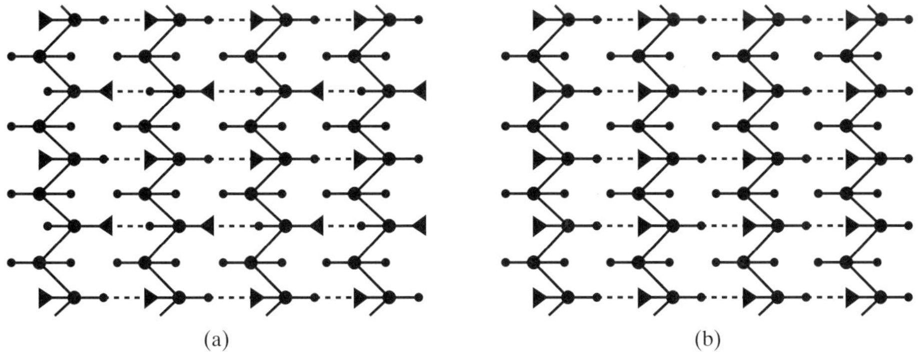

그림 18-5 폴리염화비닐의 (a) 동일 배열과 (b) 교대 배열에서 생길 수 있는 2차결합(파선). (Schaffer, Saxena, Antolovich, Sanders, Warner[18.1]에 따름.)

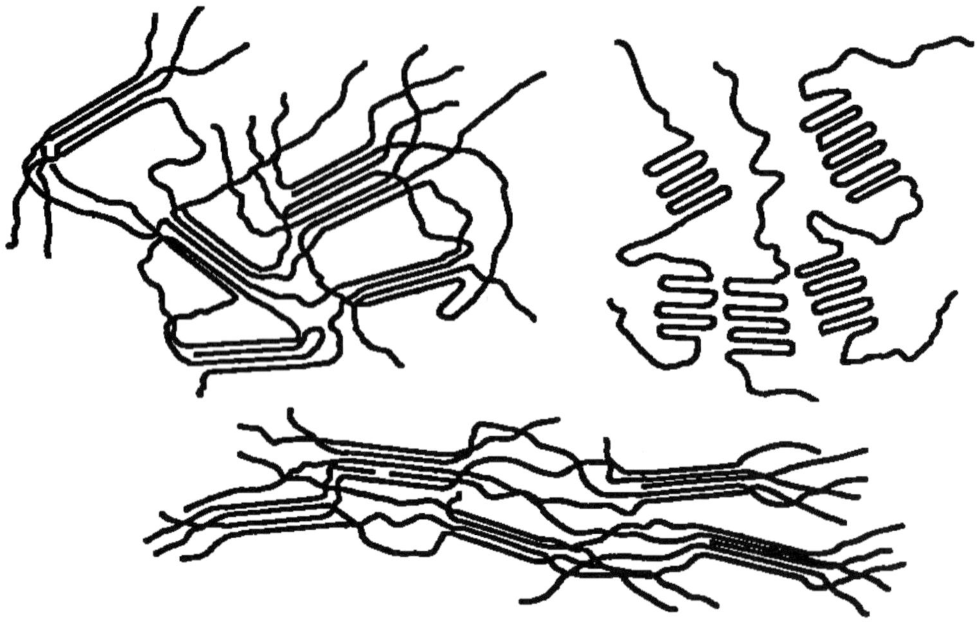

그림 18-6 구정들을 만드는 세 가지 고분자 사슬 배열. (왼쪽 위) 술이 달린 미셀(micelle)들, (오른쪽 위) 접힌 사슬들. 배향한 구정들의 가능한 배열(아래). (Rodriguez[18.2]에 따름.)

이 예에서 공유 사슬 주쇄의 방위는 결정의 더 긴 치수에 수직하다(그림 18-7). 폴리에틸렌의 단위포는 그림 18-8에 나타내었다. 보통 평면 상의 리본상 구조는 사방정이나 단사정 단위포로 결정화한다. 봉상과 나선형 고분자 사슬은 자주 육방단위포나 삼방단위포로 충진한다[18.4]. 다시 한 번 많은 분자가 한 단결정에 존재할 수 있다는 것에 주목한다.

덩어리질 반결정질 고분자는 구조가 흔히 접힌 사슬의 결정질 재료와 비정질 재료의 집합체로 되어 있다. 이 구정(spherulite)들은 반경이 100 μm에까지 이르고(그림 18-9) 개개의 구정은 낱개의 핵생성 점으로 성장한다[18.2]. 구정에서 결정질 재료 내의 접힌 사슬들은 구정의 반경에 수직하게 배향한다. 일차적인 관심은 존재하는 결정도의 분율(fraction)이다.

18-3 광각 회절

고분자 시료에서 회절을 위한 공통적인 배열은 투과 Laue 무늬(그림 8-2)를 기록하는 데 사용한 것과 같은 기하학을 채택한다. 필름의 평탄한 조각이나 면적 검출기를 입사 x선 빔 $\mathbf{S}_0$ 에 수직하게 시료에서 거리 D에 앉힌다(그림 18-10). 하지만, Laue 무늬를 만들기 위해 필요한 다색빔 대신에 한 단색빔이 표준적으로 고분자 회절에서 쓰인다. 가장 흔한 배열은 단색화 장치를 x선 원과

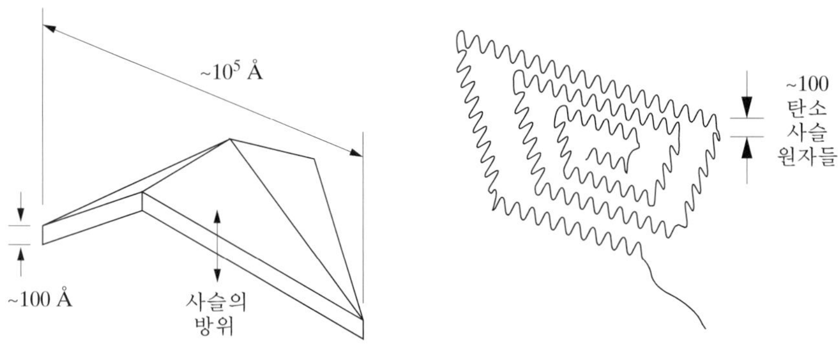

그림 18-7 폴리에틸렌의 큰 단결정에서 크기와 사슬방위들의 도해(Rodriguez [18.2]에 따름.)

시료 사이에 놓는 것이다. 회절빔 $\mathbf{S}_i$이 시료 배면에서 각 $2\theta_i$로 나와서 입사빔이, 빔 멈추개가 차단하지 않았더라면, 필름과 만날 위치에서 거리인 R_i에서 필름/검출기를 맞힌다. 투과기하학이 표준적으로 쓰인다. 그 까닭은 대부분 고분자 시료는 탄소와 수소와 같은 비교적 원자번호가 낮은 원소들로 되어 있어 x선을 심하게 흡수하지 않기 때문이다. 이 원소들의 산란능은 각이 증가하면 빠르게 떨어진다. 예를 들면, 폴리메틸메타아크릴레이트(PMMA)의 시료는 Cu $K\alpha$ 방사선에서 선형감쇠계수가 $\mu = 6\text{cm}^{-1}$이다[18.5]. 두께 $t \sim 1/\mu$인 시료가 투과 회절에 최적이고

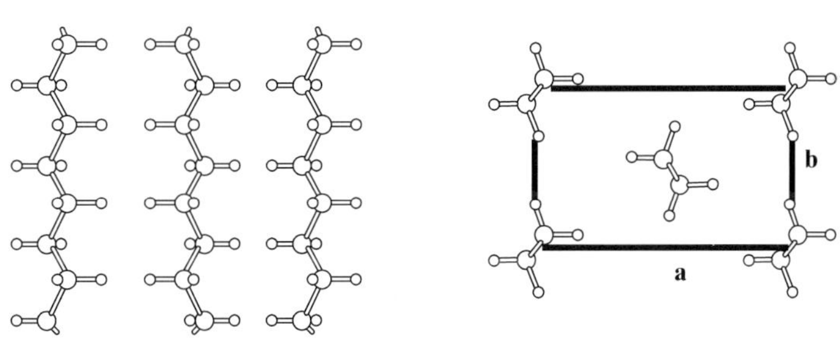

그림 18-8 결정질 폴리에틸렌의 단위포, a = 7.41 Å, b = 4.94 Å, 줄줄이 매달려 있는 원자들은 사슬축을 따라 2.55 Å씩 떨어져 있다. (Natta와 Corradini[18.3]에 따름.)

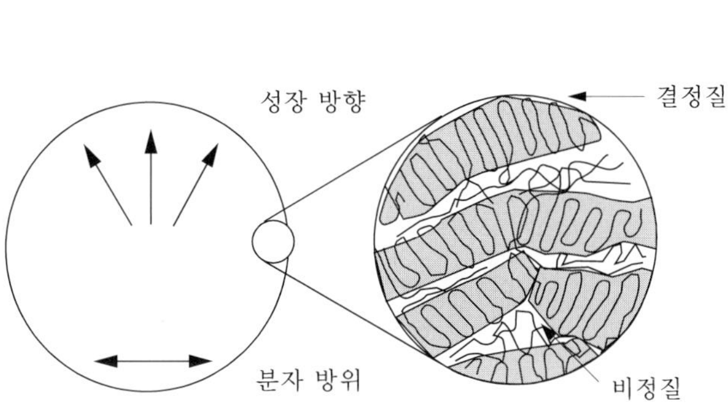

그림 18-9 구정구조의 개략도

PMMA에서 이 두께는 약 1.5 mm이고 쉽게 얻을 수 있는 것이다.

만일 R_i를 믿을 만한 d로 변환하고 반사에 적절한 *hkl* 지수를 부여하려면, D의 값은 정확하게 알아야 한다. 어떤 특정한 회절무늬에서 D를 결정하는 가장 신뢰할 만한 기법은 시료 위에 내부 표준물질을 가루로 뿌리는 것이다. d = 3.035 Å에서 강한 회절환을 만드는 방해석과 같은 미립질 분체의 사용이 어떤 표준적인 시료 대 필름 거리를 갖는 것보다 더 신뢰할 수 있는 것이다. 왜냐하면 5% 정도의 시료 위치 변동은 평판 기기에서 전형적이기 때문이다[18.4]. R_i를 직접 측정하는 것은 빔멈추개를 이 기하학에서 사용해야 하기 때문에 비현실적이지만 회절 반점이나 투과빔의 마주보는 면들에서 호 P_i를 사용하여 $2R_i$를 정확하게 측정할 수 있다. 간단한 삼각 기하학을 그림 18-10에 적용하여 다음 식을 만든다:

$$\tan 2\theta_i = R_i/D \tag{18-1}$$

또는 Bragg 각에 대해 풀면,

$$\theta_i = 1/2 \tan^{-1}(R_i/D) \tag{18-2}$$

이다. 이 각을 Bragg 법칙에 대입하면, 면간거리는 파장이 λ인 x선의 회절에서 다음과 같다.

$$d_i = \lambda/(2 \sin[\{\tan^{-1}(R_i/D)\}/2]) \tag{18-3}$$

지수 *hkl*은 필름이나 면적 검출기에 기록한 반사들에 대해 부여할 필요가 있으며 이런 과정은 시편의 우선방위에 관해 아는 것을 사용한다면 대단히 빠르게 될 수 있다. 섬유에서 가장 간단한 예는 미결정이 섬유축으로 정의한 한 공통의 축 주위로 모든 방위에서 균일하게 분포하는 것이다(그림 18-10에서 **FA**). 이 축은 보통 **c**로 표시한다. 이것은 단결정이 일정한 각속도로 **c** 축 주위를 회전하는 것, 즉 회전 카메라의 결과와 유사하다(그림 3-15와 3-16). 개개의 역격자 점은 **c**(더 정확하게 **c**와 평행하게 잡은 **c***)를 중심으로 원을 그리고, 그림 18-10은 이런 기하학과 더불어 1축방위를 하는 섬유상 시료의 회절을 표현하는 Ewald 구의 작도를 나타낸다. 회절조건은 역격자 환(rel 환)들이 Ewald 구와 교차하는 곳에서 만족한다. 섬유축이 입사빔에 수직하게 위치하면 그 결과로 생긴 회절무늬는 회전 카메라 무늬와 똑같이 층선(그림 18-10c)으로 배열한 반점들로 되어있다. 층선의 존재는 섬유축 **c**를 따른 주기성을 다른 격자벡터를 따른 주기성과 구별하게 한다.

그림 18-10d에서 개략적인 회절무늬에 나타낸 자오선과 위선은 지수를 부여하는 절차에서 중요하다. 적도 상의 반점을 형성하는 회절빔은 $\mathbf{S}_0$와 동일 평면 상에 있고 **c**와 **c***에 수직하다. 이런 적도상 반사들의 지수는 반드시 *hk*0형이어야 하는데, 그 까닭은 이 반사들을 만드는 rel 환들은 역격자 점 0,0,0에 중심을 두기 때문이다. 인접한 1차 층선 위에서 rel 환 중심들은 역격자의 점 0,0,1이고 그 반사들은 지수가 *hk*1이다. 자오선 상에서 회절벡터는 **c***에 평행하고 그 반사들은 지수가 00*l*이어야 한다.

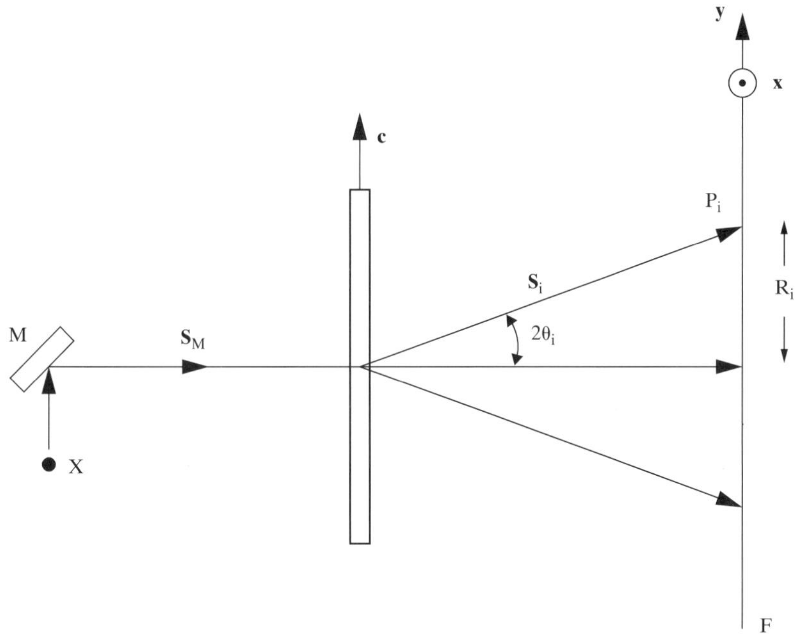

그림 18-10a 고분자에 주로 사용하는 회절 기하학(투과)의 도해

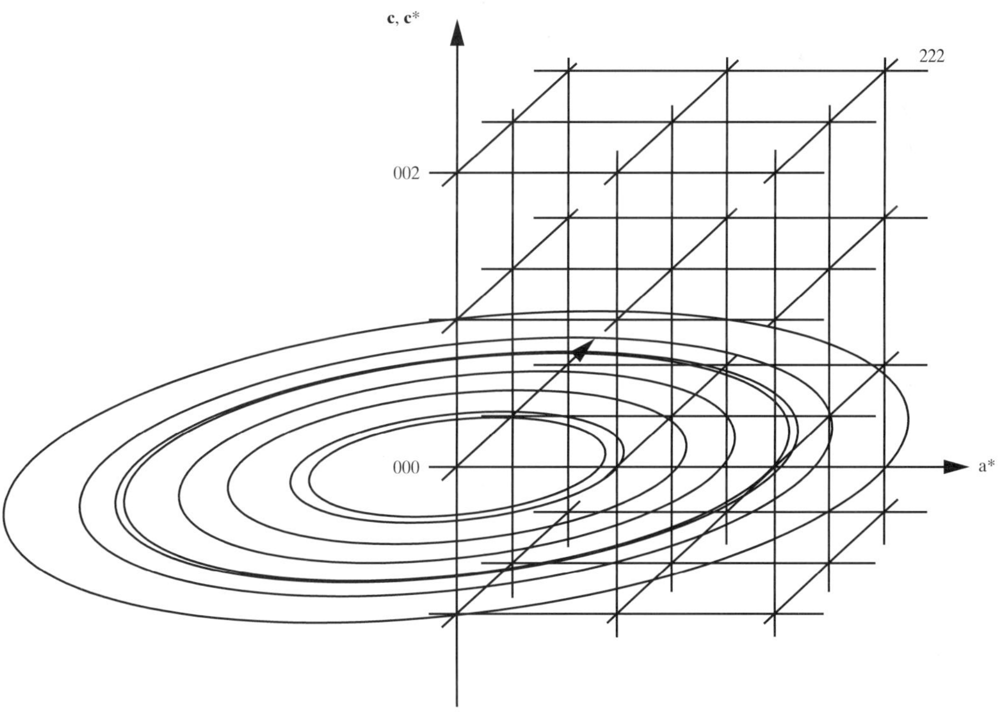

그림 18-10b 적도면(a*b*)에 역격자 점들의 분포가 동심원인 고분자 섬유의 역격자. 회전 사진과 비슷한 것에 주의하라.

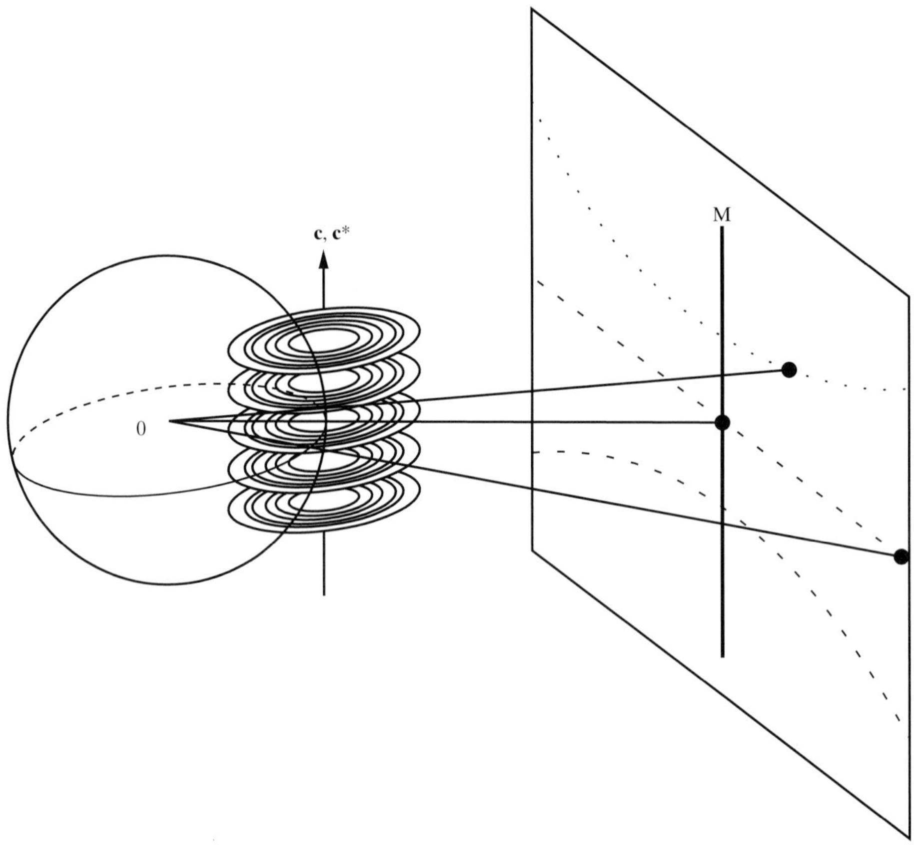

그림 18-10c 역격자 점들의 분포와 섬유 회절무늬 사이의 기하학적 관계

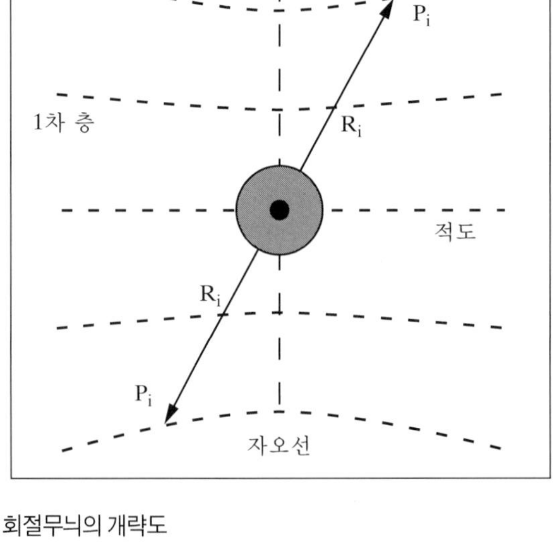

그림 18-10d 그 결과로 생긴 회절무늬의 개략도

비록 rel 환들이 연속적이지만, 각 환은 좁은 범위에서 Ewald 구를 교차할 뿐이다. 따라서 그 결과로 생긴 반사는 그 층선을 따라 너무 멀리까지 뻗히지 않을 것이다. **c*** 근처에서 역격자를 확대한 것에 보인 것과 같이(그림 18-11), 고차 자오선의 00*l* rel 환은 섬유축이 $\mathbf{S}_0$에 수직하는 한 Ewald 구를 만나지 않는다. 더욱이 유한의 미결정 크기와 불완전한 섬유 집합조직은 흔히 역격자 점들을 퍼지게 하므로 *hkl* rel 환은 자오선 위에 회절 반점들을 생기게 할 수 있다.

어떤 지정한 반사가 자오선에 있는지 아닌지 결정하는 문제는 어떤 특정한 00*l* rel 환이 Ewald 구를 접촉하도록 시료(즉, 섬유축)를, 그러므로 역격자를 기울게 하여 간단히 해결할 수 있다. 이 각은 00*l* 반사의 Bragg 각이다. 일단 경사하게 하면 00*l*이 나타나야 하고 $00\bar{l}$은 사라져야 한다. 그림 18-12는 폴리 p 페닐렌 테레프탈라마이드에 대해서 섬유를 기울게 한 것과 그렇게 하지 않은 것의 자료를 보여준다[18.6]. 기울이지 않은 섬유에서 자오선 상에 나타난 어떠한 *hkl* 반사도 기울이면 자오선을 벗어난 두 개의 반사로 분리한다. 그리고 경사가 적도선을 왜곡한다는 것에 주의한다.

층선 거리를 사용하여 비교적 간단하게 격자상수 *c*의 값을 결정할 수 있다. 이것에 더하여 위도 상의 모든 반사는 $l = 0$이고, 1차 선 상의 것들은 $l = 1$이며 등등이다. 남아 있는 것은 각 반사에서 *h*와 *k*를 결정하는 것으로 10-3절과 10-4절에서 개설한 방법을 사용하여 할 수 있는 어떤 것들이다.

결정 형태에 관한 단서는 회절무늬에서 반점의 형태를 관찰하면 얻을 수 있다. 층선 상의 호에 비교하여 적도 상의 회절피크의 예리한 정도는 사슬이 접힌 층판들(lamellae)을 나타낼 수 있다[18.4].

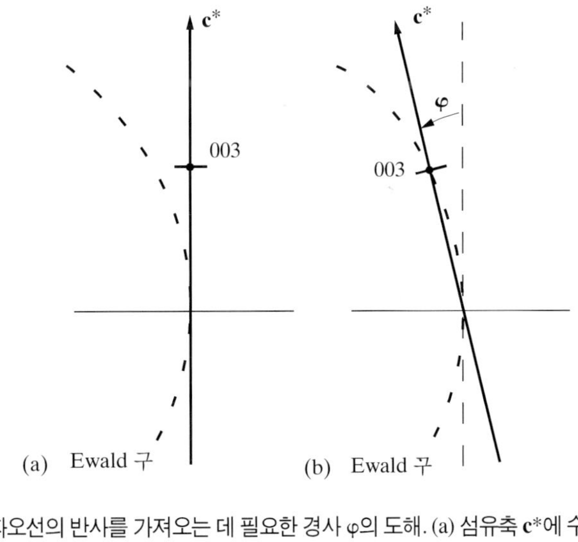

그림 18-11 회절방위로 자오선의 반사를 가져오는 데 필요한 경사 φ의 도해. (a) 섬유축 **c***에 수직한 빔과 (b) 003을 Ewald 구로 가져오기 위해서 φ만큼 기울인 섬유축

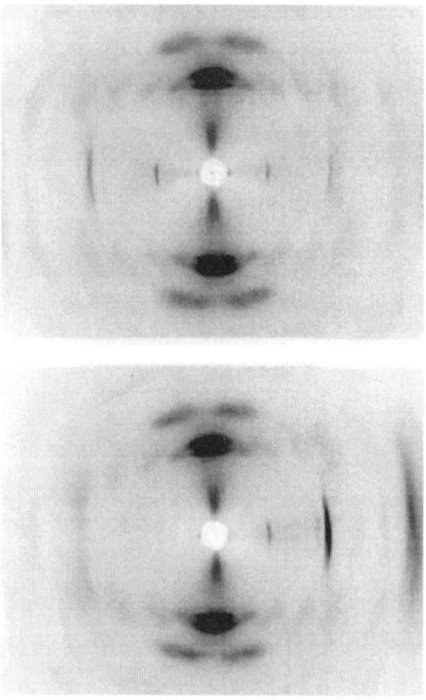

그림 18-12 영상판 위에 기록한 Kevlar 섬유의 회절무늬. (위) 빔은 섬유축(수직한)에 수직하게 입사, (아래) 섬유를 16° 기울임. (S. Jenkins의 호의.)

18-4 광각 산란

전체적으로 결정질이거나 완전한 섬유조직인 고분자 시료를 발견하는 것은 전혀 예기치 못한 것일 수 있다. 예리한 회절피크를 관측할 수도 없을 수도 있지만 적지 않은 정도의 산란은 예상할 수 있다. 약 100Å 이내의 거리에서 전자밀도의 변동은 약 5°보다 큰 회절각에서 산란강도의 최대를 생기게 한다. 그림 18-13은 18℃에서 결정상과 350℃에서 용융상인 폴리테트라플루오르에틸렌의 x선 산란곡선을 보여준다[18.5]. 강도 $I(\mathscr{s})$를 종래 산란 실험에서처럼 산란벡터 $\mathscr{s}' = 4\pi(\sin\theta)/\lambda$의 함수로 그린 것에 주목한다. 여기서 각 2θ는 입사빔과 산란빔 사이에 놓인다. 18℃ 무늬에서 예리한 피크는 결정구조를 나타내지만 또 회절피크에 퍼진 피크가 중첩하여 있다. 회절피크에 수반하는 퍼진 피크는 용융체에서 생긴 회절무늬의 것과 아주 비슷하고 시료의 꽤 많은 부분이 18℃에서 비정질이라는 것의 증거가 된다.

고분자의 광각 산란 연구를 위한 장치는 핀홀 조준을 가지고 시료와 x선 원 사이에 위치한 단색화 장치가 있는 대칭적인 투과 기하학을 사용한다. 대칭적인 $\theta-2\theta$ 투과 기하학의 사용에서 요구하는 강도 보정은 반사 기하의 것보다 아주 덜 필요하며 변형이 없는 역공간의 지도를 만든다. 이런 후자 조건을 얻는다는 것은 산란각의 범위가 $2\theta > 30°$에 걸칠 때 정렬한 고분자의 정성적인

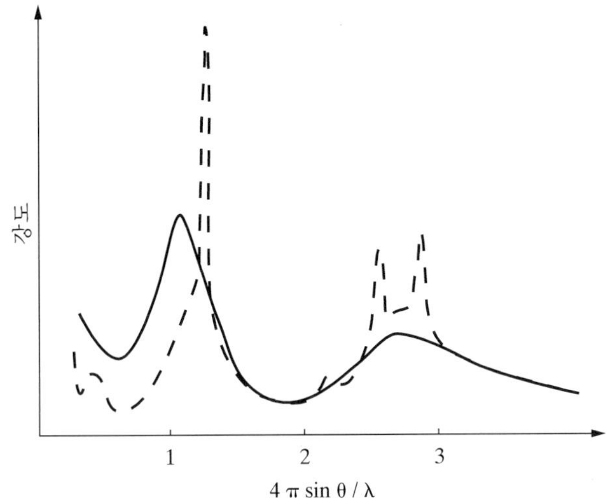

그림 18-13 결정상(파선)에서와 용융상(실선)에서 폴리테트라플루오르에틸렌의 x선 산란곡선. (Warren, Krutter, Morningstar [18.7]에 따름.)

산란 연구 외에는 결코 면적 검출기를 사용하지 못하게 한다[18.5]. 그러므로 간단한 섬광 검출기가 $\theta - 2\theta$ 기하학에 적합하다. 우선 분자방위의 산란 연구에서 시료는 자체의 면에서 회전해야 한다. 이런 조건이 없다면 역공간에서 단 하나의 회절선만을 주사할 수 있다. 실험 산란 자료는 여러 가지 영향을 세밀히 보정하는 것이 필요하고 독자는 이런 자세한 내용의 소개를 위한 참고문헌을 보라.

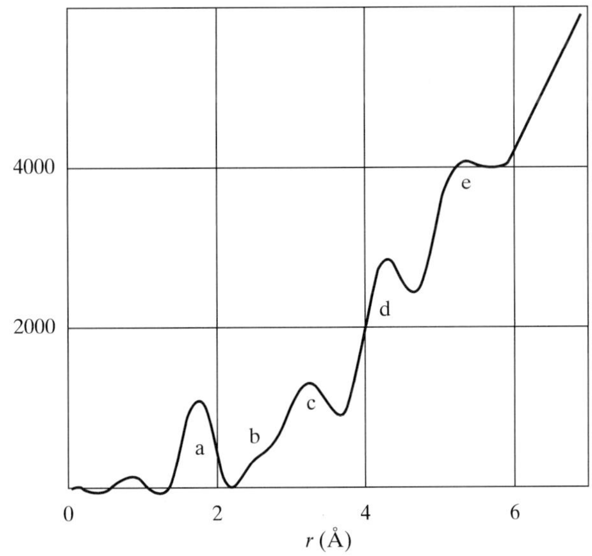

그림 18-14 SiO_2 유리의 반경 분포곡선, 문자는 여러 가지 특성 원자 간 간격을 나타낸다. (Warren, Krutter, Morningstar [18.7]에 따름.)

유기 고분자에서 산란한 전체 강도의 대부분은 비간섭성이나 Compton 산란이다. 덧붙여서 고분자 시료에 고유한 긴 x선 경로길이는 중대한 다중 산란을 일으킨다. 간섭성 산란에 대한 비간섭성 산란의 상대적인 양은 $\mathscr{S}'$가 커짐에 따라 증가하고 이것은 간섭성 산란을 높은 분해능으로 반경 분포함수를 주기 위해서 큰 $\mathscr{S}'$까지 측정해야 한다면 문제를 일으킨다. 반경 분포함수는 유기 고분자의 분야에서는 응용이 다소 제한적이므로 산란벡터 범위는 $\mathscr{S}' \sim 6-7\,Å^{-1}$로 제한할 것이다[18.5]. 보통은 아주 더 많은 정보를 무기 비정질 재료(유리)에서 얻을 수 있고 그림 18-14의 복잡한 것은 무기질 유리에서 결정한 반경 분포함수인데[18.7], 본질적으로 더욱 복잡한 고분자에서 얻은 산란을 해석하는 데에 이런 절차를 적용할 때 마주칠 어려움을 확실하게 나타낸다.

평균 우선방위가 얼마간 있는 시료를 준비하는 것은 배열이 무질서한 고분자에서 확산 x선 산란을 찾아내는 한 방법이다. 사출을 포함한 기계적 방법은 중대한 우선방위를 생기게 하고, $I(\alpha, \mathscr{S}')$를 그리면 존재하는 질서도가 드러난다. 여기서 α는 $\mathscr{S}'$와 변형축 사이의 각이다. 그림 18-15는 어떤 특정한 방향으로 정렬한 사출한 PEEK(폴리 에테르 에테르 케톤) 비정질 시료에서 구한 $I(\alpha, \mathscr{S})$의 등고선 지도와 $\alpha = 0°$ 자오선 방위와 $\alpha = 90°$ 적도 방위의 $I(\mathscr{S}')$를 보여준다[18.5]. $\mathscr{S}' \sim 1.3\,Å^{-1}$에서 확산피크는 $\alpha = 90°$에서 가장 강렬한 반면에 더 높은 $\mathscr{S}'(\sim 3$과 $5.5\,Å^{-1})$에서 다른 피크들은 $\alpha = 0°$에서 더 세다. 가장 큰 피크는 기계 축(적도)에 수직한 면에서 가장 세기 때문에 이것은 PEEK 사슬 조각들 사이의 상관관계를 나타낸다. $\mathscr{S}' \sim 3$과 $5.5\,Å^{-1}$에서 피크들은 정렬 방향(자오선)에 평행한 방향을 따라서 가장 강렬하며 분자 사슬 내의 상관관계에서 생겨난다. 정렬한 고분자 시료를 사용하면 특히 측면 사슬이 꽤 많은 고분자를 찾아낼 수 있다[18.5].

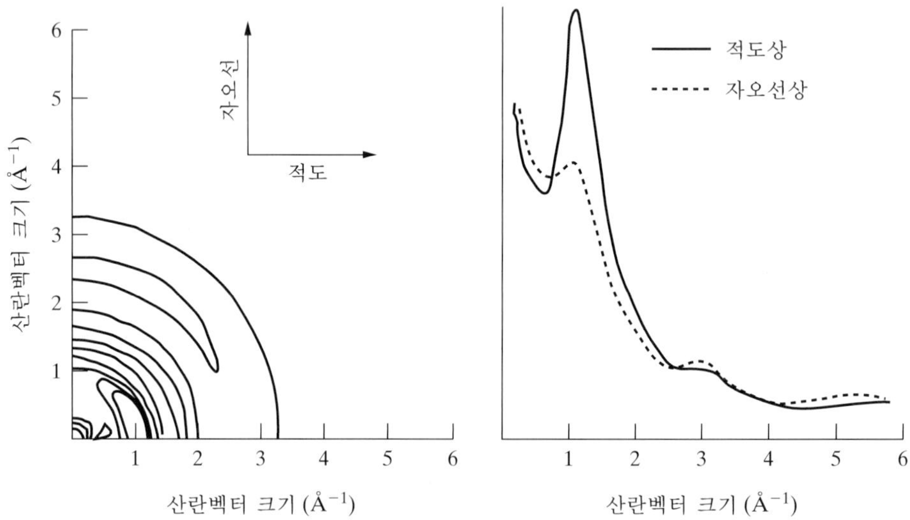

그림 18-15 산란 x선 강도 함수, (왼쪽) 압출성형으로 준비한 부분 정렬한 비정질 PEEK에서와 (오른쪽) 표시한 단면을 따른 2차원 표면에서. (G.R. Mitchell[18.5]에 따름.)

산란 연구들은 용융 폴리에틸렌에서 사슬 입체구조가 불규칙하고 '무작위 코일'과 유사한 것을 보여준다[18.8]. 이 결과는 산란을 사슬 간(넓게 퍼진 요동을 만듬)과 사슬 내(윤곽이 더욱 예리한 최대) 성분으로 나누어서 구한 것이다.

18-5 요약

고분자에서 얻는 회절무늬는 아주 다른 문맥에서 금속이나 세라믹에서 보통 만나는 특징을 편입한다. 결정도를 정량하고 격자상수를 정산하기 위한 더 나아진 계산법들은 더 나은 공정제어의 전망과 경제적 생산을 위한 전략 개발을 준다. 이런 방법들에 관한 논의는 이 책의 범위를 벗어난다. 비록 구식이지만, Alexander의 전공논문은 아주 유용한 참고문헌으로 남아 있다 [18.9]. 19장의 첫째 참고문헌은 또 Roe[18.10]이 쓴 최근 책만큼 도움이 되는 정보를 제공한다.

문 제

18-1 그림 18-8에 보인 폴리에틸렌 결정구조에서 가장 낮은 각 반사 10개의 회절피크 위치를 계산하라. 결정은 무질서하게 배향한다고 가정한다. 회절피크가 가질 수 있는 최대폭과 분리할 수 있는 최대폭은 얼마인가? 폭이 매우 넓은 피크를 가진 시료를 어떻게 처리하여야 숨어 있는 결정구조를 잘 분석할 수 있는가?

제 19 장 소각 산란

19-1 서언

강한 회절피크는 원자와 분자의 규칙적인 배열에서 산란한 x선의 보강 간섭에서 생긴다. 저각 산란강도의 각분포에서 많은 것을 알 수 있고 이전에 다룬 산란에 관한 처리방식은 지나치게 많은 작업이 없이도 확장하여 각산란에 적용할 수 있다. 100 Å 정도 이상의 길이에서 전자밀도의 변동이 충분히 크면 $2\theta < 5°$ 각도에서 검출 가능한 산란 x선 강도를 만들 수 있다. 이런 변동은 밀도나 조성의 차이 혹은 양자에서 나올 수 있으며 주기적일 필요는 없다.

장 주기 구조는 소각 범위에서 강도가 있는 피크를 생기게 할 수 있다. 강도의 이방성 분포는 광각 회절무늬, 집합조직의 사진이나 극점도와 많이 같은 방식으로 해석이 가능하다. 장주기 구조의 해석에 관한 예는 19-2절에 나온다.

그리고 산란강도의 양과 각분포는 시료나 입자들이 결정질이나 비정질에 상관없이 아주 작은 입자들의 크기나 단위부피당 표면적과 같은 정보를 제공한다. 19-3절은 소각 산란 실험으로 얻은 결과를 해석하는 데 사용한 산란 공식을 전개한다. 19-4절에서는 산란 영역 중의 하나인 Guinier 영역의 해석을 다룬다. 소각 산란장치에 관한 논의는 19-6절에서 하고 소각 산란의 예는 19-7절에 나온다.

독자는 이 장의 고찰이 고분자와 생체 재료에서 자주 나오는 장주기 구조로 시작하는 것에 주의한다. 그러나 이러한 장주기 구조와 이의 해석은 대개는 금속, 세라믹이나 반도체를 다루는 연구자에게는 생소한 것이다. 주로 금속과 세라믹에 관련한 독자들은 19-3절에서 이 장 끝까지가 더 알맞다는 것을 알 수 있을 것이다. 이 장 처음에서 장주기 구조를 다루고 회절 공식으로 산란에 관한 논의를 시작하는 이유는 산란체의 주기적 배열에서 나오는 회절에 관한 이전의 다룬 범위에서 시작하여, 명확하게나 불명확하게 정의하는 실체의 무질서 배열에서 나오는 산란까지 연결하는 다리를 제공하기 위한 것이다.

19-2 장주기 구조

장주기 구조는 산란강도에서 최대를 생기게 하고 이 피크의 예리함과 각분포는 상이한 방향에 따르는 전자밀도에서 변동의 규칙성을 반영한다. 더 자주 만나는 광각 회절과는 차이가 있다(이것은 이 책의 앞선 장들의 주제이다). 뒤에 나오는 것에서는 필름이나 그 밖의 다른 면적 검출기에서 기록한 산란강도의 분포를 층판상 미결정들로 되어 있는 고분자의 예를 사용하여 특정한 구조와 연계한다[19.1]. 직공간의 주기성과 역공간의 회절각 사이의 역관계를 상기하는 것이 중요하다.

그림 19-1의 좌측은 적층한 층판상 미결정의 여러 미세조직(우측)에서 예상하는 소각 회절무늬의 특징을 나타낸다[19.1]. 환무늬를 관찰하면(그림 19-1(a)), 구형 대칭의 미결정들의 집합체,

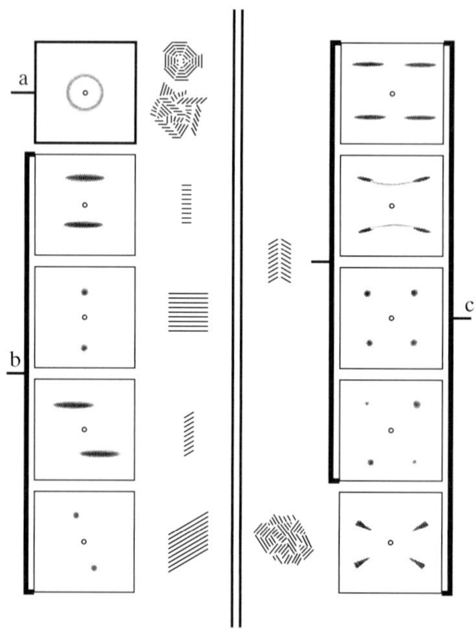

그림 19-1 장범위 규칙 구조의 개략도(각 행의 오른편)와 이에 대응하는 저각 영역에서 회절무늬(각 행의 왼편). 무늬 유형 a–c의 논의는 본문에 있음. (Kakudo와 Kasai[19.1]에 따름.)

즉 구정들이나 무배향 적층 층판상 미결정들의 집합체가 원인이다. 그러한 환들은 때로 타원으로 변형하고 이 타원형 환무늬들은 인발하거나 압축한 시료의 변형의 중간 단계에서 만날 수 있다. 해당 미세조직은 구정들이나 적층 층판상 미결정들의 변형일 것이다. 장주기 구조가 충분히 규칙적이면 대부분 질서를 관찰할 수 있다. 직경이 2780 Å이고 물에 분산한 구형 라텍스 입자들은, 예를 들어 핀홀 단색기와 Cu $K\alpha$ 방사선을 사용하면 13개의 환을 만든다[19.2].

층선의 산란은 고분자의 장주기 무늬에서 보는 흔한 특징이다. 두 점(그림 19-1(b))과 네 점(그림 19-1(c)) 층선 무늬는 층판상 미결정들의 적층방위를 나타낸다. 최대는 적층 방향을 따라 나타나며 반점들의 가로 폭은 해당 방향에서 층판들(lamellae)의 크기에 의존하는데, 직공간의 크기가 작을수록 더 크다. 미결정들의 경사 적층, 즉 섬유 방향에 비스듬히 평행한 층판들은 때로 인발 섬유의 졸린 부위나 두 개의 상이한 방향으로 인발한 후 판(sheet)들을 이룬다. 그 결과 적층 방향의 회전은 산란강도 최대의 위치를 바꾸고(그림 19-1(b)) 작은 미결정으로 생기는 선폭 확장이 겹칠 수 있다. 그림 19-2는 칠면조 다리의 힘줄을 사용하여 기록한 것이며 다중의 소각 피크를 직접 빔의 양쪽에서 관찰한다[19.3].

4점 층선 기하학은 시료에서 이중 배향구조를 반영한다(그림 19-1(c)). 직선의 수평선이나 적도에 대해서 볼록한 선 상에서 점이 넷인 무늬는 반사 대칭의 관계가 있는 두 개의 2점 층선 무늬의 중첩으로 간주하는 것이 가장 좋다. 해당 집합조직은 반사 대칭적으로 기울어진 두 개 미결정 적층의 집합체일 것이다. 그림 19-1(c)는 이중 배향구조가 만든 무늬를 보여준다. 수직축에서 경사는 층판들이 적층한 방향을 나타내고 그러한 무늬를 만드는 재료의 하나는 고상 축합반응으로 얻은 이중 배향한 Nylon 6이다[19.1]. 때로는 네 개의 최대가 적도에 대해 오목한 곡선 상에 놓이며 이것은 타원형 환무늬를 만드는 대칭의 한 변형일 것으로 생각할 수 있다.

19-3 산란강도

회절기에서 측정한 상이한 회절선의 상대적인 강도의 정확한 공식을 이전에

$$I = |F|^2 p\left(\frac{1 + \cos^2 2\theta}{\sin^2\theta\cos\theta}\right)\exp(-2M) \tag{4-21}$$

로 나타내었다. 여기서 I = 상대 적분강도, p = 다중도 인자, θ = Bragg 각, exp $(-2M)$ = 온도인

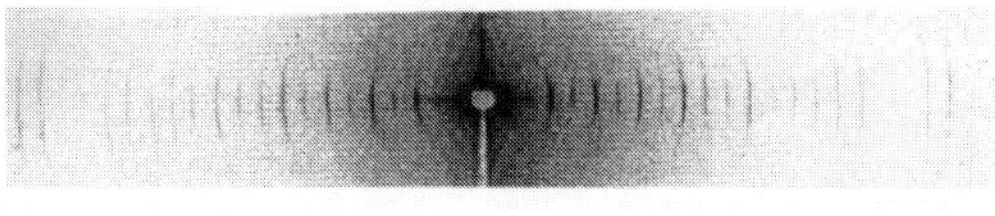

그림 19-2 영상판에 기록한 칠면조 다리 힘줄의 저각 x선 회절무늬. (Snigirev 외 [19-3]의 호의.)

자, F = 구조인자로

$$F_{\mathrm{hkl}} = \Sigma f_{\mathrm{n}} \exp[2\pi \mathrm{i}(\mathrm{hu_n} + \mathrm{kv_n} + \mathrm{lw_n})] \tag{4-11}$$

를 정의하고, 여기서 합은 단위포의 모든 n 원자로 확장하고, u_n, v_n, w_n은 단위포 내의 n번째 원자의 분율좌표이며 f_n은 원자산란인자이다. 개개의 원자는 잘 정의한 실체로서 산란한다는 것이 합을 쓰는 데 함축하여 있다. 식 (4-11)과 (4-21)이 적분강도를 계산하는 유일한 방법은 아니다.

입사 x선 광자에서 본다면, 한 시료는 공간적으로 불균일한 전자의 바다로 되어 있다. 사실 양자역학은 개개의 전자는 음전하가 확산한 구름으로 그 자체가 퍼져 있다고 제시한다. 중요한 양은 보통 전자 단위로 표현하는 전하밀도 ρ이고, 그 결과 $\rho\, dV$ 양은 전자 한 개의 전하에 대해 부피 dV에서 전하의 비이다. 이와 같이 하면 개개의 전자에서 $\int \rho\, dV = 1$이다. 단 하나의 원자에서 나온 산란은 반드시 원자의 다른 '부위'에서 나온 산란과 위상차를 고려해야 하고 원자산란인자 f는 개별적인 전자에서 온 기여 f_e를 한데 모은 것이다. 여기서

$$f_{\mathrm{e}} = \int \exp[(2\pi \mathrm{i}/\lambda)(\mathbf{S} - \mathbf{S}_0) \cdot \mathbf{r}] \rho\, \mathrm{dV} \tag{19-1}$$

이다. 부록 10에 준 것과 같이 $f = \Sigma_n (f_e)_n$의 정밀한 값을 계산하는 것은 전하 분포 ρ를 자세히 아는 것에 달려 있다.

정확하게 맞지는 않지만, 한 원자에서 전자의 전하 분포는 구형이며 $\rho = \rho(r)$과 같다고 가정하는 것은 아주 유용한 근사이고 f를 구하기 위한 간단한 표현이다. $k = (4\pi/\lambda) \sin\theta$와 그림 19-3을 사용하여 $(\mathbf{S} - \mathbf{S}_0) \cdot \mathbf{r} = 2r \sin\theta \cos\phi$이고

$$\begin{aligned} f = \sum_{\mathrm{n}} (f_{\mathrm{e}})_{\mathrm{n}} &= \sum\nolimits_{\mathrm{n}} \int_{\mathrm{r}}^{\infty} \int_{\phi}^{\pi} \exp(ikr \cos\phi)\, \rho_{\mathrm{n}}(r)\, 2\pi r^2 \sin\phi\, \mathrm{d}\phi\, \mathrm{d}r \\ &= \sum_n \int_0^{\infty} 4\pi r^2 \rho_n(r) \frac{\sin kr}{kr}\, dr \end{aligned} \tag{19-2}$$

이다. 작은 각, 즉 작은 k나 $(\sin\theta)/\lambda$에서 $\sin(kr)/kr$은 1에 접근한다. 만일 Z가 원자에서 전자의 수이면,

$$\sum\nolimits_n \int_0^{\infty} 4\pi r^2 \rho_n(r) dr = Z \tag{19-3}$$

이고, f는 $\sin\theta/\lambda$의 작은 값들에서 Z에 접근한다. 따라서 전자밀도에서 변화는 산란원자의 질서나 질서의 결핍에 무관하게 산란 x선의 진폭에 영향을 끼친다.

주위 매질과 다른 일정한 조성의 작은 영역이 있다고 가정하자. 이제부터는 그 영역을 입자로 표시하는데, 영역이 무질서하게 퍼져 있고 입자들의 농도가 과히 크지 않다면 기지에 대해 입자

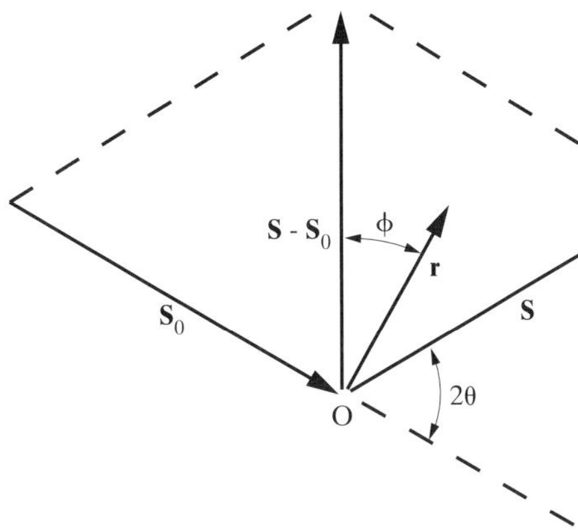

그림 19-3 식 (19-1)을 (19-2)로 변환하는 데 사용한 변량의 도해

에서 산란한 진폭(전자 단위로)은 전자밀도의 차이로 다음과 같이 나타낸다:

$$A(\mathscr{s}) = \Delta\rho \int \exp(2\pi i[\mathscr{s} \cdot \mathbf{r}])dV_r \tag{19-4}$$

그림 19-4를 참조하여, r_s는 $\mathscr{s} = (\mathbf{S} - \mathbf{S_0})$에 따른 r의 크기이고 $\mathscr{s} \cdot \mathbf{r} = \mathrm{S}r_s$이다. 소각에서 $\mathscr{s} \cong 2\theta/\lambda$이고 r_s는 $\mathbf{S}_0$에 수직한 선을 따른 r의 성분이다. A_{rs}가 r_s를 따른 입자의 단면적이라면 산란 진폭은

$$A(\mathscr{s}) = \Delta\rho \int \exp(2\pi i \mathscr{s} r_s) A_{rs} dr_s \tag{19-5}$$

이다. 소각 산란에 두 영역, Guinier와 Porod 영역이 있고, 이는 많은 응용에서 중요하다. 이 영역의 각 한계와 각각에서 산란을 해석하여 얻는 것을 다음 두 절에서 다룬다.

19-4 GUINIER 영역

식 (19-5)는 한 입자에서 산란을 산란벡터 $\mathscr{s}$의 함수로 표현하고 소각 영역에서 지수함수는 $\mathscr{s}$에서 멱급수로 전개할 수 있고 $\mathscr{s}^2$보다 더 고차인 항들은 버릴 수 있어서

$$A(\mathscr{s}) = \Delta\rho\Big[\int A_{rs}dr_s + \int 2\pi i \mathscr{s} r A_{rs}dr_s - \int 2\pi^2 \mathscr{s}^2 r_s^2 A_{rs}dr_s\Big] \tag{19-6}$$

로 놓을 수 있다. 입자를 위해 선택하는 데 가장 편리한 원점은 그것의 중력중심이다. 식 (19-6)의 2차 항은 0이 된다. 첫째 항은 입자당 부피 V와 $\Delta\rho$의 곱인 반면에 셋째 항은 입자의 회전반경(the

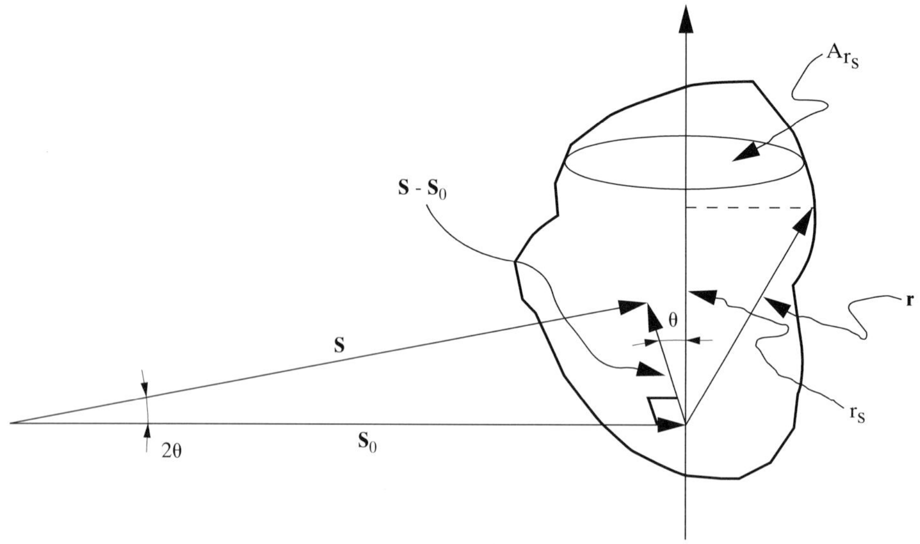

그림 19-4 식 (19-5)를 얻는 데 사용한 근사의 도해

radius of gyration)인 R_{gs}에 관계한다. 이 관계식은

$$R_{gs}^2 = V^{-1}\int r_s^2 A_{rs} dr_s \tag{19-7}$$

이고, 입자의 산란 진폭은

$$A(\mathscr{J}) = \Delta\rho\,(V - 2\pi^2 V \mathscr{J}^2 R_{gs}^2)$$

$$= \Delta\rho V(1 - 2\pi^2 \mathscr{J}^2 R_{gs}^2) \tag{19-8}$$

이 된다. 일반적으로 괄호 안의 항은 지수함수로 근사한다:

$$A(\mathscr{J}) = \Delta\rho V \exp(-2\pi^2[2\theta/\lambda]^2 R_{gs}^2) \tag{19-9}$$

n개의 독립적으로 산란하는 입자들에서

$$I(\mathscr{J}) = |A(\mathscr{J})|^2 \simeq n(\Delta\rho)^2 V^2 \exp[-4\pi^2(2\theta/\lambda)^2 R_{gs}^2] \tag{19-10}$$

이고, ln I 대 $16\pi^2\theta^2/\lambda^2$도의 경사는 $-R_{gs}^2$인 경사를 주며(그림 19-5) 이런 접근법을 개척했던 A. Guinier의 이름을 따서 Guinier 도라고 이름이 붙었다. Guinier란 이름은 이미 Guinier 카메라(7-14절에 기술한)를 통해 익숙한 것이다. Al-Cu 합금계에서 Guinier-Preston 혹은 G-P 정대들도 그 이름을 가진다. 식 (19-10)은 충분히 작아서 최대직경 D_{max}가 부등식 $kD_{max} \le 1$을 만족하는 산란체들에 대하여 유효하다.

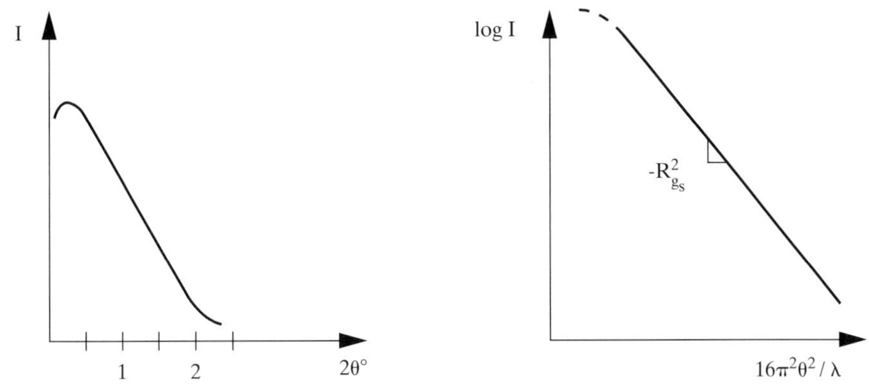

그림 19-5 저각 영역에서 산란강도의 변동(왼쪽)과 산란자들의 회전반경 R_{gs}를 결정하기 위한 Guinier 작도

만일 입자들이 어떤 범위의 크기에 있고 모든 가능한 방위를 취한다면, 두 개의, s에 수직한 직교축 x_1과 x_2를 따른 입자 크기는 Guinier 도의 경사에 나타나게 된다. 한 점 r까지 거리는 이 점의 좌표와 관계하여 $r^2 = x^2 + y^2 + s^2$이고, 평균 회전반경 $<R_g^2>$은

$$< R_g^2 > \ = \ < R_{gx}^2 > \ + \ < R_{gy}^2 > \ + \ < R_{gs}^2 > \tag{19-11}$$

이다. 모든 방위가 동등하게 가능하다면, 식 (19-10)에서 $<R_g^2>/3$은 R_{gs}^2으로 치환할 수 있고,

$$< R_g^2 > \ = \int r^2 dV/V \tag{19-12}$$

이다. 실제로 Guinier 도는 $2\theta = 0°$까지 확장하는 선형 영역을 가지는 않는다(그림 19-5). 일반적으로 경사는 곡선이 선형적인 데서 잡으며 가장 낮은 각도들은 제외한다. 그림 19-5b의 왼편 그림에서 돌기는 예를 들면 입자간 간섭에 의해 생겨날 수 있다. 입자들이 무질서하게 배열하지 않거나 입자밀도가 아주 높을 수 있다. 결정립 크기의 어떤 범위가 존재한다면 이것은 Guinier 도에서 경사의 범위로 나타날 것이고 어떤 예에서는 크기 분포를 결정할 수 있다.

크기가 변하는 입자들이 존재할 때 Guinier 도의 경사에서 결정한 회전반경은 크기가 가장 큰 것을 무겁게 가중한다. 개개가 가중치 분율 w_n와 부피 V_n인 n개의 상이한 크기에 대해서 $V R_g^2$ 항은 산란 진폭을 나타내며

$$< R_g^2 > \ = \frac{\sum_n w_n (\Delta\rho)^2 V_n^2 (R_g^n)^2}{\sum w_n (\Delta\rho)^2 V_n^2} \tag{19-13}$$

이다. $\Delta\rho^2 V^2$은 결정립당 전자 수의 제곱이고, 이것은 R^6에 비례하므로

$$< R_g^2 > \; = \; < R^8 > / < R^6 > \tag{19-14}$$

이다. 이것은 결정립 크기의 분포에서 큰 R에 대해서 무겁게 가중한 것이다.

19-5 POROD 영역

한 고체의 반경 a인 구의 산란 진폭은 식 (19-4)를 구면좌표의 식으로 다시 쓰고 구 안에서는 $\rho =$ 1이며 그 외에서 $\rho = 0$으로 놓으면 나온다:

$$\int \exp(-2\pi i \mathscr{s} \cdot \mathbf{r}) dV_r = \int_0^{2\pi} \int_0^{\pi} \int_0^{a} \exp(-2\pi i \, \mathscr{s} \, r \cos\alpha) r^2 \sin\alpha \, d\alpha \, d\phi \, dr \tag{19-15}$$

지수함수를 코사인과 사인의 항으로 쓰고 $u = 2\pi \mathscr{s} \, r \cos\alpha$로 놓으면(그러면 $du = -2\pi \mathscr{s} \, r \sin\alpha \, d\alpha$) 식 (19-15)에서 적분은

$$\int_0^{2\pi} \int_{2\pi \mathscr{s} r}^{-2\pi \mathscr{s} r} \int_0^{a} [\cos u - i \sin u] \left[-\frac{1}{2} \pi \mathscr{s} \right] r \, d\phi \, dr \, du \tag{19-16}$$

로 바뀐다. α가 0에서 π로 변하면, u는 $+2\pi \mathscr{s} r$에서 $-2\pi \mathscr{s} r$로 변한다. ϕ에 대한 적분값은 2π이다. u 그런 다음 r에 대해서 적분하면, 그 결과는

$$\int exp 2\pi i \, \mathscr{s} \cdot \mathbf{r} \, dV_r = \frac{4}{3} \pi a^3 \left\{ \frac{3[\sin 2\pi \mathscr{s} a - 2\pi \mathscr{s} a \cos 2\pi \mathscr{s} a]}{(2\pi \mathscr{s} a)^3} \right\} \tag{19-17}$$

이다. 이 결과는 산란 진폭에 비례한다. 그러므로 강도를 전자 단위로 나타낼 수 있다:

$$I(\mathscr{s}) = [\Delta\rho 4\pi a^3]^2 (3)^2 \left[\frac{\sin 2\pi a \mathscr{s} - 2\pi a \mathscr{s} \cos 2\pi a \mathscr{s}}{(2\pi \mathscr{s} a)^3} \right]^2 \tag{19-18}$$

괄호 안에 있는 제곱 항을 계산하고 $2 \sin x \cos x = \sin^2 x$와 $1 - \cos^2 x = \sin^2 x$로 놓으면

$$I(\mathscr{s}) = \frac{16(\Delta\rho)^2}{64\pi^4 \mathscr{s}^6} [1 + (4\pi^2 a^2 \mathscr{s}^2 - 1) \cos^2 2\pi a \mathscr{s} - 2\pi a \mathscr{s} \sin 4\pi a \mathscr{s}] \tag{19-19}$$

가 생기고, $\cos^2 x = (1 + \cos^2 x)/2$를 적용하면

$$I(\mathscr{s}) = \frac{(\Delta\rho)^2}{8\pi^3} \left[\frac{1}{\pi \mathscr{s}^6} + \frac{4\pi a^2}{\mathscr{s}^4} + \left(\frac{4\pi a^3}{\mathscr{s}^4} - \frac{1}{\pi \mathscr{s}^6} \right) \cos 4\pi a \mathscr{s} - \frac{4a}{\mathscr{s}^5} \sin 4\pi a \mathscr{s} \right] \tag{19-20}$$

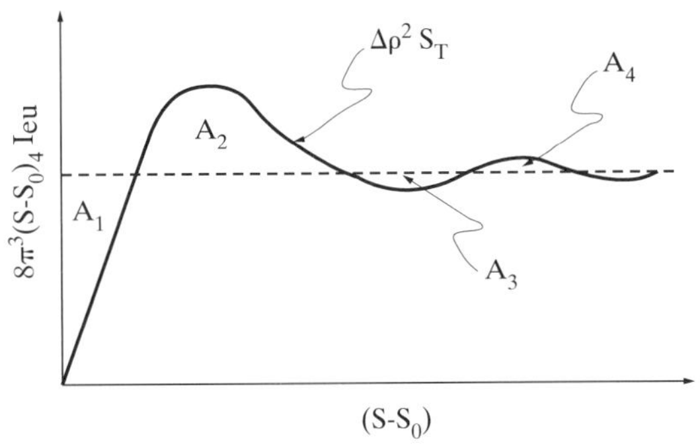

그림 19-6 노광부피에 있는 산란자들의 총 표면적 S_T를 결정하기 위한 Porod 작도. 만일 크기 분포가 좁으면, 파선 아래의 총 면적은 선 위의 것과 같을 것이다(즉, $A_1 + A_3 + \ldots = A_2 + A_4 + \ldots$).

가 나온다. 두 요소는 더 간단하게 될 수 있다. 첫째로 산란체의 크기 분포가 존재하는 곳에서 이것은 보통의 예인데, 여러 가지 크기의 산란체들이 기여하여 삼각함수 항들은 상쇄한다. 둘째로 $\mathscr{s}^{-6} \ll \mathscr{s}^{-4}$이다. 그러므로 빈도가 w_a인 개개의 크기에 대해서

$$I(\mathscr{s}) = \frac{(\Delta\rho)^2}{8\pi^3}\frac{\sum_a w_a 4\pi a_a^2}{\mathscr{s}^4} = \frac{(\Delta\rho)^2}{8\pi^3}\frac{S_T}{\mathscr{s}^4} \tag{19-21}$$

이고, 여기서 S_T는 노광부피에서 전체 표면의 면적이다. 식 (19-21)을 얻는 데 적용한 근사는 $\ln I$ 대 $\ln \mathscr{s}$ 도가 경사가 -4인 경우에 유효하다. $\mathscr{s}^4\, I(\mathscr{s})$양 대 $\mathscr{s}$의 도표는 $kR_g > 3$에서 수평 영역을 생기게 하고 거기에서 $\Delta\rho^2\, S_T$ 값을 구할 수 있다. 이 Porod 도(그림 19-6)는 결정립이 크기 분포가 좁을 때 작은 $\mathscr{s}$에서 요동한다. 이것은 식 (19-20)에서 삼각함수 인수 때문이다. 결정립 크기의 분포가 좁고 입자들이 등축형이라면 $\Delta\rho^2\, S_T$을 정의하는 선 위와 아래의 작은 $\mathscr{s}$에서 동등한 면적들을 찾는다. 만일 결정립들이 울퉁불퉁하거나 한 방향에서 아주 짧다면 면적은 같지 않을 것이고 수평선을 결코 얻을 수 없다[19.4].

표면 대 부피의 비율 S_V의 역수는 Porod 반경, R_P이라고 부르는 평균길이에 관련한다. R_P는 $\langle R_3\rangle / \langle R_2\rangle$에 관계하고 이것은 R_G와는 수치적으로 다르다[19.4].

식 (19-21)을 사용하여 S_T를 결정하기 위해 절대강도를 측정할 필요는 없다. 식 (19-10)은 적분 소각 강도가 $N\,\Delta\rho^2$ V와 동등하다는 것을 결정하는 데 쓰일 수 있다는 것을 보여줄 수 있다. 즉,

$$\int I(\mathscr{s})dV_{\mathscr{s}} = N(\Delta\rho)^2 V \tag{19-22}$$

이다. 여기서 N은 결정립의 전체 수이고 V는 각 결정립의 부피이다. 그러므로

$$\frac{I(0)}{\int I(\mathscr{s})dV_{\mathscr{s}}} = \frac{N(\Delta\rho)^2 V^2}{N(\Delta\rho)^2 V} = V \tag{19-23}$$

이다. 이것은 결정립 크기의 또 다른 측정치이다. 식 (19-21)을 식 (19-22)로 나누어 상수들을 제거하면 상대 산란강도는

$$\left(\frac{(\Delta\rho)^2 S_T}{8\pi^3 \lambda^4}\right)\frac{1}{N(\Delta\rho)^2 V} = \frac{S_T/V_{total}}{8\pi^3 \lambda^4} \tag{19-24}$$

이고, 여기서 $V_{전체} = NV$이고, 빔에서 모든 결정립의 전체 부피이다.

19-6 소각 산란장치

소각 산란의 분포를 측정하는 장치는 반사 기하학에서는 직사빔 근처에서 강도를 측정하는 것이 어렵기 때문에 일반적으로 투과빔 기하학을 채택한다. 측정은 광반이 작은 가는 x선 빔을 요구하기 때문에 산란강도 범위의 대부분을 막지 않으면서 직사빔을 차단할 수 있다 . 단색 방사선이 필요하고 흔히 결정 단색화 장치를 x선 원과 시료 사이에 놓아서 사용한다. 그리고 평형 필터 접근법도 $K\alpha$ 방사선만으로 산란을 측정하는 데 쓰일 수 있다(6-13절을 보라). 하지만 입사빔이 더 작고/혹은 더 평행하면 강도는 더욱 낮다. 그러므로 적합한 분해능과 강도를 동시에 얻는 것은 의미있는 하나의 도전이다. 자료수집에서 성공하는 세 가지 요소는 슬릿 조준, 핀홀 조준, 결정 단색화 장치의 조준이다.

광원에서 나오고 두 개의 조준슬릿(그림 19-7a에서 C1과 C2)이 한정하는 빔을 고찰하자. 광원에서 나온 집중광(cross-fire)은, 광원에서 나와서 C1과 C2를 통과하는 평행광선이 한정한 면적 AB뿐만 아니라 AB의 양면에 대한 반영 부위도 비춘다. 그러므로 그림 19-7(a)의 D와 E 사이에서 산란강도를 측정하는 것은 불가능하다. 사실 거의 항상 직사빔에 수반하는 기생(parasitic) 방사선의 후광이 있고 입사강도를 측정할 수 없는 부위는 D와 E를 넘어서 확장한다. 그림 19-7(a)에서 각을 크게 과장하였지만 P점에서 산란강도에 기여하는 일부 발산 $\Delta\theta$가 있고 이런 발산과 빔의 물리적인 크기는 물론 사용한 광원 면적의 부위를 슬릿 C1과 C2로 정의한다는 것을 잊지 않는 것이 중요하다. 슬릿 C1은 가능한 x선 광원에 가깝게 두고 때로는 셋째 슬릿 C3를 시료 근처에 추가한다. 셋째 슬릿은 C1과 C2에 비해 약간 넓어서 직사빔을 아주 차단하지 않지만 C2에서 나온 산란의 대부분은 제거한다.

그러한 작은 각에서 산란이기 때문에 슬릿의 기하학과 크기는 결과에 심하게 영향을 준다. 직사각형 슬릿은 강도를 증가하기 위해서 쓰이는데, 슬릿의 상부, 중간, 하부는 본질적으로 다른 각도를 취하기 때문에, 특별한 문제일 수 있다. 좁은 핀홀로 수집한 자료조차도 유한한 슬릿 폭의 영향은 물론 기생산란(시료가 아닌 광원에서 나온)과 같은 그 밖의 다른 영향들을 세심하게 보정해야만 한다.

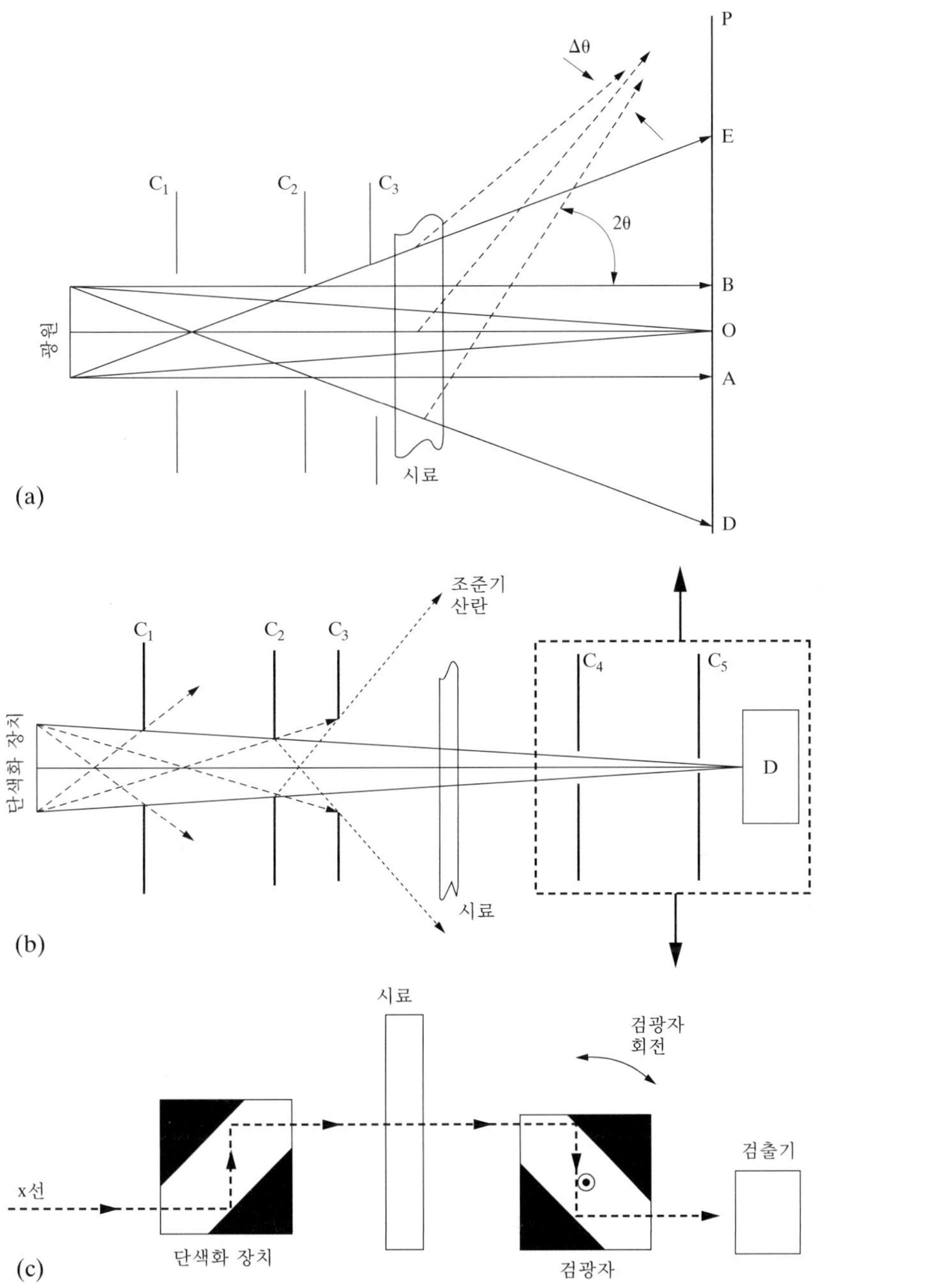

그림 19-7 (a) 산란강도를 측정할 수 없는 반영 부위를 만드는 유한 광원 크기의 도해(Guinier를 따라서, [G.30]). (b) 산란빔을 가로질러 검출기와 수광슬릿을 주사하도록 고안한 실험실용 저각 산란장치. Cu Kα 방사선과 나타낸 배치로 빔은 약 0.05° 2θ 폭이고, 슬릿에서 산란은 약간 넘어선 ~ 0.075° 2θ가 되며, d가 500 Å에 접근하는 것을 관측할 수 있다. 이런 성과를 달성하기 위해 조준기 C_1 ... C_5는 각각 개구가 0.1 mm, 0.05 mm, 0.1−0.15 mm, 0.1 mm, 0.05 mm이다. C_1과 C_2, C_3, 위에 보인 것과 같이 C_5 사이의 간격은 각각 약 200 mm, 300 mm, 350 mm, 500 mm이다(Schwartz와 Cohen를 따라서[G.7]). (c) Bonse-Hart 기하. 단색화 장치와 검광자는 채널 베기(channel-cut) 결정인데, 이것은 특정하게 배향한 채널 베기 결정이다. x선 빔은 단색화 장치 결정과 검광자 결정에서 두 번씩 회절하며, 그 때문에 시료에 입사하는 각 범위와 임의의 한 검광자의 설정에서 측정한 산란 방사선의 각 범위를 좁게 한다.

소각 산란은 아주 약해 빔의 감쇠와 공기의 산란을 최소화하기 위해 x선 광원에서 검출기까지 경로를 진공으로 하는 것이 실질적으로 필요하다. 아주 얇은 박을 사용하여, 그 자체는 소각 산란을 발생하지 않는데, x선이 산란장치를 들어가고 나오는 곳을 진공 밀폐한다. 시료두께 $t = 1/\mu$ (여기서 μ는 선형감쇠계수)가 최대강도를 만들어 낸다. 이런 결과는 다른 x선 투과 실험에서도 공통이고 두께가 증가하면 감쇠는 증가하나 빔에 부딪히는 산란체의 수가 증가하는 것 사이에서 합리적인 절충을 나타낸다. 하지만 산란강도 $I \propto I_0\, t \exp[-(\mu/\rho)\rho t]$의 변화는 t에 느리게 변화하므로 두께 $2/\mu$와 $3/\mu$는 여전히 유용하다.

더 간단한 장치에서 검출기는 시료중심을 축으로 투과 회절기와 같은 방식으로 선회할 수 있다. 대안으로 산란슬릿, 수광슬릿, 검출기를 입사빔에 수직하게 병진하게 할 수도 있다. 그림 19-7(b)는 그러한 장치를 도해로 보여주고 그러한 소각 계에서 전형적인 슬릿들의 크기와 간격을 보여준다[19.4]. 간단한 단일 채널 검출기(비례나 섬광)와 전자장치(electronics)만이 필요하다는 것에 주목한다. 자료수집속도는 선형 위치민감 검출기가 슬릿과 검출기 시스템을 대체한다면 극적으로 좋아질 수 있다. 그러한 다중 채널 검출기를 사용하면 더 복잡한 전자장치와 기생산란에 대한 감수성 증가라는 대가를 치러야 한다. 단일 채널이나 선형 위치민감 검출기의 사용은 산란(과 구조)이 방향에 따라 다르지 않는 등방성 시료에 충분하다. 이런 경우가 아니라면 시료는 반드시 빔 축 주위로 회전하여 여러 방향을 검출기와 회전면이 정의한 산란면에 정렬하게 한다. 이리하여 고품질 수치자료가 만들어질 수 있지만 자료수집은 아주 느릴 수 있다.

더 이전에는 비등방성 시료를 위해 선택한 방법으로 면적 검출기처럼 사진용 감광유제를 사용하였고 더 오래된 산란에 관한 문헌은 많은 좋은 예를 담고 있다. 유한한 동적 범위와 긴 노출시간은 다중선 비례면적 검출기, 영상저장 판, CCD 검출기 등을 사용하게 한다. 이 디지털 매체들은 컴퓨터에 직접 내려받게 되고, 동적 범위에서 몇 차수의 크기 증가와 적어도 자료수집속도에서 2 차수의 크기 증가를 제공한다. 그 결과로 동적 현상의 실시간 관찰이 가능하다.

Bonse-Hart 기하(그림 19-7(c))는 아주 중요한 이점을 준다[19.5]. 완전 결정 단색화 장치계는 단색의 거의 평행한 방사선을 제공한다. 완전 결정 분광자 장치계는 단일 채널장치에서 시료 뒤에 오는 슬릿들을 대신한다(그림 19-7(a)). 검광자를 회전하면서 여러 산란 각도에서 강도를 기록한다. 이렇게 평행빔 기하로 큰 시료면적을 노광할 수 있다. 직사빔에 아주 가까운 산란각을 조사할 수 있어서, 어떤 연구자들은 이것을 초저각 산란으로 부른다. 일반적으로 충분히 예리하게 윤곽이 뚜렷한 직사빔을 제공하기 위해서는 단색화 장치에서 반사가 한 번 이상 일어나는 것이 필요하다. 비슷하게 한 개나 두 개의 채널 베기(channel-cut) 검광자에서 다중 반사를 사용할 수도 있다.

19-7 보기

소각 산란의 응용분야는 생체구조에서 석탄의 기공, 구조 공학 재료의 분산체까지 이른다. 어떤 경우에는 보완적인 정보를 TEM과 같은 기법으로 모을 수 있다. 다른 예로, 즉 석탄을 가열하는 동안 일어나는 기공 발달과 같은 것들에서는 다른 기법으로는 정보를 얻을 수 없다.

우선 여러 가지 석탄에서 나오는 소각 산란을 고찰하는 것은 광범위한 산란 거동을 기록한 문서가 있기 때문에 교육적이다[19.7, 19.8]. 복잡한 것 하나는 기공과 광물질이 둘 다 석탄에 존재하고 산란에 기여한다는 것이다. 서너 가지의 석탄들에서는 기공의 영향을 제거하기 위해 낮은 온도에서 재로 만든 것이 쓰이는데, 석탄회(광물질을 포함하여)의 산란곡선은 한 광물 함량 범위에서 항상 k^{-4}에 비례한다는 것을 관찰하였고 광물질의 기여는 대부분의 예에서 수 퍼센트 이내이며 결코 25%를 넘지 않는 것으로 추정하였다. 광물질에서 나오는 산란을 무시할 수 있는 데는 두 개의 영향이 있다. 첫째로 광물질의 전체 산란에 기여는 틀림없이 석탄회 시료에서 것보다 아주 작고 더 작은 기공에서 생긴 강도는 k^{-4}보다 덜 빠르게 감소한다. 둘째로 산란곡선의 k^{-4} 영역에서 계산한 비표면적은 보통 계통오차나 통계적 불확정성이 10% 정도이다[19.7, 19.8].

50개의 석탄 시료에서 얻은 산란곡선을 Cu Kα 방사선으로 여섯 번씩 기록하고 여러 인자들에 대해 보정하였다. 조사한 석탄은 모두 산란곡선의 전형적인 네 개의 유형 중 하나를 만든다는 것을 발견하였다(그림 19-8). 곡선 1(대시-점의 혼합선)은 곡선의 선형 부위에서 θ^{-4}에 비례하는 산란강도를 보였다. 그러므로 기공들이 존재하며 충분히 커서 $kD_{min} \geq 3.5$를 항상 만족한다. 크기가 10^3 Å을 초과하는 이 거대기공들에서 생긴 산란은 매우 빠르게 쇠퇴하고 크기가 평균 ~ 25 Å 이내인 미소기공들에서 나오는 상대적으로 약한 산란이 곡선의 바깥 부위에서 거의 일정한 산란강도를 만들어 낸다[19.7, 19.8].

곡선 2(그림 19-8에서 실선)는 곡선 1의 특징에 추가해서 중간각에서 산란강도곡선에서 한 개의 등성이를 보여준다. 이 등성이는 직경이 100에서 300 Å인 전이기공(transitional pore)들의 증거로 해석할 수 있다. 등성이가 있기 위해서 전이기공들은 충분히 작아서 산란곡선의 내측 부위에서 $kD_{max} \leq 1$을 만족해야 하고 거대기공들(이것의 θ^{-4} 산란은 등성이 아래에 놓인다)의 것에 비해 훨씬 약한 산란을 생기게 하여야 한다. 등성이의 존재로 관측할 수 있는 두 개의 영역이 있고 이 영역의 강도는 θ^{-4}으로 감소한다: 내부 영역은 거대기공들의 표면적을 반영하고 외부 영역은 거대기공들과 전이기공들의 표면적의 합을 반영한다[19.7, 19.8].

그림 19-8에서 곡선 3(점선)이 표시한 셋째 유형의 석탄에서 다소 퍼진 피크를 산란곡선의 최외각 부위에서 관찰하였다. 더 낮은 각에서 산란은 위에서 논의한 석탄 유형에서와 같이 θ^{-4}에 비례하고, 따라서 거대기공 구조는 세 개의 모든 유형과 동등하다. 피크는 약 20 Å의 Bragg 면간 거리에 해당하였고 방향족 환을 함유하는 판상 집합체의 수 개의 층으로 되어 있는 산란 단위들

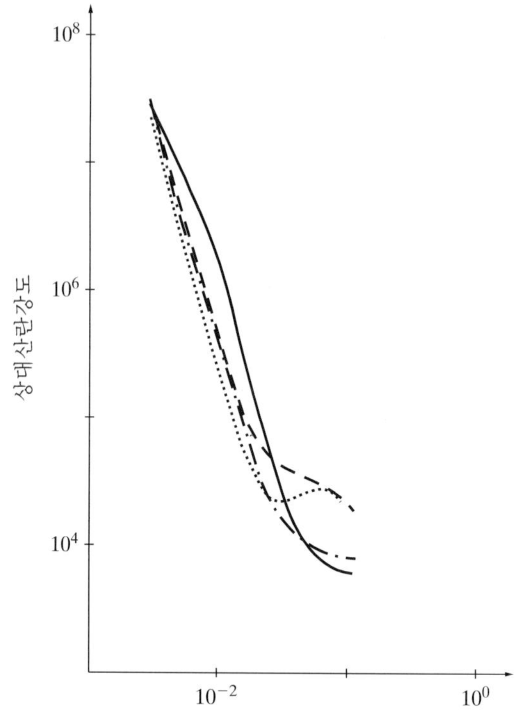

그림 19-8 석탄의 전형적인 저각 산란. 네 개 유형의 거동이 보이며 각각의 설명은 본문에 있다. (Kalliat, Kwak, Schmidt, 공동 연구자들[19.7, 19.8]을 따름.)

에서 나온 것으로 해석하였다. 산란곡선의 넷째 유형(파선)은 산란곡선이 아주 높은 각에서 하나의 피크가 있는 대신에 상당한 굴곡을 보인 것을 제외하고 셋째 것과 아주 유사했다 [19.7, 19.8].

나노 크기 금속 입자들의 압밀화(consolidation)는 소각 산란의 응용에서 둘째 예를 제공한다. 그러한 분체의 압밀화는 나노 결정질 금속 시료를 얻는 한 방법이고 기공의 부피 분율과 크기 분포는 얻을 수 있는 밀도를 결정하는 데 중요하다. 미결정 크기를 회절피크 폭으로 쉽게 구할 수 있고 소각 중성자 산란을 기공 크기의 분포를 측정하는 데 사용할 수 있다[19.9].

분산체 부피 분율과 크기 빈도수 분포는 많은 합금을 상온과 높인 온도에서 강화할 때 중요한 역할을 하고 분산체의 직경은 소각 산란으로 유용하게 연구할 수 있는 영역에 흔히 있다. 산화물 분산으로 강화한 Ni-기지의 합금을 이를 테면 이런 방법으로 연구하여 왔고, 분산체 크기의 히스토그램은 TEM에서 얻은 결과와 잘 일치하는 것을 알 수 있었을 뿐만 아니라 이 결과로 계산한 크립강도도 또한 실험과 매우 일치하였다[19.10].

소각 산란은 합금의 분해 초기 단계에서 Guinier Preston 정대와 같이 준안정성 정합(coherent) 석출상의 형성과 발달을 연구하는 데 커다란 영향을 주기도 했었다. Al-3% Ag 시료의 소각 중성자 산란[19.11]은, 예컨대 이 합금에서 준안정한 용해도 갭의 모양과 함께 이 합금이 발달할 때 구역 내 조성 변동을 규명하는 데 도움을 주었다. Ni이 많은 Ni-Ti 합금들[19.12]에서 정합 석출물에서 Ti 조성의 변동(숙성 동안)은 어떻게 소각 (중성자) 산란을 유용하게 사용할 수 있는 지를 보여주는 둘째의 예이다.

위치 분해능 소각 x선 산란이 가능하고 APS나 ESRF와 같은 싱크로트론 방사광 원은 25 μm 이하인 직경의 빔으로 산란 연구를 가능하게 한다. 한 예로서 인간 척추의 뼈에서 수산화 인회석 미결정 방위와 나무에서 셀룰로스 반결정질 미소섬유 방위 분포를 200 μm 수준에서 정량하였다[19.13]. 이 두 물질에서 모두 측정한 미결정 방위는 응력인가에 반응해서 발달할 것으로 예상한 것과 일치하였다.

그 밖의 다른 생체 재료들도 소각 산란으로 유용하게 연구할 수 있다. 예를 들면, 세포막 지질에서 상전이를 세포 내외로 질량 이동이 일어나는 기구로 생각하고 반응역학(kinetics)과 반응기구(mechanism)를 연구하였다[19.14]. 위치 분해능 초저각 산란은 명확하게 힘줄의 석화한 부위와 그렇지 않은 부위 사이에서 변화를 밝혀준다[19.3]. 이런 연구의 자료가 그림 19-2에 나온다. 자료는 직경 10 μm 이내의 노광면적에서 얻은 것이었다.

초저각 산란은 물에서 라텍스 입자의 변질을 관찰하는 데와 이 입자가 낮은 농도에서 fcc 배열로 가는 정렬에서 응용을 찾을 수 있다[19.15]. 폴리프로필렌 시료에서 회전반경의 측정은 반투명과 불투명 시료를 명확하게 구별한다. 반투명한 두 시료의 미소결정 반경은 각각 600과 400 Å이었던 반면에 탁한 시료의 것은 1400 Å이었다[19.15]. 100 ms 수준의 시간 분해능(temporal resolution)을 고분자의 가열과 급냉에서와 젤라틴화 동안 전분 미립자의 성장에서 얻을 수 있었다[19.16]. 연신하는 동안 변형 중 고분자 초구조의 관찰은 층판상에서 미소섬유상으로 점이적으로 변하는 것을 보였다[19.17].

제 20 장 투과 전자현미경

20-1 서언

투과 전자현미경(TEM)은 전이와 그 밖의 다른 결정결함 특성을 결정하고, 크기가 마이크로미터 이하인 석출물과 그 밖의 다른 미세구조들의 화학적, 결정학적 분석을 수행하는 데 있어서 뛰어난 방법이다. 재료 과학/공학에서 TEM의 사용은 서너 추가한 쪽만으로 소개할 수 있고 좀 더 공부할 만한 가치가 있다. 대부분 결함 평가는 회절 콘트라스트의 이해가 필요하므로 이 부분은 이 장에서 중요한 구성요소이다.

이미 3-9절은 어떻게 TEM이 역공간(즉, 회절무늬)을 통하여 평면 부위나 시료 자체의 영상을 만드는 데 쓰일 수 있는 지 보여주었다. 17-3절은 어떻게 회절 콘트라스트가 점 특성을 찾는 데 쓰일 수 있는 지 논했다. 이런 소개는 TEM의 x선 영상의 유사물인 x선 회절 토포그래프 법의 문맥에서 있었다. 그러므로 TEM 취급은, 이미 소개한 것, TEM의 구성요소와 조작에 관한 네 개의 부문, 이어서 TEM을 사용하여 얻은 정보의 해석에 관한 네 개의 부문에 바탕을 둔다.

20-2절은 전기와 자기장에서 전자들의 상호작용을 논하고, 20-3절은 전자총(즉, 발생원)을 다루고, 20-4절은 자기렌즈를 논하며, 20-5절은 전자 광학을 소개하는데 일반 TEM에서 렌즈와 광학현미경에서 쓰이는 유리렌즈와 이 둘의 차이에 초점을 맞춘다. 20-6절의 주제는 Kikuchi 선이고, 20-7절은 수렴빔 회절, 20-8절은 영상과 진폭 콘트라스트, 20-9절은 영상과 위상 콘트라스트가 주제이다.

20-2 전기와 자기 장에서 전자 상호작용

전기장 **E**와 자기장 **H**에서 전자는 Lorentz 힘 **F**를 받는데, 그 힘은

$$\mathbf{F} = -e(\mathbf{E} + \mathbf{v} \times \mathbf{H}) \tag{20-1}$$

이다. 여기서 e는 전하이고 **v**는 전자의 속도벡터이다. Newton의 공식과 결합하면

$$\mathbf{F} = m\mathbf{a} = md^2\mathbf{x}/\mathrm{d}t^2 \tag{20-2}$$

이다. 여기서 t는 시간을 표시하고 m은 질량이다. **a**는 가속도 벡터이고 **x**는 전자의 위치벡터이면 입자 광학에 관한 공식을 결과로 얻는다. TEM에서 식 (20-1)의 첫째 항, 전기장 상호작용은 전자총에 적용하는 것이고, 여기서 필라멘트에서 생긴 전자는 현미경에서 사용할 에너지까지 가속한다. 식 (20-1)의 둘째 항은 자기장 상호작용을 기술하는데 TEM 렌즈의 작동을 결정한다. 특히 **E**와 **H**의 공간적 변화는 TEM 전자총과 렌즈의 작동에서 필수적임을 상기하는 것이 중요하다.

20-3 전자총

그림 20-1은 전자총의 개요를 보여준다. 필라멘트는 음극(그림 20-1에서 C)이고 양극 A(즉, $\phi_A = 0$)에 대하여 $\phi_C = -U$인 전위에 있다. 필라멘트에서 방출한 대부분의 전자는 양극을 때리고 사라지지만 어떤 것은 구멍을 통과하여 광축을 따라 진행한다. 음극과 양극 사이에 컵과 같은 Wehnelt 원통이 총에서 나오는 전자 방출을 균일하게 개선한다. 원통은 음극에 비해 약간의 양극 편의(bias) ϕ_W에 있다.

E와 전위의 관계는 다음과 같다.

$$\mathbf{E} = -\nabla\phi = -(\partial\phi/\partial \mathrm{x}, \partial\phi/\partial \mathrm{y}, \partial\phi/\partial \mathrm{z}) \tag{20-3}$$

등전위 ϕ의 선들은 그림 20-1(a)에 나타나고 해당 전자 궤도는 그림 20-1(b)에 보인다. 총 내에서 전자궤도를 제어하는 것은 우수한 영상 결과를 얻기 위해서 중요하지만 전자에너지는 전자의 궤도가 아니라 전자가 지나면서 가속하는 전위에만 의존한다. 100 kV로 가속하면 100 keV인 전자들이 생기는데 가속 전위와 전자 파장 λ 사이의 관계는 상대성 효과를 보정하여

$$\lambda = h[2m_0\, eU(1 + eU/\{2\, m_0\, c^2\})]^{-0.5} \tag{20-4}$$

이다. 여기서 m_0은 전자 정지 질량이고, c는 빛의 속도이며, h는 Planck 상수이다.

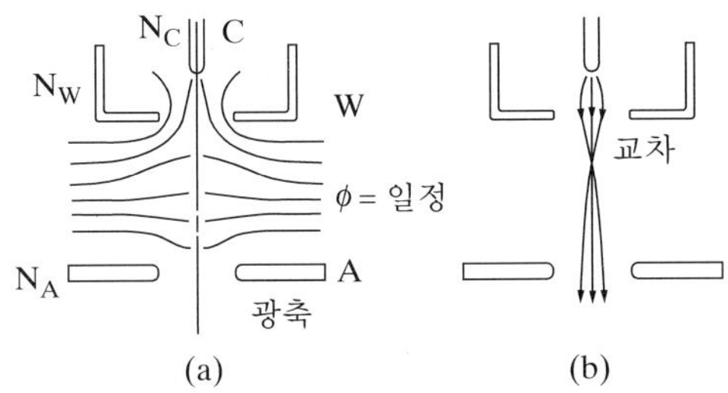

그림 20-1 전자총의 도해. (a) 일정한 전위 ϕ의 선들과 (b) 음극, Wehnelt 원통, 양극과 관련한 전자 궤적. [20.7]에 따라서

100 kV 이상의 가속 전위가 일반적으로 쓰이고 표 20.1은 전위와 해당 파장들을 열거하였다. x선 회절에서와는 달리 전자현미경에서 파장과 d-거리는 관습적으로 nm로 나온다.

필라멘트는 W나 LaB_6와 같이 더 희귀한 물질로 되어 있다. 대부분 TEM 필라멘트에서 전자들은 x선 관과 같이 열전자 방출로 발생한다. 아주 예리한 W 첨단에서 나오는 전자의 전계 방출이 총에서 쓰일 수 있다. 가열이 필요하지 않다. 전계 방출 총은 아주 높은 전류밀도를 제공하지만 열전자 방출 총에 비해 높은 더 높은 진공을 요구한다.

표 20.1

가속전압(kV)	파장(nm)
100	0.00370
150	0.00335
200	0.00251
300	0.00197
400	0.00164
1000	0.00087

20-4 자기렌즈

TEM의 자기렌즈의 작동을 고찰하는 데 있어서 그 초점은 식 (20-1)의 둘째 항에 있는데, 이것은 속도 **v**로 이동하는 전자의 자기장 **H**에서 오는 힘 **F**는 **v**에도, **v**에 수직한 **H**의 성분에도 수직하다는 것을 말한다. **v**에 평행한 **H**의 어떤 성분도 힘을 생기게 하지 않는다는 것에 주목한다. $\mathbf{v} \perp \mathbf{H}$이면 원형 궤도가 결과로서 생긴다. 더욱 복잡한 나선형 궤도는 자기장을 따른 균일한 운동이 자기장에 수직한 면에 있는 균일한 회전운동과 중첩할 때 생기게 된다. 이것은 **v**가 자기장 **H**에 약간의 각도 α를 이룰 때 일어난다(그림 20-2(a)). $z = 0$에서 전자는 **z** 축에서 r만큼 떨어져 있고 어떤 순간에도 힘은 전자가 반경 r의 원통을 따라서 나선형으로 움직이도록 **z** 축을 향해 휘게 한다(종이 면을 벗어난 방향으로).

공간적으로 변하는 자기장은 초점을 만들기 위해서 필요하고, 한 자기렌즈의 전형적인 자기장 분포를 그림 20-2(b)에 나타내었다. **z** 축은 원통 대칭인 렌즈의 중심이고 **H**에는 면 $z = 0$에 가로질러 반사 대칭이 있다. **H**(r,z)의 도해 아래에, 성분 H_z과 H_r 값을 광축 부근(즉, r이 0에 접근하는) 한 위치에 대해서 그렸다. 이 자기장 분포는 광축에 중심을 두고 전류를 나르는 코일을 사용해서 얻은 것이다(그림 20-3). 권선 두루마리(windings)를 안에 담은 철로 된 자극통(pole piece)에서 틈새(gap)는 자기장이 새도록 하여 틈새로 직접적으로 가로질러 가게 할 뿐만 아니라 자극통의 안 구멍(bore)으로 들어가게 한다. 자기렌즈의 설계는 매우 정교하게 되었고 렌즈와 이 설계에 관한 더 자세한 논의는 전자현미경 교재에서 나온다[20.1, 20.2].

그림 20-2(c)의 파선은 광축에 평행하지만 벗어나 이동하는 전자 궤도를 개략적인 도해로 나타낸다. 실제로 전자는 광축을 향해 나선형으로 움직인 다음 광축을 지나는데 r은 지속적으로 감소하다가 다시 증가한다. 그러므로 파선은 전자를 포함하는 초기면 (r,z)에 전자 궤도를 투영한 것이다. 전자가 광축에 가까워질수록 전자의 휨은 작아지고 정확하게 광축에서 이동하는 전자는 어떤 휨도 느끼지 못한다. 그림 20-2(c)에 보인 면을 떠나고 광축을 떠난 전자들은 또 광축을

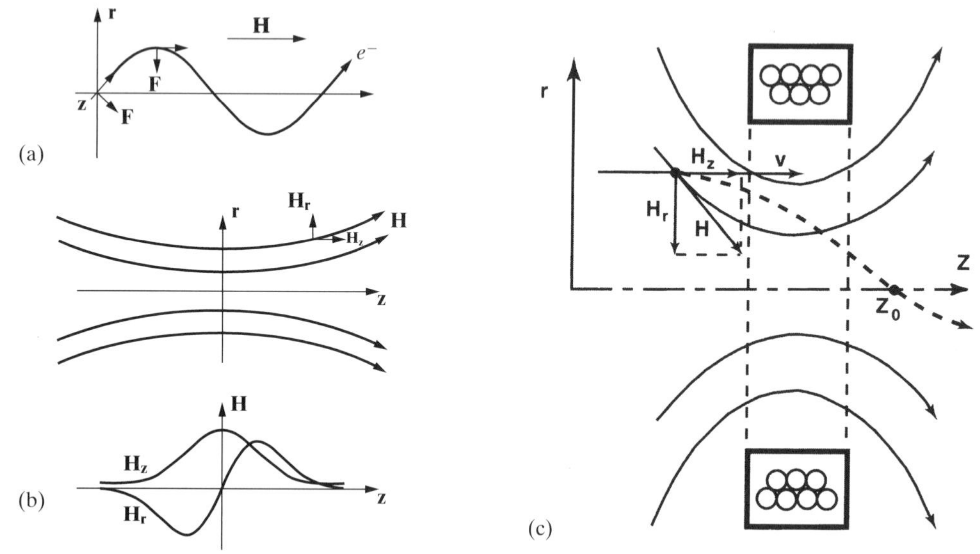

그림 20-2 (a) 일정한 자기장 **H**에서, 표시한 전자에 주는 힘 **F**의 방향으로 전자 궤적의 투영. (b) 자기렌즈에서 **z**의 함수로 **H**의 변화, 성분 $\mathbf{H}_r$과 $\mathbf{H}_z$를 보여준다(각각 반경 방향으로, 광축을 따라서). (c) 렌즈와 분기점 $\mathbf{z}_0$를 보여주는 초기 평면 위에 투시한 전자 경로. [20.1]에 따름.

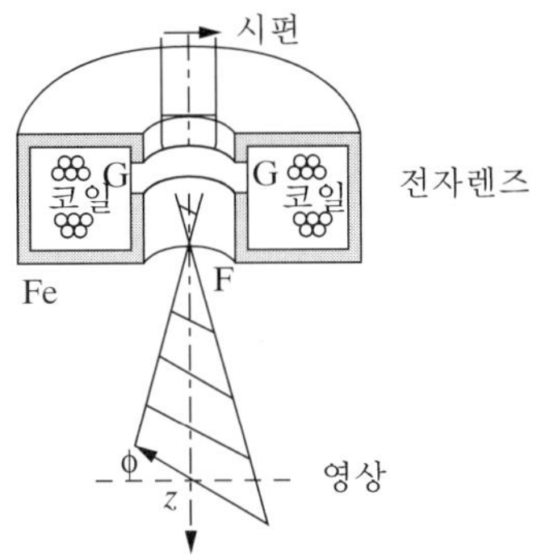

그림 20-3 자기렌즈의 간극에서 회전 대칭의 자기장의 농도와 그 결과로 생긴 영상 회전을 나타낸 도해. [20.7]에 따름.

향하여 나선형으로 움직인다는 것에 주목한다. 렌즈의 초점 맞추기가 완전하다면 **z**에 평행하게 이동하며 $z = z'$ 선을 따라 종이면과 교차하는 면 상에 놓인 모든 전자는 $z = z_0$에 있는 한 점에 수렴할 것이고 선 $z = z'$는 전자가 렌즈를 통과할 때 회전할 것이다(그림 20-3). 바꾸어 말하면 전자들이 형성한 시료의 영상은 렌즈를 통과하면서 회전한다. 렌즈의 세기가 변하면, 즉 **H**가 증가하거나 감소하면 회전량은 변하고, 회절무늬와 영상을 정확하게 해석하기 위해서 이 양을 반드시 알아야 한다. 이 회전은 유리렌즈에서는 존재하지 않는다.

여러 수차가 모든 렌즈에 크거나 작은 정도로 존재하는데, 구면수차와 색수차, 비점수차와 왜곡(distortion)은 모두 영상 품질을 떨어뜨리는 데 기여한다. 구면수차는 렌즈 장이 축에 벗어난 경로를 따르는 전자들에 불균일하게 작용할 때 생겨나며 생기며 한 점의 영상을 한 원판으로 퍼지게 한다. 색수차는 렌즈가 더 낮은 에너지 전자들이 더 높은 에너지 전자들에 비해 더욱 세게 휘게 하기 때문에 존재한다. 입사빔에서 에너지 $\Delta E < 1$ eV 범위이고 50−100 nm 두께인 한 시료에서 나오는 일부 전자들에서는 15−20 eV까지 증가한다[20.2]. 비점수차는 원통 대칭에서 렌즈의 불가피한 일탈 때문에 초래한다. 끝으로 영상 왜곡이 간혹 일어날 수 있는데, 한 조의 직교하는 선들이 영상중심으로 안쪽으로 오목하게(핀쿠션, pincushion)나 바깥으로 불룩하게(배럴, barrel) 나타난다.

20-5 투과 전자현미경

어떤 TEM도 자기렌즈(20-3절에 기술한 전자총에 추가하여), 여러 개의 조리개, 시료 지지대, 영상 기록/조망 계로 되어 있는 복잡한 조립체이다(그림 20-4). 자기렌즈는 전자총과 시료 사이의 조명계의 요소와 시료를 지난 후 영상계의 요소로 나뉠 수 있다. 전형적으로 조명계에서는 두 가지의 집광렌즈가 있고 영상계에서는 세 가지 렌즈가 있다. 아래 기술은 이런 유형의 TEM에 관한 것이다.

첫째로 그림 20-4의 위에 나타낸 조명계를 고찰하자. 전통적인 TEM 방식은 집광렌즈 C1과 C2를 조정하여 시료를 거의 평행한 빔으로 비추는 것이다(전자 회절각은 10^{-2} 라디안 정도인 데 비해서 수렴각 $\alpha < 10^{-4}$ 라디안). 이 빔은 20,000X과 100,000X 사이의 배율에서 직경 수 마이크로미터의 시료 부위를 덮는다. 전자빔을 알고자 하는 부위에 집중하는 집광렌즈의 작동 없이는, 영상은 너무 희미해서 유용하지 않다. 영상 외의 다른 응용을 위해서 고도로 수렴하는 빔을 만들 수 있지만 이 빔에 관한 논의는 20-7절로 미룬다. 시료 전의 주사 코일이나 편향 코일은 흔히 빔의 위치나 각도를 조절하기 위해서 쓰인다.

전자가 시료에 마주칠 때 일부의 전자는 입사빔이 통과하는 결정의 방위에 따라 다르게 여러 방향으로 회절한다. 3-9절은 회절무늬의 형성, 즉 후방 초점면에 평행선을 점 초점으로 가져오는 대물렌즈의 작동에 관해 자세히 기술한다(그림 20-4를 보라). 또 3-9절은 어떻게 대물렌즈가 시료의 단 하나의 점에서 여러 방향으로 나오는 선들(즉, 전자들)을 1차 중간 영상면의 한 점에 동시에 가져오는 지를 설명한다.

TEM에서는 중간렌즈의 강도를 다르게 하여, 시료의 영상을 만드는 것과 이것의 회절무늬를 보는 것을 서로 바꿀 수 있다. 회절무늬를 보려면 중간렌즈를 대물렌즈의 후방 초점면에 초점을 맺도록 조정한다. 즉, 후방 초점면은 중간렌즈의 대물면의 역할을 한다. 영상방식에서, 중간렌즈는 대물면이 대물렌즈의 영상면이 되도록 조정한다.

회절무늬를 볼 때는 그 무늬에 기여하는 부위를 한정하는 조리개를 전형적으로 1차 중간 영상면에 삽입한다. 그러므로 이 회절방식을 제한 시야 회절이나 SAD라고 부르고 조리개를 SAD 조

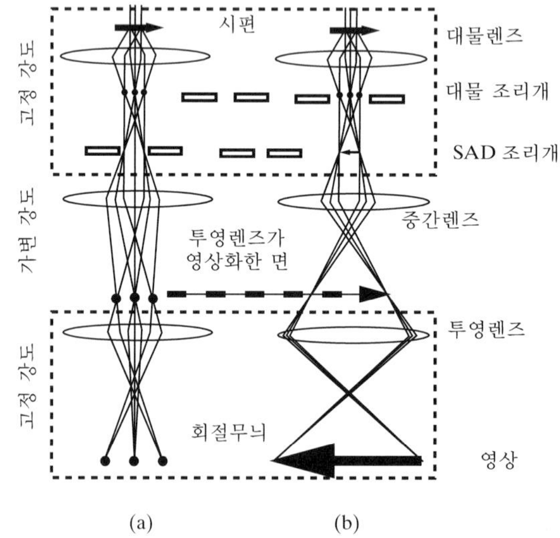

그림 20-4 회절무늬(a)와 시료의 영상(b)을 보기 위한 광선 도해(ray diagram). 중간렌즈의 강도를 바꾸어서 각각 후방 초점면이나 영상면 위에 초점을 맞춘다. [20.2]에 따름.

리개라고 부른다. SAD가 가장 흔한 회절방식이지만 수렴빔 회절을 포함하여 다른 방식도 아주 유용하다. 전형적인 SAD 무늬가 그림 3-24에 보이고 숙련한 현미경 사용자는 대칭이 높고 지수가 낮은 방향을 따라서 전자빔으로 기록한 무늬를 쉽게 알아낼 수 있다.

중간렌즈와 투영렌즈가 제공하는 배율 크기에 따라 다르게 필름에 기록한 회절무늬 위에서 1cm는 여러 크기의 nm^{-1}에 해당할 수 있다. 대부분 작업에서 표준 설정을 사용하는 것이 편리하고 카메라 길이 L이 회절무늬의 확대를 나타내기 위해 쓰인다. L은 물리적인 거리라기보다는 계산하여 나온 것이지만 카메라 길이의 개념은 렌즈 없이 작동하는 x선 회절 투영 카메라에서 나온 것이고, 이 카메라에서 회절무늬는 시료에서 멀리 기록 매체를 움직여서 확대한다. 그림 20-5는 입사빔 **O**와 회절빔 **G**(필름 상에서) 사이의 거리 R과 관련한 Ewald 구의 작도와 직공간 도해를 보여준다. 이 그림에서

$$\tan 2\theta_{hkl} = R/L = (1/d)/(1/\lambda)$$

이고,

$$Rd = \lambda L \tag{20-5}$$

이다. TEM 작동 변수에서 알게 된 λ와 L과 함께 필름 위에서 간단히 거리 R을 측정하는 것으로 충분히 알고자 하는 회절 반점의 d를 결정할 수 있다. 연구자는 제각기 자기 자신용의 보정을 해야 하고 사용하는 보정은 다를 수 있기 때문에 제작사 보정에 의존해서는 안 된다. 시료가 기지의 물질이라면 동일선 상에 놓이지 않는 두 개의 반점 $\mathbf{G}_1$과 $\mathbf{G}_2$의 지수를 빠르게 지정할 수 있고 입사빔 방향 **B**를 $\mathbf{G}_1$과 $\mathbf{G}_2$의 벡터적으로 결정할 수 있다. 한 예를 그림 20-6에 제시한다.

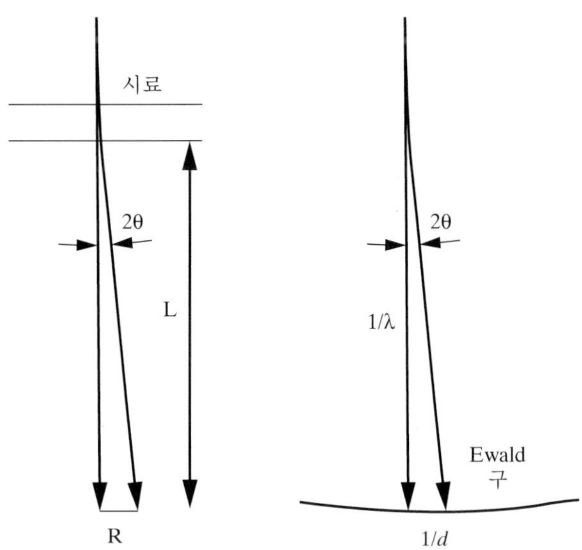

그림 20-5 카메라 길이 L인 직공간과 역공간의 도해

모든 회절빔과 투과빔을 1차 중간 영상면에서 재결합하게 한다면 이 결과로 생긴 영상에는 콘트라스트가 상대적으로 거의 없다. 두께의 변화나 조성의 변화는 흡수 양을 다르게 하기 때문에 약간의 콘트라스트가 존재하지만 상대적으로 어떤 정보도 거의 얻을 수 없다. 그 대신 대물렌즈 조리개를 후방 초점면의 반점들 중 하나 주위에 놓는다. 명시야(BF) 영상은 투과빔이나 **O** 빔 주위 조리개 중심에 있는 반면에 암시야(DF) 영상은 회절빔들 $\mathbf{G}_i$ 중 하나 주위에 있다(그림 20-7). 그림 20-7b에 나타낸 중심(centered) 암시야(CDF) 영상은 *hkl* 회절빔이 TEM 광축에 평행한 시료에서 벗어나도록 입사빔(시료 전에 있는 편향코일로)을 광축에서 각도 $2\theta_{hkl}$ 로 기울게 하여 DF 상을 개선한다. 이리하여 *hkl* 회절빔은 조망 스크린 상에 나타나며 거기에서 **O** 빔은 정상적으로 볼 수 있다. 조리개는 중심 회절빔 주위에 놓고 여러 가지 렌즈 수차들의 영향은 전통의 DF 영상의 것들에 비해 상당히 감소한다.

폭넓게 다양한 시료 지지대가 가열, 냉각, 변형용 구대(stage)를 포함하여 사용 가능하다. 여러 개의 시편을 위한 지지대도 전통적인 3 mm 직경의 원판보다 큰 시료를 위한 덩어리 시편 지지대와 함께 쓰인다. 대부분 TEM은 현재 측면 입실(side entry) 시료 지지대를 수용하고 이 지지대는 최소한 시료 회전(봉상 지지대의 축 주위에서)의 한 축을 제공한다. 이 한 개의 자유도는 어떤 경우에서는 결함 특성을 찾아내게 하기에 충분하다. 그러나 경사-회전 지지대나 이중 경사 지지대가 결함 연구에 흔히 더 편리하다.

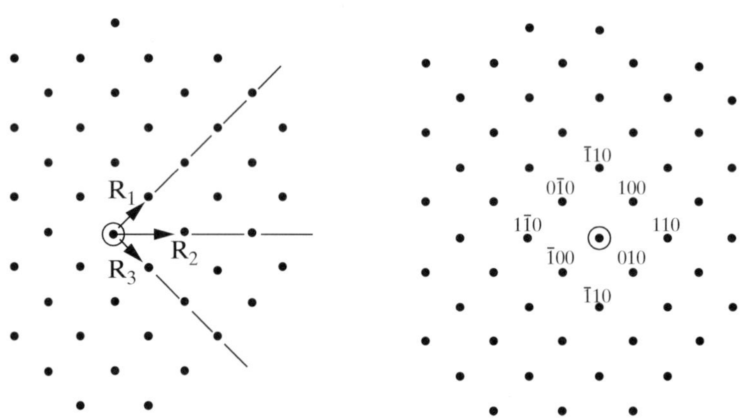

(a) (b)

CsCl 구조

허용 *hkl*: 100, 110, 111, 200, ...

반점	R_i	R_i^2	R_i^2/R_1^2	*hkl*
1	1.25	1.56	1.00	100
2	1.28	1.64	1.05	100
3	1.78	3.17	2.03	110

$\measuredangle R_1, R_2 = 46°$

$\measuredangle R_1, R_3 = 91°$

$$\mathbf{B} = \mathbf{R}_2 \times \mathbf{R}_1 = \begin{vmatrix} \mathbf{i} & \mathbf{j} & \mathbf{k} \\ 1 & 1 & 0 \\ 1 & 0 & 0 \end{vmatrix} = -\mathbf{k} = [\bar{1}00]$$

(c)

그림 20-6 그림 3-24에 보인 회절무늬에 지수 붙이기(CsCl 구조를 갖는 NiAl). 회절무늬는 (a)에 재현하고 이 개략도는 **O**와 세 개의 표시한 회절빔 사이 거리를 R_i로 하여 (b)에 나타낸다. (c)에서 R_i^2과 R_i 사이 각의 값을 입사빔 방향 **B**를 결정하는 데 사용한다. 7개의 회절 반점의 결과로 얻은 지수는 (b)에 보인다.

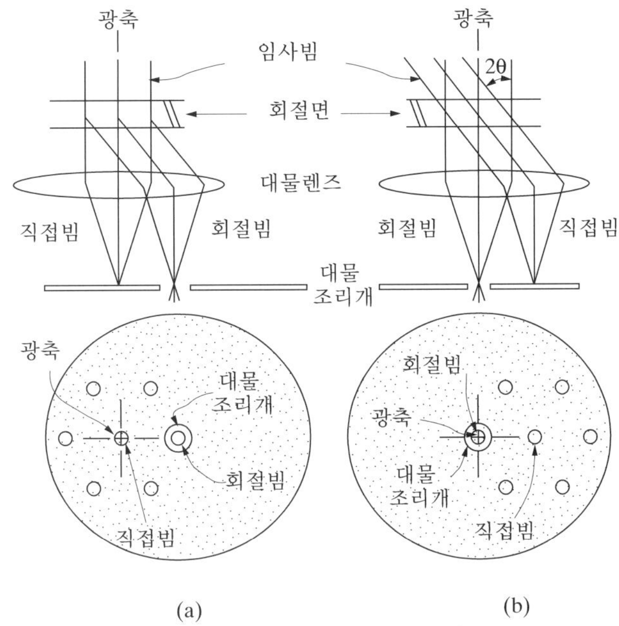

그림 20-7 전통 암시야(DF)상과 (b) 중심 암시야(CDF)상을 위한 조리개와 전자선 경로

실시간 관찰은 어떤 시료를 조사할 때나 조망조건을 조정할 때 아주 유용하고, ZnS와 같은 미립질 스크린은 영상이나 회절무늬를 구성하는 전자의 2차원 분포를 조작자가 볼 수 있는 광으로 바꾸는 데 쓰인다. TEM 조망 스크린은 눈으로 직접 볼 수 있게 하거나 저광 TV 카메라(이것은 약한 상이나 동적으로 변하는 상을 기록하는 데 아주 유용하다)를 통해 보게 한다. 사진 건판 에멀션상에 영상을 기록하는 것은 대부분 TEM 작업에서 광범위하게 계속 쓰이고 있다. 사진 건판 에멀션의 분해능력은 약 10 μm 정도인데 이것은 필름의 입도보다 약 2배나 큰 차수의 전자 분산 때문이다. 그럼에도 불구하고 10 cm × 10 cm 영상에서 픽셀(화소)은 10^7 이상이다. 사진 건판 에멀션의 두 가지 주요 결점은 본질적으로 유한한 동적 범위와 전산모사와 정량적인 비교를 위해 영상을 수치화해야 하는 필요성이다. 전하 결합 소자(CCD) 칩은 몇몇 TEM에 들어갔고 10^6 이상의 픽셀, 크기가 여러 차수 더 높은 동적 범위와 영상의 직접 수치화를 제공할 수 있다(1-8과 6-10절). CCD와 이것에 관련한 검출기 배열의 전통적인 읽기 속도는 보는 데는 귀찮을 정도로 느리지만, 칩을 많게 하면 잡음이 있어도 읽기는 빠르게 된다.

20-6 KIKUCHI 선

Kikuchi 선은 회절무늬의 중요한 특징이고 시료를 정확하게 바른 방향으로 놓는데 흔히 쓰이기 때문에 그 선의 발생 원인은 기술할 만한 가치가 있다. 그 선은 회절무늬에서 평행한 밝고 어두운 선의 쌍으로 나타난다. 비탄성적 산란 전자가 이 현상의 원인이고, 그러므로 Kikuchi 선은 박의 얇은 단면보다는 두꺼운 단면에서 더욱 뚜렷하다. 전자는 모든 방향으로 (비탄성적으로) 산란하지만 다른 방향보다는 전방에 가깝게 산란할 확률이 훨씬 더 크다. 각방향에서 비탄성적으로 산란한 강도는 그림 20-8(a)의 극도(polar plot)의 벡터길이로 표시하였다. 그러나 산란 전자로 잃은 에너지의 양은 그리 크지 않다.

그림 20-8(b)의 도해는 어떤 비탄성적 산란 전자는 $2\theta_{hkl}$에서 탄성적으로 재산란할 수 있는 방향으로 이동한다는 것을 보여준다. 비탄성 산란은 3차원 분포를 하므로 그 결과로 생긴 Bragg 회절 전자의 궤적은 한 쌍의 원추이다. 이것은 직선으로 보일 만큼 아주 살짝 휜 한 쌍의 평행한 호로서 Ewald 구와 교차한다. 한 쌍의 선은 회절벡터 ±**g**, ±**2g** 들에 대해서 있다. 한 쌍의 선에서 한 선의 강도는 배경보다 크고(과잉선) 다른 선은 배경보다 낮다(결핍선). 그림 20-8(b)에서 경로 1(OB) 상의 비탄성적 산란 전자는 경로 2(OA)에 비해 입사빔 방향에 더 가깝다. 둘째 산란 사건(회절) 전에는 경로 1에서 강도가 더 높다. 회절은 그림 20-8(b)에 보인 것과 같이 강도의 방향을 바꾸고 그 결과는 가장 좌측 Kikuchi 선이 경로 1에서 온 것이고 더 강도가 더 크다.

기하학으로 나타내면 (*hkl*) 투영은 과잉과 결핍(각각 *hkl*과 $\overline{hkl}$)의 Kikuchi 선 사이의 중앙에 있다. 과잉선과 결핍선 사이의 각은 Bragg 각의 2배이고 4배는 아니다. 결정을 회전하면 회절무늬 상에 (*hkl*) 투영은 이동하고 Kikuchi 선의 짝은 이와 함께 움직인다. 이것은 결정질 재료의 TEM에서 아주 중요하고 이 절에서는 이것들이 무엇인지에 관한 논의로 끝을 맺는다.

hkl 반사의 정확한 Bragg 조건에서 5-3절에서 정의한 편차변수 s는 0이고 과잉이나 *hkl* Kikuchi 선은 회절점 **G**의 중앙을 지나고 결핍이나 $\overline{hkl}$ Kikuchi 선은 입사빔 점 **O**를 지난다. 만일 시료를 회전하여 직사빔이 정확하게 (*hkl*)에 평행하게 하면 *hkl*과 $\overline{hkl}$ Kikuchi 선은 **O** 주위에 대

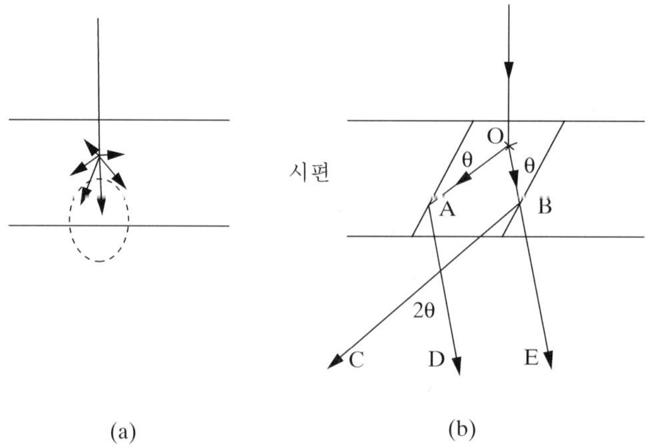

그림 20-8 Kikuchi 선의 생성을 나타낸 단순화한 도해. (a) 비탄성 전자산란의 크기를 산란각의 함수로 나타낸 극도. (b) 비탄성 산란 전자의 회절과 과잉선과 결핍선의 생성

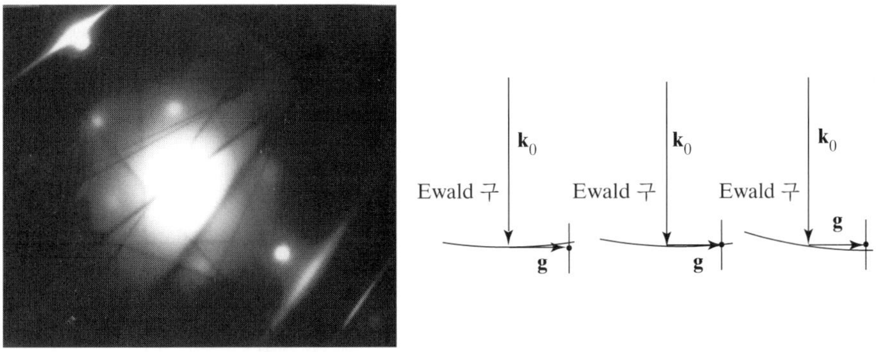

(a) (b)

그림 20-9 (a) 영보다 큰 변차함수로 기록한 회절무늬. (b) 입사빔, Ewald 구, **g**, *hkl* 렐봉의 방위, 편차변수가 영보다 작을 때(왼쪽), 영과 같을 때(중앙), 영보다 클 때(오른쪽)

칭적으로 변이하여 있는데, 과잉선은 **O**와 **G** 사이의 중심에 놓이고 결핍선은 **O**와 -**G**(여기서 $s < 0$) 사이의 중심에 놓인다.[1] 그림 20-9(a)는 $s > 0$으로 기록한 회절무늬를 보여주고 $s < 0$, $s = 0$, $s > 0$의 Ewald 구가 그림 20-9(b)에 있다. 바꾸어 말하면 과잉선이 **G**와 같이 **O**의 같은 편에 있으면 언제나 $s > 0$이고 과잉선은 **G**에 비해 **O**에서 멀어진다. 최적의 결함 콘트라스트는 다음에 보이겠지만 시료를 어떤 s에 정렬하는 것이 필요하므로 Kikuchi 선은 아주 유용한 도구이다.

시편방위에서 작은 변화를 SAD 무늬에서 찾기란 아주 어렵지만 반점 중앙에서 Kikuchi 선의 변이는 알기 쉽고 편차변수의 크기를 간단하게 계산하게 한다. 회절빔 지수를 안다면 반사의 1/*d*의 크기, **O**와 **G** 반점의 중심 사이의 간격과 $s = 0$에서 한 쌍의 Kikuchi 선의 위치의 변이, 특정비의 형성은 s의 크기를 계산하게 한다.

여태까지 논의는 한 쌍의 Kikuchi 선에 초점을 맞추었지만 많은 쌍은 특히 빔 방향 **B**가 지수가 낮은 방향에 가까울 때 동시에 나타난다. Kikuchi 선의 무늬는 결정 대칭을 반영하고 Kikuchi 지도의 작성은 현미경 사용자가 낮은 지수의 **B**에서 다른 지수의 것으로 회전하고/기울이는 데 자주 도움을 준다. SAD 방식의 TEM으로 원하는 낮은 지수 방향으로 이끌어 주는 한 쌍의 Kikuchi 선을 발견하고 원하는 낮은 지수 방향까지 따라간다. 연구자는 본질적으로 결정을 회전하고/경사하게 하여 그 선을 따라 '운전' 한다. 어떤 작업자는 박의 방위를 나타내는 스테레오 투영(만일 **B**가 투영중심에 있다면 회절무늬에서 다수의 **G**는 투영 주변에 놓인다)을 작성하고 그것을 사용하여 바로 새로운 위치로 기울여서 그 일을 더 빠르게 한다.

1) 이 기하에서, 위에 제시한 과잉선과 결핍선의 단순한 모델은 그 선이 배경과 구별할 수 있는 강도를 가질 수 있다는 것을 예측한다. 그 선은 볼 수 있으나 여기에 제시할 수 있는 것보다 더 복잡한 설명이 필요하다.

20-7 수렴빔 회절무늬

수렴빔 전자 회절(CBED)은 SAD에 비해 상당한 이점을 제공하고 이 개발로 전자 결정학을 중성자나 x선 결정학에 견줄 만한 능력을 가진 기법으로 바꾸었다. CBED 무늬에서 어떤 특징이 생기

(a)

(b)

그림 20-10 실리콘 111 회절무늬: (a) 제한 시야 회절(SAD)무늬와 (b) 수렴성 빔 전자 회절(CBED)무늬

는 지 보여주기 위해 CBED 와 SAD 차이를 먼저 고찰하고, 고차 회절정대의 존재를 다음으로 기술하고 회절점과 공간군을 결정하기 위해 고차 Kikuchi 선을 사용하는 것을 마지막으로 다룬다.

공간적으로 넓고(1−10 μm 직경) 거의 평행한 빔(단 하나의 입사빔 파동벡터 **k**와 아주 작은 수렴각 α)이 일반적으로 SAD에서 쓰이지만 CBED는 수렴빔(**k** 범위와 $2\alpha \lesssim 2\theta_B$)과 상대적으로 작은 면적(~10−100 nm)을 사용한다. 평행한 조명이 의미하는 것은 SAD 무늬가 대물렌즈의 후방 초점면에 일렬을 이루는 예리한 최대점들로 되어 있다는 것이다. 하지만 수렴빔은 후방 초점면에 강도가 높은 원반들을 만들고 어떤 점에서 α의 증가는 원반들을 겹치게 한다. 얇은 시료에서는 운동학적 회절이 우세하고 원반들은 특징을 가지지 않는다. 좀 더 두꺼운 시료는 동역학적 회절

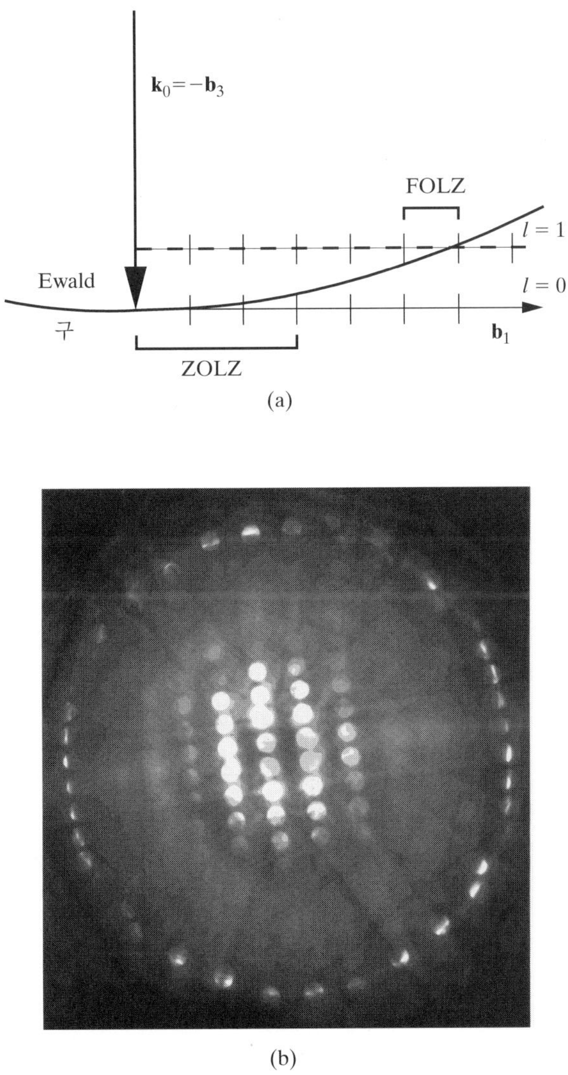

그림 20-11 영차 Laue 정대(ZOLZ)와 1차 Laue 정대(FOLZ)의 발원. (a) ZOLZ와 FOLZ에서 렐봉의 교차를 보여주는 역격자 단면. (b) 정상보다 훨씬 더 작은 카메라 길이 L로 기록하고 Laue 정대들의 출현을 보여주는 회절무늬.

효과를 관측할 수 있게 하고 복잡한 콘트라스트가 원반들 내에 나타난다. 그림 20-10은 Si에서 얻은 111 SAD 무늬와 상응하는 CBED 무늬를 비교하고 **B**가 결정의 한 정대축을 따를 때 양자는 모두 아주 유용하다.

CBED 원반들에서 어두운 선들의 원인을 이해하기 위해 직사빔 근처에 있지 않은 회절 반점들을 고찰하는 것이 필요하다. 그림 20-11(a)에 있는 Ewald 구의 단면은 입사빔이 001을 따르는 것을 보여주며 입사빔 근처 회절 반점들은 *hk*0 면에서 확장한 역격자 봉들에서 나온다는 것을 설명한다. **O**에서 멀수록 (*hk*0)의 Ewald 구 곡선은 더 멀어져서 영차 Laue 정대(ZOLZ)의 *hk*0 반점은 더 이상 뚜렷하지 않게 된다. 역공간의 원점에서 더욱더 멀어지면 *hk*1 역격자 면에서 나온 역격자 봉은 Ewald 구를 교차하기 시작하고 1차 Laue 정대(FOLZ)의 반점을 생기게 한다. 일반적으로 SAD와 CBED는 FOLZ 반점을 포함하지 않는데 그 까닭은 카메라 길이 *L*이 너무 커서, 즉 각시야가 너무 작아서 이 반점의 큰 역격자 길이들을 기록할 수 없기 때문이다(그림 20-11(b)).

각각의 FOLZ와 더 고차인 Laue 정대(HOLZ) 반사는 이것에 수반하는 Kikuchi 선이 있다. 정대축 무늬에서 많은 반사가 정확한 Bragg 조건에서 s가 작은 HOLZ 반사를 포함하여 나타난다. 과잉 HOLZ Kikuchi 선은 HOLZ 반점과 더불어서 CBED에서 일반적으로 쓰이는 영상 영역 바깥에 있는 반면에 결핍 Kikuchi 선은 직사빔 근처에 있다. 사실 결핍 HOLZ Kikuchi 선은 CBED 무늬의 원반을 자른다. HOLZ 선의 대칭은 시료의 공간군을 반영한다: HOLZ 선은 역격자의 *hk*0 면 외의 정보를 포함하므로 시료의 3차원 결정학의 추리가 가능하다. 이런 일을 정확하게 어떻게 하고 어떻게 시편 박의 두께를 정확하게 측정하는 지는 다른 문헌이 자세하게 다루고 있다[20.2, 20.3].

20-8 영상과 진폭 콘트라스트

20-5절에서 언급한 것처럼 결함 특성평가는 정상적으로 오직 한 빔만으로 영상을 만들어서 하게 된다. 대물 조리개는 BF 영상의 투과빔 **O**이거나 DF 영상의 회절빔이거나 둘 중 하나에 중심이 오도록 조정한다. 2 빔 조건에서, 즉 결정을 기울여서 오직 한 회절빔이 $s \sim 0$이고 강도가 세며 다른 회절빔들은 $s \ll 0$이나 $s \gg 0$이도록 할 때 우수한 가시도가 생겨난다. 시료인 박의 면에 수직한 얇은 두께 때문에 역격자 봉의 길이는 SAD 무늬가 결코 두 개의 반점만으로 되어 있지 않지만, 한 회절빔의 강도가 다른 모든 것에 비해 아주 강하다는 것을 가리킨다.

전형적인 TEM 수업 동안 현미경 사용자는 시료의 투명 부위를 찾을 수 있고 저지수 정대축이 SAD 무늬 내에서 나타날 때까지 시편방위를 바꿀 수 있다. 이것은 거기에 물론 보고자 하는 특징들이 있다는 것을 가정한다. 그런 다음 정대 축에서 약간 기울이는 것이 여러 개의 상이 2 빔 조건을 얻기 위해서 필요하다. 한 입사빔 방향 **B** = [001]에 대하여 **g** = [200], [020], [110], [$\bar{1}$10]은 쉽게 2 빔 조건을 얻는다(그림 20-12).

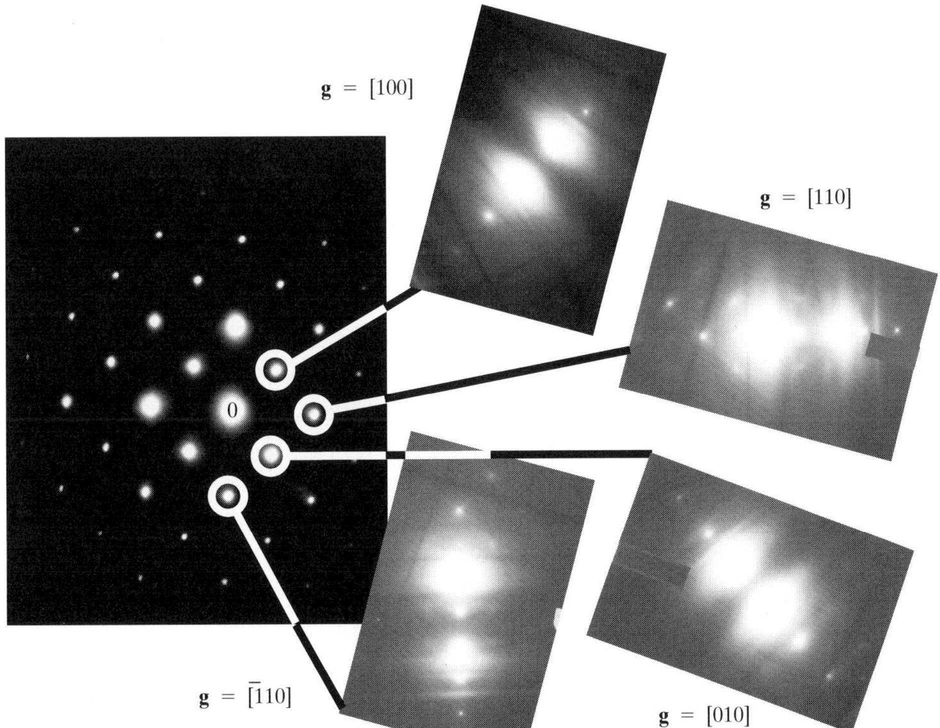

그림 20-12 **B** = [001]로 기록한 회절무늬(왼쪽 위). 나타낸 2빔 조건을 얻기 위해 약간의 경사를 사용한다.

2 빔 조건에서 영상을 만드는 중요한 이점은 상이한 인자들이 어떻게 결함이 나타나는 지를 바꾸는 지를 계산하는 데 간단하다는 것이다. 그리고 BF와 DF 영상은 흡수를 무시할 수 있는 조건에서 상보적인 콘트라스트를 보여준다. $s \gtrsim 0$이 되게 기울이면 가장 좋은 결함 콘트라스트가 생긴다. 높은 콘트라스트는 보고자 하는 특징과 그 주변(17-3절)에서 나오는 신호에서 큰 차이가 있는 상황을 표시한다는 것을 상기한다. 그림 20-13 (a) – (d)는 여러 가지 s에서 NiAl에서 전이의 현미경 사진을 보여주며 (e)는 왜 s의 약간 플러스(즉, 과잉 Kikuchi이 **G** 바깥에 바로 있는)가 가장 좋은 콘트라스트를 주는 지를 나타낸다. 전이심 근처에서 변형 장은 국지적으로 면을 뒤틀리게 하여 ±**g**의 Bragg 조건이 되게 한다. 그 심에서 먼 곳에 있는 면들은 Bragg 조건을 만족하지 못하고, 역격자 봉이 존재하므로 다만 어떤 강도로 전이심으로 떨어진 위치에서도 회절이 일어나게 한다. 더욱 큰 $|s|$에서는 심 주위의 아주 작은 부피가 회절할 수 있다. 이러한 '약 빔' 영상이 고분해능 TEM에서 유용하지만 이것은 전형적으로 콘트라스트를 너무 제한하여 일상의 영상 작업에서는 바람직하지 않다. $s < 0$으로 영상은 결함들을 보기 어렵게 만든다는 사실은 동역학적 회절과 흡수의 결과인데, 좀 더 논의를 전개한 후 이것을 아래에서 보여줄 것이다.

전자들의 2 빔 동역학적 회절에서 Bragg 회절빔의 강도 I_g는

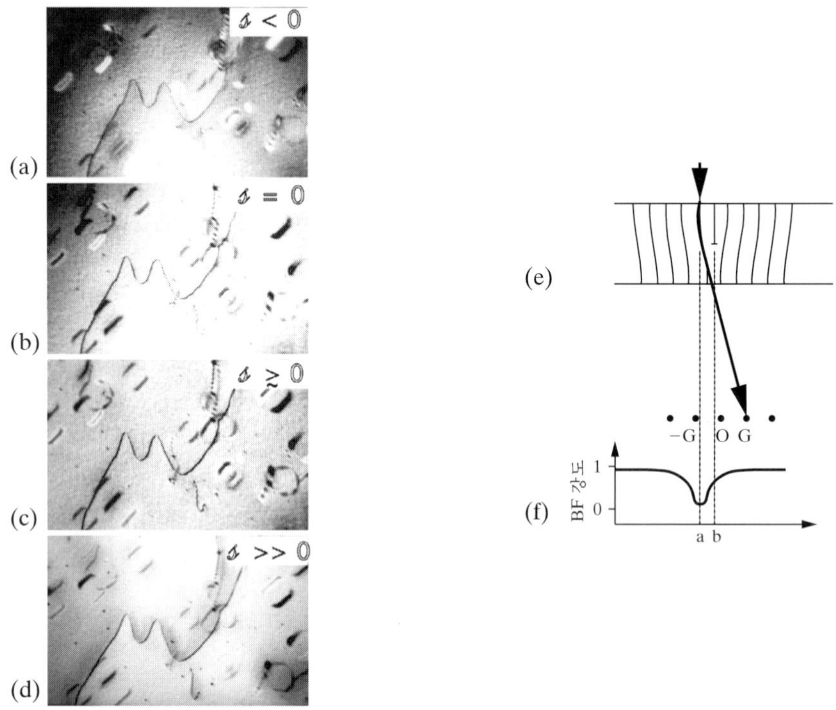

그림 20-13 (a-d) 편차 변수가 전위의 콘트라스트에 미치는 영향을 나타낸 도해. (e) 전이심 주위의 국부적인 변형은 결정을 정확한 Bragg 조건에서 약간 틀어지게 할 때 그 공간이 계속하여 강하게 회절하게 한다. (f) 전이의 투시 위치에서 전이영상의 이동을 보여주는 강도 도해. (e와 f는 [20.2]에서)

$$I_g = 1 - I_0 = (\pi t/\xi_g)^2 \frac{\sin^2(\pi t s_{eff})}{(\pi t s_{eff})^2} \tag{20-6}$$

이다. 여기서 I_0은 입사빔의 강도이고, t는 전자가 통과하는 시료의 두께이다. ξ_g는 소멸거리라고 부르는 상수이며 길이 단위로 쓰이고 s_{eff}는 유효 편차 변수이며

$$s_{eff} = \sqrt{(s^2 + \xi_g^{-2})} \tag{20-7}$$

이다. 식 (5-8)에서 정의한 간섭함수와 식 (20-6)이 유사한 것에 주목한다. 그리고 회절강도는 두 개의 독립 양, t 와 s_{eff}에서 주기적이고 다루는 데서 흡수는 무시한다. 흡수가 없을 때 식 (20-6)으로 추측하면 BF 와 DF 영상은 상보적일 것이다.

소멸거리 ξ_g를 회절벡터 **g**의 특성 거리로서 간주할 수 있고, 이 스칼라량은

$$\xi_g = (\pi V_c \cos\theta_B)/(\lambda F_g) \tag{20-8}$$

이다. ξ_g의 값은 단위포의 부피인 V_c로 시편의 격자상수(들), 회절벡터 **g**의 구조인자인 F_g로 시료

표 20.2 (a) 몇 개의 흔히 만나는 재료와 [20.2]의 회절벡터 **g**에 관한 소멸거리 ξ_g(nm로)의 값. 대시는 F = 0인 반사를 표시하며, 모든 값은 100 keV 전자를 위한 것이다. 보정항 ν/ν_{100}을 곱하는 것이 아래에 실은 값을 100 keV가 아닌 에너지 E로 변환하기 위해 필요하다[20.6].

(a)

재료	소멸거리 ξ_g				
	hkl = 110	111	200	220	400
Al	–	56.3	68.5	114.4	202.4
Au	–	18.3	20.2	27.8	43.5
Si	–	60.2	–	75.7	126.8
MgO	–	272.6	46.1	66.2	103.3
Fe	28.6	–	41.2	65.8	116.2
W	18.0	–	24.5	35.5	55.6

(b)

E (keV)	ν/ν_{100}
30	0.5990
50	0.7528
80	0.9164
100	1
200	1.268
300	1.416
400	1.510
1000	1.717

의 원자 수, λ로 kV에 의존한다. 표 20.2는 자주 접하는 일부 재료에서 흔히 사용하는 반사의 ξ_g 값들을 열거한다.

회절강도는 편차 변수의 함수이므로 시편을 조금 기울이면 영상의 외양은 상당히 변할 수 있다. 이 결과는 TEM에서 아주 중요한데, 그 까닭은 박들이 너무 얇아 약간 휘는 것은 피할 수 없기 때문이다. 구부러진 시료에서 방위는 위치에 따라 다르므로, 즉 s는 국지적으로 변하므로, 회절강도는 아주 갑작스럽게 변할 수 있고 그 결과로 생긴 만곡 윤곽선(bend contour)은 다른 특징에서 나온 콘트라스트를 압도한다. 만곡 윤곽선의 한 예가 그림 20-14에 보인다. 이 윤곽선들은 흔히 성가신 것이지만 유용한 도구일 수도 있다.

강도 I 대 $s \cdot \xi_g$의 그림을 진동곡선(rocking curve)이라고 정의하는데, 왜 결함의 영상이 s를 약간 플러스일 때 가장 잘 나오는 지 보여주는 한 좋은 방식이다. 흡수를 동역학적 회절 계산에서 고려할 때 BF 진동곡선은 $s = 0$ 부근에서 더 이상 대칭적이지 않지만 DF 진동곡선은 여전히 대칭적으로 남는다(그림 20-15). BF 영상에서 s는 작고 플러스이어야 한다. $s = 0$이거나 $s < 0$이면 더 우수한 투과와 더 예리한 영상을 얻는다. 참으로 $s < 0$으로 얻은 BF 영상은 평균하여 아주 낮은 강도를 보인다.

t에서 주기성의 의미는 **O**와 **G**의 두 빔의 강도가 빔이 입사하는 표면 아래의 깊이에 따라 진동한다는 것이다. 처음에 I_0는 1(이것은 1로 정규화한다)에서 시작하여 점차 감소하는 반면에 I_g는 영에서 점차 증가하여 시편 안으로 $\xi_g/2$ 이동한 후에 모든 강도를 차지한다. 그런 다음 I_g는 감소하고 반면에 I_0는 증가하는 과정을 반복한다. 이런 진동은 쐐기형 결정들에서 두께 줄무늬로 보이게 할 수 있지만 두께가 일정한 시료들에서는 없다. **G**나 **O** 빔이 출구면에서 나타내는 강도

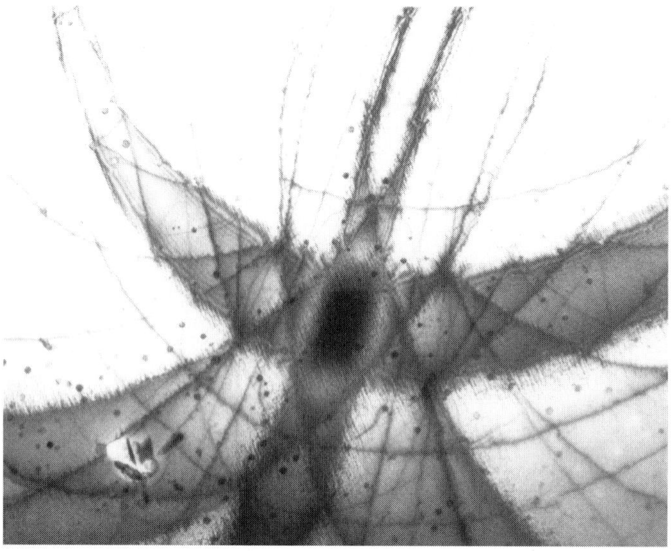

그림 20-14 만곡 윤곽선. (Z.L. Wang의 호의.)

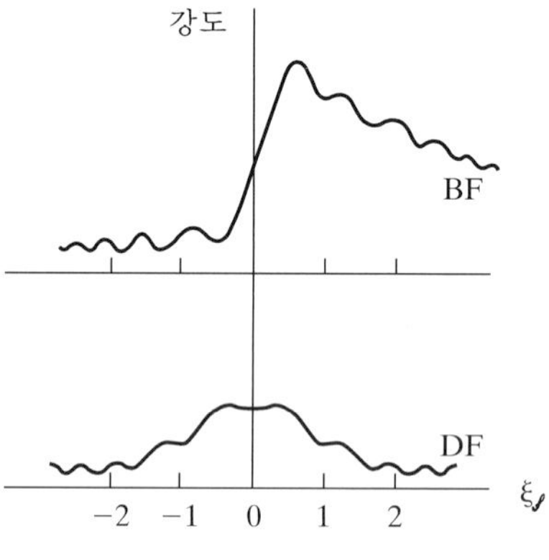

그림 20-15 명시야(BF)와 암시야(DF) 진동곡선, 아주 개략적인([20.5]에 따라)

는 시료 바깥에서, 즉 빔을 관측할 때 그 빔의 강도를 그대로 말한다. 그러므로 한 영상이 시료의 두께에 따라 검거나 희게 나타나는 것이 가능하다. 그렇지 않고 영상에 볼 수 있는 결함이 박의 출입 면에 평행하게 놓이고 빔에서 강도가 영인 어떤 깊이에 있다면 콘트라스트를 만들지 못할 수 있다.

여러 깊이로 확장한 결함은 흔히 명암이 교대하는 콘트라스트를 보여준다. 이것은 회절과 입사빔 사이에서 강도가 진동한 결과이다. 전이들에서 이런 강도의 변조를 지그재그(zig-zag) 콘트라스트라고 부른다. 적층결함이나 그 밖의 다른 면결함에서 명암이 교대하는 줄무늬들을 볼 수 있다. 적층결함과 그 밖의 다른 면결함의 BF와 DF 영상(해당 현미경 사진에서 밝은 줄무늬에서 어두운 줄무늬로 변화)을 비교하는 것은 결함의 특성을 찾는 데 있어서 중요한 부분이다[20.2–

20.6]. 쐐기형 결정들에서 밝고 어두운 두께 줄무늬들 사이의 콘트라스트는 두께 $t \gtrsim 5\xi_g$에서는 영으로 감소하고 이런 현상은 박을 관통하여 확장하는 적층결함에서 볼 수 있다. TEM에서 이상 흡수와 x선 회절에서 이상투과로 부르는 이런 효과를 설명하기 위해 동역학적 회절 이론에서 얻는 결과들과 연계하는 것이 필요하다.

많은 면에서, 전자와 x선의 동역학적 이론은 아주 비슷하고 5-5절의 설명은 양쪽에 쉽게 쓸 수 있다. 두 개의 Bloch 파의 간섭(2 빔 조건에서, 이 조건은 x선에서 피하기는 어려우나 전자에서 얻는 데는 약간 노력이 든다)은 회절빔으로/에서 에너지의 동역학적 이동으로 생기는데 식 (20-6)에 기술한 두께에 대한 강도가 의존하도록 이끈다. 이 Bloch 파가 시료 내에서 공간적으로 어디에 모아지는 지를 고려하면 한 Bloch 파의 확률 분포함수의 극대점들은 회절면의 원자열에 일치하는 반면에 둘째 점은 원자 면 사이 이랑(channel)에 중심을 두는 것을 알 수 있다. 빔의 전자들과 시료 원자들의 전자 사이에서 상호작용이 산란과 흡수로 이끌기 때문에 전자의 Bloch 파는 심하게 감쇠하는 반면에 후자는 상대적으로 거의 흡수하지 않는다. 몇몇 ξ_g의 전파 후에는 오직 하나의 Bloch 파가 남고 깊이에 따른 강도 진동에 이르는 간섭은 사라진다.

그림 20-16의 BF 영상은 CsCl 구조의 재료인 NiAl에서 여러 개의 전이를 보여준다. B와 F의 전이는 **g** = [$\bar{1}$10], [010], [001]로 콘트라스트에서 뚜렷하며 **g** = [110]으로는 볼 수 없다. **g** = [$\bar{1}$10] 영상에서 B와 F의 전이길이에 따른 콘트라스트는 균일하지만 지그재그 콘트라스트가 전이 B 때

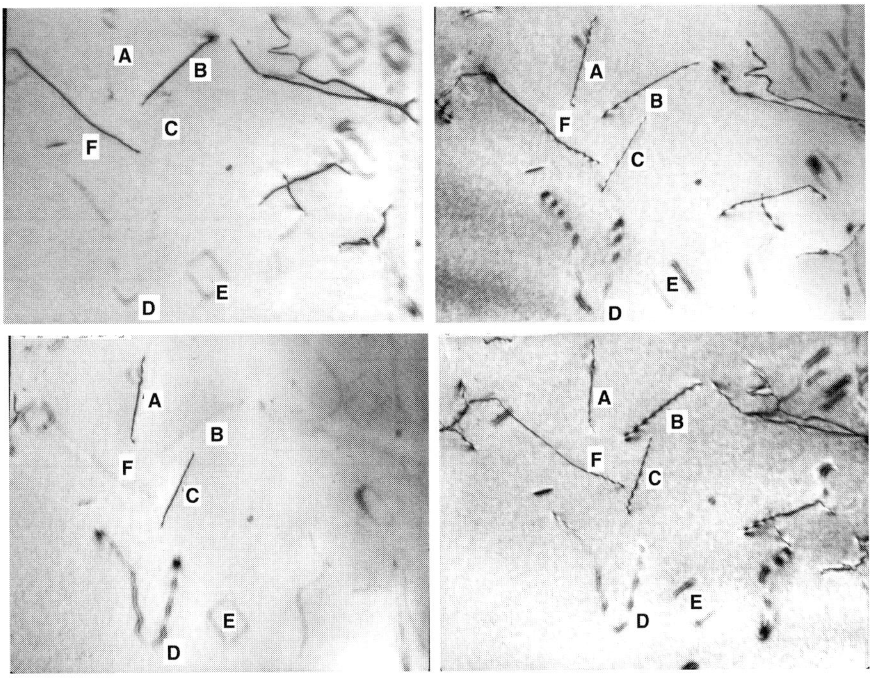

그림 20-16 네 개의 회절벡터로 기록한 NiAl 시료의 명시야 현미경 사진. 전이 **A-F**의 Burgers 벡터의 동정에 관한 논의는 본문에 있다. 왼쪽 위에서 시계 방향으로, **g** = [$\bar{1}$10], [010], [100], [110]

문에 나타나고 그 외의 다른 두 영상들에서 전이 F의 하부 오른편 때문에 나타난다. A와 C의 전이들은 $\mathbf{g} = [\bar{1}10]$으로 어떤 콘트라스트를 나타내지 않고 그림 20-16에 보인 그 밖의 다른 세 개의 BF 영상에서는 볼 수 있다.

잘 분리한 전이 쌍극자(dipole) D와 전이 루프(loop) E는 더욱 복잡하다. 이중 영상이 그림 20-16의 모든 $\mathbf{g}$에서 보인다. 이것이 나타내는 것은 $\mathbf{g} \cdot \mathbf{b}$ 값이 A, B, C, F에 비교해서 D와 E에서 다르다는 것이다. D의 아주 강한 지그재그 콘트라스트는 $\mathbf{g} = [100]$으로 보인다. 정방형 루프 E의 두 변은 $\mathbf{g} = [100]$과 [010]으로 완전히 소멸하는 반면에 루프의 반대 모서리는 $\mathbf{g} = [110]$과 $[\bar{1}10]$으로 완전히 사라진다. 문헌들은 더 자세한 내용을 알려준다.

영상이 밝게 혹은 어둡게 나타나는 지 논의할 때 BF나 DF의 어떤 영상이 논의 하에 있는 지를 아는 것이 중요하다. 전이는 결정의 완전 부위보다 더 큰 강도로 회절하기 때문에 DF 영상에서 강도는 전이 위치에서 더 커야 하고 BF에서는 더 작아야 한다. 그러므로 그림 20-12와 20-16에서 예상하는 BF 전이 영상은 어두운 배경에 대하여 백색 선으로 되어 있다. 사실 이것이 BF 음화(negative)에서 볼 수 있는 것이다. 그 음화에서 인화한 양화(positive)는 밝은 배경 위에서 어두운 전이 영상을 만든다.

20-9 영상과 위상 콘트라스트

지금까지 영상을 논의하는 데 오직 한 개의 빔만이 대물 조리개를 통과하는 것으로 제한하여 고찰하였다. 만일 두 개 이상의 빔이 조리개를 통과하도록 허용한다면 위상 콘트라스트가 생길 수 있다. TEM 위상 콘트라스트 영상의 여러 가지 방식을 자세하게 이해하려면 다소 긴 논의의 전개가 필요하지만(예컨대, [20.2]), 이런 유형의 영상에 관해서 간단하고 짧은 설명이 가능하다 [20.6].

조리개가 입사빔과 한 회절빔이 영상에 도달하게 한다고 하자. 전자들의 전체 파동함수는

$$\Psi = \exp(2\pi i\mathbf{k} \cdot \mathbf{r}) + \phi_g \exp(2\pi i\mathbf{k}' \cdot \mathbf{r}) \tag{20-9}$$

이다. 여기서 입사파는 결정에서 단위 진폭과 파동벡터 $\mathbf{k}$이고 $\mathbf{k}' = \mathbf{k} + \mathbf{g}$는 결정에서 회절 파의 파동벡터이다. 항을 묶으면

$$\Psi = \exp(2\pi i\mathbf{k} \cdot \mathbf{r})[1 + \phi_g \exp(2\pi i\mathbf{g} \cdot \mathbf{r}] \tag{20-10}$$

이 생기고, 강도는 $\phi_g = R\exp(i\delta)$일 때

$$I = 1 + R^2 + 2R\cos(2\pi\mathbf{g} \cdot \mathbf{r} + \delta) \tag{20-11}$$

이다. R과 δ는 둘 다 $\mathscr{s}$와 두께 t의 함수이며 식 (20-6)에서

$$R = (\pi/\xi_g)\frac{\sin \pi t s}{\pi s} \tag{20-12}$$

이고,

$$\delta = \pi/2 - \pi t s \tag{20-13}$$

이다. 다음으로 어떻게 강도가 **g**에 평행하게 선택한, 즉 입사빔 **B**에 수직한 면에서 방향 **x**(직공간에서, 즉 영상에서)를 따라 달라지는 지를 고찰한다. **g**는 거의 **B**에 수직하므로 오차는 거의 들어오지 않는다. 그러면 식 (20-11)의 결과는

$$I = 1 + R^2 - 2R \sin(\{2\pi x/d\} - \pi s t) \tag{20-14}$$

이다. 그러므로 강도에서 변조는 결정의 면간거리인 d에 비례한 주기성으로 **x**를 따라서 존재하고, 만일 TEM이 분해능이 충분하면 격자는 '분해'하여 볼 수 있다.

더 많은 빔이 영상에 도달할 때는 간섭이 또렷해지고 더 세밀한 것을 무늬에서 볼 수 있다. 1차원적 변조격자 줄무늬 영상들(동일선 상의 회절빔들과 함께 입사빔에서 온)은 거의 쓰이지 않는다. 더 흔하게 동일선 상이 아닌 **G**는 2차원 격자 줄무늬 영상을 형성하는 데 기여한다(그림 20-17). 독자가 항상 기억해야 하는 것은 줄무늬의 가시성이 방위와 박의 두께에 의존한다는 것과 결코 잊어서는 안 되는 것은 개개의 원자들(혹은 원자의 기둥들)은 영상을 만들지 않는다는 것이다. 영상모사는 격자 줄무늬와 다른 위상 콘트라스트 영상들에 관한 올바른 해석을 위해 흔히 필

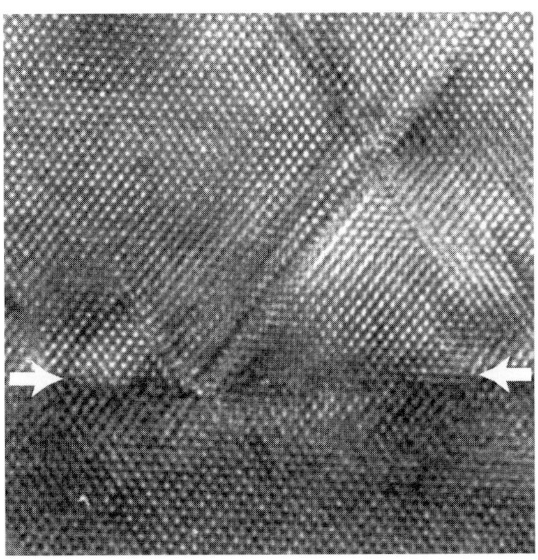

그림 20-17 GaAs 기판 위에 성장한 에피층(ZnS, 위)의 110 격자 줄무늬 영상. 화살표로 확인되는 경계는 현미경 사진의 아래에 평행하다. (Z.L. Wang의 호의.)

요하다. 이 주제와 그 밖의 다른 TEM의 흥미로운 주제들에 관한 논의는 이 장의 범위를 벗어나고 다른 곳에서 찾을 수 있을 것이다(예를 들면, [20.2], [20.7], [20.8]).

일반 참고문헌

[G.1] *International Tables for Crystallography*, Ed. A.J.C Wilson, Vol. A-C(Dordrecht Kluwer Academic Pub. for International Union of Crystallography, 1995). 결정학과 회절을 위한 참고 '서적'.

[G.2] L.S. Birks. *X-ray Spectrochemical Analysis*, 2nd ed. (New York: Interscience, 1969). 파장과 에너지의 분산법을 명료하게 간단히 다룸. 정량분석의 문제에 중점을 둠. 전자탐침 미소분석을 포함함.

[G.3] Duncan Mckie and Christine McKie. *Essentials of Crystallography* (Oxford: Blackwell Scientific Publications, 1986). 결정학을 깊이 다루면서, 여러 회절 기법을 총괄적으로 취급.

[G.4] Walter Borchardt-Ott. *Crystallography*, 2nd ed. (Berlin: Springer-Verlag, 1995). 초점을 결정학에 둠.

[G.5] Donald E. Sands. *Vectors and Tensors in Crystallography* (Reading, MA: Addison-Wesley Pub. Co., 1982). 벡터/텐서 수학에 집중하려는 연구자에게 아주 간결하지만 아주 유용함.

[G.6] Christopher Hammond. *The Basics of Crystallography and Diffraction*, International Union of Crystallography Text on Crystallography (Oxford: Oxford University Press, 1997). 결정학과 회절 일반원리를 강조하는 총괄적인 취급. 중요한 연구자들에 관한 흥미로운 간략한 서지 목록의 개요를 포함함.

[G.7] L.H. Schwartz and J.B. Cohen. *Diffraction from Materials*, 2nd ed. (Berlin: Springer-Verlag, 1987). 결정학, 기기, 기법과 회절이론의 좀더 넓은 범위의 완전한 취급.

[G.8] *Strukturbericht* (Leipzig: Akademische Verlagsgesellschaft, 1931–1943. Ann arbor, MI.: Edwards Brothers. 1943). *Structure Reports*(Utrecht. Oosthoek, 1951 to date). *Strukturbericht*. 7권의 연속물로 1913년에서 1939년까지 포함하여 해가 알려진 결정구조를 기술한다. Structure Reports로 계속함(Utrect. Oosthoek, 1951에서 현재). International Union of Crystallography가 후원함. 권수는 8권에서 시작하는데, *Strukturbericht*는 빠짐. 구조결정의 결과는 보통 충분히 자세하게 나와서 독자는 원래 논문을 찾아볼 필요가 없다.

[G.9] W. B. Pearson. *A handbook of Lattice Spacings and Structure of Metals and Alloys* (New York: Pergamon Press, 1958). 자료의 가장 유용한 출처. 중간상의 결정구조, 2상이나 3상의 합금의 고용체에서 조성에 따른 격자상수의 변화를 준다. 그리고 금속 붕화물, 탄화물, 수소화물, 질화물, 2상 산화물의 결정구조를 준다.

[G.10] Charles S. Barrett and T. B. Massalski. *Structure of Metals*, 3rd ed. (New York: Mcgraw-hill, 1966). 물리금속학의 결정학인 면에 관한 고전 서적. 실제로 두 책을 하나로 하여, 첫 부분은 x선, 전자, 중성자의 회절의 이론과 방법을 다룬다. 둘째 부분은 광의적인 의미로서 금속구조를 다

룬다. 스테레오 투영의 아주 명료하게 설명한다. 응력측정, 상변태, 우선방위.

[G.11] P. P. Ewald, ed. *Fifty Years of X-Ray Diffraction* (Utrecht: International Union of Crystallography, 1962). Laue 경의 실험에 관한 설명에 관해서는 쪽 31−56과 293−294를 보라. Bragg의 초기 작업에 관한 기술은 쪽 57−73, 120−123, 532−533에 있다. 이 흥미로운 책은 또 많은 저명한 x선 결정학자의 개인적인 회고담을 포함한다.

[G.12] J. M. Bijvoet, W. G. Burgers, and G. Hägg, eds. *Early Papers on Diffraction of X-rays by Crystals* (Utrecht: A. Oosthoek's Vitgeversmaat schappij NV for Int. Union Cryst., 1969). 중요하고, 찾기 어려운 많은 논문의 증쇄가 여기에 있다.

[G.13] Andre Guinier. *X-ray Crystallographic Technology* (London: Hilger and Watts, 1952). x선 회절의 이론과 실습을 훌륭하게 다룸. 제목은 책에 맞지 않으나, 이 책은 적지 않은 분량의 이론과 상세한 실험 기법을 포함한다. 역격자의 이론과 응용을 아주 잘 기술한다. 집중 단색화 장치, 소각 산란, 무정형 물질의 회절의 취급을 포함한다.

[G.14] R. A. Young. *Use of Reciprocal Lattice Concepts in Powder Diffraction Analysis* (unpublished manuscript, 1995). (미발행 원고, 1995)

[G.15] N. F. M. Henry, H. Lipson, and W. A. Wooster. *The Interpretation of X-Ray Diffraction Photographs* (London: Macmillian, 1951). 회전결정법과 진동결정법뿐만 아니라 분말법을 기술한다. 분말사진의 지수 붙이기의 해석방법에 관한 좋은 절이 있음.

[G.16] Leonid V. Azaroff. *Elements of X-Ray Crystallography* (New York: McGraw-Hill, 1968). 결정학, 회절이론(정역학적, 동역학적), 구조해석, 단결정법과 분말법.

[G.17] Harold P. Klug and Leroy E. Alexander. *X-Ray Diffraction Procedures*, 2nd ed.(New York: Wiley, 1974). 분말 카메라와 회절기의 이론과 작동에 관한 유용하고 상세한 내용을 아주 많이 포함한다. 다음 주제를 깊이 다룬다: 회절을 사용한 화학 분석, 격자상수 측정, 회절선 퍼짐의 분석, 집합조직 결정, 응력측정, 무정형 재료에 관한 연구. 단결정법을 포함하지 않는다.

[G.18] W. Parrish, ed. *Advances in X-ray Diffractometry and X-Ray Spectrography* (Eindhoven: Centrex Pub. Co., 1962).

[G.19] R. W. James. *The Optical Principles of the Diffraction of X-Rays* (Woodbridge; CT: Ox Bow Press, 1982). x선 회절의 고급 이론에 관한 훌륭한 책, 확산산란의 철저한 취급을 포함한다(열요동, 작은 결정립 크기, 결정결함 등등에서 생기는). 구조해석과 기체, 액체, 무정형 고체에서 Fourier 급수의 사용.

[G.20] B. E. Warren. *X-Ray Diffraction* (Reading, MA: Addison-Wesley, 1969). 탁월한 높은 수준의 취급이고, 여기서 저자는 이론에서 유도한 결과와 실험에 관찰한 양을 연결하려고 노력한다. 열진동, 규칙-불규칙, 결함결정과 무정형 결정에서 생기는 회절효과를 강조한다. 완전 결정의 회절에 관한 동역학적 이론의 취급을 포함한다.

[G.21] Z. G. Pinstker. *Dynamical Scattering of X-Rays in Crystals* (Berlin: Springer-Verlag, 1978). 이론적인 면에 집중한다. 아주 철저하게 다룸.

[G.22] D. Keith Bowen and Brian K. Tanner. *high Resolution X0Ray Diffractometry and Topography* (London: Taylor and Frances, 1998). 탁월한 강조를 응용에 둠: x선 회절 토포그래프 법과 다중축 회절기.

[G.23] Arthur H. Compton and Samuel K. Allison. *X-Rays in Theory and Experiment* (New York: D.Van Nostrand, 1935). x선과 x선 회절의 물리학에 관한 표준 논문집. 전자를 강조함.

[G.24] William H. Zachariasen. *Theory of X-Ray Diffraction in Crystals* (New York: John Wiley & Sons, 1945).

[G.25] Ron Jenkins and Robert L. Snyder. *Introdution to X-Raay Powder Diffractometry* (New York, John Wiley & Sons, Inc, 1996).

[G.26] A. J. C. Wilson. *Mathematical Theory of X-Ray Powder Diffractometry* (Gordon & Breech, New York: 1963), 128 쪽.

[G.27] D. L. Bish and J. E. post, eds. *Modern Powder Diffractometry* (Rev. Miner. **20**) (Washington, D.C.: The Mineralogical Society of America, 1989).

[G.28] Victor E. Buhrke, Ron Jenkins and Deane K. Smith. *A Practical Guide for the Preparation of Specimens for X-Ray Fluorescence and X-Ray Diffraction Analysis*. (New York: Wiley-VCH, 1998).

[G.29] L. S. Zevin and G. Kimmel. *Quantitative X-Ray Diffractometry*, edited by I. Mureinik, Springer, 1995, New York.

[G.30] A. Guinier. *X-Ray Diffraction in Crystals, Imperfect Crystals, and Amorphous Bodies* (San Francisci: W. H. Freeman, 1963 and reprinted by dover, 1994). 대부분 이론적이며 [G.13]보다 더 수준이 높음.

[G.31] J. L. Amoros, M. J. Buerger, and M. L. Canut de Amoros. *The Laue Method* (New York: Academic Press, 1974). Laue 법에서 사용하는 여러 가지 투영과 이 방법의 결정 대칭과 확산산란의 연구에 대한 응용을 기술한다.

[G.32] H. Lipson and H. Steeple. *Interpretation of X-Ray Powder Diffraction Patterns* (London: Macmillian, 1970). [G.15]의 분말법을 다룬 부분을 새롭게 하고 확장함.

[G.33] Leonid V. Azaroff and Martin J. Buerger. *The Powder Method in X-Ray Crystallography* (New York: McGraw-Hill, 1958). Hull/Debye-Scherrer 사진을 만들고 해석하고, 정밀한 격자상수의 측정을 포함한다.

[G.34] Andre Guiner and Gerard Fournet. *Small-Angle Scattering of X-Rays* (New York: Wiley, 1995). 소각 산란 현상에 관한 충실한 기술, 이론, 실험 기법, 결과해석과 응용을 포함한다.

[G.35] G. E. Bacon. *Neutron Diffraction*, 2nd ed. (Oxford: Clarendon Press, 1962). 중성자 회절의 응용과 실습, 자성재료, 구조결정, 소각 산란과 무정형 결정에 대한 응용.

[G.36] H. J. Bacon, ed. *Experimental Techniques of Texture Analysis*,. (Oberursel, Germany: Deutsche Gesellschaft, Metallkunde, 1986). 여러 가지 기법을 충실하게 기술함.

[G.37] H. J. Bunge and C. Esling, eds. *Quantitative Texure Analysis*,. (Oberursel, Germany: Deutsche Gesellschaft, Metallkunde, 1986). 집합조직의 해석.

[G.38] I. C. Noyan and J. B. Cohen, *Measurement by Diffraction and Interpretation* (New York: Springer-Verlag, 1987). 응력텐서, 변형텐서와 응력을 다결정질 시료에서 어떻게 측정하는 지를 아주 완벽하게 다룸.

[G.39] *Advances in X-Ray Analysis*, International Centre for Diffraction Data.

[G.40] E. Preuss, B. Krahl-Urban, and R. Butz. *Laue Atlas* (New York: Wiley, 1974). 대부분의 원소와 중요한 많은 화합물의 컴퓨터로 생성한 배면 반사 Laue 무늬의 도감.

[G.41] C. Morin and E. Dieguez. *Orientation of Single Crystals by Back-Reflection Laue Pattern Simulation* (Singapore: World Scientific, 1999). 디스켓과 소프트웨어를 포함하여 모든 것을 완비한 요약.

[G.42] A. Filhol, J. Laugier, F. Antier, Y. Raoul, and J. de Combret. *Orient Express* (Grenoble: Institut Laue Langevin, 1996) ILL 96FI 13T. 상업적으로 구입 가능함.

[G.43] H. S. Peiser, H. P. Rooksby, and A. J. C. Wilson, *X-Ray Diffraction by Polycrystalline Materials* (London: Institute of Physics, 1955). 32명의 저자가 쓴 32 장을 포함하고 세 개의 주요 부문으로 나뉨: 실험 기법, 자료해석과 산업의 특정 분야에서 응용.

부록 1 역격자

A1-1 서언

Bragg 법칙은 그 단순성에 감탄할 만하다. 이것은 광범위한 현상에 쓰이고 x선 회절의 대단히 많은 응용을 이해하는 데 필요하다. 그렇지만 Bragg 법칙으로 전혀 설명할 수 없는, 특히 비 Bragg 각에서 확산산란과 관계있는 회절효과가 있고 이런 효과는 설명하려면 더 일반적인 회절 이론을 요구한다. 역격자는 그러한 이론을 위한 체계를 제공한다. 이 강력한 개념은 독일 물리학자 Ewald가 1921년 회절분야에 도입하였고 이후 많은 문제를 해결하는 데 없어서는 안 될 도구가 되었다.

비록 역격자는 처음에는 다소 추상적이거나 인위적인 것처럼 보일 수 있지만, 이것의 본질적인 특징을 이해하는 데 보낸 시간은 매우 유익하다. 왜냐하면 회절의 역격자 이론은 일반적으로 가장 간단한 회절 현상에서 가장 복잡한 회절 현상까지 적용할 수 있기 때문이다. 역격자에 정통하는 것은 복잡한 회절효과를 이해하는 데 필요한 열쇠를 제공하고 가장 단순한 것도 이해를 깊게 한다. 역격자가 제3판 전체에 걸쳐 넣어 있지만, 회절의 역격자 취급에 관한 간략한 요약은 이 개념을 처음 배우는 이와 다시 배우고자 하는 이에게 계속하여 유용하다.

A1-2 벡터곱

역격자는 벡터항으로 가장 잘 공식화할 수 있기 때문에 벡터 대수학에 관한 몇 개의 공리, 즉 벡터량의 곱셈에 수반한 것을 복습하는 것이 역격자의 소개에 선행한다.

두 개의 벡터[1] **a**와 **b**의 **스칼라곱**(혹은 내적)은 **a** · **b**로 쓰고 크기에서 그 두 벡터의 절대값과 그것 사이의 각 α의 코사인값을 곱한 것과 같은 스칼라량이다. 즉,

1) 굵은 활자의 부호는 벡터를 나타낸다. 이탤릭체의 부호는 절대값이나 벡터의 크기를 나타낸다.

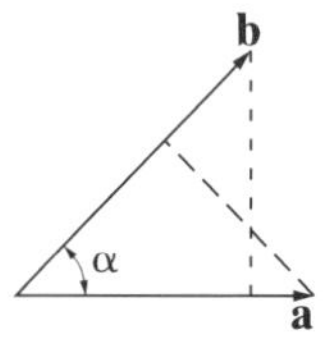

그림 A1-1 두 벡터의 스칼라곱

$$\mathbf{a} \cdot \mathbf{b} = ab \cos \alpha.$$

이다. 기하학적으로 그림 A1-1은, 두 벡터의 스칼라곱은 한 벡터의 길이와 다른 벡터를 처음 벡터 위에 투영한 것을 곱한 것으로 간주할 수 있다는 것을 보여준다. 만일 그 벡터 중 하나, 가령 **a**가 단위벡터(단위길이인 벡터)이면, **a** · **b**는 바로 **a** 위에 **b**의 투영길이를 준다. 벡터 합이나 차의 스칼라곱은 간단하게 항과 항을 곱하여 만든다.

$$(\mathbf{a} + \mathbf{b}) \cdot (\mathbf{c} - \mathbf{d}) = (\mathbf{a} \cdot \mathbf{c}) - (\mathbf{a} \cdot \mathbf{d}) + (\mathbf{b} \cdot \mathbf{c}) - (\mathbf{b} \cdot \mathbf{d})$$

곱셈의 순서는 중요하지 않다. 즉,

$$\mathbf{a} \cdot \mathbf{b} = b \cdot a$$

두 벡터 **a**와 **b**의 벡터곱(혹은 외적)은 **a** × **b**로 쓰는데, **a**와 **b**의 평면에 직각인 벡터 **c**이고 크기에서 두 벡터의 절대값과 그것들 사이의 각 α의 사인값을 곱한 것과 같다.

$$\mathbf{c} = \mathbf{a} \times \mathbf{b}$$

$$c = ab \sin \alpha$$

c의 크기는 그림 A1-2로 제시한 것과 같이 간단히 **a**와 **b** 위에 작도한 평행사변형의 면적이다. **c**의 방향은 오른손 나사가 **a**를 **b**로 가져오는 것과 같은 방식으로 회전할 때 움직이는 방향이다. 이것의 당연한 결과로 벡터곱 **c**의 방향은 곱셈의 순서를 바꾸면 반대가 된다.

$$\mathbf{a} \times \mathbf{b} = -(\mathbf{b} \times \mathbf{a})$$

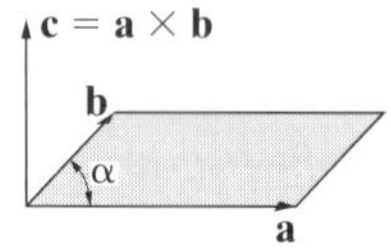

그림 A1-2 두 벡터의 벡터곱

A1-3 역격자

어떠한 결정격자에 대응하여 하나의 **역격자**가 있는데, 특성 대부분이 결정격자의 것에 역이기 때문에 그렇게 부른다. 결정격자의 한 단위포를 벡터 $\mathbf{a}_1, \mathbf{a}_2, \mathbf{a}_3$로 정의한다고 하자. 대응하는 역격자의 단위포를 벡터 $\mathbf{b}_1, \mathbf{b}_2, \mathbf{b}_3$로 정의하는데, 여기서

$$\mathbf{b}_1 = \frac{1}{V}(\mathbf{a}_2 \times \mathbf{a}_3) \tag{1}$$

$$\mathbf{b}_2 = \frac{1}{V}(\mathbf{a}_3 \times \mathbf{a}_1) \tag{2}$$

$$\mathbf{b}_3 = \frac{1}{V}(\mathbf{a}_1 \times \mathbf{a}_2) \tag{3}$$

이고, V는 결정단위포의 부피이며 $\mathbf{a}_1 \cdot \mathbf{a}_2 \times \mathbf{a}_3 = \mathbf{a}_3 \cdot \mathbf{a}_1 \times \mathbf{a}_2 = \mathbf{a}_2 \cdot \mathbf{a}_3 \times \mathbf{a}_1$이다. 벡터 $\mathbf{b}_1, \mathbf{b}_2, \mathbf{b}_3$를 벡터 $\mathbf{a}_1, \mathbf{a}_2, \mathbf{a}_3$로 정의하는 이런 방식은 역격자의 어떤 유용한 성질을 준다.

그림 A1-3에 보인 일반적인 삼사정계의 단위포를 고찰하자. 역격자 축 $\mathbf{b}_3$는 식 (3)에 따라서 $\mathbf{a}_1$과 $\mathbf{a}_2$에 나타낸 것처럼 수직하다. 이것의 길이는

$$\begin{aligned} b_3 &= \frac{|\mathbf{a}_1 \times \mathbf{a}_2|}{V} \\ &= \frac{(\text{ 평행사변형 } OACB\text{의 면적 })}{(\text{ 평행사변형 } OACB\text{의 면적 })(\text{ 단위포의 높이})} \\ &= \frac{1}{OP} = \frac{1}{d_{001}} \end{aligned}$$

이고, $\mathbf{b}_3$로 $\mathbf{a}_3$를 투영한 OP는 그 포의 높이와 같기 때문이고, 이것은 차례로 결정격자의 (001) 면의 면간거리 d이다. 비슷하게, 역격자 축 $\mathbf{b}_1$과 $\mathbf{b}_2$는 각 결정격자의 (100) 면과 (010) 면에 수직하고 길이에서 이 면의 면간길이의 역과 같다.

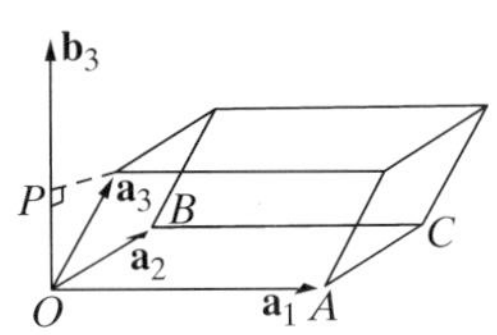

그림 A1-3 역격자 축 $\mathbf{b}_3$의 위치

확대하면, 유사한 관계가 결정격자의 모든 면에서 성립한다. 역격자 전체는 벡터 $\mathbf{b}_1, \mathbf{b}_2, \mathbf{b}_3$의 병진을 반복하여 세울 수 있다. 이렇게 하면 하나의 점열이 생기고, 그 각각은 기본 벡터로 하는 좌표축으로 이름을 붙인다. 따라서 $\mathbf{b}_1$ 벡터의 끝에 있는 점은 100, $\mathbf{b}_2$ 벡터의 끝에 있는 것은 010, 등등으로 표지를 붙인다. 이렇게 확장한 역격자는 다음과 같은 성질이 있다:

1. 역격자의 원점에서 이 안에 있는, 좌표가 *hkl*인 어떤 점까지 잇는 벡터 $\mathbf{H}_{hkl}$은 결정격자에서 Miller 지수가 *hkl*인 면에 수직하다. 이 벡터는 이 격자의 좌표를 사용하여 식

$$\mathbf{H}_{hkl} = h\mathbf{b}_1 + k\mathbf{b}_2 + l\mathbf{b}_3$$

로 나타낸다.

2. 벡터 $\mathbf{H}_{hkl}$의 길이는 (*hkl*) 면의 면간길이 *d*의 역과 같다.

$$H_{hk1} = \frac{1}{d_{hkl}}$$

이러한 관계에 주의할 중요한 것은 역격자 점열이 결정을 완전하게 기술한다는 것인데, 이는 각각의 역격자 점이 결정에서 한 조의 면에 관계하고 그 조의 면의 방위와 면간거리를 나타낸다는 의미에서이다.

이 일반적인 관계를 증명하기 전에 입방과 육방 결정에 관한 그림 A1-4와 A1-5에서 보인 것과 같이 역격자의 특별한 예를 고찰하자. 역격자 원점과 직공간 격자의 원점 사이에 특별한 공간적인 관계는 없고 각각의 그림은 가장 편리한 어떠한 축척으로도 그릴 수 있다. 물론 그 두 개의 격자 사이에 방위 관계는 있다. 식 (1)에서 (3)은 어떠한 결정에도 단위포가 서로 수직한 벡터, 즉 입방정계, 정방정계, 사방정계에 기초를 두면 아주 간단한 형태를 취한다는 것에 주목하자. 그러한 결정에서 $\mathbf{b}_1, \mathbf{b}_2, \mathbf{b}_3$는 각각 $\mathbf{a}_1, \mathbf{a}_2, \mathbf{a}_3$에 평행한데 b_1, b_2, b_3는 간단히 a_1, a_2, a_3의 역수이다. 그림 A1-4와 A1-5에서 역격자의 네 개의 포는 각 경우에서 두 개의 **H** 벡터와 함께 나타낸다. 그림의 축척을 이용하여, 각 **H** 벡터는 길이에서 해당 면의 면간거리의 역수와 같고 그 면에 수직하다는

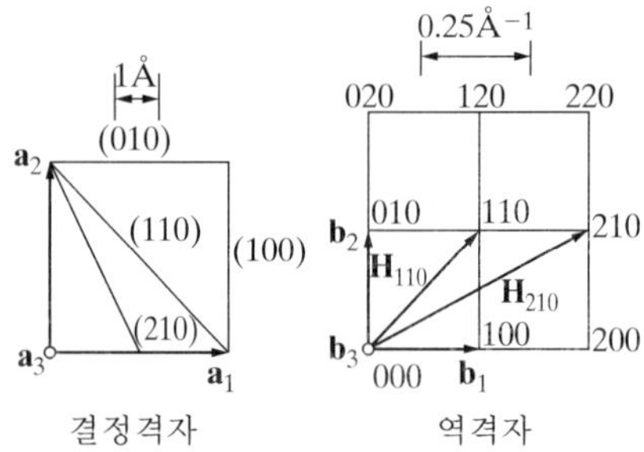

그림 A1-4 $a_1 = 4\,\text{Å}$인 입방결정의 역격자. 축 $\mathbf{a}_3$와 $\mathbf{b}_3$는 도면에 수직이다.

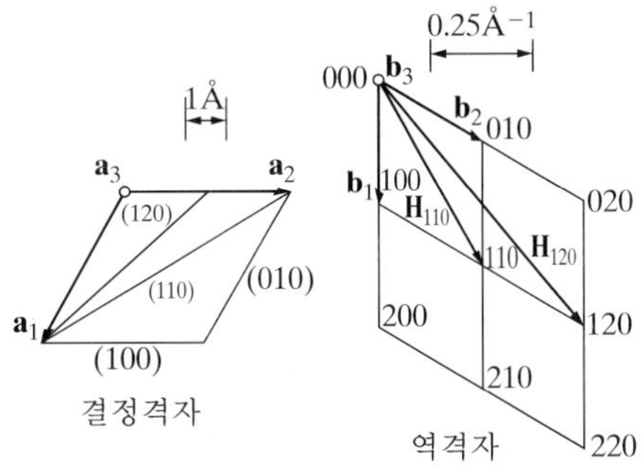

그림 A1-5 $a_1 = 4$ Å인 육방결정의 역격자. (여기서 면지수 붙이기에서 3부호 계를 사용하고 $\mathbf{a}_3$는 일반적인 $\mathbf{c}$를 가리키는 축이다.) 축 $\mathbf{a}_3$와 $\mathbf{b}_3$는 도면에 수직이다.

것을 증명할 수 있다. nh, nk, nl과 같은결정격자 역격자 점은, 여기서 n은 정수인데, (hkl)에 평행하고 면간거리는 $1/n$인 면에 대응한다. 따라서 $\mathbf{H}_{220}$은 (220) 면에 수직하고, $\mathbf{H}_{110}$에 평행하다. (110)과 (220)은 평행하고, $\mathbf{H}_{220}$ 은 $\mathbf{H}_{110}$에 비해 두 배나 긴데, (220) 면은 (110) 면의 면간길이의 반이기 때문이다.

결정과 역격자 벡터 사이에 그 밖의 다른 유용한 관계가 식 (3)을 거쳐서 식 (1)의 결과로서 나온다. 예를 들면, $\mathbf{b}_3$는 $\mathbf{a}_1$과 $\mathbf{a}_2$에 둘 다 수직하기 때문에 이 벡터의 하나와 내적은 영이거나

$$\mathbf{b}_3 \cdot \mathbf{a}_1 = \mathbf{b}_3 \cdot \mathbf{a}_2 = 0$$

이다. 하지만 $\mathbf{b}_3$와 $\mathbf{a}_3$의 내적은 일인데, 그 까닭은 (그림 A1-3을 보라)

$$\mathbf{b}_3 \cdot \mathbf{a}_3 = (b_3)\ (\mathbf{b}_3\text{로 } \mathbf{a}_3\text{의 투영})$$

$$= \left(\frac{1}{OP}\right)(OP)$$

$$= 1$$

이기 때문이다. 일반적으로,

$$\mathbf{a}_m \cdot \mathbf{b}_n = 1\ (m = n\text{ 이면}) \tag{4}$$

$$= 0\ (m \neq n\text{ 이면}) \tag{5}$$

이다.

$\mathbf{H}_{hkl}$이 (hkl)에 수직하고 H_{hkl}이 d_{hkl}의 역수라는 사실을 다음과 같이 증명할 수 있다. 그림 A1-6의 ABC가 (hkl) 조에서 원점에 가장 가까운 면의 일부라고 하자. 그러면 Miller 지수의 정의에서

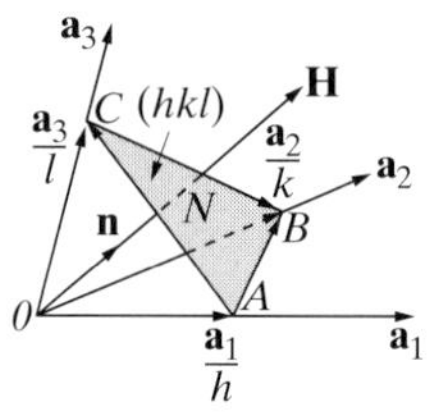

그림 A1-6 역격자 벡터 **H**와 결정면 (hkl)의 관계

원점에서 점 A, B, C까지 벡터는 각각 $\mathbf{a}_1/h, \mathbf{a}_2/k, \mathbf{a}_3/l$이다. 벡터 **AB**, 즉 A에서 B까지 잇고 면 (hkl)에 놓인 한 벡터를 고찰하자.

$$\frac{\mathbf{a}_1}{h} + \mathbf{AB} = \frac{\mathbf{a}_2}{k}$$

이므로,

$$\mathbf{AB} = \frac{\mathbf{a}_2}{k} - \frac{\mathbf{a}_1}{h}$$

H와 **AB**를 내적을 만들면,

$$\mathbf{H} \cdot \mathbf{AB} = (h\mathbf{b_1} + k\mathbf{b_2} + l\,\mathbf{b_3}) \cdot \left(\frac{\mathbf{a}_2}{k} - \frac{\mathbf{a}_1}{h}\right)$$

이 된다. 이 식을 식 (4)와 (5)의 도움으로 계산하면,

$$\mathbf{H} \cdot \mathbf{AB} = 1 - 1 = 0$$

을 만든다. 이 내적은 영이므로 **H**는 **AB**에 수직하여야 한다. 비슷하게, **H**는 **AC**에 수직한 것을 보여줄 수 있다. **H**는 면 (hkl)에 있는 두 개의 벡터에 수직하므로, 그 면 자체에 수직하다.

H와 d 사이의 역관계를 증명하기 위해 **n**을 **H**의 방향에서, 즉 (hkl)에 수직한 단위벡터라고 하자. 그러면

$$d = ON = \frac{\mathbf{a_1}}{h} \cdot \mathbf{n}$$

이지만,

$$\mathbf{n} = \frac{\mathbf{H}}{H}$$

이다.

그러므로

$$d = \frac{\mathbf{a}_1}{h} \cdot \frac{\mathbf{H}}{H}$$

$$= \frac{\mathbf{a}_1}{h} \cdot \frac{(h\mathbf{b}_1 + k\mathbf{b}_2 + l\mathbf{b}_3)}{H}$$

$$= \frac{1}{H}$$

이다.

하나의 기하학적 도구로 순수하게 사용하여도 역격자는 결정 기하학에서 문제를 해결하는 데 많은 도움이 된다. 예를 들면, 한 정대와 그 정대축 사이의 관계를 고찰하자. 한 정대의 면은 모두 한 선인 정대축에 평행하므로, 그 법선은 동일 평면 상에 있어야 한다. 이것은 한 정대의 면이 역격자에서 역격자의 원점을 지나는 한 평면 상에 놓이는 한 조의 점으로 나타낸다는 것을 뜻한다. 만일 면 (hkl)이 축이 $[uvw]$인 정대에 속한다면, (hkl)의 법선, 즉 **H**는 $[uvw]$에 수직하여야 한다. 정대축을 결정격자에서 하나의 벡터로, **H**를 역격자에서 하나의 벡터로 표현하자:

$$\text{정대축} = u\mathbf{a}_1 + v\mathbf{a}_2 + w\mathbf{a}_3$$

$$\mathbf{H} = h\mathbf{b}_1 + k\mathbf{b}_2 + l\mathbf{b}_3$$

만일 이 두 벡터가 수직하면, 그 내적은 영이어야 한다:

$$(u\mathbf{a}_1 + v\mathbf{a}_2 + w\mathbf{a}_3) \cdot (h\mathbf{b}_1 + k\mathbf{b}_2 + l\mathbf{b}_3) = 0$$

$$hu + kv + lw = 0$$

이 식은 2-7절에서 증명없이 준 관계이다. 역격자 벡터를 비슷하게 사용하여, 부록 3에 준 면간거리 공식의 유도와 같은 결정 기하학의 다른 문제를 아주 단순화할 수 있다.

A1-4 회절과 역격자

하지만 역격자의 중대한 유용성은 회절 문제에 관계한다. 결정격자의 원점에 있는 원자 O에서 산란한 x선(그림 A1-7)이 원점에 대하여 좌표가 $p\mathbf{a}_1$, $q\mathbf{a}_2$, $r\mathbf{a}_3$인 어떤 다른 원자 A에서 산란 x선에게서 어떻게 영향을 받는 지를 고찰하자. 여기서 p, q, r은 정수이다. 따라서

$$\mathbf{OA} = p\mathbf{a}_1 + q\mathbf{a}_2 + r\mathbf{a}_3$$

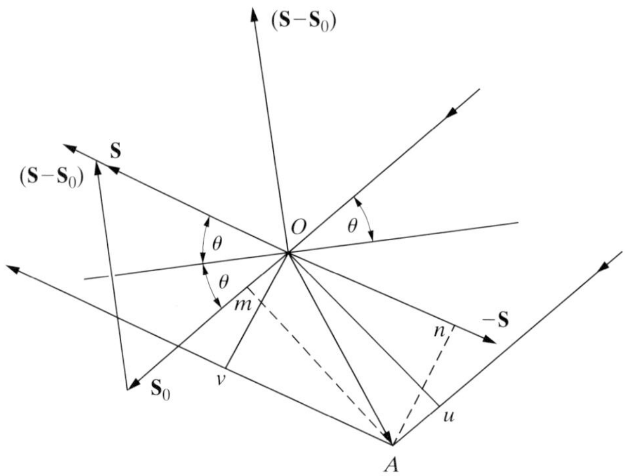

그림 A1-7 *O*와 *A*에 있는 원자가 일으키는 x선 산란. Guinier[G.10]에서

입사빔은 파장이 λ이라고 하고 입사빔과 회절빔은 각각 단위벡터 $\mathbf{S}_0$와 **S**로 나타낸다고 하자. $\mathbf{S}_0$, **S**, **OA**는 일반적으로 동일 평면 상에 있지 않는다.

원자 *O*와 *A*에서 산란한 x선 사이의 위상차는 회절이 일어날 수 있는 조건을 결정한다. 그림 A1-7에서 광선 *Ou*와 *Ov*는 입사빔 $\mathbf{S}_0$와 산란빔 **S**에 각각 수직한 파면(wave front)이다. δ는 *O*와 *A*에서 산란한 광선의 경로차라고 하자. 그러면

$$\begin{aligned}\delta &= uA + Av \\ &= Om + On \\ &= \mathbf{S_0} \cdot \mathbf{OA} + (-\mathbf{S}) \cdot \mathbf{OA} \\ &= -\mathbf{OA} \cdot (\mathbf{S} - \mathbf{S}_0)\end{aligned}$$

해당 위상차는 라디안으로

$$\begin{aligned}\phi &= \frac{2\pi\delta}{\lambda} \\ &= -2\pi\left(\frac{\mathbf{S} - \mathbf{S_0}}{\lambda}\right) \cdot \mathbf{OA} \qquad (6)\end{aligned}$$

이다. 회절은 벡터 $(\mathbf{S} - \mathbf{S}_0)/\lambda$를 역격자에서 하나의 벡터로 표현하여 이제 역격자에 관련이 있다.

$$\frac{\mathbf{S} - \mathbf{S_0}}{\lambda} = h'\mathbf{b_1} + k'\mathbf{b}_2 + l'\mathbf{b_3}$$

이라고 하자. 이 식은 이제 역격자에서 하나의 벡터형이지만 이 시점에서 어떠한 특별한 의미가 변수 h', k', l' 에 붙지 않는다. 이 변수는 연속적으로 변할 수 있고 정수나 비정수 어떠한 값도 취할 수 있다. 식 (6)은 이제

$$\phi = -2\pi(h'\mathbf{b_1} + k'\mathbf{b_2} + l'\mathbf{b_3}) \cdot (p\mathbf{a_1} + q\mathbf{a_2} + r\mathbf{a_3}) = -2\pi(h'p + k'q + l'r)$$

가 된다. 한 회절빔은 보강이 일어날 때만 생길 것이고 이런 일은 ϕ가 2π의 정수배이어야 하는 것을 요구한다. 이런 일은 h', k', l' 이 정수일 때만 일어날 수 있다. 그러므로 회절조건은 벡터 $(\mathbf{S} - \mathbf{S}_0)/\lambda$가 역격자에서 한 점 상에서 끝나거나

$$\frac{\mathbf{S} - \mathbf{S_0}}{\lambda} = \mathbf{H} = h\mathbf{b_1} + k\mathbf{b_2} + l\mathbf{b_3} \tag{7}$$

인 것이다. 여기서 h, k, l 은 정수로 제한한다.

Laue 식과 Bragg 법칙은 둘다 식 (7)에서 유도할 수 있다. 전자는 식의 어느 한 변과 세 개의 결정격자 벡터 $\mathbf{a}_1, \mathbf{a}_2, \mathbf{a}_3$를 연속하여 내적을 만들어서 얻는다. 예를 들면,

$$\mathbf{a}_1 \cdot \left(\frac{\mathbf{S} - \mathbf{S}_0}{\lambda}\right) = \mathbf{a}_1 \cdot (h\mathbf{b}_1 + k\mathbf{b}_2 + l\mathbf{b}_3)$$

$$= h \tag{6}$$

이거나

$$\mathbf{a}_1 \cdot (\mathbf{S} - \mathbf{S}_0) = h\lambda \tag{8}$$

비슷하게,

$$\mathbf{a}_2 \cdot (\mathbf{S} - \mathbf{S}_0) = k\lambda \tag{9}$$

$$\mathbf{a}_3 \cdot (\mathbf{S} - \mathbf{S}_0) = l\lambda \tag{10}$$

이다. 식 (8)에서 (10)은 1912년에 Laue 경이 회절에 필요한 조건을 표현한 식의 벡터형이다. 이 식은 회절이 일어나기 위해서 동시에 만족해야 한다.

그림 A1-7에서 보인 것처럼, 벡터 $(\mathbf{S} - \mathbf{S}_0)$는 입사빔 $\mathbf{S}_0$와 회절빔 $\mathbf{S}$ 사이의 각을 이등분한다. 사실 식 (7)은 $(\mathbf{S} - \mathbf{S}_0)$가 $\mathbf{H}$에 평행하고, 이것은 교대로 면 (hkl)에 수직하다는 것을 나타낸다. θ를 $\mathbf{S}$(혹은 $\mathbf{S}_0$)와 이 면 사이의 각이라고 하자. 그러면 $\mathbf{S}$와 $\mathbf{S}_0$는 단위벡터이므로,

$$(S - S_0) = 2 \sin\theta$$

이다.

그러므로

$$\frac{2\sin\theta}{\lambda} = \frac{S - S_0}{\lambda} = H = \frac{1}{d}$$

이다. 또는

$$\lambda = 2d\sin\theta$$

이다.

식 (7)로 표현하는 회절을 위한 조건은 도해로 그림 A1-8에서 보인 것처럼 'Ewald 작도'로 보일 수 있다. 벡터 $\mathbf{S}_0/\lambda$를 입사빔에 평행하고 길이에서 $1/\lambda$로 그린다. 이 벡터의 끝점 O를 역격자의 원점으로 잡아서, 벡터 $\mathbf{S}_0/\lambda$와 같은 축척으로 그린다. 반경 $1/\lambda$의 구를 입사빔 벡터의 시작점인 C를 중심으로 그린다. 그러면 (hkl) 면에서 회절을 위한 조건은 역격자에서 점 hkl(그림 A1-8에서 점 P)은 구의 표면을 접촉하고 회절빔 벡터 $\mathbf{S}/\lambda$의 방향은 C와 P를 연결하여 나온다. 이 조건을 이룰 때, 벡터 **OP**는 $\mathbf{H}_{hkl}$과 $(\mathbf{S} - \mathbf{S}_0)/\lambda$의 양쪽과 같고, 따라서 식 (7)을 만족한다. 회절은 C 주위로 그린 구의 표면에 닿는 역격자 점에 달려 있으므로, 이 구는 '반사구'로 알려져 있으나 반사가 아닌 회절이 일어나기 때문에, 'Ewald 구'로 부르는 것이 아마 더 좋을 것이다.

p, q, r이 정수이다라는 처음 가정은 포의 모서리에 위치하여 포당 한 원자만이 있는 것 외에 모든 결정을 외견상 제외한다. 만일 단위포가 한 개보다 많은 원자를 포함한다면, 원점에서 '임의의 원자'까지 벡터 **OA**는 좌표가 비정수일 수 있다. 하지만, 단위포에서 이런 추가 원자의 존재는 회절빔의 방향이 아닌 강도에만 영향을 주고 Ewald 작도로 예측하는 것은 회절 방향뿐이다. 다른 방식으로 말하면, 역격자는 결정격자의 단위포의 모양과 크기에만 의존하며 그 포 내에서 원자의 배열에 결코 의존하지 않는다. 만일 원자 배열을 고려한다면, 각각의 역격자 점 hkl은 연루한 특별한 (hkl) 면의 산란능(= $|F|^2$, 여기서 F는 구조인자이다)의 적절한 값으로 가중치를 받아야 한다. 상쇄간섭은 일부의 (hkl)은 산란능이 영이다는 것을 말하고, 따라서 고찰에서 일부의 역격자 점을, 즉 체심결정에 대해 $(h + k + l)$이 값이 홀수인 역격자 점을 모두 제거한다.

x선 회절의 보통 방법은 역격자 점을 Ewald 구의 표면에 접촉하게 가져오는 데 사용하는 방법

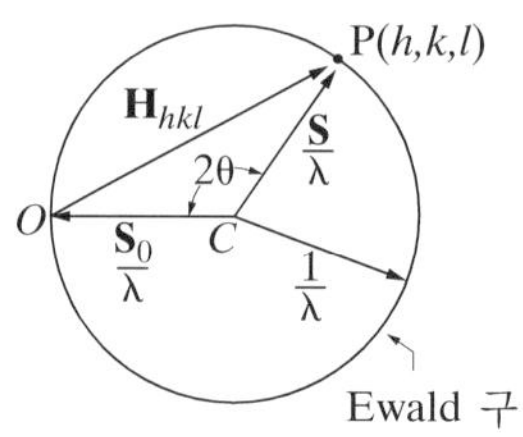

그림 A1-8 Ewald 작도. 입사빔과 회절빔 벡터를 포함하는 Ewald 구를 지나는 단면

으로 나뉜다. 구의 반경은 입사 파장을 다르게 하여 변하게 하거나(Laue 법) 역격자의 위치를 결정의 방위를 다르게 하여 변하게 할 수 있다(회전결정법과 분말법).

A1-5 회전결정법

3-8절에 기술한 것과 같이, 단색 방사선이 결정축의 주위로 회전하는 단결정에 입사할 때 회절빔은 축이 회전축과 같은 가상적인 원추의 표면에 놓인다. 이런 회절이 생기는 방식은 Ewald 작도로 아주 제대로 나타낼 수 있다. 한 단순입방 결정이 축 [001] 주위로 회절한다고 가정하자. 이것은 $\mathbf{b}_3$ 축 주위로 역격자가 회전하는 것과 등가이다. 그림 A1-9는 이런 식으로 배향한 역격자의 한 부분을 인접한 Ewald 구와 함께 보여준다.

지수가 (hk1)인 모든 결정면은 역격자에서 $\mathbf{b}_3$에 수직한 한 평면 위에 놓인 점('l = 1 층'으로 부르는)으로 나타난다. 역격자가 회전할 때 이 면은 Ewald 구를 나타낸 작은 원으로 자르고 구 표면에 접하는 l = 1 층 상의 어떠한 점도 이 원 상에서 구를 접한다. 그러므로 모든 회절빔 벡터 $\mathbf{S}/\lambda$는 이 원 상에서 끝나야 하는데, 이것은 회절빔이 한 원추의 표면에 있어야 한다고 말하는 것과 같다. 이러한 특수한 경우, 그림의 모든 hk1 점은 구의 표면을 $\mathbf{b}_3$ 축 주위로 회전하는 동안 때때로 교차하며 그림 A1-9에서 보인 회절빔을 만들어 낸다. 덧붙여서 많은 hk0와 $hk\bar{1}$ 반사가 발생하겠지만, 이 반사는 명쾌하게 보이기 위해 그림에서 생략했다.

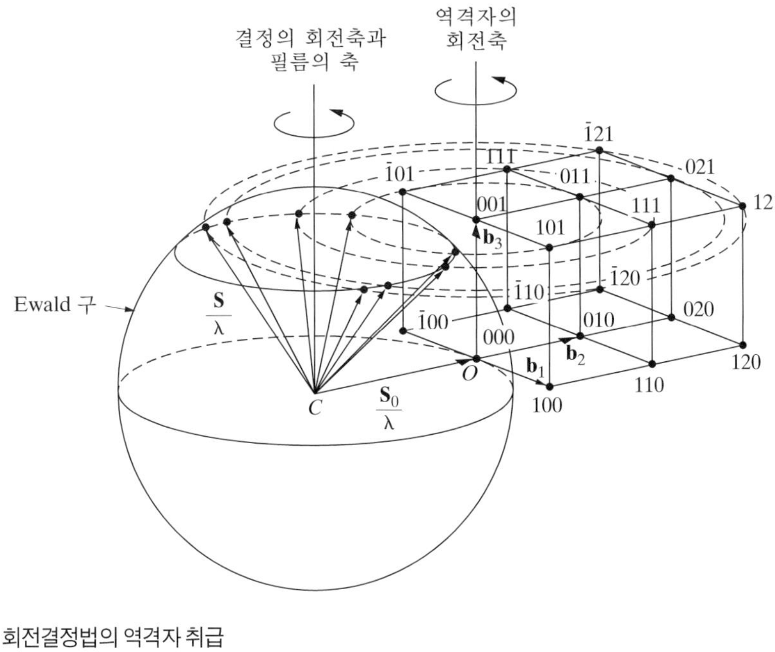

그림 A1-9 회전결정법의 역격자 취급

이런 단순한 예는 어떻게 구조를 모르는, 그 결과 역격자를 모르는 한 결정의 회전 사진이 역격자 점의 공간 분포에 관한 실마리를 제공하는 지를 제시할 수도 있다. 결정학자는 결정을 여러 축 주위로 연속적으로 회전시켜 다수의 사진을 찍어서 차근차근 역격자 점의 완전한 분포를 발견한다. 일단 역격자를 알면 결정격자는 쉽게 이끌어내는데, 왜냐하면 역격자의 역이 결정격자라는 것은 식 (1)에서 (3)의 당연한 추론 (corollary)이기 때문이다.

A1-6 분말법

개개의 결정들이 한 분말 시편에서 무질서하게 배향을 하는 것은 하나의 단결정이 모든 가능한 축 주위로 x선에 노출하는 동안 회전하는 것과 등가이다. 그러므로 역격자는 입사빔에 대해서 모든 가능한 방위를 취할 수 있지만 이것의 원점은 $\mathbf{S}_0/\lambda$ 벡터의 한 끝점에 고정하여 있다. 역격자의 원점에 중심을 두는 일련의 역격자 각(rel 각)이 그 결과로 생긴다.

역격자 각과 Ewald 구의 교차는, 예컨대 그림 A1-10에서 점 P_2와 P_3를 지나는 하나의 원이다. 이 *hkl*의 회절빔 $\mathbf{S}/\lambda$는 정점이 C에 있고 축은 $\mathbf{S}_0/\lambda$, 즉 OC인 하나의 원추를 형성한다. 그 기하학에 관한 또 다른 기술은 *hkl* 회절에 맞게 배향한 작은 결정들의 회절벡터 **H**는 이러한 동일 원 위에서 끝난다는 것이다.

한 분말 사진 상에서 얻은 다수의 서로 다른 *hkl* 반사는 부분적으로 파장의 상대 크기와 결정격자상수나, 역격자의 용어로 Ewald 구와 역격자 단위포의 상대적인 크기에 의존한다. 반사의 수를 찾기 위해서 역격자를 고정된 것으로, 입사빔 벡터 $\mathbf{S}_0/\lambda$는 끝점 주위로 모든 가능한 위치를 지나게 회전하는 것으로 취급한다. 그러므로 Ewald 구는 역격자의 원점 주위에서 회전하여 '제한구(limiting sphere)'라고 부르는 반경 $2/\lambda$인 구를 쓸어간다(그림 A1-11). 제한구 내의 모든 역격자 점은 Ewald 구의 표면을 만날 수 있고 회절이 일어나게 할 수 있다.

그리고 역격자 단위포의 부피 v는 결정단위포의 부피 V의 역이라는 것은 식 (1)에서 (3)의 당연한 추론이다. 역격자의 포당 역격자 점이 하나 있기 때문에 제한구의 역격자 점의 수는

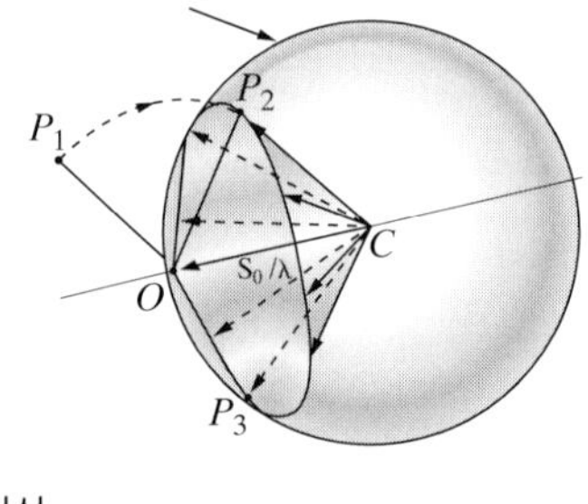

그림 A1-10 분말법에서 회절선 원추의 형성

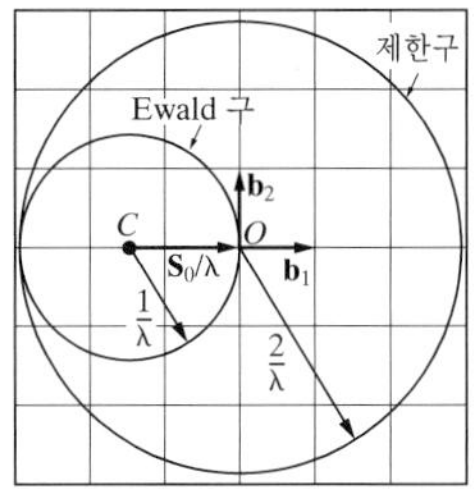

그림 A1-11 분말법을 위한 제한구

$$n = \frac{(4\pi/3)(2/\lambda)^3}{v} = \frac{32\pi V}{3\lambda^3} \tag{11}$$

이다. 이 n점은 모두 따로따로 반사를 일으키는 것은 아니다: 이들 중 일부는 구조인자가 영일 수 있고 어떤 것은 역격자 원점에서 같은 거리에 있을 수 있는데, 즉 같은 면간거리의 면에 해당할 수 있다. (후자의 영향은 다중도 인자를 고려한 것으로, 이것은 면간거리가 같은 결정형에서 서로 다른 면의 수를 주기 때문이다.) 하지만, 식 (11)은 언제나 가능한 반사의 수에서 상한을 바로 얻는데 쓰일 수 있다. 예를 들면, 만일 $V = 50$ Å이고 $\lambda = 1.54$ Å이면, $n = 460$이다. 만일 시편이 삼사정계에 속한다면, 이 숫자는 다중도 인자인, 단지 2의 인수만큼 감소할 것이다. 분말 사진은 230개의 분리한 회절선을 포함할 것이다! 결정의 대칭이 증가할수록 다중도 인자와 구조인자가 영인 역격자 점의 분율도 그렇게 되어 회절선의 수가 감소하는 결과가 생긴다. 예를 들면, 한 다이아몬드 입방정계의 원소의 분말무늬는, 위에서 가정한 V와 λ의 같은 값에서 회절선이 불과 다섯이다.

A1-7 LAUE 법

회절은 Laue 법에서는 입사빔에 존재하는 연속적인 범위의 파장 때문에 일어난다. 바꾸어서 말하면 고정한 역격자 점과 Ewald 구 사이의 접촉은 구의 반경이 연속적으로 변하여 생긴다. 그러므로 Ewald 구는 하나가 아닌 완전한 하나의 조가 있다. 각각은 서로 다른 중심을 가지나 모두 역격자의 원점을 지나간다. 입사빔에 존재하는 파장 범위는 물론 무한하지는 않다. 이 범위는 연속스펙트럼의 단파장 한계인 λ_{SWL}에서 예리한 하한이 있다. 상한은 덜 명확하나 흔히 감광유제에 있는 은의 K 흡수단의 파장(0.48 Å)으로 취하는데, 왜냐하면 연속스펙트럼의 유효 사진강도가 그 파장에서 급격히 떨어지기 때문이다[그림 7-5(c)를 보라].

이 두 개의 극한 파장에 그림 A1-12에서 보인 것과 같이 두 개의 극한 Ewald 구가 대응하는데, 이 그림은 구와 $l = 0$인 역격자의 층을 지나는 단면이다. 입사빔은 $\mathbf{b}_1$ 벡터에 따라서 결정의 (h00)

면에 수직하게 있다. 그림의 큰 구는 B에 중심이 있고 반경이 λ_{SWL}의 역수와 같은 반면에 작은 구는 A에 중심이 있고, 반경이 은의 K 흡수단의 파장의 역수와 같다.

이 둘 사이에 놓이고 AB 선분 위에 중심이 있는 완전히 연속하는 구가 있다. 그러므로 도해에서 빗금 친 부분에 놓인 어떠한 역격자 점도 이 구들 중 하나의 표면 위에 있고 입사 파장 중 하나를 회절하도록 배향한 한 조의 결정면에 대응한다. 예를 들면 전방으로 120 반사가 발생할 것이라고 하자. 이 방향을 찾기 위해서 원점 O와 역격자 점 120에서 같은 거리에 있는 AB 상에 한 점 C의 위치를 정한다. C와 120을 이으면 이 반사의 회절빔 벡터 $\mathbf{S}/\lambda$가 된다. 많은 배면 회절빔 중 하나인 410 반사의 방향을 비슷하게 하여 찾는다. 여기서 문제의 역격자 점은 D에 중심을 둔 Ewald 구 위에 위치한다.

많은 목적에 더 편리한 Laue 법을 다루는 다른 한 방식이 있다. 기본 회절식인 식 (7)을

$$\mathbf{S} - \mathbf{S}_0 = \lambda\mathbf{H} \tag{12}$$

의 형식으로 다시 쓴다. 이 식의 양변은 이제 무차원이고 Ewald 구의 반경은 간단히 1인데, 왜냐하면 $\mathbf{S}$와 $\mathbf{S}_0$는 단위벡터이기 때문이다 그러나 역격자 점의 위치는 이때 사용한 파장에 의존하는데, 이때 역격자의 원점에서 그 점의 거리는 λH이다.

Laue 법에서 각 역격자 점(000은 제외하고)을 원점을 향하는 선분으로 그릴 수 있는데, 입사빔에 존재하는 파장의 범위 때문이다. 그 결과를 그림 A1-13[2]에 나타내 그림 A1-12에 대응하게 그렸다. 각 선분에서 원점에 가장 가까운 점은 λH의 값이 존재하는 가장 짧은 파장에 해당하는 반

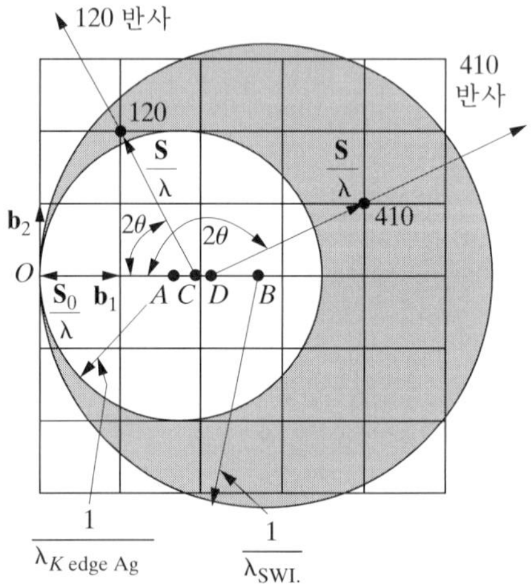

그림 A1-12 Laue 법의 역격자 표현. $(\mathbf{S} - \mathbf{S}_0)/\lambda = \mathbf{H}$

2) 이 그림에서, 그림 A1-11과 A1-12도 마찬가지로, 역격자의 크기를 Ewald 구의 크기에 비교하여 잘 보이게 과장하였다.

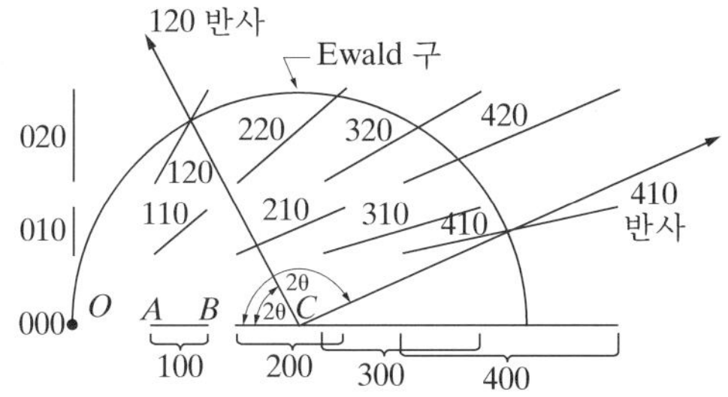

그림 A1-13 Laue 법의 역격자의 다른 표현. $\mathbf{S} - \mathbf{S}_0 = \lambda\mathbf{H}$

면에 다른 끝에 있는 점은 λH의 값이 가장 긴 유효 파장에 해당한다. 따라서 100 역격자 선은 A에서 B까지 뻗어 있고, 여기서 $OA = \lambda_{min}H_{100}$이고 $OB = \lambda_{max}H_{100}$이다. 어떤 회절선도 길이는 지정한 범위의 파장에서 H가 커지면 증가하기 때문에, 200, 300, 400 등등으로 나타낸 것과 같이 고차 반사에서 겹치는 것이 생긴다. Ewald 구를 단위 반경으로 그리고, 회절은 역격자 선이 그 구 표면을 교차할 때마다 일어난다. 이런 작도가 그림 A1-12보다 유리한 점은 모든 회절빔을 이때는 같은 점 C에서 그리고, 따라서 서로 다른 반사에서 회절각 2θ를 비교하는 것을 쉽게 한다는 것이다.

이런 작도는 또 왜 한 정대의 면에서 회절이 Laue 법에서 한 원추 상에 배열하는 지를 보여준다. 한 정대의 면을 나타내는 모든 역격자 선은 역격자의 원점을 통과하는 한 평면 상에 놓인다. 이 평면은 Ewald 구를 하나의 원으로 자르며 모든 회절빔 벡터 **S**는 이 원 상에서 끝나야 한다. 따라서 원추의 축은 정대축과 일치하기 때문에 회절빔의 원추형 배열을 만든다.

온도-확산산란의 문제에서 이런 작도의 다른 하나의 응용은 확산산란 현상을 다루는 데 역격자 법의 일반적인 유용성을 나타낼 것이다. 어떠한 결정의 역격자도 역공간에서 '산란강도'의 분포로 간주할 수 있는데, 이것은 산란빔이 Ewald 구가 '산란강도'가 영이 아닌 역공간에서 한 점을 교차할 때마다 발생할 것이라는 의미에서이다. 만일 결정이 완전하다면, 산란강도는 역공간에서 점에 집중하고, 그 점은 역격자 점이며, 그외 어느 곳에서나 영이다. 그러나 만일 어떠한 것이 결정격자의 규칙성을 어지럽히면 이 점은 번져 나오며 감지할 만한 산란강도가 h, k, l이 비정수인 역공간의 영역에서 존재한다. 예를 들면, 만일 결정의 원자들이 열진동을 하면, 역격자의 각각의 점은 1차 근사로, 그림 A1-14(a)에서 제시한 것처럼 모양에서 대략 구형으로 생각할 수 있는 영역으로 펴져 나간다. 다른 말로 열적으로 발생한 탄성파가 결정격자를 가로질러가며 원자면의 규칙성을 심하게 어지럽혀서 해당 **H** 벡터가 점이 아닌 작은 구형의 영역에서 끝나게 한다. 산란강도는 각 영역에서 균일하게 분포하지 않는다: 이 강도는 중심점에서 h, k, l이 정수인 데서 아주 높으며, 도면에서 표시한 것처럼 주위 공간에서 아주 약하고 확산적이다.

그러면 무엇이 예를 들면 투과 Laue 무늬에 대한 열요동의 영향일 것인가? 그림 A1-13의 작도를 사용하여, 즉, 만일 역격자에서 거리를 λH와 같게 하면, 역격자에서 각 구형 부피를 모양에서 대략 원통이고 원점을 향하는 하나의 봉으로 그림 A1-14(b)에서 나타낸 것처럼 그릴 수 있다. 각

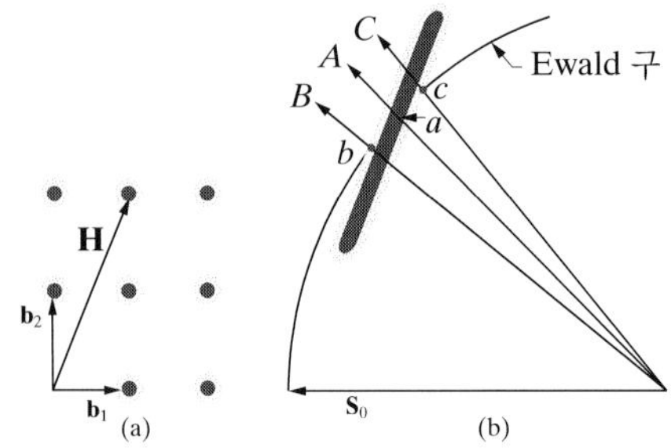

그림 A1-14 열진동이 역격자에 미치는 영향

봉의 축은 강도가 높은 선이고 이것은 낮은 강도 영역으로 둘러싸인다. 이 선은 *a*에서 Ewald 구를 교차하며 강한 회절빔 *A*, 정상적인 Laue 반사를 발생한다. 그러나 *A*의 양쪽에서는 Ewald 구와 봉의 *b*에서 *c*까지 퍼져 있는 확산 부위와의 교차 때문에, *B*에서 *C*까지 퍼져 있는 약한 산란선이 있다. 하지만 그림에 수직한 한 방향에서 확산한 봉은 봉의 지름과 같은 호에서만 구와 교차하는데, 이 호는 호 *bc*에 비해 훨씬 짧다. 그러므로 투과 위치에 놓은 한 필름 상에서 하나의 약하고 퍼진 줄무늬가 예상하건대 일반적으로 예리하고 강한 Laue 반점을 가로질러 **방사상으로** 달리는 것으로 나타난다.

그림 A1-15는 퍼진 줄무늬의 방사상 방향 때문에 '열적 별무늬'로 흔히 부르는 이런 현상의 한 예를 보여준다. 이 사진은 280℃에 있는 알루미늄에서 5분 동안 얻은 것이다. 실제로, 열요동은 알루미늄에서는 상온에서도 아주 뚜렷하고 열적 별무늬는 보통 과잉노출한 상온 사진에서 분명히 나타난다. 그림 3-6(a)에서 조차, 이것은 약 15분의 정상적인 노출을 준 것인데, 방사상 줄무늬

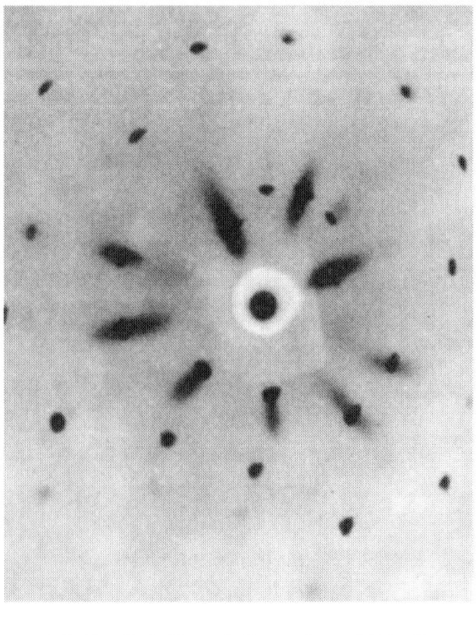

그림 A1-15 열성상을 보여주는 투과 Laue 무늬. 알루미늄 결정, 280℃. 5분 노출

가 약하게 보인다. 이 후자의 사진에서 중심 부근에 하나의 줄무니가 있고, 어떠한 Laue 반점도 지나가지 않는다: 이것은 역격자 봉이 거의 Ewald 구에 접하여 구가 봉의 확산 부위만을 교차하고 이것의 축을 교차하지 않기 때문이다.

열진동으로 생긴 역격자 점의 확장은 그림 A1-14(a)에 묘사하였는데, 분말무늬에서 관측하지 못한다. 이것은 너무 약하고 확산적이어서 배경에 묻힌다.

부록 2 전자와 중성자 회절

A2-1 서언

x선 빔이 파동-입자 이중성격인 것과 마찬가지로, 역으로 한 줄기의 입자는 파동운동에 특수한 어떤 특성이 있다. 특히, 그러한 한 줄기의 입자는 산란 중심체의 주기적인 배열에서 회절을 일으킬 수 있다. 이 현상은 처음 이론적으로 de Broglie가 1924년에 예측하였고 실험적으로 Davisson과 Germer가 1927년(전자에서)에, Halban과 Preiswerk가 1936년(중성자에서)에 증명하였다.

만일 한 줄기의 입자가 파동운동과 같이 거동한다면, 이것은 운동을 수반하는 하나의 파장이 있어야 한다. 파동역학의 이론은 이 파장은 입자 운동량에 대한 Planck 상수 $\hbar$의 비로 주거나

$$\lambda = \frac{\hbar}{mv} \tag{1}$$

인데, 여기서 m은 질량이고 v는 입자속도이다. 만일 한 줄기의 입자가 적당한 조건에서 결정을 향해 간다면 회절은 x선에서와 같이 Bragg 법칙에 따라서 일어날 것이고 회절 방향을 그 법칙을 사용하여 예측할 수 있고 파장을 식 (1)로 계산할 수 있다. 전자와 중성자 회절의 수많은 응용을 재료 과학/공학, 고체 물리학과 화학에서 찾을 수 있다. 결정에서 x선, 전자, 중성자 회절 사이의 차이는 이 세 가지 기법이 놀랄만한 정도로 서로 보완한다는 것인데, 각 기법은 다른 기법이 줄 수 없는 특별한 유형의 정보를 주기 때문이다.

A2-2 전자 회절

한 줄기의 빠른 전자는 x선 관과 같은 원리에서 작동하는 관에서 얻을 수 있다. 전자에 수반하는 파장은 인가전압에 의존하는데, 그 까닭은 전자의 운동에너지는

$$\tfrac{1}{2}mv^2 = eV \tag{2}$$

이기 때문이다. 여기서 e는 전자의 전하량이고 V는 인가전압이다. 식 (1)과 (2)를 결합하면 파장과 전압 사이의 역관계를 보일 수 있다:

$$\lambda = \sqrt{\frac{150}{V}}$$

여기서 λ는 옹스트롬으로 나타내고, 인가전압 V는 볼트로 나타낸다. 이 식은 고전압에서 속도에 따른 전자질량의 변화 때문에 약간의 상대론적 보정이 필요하다. 100 kV의 작동전압에서 전자 파장은 약 0.04 Å이거나 회절에 사용하는 x선 파장에 비해 많이 짧다.

전자 회절은 다음 방식에서 x선 회절과 다르다:

1. 전자는 x선에 비해 물질이고 훨씬 더 강하게 상호작용을 한다. 그러므로 전자는 x선에 비해 훨씬 덜 투과한다. 전자는 쉽게 공기에 흡수하고 이것은 시편과 회절무늬를 기록하는 사진필름이 둘다 전자빔을 발생하는 진공관 내에 가두어 넣어야 한다는 것을 의미한다. 투과무늬는 박이나 필름으로 분류하는 그렇게 얇은 시편에서만 만들 수 있다. 두꺼운 시편에서 반사무늬는 여반사각(glancing-angle) 기법으로 시편 뒤에 놓은 필름 위에 기록할 수 있는데, 그림 7-15에 보인 것과 다소 같은 것이다. 그러한 무늬는 표면의 얇은 층만을 대표할 수 있는데, 왜냐하면 회절이 단지 수백 옹스트롬 이내의 깊이에 걸쳐 일어나기 때문이다. 배면산란 전자의 각도무늬도 결정학적 정보를 제공하며 최근 관심이 커지고 있다. 그러므로 전자 회절은 표면 얇은 층을 연구하는 데 아주 적합하다.
2. 전자는 x선에 비해 훨씬 더 강하게 산란하므로 재료의 아주 얇은 층조차도 짧은 시간에 강한 회절무늬를 준다.
3. 전자산란의 강도는 x선과 같이 2θ가 커질수록 감소하지만 훨씬 더 빠르다. 이러한 상황이, 전자빔의 대단히 짧은 파장과 결합하여, 회절무늬 전체를 약 $\pm 4^\circ$ 2θ의 각 범위에 국한하여 관측할 수 있게 한다.

실험적으로 전자 회절을 세 개의 단계로 개발하여 왔다:

1. 투과 전자현미경을 발명하기 전 초기에 작업을 '전자 회절 카메라'라고 부르는 자체 제작한 장치로 하였다. 많은 중요한 연구를 금속박의 구조, 전기도금, 증착필름, 금속 상의 산화물 박막과 연마로 생긴 표면층의 구조에 관하여 수행하였다.
2. 많은 양의 작업을 투과 전자현미경으로 한다. 여기서 현미경과 회절은 나란히 간다. 회절무늬는 조사 중의 결정(입자)의 방위를 밝혀주고, 따라서 적합한 영상조건이 현미경 사용자가 보고자 하는 것을 나타내기 위해 필요하다. 또 다른 응용은 현미경으로 찾아낸 아주

작은 결정의 구조를 결정하는 것이다.

3. 또 다른 응용이 있는데, LEED로 부르는 저에너지 전자 회절(low-energy electron diffraction)로서 100 볼트 정도의 작동전압으로 특수한 장치에서 수행하는 것이 있다. 이때 전자빔은 에너지가 아주 낮으므로 시편 표면에 있는 단층(monolayer)이나 시편 표면에 있는 원자의 단층만을 침투할 수 있다. 그 결과의 회절무늬는 이 표면 원자의 배열을 나타내고, 배열은 흔히 아래에 놓인 재료와 아주 다르다. 이러한 연구는 촉매와 같은 현상을 이해하는 데 중요하다.

A2-3 중성자 회절

원자로의 벽에 작은 구멍을 만들어서 중성자 빔을 얻을 수 있다. 그러한 빔에서 중성자는 운동에너지가 넓은 범위에 걸치지만 '단색' 빔, 즉 에너지가 단 하나인 중성자로 구성한 빔을 단결정에서 회절로 얻을 수 있고 이런 회절빔이 회절 실험에 쓰일 수 있다. 만일 E가 중성자의 운동에너지이면,

$$E = \tfrac{1}{2}mv^2 \tag{3}$$

이다. 여기서 m은 중성자의 질량(1.68×10^{-27} kg)이고 v는 속도이다. 식 (1)과 (3)을 결합하면 중성자 빔의 파장을 준다:

$$\lambda = \frac{h}{\sqrt{2mE}} \tag{4}$$

원자로에서 나오는 중성자의 운동에너지는 열적 평형에서 기체 분자의 것과 아주 같은 방식으로 분포한다: 즉, 운동에너지는 Maxwell 분포 법칙을 따른다. 그러므로 이런 소위 '열중성자'의 가장 많은 분율은 운동에너지가 kT와 같다. 여기서 k는 Boltzmann 상수이고 T는 절대온도이다. 만일 이 분율을 단색화 결정으로 선택한다면, 식 (4)에 $E = kT$를 삽입하여

$$\lambda = \frac{h}{2mkT} \tag{5}$$

이다. T는 300에서 400K 정도인데, 이것은 λ가 x선 파장과 같은 크기의 정도인 약 1에서 2 Å인 것을 뜻한다. 회절 실험은 중성자 회절기로 수행하고, 시편에서 회절하는 빔의 강도는 중성자에 최적화한 검출기로 측정한다.

중성자 회절은 몇 개의 방식에서 x선이나 전자 회절과는 뚜렷하게 다르다:

1. 중성자 빔은 매우 투과성이 있다. 1 cm 두께의 철판은 전자에 불투명하고, 1.5 Å x선에 대해서 실질적으로 불투명하지만, x선과 같은 θ에서 회절하는 1.5 Å 중성자의 35%를 통과시킨다. Advanced Photon Source와 같은 저장링에 있는 삽입장치에서 싱크로트론 방사선은 철을 1 cm보다 적지 않게 투과할 만큼 충분한 x선 광자에너지를 발생할 수 있다. 이것에 대응하는 2θ 각은 이 광자에 대해서 아주 작고, 이런 사실이 어떤 응용에 대해서는 단점일 수 있다.
2. 중성자 산란의 강도는 산란 원자의 원자번호 Z에 따라 아주 불규칙하게 변한다. Z의 값이 거의 같은 원소가 중성자 산란능이 아주 다를 수 있고, Z의 값이 크게 다른 원소가 중성자를 똑같이 잘 산란할 수 있다. 더욱이 탄소와 같은 어떤 경원소가 텡스텐과 같은 어떤 중원소에 비해 더욱 강하게 중성자를 산란한다. 그 결과로 당연히 x선이나 전자의 회절로 불가능하거나 굉장히 난제인 구조해석을 중성자 회절로 수행할 수 있다. 예를 들면, 중금속과 수소나 탄소의 화합물에서 x선은 가벼운 수소나 탄소를 상대적으로 낮은 산란능 때문에 '볼' 수 없는 반면에 격자에서 이것의 위치를 중성자 회절은 쉽게 결정할 수 있다. 그리고 중성자는 많은 경우에서 단지 원자번호가 하나 차이가 나는 원소, 거의 같은 강도로 x선을 산란하는 원소를 구별할 수 있다. 예를 들면, 중성자 회절은 규칙상인 FeCo에서 강한 초격자 선을 보여주는 데 비해 x선으로는 그 선을 실제로 볼 수 없다.
3. 중성자는 자성 모멘트가 약간 있다. 만일 산란 원자도 순 자기 모멘트가 있다면, 그 두 개는 상호작용하고 산란 전체를 변경한다. 원자 모멘트의 배열(반강자성, 페리자성, 강자성)이 규칙적인 물질에서 중성자 회절은 모멘트의 크기와 방향을 둘 다 보여줄 수 있다. 중성자 회절만이 그러한 정보를 제공할 수 있고 자성 구조의 연구에 중요한 영향을 끼쳤다.

작은 각에서(투과에서) 확산산란을 14-3절의 끝에서와 19장에서 x선에 관하여 언급하는데, 중성자에서도 또한 일어난다. 중성자 소각 산란은 재료에서 불균일성을 연구하는 한 방법으로서 특히 x선에 비해 어떤 장점이 있는데, 왜냐하면 얇은 박보다는 두꺼운 시편을 조사할 수 있기 때문이다.

중성자 회절은 의심할 여지 없이 만일 모든 유망한 연구자가 쉽게 고강도 중성자 광원에 접근할 수 있다면 더 넓게 쓰일 수 있지만, 그러한 광원의 수는 아주 얼마 안 된다.

부록 3 격자 기하학

A3-1 면간거리

(hkl) 군의 인접한 면 사이의 거리인 d의 값는 다음 식에서 알아낼 수 있다.

입방: $$\frac{1}{d^2} = \frac{h^2 + k^2 + l^2}{a^2}$$

정방: $$\frac{1}{d^2} = \frac{h^2 + k^2}{a^2} + \frac{l^2}{c^2}$$

육방: $$\frac{1}{d^2} = \frac{4}{3}\left(\frac{h^2 + hk + k^2}{a^2}\right) + \frac{l^2}{c^2}$$

능면체: $$\frac{1}{d^2} = \frac{(h^2 + k^2 + l^2)\sin^2\alpha + 2(hk + kl + hl)(\cos^2\alpha - \cos\alpha)}{a^2(1 - 3\cos^2\alpha + 2\cos^3\alpha)}$$

사방: $$\frac{1}{d^2} = \frac{h^2}{a^2} + \frac{k^2}{b^2} + \frac{l^2}{c^2}$$

단사: $$\frac{1}{d^2} = \frac{1}{\sin^2\beta}\left(\frac{h^2}{a^2} + \frac{k^2\sin^2\beta}{b^2} + \frac{l^2}{c^2} - \frac{2hl\cos\beta}{ac}\right)$$

삼사: $$\frac{1}{d^2} = \frac{1}{V^2}(S_{11}h^2 + S_{22}k^2 + S_{33}l^2 + 2S_{12}hk + 2S_{23}kl + 2S_{13}hl)$$

삼사결정을 위한 식에서,

V = 단위포의 부피(아래를 보라)

$$S_{11} = b^2c^2\sin^2\alpha$$

$$S_{22} = a^2c^2\sin^2\beta$$

$$S_{33} = a^2b^2\sin^2\gamma$$

$$S_{12} = abc^2(\cos\alpha\cos\beta - \cos\gamma)$$

$$S_{23} = a^2bc(\cos\beta\cos\gamma - \cos\alpha)$$

$$S_{13} = ab^2c(\cos\gamma\cos\alpha - \cos\beta)$$

A3-2 단위포 부피

다음 식은 단위포의 부피 V를 준다.

입방: $V = a^3$

정방: $V = a^2c$

육방: $V = \dfrac{\sqrt{3}a^2c}{2} = 0.866a^2c$

능면체: $V = a^3\sqrt{1 - 3\cos^2\alpha + 2\cos^2\alpha}$

사방: $V = abc$

단사: $V = abc\sin\beta$

삼사: $V = abc\sqrt{1 - \cos^2\alpha - \cos^2\beta - \cos^2\gamma + 2\cos\alpha\,\cos\beta\,\cos\gamma}$

A3-3 면간각

면간거리 d_1인 면 $(h_1k_1l_1)$과 면간거리 d_2인 면 $(h_2k_2l_2)$ 사이의 각 ϕ을 다음 식에서 알아낼 수 있다. (V는 단위포의 부피이다.)

입방:
$$\cos\phi = \frac{h_1h_2 + k_1k_2 + l_1l_2}{\sqrt{(h_1^2 + k_1^2 + l_1^2)(h_2^2 + k_2^2 + l_2^2)}}$$

정방:
$$\cos\phi = \frac{\dfrac{h_1h_2 + k_1k_2}{a^2} + \dfrac{l_1l_2}{c^2}}{\sqrt{\left(\dfrac{h_1^2 + k_1^2}{a^2} + \dfrac{l_1^2}{c^2}\right)\left(\dfrac{h_2^2 + k_2^2}{a^2} + \dfrac{l_2^2}{c^2}\right)}}$$

육방:
$$\cos\phi = \frac{h_1h_2 + k_1k_2 + \frac{1}{2}(h_1k_2 + h_2k_1) + \dfrac{3a^2}{4c^2}l_1l_2}{\sqrt{\left(h_1^2 + k_1^2 + h_1k_1 + \dfrac{3a^2}{4c^2}l_1^2\right)\left(h_2^2 + k_2^2 + h_2k_2 + \dfrac{3a^2}{4c^2}l_2^2\right)}}$$

능면체:
$$\cos\ \phi = \frac{a^4d_1d_2}{V^2}\left[\sin^2\alpha(h_1h_2 + k_1k_2 + l_1l_2) + (\cos^2\alpha - \cos\alpha)(k_1l_2 + k_2l_1 + l_1h_2 + l_2h_1 + h_1k_2 + h_2k_1)\right]$$

사방:
$$\cos\phi = \frac{\dfrac{h_1h_2}{a^2} + \dfrac{k_1k_2}{b^2} + \dfrac{l_1l_2}{c^2}}{\sqrt{\left(\dfrac{h_1^2}{a^2} + \dfrac{k_1^2}{b^2} + \dfrac{l_1^2}{c^2}\right)\left(\dfrac{h_2^2}{a^2} + \dfrac{k_2^2}{b^2} + \dfrac{l_2^2}{c^2}\right)}}$$

단사:
$$\cos\phi = \frac{d_1d_2}{\sin^2\beta}\left[\frac{h_1h_2}{a^2} + \frac{k_1k_2\sin^2\beta}{b^2} + \frac{l_1l_2}{c^2} - \frac{(l_1h_2 + l_2h_1)\cos\beta}{ac}\right]$$

삼사:
$$\cos\phi = \frac{d_1d_2}{V^2}\left[S_{11}h_1h_2 + S_{22}k_1k_2 + S_{33}l_1l_2 + S_{23}(k_1l_2 + k_2l_1) + S_{13}(l_1h_2 + l_2h_1) + S_{12}(h_1k_2 + h_2k_1)\right]$$

부록 4 능면체정계–육방정계 변환

그림 A4-1에서 보인 점격자는 능면체정계의 것인데, 즉, 능면체정계에 특유한 대칭요소가 있다. 단순 능면체포는 축이 $\mathbf{a}_1(\mathbf{R})$, $\mathbf{a}_2(\mathbf{R})$, $\mathbf{a}_3(\mathbf{R})$이다. 똑같은 점격자는 축이 $\mathbf{a}_1(\mathbf{H})$, $\mathbf{a}_2(\mathbf{H})$, $\mathbf{c}(\mathbf{H})$인 육방포에 속하는 것으로 할 수 있다. 육방포는 더 이상 단순형은 아닌데, 단위포당 세 개의 격자점(000, $\frac{2}{3}\frac{1}{3}\frac{1}{3}$, $\frac{1}{3}\frac{2}{3}\frac{2}{3}$)을 포함하고, 부피가 능면체포의 3배이기 때문이다.

만일 능면체정계의 축에 속하는 지수 (hkl)을 아는 면의 육방정계의 축에 속하는 지수 $(HK \cdot L)$을 알고자 원한다면, 다음 식을 사용한다:

$$H = h - k$$

$$K = k - l$$

$$L = h + k + l$$

그러므로 능면체포(그림에서 빗금친 부분)의 (001) 면은 육방정계의 축에 속하는 지수 $(0\bar{1} \cdot 1)$이 된다.

능면체격자는 육방정계의 축에 속할 수 있으므로, 당연한 결과로 능면체정계의 물질의 분말 회절무늬는 육방정계의 물질로 지수를 붙일 수 있다. 그러면 어떻게 그 격자의 정확한 본질을 알아볼 수 있는가? 위에 준 식에서 당연한 결과로

$$-H + K + L = 3k$$

이다. 만일 격자가 정말로 능면체정계의 것이라면 k는 정수이고 무늬에서 나타날 수 있는 유일한 선은 $(-H + K + L)$ 합이 언제나 3의 정수배인 육방정계의 지수 $(HK \cdot L)$일 것이다. 만일 이 조건이 만족하지 못한다면, 격자는 육방정계의 것이다.

능면체정계의 물질의 회절무늬에 그렇게, 즉 육방정계의 축에 기준하여 붙이고 격자의 정확한 본질을 결정할 때, 능면체정계의 축에 속하는 회절피크의 지수 (hkl)이 흔히 필요하다. 변환 공식은

$$h = \tfrac{1}{3}(2H + K + L)$$

$$k = \tfrac{1}{3}(-H + K + L)$$

$$l = \tfrac{1}{3}(-H - 2K + L)$$

이다. 그러면 능면체단위포의 격자상수 a_R과 α를 결정하는 문제가 있다. 그러나 능면체포의 크기를 육방포의 크기에서 결정할 수 있고 이것은 능면체정계를 위한 다소 복잡한 면간거리 공식을 푸는 것에 비해 더 쉬운 과정이다. 첫째 단계는 육방정계의 축을 기초로 하여 회절무늬에 지수를 붙이는 것이다. 그런 다음 육방포의 상수 a_H와 c를 일반적인 방식으로 계산한다. 끝으로 능면체포의 상수를 다음 식에서 결정한다:

$$a_R = \frac{1}{3}\sqrt{3a_H^2 + c^2}$$

$$\sin\frac{\alpha}{2} = \frac{3}{2\sqrt{3 + (c/a_H)^2}}$$

최종적으로 만일 그림 A4-1에서 육방포의 c/a 비가 특별한 값 2.45이라면, 능면체포의 각은 60°와 같을 것이고 점격자는 면심입방인 것에 주의해야 한다. 그림 A4-1을 그림 2-7과 비교한다.

능면체정계-육방정계의 관계와 단위포 변환에 관한 추가적인 정보를 일반적으로 *International Tables for X-Ray Crystallography*[G.1]에서 얻을 수 있다.

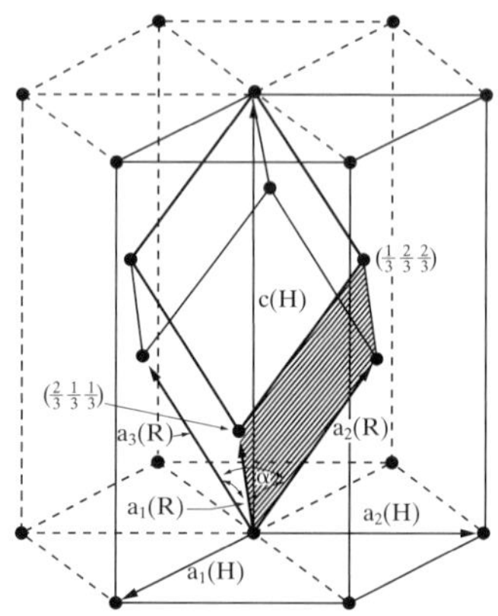

그림 A4-1 한 능면체격자에서 능면체정계와 육방정계의 단위포

부록 5 일부 원소의 결정구조

다음 자료의 대부분은 Pearson[G.9, Vol.2]에서 왔는데, Pearson은 아래에 실지 않은 어떤 고온이나 고압 결정형에 관한 자료를 참고해야 했다. 탄소와 요오드에 관한 자료와 사마리움에서 가장 근접한 거리(distance of closest approach)는 Barrett와 Massalski[G.10]에서 왔다. 이 문헌에서 둘 다 격자상수는 Å 단위로 나온다: 이 단위를 Å* 단위로 바꾸기 위해서, 1.002056/1.00202로 곱하였고, 같은 유효숫자 자리로 반올림하였다. 부록 7의 파장표에 관한 주석을 보라.

원소		구조 유형	온도 (°C)	격자상수(Å*) a	b	c 혹은 축각	최근접거리 (Å*)
Ac	Actinium	FCC, A1		5.311			3.755
Al	Aluminum	FCC, A1	25	4.0497			2.8636
Am	Americium, α^*	육방, La형	20	3.4681		11.240	3.4505
Sb	Antimony	능면체, A7	25	4.5069		α = 57° 6'27"	2.906
As	Arsenic	능면체, A7	22.5	4.1319		α = 54° 8'	2.507
Ba	Barium	BCC, A2	25	5.013			4.341
Be	Beryllium , α^*	HCP, A3	R.T.	2.286		3.584	2.2257
Bi	Bismuth	능면체, A7	25	4.736		α = 57° 14′	3.071
B	Boron*	정방	R.T.	8.80		5.05	
Cd	Cadmium	HCP, A3	21	2.9789		5.6169	2.9789
Ca	Calcium, α^*	FCC, A1	26	5.5886			3.9517
C	Carbon, 다이아몬드	입방, A4	20	3.5671			1.544
	Carbon, 흑연*	육방, A9	20	2.4613		6.7080	1.421
Ce	Cerium *	FCC, A1	23	5.1603			3.6488
Cs	Cesium	BCC, A2	173K	6.0797			5.265
Cr	Chromium	BCC, A2	20	2.8847			2.498
Co	Cobalt, α^*	HCP, A3	R.T.	2.507		4.070	2.497
	Cobalt, β	FCC, A1	R.T.	3.544			2.506
Cu	Copper	FCC, A1	20	3.6148			2.5561
Dy	Dysprosium , α^*	HCP, A3	R.T.	3.5904		5.6477	3.5030
Er	Erbium , α^*	HCP, A3	R.T.	3.5589		5.5876	3.4681
Eu	Europium	BCC, A2	25	4.5822			3.9682
Gd	Gadolinium , α^*	HCP, A3	20	3.6361		5.7828	3.5731
Ga	Gallium	사방	R.T.	4.523	7.661	4.524	2.484
Ge	Germanium	입방, A4	25	5.6577			2.4498
Au	Gold	FCC, A1	25	4.0786			2.8840
Hf	Hafnium, α^*	HCP, A3	24	3.1947		5.0513	3.1274
Ho	Holmium, α^*	HCP, A3	R.T.	3.5774		5.6160	3.4858
In	Indium	정방, A6	R.T.	4.5981		4.9469	3.2513
I	Iodine	사방	26	4.79	7.25	9.78	3.54
Ir	Iridium	FCC, A1	R.T.	3.8390			2.7146
Fe	Iron , α^*	BCC , A2	20	2.8665			2.4824
	Iron , γ	FCC, A1	916	3.6469			2.5787
	Iron , δ	BCC , A2	1394	2.9323			2.5394
La	Lanthanum , α^*	육방	R.T.	3.770		12.159	3.739
Pb	Lead	FCC, A1	25	4.9504			3.5004

* 한 개보다 많은 형태로 존재하거나 존재할 것으로 생각하는 한 원소의 보통 형태

	원소	구조 유형	온도 (°C)	격자상수(Å*) a	b	c 혹은 축각	최근접거리 (Å*)
Li	Lithium*	BCC, A2	25	3.5101			3.0398
Lu	Lutetium*	HCP, A3	R.T.	3.5032		5.5511	3.4345
Mg	Magnesium	HCP, A3	25	3.2095		5.2107	3.1971
Mn	Manganese, α*	입방, A12	R.T.	8.9142			
Hg	Mercury	능면체, A10	227K	3.005		α = 70° 32′	3.005
Mo	Molybdenum	BCC, A2	20	3.1469			2.7253
Nd	Neodynium, α*	육방, La형	R.T.	3.6580		11.7996	3.6280
Np	Neptunium, α*	사방	20	6.663	4.723	4.887	2.60
Ni	Nickel	FCC, A1		3.5239			2.4920
Nb	Niobium	BCC, A2	25	3.3067			2.8637
Os	Osmium	HCP, A3	20	2.7354		4.3193	2.6755
Pd	Palladium	FCC, A1	22	3.8908			2.7511
P	Phosphorous, 흑색*	사방	22	3.3137	10.478	4.3765	2.224
Pt	Platinum	FCC, A1	20	3.9240			2.7747
Pu	Plutonium, α*	단사	21	6.183	4.822	10.963 β = 101.79°	2.57
Po	Polonium, α*	입방	~ 10	3.345			3.345
K	Potassium	BCC, A2	78K	5.247			4.524
Pr	Praseodymium, α*	육방, La형	R.T.	3.6726		11.8358	3.6402
Pa	Protactinium	정방		3.925		3.238	3.212
Re	Rhenium	HCP, A3	R.T.	2.760		4.458	2.741
Rh	Rhodium	FCC, A1	20	3.8045			2.6902
Rb	Rubidium	BCC, A2	20	5.70			4.94
Ru	Ruthenium	HCP, A3	25	2.7059		4.2818	2.6503
Sm	Samarium	능면체		8.996		α = 23° 13′	3.588
Sc	Scandium, α*	HCP, A3	R.T.	3.3091		5.2735	3.2561
Se	Selenium*	육방, A8	25	4.3658		4.9592	2.321
Si	Silicon	입방, A4	25	5.4309			2.3517
Ag	Silver	FCC, A1	25	4.0863			2.8895
Na	Sodium	BCC, A2	20	4.2908			3.7159
Sr	Strontium, α*	FCC, A1	25	6.0851			4.3029
S	Sulphur*	사방	24.8	10.4650	12.8665	24.4869	2.037 (mean)
Ta	Tantalum	BCC, A2	R.T.	3.298			2.856
Tc	Technetium	HCP, A3	R.T.	2.735		4.388	2.703
Te	Tellurium	육방, A8	25	4.4568		5.9270	2.864
Tb	Terbium, α*	HCP, A3	R.T.	3.6011		5.6938	3.5253
Tl	Thallium, α*	HCP, A3	18	3.4567		5.5250	3.4077
Th	Thorium, α*	FCC, A1	R.T.	5.0847			3.5951
Tm	Thulium, α*	HCP, A3	R.T.	3.5376		5.5548	3.4474
Sn	Tin (백색), β*	정방, A5	25	5.8317		3.1815	3.022
	Tin (회색), α	입방, A4	20	6.4894			2.8100
Ti	Titanium, α*	HCP, A3	25	2.9512		4.6845	2.8964
	Titanium, β	BCC, A2	900	3.3066			2.8636
W	Tungstun	BCC, A2	25	3.1653			2.7412
U	Uranium, α*	사방, A20	25	2.8538	5.8697	4.9550	2.7540
	Uranium, β	정방	720	10.759		5.656	
	Uranium, γ	BCC, A2	805	3.524			3.052
V	Vanadium	BCC, A2	R.T.	3.0232			2.6182
Yb	Ytterbium*	FCC, A1	R.T.	5.4864			3.8794
Y	Yttrium*	HCP, A3	R.T.	3.6475		5.7308	3.5509
Zn	Zinc	HCP, A3	25	2.6650		4.9470	2.6650
Zr	Zirconium, α*	HCP, A3	25	3.2313		5.1479	3.1790
	Zirconium, β	BCC, A2	862	3.6091			3.1256

부록 6 화합물과 고용체의 결정구조

물질	구조 유형	격자상수 (Å)	벽개면의 거리 (Å)
NaCl	FCC, B1	a = 5.639	2.820
KCl	FCC, B1	a = 6.290	
AgBr	FCC, B1	a = 5.77	
CaF_2 (형석)	FCC, C1	a = 5.46	
$CaCO_3$ (방해석)	능면체, G1	a = 6.37 $\alpha = 46.1°$	3.036
SiO_2 (α-석영)	육방, C8	a = 4.90 c = 5.39	
$H_2KAl_2(SiO_4)_3$ (운모, 백운모)	단사	a = 5.18 b = 8.96 c = 20.15 $\beta = 98.6°$	10.08
Fe_3C (시멘타이트)	사방	a = 4.525 b = 5.088 c = 6.740	
오스테나이트	FCC, A1	a = 3.555 + 0.044x (x = 탄소 무게비)	
마르텐사이트	BC 정방	a = 2.867 - 0.013x c = 2.867 + 0.116x (x = 탄소 무게비)	

부록 7 X선 파장

다음 모든 값은 *International Tables for X-Ray Crystallography*[G.1]의 Vol. 4의 pp. 6－43에 있는 아주 긴 표에서 발췌한 것이고, 이 표는 차례로 J. A. Bearden, *Rev. Mod. Phys.*, **39**, 78 (1967)에서 발췌한 것이다.

E($K\alpha$)는 분리가 안 된 $K\alpha$선의 에너지 $h\nu$를 가장 가까운 0.01 keV로 한 것이다. ([G.1]에서 값은 더 정확하다.) E($K\alpha$)를 계산하는데, $K\alpha_1$은 $K\alpha_2$ 가중치의 2배이다.

파장은 Å* 단위로 나온다. 이 단위를 W$K\alpha_1$선 = 0.2090100 Å*의 파장으로 정의한다. Å* 단위는 백만분의 5 이내에서 옹스트롬 Å과 같다고 믿고, 환산인자 1.002056 ± 0.0000005 Å/kX가 필요하다. 이 환산인자에는 부정확성이 아직도 남아 있기 때문에, Å* 단위를 도입하기로 결정했다. Å과 Å* 사이의 차이는 아주 최고 정확성의 작업을 제외하고는 무시할 수 있다.

일부 특성 방출선과 흡수단의 파장(Å* 단위로)과 에너지(keV로)

원소	E($K\alpha$) (keV)	$K\alpha_2$ 강함	$K\alpha_1$ 매우 강함	$K\beta_1$ 약함	K 흡수단	$L\alpha_1$	L_{III} 흡수단
1 H							
2 He							
3 Li	0.05	228			226.5		
4 Be	0.11	114			111		
5 B	0.18	67.6					
6 C	0.28	44.7			43.68		
7 N	0.39	31.6			30.99		
8 O	0.52	23.62			23.32		
9 F	0.68	18.32					
10 Ne	0.85	14.610		14.452	14.3018		
11 Na	1.04	11.9101		11.575	11.569		405
12 Mg	1.25	9.8900		9.521	9.5122		250.7
13 Al	1.49	8.34173	8.33834	7.960	7.94813		170.4
14 Si	1.74	7.12791	7.12542	6.753	6.738		123
15 P	2.01	6.160	6.157	5.796	5.784		94
16 S	2.31	5.37496	5.37216	5.0316	5.0185		
17 Cl	2.62	4.7307	4.7278	4.4034	4.3971		
18 A	2.96	4.19474	4.19180	3.8860	3.87090		
19 K	3.31	3.7445	3.7414	3.4539	3.4365		42.1
20 Ca	3.69	3.36166	3.35839	3.0897	3.0703	36.33	35.49
21 Sc	4.09	3.0342	3.0309	2.7796	2.762	31.35	
22 Ti	4.51	2.75216	2.74851	2.51391	2.49734	27.42	27.29
23 V	4.95	2.50738	2.50356	2.28440	2.2691	24.25	
24 Cr	5.41	2.293806	2.28970	2.08487	2.07020	21.64	20.7
25 Mn	5.90	2.10578	2.101820	1.91021	1.89643	19.45	
26 Fe	6.40	1.939980	1.936042	1.75661	1.74346	17.59	17.525
27 Co	6.93	1.792850	1.788965	1.62079	1.60815	15.972	15.915
28 Ni	7.47	1.661747	1.657910	1.500135	1.48807	14.561	14.525
29 Cu	8.04	1.544390	1.540562	1.392218	1.38059	12.336	13.288
30 Zn	8.63	1.439000	1.435155	1.29525	1.2834	12.254	12.131

원소	E($K\alpha$) (keV)	$K\alpha_2$ 강함	$K\alpha_1$ 매우 강함	$K\beta_1$ 약함	K 흡수단	$L\alpha_1$	L_{111} 흡수단
31 Ga	9.24	1.34399	1.340083	1.20789	1.1958	11.292	11.100
32 Ge	9.88	1.258011	1.254054	1.12894	1.11658	10.4361	10.187
33 As	10.53	1.17987	1.17588	1.05730	1.0450	9.6709	9.367
34 Se	11.21	1.10882	1.10477	0.99218	0.97974	8.9900	8.646
35 Br	11.91	1.04382	1.03974	0.93279	0.9204	8.3746	7.984
36 Kr	12.63	0.9841	0.9801	0.8785	0.86552	7.817	7.392
37 Rb	13.38	0.92969	0.925553	0.82868	0.81554	7.3183	6.862
38 Sr	14.14	0.87943	0.87526	0.78292	0.76973	6.8628	6.387
39 Y	14.93	0.83305	0.82884	0.74072	0.72766	6.4488	5.962
40 Zr	15.75	0.79015	0.78593	0.70173	0.68883	6.0705	5.579
41 Nb	16.58	0.75044	0.74620	0.66576	0.06298	5.7243	5.230
42 Mo	17.44	0.713590	0.709300	0.632288	0.61978	5.40655	4.913
43 Tc	18.33	0.67932	0.67502	0.60130	0.58906	5.1148	4.630
44 Ru	19.24	0.647408	0.643083	0.572482	0.58061	4.84575	4.389
45 Rh	20.17	0.617630	0.613279	0.545605	0.53395	4.59743	4.1299
46 Pd	21.12	0.589821	0.585448	0.520520	0.6092	4.36767	3.9074
47 Ag	22.11	0.563798	0.5594075	0.497069	0.48589	4.15443	3.6999
48 Cd	23.11	0.539422	0.535010	0.475105	0.48407	3.95635	3.5047
49 In	24.14	0.516544	0.512113	0.454545	0.44371	3.77192	3.3237
50 Sn	25.20	0.495053	0.490599	0.435236	0.42467	3.59994	3.1557
51 Sb	26.28	0.474827	0.470354	0.417085	0.40868	3.43941	3.0003
52 Te	27.38	0.455784	0.451295	0.399995	0.30074	3.28920	2.8555
53 I	28.51	0.437829	0.433318	0.383905	0.37381	3.14860	2.7196
54 Xe	29.67	0.42087	0.41634	0.36872	0.3584	3.0166	2.5926
55 Cs	30.86	0.404835	0.400290	0.354364	0.36451	2.8924	2.4740
56 Ba	32.07	0.389668	0.385111	0.340811	0.33104	2.77595	2.3629
57 La	33.31	0.375313	0.370737	0.327983	0.31844	2.66570	2.261
58 Ce	34.57	0.361683	0.357092	0.315816	0.30643	2.5615	2.166
59 Pr	35.87	0.348749	0.344140	0.304261	0.29518	2.4630	2.0791
60 Nd	37.19	0.336472	0.331846	0.293299	0.28453	2.3704	1.9967
61 Pm	38.54	0.324803	0.320160	0.28290	0.27431	2.2822	1.9191
62 Sm	39.92	0.313698	0.309040	0.27301	0.26464	2.1998	1.8457
63 Eu	41.33	0.303118	0.298446	0.263577	0.25553	2.1209	1.7761
64 Gd	42.77	0.293038	0.288353	0.25460	0.24681	2.0468	1.7117
65 Tb	44.24	0.283423	0.278724	0.24608	0.23841	1.9765	1.6497
66 Dy	45.73	0.274247	0.269533	0.23788	0.23048	1.90881	1.5916
67 Ho	47.26	0.265486	0.260756	0.23012	0.22291	1.8450	1.5368
68 Er	48.83	0.257110	0.252365	0.22266	0.21567	1.78425	1.4835
69 Tm	50.42	0.249095	0.244338	0.21556	0.20880	1.7268	1.4334
70 Yb	52.04	0.241424	0.236655	0.20884	0.20224	1.67189	1.3862
71 Lu	53.70	0.234081	0.229298	0.20231	0.19595	1.61951	1.3405
72 Ht	55.40	0.227024	0.222227	0.19607	0.18982	1.56958	1.2972
73 Ta	57.11	0.220305	0.215497	0.190089	0.18394	1.52197	1.2553
74 W	58.87	0.213828	0.2090100	0.184374	0.17837	1.47639	1.2155
75 Re	60.67	0.207611	0.202781	0.178880	0.17302	1.43230	1.1773
76 Os	62.50	0.201639	0.196794	0.173611	0.16787	1.39121	1.1408
77 Ir	64.36	0.195904	0.191047	0.168542	0.16292	1.35128	1.1058
78 Pt	66.26	0.190381	0.185511	0.163675	0.15818	1.31304	1.0723
79 Au	68.20	0.185075	0.180195	0.158982	0.153693	1.27640	1.04000
80 Hg	70.18	0.179958	0.175068	0.154487	0.14918	1.24120	1.0091
81 Ti	72.19	0.175036	0.170136	0.150142	0.14495	1.20739	0.9793
82 Pb	74.25	0.170294	0.165376	0.145970	0.140880	1.17501	0.95073
83 Bi	76.34	0.165717	0.160789	0.141948	0.13694	1.14386	0.9234
84 Po	78.48	0.16130	0.15636	0.13807		1.11386	
85 At	80.66	0.15705	0.15210	0.13432		1.08500	
86 Rn	82.88	0.15294	0.14798	0.13069		1.05723	
87 Fr	85.14	0.14896	0.14399	0.12719		1.03049	
88 Ra	87.46	0.14512	0.14014	0.12382		1.00473	0.8028
89 Ac	89.81	0.14141	0.136417	0.12055		0.97993	
90 Th	92.22	0.137829	0.132813	0.117396	0.11307	0.95600	0.7607
91 Pa	94.67	0.134343	0.129325	0.114345		0.93284	
92 U	97.18	0.130968	0.125947	0.111394	0.10723	0.910639	0.7223

흔히 사용하는 일부의 K 파장

원소	$K\alpha$ (가중치 평균)*	$K\alpha_2$ 강함	$K\alpha_1$ 매우 강함	$K\alpha_1$ 약함
Cr	2.29100	2.293606	2.28970	2.08487
Fe	1.937355	1.939980	1.936042	1.75661
Co	1.790260	1.792850	1.788965	1.62079
Cu	1.541838	1.544390	1.540562	1.392218
Mo	0.710730	0.713590	0.709300	0.632288

*$K\alpha_1$ 은 Ka_2 가중치의 2배이다.

텅스텐의 특성 L선

특성선	상대강도	평균
$L\alpha_1$	매우 강함	1.47639
$L\alpha_2$	약함	1.48743
$L\alpha_1$	강함	1.281809
$L\alpha_2$	중간	1.24460
$L\alpha_3$	약함	1.26269
$L\alpha_1$	약함	1.09855

부록 8 질량흡수계수 μ/ρ(cm^2/gm)와 밀도 ρ

질량흡수계수는 *International Tables for X-Ray Crystallography*[G.1]의 아주 긴 표에서 발췌한 것이다. 비록 이 계수는 네 개의 유효숫자로 나와 있지만, 실제 정확도는 훨씬 더 낮다. 부정확성은 범위가 흡수체와 파장에 따라 2% 이하에서 15% 이상까지 이른다. 상세한 것은 [G.1]을 참고해야 한다.

상온에서 고체인 원소의 밀도는, *P*를 제외하고, x선 밀도이고, 반올림한 것이며, [G.1]에서 왔다. 기체의 밀도는 *Metals Handbook*(Cleveland: American Society for Metals, 1948)에서 왔다.

흡수체	밀도 (gm/cm^3)	Mo		Cu		Co		Cr	
		$K\alpha$ 0.711 Å	$K\beta$ 0.632 Å	$K\alpha$ 1.542 Å	$K\beta$ 1.392 Å	$K\alpha$ 1.790 Å	$K\beta$ 1.621 Å	$K\alpha$ 2.291 Å	$K\beta$ 2.085 Å
1 H	0.08375×10^{-3}	0.3727	0.3699	0.3912	0.3882	0.3966	0.3928	0.4116	0.4046
2 He	0.1664×10^{-3}	0.2019	0.1972	0.2835	0.2623	0.3288	0.2966	0.4648	0.4001
3 Li	0.533	0.1968	0.1866	0.4770	0.3939	0.6590	0.5283	1.243	0.9639
4 Be	1.85	0.2451	0.2216	1.007	0.7742	1.522	1.152	3.183	2.388
5 B	2.47	0.3451	0.2928	2.142	1.590	3.357	2.485	7.232	5.385
6 C	2.27 (흑연)	0.5348	0.4285	4.219	3.093	6.683	4.916	14.46	10.76
7 N	1.165×10^{-3}	0.7898	0.6054	7.142	5.215	11.33	8.330	24.42	18.23
8 O	1.332×10^{-3}	1.147	0.8545	11.03	8.062	17.44	12.85	37.19	27.88
9 F	1.696×10^{-3}	1.584	1.154	15.95	11.66	25.12	18.57	53.14	39.99
10 Ne	0.8387×10^{-3}	2.209	1.597	22.13	16.24	34.69	25.72	72.71	54.91
11 Na	0.966	2.939	2.098	30.30	22.23	47.34	35.18	98.48	74.66
12 Mg	1.74	3.979	2.825	40.88	30.08	63.54	47.38	130.8	99.62
13 Al	2.70	5.043	3.585	50.23	37.14	77.54	58.08	158.0	120.7
14 Si	2.33	6.533	4.624	65.32	48.37	100.4	75.44	202.7	155.6
15 P	1.82 (황색)	7.870	5.569	77.28	57.44	118.0	89.05	235.5	181.6
16 S	2.09	9.625	6.835	92.53	68.90	141.2	106.6	281.9	217.2
17 Cl	3.214×10^{-3}	11.64	8.261	109.2	81.79	164.7	125.3	321.5	250.2
18 A	1.663×10^{-3}	12.62	8.949	119.5	89.34	180.9	137.3	355.5	275.8
19 K	0.862	16.20	11.51	148.4	111.7	222.0	169.9	426.8	334.2
20 Ca	1.53	19.00	13.56	171.4	129.0	257.4	196.4	499.6	389.3
21 Sc	2.99	21.04	15.00	186.0	140.8	275.5	212.2	520.9	410.7
22 Ti	4.51	23.25	16.65	202.4	153.2	300.5	231.0	571.4	449.0
23 V	6.09	25.24	18.07	222.6	168.0	332.7	254.7	75.06	501.0
24 Cr	7.19	29.25	20.99	252.3	191.1	375.0	288.1	85.71	65.79
25 Mn	7.47	31.86	22.89	272.5	206.7	405.1	311.2	96.08	73.75
26 Fe	7.87	37.74	27.21	304.4	233.6	56.25	345.5	113.1	86.77
27 Co	8.8	41.02	29.51	338.6	256.7	62.96	47.71	124.6	96.06
28 Ni	8.91	47.24	34.18	48.83	282.8	73.75	56.05	145.7	112.5
29 Cu	8.93	49.34	35.77	51.54	38.74	78.11	59.22	155.2	119.5
30 Zn	7.13	55.46	40.26	59.51	45.30	88.71	68.00	171.7	133.5
31 Ga	5.91	56.90	41.69	62.13	46.65	94.15	71.39	186.9	144.0
32 Ge	5.32	60.47	44.26	67.92	51.44	102.0	77.79	199.9	154.5
33 As	5.78	65.97	48.57	75.65	57.01	114.0	86.76	224.0	173.3
34 Se	4.81	68.82	51.20	82.89	62.32	125.1	95.11	246.1	190.4
35 Br	3.12 (액체)	74.68	55.56	90.29	68.07	135.8	103.5	266.2	206.2

흡수체	밀도 (gm/cm^3)	Mo $K\alpha$ 0.711 Å	Mo $K\beta$ 0.632 Å	Cu $K\alpha$ 1.542 Å	Cu $K\beta$ 1.392 Å	Co $K\alpha$ 1.790 Å	Co $K\beta$ 1.621 Å	Cr $K\alpha$ 2.291 Å	Cr $K\beta$ 2.085 Å
36 Kr	3.488×10^{-3}	79.10	58.64	97.02	73.22	145.7	111.2	284.6	220.7
37 Rb	1.53	83.00	62.07	106.3	80.16	159.6	121.8	311.7	241.8
38 Sr	2.58	88.04	65.59	115.3	86.77	173.5	132.2	339.3	263.4
39 Y	4.48	97.56	72.57	127.1	96.19	190.2	145.4	368.9	286.9
40 Zr	6.51	16.10	75.20	136.8	103.3	204.9	156.6	398.6	309.7
41 Nb	8.58	16.96	81.22	148.8	112.3	222.9	170.4	431.9	336.4
42 Mo	10.22	18.44	13.29	158.3	119.7	236.6	181.0	457.4	356.5
43 Tc	11.50	19.78	14.30	167.7	126.9	250.8	191.9	485.5	378.0
44 Ru	12.36	21.33	15.40	180.8	137.0	269.4	206.6	517.9	404.4
45 Rh	12.42	23.05	16.65	194.1	147.1	289.0	221.8	555.2	433.7
46 Pd	12.00	24.42	17.63	205.0	155.6	304.3	234.0	580.9	455.1
47 Ag	10.50	26.38	19.10	218.1	165.8	323.5	248.9	617.4	483.5
48 Cd	8.65	27.73	20.13	229.3	174.0	341.8	262.1	658.8	513.5
49 In	7.29	29.13	21.18	242.1	183.3	362.7	277.1	705.8	548.0
50 Sn	7.29	31.18	22.62	253.3	193.1	374.1	288.7	708.8	556.6
51 Sb	6.69	33.01	23.91	266.5	203.6	391.3	303.1	733.4	578.8
52 Te	6.25	33.92	24.67	273.4	208.4	404.4	311.7	768.9	602.7
53 I	4.95	36.33	26.53	291.7	221.9	434.0	333.2	835.2	650.8
54 Xe	5.495×10^{-3}	38.31	27.86	309.8	235.9	459.0	353.4	755.4	685.2
55 Cs	1.91 (−10°C)	40.44	29.51	325.4	247.6	483.8	371.5	802.7	725.1
56 Ba	3.59	42.37	31.00	336.1	256.0	499.0	383.6	587.3	644.6
57 La	6.17	45.34	33.10	353.5	270.8	519.0	401.9	222.9	661.5
58 Ce	6.77	48.56	35.54	378.8	289.6	559.1	431.5	240.4	509.4
59 Pr	6.78	50.78	37.09	402.2	306.8	596.2	458.8	260.5	205.3
60 Nd	7.00	53.28	38.88	417.9	319.8	531.7	475.9	271.3	213.4
61 Pm		55.52	40.52	441.1	336.4	401.4	503.2	284.7	223.8
62 Sm	7.54	57.96	42.40	453.5	346.6	411.8	446.3	295.0	231.5
63 Eu	5.25	61.18	44.74	417.9	369.0	165.2	476.9	312.7	244.9
64 Gd	7.87	62.79	45.95	426.7	377.2	169.5	346.7	318.9	250.3
65 Tb	8.27	66.77	48.88	321.9	399.9	178.7	367.1	338.9	265.2
66 Dy	8.53	68.89	50.38	336.6	360.2	184.9	142.9	351.7	275.0
67 Ho	8.80	72.14	52.76	128.4	272.4	189.8	146.3	363.3	283.4
68 Er	9.04	75.61	55.07	134.3	291.7	198.4	153.0	379.7	296.1
69 Tm	9.33	78.98	57.94	140.2	288.5	207.4	159.8	397.0	309.5
70 Yb	6.97	80.23	59.22	144.7	110.9	214.0	164.9	409.6	319.4
71 Lu	9.84	84.18	62.04	152.0	116.5	224.6	173.2	429.5	335.1
72 Hf	13.28	86.33	64.15	157.7	121.0	232.9	179.6	445.0	347.2
73 Ta	16.67	89.51	66.07	161.5	123.9	238.3	183.9	454.7	355.0
74 W	19.25	95.76	70.57	170.5	131.5	249.7	193.7	470.4	369.1
75 Re	21.02	98.74	72.47	178.3	137.3	261.8	202.7	495.5	388.0
76 Os	22.58	100.2	74.13	183.8	141.3	270.3	209.0	512.4	401.1
77 Ir	22.55	103.4	77.20	192.2	147.6	283.4	218.8	539.6	421.6
78 Pt	21.44	108.6	80.23	198.2	151.2	295.2	226.4	571.6	443.9
79 Au	19.28	111.3	82.33	207.8	160.6	303.3	235.7	568.0	446.7
80 Hg	13.55	114.7	85.30	216.2	166.6	317.0	245.7	597.9	468.9
81 Tl	11.87	119.4	88.25	222.2	171.1	326.3	252.7	616.9	483.3
82 Pb	11.34	122.8	90.55	232.1	178.6	340.8	263.8	644.5	504.9
83 Bi	9.80	125.9	93.50	242.9	187.5	355.3	275.8	667.2	524.2
86 Rn	4.40 (liq., −62°C)	117.2	100.7	263.7	203.0	387.1	299.7	731.4	573.2
90 Th	11.72	99.46	73.34	306.8	236.6	449.0	348.4	844.1	663.0
92 U	19.05	96.67	72.63	305.7	236.2	446.3	346.9	774.0	657.1
94 Pu	19.81	48.84	78.99	352.9	271.2	519.6	401.6	803.2	771.6

부록 9 Miller 지수의 제곱형

입방					육방	
$h^2+k^2+l^2$	hkl				h^2+hk+k^2	hk
	단순	면심	체심	다이아몬드		
1	100				1	10
2	110	. . .	110		2	
3	111	111	. . .	111	3	11
4	200	200	200		4	20
5	210				5	
6	211	. . .	211		6	
7					7	21
8	220	220	220	220	8	
9	300, 221				9	30
10	310	. . .	310		10	
11	311	311	. . .	311	11	
12	222	222	222		12	22
13	320				13	31
14	321	. . .	321		14	
15					15	
16	400	400	400	400	16	40
17	410, 322				17	
18	411, 330	. . .	411, 330		18	
19	331	331	. . .	331	19	32
20	420	420	420		20	
21	421				21	41
22	332	. . .	332		22	
23					23	
24	422	422	422	422	24	
25	500, 430				25	50
26	510, 431	. . .	510, 431		26	
27	511, 333	511, 333	. . .	511, 333	27	33
28					28	42
29	520, 432				29	
30	521	. . .	521		30	
31					31	51
32	440	440	440	440	32	
33	522, 441				33	
34	530, 433	. . .	530, 433		34	
35	531	531	. . .	531	35	
36	600, 442	600, 442	600, 442		36	60
37	610				37	43
38	611, 532	. . .	611, 532		38	
39					39	52
40	620	620	620	620	40	
41	621, 540, 443				41	
42	541	. . .	541		42	
43	533	533	. . .	533	43	61
44	622	622	622		44	
45	630, 542				45	
46	631	. . .	631		46	
47					47	
48	444	444	444	444	48	44
49	700, 632				49	70, 53

입방					육방	
$h^2+k^2+l^2$	*hkl* 단순	면심	체심	다이아몬드	h^2+hk+k^2	*hk*
50	710, 550, 543	. . .	710, 550, 543		50	
51	711, 551	711, 551	. . .	711, 551	51	
52	640	640	640		52	62
53	720, 641				53	
54	721, 633, 552	. . .	721, 633, 552		54	
55					55	
56	642	642	642	642	56	
57	722, 544				57	71
58	730	. . .	730		58	
59	731, 553	731, 553	. . .	731, 553	59	

부록 10 원자산란인자

$\frac{\sin}{\lambda}(\mathring{A}^{-1})$	0.0	0.1	0.2	0.3	0.4	0.5	0.6	0.7	0.8	0.9	1.0	1.1	1.2
H	1	0.81	0.48	0.25	0.13	0.07	0.04	0.03	0.02	0.01	0.00	0.00	
He	2	1.88	1.46	1.05	0.75	0.52	0.35	0.24	0.18	0.14	0.11	0.09	
Li^{+}	2	1.96	1.8	1.5	1.3	1.0	0.8	0.6	0.5	0.4	0.3	0.3	
Li	3	2.2	1.8	1.5	1.3	1.0	0.8	0.6	0.5	0.4	0.3	0.3	
Be^{+2}	2	2.0	1.9	1.7	1.6	1.4	1.2	1.0	0.9	0.7	0.6	0.5	
Be	4	2.9	1.9	1.7	1.6	1.4	1.2	1.0	0.9	0.7	0.6	0.5	
B^{+3}	2	1.99	1.9	1.8	1.7	1.6	1.4	1.3	1.2	1.0	0.9	0.7	
B	5	3.5	2.4	1.9	1.7	1.5	1.4	1.2	1.2	1.0	0.9	0.7	
C	6	4.6	3.0	2.2	1.9	1.7	1.6	1.4	1.3	1.16	1.0	0.9	
N^{+5}	2	2.0	2.0	1.9	1.9	1.8	1.7	1.6	1.5	1.4	1.3	1.16	
N^{+3}	4	3.7	3.0	2.4	2.0	1.8	1.66	1.56	1.49	1.39	1.28	1.17	
N	7	5.8	4.2	3.0	2.3	1.9	1.65	1.54	1.49	1.39	1.29	1.17	
O	8	7.1	5.3	3.9	2.9	2.2	1.8	1.6	1.5	1.4	1.35	1.26	
O^{-2}	10	8.0	5.5	3.8	2.7	2.1	1.8	1.5	1.5	1.4	1.35	1.26	
F	9	7.8	6.2	4.45	3.35	2.65	2.15	1.9	1.7	1.6	1.5	1.35	
F^{-}	10	8.7	6.7	4.8	3.5	2.8	2.2	1.9	1.7	1.55	1.5	1.35	
Ne	10	9.3	7.5	5.8	4.4	3.4	2.65	2.2	1.9	1.65	1.55	1.5	
Na^{+}	10	9.5	8.2	6.7	5.25	4.05	3.2	2.65	2.25	1.95	1.75	1.6	
Na	11	9.65	8.2	6.7	5.25	4.05	3.2	2.65	2.25	1.95	1.75	1.6	
Mg^{+2}	10	9.75	8.6	7.25	5.95	4.8	3.85	3.15	2.55	2.2	2.0	1.8	
Mg	12	10.5	8.6	7.25	5.95	4.8	3.85	3.15	2.55	2.2	2.0	1.8	
Al^{+3}	10	9.7	8.9	7.8	6.65	5.5	4.45	3.65	3.1	2.65	2.3	2.0	
Al	13	11.0	8.95	7.75	6.6	5.5	4.5	3.7	3.1	2.65	2.3	2.0	
Si^{+4}	10	9.75	9.15	8.25	7.15	6.05	5.05	4.2	3.4	2.95	2.6	2.3	
Si	14	11.35	9.4	8.2	7.15	6.1	5.1	4.2	3.4	2.95	2.6	2.3	
P^{+5}	10	9.8	9.25	8.45	7.5	6.55	5.65	4.8	4.05	3.4	3.0	2.6	
P	15	12.4	10.0	8.45	7.45	6.5	5.65	4.8	4.05	3.4	3.0	2.6	
P^{-3}	18	12.7	9.8	8.4	7.45	6.5	5.65	4.85	4.05	3.4	3.0	2.6	
S^{+6}	10	9.85	9.4	8.7	7.85	6.85	6.05	5.25	4.5	3.9	3.35	2.9	
S	16	13.6	10.7	8.95	7.85	6.85	6.0	5.25	4.5	3.9	3.35	2.9	
S^{-2}	18	14.3	10.7	8.9	7.85	6.85	6.0	5.25	4.5	3.9	3.35	2.9	
Cl	17	14.6	11.3	9.25	8.05	7.25	6.5	5.75	5.05	4.4	3.85	3.35	
Cl^{-}	18	15.2	11.5	9.3	8.05	7.25	6.5	5.75	5.05	4.4	3.85	3.35	
A	18	15.9	12.6	10.4	8.7	7.8	7.0	6.2	5.4	4.7	4.1	3.6	
K^{+}	18	16.5	13.3	10.8	8.85	7.75	7.05	6.44	5.9	5.3	4.8	4.2	
K	19	16.5	13.3	10.8	9.2	7.9	6.7	5.9	5.2	4.6	4.2	3.7	3.3
Ca^{+2}	18	16.8	14.0	11.5	9.3	8.1	7.35	6.7	6.2	5.7	5.1	4.6	
Ca	20	17.5	14.1	11.4	9.7	8.4	7.3	6.3	5.6	4.9	4.5	4.0	3.6
Sc^{+3}	18	16.7	14.0	11.4	9.4	8.3	7.6	6.9	6.4	5.8	5.35	4.85	
Sc	21	18.4	14.9	12.1	10.3	8.9	7.7	6.7	5.9	5.3	4.7	4.3	3.9
Ti^{+4}	18	17.0	14.4	11.9	9.9	8.5	7.85	7.3	6.7	6.15	5.65	5.05	
Ti	22	19.3	15.7	12.8	10.9	9.5	8.2	7.2	6.3	5.6	5.0	4.6	4.2
V	23	20.2	16.6	13.5	11.5	10.1	8.7	7.6	6.7	5.9	5.3	4.9	4.4
Cr	24	21.1	17.4	14.2	12.1	10.6	9.2	8.0	7.1	6.3	5.7	5.1	4.6
Mn	25	22.1	18.2	14.9	12.7	11.1	9.7	8.4	7.5	6.6	6.0	5.4	4.9

$\frac{\sin}{\lambda}$ (Å^{-1})	0.0	0.1	0.2	0.3	0.4	0.5	0.6	0.7	0.8	0.9	1.0	1.1	1.2
Fe	26	23.1	18.9	15.6	13.3	11.6	10.2	8.9	7.9	7.0	6.3	5.7	5.2
Co	27	24.1	19.8	16.4	14.0	12.1	10.7	9.3	8.3	7.3	6.7	6.0	5.5
Ni	28	25.0	20.7	17.2	14.6	12.7	11.2	9.8	8.7	7.7	7.0	6.3	5.8
Cu	29	25.9	21.6	17.9	15.2	13.3	11.7	10.2	9.1	8.1	7.3	6.6	6.0
Zn	30	26.8	22.4	18.6	15.8	13.9	12.2	10.7	9.6	8.5	7.6	6.9	6.3
Ga	31	27.8	23.3	19.3	16.5	14.5	12.7	11.2	10.0	8.9	7.9	7.3	6.7
Ge	32	28.8	24.1	20.0	17.1	15.0	13.2	11.6	10.4	9.3	8.3	7.6	7.0
As	33	29.7	25.0	20.8	17.7	15.6	13.8	12.1	10.8	9.7	8.7	7.9	7.3
Se	34	30.6	25.8	21.5	18.3	16.1	14.3	12.6	11.2	10.0	9.0	8.2	7.5
Br	35	31.6	26.6	22.3	18.9	16.7	14.8	13.1	11.7	10.4	9.4	8.6	7.8
Kr	36	32.5	27.4	23.0	19.5	17.3	15.3	13.6	12.1	10.8	9.8	8.9	8.1
Rb^+	36	33.6	28.7	24.6	21.4	18.9	16.7	14.6	12.8	11.2	9.9	8.9	
Rb	37	33.5	28.2	23.8	20.2	17.9	15.9	14.1	12.5	11.2	10.2	9.2	8.4
Sr	38	34.4	29.0	24.5	20.8	18.4	16.4	14.6	12.9	11.6	10.5	9.5	8.7
Y	39	35.4	29.9	25.3	21.5	19.0	17.0	15.1	13.4	12.0	10.9	9.9	9.0
Zr	40	36.3	30.8	26.0	22.1	19.7	17.5	15.6	13.8	12.4	11.2	10.2	9.3
Nb	41	37.3	31.7	26.8	22.8	20.2	18.1	16.0	14.3	12.8	11.6	10.6	9.7
Mo	42	38.2	32.6	27.6	23.5	20.8	18.6	16.5	14.8	13.2	12.0	10.9	10.0
Tc	43	39.1	33.4	28.3	24.1	21.3	19.1	17.0	15.2	13.6	12.3	11.3	10.3
Ru	44	40.0	34.3	29.1	24.7	21.9	19.6	17.5	15.6	14.1	12.7	11.6	10.6
Rh	45	41.0	35.1	29.9	25.4	22.5	20.2	18.0	16.1	14.5	13.1	12.0	11.0
Pd	46	41.9	36.0	30.7	26.2	23.1	20.8	18.5	16.6	14.9	13.6	12.3	11.3
Ag	47	42.8	36.9	31.5	26.9	23.8	21.3	19.0	17.1	15.3	14.0	12.7	11.7
Cd	48	43.7	37.7	32.2	27.5	24.4	21.8	19.6	17.6	15.7	14.3	13.0	12.0
In	49	44.7	38.6	33.0	28.1	25.0	22.4	20.1	18.0	16.2	14.7	13.4	12.3
Sn	50	45.7	39.5	33.8	28.7	25.6	22.9	20.6	18.5	16.6	15.1	13.7	12.7
Sb	51	46.7	40.4	34.6	29.5	26.3	23.5	21.1	19.0	17.0	15.5	14.1	13.0
Te	52	47.7	41.3	35.4	30.3	26.9	24.0	21.7	19.5	17.5	16.0	14.5	13.3
I	53	48.6	42.1	36.1	31.0	27.5	24.6	22.2	20.0	17.9	16.4	14.8	13.6
Xe	54	49.6	43.0	36.8	31.6	28.0	25.2	22.7	20.4	18.4	16.7	15.2	13.9
Cs	55	50.7	43.8	37.6	32.4	28.7	25.8	23.2	20.8	18.8	17.0	15.6	14.5
Ba	56	51.7	44.7	38.4	33.1	29.3	26.4	23.7	21.3	19.2	17.4	16.0	14.7
La	57	52.6	45.6	39.3	33.8	29.8	26.9	24.3	21.9	19.7	17.9	16.4	15.0
Pr	59	54.5	47.4	40.9	35.2	31.1	28.0	25.4	22.9	20.6	18.8	17.1	15.7
Nd	60	55.4	48.3	41.6	35.9	31.8	28.6	25.9	23.4	21.1	19.2	17.5	16.1
Pm	61	56.4	49.1	42.4	36.6	32.4	29.2	26.4	23.9	21.5	19.6	17.9	16.4
Sm	62	57.3	50.0	43.2	37.3	32.9	29.8	26.9	24.4	22.0	20.0	18.3	16.8
Eu	63	58.3	50.9	44.0	38.1	33.5	30.4	27.5	24.9	22.4	20.4	18.7	17.1
Gd	64	59.3	51.7	44.8	38.8	34.1	31.0	28.1	25.4	22.9	20.8	19.1	17.5
Tb	65	60.2	52.6	45.7	39.6	34.7	31.6	28.6	25.9	23.4	21.2	19.5	17.9
Dy	66	61.1	53.6	46.5	40.4	35.4	32.2	29.2	26.3	23.9	21.6	19.9	18.3
Ho	67	62.1	54.5	47.3	41.1	36.1	32.7	29.7	26.8	24.3	22.0	20.3	18.6
Er	68	63.0	55.3	48.1	41.7	36.7	33.3	30.2	27.3	24.7	22.4	20.7	18.9
Tm	69	64.0	56.2	48.9	42.4	37.4	33.9	30.8	27.9	25.2	22.9	21.0	19.3

$\frac{\sin}{\lambda}(\mathrm{\AA}^{-1})$	0.0	0.1	0.2	0.3	0.4	0.5	0.6	0.7	0.8	0.9	1.0	1.1	1.2
Yb	70	64.9	57.0	49.7	43.2	38.0	34.4	31.3	28.4	25.7	23.3	21.4	19.7
Lu	71	65.9	57.8	50.4	43.9	38.7	35.0	31.8	28.9	26.2	23.8	21.8	20.0
Hf	72	66.8	58.6	51.2	44.5	39.3	35.6	32.3	29.3	26.7	24.2	22.3	20.4
Ta	73	67.8	59.5	52.0	45.3	39.9	36.2	32.9	29.8	27.1	24.7	22.6	20.9
W	74	68.8	60.4	52.8	46.1	40.5	36.8	33.5	30.4	27.6	25.2	23.0	21.3
Re	75	69.8	61.3	53.6	46.8	41.1	37.4	34.0	30.9	28.1	25.6	23.4	21.6
Os	76	70.8	62.2	54.4	47.5	41.7	38.0	34.6	31.4	28.6	26.0	23.9	22.0
Ir	77	71.7	63.1	55.3	48.2	42.4	38.6	35.1	32.0	29.0	26.5	24.3	22.3
Pt	78	72.6	64.0	56.2	48.9	43.1	39.2	35.6	32.5	29.5	27.0	24.7	22.7
Au	79	73.6	65.0	57.0	49.7	43.8	39.8	36.2	33.1	30.0	27.4	25.1	23.1
Hg	80	74.6	65.9	57.9	50.5	44.4	40.5	36.8	33.6	30.6	27.8	25.6	23.6
Ti	81	75.5	66.7	58.7	51.2	45.0	41.1	37.4	34.1	31.1	28.3	26.0	24.1
Pb	82	76.5	67.5	59.5	51.9	45.7	41.6	37.9	34.6	31.5	28.8	26.4	24.5
Bi	83	77.5	68.4	60.4	52.7	46.4	42.2	38.5	35.1	32.0	29.2	26.8	24.8
Po	84	78.4	69.4	61.3	53.5	47.1	42.8	39.1	35.6	32.6	29.7	27.2	25.2
At	85	79.4	70.3	62.1	54.2	47.7	43.4	39.6	36.2	33.1	30.1	27.6	25.6
Rn	86	80.3	71.3	63.0	55.1	48.4	44.0	40.2	36.8	33.5	30.5	28.0	26.0
Fr	87	81.3	72.2	63.8	55.8	49.1	44.5	40.7	37.3	34.0	31.0	28.4	26.4
Ra	88	82.2	73.2	64.6	56.5	49.8	45.1	41.3	37.8	34.6	31.5	28.8	26.7
Ac	89	83.2	74.1	65.5	57.3	50.4	45.8	41.8	38.3	35.1	32.0	29.2	27.1
Th	90	84.1	75.1	66.3	58.1	51.1	46.5	42.4	38.8	35.5	32.4	29.6	27.5
Pa	91	85.1	76.0	67.1	58.8	51.7	47.1	43.0	39.3	36.0	32.8	30.1	27.9
U	92	86.0	76.9	67.9	59.6	52.4	47.7	43.5	39.8	36.5	33.3	30.6	28.3
Np	93	87	78	69	60	53	48	44	40	37	34	31	29
Pu	94	88	79	69	61	54	49	44	41	38	34	31	29
Am	95	89	79	70	62	55	50	45	42	38	35	32	30
Cm	96	90	80	71	62	55	50	46	42	39	35	32	30
Bk	97	91	81	72	63	56	51	46	43	39	36	33	30
Cf	98	92	82	73	64	57	52	47	43	40	36	33	31
	99	93	83	74	65	57	52	48	44	40	37	34	31
	100	94	84	75	66	58	53	48	44	41	37	34	31

Peiser, Rooksby, Wilson에서([G.43]을 보라). 더 작은 $(\sin\theta)/\lambda$의 간격에서 더 광범위한 표는 [G.1]에 있다.

부록 11 분말법의 다중도 인자

입방:	$\frac{hkl}{48^*}$	$\frac{hhl}{24}$	$\frac{0kl}{24^*}$	$\frac{0kk}{12}$	$\frac{hhh}{8}$	$\frac{00l}{6}$	
육방과 능면체:	$\frac{hk\cdot l}{24^*}$	$\frac{hh\cdot l}{12^*}$	$\frac{0k\cdot l}{12^*}$	$\frac{hk\cdot 0}{12^*}$	$\frac{hh\cdot 0}{6}$	$\frac{0k\cdot 0}{6}$	$\frac{00\cdot l}{2}$
정방:	$\frac{hkl}{16^*}$	$\frac{hhl}{8}$	$\frac{0kl}{8}$	$\frac{hk0}{8^*}$	$\frac{hh0}{4}$	$\frac{0k0}{4}$	$\frac{00l}{2}$
사방:	$\frac{hkl}{8}$	$\frac{0kl}{4}$	$\frac{h0l}{4}$	$\frac{hk0}{4}$	$\frac{h00}{2}$	$\frac{0k0}{2}$	$\frac{00l}{2}$
단사:	$\frac{hkl}{4}$	$\frac{h0l}{2}$	$\frac{0k0}{2}$				
삼사:	$\frac{hkl}{2}$						

입방정계의 결정에서, 예를 들면, *hhl*은 112(또는 211)와 같은 지수, 0*kl*은 012(또는 210), 0*kk*는 011(또는 110)과 같은 지수를 나타낸다는 것에 주목한다.

* 이 값들은 보통의 다중도 인자이다. 어떤 결정에서 이런 지수인 면은 면간거리가 같지만 구조인자가 다른 두 개의 형을 포함하고 각각의 형에서 다중도 인자는 위에 준 값의 반이다. 예를 들면 입방정계에서, 어떤 결정에서는 지수(*hkl*)의 조합이 구조적으로 등가이지 않은 면을 생기게 한다. 그러한 결정에서(AuBe는 한 예이다), 예를 들어 면 (123)은 하나의 형에 속하고 어떤 한 구조인자를 가지는 반면에, 면 (321)은 또 다른 형에 속하고 다른 한 구조인자를 가진다. 이 면은 48/2 = 24개의 면이 1차 형에 있고 24개의 면이 2차 형에 있다. 이 문제는 더욱 자세하게 Henry, Lipson, Wooster[G.15]가 논의한다.

부록 12 Lorentz-편광인자 $\left(\frac{1+\cos^2 2\theta}{\sin^2\theta\cos\theta}\right)$

Θ°	.0	.1	.2	.3	.4	.5	.6	.7	.8	.9
2	1639	1486	1354	1239	1138	1048	968.9	898.3	835.1	778.4
3	727.2	680.9	638.8	600.5	565.6	533.6	504.3	477.3	452.3	429.3
4	408.0	388.2	369.9	352.7	336.8	321.9	308.0	294.9	282.6	271.1
5	260.3	250.1	240.5	231.4	222.9	214.7	207.1	199.8	192.9	186.3
6	180.1	174.2	168.5	163.1	158.0	153.1	148.4	144.0	139.7	135.6
7	131.7	128.0	124.4	120.9	117.6	114.4	111.4	108.5	105.6	102.9
8	100.3	97.80	95.37	93.03	90.78	88.60	86.51	84.48	82.52	80.63
9	78.79	77.02	75.31	73.66	72.05	70.49	68.99	67.53	66.12	64.74
10	63.41	62.12	60.87	59.65	58.46	57.32	56.20	55.11	54.06	53.03
11	52.04	51.06	50.12	49.19	48.30	47.43	46.58	45.75	44.94	44.16
12	43.39	42.64	41.91	41.20	40.50	39.82	39.16	38.51	37.88	37.27
13	36.67	36.08	35.50	34.94	34.39	33.85	33.33	32.81	32.31	31.82
14	31.34	30.87	30.41	29.96	29.51	29.08	28.66	28.24	27.83	27.44
15	27.05	26.66	26.29	25.92	25.56	25.21	24.86	24.52	24.19	23.86
16	23.54	23.23	22.92	22.61	22.32	22.02	21.74	21.46	21.18	20.91
17	20.64	20.38	20.12	19.87	19.62	19.38	19.14	18.90	18.67	18.44
18	18.22	18.00	17.78	17.57	17.36	17.15	16.95	16.75	16.56	16.36
19	16.17	15.99	15.80	15.62	15.45	15.27	15.10	14.93	14.76	14.60
20	14.44	14.28	14.12	13.97	13.81	13.66	13.52	13.37	13.23	13.09
21	12.95	12.81	12.68	12.54	12.41	12.28	12.15	12.03	11.91	11.78
22	11.66	11.54	11.43	11.31	11.20	11.09	10.98	10.87	10.76	10.65
23	10.55	10.45	10.35	10.24	10.15	10.05	9.951	9.857	9.763	9.671
24	9.579	9.489	9.400	9.313	9.226	9.141	9.057	8.973	8.891	8.810
25	8.730	8.651	8.573	8.496	8.420	8.345	8.271	8.198	8.126	8.054
26	7.984	7.915	7.846	7.778	7.711	7.645	7.580	7.515	7.452	7.389
27	7.327	7.266	7.205	7.145	7.086	7.027	6.969	6.912	6.856	6.800
28	6.745	6.692	6.637	6.584	6.532	6.480	6.429	6.379	6.329	6.279
29	6.230	6.183	6.135	6.088	6.042	5.995	5.950	5.905	5.861	5.817
30	5.774	5.731	5.688	5.647	5.605	5.564	5.524	5.484	5.445	5.406
31	5.367	5.329	5.292	5.254	5.218	5.181	5.145	5.110	5.075	5.040
32	5.006	4.972	4.939	4.906	4.873	4.841	4.809	4.777	4.746	4.715
33	4.685	4.655	4.625	4.595	4.566	4.538	4.509	4.481	4.453	4.426
34	4.399	4.372	4.346	4.320	4.294	4.268	4.243	4.218	4.193	4.169
35	4.145	4.121	4.097	4.074	4.052	4.029	4.006	3.984	3.962	3.941
36	3.919	3.898	3.877	3.857	3.836	3.816	3.797	3.777	3.758	3.739
37	3.720	3.701	3.683	3.665	3.647	3.629	3.612	3.594	3.577	3.561
38	3.544	3.527	3.513	3.497	3.481	3.465	3.449	3.434	3.419	3.404
39	3.389	3.375	3.361	3.347	3.333	3.320	3.306	3.293	3.280	3.268
40	3.255	3.242	3.230	3.218	3.206	3.194	3.183	3.171	3.160	3.149
41	3.138	3.127	3.117	3.106	3.096	3.086	3.076	3.067	3.057	3.048
42	3.038	3.029	3.020	3.012	3.003	2.994	2.986	2.978	2.970	2.962
43	2.954	2.946	2.939	2.932	2.925	2.918	2.911	2.904	2.897	2.891
44	2.884	2.878	2.872	2.866	2.860	2.855	2.849	2.844	2.838	2.833

Θ°	.0	.1	.2	.3	.4	.5	.6	.7	.8	.9
45	2.828	2.824	2.819	2.814	2.810	2.805	2.801	2.797	2.793	2.789
46	2.785	2.782	2.778	2.775	2.772	2.769	2.766	2.763	2.760	2.757
47	2.755	2.752	2.750	2.748	2.746	2.744	2.742	2.740	2.738	2.737
48	2.736	2.735	2.733	2.732	2.731	2.730	2.730	2.729	2.729	2.728
49	2.728	2.728	2.728	2.728	2.728	2.728	2.729	2.729	2.730	2.730
50	2.731	2.732	2.733	2.734	2.735	2.737	2.738	2.740	2.741	2.743
51	2.745	2.747	2.749	2.751	2.753	2.755	2.758	2.760	2.763	2.766
52	2.769	2.772	2.775	2.778	2.782	2.785	2.788	2.792	2.795	2.799
53	2.803	2.807	2.811	2.815	2.820	2.824	2.828	2.833	2.838	2.843
54	2.848	2.853	2.858	2.863	2.868	2.874	2.879	2.885	2.890	2.896
55	2.902	2.908	2.914	2.921	2.927	2.933	2.940	2.946	2.953	2.960
56	2.967	2.974	2.981	2.988	2.996	3.004	3.011	3.019	3.026	3.034
57	3.042	3.050	3.059	3.067	3.075	3.084	3.092	3.101	3.110	3.119
58	3.128	3.137	3.147	3.156	3.166	3.175	3.185	3.195	3.205	3.215
59	3.225	3.235	3.246	3.256	3.267	3.278	3.289	3.300	3.311	3.322
60	3.333	3.345	3.356	3.368	3.380	3.392	3.404	3.416	3.429	3.441
61	3.454	3.466	3.479	3.492	3.505	3.518	3.532	3.545	3.559	3.573
62	3.587	3.601	3.615	3.629	3.643	3.658	3.673	3.688	3.703	3.718
63	3.733	3.749	3.764	3.780	3.796	3.812	3.828	3.844	3.861	3.878
64	3.894	3.911	3.928	3.946	3.963	3.980	3.998	4.016	4.034	4.052
65	4.071	4.090	4.108	4.127	4.147	4.166	4.185	4.205	4.225	4.245
66	4.265	4.285	4.306	4.327	4.348	4.369	4.390	4.412	4.434	4.456
67	4.478	4.500	4.523	4.546	4.569	4.592	4.616	4.640	4.664	4.688
68	4.712	4.737	4.762	4.787	4.812	4.838	4.864	4.890	4.916	4.943
69	4.970	4.997	5.024	5.052	5.080	5.109	5.137	5.166	5.195	5.224
70	5.254	5.284	5.315	5.345	5.376	5.408	5.440	5.471	5.504	5.536
71	5.569	5.602	5.636	5.670	5.705	5.740	5.775	5.810	5.846	5.883
72	5.919	5.956	5.994	6.032	6.071	6.109	6.149	6.189	6.229	6.270
73	6.311	6.352	6.394	6.437	6.480	6.524	6.568	6.613	6.658	6.703
74	6.750	6.797	6.844	6.892	6.941	6.991	7.041	7.091	7.142	7.194
75	7.247	7.300	7.354	7.409	7.465	7.521	7.578	7.636	7.694	7.753
76	7.813	7.874	7.936	7.999	8.063	8.128	8.193	8.259	8.327	8.395
77	8.465	8.536	8.607	8.680	8.754	8.829	8.905	8.982	9.061	9.142
78	9.223	9.305	9.389	9.474	9.561	9.649	9.739	9.831	9.924	10.02
79	10.12	10.21	10.31	10.41	10.52	10.62	10.73	10.84	10.95	11.06
80	11.18	11.30	11.42	11.54	11.67	11.80	11.93	12.06	12.20	12.34
81	12.48	12.63	12.78	12.93	13.08	13.24	13.40	13.57	13.74	13.92
82	14.10	14.28	14.47	14.66	14.86	15.07	15.28	15.49	15.71	15.94
83	16.17	16.41	16.66	16.91	17.17	17.44	17.72	18.01	18.31	18.61
84	18.93	19.25	19.59	19.94	20.30	20.68	21.07	21.47	21.89	22.32
85	22.77	23.24	23.73	24.24	24.78	25.34	25.92	26.52	27.16	27.83
86	28.53	29.27	30.04	30.86	31.73	32.64	33.60	34.63	35.72	36.88
87	38.11	39.43	40.84	42.36	44.00	45.76	47.68	49.76	52.02	54.50

Henry, Lipson, and Wooster [G.15]에서.

부록 13 온도인자의 계산 자료

x의 한 함수로서 $\phi(x) = \frac{1}{x}\int_0^x \frac{\xi}{e^\xi - 1} d\xi$ 의 값

x	.0	.1	.2	.3	.4	.5	.6	.7	.8	.9
0	1.000	0.975	0.951	0.928	0.904	0.882	0.860	0.839	0.818	0.787
1	0.778	0.758	0.739	0.721	0.703	0.686	0.669	0.653	0.637	0.622
2	0.607	0.592	0.578	0.565	0.552	0.539	0.526	0.514	0.503	0.491
3	0.480	0.470	0.460	0.450	0.440	0.431	0.422	0.413	0.404	0.396
4	0.388	0.380	0.373	0.366	0.359	0.352	0.345	0.339	0.333	0.327
5	0.321	0.315	0.310	0.304	0.299	0.294	0.289	0.285	0.280	0.276
6	0.271	0.267	0.263	0.259	0.255	0.251	0.248	0.244	0.241	0.237

7보다 큰 x에서 $\phi(x)$는 좋게 근사하여 $(1.642/x)$이다. ([G.1]에서)

Debye 온도

James[G.19, p. 221]는 어떤 입방 금속에 대해 아래 특성 Debye 온도 Θ 값을 제시한다.

금속	Θ(K)	금속	Θ(K)
Al	390	Ta	245
Ca	230	Pb	88
Cu	320	Fe	430
Ag	210	Co	410
Au	175	Ni	400
Cr	485	Pd	275
Mo	380	Ir	285
W	310	Pt	230

부록 14 원자량

^{12}C = 12를 기준한 상대원자질량

원소	기호	원자번호	원자무게	원소	기호	원자번호	원자무게
Actinium	Ac	89	(227)	Mercury	Hg	80	200.59
Aluminum	Al	13	26.9815	Molybdenum	Mo	42	95.94
Americium	Am	95	(243)	Neodymium	Nd	60	144.24
Antimony	Sb	51	121.75	Neon	Ne	10	20.179
Argon	Ar	18	39.948	Neptunium	Np	93	237.0482
Arsenic	As	33	74.9216	Nickel	Ni	28	58.71
Astatine	At	85	(210)	Niobium	Nb	41	92.9064
Barium	Ba	56	137.34	Nitrogen	N	7	14.0067
Berkelium	Bk	97	(247)	Nobelium	No	102	(254)
Beryllium	Be	4	9.01218	Osmium	Os	76	190.2
Bismuth	Bi	83	208.9806	Oxygen	O	8	15.9994
Boron	B	5	10.81	Palladium	Pd	46	106.4
Bromine	Br	35	79.904	Phosphorus	P	15	30.9738
Cadmium	Cd	48	112.40	Platinum	Pt	78	195.09
Calcium	Ca	20	40.08	Plutonium	Pu	94	(242)
Californium	Cf	98	(249)	Polonium	Po	84	(210)
Carbon	C	6	12.011	Potassium	K	19	39.102
Cerium	Ce	58	140.12	Praseodymium	Pr	59	140.9077
Cesium	Cs	55	132.9055	Promethium	Pm	61	(147)
Chlorine	Cl	17	35.453	Protactinium	Pa	91	231.0359
Chromium	Cr	24	51.996	Radium	Ra	88	226.0254
Cobalt	Co	27	58.9332	Radon	Rn	86	(222)
Copper	Cu	29	63.546	Rhenium	Re	75	186.2
Curium	Cm	96	(247)	Rhodium	Rh	45	102.9055
Dysprosium	Dy	66	162.50	Rubidium	Rb	37	85.4678
Einsteinium	Es	99	(254)	Ruthenium	Ru	44	101.07
Erbium	Er	68	167.26	Samarium	Sm	62	150.4
Europium	Eu	63	151.96	Scandium	Sc	21	44.9559
Fermium	Fm	100	(253)	Selenium	Se	34	78.96
Fluorine	F	9	18.9984	Silicon	Si	14	28.086
Francium	Fr	87	(223)	Silver	Ag	47	107.868
Gadolinium	Gd	64	157.25	Sodium	Na	11	22.9898
Gallium	Ga	31	69.72	Strontium	Sr	38	87.62
Germanium	Ge	32	72.59	Sulfur	S	16	32.06
Gold	Au	79	196.9665	Tantalum	Ta	73	180.9479
Hafnium	Hf	72	178.49	Technetium	Tc	43	98.9062
Helium	He	2	4.00260	Tellurium	Te	52	127.60
Holmium	Ho	67	164.9303	Terbium	Tb	65	158.9254
Hydrogen	H	1	1.0080	Thallium	Tl	81	204.37
Indium	In	49	114.82	Thorium	Th	90	232.0381
Iodine	I	53	126.9045	Thulium	Tm	69	168.9342
Iridium	Ir	77	192.22	Tin	Sn	50	118.89
Iron	Fe	26	55.847	Titanium	Ti	22	47.90
Krypton	Kr	36	83.80	Tungsten	W	74	183.95
Lanthanum	La	57	138.9055	Uranium	U	92	239.029
Lawrencium	Lr	103	(267)	Vanadium	V	23	50.9414
Lead	Pb	82	207.2	Xenon	Xe	54	131.30
Lithium	Li	3	6.941	Ytterbium	Yb	70	173.04
Lutetium	Lu	71	174.97	Yttrium	Y	39	88.9059
Magnesium	Mg	12	24.305	Zinc	Zn	30	65.37
Manganese	Mn	25	54.9380	Zirconium	Zr	40	91.22
Mendelevium	Md	101	(256)				

괄호 안 값은 알려진 가장 안정한 동위원소를 나타낸다.

부록 15 물리상수

전자의 전하량(charge on electron)	e	1.602×10^{-19} coulomb
전자질량	m	9.109×10^{-31} kg
중성자질량		1.676×10^{-27} kg
광속도(velocity of light)	c	2.998×10^{8} m/sec
Planck 상수	$\hbar$	6.626×10^{-34} joule sec
Boltzmann 상수	k	1.381×10^{-23} joule/deg K
Avogadro 수	N	6.023×10^{26} per kg mol
기체상수 (= Nk)	R	8.314×10^{3} joules/deg K, kg mol
		1.968×10^{3} cal/deg K, kg mol

1 cal = 4.186 joule

1 erg = 1027 joule

1 eV = 1.602×10^{-19} joule

선택한 문제의 해답

제1장

1-1. $4.23 \times 10^{18}\,sec^{-1}$, 2.80×10^{-15} J; $1.95 \times 10^{18}\,sec^{-1}$, 1.29×10^{-15} J

1-6. 33 cm^2/gm

1-8. a) 26.97 cm^2/gm, $3.48 \times 10^{-2}\,cm^{-1}$

b) 20 cm의 공기에서 $Ix/I_0 = 0.50$

1-9. 8980 volts **1-11**. 1.541 Å

1-13. 8980 volts. 주로 .54 Å (Cu $K\alpha$)와 1.39 Å (Cu $K\beta$)

1-15. 0.80, 26에서 1 **1-17**. 3.5에서 1

제2장

2-7. $(\bar{1}2\bar{1}0)$의 단면은 이것을 보여줄 것이다.

2-11. 전단변형 = 0.707

2-14. a) 20°S, 30°W b) 27°S, 48°E c) 39°S, 61°E

2-19. 42°N, 26°E: 19°S, 45°W: 42°S, 63°E

2-21. a) 7890 km b) 34°, 68°, 135°

제3장

3-2. 26.6°

제4장

4-1. $A = A(\theta) = (1/2\mu)[1 - \exp(-2\mu t/\sin\theta)]$

4-2. 구리에서 34% 감소, 납에서 82% 감소

4-4. 혼합지수일 때 $F^2 = 0$, $(h + k + l)$이 홀수 배수일 때 $F^2 = 64$
$(h + k + l)$이 짝수 배수일 때 f_C^2, $(h + k + l)$이 홀수일 때 $F^2 = 32$

4-6.

$h + 2k$	l	F^2
$3n$	$2p + 1$ (as 1, 3, 5, 7 ...)	0
$3n$	$8p$ (as 8, 16, 24 ...)	$4(f_{Zn} + f_s)^2$
$3n$	$4(2p + 1)$ (as 4, 12, 20, 28 ...)	$4(f_{Zn} - f_s)^2$
$3n$	$2(2p + 1)$ (as 2, 6, 10, 14 ...)	$4(f_{Zn}^2 + f_s^2)$
$3n \pm 1$	$8p \pm 1$ (as 1, 7, 9, 15, 17 ...)	$3(f_{Zn}^2 + f_s^2 - \sqrt{2} f_{Zn} f_s)$
$3n \pm 1$	$4(2p + 1) \pm 1$ (as 3, 5, 11, 13, 19, 21 ...)	$3(f_{Zn}^2 + f_s^2 + \sqrt{2} f_{Zn} f_s)$
$3n \pm 1$	$8p$	$(f_{Zn} + f_s)^2$
$3n \pm 1$	$4(2p + 1)$	$(f_{Zn} - f_s)^2$
$3n \pm 1$	$2(2p + 1)$	$(f_{Zn}^2 + f_s^2)$

n과 p는 영을 포함한 임의의 정수이다.

4-7.

회절선	hkl	계산강도
1	110	10.0
2	200	1.7
3	211	3.5
4	220	1.1

4-9. 111과 200. 비율은 2400 대 1이다.

제5장

5-2 $\pm = 2\lambda/(B \cos\theta)$

5-3.

t	B	θ	B
1000 Å	0.11°	10°	0.31°
750	0.14	45	0.43
500	0.22	80	1.76
250	0.43		

제6장

6-1. 0.44° **6-2.** 2.8%

6-4. a) 0.39% b) 0.67%

6-6. a) 1.14 (Co) to 1 (Ni); b) 10.5

제7장

7-1. 41 minutes **7-2.** $\lambda/\Delta\lambda = 2\,R\,\tan\,\theta/\Delta S$

7-4. 81° **7-6.** 4.2 cm

제8장

8-1. (111)일 때 0.67 cm, (200)일 때 0.77 cm

8-3. a) 셋째에서 18째
b) 셋째에서 15째

제9장

9-1. BaS **9-3.** Ni와 NiO의 혼합물

제10장

10-1. 111, 200, 220, 311, 222, 400, 331, 420, 422, 511 (333): a = 4.05 Å

10-4. 111, 220, 311, 400, 331, 422, 511 (333), 440. 다이아몬드입방, a = 5.4 Å, 실리콘

10-6. 100, 002, 101, 102, 110, 103, 200, 112. 육방조밀충진, a = 3.2 Å, c = 5.2 Å, 마그네슘

10-8. 0.0010

제11장

11-1. ± 0.0002 Å

제12장

12-1. 13 부피%

제13장

13-1. ± 1.7°C

13-3. 4.997 Å

13-5. θ = 34° 부근

제14장

14-2. 회절기

14-5. b) 입사빔이 층을 횡단하는 순서로 열거하여
0.11, 0.17, 0.28, 0.44

14-8. b) 26% 감소

제15장

15-1. a) d_0 = 1.1702 Å, d_n = 1.1691 Å, d_i = 1.1716 Å
b) −0.1%

15-4. LPA 인자의 보정없이는 −65 ksi이고 보정으로 −63 ksi임

제16장

16-1. 8°N, 23°E: 74°S, 90°E: 16°S, 64°W

16-3. 빔축 주위로 시계 방향으로 결정에서 X선 원을 보면서 26° 회전, EW 주위로 E에서 W를 보면서 3° 회전, NS 축 주위로 반시계 방향으로 9° 회전

찾아보기

[국문]

[영문]

A

B

C

D

E

F

| 역자소개 |

고 태 경(tgko@inha.ac.kr)

인하대학교 신소재공학부 교수

X선 회절

2006년 3월 10일 3판 1쇄 발행

역 자 | 고태경

발행자 | 최봉조

발행처 | 진샘미디어

주 소 | 서울시 은평구 역촌동 58-9 부호아파트 102동 상가 5호

전 화 | 02-353-4421

FAX | 02-353-4431

신고번호 제311-2005-000025호

ISBN 89-957070-0-3

www.jinsaem.co.kr

값 30,000원